MITTEILUNGEN DER KOMMISSION FÜR QUARTÄRFORSCHUNG
DER ÖSTERREICHISCHEN AKADEMIE DER WISSENSCHAFTEN

Band 10

Doris Döppes und Gernot Rabeder (eds.)

PLIOZÄNE UND PLEISTOZÄNE FAUNEN ÖSTERREICHS

Ein Katalog der wichtigsten Fossilfundstellen und ihrer Faunen
(Endbericht des Forschungsprojektes Nr. 9320 des "Fonds zur Förderung der wissenschaftlichen Forschung")

mit Beiträgen von
Petra Cech, Doris Döppes, Thomas Einwögerer, Florian A. Fladerer, Christa Frank, Karl Mais, Doris Nagel, Marion Niederhuber, Martina Pacher, Rudolf Pavuza, Gernot Rabeder, Christian Reisinger, Harald Temmel, Gerhard Withalm

VERLAG DER
ÖSTERREICHISCHEN AKADEMIE DER WISSENSCHAFTEN

Eigentümer und Verleger: Österreichische Akademie der Wissenschaften

Herausgeber: Mag. Doris Döppes und Univ. Prof. Dr. Gernot Rabeder für die Kommission für Quartärforschung der Österreichischen Akademie der Wissenschaften, Postgasse 7, A-1010 Wien

Druck: Offset-Druck Laa Druck, Hanfthalerstr., A-2136 Laa/Thaya

ISBN 3-90054509X

Für die Umschlaggestaltung verantwortlich:
D. Döppes, C. Frank, N. Frotzler, G. Rabeder, M. Rasser, G. Withalm & Fa. Raganitsch

Vorwort

Die Herausgabe dieses Katalogs steht in einem internationalen Rahmen. Ein Hauptziel der "European Quaternary Mammal Research Association", kurz EuroMam, ist die Erstellung von Datenbanken aller pleistozänen Säugetierfaunen und Fundstellen Europas. Mit dieser Grundlage sollen die Beziehungen zwischen Faunen und Klimaänderungen besser studiert werden können. Der bisher einzige derartige Katalog wurde von D. JANOSSY 1986 (Pleistocene Vertebrate Faunas of Hungary) veröffentlicht. Als zweiter Faunenkatalog liegt nun der österreichische Beitrag vor - ergänzt durch die Ausdehnung auf die Molluskenfaunen und durch die Ausweitung auf das Pliozän. Erstmals erfolgt in diesem Zusammenhang der konsequente Vergleich der ehemaligen mit den heute im jeweiligen Fundgebiet lebenden Weichtierfaunen, um so eine bestmögliche Interpretation der Umweltverhältnisse zu erzielen.
Dieser Katalog wendet sich nicht nur an den Fachpaläontologen, sondern auch an alle am österreichischen Quartär Interessierten, vor allem an: Zoologen, Botaniker, Archäologen, Quartärgeologen, Geomorphologen, Höhlenforscher, Heimatkundler und Sammler.
Die Autoren können den Anspruch auf Vollständigkeit des Fundstellenkatalogs bei weitem nicht erfüllen: Aufgenommen wurden lediglich Fundstellen, die nach der Literatur und den jüngsten Forschungsergebnissen für die Faunengeschichte Österreichs von Bedeutung sind.

Dank

Für die Möglichkeit, die diversen fossilen Faunen bearbeiten bzw. revidieren zu können, danken wir folgenden Institutionen:
dem Naturhistorischen Museum Wien, dem Niederösterreichischen Landesmuseum, dem Institut für Zoologie der Universität Wien, dem Krahuletzmuseum in Eggenburg, dem Stift Kremsmünster, dem Landesmuseum Joanneum in Graz, dem Kammerhofmuseum in Bad Aussee, dem Oberösterreichischen Landesmuseum in Linz, dem "Haus der Natur" in Salzburg, dem Bündner Naturmuseum in Chur (Graubünden), dem Kärntner Landesmuseum in Klagenfurt, dem Museum der Stadt Krems.

Für Informationen, Korrekturen, Ergänzungen und Diskussionen sowie für Hilfe bei der Erstellung der Faunenlisten und der übrigen Texte haben wir folgenden Kollegen herzlich zu danken:
Frau Dr. Walpurga Antl (Naturhist. Mus. Wien), Herrn Dr. Kurt Bauer (Naturhist. Mus. Wien), Herrn Dr. Friedrich Brandtner (Gars am Kamp), Herrn Robert Bouchal (Landesver. Höhlenkde. Wien u. NÖ), Herrn Dkfm. Dr. Erich und Frau Christl Dorffner (Alland), Frau Dr. Ilse Draxler (Geol. Bundesanst. Wien), Herrn Mag. Alfred Galik (Inst. Paläont. Univ. Wien), Herrn Dr. Günter Graf (Kammerhofmus. Bad Aussee), Herrn Prof. Dr. Walter Gräf (Joanneum Graz), Frau Monika Groihs (Wien), Herrn Dr. Bernhard Gruber (Oberösterr. Landesmus. Linz), Herrn Karl Hemmer (Joanneum Graz), Frau Dr. Gudrun Höck (Naturhist. Mus. Wien), Herrn Ing. Hans Hollogschwandtner (Alland), Herrn Max Kobler (Haus der Natur, Salzburg), Herrn Prof. P. Jakob Krinzinger (Stift Kremsmünster), Herrn Mag. Karl G. Kunst (Inst. Paläont. Univ. Wien), Herrn Dr. Heinrich Kusch (Graz), Herrn Doz. Dr. Richard Lein (Inst. Geol. Univ. Wien), Herrn Dr. Jürg Müller (Bündner Naturmus. Chur), Herrn Dr. Reinhold Niederl (Joanneum Graz), Herrn Dr. Friedrich Popp (Inst. Geol. Univ. Wien), Herrn Dir. Josef Preyer (Stadtmuseum Poysdorf), Herrn Mag. Gerhard Reiner (Inst. Paläont. Univ. Wien und Graz), Herrn Prof. Dr. Werner Resch (Inst. Geol. Univ. Innsbruck), Herrn Prof. Dr. Luitfried Salvini-Plawen (Inst. Zool. Univ. Wien), Frau Helga Schmitz (Naturhist. Mus. Wien), Frau Dr. Friederike Spitzenberger (Naturhist. Mus. Wien), Herrn Sepp Steinberger (Verein Höhlenkunde in Obersteier), Herrn Prof. Dr. Eberhard Stüber (Haus der Natur Salzburg), Herrn Prof. Dr. Erich Thenius (Inst. Paläont. Univ. Wien), Herrn Wilhelm Wabnegg (Graz), Herrn Sepp Weichenberger (Landesverein Höhlenkunde Oberösterr.), Herrn Mag. Manfred Weigerstorfer (Stift Kremsmünster), Herrn Mag. Volker Weißensteiner (Landesver. Höhlenkunde Steiermark), Herrn Prof. Dr. Eike Winkler (†, Inst. Humanbiol. Univ. Wien), Herrn Josef Wirth (Landesver. Höhlenkde. Wien u. NÖ).
Für die graphische Gestaltung der Zeichnungen und Pläne danken wir Herrn Norbert Frotzler (Inst. Paläont. Univ. Wien).

Frau Dr. Renate Tröstl, Herrn Mag. Franz Christian Stadler und Herrn Michael Jakupec (Inst. Zool. Univ. Wien) haben wir für die sorgfältige Bearbeitung der Molluskenproben (Schlämmen und Aussuchen) zu danken. Herr Mag. Stadler hat überdies an der EDV-unterstützten Datenerhebung maßgeblich mitgewirkt.

Die Autoren

Inhalt

Anschriften der Autoren

Mag. Doris Döppes, Dr. Florian A. Fladerer, Doz. Dr. Christa Frank, Dr. Doris Nagel, Marion Niederhuber, Mag. Martina Pacher, Univ. Prof. Dr. Gernot Rabeder, Mag. Christian Reisinger, Mag. Gerhard Withalm: Inst. f. Paläontologie, Univ. Wien, Althanstr. 14, 1090 Wien
Dr. Petra Cech, Dr. Karl Mais, Dr. Rudolf Pavuza: Karst und Höhlenkundl. Abt., Naturhist. Mus. Wien, Museumsplatz 1/Stg.10, 1070 Wien
Thomas Einwögerer: Weinheberstr. 26, 3100 St. Pölten
Dr. Harald Temmel: Columbusg. 40/1/13, 1100 Wien

1 Einleitung (Gernot Rabeder)

Das Hauptziel des vom "Fonds zur Förderung der wissenschaftlichen Forschung" finanzierten Projekts Nr. 9320 mit dem Titel >>Die pleistozänen Faunen Österreichs<< war die Erstellung eines Fundstellen- und Faunenkatalogs der bedeutenden österreichischen Fossilvorkommen, die im Pleistozän (1,77 Millionen bis 10.000 Jahre vor heute) entstanden sind. In diesem Zeitraum war kein Teil des österreichischen Bundesgebietes von Meeren oder großen Seen bedeckt, weshalb alle bedeutenden Faunen des Pleistozäns terrestrischen Ursprungs sind. Da dies auch für die Faunen des Pliozäns gilt, erschien es uns sinnvoll, auch die Faunen dieses Zeitabschnittes (5,34-1,77 Millionen Jahre) in diesen Katalog einzubeziehen.

Von den vielen Tiergruppen, die heute in Österreich vorkommen, sind mit wenigen Ausnahmen (Isopoda und Diplopoda von Hundsheim) nur zwei Gruppen durch Fossilien erhalten: die Mollusca und hier besonders die Gastropoda, sowie die Vertebrata.

Das Projektziel konnte zu hundert Prozent erreicht werden. Fast alle der ursprünglich geplanten Revisionen wurden durchgeführt, nur wenige Fundstellen mußten wegen zu geringer Bedeutung wieder eliminiert werden, dafür wurden einige Fundpunkte dazugenommen, so daß der nun fertiggestellte Katalog 146 einzelne Fundstellen umfaßt.

Der Katalogteil ist nach einem einheitlichen Muster aufgebaut: Nach dem Namen (eventuell auch Synonymen) folgen die Basisdaten wie geographische Lage (Gemeinde, politischer Bezirk, Koordinaten, Seehöhe, bei Höhlen Katasternummer, Lagebeschreibung, Zugang), es folgen Angaben über die geologische Situation, die Besonderheiten der Fundstelle, die Forschungsgeschichte sowie über Sedimente und Fundsituation. Das Kernstück jedes Katalogteiles ist die kritisch durchgesehene oder auch neu erarbeitete Faunenliste, nach systematischen Gesichtspunkten geordnet; bei ergrabenen oder erschlossenen Sedimentprofilen wurden die Faunenlisten tabellarisch gestaltet. Faunistische Auffälligkeiten wie bemerkenswerte Dimensionen oder Verbreitungsareale, auch taxonomische Bemerkungen ergänzen diesen Abschnitt. Es folgen kurze Zusammenfassungen über botanische (fossile Pflanzenreste) und archäologische (Artefakte, Werkzeugspuren, etc.) Befunde. Viele neue Daten gibt es bei den Kapiteln "Chronologie" und "Klimageschichte". Zahlreiche neue radiometrische Altersbestimmungen nach der Radiokarbon- und der Uran-Serien-Methode ergänzen und bestätigen die auf der raschen Evolution bestimmter Säugetiergruppen (Wühlmäuse, Spitzmäuse, Bären) beruhenden relativen Datierungen. Die Klimageschichte des österreichischen Plio-Pleistozäns wurde ebenfalls auf eine ganz neue Basis gestellt. Durch die exakte Bestimmung von Gastropodengehäusen, aber auch von deren Fragmenten und die Beachtung der ökologischen Aussagekraft nicht nur von Einzelstücken, sondern von ganzen Assoziationen ist es gelungen, für einige Zeitabschnitte detaillierte Angaben über das einstige Klima und die klimatisch bedingte Vegetation zu geben. Für das Jungpleistozän ergaben sich markante und vieldiskutierte Abweichungen von der herrschenden Lehrmeinung. So war z.B. das sog. Mittelwürm (etwa 65.000 bis 34.000 Jahre v. h.) wesentlich wärmer als früher angenommen.

Den Schluß bilden Anmerkungen über die Aufbewahrungsorte der fossilen Faunenreste, den heutigen Bestand an rezenten Tieren in der Umgebung und die Literatur speziell zu dieser Fundstelle. Illustriert sind die meisten der Kapitel durch Zeichnungen wie Lageplan, Sedimentprofile und Grundrißpläne.

Der Großteil des Katalogs entstand im Institut für Paläontologie der Universität Wien durch die Zusammenarbeit der Projektmitarbeiter mit Studenten, freien Mitarbeitern und Angestellten des Instituts, für einige Kapitel konnten auch auswärtige Mitarbeiter gefunden werden. Die Bearbeitung der Mollusken wurde z. T. am Institut für Zoologie der Universität Wien (Abt. Spez. Zool.) durchgeführt.

2 Geologische Großgliederung (Doris Döppes & Gernot Rabeder)

Entstehung und Erhaltung fossilführender Sedimente hängen direkt oder indirekt vom geologischen Untergrund und von der geologisch bedingten Morphologie der Landschaft ab. Das gilt ganz besonders für die Höhlen, aber auch für die Lösse und für fluviatile Sedimente. Wie haben uns daher bei der regionalen Einteilung der Fundstellen an die geologische Großgliederung gehalten und folgende Fundgebiete unterschieden:

1. Böhmische Masse und Wachau: Fundstellen, die auf dem Kristallin der Böhmischen Masse liegen wie z.B. die Lößprofile der Wachau, sowie die fossilreichen Höhlen in den Marmorzügen im Kremszwickel. Auch die Teufelslucke bei Eggenburg ist hierher zu stellen, deren Sohle aus Kristallin und deren Decke aus miozänem Sandstein besteht.
2. Molassezone und Wiener Becken: Lösse sowie fluviatile Schotter und Sande liegen auf den miozänen Ablagerungen der Molassezone und des Wiener Bekkens. Das verfestigte Schotter auch als Muttergestein einer fossilführenden Höhle auftreten können, zeigt die Lettenmayerhöhle bei Kremsmünster.
3. Nordalpen: Höhlenfundstellen in allen Höhenlagen der Kalkgebirge. Gehäuft kommen die Höhlen in den Kalken der Obertrias (Dachsteinkalk) und des Oberjura (Oberalmschichten) vor. Besonders interessant sind die zahlreichen Höhlenbärenfaunen.
4. Zentralzone: Obwohl die Zentralalpen überwiegend aus kristallinen Gesteinen, v. a. Metamorphiten aufgebaut sind, gibt es hier die fossilreichsten Höhlen. Diese sind in den tektonisch kaum beanspruchten Karbonatvorkommen des Grazer Berglandes, der Hainburger Berge und des Leithagebirges angelegt; das geologische Alter der Muttergesteine reicht vom Devon über die Trias bis ins Miozän.

5. Südalpen: In den Karbonatgebieten der Südalpen sind Höhlen selten und daher auch fossilführende Karsthohlräume. Im österreichischen Anteil der Südalpen gibt es derzeit keine bedeutende Fundstelle.

3 Fundstellentypen (Gernot Rabeder)

Die Fossilvorkommen des österreichischen Pliozäns und Pleistozäns lassen sich durch wenige Fundstellentypen charakterisieren.

Höhlen sind nach oben abgeschlossene Karsthohlräume, so daß der Höhleninhalt von direktem Sonnenlicht und Niederschlägen geschützt ist. Bei größeren Höhlen wird auch eine gleichbleibende Temperatur geboten, wodurch eingebettete Organismenreste einen besonderen Schutz genießen und die Vorgänge der Fossilisation besonders begünstigt sind. Höhlensedimente können (vorwiegend durch fließendes Wasser) von außen in die Höhle gelangen (z.B. Sande, Bodensedimente, Lösse, Schotter), sie können sich aber auch im Höhlenraum bilden wie z.B. Sinter, Schutt und Lehme, wobei der Eintrag durch Tiere eine Rolle spielen kann.

Höhlenfaunen spielen in der Faunengeschichte des österreichischen Pleistozäns die beherrschende Rolle.

Spaltenfüllungen: Spalten sind nach oben offene Karsthohlräume, meist an Klüften oder Schichtfugen angelegt, die durch eingeschwemmtes Bodenmaterial, z.T. auch durch fluviatile Sande und Schotter gefüllt werden können. In seltenen Fällen sind die Spalten so groß, daß sie zu Fallen für Großsäuger wurden (z.B. Hundsheim, Schachtfaunen im Gebirge).

Lößfundstellen. Lösse sind äolische Feinsande von typischer Korngrößenzusammensetzung, die für kalkige Organismenreste (Molluskengehäuse, Wirbeltierknochen) günstige Erhaltungsbedingungen bieten. Wir können zwei Typen von Lößfundstellen unterscheiden: molluskenführende **Lößprofile**, an denen der Klimaablauf rekonstruierbar ist, und sog. **Löß-Stationen** mit gehäuftem Vorkommen von Wirbeltierresten, die auf die Tätigkeit des paläolithischen Jägers zurückzuführen sind und daher auch als paläolithische Lagerplätze bezeichnet werden. Im Idealfall kommen beide Typen ineinander verflochten vor wie z. B. in Willendorf, wo die Veränderungen der Molluskenfaunen im Fundzusammenhang mit den Beuteresten und den Steingeräten des Menschen studiert werden können.

Bodenbildungen (Paläosole). Lößpakete sind oft durch braune oder rotbraune Verlehmungszonen untergliedert, die eine günstigere Klimaentwicklung signalisieren. Tatsächlich findet man in mehreren dieser Paläoböden eine wärmeliebende Molluskenfauna, während die reinen Lösse Faunen einer kalten Steppe enthalten können. Fossile Böden können aber auch als Fundstellen autochthoner Kleinsäuger eine überregionale Bedeutung erlangen wie z. B. im Lößprofil von Stranzendorf.

Fluviatile Sande und Schotter. Im Gegensatz zu den zahlreichen Wirbeltierfundstellen in den Ablagerungen der "Urdonau" im Obermiozän spielen derartige Fundstellen im Plio-Pleistozän Österreichs nur eine untergeordnete Rolle. Als Beispiele können die jungpleistozänen Schotter der March und die zum Konglomerat verfestigten Schotter von Rohrbach (Pliozän) genannt werden.

4 Fundstellenkatalog

4.1 Böhmische Masse

Aggsbach

Florian A. Fladerer & Christa Frank

Jungpaläolithischer Freilandlagerplatz (Gravettien)
Kürzel: Ax

Gemeinde: Aggsbach Markt
Polit. Bezirk: Krems an der Donau (Land), Niederösterreich
ÖK 50-Blattnr.: 37, Mautern an der Donau
15°24'02" E (RW: 100mm)
48°17'34" N (HW: 96mm)
Seehöhe: ca. 220m

Lage: In der Wachau nahe des linken Donauufers, im westlichen Ortsgebiet von Aggsbach Markt (Abb. 1). Landschaftsräumlich liegt Aggsbach am Fuß des Westabfalls eines Hochlandes und in unmittelbarer Flußufernähe.
Zugang: Der Fundstellenbereich liegt an der Straße nach Zintring. Nach der Bahnübersetzung in der Ortsmitte folgt man der aus der Ortschaft nach Südwest führenden schmalen Straße bis zur Gabelung vor dem Haus Nr. 111. Die Fundstelle Aggsbach A lag dort, wo jetzt das Haus steht, Aggsbach B im Südhang der rechten Straßenseite. Aggsbach C liegt im Hang zwischen den Häusern Nr. 111 und Nr. 145.
Geologie: Der Löß bedeckt die Niederterrasse der Donau, die ihrerseits Paragneisen des Moldanubikums in der Böhmischen Masse aufliegt.

Fundstellenbeschreibung: Der Fundstellenkomplex mit den Aufschlüssen A bis E ist auf rund 500 m² verfolgbar. Er ist heute abgeböscht, überwachsen und teilweise verbaut. Fundstelle A und B lagen im Bereich einer aufgelassenen Ziegelei. Fundstelle A war ein bis 8m hoher und 27m langer Aufschluß an der linken Seite des Hohlwegs (HOERNES 1903, reproduziert bei NEUGEBAUER 1993:Abb. 36/8), der 1957 abgetragen wurde. Fundstelle B lag in der ehemaligen Lößwand an der rechten, nördlichen Böschung des asphaltierten Gemeindewegs, der um 1911 ein deutlich schmälerer Hohlweg war (Abb. 2). Fundstelle C ist am Osthang des lößbedeckten Rückens gelegen. Weiters sind die Fundstellen D und E und andere Ausbisse der Kulturschicht im Bereich des gesamten Lößrückens lokalisiert (FELGENHAUER 1951).

Forschungsgeschichte: 1883 Entdeckung der Fundstelle beim Materialabbau für den neu aufgestellten lokalen Ziegelofen, 1884-1891 Aufsammlungen von F. Brun und L. H. Fischer, 1889-1892 Grabung von L.H. FISCHER (1892) vor allem an der Fundstelle A. J. N. WOLDRICH (1893) ist eine erste Übersicht über die Tierreste zu entnehmen. 1894-1896 Aufsammlungen durch K. J. Maska und R. Kulka. 1911 4-wöchige Grabung von J. BAYER (1911) (Fundstellen A-C), 1914 Sichtung der Tierreste durch K. J. MASKA (1914), Teltsch. 1951 monografische Publikation durch F. FELGENHAUER (1951) unter Vorlage und Auswertung der archäologischen Funde und Beobachtungen auf Grundlage der Aufzeichnungen J. Bayers. 1957 wurde der Lößhang an der Fundstelle A für den Ausbau der Wachaustraße rund 20m bergwärts abgebaggert. Nach zwei unkontrollierten Tagen wurde an den beiden Fundstellen eine Notgrabung durchgeführt und aufgesammelt (BRANDTNER 1971). 1957 wurden auch von A. Papp, Paläontologisches Institut der Universität Wien, im Bereich von Aggsbach B Substratproben zur Molluskenbestimmung genommen. 1996 archäozoologische Sichtung der Wirbeltierreste (F. A. Fladerer) und Bearbeitung der Molluskenproben der Aufsammlung Papp 1957 (C. Frank).

Sedimente und Fundsituation: Im 'alten Aufschluß' A war eine bis 1m mächtige Kulturschichte über 25m verfolgbar, allerdings zweimal stark versetzt. Stratigrafie nach J. Bayer (FELGENHAUER 1951:212f) (Abb. 2): (1) Humus 0,2m, (2) zonenloser Löß 2,3m, (3) 'Kulturschichte' ca. 0,1m, (4) zonenloser Löß 0,5m, (5) grauweiße Bänder mit zwischenliegenden braunen Zonen und Kohlestraten 1,3m, (6) zonenloser Lößlehm ca. 3m. Die meisten Funde lagen in (3), einzelne in (4) und (5).
Die bis 1m mächtige 'Kulturschichte' war nach Westen ansteigend quer über die ganze Längserstreckung des Aufschlusses aufgeschlossen (FISCHER 1892). Steinindustrie, Holzkohle und Tierreste lagen gruppenweise zusammen und waren zuweilen durch eine Aschenkruste verbunden. Im östlichen Bereich, wo auch Mammutreste gefunden wurden, lag die Hauptkulturschicht mit Artefakten, Holzkohle, Rötel und einem Graphitstück in einer trichterartigen Vertiefung im liegenden Löß. J. Bayer revidierte die Feststellung Fischers, die Kulturschicht sei einheitlich, sie umfasse mindestens zwei Niveaus (Schichten 3 und 5).
Im Jahr 1957 wurde hier die solifluidal überprägte Kulturschichte unter 5m Lößüberlagerung angetroffen. Die Kohle von unmittelbar übereinanderliegenden Feuerplätzen ergab ein Radiokarbonalter von rund 26.000 Jahren vor heute (VOGEL & ZAGWIJN 1967:98, Abb. 2). Das Tiermaterial war sehr kleinstückig (F. Brandtner, Gars am Kamp, pers. Mitt. 1996).
Fundstelle B am rechtsseitigen Südhang: Stratigraphie nach J. Bayer (FELGENHAUER 1951:214f) (Abb. 2): (1) Humus 0,25m, (2) zonenloser, steriler Löß, schneckenreich 1,25m, (3) Streuschichte (oberster Kulturhorizont) - nur über der Mitte des Herdes der Hauptkulturschicht durch spärliche Kohleflocken bezeichnet - mit Tierresten und Artefakten, (4) zonenloser, steriler Löß

0,30m, (5) Hauptkulturschichte mit sehr lange benütztem Herd, mit lehmigen Zwischenzonen 0,10m, (6) zonenloser, steriler Löß 0,80m, (7) untere Kulturschicht (?), ohne Funde, sehr schwach ausgeprägt , wenig Holzkohle, 0,03m, (8) zonenloser, steriler Löß 0,42m, (9) Lehmbänder, oben weißlichgrau, unten braun mit kleinen Kohleflocken 0,25m, (10) ungebänderte, grauweißliche Zone 0,40m, (11) unterste Kulturschichte (?), schokoladenbraun, ohne Funde 0,05m, (12) zonenloser Lößlehm 0,55m, (13) lehmig-braune Schicht mit einzelnen Kohleflocken 0,40m, (14) zonenloser Lößlehm 0,40m.

Schicht 5 war im Südteil ca. 20cm mächtig. Sie beinhaltete kleinstückige Knochen, zahlreiche Abschläge. Im Mittelbereich lag eine Herdstelle mit Reflektoren. Das Sediment war rund 25cm mächtig, mit angebrannten kleinen Knochenfragmenten, sehr vielen Schnecken und kaum, aber großteils kleinen Artefakten. Im Ostteil 5-15 cm, Teilung durch Lößstreifen, Mikrolithen zahlreicher. Im Nordteil ebenfalls Teilung in mehrere Zonen, Knochenlager mit zahlreichen Steinen und Silices, Rötel, Graphit, einem Knochenpfriem und einem *Dentalium* (FELGENHAUER 1951:220). Auch die Streuschichte darüber (3; Abb. 2) beinhaltete Knochen, Artefakte und Kohle.

Fundstelle C (nach J. BAYER 1911): (1) Humus 0,25m, (2) umgelagerter Löß von dunkler Farbe und blättrigem Habitus 1,50m, (3) zonenloser, reiner Löß 1,50m, (4) Kulturschicht mit Holzkohlestreifen und z. T. angebrannten Knochenfragmenten, ohne Steinindustrie 0,05m.

Die Fundsituation im Jahr 1957 erbrachte an dieser Stelle erneut gut erhaltene Tierreste, darunter die Abwurfstange eines Rentieres.

Die Molluskenproben (Tabelle 2) wurden von A. Papp 1957 sehr wahrscheinlich im Bereich von Aggsbach B genommen. Die Zuordnung erfolgte nach den Beizetteln bzw. einem unpublizierten Manuskript von A. Papp (1957): (1a) 'Basis einer Lößpartie, keine optimale Fossilführung', (1b), 'Basis eines Lößpaketes aus einem Hohlweg westlich des Punktes B'. (2) entspricht Schicht 4 im Profil Aggsbach B: 'Horizont mit Solifluktionserscheinungen', Probe 3 'Löß über der Bodenbildung und dem Solifluktionshorizont, ungefähr in der Höhe der Kulturschichte' (Schicht 5) (Abb. 2).

<u>Fauna:</u> Für die Artenliste der Wirbeltiere (Tab. 1) wurden die Bestände am Naturhistorischen Museum inklusive der späteren Aufsammlung von 1957 und Angaben in FELGENHAUER (1951) verwendet. Der Erhaltungszustand ist als generell schlecht zu bezeichnen. Die Oberflächen sind stark korrodiert bzw. von Wurzelfraß zerstört. Der früheren Revision (THENIUS in FELGENHAUER 1951) stand das Material der Grabung Fischer 1892 und nur ein kleiner Teil der Grabung Bayer 1911 zur Verfügung. Eine Faunenliste von K. J. MASKA (1914) informiert über den Umfang eines ehemals vorhandenen Materials. Vermutlich handelt es sich allerdings um eine Sammelliste der von J. Bayer geborgenen Reste aus den Fundstellen A-E. Zur malakologischen Untersuchung des Fundplatzes wurden die vier Substratproben von A. Papp (1957) herangezogen (Tab.2).

Tabelle 1. Aggsbach Markt. Wirbeltierartenliste auf Grundlage des Tierknochenmaterials an der Prähistorischen Abteilung am Naturhistorischen Museum in Wien, ergänzt durch der Angaben in FELGENHAUER (1951). Die nur bei K. J. MASKA (1914) angeführten Arten sind eingerückt, da sie nicht überprüft werden konnten. Angegeben sind die Knochenzahlen und die Mindestindividuenzahl (in Klammer). HKS - Hauptkulturschicht.

	Aggsbach B - HKS	Aggsbach A	Aggsbach C	K. Maska 1914
Vulpes vulpes	-	1	-	-
Alopex lagopus	-	1	-	-
Canis lupus	-	3 (1)	2 (1)	2 (1)
Ursus arctos	-	-	-	6 (1)
Lynx lynx	-	-	-	4 (1)
Cervus elaphus	-	cf.	4 (1)	>10 (1)
Megaloceros giganteus	1	15 (2)	1	-
Alces alces	-	-	-	6 (1)
Rangifer tarandus	-	>50 (4)	4	>15 (2)
Bison priscus	-	1	-	>30 (1)
Rupicapra rupicapra	-	-	-	3 (1)
Capra ibex	-	8 (2)	4 (1)	50 (2)
Mammuthus primigenius	>15 (1)	>15 (1)	>5	5 (1)
Equus sp.	-	6 (1)	1	>18 (1)
Homo sapiens sapiens	1	-	-	-

Die Wirbeltierreste (Tab. 1) repräsentieren die genützten Wildtierarten. Die Repräsentationsmuster und das Fehlen von Knochenfragmenten bis auf Ausnahmen lassen erkennen, daß die archivierten Stücke ein Schönstückinventar darstellen. Dennoch lassen sich einerseits ökologisch-klimatische Aussagen treffen, andererseits sind auch aus dem Verteilungsmuster und den archäologischen Funden Hinweise auf die Funktion des Fundplatzes zu erkennen.

Zahlenmäßig ist das Rentier die häufigste Spezies. An zweiter Stelle liegen am Fundplatz A große Hirsche - die artliche Zuordnung zu Rothirsch oder Riesenhirsch ist öfters nicht möglich. Die Nutzungsart der beiden Gruppen dürfte sich unterschieden haben. Von den großen Hirschen liegen im Gegensatz zu den Rentieren vollständigere Langknochen vor, die belegen, daß das Knochenmark jener Individuen nicht voll ausgenützt wurde. Einzelzähne vom Rentier sind relativ häufig, was auf die Verwertung der Weichteile des Kopfes im Lagerbereich hinweist. Bruchstücke von Langknochen und Gelenkenden gelten als Abfälle der Markverwertung (vgl. Alberndorf, FLADERER & FRANK, dieser Band). Auffallend ist die hohe Repräsentanz des Steinbocks. Nach der Sammelliste (MASKA 1914) sind seine Reste deutlich häufiger als jene beider Hirschgruppen. Verteilungs- und Zerstörungsmuster lassen auf einen Eintrag der Steinbockkadaver oder deren noch im größeren Verband verbliebenen Teile unmittelbar nach dem Erlegen schließen. Das lokale primäre Verarbeiten läßt sich aus der Knochenliste von K. J. Maska gut erkennen. Davon unterschiedlich sind die Mammutteile. Wenige und sehr fragmentarische Knochen waren an allen Stellen des Fundstellenkomplexes anzutreffen. Die Fragmente lassen sich häufig jugendlichen Tieren zuordnen. Diese scheinen bevorzugt bejagt worden zu sein. Der Eintrag erfolgte von einem etwas weiter entfernten Schlachtplatz. Von der Körpermasse gerechnet muß die Elefantenart als bevorzugtes Beutetier angenommen werden. Untergeordnete Rollen spielen zur Versorgung der Jäger das Pferd und die großen Wildrinder. MASKA (1914) nennt zahlreiche, teilweise angekohlte Reste vom Steppenbison, die aber nicht von mehreren Individuen stammen müssen. Nachgewiesen ist ein juveniles Individuum. Bemerkenswert ist das Fehlen der Rentiere und der Steinböcke in Bayer's Hauptkulturschicht von Aggsbach B. Allerdings erlaubt die Fundliste von K. J. Maska keine exakte Zuordnung zu den beiden Fundbereichen.

Feuerstellen, Aschenlagen und reichlich Kohle belegen den lokalen Verzehr der Beutetiere. Wölfe wurden anders als die Pflanzenfresser genutzt, wie vollständige Langknochen und Diaphysen vermuten lassen. Besonders beachtenswert ist der Fund eines menschlichen Backenzahns aus der Hauptkulturschicht von Aggsbach B. Aufgrund der Unterschiede im Verteilungsmuster der Rentiere, der großen Hirsche, der Steinböcke, Pferde und Mammuts ist auf unterschiedliche Jagdsaisonen zu schließen. Längerzeitige und wiederholte Besiedelung ist anzunehmen, wie es im Landschaftsnutzungssystem holozäner subarktischer Wildbeuter typisch für Basislager ist.

Tabelle 2. Aggsbach Markt. Gastropodenartenliste der Aufsammlung 1957, Proben 1-4, von A. Papp. Probe 3 ist ein mögliches Äquivalent zur paläolithischen Hauptkulturschicht von Aggsbach B. Eindeutig als subfossil und rezent erkannte Taxa wurden in die Liste nicht aufgenommen (*Cecilioides acicula, Xerolenta obvia*). pl - zahlreich (über 100 Individuen).

	1a	1b	2	3
Cochlicopa lubrica	-	+	+	-
Columella columella[1]	?	-	+	+
Vertigo pygmaea	-	-	+	-
Pupilla muscorum	+	+	+	+
Pupilla muscorum densegyrata	+	+	+	+
Pupilla sp. juv. (*muscorum*-Gruppe)	-	+	-	pl
Pupilla bigranata	-	+	-	+
Pupilla triplicata	-	+	+	+
Pupilla loessica	-	+	+	pl
Vallonia costata (incl. *helvetica*)	-	+	+	-
Vallonia tenuilabris	+	+	+	pl
Vallonia pulchella	-	+	-	-
Chondrula tridens	-	+	-	-
Clausilia rugosa parvula	-	+	-	+
Clausilia dubia[2]	+	+	+	+
Neostyriaca corynodes austroloessica	-	+	-	-
Succinella oblonga (incl. f. *elongata*)[3]	-	+	pl	pl
Catinella arenaria	+	+	+	-
Euconulus fulvus	-	-	+	-
Euconulus alderi	-	-	+	-
Aegopinella nitens	-	+	-	-
Perpolita petronella	-	-	+	+
Deroceras sp.	-	+	-	-
Trichia hispida[4]	+	pl	pl	pl
Trichia rufescens suberecta	-	+	-	-
Helicopsis striata	+	+	-	-
Arianta arbustorum[5]	+	+	+	+
Isognomostoma isognomostomos	-	+	+	-
Regenwurm-Konkremente	-	+	+	-

[1] In A. Papps Liste angeführt (zu 1% enthalten), bei der Revision aber nicht identifiziert.
[2] Kleine gestauchte Lößform mit unterschiedlichen Doppelknötchen.
[3] In Probe 1b ausschließlich f. *elongata*.
[4] In Probe 1b, 2 und 3 stark repräsentiert, in 3 mit 1056 Individuen die häufigste Art überhaupt.
[5] Kleine, hohe Lößform, der f. *alpicola* (FÉR.) entsprechend.

Während die Wirbeltiere vor allem Auskunft über das Beutetierspektrum der altsteinzeitlichen Besiedelung der Wachau und die generellen Umweltverhältnisse geben, erlauben die Molluskenvergesellschaftungen eine nähere Rekonstruktion der lokalen Standorte im zeitlichen Kontext (Tab. 2). In der Probe 1a (10 Arten) - zeitlich vor der Hauptkulturschicht von Aggsbach B - zeigt sich ein individuenmäßiges Vorherrschen von *Helicopsis striata* vor den Offenlandarten und den Mesophilen. Sie indizieren vor allem Habitate in einem offenen, steppenartigen, wenig strukturierten Gelände und Trockenbusch.
Probe 1b (23 Arten) zeigt eine Dominanz der Mesophilen und der Offenlandarten, gefolgt in einigem Abstand von den Xerophilen und den Arten, die Wald bis felsige Standorte bewohnen. Die Ökologie zeigt höhere Standortsdiversität: Offenland mit mehr krautiger Vegetation, mit Gebüschen wechselnd, mit größeren Baumgruppen bis Wäldchen. Stärkere Feuchtigkeitsbetonung bei gemäßigtem, wärmeren Klima als 1a.
Probe 2: Hier dominieren ebenfalls die Mesophilen vor den Xeromesophilen, in größerem Abstand folgen erst die Offenlandarten. Größere Standortsdiversität ist gegeben und durch Vertreter der Gruppen 'Stark nasse bis feuchte Standorte verschiedener Art' eine stärkere Feuchtigkeitsbetonung. Der Klimacharakter ist gemäßigt und feuchter. Zu rekonstuieren ist vor allem Offenland mit krautiger Vegetation, kleinen Feuchtbiotopen bzw. Naßböden, wechselnd mit Heideflächen, Gebüschen und Baumgruppen.
Probe 3 - im Profil etwa der Hauptkulturschicht entsprechend - zeigt stärkere Prädominanz der Mesophilen vor den Offenlandarten, den Xeromesophilen und Steppenbewohnern. Die Standortsdiversität ist mäßig hoch: geringere, krautige Vegetation, wechselnd mit Heideflächen, Buschwerk und Bäumen.

Paläobotanik: Holzkohle von der Fundstelle B wurde von F. Brandtner als *Pinus silvestris*, die Rotkiefer, bestimmt. Auffallend enge Jahresringe lassen auf ungünstige klimatische Bedingungen schließen. Ob es sich um Kümmerformen oder Krummholzarten handelte, ist unklar. Auf ein Stammholz eines ausgewachsenen Baumes weist ein Bruchstück mit 32 Jahresringen. Ein Fragment von *Betula* sp. ?*pubescens*, einer (?Moor-) Birke, entspricht ihrer normalen Wuchsform (F. Brandtner in FELGENHAUER 1951:245f).

Archäologie: Gravettien. Die Spaltindustrie umfaßt mehrere 10.000 Stücke mit einem hohen Anteil an Modifikationen und Typen. Im Inventar aus der Hauptkulturschicht von Aggsbach B (670 Stück) wurden an Rohstoffen 55% Quarzit, 30% Hornstein, 13% Radiolarit und 2 % Chalcedon genannt, lokales Material aus den Donauschottern und der Böhmischen Masse (OTTE 1981:304); ein Obsidian gilt aufgrund einer petrografischen Bestimmung (E. Zirkl, FELGENHAUER 1951:236) als Beleg für Migrationen aus dem Norden der ungarischen Tiefebene. Das überwiegend mikrolithische Typenspektrum wird beherrscht von 74% Klingen, davon fast 2/3 unretuschiert; daneben vor allem Kratzer und Stichel (FELGENHAUER 1951). Bemerkenswert sind Gravettespitzen, Kleinkratzer, Kerbspitzen, Bohrer, Klopfsteine, Rötel und Ocker, Graphit, Dentalien und Vermetidenröhrchen. Die Geweih- und Knochenindustrie ist in Relation zum Umfang der Steinindustrie eher bescheiden (FELGENHAUER 1951:Taf. V): Darunter mehrere geglättete und teilweise rinnenartig ausgehöhlte Knochenpfrieme, plattige Bruchstücke aus Rentiergeweih mit parallelen Rillen (?Schneideunterlage), ein über 12cm langes Geweihfragment mit einer fast umlaufenden Rille am proximalen Ende, ein Elfenbeinstäbchen mit Fischgrätenmuster und ein Rippenfragment mit Zickzackmuster (vgl. OTTE 1981:314f).
An Wohnplatzstrukturen wurden mehrere Feuerstellen, teilweise übereinanderliegend, auch mit Steinreflektoren in der Hauptkulturschicht von Aggsbach B angetroffen (BAYER 1911). An Aggsbach A, Hauptkulturschicht, dürften Zeltböden bzw. Zeltumrisse abgegraben worden sein, wie vor allem auf Grund der Angaben von FISCHER (1892:144) zu vermuten ist. Der Ausgräber berichtet von Vertiefungen und von einer braunen Schicht, in welcher Holzkohle zwar verteilt, aber nicht angehäuft war, und in der häufig Rötel, Ocker, kleinstückige Silices und auch Graphit vorkamen.

Chronologie und Klimageschichte: Die Hauptkulturschicht im Bereich der Fundstelle A ist nach Radiokarbondaten von Holzkohlen dem Spätwürm zugeordnet: 25.760 ±170 a BP (GrN-1354), 26.800 ±200 BP a (GrN-2513). Ein drittes Datum GrN-1327 mit 22.670 ±100 BP a gilt als kontaminiert (VOGEL & ZAGWIJN 1967:98). OTTE (1990) ordnet Aggsbach B dem Entwicklungsstadium I des Gravettien von Willendorf (Schichten 5/6) zu und Aggsbach A dem Stadium II, das damit den Schichten 7/8 von Willendorf entspricht. Er schließt damit an BAYER (1912:15f) an, der die zwei Niveaus von Aggsbach mit 5 bzw. 6-9 von Willendorf II parallelisierte. Die beiden datierten Holzkohleproben stammen - entgegen der Eintragung bei OTTE (1990:Tab.3) von unmittelbar übereinander liegenden Herdstellen der Fundstelle A (Schicht 5 in Abb. 2; F. Brandtner, pers. Mitt. 3/1996). Schicht 5 von der nördlich liegenden Fundstelle Aggsbach B (Abb. 2) ist nach der Typologie (OTTE 1990) sehr wahrscheinlich noch älter. Damit ist die von BAYER (1911) gegebene und wiederholt reproduzierte schematisierte Darstellung (FELGENHAUER 1951:214, OTTE 1981:303) zu korrigieren (Abb. 2). Im Komplex von Aggsbach ist mit mindestens sieben Nutzungsphasen zu rechnen.

Nach HEINRICH (1973:239) lieferte ein oberes Niveau - von A oder B bleibt ungeklärt - ein Alter von 22.450 BP (Groningen, ohne Nummer und Abweichung).

Die Molluskenvergesellschaftungen - im unteren Abschnitt des Kompositprofils - erlauben mit Vorbehalt Korrelationen mit Proben von Willendorf (FRANK & RABEDER 1994), das nur 3,5km entfernt ist und mikroklimatisch sowie geomorphologisch mit Aggsbach weitgehend identisch ist. Die Gemeinschaft in Probe 1a entspricht im Profil von Willendorf II etwa der Aussage der Fundnummern 4,8,9, 23/Einheit B, 10-20cm unter 8der Kulturschichte 8 (GrN-11191: 25.800 ±800 BP). Es ist ein trockener, mäßig kalter Klimacharakter ersichtlich. Mit Probe 1b ist durch *Neostyriaca corynodes austroloessica* und *Trichia rufescens suberecta* Vergleichbarkeit mit Probe 5 im Profil von Willendorf, 30-70cm unter Kulturschichte 8, gegeben. Die Fauna dokumentiert mittelfeuchtes, kühles Klima.
Molluskenprobe 2 zeigt Entsprechungen zu den Fundnummern 2,17,18,19,20/Einheit B in Willendorf, 30-70cm unter Kulturschichte 8, auch zu Nr. 21 in Einheit C - graue Schichte unter der Kulturschichte 6. Die Feuchtigkeitsbetonung entspricht dem solifluidalen Charakter des Sediments. Bodenfließen gilt als Ausdruck einer klimatischen Änderung zu einer wärmeren Periode.
Molluskenprobe 3 läßt sich mit den Fundnummern 6,12/Einheit C von Willendorf, 10-30cm unter Kulturschichte 5 vergleichen. Der Klimacharakter ist etwas gemäßigter und wieder etwas trockener. Die Probe liegt stratigraphisch nahe der Hauptkulturschicht von Aggsbach B: Mammut (vermutlich) als Hauptbeutetier, eine Kiefer in Kümmerform oder als Krummholzart und die Birke geben weitere Indikationen für ein trockenes, kontinentales Paläoklima.

Das Profil bei Aggsbach A beginnt mit einem 3m mächtigen lehmigen Löß. Möglicherweise ist darin eine etwas gemäßigtere und feuchtere Phase repräsentiert. Die Hauptkulturschicht 'Aggsbach A' ist mit rund 26.000 Jahren vor heute datiert. Im Beutetierspektrum des Lagerplatzes ist besonders die Präsenz des Steinbocks und des Eisfuchses ein klarer Ausdruck kontinentaler, kalt-trockener Verhältnisse. Die Hänge der Wachau waren mindestens im Unterwuchs von borealen Rasen- und Kräutergesellschaften bestanden, die dem jungeiszeitlichen großen Steinbock Äsung gewährten. Weitgehend offene Landschaft und ausgedehnte trockene Grasheiden sind malakologisch auch für das mögliche zeitliche Äquivalent um die Kulturschicht 8 in Willendorf (FRANK & RABEDER, dieser Band) nachgewiesen.

Aufbewahrung: Die Säugetierreste und das archäologische Material werden in der Prähistorischen Abteilung am Naturhistorischen Museum in Wien aufbewahrt; die Mollusken am Institut für Paläontologie der Universität Wien. Sehr kleine Bestände archäologischer Fundstücke befinden sich im Niederösterreichischen Landesmuseum sowie im Stockerauer Heimatmuseum (nach FELGENHAUER 1951 ist das im Städtischen Museum Baden aufbewahrte Material nach dem Weltkrieg abhanden gekommen).

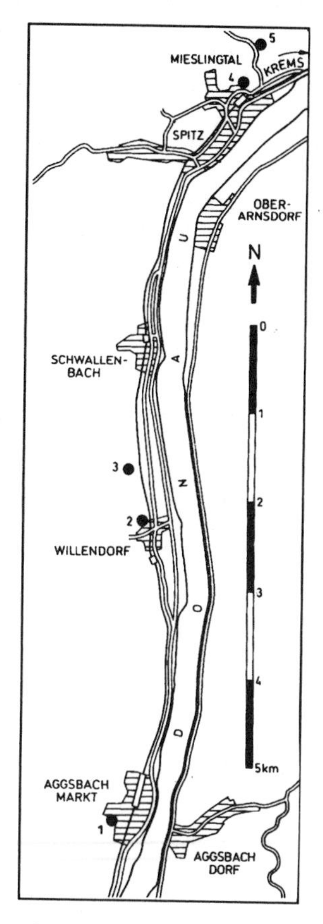

Abb.1: Jungpaläolithische Freilandfundstellen der Wachau am linken Donauufer: 1 Aggsbach, 2 Willendorf, 3 Schwallenbach, 4 Spitz-Singerriedl, 5 Spitz-Mießlingtal (Die Bearbeitung von 4 und 5 erfolgt an anderer Stelle).

Rezente Molluskensozietäten: Insgesamt sind 59 Molluskenarten für Aggsbach Markt bzw. für Aggsbach Dorf aufzulisten (FRANK 1987, JAUERNIG 1995). Gegenwärtig ist hier eine reich entwickelte, stark waldbetonte Vergesellschaftung zu beobachten (Waldbewohner s. str. sind *Pagodulina pagodula altilis*, *Ena montana*, *Cochlodina laminata*, *Macrogastra plicatula*, *Vitrea diaphana*, *Vitrea subrimata*, *Aegopis verticillus*, *Aegopinella pura*, *Aegopinella nitens*, *Limax cinereoniger*, *Monachoides incarnatus*, *Helicodonta obvoluta*, *Isognomostoma isognomostomos*). Starke Feuchtigkeitsbetonung zeigen (feuchte bis nasse Standorte allgemein: *Carychium minimum*, *Carychium tridentatum*, *Cochlicopa lubrica*, *Columella edentula*, *Succinea putris*, *Zonitoides nitidus*; feuchte Waldstandorte verschiedener Art: *Macrogastra ventricosa*, *Clausilia pumila*, *Discus perspectivus*, *Semilimax semilimax*, *Arion silvaticus*, *Trichia rufescens danubialis*, *Petasina unidentata*, *Pseudotrichia rubiginosa*, *Urticicola umbrosus*). Der Rest der ökologischen Gruppierungen verteilt sich auf mesophile Standorte verschiedener Art, diverse offene und einzelne Trockenstandorte (*Granaria frumentum*, *Chondrula tridens*, *Zebrina detrita*, *Cecilioides acicula*, *Helicella itala*, *Xerolenta obvia*, *Euomphalia strigella*, *Cepaea vindobonensis*). Daraus ist eine starke Standortsdifferenzierung zu erkennen - Laubmischgehölze, gut gegliederte Strauch- und Krautschichten, bemooste Steinblöcke, lockerer, strukturierter Oberboden; dazu lichtoffene, sonnenexponierte Stellen, Ruderalplätze und Kulturland.

Literatur:
BAYER, J. 1911. [Unpublizierte Grabungsprotokolle] - 'Blaue Bücher', **1-3**, Prähist. Abt. Naturhist. Mus., Wien.
BAYER, J. 1912. Das geologisch-archäologische Verhältnis im Eiszeitalter. - Z. Ethnol., **44**: 1-22, Berlin.
BRANDTNER, F. 1971. Aggsbach Markt. - Fundber. Österr., 7 (1956-60):1, Wien.
FELGENHAUER, F. 1951. Aggsbach. Ein Fundplatz des späten Paläolithikums in Niederösterreich. - Mitt. Prähist. Komm., **5**(6):160-266, 6 Taf., Wien.
FISCHER, L. H. 1892. Paläolithische Fundstellen in der Wachau (Nieder-Oesterreich). - Mitt. k. k. Central-Comm. zur Erforsch. u. Erhaltung d. Kunst- u. histor. Denkmale, N. F., **18**: 138-146, Wien.
FRANK, C. 1987: Aquatische und terrestrische Mollusken der niederösterreichischen Donau-Auengebiete und der angrenzenden Biotope. IX. Die Donau von Wien bis Melk. Teil 1. - Z. Angew.. Zool., **74**(1): 35-81 - Teil 2, **74**(2): 129-166, Berlin.
FRANK, C. & RABEDER, G. 1994. Neue ökologische Daten aus dem Lößprofil von Willendorf in der Wachau. - Archäol. Österr., **5**(2): 59-65, Wien.
HEINRICH, W. 1973. Das Jungpaläolithikum in Niederösterreich. - Unpubl. Diss. Univ. , Salzburg.
MASKA, K. J. 1914. Die Diluviale Fauna von Aggsbach. - In: FELGENHAUER, F. 1951: 239-241.
HOERNES, M. 1903. Der diluviale Mensch in Europa. Braunschweig.
JAUERNIG, P. 1995. Unpubl. Diss. Univ., Wien.
NEUGEBAUER- MARESCH, Ch. (Hrsg.) 1993. Altsteinzeit im Osten Österreichs. - Wissenschaftl. Schriftenreihe Niederösterreich, **95/96/97**: 1-96, St. Pölten.
OTTE, M. 1981. Le Gravettien en Europe Centrale. - Dissertationes Archaeol. Gandensis, **20** (1-2), Brugge.
OTTE, M. 1990. Révision de la séquence du Paléolithique Supérieur de Willendorf (Autriche). - Bull. inst. royal sci. natur. Belgique, Sc. Terre, **60**: 219-228, Bruxelles.
VOGEL, J. C. & ZAGWIJN, W. H. 1967. Groningen radiocarbon dates VI. - Radiocarbon, **9**: 63-106, New Haven.
WOLDRICH, J. N. 1893. Reste diluvialer Faunen und des Menschen aus dem Waldviertel Niederösterreichs in den Sammlungen des k. k. Naturhistorischen Hofmuseums in Wien. - Denkschr. math.-naturwiss. Kl., kaiserl. Akad. Wiss., **60**: 565-634, 6 Taf., Wien.

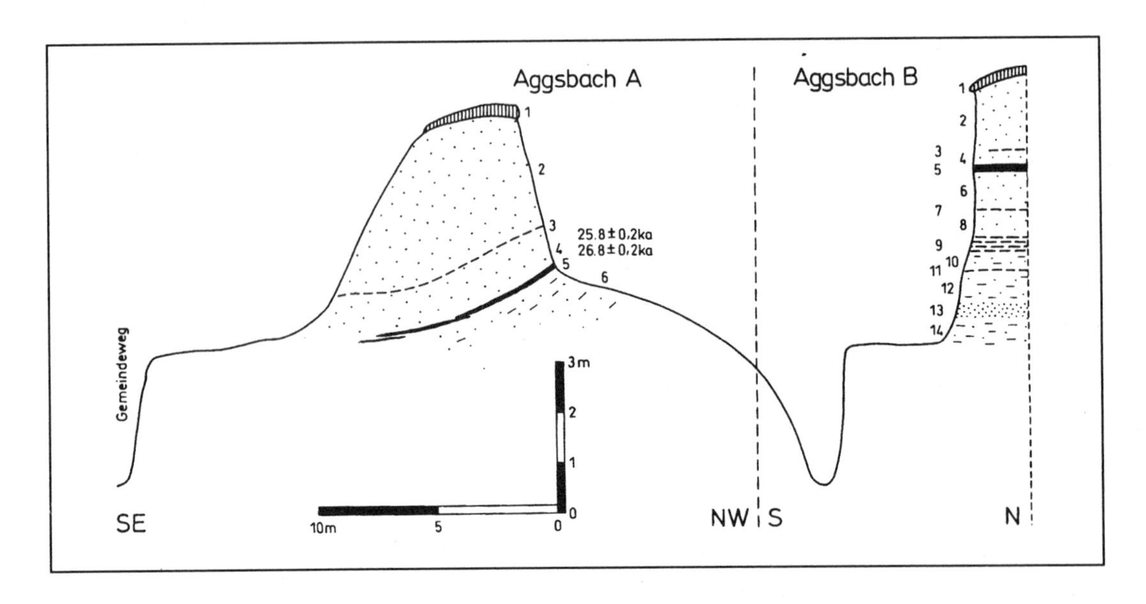

Abb.2: Aggsbach Markt. Schematisiertes, überhöhtes und geknicktes Nord-Südost-Profil durch den Fundstellenkomplex nach Aufnahmen von J. Bayer, 1911 (aus FELGENHAUER 1951), verändert und ergänzt, mit Schichtnummern und Radiokarbondaten in 1000 Jahren vor heute.

Aigen - Hohlweg

Christa Frank

Lößprofil, Jungpleistozän
Synonym: Göttweig-Aigen, Ai

Gemeinde: Furth bei Göttweig
Polit. Bezirk: Krems an der Donau (Land), Niederösterreich
ÖK 50-Blattnr.: 38, Krems a. d. Donau
15°36'23" E (RW: 34mm)
48°22'20" N (HW: 271mm)
Seehöhe: 210m

Lage: Im Hohlweg nördlich von Aigen, siehe Lageplan bei Krems-Schießstätte (FRANK & RABEDER, dieser Band).
Zugang: Über die Bundesstraße 333, südlich von Krems, in Richtung Stift Göttweig. Die Ortschaft Aigen liegt südwestlich von Furth. Zu dem Hohlweg mit dem Aufschluß gelangt man durch den Kellergraben in Furth, über den man auf die Straße nach Steinaweg kommt. Etwa gegenüber des Hauses Aigen Nr. 28 führt der asphaltierte Hohlweg in Richtung Nordwest auf eine

kleine Anhöhe (FINK 1974:94; Lageplan: FINK 1976a:72, BINDER 1977:30).
Geologie: Die Terrasse von Aigen besteht im Sockel aus Kristallin, das von fossil belegtem Miozän überlagert wird (GRILL 1956-1963). Der Hochterrassenschotter der Fladnitz ist etwa 0,5m mächtig und besteht aus kaum gerundetem Granulit (lokales Material). Seine verwitterte Oberkante leitet in rötlichbraunen Verwitterungslehm über, der stratigraphisch der "Göttweiger Verlehmungszone" gleichgesetzt worden ist (FINK 1962, 1976b:71).

Forschungsgeschichte: Der Aufschluß ist im Zuge der neueren Bearbeitung der österreichischen Lößprofile bekannt geworden (FINK 1962, 1969, 1974, 1976a-c). Die malakologische Dokumentation erfolgte durch LOZEK (1976:72, 74-75) und BINDER (1977:30-32). Orientierungsproben aus der "Paudorfer Bodenbildung" (ältere Literatur; sollte nicht mehr verwendet werden) waren auch von J. Kovanda (Prag) entnommen worden.

Sedimente und Fundsituation: Der Hohlweg Aigen umfaßt das vollständige Profil vom sogenannten "Übergangsbereich zwischen Trockener und Feuchter Lößlandschaft" (FINK 1962:7-8). Es handelt sich um eine mächtige Lößabfolge, wie eine von B. Frenzel auf Parzelle 32 (neben Punkt K, Lageplan zu FINK 1976a) angesetzte Handbohrung gezeigt hatte, die über 10m tief vorgetrieben wurde. Der Löß liegt ohne erkennbare Unterbrechung zwischen dem erwähnten Verwitterungslehm und einer in seinem oberen Drittel auftretenden, braun gefleckten Bodenbildung, die dem Paudorfer Boden sehr ähnlich ist (FINK 1969, 1974, 1976b:71, Abb. 33 unten). Der ganze Paläoboden ist von rezenten Wurzeln durchsetzt, die noch tief in den basalen Löß vordringen (FINK 1976c:75). Der Löß zwischen den beiden Bodenbildungen enthielt eine artenarme, doch individuenreiche Molluskenfauna, die in seinen unteren beiden Dritteln konzentriert ist. Der oberste Horizont erwies sich dagegen als auffallend molluskenarm. An der Unterkante der "Paudorfer Bodenbildung" war eine reichhaltige, differenzierte Molluskenfauna feststellbar (LOZEK 1976, BINDER 1977).

Fauna: Der Aufschluß umfaßt ausschließlich Molluskenfaunen; Vertebratenreste wurden nicht gefunden.

Mollusca:
LOZEK (1976:74) und BINDER (1977:31) bearbeiteten und veröffentlichten bereits Molluskenthanatozönosen aus Sedimentproben dieser Fundstelle. Die von BINDER mit 'C' bezeichnete Probe (Material von C. Frank 1994 revidiert) und die Probe 'Lo 10' werden im folgenden in einer Tabelle zusammengefaßt. Diese Daten werden durch Material ergänzt, das von M. Jakupec, M. Niederhuber und G. Rabeder 1996 dem Aufschluß entnommen wurde und von C. Frank bearbeitet worden ist.
1: Lo 10, 'Paudorfer Bodenbildung' (Unterkante)
2: Löß unter der 'Paudorfer Bodenbildung' (Probe 'C' bei BINDER)
3: Löß zwischen den beiden Bodenbildungen (Probennahme: Jakupec, Niederhuber, Rabeder; Schlämmen und Aussuchen: Niederhuber; Determination und Auswertung: C. Frank).

Art	1	2	3	Anm.
Columella columella	-	+	+	
Sphyradium doliolum	+	-	-	1
Pagodulina pagodula	+	-	-	
Pupilla muscorum	-	+	-	
Pupilla muscorum densegyrata	-	+	-	
Pupilla bigranata	-	+	pl	2
Pupilla triplicata	+	+	+	3
Pupilla sterrii	-	+	-	
Pupilla loessica	-	+	-	
Vallonia costata	+	+	+	
Chondrula tridens	+	-	-	
Ena montana	+	-	-	
Cochlodina laminata	+	-	-	
Ruthenica filograna	+	-	-	
Macrogastra ventricosa	+	-	-	
Macrogastra densestriata	+	-	-	4
Macrogastra plicatula	+	-	-	4
Clausilia pumila	+	-	-	
Clausilia dubia	-	+	+	
Neostyriaca corynodes austroloessica	-	-	+	
Succinella oblonga f. *elongata*	-	-	+	
Discus rotundatus	+	-	-	
Discus perspectivus	+	-	-	
Aegopis verticillus	+	-	-	
Aegopinella sp. (? cf. *ressmanni*)	+	-	-	
Oxychilus sp.	-	-	+	
Limacidae, kleine Arten	+	-	-	5
Deroceras sp., cf. *laeve*	-	-	+	
Soosia diodonta	+	-	-	
Fruticicola fruticum	+	-	-	6
Trichia hispida	-	pl	pl	10
Trichia cf. *rufescens*	-	pl	-	7
Petasina unidentata	+	-	-	8
Helicopsis striata	+	-	+	
Monachoides incarnatus	+	-	-	
Urticicola umbrosus	+	-	-	9
Xerolenta obvia	-	-	+	
Euomphalia strigella	+	-	-	
Helicodonta obvoluta	+	-	-	
Arianta arbustorum	+	-	-	
Cepaea hortensis	+	-	-	
Cepaea vindobonensis	+	-	-	
Helix pomatia	+	-	-	
cf. *Sphaerium corneum*	+	-	-	
Gesamt: 44	30	11	12	

Anmerkungen:
1. Sub "*Orcula doliolum*".
2. Als "*Pupilla muscorum*" bestimmt.
3. Teilweise als "*Columella columella*" bestimmt.
4. Sub "*Iphigena*".
5. cf. Agriolimacidae.
6. Sub "*Bradybaena fruticum*".
7. Sub "*Trichia* cf. *striolata*"; siehe FALKNER (1982:31).
8. Sub "*Trichia unidentata*".

9. Sub "*Zenobiella umbrosa*".
10. Sub "*Trichia*" (ohne Bestimmung).
pl = zahlreich.
1: Voll entwickelte, hochinterglaziale, feuchte- und wärmebedürftige, artenreiche Waldfauna (Laubmischwald mit Strauch- und Krautschichte, lockerer, strukturierter Oberboden).
2: Von *Trichia* cf. *rufescens* dominierte Lößfauna; Klimaverhältnisse feucht, kühl; weitgehend offenes Grasland, Krautbestände; Steppenrelikte (*Pupilla bigranata*); vereinzelt Gebüsche.
3: Von *Pupilla bigranata* und *Trichia hispida* beherrschte Lößfauna; Klimacharakter: kühl-gemäßigt; offenes bis halboffenes Gelände.

Paläobotanik und Archäologie: Kein Befund.

Chronologie und Klimageschichte:
VOGEL & ZAGWIJN (1967:95) führen absolute Daten nach 3 Proben von der Oberkante der "Paudorfer Bodenbildung" an; Entnahmestelle siehe Abb. 33 unten (in FINK 1976b): GRN-2196 (6/59): 32.140 ±860 a BP (Holzkohle). Die absoluten Daten aus dem Humus sind wegen rezenter Kontamination irrelevant.
Eine zeitliche Einstufung der Bodenbildung aufgrund der Molluskenfauna ist problematisch. Die über und unter der Bodenbildung liegenden Lösse sind so arten- und indivuenarm, daß weder klimatologische noch chronologische Aussagen möglich sind.
Der Löß zwischen den Bodenbildungen (Probe 3) erwies sich als individuenreich und ergab 12 Arten. Die höchste Individuendominanz erreichen *Pupilla bigranata* (44,3 % der Individuen) sowie die ökologische Gruppe 'Mesophile' (fast ausschließlich durch *Trichia hispida* repräsentiert; 36 % der Individuen). Die Fauna spricht für ausgedehnte trockene Grasheiden, wechselnd mit mittelfeuchten, mehr krautig bewachsenen Flächen. In beiden sind einzelne Gebüsche anzunehmen. Die beiden inadulten Individuen von *Xerolenta obvia* dürften in der Fauna nicht autochthon sein (besserer Erhaltungszustand als das übrige Material). Sie entsprechen der Fauna gar nicht, sondern viel mehr den rezenten und subrezenten Gegebenheiten im Umkreis des Profiles. Da hier auch *Zebrina detrita* in großen Zahlen lebend beobachtet werden konnte, die an ungestörten Standorten trockenwarmer Charaktere gerne mit ihr vergesellschaftet ist (FRANK 1982), wird diese Annahme unterstützt. Die beiden Schalen sind vermutlich von der Oberflächenschichte gesammelt worden, an der makroskopisch Gastropodenschalen festgestellt wurden (mündl. Mitt. v. M. Niederhuber und M. Jakupec).
Das Klima zur Ablagerungszeit dieser Lößfauna dürfte kühl-gemäßigt gewesen sein. Welcher Wärmeschwankung die hochthermophile Molluskenfauna aus der Unterkante der Bodenbildung angehört, kann m. E. kaum mit Sicherheit gesagt werden. Die zeitliche Einstufung der Faunen muß daher bei 'vermutlich jungpleistozäne Abfolge' bleiben. Die Problematik hinsichtlich der Einstufung der 'Paudorfer Bodenbildung' wird auch von LOZEK (1976:75) bereits angesprochen.

Aufbewahrung: Die Molluskenbelege dürften sich großteils in der Sammlung LOZEK (Prag) befinden. Ein geringerer Teil des Materiales liegt im Inst. f. Paläontologie Univ. Wien.

Rezente Sozietäten: Siehe die Fundstelle "Furth - Hohlweg" (dieser Band).

Literatur:
BINDER, H. 1977. Bemerkenswerte Molluskenfaunen aus dem Pliozän und Pleistozän von Niederösterreich. - Beitr. Paläont. Österr. **3**: 1-49, 14 Taf., Wien.
FALKNER, G. 1982. Zur Problematik der Gattung *Trichia* (Pulmonata, Helicidae) in Mitteleuropa. - Mitt. Dtsch. Malakozool. Ges., **3**: 30-33, Frankfurt/Main.
FINK, J. 1962. Die Gliederung des Jungpleistozäns in Österreich. - Mitt. Geol. Ges. Wien, **54**(1961): 1-25.
FINK, J. 1969. Le loess en Autriche. - Bull. Assoc. Franc. et Quart., **5**: 3-12, Paris.
FINK, J. 1974. Führer zur Exkursion durch den östlichen Teil des nördlichen Alpenvorlandes und den Donauraum zwischen Krems und Wiener Pforte. - Mitt. Quartärkomm. Österr. Akad. Wiss., **1**: 1-145, Wien.
FINK, J. 1976a,b,c. Fahrstrecke Paudorf-Aigen. - Hohlweg Aigen (mit Abb. 33, unten). - Regionale Stratigraphie. - Mitt. Komm. Quartärforsch. Österr. Akad. Wiss., **1**: 71, Abb. 32 (S. 72), 73, 75, Wien.
FRANK, C. 1982. Aquatische und terrestrische Molluskenassoziationen der niederösterreichischen Donau-Auengebiete und der angrenzenden Biotope. III. Die Hundsheimer Berge. - Malak. Abh. Staatl. Mus. Tierkd. Dresden, **8**: 209-220, Dresden.
GRILL, R. 1956-1963. Aufnahmeberichte 1955-1962. - Verh. Geol. Bundesanst. Wien. (zit. ex FINK 1976b).
LOZEK, V. 1976. Malakologie. - In: Mitt. Komm. Quartärforsch. Österr. Akad. Wiss., **1**: 74, 76-77, Wien.
VOGEL, J. C. & ZAGWIJN, W. H. 1967. Groningen Radiocarbon Dates VI. - Radiocarbon, **9**: 63-106.

Furth - Hohlweg

Christa Frank

Pleistozänes Lößprofil
Synonym: Göttweig-Furth, Fu

Gemeinde: Furth bei Göttweig
Polit. Bezirk: Krems an der Donau (Land), Niederösterreich
ÖK 50-Blattnr.: 38, Krems a. d. Donau

15°36'23" E (RW: 34mm)
48°22'20" N (HW: 271mm)
Seehöhe: 214m

Lage: In einem Hohlweg im westlichen Teil der Ortschaft Furth bei Göttweig, siehe Lageplan bei Krems-Schießstätte (FRANK & RABEDER, dieser Band).

Zugang: Furth liegt etwa 4 km südlich von Krems a. d. Donau und etwa 1,5km nördlich von Stift Göttweig (Bundesstr. 333).
Geologie: Die Bodenbildung liegt im östlichen Teil direkt dem Fladnitzschotter auf, im westlichen Teil ist eine Lößzwischenschichte ausgebildet (FELGENHAUER & al. 1959).

Fundstellenbeschreibung: Die berühmten Aufschlüsse liegen in einem Hohlweg, der die Verlängerung der Kellergasse im westlichen Ortsteil bildet. Sie befinden sich knapp 0,5km nördlich der im Aigener Hohlweg aufgeschlossenen Fundstelle und sind der locus typicus der sogenannten "Göttweiger Verlehmungszone". Lageplan: siehe FINK (1976:72, Abb. 32).

Forschungsgeschichte: Diese Bodenbildung wurde von BAYER (1912) erstmals eindeutig beschrieben und scheint seither in verschiedener Literatur auf, u. a. in BAYER (1927), GÖTZINGER (1936), ZEUNER (1954), GROSS (1956, 1960), BRANDTNER (1956), WOLDSTEDT (1962), FELGENHAUER & al. (1959), FINK (1962), FINK & PIFFL (1976). Die in der älteren Literatur vorgenommenen stratigraphischen Einstufungen sind aber nach neuerer Untersuchung nicht mehr haltbar. Die Molluskenfaunen wurden von LOZEK (1976) und BINDER (1977) bearbeitet.

Sedimente und Fundsituation: Der älteren Terminologie folgend, liegt die Fundstelle im "Übergangsgebiet zwischen Trockener und Feuchter Lößlandschaft". Die "Göttweiger Verlehmungszone (GöVz)" ist ein rötlichbrauner Boden (Abbildung: siehe BAYER 1927), typologisch eine Lößbraunerde, die basal einen deutlichen Kalkanreicherungshorizont zeigt. Sie ist von der gleichen Verwitterungsintensität wie der B-Horizont des "Stillfrieder Komplexes". Die Oberkante ist solifluidal gestört, sodaß keine hangenden Humushorizonte entwickelt sind. Über der Verlehmungszone ist Löß und stellenweise "Sumpflöß" ausgebildet. (FELGENHAUER & al. 1959:55, FINK 1962); Längsschnitt in FINK & PIFFL (1976:73, Abb. 33). Löß und "Sumpflöß" enthielten Molluskenfaunen, ebenso das Liegende des Bt-Horizontes der Verlehmungszone und deren Oberkante (LOZEK 1976, BINDER 1977).

Fauna: Es handelt sich um eine ausschließliche Molluskenfundstelle.

Mollusca: Nach LOZEK (1976:74) und BINDER (1977:30), kombiniert und aktualisiert. Eine Revision war nur an wenigen, im Inst. Paläont. Univ. Wien befindlichen Belegen möglich (*Gyraulus acronicus*, *Discus perspectivus*, *Aegopis verticillus*).
Eine aussagekräftige Molluskenfauna liegt ausschließlich von der Unterkante der "Göttweiger Bodenbildung" vor (Lo6 bei LOZEK 1976, Abb. 33), daher werden die übrigen Funddaten nicht in die Tabelle einbezogen.

1 aus LOZEK ("Lo 6"); pl = zahlreich; F = auch von J. FINK gesammelt.

Art	Anm.
Cochlostoma sp.	1
Cochlicopa lubricella	+
Truncatellina cylindrica	+
Vertigo pygmaea	+
Granaria frumentum	8
Sphyradium doliolum	5
Pagodulina pagodula	+
Vallonia costata	+
Chondrula tridens	+
Ena montana	+
Cochlodina laminata	+
Ruthenica filograna	+
cf. *Macrogastra ventricosa*	4
Macrogastra plicatula	4
Clausilia pumila	+
Clausilia dubia	+
Aegopis verticillus	+
Aegopinella sp.	2, F
Limacidae, große Art	+
Petasina unidentata	6
Helicopsis striata	+
Monachoides incarnatus	+
Urticicola umbrosus	7
Helicodonta obvoluta	+
Arianta arbustorum	+
Helicigona lapicida	+
Drobacia banaticum	3, F
Isognomostoma isognomostomos	+
cf. *Cepaea hortensis*	+
Helix pomatia	+, F
Gesamt:	30

Anmerkungen:
1: Hinweis: (*septemspirale* R. ?); in Mitteleuropa äußerst seltene Fossilnachweise.
2: Hinweis: (*ressmanni* (WEST.) ?).
3: Sub "*Helicigona banatica*".
4: Sub "*Iphigena*".
5: Sub "*Orcula doliolum*".
6: Sub "*Trichia unidentata*".
7: Sub "*Zenobiella umbrosa*".
8: Sub. "*Abida frumentum*".

Hochwarmzeitliche, von thermo- und hygrophilen Waldarten beherrschte Fauna, die vor allem durch *Drobacia banaticum* gekennzeichnet ist. LOZEK (1976:77) vermutet eine sekundäre Vermengung dieser Fauna mit den Steppenelementen.
Die Proben von BINDER 1977 sind stratigraphisch nicht nachvollziehbar. Sie enthalten zumeist artenarme Faunen.

Der Löß über der 'Göttweiger Bodenbildung' wurde von M. Jakupec, M. Niederhuber und G. Rabeder 1996 neu beprobt; die Mollusken wurden von C. Frank bestimmt und ausgewertet.

Art	Anmerkungen
Valvata cristata	+
Stagnicola palustris agg.	+, teilw. conchologisch der *Stagnicola turricula* (HELD 1836) entsprechend, vgl. FALKNER (1985)
Galba truncatula	+
Lymnaeidae, große Art	+, cf. *Radix auricularia* oder *Radix ovata*
Radix peregra	+
Gyraulus laevis	+
Physa fontinalis	+
Pupilla muscorum	+, Mastformen
Vallonia tenuilabris	+
Succinea putris	+
Oxyloma elegans	+, pl
Succineidae, tausende Splitter	+, dominant: *Oxyloma elegans*
Pisidium personatum	+
Pisidium sp., cf. *casertanum*	+
Gesamt: 13	

Diese Probe entspricht teilweise der Nr. 6 von BINDER (1977:30), '140 m westlich der Weggabelung, Sumpflöß über der Göttweiger Verlehmungszone' (9 Arten): Auch er stellte die Prädominanz von *Oxyloma elegans* (sub '*Succinea elegans*') fest. *Succinea putris* liegt in einer schlanken, mehr länglichen Form vor, ist aber aufgrund morphologischer Kriterien (Embryonalgewinde, letzter Umgang im Bereich der Naht, Mündung) gut definierbar. Sie dürfte nicht erkannt worden sein. Möglicherweise eine Fehldetermination ist auch '*Aplexa hypnorum*' (1; diese Fundmeldung könnte sich auf die hier vertretenen kleinen, sehr schlanken *Physa fontinalis* beziehen). Vom Autor nicht festgestellt wurden *Valvata cristata, Galba truncatula,* Lymnaeidae (große Art), *Gyraulus laevis, Physa fontinalis, Vallonia tenuilabris, Succinea putris* (s. o.) und die beiden *Pisidium*-Arten. In der hier untersuchten Probe nicht enthalten waren *Gyraulus acronicus, Aplexa hypnorum* (s. o.), *Clausilia dubia, Pupilla muscorum densegyrata, Pupilla triplicata.*

Paläobotanik und Archäologie: Kein Befund.

Chronologie und Klimageschichte: Ein absolutes Datum aus dem Humus, Oberkante der Bodenbildung, ist nicht relevant: GrN - 2179: 27.240 ±450 a BP (VOGEL & ZAGWIJN 1967).

Die "Göttweiger Verlehmungszone" zeigt in der von LOZEK bearbeiteten Fauna hochinterglazialen Charakter durch den thermo- und hygrophilen Artenkomplex um *Drobacia banaticum*. Die BINDERschen Faunen enthalten nur einzelne Hinweise (*Discus perspectivus* in Probe 2, *Aegopis verticillus* in Probe 5). Die zeitliche Einstufung der genannten Autoren "mittelpleistozäne Warmzeit" bleibt jedoch problematisch.

Die Fauna aus der neu bearbeiteten Lößprobe zeigt Feucht- und Naßbiotope: kleinere bis mittelgroße, flachgründige, vegetationsreiche Stehgewässer mit Schlammgrund, die vermutlich zeitweilig ausgetrocknet sind. 21,4 % der Individuen sind durch *Radix peregra* repräsentiert, 17,2 % durch *Stagnicola palustris*. Einige Schalen bzw. -fragmente lassen auch an eine Zugehörigkeit zu *Stagnicola turricula* denken, die eine Vorliebe für (temporäre) pflanzenreiche Kleingewässer zeigt. Zur sicheren Diagnose wäre der anatomische Befund nötig.

Der Umkreis dieser Wasserkörper war durch Sumpfbiotope und Naß- bis Feuchtwiesen charakterisiert (Prädominanz der Succineidae: 34,8 % aller Individuen). In der weiteren Umgebung sind auch mehr trockene, begraste Flächen anzunehmen (*Pupilla muscorum, Vallonia tenuilabris*). Klimacharakter: sehr feucht, kühl.

Aufbewahrung: Der Großteil der Mollusken dürfte sich in der Sammlung LOZEK (Prag) befinden; geringes Material im Inst. Paläont. Univ. Wien.

Rezente Sozietäten: Nach KLEMM (1974): "Göttweig"; aus Furth selbst keine Angaben.

Granaria frumentum, Merdigera obscura, Zebrina detrita, Clausilia rugosa parvula, Clausilia dubia, Balea biplicata, Discus rotundatus, Euconulus fulvus, Vitrina pellucida, Petasina unidentata, Monachoides incarnatus, Xerolenta obvia, Euomphalia strigella, Helicodonta obvoluta, Arianta arbustorum, Helix pomatia. - Gesamt: 16.

Obwohl die Fauna mit Sicherheit nicht vollständig erfaßt ist, zeigt sich die gegenwärtige Standortsdifferenzierung der Umgebung dieses Fundortes: Elemente des bodenfeuchten Mischwaldes mit (randlicher) Strauchschichte, Krautschichte, Saumformationen, des aufgelockerten, trockenen Buschwaldes sind neben Trockenrasenbewohnern und Kulturfolgern (*Xerolenta obvia*) vertreten.

Literatur:

BAYER, J. 1912. Konferenzbericht (Chronologie des Temps quaternaires), XIV. Int. Kongr. f. Anthropologie, Archäologie und Prähistorie in Genf 1912: 152.

BAYER, J. 1927. Der Mensch im Eiszeitalter, I+II. - Wien: Deuticke.

BINDER, H. 1977. Bemerkenswerte Molluskenfaunen aus dem Pliozän und Pleistozän von Niederösterreich. - Beitr. Paläont. Österr. **3**: 1-49, 14 Taf., Wien.

BRANDTNER, F. 1956. Lößstratigraphie und paläolithische Kulturabfolge in Niederösterreich und in den angrenzenden Gebieten. - Eiszeitalter u. Gegenwart, **7**: 127-175, Öhringen/Württ.

FALKNER, G. 1985: *Stagnicola turricula* (HELD) - Eine selbständige Art neben *Stagnicola palustris* (O. F. MÜLLER). - Heldia, **1**(2): 47-50, München.

FELGENHAUER, F., FINK, J., DE VRIES, H. 1959. Studien zur absoluten und relativen Chronologie der fossilen Böden in Österreich. I. Oberfellabrunn. - Archäol. Austr., **25**: 35-73, Wien.

FINK, J. 1962. Die Gliederung des Jungpleistozäns in Österreich. - Mitt. Geol. Ges. Wien, **54**(1961): 1-25.

FINK, J. 1976. Fahrtstrecke Paudorf-Aigen. - In: Mitt. Komm. Quartärforsch. Österr. Akad. Wiss., **1**: 71, Abb. 32 (Seite 72), Wien.

FINK, J. & PIFFL, L. 1976. Hohlweg Furth. - In: Mitt. Komm. Quartärforsch. Österr. Akad. Wiss., **1**: 73, 75-76, Wien.

GÖTZINGER, G. 1936. Führer für die Quartärexkursionen in Österreich (III. INQUA-Konferenz), Wien.
GROSS, H. 1956. Das Göttweiger Interstadial, ein zweiter Leithorizont der letzten Vereisung. - Eiszeitalter u. Gegenwart, 7. Öhringen/Württ.
GROSS, H. 1960. Die Bedeutung des Göttweiger Interstadials im Ablauf der Würmeiszeit. - Eiszeitalter u. Gegenwart, **11**: 99-106, Öhringen/Württ.
KLEMM, W. 1974. Die Verbreitung der rezenten Land-Gehäuse-Schnecken in Österreich. - Denkschr. Österr. Akad. Wiss., **117**: 503 S. Wien, New York: Springer.
LOZEK, V. 1976. Malakologie. - In: Mitt. Komm. Quartärforsch. Österr. Akad. Wiss., **1**: 74, 76-77, Wien.
VOGEL, J. C. & ZAGWIJN, W. H. 1967. Groningen Radiocarbon Dates VI. - Radiocarbon, **9**: 95.
WOLDSTEDT, P. 1962. Über die Gliederung des Quartärs und Pleistozäns. - Eiszeitalter u. Gegenwart, **13**: 115-124, Öhringen/Württ.
ZEUNER, F. E. 1954. Riss or Würm. - Eiszeitalter u. Gegenwart, **4/5**: 98-105, Öhringen/Württ.

Gänsgraben

Doris Nagel & Gernot Rabeder

Spätglaziale Freilandfundstelle
Synonym: Gänsgraben bei Limberg, Gä

Gemeinde: Maissau
Polit. Bezirk: Hollabrunn, Niederösterreich
ÖK 50-Blattnr.: 22, Hollabrunn
15°51' E (RW: 23mm)
48°36' N (HW: 224mm)
Seehöhe: 288m

Lage: Die Fundstelle liegt westlich des Steinbruches Hengl im NNW des Ortszentrums.
Geologie: Auf Gneisen (Weitersfelder Stengelgneis) des Moravikums liegen untermiozäne Sande und Tone, darüber pleistozäne Lösse und Bodenbildungen.

Forschungsgeschichte: Die Fossilführung wurde im Jahre 1951 durch G. Ritter, K. Höbarth und J. Gulda entdeckt. Zunächst wurden nur Großsäugerreste geborgen, die noch nicht bearbeitet sind. Anschließend wurden durch F. Brandtner Schlämmproben entnommen, aus denen Kleinsäugerreste gewonnen wurden, die von D. NAGEL (1996) bearbeitet wurden.

Sedimente und Fundsituation: Über die Sedimentologie der Fundschicht ist nichts bekannt. Die Fundstelle wurde durch Wegbauten zerstört.

Fauna: Die Proben enthielten auch einige Fragmente von Großsäugern, sodaß folgende provisorische Faunenliste vorliegt:

Mammalia	
Dicrostonyx gulielmi gulielmi	27 M_1
Microtus gregalis	79 M_1
Vulpes vulpes	
Putorius putorius	
Rangifer tarandus	
Capra ibex	
Equus ferus ssp.	

Hervorzuheben ist das Fehlen anderer Arvicoliden-Arten wie *Microtus arvalis* und *M. nivalis*. Die Großsäugerreste dürften nach Ansicht von F. Brandtner (mündl. Mitt.) von einer mesolithischen Jagdstation stammen.

Paläobotanik: Die von F. Brandtner genommenen Proben sind noch nicht ausgewertet.

Archäologie: Sowohl Steinartefakte als auch bearbeitete Knochenstücke sind noch nicht bearbeitet.

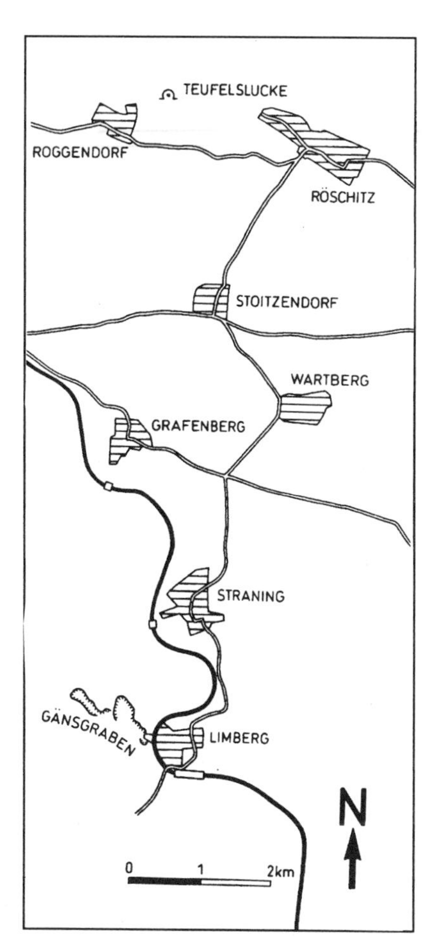

Abb.1: Lageplan der Fundstellen Gänsgraben bei Limberg und Teufelslucke bei Eggenburg

Chronologie:
Es liegt kein radiometrisches Datum vor.

Arvicolidenchronologie: Dank der relativ großen Zahl von *Dicrostonyx*-Molaren ist es möglich, das Evolutionsniveau genau zu bestimmen. Es ist deutlich niedriger als in der 'Kleinen Scheuer' (Schwäbische Alb), deren Fundschicht mit 13.250 Jahre BP bestimmt wurde, und nur wenig niedriger als in der Fauna vom Nixloch, deren Kleinsäugerschicht mit 10.500 ±150 a BP datiert wurde. Damit wird wahrscheinlich, daß die Fauna vom Gänsgraben aus einer Kaltphase des Spätglazials stammt.

Klimageschichte: Die artenarme Arvicolidenfauna, sie enthält nur zwei Arten , von denen die eine als Tundrenbewohner, die andere als Steppenform gilt, spricht für ein extrem kaltes Steppenklima. Die bisher festgestellten Großsäuger passen zu dieser Aussage. Mollusken liegen keine vor.

Aufbewahrung: Höbarth-Museum Horn, Inst. Paläont. Univ. Wien.

Literatur:

NAGEL, D. 1996. Jungpleistozäne Arvicoliden (Rodentia, Mammalia) vom Gänsgraben bei Limberg/N.Ö. - Mitt. Ges. Geol.-Bergbaustud. Österr. **39/40**: 65-80, Wien.

Grubgraben bei Kammern

Christa Frank & Gernot Rabeder

Jungpaläolithische Jagdstation, Epigravettien
Kürzel: Gg

Gemeinde: Hadersdorf-Kammern
Polit. Bezirk: Krems an der Donau (Land), Niederösterreich
ÖK 50-Blattnr.: 38, Krems an der Donau
15°43'35" E (RW: 201mm)
48°28'40" N (HW: 508mm)
Seehöhe: etwa 280m

Lage: siehe Lageplan bei Krems-Schießstätte (FRANK & RABEDER, dieser Band).
Zugang: Von Wien aus über die Westautobahn (Stockerau) und die Bundesstraßen 3 und 34 bis Kammern. Etwa 1km hinter dem Ort zweigt man in Fahrtrichtung nach rechts ab, wo man nach etwa 500 m zu einem Bildstock gelangt, der am Anfang des Fahrweges in den Grubgraben steht.
Geologie: Der Grubgraben ist im Randbereich der Böhmischen Masse ins Paläozoikum eingetieft. Kalkschiefer und ältere magmatische Gesteine (Orthogneis, Granulite) bilden den Untergrund, dem die Löß-Sequenzen aufgelagert sind (PAWLIKOWSKI 1990a).

Fundstellenbeschreibung: Die Fundstelle liegt nördlich von Hadersdorf am Kamp, am oberen Ende eines Hohlweges, der nach Norden und Westen vom Heiligenstein (360 m), nach Osten zu vom Geißberg (336 m) flankiert wird. Sie befindet sich innerhalb von Weinbaugebieten.

Sedimente und Fundsituation: Die gesamte Stratigraphie im Grubgraben (Erfassung beiderseits des Hohlweges) umfaßt mehr als 13 m, mit 17 Sedimentationseinheiten und 5 Kulturschichten (leicht vereinfacht nach HAESAERTS 1990).
Die Sequenz umfaßt 5 deutliche Lößpartien, die durch Paläoböden und Kulturhorizonte getrennt sind. Der bestausgebildete Paläoboden (Einheit LZ) liegt im tiefsten Abschnitt, über dem ältesten Löß (Einheit L1). Es folgen lößähnliche Sedimente (Einheit LG), dann mehr homogener Löß (Einheit LS) mit reichlich Molluskenresten. Der homogene, sandige Löß (LP1) enthält die ältesten archäologischen Funde (Kulturschicht 5). Auf den feinen Staublöß folgt die Kulturschicht 4, die mit einem dunkelbraunen Humushorizont (HH1) verbunden ist. Nach einer dünnen Lößlage (Einheit LR1) folgt ein zweiter, diskontinuierlicher Humushorizont (HH2) mit Kulturschicht 3. Am Beginn der folgenden Lößakkumulation (Einheit LP2) ist Kulturschicht 2 ausgebildet; im oberen Teil wurden Molluskenreste erfaßt. Zwischen den Lössen LP2 und LP3 (blaßgelber Staublöß) befindet sich die Kulturschicht 1. Es folgen homogener Löß (Einheit LC), aus dem Molluskenreste vorliegen, dann ein nur lokal entwickelter B-Horizont (graubrauner Podsol) und der rezente Oberboden (dunkel graubrauner Lehm mit $CaCO_3$-Anreicherungen im unteren Teil).

Forschungsgeschichte: Die Fundstelle ist seit 1879 durch Oberflächenfunde bekannt, die außerhalb des derzeitigen Grabungsareales getätigt wurden. 1890 und 1893 folgten Beobachtungen und Aktivitäten durch Spöttl, Schacherl und Karner, zu Beginn unseres Jahrhunderts (1908) durch Glassner. OBERMAIER (1908) verfaßte einen ausführlichen Bericht, für den er als erster das Material der älteren Sammlungen studierte. KIESSLING (1918) lieferte eine detaillierte Beschreibung der Fundstelle und der zahlreichen Artefakte; er studierte das vorhandene Material und führte auch selbst Ausgrabungen durch. 1922 grub Bayer, 1925 Obermaier (Naturhistorisches Museum in Wien), 1962 Lucius (Bundesdenkmalamt Wien). Eine Kurzbeschreibung enthält FELGENHAUER (1962); ausführliche Beschreibungen des Großteils des archäologischen Materials gab HEINRICH (1981), der auch die Knochenfunde berücksichtigte.
Eine umfangreiche Grabungskampagne wurde ab 1985 von der Universität Kansas gestartet und mehrere Saisonen (bis 1990) weitergeführt. Die Ergebnisse wurden in einer umfassenden Monographie, herausgegeben von MONTET-WHITE (1990a), zusammengefaßt. Bis in die jüngste Zeit finden Ausgrabungen unter F. Brandtner (Gars am Kamp) statt. Im Laufe der Jahre ist vieles an Objekten in private Sammlungen gelangt, leider auch durch illegales Sammeln verschwunden.
Alle Angaben aus URBANEK 1990, auch die Zitate OBERMAIER 1908, KIESSLING 1918, FELGENHAUER 1962 und HEINRICH 1981.

Fauna:

Vertebrata: Bearbeitung von LOGAN (1990): Der Gesamterhaltungszustand der Knochen, besonders aus Kulturschicht 4, ist nicht besonders gut.

	Anmerkungen
Lagomorpha indet.	1 Phalange
Alopex lagopus	einzelne gelochte Zähne, 1 Mandibelfragment
Gulo gulo	
Cervidae indet.	groß (einzelne postcraniale Elemente, fragmentiert)
Rangifer tarandus	75,1 % der bestimmten Knochenelemente
Capra ibex	
Cervidae vel Bovidae	klein, einzelne postcraniale Elemente
Bos primigenius	wenige Zähne an je einem Maxillar- und Mandibularfragment
Bovidae indet.	groß (Extremitäten-knochen-Fragm., 1 Molar)
Bovidae groß vel Equidae	einzelne postcraniale Elemente, fragmentiert
Equus sp.	
cf. *Equus hydruntinus*	1 Acetabulum
Mammuthus primigenius	Elfenbeinstücke, schlecht erhalten

Rangifer tarandus, *Equus* sp. und *Capra ibex* waren die Haupt-Jagdtiere. Alle genannten Tierarten dürften im Gravettien die umgebenden Lebensräume bewohnt haben.

Mollusca: Neuaufnahme eines kombinierten Profiles (Profil 1 und 2) durch C. Frank und G. Rabeder (1993; geschlämmte Substratmenge: 100 l, Einzelproben: 5 l; während der Grabung F. Brandtner 1993; Bezugspunkt 0: Obergrenze von Kulturschicht 2 [=Steinlage]).

Profil 1 (Quadrant F): 1=70-80cm oberhalb von Kulturschichte 2 (durchwurzelt, Holzkohlesplitter; möglicherweise aus dem Oberboden subrezent kontaminiert); 2=60-70cm, 3=50-60cm, 4=40-50cm, 5=30-40cm, 6=20-30cm, 7=10-20cm, 8=0-10cm oberhalb von Kulturschichte 2, 9=0-10cm, 10=(10-)20cm unterhalb der Obergrenze von Kulturschichte 2 (mit Kulturschichte 3?), 11=(20-)30cm unterhalb von Kulturschichte 2 (mit Kulturschichte 3?).

Profil 2 (Quadrant G): 12=0(-10)cm, 13=10(-20)cm, 14=20(-30)cm, 15=30(-40)cm, 16=40(-50)cm, 17=50(-60)cm, 18=60(-70) cm, 19=70(-80) cm unterhalb von Kulturschichte 2 (mit Kulturschichte 3?).

Probe 20: Lößprobe im Hohlweg unterhalb/westlich der Grabungsstelle.

Art	1	2	3	4	5	6	7	8	9	10	11	12	13	14	15	16	17	18	19	20
Columella columella	-	-	-	-	-	-	-	-	-	-	-	-	-	+	-	-	-	-	-	+
Granaria frumentum	-	-	-	-	-	+	-	-	-	+	-	-	-	-	-	-	-	-	+	-
Pupilla muscorum	+	-	-	-	+	-	-	-	-	-	-	-	+	-	-	+	-	-	-	+
Pupilla muscorum densegyrata	+	-	-	-	-	-	-	-	-	-	-	-	-	-	-	-	-	-	-	-
Pupilla triplicata	+	-	-	-	-	-	-	-	-	+	-	-	-	-	+	-	+	-	-	+
Pupilla sterrii	+	-	-	-	-	-	+	-	-	+	+	-	-	+	-	-	-	-	-	+
Pupilla loessica	+	-	-	-	-	-	-	-	-	-	-	-	-	+	-	-	-	-	-	-
Pupilla sp. juv.	-	-	-	-	-	-	-	-	-	-	-	-	-	-	-	-	-	-	-	+
Vallonia costata + f. *helvetica*	+	+	+	+	+	+	+	-	+	+	+	-	-	+	-	+	-	-	-	-
Vallonia pulchella	-	-	-	-	-	-	-	-	-	-	-	-	-	-	-	-	-	-	+	-
Chondrula tridens	-	-	-	-	-	-	+	-	-	-	-	-	-	-	-	-	-	-	-	-
Clausilia dubia	-	-	-	-	+	-	+	+	-	-	-	-	+	+	+	-	-	-	-	-
Succinella oblonga	+	-	+	-	+	-	-	-	-	-	+	+	-	+	-	-	-	-	-	+
Catinella arenaria	-	-	-	-	-	-	-	-	-	-	-	-	-	+	-	-	-	-	-	-
Punctum pygmaeum	-	-	-	-	-	-	-	-	-	+	-	-	-	+	-	-	-	-	-	-
Oxychilus inopinatus	-	-	+	-	-	-	-	-	-	-	-	-	-	-	-	-	-	-	-	-
Trichia hispida	-	-	-	-	+	-	-	-	-	-	+	+	+	+	+	-	-	+	+	+
Helicopsis striata	+	+	+	+	+	+	+	+	+	+	+	-	+	+	-	+	+	+	+	+
Arianta arbustorum	-	-	-	-	+	-	-	-	-	+	-	-	+	+	-	-	-	-	-	+
Splitter, nicht bestimmbar	-	-	-	+	-	-	-	-	-	-	-	-	-	-	-	-	-	-	-	-
Gesamt: 18	8	2	4	2	7	3	5	2	2	7	5	2	5	11	3	3	2	2	4	8

Anmerkungen: Trotz der geringen Molluskenführung aller Profilabschnitte ist eine Interpretation möglich. Zu dem Beitrag von HAESAERTS in MONTET-WHITE (1990:15-35) sind kritische Anmerkungen nötig:

Es wurden nur 8 Arten, darunter 2 nicht sicher identifizierbare, registriert. *Trochoidea geyeri* (SOOS 1926) ("*Helicella geyeri* or *H. striata*") wurde zwar verschiedentlich aus Österreich gemeldet, aber bislang noch nie sicher registriert; auch KLEMM (1974:369-370) führt sie an. Soweit Exemplare überprüft werden konnten, handelte es sich durchwegs um *Helicopsis striata*. Beides sind xerophile Arten, die gegenwärtig dieselben Standortstypen bewohnen. Die rezente Verbreitung von *Helicopsis striata* ist mitteleuropäisch (Nordostfrankreich, Belgien, durch die deutschen Mittelgebirge, bis Thüringen, Lothringen, Schweiz, Gotland; FECHTER & FALKNER 1989). Eine sichere Identifikation ist nur durch Vergleich von Schalenserien und die anatomische Untersuchung möglich. Differentialdiagnostisch käme hier nur *Candidula soosiana* (J. WAGNER 1933) in Frage, die in Österreich conchologisch vor allem nördlich der Donau von Wien bis zum Kamptal gemeldet wurde. Südlich von Wien sind einzelne burgenländische Fundorte bis ins

Gebiet von Eisenstadt bekannt. Von manchen Autoren wird sie als Synonym von *Candidula unifasciata* (POIRET 1801) angesehen, deren Verbreitung west- und mitteleuropäisch ist.
Columella columella wurde in Tabelle III nicht ökologisch zugeordnet. Höchst unwahrscheinlich ist die alleinige Präsenz von *Pupilla muscorum* in hohen Individuenzahlen, da bei der Neuerfassung trotz der weit geringeren Individuenzahlen auch *Pupilla muscorum densegyrata, Pupilla triplicata, Pupilla sterrii* und *Pupilla loessica* zweifelsfrei festgestellt wurden.
Succinella oblonga (sub "*Succinea*") ist nicht nur eine "hydrophilus species". Ihre ökologische Amplitude ist sehr weitgespannt und umfaßt auch ziemlich trockene Standorte. - Zu "*Succinea oblonga* or *S. arenaria* (2 spec.)": Die ebenfalls vorhandene *Catinella arenaria* ist aufgrund des Embryonalgewindes, der Wölbung und der Zahl der Umgänge, der Mündungsform und der Ausprägung der Zuwachsstreifen conchologisch von *Succinella oblonga* unterscheidbar.
[Derzeit wird das obig angesprochene Molluskenmaterial von C. Frank revidiert: Die von R. Samblon, Brüssel, durchgeführten Bestimmungen sind zu einem großen Teil fehlerhaft und berechtigen damit die obig geäußerte Kritik.]

Paläobotanik: Palynologische Untersuchungen wurden von A. LEROI-GOURHAN (in HAESAERTS 1990) für Kulturschichte 4 durchgeführt: Sie ergaben "offenes Waldland", mit *Juniperus* und Dominanz von *Pinus cembra*.

Archäologie: Im Grubgraben befindet sich die erste entdeckte Freilandstation des Gravettien in Österreich. Bis jetzt sind fünf Kulturschichten festgestellt worden, deren tiefste (KS5) nur wenig bekannt und aufgrund der wenigen Funde (wenige Artefakte, Knochensplitter, Abschläge) bis dato nicht exakt zuordenbar sind. Es wurden dichte und mehrlagige Reihen von Steinplatten, Feuerstellen, Herdgruben, lineare Steinsetzungen und viele Funde getätigt: Ein "Lochstab", "Rondelle", Elfenbeinplättchen mit Zacken, Eisfuchszähne mit Lochung, diverse Steinartefakte (Klingenkratzer), verschiedene Stichel, kombinierte Geräte, kleine Messer mit abgedrücktem Rücken, vereinzelt Gravettespitzen. - Ausführliche Fundbeschreibung von MONTET-WHITE (1990b,c), PAWLIKOWSKI (1990b), WEST & MONTET-WHITE (1990). Kurze Hinweise enthält NEUGEBAUER-MARESCH (1993:62,63,77).
Die oberste Kulturschichte (KS1) entwickelte sich auf einer fast horizontalen Oberfläche und ist 20-25cm (westliche Seite des Schnittes) bzw. 15-20cm (östliche Seite) mächtig. Das Besiedlungsareal reichte über den Grabenweg bis unter den oberen Weingarten. Steinplatten und -artefakte, *Dentalium*-Schalen, Ocker, spärlich Pferde- und Rentierzähne, wenige Knochensplitter liegen vor ("Epigravettien").
Kulturschichten 2-4 bilden den archäologischen Hauptkomplex, ebenfalls "Epigravettien":
Kulturschicht 2 ist geringmächtig; ihre Obergrenze ist lokal durch wenige cm leicht humosen Materiales markiert. Sie enthielt eine horizontale Lage großer, aneinandergefügter Steinplatten, eine Herdstelle, größere und kleinere Steine, Knochenfragmente (unter anderem von Ren-Mandibeln), Geweihstücke, Elfenbein, *Dentalium*-Schalen, Feuerstein- und Radiolaritgeräte, Abschläge. Außerdem wurde noch eine zweite Steinlage, die mit Artefakten und großen Knochen bedeckt war, gefunden.
Kulturschicht 3 besteht aus Knochenfragmenten und Artefakten, die in einer gelblichen Lößmatrix liegen, die sich über die ganze Grabungsfläche, unter der Steinlage von KS2, erstreckt, von der sie durch 2-3cm mächtigen, sterilen Löß getrennt ist.
Kulturschicht 4 enthielt die größte Dichte an Artefakten und Tierresten und hatte ihre maximale Ausdehnung in der Grabentiefe. Eine erste Füllschichte, die nur wenige Artefakte enthielt, wird von der dunklen, humosen Matrix (HH1) überlagert, an deren Basis an der Westseite des Grabens eine steinerne Herdstelle gefunden wurde. Das Fundgut besteht aus Knochenfragmenten, Rentiermandibeln, Elfenbein, Steinen, Artefakten.

Chronologie: Aus Knochenproben liegen drei Radiocarbondaten vor (HAESAERTS 1990):
AA-1746: 18.960 ±290 a BP (aus KS4, von P45; westliche Wand des Weges/Arizona).
LV-1680: 18.400 ±330 a BP (aus KS4 in der Grabung/Louvain-le Neuve, Belgien).
LV-1660: 18.170 ±300 a BP (aus KS3+KS4, von P45; westliche Wand des Weges/Louvain-le Neuve, Belgien).
Die Artefakte aus Kulturschicht 1-4 entsprechen 2 Phasen des "Epigravettien", welches in Nordost- und Zentralungarn festgestellt worden ist, aber im mittleren Donauraum westlich von Budapest noch nicht bekannt war (MONTET-WHITE & al. 1990). Dieser Zeitabschnitt unterscheidet sich vom Gravettien hinsichtlich der Jagdstrategien, der Siedlungsstrukturen und -gebiete und durch die "technologischen" Neuerungen hinsichtlich der Steingeräte und des dafür verwendeten Rohmateriales.
Malakologisch ist trotz der geringen Individuenzahlen ein vorsichtiger Vergleich mit den Fundkomplexen aus dem oberen Bereich von "Einheit B" (10-20cm und 30-70cm unter Kulturschicht 8/Gravettien) der Fundstelle Willendorf II (FRANK & RABEDER 1994) möglich. Lokalklimatische Unterschiede sind immer bei der Rekonstruktion von Landschaftsbildern zu berücksichtigen.

Klimageschichte: In keinem Profilabschnitt sind durch den malakologischen Befund klimatische Extreme ablesbar. Fast durchgehend präsent ist *Helicopsis striata*; im Profil 1 auch *Vallonia costata*, in Profil 2 auch *Trichia hispida*. Im oberen Abschnitt von Profil 1 (80-40cm oberhalb von Kulturschicht 2) ist eine Infiltration subrezenter bis jungholozäner Komponenten anzunehmen, durch die die augenblicklichen Gegebenheiten im Grabungsareal repräsentiert sind.
Eine Differenzierung zeichnet sich ab Probe 5 (30-40cm oberh. von KS2) ab. Hier sind mesophile Tendenzen - offenes Buschland, mittelfeuchtes Klima - ersichtlich. Der Bereich zwischen 10-30 cm unterhalb der Obergrenze von KS2 ist xeromesophil geprägt und zeigt mehr trockene Verhältnisse; ausgedehntere Steppenheideflächen mit vereinzelten Büschen und/oder anspruchslosen Bäumen.
Der Abschnitt von 0-20cm unterh. von KS2/?3 des zweiten Profiles ist mesophil; der zwischen 20-30cm unterh. der letzeren zeigt die differenzierteste Land-

schaftsstruktur. Trotz der geringen Individuenzahlen lassen sich steiniges, offenes Heideland, eine Form von Trockengebüsch und mehr feuchtere, krautreichere Zonen mit Büschen und anspruchslosen Bäumen, eventuell auch Baumgruppen rekonstruieren. Die Klimaverhältnisse dürften verhältnismäßig mild und auch feuchter gewesen sein. Der folgende Bereich (30-40cm) leitet zu stärker trockenen, offenen Gegebenheiten zwischen 40-60cm über. Eine Feuchtigkeitszunahme ist wieder bei 70-80cm gegeben; hier ist mäßig feuchtes und gemäßigtes Klima anzunehmen.

Im Hohlweg-Löß herrschen *Pupilla triplicata*, *Pupilla sterrii* und *Pupilla muscorum* sowie *Helicopsis striata* vor. Bei kritischer Wertung der "*Pupilla muscorum*"-Zahlen in HAESAERTS (1990:21) würde die Aussage dieser Lößprobe etwa der aus "Unit L.S. road section, P.65" entsprechen.

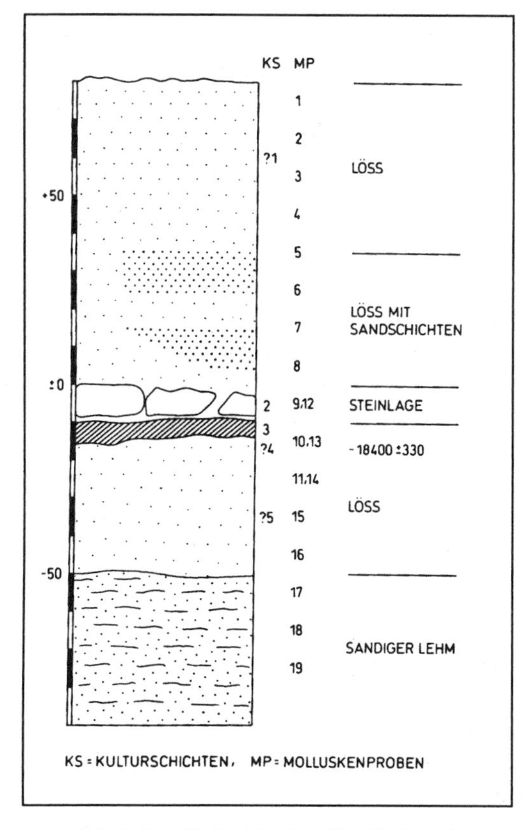

Abb.1: Profil der Fundstelle Grubgraben

Aufbewahrung: Inst. Paläont. Univ. Wien, Naturhist. Mus. Wien, Inst. Ur- u. Frühgeschichte Univ. Wien, Privatsammlungen in Horn, Zwettl, Gars.

Rezente Sozietäten:

1. Aufnahmen an den Hohlwegböschungen unterhalb/westlich der Grabungsstelle (C. Frank und G. Rabeder). Dazu Vergleichsdaten aus Langenlois (KLEMM 1974:2, REISCHÜTZ 1977:3) und Hadersdorf (KLEMM 1974:4). - Lb.=Lößbeimischung.

Galba truncatula (1; Lb.), *Cochlicopa lubrica* (1), *Columella edentula* (1), *Columella columella* (1; Lb.), *Truncatellina cylindrica* (1), *Granaria frumentum* (1, 4), *Pupilla muscorum* (1; Lb.), *Pupilla triplicata* (1; Lb.), *Pupilla sterrii* (1; Lb.), *Vallonia costata* + f. *helvetica* (1), *Vallonia pulchella* (1), *Acanthinula aculeata* (1), *Chondrula tridens* (1), *Zebrina detrita* (1, 3), *Laciniaria plicata* (4), *Succinella oblonga* (1; Lb.), *Cecilioides acicula* (1), *Punctum pygmaeum* (1), *Discus rotundatus* (1), *Euconulus fulvus* (1), *Euconulus alderi* (1), *Vitrina pellucida* (1), *Aegopinella minor* (1; anatomische Bestimmung), *Oxychilus cellarius* (1), *Oxychilus draparnaudi* (3, 4), *Deroceras* sp. (Schälchen von 2 Arten), *Deroceras* vel *Limax* sp. (Schälchen), *Fruticicola fruticum* (1), *Trichia hispida* (1; Lb.), *Helicopsis striata* (1; sehr frische Schalen und Lb.), *Monachoides incarnatus* (2, 4), *Urticicola umbrosus* (2), *Candidula soosiana* (2), *Xerolenta obvia* (1), *Euomphalia strigella* (1, 2), *Helicodonta obvoluta* (1), *Cepaea hortensis* (1), *Cepaea vindobonensis* (1, 3), *Helix pomatia* (3). - Gesamt: 27 (ohne Lößbeimischungen).

Den Gegebenheiten entsprechend sind die genügsamen, mesophile Standorte verschiedener Art bewohnenden Elemente vorherrschend. Die Xeromorphie des Gebietes, die sekundären Pflanzengesellschaften und buschreichen Wegböschungen sind aus verschiedenen Standortgruppen ersichtlich. *Granaria frumentum*, *Zebrina detrita*, *Cecilioides acicula*, *Xerolenta obvia* und *Cepaea vindobonensis* sind eine bezeichnende Gruppe für Weinbauterrassen, die im östlichen Mitteleuropa meist durch *Oxychilus inopinatus* und *Helix pomatia* ergänzt wird. *Cecilioides acicula*, *Oxychilus cellarius* und *Xerolenta obvia* sind Kulturfolger. Auf feuchte Bodenvertiefungen weisen *Columella edentula* und *Euconulus alderi* hin. Von Interesse ist die Anwesenheit der waldbewohnenden *Acanthinula aculeata* und *Helicodonta obvoluta*, die in der gegenwärtigen Fauna als reliktär angesehen werden müssen.

Literatur:

FECHTER, R. & FALKNER, G. 1989. Weichtiere. - Die farbigen Naturführer. - Hrsg. G. Steinbach, Mosaik-Verlag, München, 287 pp.

FRANK, C. & RABEDER, G. 1994. Neue ökologische Daten aus dem Lößprofil von Willendorf in der Wachau. - Archäol. Österr., **5**(2): 59-65, Wien.

HAESAERTS, P. 1990. (in MONTET-WHITE 1990a). Stratigraphy of the Grubgraben Loess sequence. - ERAUL, **40**: 15-36, Liège.

KLEMM, W. 1974. Die Verbreitung der rezenten Land-Gehäuse-Schnecken in Österreich. - Denkschr. Österr. Akad. Wiss., **117**: 503 pp., Springer-Verl., Wien/New York.

LOGAN, B. 1990 (in MONTET-WHITE 1990a). The hunted of Grubgraben: An analysis of faunal remains. - ERAUL, **40**: 65-91, Liège.

MONTET-WHITE, A. 1990a (ed.). The epigravettien site of Grubgraben, Lower Austria: The 1986 and 1987 excavations. - ERAUL, **40**: 171 pp., Liège.

MONTET-WHITE, A. 1990b (in MONTET-WHITE 1990a). The archaeological layers: Features and spatial distribution. - ERAUL, **40**: 47-64, Liège.

MONTET-WHITE, A. 1990c (in MONTET-WHITE 1990a). The artifact assemblages. - ERAUL, **40**: 133-157, Liège.

MONTET-WHITE, A., HAESAERTS, P. & LOGAN, B. 1990 (in MONTET-WHITE 1990a). The Epigravettian of Grubgraben: An overview of the 1986/87 excavations. - ERAUL, **40**: 159-162, Liège.

NEUGEBAUER-MARESCH, Ch. 1993. Altsteinzeit im Osten Österreichs. - Wiss. Schriftenr. Niederösterr., **95/96/97**: 45-80, St. Pölten/Wien.

PAWLIKOWSKI, M. 1990a (in MONTET-WHITE 1990a). Morphological and mineralogical analysis of loess samples. - ERAUL, **40**: 37-46, Liège.

PAWLIKOWSKI, M. 1990b (in MONTET-WHITE 1990a). The origin of lithic raw materials. - ERAUL, **40**: 93-119, Liège.
REISCHÜTZ, P. L. 1977. Die Weichtiere des nördlichen Niederösterreich in zoogeographischer und ökologischer Sicht. - Hausarb. Zoolog. Inst. Univ. Wien, 1-33, Anh. I u. II.
URBANEK, M. 1990 (in MONTET-WHITE 1990a). A review of arachaeological research at the Grubgraben prior to 1980. - ERAUL, **40**: 7-13, Liège.
WEST, D. & MONTET-WHITE, A. 1990 (in MONTET-WHITE 1990a). Raw material use. - ERAUL, **40**: 121-131, Liège.

Gudenushöhle

Doris Döppes

Jungpleistozäne Jagdstation
Synonyme: Fuchsloch, Fuchsenlucken, Fuchshöhle, Hartensteinhöhle, Gu

Die Höhle hat ihren Namen nach dem damaligen Besitzer der Burg Hartenstein, dem Reichsfreiherrn Heinrich von Gudenus, der die Ausgrabungen 1883/84 großzügig förderte (HACKER 1884).

Gemeinde: Weinzierl am Walde
Polit. Bezirk: Krems an der Donau (Land), Niederösterreich
ÖK 50-Blattnr.: 37, Mautern an der Donau
15°23'48" E (RW: 93mm)
48°26'50" N (HW: 437mm)
Seehöhe: 496m
Österr. Höhlenkatasternr.: 6845/10
Die Höhle wurde mit dem NÖ Höhlenschutzgesetz vom 22. Oktober 1982 (BGBl. 114/82) zur besonders geschützten Höhle erklärt (HARTMANN 1990).

Lage: Waldviertel, Kremszwickel, am Fuße der Hartensteiner Felswand, rund 7,5m über dem Normalwasserspiegel der Kleinen Krems.
Zugang: Nach der Überquerung des Flusses auf einem Steg erreicht man auf Steigspuren die Eingänge.
Geologie: Kristallin der Böhmischen Masse (Moldanubikum). In die Schiefergneise und Amphibolite sind schmale, kilometerlange Bänder von Marmor und Kalkglimmerschiefer eingelagert, die zur Höhlenbildung neigen. Die ebene Höhle liegt in Bänder- und Silikatmarmor (HARTMANN 1985, MAYER & al. 1993).

Fundstellenbeschreibung: Die Gudenushöhle ist eine Uferhöhle der Kleinen Krems, die sich durch Erweiterung von Klüften (Korrosion und Erosion) zu einer Durchgangshöhle mit drei Tagöffnungen ausformte. Die Höhle bildet einen winkelig gebogenen Gang mit einer durchschnittlichen Raumbreite von 4m, einer Raumhöhe bis zu 3,7m, sowie eine kurze Seitennische und einen großen Versturzblock. Die Gesamtlänge beträgt 30m.

Forschungsgeschichte: In den achtziger Jahren des vorigen Jahrhunderts begannen Heimatforscher die Erkundungen der Kremstalhöhlen. Am 27. September 1883 fand die erste 'wissenschaftliche' Grabung statt (L. HACKER 1884, J. Wöber, F. Brun, R. Tamerus und W. Werner). Weitere Grabungen unternahmen J.N. WOLDRICH mit F. Brun (1893), J. SZOMBATHY (1913), J. Bayer (1922-1924) und R. Bednarik (nicht genehmigt, 1976). Im Umkreis des Höhleneinganges kam es immer wieder zu Streufunden (SCHÖN 1980, WINKLER 1987).
Erst durch Bearbeitung von OBERMAIER & BREUIL (1908) wurden zwei bzw. drei Besiedlungshorizonte typologisch getrennt. 1995 wurde das paläontologische Materials des Naturhist. Mus. Wien (Präh. Abt.) gesichtet (DÖPPES 1996).

Sedimente und Fundsituation: Die in den Jahren 1883 und 1884 systematisch durchgeführte Ausgrabung ergab, daß nur die gegen S gelegene größere Hälfte der Höhle Funde enthielt. Der nördliche Eingang dürfte künstlich verschlossen gewesen sein.
Schichtfolge aus der vorderen Hälfte der Höhle (ca.1,8m) nach HACKER (1884):

1. rezente Schicht, bestehend aus Artefakten und zerschlagenen Knochen (0,07m)
2. Kulturschicht mit Artefakten und zerschlagenen Knochen (0,28m)
3. Höhlenerde (0,06m)
4. Höhlenlehm mit ganzen, nicht abgerollten Knochen (0,26m)
5. Höhlenlehm ohne Einschlüsse (0,28m)
6. Wellsand (0,65m)
7. Höhlenlehm mit Gerölleinschlüssen (0,22m)

Fauna: nach WOLDRICH (1893), rev. von D. DÖPPES (im Druck), F.A. Fladerer, G. Rabeder und J. MLÍKOVSKÝ (im Druck)

	Stückzahl	MNI
Amphibia		
Rana sp. (Frösche)	ca. 20	-
Bufo sp. (Kröten)	ca. 30	-
Aves		
Anas querquedula (Knäkente)	2	2
Falco tinnunculus (Turmfalke)	21	7
Falco peregrinus (Wanderfalke)	5	2
Lagopus lagopus (Moorschneehuhn)	1	1
Lagopus mutus (Alpenschneehuhn)	5	4
Lagopus lagopus/mutus	90	6
Tetrao tetrix (Birkhuhn)	4	1
Perdix perdix (Rebhuhn)	1	1
Crex crex (Wachtelkönig)	1	1
Nyctea scandiaca (Schneeule)	1	1
Alauda arvensis (Feldlerche)	1	2
Turdus sp. (Drosseln)	3	2
Corvus monedula (Dohle)	1	1
Coccothraustes coccothraustes (Kernbeißer)	1	1
Emberica sp. (Ammer)	2	2
Passeriformes indet.	17	-
Mammalia		
Crocidura leucodon	1 (Uk)	1
Barbastella barbastella	1 (Uk)	1
Plecotus auritus	1 (Uk)	1
Glis glis	20 (Uk, Z)	2
Dicrostonyx gulielmi	1 (Uk)	1
Lemmus lemmus	1 (Uk)	1
Arvicola sp.	4 (2 Uk)	1
Microtus arvalis	1 (Uk)	1
Lepus europaeus	11	1
Lepus timidus	185 (15 Uk, 6 Ok)	14
Canis lupus	48 (3 Uk)	5
Cuon alpinus	3	1
Alopex lagopus	53 (16 Uk, 1 Ok)	9
Vulpes vulpes	44 (3 Uk, 1 Ok)	4
Ursus spelaeus	> 120	5
Ursus arctos	3	1
Mustela erminea	2	1
Mustela nivalis	1	1
Martes foina	2	1
Panthera spelaea	1	1
Lynx lynx	7	4
Crocuta spelaea	14	3
Sus sp.	9	3
Cervus elaphus	ca. 30	2
Cervidae (gr. Art)	1	1
Capreolus capreolus	2	2
Rangifer tarandus	ca. 800	9
Bison priscus	12	1
Bos primigenius f. taurus	10	1
Bos primigenius	4	1
Ovis/Capra	3	1

	Stückzahl	MNI
Capra ibex	63	5
Capra aegagrus f. hircus	11 (2Uk)	2
Rupicapra rupicapra	12	2
Saiga tatarica	6	1
Equus sp.	> 100	6
Coelodonta antiquitatis	3	1
Mammuthus primigenius	3	1
Homo sapiens	1	1

Über 1600 Wirbeltierknochen und über 1000 kleinere Knochenfragmente (Grabung 1883/84). Ein unterer Eckzahn eines Kindes wurde gefunden; 40 Säugetier- und 17 Vogelarten. Die Höhle wurde bis auf den blanken Boden ausgeräumt. Die Funde wurden nicht stratifiziert entnommen.
Zahlreiche Knochen der Kulturschichten (2 und 4) zeigten deutliche Schlagmarken. Es konnten auch Schnittspuren entdeckt werden, die auf das Abtrennen des Fleisches zurückgehen dürften (z.B. *Lepus timidus*, *Bos*, *Bison*). Aufgrund der rohen und kaum dokumentierenden Ausgrabungsweise wurden die Knochen, welche unterhalb der Kulturschichte gefunden wurden, mit denen der Kulturschicht und der Seitennische vermischt. WOLDRICH (1893) unterteilte die Fauna in verschiedene Faunengruppen und OBERMAIER & BREUIL (1908) versuchten später anhand des Erhaltungszustandes eine Einteilung nach Niveaus durchzuführen:
Unter den Tierresten der oberen jungpaläolithischen Kulturschicht (2) mit Artefakten und modifizierten Knochen (Magdalénien) dominierten Ren und Schneehase, daneben Steinbock, Rothirsch, Gemse, Saiga, und eine kleinere Pferdeform. Die 2. Gruppe, die zum Moustérien zu stellen ist, dürfte aus dem Wellsand (6) stammen, obwohl HACKER (1884) ihn als fossilleer bezeichnete. Die Knochen sind teilweise abgerollt und weisen an der Oberfläche Scheuerungskritzungen durch Sand auf. Sie stammen von Höhlenbär, Höhlenhyäne, Wollnashorn, Mammut, Ur, Gemse, Ren und einer größeren Pferdeform. Fraßspuren von Hyänen sind an einigen Knochen zu beobachten.
Die Haustierreste (Pferd, Rind, Ziege, Schaf) stammen mit Sicherheit aus der rezenten Schicht (1).

Crocidura leucodon (*Sorex aranaeus* nach WOLDRICH 1893) hat zum Unterschied zur Gattung *Sorex* eine andere Condylusform und das Talonid des M_3 ist im Gegensatz zu *Sorex aranaeus* einspitzig und daher schmäler. Auch die Maße - im Verleich zu den rezenten Arten - bestätigen diese Bestimmung (Mandibel: 10,1; A_1 -M_3: 36,5; M_1 -M_3: 4,6; Coronoidh: 5,2). *Crocidura leucodon* gilt als ein holozäner Einwanderer. Heute hat sie eine Verbreitung von der Bretagne bis zum Schwarzen Meer, wobei eine *leucodon* - freie Zone in W-Polen, Böhmen, Westösterreich und den Alpen eine Teilung des Areals zeigt (KRAPP 1990).
Die Funde von *Lemmus lemmus* und *Dicrostonyx gulielmi* sind bei WOLDRICH (1893) unter dem Namen *Myodes torquatus* zusammengefaßt. Beide Lemminge besiedelten die jungpleistozänen Kältesteppen, fehlten aber in den dazwischenliegenden Warmzeiten. *Dicrostonyx gulielmi* erschien erst im älteren Würmglazial. *Lemmus lemmus* ist schon aus mittelpleistozänen Fundstellen bekannt. In seiner maximalen Ausbreitung erreichte er Südirland, die Pyrenäen, den Südalpenrand, Nordungarn und Rumänien. Heute sind diese Arten überwiegend oder ausschließlich in Tundren heimisch. Die Berglemminge leben heute in Nordeuropa ostwärts bis zur Halbinsel Kola und die Halsbandlemminge in der Tundra Nordasiens (KURTÉN 1968).
Cuon europaeus nach WOLDRICH (1893): Bei dem so bezeichneten P_2 handelt es sich um den Zahn eines Wolfes, jedoch sprechen einige Extremitätenknochen aus der Gudenushöhle für die Präsenz von *Cuon alpinus*, was sich metrisch deutlich beim Astragalus durch seine niedrigen Längenmaße und seine großen Transversalmaße zeigt. *Cuon alpinus* kam zwischen dem Mittelpleistozän und dem Spätwürm in Europa vor. Heute ist er in Asien beheimatet.
Das Evolutionsniveau von *Ursus spelaeus* ist aufgrund der wenigen vorliegenden Reste nicht bestimmbar.
Die beiden Mandibeln der *Crocuta spelaea* stammen vom selben Individuum, auch zwei Metapodien gehören hierher. *Crocuta spelaea* ist in der europäischen Fauna vom Mittelpleistozän bis Würm vertreten (KURTÉN 1968).
In dieser Höhle wurde zum erstenmal für Österreich *Saiga tatarica* nachgewiesen (WOLDRICH 1893). Pleistozäne Saiga-Reste zählen in Mitteleuropa zu den seltenen Fossilfunden. Die erste Immigration aus Zentralasien erfolgte in der frühen Saale-Zeit (Riß). Ihre maximale Ausbreitung in der letzten Eiszeit war im Westen ganz Europa, wobei die Pyrenäen und die Alpen Migrationsbarrieren darstellten. Im Osten erreichte sie sogar Alaska (KAHLKE 1992). *Saiga tatarica* ist heute in den trockenen Steppen und Halbwüsten Eurasiens beheimatet. Die kleinen Boviden sind an das trockene, kontinentale Klima mit gelegentlichen Sand- und Schneestürmen mit ihrer rüsselähnlichen Nase optimal angepaßt.

Paläobotanik: kein Befund.

Archäologie: Aus der obersten, rezenten Schicht der Gudenushöhle konnte noch ein gelegentlicher Besuch bis ins Mittelalter nachgewiesen werden. Es wurden durch Kupfer oder Bronze verfärbte Tierknochen und Keramikscherben aufgefunden.

Bei der Bergung der Fossilien wurden keine Schichten unterschieden. 1200 Artefakte, welche an Ort und Stelle verfertigt wurden, wie dies die Nuclei und Abfälle beweisen, haben im wesentlichen 2 Kulturschichten ergeben, die zum Teil aus dem Moustérien (bis ca. 30 000 Jahre) und aus dem Magdalénien (vor etwa 15 000 Jahren) stammen. Im Moustérien bestand das Rohmaterial aus Quarzit, Bergkristall und Hornstein. Hierzu zählen Breitklingen, Bohrer, typische Moustérienschaber und zweiseitig bearbeitete faustkeilartige Stücke, die ein Drittel des Gesamtbestandes ausmachen und die man wegen ihrer formalen Ausführung am ehesten mit einem mittleren Acheuléen in Verbindung bringen kann (s. SPAHNI 1954:Fig.1). OBERMAIER & BREUIL (1908) verwendeten ihrerseits den Begriff Acheuléo-Moustérien, doch PITTIONI (1954) spricht von einem Faustkeilmoustérien. Knochenspitzen mit abgeschrägter Basis sowie ein Kommandostab werden dem Magdalénien zugeordnet. Die anderen Funde dieser Schicht wie Knochennadeln, Steingeräte mit einfachen Klingen, Klingenschaber, Mittelstichel, kleine Spitzen, gravettoide Mikroklingen und die Rentierkopfritzung auf der Ulna eines Adlers(?) sind nicht ausreichend für eine eindeutige Bestimmung der Kultur (NEUGEBAUER-MARESCH 1993).

Chronologie und Klimageschichte: Nur anhand der Artefakte sind 2 Phasen zu unterscheiden, da die Wirbeltierknochen unterhalb der Kulturschicht mit jenen der Kulturschicht und der Seitennische durcheinander gebracht wurden:

- Früh- oder Mittel-Würm (Moustérien)
- Spätglazial (Magdalénien)

Das Spätglazial wird auch anhand der gefundenen Vogelarten nachgewiesen: Einerseits durch das Vorhandensein von *Lagopus lagopus* und *Nyctea scandiaca*, die im Alpenraum seit dem Altholozän fehlen bzw. Sehr selten sind, und andererseits durch das Vorkommen von *Perdix perdix* und *Coccothraustes coccothraustes*, die aus ökologischen Gründen in den hochglazialen Avifaunen nicht vorkommen. Auch das Überwiegen von *Lagopus mutus* gegenüber *Lagopus lagopus*, welches im Alpenraum erst nach dem letzten Hochglazial bekannt ist, spricht für diesen Zeitraum (MLÍKOVSKÝ, im Druck).

Aufbewahrung: Prähistorische Abteilung des Naturhist. Mus. Wien.

Rezente Sozietäten: Die Molluskengesellschaft im Bereich der Höhle entspricht einem reich gegliederten Standort in tiefmontaner Lage, sowohl hinsichtlich der Vegetation als auch des Bodenreliefs (C. Frank, mündl. Miteilung).

Literatur:

DÖPPES, D. 1996. Sechs pleistozäne Höhlenfaunen aus Österreich. Teilgebiete eines Forschungsprojekts. [Diplomarbeit, Univ. Wien].

DÖPPES, D. (im Druck). Die jungpleistozäne Säugetierfauna der Gudenushöhle (Niederösterreich). Wiss. Mitt. Niederösterr. Landesmus **10**, St.Pölten.

HACKER, L. 1884. Die Gudenushöhle, eine Rentierstation im niederösterreichischen Kremsthale. - Mitt. Anthrop. Ges. **14**: 145-153, Wien.

HARTMANN, W. & H. 1985. Die Höhlen Niederösterreichs 3. - Die Höhle, wiss. Beih. **30**: 339-345, Wien.

HARTMANN, W. & H. 1990. Die Höhlen Niederösterreichs 4. - Die Höhle, wiss. Beih. **37**: 11, Wien.

KAHLKE, R.D. 1992. Repeated immigration of *Saiga* into Europe. - Courier Forsch.-Inst. Senkenberg **153**: 187-195, Frankfurt a. M.

KRAPP, F. 1990. *Crocidura leucodon* - Feldspitzmaus. In: NIETHAMMER, J. & KRAPP, F. (eds.): Handbuch der Säugetiere Europas 3(1): 465-484, Wiesbaden.

KURTÉN, B. 1968. Pleistocene Mammals of Europe. - Verlag The World Naturalist, London.

MAYER, A. RASCHKO, H. & WIRTH, J. 1993. Die Höhlen des Kremstales. - Die Höhle, wiss. Beih. **33**, Wien.

MLÍKOVSKÝ, J. (im Druck). Vogelreste aus dem Jungpleistozän der Gudenushöhle (Niederösterreich). - Wiss. Mitt. Niederösterr. Landesmus **10**, St.Pölten.

NEUGEBAUER-MARESCH, Ch. 1993. Altsteinzeit im Osten Österreichs. - Wiss. Schriftenreihe Niederösterreich **95/96/97**, St. Pölten. OBERMAIER, H. & BREUIL, H. 1908. Die Gudenushöhle in Niederösterreich. - Mitt. Anthrop. Ges. **38**: 277-294, Wien.

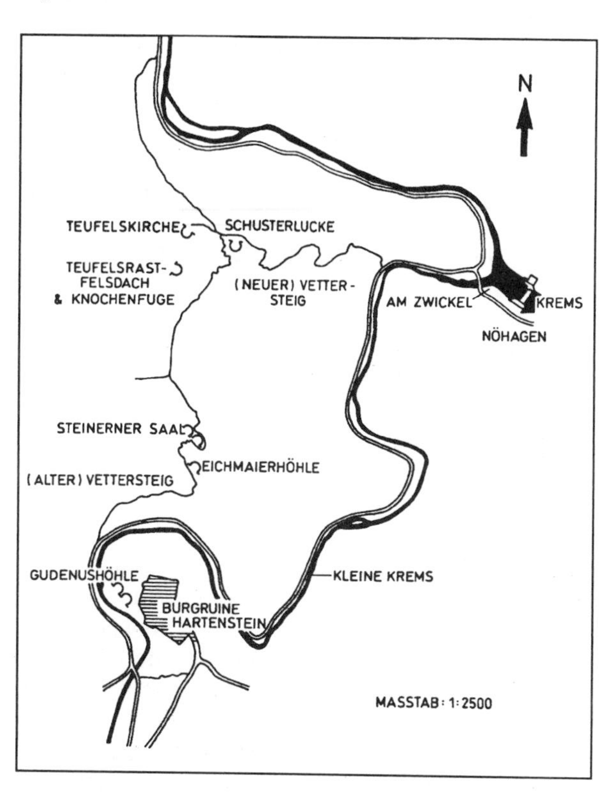

Abb.1: Lageskizze der Kremstalhöhlen: Gudenushöhle, Schusterlucke, Teufelsrast-Knochenfuge, Eichmaierhöhle, Steinerner Saal und Teufelskirche.

PITTIONI, R. 1954. Urgeschichte des Österreichischen Raumes. - Verlag Deuticke, Wien.

SCHÖN, W. 1980. Nöhagen. - Fundber. Österreich **18**: 265, Wien.

SPAHNI, J.-C., 1954. Les gisements à ursus spelaeus de l'Autriche et leurs problèmes. - Bull. Société Préhist. Française **7**: 346-367, Le Mans.

SZOMBATHY, J. 1913. Untersuchung von Höhlen im Kremstale bei Hartenstein, Niederösterreich. - Mitt. k.k. Zentralkomm. Denkmalpflege **XII**, 9: 19 ff., Wien.

THENIUS, E. 1959. Die jungpleistozäne Wirbeltierfauna von Willendorf i. d. Wachau, N.Ö. - Mitt. Prähist. Kom. **VIII/IX**: 133 - 170, Wien.

WINKLER, E.-M. 1987. Paläolithische Stein- und Knochenartefakte aus dem Bereich der Gudenushöhle in Nöhagen, Niederösterreich. - Fundber. Österreich **26**: 173 - 175, Wien.

WOLDRICH, J.N. 1893. Reste diluvialer Faunen und des Menschen aus dem Waldviertel Niederösterreichs. -- Denkschr. kais. Akad. Wiss., math.-naturwiss. Kl. **60**: 565 - 634. Wien.

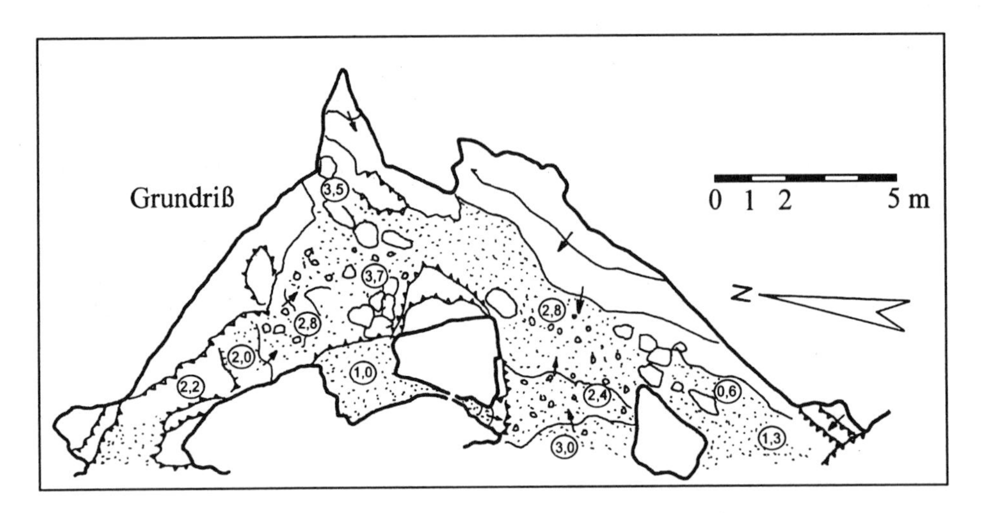

Abb.2: Höhlenplan der Gudenushöhle (n. MAYER & al. 1993)

Kamegg

Florian A. Fladerer & Christa Frank

Jungpaläolithischer Freilandlagerplatz (Magdalénien)
Kürzel: Ka

Gemeinde: Kamegg
Polit. Bezirk: Horn, Niederösterreich
15°39'40" E (RW: 113,5mm)
48°36'44" N (HW: 251mm)
ÖK 50-Blattnr.: 21, Horn
Seehöhe: 274m

Lage: Die Fundstelle befindet sich am südgerichteten Hangfuß im Ausgang des kurzen Seitentales, das sich vom Roten Kreuz (354m) in das Kamptal öffnet (Abb.1).Zugang: Unmittelbar nördlich der Ruine Kamegg befindet sich rechts an einer platzartigen Erweiterung das Gasthaus 'Erlinger' (ehemals 'Döller'). An diesem vorbei 180m in das Tälchen hinein, nach Nordost zur aufgelassenen Ziegelei 'Grasselseder' an der linken Seite.

Geologie: Der Löß liegt hier auf kristallinen Gesteinen, Paragneisen der Bunten Serie und Amphiboliten des Moldanubikums der Böhmischen Masse.

Fundstellenbeschreibung: Die Fundschicht wurde durch den von offiziellen Stellen unkontrollierten Lößabbau bis auf die kurze Grabung von J. Bayer im Jahr 1931 undokumentiert zerstört. An den Aufschlüssen im Hang, der die teilweise eingeebnete ehemalige Abbaufront bzw. das Ende der Grabungen darstellt, waren in den Fünfziger Jahren Reste der Kulturschicht ca. 150-180cm unter der Grasnarbe feststellbar (BRANDTNER 1955:9). Die Kulturschicht stieg bergwärts mit der Hanglage an und wurde allmählich dünner und fundärmer. Rund 30cm über dem archäologischen Horizont war nach J. Höbarth eine dünne zweite Schicht erkennbar, die außer z.T. angebrannten Knochenfragmenten keine Artefakte ergab. Die Profile sind heute mit Ausnahme des Bereiches C überwachsen.

Forschungsgeschichte: Spätestens um 1915 wurden erste Funde während des Ziegeleibetriebes bekannt. Erst 1931 setzte J. BAYER (1933), Prähistorische Abteilung am Naturhistorischen Museum in Wien, in Folge von Aufsammlungen durch J. Höbarth, Horn, eine erste Grabung an. Trotz offensichtlicher Fortsetzung der Kulturschichte wurde die Grabung nach zwei Tagen abgebrochen. Während der Fortsetzung des Lößabbaues machten die Privatsammler J. Höbarth, A. Gulder und O. Ritter Aufsammlungen und kleinere Grabungen, von welchen Funde im Höbarth-Museum in Horn liegen. 1951 führte F. Brandtner, Gars am Kamp, Nachuntersuchungen im Bereich der damals noch erkennbaren Kulturschichte durch (BRANDTNER 1955). 1984 und 1985 leitete A. Montet-White, University of Kansas, Lawrence, unter Mitarbeit von F. Brandtner mehrwöchige Grabungen. An drei Stellen wurden Schnitte mit einer ungefähren Gesamtfläche von 15m² untersucht. 1985 und 1992 untersuchte P. Haesaerts, Institut Royal des Sciences Naturelles de Belgique, Bruxelles, Profile im Bereich der Ausgrabungen.

Sedimente und Fundsituation: BRANDTNER (1955) nahm 1951 nahe des Hangfußes ein Profil auf, welches die Fundschichte etwas oberhalb eines gröber klastischen unteren Bereiches zeigt (Abb. 2). Die durch Holzkohlefragmente, Artefakte und Knochen gekennzeichnete Kulturschichte erstreckte sich über mindestens 8m Länge und bergwärts mit der Hanglage etwas ansteigend mindestens 3,5m. Sie hatte eine Mächtigkeit von 5cm, erreichte aber in Vertiefungen 20cm (GULDER 1952). Die fossilen Knochen sind häufig konkretionär verpackt und zum Teil sinterverkrustet. Eine Zwei- bis Dreiteilung der Kulturschicht mit intermittierendem Löß galt früher als Hinweis auf die Gleichzeitigkeit von Besiedelung und Lößakkumulation (J. Bayer bei BRANDTNER 1955:69). Rund 30cm über dem archäologischen Horizont war nach J. Höbarth eine dünne zweite Schicht erkennbar, die angebrannte Tierreste aber keine Steinindustrie beinhaltete.

Fauna:

Tabelle 1. Kamegg. Alte Ziegelei. Sammelliste der Wirbeltierreste mehrerer Aufsammlungen. Mindeststückzahlen KNZ und Mindestindividuenzahlen MNI, ergänzt nach E. Thenius in BRANDTNER (1955) und Sichtungen durch den Autor 1996. Das Inventar umfasst nur einen unbekannt kleinen Teil des ehemaligen Lagerbereiches (siehe Text).

	KNZ (MNI)
Lagopus sp.	2 (1)
Lepus timidus	20 (2)
Canis lupus	1
Rangifer tarandus	32 (5)
Bison/Bos	2 (1)
Equus sp.	>70 (5)
Coelodonta antiquitatis	1

Tabelle 2. Kamegg. Alte Ziegelei. Zwei Landschneckenvergesellschaftungen aus dem spätpleistozänen Löß. Probe C: Löß oberhalb der rotbraunen Bodenbildung. Probe A: Paläolithische Kulturschicht. + vorhanden.

	Probe C	Probe A
Columella columella	-	+
Pupilla muscorum	+	+
Pupilla muscorum densegyrata	+	+
Pupilla sp. juv. (*muscorum*-Gruppe)	+	+
Pupilla bigranata	+	-
Pupilla triplicata	+	+
Pupilla sterrii	+	+
Pupilla loessica	+	+
Vallonia costata inkl. f. *helvetica*	+	-
Vallonia tenuilabris	+	+
Clausilia dubia	+	-
Succinella oblonga oblonga	+	+
Catinella arenaria	-	+
Trichia hispida	+	+
Helicopsis striata	+	+

Nach den publizierten Berichten scheint nur ein kleiner Teil der Tierreste einer öffentlichen Sammlung zugeführt worden zu sein. Die Funde (Tab. 1), die aus mehreren Aufsammlungen und Grabungen stammen, sind verschieden gut erhalten. Häufig bedeckt eine harte konkretionäre Kruste die Knochen.

Deutlich dominant sind Reste eines Wildpferdtyps, der im Skelettbau dem eher niedrigwüchsigen Typ (des *germanicus*-Kreises, vgl. E. Thenius in BRANDTNER 1955:67) der jungpaläolithischen Fundplätze gut entspricht. Auch der Großteil der zahlreichen unbestimmbaren, z.T. angebrannten Knochenbruchstücke, haben eine dem Pferd entsprechende Größe. Das Pferd war für die Kamegger Jäger zweifellos subsistentielles Hauptbeutetier. Im Repräsentationsmuster fallen die Häufigkeiten (1) von Gebißresten und (2) vollständigen Metapodien bei (3) einer fast vollständigen Repräsentanz der sonstigen Körperteile auf. Die Daten weisen auf Tötung der Tiere in geringer Entfernung des Lagers und auf gute Versorgungslage hin. Vom Rentier sind im Gegensatz zu den Pferden im Inventar kaum Rumpf und Extremitätenreste vorhanden. Auffällig ist die Häufigkeit von Geweihstangen: Vier Abwurfstangen adulter Rentierbullen zeigen Bearbeitungsspuren zur Knochenspitzengewinnung. Ein massives schädelechtes Geweihstück eines Individuums ist ein Beleg für dessen Tod im Herbst. Weitere zwei proximale Geweihfragmente mit noch verbundenem Schädelteil von juvenilen Männchen oder adulten Weibchen geben einen weiteren Hinweis auf die Besiedelungszeit des Lagers im Herbst/Winterhalbjahr. Bei der sehr geringen Häufigkeit von postcranialen Rentierresten kann aber selektiver Eintrag von Geweihen als Rohstoff aus einer größeren Entfernung nicht ausgeschlossen werden. Weitere erbeutete Großwildarten waren das Wollnashorn und ein großes Wildrind. Daneben ist die Jagd auf Schneehasen und Schneehühner belegt. Bemerkenswert ist das Fehlen des Mammuts.

Die Repräsentationsmuster der Großwildarten, die Modifikationen an den Rentiergeweihen zur Herstellung von Geschoßspitzen, das Vorherrschen von Klingen und anderen schneidenden Geräten und die Schmuckindustrie werden hier als Ausdruck eines mehrwöchig besiedelten Lagers interpretiert. Saisonal ist - mit Vorbehalt - einmal Herbstjagd angezeigt. Lößinterkalationen in der Kulturschicht lassen auf wiederholte Besiedelungsphasen schließen.

Für die malakologische Untersuchung lagen zwei 0,5 l messende Proben geschlämmtes Sediment aus dem Profilbereich C (BRANDTNER 1955) vor (Tab. 2). Probe A mit 11 Landschneckenarten stammt aus der Kulturschichte. Probe C aus dem Löß knapp oberhalb der rotbraunen fossilen Bodenbildung - die einen älteren Zeitabschnitt repräsentiert (siehe Chronologie) - beinhaltete 12 Arten.

In der Kulturschichte dominieren Offenland-Elemente. Die standörtliche Diversität im Bereich des südexponierten Hanges dürfte gering gewesen sein. *Trichia hispida* und *Succinella oblonga* sind etwa zu gleichen Anteilen vorhanden; stärkere Beteiligung von *Helicopsis striata* ist zu beobachten. Es läßt sich für die Zeit der menschlichen Besiedelung offenes Grasheideland unter trockenem und mäßig kaltem Klima rekonstruieren.

Aus dem Löß über dem Paläoboden liegt eine bezüglich der Artenzahl fast gleiche, aber weit individuenreichere Fauna vor als aus der Kulturschichte: Innerhalb der 8 ökologischen Gruppen dominieren mit 64,5 % der Individuen die Elemente des Offenlandes. Es ist eine höhere Diversität als in der Kulturschicht zu beobachten. Die ökologisch anspruchslose *Trichia hispida* (12,9 %), der Anteil der *Pupilla*-Arten *sterrii* und *triplicata* (11,4 %) und die übrigen Gruppen lassen auf offenes Grasheideland mit vereinzelten Büschen unter trockenem, gemäßigt-kühlem Klima schließen. Baumbewuchs oder Buschgruppen sind im Hangbereich nicht anzunehmen.

Paläobotanik: Die Holzkohlereste wurden noch nicht untersucht.

Archäologie: Die Knochenindustrie ordnet die Kultur in den Magdalénien-Komplex ein. Sie gehört mit den bearbeiteten Rengeweihen, Geschoßspitzen, Nadeln und Spateln, an denen außerdem noch Kerbungen beobachtbar sind, zu den eindrucksvollsten der österreichischen Altsteinzeit. Die Gewinnungstechnik der Knochenspäne von Rengeweihen als Kerne entspricht dem süddeutschen Magdalénien, wie es vom Petersfels im Hegau (BERKE 1987) bekannt ist. Vier Abwurfstangen mit abgetrennter Eissprosse zeigen eine bilaterale Schnittführung im anterioren konkaven Stangenabschnitt, der bislang nur im deutschen Magdalénien und Spätpaläolithikum nachgewiesen werden konnte (vgl. HAHN 1991). Eine analoge Bearbeitung als Nadelkern zeigt das Metapodium eines Pferdes. Sehr ähnliche Stücke sind aus Gönnersdorf (POPLIN 1976) und vom Petersfels (BERKE 1987) bekannt geworden. Unter den Geschoßspitzen ist ein Stück, abgebildet bei BRANDTNER (1955: Taf. XIX, Fig. 3), das laut Ausgräber J. Höbarth bei der Bergung eine zweifache Basis hatte. Spitzen mit gegabelter Basis gelten ebenfalls als fast indikativ für das obere Magdalénien (HAHN 1991).
Unter den rund 1700 Steinartefakten wird ein sehr hoher Anteil von 34 % Typen beobachtet. Davon sind 40% Klingen, z. T. mit Querretusche, Klingen mit abgestumpftem Rücken (10%), atyp. Kerbspitzen, Stichel und eine große Anzahl sehr kleiner Formen. Während GULDER (1952) auf deutliche Unterschiede zu Gravettienfundplätzen einerseits und andererseits auf Affinitäten zum Magdalénien bzw. 'späten oberen Paläolithikum Südosteuropas' hinweist, befürwortet BRANDTNER (1955) eine Zuordnung zum Gravettien. Als Rohmaterial dominiert zu rund zwei Dritteln ein durchscheinender hellbrauner Hornstein. Es wurden auch eine kleine Sandstein'walze', Gerölle mit Politur, ein mit dicken Linien ornamentiertes Stück und ein kleines plattenartiges Stück aus gebranntem Ton aufgefunden. Keine näheren Angaben, außer einer Fotografie, werden von J. Bayer bzw. BRANDTNER (1955: Taf. V) über eine Steinplattenlage in der Kulturschicht bei der Ausgrabung 1931 gegeben.
Zum Fundgut aus dem paläolithischen Lagerbereich gehören auch ein Stück Bernstein und über 440 tertiäre und jungpleistozäne Molluskengehäuse - Schnecken und Muscheln, die teilweise als Schmuck gedient haben. Mehrere sind mit Rötel gefärbt. Das Loch wurde häufiger durch Abschleifen stark gekrümmter Gehäuseteile erzeugt, seltener durch Sägen oder Bohren (PAPP 1952). Die aufgesammelten Tierarten geben Hinweise auf das regionale und überregionale Wanderungsverhalten und Einflußareale der eiszeitlichen Wildbeuter. Die jungpleistozänen Schalen von *Theodoxus danubialis* (252 Exemplare), *Melanopsis* aff. *parreyssii* (36), *Lithoglyphus naticoides* (1) wurden von den Wildbeutern vermutlich aus dem südöstlichen Mitteleuropa eingebracht. Die tertiären Exemplare von *Melanopsis vindobonensis* (72), *Melanopsis* cf. *inermis* (3), *Melanopsis* cf. *varicosa* (4), *Calliostoma p. podolicum* (sub "*podolicoformis*") (1), *Calliostoma p. enodis* (sub "*podolicoformis nudostriata*") (11), *Cerithium pictum* (9), *Arca diluvii* (9), *Arca turonensis* (4), *Cypraea fabagina* (3), *Ancillaria obsoleta* (6), *Nassa vindobonense* (5), *Nassa hoernesi* (14), *Lunatia catena helicina* (sub "*Natica*") (10), *Mitra fusiformis* (1) kommen in Sedimenten des Wiener Beckens vor (PAPP 1952).
1941 wurde über der Kulturschicht in 145cm von der Oberkante ein menschliches Skelett, assoziiert mit Haustierknochen gefunden. Vermutlich handelt es sich um eine neolithische Bestattung, wie Funde aus dem Bereich über der paläolithischen Kulturschicht und des nahen Kreisgrabens annehmen lassen.

Chronologie und Klimageschichte: Spätwürm. Das Wirbeltierspektrum der Kulturschicht wird ausschließlich aus borealen bzw. Steppen-Arten gebildet. Es fehlen Arten der dichteren Vegetation. Besonders die Vorkommen von Schneehuhn und Wollhaarigem Nashorn weisen auf glaziale kontinentale Klimabedingungen. Eine extreme Kältesteppe wird aufgrund der Landschneckengemeinschaft allerdings ausgeschlossen. Das urgeschichtliche Fundmaterial ist dem Spätpaläolithikum zuzuordnen. Unterstützt durch die hochentwickelte Knochenindustrie wird hier eine chronologische Zuweisung zwischen ausgehendem Hochglazial um 16.000 Jahre BP und dem Spätglazial um 13.500 Jahre BP als sehr wahrscheinlich angenommen. Die Molluskengemeinschaft aus dem Bereich über dem Paläoboden zeigt noch etwas gemäßigteres Klima an.
An zwei Stellen war über der Kulturschicht eine bräunliche 'Initialbodenbildung' zu beobachten, die einem bis 50cm mächtigen rotbraunen Paläobodenaufschluß im oberen Hangbereich entsprechen sollte (BRANDTNER 1954: 61,70ff). Mit P. Haesaerts (pers. Mitt., 11/1996) ist diese Gleichsetzung nicht haltbar. Aufgrund mikromorphologischer Untersuchungen wird der Boden dem Eem (Riß/Würm-Interglazial) zugeordnet (SMOLÍKOVÁ 1995).
Im Zuge der Revision wurden zwei Knochenproben (*Equus, Rangifer*) an P. Haesaerts zur Radiokarbondatierung in Groningen übermittelt. *Equus* sp.: Mc III (inner side) 14.130 ±110 a BP (GrN-22883), Mc III (outer side) 13.840 ±120 a BP (GrN-23182) [pers. Mitt. von P. Haesaerts, 20.10.1997].

Aufbewahrung: Die hier vorgelegten Ergebnisse basieren auf den im Höbarth-Museum in Horn archivierten Tierresten. Archäologische Funde liegen vor allem in Horn und in der Privatsammlung F. Brandtner.

Rezente Sozietäten: Die bislang publizierten Molluskenfaunen des Kamptales (FRANK 1986, 1987, REISCHÜTZ 1984) entsprechen der reichen Strukturierung der Landschaft: *Clausilia dubia obsoleta*, *Clausilia dubia moldanubica*, *Balea biplicata chuenringorum*, *Discus rotundatus*, *Euconulus fulvus*, *Semilimax semilimax*, *Vitrina pellucida*, *Aegopinella pura*, *Aegopinella nitens*, *Oxychilus draparnaudi*, *Malacolimax tenellus*, *Deroceras agreste* ssp. *filosior* nom. prov. REISCHÜTZ 1977, *Deroceras rodnae*, *Euomphalia strigella*, *Arianta arbustorum*, *Helicigona lapicida*, *Cepaea vindobonensis*, *Helix pomatia*.

Die aus der mittelneolithischen Grabenanlage geborgenen Faunen umfassen etwa die Zeit vom Ende des 4. vorchristlichen Jahrtausends bis um etwa 2000 vor unserer Zeitrechnung und gehören damit auch verschiedenen späteren Besiedlungszeiten an (FRANK 1992/93). Sie sind z. T. sehr artenreich und von Waldarten dominiert und zeigen reich strukturierten Lebensraum vom Typ des Block- und (Hang-) Schuttwaldes mit Buche und Tanne, mit aufgelockerten Saumbeständen und offenen Arealen. Diese Faunen entsprechen dem "Epiatlantikum" sensu JÄGER (1969) (etwa ab dem 4. vorchristlichen Jahrtausend). Daneben liegen auch - anthropogen bedingte - Mischfaunen, wie sie im besiedelten Gebiet wiederholt auftreten, vor. Die dem "Epiatlantikum" zugeordneten Faunen sind optimal entwikkelte Gemeinschaften des warm-feuchten, von Buchen und Tannen dominierten, skelettreichen Waldes, mit im wesentlichen denselben Holzarten wie heute. Es waren auch Faunenkomplexe nachweisbar, die jünger als epiatlantisch sind und auf stärkere Verdrängung des Waldes durch jüngere Siedlungstätigkeit hinweisen, und Faunen, die der ausklingenden Phase des Epiatlantikums entsprechen.

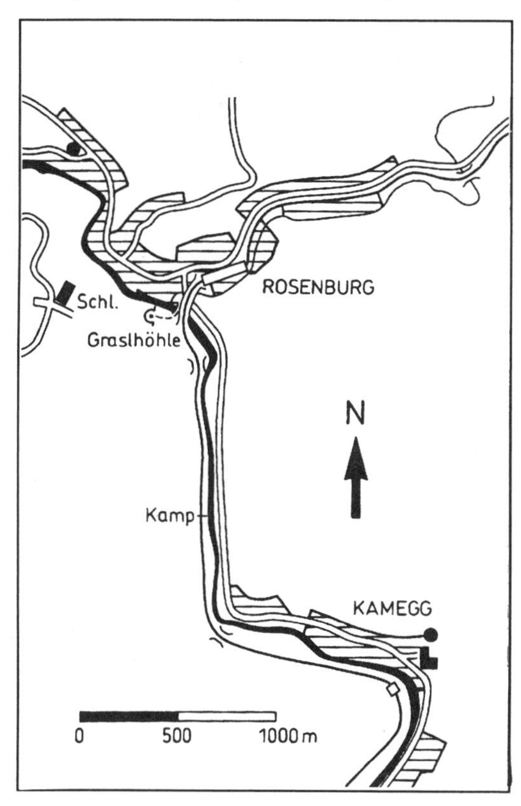

Abb.1: Kamptal bei Rosenburg, NÖ, mit der Lage von drei jungpleistozänen Fundplätzen. Kamegg, Graslhöhle (Zwerglloch) und Rosenburg-Kreisgraben am westlichen Ortsende.

Weitere pleistozäne Fundstellen in der näheren Umgebung (Abb.1): Die chronologisch kaum zuordbaren Tierreste diverser Grabungen und Aufsammlungen in der **Graslhöhle bei Rosenburg (Zwerglloch)** seit 1893 - darunter Höhlenbären und spätwürmzeitliche Kleinwirbeltiere - sind noch nicht bearbeitet (HEINRICH 1973, HARTMANN & HARTMANN 1985).

Von der 1988 nur sehr kleinräumig ergrabenen jungpaläolithischen Fundstelle **Rosenburg** sind einige wenige Reste von *Citellus (Spermophilus)* sp., *Equus* sp., *Coelodonta antiquitatis* und *Lepus timidus* bekannt. 40 modifizierte von 1264 Artefakten zeigen eine gravettoide Schlagtechnik. Sozioökonomisch zeigen sich besondere Affinitäten zu westslowakischen Fundstellen im Mitteldonaubecken, z. B. Moravany-Zakovska. Ein ^{14}C-Datum von angebrannten Knochen lautet auf 20.120 ±480 a BP (Lv-1756D) (OTT 1996).

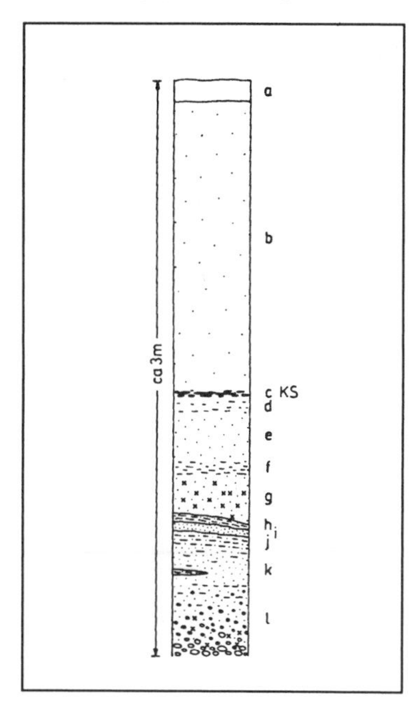

Abb.2: Kamegg. Alte Ziegelei. Schematisches Profil an der Paläolithfundstelle nach BRANDTNER (1955). a) Rezenter Boden, b) primärer Löß, durchschnittl. 150cm mächtig, c) Kulturschichte 7-15cm, d) solifluidal leicht gestörter Löß, ca. 10cm; nach unten übergehend in Schwemmlöß (e), hellbraun, fein geschichtet, ca. 30cm mächtig. f) Übergang zu graubraunem bis ockergrauem, feinsandigem Schwemmlöß, 6-15cm, g) grauer lößähnlicher Feinsand, vorwiegend aus Schiefergneiskomponenten, 25-30cm, h) hellgrauer toniger Schluff, 5cm, i) graue Feinsandlage, 5cm, j) hellgrauer, toniger Schluff, ca. 10cm, übergehend in unregelmäßig geschichteten grauen, schluffigen Feinsand (k) mit dünnen tonigen Lagen, 40-50cm. l) grobsandiger, kiesiger Solifluktionsschutt, der nach unten zunehmend Gerölle führt, KS - Kulturschicht.

Literatur:

BAYER, J. 1933. Der vor- und frühgeschichtliche Mensch auf dem Boden des Horner Bezirkes. - Horner Heimatbuch, **Jg. 1933**, Horn.

BERKE, H. 1987. Archäozoologische Detailuntersuchungen an Knochen aus südwestdeutschen Magdalénien-Inventaren. - Urgeschichtl. Materialhefte **8**: 1-154, Tübingen.

BRANDTNER, F. 1954. Jungpleistozäner Löß und fossile Böden in Niederösterreich. - Eiszeitalter und Gegenwart, **4/5**: 49-82, Öhringen.

BRANDTNER, F. 1955. Kamegg, eine Freilandstation des späteren Paläolithikums in Niederösterreich. - Mitt. Prähist. Komm. Österr. Akad. Wiss., **7**: 3-93, Wien.

FRANK, C. 1986. Die Molluskenfauna des Kamptales. Eine Gebietsmonographie. - Stud. Forsch. Niederösterr. Inst. Lan

deskd., **9**: 1-118, 34 Abb., 1 Karte, Wien.
FRANK, C. 1987. Die Mollusken des Kamptales. - Unsere Heimat, **58**(3): 214-221, Wien.
FRANK, C. 1992/1993. Mollusca (Gastropoda et Bivalvia) aus der Kamptalgrabung (Niederösterreich): Ein Beitrag zur Kenntnis der Faunenentwicklung in besiedelten Gebieten mit besonderer Berücksichtigung der mittelneolithischen Kreisgrabenanlagen. - Manuskript am Inst. f. Ur- u. Frühgeschichte, Univ. Wien, 195 S., 1 Karte, 45 Fotos, 140 Zeichnungen.
GULDER, A. 1952. Die Paläolithstation von Kamegg im Kamptal, N.-Ö. - Arch. Austr.,**10**: 16-27, Wien.
HAHN, J. 1991. Erkennen und Bestimmen von Stein- und Knochenartefakten. Einführung in die Artefaktmorphologie. - Archaeologia Venatoria **10**: 1-315, Tübingen.
HEINRICH, W. 1973. Das Jungpaläolithikum in Niederösterreich. - Unpubl. Diss. Univ. Salzburg.
HARTMANN, H. & W. 1985. Die Höhlen Niederösterreichs, Band 3. - Die Höhle, wiss. Beih. **30**, Wien.
JÄGER, K.-D. 1969. Climatic Character and Oscillations of the Subboreal Period in the Dry Regions of the Central European Highlands. - Quatern. Geol. and Climate: 38-42, Nat. Acad. Sc. Washington.
OTT, I. 1996. Die Artefakte der jungpaläolithischen Fundstelle von Rosenburg am Kamp. - Unpubl. Diplomarbeit Univ., Wien.
PAPP, A. 1952. Die Schmuckschnecken aus Kamegg, N.-Ö. - Arch. Austr., **10**: 28-33, Wien.
PAPP, A. 1957. Unpubliziertes Manuskriptblatt, Inst. Paläont. Univ. Wien.
POPLIN, F. 1976. Les grandes vertébrés de Gönnersdorf. Fouilles 1968. - Der Magdalénien-Fundplatz Gönnersdorf, **2**: 1-227, Wiesbaden.
REISCHÜTZ, P. L. 1984. Beiträge zur Molluskenfauna Niederösterreichs, 4. Die Molluskenfauna des Kamptales zwischen Schloß Rosenburg und der Ruine Steinegg (Waldviertel). - Heldia, **1**(1): 29-32, München.
SMOLÍKOVÁ, L. 1995. Bericht 1994 über Mikromorphologie und Stratigraphie der quartären Böden auf den Blättern 21 Horn, 22 Hollabrunn und 38 Krems. - Jb. Geol. Bundesanstalt, **138**(3): 565, Wien.

Krems-Schießstätte

Christa Frank & Gernot Rabeder

Lößprofil, Ältest- bis Mittelpleistozän
Kürzel: KR

Gemeinde: Krems an der Donau
Polit. Bezirk: Krems an der Donau (Stadt), Niederösterreich
ÖK 50-Blattnr.: 38, Krems an der Donau
15°36' E (RW: 24mm)
48°25' N (HW: 369mm)
Seehöhe: 235m
Ein Teil der Wände wurde im Juli 1974 von der Niederösterreichischen Landesregierung zum Naturdenkmal erklärt. (FINK & PIFFL 1976a).

Lage: In der ehemaligen Ziegelei am Hundssteig nördlich Krems an der Donau, im Übergangsgebiet zwischen "Trockener und feuchter Lößlandschaft" (FINK 1962).
Zugang: Die Stadt Krems liegt am linken Donauufer, am Ausgang der Wachau; von Wien aus über die Autobahn (E 84) bis Stockerau, und über die Bundesstraße 3 oder mit der Bahn erreichbar. Das Gelände steigt im Stadtbereich stufenförmig an und verebnet sich um 235m ("Hundssteig"). Der Zugang zur Fundstelle ist nur über die Schießstattgasse möglich, die zu der etwa 25m hohen Lößwand der aufgelassenen Ziegelei führt, die früher als Kugelfang diente und noch dient. Eine Anmeldung beim Platzwart ist nötig.
Geologie: Das Kremsfeld, begrenzt vom Kremsfluß im Westen, dem Abfall des Böhmischen Massivs im Norden, dem Kamp im Osten und dem Tullnerfeld im Süden ist von kompliziertem geologischem Aufbau. Der Sockel besteht aus Kristallin (Böhmische Masse), darüber liegt Tertiär verschiedener lithologischer Beschaffenheit: Sande, Tone, Tegel und Schotter, wobei zwei große Akkumulationskörper zu unterscheiden sind:
Das Hollenburg-Karlstettner Konglomerat (Badener Stufe, ausschließlich kalkalpines Material, eingebettet in die feinklastischen marinen Sedimente); darüber der mächtige Hollabrunner und Mistelbacher Schotter. Dieser besteht aus meist feinerem Quarzschotter sowie aus grobem Kalk- und Flyschschotter. Zu den badenischen und pannonen Schottern treten quartäre von der Donau geschüttete Schotter. (FINK & PIFFL 1976c; Abb.39).

Fundstellenbeschreibung: Es handelt sich um mehrere Aufschlüsse, die in einem Sammelprofil dargestellt sind (modifiziert nach FINK 1976a, Taf. III in der Ergänzung zu Bd. 1 der Mitt. Komm. Quartärforsch. ÖAW). Einen Lageplan der Schießstätte Krems zeigt die Abb. 35 in FINK & PIFFL (1976a:82). L. Typ. der sogenannten "Kremser Verlehmungszone".

Forschungsgeschichte: Die Lokalität wird erstmals von A. PENCK (1903) erwähnt, der anläßlich einer Exkursion während des 9. Internationalen Geologenkongresses auf die kräftige Verlehmungszone in der Lößwand der kurz zuvor aufgelassenen Ziegelei verwies. Im selben Jahr wird die Lokalität von R. HOERNES (1903) erwähnt, 1909 von J. BAYER. GÖTZINGER (1935, 1936) führte für den intensiv gefärbten basalen Kremser Bodenkomplex (Paläoboden 7-9) erstmalig die Bezeichnung "Kremser Verlehmungszone" ein und stellte ihn zeitlich in das Mindel/Riß-Interglazial. Die hangende Verlehmungszone (Paläoboden 4), die von geringerer Farbintensität ist, bezeichnete er als "Göttweiger Verlehmungszone" (Taf. 2 in GÖTZINGER 1936; siehe auch BRANDTNER 1956:134-136, FELGENHAUER & al. 1959:55-56). Eine Handzeichnung von L. Adametz enthielt der INQUA-Exkursionsführer (1936).
Die neueren Untersuchungen, die eine differenziertere Abfolge zeigten, erfolgten erst relativ spät, als die Wände schon teilweise verstürzt waren: 1965 wurde beim Bau der Stützmauer entlang des Armen-Sünder-Grabens das dortige Profil im Detail aufgenommen. Unterhalb der Paläoböden 7 und 8 erschienen weitere autochthone

Paläoböden, die heute rechts der Stützmauer und in Hauptwand und Pfeiler sichtbar sind. Während der Neuvermessung 1968 erfolgte eine erste malakologische Beprobung durch LOZEK; im Folgejahr sowie 1976 eine Beprobung für paläomagnetische Untersuchungen durch A. Koci und J. Kukla. Dabei wurden weitere Proben für malakologische Befundungen gezogen. Während der Grabungskampagne ab dem Sommer 1970 wurden weitere Teile der Wände freigelegt und detaillierte Beprobungen für bodenkundlich-sedimentologische (Univ. Wien) und palynologische Untersuchungen (B. Frenzel, Stuttgart) vorgenommen. Drei Bohrungen wurden bis zum Felssockel (Amphibolit) niedergebracht. Eine Bemusterung für tonmineralogische Untersuchungen wurde durch die Universität Wien durchgeführt. Ebenfalls durch die Univ. Wien erfolgte eine ergänzende Probennahme für malakologische Untersuchungen (H. Binder, G. Rabeder), die aber erst von C. Frank 1993/94 durchgeführt wurden. Proben für eine mikromorphologische Auswertung durch L. Smolikova (Prag) sind verschwunden.
Mit der Sanierung der Wände als Naturdenkmal wurden Proben für die Untersuchung von Kleinsäugern (G. Rabeder) entnommen (FINK & PIFFL 1976b). Eine Übersicht über die geowissenschaftliche Forschung bringt FINK (1976a).
Im Herbst 1992 wurde ein durch einen neuen Schußkanal entstandener Aufschluß beprobt (KOVANDA & al. 1995).

Sedimente und Fundsituation: Der Felssockel der Terrasse, die kaum 50m über dem heutigen Flußniveau liegt, trägt eine dünne Schotterstreu mit Blöcken. Die Lößbodenabfolge reicht bis an den Beginn des Pleistozäns.
Die obersten Paläoböden (KR1-4) treten kaum in Erscheinung, ebenso die im oberen Löß etwa hangparallel verlaufenden, schwach ockerfarbenen und grauen Streifen. Der Paläoboden KR5 entspricht typologisch einer "Leimenzone". Humose Oberböden fehlen, doch sind farbintensive, tonreiche Bt-Horizonte mit unterlagerndem Cca-Horizont enthalten. Die starke Färbung wird als Folge sommerlicher Dehydratation gedeutet.
Die Paläoböden KR6 und KR10-15 zeigen den Charakter eines kräftigen, noch im Braunerde/Parabraunerdebereich liegenden Unterbodens. Die Paläoböden KR7-9 ("Kremser Komplex") sind typologisch Rotlehme bzw. extrem lessivierte Böden.
$CaCO_3$ ist in verschiedener Form ausgefällt: a) als basaler Illuvialhorizont; b) als "petrocalcic horizon" (steinartig verhärtet; plattig strukturiert an der Oberfläche; besonders deutlich hinter der Stützmauer; c) als senkrecht stehende, stangenförmige Körper von durchschnittlich 5 cm Durchmesser. Diese letzteren wechseln mit den sogenannten "Lehmstangen" ab, das sind ebensolche Bildungen aus Bt-Material, wobei der Anteil dieser beiden Materialien wechselnd ist: Bei vorherrschendem Solum entsteht ein Paläoboden, bei vorherrschendem (illuviiertem) $CaCO_3$ eine Zwischenschicht im Komplex der Paläoböden.
Lehmstangen von etwa 2cm Durchmesser treten auch isoliert unterhalb von Bt-Horizonten im Löß auf. Sie enden unterhalb eines Paläobodens; in ihrem Zentrum verläuft meist eine Wurzel, die diese präformierte Leitbahn benutzt. Die Lehmstangen wurden bis jetzt erst unterhalb des Paläobodens KR7 festgestellt. (FINK & PIFFL 1976b,c).
Bisher erwiesen sich nur die Paläoböden 7-10 und 12 als kleinsäugerführend; die Faunen sind sämtlich spärlich (RABEDER 1976:87-88, 1981). Die Molluskenführung ist durchgehend und in unterschiedlicher Reichhaltigkeit (LOZEK 1976:84-87, 1978:27-31).
Die Schichten (-2, -4) des neuen Aufschlusses fallen nach S ein und können, da sie räumlich weit von der alten Abbauwand entfernt sind, nicht mit den klassischen Paläoböden KR1 bis KR15 korreliert werden; sie können auch der im Hauptprofil erodierten Zone oberhalb des Paläosols KR7 angehören.

Fauna:

Vertebrata (nach RABEDER 1978, 1981, KOVANDA & al. 1995):

	Fundschichtnummer						
Art	KR12	KR10	KR9	KR8	KR7	-2	-4
Soriculus sp.	-	-	-	-	-	+	-
Beremendia fissidens	-	-	-	-	-	+	-
Mimomys cf. *coelodus*	+	-	+	-	-	+	-
Mimomys cf. *pusillus*	-	-	+	+	+	-	-
Clethrionomys kretzoii	-	-	-	-	-	+	-
Borsodia newtoni	-	cf.	-	-	-	+	-
Lagurus arankae	-	-	sp.	-	+	+	-
Microtus pliocaenicus	-	-	-	-	-	+	+
Lemmus kowalskii	-	-	-	-	-	+	-
Glis cf. *sackdillingensis*	-	-	-	-	-	-	+
Ochotona sp.	-	-	-	-	-	-	+

Mollusca:

Kombinierte Tabelle nach LOZEK (1976: 86; Informationsproben I-III) und unbestimmtem Material, Inst. Paläont. Univ. Wien (entnommen: H. Binder, det. C. Frank 1993):

KR3: Material Binder
KR4/1: Unter der Oberkante von Paläoboden 4, "wo dieser allmählich gegen Norden abtaucht" (LoIII in LOZEK 1976).
KR4/2: Material Binder
KR5 (Unterkante): Material Binder
KR6: Material Binder
KR7/1: Über dem Paläoboden 7, in der Mitte der mittleren Wand (LoII in LOZEK 1976).
KR7/2: Über dem Paläoboden 7 (Material Binder).
KR7: Paläoboden 7 (Material Binder).
KR8/1 (Löß unter dem Boden): Material Binder
KR8/2: Unter dem Paläoboden 8, nördlich der Stützmauer (LoI in LOZEK 1976).
KR9: Material Binder
KR10: Material Binder
KR11: Material Binder
KR12 (Löß unter dem Boden): Material Binder

pl: zahlreich (mehr als 100 Individuen).
Anm.: Anmerkung.
fragm.: unbestimmbare Splitter.
juv.: Juvenilschalen.
?: Bestimmung unsicher.
+: vermischt.

Art KR	3	4/1	4/2	5	6	7/1	7/2	7	8/1	8/2	9	10	11	12	Anm.
Platyla similis	-	+	-	-	-	-	-	-	-	-	-	-	-	-	1
Cochlicopa lubrica	-	-	+	-	-	+	-	-	-	-	-	-	-	-	
Cochlicopa sp.	-	-	-	-	-	-	-	+	-	-	-	-	-	-	
Columella columella	-	-	-	-	-	-	+	-	-	-	-	-	-	-	
Truncatellina cylindrica	-	-	-	-	-	-	-	-	-	?	-	-	-	-	
Vertigo pusilla	+	-	-	+	+	-	+	-	-	-	-	-	-	-	
Vertigo pygmaea	+	?	-	+	+	-	-	-	-	+	-	-	-	-	
Vertigo alpestris	-	-	-	-	-	(+)?	-	+	-	-	-	-	-	-	
Vertigo parcedentata	+	-	-	+	-	-	+	-	-	-	+	+	-	-	
Vertigo angustior	-	-	-	-	-	-	-	-	-	+	-	-	-	-	
Granaria frumentum	-	+	-	-	-	(+)	-	+	-	+	+	+	+	-	12
Gastrocopta serotina	-	-	+	-	-	-	-	-	-	-	-	-	-	-	
Sphyradium doliolum	-	-	-	-	-	-	-	-	-	-	+	-	-	-	
Pagodulina pagodula	-	+	-	-	-	-	-	-	-	-	-	-	-	-	
Pupilla muscorum	-	(+)	-	-	-	-	-	-	-	-	-	+	-	-	
Pupilla muscorum densegyrata	-	-	-	-	-	-	+	-	-	-	-	-	-	-	
Pupilla bigranata	-	-	-	-	-	-	+	-	+	-	-	-	-	-	
Pupilla triplicata	+	(+)	+	+	+	(+)	+	+	+	+	+	+	+	+	
Pupilla sterrii	-	(+)	-	-	-	(+)	+	-	+	-	-	-	+	+	
Pupilla loessica	-	-	-	-	-	-	+	-	+	-	-	-	-	-	
Vallonia costata + f. *helvetica*	+	(+)	+	pl	+	(+)	+	+	+	+	+	pl	+	+	
Vallonia tenuilabris	-	(+)	-	-	-	(+)	pl	+	-	-	+	+	+	-	10
Chondrula tridens	-	-	+	+	-	-	-	+	-	+	+	+	+	-	
Ena montana	-	+	+	-	-	+	-	-	-	+	+	-	-	-	
Cochlodina laminata	-	+	-	-	-	-	+	+	-	-	-	-	-	-	
Ruthenica filograna	-	-	-	-	-	-	-	-	-	-	+	-	-	-	
Macrogastra ventricosa	-	-	+	-	-	-	-	-	-	-	-	-	-	-	2
Macrogastra lineolata	-	-	-	-	-	-	-	-	-	-	+	-	-	-	2
Macrogastra densestriata	-	-	-	-	-	-	-	-	-	-	-	-	+	-	2
Macrogastra plicatula	-	+	+	-	-	-	-	-	-	?	+	-	-	-	
Macrogastra cf. *latestriata*	-	-	-	-	-	-	-	-	-	-	+	-	-	-	
Macrogastra cf. *tumida*	-	-	-	-	-	-	-	-	-	+	-	-	-	-	3
Clausilia pumila	-	+	-	-	-	-	-	-	-	+	+	-	-	-	
Clausilia dubia	-	+	+	+	+	(+)	+	+	-	-	+	+	+	-	
N. corynodes austroloessica	-	-	-	-	-	-	-	+	-	-	+	-	-	-	1,3
Laciniaria (*Alinda*) sp.	-	+	-	-	-	-	-	-	-	-	-	-	-	-	
Clausiliidae indet (juv., fragm.)	-	-	-	-	-	-	-	+	-	-	+	-	-	-	
Succinella oblonga	-	(+)	-	+	+	-	-	-	+	-	+	+	+	+	
Succinella oblonga elongata	-	-	+	-	-	-	-	-	-	-	-	-	-	-	
Catinella arenaria	-	(+)	-	-	-	(+)	+	+	-	+	-	-	-	-	
Discus rotundatus	-	+	+	-	-	-	-	-	-	-	-	-	-	-	8
Discus perspectivus	-	+	+	-	-	+	-	-	-	+	-	-	-	-	8
Discus ruderatus	+	-	-	-	-	+	-	-	-	-	-	-	-	-	
Euconulus alderi	-	-	-	+	-	-	-	-	-	-	-	-	-	-	
Semilimax kotulae	-	-	-	-	-	-	+	-	-	-	-	-	-	-	

Art	KR	3	4/1	4/2	5	6	7/1	7/2	7	8/1	8/2	9	10	11	12	Anm.
cf. *Vitrinobrachium breve*		-	+	-	-	-	-	-	-	-	-	-	-	-	-	4
Vitrea diaphana		-	+	+	-	-	-	-	-	-	-	-	-	-	-	
Vitrea crystallina		+	-	-	-	-	-	-	-	-	-	-	-	-	-	
Aegopis verticillus		-	+	+	-	-	-	-	+	-	-	+	-	-	-	
Aegopis klemmi		-	-	-	-	-	-	-	-	-	+	-	-	-	-	5
cf. *Aegopis* sp.		-	-	+	-	-	-	-	-	-	-	-	-	-	-	
Aegopinella nitens		-	-	+	-	-	-	-	-	-	-	+	-	-	-	11
Aegopinella ressmanni		-	?	+	-	-	-	-	-	-	-	-	-	-	-	
Aegopinella cf. *minor*		-	-	-	-	-	+	-	-	-	?	-	-	-	-	
Aegopinella sp.		-	-	-	-	-	-	-	+	-	-	-	-	-	-	
Perpolita hammonis		+	-	+	-	-	-	-	-	-	+	-	-	-	-	
Zonitidae indet.		-	-	+	-	-	-	-	-	-	-	-	-	-	-	
cf. *Limax* sp., Schälchen		-	-	-	-	-	-	-	-	-	-	+	-	-	-	
Limacidae, kleine Arten		-	-	-	-	-	-	-	-	-	+	-	-	-	-	
Deroceras sp., Schälchen		-	-	+	+	-	-	-	-	-	-	-	-	-	-	6
Soosia diodonta		-	-	-	-	-	-	-	+	-	-	-	-	-	-	
Fruticicola fruticum		-	-	+	-	-	-	-	+	-	+	+	-	+	-	
Trichia hispida		+	-	-	-	-	-	+	-	-	-	-	-	-	-	
Petasina unidentata		-	-	+	-	-	+	-	+	-	-	-	-	-	-	9
Helicopsis striata		+	-	+	+	-	-	+	+	+	+	+	+	+	-	
Perforatella bidentata		-	-	-	-	-	-	-	-	-	-	-	+	-	-	
Monachoides incarnatus		-	+	+	-	-	+	-	+	-	?	-	-	+	-	
Urticicola umbrosus		-	+	-	-	-	+	-	-	-	-	-	-	-	-	7
Euomphalia strigella		-	-	+	-	-	-	-	+	-	-	-	+	-	-	
Helicodonta obvoluta		-	+	+	-	-	-	+	-	-	-	-	-	-	-	8
Arianta arbustorum		+	-	+	-	-	-	+	+	-	-	-	-	-	+	
Arianta arbustorum alpicola		-	-	+	-	-	-	-	-	-	-	-	-	-	-	
Helicigona capeki		-	+	-	-	-	+	-	-	-	+	-	-	-	-	
Isognomostoma isognomostomos		-	+	+	-	-	-	-	-	-	-	+	-	-	-	8
Cepaea nemoralis		-	-	-	-	-	+	-	-	-	-	-	-	-	-	
Cepaea hortensis		-	-	-	-	-	-	+	+	-	-	+	-	-	-	
Hygromiidae indet.		-	-	+	-	-	-	-	+	-	-	+	-	-	-	
Helicidae indet.		-	-	-	-	-	-	-	+	-	-	+	-	-	-	
Celtis sp., Steinkerne		-	-	-	-	-	+	-	-	-	+	-	-	-	-	
Gesamt: 74		11	28	32	11	6	18	19	24	7	21	26	12	12	5	

Anmerkungen:

1: *Acme* (*Acicula*) *diluviana* HOCKER 1907 (p. 92 "in der diluvialen Sand- und Tuffablagerung von Brüheim bei Gotha") wird von BOETERS & al. (1989:159-165) in die Synonymie von *Platyla similis* (REINHARDT 1880) gestellt (Syntypus: Abb. 163 a,b, p. 164). Die Autoren sehen sie ebenso wie *Acme serbica* CLESSIN 1911 (locus typicus: "Crnoljevica in Serbien") als eine gedrungene Ausbildung der *Platyla similis* an. Die wenigen bekannten pleistozänen Vorkommen liegen außerhalb ihres gegenwärtigen Areales in Baden-Württemberg, in der ehemaligen DDR (Erfurt, Brüheim), England, in der ehemaligen CSFR (Stránská Skála), siehe auch LOZEK (1964: 168). Rezent lebt die Art in Süd- und Südosteuropa, mit anscheinend disjunktem Areal (Bulgarien, Griechenland, Italien, ehemaliges Jugoslawien-Kosovo, Rumänien).

2: Kleine Formen.

3: Sub *'Iphigena'* in LOZEK 1976, ebenso die anderen *Macrogastra*-Arten.

4: *Vitrinobrachium breve* (A. FÉRUSSAC 1821); feuchtigkeitsbedürftig, waldbewohnend; gegenwärtiges Areal vom Alpennordrand östlich der Salzach, süddeutsches Mittelgebirge; westwärts bis zum Niederrhein. (FECHTER & FALKNER 1989:172; KERNEY & al. 1983:150-151, Karte 146). In Österreich gibt es bis dato nur einen Hinweis auf ein mögliches Vorkommen (Oberösterreich bei Marktschellenberg; Genistfund: BECKMANN 1989); siehe auch KLEMM (1974: 215). Fossilnachweise sind überaus selten, siehe auch LOZEK (1964:241).

5: Nach brieflicher Mitteilung von A. Riedel (Warschau, 25.6.1993) ist die Zugehörigkeit von *Aegopis klemmi* SCHLICKUM & LOZEK 1965 ("spätaltpleistozäne Ausfüllung der 'Höhle' von Hundsheim mit jungbiharischer Säugerfauna") zur Gattung *Aegopis* fraglich. Frank überprüfte Individuen von der Typuslokalität und von der Fundstelle Deutsch Altenburg 4B (dieser Band) und schließt sich diesem Zweifel an.

6: In KR4/2 drei Arten, davon eine cf. *laeve*.

7: Sub *'Zenobiella umbrosa'* in LOZEK 1976.

8: Starkschalige Individuen mit kräftiger Skulptur.

9: Die Ausbildung der *Petasina unidentata* in KR4/2 entspricht der rezenten *Petasina unidentata alpestris* (CLESSIN 1874); einer kleinen, kugeligen, festschaligen Unterart, die hauptsächlich die höheren Lagen besiedelt; vgl. KLEMM (1974:411, 413, Karte 134; 800-2300 m). Sub *'Trichia'* in LOZEK 1976.

10: Massenvorkommen in KR7/2.

11: In KR9 Bestimmung unsicher.

12: Stark gerippte Form; sub *'Abida'* in LOZEK 1976.

13: Ein Großteil der aus dem jüngeren Mittelpleistozän Ungarns bekanntgewordenen *Neostyriaca* gehört zu dieser Unterart (siehe KROLOPP 1994). Rezent kommt *Neostyriaca corynodes* nicht in Ungarn vor.

Interpretation von LOZEK (1976:84, 86-87) zu den Faunen LoI (KR8/2), LoII (KR7/1) und LoIII (KR4/1): Die älteste Fauna (LoI) dürfte nicht vollständig sein, enthält aber eine Reihe warmzeitlicher Leitelemente: *Macrogastra* cf. *tumida*, *Discus perspectivus*, *Aegopis klemmi* (vgl. Anm. 5), *Helicigona capeki*; dazu *Ena montana*, *Macrogastra* cf. *plicatula*, *Aegopinella* sp. (große Art) und *Monachoides incarnatus*. Die übrigen Arten sind teils indifferent, teils aus dem liegenden Löß bzw. den umgelagerten Schichten aus dessen Oberkante. Einige Arten zeigen im Vergleich mit ihren rezenten Populationen morphologische Unterschiede, besonders *Granaria frumentum* (durchschnittlich kleiner als rezent, auffallend stark gerippt); auch *Macrogastra plicatula*, *Monachoides incarnatus* und andere (vgl. dazu Anm. 2).
Die nächstjüngere Fauna (LoII), an der Basis der Bodenbildung über dem "Kremser Bodenkomplex" enthält gut erhaltene Individuen, wobei auch hier eine Lößkomponente und eine warmzeitliche Komponente differenzierbar sind. Massenhaft treten die hochwarmzeitlichen Leitarten *Helicigona capeki* und *Cepaea nemoralis* auf, die anderen warmzeitlichen Elemente nur verstreut: *Ena montana*, *Discus perspectivus*, *Aegopinella* cf. *minor*, *Petasina unidentata*, *Monachoides incarnatus*, *Urticicola umbrosus*. Vermutlich ist auch diese Fauna nicht vollständig.
Die jüngste Fauna (LoIII) repräsentiert eine hochwarmzeitliche, offenbar voll erfaßte Waldfauna mit *Platyla similis* (vgl. Anm. 1), *Pagodulina pagodula*, *Discus perspectivus*, *Aegopis verticillus*, *Aegopinella ressmanni*, *Helicigona capeki*, *Isognomostoma isognomostomos*. Fauna LoI und II enthielten auch *Celtis*-Früchte.

Interpretation des Binder-Materiales:
KR3: Die Fauna zeigt Teilbewaldung, alternierend mit halboffenem Buschland; mehr trocken- als feuchteorientiert. Klimacharakter: mild, nur mäßig feucht.
KR4/2: Von wärme- und feuchtigkeitsbedürftigen Waldarten beherrschte Fauna; strukturierter Laubmischwald mit Strauch- und Krautschichte, bodenfeucht; kleinräumige Steppenrelikte; im Wald feuchte bis nasse Senken. Klimacharakter: warm, feucht.
KR5: Trockenes, halboffenes Buschland (Gebüsche und Gebüschgruppen); Klimacharakter: trocken, kühl.
KR6: Trockenes, halboffenes Buschland, ähnlich KR5; Klimacharakter trocken-kühl.
KR7/2: Individuenreiche Fauna, die von Offenland-Elementen klar dominiert ist. Sie zeigt offenes, überwiegend trockenes Grasland mit einzelnen Gebüschen. Wenige Waldarten sind beigemischt, wenn sie autochthon sind, könnten sie auf beginnende Bewaldung hinweisen. Klimacharakter: trocken, kalt.
KR7: Ähnlich KR4/2; Klimacharakter: warm, feucht.
KR8/1: Trockenes Offenland, einzelne Gebüsche; artenarme Fauna. Klimacharakter: trocken-kühl.
KR9: Wärme- und feuchtigkeitsbedürftige Waldfauna (strukturierter Laubmischwald), dazwischen ausgedehntere offene und halboffene Flächen. Klimacharakter: warm-feucht.
KR10: Trockenes, offenes bis halboffenes Buschland; Klimacharakter: trocken, gemäßigt. Das Fragment von *Perforatella bidentata* erscheint beigemischt, da sie ein bezeichnendes Element des feuchten Bruchwaldes ist.
KR11: Halboffenes Buschland mit Baumgruppen, dazwischen steppenartige Flächen. Klimacharakter: gemäßigt, eher trocken.
KR12: Artenarme, wenige signifikante Fauna; Dominanz von *Succinella oblonga*. Klimacharakter: kühl, mittelfeucht.

LOZEK (1978:27-31; Tafel III) bringt eine neue tabellarische Zusammenstellung sämtlicher von ihm bearbeiteter Faunen mit ökologischer Kurzcharakteristik. Die Ergebnisse stimmen gut mit den vorliegenden überein. LOZEK beprobte zusätzlich den rezenten Oberboden, den darunterliegenden Löß ('trocken-kühle Lößfauna'), den 'schwachen Boden' Nr. 2 ('vorwiegend trockenkühle Lößarten, ferner Elemente der Tschernosem-Waldsteppe') und zwei im darunterliegenden Löß verlaufende Gleybänder mit spärlichen Faunenresten. Seine Proben KR 13-15 wurden aus dem Gaisgraben entnommen. KR13 und KR15 enthielten Fragmente hochwarmzeitlicher Arten; ansonsten enthielten die Proben trokken-kühle Lösselemente.

Paläobotanik: Palynologische Untersuchungen wurden von B. Frenzel (Inst. f. Botanik Univ. Stuttgart) durchgeführt.

Archäologie: Unmittelbar oberhalb der Abzweigung der Straße zum Wachtberg wurde eine jungpaläolithische Station ausgegraben, deren Position auf Abb. 35 in FINK & PIFFL (1976a) durch einen kleinen Pfeil vermerkt ist. Von hier liegt auch eine absolute Datierung vor.

Chronologie und Klimageschichte:
Die Ergebnisse der paläomagnetischen Untersuchungen von KOCI & KUKLA (in FINK 1976a:88-90, Abb.37-38) zeigten für den oberen Schichtkomplex normale Polarität (KR1-4; "Brunhes-Epoche"), unter dieser folgt umgekehrt magnetisierter Löß ("Matuyama-Epoche"). Der Umschlag Brunhes/Matuyama wird somit zwischen Paläoboden 4 und 5 angesetzt (siehe auch KUKLA 1970).
Der Sedimentabschnitt im Bereich von Paläoboden KR6 und der Oberkante von KR7 zeigt normale Orientierung und wird als "Jaramillo-Event" interpretiert. Die zeitliche Zuordnung der Lößserie unterhalb des Paläobodens KR6 ist jedoch nicht ohne Probleme, da zwischen KR7 und 6 eine Erosionsphase unbekannter Länge und Intensität stattfand. Diese Interpretation steht nach RABEDER (1981) nicht im Einklang mit dem Evolutionsniveau der Arvicolidae aus den Paläoböden 7-12 (siehe unten). Das darunter folgende mächtige Schichtpaket ist wieder umgekehrt magnetisiert ("Matuyama-Epoche").
Die Zuordnung des Schichtkomplexes KR1-4 ins Mittelpleistozän wird auch durch den malakologischen Befund unterstützt.
Die Biostratigraphie mittels der Kleinsäugerbefunde zeigt folgendes (RABEDER 1981:334-336): Die Gattung *Borsodia* ist auf das Jungvillanyium (Oberpliozän)

beschränkt, die drei anderen Arten reichen bis ins Biharium (Altpleistozän). Gegen eine Einstufung ins Ober-Pliozän sprechen das Vorkommen von *Lagurus* und die Evolutionshöhe der *Mimomys*-Arten. Die liegenden Anteile (von Paläoboden 12-7) wären demnach ins Ältest-Pleistozän zu stellen. Damit übereinstimmend ist die reverse Orientierung dieses Sedimentpaketes. Die hangenden, normal orientierten Teile (Brunhes-Epoche) sind frei von Arvicolidenfunden.
Durch die Arvicolidenfunde aus dem neuen Aufschluß wird das ältestpleistozäne Alter bestätigt. Das Vorkommen von *Microtus*-Molaren in den Schichten -2 und -4 zusammen mit *Borsodia* und *Lemmus kowalskii* spricht dafür, daß hier auch die jüngeren Abschnitte des Ältestpleistozäns durch Sedimente vertreten waren (KOVANDA & al. 1995).
Malakologischer Befund: Die 3 von LOZEK (1976) bearbeiteten Faunen LoI (KR8/2), LoII (KR7/1) und LoIII (KR4/1) sind vom Autor mit altpleistozän ("vorholsteinzeitlich") eingestuft und wie folgt analysiert: Die jüngste Fauna LoIII erinnert an die 'Cromerwarmzeitliche' Fauna des Fundortes Stránská Skálá (Lateiner Berg), etwa 20 km nördlich von Brünn, die zusammen mit einer jungbiharischen Säugetierfauna auftrat. Auch die Fauna LoII hat eine Analogie - Chlum bei Srbsko (Böhmischer Karst), von Schichten mit biharischer Säugetierfauna überlagert. Daher wird die jüngste Fauna, LoIII, ins Biharium gestellt, die beiden anderen tiefer. Der Autor schließt nicht aus, daß die älteste Fauna (LoI) jungvillafranchisch sein könnte (LOZEK 1976:86-87).
Die Probe KR4/2 (Binder-Material) entspricht hinsichtlich der ökologischen Aussage der Probe KR4/1 (LoIII); die Probe KR 6 (Binder) etwa der von KR6 (MF 67); KR7/2 und KR7 (Binder) tragen den hochwarmzeitlichen Charakter, den die Probe KR7/1 (LoII) zeigt. KR8/1 (Binder) korreliert ökologisch mit MF 13 und MF 57-58 ("Angedeuteter Boden"). KR9 (Binder) ist hochwarmzeitlich, und vergleichbar mit MF 1 (KR12) der LOZEK-Tabelle.
Eine malakologische Neuerfassung der Fundstelle erfolgt durch die Autoren KOVANDA & al. (1995: 72-76) nicht; sie ziehen die Ergebnisse der LOZEK'schen Bearbeitung heran. FRANK (diese Studie) bestimmte und revidierte zusätzlich Material, das im Inst. für Paläontologie der Univ. Wien archiviert war: Es ließen sich insgesamt 74 Arten feststellen; die Ergebnisse sind den Interpretationen von LOZEK (1976, 1978) vergleichbar.

Aufbewahrung: Inst. Paläont. Univ. Wien (Mollusca p.p.), Weinstadtmuseum Krems (Artefakte), Sammlung LOZEK (?) (Mollusca p.p.), B. Frenzel (Stuttgart; palynologische Präparate ?), Naturhist. Mus. Wien (Artefakte, Knochen).

Rezente Sozietäten:
Aus FRANK (1986: Alauntal und Krems-Wienerstraße; 1), FRANK (1987a: Donauufer bei der alten Autobrücke; 2), FRANK (1987b: Donau zwischen Strom-km 1997.2 und 2001.65; 3), KLEMM (1974; 4), REISCHÜTZ (1977: Krems-Schießstätte; 5), REISCHÜTZ (1986; 6).
Theodoxus danubialis (5, subrezent), *Anisus vortex* (2), *Ancylus fluviatilis* (3), *Radix ovata* (3), *Cochlicopa lubrica* (2, 4), *Cochlicopa repentina* (conchologisch; 2), *Cochlicopa lubricella* (1), *Pyramidula rupestris* (4), *Granaria frumentum* (2, 4, 5), *Pupilla muscorum* (4), *Vallonia pulchella* (1, 4), *Ena montana* (4), *Merdigera obscura* (4), *Zebrina detrita* (1, 4), *Cochlodina laminata* (2, 4), *Macrogastra ventricosa* (2, 4), *Macrogastra plicatula* (4), *Clausilia pumila* (2, 4), *Clausilia dubia dubia* (4), *Balea biplicata* (1, 2, 4), *Succinea putris* (2, 4), *Cecilioides acicula* (4), *Discus rotundatus* (1, 4), *Zonitoides nitidus* (2), *Semilimax semilimax* (2, 4), *Vitrina pellucida* (1, 4), *Vitrea crystallina* (2), *Aegopinella nitens* (2, 4), *Oxychilus cellarius* (4), *Oxychilus draparnaudi* (4), *Boettgerilla pallens* (6), *Limax cinereoniger* (6), *Malacolimax tenellus* (6), *Deroceras reticulatum* (2, 6), *Arion subfuscus* (2), *Arion fasciatus* (6), *Arion distinctus* (6), *Fruticicola fruticum* (2, 4), *Trichia hispida* (2, 4), *Trichia rufescens danubialis* (2, 4), *Monachoides incarnatus* (2, 4), *Pseudotrichia rubiginosa* (2), *Urticicola umbrosus* (2, 4), *Xerolenta obvia* (1, 4), *Euomphalia strigella* (1, 4), *Monacha cartusiana* (4), *Helicodonta obvoluta* (1, 4), *Arianta arbustorum* (2, 4), *Helicigona lapicida* (4), *Isognomostoma isognomostomos* (4), *Cepaea hortensis* (2, 4), *Cepaea vindobonensis* (1, 2, 4), *Helix pomatia* (2, 4), *Sphaerium corneum* (2, 3). - Gesamt: 54.
Eine reichhaltige, differenzierte Molluskenfauna, die die Reste des danubischen Auwaldes repräsentiert. Die terrestrischen Mollusken zeigen großteils bodenfeuchte Weichholzauenreste; einige von ihnen trockene, sonnenexponierte Böschungen, eventuell Weinbauterrassen (*Zebrina detrita*). Der anthropogene Einfluß wird durch *Cecilioides acicula*, die beiden *Oxychilus*-Arten, *Boettgerilla pallens*, *Deroceras reticulatum*, die *Arion*-Arten *fasciatus* und *distinctus*, und *Xerolenta obvia* angedeutet (Siedlungsnähe, Sekundärbiotope).

Literatur:
BAYER, J. 1909. Jüngster Löß und paläolithische Kultur in Mitteleuropa. Studie über ihre zeitlichen Beziehungen. - Jb. f. Altertumskd., **3**: 149-160.
BECKMANN, K.-H. 1989. Ein Nachweis von *Vitrinobrachium breve* (FÉRUSSAC 1821) in Österreich? (Gastropoda: Vitrinidae). - Heldia, **1**(5/6): 187, München.
BOETERS, H. D., GITTENBERGER, E. & SUBAI, P. 1989. Die Aciculidae (Mollusca: Gastropoda Prosobranchia). - Zool. Verh. Rijksmus. Nat. Hist. Leiden, **252**: 234 S.
BRANDTNER, F. 1956. Lößstratigraphie und paläolithische Kulturabfolge in Niederösterreich und in den angrenzenden Gebieten. - Eiszeitalter u. Gegenwart, **7**: 127-175, Öhringen/Württ.
FECHTER, R. & FALKNER, G. 1989. Weichtiere. - Die farbigen Naturführer, hrsg. v. G. Steinbach. 287 S, München: Mosaik-Verlag.
FELGENHAUER, F., FINK, J. & DE VRIES, H. 1959. Studien zur absoluten und relativen Chronologie der fossilen Böden in Österreich. I. Oberfellabrunn. - Archaeologia Austriaca, **25**: 35-73, Wien.
FINK, J. 1962. Die Gliederung des Jungpleistozäns in Österreich. - Mitt. Geol. Ges. Wien, **54**(1961): 1-25, 1 Taf., Wien.
FINK, J. 1976a. Exkursion durch den österreichischen Teil des nördlichen Alpenvorlandes und den Donauraum zwischen Krems und Wiener Pforte. - Mitt. Komm. Quartärforsch. Österr. Akad. Wiss., **1**: 1-113, Wien.
FINK, J. 1976b,c. b) Paläopedologie. - c) Landschaftsmorphologie. - In: Mitt. Komm. Quartärforsch. Österr. Akad. Wiss., **1**: 90-91, 91, Wien.
FINK, J. 1978. Exkursion durch den österreichischen Teil des nördlichen Alpenvorlandes und den Donauraum zwischen Krems und Wiener Pforte. - Mitt. Komm. Quartärforsch. Österr. Akad. Wiss, Ergänzung zu Bd. **1**: 1-31, Wien.

FINK, J. & PIFFL, L. 1976a-c. a) Fußweg zum Hundssteig und zur Schießstätte, Krems 1 km. - b) Stop 1/4: Lößprofil Schießstätte Krems. - c) Stop 2/4: Panorama Gneixendorf (mit Tafel V und Abb. 39). - In: Mitt. Komm. Quartärforsch. Österr. Akad. Wiss, **1**: 81, 81-83, 91-93, Wien.

FRANK, C. 1986. Zur Verbreitung der rezenten schalentragenden Land- und Wassermollusken Österreichs. - Linzer biol. Beitr., **18**(2): 445-526, Linz.

FRANK, C. 1987a. Aquatische und terrestrische Mollusken der niederösterreichischen Donau-Auengebiete und der angrenzenden Biotope. IX. Die Donau von Wien bis Melk. Teil 1. - Z. Ang. Zool., **74**(1): 35-81, Berlin.

FRANK, C. 1987b. Aquatische und terrestrische Mollusken des österreichischen Donautales und der angrenzenden Biotope. Teil XIII. - Soosiana, **15**: 5-33.

GÖTZINGER, G. 1935. Zur Gliederung des Lösses (sic!). Leimen- und Humuszonen im Viertel unter dem Manhartsberg. - Verh. Geol. Bundesanst. Wien, **8/9**: 126-132, Wien.

GÖTZINGER, G. 1936. Führer für die Quartärexkursionen in Österreich, III. - INQUA-Konferenz, Wien, 1-12.

HOCKER, F. 1907. Nachtrag zum Verzeichnis der in der diluvialen Land- und Tuffablagerung von Brüheim bei Gotha vorkommenden Conchylien. - Nachrichtsbl. dtsch. malak. Ges., **39**: 86-93, Frankfurt/Main.

HOERNES, R. 1903. Bau und Bild der Ebenen Österreichs. - Bau und Bild Österreichs, Wien: Tempsky.

Paläomagnetik	Schematisches Säulenprofil / Lithologie	Paläoböden	Kleinsäuger führende Schichten
Brunhes	Löß		
	Braunlehm	4	
	Löß		
	Braunlehm	5	
? Jaramillo?	Braunlehm	6	
	Rotlehm	7	Krems 7
Matuyama	Löß		
	Braunlehm	8	Krems 8
	Löß		
	Braunlehm	9	Krems 9
	Löß		Krems 10
	Braunlehm	10	
	Löß		
	Braunlehm	11	
	Löß		
	Rotlehm	12	Krems 12
	Löß		
	Braunlehm	13	
	Löß		
	Braunlehm	14	
	Löß		
	Braunlehm Rotlehm	15	
	Löß		

KERNEY, M. P., CAMERON, R. A. D. & JUNGBLUTH, J. H. 1983. Die Landschnecken Nord- und Mitteleuropas. - 384 S. - Hamburg, Berlin: Parey.

KLEMM, W. 1974. Die Verbreitung der rezenten Land-Gehäuse-Schnecken in Österreich. - Denkschr. Österr. Akad. Wiss., **117**: 503 S., Wien, New York: Springer.

KOVANDA, J., SMOLIKOVA, L. & HORACEK, I. 1995. New data on four classic loess sequences in Lower Austria. - Sborn. geol. Antropoz. **22**: 63-85, Praha.

KROLOPP, E. 1994. A *Neostyriaca* génusz magyarországi pleistocén képzödményekben. - Malakológiai Tájékoztató, **13**: 5-8, Gyöngyös.

KUKLA, J. 1970. Correlation between loesses and deep-sea sediments. - GFF, Geologiska Föreningen i Stockholm Förhandlingar, **92**(2): 148-180.

LOZEK, V. 1964. Quartärmollusken der Tschechoslowakei. - Rozpravy ústredního ústavu geologického, **31**: 374 S, 32 Taf., Prag.

LOZEK, V. 1976. Malakologie. - In: Mitt. Komm. Quartärforsch. Österr. Akad. Wiss., **1**: 84-87, Abb. 35, 36, Wien.

LOZEK, V. 1978. Malakologie. - In: Mitt. Komm. Quartärforsch. Österr. Akad. Wiss., Ergänzung zu **1**: 27-31, Taf. III, Wien.

PENCK, A. 1903. Führer für die Exkursionen des 9. Int. Geol. Kongr. in Wien. - Wien.

RABEDER, G. 1976. Kleinsäugerreste (vorläufige Mitteilung). - In: Mitt. Komm. Quartärforsch. Österr. Akad. Wiss., **1**: 87-88, Wien.

RABEDER, G. 1981. Die Arvicoliden (Rodentia, Mammalia) aus dem Pliozän und dem älteren Pleistozän von Niederösterreich. - Beitr. Paläont. Österr., **8**: 343 S, 15 Taf., Wien.

REISCHÜTZ, P. L. 1977. Die Weichtiere des nördlichen Niederösterreich in zoogeographischer und ökologischer Sicht. - Hausarb. Zool. Inst. Univ. Wien, 33 S., Anh. I und II.

REISCHÜTZ, P. L. 1986. Die Verbreitung der Nacktschnecken Österreichs (Arionidae, Milacidae, Limacidae, Agriolimacidae, Boettgerillidae). - Sitzungsber. Österr. Akad. Wiss., Math.-Naturwiss. Kl. Abt. I, **195**(1/5): 67-190, Wien, New York: Springer.

SCHLICKUM, W. R. & LOZEK, V. 1965. *Aegopis klemmi*, eine neue Interglazialart aus dem Altpleistozän Mitteleuropas. - Arch. Moll., **94**(3/4): 111-114, Frankfurt/Main.

Abb. 1: Schematisches Profil der Krems-Schießstätte (n. RABEDER, 1981)

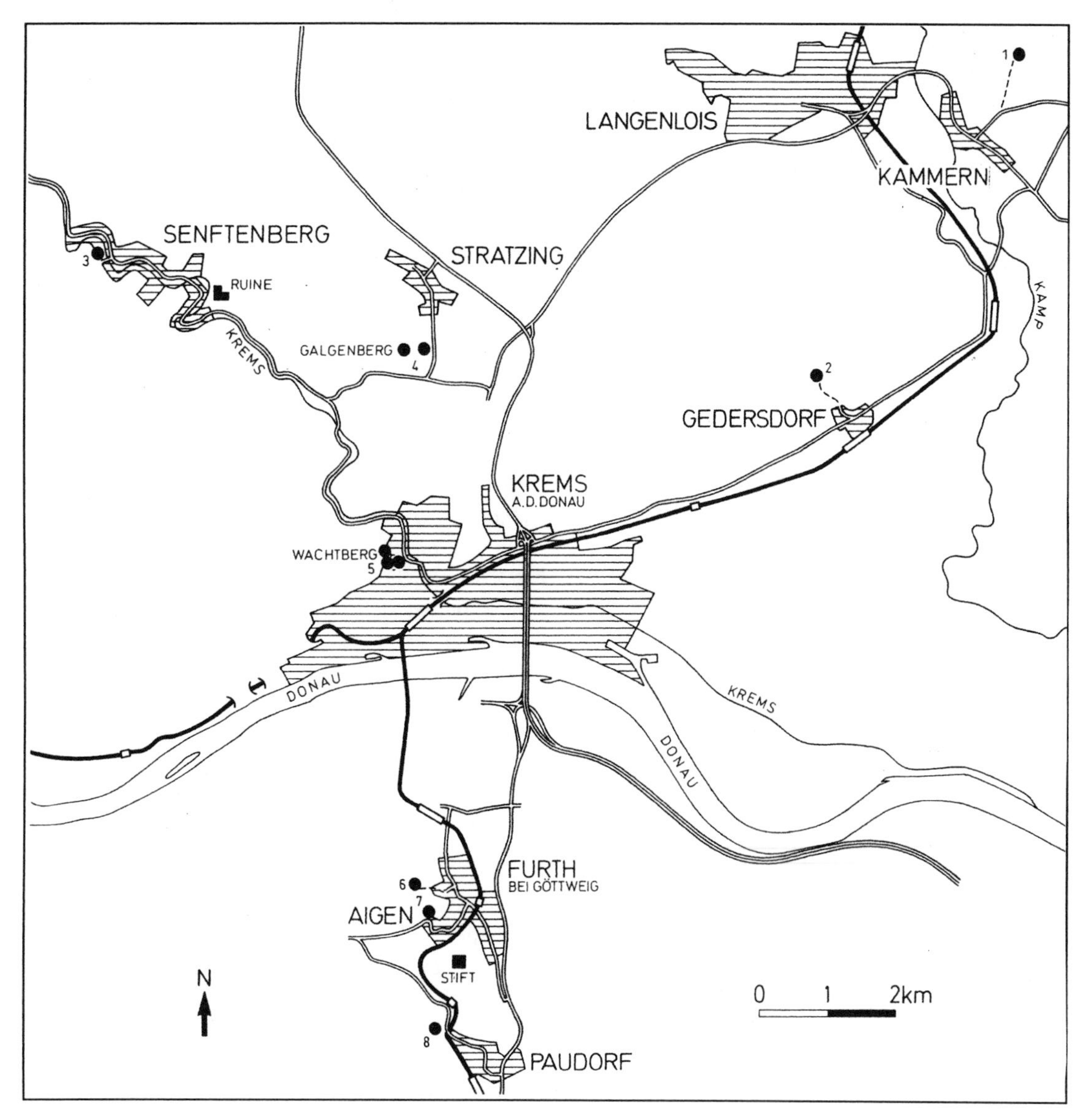

Abb.2: Lageplan diverser Fundstellen rund um Krems: **1** Grubgraben, **2** Gedersdorf, **3** Senftenberg, **4** Stratzing, **5** Wachtberg, **6** Furth, **7** Aigen, **8** Paudorf

Krems-Wachtberg

Thomas Einwögerer & Florian A. Fladerer

Jungpaläolithischer Lagerplatz (Gravettien, Pavlovien)
Kürzel: Wa

Gemeinde: Krems an der Donau
Polit. Bezirk: Krems an der Donau (Stadt), Niederösterreich
ÖK 50-Blattnr.: 38, Krems an der Donau
15°35'58" E (RW: 25mm)
48°24'56" N (HW: 366mm)
Seehöhe: 260m

Lage: Am Südostrand des Waldviertels. Der Wachtberg liegt geographisch am nordöstlichsten Punkt der Wachau zwischen Kremstal und Donautal, 500 Meter nördlich des Stadtzentrums von Krems, auf einer Seehöhe von 255 bis 265m (siehe Krems-Schießstätte, FRANK & RABEDER, dieser Band). Der sanft nach Südosten zur Stadt hin exponierte Hangbereich wird im Nordwesten vom 398m hohen Kuhberg überragt. Nach Nordosten fällt der Bereich des Wachtberges etwa 60m steil ins Kremstal ab. In südlicher Richtung verläuft der Hang flacher und bildet auf halber Höhe eine größere natürliche Terrasse, die etwa in der Mitte durch einen scharf eingeschnittenen Hohlweg geteilt wird. Die Lage des Wachtberges am südöstlichen Plateaurand des Waldviertels erlaubt einen weiten Überblick über das vorgelagerte Tullner Feld und das Donautal bis zur Wiener Pforte.

Zugang: Vom Ortszentrum ausgehend ist die Fundstelle über das Steiner Tor und die Schießstattgasse, Richtung Schießstätte zu erreichen. Unmittelbar nach der Straßengabelung Schießstattgasse/Wachtbergstraße liegt

über dem Straßenniveau die Liegenschaft Schießstattgasse 3 mit einem mehrgeschoßigen Haus genau über der Fundstelle von 1930.
Geologie: Die Lößablagerungen liegen auf kristallinen Gesteinen der Böhmischen Masse, die das Granit- und Gneishochland aufbaut. Paragneis der Bunten Serie und Syenitgneis des Moldanubikums bilden die lokale Unterlage. Die steilen Begrenzungen zum Kremstal und auch die Anlage des Hohlwegs erklären sich aus der Überschiebungsfläche des Moldanubikums über das Moravikum, dessen Glimmerschiefer und Phyllite das unterste Kremstal bilden (siehe HÖCK & RÖTZEL 1996).

Fundstellenbeschreibung: Der obere Bereich des Wachtberges, nördlich des Hohlwegs, ist durch den intensiven Weinbau in mehrere Terrassen gegliedert, der südlichere Teil durch Einfamilienhäuser weitgehend verbaut. Die eigentliche Fundstelle, ebenfalls von einem Haus überbaut und eingezäunt, liegt etwa in der Mitte des Wachtberges. 1930 war hier der Löß 5m hoch aufgeschlossen (Abb.1). Die Grabungsfläche an dessen Basis umfasste nur 15 Quadratmeter.

Forschungsgeschichte: Am 24. 3. 1930 wurde die Fundstelle durch den Grundpächter beim Anlegen eines neuen Weges zu seinem Weingarten entdeckt. Über H. Plöckinger, Museum der Stadt Krems, wurde J. Bayer, Prähistorische Abteilung am Naturhistorischen Museum in Wien, in Kenntnis gesetzt. Die Grabungsarbeiten begannen erst vier Monate später am 7. 7. 1930 mit fünf Helfern. Sie wurden nach einer Woche eingestellt (BAYER 1930*, 1933). Eine erste schriftliche Vorlage des lithischen Materials brachte F. KIESSLING (1934) im Zuge der Einrichtung der Schausammlung des Museums in Krems. R. PITTIONI (1954:Abb. 26) verwies unter Abbildung einiger Geräte auf Ähnlichkeiten mit dem Gravettien von Willendorf II/6-9, betonte aber gleichzeitig die Eigenständigkeit des Fundmaterials. 1993 übernahm Th. EINWÖGERER (in Bearbeitung) im Rahmen der Neuordnung des Historischen Museums Krems, jetzt 'Weinstadtmuseum Krems', das archäologische Inventar der Grabung 1930 als Diplomarbeit. Frühere Autoren (u.a. HAHN 1973:81, HEINRICH 1973: 35ff, OTTE 1981:318) nennen die Fundstelle ohne neuerliche Vorlage von Befunden oder von Fundmaterial. Im Rahmen der Neuorganisation des 'Weinstadtmuseums Krems' werden die pleistozänen Tierreste des Museums am Institut für Paläontologie der Universität Wien konserviert und inventarisiert (FLADERER 1997). 1995 wurden hier gestaffelte Kerbungen auf Mammutrippen und eine Tierfigur aus gebranntem Ton entdeckt (NEUGEBAUER-MARESCH 1995, EINWÖGERER 1997).

Von historischem Interesse ist die Feststellung J. Bayers der Affinität zum Inventar von Aggsbach, das 'Treffen' des Alters von „25.000 Jahren vor Christus“ und der Vergleich der altsteinzeitlichen Bevölkerung mit Indianern ('Donau-Post' vom Juli 1930: Im Wigwam der Kremser Mammutjäger). Die Analogie beruht nach dem Berichterstatter vor allem auf Rötel- und Ockerfunden, die als Beleg für Gesichtsbemalungen gelten sollten!

Sedimente und Fundsituation: BAYER (1930) ließ den seiner Meinung nach homogenen Löß bis 20cm oberhalb der Kulturschicht abtragen. Er begann dann den gesamten Bereich von vorne nach hinten systematisch zu durchsuchen. Von Beginn an zeigte sich eine deutliche, etwa 20 bis 50cm mächtige Kulturschicht mit Tierresten und Artefakten. Erst als er in der Hauptkulturschicht auf Aschengruben stößt, erstellt er ein erstes provisorisches Planum. Die beiden Aschengruben erweisen sich als längliche Verfüllungen aus Asche und Holzkohlestükken, die bis etwa 40 - 50cm unter die Kulturschichtunterkante reichen. An der bergseitigen Grenze der Grabung finden sich noch drei aufrecht stehende Extremitätenknochen eines juvenilen Mammuts, wobei zwei Knochen nebeneinander in einem Grübchen stecken. Im südlichen Bereich ließ sich rund 50cm unter der Hauptkulturschicht ein 'unteres Niveau' mit Mikrolithen und Holzkohlefragmenten feststellen (Abb. 1). Nördlich davon erwähnt J. Bayer noch ein 'oberes Niveau', gibt aber keine Auskünfte über dessen Inhalt.

Fauna:

Tabelle 1. Krems-Wachtberg. Tierreste der Grabung Bayer 1930. Mindestindividuenzahl (MNI) nach FLADERER (1997), ergänzt.

	MNI
Lepus timidus	1
Alopex lagopus	4
Canis lupus	6
Gulo gulo	3
Rangifer tarandus	2
Bison/Bos	1
Mammuthus primigenius	3

Das Inventar der Tierreste der 8-tägigen Ausgrabung 1930 umfasst rund 500 Knochen und -fragmente. Ihre Oberfläche ist teilweise stark korrodiert und durch Wurzelfraß zerstört. Da zahlreiche unbestimmbare Bruchstücke vorliegen, wird eine streng selektive Bergung nicht angenommen (FLADERER 1997). Allerdings sind einige auf den Grabungsfotos erkennbare Knochen nicht darunter!

Häufigste Tierart ist der Wolf (Tab. 1). Er ist durch sieben Mandibeln von mindestens einem subadulten und fünf adulten Individuen und durch mehrere postcraniale Reste, Wirbel, Schulterblätter, Becken und Extremitäten, repräsentiert. Aufgrund der Variabilität der Mandibelmaße ist anzunehmen, daß weibliche und männliche Tiere vorliegen (Tab. 2). An allen Individuen ist eine Lücke zwischen P_2 und P_3 zu beobachten. In zwei von sechs Mandibeln ist die Lücke sehr klein und einmal ist der P_2 leicht schräggestellt. In zwei Fällen zeigt auch der P_3 zum P_4 beginnende Kulissenstellung. Mit der Quote von über 20 Prozent ist durchaus Vergleichbarkeit mit den Wölfen von Dolní Véstonice und Predmostí (BENECKE 1994:324) gegeben. Ein Calcaneus mit der Länge (GL) von 62,9mm spricht ebenso für ein großes männliches Individuum (vgl. BENECKE 1994:326) wie die großen Mandibelmaße. Obwohl im Detail Unterschiede zu finden sind, wird an der Zugehörigkeit zu einer Wolfpopulation nicht gezweifelt. Es können große Ähnlichkeiten zum Fundmaterial aus Mähren festgestellt werden.

Tabelle 2. *Canis lupus*. Jungpleistozän (Gravettien-Kontext*) von Niederösterreich und Mähren. Mandibelmaße in Millimetern. Anzahl und Variationsbreite. GB - größte Breite, GL - größte Länge, n - Anzahl, uZr - untere Zahnreihe (Alveolenmaß). Predmostí (Mittelwerte) nach BENECKE 1994.

	n	uZr P_1-M_3	uZr P_{1-4}	n	uZr M_{1-3}	GL P_4	GB P_4	GL M_1	GB M_1
Kr. Wachtberg	6	95,2 - 102,4	50,6 - 56,5	7	43,0 - 48,3	14,0 - 16,9	7,0 - 9,1	27,4 - 31,4	11,3 - 12,4
Stillfried-Grub	1	100,0	51	1	49	-	-	30	11,8
Predmostí				>100	46,8	16,8			

* Die Bearbeitung erfolgt im Rahmen des FWF-Projekts P11140-GEO: Grub-Kranawetberg, ein Lagerplatz eiszeitlicher Jäger bei Stillfried, Niederösterreich.

Tabelle 3. *Alopex lagopus*. Jungpleistozän von Niederösterreich und Mähren. Mandibelmaße in Millimetern. Abkürzungen siehe Tab. 2. Willendorf nach THENIUS (1959:143), Teufelslucke nach ZAPFE (1966), Pekárna nach BENES (1975:185f).

	n	uZr P_1-M_3	uZr P_{1-4}	n	uZr M_{1-3}	n	GL P_4	GB P_4	n	GL M_1	GB M_1
Wachtberg	2	61,9; 63,3	30,5; 34,6	4	22,6 - 26,7	2	8,3; 9,4	3,3; 4,3	4	14,2 - 16,3	5,3 - 6,3
Willendorf	-	-	-	-	-	4	8,4 - 9,4	3,8 - 4,5	4	13,2 - 14,4	5,2 - 5,6
Teufelslucke	-	-	-	-	-	1	9,0	4,0	-	-	-
Pekárna		keine Angaben				11	7,6 - 8,0	2,8 - 3,6	12	11,4 - 14,1	3,6 - 5,4

Ein besonderes Kennzeichen des Fundplatzes ist die Häufigkeit von Carnivoren. Zweithäufigste Art ist der Eisfuchs. Vier Mandibeln stehen, ähnlich zum Repräsentationsmuster beim Wolf, wenigen postcranialen Resten gegenüber. Auch beim kleineren Caniden scheint aufgrund der Größenvariabilität der Geschlechtsdimorphismus zum Ausdruck zu kommen. Im Vergleich zu den chronologisch vermutlich etwas jüngeren der Pekárna-Höhle im mährischen Karst (vgl. SVOBODA 1994:147) erreichen die Eisfüchse vom Wachtberg deutlich größeren Wuchs (Tab. 3). Eine Besonderheit der Population scheint der relativ große Reißzahn zu sein. Mindestens ein kleineres Individuum ist im postcranialen Fundgut repräsentiert. Ein linker Humerus misst in der Länge (GL) 102,1mm (kleinste Diaphysenbreite KD 6,3; distale Breite Bd 16,5mm) und ein distales Fragment eines Radius (Bd/Td) 13,6 zu 7,8mm.
Die Vielfraßreste gehören zu großen, vermutlich männlichen Tieren (Tab. 4), wenn man die Funde aus der Teufelslucke - eine kleine Mandibel und größere Extremitätenknochen (ZAPFE 1966:28f) - zum Vergleich heranzieht. Wie die Caniden zeigen die *Gulos* vom Wachtberg große Affinitäten zu den Funden von Predmostí. Schnittmarken an den Extremitätenknochen der Carnivoren belegen die Fellgewinnung von den Tieren. Im Fall eines *Gulo* ist die Abtrennung des Kopfes vom Rumpf indiziert, was eine weitere Verwendung nach der Entbalgung wahrscheinlich macht (FLADERER 1997).

Tabelle 4. *Gulo gulo*. Jungpleistozän von Ostösterreich. Mandibelmaße in Millimetern. Abkürzungen siehe Tab. 2. Teufelslucke nach ZAPFE (1966).

	n	uZr P_1-M_2	uZr P_{1-4}	uZr M_{1-2}	GL P_4	GB P_4	n	GL M_1	GB M_1
Wachtberg	2	57,3; 58,7	30,6; 31,8	29,5; 29,7	13,6; 13,7	8,5; 8,6	3	24,1 - 24,9	11,1 - 11,6
Teufelslucke	1	-	-	-	12,0	6,8	1	20,8	9,5

Von den großen Pflanzenfressern sind ein subadultes und zwei juvenile Mammuts, darunter ein wenige Wochen altes Kalb, zwei Rentiere und ein großes adultes Wildrind nachgewiesen. Bei diesen überwiegen zum Unterschied von den Fleischfressern generell postcraniale Körperteile. Größter Rest ist ein über ein Meter langer Stoßzahn. Das geringe Alter des Mammutkalbes deutet auf eine Erlegung des Tieres im Spätfrühjahr/Frühsommer und gibt damit einen Hinweis auf die Nutzungssaison des Lagerplatzes.
Das Verhältnis von 7 Pflanzenfresser- zu 13 Carnivorenindividuen, die vor allem durch Schädelteile repräsentiert sind, wird mit einer Sonderfunktion des Lagerplatzes erklärt (FLADERER 1997). Diese findet auch in den Aschegruben und der Anfertigung von Tierfiguren aus Ton einen Ausdruck.
Das überdurchschnittliche Auftreten des Wolfes im Fundmaterial von Mammutjägerstationen Mittel- und Osteuropas, wird nicht allein aus seiner Nutzung als Pelztier erklärt. Es wird sogar mit ersten Ansätzen in Richtung Wolfsdomestikation in Verbindung gebracht (BENECKE 1994, 1995:83).

Paläobotanik: Holzkohlestücke wurden an O. Cichocki, Institut für Paläontologie, zur holzanatomischen Bestimmung übergeben.

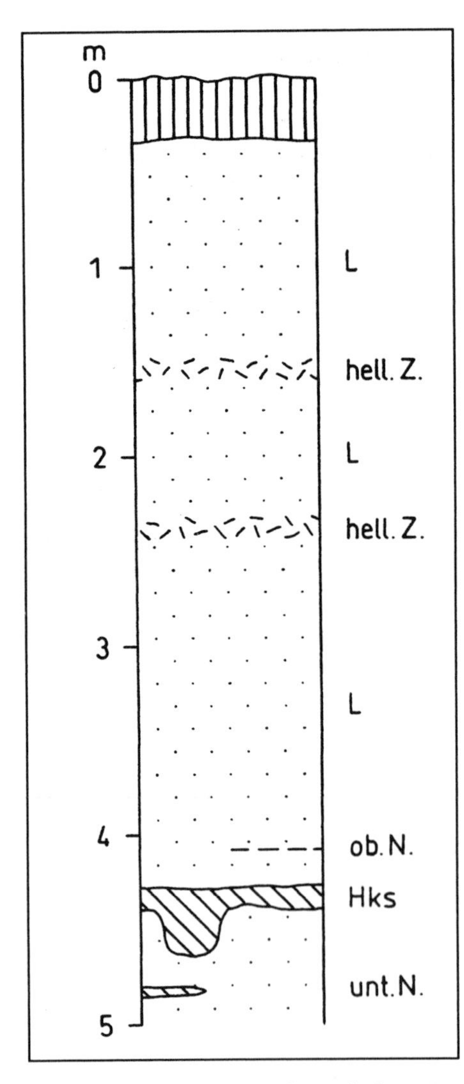

Abb.1: Krems-Wachtberg. Schematisches Profil der Grabung J. Bayer 1930. Radiometrisches Datum in 1000 Jahren BP. hell. Z. - 'hellere Zone' [Anmerkung: ?ausgebleichter Löß, ?Naßboden], Hks - Hauptkulturschicht, L - Löß, ob.N. - oberes [Kultur-]Niveau, unt.N. - unteres [Kultur-]Niveau.

Archäologie: Jungpaläolithikum (Gravettien). Das Steingeräteinventar der Grabung von 1930 umfasst 2293 Artefakte, von welchen 70 modifiziert sind und als Werkzeugtyp bewertet werden (EINWÖGERER 1997, in Bearbeitung). Das Rohmaterial lieferten überwiegend die Schotterbänke und Terrassen der Donau: 66% karbonatischer Hornstein, 25% Hornsteine i. e. S. und 9% rotbraune Radiolarite. Ähnliche Rohstoffe sind auch in den Fundstellen von Aggsbach, Willendorf, Spitz und Stein vorhanden. Die Anzahl der Entrindungsabschläge, sowie der Präparationsgrundformen, zeigt die Produktion im Lagerbereich an. Die häufigsten Gerätetypen sind am Wachtberg rückengestumpfte Werkzeuge wie Mikrogravettespitzen und Rückenmesser. Zwei Mikrosägen mit Rückenretusche haben Parallelen in den für das Pavlovien typischen Stationen Dolní Véstonice und Pavlov in Südmähren. Gut repräsentiert sind Stichel, Kratzer und kantenretuschierte Klingen. Die große Anzahl von 534 Lamellen, darunter einige mit Kantenretusche, wird mit der Produktion von kleingerätigen Werkzeugtypen in Verbindung gebracht (EINWÖGERER, in Bearbeitung).
Zwei fragmentierte Figuren aus gebranntem Lehm sowie ein flaches abgeplatztes Lehmstück mit Formungsspuren sind die bisher ältesten Keramikgegenstände des Bundesgebietes. Bei den Darstellungen dürfte es sich um einen Rentierkopf bzw. um den Vorderteil eines Bären oder Löwen handeln. Zum Fundgut zählen auch 17 Schmuckröhrchen aus Serpuliden, eine Knochenspatel aus einer Mammutrippe, Ocker- und Rötelstücke (EINWÖGERER 1997).

Chronologie und Klimageschichte: Es liegt bisher ein ^{14}C-Datum von Holzkohle von 27.400 ±300 BP (GrN-3011) vor (VOGEL & ZAGWIJN 1967). Das Datum und die typologische Ähnlichkeit der Tierfiguren und der Steingeräteindustrie entsprechen den Pavlovien-Lagerplätzen Mährens wie Dolní Véstonice, Pavlov und Predmostí (SVOBODA 1994). Klimatisch wird besonders durch die heute subarktischen Eisfüchse ein ähnlicher Klimagang indiziert. Der rezente Vielfraß meidet offene Flächen in sympatrischen Arealen mit dem Wolf und gilt in der fossilen Gemeinschaft als Bewohner der dichteren Vegetation. Entlang der Donau und entlang feuchterer Talgründe im Waldviertel ist mit taigaartiger Bewaldung zu rechnen. Mit der Überwehung des Lagerplatzes dürfte aufgrund der 'Homogenität' des Lösses (nach BAYER 1930) eine Phase ruhiger Lößsedimentation stattgefunden haben.

Aufbewahrung: Weinstadtmuseum Krems.

Literatur:
BAYER, J. 1930. [Unpublizierte Grabungsprotokolle] - 'Blaue Bücher', **58**, Prähist. Abt. Naturhist. Mus., Wien.
BAYER, J. 1933. Krems. - Fundber. Österr., **1** (Jg. 1932)(6-10): 112, Wien.
BENECKE, N. 1994. Archäozoologische Studien zur Entwicklung der Haustierhaltung. - Schriften Ur- Frühgesch., **46**: 1-151, Berlin.
BENECKE, N. 1995. Mensch-Tier-Beziehungen im Jung- und Spätpaläolithikum. - Étud. recherch. archéol. Univ. Liège, **62**: 77-87, Liège.
BENES, J. 1975. The Wurmian foxes of Bohemian and Moravian karst. - Acta Musei Nation. Pragae, Rada B, **31**(3-5): 149-209, 2 pl., Praha.
EINWÖGERER, T. 1997. Ein Pavlovien-Wohnplatz auf dem Wachtberg in Krems. - Archäol. Österr., **7**(2)(1996): 21-23, Wien.
EINWÖGERER, T. (in Bearbeitung). Der Pavlovien-Lagerplatz Krems-Wachtberg (NÖ). - Diplomarbeit am Inst. Ur- und Frühgesch. Univ., Wien.
FLADERER; F. A. 1997. Die Tierreste von Krems-Wachtberg. Ein Beitrag zur Mensch-Wildtier-Beziehung und Landnutzung in der jüngeren Altsteinzeit. - Archäol. Österr., 7(2)(1996): 23-25, Wien.
HEINRICH, W. 1973. Das Jungpaläolithikum in Niederösterreich. - Unpubl. Diss. Univ, 35-37, Salzburg.
HÖCK, J. & ROETZEL, R. 1996. Geologische Übersichtskarte des Waldviertels und seiner Randgebiete. - In: STEININGER, F. (Hrsg.). Erdgeschichte des Waldviertels, Das Waldviertel, **45. (56.)** (1), Beilage, Horn.
KIESSLING, F. 1934. Die Aurignacienstation am Wachtberge

bei Krems a. d. Donau. - Beitr. Ur- und Frühgesch. Niederösterr. und Südmähren, Jg. **1934**: 35-39, Wien.
NEUGEBAUER-MARESCH, Ch. 1995. Altsteinzeitforschung im Kremser Raum. - Archäol. Österr., Sonderausgabe (Perspektiven), Jg. **1995**: 14-25, Wien.
OTTE, M. 1981. Le Gravettien en Europe Centrale. - Dissertationes Archaeol. Gandensis, **20**(1-2): 1-505, Brugge.
PITTIONI, R. 1954. Urgeschichte des österreichischen Raumes. - 854 S., Wien.
SVOBODA, J. (ed.) 1994. Paleolit Moravy a Slezska. - The Dolní Věstonice studies, **1**:1-209, Taf., Brno.
THENIUS, E. 1959. Die jungpleistozäne Wirbeltierfauna von Willendorf i. d. Wachau, N.Ö. - Mitt. Prähist. Komm. Österr. Akad. Wiss., **8/9**: 133-170, Wien.
VOGEL, J. C. & ZAGWIJN, W. H. 1967. Groningen radiocarbon dates VI. - Radiocarbon, **9**:63-106, New Haven.
ZAPFE, H. 1966. III. Die übrigen Carnivoren. - In: EHRENBERG, K. (Hrsg.), Die Teufels- oder Fuchslucken bei Eggenburg (NÖ.) - Österr. Akad. Wiss., math.-naturwiss. Kl., Denkschr., **112**: 23-38, Wien.

Linz - Plesching

Christa Frank

Pleistozäne Lößfundstelle
Kürzel: LP

Gemeinde: Steyregg
Polit. Bezirk: Urfahr-Umgebung, Oberösterreich
ÖK 50-Blattnr.: 33, Steyregg
14°20'17" E (RW: 7mm)
48°19' N (HW: 145mm)
Seehöhe: 260m

Lage: Der Ort Plesching liegt am linken Donau-Ufer, östlich von Linz-Urfahr, am Nordrand des Steyregger Waldes (Abb. 1).

Geologie: Die Fundstelle liegt im Hangenden der Ausgrabungsstelle "Austernbank" der Linzer Phosphoritsande.
Fundstellenbeschreibung: Die Sandgrube liegt an der Nordwestflanke des 616m hohen Pfennigberges. Sie ist teilweise verfüllt.

Forschungsgeschichte: Die Molluskenfauna wurde von BINDER (1977:24) dargestellt.

Sedimente und Fundsituation: BINDER (1977) macht keine näheren Angaben über die Entnahmestelle seiner Probe, außer die obig genannte.

Fauna:

Mollusca: nach BINDER (1977:24), ergänzt und revidiert C. Frank

Art	Anmerkungen
Columella columella	
Pupilla muscorum	
Pupilla muscorum densegyrata	Teilweise als "*Pupilla muscorum*" bestimmt.
Pupilla bigranata	Durchgehend als "*Pupilla muscorum*" bestimmt.
Pupilla triplicata	
Pupilla sterrii	Teilweise als "*Pupilla muscorum*" bestimmt.
Pupilla loessica	
Vallonia costata	
Vallonia tenuilabris	
Clausilia rugosa parvula	
Neostyriaca corynodes austroloessica	Als "*Clausilia parvula*" bestimmt; nicht in der Tabelle aufscheinend. Das übrige Belegmaterial "*Neostyriaca corynodes*".
Succinella oblonga + f. *elongata*	
Trichia hispida	
Trichia rufescens suberecta	Als "*Trichia striolata*" bestimmt; zahlreich.
Arianta arbustorum alpicola	
Gesamt: 15	

Paläobotanik und Archäologie: kein Befund.

Chronologie: Auch hier wird wie an der Fundstelle Linz/Grabnerstraße aufgrund der Gastropodenfauna die Einstufung "wahrscheinlich Mittelpleistozän" vorgenommen. Die Ausbildung der *Neostyriaca corynodes* ist die von KLEMM (1969:302-303, Abb.12) beschriebene *austroloessica* mit loc. typ. Langenlois/Ziegelofengasse (NÖ). Diese Unterart liegt von einer Reihe von Fundstellen des ober- und niederösterreichischen Donautales, u. a. von Krems-Schießstätte, vor. Hier ist eine Einstufung auf der Basis der Kleinsäuger möglich (liegender Teil von Paläoboden 12-7: O.-Pliozän, hangender Teil: Arvicoliden fehlen, paläomagnetische Zuordnung Brunhes-Epoche/Jungvillanyium, vgl. RABEDER 1981:334-336).
Der zeitliche Bereich dieser Unterart ist noch nicht klar. KLEMM gibt auch Fundorte wie Neudegg oder Laaer-

berg und Heiligenstadt/Ziegelei an. Der Hangend- und Liegendlöß vom Laaerberg und von Heiligenstadt, Profil I (14m über Straßenniveau) enthalten diese Unterart (FRANK, siehe diese Fundstellen), sowie eine Reihe anderer Faunen auch. Neudegg konnte noch nicht bestätigt werden. Dies bedeutet aber, daß die vorliegende Thanatozönose auch älter als mittelpleistozän sein könnte. Allerdings sind die zugehörigen Molluskenfaunen in Krems und in Heiligenstadt reicher und enthalten auch thermisch anspruchsvollere Elemente, und die Vergleichbarkeit ist mehr mit dem Liegendlöß des Laaerberges gegeben. Die Einstufung "Mittelpleistozän" dürfte daher gerechtfertigt sein.

Klimageschichte: Die aus 15 Arten bestehende Fauna ist feuchtigkeitsbetont, aber nicht so sehr wie die von Linz/Grabnerstraße. Die Dominanz von *Trichia rufescens suberecta*, begleitet von *Arianta arbustorum alpicola*, spricht für reichliche krautige Vegetation mit Hochstauden, auch einigen Gebüschen. Im Anschluß daran offene, mehr grasige als krautige Flächen, mäßig feucht bis eher trocken. Klimacharakter: Gemäßigt bis kühl, mittelfeucht bis feucht.

Aufbewahrung: Inst. Paläont. Univ. Wien.

Rezente Vergleichsfauna: Die Vergleichsdaten wurden aus KLEMM (1974) - "Plesching" (1) - und SEIDL (1990) - Pleschinger Sandgrube (2) - entnommen.
Columella edentula (2), *Truncatellina cylindrica* (2), *Granaria frumentum* (1), *Vallonia costata* (2), *Vallonia pulchella* (2), *Cochlodina laminata* (1), *Clausilia rugosa parvula* (2), *Clausilia pumila* (1, 2), *Clausilia dubia obsoleta* (2), *Balea biplicata* (2), *Punctum pygmaeum* (2), *Discus rotundatus* (2), *Discus perspectivus* (2), *Zonitoides nitidus* (1), *Aegopis verticillus* (1, 2), *Aegopinella nitens* (2), *Boettgerilla pallens* (2), *Deroceras reticulatum* (2), *Arion lusitanicus* (2), *Arion subfuscus* (2), *Fruticicola fruticum* (2), *Trichia hispida* (1, 2), *Petasina unidentata* (2), *Monachoides incarnatus* (1, 2), *Urticicola umbrosus* (1, 2), *Helicella itala* (1, 2), *Euomphalia strigella* (1, 2), *Helicodonta obvoluta* (2), *Arianta arbustorum* (1, 2), *Isognomostoma isognomostomos* (2), *Cepaea hortensis* (1, 2), *Cepaea vindobonensis* (1, 2), *Helix pomatia* (1, 2). - Gesamt: 33.
Die rezente Malakofauna zeigt verschiedene Phytosozietäten, die durch die teilweise Verfüllung und "Renaturalisierung" der Sandgrube entstanden sind: Rohböden, die ab 1987 entstanden sind, werden durch die Kulturfolger *Boettgerilla pallens* und *Arion lusitanicus* gekennzeichnet; magere Rasenbiotope mit vereinzelten Gebüschen vor allem durch die Kleinarten *Truncatellina cylindrica*, *Granaria frumentum*, die Vallonien, auch *Cepaea vindobonensis* und *Helix pomatia*. Die verschiedenen Wald- und Gebüsch-Sukzessionen zeigen den relativ größten Artenreichtum; hier leben typische Waldarten wie die Clausilien, *Aegopis verticillus*, die *Discus*-Arten, die Hygromiidae und Helicidae.

Literatur:

BINDER, H. 1977. Bemerkenswerte Molluskenfaunen aus dem Pliozän und Pleistozän von Niederösterreich. - Beitr. Paläont. Österr., **3**: 49 S., 14 Taf., Wien.

KLEMM, W. 1969. Das Subgenus *Neostyriaca* A. J. WAGNER 1920, besonders der Rassenkreis *Clausilia (Neostyriaca) corynodes* HELD 1836. - Arch. Moll., **99**(5/6): 285-311, Frankfurt/Main.

KLEMM, W. 1974. Die Verbreitung der rezenten Land-Gehäuse-Schnecken in Österreich. - Denkschr. Österr. Akad. Wiss., **117**: 503 S., Wien, New York: Springer.

RABEDER, G. 1981. Die Arvicoliden (Rodentia, Mammalia) aus dem Pliozän und dem älteren Pleistozän von Niederösterreich. - Beitr. Paläont. Österr., **8**: 343 S., 15 Taf., Wien.

SEIDL, F. 1990. Rezente Mollusken aus der Pleschinger Sandgrube bei Linz/Donau. - Naturk. Jb. d. Stadt Linz, **36**: 207-214, Linz (ersch. 1991).

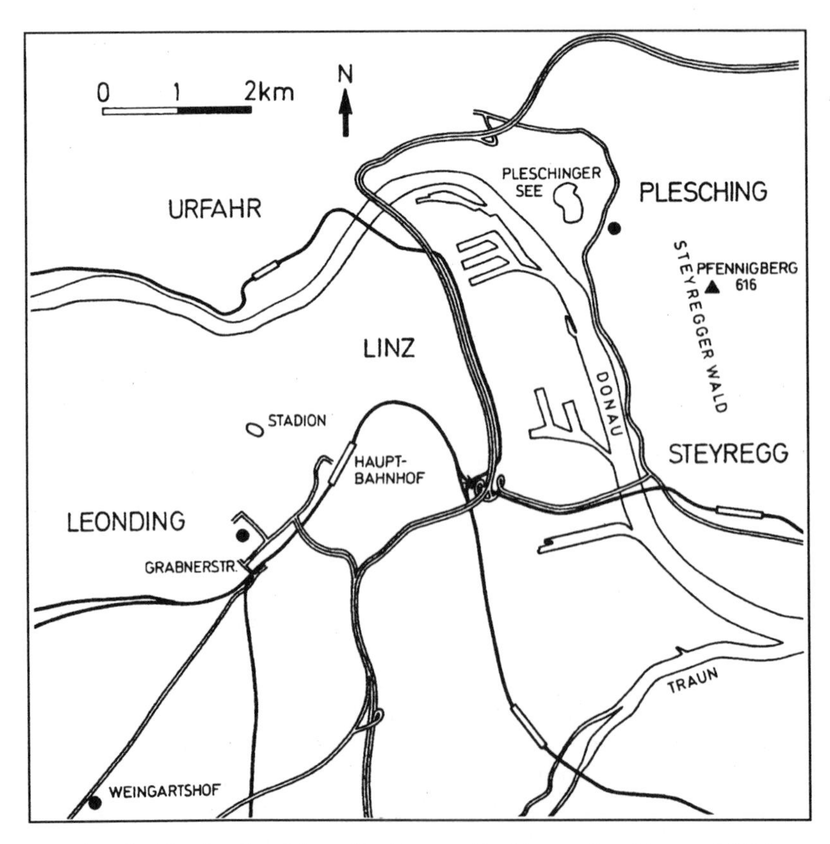

Abb.1: Lageplan der Fundstellen Linz - Grabnerstraße, Linz - Plesching und Weingartshof bei Linz

Paudorf

Christa Frank

Jungpleistozäne Lößfundstelle
Kürzel: Pd

Gemeinde: Paudorf
Polit. Bezirk: Krems an der Donau (Land), Niederösterreich
ÖK 50-Blattnr.: 38, Krems an der Donau
15°37' E (RW: 39mm)
48°21' N (HW:239mm)
Seehöhe: 257m

Lage: Paudorf liegt südlich von Stift Göttweig bzw. Krems (etwa 8km südlich von Krems), siehe Lageplan bei Krems-Schießstätte (FRANK & RABEDER, dieser Band).
Zugang: Man erreicht den schon stark verwachsenen kleinen Aufschluß, wenn man beim westlichen Ortsende die Hauptstraße nach Kleinwien verläßt und auf einem Fahrweg nach SW über die Bahn fährt (FINK 1976).
Geologie: Die Fundstelle liegt im Übergangsgebiet zwischen der Terrassenlandschaft des Alpenvorlandes zu der vielgliedrigen Terrassenlandschaft der Donau. Basal liegt der rißzeitliche Hochterrassenschotter der Fladnitz, dessen Oberkante in die 'Göttweiger Verlehmungszone' (s.u.) überleitet. Terrassenmorphologisch ist der locus typicus Paudorf nicht zu erfassen (FINK 1962).

Fundstellenbeschreibung: Der Aufschluß liegt westlich der Ortschaft und ist eine 50m lange, südschauende, senkrechte Lößwand, die basal und im obersten Teil verstürzt ist. Nicht weit von seinem östlichen Ende fließt die Fladnitz nordwärts und durchschneidet in einem engen, terrassenlosen Tal den Randbereich des Dunkelsteiner Waldes (FINK 1954).

Forschungsgeschichte: Der Aufschluß wurde von GÖTZINGER (1936:5, Tafel. 1,2) dargestellt. Er führte den Terminus 'Paudorfer Verlehmungszone' für die hangende Bodenbildung ein und setzte die tiefere(n) der 'Göttweiger Verlehmungszone' gleich. Die Pedologie wurde durch FINK (1954, 1962, 1969, 1974, 1976), BRANDTNER (1956) und FELGENHAUER & al. (1959) dargestellt. Die Molluskenfauna wurde von LOZEK (1976) und BINDER (1977) untersucht und publiziert.

Sedimente und Fundsituation: Die stratigraphische Konzeption von GÖTZINGER (1936) wurde vielfach in der Literatur übernommen und von FINK (1969) revidiert. Die Göttweiger "Leimen" wurden ins Riß/Würm, die Kremser dem Mindel/Riß und die 'Paudorfer Bodenbildung' dem 'Würm I/II' zugeordnet.
Die 'Göttweiger Verlehmungszone' besteht im Aufschluß Paudorf aus zwei mächtigen Verlehmungszonen, die durch eine Granulitsteinlage getrennt sind. Die untere Verlehmungszone hat einen humosen Oberteil. Über der hangenden Verlehmungszone folgt, von ihr getrennt, ebenfalls eine Humuszone, die sich allmählich im darüberliegenden Löß verliert. Die bodentypologische Besonderheit der 'Paudorfer Bodenbildung' ist die braune Fleckung des mittleren Teiles des stärkst krümelig strukturierten, humosen Paläosolums ('gefleckte Horizonte'): Diese Flecken sind im Profilschnitt cm-groß, teils hellbraun, teils humusfarbig. Diese mittlere gefleckte Lage geht nach oben und unten in die einheitlich humosen Horizonte über. Das Paläosolum zeigt eine mittlere Mächtigkeit von 60cm; darunter folgt ein deutlich erkennbarer Cca-Horizont (etwa 40cm mächtig). Im gefleckten Teil sind vereinzelt große Gley- und Rosthöfe von mehreren cm Durchmesser sichtbar, welche auf starke Umsetzungen hinweisen. (FINK 1969, 1974, 1976, schematisiertes Profil: 1962, Tafel 1.)

Fauna: Es handelt sich um eine ausschließliche Molluskenfundstelle.

Die von BINDER (1977:31) aus dem 'klassischen Lößprofil' entnommenen zwei Proben enthielten artenarme Lößfaunen. Probe A 'Unter der basalen Verlehmungszone', Probe B 'Zwischenschichte der basalen Verlehmungszone'; beides ohne Tiefenangaben und nicht revidierbar, da das Material nicht im übrigen Binder-Material enthalten ist.
Probe A bezeichnet offensichtlich die Verhältnisse der untersten, liegenden Lößschichte, Probe B vermutlich auch. Vor allem die letztere ist arten- und individuenarm und wenig aussagekräftig.

LOZEK (1976:67-70, Abb. 31) untersuchte 4 Proben, die vom locus typicus im Jahr 1968 von ihm entnommen wurden. 1 Probe ('Lo 1') von der Unterkante der unteren Bodenbildung ('Göttweiger Bodenbildung', aus den obersten Schichten des liegenden Lösses), 2 Proben ('Lo 2', 'Lo 3') von der Unterkante der oberen Bodenbildung ('Paudorfer Bodenbildung') und 1 Probe ('Lo 4') von der Oberkante der oberen Bodenbildung. Seine nach ökologischen Kriterien gruppierte Artenliste wird hier in systematischer Form wiedergegeben.

1: 'Lo 1', 2: 'Lo 2' + 'Lo 3', 3: 'Lo 4', pl=zahlreich bis massenhaft, ?=Bestimmung unsicher (Anmerkung in LOZEK 1976)

Art	1	2	3	Bemerkungen
Cochlicopa lubrica	-	-	+	
Cochlicopa lubricella	-	+	-	
Truncatellina cylindrica	+	+	-	
Vertigo pygmaea	-	-	+	
Granaria frumentum	-	+	+	sub *'Abida f.'*
Orcula dolium	-	+	-	
Sphyradium doliolum	-	+	-	sub *'Orcula d.'*
Pagodulina pagodula	-	+	-	
Pupilla muscorum	+	+	-	
Pupilla triplicata	+	-	+	
Vallonia costata	+	+	pl	
Vallonia pulchella	+	+	-	
Chondrula tridens	-	+	-	
Ena sp.	-	+	-	cf. *montana* vel *Merdigera obscura*
Cochlodina laminata	-	+	-	
Ruthenica filograna	-	+	-	
Macrogastra ventricosa	-	?	-	sub *'Iphigena v.'*
Macrogastra plicatula	-	+	-	sub *'Iphigena p.'*
Clausilia pumila	-	+	-	
Clausilia dubia	+	+	+	
Laciniaria (Alinda) sp.	-	+	-	
Succinella oblonga	+	?	-	sub *'Succinea o.'*
Discus rotundatus	-	+	-	
Aegopis verticillus	+	+	-	
Aegopinella "minor-nitens"	+	+	-	
Perpolita hammonis	-	-	?	
Vitrea crystallina	-	-	+	
Daudebardia rufa	-	+	-	
Tandonia rustica (Schälchen)	+	-	-	sub *'Milax rusticus'*
Agriolimacidae vel Limacidae (Schälchen)	+	+	+	sub 'Limacidae sp. div. (kleine Arten)', wahrscheinlich beide Familien
Fruticicola fruticum	-	+	+	sub *'Bradybaena f.'*
Trichia hispida	+	+	pl	
Petasina unidentata	-	+	-	
Helicopsis striata	pl	+	+	
Monachoides incarnatus	-	+	-	
Urticicola umbrosus	-	+	+	sub *'Zenobiella umbrosa'*
Euomphalia strigella	-	?	?	
Helicodonta obvoluta	-	+	-	
Arianta arbustorum	+	+	+	
Helicigona lapicida	-	+	-	
Cepaea hortensis	-	+	-	
Cepaea vindobonensis	-	+	-	
Helix pomatia	-	+	-	
Gesamt: 43	14	37	16	

Das Profil wurde zu Vergleichszwecken 1996 von M. Jakupec, M. Niederhuber und G. Rabeder neu beprobt. Die Sedimentproben wurden von M. Jakupec und M. Niederhuber geschlämmt und ausgesucht; die Mollusken von C. Frank bestimmt und ausgewertet.

1: Aus der unteren Bodenbildung (2 Proben)
2: Aus dem Löß über der unteren Bodenbildung (1 Probe)
3: Aus dem Löß, etwa 2 m unter der oberen Bodenbildung (1 Probe)
4: Aus der oberen Bodenbildung (2 Proben)
5: Unterkante der oberen Bodenbildung (Grenzbereich Bodenbildung/Löß; 1 Probe).
6: Aus dem Löß, etwa 1 m über der oberen Bodenbildung (1 Probe)

Art	1	2	3	4	5	6
Cochlicopa sp.	-	-	-	+	-	-
Truncatellina cylindrica	-	-	-	+	+	-
Vertigo pygmaea	-	-	-	+	+	+
Vertigo cf. *geyeri*	-	-	-	-	+	-
Granaria frumentum	-	-	-	-	+	-
Pupilla sp. (*muscorum*-Gruppe)	+	-	-	-	-	-
Pupilla triplicata	+	+	-	+	+	-
Pupilla sterrii	+	+	+	+	+	+
Vallonia costata	+	+	-	+	+	-
Vallonia tenuilabris	-	-	-	-	-	+
Chondrula tridens	-	-	-	+	+	+
Ena montana	-	-	-	+	+	-
Cochlodina laminata	-	-	-	+	-	-
Macrogastra sp. cf. *plicatula/ventricosa*	-	-	-	+	-	-
Macrogastra densestriata	-	-	-	+	-	-
Clausilia dubia	-	-	-	+	+	+
Neostyriaca corynodes	-	-	-	+	-	-
Clausiliidae, nicht bestimmbar	-	-	-	+	-	+
Succinella oblonga	-	+	-	-	-	-
cf. *Catinella arenaria*	-	-	+	-	-	-
Aegopis verticillus	-	-	-	+	-	-
Perpolita hammonis	-	-	-	+	+	-
Perpolita petronella	-	-	-	+	-	-
Deroceras sp., 2 Arten	-	-	-	+	-	+
Trichia hispida	+	+	+	+	+	+
Helicopsis striata	+	+	+	-	-	+
Euomphalia strigella	-	-	-	+	+	-
Arianta arbustorum	-	-	-	+	+	+
korrodierte Splitter, nicht bestimmbar	-	-	-	+	+	+
Gesamt: 28	6	6	4	21	14	10
Arthropodenreste	-	-	-	+	-	-

Probe 1: Arten- und individuenarme Fauna; sie bezeichnet weitgehend offenes Gras- und Heideland, höchstens einzelne Gebüsche und/oder Hochstauden. Klima: trokken-kühl.

Probe 2: Entspricht weitgehend der Probe 1; der xeromorphe Charakter ist ausgeprägter.

Probe 3: Wie Proben 1 und 2.

Probe 4: Sie enthält die arten- und individuenreichste Fauna, mit thermisch und hygrisch anspruchsvollen Waldarten. Allerdings wird die Artengarnitur der von LOZEK (1976: 69) aus der 'Unterkante der Paudorfer Bodenbildung' (Proben Lo 2 und Lo 3) geborgenen Fauna nicht erreicht (37 Arten). Die hier vorliegende Fauna dokumentiert skelettreichen Laubholz-Mischwald mit gut bodenfeuchten, krautreichen Stellen (die kleinen *Deroceras*-Arten, *Perpolita petronella*), saumartige Gebüschformationen (*Euomphalia strigella*); daneben größere, offene, mittelfeuchte gras- und krautreiche Flächen mit Hochstauden, außerdem auch mehr trockene Grasheiden mit Gebüschen. Klima: warm und feucht.

Probe 5: Diese Probe aus dem Grenzbereich der oberen Bodenbildung zum Löß (= Unterkante der oberen Bodenbildung) ist ebenfalls bei weitem nicht so artenreich wie die von LOZEK gewonnenen Faunen (s. o.). Die ökologische Auswertung zeigt nur kleinräumige Bewaldung (Laubmischgehölze und Gebüsche). Offenes, eher trockenes Grasland mit Gebüschen (einzeln und in Gruppen) dürfte vorherrschend gewesen sein (quantitativ hoher Anteil an *Vallonia costata*). Im Bereich des Waldes sind feuchte Senken anzunehmen (*Vertigo* cf. *geyeri*, auch *Perpolita hammonis*). Klima: mild, mittelfeucht.

Probe 6: Lößfauna, die *Arianta arbustorum* als individuenmäßig dominierende Komponente (29,2 % der Gesamtindividuen) enthält; auch *Trichia hispida* in höheren Anteilen (12,5 %). Diese quantitativen Verhält

nisse sowie die Anwesenheit einer kleinen *Deroceras*-Art lassen halboffenes gebüsch- und hochstaudenreiches, feuchtes bis mittelfeuchtes Grasland annehmen, wechselnd mit mehr trockenen Grasheiden mit (eher vereinzelten) Büschen. Klima: kühl bis gemäßigt, mittelfeucht.
Paläobotanik und Archäologie: kein Befund.

Chronologie: Es wurden zwei Probenserien im ^{14}C-Laboratorium von Groningen untersucht, die von der Ober- und Unterkante der "Paudorfer Bodenbildung" und aus der Humuszone über der 'Göttweiger Verlehmungszone' stammten (VOGEL & ZAGWIJN 1967). Wegen der möglichen Kontamination mit rezenten Humusstoffen haben diese heute kaum Bedeutung:
1/59 GRN 3092: 43.300 ±2.300 (1. Humusextraktion) - Oberkante der "Paudorfer Bodenbildung"
1/59 GRN 2492: 42.300 ±2.500 (2. Humusextraktion) - Oberkante der "Paudorfer Bodenbildung
2/62 GRN 4541: 29.250 ±500 (Humus) - Oberkante der "Paudorfer Bodenbildung"
2/59 GRN 3190: 33.800 ±500 (Humus) - Unterkante der "Paudorfer Bodenbildung"
4/59 GRN 3248: 41.500 ±1.800 (Humus) - Humuszone über der "Göttweiger Verlehmungszone"

Klimageschichte: Die Neubeprobung des Profiles zeigt eine klimatische Abfolge: Vom trocken-kühlen Bereich (Proben 1-3) über den milden, mittelfeuchten (Probe 5) bis warm-feuchten (Probe 4) zum kühlen bis gemäßigten, mittelfeuchten Bereich (Probe 6).
Die von LOZEK (1976:70) ausgesprochene Meinung, daß die 'Paudorfer Bodenbildung' den „... Rest eines ursprünglich viel mächtigeren und komplizierter aufgebauten Bodenkomplexes darstellt ..." ist zu bestätigen. Seine Befunde sind mit den neuen Ergebnissen gut vergleichbar.
An der Unterkante der unteren Bodenbildung liegt eine Thanatozönose vor, die größtenteils eine Lößgemeinschaft mit Prädominanz von *Helicopsis striata* darstellt. Der Klimacharakter dürfte gemäßigt, trocken bis höchstens mittelfeucht gewesen sein, das Landschaftsbild zeigt offenes, überwiegend grasiges Land mit Gebüschen, vielleicht lokal Buschgruppen, dazu krautige Flächen. Von *Aegopis verticillus*, *Tandonia rustica* und der *Aegopinella*-Art liegen 'spärliche Bruchstücke' vor, deren Anteil "so gering ist, daß es schwer zu entscheiden ist, ob wirklich Reste einer autochthonen warmzeitlichen Molluskenfauna oder nur sekundär verschleppte Gehäusebruchstücke vorliegen".
Die Fauna aus der Unterkante der oberen Bodenbildung ist arten- und individuenreich und enthält, wie von LOZEK bereits analysiert, den Grundstock hochwarmzeitlicher, feuchtigkeitsbedürftiger Molluskengemeinschaften: Sie zeigt einen vertikal reich gegliederten, laubholzdominierten Mischwald mit Strauch- und Krautschichte, Gebüschgürtel; im Umkreis offene bis halboffene, teils mehr trockene, teils mehr feuchte Flächen mit mehr grasigem bis mehr krautigem Charakter. Klimacharakter: feucht und zumindest so warm wie heute.

Die Thanatozönose von der Oberkante der oberen Bodenbildung wird von *Chondrula tridens* dominiert, mit hohen Anteilen von *Vallonia costata* und *Trichia hispida*. Es handelt sich um eine '*Tridens*-Fauna' sensu LOZEK (1976:68), die aber auffallend mesophil akzentuiert ist. Sie zeigt eine weitgehend offene Landschaft, mit einzelnen Büschen und Buschgruppen; teils heidesteppenartige, teils krautreiche Flächen. Klimacharakter: gemäßigt, trocken bis mittelfeucht.
Die von BINDER (1977) beschriebene Probe A ist wahrscheinlich unter Probe 'Lo 1', aus dem liegenden Löß, zu lokalisieren. Sie spricht für kalte, trockene Verhältnisse, weitestgehend Offenland (grasige, heidesteppenartige Landschaft - Dominanz von *Vallonia tenuilabris*), vielleicht vereinzelt anspruchslose Gebüsche und/oder Hochstauden. Sie könnte daher die klimatologischen Aussagen der Neubearbeitung und der des LOZEK-Befundes nach unten ergänzen.

Aufbewahrung: Sammlung LOZEK (Prag), Inst. Paläont. Univ. Wien; (das von Binder entnommene Probenmaterial?).

Rezente Sozietäten:
Probe 'Lo 5' wurde von Lozek zu Vergleichszwecken am linken Ende des Aufschlusses, aus humosen Sedimenten im Liegenden eines gefleckten Humushorizontes entnommen. Im oberen Teil der Sedimente wurden spätneolithische Scherben gefunden, sodaß diese Fauna archäologisch datiert ist (LOZEK 1976:68-69).
Platyla polita, *Carychium tridentatum*, *Cochlicopa lubrica*, *Truncatellina cylindrica*, *Truncatellina claustralis*, *Vertigo pusilla*, *Granaria frumentum*, *Orcula dolium*, *Sphyradium doliolum*, *Vallonia costata*, *Vallonia pulchella*, *Acanthinula aculeata*, *Chondrula tridens*, *Ena montana*, *Cochlodina laminata*, *Ruthenica filograna*, *Macrogastra ventricosa*, *Macrogastra plicatula* (pl.), *Clausilia rugosa parvula*, *Clausilia dubia*, *Balea biplicata*, *Discus rotundatus*, *Discus perspectivus*, *Vitrea contracta*, *Aegopis verticillus*, *Aegopinella minor* (?), Limacidae/Agriolimacidae, *Fruticicola fruticum*, *Petasina unidentata* (pl.), *Monachoides incarnatus*, *Urticicola umbrosus*, *Euomphalia strigella*, *Arianta arbustorum*, *Isognomostoma isognomostomos*, *Cepaea vindobonensis*, *Helix pomatia*. - Gesamt: 36.
Die Fauna zeigt weitgehende Analogie zu der aus der Unterkante der "Paudorfer Bodenbildung". Sie drückt das mittelholozäne 'Waldoptimum' deutlich aus.
Dieser Befund kann durch die Aufnahme der rezenten Fauna im unmittelbaren Bereich des Profiles wirkungsvoll ergänzt werden: Die Gehölzgruppe vor dem Aufschluß bietet einer arten- und individuenreichen, waldbetonten Malakofauna Lebensraum, die ganz eindeutig auf die ehemalige Waldfauna hinweist und unter den heutigen Gegebenheiten reliktären Charakter aufweist (Probennahme: M. Jakupec, M. Niederhuber, G. Rabeder; Bearbeitung: C. Frank). Offensichtliche Lößbeimischungen in den Bodenproben (stark korrodierte Splitter) werden in Klammern gesetzt.
Columella edentula, *Truncatellina cylindrica*, *Vertigo pusilla*, (cf. *Vertigo pygmaea*), *Granaria frumentum* (kleine Form), (*Pupilla muscorum*, *Pupilla triplicata*), *Pupilla sterrii*, *Vallonia costata*, *Vallonia pulchella*, *Acanthinula aculeata* (die Rippchen verschwindend bis sehr deutlich), (cf. *Chondrula tridens*), *Merdigera obscura*, *Cochlodina laminata*, *Ruthenica filograna*, (*Clausilia rugosa parvula*, *Clausilia dubia*), *Balea biplicata*, Clausiliidae (Embryonalgewinde), (*Succinella*

oblonga), *Cecilioides acicula*, *Punctum pygmaeum*, *Zonitoides nitidus*, *Euconulus alderi*, *Vitrina pellucida*, (*Aegopis verticillus*), *Aegopinella nitens*, *Aegopinella* sp. (cf. *nitens/minor*), *Oxychilus cellarius*, *Deroceras* sp. (Schälchen zweier Arten), *Fruticicola fruticum*, (*Trichia hispida*, *Helicopsis striata*), *Monachoides incarnatus*, *Xerolenta obvia*, *Euomphalia strigella* (kleine Form), *Helicodonta obvoluta*, *Arianta arbustorum*, *Cepaea* cf. *hortensis*, *Cepaea vindobonensis*, *Helix pomatia* (zahlreich lebend beobachtet), Helicoidea (Embryonalgewinde, Fragmente, hauptsächlich von *Monachoides incarnatus*, *Euomphalia strigella*). - Gesamt: 31.

Literatur:

BINDER, H. 1977. Bemerkenswerte Molluskenfaunen aus dem Pliozän und Pleistozän von Niederösterreich. - Beitr. Paläont. Österr., **3**: 49 S., 14 Taf., Wien.

BRANDTNER, F. 1956. Lößstratigraphische und paläolithische Kulturabfolge in Niederösterreich und in den angrenzenden Gebieten. - Eiszeitalter u. Gegenwart, **7**: 127-175, Öhringen/Württ.

FELGENHAUER, F., FINK, J. & DE VRIES, H. 1959. Studien zur absoluten und relativen Chronologie der fossilen Böden in Österreich. I. Oberfellabrunn. - Archaeologia Austriaca, **25**: 35-73, Wien.

FINK, J. 1954. Die fossilen Böden im österreichischen Löß. - Quartär, **6**: 85-108, Bonn.

FINK, J. 1962. Die Gliederung des Jungpleistozäns in Österreich. - Mitt. Geol. Ges. Wien, **54**(1961): 1-25, 1 Taf., Wien.

FINK, J. 1969. Le loess en Autriche. - Bull. Assoc. Franc. et Quart., **5**: 3-12, Paris.

FINK, J. 1974. Führer zur Exkursion durch den östlichen Teil des nördlichen Alpenvorlandes und den Donauraum zwischen Krems und Wiener Pforte. - Mitt. Quartärkomm. Österr. Akad. Wiss., **1**: 1-145, Wien.

FINK, J. 1976. Fahrstrecke Feilendorf-Prinzersdorf-St. Pölten-Paudorf, - und: Stop 7/3: Paudorf, loc. typ. - Paläopedologie. - ^{14}C-Datierung. - Mitt. Komm. Quartärforsch. Österr. Akad. Wiss., **1**: 64-71, Wien.

GÖTZINGER, G. 1936. Das Lößgebiet um Göttweig und Krems an der Donau. - Führer f. d. Quart. Exkurs. in Österr., III. Internat. Quart. Konf. Wien: 1-12, Wien.

LOZEK, V. 1976. Malakologie. - In: FINK, J., Exkursion durch den österreichischen Teil des nördlichen Alpenvorlandes und den Donauraum zwischen Krems und Wiener Pforte. - Mitt. Komm. Quartärforsch. Österr. Akad. Wiss., **1**: 67-70, Wien.

VOGEL, J. C. & ZAGWIJN, W. H. 1967. Groningen Radiocarbon Dates VI. - Radiocarbon, **9**: 63-106.

Schusterlucke

Doris Döppes & Christa Frank

Frühwürmzeitliche Bärenhöhle und Kleinsäugerschicht
Synonyme: Schusterloch, Tamerushöhle, SL

Der Name der Höhle stammt aus der Zeit der Franzosenkriege, als sich in dieser Höhle ein Schuster aufgehalten haben soll.

Gemeinde: Albrechtsberg
Polit. Bezirk: Krems an der Donau (Land), Niederösterreich
ÖK 50-Blattnr.: 37, Mautern an der Donau
15° 24' 11" E (RW: 98mm)
48° 27' 5" N (HW: 446mm)
Seehöhe: 560m
Österr. Höhlenkatasternr.: 6845/12

Lage: Die Höhle befindet sich im Waldviertel, im Gebiet der Dürrleiten. Die Flurbezeichnung 'Dürrleiten' gilt für jenes Gebiet, das von der Hochfläche südlich von Purkersdorf mit steilen Abbrüchen in das Tal der Kleinen bzw. Großen Krems abfällt. Die Höhle liegt an der rechten Seite der Großen Krems (Lageskizze bei der Fundstelle Gudenushöhle, DÖPPES, dieser Band).
Zugang: Die Höhle erreicht man über den Vettersteig, der vom Tal der Kleinen Krems auf die Hochfläche führt. Eine Leichtmetalleiter steht unter dem Höhleneingang (HARTMANN 1985).
Geologie: Das Waldviertel gehört dem Kristallin der Böhmischen Masse an. In den Schiefergneisen und Amphiboliten sind mitunter schmale, kilometerlange Bänder von Marmor und Kalkglimmerschiefer eingelagert, an deren Klüften Höhlen herauswittern können. So bestehen die Seitenwände aus Marmor, die Höhlendecke und der Boden jedoch aus Amphibolit (MAYER & al. 1993).

Fundstellenbeschreibung: Durch das nordschauende Portal betritt man die 17m lange, etwa 3m breite und bis zu 7m hohe Klufthöhle mit kastenförmigem Querschnitt, die zwei Nischen aufweist. Gesamtlänge: 20m

Forschungsgeschichte: Während der Jahre 1881 bis 1888 wurde diese Höhle neben der Eichmayerhöhle von J. Wöber, R. Tamerus, L. Hofmeister, P.F. Eichmaier sowie A. Weigl im Zuge von Ausgrabungsarbeiten erforscht und vollständig ausgegraben. 1986 führten G. RABEDER, K.G. KUNST, P. und D. NAGEL (1990) in den seinerzeitig umgeschichteten Sedimenten eine Nachlese durch. Die Ungulaten und Musteliden aus der 1. Grabung wurden im Zuge einer Diplomarbeit von A. GALIK (1996) bearbeitet.

Sedimente und Fundsituation: Der Boden wurde anläßlich der ersten Grabungen bis auf das Muttergestein abgetragen.
Es konnten 3 Schichten erkannt werden (Schichtmächtigkeit bis zu 5m, nach WOLDRICH 1893):

- staubförmige Schicht mit rezenten Knochen und gebranntem Schwarzgeschirr
- mächtige Schicht trockener weißlicher Erde mit massenhaften Höhlenbärenfunden, aber auch von Nagern und Vögeln
- Lehmschicht, die im hangenden Teil noch vereinzelt Knochen enthält, im Liegenden zunehmend steril wird.

Die Knochen liegen heute vermischt und ohne stratigraphische Zuordnung vor (GALIK 1996).

Fauna: nach WOLDRICH (1893); rev. von FLADERER (Lagomorphen, 1992), NAGEL (Arvicoliden, 1990, im Druck), GALIK (Ungulaten, Musteliden, 1996, im Druck 1-3), MLÍKOVSKÝ (Vögel, im Druck) und Frank (Mollusca)

	Stückzahl
Mollusca	
Vertigo pusilla	1
Vallonia costata	1
Discus ruderatus	1
Petasina unidentata	2
Arianta arbustorum	3
Chilostoma achates ichthyomma	3
Causa holosericea	1
Vertebrata	
Osteichthyes indet.	54
Amphibien	
Bufo sp. (Kröten)	4
Rana temporaria (Grasfrosch)	6
Rana esculenta (Teichfrosch)	34
Aves	
Anser cf. *anser* (Graugans)	1
Anas crecca (Krickente)	1
Anas acuta (Spießente)	2
Anas querquedula (Knäkente)	1
Aythya fuligula (Reiherente)	2
Melanitta fusca (Samtente)	1
Bucephala clangula (Schellente)	1
Mergus serrator (Mittelsäger)	1
Mergus merganser (Gänsesäger)	1
Falco tinnunculus (Turmfalke)	7
Falco peregrinus (Wanderfalke)	11
Bonasa bonasia (Haselhuhn)	219
Lagopus lagopus (Moorschneehuhn)	1373
Lagopus mutus (Alpenschneehuhn)	383
Lagopus sp.	1705
Tetrao tetrix (Birkhuhn)	153
Tetrao urogallus (Auerhahn)	9
Perdix perdix (Rebhuhn)	3
Coturnix coturnix (Wachtel)	11
Gallus sp. (Huhn)	19
Rallus aquaticus (Wasserralle)	1
Crex crex (Wiesenralle)	2
Charadrius morinellus (Mornellregenpfeifer)	2
Philomachus pugnax (Kampfläufer)	1
Gallinago gallinago (Bekassine)	2
Gallinago media (Doppelschnepfe)	4
Scolopax rusticola (Waldschnepfe)	3
Columba oenas (Hohltaube)	4
Columba palumbus (Ringeltaube)	2
Streptopelia turtur (Turteltaube)	1
Cuculus canorus (Kuckuck)	1
Nyctea scandiaca (Schneeule)	1
Surnia ulula (Sperbereule)	10
Strix nebulosa (Bartkauz)	1
Asio otus (Waldohreule)	9
Picus canus (Grauspecht)	1
Picus viridis (Grünspecht)	1
Dendrocopos leucotos (Weißrückenspecht)	16
Hirundo rustica (Rauchschwalbe)	2
Cinclus cinclus (Wasseramsel)	2
Prunella collaris (Alpenbraunelle)	6
Oenanthe cf. *oenanthe* (Steinschmätzer)	1
Turdus sp. (Drossel - große Art)	10
Garrulus glandarius (Eichelhäher)	4
Pica pica (Elster)	9
Nucifraga caryocatactes (Tannenhäher)	8
Pyrrhocorax graculus (Alpendohle)	17
Pyrrhocorax pyrrhocorax (Alpenkrähe)	2
Corvus monedula (Dohle)	3
Corvus corax (Kolkrabe)	4
Carduelis flammea (Birkenzeisig)	1
Aves indet.	1057
Mammalia	
Erinaceus europaeus	1
Talpa europaea	ca. 500
Sorex araneus	27
Sorex minutus	1
Sorex cf. *coronatus*	1
Myotis sp.	15
Eptesicus sp.	15
Ochotona pusilla	49
Lepus timidus	ca. 800
Lepus europaeus	ca. 100
Sciurus vulgaris	5
Citellus sp.	42
Glis glis	119
Rattus rattus	ca. 600
Cricetus cricetus	20
Lemmus cf. *lemmus*	33
Dicrostonyx gulielmi henseli	34
Clethrionomys glareolus	60
Arvicola terrestris	52
Microtus arvalis	ca. 40
Microtus oeconomus	ca. 15
Microtus gregalis	ca. 15
Microtus nivalis	ca. 40
Microtus agrestis	ca. 50
Canis lupus	48
Alopex lagopus	20
Vulpes vulpes	9
Ursus spelaeus	ca. 280
Meles meles	13
Mustela erminea/nivalis	219
Mustela putorius/eversmanni	12
Felis silvestris	77
Lynx lynx	2

	Stückzahl
Panthera spelaea	35
Crocuta spelaea	10
Sus scrofa	2
Sus scrofa f. domestica	256
Cervus elaphus	50
Megaloceros giganteus/Alces alces	1
Capreolus capreolus	31
Rangifer tarandus	255
Bison priscus	1
Bos primigenius f. taurus und *Bos* sp.	111
Capra ibex	49
Rupicapra rupicapra	45
Caprovine	3
Equus sp.	29

Die während der Nachlese 1987 gewonnenen Kleinsäuger dürften größtenteils aus den Gewöllen von Eulen (Schneeule und/oder Uhu) stammen, wobei die *Microtus*-Gruppe (380 Zähne) am häufigsten vertreten ist. Bei den Arvicoliden kommt gegenüber WOLDRICH ein Taxon dazu, nämlich *Lemmus* (NAGEL 1990).
Auch konnten Verbiß von Raubtieren an Resten von *Rangifer tarandus, Capra ibex, Rupicapra rupicapra, Sus* sp. und Bearbeitungsspuren von Menschen an Resten von *Sus* sp., *Rangifer tarandus*, *Capra ibex,* Bovini, *Meles meles* entdeckt werden. An einigen Knochenelementen lassen sich sowohl Nage- als auch Schnittspuren feststellen (GALIK 1996).
Problematisch ist die Stellung der Rattenreste, die mit Hilfe einer gaschromatographischen Untersuchung ein jungpleistozänes Alter ergaben, doch konnte dieses Alter durch einen zweiten relativen Datierungsversuch (Microsondenproben) weder bestätigt noch widerlegt werden. Nähere Untersuchungen zeigten, daß es sich tatsächlich um Hausratten (*Rattus rattus*) handelt (WOLFF & al. 1980).
5 Arten der Avifauna (*Lagopus lagopus*, *Gallus* sp., *Nyctea scandiaca*, *Surnia ulula* und *Strix nebulosa*) fehlen heute in diesem Gebiet. Mehrere Vogelarten (Schneeule, Uhu, Wanderfalke, Kolkrabe) waren für die Zusammensetzung der Vogelthanatozönose verantwortlich, wobei es sich größtenteils um Beutetiere einer großen Eule handeln dürfte. Die Gattung *Gallus* ist ein fremdartiges Element und es bleibt ungelöst, ob es sich schon um domestizierte Tiere handelt (MLÍKOVSKÝ, im Druck).

Paläobotanik: kein Befund.

Archäologie: Bei den Grabungen konnten drei Sedimentschichten mit insgesamt 5 m Mächtigkeit unterschieden werden. In der rezenten (obersten) Schicht wurden eiserne Pfeile, eine eiserne Lanzenspitze und eine zierliche, bronzene Pfeilspitze gefunden. Die unterste Schicht lieferte zwei sehr zierliche Messerchen aus Feuerstein, einen aus einem Röhrenknochen hergestellten Schaber und mehrere, wahrscheinlich als Werkzeug dienende, zugeschlagene Knochenfragmente, darüber fand man acht Steinartefakte. Diese Funde wurden ebenfalls dem Magdalénien zugeordnet. Die Steinartefakte und der Schaber sind heute unauffindbar (NEUGEBAUER-MARESCH 1993).
Die Höhle dürfte von den damaligen Menschen nur als Zwischenlager aufgesucht worden sein.

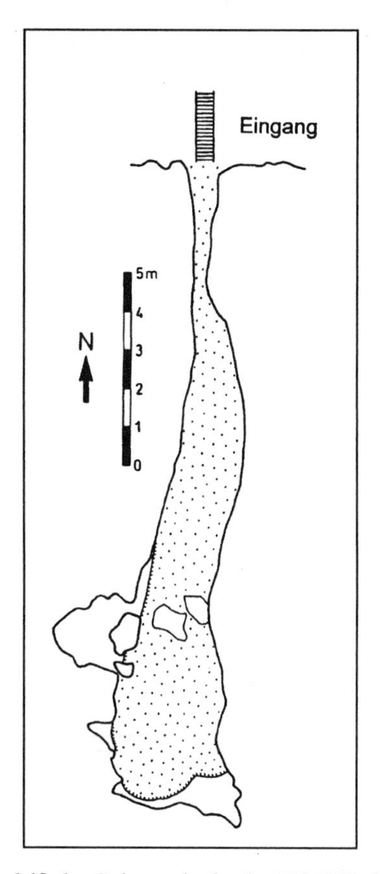

Abb.1: Grundriß der Schusterlucke (n. NAGEL 1990)

Chronologie und Klimageschichte:

- Eine absolute Datierung von einem Höhlenbären-Knochen, die mittels Uran-Serien Methode innerhalb des FWF-Projektes Nr. 6514 E „Evolution und Chronologie des Höhlenbären" durch I. STEFFAN und E. WILD ermittelt wurde, ergab: 115.000 +9.800/ -8.800 Jahre BP (WILD & al. 1989).
- Ursidenchronologie (RABEDER 1989): Die Morphotypenzahlen der Prämolaren von *Ursus spelaeus* lauten für den P^4: 2A, 7A/B, 6B, 3B/D, 4D, 1D/E, n=24, Index = 102,1 und für den P_4: 4B1, 7C1, 2D1, 1D1/2, 1B2, 2C2, 1D2, n=18, Index = 122,2. Das Evolutionsniveau der Höhlenbären spricht für eine Alterseinstufung in das Frühwürm.
- Die zeitliche Stellung der Kleinsäugerfauna wird einerseits durch die Morphotypen-Analyse sowie der A/L- und Delta-Mittelwerte mit älter als das Nixloch, welches ein ^{14}C-Alter von 18.310 a BP (NAGEL 1990) aufweist, eingestuft. Andererseits sprechen die Ergebnisse der *Dicrostonyx*-Analyse für ein primitiveres Evolutionsniveau als man es in der Kemathenhöhle (30.000 a BP) vorgefunden hat (NAGEL, im Druck).
- Die Haustierformen von Schwein und Rind, sowie der Dachs weisen typische Bearbeitungsspuren an Knochen auf, die nur von Werkzeugen stammen, welche eine metallische Klinge besitzen. Daher kann man diese

Knochen auf einen 'nach-neolithischen' Zeitraum eingrenzen (GALIK 1996).
Bei der Tierwelt lassen sich Formen der Kältesteppe (*Ochotona, Dicrostonyx, Lemmus, Alopex, Lagopus*) und der dichteren Vegetation (*Sciurus, Glis, Lynx, Bos, Capreolus*) unterscheiden.
Die aus 7 Arten bestehende Gastropodenfauna (nur fragmentarisch erhalten) spricht für eine weitgehend offene Felslandschaft im Umkreis der Höhle, mit einzelnen Bäumen und Sträuchern; Flechtenbewuchs. Man kann ein relativ trockenes, nur mäßig kaltes Klima annehmen. Die Fauna dürfte etwas jünger als die Vertebratenfauna sein.

Aufbewahrung: Naturhist. Mus. Wien (Geologisch-Paläontologische Abteilung), Inst. Paläont. Univ. Wien.

Rezente Sozietäten: Gegenwärtig leben im Bereich des Höhlenportales mindestens 26 beschalte Gastropodenarten, sicher auch Nacktschnecken, die durch die einmalige Beprobung nicht erfaßt werden konnten. Neben einer Reihe von Petrophilen (*Pyramidula rupestris, Vertigo alpestris*, die Clausilien, *Oxychilus cellarius, Helicigona lapicida* und *Chilostoma achates ichthyomma*) dokumentieren auch die Spaltenbewohner (*Sphyradium doliolum, Discus perspectivus*) das felsige, durch Bäume und Buschwerk umgebene Habitat. Günstige Feuchtigkeitsverhältnisse werden außerdem durch *Columella edentula, Euconulus alderi, Semilimax semilimax, Vitrea crystallina, Petasina unidentata* und *Discus perspectivus* dokumentiert.

Literatur:

FLADERER, F.A. 1992. Neue Funde von Steppenpfeifhasen (*Ochotona pusilla* PALLAS) und Schneehasen (*Lepus timidus* L.) im Spätglazial der Ostalpen. - In: NAGEL & RABEDER (eds.). Das Nixloch bei Losenstein-Ternberg. - Mitt. Komm. Quartärforsch., **8**: 189-209, Wien.
GALIK, A. 1996. Jungpleistozäne Ungulaten und Musteliden (Mammalia) aus der Schusterlucke im Kremstal (Waldviertel, Niederösterreich), Inst. Paläont., Univ. Wien [Diplomarbeit].
GALIK, A. (im Druck1). Die Ungulaten (Mammalia) aus der Schusterlucke im Kremstal (Waldviertel, Niederösterreich). - Wiss. Mitt. Niederösterr. Landesmus. **10**, St. Pölten.
GALIK, A. (im Druck2). Die pleistozänen Iltisknochen (Mustelidae, Mammalia) aus der Schusterlucke im Kremstal (Waldviertel, Niederösterreich). - Wiss. Mitt. Niederösterr. Landesmus. **10**, St. Pölten.
GALIK, A. (im Druck3). Größenvariation der Wiesel (*Mustela nivalis*) und Hermeline (*Mustela erminea*) aus der Schusterlucke im Kremstal (Waldviertel, Niederösterreich). - Wiss. Mitt. Niederösterr. Landesmus. **10**, St. Pölten.
HARTMANN, W. & H. 1985. Die Höhlen Niederösterreichs 3 - Die Höhle, wiss. Beih. **30**: 347-349, Wien.
MAYER, A., RASCHKO, H. & WIRTH, J. 1993. Die Höhlen des Kremstales - Die Höhle, wiss. Beih. **33**: 5-15, 33,Wien.
MLÍKOVSKÝ, J. (im Druck). Jungpleistozäne Vögel aus der Schusterlucke (Niederösterreich). - Wiss. Mitt. Niederösterr. Landesmus. **10**, St. Pölten.
NAGEL, D. 1990. Die Evolution der Arvicoliden (Rodentia, Mammalia) im Jungpleistozän von Österreich, Inst. Paläont., Univ. Wien [Diplomarbeit].
NAGEL, D. (im Druck). Die Arvicoliden (Rodentia, Mammalia) der Schusterlucke im Kremszwickel (Niederösterreich). - Wiss. Mitt. Niederösterr. Landesmus. **10**, St. Pölten.
NAGEL, D. & RABEDER, G. (eds.) 1991. Exkursionen im Pliozän und Pleistozän Österreichs. - Österr. Paläont. Ges.: 11-15, Wien.
NEUGEBAUER-MARESCH, Ch. 1993. Altsteinzeit im Osten Österreichs - Wiss. Schriftenreihe Niederösterreich **95/96/97**: 72-73, St. Pölten.
RABEDER, G. 1989. Modus und Geschwindigkeit der Höhlenbären-Evolution.- Schriften des Veriens zur Verbreitung naturw. Kenntnisse in Wien, **127**: 105-126, Wien.
WILD, E. STEFFAN, I. & RABEDER, G. 1989. Uranium-Series dating of fossil bones. - Progress Report, Inst. Radiumforschung und Kernphysik: 53-56, Wien.
WOLDRICH, J.N. 1893. Reste diluvialer Faunen und des Menschen aus dem Waldviertel Niederösterreichs. - Denkschr. kais. Akad. Wiss., math.-naturwiss. Kl. **60**: 565 - 634. Wien.
WOLFF, P., HERZIG-STRASCHIL, B. & BAUER, K. 1980. *Rattus rattus* (LINNÉ 1758) und *Rattus norvegicus* (BERKENHOUT 1769) in Österreich und deren Unterscheidung an Schädel und postcranialem Skelett. - Landesmuseum Joanneum **9/3**: 141-188, Graz.

Schwallenbach

Christa Frank

Pleistozäne Lößfundstelle, Spätwürm
Kürzel: Sb

Gemeinde: Spitz
Polit. Bezirk: Krems an der Donau (Land), Niederösterreich
ÖK 50-Blattnr.: 37, Mautern an der Donau
15°24'12" E (RW: 102mm)
48°19'47" N (HW: 177mm)
Seehöhe: 212m

Lage: Am linken Donauufer, knapp 1 km stromabwärts von Willendorf, Wachau (siehe Aggsbach FLADERER & FRANK, dieser Band).
Zugang: Mit der Donau-Uferbahn von Krems oder über die Bundesstraße 3, linkes Donauufer.

Geologie: Löß über Kristallin des moldanubischen Massivs.

Fundstellenbeschreibung: Das Profil befindet sich in unmittelbarer Nähe der Donau, an einer südexponierten Böschung am Rande eines Weingartens (im Besitz der Fam. W. Bergkirchner, Flur Hartacker). Es erstreckt sich über etwa 50m Länge und in der Gesamthöhe auf etwa 3m. Man erreicht es über den Fahrweg, der aus dem Ortsgebiet von Schwallenbach unter der Eisenbahnbrükke hindurch führt.

Forschungsgeschichte: Ältere Grabungen unter der Leitung von F. Brandtner (um 1956), F. Felgenhauer (1956-1959). Im November 1994 wurde unter der Leitung von P. Haesaerts (Brüssel) das neue Profil aufgeschlossen. Die malakologische Beprobung erfolgte im Mai 1995 durch C. Frank und M. Bachner (Wien).

Sedimente und Fundsituation: Nach HAESAERTS (1990) ist die Stratigraphie im Profil Schwallenbach sehr ähnlich der im Profil Willendorf II (vgl. Fundstellenbearbeitung). Es enthält zwei humose Horizonte mit Holzkohleresten, deren Position den Horizonten c2h und c3h in Willendorf II entspricht (HAESAERTS 1990:209-210). Sie unterscheiden sich von diesen durch das völlige Fehlen von Artefakten, was eine anthropogen bedingte Herkunft auszuschließen scheint. Eine Unterbrechung der Löß-Sedimentation während klimatisch günstigerer Phasen und Bildung von geringmächtigen Böden (mit pflanzlichen Zerfallsstoffen) wird daher angenommen. Über, unter und zwischen den Humushorizonten liegen blaßgelbe, graue oder ockerfarbene Lösse (siehe Profil, nach einem Entwurf von P. HAESAERTS, 20.11.1994). Die Proben für die malakologische Untersuchung wurden an 21 Stellen, die das gesamte Profil abdecken, entnommen und zeigten durchgehend reiche Molluskenführung. Dieses Profil entspricht 'Willendorf VI' der älteren Literatur (mündl. Auskunft von P. Haesaerts).

Fauna:

Vertebrata: *Mammuthus primigenius* (Nach Auskunft von P. Haesaerts liegt ein von F. Brandtner bei älteren Grabungen gefundener Mammutrest aus dem Bereich der 'Einheit D' vor. Der Tiefenbereich soll dem der Kulturschicht 2 von Willendorf entsprechen.)

Gastropoda: Profil (6 l Substrat pro Probe)

Art	1	2	3	4	5	6	7	8	9	10	10a
Cochlicopa lubrica	-	-	-	-	-	-	-	-	-	-	-
Columella columella	-	10	82	463	110	354	541	473	486	573	213
Vertigo pusilla	-	-	-	-	-	-	-	-	-	-	-
Vertigo antivertigo	-	-	1	-	-	-	2	-	-	-	1
Vertigo substriata	-	-	-	-	-	-	-	-	-	-	-
Vertigo pygmaea	-	-	-	-	-	-	-	-	-	-	-
Vertigo modesta arctica	-	-	-	4	-	1	-	-	1	-	1
Vertigo parcedentata	-	-	-	107	2	5	116	16	1	8	20
Granaria frumentum	-	1	-	-	-	-	-	-	-	-	-
Orcula dolium	-	-	-	-	-	-	-	-	-	-	-
Pupilla muscorum	-	-	-	-	2	-	-	-	-	-	4
Pupilla muscorum densegyrata	1	6	8	3	1	9	3	13	8	3	38
Pupilla sp., Apices (*muscorum*-Gruppe)	2	14	-	-	8	131	-	-	-	-	100
Pupilla bigranata	-	-	48	16	2	28	23	29	34	9	30
Pupilla sp., Apices (meist *bigranata*)	-	-	71	24	-	-	61	105	116	97	120
Pupilla triplicata	-	2	-	-	7	24	54	33	51	125	333
Pupilla sterrii	93	34	-	-	2	11	8	7	4	2	156
Pupilla loessica	-	12	1	-	-	-	-	-	2	-	-
Vallonia costata + f. *helvetica*	-	-	-	-	1	6	-	1	5	1	132
Vallonia tenuilabris	11	5	-	5	3	10	33	30	13	73	166
Acanthinula aculeata	-	-	-	-	-	-	-	-	-	-	-
Ena montana	-	-	-	-	-	-	-	-	-	-	-
Clausilia rugosa parvula	-	2	5	-	1	3	8	29	75	216	-
Clausilia dubia	2	2	63	112	254	71	284	129	247	410	13
Neostyriaca corynodes austroloessica	-	-	45	-	-	2	-	-	-	-	-
Succinella oblonga + f. *elongata*	45	106	486	893	250	395	601	600	766	1047	320
Cecilioides acicula	-	3	-	-	-	-	-	-	-	-	-
Punctum pygmaeum	-	-	55	1	-	1	1	8	-	-	-
Discus ruderatus	-	-	-	-	-	-	-	-	-	-	-
Euconulus alderi	-	-	5	9	-	6	26	40	43	23	16
Semilimax kotulae	-	-	-	1	-	-	13	1	-	18	-
Vitrea crystallina	-	-	25	4	-	1	60	1	-	-	-
Perpolita hammonis	-	-	-	-	1	3	8	1	-	1	1
Limacidae vel Agriolimacidae	-	-	-	-	-	-	-	-	-	-	-
Deroceras sp. cf. *laeve/sturanyi*	-	-	-	1	-	-	-	-	-	-	1
Deroceras sp. (2 Arten)	-	-	-	-	-	-	-	1	-	-	-
Trichia hispida	9	87	858	793	135	1195	549	1470	769	669	1110
Trichia rufescens suberecta	-	-	-	-	-	-	-	-	-	-	-
Arianta arbustorum	1	-	-	-	-	-	-	-	-	-	-

Art	1	2	3	4	5	6	7	8	9	10	10a
Arianta arbustorum alpicola	-	-	14	11	-	-	-	-	-	-	-
Regenwurm-Konkremente	2	1	22	7	4	10	6	17	7	6	21
Schnecken-Eier	-	-	-	-	-	-	-	-	-	1	-
Gesamtindividuenzahl: 32.757	164	284	1767	2447	779	2250	2399	2987	2621	3058	2991
Gesamtartenzahl: 39	7	12	14	15	14	17	18	18	15	13	18

Anmerkungen:
1: In Probe 3 viele ausgeprägte f. *elongata*, ebenso in Probe 12.
2: In Probe 10a cf. *laeve*, ebenso in Probe 16.
3: In Probe 16 2 Arten.
4: In Probe 18 nur die Normalform, ebenso in den Proben 19 und 20.

Ab Probe 16 ist ein deutlicher Anstieg der Artenzahl bemerkbar: Hier kommt es zum Erstauftreten von *Cochlicopa lubrica*, *Vertigo pusilla*, *Vertigo substriata*, *Vertigo pygmaea* (Probe 17), *Orcula dolium*, *Acanthinula aculeata* (Probe 20), *Ena montana*, *Discus ruderatus* und einer mittelgroßen Nacktschneckenart (Probe 18). *Trichia rufescens suberecta*, die in Probe 14 bereits aufscheint, wird ab Probe 16 konstant und nimmt bis Probe 20 individuenmäßig deutlich zu. Auch die vorher sporadisch erscheinende *Vertigo antivertigo* wird ein beständiges Faunenelement. Ab Probe 18 verschwinden die *elongata*-Typen von *Succinella oblonga*, die in vielen Lößfaunen prägend sind. Rückläufige Tendenzen zeigen die kaltzeitlich häufigen *Columella columella* (Entfaltungsschwerpunkt zwischen Probe 7 und 10), *Vertigo parcedentata* (Entfaltungsmaxima in den Proben 4 und 7), *Pupilla muscorum densegyrata* (Maximum: Probe 10a) und *Vallonia tenuilabris* (Maximum: Proben 10, 10a); dasselbe gilt für die lößtypischen *Succinella oblonga* (Maxima: Proben 4, 7-10, 12) und *Trichia hispida* (Maxima: Proben 3, 4, 6-10a, 13). *Vertigo modesta arctica* erlischt vollständig; ab Probe 18 auch *Pupilla loessica.*
Ein zusätzliches Indiz für die Entwicklung eines bodenfeuchten Gebüschgürtels mit reichlicher Krautschichte ist auch die Tatsache, daß *Vitrea crystallina* und *Perpolita hammonis* ab Probe 16 konstant und in höheren Anteilen präsent sind, ebenso *Arianta arbustorum* (ab Probe 14; in höheren Individuenzahlen ab Probe 17). Ausgeprägte *alpicola*-Typen ließen sich nur für die Proben 3 und 4 nachweisen.

Auswertung der ökologischen Gruppen:

Probe 1:
Von *Pupilla sterrii* dominierte Fauna (56,7 % der Individuen) des überwiegend offenen Grasheiden- bis Steppenlandes, sehr vereinzelt Gebüsche und in feuchteren Senken Hochstauden.
Klimacharakter: trocken-kühl.
Probe 2:
Dominanz von *Succinella oblonga* + f. *elongata* vor *Trichia hispida* (37,3 bzw. 30,6 %); die ökologischen Gruppen "O" und "S(Sf)" sind zu je 13 % enthalten. Dies zeigt ein Nebeneinander von ausgedehnten Krautbeständen mit Hochstauden, offenen Grasheiden und trockenen Steppenbiotopen. Gebüsche sind nur sehr vereinzelt anzunehmen.
Klimacharakter: mittelfeucht, kühl bis kalt.
Probe 3:
Eine von *Trichia hispida* klar dominierte Fauna, die *Succinella oblonga* in hohem Anteil enthält (mit zahlreichen ausgeprägten f. *elongata*). Die übrigen ökologischen Gruppen sind meist gering repräsentiert; die relativ deutlichste Akzentuierung ist durch die Gruppen "Wf" (6,1 %) und "XS" (6,7 %) gegeben: weitgehend offene, krautreiche Flächen mit Hochstauden; dazwischen Gebüsche und Gebüschgruppen. Damit alternierend offenes Grasland, sowie in der Nachbarschaft Steppenrelikte.
Klimacharakter: sehr feucht, kühl bis mäßig kalt.
Probe 4:
Prädominanz von *Succinella oblonga* + f. *elongata* (36,5 %) vor *Trichia hispida* (32,4 %), starke Beteiligung von *Columella columella* (18,9 %). Ausgedehnte feuchte Kraut- und Hochstaudenfluren, dazwischen vereinzelt Gebüsche, kleinere Gebüschgruppen, eventuell einzelne anspruchslose Bäume (Coniferen).
Klimacharakter: sehr feucht bis naß, kalt.
Probe 5:
Gebüsch- und hochstaudenreiche Landschaft, in der die Kräuter gegenüber dem Grasbewuchs vorherrschen. Dominanz von *Clausilia dubia* und *Succinella oblonga* + f. *elongata*, die zu fast gleichen Individuenanteilen vertreten sind (32,6 bzw. 32,1 %); es folgen mit Abstand *Trichia hispida* (17,3 %) und *Columella columella* (14,1 %). Die Elemente der trockenen Grasheiden- bzw. -steppen treten weit in den Hintergrund.
Klimacharakter: feucht, gemäßigt.
Probe 6:
Die hohe Individuendominanz von *Trichia hispida* (fast die Hälfte der Gesamtfauna) zeigt ausgedehnte krautige und hochstaudenreiche Flächen, Gebüschgruppen und einzelne Büsche sind ebenfalls anzunehmen. Steppenartige Biozönosen sind nur reliktär.
Klimacharakter: feucht, kühl.
Probe 7:
Das Landschaftsbild ist etwas abwechslungsreicher; vhm. ausgedehnte Kraut- und Hochstaudenfluren alternieren mit Grasheiden und Gebüschgruppen, auch einzelne anspruchslose Holzarten waren vertreten. Lokale Bodenvernässung wird durch die ökologische Gruppe "P" (1,2 % der Individuen) angezeigt. Steppen- und Steppenheiden sind auf kleine Relikte beschränkt.
Klimacharakter: sehr feucht, mäßig kalt; Gesamtverhältnisse ähnlich wie in Probe 6, nur ausgeprägter.

Probe 8:
Die Verhältnisse sind ähnlich wie in Probe 7, doch scheint der Anteil der Gebüsche und Gebüschgruppen geringer zu sein, da die prozentuelle Beteiligung der ökologischen Gruppen "Wf" und "W(M)" deutlich geringer ist. Die viel stärkere Entfaltung von *Trichia hispida* bzw. die geringere Ausdehnung der offenen Grasheiden (15,8% gegenüber 22,5 %) spricht für höhere Anteile von Hochstauden.
Klimacharakter: sehr feucht, kühl.
Probe 9:
Vorherrschen von *Succinella oblonga* mit f. *elongata* (29,2 %) und *Trichia hispida* (29,3 %) vor *Columella columella* (18,5 %): Kraut- und hochstaudenreiche Fluren mit Gebüschen, die vermutlich über die Landschaft verteilt waren, da die offenen Grasflächen scheinbar stark eingeschränkt waren (Gruppe "O" 0,9 %, Gruppe "O(Ws)" 0,2 % der Individuen). Steppenheiderelikte vorhanden.
Klimacharakter: feucht, kühl.
Probe 10:
Von *Succinella oblonga* + f. *elongata* dominierte Fauna, die *Trichia hispida* (21,9 %) und *Columella columella* (18,7 %) in hohen Anteilen enthält: Ausgedehnte Kraut- und Hochstaudenbestände, dazwischen kleinräumige Grasheiden bzw. relikthafte Steppenbiotope. Gebüsche und Gebüschgruppen sowie sehr vereinzelt anspruchslose Bäume sind anzunehmen.
Klimacharakter: feucht, kühl.
Probe 10a:
Deutliche Prädominanz von *Trichia hispida*; auch die xeromorphen Gruppen "S(Sf)" und "XS" sind stark vertreten (16,3 % und 5 %). Die Verteilung der übrigen Faunenkomponenten zeigt eine relativ geringe Vegetationsgliederung; ausgedehnte Krautbestände mit Hochstauden neben großflächigen Steppen und Steppenheiden, nur sehr vereinzelt Gebüsche.
Klimacharakter: mittelfeucht, kühl bis kalt.
Probe 11:
Die Dominanz der xeromorphen Gruppen zeigt großflächige Steppen und Steppenheiden neben Krautbeständen mit Hochstauden und offenem Grasland. Gebüsche und Gebüschgruppen, eventuell sehr vereinzelte Bäume sind anzunehmen.
Klimacharakter: mäßig feucht, kühl.
Probe 12:
Deutliche Prädominanz von *Succinella oblonga*, die einen hohen Anteil der *elongata*-Form aufweist; *Trichia hispida* macht 18,6 % der Gesamtfauna aus. Dies zeigt nur geringe Gliederung der Vegetation; ausgedehnte Gras- und Krautbestände, wenige Hochstauden, vereinzelte Büsche.
Klimacharakter: sehr feucht, kalt.
Probe 13:
Dominanz von *Trichia hispida* (30,9 %), *Succinella oblonga* und f. *elongata* (24,0 %) und *Columella columella* (20,8 %). Auch *Clausilia dubia* zeigt mit 12 % der Gesamtindividuen relativ hohe Beteiligung. Kraut- und hochstaudenbewachsene Flächen, dazwischen offenes Grasland; vereinzelte Gebüsche und Gebüschgruppen, wahrscheinlich auch wenige anspruchslose Holzarten.
Klimacharakter: sehr feucht, kalt.
Probe 14:
Dominanz von *Succinella oblonga* (+ einzelne *elongata*) und *Columella columella*; höhere Anteile von *Clausilia dubia* (14,2 %), der ökologischen Gruppe "O" (10,6 %) und von *Trichia hispida* (11,7 %). Großflächige Krautbestände mit Hochstauden, offenes Grasland, Gebüsche und Gebüschgruppen.
Klimacharakter: sehr feucht, kalt.
Probe 15:
Dominanz von *Trichia hispida* (29,4 %) und *Succinella oblonga* + f. *elongata* (einzeln) (24,7 %) vor *Columella columella* (16,3 %) und *Clausilia dubia* (11,1 %). Kraut- und Hochstaudenfluren, offenes Grasland, Gebüsche und Gebüschgruppen.
Klimacharakter: feucht, kalt.
Probe 16:
Artenreiche, differenzierte Fauna, die ein abwechslungsreicheres Landschaftsbild erkennen läßt: Ausgedehntere, trockene Steppenheiden, Graslandschaft mit Gebüschen und Gebüschgruppen, Kraut- und Hochstaudenfluren mit feuchten Senken; auch einzelne Bäume.
Klimacharakter: mittelfeucht, gemäßigt.
Probe 17:
Die Fauna ist durch die xeromorphen Gruppen "XS" (33,6 %) und "S(Sf)" (14,3 %) geprägt. *Vallonia costata* ist individuenmäßig die zweitstärkste Fraktion (17,2 %). Die Vegetationsgliederung war hier offenbar eine abwechslungsreiche: großflächige Trockenvegetation - Steppen und Steppenheiden; Gebüschheiden, dazwischen offenes Grasland, Kraut- und Hochstaudenfluren mit feuchten Senken, Gebüsche und größeres zusammenhängendes Buschland, dazwischen wahrscheinlich anspruchslose Einzelbäume.
Klimacharakter: trocken bis mittelfeucht, gemäßigt.
Probe 18:
Artenreiche, differenziertere Fauna; *Trichia hispida* herrscht individuenmäßig noch vor (32,4 %), die Elemente des offenen Graslandes betragen noch 20 % der Gesamtindividuenzahlen. Im Artenspektrum erscheinen jedoch zunehmend Waldarten; besonders wichtig ist die dendrophile *Ena montana*. Es zeichnet sich das Initialstadium eines Auwaldes ab, wobei erst noch Pioniergebüsche mit einzelnen, anspruchsvolleren Bäumen erscheinen; mit reichlich entwickelter Krautschichte. Angrenzend noch großflächige Krautbestände mit Hochstauden, offene Rasenflächen sowie Gebüschheiden und an begünstigten Stellen Trockenvegetation.
Klimacharakter: feucht, gemäßigt, leichter Temperaturanstieg.
Probe 19:
Weitere Entwicklung eines Auengürtels mit vorherrschender Strauchschichte (Weidengebüsch), dazwischen Bäume. *Ena montana* bevorzugt glattrindige Stämme wie Rotbuche, Esche, auch Ahorn. Auch eine feuchte Krautschichte ist reichlich entwickelt, mit nassen Senken. Anschließend offenes Grasland, Gebüschheiden, einzelne Steppenrelikte.

Klimacharakter: feucht, mild.
Probe 20:
Auengürtel mit glattrindigen Bäumen (Erlen, Eschen, Ahorn), reichlich Weiden- und andere Pioniergebüsche; gut entwickelte Krautschichte; anschließend krautreiche Flächen, Naßwiesen, ausgedehnte Gebüschheiden; lokale Steppenrelikte. Klimacharakter: sehr feucht, mild.

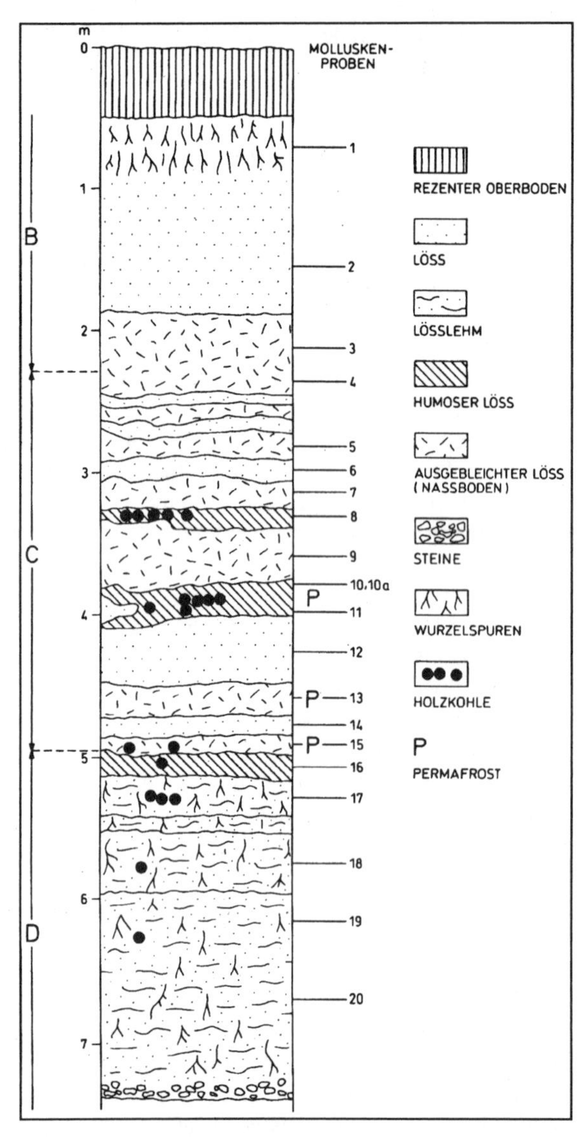

Abb.1: Profil der Fundstelle Schwallenbach (schematisiert nach einem Entwurf von P. Haesarts 1994)

Paläobotanik: Noch kein Befund.

Archäologie: Aus dem neuen Profil liegen keine Artefakte vor. Ältere Grabungen ?

Chronologie und Klimageschichte:
Nach P. HAESAERTS liegen zwei absolute Daten (Holzkohle) vor; drei weitere sind in Arbeit:
GRN-21800: 30.410 +480/-450 a BP (aus seiner Schicht 'c2', Bereich der Molluskenproben 10,11)
GRN-21801: 39.920 +1300/-1100 a BP (aus seiner Schicht 'Db', Bereich der Molluskenprobe 18).
Ein älteres Holzkohledatum von mindestens 36.000 ±2000 a BP liegt aus dem Fundbereich des Mammutrestes ('Einheit D', Brandtner) vor (P. HAESAERTS, mündl.).
Die beiden Humushorizonte, die denen im Profil Willendorf II entsprechen sollen, müßten daher mit diesen etwa zeitgleich sein: Die absoluten Daten der Willendorfer Horizonte sind:
c2h (GrN - 11193) = 30.500 +900/-800 a BP und c3h (GrN - 11192) = 34.100 +1200/-1000 a BP (HAESAERTS 1990:211).
Das absolute Datum aus der Schicht 'Db' entspricht der ökologischen Aussage der Molluskenfaunen-Entwicklung zwischen den Probenbereichen 18-19, 20 ebenfalls gut und ist mit den Ergebnissen von Willendorf gut vergleichbar.
Der malakologische Befund im Vergleich mit Willendorf II (siehe FRANK & RABEDER 1994) zeigt folgendes:
Die relativ ungünstigsten Verhältnisse zeichnen sich in den Proben 4 und 12-15 ab. Mit Ausnahme von Probe 1 ist durchgehend eine Feuchteorientierung (mit Oszillationen zwischen mittelfeucht bis naß) gegeben. Damit ergibt sich für den klimatisch günstigsten Bereich (ab Nr. 16; zunehmend) ein vermutlich anders zusammengesetzter Waldtypus als es in dem nahegelegenen Willendorf der Fall ist, wo die entsprechende Artengarnitur einen (Berg-) Ahorn-Eschenwaldtypus annehmen läßt.
Die meisten Auensukzessionen sind dauernd und wechselnd stark vom Grundwasser beeinflußt, ebenso von Häufigkeit und Dauer der Überschwemmungen, ebenso die flußnahen Pioniergesellschaften. Im vorliegenden Fall könnte man für die "Lücken" zwischen Busch- und Baumbestand etwa Pestwurzfluren (Petasiteten) annehmen, deren große Blätter molluskenfreundlich sind, da sie bei dichtem Bestand für ein dauernd feuchtes Mikroklima in Bodennähe sorgen, und auch die Massenentwicklung der einen oder anderen Art aufgrund des reichlichen Nahrungsangebotes begünstigen. An Schilfröhrichte (Scirpo-Phragmiteten) ist weniger zu denken, da diese im typischen Fall im Bereich verlandender Altwässer entwickelt sind. Die ufernahe Strömungsgeschwindigkeit eines Flusses wäre für das Schilf zu hoch, und Schilf benötigt im allgemeinen ein mehr schlickiges Substrat. Weidengebüsche (Salicetalia) unterschiedlicher Zusammensetzung gehören ebenfalls zu den primären Pioniergesellschaften. Als Holzarten sind Elemente denkbar, die in heutigen Weichholzauen enthalten sind, die sich an Standorten mit hochanstehendem und strömendem Grundwasser und periodischen Überflutungen entwickeln (Weiden, Erlen), mit *Sambucus nigra* und diversen Feuchte- und Nässezeigern in der Krautschichte. Solche Sozietäten sind auch saum- bis bandartig entlang der Ufer ausgebildet, wie es die Molluskenfauna vermuten läßt. (Grau-)Erlen, Pappeln, auch Traubenkirsche, Schneeball und Pfaffenhütchen (*Euonymus europaea*) wären vorstellbar, einzeln auch Esche und Ahorn. Wie bereits erwähnt, bevorzugt *Ena montana* glattrindige Stämme, an denen sie besonders nach Regen - im Uferbereich auch bei Hochwasser - hochkriecht. Die genannten Holzarten kommen für sie ebenso in Frage wie die Rotbuche. Unter den bodenbewohnenden Kleinarten ist besonders die fast durchge-

hend verbreitete *Euconulus alderi* hervorzuheben, ein Vernässungszeiger, der obige Ausführungen zusätzlich unterstreicht.
Eine vorsichtige Interpretation der Standortsgeschichte wäre, daß die Waldgesellschaften des Standortes Willendorf, die offensichtlich von Harthölzern bestimmt waren, zur Zeit der Erwärmung(en) die höhergelegenen und von Überschwemmungen und strömendem Grundwasser wesentlich weniger betroffenen waren. Daher konnten sich hier auch ein mehr humoser Oberboden und eine artenreichere Strauchschichte entwickeln, während in Schwallenbach lokale Vergleyung anzunehmen ist. (Definition der Waldgesellschaften im Sinne von MAYER 1974:208-221).
Die Intensität der Wärmeschwankung, die im basalen Bereich des Schwallenbacher Profiles dokumentiert ist, scheint aufgrund der Artenspektren etwas geringer gewesen zu sein, als die im Profil Willendorf II, doch sie ist eindeutig manifestiert. Doch ist ein Nebeneinander verschiedener Waldzönosen bzw. verschiedener Sukzessionsstadien auf relativ kleinem Raum auch in den gegenwärtigen Molluskenfaunen gegeben, vor allem dort, wo die Standortsdynamik hoch ist, wie im Bereich von Gewässern (vgl. u. a. FRANK 1981, 1982).

Aufbewahrung: Inst. Paläont. Univ. Wien.

Rezente Fauna:
Aufnahme: Untersuchung von 5 Proben (Quadr. 50 x 50, 5 cm Schichtdicke; V. 1995); donaunahe Südexposition; Restwäldchen mit Feldahorn, umgebend Wiese mit Nußbaum, Mostbirne; Ruderalvegetation. Ergänzt aus KLEMM (1974) (K).
Die rezente Fauna (exklusive Nacktschnecken) umfaßt 28 Arten:
Cochlicopa lubrica, Truncatellina cylindrica, Granaria frumentum, Pupilla muscorum, Vallonia costata costata, Vallonia pulchella, Acanthinula aculeata, Zebrina detrita (wahrscheinlich subrezent), *Cochlodina laminata, Clausilia dubia dubia, Balea biplicata, Succinella oblonga, Cecilioides acicula, Vitrina pellucida, Vitrea contracta, Perpolita hammonis, Aegopinella nitens, Fruticicola fruticum* f. *fasciata, Trichia hispida, Petasina unidentata* (K), *Monachoides incarnatus* (K), *Helicella itala* (K), *Xerolenta obvia, Euomphalia strigella, Helicodonta obvoluta, Arianta arbustorum, Cepaea vindobonensis, Helix pomatia.* - Ausgeackerte Lößbestandteile: vereinzelt *Pupilla sterrii, Vallonia tenuilabris, Succinella oblonga, Trichia hispida.*
Die Verteilung der Arten innerhalb der ökologischen Gruppen entspricht den gegenwärtigen Verhältnissen genau: einzelne Waldrelikte neben vorherrschenden Elementen trockener Südexpositionen, deren Charakter anthropogen beeinflußt ist (*Truncatellina cylindrica, Cecilioides acicula*; dominant: *Granaria frumentum, Xerolenta obvia*). Weingärten und Weinbauterrassen werden randlich gerne von *Helix pomatia, Cepaea vindobonensis* und *Zebrina detrita* besiedelt. Den Buschwaldcharakter des Restwäldchens unterstreichen die zahlreich vorkommenden *Euomphalia strigella, Vitrina pellucida* und *Vitrea contracta.*

Literatur:
FRANK, C. 1981. Aquatische und terrestrische Molluskenassoziationen der niederösterreichischen Donau-Auengebiete und der angrenzenden Biotope. Teil I. - Malakol. Abh. Staatl. Mus. Tierkd. Dresden, 7(5): 59-93, Dresden.
FRANK, C. 1982. Idem. Teil II. - Ibid., **8**(8): 95-124, Dresden.
FRANK, C. & RABEDER, G. 1994. Neue ökologische Daten aus dem Lößprofil von Willendorf in der Wachau. - Archäol. Österr., **5**/2: 59-65, Wien.
HAESAERTS, P. 1990. Nouvelles recherches au gisement de Willendorf (Basse Autriche). - Bull. Inst. R. Sci. Nat. Belgique, Sci. Terr. **60**: 203-218.
KLEMM, W. 1974. Die Verbreitung der rezenten Land-Gehäuse-Schnecken in Österreich. - Denkschr. Österr. Akad. Wiss., **117**: 503 S. Wien, New York: Springer.
MAYER, H. 1974. Wälder des Ostalpenraumes. - 344 S., Stuttgart: Fischer.

Senftenberg

Christa Frank

Pleistozäne Lößfundstelle
Kürzel: Se

Gemeinde: Senftenberg
Polit. Bezirk: Krems an der Donau (Land), Niederösterreich
ÖK 50-Blattnr.: 37, Mautern an der Donau
15°32'33" E (RW: 307mm)
48°27'13" N (HW: 453mm)
Seehöhe: 265m

Lage: Im Kremstal, nordwestlich von Krems (Waldviertel), siehe Lageplan bei Krems Schießstätte (FRANK & RABEDER, dieser Band).
Zugang: Von Wien aus über die Westautobahn (Stockerau) und die Bundesstraße 3 bis Krems, und von hier entlang der Krems über die Bundesstraße 37 bis Senftenberg. Am Ortsende fährt man über die Brücke ans rechte Ufer der Krems bis zur stillgelegten Ziegelei.

Geologie: Kristallin (Gneis) der Böhmischen Masse.

Fundstellenbeschreibung: Etwa 7km NW von Krems, im Tal der Krems (linksufriger Donauzufluß). Der Aufschluß befindet sich in einer ehemaligen Ziegelei und umfaßt eine Lößabfolge auf einem Terrassensporn der Krems; an deren rechtem Ufer. Hier mündet auch ein kleiner Nebenbach ein.

Forschungsgeschichte: Grabungen wurden von J. Bayer in der Zeit von 1912-1930 durchgeführt, dann von F. HAMPL 1950, und K. Kromer 1949, von F. Brandtner und F. HAMPL (1950) sowie von F. Brandtner 1953-1955 und 1987; vgl. NEUGEBAUER-MARESCH (1993:79).
Malakologische Untersuchungen wurden von BINDER (1977) und von PAPP (unpubl. Manuskript) durchgeführt; das Material von C. Frank (laufende Studie) revidiert.

Sedimente und Fundsituation: Der Aufschluß umfaßt drei Verlehmungszonen, die durch zwischengeschichtete Lößlagen getrennt sind. Die mittlere Verlehmungszone ist die geringmächtigste und verliert im rechten Teil des Aufschlusses noch an Stärke, sodaß sie dort nur schwer zu erkennen ist. Ihre Oberkante zeigt viele Krotowinen. Sie ist mit dem unterlagernden Löß durch einen kräftigen Ca-Horizont verbunden. Auch die hangende, etwas verschwemmte Zone keilt wenige Meter von der Fundstelle aus. Die erosiven und solifluidalen Störungen werden durch die Spornlage erklärt. Leichte Störungen betreffen auch die Oberkante der mittleren Verlehmungszone und das dort lokalisierte Holzkohlennest, um das herum kleine Holzkohlestückchen verstreut sind. Aus dieser wahrscheinlich parautochthon gelagerten Holzkohle wurde das Material für die ^{14}C-Bestimmung entnommen (FELGENHAUER & al. 1959:58-60).

Die von BINDER (1977:32-33) malakologisch untersuchten Proben wurden an den Unterkanten der drei Verlehmungszonen, aus dem jüngsten Löß im obersten Teil des Profiles sowie an der Oberkante der untersten Verlehmungszone (auf der rechten Seite des Aufschlusses) entnommen.

PAPP entnahm während der von Brandtner 1953-1955 durchgeführten Grabungen ebenfalls Schlämmproben, und zwar von der Basis der tiefsten Löß-Schichte, aus der Kulturschichte mit den Holzkohlestückchen, aus dem Löß unter der mittleren Bodenbildung und aus dem jüngsten Löß. Ein schematisiertes Profil enthält FINK (1962), eine ebensolche Ansichtsskizze FELGENHAUER & al. (1959:59).

Fauna:

Die von BINDER (1977) publizierte Tabelle wird durch die von PAPP entnommenen Proben ergänzt. Vom untersten Teil des Aufschlusses bis in den obersten Teil liegen folgende Proben vor:

1. Löß, von der Basis der tiefstgelegenen Lößpartie. Darunter liegen "Bänder einer aufgelösten Verlehmungszone und Kremssand mit eckigen Verwitterungsstücken, welche die Basis selbst bilden" (PAPP; handschriftlicher Vermerk auf dem Beizettel).
2. Unterkante der untersten Verlehmungszone (= Probe 8 in BINDER 1977).
3. Oberkante der untersten Verlehmungszone, an der rechten Seite des Aufschlusses (= Proben 6+7 in BINDER 1977).
4. Löß unter der mittleren Bodenbildung ('Rotlehm'; PAPP).
5. Unterkante der mittleren Verlehmungszone (= Probe 2 in BINDER 1977).
6. Oberhalb der Verlehmungszone; "Kulturschichte in einwandfreiem Verband mit Hirschhornsprossen, Microlithen und Holzkohlenstückchen; Material Brandtner, Aurignacien" (PAPP; handschriftlicher Vermerk auf dem Beizettel).
7. Unterkante der obersten Verlehmungszone (= Probe 1 in BINDER 1977).
8. Etwa 2 m über der obersten Verlehmungszone (= Probe 3 in BINDER 1977).
9. Etwa 2,5 m über der obersten Verlehmungszone (= Probe 4 in BINDER 1977).
10. Etwa 3 m über der obersten Verlehmungszone (= Probe 5 in BINDER 1977).
11. Jüngster Löß; 'oben' (PAPP).

Anm. = Anmerkung; m = massenhaft (nicht ausgezählt); pl = viele (100-200).

Art	1	2	3	4	5	6	7	8	9	10	11	Anm.
Columella columella	+	-	-	-	-	-	-	-	+	+	+	
Truncatellina sp.	-	-	-	-	-	-	-	-	-	+	-	
Vertigo pusilla	-	-	-	-	-	-	-	+	-	-	-	
Vertigo pygmaea	-	-	-	-	-	-	-	+	+	+	-	
Pupilla muscorum	pl	-	-	+	+	+	-	-	+	+	+	
Pupilla muscorum densegyrata	+	-	-	+	-	+	-	-	+	+	+	
Pupilla bigranata	pl	-	-	-	-	-	-	-	-	-	+	
Pupilla triplicata	pl	+	+	-	+	+	+	-	+	+	+	
Pupilla sterrii	+	-	-	+	+	+	-	-	+	+	+	
Pupilla loessica	+	-	-	pl	-	-	-	-	+	-	+	
Pupilla sp. juv.	m	-	-	pl	-	+	-	-	-	-	+	4
Vallonia costata + f. *helvetica*	pl	-	+	-	-	+	-	+	+	+	-	
Vallonia tenuilabris	m	-	-	+	-	-	-	-	+	+	+	
Zebrina detrita	-	-	-	-	-	+	-	-	-	-	-	6
Clausilia dubia	+	-	-	+	-	+	-	-	+	+	+	2
Succinella oblonga + f. *elongata*	pl	-	-	-	-	+	-	-	+	+	+	3
Catinella arenaria	+	-	+	-	-	-	-	-	-	-	-	
Punctum pygmaeum	+	-	-	-	-	-	-	-	-	-	-	
Discus rotundatus	+	-	-	+	-	-	-	-	-	-	-	
Discus perspectivus	+	-	-	-	-	-	+	-	-	-	-	
Euconulus fulvus	-	-	-	-	-	-	-	-	-	-	+	
Vitrea crystallina	+	-	-	-	-	-	-	-	-	-	-	
Aegopinella nitidula	+	-	-	-	-	-	-	-	-	-	-	
Aegopinella sp. juv.	-	+	-	-	-	-	+	-	-	-	-	
Fruticicola fruticum	+	-	-	-	-	-	-	-	-	-	-	
Trichia hispida	m	-	-	+	-	+	+	-	+	-	m	1
Trichia rufescens suberecta	-	-	-	-	-	-	-	-	-	-	m	

Art	1	2	3	4	5	6	7	8	9	10	11	Anm.
Helicopsis striata	+	-	-	-	-	+	-	-	-	-	+	
Pseudotrichia rubiginosa	+	-	-	-	-	-	-	-	-	-	-	
Euomphalia strigella	+	-	-	-	-	-	-	-	-	-	-	
Arianta arbustorum alpicola	+	-	-	+	-	+	-	-	-	-	m	
Helicoidea indet., mittelgroße Art	+	-	-	-	-	-	-	-	-	-	-	5
Schnecken-Eier	-	-	-	+	-	-	-	-	-	-	-	
Gesamt: 30	23	2	3	9	3	11	4	3	12	11	15	

Anmerkungen:
1: In Probe 1 und 11 mehrere 1000 Individuen; gewölbt, mit relativ engem Nabel und mehr gerundeter Mündung (ähnlich rezenten Ausbildungsformen feucht-kühler Habitate).
2: Lößtypische Form (obsoletes Doppelknötchen; gedrungen).
3: In Probe 1 und 11 mit f. *elongata*.
4: In Probe 4 und 6 aus der *muscorum*-Gruppe.
5: Wahrscheinlich eine der genannten Arten.
6: Eines von 2 Exemplaren zeigt Bruch am letzten Umgang, der möglicherweise durch Aufbeißen entstanden ist (Microtinae?).

Paläobotanik: kein Befund.

Archäologie: Das archäologische Fundgut - kantenretuschierte Kratzer, Kielkratzer, retuschierte Klingen, Stichel, Schaber, Hohlkerben, 'gezähnte Stücke', 'Schmuckschnecke', '*Dentalium*' und Farbstoffe - wird ins Aurignacien eingestuft NEUGEBAUER-MARESCH (1993:79), HAMPL (1950).

Chronologie: Holzkohledaten liegen aus der Schicht knapp oberhalb der 'Göttweiger' Bodenbildung vor (VOGEL & ZAGWIJN 1967):
GrN-1217: 48.500 ±2000 BP (wahrscheinlich kontaminiert) (siehe FELGENHAUER & al. 1959:58-60, VOGEL & ZAGWIJN 1967:92-93);
GrN-1771: >54.000 a BP (wird als 'final result' bezeichnet).
Diesem Datum würde also Probe 6 - mäßig feucht und kühl - entsprechen. Der in Probe 7 angedeutete Beginn einer Erwärmung könnte den sehr vorsichtigen Vergleich mit den klimatisch günstigeren Verhältnissen im basalen Teil des Aufschlusses von Willendorf erlauben (zwischen etwa 45.000 und etwa 35.000 a BP; siehe FRANK & RABEDER 1994): Dann würde die oberste Verlehmungszone, aus der selbst keine Probe vorliegt, diesem Profilabschnitt entsprechen. Die kühle Klimaphase mit den Feuchtigkeitsschwankungen von trocken über mäßig feucht zu feucht, die im oberen Profilabschnitt (Lößproben) hervorgeht, würde dann mit dem zwischen Kulturschicht 6-5 (Gravettien; kühl, stärker feucht bis kalt/mittelfeucht) und 4 (Aurignacien; kalt bis sehr kalt/mittelfeucht) dokumentierten Bereich korrelieren. Sicher sind auch lokalklimatische Unterschiede zwischen Donau-Haupttal und Nebentälern (Kremstal) zu berücksichtigen, die vermutlich auch im Pleistozän zum Tragen gekommen sind.

Klimageschichte:
Probe 1 ist von den *Pupilla*-Arten und *Trichia hispida* individuenmäßig beherrscht; auch *Vallonia tenuilabris* und *Succinella oblonga* + f. *elongata* sind stark vertreten. Der Klimacharakter dürfte kühl bis kalt und mäßig feucht gewesen sein. Landschaftsbild: Überwiegend offenes Rasengelände mit Hochstauden, Gebüschen und Gebüschgruppen. Vor allem die beiden *Discus*-Arten, *Aegopinella nitidula* und *Pseudotrichia rubiginosa* dürften beigemischte Komponenten aus den "Bändern einer aufgelösten Verlehmungszone", die von PAPP (1955) angesprochen wurden, sein.
Die Proben 2 und 3 sind arten- und individuenarm, doch enthält Probe 2 durch *Aegopinella* sp. ein thermisch anspruchsvolles Element. Probe 3 zeigt weitgehend offenen Steppenheiderasen, vielleicht mit vereinzelten Gebüschen. Klimacharakter: trocken-kühl.
In Probe 4 sind diese Verhältnisse deutlicher akzentuiert: Dominanz von *Pupilla loessica*, dazu in höheren Anteilen *Vallonia tenuilabris* und *Pupilla muscorum densegyrata*. Weitgehend offene, trocken-kalte Löß-Steppe.
Probe 5: Arten- und individuenarme *Pupilla*-Fauna; Klimacharakter: trocken-kalt.
Probe 6: Arten- und individuenarm; beherrschend ist *Arianta arbustorum alpicola*. Weitgehend offenes Gelände mit Hochstauden und Gebüschen. Klimacharakter: mäßig feucht, kühl. Fraglich ist hier die Anwesenheit von *Zebrina detrita* (2 Schalen), die möglicherweise nicht autochthon ist.
Probe 7 ist zwar arten- und individuenarm, enthält aber die thermophilen *Discus perspectivus* und *Aegopinella* sp., die auf gemäßigte Verhältnisse hindeuten. Das Landschaftsbild dürfte ähnlich wie in Probe 1 gewesen sein.
Probe 8: Arten- und individuenarm; weitgehend offene Rasenbiotope, einzelne Gebüsche sind möglich. Klimacharakter: trocken-kühl.
Probe 9 und 10 sind von ähnlicher Struktur: Sie zeigen ausgedehnte Rasenbiotope mit einzelnen Gebüschen und Hochstauden. Klimacharakter: mäßig feucht, kühl.
Probe 11: Die beiden *Trichia*-Arten und *Arianta arbustorum alpicola* herrschen vor; stärker beteiligt sind auch *Pupilla muscorum*, *Clausilia dubia* und *Succinella oblonga* + f. *elongata*. Dadurch ist eine stärkere Feuchtigkeitsbetonung und damit eine bessere Entwicklung von Kraut- und Hochstaudenvegetation gegeben. Klimacharakter: feucht, kühl.
Der Aufschluß dokumentiert demnach einen kühlen bis kalten, mäßig feuchten Klimaabschnitt (tiefster Löß), der allmählich in eine trocken-kühle bis kalte Phase

übergeht (von der Unterkante der untersten bis zur Unterkante der mittleren Verlehmungszone). Im Bereich der Kulturschicht ist wieder mäßig feuchtes und kühles Klima anzunehmen, das an der Unterkante der obersten Verlehmungszone offenbar in eine günstigere Phase überleitet. Der oberste Lößbereich dokumentiert wieder eine kühle Phase mit einer Feuchtigkeitsoszillation von trocken über mäßig feucht zu feucht.

Aufbewahrung: Inst. Paläont. Univ. Wien, Privatsammlung F. Brandtner, Gars am Kamp.

Rezente Sozietäten: Vergleichsdaten aus KLEMM (1974): Senftenberg (1) und Ruine Senftenberg (2), sowie REISCHÜTZ (1986): Ruine Senftenberg (3).
Truncatellina cylindrica (1), *Vallonia costata* (1), *Vallonia pulchella* (1), *Vallonia excentrica* (1), *Zebrina detrita* (2), *Balea biplicata* (1, 2), *Deroceras reticulatum* (3), *Arion distinctus* (3), *Monachoides incarnatus* (1, 2), *Xerolenta obvia* (1), *Helicodonta obvoluta* (1, 2), *Isognomostoma isognomostomos* (1), *Cepaea vindobonensis* (1), *Helix pomatia* (1, 2). Die Fundmeldung von Senftenberg '*Pomatias elegans*' (KLEMM 1974) als rezente Faunenkomponente konnte bis dato nicht verifiziert werden. - Gesamt: 14.
Diese Artenliste ist sicher nicht vollständig, zeigt aber gut die gegenwärtigen Verhältnisse an: Kulturland (*Deroceras reticulatum*, *Arion distinctus*, *Xerolenta obvia*), Weinbergterrassen (*Zebrina detrita*, *Helix pomatia*), Trockenbusch (*Truncatellina cylindrica*, *Vallonia costata*, *Cepaea vindobonensis*), spaltenreiches Gestein im Ruinenbereich (*Balea biplicata*) und - vor allem in der weiteren Umgebung - schattige, mehr feuchte Standorte (Waldindikatoren: *Isognomostoma isognomostomos*, *Monachoides incarnatus*).

Literatur:

BINDER, H. 1977. Bemerkenswerte Molluskenfaunen aus dem Pliozän und Pleistozän von Niederösterreich. - Beitr. Paläont. Österr., **3**: 1-49, 14 Taf., Wien.
FELGENHAUER, F., FINK, J. & de VRIES, H. 1959. Studien zur absoluten und relativen Chronologie der fossilen Böden in Österreich. - Arch. Austriaca, **25**: 35-73, Wien.
FINK, J. 1962. Die Gliederung des Jungpleistozäns in Österreich. - Mitt. Geol. Ges. Wien, **54**(1961): 1-25, 1 Taf., Wien.
FRANK, C. & RABEDER, G. 1994. Neue ökologische Daten aus dem Lößprofil von Willendorf in der Wachau. - Archäol. Österr., **5**(2): 59-65, Wien.
HAMPL, F. 1950. Das Aurignacien aus Senftenberg im Kremstal, Niederösterreich. - Arch. Austriaca, **5**: 80 pp, Wien.
KLEMM, W. 1974. Die Verbreitung der rezenten Land-Gehäuse-Schnecken in Österreich. - Denkschr. Österr. Akad. Wiss., **117**: 503 pp, Springer-Verl, Wien/New York.
NEUGEBAUER-MARESCH, Ch. 1993. Altsteinzeit im Osten Österreichs. - Wiss. Schriftenr. Niederösterr., **95/96/97**, St. Pölten.
PAPP, A. 1955. Molluskenfaunen aus Senftenberg. - 2 unveröffentlichte Manuskriptblätter, Inst. für Paläontologie d. Univ. Wien.
REISCHÜTZ, P. L. 1986. Die Verbreitung der Nacktschnecken Österreichs (Arionidae, Milacidae, Limacidae, Agriolimacidae, Boettgerillidae). - Sitzungsber. Österr. Akad. Wiss., Math.-naturwiss. Kl., Abt. I, **195**(1/5): 67-190, Springer-Verl., Wien/New York.
VOGEL, J. C. & ZAGWIJN, W. H. 1967. Groningen Radiocarbon Dates VI. - Radiocarbon, **9**: 63-106.

Stratzing/Krems-Rehberg

Marion Niederhuber

Jungpaläolithische Freilandstation (Aurignacien)
Kürzel: Sz

Gemeinden: Stratzing und Krems-Rehberg
Polit. Bezirk : Krems an der Donau (Land), Niederösterreich
ÖK 50-Blattnr.: 38, Krems an der Donau
15°36'11" E (RW: 29mm)
48°26'31" N (HW: 425mm)
Seehöhe ca.: 374m

Lage: An der Gemeindegrenze von Stratzing (nördlich) und Krems-Rehberg (südlich) liegt ca. 4km nördlich der Donau der Galgenberg (374m Seehöhe) (siehe Krems-Schießstätte, FRANK & RABEDER, dieser Band). Die Fundstelle bildet ein Bindeglied zwischen den Fundplätzen des Krems- und Kamptales (NEUGEBAUER-MARESCH 1993a und 1996).
Geologie: Tertiäre Schotter mit im Norden und Osten aufgelagerter, mächtiger Löß-Sedimentation.

Fundstellenbeschreibung: Abbildung 1 zeigt einen Überblick über die Grabungskampagnen des Bundesdenkmalamtes der Jahre 1985 bis 1994, in denen mehr als 1000m^2 der Erhebung untersucht wurden (NEUGEBAUER-MARESCH 1996). Die malakologischen Funde stammen einerseits aus zwei Profilen in der ehemaligen Ziegelei, heute ein Tennisplatz und Ausgangspunkt des Eiszeitwanderweges. Diese Profile wurden 1994 unter der Leitung von S. Verginis (Inst. für Geographie d. Univ. Wien) für sedimentologische Untersuchungen (unpubl.) angefertigt und im Abstand von 25cm beprobt. Profil I (6m Gesamthöhe) ergab insgesamt 25 Proben, Profil II (4m Gesamthöhe) 16 Proben. Andererseits wurden Proben aus der Grabungskampagne von 1989/Galgenberg/Krems-Rehberg/Parzelle 344/ obere Kulturschicht (entspricht der Hauptkulturschicht) auf Molluskenreste untersucht (vgl. ebenfalls Abb. 1).

Forschungsgeschichte: Entdeckt wurde die Fundstelle 1941 von E. Weinfurter (WEINFURTER 1950), der im nördlich am Galgenberg nach Westen vorbeiführenden Hohlweg Holzkohle, Knochenreste und Hornsteinartefakte barg. Er erkannte die Funde schon als dem Aurignacien zugehörig. Im Zuge des Baus eines Hochbehälters der Kremser Wasserwerke, sowie der Arbeiten am Ausbau der Schnellstraße S 33 wurde im Sommer 1985 J. W. Neugebauer (Abteilung für Bodendenkmale des Bundesdenkmalamtes) von einem Baggerfahrer von der Fundstelle verständigt. Noch im Herbst desselben Jahres fand eine erste Rettungsgrabung statt (Ch. und J. W. NEUGEBAUER 1985/86).

In den Jahren 1986-1994 wurden im Auftrag des Bundesdenkmalamtes unter der Leitung von Ch. Neugebauer-Maresch weiter Grabungskampagnen durchgeführt (NEUGEBAUER -MARESCH 1995).
1988 gelang der Fund der bis jetzt ältesten, aus Stein gefertigten, menschlichen Plastik (ca. 30.000 v. Chr., NEUGEBAUER-MARESCH 1989).
Die letzte Grabung erfolgte im Sommer 1997, wieder unter der Leitung von Ch. Neugebauer-Maresch (unpubl.).

Fundsituation: Die Hauptkulturschichte konnte auf Parzelle 344, der fundreichsten bisher, und 345/Krems-Rehberg (Grabungen 1988-91 und 1992-93, siehe Abb.2) in situ nachgewiesen werden. Nach Westen, Süden und Osten verschwindet sie durch Erosion und Pflugtätigkeit. Verziegelungen von Feuerstellen deuten aber darauf hin, daß der Siedlungsplatz gegen Südwesten noch größer gewesen sein muß.
Die Grabungen der Jahre 1985, 1986 und 1994 auf dem Gebiet der Gemeinde Stratzing (siehe Abb. 1) ergaben eine untere und obere Fundschicht und lassen eine mehr oder weniger starke Bewegungen der Sedimente nach Nordosten erkennen. Die Grabung von 1987 (Abb. 1) lieferte neben den beiden fundführenden Schichten, wie 1985 und 86, von denen aber die untere nicht in situ vorlag und die obere nur gering verfärbt war, noch Beckenknochen eines Wollhaarnashorns mit Kreuzbein und Lendenwirbel im ursprünglichen Sehnenverband (alle Angaben nach NEUGEBAUER-MARESCH 1996).
Sedimentologische sowie bodenkundliche Untersuchungen stammen aus Profilaufnahmen im Rahmen der Grabungskampagnen der Jahre 1985, 1986. 1988 und 1989 wurden unter der Leitung von S. Verginis im Physio-Geographischen Laboratorium des Institutes für Geographie der Universität Wien weitere Analysen vorgenommen (siehe VERGINIS 1993a und 1993b).

Fauna:

Vertebrata: Die meist schlecht erhaltenen Wirbeltierreste wurden noch nicht bearbeitet. Eine vorläufige Faunenliste enthält (det. G. Rabeder, siehe NEUGEBAUER-MARESCH 1993b):
Megaloceros giganteus
Rangifer tarandus
Equus ferus-Gruppe
Coelodonta antiquitatis
Mammuthus primigenius

Mollusca

Tabelle 1. Molluskenfauna der Sedimente sowie der rezenten Vergleichsprobe.
1...Proben 1-10/Profil I; 2...Proben 11-16/Profil I und Proben 1-7 (Grabung 1989/Galgenberg/Krems-Rehberg/Parz. 344); 3...Proben 17-24/Profil I und Proben 1-4/Profil II (Paläoboden); 4...Proben 5-16 Profil II;

Art	rez.	1	2	3	4	Ökologie	Verbreitung
Hippeutis complanatus	-	-	-	+	-	L	paläarktisch
Cochlicopa sp.	-	+	-	+	+	(HM)	-
Cochlicopa lubricella	+	-	-	-	-	X(Sf)	holarktisch
Columella columella	-	-	+	-	-	O(Of)	arktisch-alpin
Truncatellina cylindrica	+	+	-	+	+	O(X)	(süd-) europäisch
Vertigo pygmaea	-	-	-	-	+	O	holarktisch
Vertigo parcedentata	-	-	-	-	+	O	nordeuropäisch
Granaria frumentum	+	+	+	+	+	S(Sf)	nord- und südalpin, mittel- und osteuropäisch
Sphyradium doliolum	-	-	+	+	+	W	süd- und südosteuropäisch
Pupilla muscorum	-	-	+	+	+	O	holarktisch
Pupilla muscorum densegyrata	-	-	+	-	+	O	Löß Mitteleuropas
Pupilla bigranata	+	-	+	+	+	XS	westeuropäisch
Pupilla triplicata	-	-	+	+	+	S(Sf)	alpin, südosteuropäisch
Pupilla sterrii	+	+	+	+	+	S(Sf)	mittel- und südeuropäisch, asiatisch
Pupilla loessica	-	-	+	-	+	O	Löß Mitteleuropas
Vallonia costata	-	-	+	+	+	O(Ws)	holarktisch
Vallonia tenuilabris	-	-	+	-	+	O	nordasiatisch, Löß (England bis Ukraine)
Vallonia pulchella	+	+	-	+	-	O(H)	holarktisch
Vallonia excentrica	-	-	-	+	-	O(X)	holarktisch
Acanthinula aculeata	+	-	-	-	-	W	westpaläarktisch
Ena montana	-	-	+	+	+	W	alpin-mitteleuropäisch-karpatisch
Chondrula tridens	-	+	+	+	+	SX	mittel-, ost- und südosteuropäisch
Zebrina detrita	+	-	-	-	-	S	südosteuropäisch
cf. *Cochlodina laminata*	-	-	-	+	-	W	europäisch
Ruthenica filograna	-	-	-	+	+	W	ost-mitteleuropäisch
cf. *Macrogastra* sp. oder *Clausilia* sp.	-	-	-	-	+	Wf	-

Art	rez.	1	2	3	4	Ökologie	Verbreitung
cf. *Clausilia rugosa parvula* oder *Neostyriaca corynodes*	-	-	-	+	+	Mf; Wf	mitteleuropäisch; nordostalpin-endemisch
Clausilia dubia	-	+	+	+	+	Wf	mitteleuropäisch
Clausilia sp. oder *Neostyriaca corynodes*	-	-	-	+	-	Wf	- Endemit der Ostalpen
Neostyriaca corynodes austro-loessica	-	-	-	+	+	Wf	ober- und niederösterreichischer Donaulöß
Balea biplicata	+	-	-	+	+	W(M)	mitteleuropäisch
Balea sp.	-	-	-	+	+	W(M)	-
Succinella oblonga	-	+	+	+	-	M(X)	europäisch, westasiatisch
Cecilioides acicula	+	+	+	-	-	Ot(S)	mediterran, mittel- und westeuropäisch
Discus rotundatus	-	-	-	+	-	W(M)	west- und mitteleuropäisch
Discus perspectivus	-	-	-	-	+	W(H)	dinarisch-karpatisch-ostalpin
Discus ruderatus	-	-	-	+	-	W	paläarktisch
Euconulus fulvus	-	-	+	-	-	W(M)	holarktisch
Euconulus alderi	-	-	+	-	+	P	westpaläarktisch
Semilimax kotulae	-	-	+	-	-	W	alpin-karpatisch-sudetisch
Vitrina pellucida	+	-	-	-	-	M	holarktisch
Vitrea crystallina	-	-	-	-	+	W(M)	europäisch
Aegopis verticillus	-	-	+	+	+	W	ostalpin-dinarisch
Aegopinella sp. cf. *nitens*	-	-	-	+	-	W	alpin-mitteleuropäisch
Aegopinella sp. cf. *nitens* oder *minor*	+	-	-	+	-	W	alpin-mitteleuropäisch bzw. südost- und mitteleuropäisch
Aegopinella sp. cf. *ressmanni*	-	-	-	-	+	W(Wh)	südost- und ostalpin
Aegopinella sp.	+	+	-	+	+	W	-
cf. *Aegopinella* sp. oder cf. *Oxychilus* sp.	-	-	-	-	+		-
Perpolita hammonis	-	-	+	+	+	W(M)	westpaläarktisch
Oxychilus inopinatus	-	-	+	-	-	Ot(S)	subkarpatisch-balkanisch
cf. Milacidae	-	-	-	+	-	Ws(Of) bis M	-
Limax sp.	-	-	-	+	-	W(M)	-
Deroceras sp. cf. *laeve* oder *sturanyi*	-	-	+	+	-	P, M(P)	holarktisch; mediterran-mitteleuropäisch
Deroceras sp. cf. *reticulatum*	-	-	-	+	-	M	europäisch
Deroceras sp.	-	-	+	+	+	M	-
Fruticicola fruticum	-	+	+	+	+	W(M)	(mittel-) europäisch, westasiatisch
Trichia hispida	-	+	+	+	+	M	europäisch
cf. *Trichia hispida* oder *Helicopsis striata*	-	-	+	-	-	S(M)	-
Petasina unidentata	-	-	+	+	+	W(H)	ostalpin-karpatisch
Helicopsis striata	-	+	+	+	+	S(X)	(west-) mitteleuropäisch
Monachoides incarnatus	-	-	-	+	+	W	mittel- und südosteuropäisch
Xerolenta obvia	+	+	+	-	-	S(X)	südost- und mitteleuropäisch
Perforatella bidentata	-	-	-	+	+	Wh	osteuropäisch
Euomphalia strigella	+	+	+	+	+	Ws(S)	ost- und mitteleuropäisch
cf. *Helicodonta obvoluta*	-	-	-	+	-	W	süd- und mitteleuropäisch
Arianta arbustorum	-	+	-	+	+	W(M)	alpin, mittel- und nordwesteuropäisch
Helicigona lapicida	-	-	-	+	+	W(Wf)	west- und mitteleuropäisch
Isognomostoma isognomostomos	-	-	-	+	+	W	alpin-karpatisch-sudetisch
Causa holosericea	-	+	-	+	-	W	alpin-westkarpatisch-sudetisch
Cepaea hortensis	-	+	-	+	-	W(M)	west- und mitteleuropäisch
Cepaea vindobonensis	+	+	-	-	-	S(Ws)	ost- und südosteuropäisch-pontisch
Helix pomatia	+		-	-	-	W, Ws(M)	mittel- und südosteuropäisch
Helix pomatia-Epiphragmafragmente	-	+	-	-	-	W, Ws(M)	mittel- und südosteuropäisch
Schneckeneier	-	-	+	-	-	-	-

Anm.: Die systematische Reihenfolge der Arten, die Zuordnung der ökologischen Kurzkennzeichnungen sowie der Verbreitungen erfolgte nach FRANK 1986, 1991,1992 und 1996, FRANK & RABEDER 1994, FRANK & PAPP 1996 und KERNEY & al. 1983. Es wurden für diese Tabelle, bis auf wenige Ausnahmen, nur sicher bestimmbare Arten berücksichtigt.

Erklärung der ökologischen Kurzkennzeichnungen: W...Wald; Wf...Wald mit felsigem Charakter; Wh...Wald mit feuchter Tendenz; Ws...Wald mit trockenen Standorten bis 'Waldsteppe'; S...trockene, meist gehölzfreie Standorte; Sf...trockene Standorte mit felsigem Charakter; X...xerotherme Standorte allgemein; O...offene, gehölzfreie Standorte, allgemein; Of...offene Standorte mit felsigem Charakter; Ot...Subterran in offenen Standorten; M...mittelfeuchte Standorte, euryöke Arten; H...feuchte Standorte, allgemein; P...nasse Standorte, allgemein; L...stehende Gewässer, allgemein.

Für die malakologische Untersuchung wurden 41 Substratproben aus den Profilen I und II/Stratzing/ Tennisplatz sowie sieben Substratproben aus der oberen Kulturschicht (Grabung 1989/Galgenberg/Krems-Rehberg/Parz. 344) verwendet. Aufgrund der festgestellten Faunen können vier Abschnitte beschrieben werden (Abb.3 und Tab.1).

Abschnitt 1 (Proben 1-10/Profil I/Stratzing/Tennisplatz/ 1994) ist durch wenig ergiebige bis molluskenfreie Proben gekennzeichnet. Es können keinerlei Rückschlüsse auf Lebensraum oder Umweltbedingungen gezogen werden.

Die Molluskenfauna des zweiten Abschnitts (Proben 11-16 Profil I/Stratzing/Tennisplatz/1994 und Proben 1-7 Grabung 1989/Galgenberg/Krems-Rehberg/Parz. 344) zeichnet sich durch einen hohen Anteil von Bewohnern des Offenlandes und der Steppen aus. Arten wie *Vallonia tenuilabris*, *Pupilla muscorum* oder *Helicopsis striata*, stehen für einen Lebensraum von Gras und Krautheiden. Arten wie *Clausilia dubia* und *Trichia hispida* sprechen für eine Landschaft, die einzelne Busch- und Baumgruppen geprägt haben dürften.

Auf das Vorhandensein von nassen bis sehr feuchten Standorten deutet *Euconulus alderi* hin, der in zwei Proben gefunden wurde. Auf keinen Fall handelt es sich um die typische Löß-Steppe, mit ihren artenarmen, individuenreichen Faunen. Die 7 Proben aus der Grabung 1989 zeigen einen insgesamt leichten Überhang im Anteil von Offenland- und Steppenbewohnern gegenüber den Waldarten. Individuenmäßig stellen aber die Offenland- und Steppenbewohner den weitaus höheren Anteil dieser Population, mit Arten wie *Pupilla triplicata* und *Vallonia tenuilabris.* Bei den Waldarten hingegen dominieren eher die anspruchsloseren, wie *Clausilia dubia* oder *Euomphalia strigella.*

Abschnitt 3 (Proben 17-24 Profil I und Proben 1-4 Profil II/Stratzing/Tennisplatz/1994) zeichnet sich durch einen hohen Anteil von waldanzeigenden Arten, wie *Aegopis verticillus* und *Ruthenica filograna*, mit großer Diversität aus. Die starke Korrosion an den Schalenfragmenten deutet auf Bodenversauerung hin, und läßt an ein zusätzliches Vorkommen von Coniferen denken. Dennoch darf man die relativ hohen Anteile der Offenland- und Steppenbewohner nicht übersehen! Arten wie *Chondrula tridens* oder *Granaria frumentum* zeigen, daß auch größere offene bis halboffene Flächen im gut ausgebildeten Wald vorhanden waren.

Die Fauna des vierten Abschnittes (Proben 5-16 Profil II/Stratzing/Tennisplatz/1994) unterscheidet sich nicht wesentlich von der des dritten. Wieder besteht neben dem hohen Anteil der Waldbewohner ein nicht minder hoher Anteil an Bewohnern des Offenlandes und der Steppen.

<u>Paläobotanik:</u> Es wurden 602 Holzkohlepartikel aus 23 Proben von den Feuerstellen des Siedlungsplatzes auf Holzarten bestimmt.

Zwei Arten wurden festgestellt: *Larix decidua* Mill. dominiert mit 86% vor *Pinus* sp. mit 14 %. Es handelt sich in hohem Maße um Holzkohlen mit extrem schmalen Jahresringen. Außerdem ist relativ viel Druckholz vorhanden und die Jahresringe sind häufig gekrümmt. Alle diese Eigenschaften sprechen für Astholz. Der Umstand, daß nur zwei Arten festgestellt werden konnten, ist hier eher durch die selektive Auswahl des Menschen zu begründen. Der gute Erhaltungszustand der Holzkohlen hätte auch die Erhaltung von anderen Holzarten ermöglicht (alle Angaben nach W. H. Schoch aus NEUGEBAUER-MARESCH 1993a).

<u>Archäologie:</u> Bedeutendster Fund ist eine Statuette aus Amphibolitschiefer in Relieftechnik; weiters Abschläge und Klingen mit geringen Retuschen, Stichel, Kratzer, Schaber, Spitzklingen, Endretuschen und Bohrer, unretuschierte Abschläge und Absplisse. Bis jetzt konnten 12 Feuerstellen in unterschiedlicher Erhaltung festgestellt werden. Als andere Fundgattungen wären noch *Dentalium*röhrchen, die zu Schmuckzwecken verwendet wurden, sowie Rötel- und Graphitreste und geringe Lehmstückchen zu nennen (nach NEUGEBAUER-MARESCH 1993a).

<u>Chronologie:</u> Aus den zahlreichen Holzkohlefunden, die in den Jahren 1985 bis 1989 gemacht wurden, konnten 12 Radiokarbondaten ermittelt werden (Tab. 2 und Abb. 3), wobei aber erwähnt werden muß, daß lediglich die Proben 2-5 und 11 in Zusammenhang mit einer Feuerstellensituation zu bringen sind. Alle anderen Proben wurden aus Anreicherungsstellen entnommen. Für die jüngsten Proben aus der obersten Fundschicht liegen Daten von 28.210 und 29.260 a BP vor. Für die Fundschicht 2, die Hauptkulturschicht, liegen Daten aus Hanglage (von 28.400 bis 31.190 a BP) und aus in situ Bereichen (29.950 - 31.790 a BP) vor. Der älteste Wert mit >32.640 a BP stammt aus dem Paläoboden unter Fundschicht 3 (vgl. NEUGEBAUER-MARESCH 1996).

Aufgrund der archäologischen Funde ist die Fundstelle dem Aurignacien zuzuordnen (NEUGEBAUER-MARESCH 1993b). Mittels dieser ^{14}C-Daten ist es auch möglich, die Molluskenfunde in einen zeitlichen Rahmen zu stellen (Abb.2), da die Proben aus der oberen Kulturschicht/Grabung1989/Galgenberg/Krems-Rehberg/Parzelle 344 der Hauptkulturschicht zuzuordnen sind. Weiters kann auch für die Molluskenfaunen aus Abschnitt 3 und 4 ein Alter von >32.640 a BP angegeben werden.

Tabelle 2. Radiocarbondaten von Holzkohlenproben des Galgenberges (1-12). Zur Lage siehe Abb.3 (aus NEUGEBAUER-MARESCH 1996).

Nr.	Labornummer	14C BP	Fundjahr	Fundnr.	Quadrant/Tiefe	Arch. Situation
zu Schicht 3 gehörig?: Probe aus wechselfeuchter Phase Obergrenze Paläoboden:						
1	ETH-6026	>32.640 ±330	1987	207	Suchschnitt 2	keine
Schicht 2: Hauptkulturschicht in situ-Bereiche:						
2	ETH-6023	29.950 ±370	1989	470	S49/Pl.5-6	Feuerstellennähe
3	ETH-6024	31.450 ±440	1989	729	U49/Pl.8	Feuerstelle
4	ETH-6025	31.230 ±430	1989	728	U48/Pl.8	Feuerstelle
5	GrN-16135	31.790 ±280	1988	301	R/S4	um Statuette
Schicht 2: Hauptkulturschicht in Hanglage:						
6	GrN-15641	30.670 ±600	1985	52	O19	Funde
7	GrN-15642	31.190 ±390	1985	18	MN21	Funde
8	GrN-15643	29.200 ±1100	1985	70	Q18	Funde
9	KN-3941	28.400 ±700	1985	17	W-Profil Baugrube	Funde
10	KN-3942	29.900 ±600	1986	168	L4	Funde
Schicht 1: oberste Fundschicht in Hanglage:						
11	KN-4140	29.260 ±460	1985	45	N23	Feuerstellenreste?
12	KN-4141	28.210 ±500	1986	99	G6	Funde

Index: ETH = AMS-Daten, Zürich; GrN = konventionelle Daten, Groningen; KN = Köln

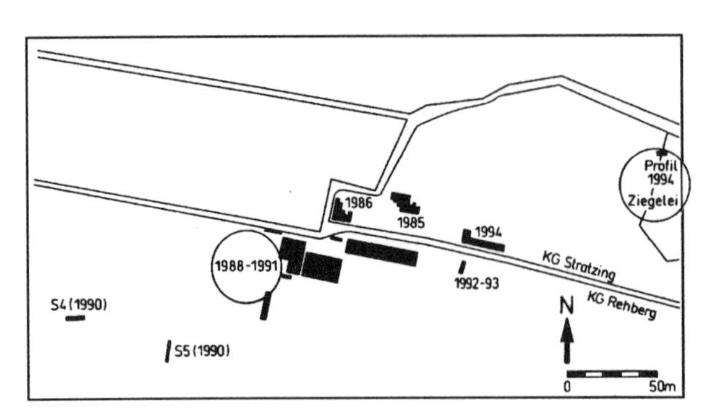

Abb. 1: Parzellenplan des Galgenberges mit den Grabungsflächen der Jahre 1985-1994 und den Entnahmestellen der Molluskenproben (Kreise) (nach NEUGEBAUER-MARESCH 1996, verändert).

Klimageschichte: Für Abschnitt 1 ist keine Interpretation möglich, denn die Proben sind zum Teil molluskenfrei beziehungsweise enthalten nur schlecht erhaltene Fragmente von oft nur einer Art.

Abschnitt 2 läßt sich als gemäßigt kühl bis mittelfeucht beschreiben. Gras- und Krautheiden mit einzelnen Busch- oder Baumgruppen sind vorstellbar. Es liegt auf keinen Fall ein Klimaextrem vor.

Abschnitt 3 läßt auf einen gut ausgebildeten Wald, durchsetzt mit offenem bis halboffenem Gelände, schließen, rezent vergleichbar der nördlich randalpinen Lage (collin bis submontan bei etwa 300-700 Höhenmetern). Auch hier kann man nicht von einem Klimaextrem sprechen.

Abschnitt 4 läßt sich nur schwer interpretieren. Die faunistischen Verhältnisse ähneln denen in Abschnitt 3, doch liegt als Sediment ein gut ausgebildeter Löß vor, der eigentlich für ein kühl bis kaltes Klima spricht. Eine weitere Abklärung der malakologischen Verhältnisse für diesen Abschnitt scheint nötig zu sein.

Rezente Sozietäten: Die rezente Molluskenfauna des Galgenbergs (Tab. 1) läßt einen hohen Anteil an Offenland- und Steppenbewohnern erkennen, auch sind Trockenheitsanzeiger zu finden. Interessant ist aber der nicht zu übersehende Anteil an Waldbewohnern, die, in dieser von Landwirtschaft und Gebüschen geprägten Landschaft, als Reliktpopulationen anzusehen ist. Was nicht verwundert, wenn man bedenkt, daß sich südwestlich des Galgenberges ein Eichen-Hainbuchen-Restwald befindet, der aber durch Aufforstungen heute überwiegend mit Nadelbäumen durchsetzt ist (KASPEROWSKI 1985).

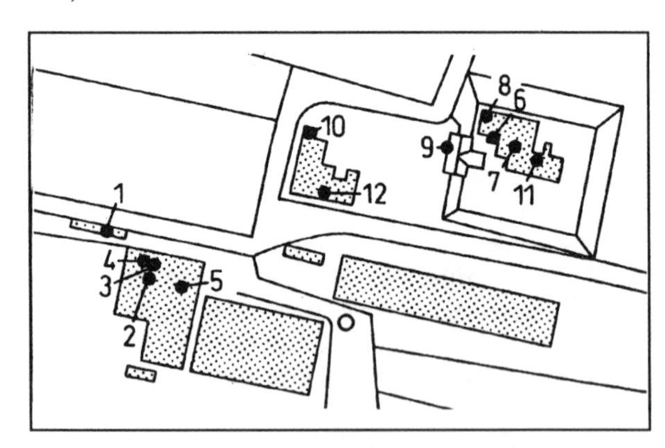

Abb. 3: Skizze der Probenentnahmen 1-12 für die ^{14}C-Daten (siehe Tab. 2) aus den Grabungen am Galgenberg (aus NEUGEBAUER-MARESCH 1996, verändert)

Aufbewahrung: Die Mollusken werden am Institut für Paläontologie der Universität Wien aufbewahrt, die archäologischen Funde im Naturhistorischen Museum Wien.

Literatur:

FRANK, C. 1986. Die Molluskenfauna des Kamptales. Eine Gebietsmonographie. - Studien und Forschungen aus dem niederösterreichischen Institut für Landeskunde **9**, Wien.

FRANK, C. 1991. Pleistozäne und holozäne Molluskenfaunen aus Stillfried an der March: Ein Beitrag zur Ausgrabungsgeschichte von Stillfried und des Buhuberges nördlich von Stillfried. - Wiss. Mitt. Niederösterr. Landesmus. 7: 7 ff., Wien.

FRANK, C. 1992. Malakologisches aus dem Ostalpenraum. - Linzer biol. Beitr. **24/2**: 383 ff., Linz.

FRANK, C. 1996 Malakologisches aus dem Alpenraum (II) unter besonderer Berücksichtigung südlicher Gebiete 1992-1995. - Linzer biol. Beitr. **28/1**: 75 ff., Linz.

FRANK, C. & RABEDER, G. 1994. Neue ökologische Daten aus dem Lößprofil von Willendorf in der Wachau. - Arch. Österr. **5/2**: 59 ff., Wien.

KASPEROWSKI, E. 1985. Landschaftsökologische Planung für die Stadtgemeinde Krems. - ÖBI für Gesundheitswesen, Wien.

KERNEY, M. P., CAMERON, R. A. D. & JUNGBLUTH, J. H. 1983. Die Landschnecken Nord- und Mitteleuropas. Paul Parey Vlg., Hamburg und Berlin.

NEUGEBAUER, Ch. & J. W. 1985. Stratzing. - Fundberichte aus Österreich **24/25**: 205 ff., Wien.

NEUGEBAUER- MARESCH, Ch.1989. Zum Neufund einer weiblichen Statuette bei den Rettungsgrabungen an der Aurignacien-Station Stratzing/Krems-Rehberg, Niederösterreich. - Germania **67/2**: 551 ff., Mainz.

NEUGEBAUER-MARESCH, Ch. 1993a. Zur altsteinzeitlichen Besiedlungsgeschichte des Galgenberges von Stratzing/Krems-Rehberg. - Arch. Österr. **4/1**: 10 ff., Wien.

NEUGEBAUER- MARESCH, Ch. 1993b. Altsteinzeit im Osten Österreichs. - Wissenschaftl. Schriftenreihe Niederösterreich, **95/96/97**: 57ff., St. Pölten.

NEUGEBAUER-MARESCH, Ch. 1996. Zu Stratigraphie und Datierung der Aurignacienstation am Galgenberg - In: SVOBODA, Jiri (ed.): Paleolithic in the Middle Danube Region. - Archeologicky ustav AV: 67 ff., Brno.

SCHOCH, W. H. 1993. Anhang 1 Bemerkungen zu den Holzkohle-Analysen. - In: NEUGEBAUER-MARESCH Ch. 1993a: Zur altsteinzeitlichen Besiedlungsgeschichte des Galgenberges von Stratzing/Krems-Rehberg. Arch. Österr. **4/1**: 20 ff., Wien.

VERGINIS, S. 1993a. Lößakkumulation und Paläoböden als Klimaindikatoren für Klimaschwankungen während des Paläolithikums (Pleistozän). - In: NEUGEBAUER- MARESCH, Ch. 1993b. Altsteinzeit im Osten Österreichs. Wissenschaftl. Schriftenreihe Niederösterreich, **95/96/97**: 13 ff., St. Pölten.

VERGINIS, S. 1993b. Anhang 2 Erläuterungen zu den sedimentologischen-bodenkundlichen Untersuchungen der Grabungsstelle Stratzing/Krems-Rehberg, NÖ. - In: NEUGEBAUER-MARESCH Ch. 1993a: Zur altsteinzeitlichen Besiedlungsgeschichte des Galgenberges von Stratzing/Krems-Rehberg. Arch. Österr. **4/1**: 21 ff., Wien.

WEINFURTER, E. 1950. Zwei neue Aurignacien-Fundstellen aus Niederösterreich. - Arch. Austr. **5/2**: 97 ff., Wien.

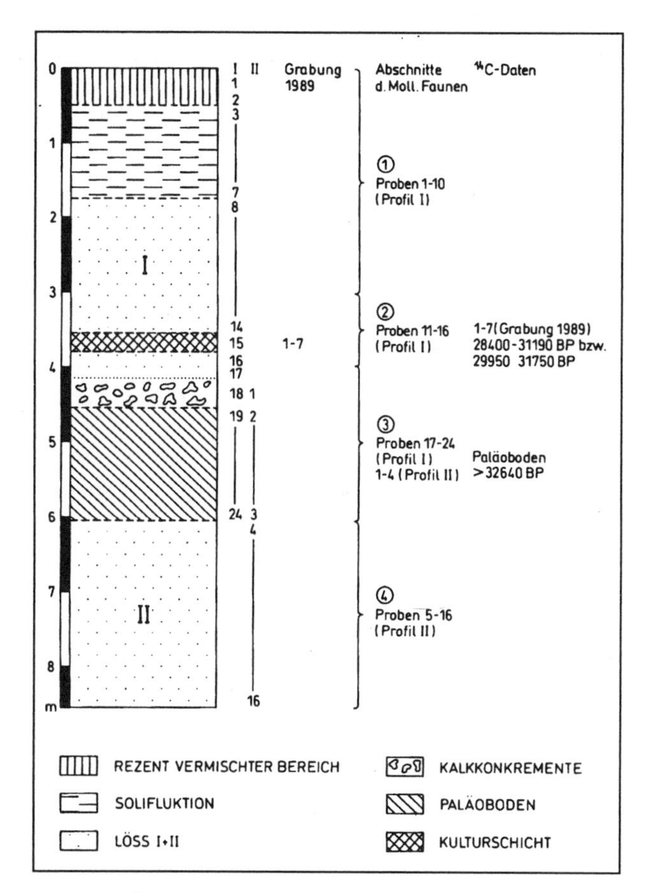

Abb. 2: Übersicht über die stratigraphische Position der Molluskenproben, mit Schwerpunkt auf den Profilen I und II/Stratzing/Tennisplatz/1994, in Bezug auf sedimentologische, archäologische und ^{14}C-Daten. Skizze nach einem Photo der Autorin, sedimentologische Angaben nach mündlicher Mitteilung von S. Verginis (Inst. für Geographie Univ. Wien), archäologische und ^{14}C-Daten nach NEUGEBAUER-MARESCH 1996.

Teufelslucke bei Eggenburg

Gernot Rabeder

Jungpleistozäne Hyänenhöhle, im Spätglazial und Holozän von Eulen und Füchsen bewohnt

Synonyme: Fuchsenlucke, Fuchsloch, TL

Gemeinde: Röschitz
Polit. Bezirk: Horn, Niederösterreich
ÖK 50-Blattnr.: 22, Hollabrunn
15° 51' 21" E (RW: 33mm)
48° 40' 20" N (HW: 382mm)
Seehöhe: 314m
Österr. Höhlenkatasternr.: 6846/3
Die Höhle wurde mit dem NÖ Höhlenschutzgesetz vom 22. Oktober 1982 (BGBl. 114/82) zur besonders geschützten Höhle erklärt (HARTMANN 1990).

Lage: NE von Eggenburg, im N-Hang des Königsberges bei Roggendorf, siehe Lageplan des Gänsgrabens (NAGEL & RABEDER, dieser Band).

Zugang: Vom östlichen Ortsende von Roggendorf auf einem Fahrweg ansteigend durch Weingärten bis zum Waldrand. Auf einer Wiese nach links (Westen) und auf einem Steiglein steil hinab zur Höhle (1/4 St.).

Geologie: Über Gneisen und Graniten der Böhmischen Masse liegen transgressiv marine Sande und Sandsteine des Eggenburgiums (Unter-Miozän). Die Höhlenräume entstanden durch die erosive Ausräumung der basalen, weicheren Gauderndorfer Sande, während die Höhlendecke von den zu Sandsteinen verhärteten Eggenburger Schichten gebildet wird.

Fundstellenbeschreibung: Die 'Schichtgrenzenhöhle' entstand durch teilweise Wegführung der Lockersedimente zwischen Kristallin und Eggenburger Schichten. In ihrer heutigen Gestalt stellt die Höhle ein System verschiedener, örtlich zu grösseren Ausweitungen vereinigter Gänge dar, die teilweise kaum oder überhaupt nicht befahrbar sind. Die Raumhöhe bleibt stets gering. Die Gestaltung von Boden und Decke ist recht unregelmäßig und teilweise weitgehend unabhängig von der verschiedenen Gesteinsbeschaffenheit (EHRENBERG 1966).

Forschungsgeschichte (n. STIFFT-GOTTLIEB 1938 u. EHRENBERG 1966): Nach vielen Jahrzehnten der Raubgrabungen führte J. Krahuletz in den Jahren 1874 bis 1889 die ersten wissenschaftlichen Aufsammlungen und Grabungen durch. Weitere Aufsammlungen nach wissenschaftlichen Gesichtspunkten machte J. Höbarth (1926). Nach einer kurzen Grabung durch E. Frischauf erfolgte eine große Grabungskampagne unter der Leitung von A. Stifft-Gottlieb in den Jahren 1929 bis 1931. Kürzere Grabungen fanden auch nach dem 2. Weltkrieg statt: Durch F. BRANDTNER & F. ZABUSCH (1950) und BRANDTNER (1953), durch die urgeschichtliche Arbeitsgemeinschaft in der Anthropologischen Gesellschaft im Jahre 1952, durch K. Ehrenberg, F. Bachmayer, F. Berg und F. Steininger im Jahre 1958. Schließlich wurden in der Mitte der 70er Jahre durch G. Rabeder und F. Steininger aus dem Vorplatz der Höhle Sedimente entnommen und im Maigenbach geschlämmt. Die daraus gewonnen Mikrovertebraten haben die Faunenliste wesentlich erweitert.
Neben kurzen, hauptsächlich den prähistorischen Funden gewidmeten Mitteilungen durch BAYER (1927) und BRANDTNER & ZABUSCH (1950) sowie einem Vorbericht über die Säugetierfauna durch SICKENBERG (1933) liegt eine umfangreiche Monographie vor, die aus Kriegsgründen in zwei Teilen erscheinen mußte (EHRENBERG 1938-40, EHRENBERG 1966).

Sedimente und Fundsituation: Die Sedimente der Teufelslucke sind nicht nur durch die Raubgrabungen, sondern auch durch die Grabungstätigkeit von Säugetieren, besonders der Füchse, immer wieder gestört worden, sodaß es zu vielfachen Vermischungen der Fossilien gekommen ist. Nur an wenigen Stellen konnten wahrscheinlich ungestörte Profile ergraben werden, die nach Kernerknecht (EHRENBERG 1938-40) folgende Abfolge erkennen ließen:

1. erdig-humose Lage oder Eggenburger Sandstein-Verbruchmaterial
2. weiße, gelbbraune, grüne oder graue Quarzsande mit graubraunen Tonlagen, fossilführend; mit 1 bis 2 schwarzen Bändern (Mn- und Fe- Ausfällungen)
3. heller Quarzsand, fossilleer

Fauna: Da in den Faunenlisten eindeutig fossile Arten (Höhlenhyäne, Höhlenbär, Mammut, Lemminge usw.) mit wahrscheinlich rezenten Formen (z.B. Kaninchen, Hausmaus, Haushuhn) vereint sind, wurde versucht, die Wirbeltierreste nach der zeitlichen Verbreitung, dem Klimacharakter und dem Erhaltungszustand chronologisch zuzuordnen (EHRENBERG 1966, SOERGEL 1966 und WETTSTEIN-WESTERSHEIMB 1966). Wir folgen diesen Vorschlägen, wobei wir auch Erkenntnisse aus ähnlich gestörten Höhlensedimenten wie z.B. vom Nixlöch bei Losenstein-Ternberg, von der Gamssulzenhöhle und von der Mehlwurmhöhle hier einfließen lassen.

	Hochglazial	Spätglazial/ Früh-Holozän	rezent
Amphibia (det. K. Rauscher)			
Rana temporaria (Grasfrosch)	-	+	?
Aves (n. SOERGEL 1966)			
Anser anser (Graugans)	-	+	+
Anser fabalis (Saatgans)	-	+	-
Anser albifrons (Bläßgans)	-	+	-
Anser erythropus (Zwerggans)	-	+	-
Casarca cf. *ferruginea* (Rostgans)	-	++	-
Anas platyrhynchos (Stockente)	-	++	++
Anas acuta (Spießente)	-	+	+
Anas crecca (Krickente)	-	+	-
Anas querquedula (Knäkente)	-	+	-
Anas penelope (Pfeifente)	-	+	-
Anas falcata (Sichelente)	-	+	-
Aythya ferina (Tafelente)	-	+	-
Aythya nyroca (Moorente)	-	+	-
Mergus merganser (Gänsesäger)	-	+	-
Aegypius monachus (Mönchsgeier)	-	+	-
Aquila heliaca (Kaiseradler)	-	+	-
Buteo buteo (Mäusebussard)	-	-	+
Falco tinnunculus (Turmfalke)	-	+	-
Lagopus lagopus (Moorschneehuhn)	-	++	-

	Hochglazial	Spätglazial/ Früh-Holozän	rezent
Tetrao tetrix (Birkhuhn)	-	-	+
Tetrao urogallus (Auerhahn)	-	+	+
Perdix perdix (Rebhuhn)	-	++	++
Coturnix coturnix (Wachtel)	-	+	+
Gallus gallus f. domesticus (Huhn)	-	-	+
Grus grus (Kranich)	-	+	-
Crex crex (Wachtelkönig)	-	+	-
Fulica atra (Bläßhuhn)	-	+	-
Otis tarda (Großtrappe)	-	+	-
Vanellus vanellus (Kiebitz)	-	+	-
Charadrius hiaticula (Sandregenpfeifer)	-	+	-
Scolopax sp. (Schnepfen)	-	+	-
Numenius phaeopus (Regenbrachvogel)	-	+	-
Tringa hypoleucos (Flußuferläufer)	-	+	-
Columba oenas (Hohltaube)	-	+	+
Columba palumbus (Ringeltaube)	-	-	+
Cuculus canorus (Kuckuck)	-	+	-
Bubo bubo (Uhu)	-	+	-
Asio otus (Waldohreule)	-	+	-
Asio flammeus (Sumpfohreule)	-	+	-
Aegolius funereus (Rauhfußkauz)	-	+	-
Caprimulgus europaeus (Ziegenmelker)	-	-	+
Apus apus (Mauersegler)	-	-	+
Upupa epops (Wiedehopf)	-	-	+
Dendrocopos major (Buntspecht)	-	+	-
Hirundo rustica (Rauchschwalbe)	-	-	+
Prunella collaris (Alpenbraunelle)	-	-	+
Turdus pilaris (Wacholderdrossel)	-	+	-
Turdus torquatus (Ringdrossel)	-	+	-
Turdus merula (Amsel)	-	+	+
Turdus iliacus (Rotdrossel)	-	+	+
Turdus philomelos (Singdrossel)	-	-	+
Emberiza citrinella (Goldammer)	-	+	-
Fringilla montifringilla (Bergfink)	-	+	-
Coccothraustes coccothraustes (Kernbeißer)	-	+	-
Montifringilla nivalis (Schneefink)	-	+	-
Pica pica (Elster)	-	+	-
Nucifraga caryocatactes (Tannenhäher)	-	+	-
Corvus corone (Aaskrähe)	-	+	++
Corvus corax (Kolkrabe)	-	+	-
Mammalia (n. EHRENBERG 1966, rev.u. ergänzt v. G. Rabeder)			
Talpa europaea	-	+	+
Sorex cf. *araneus*	-	+	-
Erinaceus europaeus	-	+	-
Rhinolophus hipposideros	-	+	-
Lepus europaeus	-	+	-
Lepus timidus	-	+	-
Oryctolagus cuniculus	-	-	+
Ochotona pusilla	-	+	-
Citellus citelloides	-	+	-
Castor fiber	-	+	-
Glis glis	-	+	-
Allactaga jaculus	-	+	-
Mus musculus	-	+	+
Cricetus cricetus major	-	+	-
Dicrostonyx henseli	-	+	-
Clethrionomys glareolus	-	+	+

	Hochglazial	Spätglazial/ Früh-Holozän	rezent
Arvicola terrestris	-	+	-
Microtus arvalis	-	+	+
Microtus agrestis	-	+	+
Microtus oeconomus	-	+	-
Microtus gregalis	-	+	-
Microtus subterraneus	-	+	+
Canis lupus	+	+	-
Vulpes vulpes	-	+	+
Alopex lagopus	+	-	-
Gulo gulo	+	-	-
Meles meles	-	+	+
Mustela erminea	+	+	?
Mustela nivalis	+	+	?
Mustela eversmanni	+	+	?
Martes cf. *martes*	+	+	-
Martes sp.	+	+	-
Ursus spelaeus	++	-	-
Panthera spelaea	+	-	-
?*Lynx* sp.	+	-	-
Crocuta spelaea	+++	-	-
Equus hydruntinus	+	-	-
Equus cf. *"chosaricus"*	+	+	-
Coelodonta antiquitatis	++	-	-
Cervus elaphus	+	+	-
Megaloceros giganteus	+	-	-
Rangifer tarandus	+	+	-
Bison priscus	+	-	-
Mammuthus primigenius	+	-	-

Faunenbestand: Die Anhäufung so vieler Arten läßt sich auf drei Verursacher zurückführen:

1. Hyänenfraßreste: Hierher gehören alle Reste von großen Säugetieren, die durch die Höhlenhyäne in die Höhle gebracht wurden. Sie stammen von großen Pflanzenfressern wie Mammut, Nashorn, Bison, Riesenhirsch, Rentier, Rothirsch, Pferden aber auch von Raubtieren wie Wolf, Höhlenlöwe und der Hyäne selbst. Nur dem Höhlenbären kann man zubilligen, daß er in der Höhle im Winterschlaf verendet ist.
2. Eulengewölle: Die Masse der Mikrovertebratenreste stammt aus Gewöllen von Eulen, die in der Höhle genistet haben. Die Nahrung dieser Eulenarten bestand hauptsächlich aus Nagetieren wie Zieseln, Hamstern, Wühlmäusen und Amphibien, v.a. aus Fröschen. Auffallend ist das fast völlige Fehlen von Spitzmäusen, die besonders von Schleiereulen und Schneeulen gefressen werden. Es ist daher zu vermuten, daß die in der Höhle nachgewiesenen *Asio*-Arten die Hauptlieferanten der Gewölle waren. Die vielen Schneehuhnreste wurden wahrscheinlich vom Uhu in die Höhle eingebracht.
3. Fuchsbeute: Die große Zahl der Wasservogelarten, darunter auch Haustierformen, aber auch mittelgroße Säugetiere wie Hasen und Kaninchen waren wahrscheinlich Beutetiere der Füchse.

Paläobotanik: kein Befund.

Archäologie (n. BERG 1966): Von den insgesamt 18 gefundenen Steinartefakten sowie einer größeren Zahl von Absplissen ist die Hälfte durch Kriegseinwirkung verloren gegangen. Ebenso verschollen sind die in der Literatur mehrfach erwähnten Knochenartefakte. Die 9 heute noch vorliegenden Steinwerkzeuge erlauben lediglich eine Zuordnung in eine Schmalklingenkultur des Jungpaläolithikums.

Chronologie und Klimageschichte: Für einen Großsäugerknochen liegt ein Uran-Serien-Datum vor (MAIS & al. 1982): 23.000 ±1300 Jahre BP. Da das Spektrum der von den Hyänen in die Höhle geschleppten Großsäuger nur aus typischen Bewohnern einer Kaltsteppe besteht, können wir schließen, daß die Teufelslucke während des letzten Glazials der Würm-Zeit von den Hyänen bewohnt war.

Zur Anhäufung von steppenbewohnenden Kleinsäugern (*Microtus*-Arten, *Dicrostonyx, Citellus, Alactaga, Ochotona*) und Schneehühnern kam es wahrscheinlich wesentlich später, im Spätglazial (ca. 13.000 bis 10.000 a BP).

Ab der Wiederbewaldung am Beginn des Holozäns waren es vor allem kleinere Raubtiere, v.a. Füchse, die ihre Beutetiere, darunter die vielen Wasservogelarten, in die Höhle brachten. Auch im Holozän nisteten Eulen in der Höhle und vermehrten den Artenbestand durch

waldgebundene Amphibien, Vögel und Kleinsäuger. Offenbar selten war die Teufelslucke auch von Fledermäusen bewohnt, wie die wenigen Reste der Kleinen Hufeisennase bezeugen.
Schließlich gibt es heute immer wieder frische Spuren von Füchsen, die der Höhle den einen Namen gaben.

Aufbewahrung: Krahuletz-Museum in Eggenburg, kleinere Bestände gibt es im Höbarth-Museum in Horn sowie am Inst. Paläont. Univ. Wien.

Literatur:
BAYER, J. 1927. Die Teufelslucken bei Eggenburg in Niederösterreich, eine Station des Eiszeitmenschen. - Die Eiszeit **IV**: 104-107, Leipzig.
BERG, F. 1966. Die prähistorischen Funde. - In: EHRENBERG, K. (ed.) 1966. Die Teufels- oder Fuchsenlucke bei Eggenburg (NÖ.). - Denkschr. Österr. Akad. Wiss., math.-naturw. Kl., **112**: 123-136, Wien.
BRANDTNER, F. & ZABUSCH, F. 1950. Neue Paläolithfunde aus der Umgebung von Eggenburg, NÖ. - Archäol. Austr. **5**: 89 ff., Wien
BRANDTNER, F. 1953. Kurzer Grabungsbericht. - In: Nachrichtenblatt für die Österreichische Ur- und Frühgeschichtsforschung **II**/1953, 1/2:1, Wien.
EHRENBERG, K. (ed.) 1938-1940. Die Fuchs- oder Teufelslucken bei Eggenburg, I und II. - Abh. zool.-bot. Ges. **17**, 1, Wien.
EHRENBERG, K. (ed.) 1966. Die Teufels- oder Fuchsenlucke bei Eggenburg (NÖ.). - Denkschr. Österr. Akad. Wiss., math.-naturw, Kl. **112**: 1-158, Wien.
HARTMANN, W. & H. 1990. Die Höhlen Niederösterreichs 4. - Die Höhle, wiss. Beih. **37**: 11, Wien.
MAIS, K. , RABEDER, G., VONACH. H. & WILD, E. 1982. Erste Datierungsergebnisse von Knochenproben aus dem österreichischen Pleistozän nach der Uran-Serien-Methode. - Sitz. Ber. Österr. Akad. Wiss., math.-naturw. Kl. I. **191**, 1-4: 1-14, Wien.
SICKENBERG, O. 1933. Die Säugetierfauna der Fuchs- oder Teufelslucken bei Eggenburg. - Verh. zool.-bot. Ges. **83**, Wien.
STIFFT-GOTTLIEB, A. 1938. Die Gechichte der Grabungen (1874-1931) - In: EHRENBERG, K. (ed.) 1938-1940. Die Fuchs- oder Teufelslucken bei Eggenburg, I und II. - Abh. zool.-bot. Ges. **17**, 1, Wien.
SOERGEL, E. 1966. Die Vogelreste - In: EHRENBERG, K. (ed.) 1966. Die Teufels- oder Fuchsenlucke bei Eggenburg (NÖ.). - Denkschr. Österr. Akad. Wiss., math.-naturw, Kl. **112**: 93-108, Wien
WETTSTEIN-WESTERHEIMB, O. 1966. Kleinere Wirbeltiere. - In: EHRENBERG, K. (ed.) 1966. Die Teufels- oder Fuchsenlucke bei Eggenburg (NÖ.). - Denkschr. Österr. Akad. Wiss., math.-naturw. Kl. **112**: 89-92, Wien.

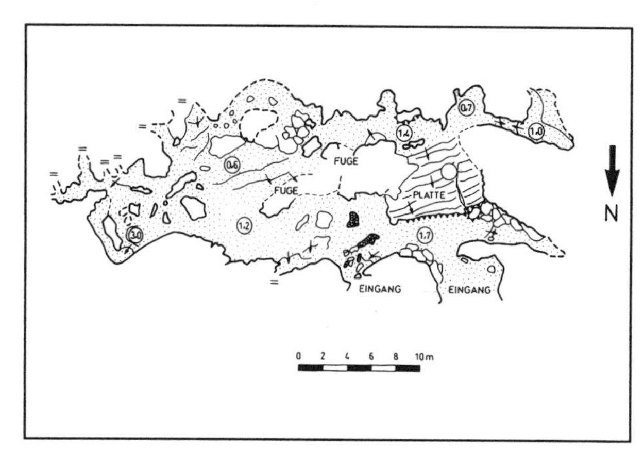

Abb.1: Höhlenplan der Teufelslucke bei Eggenburg: Grundriß (aus EHRENBERG 1966)

Teufelsrast-Knochenfuge

Doris Döppes

Kleinhöhle mit spätglazialer Mikrofauna
Synonym: Knochenfuge, Kf

Gemeinde: Albrechtsberg
Polit. Bezirk: Krems an der Donau (Land), Niederösterreich
ÖK 50-Blattnr.: 37, Mautern an der Donau
15° 24'4" E (RW: 95mm)
48°27'6" N (HW: 447mm)
Seehöhe: 597m
Österr. Höhlenkatasternr.: 6845/80

Lage: Waldviertel, Höhle der Dürrleiten (Hochfläche südlich von Purkersdorf mit steilen Abbrüchen in das Tal der Kleinen bzw. Großen Krems), in einer Felswand, in der auch die Tempelkluft (6845/82) und das Teufelsrast-Felsdach (6845/35) liegen (siehe Gudenushöhle, DÖPPES, dieser Band).
Zugang: Der Weg führt entlang der Kleinen Krems bis zu der Abzweigung in Richtung Eichmayerhöhle. Man geht den blau markierten Weg, der bei der Eichmayerhöhle vorbeiführt, weiter, bis man mit der gelben Markierung zusammentrifft (blau: SSE zur Eichmayerhöhle, NNE zur Schusterlucke bzw. Teufelskirche; gelb: W nach Purkersdorf bzw. nach 80 m Abzweigung zur Teufelsrast). Wir halten uns in Richtung Schusterlucke bis zur Weckermannhöhle, die sich direkt am Weg befindet. Man verläßt nun den markierten Steig und geht - teilweise einer Felswand entlang - in Richtung NNW zu einem 3m tiefen Abbruch mit eingehauenen Stufen (!). So gelangt man zu dem sich in einem Eckpfeiler befindenden Tempel (81). Nun 15m westlicher Richtung, entlang einer Felswand bis zu einer Schutthalde und diese südlich aufsteigend, erblickt man nach wenigen Metern auf der linken Seite in einem schrägen Felsband den Eingang (MAYER & al. 1993).
Geologie: Die Höhle gehört dem Kristallin der Böhmischen Masse (Moldanibikum) an. In die Schiefergneise und Amphibolite sind mitunter schmale, kilometerlange Bänder von Marmor und Kalkglimmerschiefer eingelagert. Die Höhle ist eben und liegt im Amphibolit.

Fundstellenbeschreibung: Es handelt sich um eine bis zu 2,5m breite, max. 0,5m hohe und 7m lange Schichtfugenhöhle, die genetisch mit dem Teufelsrast-Felsdach in Verbindung steht.

Forschungsgeschichte: Im Zuge der Ausgrabungen im Teufelsrast-Felsdach im Jahre 1983 (NEUGEBAUER-MARESCH 1993) erkannte man den genetischen Zusammenhang zwischen der Knochenfuge und dem Teufelsrast-Felsdach. Die Proben wurden 1981 von A. Mayer, K. Rathanscher und J. Wirth sowie 1983 von A. Mayer, J. und R. Wirth entnommen und von D. Jánossy (Budapest) bestimmt.

Sedimente und Fundsituation: Aus einer engen Deckenspalte stammen die eiszeitlichen Kleinsäugerreste (Lemming-Fauna), die im sandigen Sediment abgelagert waren.

Fauna: Mollusca (det. C. Frank), Vertebrata (det. D. Jánossy; außer Lagomorpha det. F.A. Fladerer und Arvicoliden (DÖPPES & NAGEL, im Druck), Stückzahl

	fossil	fossil und/oder rezent	rezent
Mollusca			
Chilostoma achates	-	3	-
Oxychilus cellarius	-	2	-
Helicigona lapicida	-	2	-
Arianta arbustorum	-	2	-
Vertebrata			
Rana temporaria (Grasfrosch)	-	-	42
Rana sp.	-	-	1
Salamandra cf. *salamandra* (Feuersalamander)	-	-	2
Bufo bufo (Erdkröte)	-	-	43
Anura	-	-	3
Ophidia	-	-	3
Coturnix coturnix (Wachtel)	-	1	-
Lagopus sp. (Schneehuhn)	-	2	-
Gallinago media (Doppelschnepfe)	-	1	-
Falco vespertinus (Rotfußfalke)	-	1	-
Parus major (Kohlmeise)	-	2	-
Parus cf. *ater* (Tannenmeise)	-	1	-
Pyrrhula pyrrhula (Dompfaff)	-	2	-
Alauda arvensis (Feldlerche)	-	1	-
Corvus corax (Kolkrabe)	-	2	-
Corvus monedula (Dohle)	-	2	-
Pyrrhocorax graculus (Alpendohle)	-	1	-
Aves indet.	-	52	-
Talpa europaea	-	5	-
Myotis myotis	-	17	-
Myotis bechsteini	-	20	-
Myotis nattereri	-	8	-
Myotis mystacinus	-	14	-
Myotis brandti	-	11	-
Myotis daubentoni	-	1	-
Plecotus auritus	-	12	-
Barbastella barbastellus	-	2	-
Eptesicus nilssoni	-	6	-
Eptesicus serotinus	-	6	-
Vespertilio murinus	-	2	-
Pipistrellus pipistrellus	-	1	-
Sciurus vulgaris	-	1	-
Citellus "major"	4	-	-
Citellus sp.	5	-	-

	fossil	fossil und/oder rezent	rezent
Eliomys quercinus	-	-	3
Glis glis	5	26	-
Apodemus sp.	6	3	-
Cricetus cricetus	1	-	-
Cricetulus migratorius	1	-	-
Lemmus lemmus	11	-	-
Dicrostonyx gulielmi	28	-	-
Clethrionomys sp.	17	2	-
Arvicola terrestris	6	-	-
Microtus gregalis	3	-	-
Microtus arvalis	36	4	-
Microtus subterraneus	1	1	-
Microtus nivalis	67	-	-
Microtus oeconomus	7	-	-
Lagurus lagurus	1	-	-
Allactaga sp.	4	-	-
Lepus europaeus	-	+	-
Lepus timidus	+	-	-
Vulpes vulpes	2	2	-
Ursus cf. *arctos*	-	2	-
Mustela nivalis	-	4	-

Einige der Säugetiere (*Vulpes vulpes, Mustela nivalis*) sowie einige der Vogelreste (leicht versintert) lassen fossilen Charakter erkennen. Nennenswert sind die Funde von *Cricetulus migratorius, Lagurus lagurus* und *Allactaga* sp. Der M_1 des Zwerghamsters stimmt durch seine Maße (L: 1,55mm) mit dem rezenten Vergleichsmaterial (L: 1,55-1,70mm, n=16, NIETHAMMER 1982) überein. Alle drei Rodentia-Arten sind heute nicht mehr in unseren Gebieten heimisch. Sie bewohnen die Steppen Osteuropas und Asiens. Fossilbelege gibt es seit dem Pleistozän, wo der Zwerghamster sogar England erreichte.

Paläobotanik und Archäologie: kein Befund

Chronologie und Klimageschichte:
Die Kleinsäuger-Vergesellschaftung der Teufelsrast-Knochenfuge zeigt die für kühle Bedingungen typischen Arten. So sind der Halsbandlemming (*Dicrostonyx gulielmi*), der Berglemming (*Lemmus lemmus*), die Schneemaus (*Microtus nivalis*) und die nordische Wühlmaus (*Microtus oeconomus*) unter den Micromammalia zu finden. Es handelt sich aufgrund der Auswertung der Kleinsäuger-Analyse um eine junge Fauna, die sich in ihrem Morphotypen-Spektrum ähnlich wie die des Nixlochs (NAGEL 1992) verhält. Einziger Unterschied ist die Anwesenheit von *Lemmus* und *Lagurus* in der Teufelsrast-Knochenfuge, wohingegen sie im Nixloch fehlen. Weitere Micromammalia, die in bewaldeten Habitaten vorkommen, wie *Sciurus vulgaris* (Eichhörnchen), *Eliomys quercinus* (Gartenschläfer), *Glis glis* (Siebenschläfer) oder *Apodemus* sp. (Waldmaus) dürften größtenteils subrezente bis rezente Beimengungen sein.
Die weitere Fauna bestätigt das ökologische Bild der Umgebung, das die Kleinsäuger zeigen. *Pyrrhocorax graculus* (Alpendohle), *Lagopus* sp. (Schneehuhn) und *Corvus monedula* (Dohle) kommen heute im Kremszwickel nicht mehr oder nur selten vor. *Eptesicus nilssoni* (Nordfledermaus) ist ebenfalls v. a. in kühleren Gegenden anzutreffen.
Aufgrund der oben genannten Analyse ist die Faunenzusammensetzung der des Nixlochs ähnlich und die Fauna damit wahrscheinlich ins Spätglazial zu stellen (DÖPPES & NAGEL, im Druck).

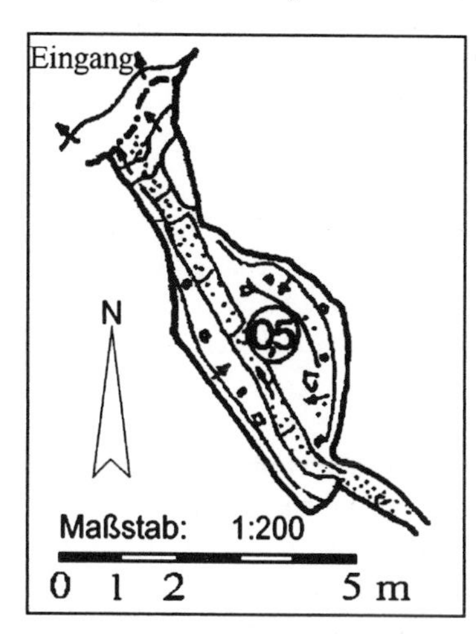

Abb.1: Höhlenplan der Teufelsrast-Knochenfuge (MAYER & al. 1993)

Aufbewahrung: Naturhist. Mus. Wien (Säugetiersammlung).

Rezente Sozietäten: Anhand der Molluskenfauna zeigen sich blockreicher Oberboden, bemooste Steine, Farnreichtum, ahorn- und buchenreicher Mischwald im weiteren Umkreis (Aufnahme: C. Frank, 1994).

Literatur:

DÖPPES, D. & NAGEL, D. (im Druck). Die Arvicoliden der Teufelsrast-Knochenfuge im Kremszwickel. - Wiss. Mitt. Niederösterr. Landesmus. **10**, St. Pölten.
MAYER, A., RASCHKO, H. & WIRTH, J., 1993. Die Höhlen des Kremstales. - Die Höhle, wiss. Beih., **33**: 30, Wien.
NAGEL, D. 1992. Arvicoliden (Rodentia, Mammalia) aus dem Nixloch bei Losenstein-Ternberg, O.Ö. - [In:] NAGEL, D. & RABEDER, G. (eds.): Das Nixloch bei Losenstein-Ternberg. - Mitt. Komm. Quartärforsch. **8**: 153-187, Wien.
NEUGEBAUER-MARESCH, Ch. 1993. Altsteinzeit im Osten Österreichs. - Wiss. Schriftenreihe NÖ **95/96/97**: 45-50, St. Pölten.
NIETHAMMER, J. 1982. *Cricetulus migratorius* - Zwerghamster. In: NIETHAMMER, J. & KRAPP, F. (Hrsgb.): Handbuch der Säugetiere Europas. Bd. **2/I**: 39 50, Wiesbaden.

Willendorf in der Wachau

Christa Frank & Gernot Rabeder

Jungpleistozäne Lößabfolge, mit 9 Kulturschichten (Aurignacien - Gravettien)
Kürzel: WD

Gemeinde: Aggsbach Markt
Polit. Bezirk: Spitz an der Donau, Niederösterreich
ÖK 50-Blattnr.: 37, Mautern an der Donau
15°24'14" E (RW: 106mm)
48°19'26" N (HW: 164mm)
Seehöhe: 240m

Lage: Die Fundstelle, die 7 Freilandfundstellen, davon 2 in ehemaligen Ziegeleien, umfaßt, befindet sich im Ortsgebiet von Willendorf, am linken Donauufer, oberhalb der Bahntrasse der Donauuferbahn. Sie ist durch ein großes Modell der berühmten Venus-Statue unübersehbar gekennzeichnet. Die bedeutendste Fundstelle ist Willendorf II (ehemalige Ziegelei Ebner, etwa 10m hinter dem ehemaligen Ziegelofen, der während des Straßenbaues 1957 abgerissen wurde); auch Willendorf I (ehem. Ziegelei Merkel) ist von größerer Bedeutung, siehe auch Lageplan Aggsbach (FLADERER & FRANK, dieser Band).
Geologie: Löß- und Fließerdeschichten über Flußschotterterrassen. Der Haberg-Rücken, an dessen ostwärtigem Hangfuß Willendorf liegt, besteht im wesentlichen aus Spitzer Gneis mit eingeschalteten Amphibolit- und schmalen Marmor-Zügen (BRANDTNER 1956-1959).

Fundstellenbeschreibung: Die Fundstelle II, das Hauptausgrabungsfeld, umfaßt eine Löß-Sequenz mit 9 Kulturschichten, auf der zwischen Bahndamm und Straße gelegenen Parzelle der früheren Ziegelei Ebner.

Forschungsgeschichte: Als Fundstelle bekannt seit 1883 (durch Ing. F. Brun); Grabungen zwischen 1884 und 1927 durch J. Szombathy, J. Bayer und H. Obermaier; die erste planmäßige Grabung des Naturhistorischen Museums in Wien begann im Juli 1908 unter Kustos Szombathy. Die Grabungen wurden abschnittweise fortgesetzt, mit Beginn des 1. Weltkrieges unterbrochen; im Juni-Juli 1927 unter J. Bayer wieder aufgenommen. 1955 Grabung unter der Leitung von F. FELGENHAUER (Inst. für Ur- und Frühgeschichte d. Univ. Wien); Abbaggerungen 1957 im Zuge des Baues der Wachaustraße, die weitere Einblicke in den Schichtenaufbau ermöglichten und durch Handbohrungen ergänzt wurden. 1981 und 1987 durch P. HAESAERTS (Dept. Paléontologie, Belg. Inst. für Naturwissenschaften, Brüssel) und M. OTTE (Service de Préhistoire, Univ. Liège), 1993 durch F. Brandtner (Gars a. Kamp) und P. Haesaerts.

Sedimente und Fundsituation: Das klassische Profil von Willendorf II umfaßt eine mächtige Schichtfolge, in der vom Hangenden zum Liegenden von HAESAERTS (1990) 4 Sedimenteinheiten unterschieden werden:
Einheit A: 0-0,80m; obere humose Schicht, dem rezenten Oberboden entsprechend.
Einheit B: 0,80-3,50m; hellgelber, staubförmiger, homogener Löß, in dessen basalem Teil sich eine leichte Humusanreicherung feststellen ließ. Ebenfalls im unteren Drittel der Einheit waren 2 Verfärbungen - eine feine, undeutliche graue und, etwa 20 cm darunter, eine deutlichere, bräunliche - sichtbar.
Einheit C: 3,50-5,10m; blaßgelber Löß mit mehreren hellgrauen Horizonten von 10-30cm Dicke, auf Eisenhydroxid-Ausfällungen; im oberen Drittel der Einheit etwa eine 10 cm dicke, dunkelbraune, humose Lößlage; an der Basis der Einheit dünne, bräunliche Lößbänder.
Einheit D: 5,10-6,70m; ockergelber Lehm mit Kies; feinstrukturiert und deutlich von den überlagernden Lössen unterscheidbar; weiße Karbonatanreicherungen entlang von Wurzelröhren und in Gängen grabender Organismen; eine stärkere Anreicherung von Kies in einer etwa 10cm dicken, graubräunlichen Lehmschichte ungefähr 1,1 m unter dem Beginn der Einheit. Die Basis dieser Einheit wurde bei 8,50m erreicht, darunter liegt eine 1,5 m dicke, blaßgelbe Löß-Schicht.

Als fündig erwiesen sich insgesamt 7 Stellen, vor allem aber die beiden mit I und II bezeichneten Fundplätze in den ehemaligen Ziegeleien. Außer den verstreuten Knochenresten und Steinwerkzeugen, die bei der Lößgewinnung angetroffen worden waren, und die wahrscheinlich nur zu einem geringen Teil in staatliche Sammlungen gelangten, liegen reichlich Funde aus den Kulturschichten des Profiles von Willendorf II vor: Artefakte, 2 Venusfiguren, Wirbeltierreste, Holzkohlen von Nadelhölzern, Mollusken.

Fauna:

Vertebrata: nach THENIUS 1959, NAGEL & RABEDER 1991

Fundstelle I: *Dicerorhinus kirchbergensis*

Fundstelle II:

Vertebrata	KS 9	8	7	6	5	4	3	2	1
Aquila chrysaetos (Steinadler)	+	-	-	-	-	-	-	-	-
Lepus sp.	-	+	-	-	+	-	-	-	-
Canis lupus	+	+	+	+	+	-	-	+	-
Vulpes vulpes	+	+	+	-	+	+?	-	-	-
Alopex lagopus	+	-	-	-	-	+	-	-	-
Ursus cf. *arctos*	+	-	+	+	+	-	-	-	-
Gulo gulo	+	-	-	-	-	-	-	-	-
Lynx lynx	-	-	-	-	-	-	+	-	-
Panthera spelaea	+	+	-	+	+	-	-	-	-
Cervus elaphus	+	+	-	-	+?	-	+	+?	+
Rangifer tarandus	+	+	+	+	+	+	+	-	+
Bison priscus	-	-	+?	-	-	+?	-	-	-
Capra ibex	+	+	-	+	+	+	-	+	+
Equus sp.	+	+	-	-	-	-	-	-	-
Mammuthus primigenius	+	+	+	-	+	-	-	-	-

Mollusca: Im Frühjahr 1993 wurden von P. HAESAERTS umfangreiche Sedimentproben entnommen, die im selben Jahr, eine zweite Serie 1994, der malakologischen Bearbeitung zugänglich gemacht wurden. Bis zu diesem Zeitpunkt lag nur eine kleine Faunenbearbeitung vor (PAPP 1956-1959). Alle Proben waren überaus fossilreich.

Legende zu den Tabellen 1 und 2: Malakologisch wurden die folgenden Schichtpartien erfaßt (KS=Kulturschicht):

1	KS 9	8	KS 6b	15	50-75 cm unter KS 5
2	KS 8	9	graue Schicht unter KS 6	16	KS 4
3	unter KS 8	10	10-30 cm oberhalb KS 5	17	zwischen KS 3 und dem Beginn von Einheit D
4	10-20 cm unter KS 8	11	0,5-15 cm oberhalb KS 5	18	KS 3
5	30-70 cm unter KS 8	12	KS 5	19	Einheit D, 5,1-6,0 m
6	Humusanreicherung an der Basis von Einheit B	13	10-25 cm unter KS 5	20	Einheit D, 6,0-6,2 m
7	KS 6a	14	25-50 cm unter KS 5	21	Einheit D, 6,2-6,5 m

Tabelle1.

Taxon/Schichtpartien	1	2	3	4	5	6	7	8	9	10
Cochlicopa lubrica	-	-	-	-	-	2-	-	-	-	-
Cochlicopa lubricella	-	-	-	-	-	-	-	-	-	-
Columella columella	2	14	2	595	1284	7	324	151	691	788
Truncatellina cylindrica	-	2	-	1	-	-	-	1	1	-
Vertigo pusilla	-	-	-	-	-	-	-	-	-	-
Vertigo antivertigo	-	-	-	-	-	-	-	-	-	-
Vertigo substriata	-	-	-	-	-	-	-	-	-	-
Vertigo pygmaea	-	-	-	-	-	2	-	-	-	-
Vertigo modesta arctica	-	-	-	-	-	-	-	-	-	-
Vertigo alpestris	-	-	-	-	-	-	1	-	-	-
Vertigo parcedentata	-	-	-	3	15	-	4	1	9	149
Granaria frumentum	-	-	-	-	-	1	-	-	-	-
Orcula dolium	-	-	-	-	-	-	-	-	-	-
Sphyradium doliolum	-	-	-	-	-	1	-	-	-	-
Pupilla muscorum	2	13	-	97	435	10	38	16	198	92
Pupilla muscorum densegyrata	4	28	2	94	244	6	128	34	70	66
Pupilla bigranata	13	6	1	28	200	-	15	2	20	7
Pupilla triplicata	4	39	3	959	1452	36	121	57	112	150
Pupilla sterrii	7	167	15	1934	973	8	50	17	30	56
Pupilla loessica	40	112	10	1770	691	-	35	17	136	96

Taxon/Schichtpartien	1	2	3	4	5	6	7	8	9	10
Pupilla sp. juv.	20	6	4	542	676	-	-	-	186	142
Vallonia costata	17	10	3	303	308	94	25	10	42	11
Vallonia pulchella	-	-	-	1	1	-	-	-	-	-
Vallonia tenuilabris	6	382	13	1987	516	6	103	17	15	30
Chondrula tridens	-	-	-	-	-	1	-	-	-	-
Ena montana	-	-	-	-	-	2	-	-	-	-
Merdigera obscura	-	-	-	-	1	-	-	-	-	-
Cochlodina laminata	-	-	-	-	-	2	-	-	-	-
Ruthenica filograna	-	-	-	-	-	2	-	-	-	-
Clausilia rugosa parvula	1	10	2	73	620	-	9	3	9	5
Clausilia pumila	-	-	-	-	-	-	-	-	-	-
Clausilia dubia	10	8	4	565	860	40	137	69	170	485
Neostyriaca corynodes agg.	-	1	-	-	-	1	3	-	-	-
Neostyriaca corynodes austroloessica	1	-	-	3	69	-	-	-	-	-
Balea biplicata	-	-	-	-	-	-	-	-	-	-
Succinella oblonga + f. *elongata*	28	158	9	2999	2331	31	580	194	639	740
Catinella arenaria	-	-	-	-	-	2	-	-	-	-
Cecilioides acicula	-	-	-	-	-	-	-	-	-	3
Punctum pygmaeum	-	-	-	2	103	-	1	-	-	9
Discus rotundatus	-	-	-	-	-	1	-	-	-	-
Discus ruderatus	-	-	-	-	1	-	-	-	-	1
Euconulus fulvus	-	-	-	-	1	-	-	-	5	8
Euconulus alderi	-	-	-	3	24	-	27	13	5	17
Semilimax semilimax	-	-	-	-	-	1	-	-	-	-
Semilimax kotulae	-	-	-	5	-	-	-	-	-	1
Vitrea crystallina	-	-	-	2	7	6	22	5	33	13
Aegopis verticillus	-	-	-	-	-	2	-	-	-	-
Aegopinella nitens	-	-	-	1	-	3	-	-	-	1
Aegopinella sp.	-	-	-	-	-	-	-	-	-	-
Perpolita hammonis	-	-	-	-	1	-	13	4	-	-
Perpolita petronella	-	-	-	-	3	2	-	-	10	16
Oxychilus cellarius	-	-	-	-	-	-	-	-	-	-
Milacidae	-	-	-	-	-	-	-	-	-	-
Deroceras sp. (3 Arten)	-	3	-	13	17	1	-	-	-	1
Deroceras sp. cf. *laeve*	-	3	-	-	-	-	-	-	-	-
Fruticicola fruticum	-	-	-	2	2	8	1	-	-	-
Trichia hispida	50	158	16	1472	3353	55	1097	280	696	643
Trichia rufescens suberecta	-	-	-	-	4	-	-	-	-	-
Petasina unidentata	-	-	-	-	-	-	-	-	-	-
Helicopsis striata	-	-	-	-	-	-	-	-	-	-
Perforatella bidentata	-	-	-	-	-	-	-	-	-	-
Monachoides incarnatus	-	-	-	-	-	-	-	-	-	-
Euomphalia strigella	-	-	-	-	-	5	-	-	-	-
Helicodonta obvoluta	-	-	-	-	-	-	-	-	-	-
Arianta arbustorum + *alpicola*	2	3	3	8	131	13	1	-	1	-
Causa holosericea	-	-	-	-	-	2	-	-	-	-
Cepaea hortensis	-	-	-	-	-	-	-	-	-	-
Regenwurm-Konkremente	-	-	-	-	1	-	-	-	-	-
Arten gesamt: 67	15	20	13	27	30	31	22	18	20	24
Individuen gesamt: 60.756	207	1123	87	13462	14323	353	2735	891	3078	3530

Tabelle 2.

Taxon/Schichtpartien	11	12	13	14	15	16	17	18	19	20	21
Cochlicopa lubrica	-	-	-	-	-	-	-	-	1	5	1
Cochlicopa lubricella	-	-	1	-	-	-	-	-	1	-	3
Columella columella	103	226	59	581	100	51	39	16	398	11	13
Truncatellina cylindrica	-	-	-	-	-	-	1	-	-	-	-
Vertigo pusilla	-	-	-	-	-	-	1	1	2	1	-
Vertigo antivertigo	-	-	-	-	-	-	1	-	-	-	-
Vertigo substriata	1	-	-	4	1	-	5	-	-	1	1
Vertigo pygmaea	-	-	-	-	-	-	-	-	3	-	-
Vertigo modesta arctica	2	2	-	-	1	1	-	-	-	-	1
Vertigo alpestris	-	-	-	-	-	-	1	-	1	1	-
Vertigo parcedentata	23	101	39	125	85	16	19	5	8	4	7
Granaria frumentum	-	-	-	-	-	-	-	-	2	-	-
Orcula dolium	-	-	-	-	-	-	4	-	6	12	12
Sphyradium doliolum	-	-	-	-	-	-	-	-	2	-	1
Pupilla muscorum	-	5	10	107	-	3	62	1	197	12	3
Pupilla muscorum densegyrata	18	29	11	126	7	-	19	4	67	17	-
Pupilla bigranata	2	3	2	12	-	-	2	3	27	1	1
Pupilla triplicata	28	357	310	478	37	122	410	150	654	21	10
Pupilla sterrii	8	55	125	176	12	33	673	61	342	12	1
Pupilla loessica	6	1	44	61	5	7	4	-	87	6	-
Pupilla sp. juv.	-	-	45	198	-	5	87	-	225	19	2
Vallonia costata	2	67	374	207	19	152	282	48	381	198	61
Vallonia pulchella	-	1	-	-	-	-	-	-	1	2	-
Vallonia tenuilabris	19	36	87	233	178	28	99	129	108	38	7
Chondrula tridens	-	-	1	-	-	-	-	-	1	3	2
Ena montana	-	-	-	-	-	1	1	-	3	2	3
Merdigera obscura	-	-	-	-	-	-	-	-	-	-	-
Cochlodina laminata	-	-	-	-	-	-	1	-	1	1	1
Ruthenica filograna	-	-	-	-	-	-	1	-	1	4	1
Clausilia rugosa parvula	-	69	11	11	-	19	-	-	71	5	1
Clausilia pumila	-	-	-	-	-	-	-	-	-	1	-
Clausilia dubia	68	469	110	487	109	153	145	48	536	109	77
Neostyriaca corynodes agg.	-	-	-	-	-	-	-	-	7	-	-
Neostyriaca corynodes austroloessica	-	-	-	-	-	-	-	-	-	1	-
Balea biplicata	-	-	-	-	-	-	1	-	1	3	-
Succinella oblonga + f. *elongata*	80	235	117	901	170	188	153	237	802	56	35
Catinella arenaria	-	-	-	-	-	-	-	-	-	1	-
Cecilioides acicula	-	-	-	-	-	-	-	-	-	-	-
Punctum pygmaeum	-	53	3	195	5	1	5	-	36	10	-
Discus rotundatus	-	-	-	-	-	-	-	-	2	-	-
Discus ruderatus	-	-	-	-	-	-	-	-	-	3	3
Euconulus fulvus	-	-	-	8	-	-	-	-	-	-	-
Euconulus alderi	3	45	10	65	18	17	-	2	4	3	-
Semilimax semilimax	-	-	-	-	-	-	-	-	4	2	1
Semilimax kotulae	1	-	-	1	9	-	-	1	-	-	1
Vitrea crystallina	4	-	-	28	2	-	6	-	10	27	15
Aegopis verticillus	-	-	-	-	-	-	2	-	1	3	2
Aegopinella nitens	-	-	-	-	-	-	1	-	-	-	-
Aegopinella sp.	-	-	-	-	-	-	-	-	-	-	1
Perpolita hammonis	-	24	-	55	10	37	-	3	-	8	9
Perpolita petronella	-	-	50	53	-	-	6	4	13	22	3
Oxychilus cellarius	-	-	-	-	-	-	1	-	-	-	-
Milacidae	-	-	-	-	-	-	-	-	-	1	-
Deroceras sp. (3 Arten)	-	3	1	2	-	7	2	-	8	2	2
Deroceras sp. cf. *laeve*	-	-	-	-	-	2	-	-	-	1	-
Fruticicola fruticum	-	4	5	8	1	6	7	11	7	7	9
Trichia hispida	135	210	184	1019	73	223	69	91	781	415	246
Trichia rufescens suberecta	-	-	-	-	-	2	190	-	154	-	2

Taxon/Schichtpartien	11	12	13	14	15	16	17	18	19	20	21
Petasina unidentata	-	-	-	-	-	-	1	-	-	1	-
Helicopsis striata	-	-	-	-	-	-	-	-	-	3	-
Perforatella bidentata	-	-	-	-	-	-	-	-	-	1	-
Monachoides incarnatus	-	-	-	-	-	-	1	-	1	1	1
Euomphalia strigella	-	-	-	-	-	1	5	-	15	4	9
Helicodonta obvoluta	-	-	-	-	-	-	3	-	3	1	-
Arianta arbustorum + alpicola	1	2	-	2	3	5	26	2	25	23	9
Causa holosericea	-	-	-	-	-	-	-	-	-	-	-
Cepaea hortensis	-	-	-	-	-	-	-	-	1	-	1
Regenwurm-Konkremente	1	1	-	-	-	1	-	-	-	-	-
Arten gesamt: 67	18	23	21	25	20	24	37	19	47	48	38
Individuen gesamt: 60.756	504	1997	1599	5143	845	1080	2336	817	5001	1085	558

Paläobotanik: Die Holzkohle-Untersuchungen von FIETZ (1956-1959) ergaben folgende Holzarten: Kiefer, Fichte, Tanne in Kulturschicht 5, Fichte und Tanne im Bereich von Kulturschicht 4. Der malakologische Befund läßt jedoch auf die Anwesenheit von Laubgehölzen während bestimmter Zeitabschnitte schließen (siehe Interpretation sowie FRANK & RABEDER 1994).

Archäologie: Die Schichtfolge von Willendorf II beinhaltet 9 archäologische Horizonte, die als Kulturschicht 9-1 bezeichnet wurden. Kulturschicht 2 und 1 konnten bei den Grabungen von 1981 nicht festgestellt werden; auch Niveau 7 ist im derzeit aufgeschlossenen Profil nicht nachweisbar. Die paläolithischen Funde wurden von FELGENHAUER (1956-1959) und OTTE (1990) beschrieben.
Aus den Kulturschichten 9-5 liegen Artefakte vor, die dem Gravettien zuzuordnen sind. Dabei lassen sich drei Entwicklungsstadien entsprechend der Bearbeitung feststellen: Stadium I (Kulturschicht 5/6), Stadium II (Kulturschicht 7/8) und Stadium III (Kulturschicht 9). Aus Kulturschicht 9 stammt auch die berühmte 'Venus von Willendorf', die am 7.8.1908 gefunden wurde; eine 11 cm hohe, weibliche Figur aus Kalkstein, mit rotem Überzug. Es handelt sich um eine dicke Frauenstatuette ohne Gesicht, deren Kopf mehrere Wulstringe trägt, deren dünne Unterarme den Brüsten angelegt und deren Unterschenkel stark verkürzt sind.
In dieser Schicht wurde auch eine zweite, weniger bekannte, schlanke Venusfigur aus Mammut-Elfenbein, 19 cm hoch, gefunden (während der Grabung vom 12.6.-12.7.1927).
Die Kulturschichten 3-4 enthielten Artefakte mit Aurignacien-Charakter: Klingenschaber, Klingenkratzer, Klingen mit zweiseitiger Kantenretusche. Das Fundgut aus Schicht 1 und 2 wird von OTTE nicht zugeordnet.

Chronologie:
Es liegt eine Reihe von Radiokarbondaten aus dem Profil von Willendorf II vor.

Probe	Schicht/Tiefe	^{14}C (Nr.) (BP)	Literatur
Holzkohle	KS 1, Einh. D.	30.530 ±250 (GrN-1287)	VOGEL & ZAGWIJN (1967)
Holzkohle	Einh. D (-5,95 m)	41.700 +3700/-2500 (GrN-11195)	HAESAERTS (1990)
Holzkohle	Einh. D (-5,5 m)	39.500 +1500/-1200 (GrN-11190)	HAESAERTS (1990)
Holzkohle	Einh. C (c3h, ca. -5 m)	34.100 +1200/-1000 (GrN-11192)	HAESAERTS (1990)
Holzkohle	Einh. C	32.060 ±250 (GrN-1273)	VOGEL & ZAGWIJN (1967)
Holzkohle	Einh. C	31.700 ±1800 (H 249/1276)	FELGENHAUER & al. (1959)
Holzkohle	Einh. C	32.000 ±3000 (H 246/231)	FELGENHAUER & al. (1959)
Holzkohle	Einh. C (c2h)	30.500 +900/-800 (GrN-11193)	HAESAERTS (1990)
Humus	Einh. C (c2h)	23.830 ±190 (GrN-11194)	HAESAERTS (1985)
Holzkohle	Einh. B (b1)	25.800 ±800 (GrN-11191)	HAESAERTS (1990)
Projekt SC-004[1]	Einh. B	25.230 ±320 (GrN-17801)	HAESAERTS & DAMBLON[2]
Projekt SC-004[1]	Einh. B	25.660 ±350 (GrN-17802)	HAESAERTS & DAMBLON[2]
Projekt SC-004[1]	Einh. C, KS 6a	27.600 ±480 (GrN-17803)	HAESAERTS & DAMBLON[2]
Projekt SC-004[1]	Einh. C, KS 6b	28.560 ±520 (GrN-17804)	HAESAERTS & DAMBLON[2]
Projekt SC-004[1]	Einh. C, KS 3	38.880 +1530/-1280 (GrN-17805)	HAESAERTS & DAMBLON[2]
Projekt SC-004[1]	Einh. D, unterh. KS 3	41.600 +4100/-2700 (GrN-17806)	HAESAERTS & DAMBLON[2]
Projekt SC-004[1]	Einh. D, unterh. KS 3	>36.000 (GrN-17807)	HAESAERTS & DAMBLON[2]

Anm. 1: alle Holzkohle
Anm. 2: 1993, unpubl.

Nach Auskunft von P. Haesaerts liegen aus dem Bereich von Kulturschicht 8 noch zwei weitere Daten aus Knochen vor: 25.400 ±170 a BP und 25.440 ±170 a BP.

Klimageschichte:
1. Kulturschicht 9: Überwiegen der Gruppe 'Offenland'; weitgehend offene Landschaft mit krautiger Vegetation; wahrscheinlich einzelne Büsche u./o. Hochstauden. - Trocken-kaltes Klima.
2. Kulturschicht 8: Überwiegen der Gruppe 'Offenland' mit starker Beteiligung von *Vallonia tenuilabris* und *Pupilla loessica*; im allgemeinen ähnlich wie in Kulturschicht 9. Doch scheint die standörtliche Gliederung innerhalb der offenen Lebensräume eine bessere gewesen zu sein. Ausgedehnte trockene Grasheiden, Krautbestände; einzelne Büsche und Baumgruppen. - Kaltes, mäßig feuchtes Klima.
3. Unter Kulturschicht 8: Geringe, hauptsächlich krautige Vegetation, einzelne Gebüsche und Hochstauden. Weitgehend Offenland, wenig standörtlich differenziert. - Mittelfeuchtes, kühles Klima.
4. 10-20 cm unter Kulturschicht 8: Klare Dominanz der Gruppe 'Offenland' mit hohen Anteilen von *Pupilla sterrii* und *Pupilla triplicata*, individuenmäßig dominieren *Succinella oblonga* und *Trichia hispida*. Weitgehend Offenland, dabei trockene Grasflächen neben Kraut- und Hochstaudenbeständen; Gebüsche und einzelne Bäume. - Klimacharakter kalt, trocken bis mittelfeucht.
5. 30-70 cm unter Kulturschicht 8: Offenland, Busch- und Baumgruppen, krautige Vegetation, Hochstauden; lokal feuchte Stellen. - Klima mittelfeucht, kühl.
6. Humusanreicherung an der Basis der Einheit B: Bewaldungsphase mit Ahorn-Eschen-Beständen. - Warmfeuchte Bedingungen.
7. Kulturschicht 6a: Offenland mit Gebüschen und Buschgruppen; lokal vernäßte Stellen. - Kühle, mittelfeuchte Bedingungen.
8. Kulturschicht 6b: Verhältnisse wie in 6a, Dominanz von *Trichia hispida*, *Succinella oblonga*, *Clausilia dubia*.
9. Graue Schicht unter Kulturschicht 6: Weitgehend Offenland. - Klima kühl, feucht.
10. 10-30 cm oberhalb von Kulturschicht 5: Vorwiegend Offenland, Büsche, einzelne Bäume u./o. Baumgruppen. - Kaltes, mittelfeuchtes Klima.
11. 0,5-15 cm oberhalb von Kulturschicht 5: Verhältnisse ähnlich wie in Nr. 10, vorwiegend Offenland mit Gebüschen. - Mittelfeucht-kühles Klima.
12. Kulturschicht 5: Halboffene Landschaft; trockene Rasenflächen wechselnd mit Kraut- und Hochstaudenfluren; Gebüsche, einzelne Bäume; lokal Bodenvernässung. - Klima kühl, mittelfeucht.
13. 10-25 cm unterhalb Kulturschicht 5: Vorwiegend Offenland, Gebüsche u./o. Hochstauden; ähnlich wie Nr. 12. - Klima kühl, mittelfeucht.
14. 25-50 cm unterhalb Kulturschicht 5: Landschaftsbild ähnlich wie in Nr. 12 und 13, aber kältere Bedingungen und ausgeprägtere Feuchtigkeitstendenzen. Ausgedehntere Krautbestände, Hochstauden; vernäßte, wahrscheinlich sogar sumpfige Stellen; einzelne Bäume in offenen Grasheiden. - Klima kalt, mittelfeucht.
15. 50-75 cm unterhalb Kulturschicht 5: Offenland, vorwiegend krautige Vegetation, einzelne Bäume, Gebüsche, lokale Bodenvernässung; Rückgang der trockenen Grasflächen. - Ziemlich kaltes, mittelfeuchtes Klima.
16. Kulturschicht 4: Gegenüber Nr. 15 Einschränkung des Offenlandes zugunsten von anspruchslosen Gebüschen, einzelnen anspruchslosen Holzarten (Coniferen), feuchte Kraut- und Hochstaudenfluren, lokale Vernässungstendenz. - Kühle und mehr feuchte Bedingungen.
17. Zwischen Kulturschicht 3 und Beginn von Einheit D: Artenreiche Gastropodenfauna; stärkere Landschaftsdifferenzierung, Baumbestände mit Dominanz der Laubhölzer; dazu Saumformationen, Gebüsche, wahrscheinlich eine reichliche Krautschichte, mit Hochstauden; dazwischen Rasenflächen. - Verhältnismäßig warmes, mittelfeuchtes Klima.
18. Kulturschicht 3: Gegenüber Nr. 17 ist eine Abkühlung manifestiert, mit Rückgang der Laubholzbestände; einzelne Bäume und Baumgruppen; vorwiegend Krautbestände, Offenland. - Mittelfeuchtes, mäßig kühles Klima.
19. Einheit D, 5,1-6,0 m: Artenreiche, differenzierte Fauna mit verschiedenen ökologischen Gruppen, mit hochsignifikanten, wärmebedürftigen, waldbewohnenden Arten, dazu thermophile Elemente des offenen bis halboffenen Landes, Bewohner von lockeren Saum- und Mantelformationen; Anzeiger von Bodenvernässung. Laubmischwald mit (Berg-)Ahorn- und Eschendominanz; artenreiche Strauch- und Krautschichte. - Mildes, feuchtes Klima.
20. Einheit D, 6,0-6,2 m: Ähnlich Nr. 19; noch differenzierter mit ausgeprägteren warm-feuchten Charakteren; Laubmischwald mit reichlich Gebüschen und krautiger Vegetation; versumpfte Stellen. Besondere Akzentuierung durch *Perforatella bidentata* und eine Milacidae. Erstere ist Bodenbewohnerin in sehr feuchten, sumpfigen Wäldern, besonders Erlenbrüchen; gegenwärtig nur geringe Vorkommen in Österreich (FRANK 1983, 1987), im Donautal fehlend. Etwas häufigere Vorkommen sind nur aus dem Gebiet der unteren Salzach und der Innauen im Bereich von Braunau registriert (KLEMM 1974:388, Karte 126). Zu den Reliktpopulationen in Schwarzerlenbrüchen des bayrischen Donautales siehe HÄSSLEIN (1966:125-127).
21. Einheit D, 6,2-6,5 m: Ähnlich den beiden vorigen; Wald und Gebüsche vorherrschend, gut entwickelte Krautschichte, günstige Bodenfeuchtigkeit; nur geringe Ausdehnung des Offenlandes.
Zwischen Nr. 19 und 21 war das Klima etwas feuchter und vermutlich zeitweilig wärmer als heute.

Aufbewahrung: Inst. Paläont. Univ. Wien und Naturhist. Mus. Wien.

Rezente Molluskenfauna:
Aufnahme: FRANK (1994); ergänzt aus KLEMM (1974) und REISCHÜTZ (1986).
Cochlicopa lubrica, *Truncatellina cylindrica*, *Granaria frumentum*, *Chondrina clienta*, *Orcula dolium*, *Pupilla muscorum*, *Pupilla sterrii*, *Vallonia costata*, *Vallonia pulchella*, *Zebrina detrita*, *Macrogastra plicatula*, *Cecilioides acicula*, *Punctum pygmaeum*, *Discus perspectivus*, *Semilimax carinthiacus*, *Vitrina pellucida*, *Vitrea subrimata*, *Vitrea contracta*, *Aegopinella pura*, *Aegopinella nitens*, *Perpolita hammonis*,

Arion subfuscus, Trichia hispida, Petasina unidentata, Petasina edentula subleucozona, Monachoides incarnatus, Xerolenta obvia, Euomphalia strigella, Helicodonta obvoluta, Arianta arbustorum, Cepaea vindobonensis, Helix pomatia. - Gesamt: 32 Arten.

Unter den Arten, die in KLEMM (1974) zitiert werden, herrschen die Arten des Waldes und der feuchten Standorte vor. Diese Daten stammen vermutlich teilweise aus der Zeit vor dem Bahnbau bzw. nicht aus der unmittelbaren Umgebung der Fundstelle Willendorf II (z. B. *Discus perspectivus, Semilimax carinthiacus*). Die aktuelle Aufnahme ergab jedenfalls eine Prädominanz der Elemente der Lebensraumgruppe 'Offene bis halboffene Standorte'. Durch die Siedlungsnähe beeinflußt, herrscht der meso- bis xeromesophile Faunencharakter vor.

Literatur:

BRANDTNER, F. 1956-1959. Die geologisch-stratigraphische Position der Kulturschichten von Willendorf i. d. Wachau, N.Ö. - Mitt. Prähistor. Komm. Österr. Akad. Wiss., **8/9**: 173-189, Wien.

FELGENHAUER, F. 1956-1959. Willendorf in der Wachau. - Mitt. Prähistor. Komm. Österr. Akad. Wiss., **8/9**, Wien.

FIETZ, A. 1956-1959. Holzkohle von Willendorf i. d. Wachau, N.Ö. - Mitt. Prähistor. Komm. Österr. Akad. Wiss., **8/9**: 171-172, Wien.

FRANK, C. 1983. *Lithoglyphus naticoides* (C. PFEIFFER, 1828) (Hydrobiidae) in Österreich erneut lebend nachgewiesen, sowie ein neuer Standort von *Perforatella (P.) bidentata* (GMELIN, 1788) (Helicidae) in Ostösterreich (Gastropoda). - Malakol. Abh. Staatl. Mus. Tierkd. Dres., **9**: 25-29, Dresden.

FRANK, C. 1987. Aquatische und terrestrische Mollusken der niederösterreichischen Donau-Auengebiete und der angrenzenden Biotope. Teil VII. - Wiss. Mitt. Niederösterr. Landesmus., **5**: 13-121, 6 Taf., Wien.

FRANK, C. & RABEDER, G. 1994. Neue ökologische Daten aus dem Lößprofil von Willendorf in der Wachau. - Archäologie Österr. **5/2**: 59-65, Wien.

HAESAERTS, P. 1990. Nouvelles Recherches au gisement de Willendorf (Basse Autriche). - Bull. Inst. R. Sci. Nat. Belg., Sci. Terre, **60**: 203-218.

HÄSSLEIN, L. 1966. Die Molluskengesellschaften des Bayerischen Waldes und des anliegenden Donautales. - 20. Ber. Naturforsch. Ges. Augsburg, **110**: 177 S., Augsburg.

KLEMM, W. 1974. Die Verbreitung der rezenten Land-Gehäuse-Schnecken in Österreich. - Denkschr. Österr. Akad. Wiss., **117**: 503 S., Wien, New York: Springer.

NAGEL, D. & RABEDER, G. 1991. Exkursionen im Pliozän und Pleistozän Österreichs. - Österr. Paläont. Ges., 44 S., Wien.

OTTE, M. 1990. Révision de la séquence du Paléolithique Supérieur de Willendorf (Autriche). - Bull. Inst. R. Sci. Nat. Belg., Sci. Terre, **60**: 219-228.

PAPP, A. 1956-1959. Eine Molluskenfauna aus dem älteren Löß von Willendorf i. d. Wachau, N.Ö. - Mitt. Prähistor. Komm. Österr. Akad. Wiss., **8/9**: 170, Wien.

THENIUS, W. 1959. Die jungpleistozäne Wirbeltierfauna von Willendorf in der Wachau. - Mitt. Prähistor. Komm. Österr. Akad. Wiss., **8/9**: 133-170, Wien.

VOGEL, J. C. & ZAGWIJN, W. H. 1967. Groningen radiocarbon dates VI. - Radiocarbon, **9**: 63-106.

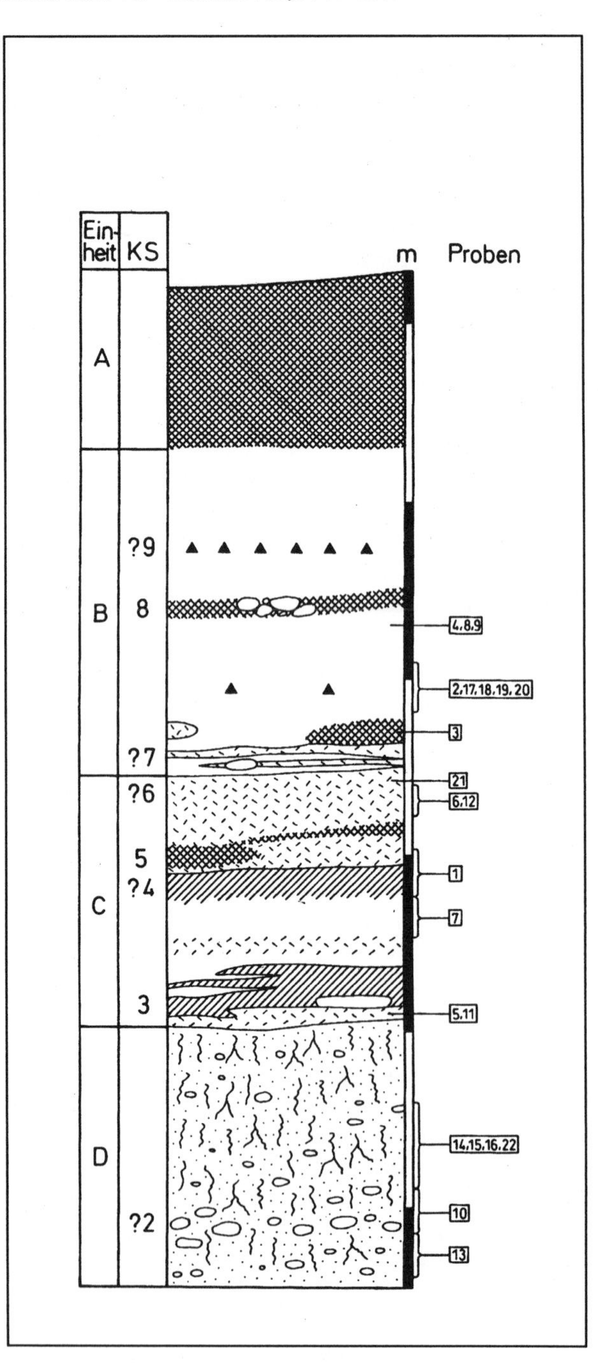

Abb.1: Profil der Fundstelle Willendorf in der Wachau (FRANK & RABEDER 1994)

4.2 Molassezone und Wiener Becken

Alberndorf

Florian A. Fladerer & Christa Frank

Jungpaläolithische Freilandstation
Kürzel: Al

Gemeinde: Alberndorf im Pulkautal
Polit. Bezirk: Hollabrunn, Niederösterreich
ÖK 50-Blattnr.: 23, Hadres
16°06'47" E (RW: 45mm)
48°41'02" N (HW: 408mm)
Seehöhe: 244-252m

Lage: Das Pulkautal bildet zwischen Pulkau und Laa an der Thaya ein 35km langes, annähernd West-Ost gerichtetes Tal mit rund 2km breiter ebener Talsohle. Die Paläolithfundstelle befindet sich südlich der Ortschaft Alberndorf am Nordhang des Steinberges (360m) (Abb.1). Das Gelände ist vor allem durch Weinbau geprägt; es ist teilweise terrassiert und wird durch Geländestufen mit Baum- und Buschbewuchs gegliedert.
Zugang: Die Fundstelle ist über die südliche Ortsausfahrt von Alberndorf am Friedhof vorbei Richtung Weinberge erreichbar (Abb.1). Die asphaltierte Straße mündet in einen landwirtschaftlichen Fahrweg, der nach einer scharfen Rechtskurve mit der Hangneigung ansteigt. Nach der ersten Linkskurve und auf der dritten Geländestufe liegt unmittelbar am Fahrweg zur rechten Seite die Parzelle 771.
Geologie: Lößablagerungen unterschiedlichster Mächtigkeiten bedecken hier tertiären Untergrund, der von marinen Sanden, Sandsteinen und Algenkalk des Unterbaden (Mittelmiozän) gebildet wird.
Fundstellenbeschreibung: Die fundreichen Sedimente wurden auf den beiden zur landwirtschaftlichen Nutzung terrassierten Parzellen 765/1 und 771 ausgegraben. Die erste und untere ist nun von jüngeren Obstbäumen bestanden und eingezäunt. Hier lag die Anhäufung von Mammutknochen und damit der historische Ausgangspunkt zur Entdeckung der Hauptfundstelle im oberen ehemaligen Weingarten.

Forschungsgeschichte: 1982 wurden während der Vorbereitung des Bodens zur Auspflanzung der Obstbäume in der unteren Parzelle Mammutknochen freigelegt. Der Fund wurde an den lokalen Bürgermeister F. Zottl mitgeteilt. In der von G. Rabeder, Institut für Paläontologie der Universität Wien (PIUW), geleiteten Untersuchung unter Zuhilfenahme eines Raupenbaggers konnten der Unterkiefer, mehrere Wirbel und Rippen, beide Beckenhälften und Langknochen eines Mammutindividuums geborgen werden. Im Fühjahr 1990 meldete F. Zottl den bevorstehenden Umbruch der Weinstockkultur in der darüberliegenden Terrasse dem Institut für Paläontologie. Zur Wiederaufnahme der Suche nach weiteren fossilen Resten wurde unter der Leitung von P. Pervesler mit einem Greifbagger nahe der nördlichen Geländekante ein schmaler Schnitt gezogen. Artefaktfunde und eiszeitliche Tierreste veranlassten zu einer Übergabe der Ausgrabungsleitung an G. Trnka, Institut für Ur- und Frühgeschichte der Universität Wien (TRNKA 1990). Zwischen 1990 und 1995 wurden die fundreichen Sedimente entlang der Ränder der pleistozänen Erosionsrinne zwischen dem nördlichen Baggerschnitt und der Böschung zur südlich gelegenen höheren Terrasse vollständig ausgegraben (BACHNER & al. 1996).

Sedimente und Fundsituation: Die Funde von Alberndorf lagen ausschließlich in sekundärer Lage, die kaum Rückschlüsse auf die primäre räumliche Verteilung erlaubt. Es handelt sich um eine solifluidale und kryogene Füllung einer Erosionsrinne aus Lössen und untergeordneten Kies-, Sand und Tonlinsen. Im untersten ergrabenen Bereich lagen gehäuft Sandsteinblöcke und Steine aus dem tertiären Untergrund (TRNKA 1992). In diesem Bereich hatte die Rinnenfüllung eine Breite bis 8m. Die ebenfalls angehäuft erscheinenden Mammutknochen der Grabung 1982 lagen unmittelbar unter der nördlichen Geländestufe in der gedachten Verlängerung der Rinne (G. Rabeder, pers. Mitt.). Im oberen Bereich des Weingartens in der Böschung zur südlichen nächsthöheren Terrasse hatte die Rinne nur mehr eine Breite von 2m. Kanyonartiger Proximalteil und fächerförmige Verbreitung nach distal hangabwärts lassen darauf schließen, daß in der pleistozänen Hangmorphologie eine rinnenartige Struktur bereits angelegt war. Vermutlich erfolgte der Hauptanteil der Verlagerung aus dem primären Verband in hanghöherer Lage innerhalb weniger Monate nach Aufgabe der menschlichen Besiedlung und dem letzten anthropogenen Knocheneintrag: Zusammengehörige Knochen, beispielsweise des Ellbogengelenks eines Rentiers, lagen trotz intensiver Verlagerung beisammen; sie mußten während der Rutschung noch im Weichteilverband gestanden haben (FLADERER 1996). Die Rinnenfüllung stellt ein komplexes System von Erosion, Akkumulation, Solifluktion und kryogenen Ereignissen dar. Die Sedimente und Molluskengemeinschaften aus den unmittelbar fundführenden Lagen zeigen Unterschiede zu den unterlagernden sterilen Bereichen, sodaß bedingt Rückschlüsse auf primäre stratigraphische Verhältnisse möglich sind.

Fauna:

Tabelle 1. Alberndorf im Pulkautal. Mindestindividuenzahlen der am Paläolithfundplatz nachgewiesenen Säugetierarten nach FLADERER (1996), ergänzt.

	MNI
Lepus timidus	2
Canis lupus	1
Vulpes vulpes	1
Megaloceros giganteus	1
Rangifer tarandus	9
Equus sp. (*germanicus*-Kreis)	3
Coelodonta antiquitatis	1
Mammuthus primigenius	2

Das fossile Knocheninventar von Alberndorf umfasst über 3000 Objekte verschiedenen Erhaltungszustandes. Die Anhäufung in den Sedimenten kann aufgrund der Repräsentationsmuster und der Modifikationen der Skelettteile und der Fundvergesellschaftung mit einer reichen Steinindustrie ausschließlich der wildbeuterischen Tätigkeit jungpleistozäner Siedler zugeschrieben werden (Tab. 1). Die wenigen erhaltenen Knochen mittelgroßer Säugetiere sind dem Schneehasen, dem Rotfuchs und dem Wolf zuzuordnen. Möglicherweise wurden diese Tiere mit Fallen gefangen. Die Großwildbeute wird gewichtsmäßig deutlich vom Mammut dominiert. Postcraniale Teile von mindestens einem subadulten Tier wurden über die Rinnenfüllung verteilt geborgen. Taphonomisch ungeklärt ist noch die Anhäufung von vollständigen Knochen eines adulten Mammuts in der unteren Parzelle, die zum Teil reartikulierbar sind. Wahrscheinlicher handelt es sich um beisammen verbliebene Reste eines Kadavers als um eingetragene und zusammengeschlichtete Teile. Bearbeitete Stücke von juvenilen Stoßzähnen unterstreichen die große Bedeutung des Dickhäuters für die Ökonomie.

Einige wenige Knochen belegen das Wollnashorn und den Riesenhirsch. Zahlenmäßig überwiegen sehr deutlich Rentiere gegenüber Wildpferden. Aufgrund vollständiger Langknochen zeigen diese im Skelettbau größte Ähnlichkeiten zu den Pferdefunden anderer jungpleistozäner Fundplätze in Niederösterreich. Es läßt sich eine Widerristhöhe von knapp über 1,4m ermitteln (FLADERER 1996). Bemerkenswert ist das Fehlen von Brust- und Lendenwirbeln, Rippen und Hufphalangen. Dasselbe Muster der Körperteilrepräsentation ist bei den Rentieren zu beobachten. Von den Langknochen sind hier allerdings durchwegs nur Gelenkenden und Schaftspäne als Reste der Markentnahme vorhanden. Abgesehen von einem Geweih eines ausgewachsenen Rentierbullen mit Teil des Schädeldaches liegen keine größeren Kopfteile vor. Einzelzähne und Mandibelfragmente zeigen, daß auch der Unterkiefer als markreicher Knochen am Fundplatz aufgebrochen wurde.

Aus dem Knochenspektrum und den Zerstörungsmustern ist zu erkennen, daß hier Rentier- und Pferdekadaver unmittelbar nach der Bejagung zerteilt worden sind. Nach dem Abfleischen der Extremitäten wurden die Langknochen zum Herauslösen des Knochenmarks aufgeschlagen. Das Fehlen der Rippen ist ein deutlicher Hinweis auf Austrag zur Lagerhaltung. Das Fehlen der untersten Extremitätenteile wird mit der Gewinnung von Rohfellen erklärt. Sie blieben in den Häuten und dienten so zum 'Verschnüren' und als Abtransportbehelf nach dem Verpacken der filettierten Körper in den mit Steinkratzern (siehe Archäologie) vom Unterhautfett gesäuberten Häuten. Aufgrund des schädelechten Geweihs eines adulten Tieres muß angenommen werden, daß es sich um die Überreste eines herbstlichen Jagd- und primären Verarbeitungslagers handelt (FLADERER 1996). Im Herbst haben die Tiere das dichteste Fell und den besten Ernährungszustand. Die Felle während des Wechsels im Spätwinter/Frühling, wenn eventuelle Hautparasiten schlüpfen, sind eher weniger attraktiv. Im Sommer ist die Haut häufig durch Insektenstiche und damit verbundene kleine Entzündungen beschädigt.

Tabelle 2: Mollusca von der Paläolithfundstelle Alberndorf (Grabung 1990-1995).

1 - Sektor E, Lfm. 14, Planum 4-5; steriler, toniger Bereich (Nr. 1114)

2 - Sektor E, Lfm. 13, Planum 5-6; steriler, lehmiger Bereich (Nr. 1343)

3 - Sektor F, Lfm. 12, Planum 4-5 (Nr. 1149)

4 - Sektor G, Lfm. 5, Planum 1-2 (Nr. 1379)

5 - Sektor H, Lfm. 13, Planum 4-5; sandiger, lößähnlicher Bereich (Nr. 1112)

6 - Sektor H, Lfm. 9, Planum 4-5; sandiges Sediment (unterer Bereich der Solifluktion; Nr. 1386)

7 - Sektor J, Lfm. 17, Planum 3-4; obere Sedimentationsrinne (Nr. 1456)

K - Kollektivliste diverser Schlämmproben.

Abkürzungen: ss = unter 10 Individuen, s = 10-20 Individuen, m = 50-80 Individuen, h = 140-200 Individuen, hh = 200-300 Individuen, pl = über 300 Individuen

Art	1	2	3	4	5	6	7	K
Theodoxus danubialis	-	-	-	-	-	+	+	ss
Columella columella	-	-	-	+	+	-	+	m
Vertigo modesta arctica	-	-	-	-	-	-	+	ss
Vertigo parcedentata	-	-	-	+	-	-	+	s
Granaria frumentum	-	-	-	-	-	+	-	ss
Pupilla muscorum	+	+	+	+	+	+	+	pl
Pupilla muscorum densegyrata	-	+	+	+	+	+	+	hh
Pupilla bigranata	-	-	-	+	-	+	+	s
Pupilla triplicata	+	+	+	-	+	+	+	m
Pupilla sterrii	-	+	+	+	+	+	+	hh

Art	1	2	3	4	5	6	7	K
Pupilla loessica	+	+	+	+	+	+	+	h
Vallonia costata + f. *helvetica*	-	-	+	+	+	+	+	s
Vallonia tenuilabris	-	-	-	+	+	+	+	h
Chondrula tridens	-	-	-	+	-	+	+	ss
Clausilia dubia	-	-	-	+	-	-	+	s
Succinella oblonga	-	-	-	-	-	+	-	ss
Semilimax kotulae	-	-	-	-	-	-	+	ss
Limax sp.	+	-	-	-	+	-	+	ss
Deroceras sp.	-	-	-	-	+	-	+	ss
Limacidae vel Agriolimacidae	-	-	-	+	-	-	-	ss
Fruticicola fruticum	-	-	-	-	-	+	-	ss
Trichia hispida	-	-	+	+	+	+	+	hh
Helicopsis striata	+	+	+	+	+	+	+	hh
Monachoides vicinus	-	-	-	-	-	+	-	ss
Euomphalia strigella	-	-	-	-	+	+	-	ss
Arianta arbustorum	-	-	-	-	+	+	+	s
Campylaeinae indet.	-	-	-	-	-	+	-	s
Isognomostoma isognomostomos	-	-	-	-	-	-	+	ss
Cepaea hortensis	-	-	-	+	-	-	-	ss
Helicidae indet.	-	+	+	+	+	-	-	ss
Unio cf. *crassus*	-	-	-	-	-	+	-	ss
Gesamtartenzahl	5	7	9	16	15	20	21	30

Die Landschnecken geben vor allem nähere Angaben zur lokalen Vegetation und indirekt zu der regionalen klimatischen Situation. Proben 1-5 beinhalten Molluskenfaunen, die weitgehend offenes Gelände anzeigen. Probe 1 und 2 aus dem sterilen Rand der Erosionsrinne repräsentieren weitgehend offenes, steppenartiges Gelände mit eher sehr vereinzelten Gebüschgruppen. Ebenso sind die Gegebenheiten in Probe 3 bei einer größeren Häufigkeit von Gebüschstandorten. Probe 5 ist am deutlichsten mit der Wirbeltierfauna und der Kultur assoziiert: Im lokalen Bereich dominieren offene, heidesteppenartige Flächen, die mit mehr grasigen, krautigen Stellen wechseln. Es ist auf eine etwas stärkere Landschaftsdifferenzierung als in den Proben 1 bis 3 zu schließen. Gebüsche, Buschgruppen, auch Bäume treten vereinzelt auf.

Proben 6-7 aus dem oberen, südlichen Bereich der Rinnenfüllung zeigen untereinander größere Ähnlichkeit. Offenes, eher trockenes Grasland mit Büschen bildet die Umgebung von feuchteren Standorten. Unklar ist die Situierung von Habitaten der Süßwassermuschel (*Unio* cf. *crassus*) und der Wasserschnecke *Theodoxus danubialis*. Die Arten benötigen klares, fließendes Gewässer mit grobsandig-kiesigem Bachbett. Für einen feuchten Kraut- und Hochstaudengürtel mit Pioniergebüschen und Bäumen sprechen *Semilimax kotulae*, *Monachoides vicinus* sowie der relativ hohe Anteil von *Arianta arbustorum* und *Isognomostoma isognomostomos*. Diese Arten sind sonst in den Alberndorfer Schichten nicht vorhanden. *Monachoides vicinus* - in Probe 6 von Alberndorf nachgewiesen - fehlt der rezenten österreichischen Fauna (siehe FRANK & RABEDER, dieser Band, Stranzendorf). Einzeln tritt hier auch *Fruticicola fruticum* dazu. Vertreter eines feuchten Ufersaums sind in Probe 7 deutlicher vorhanden, wodurch auf mehr Sträucher und Bäume, wahrscheinlich Pioniergehölze (*Semilimax kotulae*, *Isognomostoma isognomostomos*, *Limax* und *Deroceras* sp.) zu schließen ist.

Weitere Proben wurden zu einer Kollektivliste (Tab. 2: K) zusammengefasst. Sie erhöht nicht die Gesamtartenzahl der stratifizierten Proben und gibt einen Überblick über die Individuenfrequenzen im Bereich des Fundplatzes.

Sämtliche aus dem Grabungsareal entnommenen Schlämmproben enthielten zahlreiche Bruchstücke tertiärer Mollusken (Neritidae, cf. Valvatidae, Thiaridae, Cerithiidae, *Turritella* sp., *Limnocardium* sp., Pectinidae, div. Veneroidea, Dreissenidae, u. a. nicht zuordnungsbare Splitter).

Paläobotanik: Holzkohlereste und Samen wurden von F. Damblon, Institut Royal des Sciences Naturelles de Belgique in Bruxelles bestimmt: Am häufigsten ließen sich *Picea* (Fichte), *Pinus cembra* (Zirbe) und *Pinus silvestris* (Rotföhre) nachweisen, untergeordnet auch *Larix* (Lärche) und *Betula* sp. (Birke). Es konnten weiters isolierte Samen von *Polygonum* (Knöterich), *Sambucus* (Holunder) und *Picris* (Bitterkraut) gefunden werden (BACHNER & al. 1996).

Archäologie: Das Inventar von mehreren tausend Steinartefakten mit einem hohen Anteil an Gerätetypen, unter welchen Hochkratzer dominieren (BACHNER & al. 1996), wird typologisch einem sehr späten Aurignacien (Epiaurignacien) zugeordnet . Alle Stadien der Produktion sind vorhanden, von Kernen bis zu Nachretuschierungen. Der dominante Rohstoff sind Hornsteine aus Südmähren. Daraus sind entsprechende Regionalangaben im Migrationsverhalten der Jäger- und Sammlergruppe zu erhalten. Die Geweih- und Knochenindustrie beinhaltet Knochenspitzen, einen Percuteur oder Geweihhammer aus einer Abwurfstange und eine Silex schäftung aus Rentiergeweih sowie vier bearbeitete Stosszahnfragmente juveniler Mammuts (BACHNER & al. 1996). Die umlaufenden und zweiseitigen Kerben lassen in den Stücken Konstruktionselemente erkennen, die eine noch unbekannte Verwendung für die Großtierjagd hatten (FLADERER 1996). Die Kerben dienten sehr wahrscheinlich zur Fixierung von Riemen oder Seilen.

Chronologie und Klimageschichte: Sechs Radiokarbondaten (Stand 1996) von Knochenkollagen streuen zwischen 20.500 ±1.400 und 26.900 ±1.600 a BP (FLADERER 1996). Es läßt sich ein arithmetisches Mittel von 24.570 errechnen. Eine zeitliche Differenzierung über 5000 Jahre wird weder von der archäozoologischen noch von der typologischen Bewertung der Steinindustrie unterstützt. Ein noch jüngeres Datum von 18.400 ±900 a BP lieferte ein Mammutknochenfragment der Grabung 1982 nach der Uran-Thorium-Methode. Nach E. M. Wild, Institut für Radiumforschung und Kernphysik der Universität Wien, wurden absichernde Untersuchungen in diesem Fall nicht durchgeführt (FLADERER 1996).
Das Wirbeltierspektrum entspricht der Großtierfauna der eurasiatischen Mammutsteppe. Die relative Häufigkeit von Nadelholzresten neben der Birke läßt auf taigaartige Waldinseln in schattigen Muldenlagen schließen. Extrem trocken-kalte Klimaverhältnisse werden auch durch die Molluskengesellschaften in Abrede gestellt. Jene der Proben 1-5 (Tab. 2) lassen auf einen mäßig trockenen, kühlen bis mäßig kalten Klimacharakter schließen. Probe 1-2 lassen die fundsterilen Randbereiche der Erosionsrinne als am trockensten erscheinen. Die beiden Proben 6-7 mit den erhöhten Feuchtbiotopnachweisen zeigen mittelfeuchten, kühlen bis gemäßigten Einfluß.

Aufbewahrung: Die Tierreste der Grabung 1990-1995 werden zur Zeit am Institut für Paläontologie aufbewahrt. Am Krahuletz-Museum in Eggenburg werden einige Objekte dieser Ausgrabung mit den Funden der Grabung 1982 ausgestellt. Hier sind auch die weiteren Funde von 1982 archiviert. Die Artefaktfunde liegen zur Zeit am Institut für Ur- und Frühgeschichte der Universität Wien.

Rezente Sozietäten: Das Grabungsareal liegt im Kulturland, mit Weingärten, Schlehengebüsch und Robinienbestand. Die Molluskenfauna wurde 1993 von C. Frank (unpubl.) (1) aufgenommen; Fundmeldung (2) stammt aus Jetzelsdorf (KLEMM 1974): *Truncatellina cylindrica* (1), *Pupilla muscorum* (1), *Vallonia costata* (1), *Vallonia pulchella* (1), *Punctum pygmaeum* (1), *Vitrina pellucida* (1), *Xerolenta obvia* (2), *Euomphalia strigella* (1). Die Gesamtartenzahl beträgt 8 Arten. Die Xeromorphie des Standortes kommt durch die Dominanzverhältnisse innerhalb der ökologischen Gruppen deutlich zum Ausdruck: *Truncatellina cylindrica* ist die deutlich vorherrschende Art. Feld- und Wegränder kennzeichnet *Xerolenta obvia*, die auch im Grabungsgelände vorkommt; den Trockenbusch *Euomphalia strigella* und *Vitrina pellucida*.

Literatur:

BACHNER, M., MATEICIUCOVÀ, I. & TRNKA, G. 1996. Die Spätaurignacien-Station Alberndorf im Pulkautal, NÖ. - In: J. SVOBODA (ed.): 93-119.
FLADERER, F. A. 1996. Die Tierreste von Alberndorf in Niederösterreich. Vorläufige Ergebnisse und Bemerkungen zur Subsistenz von Wildbeutern des Spätaurignacien. - In: J. SVOBODA (ed.): 247-272.
SVOBODA J. (ed.): Paleolithic in the Middle Danube Region. Anniversary volume to Bohuslav Klíma. Dolní Véstonice Studies (Spisy archeologického ústavu AV CR, svazek) **5**; Brno.
KLEMM, W. 1974: Die Verbreitung der rezenten Land-Gehäuse-Schnecken in Österreich. - Denkschr. Österr. Akad. Wiss., **117**: 503 S., Wien, New York: Springer
TRNKA, G. 1990. Eine neue jungpaläolithische Station in Alberndorf. - Archäol. Österr., **1**(1/2): 36.
TRNKA, G. 1992. Eine Station des Epi-Aurignacien in Alberndorf. - Archäol. Österr., **3**(1): 30f.

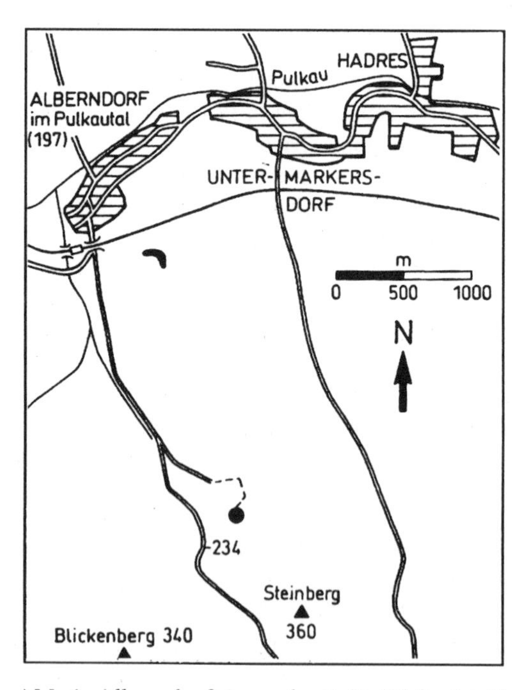

Abb.1: Alberndorf. Lage der Paläolithfundstelle.

Fischamend an der Donau

Christa Frank & Gernot Rabeder

Sand- und Schottergruben, Jungpleistozän
Kürzel: Fi

Gemeinde: Fischamend
Polit. Bezirk: Wien-Umgebung
ÖK 50-Blattnr.: 60, Bruck a. d. Leitha
16°35'19" E (RW: 8mm)
48°07' N (HW: 261mm)
Seehöhe: 170m

Lage: Fischamend liegt östlich von Wien, am rechten Donauufer, am nördlichen Ende der Mitterndorfer Senke; erreichbar von Wien über die A4 und die Bundesstraße 60 (Abb. 1).
Zugang: Die Schottergruben liegen ca. 2km westlich vom Bahnhof. Ein Fahrweg führt von der Bundesstraße zwischen Fischamend und Schwadorf in westlicher Richtung zur Fundstelle.
Geologie: Über Sanden des Pannon liegen mächtige Schotter der Simmeringterrasse. Darüber folgt eine Bodenbildung, deren rote Lehme samt den darüber abgelagerten Lössen in Taschen des Schotterkörpers eingesenkt sind.

Forschungsgeschichte: Eine erste zusammenfassende Publikation erschien 1954, in der die Geologie durch H. KÜPPER, die Molluskenreste von A. PAPP und die Vertebratenfunde durch H. ZAPFE dargestellt wurden. Eine ausführlichere Behandlung der Mollusken erschien 1955 von A. PAPP.

Sedimente und Fundsituation: Molluskenführend waren schlecht geschichtete Sande, die als umgelagerte Lösse gedeutet wurden; sie liegen in etwa 3m breiten Taschen, die in einen Schotterkörper mit Grobsand-Zwischenlagen eingesenkt sind, der aus groben Quarzen, alpinen Komponenten und Gesteinen der Böhmischen Masse bestehen. Darunter folgen mächtige Feinsande mit Kreuzschichtung, die nach Funden von Mastodonten *(Tetralophodon longirostris)* dem Pannon (Obermiozän) angehören.

Fauna:

Vertebrata (n. ZAPFE in KÜPPER & al. 1954)

Castor sp.	1 Schneidezahn aus der Molluskenprobe
Mammuthus primigenius	1 M^2 aus der Kiesgrube Obermeier, weitere Mammutfunde sollen in anderen Gruben der Umgebung gemacht worden sein. Der Mammutzahn wurde von E. Thenius aus dem Schotterkörper geborgen.

Mollusca (C. Frank)
Kombiniert nach einer Artenliste aus PAPP (1955:Tab. 2) und bisher unbestimmtem Material im Inst. Paläont. Univ. Wien. Ausgangsmaterial (Schlämmprobe): 50 kg.

Art	Anmerkungen
Columella columella	sub "*C. edentula columella*"
Vertigo parcedentata	
Pupilla muscorum	"häufig"
Pupilla bigranata	sub "*P. muscorum*"
Pupilla sterrii	sub "*P. muscorum*"
Pupilla loessica	sub "*P. muscorum*"
Pupilla sp. juv.	
Vallonia tenuilabris	"häufig"
Clausilia dubia	
Succinella oblonga elongata	"häufig", sub "*S. oblonga oblonga*"; aber typ. *elongata*- Form
Deroceras sp. cf. *laeve/sturanyi*	sub "*Limax* sp.", Schälchen
Pseudotrichia rubiginosa	sub "*Fruticicola sericea*"
Ostracoda	
Gesamt: 11	

Diese Mollusken stammen aus einer ca. 50kg schweren Probe aus einer der mit Feinsand gefüllten Taschen.
Die Fauna ist artenarm und eintönig. Arten- und individuenmäßig dominieren die Elemente offenen Graslandes. Dazu kommt eine ausgeprägte Feuchtigkeitsbetonung durch *Pseudotrichia rubiginosa* (19,8% der Individuen), die *Deroceras*-Schälchen und den hohen Anteil von *Succinella oblonga* in der lößtypischen *elongata*-Form. Die Fauna zeigt den Uferbereich eines Gewässers (Ostracoda!) mit reichlicher krautiger Vegetation, Seggen, auch Versumpfung wäre möglich; auch einzelne anspruchslose Hochstauden sind anzunehmen.
Klimacharakter: sehr feucht, kühl bis kalt.

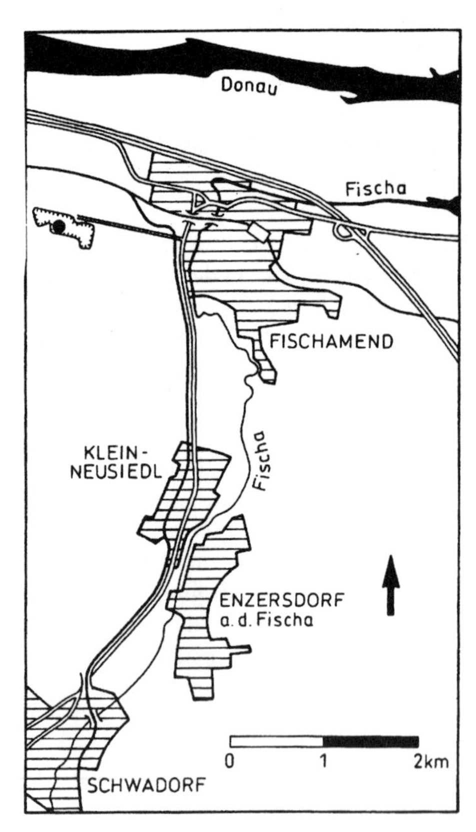

Abb.1: Lageskizze der Fundstelle Fischamend an der Donau

Paläobotanik und Archäologie: Kein Befund

Chronologie und Klimageschichte: Durch den Fund eines Mammutmolaren kann das Alter des Schotterkörpers auf die Zeit zwischen jüngstem Mittelpleistozän und Spätwürm eingeengt werden.

Die durch Kryoturbation eingewürgten Sandtaschen müssen aus einer jüngeren Zeit stammen als der Schotter. Wie PAPP (1955) es schon anspricht, ist die Molluskenfauna arm und von einseitiger Zusammensetzung, was auf geringe standörtliche Differenzierung und ungünstige klimatische Verhältnisse während ihrer Ablagerungszeit schließen läßt. Es dürfte sich um einen kühlen bis kalten Abschnitt des jüngeren Pleistozäns handeln.

Aufbewahrung: Inst. Paläont. Univ. Wien.

Rezente Molluskenvergleichsfauna:

Nach KLEMM (1974) (1), REISCHÜTZ (1986) (2), FRANK (1988/89) (3).

Carychium minimum (1), *Carychium tridentatum* (1), *Cochlicopa lubrica* (1), *Columella edentula* (1), *Truncatellina cylindrica* (1), *Vertigo pygmaea* (1), *Vertigo alpestris* (1), *Granaria frumentum* (1), *Vallonia costata* mit f. *helvetica* (1), *Vallonia pulchella* (1), *Chondrula tridens* (1), *Cochlodina laminata* (1, 3), *Macrogastra ventricosa* (1), *Clausilia rugosa parvula* (1), *Clausilia pumila* (1), *Clausilia dubia* (1), *Balea biplicata* (1), *Succinella oblonga* (1), *Succinea putris* (1), *Oxyloma elegans* (1), *Cecilioides acicula* (1), *Discus rotundatus* (1), *Zonitoides nitidus* (1), *Semilimax semilimax* (1), *Vitrea subrimata* (1), *Vitrea crystallina* (1), *Aegopis verticillus* (1), *Aegopinella nitens* (1), *Perpolita hammonis* (1), *Tandonia budapestensis* (3), *Limax maximus* (3), *Deroceras laeve* (2), *Arion lusitanicus* (2, 3), *Arion subfuscus* (3), *Arion fasciatus* (2), *Arion distinctus* (2), *Fruticicola fruticum* (3), *Trichia hispida* (1), *Trichia rufescens danubialis* (1), *Petasina unidentata* (1), *Petasina edentula subleucozona* (1), *Monachoides incarnatus* (1, 3), *Pseudotrichia rubiginosa* (1), *Urticicola umbrosus* (1), *Xerolenta obvia* (1), *Monacha cartusiana* (1), *Helicodonta obvoluta* (1), *Arianta arbustorum* (1, 3), *Isognomostoma isognomostomos* (1), *Helix pomatia* (1). - Gesamt: 50.

Die rezente Fauna bezeichnet den danubischen Weißpappel-Silberweiden-Auwald mit reichlichem Unterwuchs (Kraut- und Strauchschichte), mit örtlichem Schilfbestand bzw. lockerer, milder Zersetzungsschichte. Die Siedlungsnähe wird durch fünf kulturfolgende Nacktschneckenarten deutlich.

Auf benachbarte Xerothermbiotope (Dammböschungen, Feldraine, ...) verweisen *Truncatellina cylindrica, Granaria frumentum, Vallonia costata helvetica, Chondrula tridens, Cecilioides acicula, Xerolenta obvia.* Die donauspezifische Assoziation wird durch *Trichia rufescens danubialis* und *Clausilia pumila*, begleitet von den semiaquatischen Röhrichtbewohnern *Oxyloma elegans, Zonitoides nitidus, Deroceras laeve* und *Pseudotrichia rubiginosa* gebildet.

Literatur:

FRANK, C. 1988/89. Ein Beitrag zur Kenntnis der Molluskenfauna Österreichs. Zusammenfassung der Sammeldaten aus Salzburg, Oberösterreich, Niederösterreich, Steiermark, Burgenland und Kärnten (1965-1987). - Jahrb. f. Landeskde. Niederösterr., **54/55**: 85-144, Wien.

KLEMM, W. 1974. Die Verbreitung der rezenten Land-Gehäuse-Schnecken in Österreich. - Denkschr. Österr. Akad. Wiss., **117**: 503 S., Wien, New York: Springer.

KÜPPER, H., PAPP, A. & ZAPFE, H. 1954. Zur Kenntnis der Simmeringterrasse bei Fischamend. - Verh. Geol. Bundesanst. Wien, **3**, Wien.

PAPP, A. 1955. Über quartäre Molluskenfaunen aus der Umgebung von Wien. - Verh. Geol. Bundesanst. Wien, **1955**, SH **D**: 152-157, Tab. 2, Wien.

REISCHÜTZ, P. L. 1986. Die Verbreitung der Nacktschnecken Österreichs (Arionidae, Milacidae, Limacidae, Agriolimacidae, Boettgerillidae). - Sitzungsber. Österr. Akad. Wiss., Math.-Naturwiss. Kl. Abt. I, **195**(1/5): 67-190, Wien, New York: Springer.

Gedersdorf bei Krems

Christa Frank

Lößprofil, wahrscheinlich Altpleistozän
Kürzel: Gd

Gemeinde: Gedersdorf
Polit. Bezirk: Krems an der Donau (Land), Niederösterreich
ÖK 50-Blattnr.: 38, Krems a. d. Donau
15°40'55" E (RW: 145mm)
48°26'18" N (HW: 418mm)
Seehöhe: 197m

Lage: Im nördlichen Teil der Ortschaft, bei einer Weggabelung (siehe Krems-Schießstätte, FRANK & RABEDER, dieser Band).
Zufahrt: Gedersdorf liegt an der Bundesstraße 35, die von Krems nach Hadersdorf am Kamp führt; etwa 6,5km nordöstlich von Krems. Die Aufschlüsse liegen in der Holzgasse, nördlicher Ortsteil, bei einer Weggabelung (BINDER 1977:33).
Geologie: mächtige Lößablagerungen südlich von Langenlois.

Forschungsgeschichte: Die Fundstelle wurde malakologisch von BINDER (1977:33-34) erfaßt.

Sedimente und Fundsituation: Es handelt sich um ein etwa 4m mächtiges Sedimentpaket, das an der Oberkante von Kalkkonkretionen begrenzt ist. Etwa in der Hälfte wird es von einem zweiten Konkretionsband durchzogen. Es ist Lehm, der makroskopisch an Aulehm erinnert. Die Morphologie der Quarzkörner ließ jedoch annehmen, daß der Lehm nicht fluviatiler Herkunft ist, obwohl im Liegenden mächtige Schotterlagen ausgebildet sind. BINDER untersuchte 2 Proben malakologisch.

Fauna:
Mollusca: nach BINDER (1977:33-34), ergänzt und revidiert C. Frank; Proben aus dem rechten Aufschluß.

1 = 60-80cm unterhalb der Kalkkonkretionen.
2 = 40-60cm unterhalb der Kalkkonkretionen.
3 = 20-40cm unterhalb der Kalkkonkretionen.
4 = 0-20cm unterhalb der Kalkkonkretionen.
5 = Stichprobe oberhalb der Kalkkonkretionen.
pl = zahlreich (mehr als 100 Individuen).

Art	1	2	3	4	5	Anm.
Cochlicopa lubrica	+	-	-	-	-	
Truncatellina cylindrica	+	-	-	+	-	
Truncatellina claustralis	-	-	-	-	+	1
Vertigo pusilla	+	-	-	-	-	
Vertigo pygmaea	+	+	+	+	-	
Granaria frumentum	+	pl	pl	pl	+	2
Gastrocopta serotina	+	+	+	+	-	3
Pupilla muscorum	-	+	-	+	-	
Pupilla triplicata	-	+	+	+	-	
Vallonia costata	+	+	+	+	+	
Vallonia pulchella	-	-	+	+	-	
Chondrula tridens	+	+	pl	pl	+	
Clausilia dubia	+	+	-	-	-	
Soosia diodonta	-	-	-	-	+	3
Helicopsis striata	+	+	+	pl	pl	
cf. *Perforatella dibothrion*	-	-	-	-	+	4
cf. *Candidula soosiana*	-	-	-	+	+	5
Helicigona capeki	-	-	-	-	+	3
Isognomostoma isognomostomos	-	-	-	-	+	
Oxychilus cellarius	-	-	-	-	+	
Gesamt: 20	10	9	8	11	10	

Anmerkungen:
1: Heute mediterran-(süd-)alpin; in Österreich allgemein spärlich; häufigeres Vorkommen nur am Alpenostrand südlich von Wien (vgl. KLEMM 1974:107, Karte 16).
2: Sub "*Abida frumentum*".
3: Bezeichnende altpleistozäne Leitelemente; rezente Vorkommen nur noch von *Soosia diodonta* (nördliches Serbien, südliches Rumänien).
4: Bezeichnende warmzeitliche, heute karpatisch verbreitete Art (vgl. LOZEK 1964:295; KERNEY & al. 1983:254, Karte 300).
5: Von KERNEY & al. (1983:245) sowie von FECHTER & FALKNER (1989:208) in die Synonymie von *Candidula unifasciata* (POIRET 1801) gestellt; eine west- und mitteleuropäisch verbreitete, xeromorphe Art, die heute Österreich im Westen erreicht. *Candidula soosiana* (J. WAGNER 1933)

wird von KLEMM (1974:370, Karte 120) als eigene Art geführt, die von ihrem westkarpatischen Areal ins nordöstliche Niederösterreich und südlich von Wien bis ins Gebiet von Eisenstadt reicht. Sie ist nur durch Schalenbelege repräsentiert. Eine Identität der beiden Arten würde bedeuten, das *Candidula unifasciata* ehemals möglicherweise ein größeres, zusammenhängenderes Areal in Österreich eingenommen hat. Zur rezenten Verbreitung in Bayern siehe FALKNER (1991:91).
6: Ohne genaue Lokalisation ("aus der rechten Seite").

Paläobotanik und Archäologie: Kein Befund.

Chronologie und Klimageschichte: Es liegen keine absoluten Daten vor. Die Fauna, die oberhalb der Kalkkonkretionen geborgen wurde, ist eindeutig altpleistozän-warmzeitlich, mäßig feuchtigkeitsbetont (*Soosia diodonta, Helicigona capeki*). Die ebenfalls altpleistozäne *Gastrocopta serotina* taucht unterhalb der Kalkkonkretionszone auf. - Landschaftsbild und Klimacharakter (Schicht oberhalb der Kalkkonkretionen): Mischgehölze mit Strauch- und Krautschichte, dazwischen trockene Steppenheidebiotope; Klima warm und mäßig feucht. Unterhalb der Kalkkonkretionen ist die Fauna xeromorph geprägt; sie zeigt weitgehend offenes Grasland mit einzelnen Gebüschen; trockenes, gemäßigtes Klima.

Aufbewahrung: Inst. Paläont. Univ. Wien.

Rezente Sozietäten: Aus Gedersdorf liegt nur eine Fundmeldung vor: *Granaria frumentum* (REISCHÜTZ 1977); Vergleichsfauna siehe die Fundstelle Krems-Schießstätte.

Literatur:

BINDER, H. 1977. Bemerkenswerte Molluskenfaunen aus dem Pliozän und Pleistozän von Niederösterreich. - Beitr. Paläont. Österr. **3**: 1-49, 14 Taf., Wien.
FALKNER, G. 1991. Vorschlag für eine Neufassung der Roten Liste der in Bayern vorkommenden Mollusken (Weichtiere). - Schriftenr. Bayer. Landesamt f. Umweltschutz, **97**: 61-112, München (1990).
FECHTER, R. & FALKNER, G. 1989. Weichtiere. - Die farbigen Naturführer. 287 S. - München: Mosaik-Verl.
KERNEY, M. P., CAMERON, R. A. D. & JUNGBLUTH, J. H. 1983. Die Landschnecken Nord- und Mitteleuropas. - 384 S. - Wien, New York: Parey.
KLEMM, W. 1974. Die Verbreitung der rezenten Land-Gehäuse-Schnecken in Österreich. - Denkschr. Österr. Akad. Wiss., **117**: 503 S. Wien, New York: Springer.
LOZEK, V. 1964. Quartärmollusken der Tschechoslowakei. - Rozpravy Ústredního Ústavu Geologického, **31**: 374 S., 32 Taf., Prag.
REISCHÜTZ, P. L. 1977. Die Weichtiere des nördlichen Niederösterreichs in zoogeographischer und ökologischer Sicht. - Hausarb. Zool. Inst. Univ. Wien, 33 S., Anh. I, II.

Gerasdorf

Christa Frank

Pleistozäne Lößfundstelle
Kürzel: Gr

Gemeinde: Gerasdorf bei Wien
Polit. Bezirk: Wien Umgebung, Niederösterreich
ÖK 50-Blattnr.: 41, Deutsch Wagram
16°28'30" E (RW: 207mm)
48°18'32" N (HW: 132mm)
Seehöhe: 164m

Lage: siehe Lageplan Laaerberg (FRANK & RABEDER, dieser Band)
Zugang: Über die Brünnerstraße nordostwärts bis zum 'Neuen Wirtshaus', dann in Richtung Seyring nach Osten. Bei Seyring biegt man nach rechts ab und fährt über den aufgelassenen Flugplatz südlich des Ortes auf der Straße nach Gerasdorf in südlicher Richtung. Etwa 1km südlich von Gerasdorf erreicht man linksseitig der Straße die Schottergrube (Punkt 39 bei FINK & MAJDAN 1954).
Geologie: Terrassenschotter im Bereich der 'Praterterrasse' (FINK 1955), darüber fossilführende Löß-Sedimente.

Fundstellenbeschreibung: Die Schottergrube mit der Fundstelle liegt am Westrand des Marchfeldes. Der vorderste Teil der Grube war zur Zeit der Beschreibung von FINK (1955) nicht abgebaut und der ganz im Süden liegende Bereich verfallend, mit Grundwasser gefüllt. Die beiden Abbauwände liegen gegen Süden.

Forschungsgeschichte: Die Schottergrube wurde von FINK & MAJDAN (1954) und FINK (1955) beschrieben. Die Molluskenfauna wurde teilweise von BINDER (1977:40) publiziert und von Frank (laufende Studie) revidiert und ergänzt.

Sedimente und Fundsituation: Im Hangenden Tschernosem, der lokal über 1,5m mächtig ist. Darunter folgt Löß, und darunter, im vordersten Teil der Grube, liegt in der der Straße am nächsten liegenden Wand eine etwa 15m lange Kryoturbationszone. Sie ist 3,5m tief und enthält ein zum Teil noch in primärem Kontakt befindliches Silt-Aulehm-Paket. Über der Froststauchungszone und unter dem Löß liegt eine Schichte horizontalen, wahrscheinlich fluviatil darübergelagerten Schotters.
Die für die Untersuchung der Molluskenfauna entnommenen Proben wurden aus dem Hangenden der Schotteroberkante, etwa 1,50m unter dem rezenten Boden, aus gelbgrauem Sand (Nr. 1) und aus vergleytem Löß, etwa 1-0,50m unter dem rezenten Boden (Nr. 2) entnommen.

Fauna: Es handelt sich um eine reine Molluskenfundstelle.

Mollusca	1	2	Anmerkungen
Gyraulus acronicus	+	-	zahlreich
Stagnicola glaber	+	-	relativ zahlreich; siehe Kommentar
Galba truncatula	+	-	
Stagnicola palustris	+	-	
Radix peregra	+	-	
Lymnaea stagnalis f. *minor*	+	-	als "*Stagnicola palustris*" bestimmt
Columella columella	+	-	
Pupilla muscorum	+	+	teilw. als "*m. densegyrata*" bestimmt
Pupilla muscorum densegyrata	+	+	in Probe 1 zahlreicher
Pupilla bigranata	+	-	als "*P. m. densegyrata*" bestimmt
Pupilla sterrii	-	+	
Pupilla loessica	+	-	
Succinella oblonga + f. *elongata*	+	+	in Probe 1 sehr zahlreich
Succinea putris	+	-	
Oxyloma elegans	+	-	
Punctum pygmaeum	+	-	
Vitrea crystallina	+	-	
Perpolita hammonis	+	-	
Pisidium milium	+	-	
Pisidium supinum	+	-	
Gesamt: 20	19	4	

Stagnicola glaber ist derzeit nicht aus Österreich bekannt. Die Fundmeldung aus dem Seewinkel (MÜLLER 1988) beruht mit Sicherheit auf Fehldetermination. Sie ist nordwesteuropäisch verbreitet und allgemein selten und rückläufig (FALKNER 1991:84, siehe auch Linz-Grabnerstraße FRANK, dieser Band).

Paläobotanik und Archäologie: Kein Befund.

Chronologie: Wahrscheinlich Jungpleistozän

Klimageschichte: Gegenüber den von BINDER (1977) registrierten 8 Arten konnte die Anzahl auf 20 erhöht werden. Daraus ergibt sich folgendes Landschaftsbild: Fauna 2 ist arten- und individuenarm und läßt weitestgehend offene, feuchte Lößtundra (Gras- und Krautbewuchs) annehmen. Soweit aus den geringen Befunden ablesbar, ist der Klimacharakter mit kalt-feucht anzunehmen.

Fauna 1 ist ebenfalls feuchtigkeitsbetont. Sie ist weit arten- und individuenreicher und umfaßt eine aquatische Fazies. Diese bezeichnet sumpfiges Gelände - Seggensümpfe, Verlandungsvegetation (*Succinea putris*, *Oxyloma elegans*) und vermutlich Pioniergebüsche im Bereich kleinerer, flachgründiger Wasserkörper (beständigere Tümpel und Temporärgewässer, angezeigt durch die *minor*-Form von *Lymnaea stagnalis*, durch *Radix peregra* in höheren Anteilen, durch *Stagnicola palustris* und *Pisidium milium*). Daß auch ein ausgedehnteres Gewässer vorhanden gewesen sein muß, wird durch *Gyraulus acronicus* und *Pisidium supinum*, beide in höheren Anteilen, deutlich. Letztere ist gegenwärtig rein fluviatil; Vorkommen in Stillgewässern sind als reliktär anzusehen (beispielweise Restpopulationen in abgetrennten Flußschlingen). *Gyraulus acronicus* lebt in permanenten Fließ- und Stehgewässern. Die terrestrische Fauna zeigt - von dem schon genannten Verlandungsgürtel abgesehen - ausgedehnte gras- und krautbestandene Flächen, auch Hochstauden sind anzunehmen. In der näheren Umgebung könnten kleinräumig Steppenheiderelikte bestanden haben (*Pupilla bigranata* ist relativ zahlreich enthalten). - Klimacharakter: sehr feucht, gemäßigt.

Aufbewahrung: Inst. Paläont. Univ. Wien.

Rezente Sozietäten: Es liegen nur Einzelaufsammlungen vor, die bei weitem nicht die vollständige Molluskenfauna repräsentieren (KLEMM 1974): *Merdigera obscura*, *Aegopinella nitens*, *Trichia hispida*. Diese Arten zeigen Buschwald oder Bewaldungsreste, angrenzend Wiesen (*Trichia hispida*).

Literatur:

BINDER, H. 1977. Bemerkenswerte Molluskenfaunen aus dem Pliozän und Pleistozän von Niederösterreich. - Beitr. Paläont. Österr. **3**: 49 pp, 14 Taf., Wien.

FALKNER, G. 1991. Vorschlag für eine Neufassung der Roten Liste der in Bayern vorkommenden Mollusken (Weichtiere). - Schriftenr. Bayer. Landesamt f. Umweltschutz, **97**: 61-112, München (1990).

FINK, J. 1955. Abschnitt Wien-Marchfeld-March. Wegbeschreibung: Wien-Marchfeld-Stillfried. - Verh. Geol. Bundesanst., SH **D** (1955): 82-116, Wien.

FINK, J. & MAJDAN, H. 1954. Zur Gliederung der pleistozänen Terrassen des Wiener Raumes. - Jb. Geol. Bundesanst. **XCVII**, Wien.

KLEMM, W. 1974. Die Verbreitung der rezenten Land-Gehäuse-Schnecken in Österreich. - Denkschr. Österr. Akad. Wiss., math.-naturwiss. Kl. **117**: 503 pp, Wien.

MÜLLER, Ch. Y. 1988. Die Molluskenfauna des Seewinkels (Gebiet östlich des Neusiedlersees, Österreich). - Mitt. dt. malak. Ges. **42**: 11-24, Frankfurt/Main.

Große Thorstätten bei Altlichtenwarth

Gernot Rabeder

Sand- und Schottergrube mit Großsäugerresten, Pliozän/Ältestpleistozän
Synonyme: Reinthal, Altlichtenwarth, TS

Gemeinde: Altlichtenwarth
Polit. Bezirk: Mistelbach, Niederösterreich
ÖK 50-Blattnr.: 25, Poysdorf
16°48'50" E (RW: 340mm)
48°40'16" N (HW: 380mm)
Seehöhe der Schotterunterkante 160-165 m

Lage: Die Schottergrube liegt knapp östl. der Straße zwischen Altlichtenwarth und Bernhardsthal im nordöstl. Weinviertel, in einer Ebene südl. des Mühlberges (Lageskizze in THENIUS 1975).
Zugang: Von Altlichtenwarth auf der Straße nach Norden; wo die Straße nach Reinthal abzweigt, rechts ein kurzes Stück in Richtung Bernhardsthal und nach rechts zur Schottergrube.
Geologie: Eine bis 20m mächtige Schotterflur liegt auf dem Oberpannon des Nördl. Wiener Beckens. Die Schotter wurden als fluviatile 'höhere Terrassenschotter' angesehen und ähnlichen Schottern im Donauraum gleichgesetzt (GRILL 1968).
Sedimente: kreuzgeschichtete Schotter und Kiese.

Fauna (n. THENIUS 1975)

Mammalia	
Cervus cf. *perrieri*	Geweihfragment
Dicerorhinus megarhinus	Mandibel mit P_3-M_3
Mammut borsoni	7 M sup. 1M inf.
Mammuthus cf. *meridionalis*	2 Zahnlamellenfragmente

Bemerkenswert ist das Zusammenvorkommen von 'tertiären' Mastodonten *(Mammut)* und 'pleistozänen' Elefanten *(Mammuthus)*.

Paläobotanik: kein Befund.

Chronologie: Die kleine Artenliste gewährt nur ein Abschätzen der Zeitstellung. Wegen des Auftretens von *Mammuthus* können wir sagen, daß die ELE-Grenze (ca. 3,5 MJ) überschritten ist, andererseits kann wegen der relativ wenig evoluierten *Mammut*-Molaren das geologische Alter nicht sehr jung sein. *Mammut borsoni* und *Mammuthus meridionalis* zusammen mit *Dicerorhinus megarhinus* gibt es auch an der ungarischen Fundstelle Kisláng (JANOSSY 1986), weshalb uns eine ähnliche Altersstellung (Ältestpleistozän) am wahrscheinlichsten scheint. Ein oberpliozänes Alter ist aber auch nicht auszuschließen.

Klimageschichte: keine Aussagen.

Aufbewahrung: Inst. Paläont. Univ. Wien, Privatsammlung Dr. W. Hainz-Sator.

Literatur:
GRILL, R. 1968. Erläuterungen zur geologischen Karte des nordöstlichen Weinviertels und zu Blatt Gänserndorf. - Geol. Bundesanst. 1-155, Wien.
JANOSSY, D. 1986. Pleistocene Vertebrate Fauna of Hungary. - 208 S., Akad. Kiadó, Budapest.
THENIUS, E. 1975. Neue Säugetierfunde aus dem Pliozän von Niederösterreich. - Mitt. österr. geol. Ges. **68**: 109-128, Wien.

Großweikersdorf

Christa Frank & Gernot Rabeder

Jungpleistozäne Lößstation, Aurignacien
Kürzel: GW

Gemeinde: Großweikersdorf
Polit. Bezirk: Tulln, Niederösterreich
ÖK 50-Blattnr.: 39, Tulln
15°58'42" E (RW: 214mm)
48°27'58" N (HW: 478mm)
Seehöhe: 200m

Lage: Ehemalige Ziegelei knapp südl. des Bahnhofes. Das Lößpaket, das hier in einer Mächtigkeit von 5m abgebaut wurde, enthielt drei Fundschichten, die mit den Buchstaben A, B und C bezeichnet werden (Abb. 1).
Geologie: Lößablagerungen am rechten Ufer der Schmida.

Forschungsgeschichte: Die ersten Artefakte kamen im Jahre 1912 bei einem Aushub in der Ziegelei Groiß, 2m unter dem Ziegeleiniveau, zutage. Schon zehn Jahre vorher waren bei einer Brunnengrabung im etwa gleichen Niveau Mammutknochen gefunden worden. J. BAYER (1922) ordnete die Steingeräte dem 'Jung-Aurignacien - Alt-Solutrien' zu, was dem Gravettien entspricht. Die stratigraphische Position dieser nun als 'Großweikersdorf A' bezeichneten Fundlage ist unbekannt.
1956 wurde für den weiteren Abbau eine 3-4m tiefe Grube ausgehoben. In der südlichen Abbauwand wurde ein großer Mammutstoßzahn freigelegt und unter der Leitung von F. Berg (Höbarthmuseum Horn) geborgen. Die in dieser Fundschicht ('B') gefundenen Artefakte gehören dem Aurignacien an (BERG 1958).

Aufgrund weiterer Funde an der Basis der Ziegelgrube wurde im Juni 1957 eine archäologische Grabung von F. Brandtner durchgeführt. Aus einer linsenförmigen z.T. engräumig verfrachteten Anhäufung (=Großweikersdorf C) wurden zahlreiche fossile Wirbeltierreste und Steinartefakte geborgen.
Aus der Profilwand - knapp unter dem Fundniveau des Mammutzahnes - konnte im August 1957 eine komplette Zahnreihe eines Pferdes geborgen werden (mündl. Mitt. und unpublizierte Grabungspläne von F. Brandtner).
Die relativ gut erhaltene Säugetierfauna wurde durch G. RABEDER (1996) bearbeitet. Die überaus reiche Gastropodenfauna, ursprünglich von A. Papp bestimmt, wurde nun durch C. FRANK revidiert (1996). Außerdem liegt eine malakologische Bearbeitung des ganzen Profiles von H. BINDER (1977) vor.

Sedimente und Fundsituation: Die genannten Funde stammen alle aus einem gastropodenreichen Löß, der durch Hangfließen etwas verfrachtet erscheint. Verfrachtete Reste einer älteren Bodenbildung kamen an der Basis der Abbauwand zum Vorschein. In den höheren Partien des einst aufgeschlossenen Lößpaketes, in einem Hohlweg südwestlich der Ziegelei, war eine schwach gefärbte Bodenbildung zu sehen, die von BINDER (1977) mit dem Horizont Stillfried B korreliert wurde.

Fauna:

Mammalia	A	B und C (Mindestindividuenzahl)
Canis lupus	-	1
Lynx lynx	-	1
Megaloceros giganteus	-	2
Cervus elaphus	-	3
Alces alces	-	1
Rangifer tarandus	-	9
Bison priscus	-	2
Equus ferus 'solutreensis' = E. arcelini (?)	-	3
Coelodonta antiquitatis	-	1
Mammuthus primigenius	+	2

Die hier angeführten Faunenreste stammen fast alle aus den Fundkomplexen B und C. Die Wirbeltierreste sind als Mahlzeitreste des jungpaläolithischen Menschen gedeutet worden. Zahlreiche Schnittspuren weisen darauf hin, daß die starke Fragmentierung auf menschliche Tätigkeit zurückzuführen ist.
Die Wirbeltierfauna von Großweikersdorf setzt sich aus typischen Vertretern der Lößlandschaft zusammen. Die geringe Mindestindividuenzahl deutet darauf hin, daß dieser Platz nur fallweise und kurzfristig, d.h., nur je eine Saison als Jagdstation benutzt worden war. Die Jagdbeute bestand vorwiegend aus Rentieren. Das Vorkommen des Luchses spricht dafür, daß zumindest entlang der Bäche und Flüsse kleinere Waldungen bestanden haben.

Die Gastropodenfaunen stammen von Schlämmproben, die von A. Papp während der Grabung 1957 entnommen wurden. Eine weitere Beprobung und Auswertung der Mollusken erfolgte für das ganze Profil durch BINDER (1977), allerdings ohne Zusammenhang mit den archäologischen Fundschichten.
Gastropoda (in Stückzahlen) aus den bei der Grabung 1957 entnommenen Proben: 1 = Kulturschicht (Großweikersdorf C), 2 = 4 Meter über der Kulturschicht, 3 = 8 Meter über der Kulturschicht, 4 = im Hohlweg oberhalb der Ziegelei, unterhalb der verflossenen Bodenbildung, 5 = im Hohlweg, oberhalb der verflossenen Bodenbildung.

Art	1	2	3	4	5
Cochlicopa lubrica	168	24	-	2	-
Cochlicopa lubricella	2	-	-	-	-
Columella columella	435	-	1	3	-
Vertigo antivertigo	1	-	-	-	-
Vertigo substriata	1	-	-	-	-
Vertigo pygmaea	4	-	-	-	-
Granaria frumentum	1	-	-	3	-
Pupilla muscorum	206	18	1	11	7
Pupilla musc. densegyrata	866	126	28	46	6
Pupilla bigranata	564	138	3	86	2
Pupilla triplicata	84	-	3	13	-
Pupilla sterrii	68	2	39	28	10
Pupilla loessica	45	7	54	53	14
Pupillidae, Apices der *P. muscorum*-Gruppe	viele	-	viele	114	-
Vallonia costata	25	-	-	-	-
Vallonia costata-helvetica	23	-	-	22	-
Vallonia tenuilabris	120	2	63	39	2

Art	1	2	3	4	5
Chondrula tridens	1	-	-	1	
Clausilia dubia	40	-	-	57	1
Neostyriaca corynodes austroloessica	5	-	-	-	-
Succinella oblonga	2678	-	281	-	-
Succinella obl. elongata	788	711	-	884	43
Succinea putris	82	11	-	11	-
Oxyloma elegans	4	-	-	-	-
Succinea putris/ Oxyloma elegans	20	-	-	-	-
Punctum pygmaeum	98	-	-	2	-
Euconulus fulvus	188	23	-	8	1
Euconulus alderi	40	-	-	2	-
Semilimax kotulae	3	-	-	-	-
Vitrea crystallina	627	121	-	4	-
Aegopinella cf. *nitens*	-	-	-	1	-
Perpolita hammonis	129	27	-	2	-
Limacidae indet. sp.	4			2	
Deroceras sp., 3-4 Arten	24	-	-	2	-
Fruticicola fruticum	7	-	-	-	-
Trichia hispida	1470	181	424	1206	10
Trichia rufescens suberecta	12	-	-	-	-
Trichia sp., Splitter	-	-	-	100	-
Helicopsis striata	51	-	-	7	18
Arianta arbustorum alpicola	85	47	1	80	3

Die fossile Gastropodenfauna von Großweikersdorf enthält über 40 Arten und Unterarten, darunter mindestens 3-4 Nacktschneckenarten. Die Fauna der Hauptkulturschicht (1) sowie die Assoziation der Probe 4 entsprechen zwei wärmeren Phasen des Mittelwürms, in denen das Gelände offen bis halboffen war mit trockenen, steppenartigen Flächen; zumindest stellenweise gab es eine reicher entwickelte Krautschicht. Verschiedene ökologische Gruppen nebeneinander deuten auf standörtliche Unterschiede in begrenztem Raum. Es herrschte ein mäßig kühles Übergangsklima; trotz des Auftretens von typischen Löß-Arten deutet nichts auf eine ausgeprägte Kältesteppe hin, da die Faunen zu artenreich und zu differenziert sind.
Die Faunen der Proben 2, 3 und 5 sind artenärmer und zeigen ein kaltes und feuchtes Lößgebiet an.

Paläobotanik: kein Befund.

Archäologie: Die Steinartefakte der Kulturschicht C sind nach F. Brandtner (mündl. Mitteilung) dem mittleren Aurignacien zuzuordnen und entsprechen etwa der Kulturschicht 4 von Willendorf. Auch die in Verbindung mit dem Mammutstoßzahn durch BERG (1958) gefundenen Artefakte gehören der gleichen Kulturstufe an. Die bei der Brunnengrabung 1912 zutage gekommenen Steingeräte sind hingegen schon dem Gravettien zuzuordnen (BAYER 1922).
Bei der Grabung 1957 kamen aus der Kulturschicht auch drei Knochenartefakte zum Vorschein. Es handelt sich um proximale Rengeweih-Stücke, die alle nach dem gleichen Muster abgeschnitten worden waren. In einem Abstand von 4 bis 7 cm von der Basis der Seitensprosse ist die Stange abgetrennt und die proximale Fläche gerundet worden. Ebenfalls abgeschnitten ist die Spitze der Seitensprosse.
Es könnte sich bei diesen Geweihfragmenten um Rohlinge oder Halbfabrikate handeln, aus denen Knochengeräte wie z.B. 'Lochstäbe', 'Kommandostäbe' oder 'Geweihhöcker' hergestellt hätten werden sollen.

Chronologie und Klimageschichte:
Radiometrische Daten: ^{14}C-Daten: GrN 16.263: 32.770 ±240, GrN 16.244: 31.630 ±240 a BP (nach BRANDTNER 1990).
Nach den Radiokarbondaten und nach den Gastropodenspektren ist die Hauptfundschicht C einem Übergangsbereich zwischen der Mittelwürm-Warmzeit und dem Hochglazial einzustufen. Die Sonneneinstrahlungswerte des Sommers lagen noch über dem heutigen Niveau, die Vereisung der Polkappen und vielleicht auch des nördlichen Atlantik haben aber zu wesentlich ungünstigeren Klimabedingungen geführt, als wir sie heute haben.
Der Löß der Proben 2 und 3 ist hingegen schon typisch kaltzeitlich.
Die Probe 4, die im Zusammenhang mit einer schwachen Bodenbildung steht, zeigt jedoch wieder wärmere Verhältnisse an. Diese Bodenbildung kann man daher vielleicht mit dem Paläosol 'Stillfried B' zeitlich korrelieren.
Der darüber liegende Löß ist wieder kaltzeitlich.

Aufbewahrung: Die Wirbeltierreste der Fundschicht C sowie alle Artefakte sind an der Prähistorischen Abtei lung des Naturhistorischen Museums aufbewahrt. Der Mammut-Stoßzahn von der Schicht B ist im Höbarth-Museum in Horn ausgestellt. Die Gastropoden liegen in den Sammlungen des Institutes für Paläontologie der Universität Wien.

Rezente Molluskenfauna: Registriert sind 16 meso- bis xero-mesophile Arten des Offen- und Halboffenlandes, darunter einige Kulturfolger mit mehr oder weniger ausgeprägter Bindung an den Menschen (*Tandonia budapestensis, Limax maximus, Limacus flavus, Deroceras reticulatum, Arion lusitanicus, Arion fasciatus, Arion distinctus, Xerolenta obvia)*, vgl. KLEMM (1974), REISCHÜTZ (1977, 1986).

Literatur:

BAYER, J. 1922. Großweikersdorf, eine neue Paläolithstation in Niederösterreich. - Mitt. Anthr. Ges. **52**: 270 ff, Wien.

BERG, F. 1958. Ausgrabungen und Fundbergungen des Höbarth-Museums der Stadt Horn im Jahre 1956. - Nachrichtenbl. f. d. österr. Ur- u. Frühgeschichtsforschung VII, 1/2, Wien.

BINDER, H. 1977. Bemerkenswerte Molluskenfaunen aus dem Pliozän und Pleistozän von Niederösterreich. - Beitr. Paläont. Österr. **3**: 1-49, 14 Taf., Wien.

BRANDTNER, F.J. 1990. Stand der Paläolithforschung in Niederösterreich. Referat Tagung d. Ges. f. Vor-und Frühgeschichte, Aspang/Z. 1989, Manus **56**: 43-56, Bonn und Wien.

FRANK, C. & PAPP, A. 1996. Gastropoda (Pulmonata: Stylommatophora) aus der Grabung Großweikersdorf C (N.Ö.). - Beitr. Paläont. Österr. **21**: 11-20, Wien.

KLEMM, W. 1974. Die Verbreitung der rezenten Land-Gehäuse-Schnecken in Österreich. - Denkschr. Österr. Akad. Wiss., **117**: 503 S., Wien, New York: Springer.

RABEDER, G. 1996. Die Säugetier-Reste des frühen Aurignacien von Großweikersdorf C (Niederösterreich). - Beitr. Paläont. Österr. **21**: 85-92, Wien.

REISCHÜTZ, P.L. 1977. Die Weichtiere des nördlichen Niederösterreichs in zoogeographischer und ökologischer Sicht. - Hausarbeit aus Biologie und Umweltkunde, 33pp, Anh. I u. II, Univ. Wien.

REISCHÜTZ, P.L. 1986. Die Verbreitung der Nacktschnecken Österreichs (Arionidae, Milacidae, Limacidae, Agriolimacidae, Boettgerillidae). - Sitz.ber. Österr. Akad. Wiss., math.-naturwiss. Kl., Abt. I, **195**(1-5): 67-190, Springer Verlag, Wien/New York.

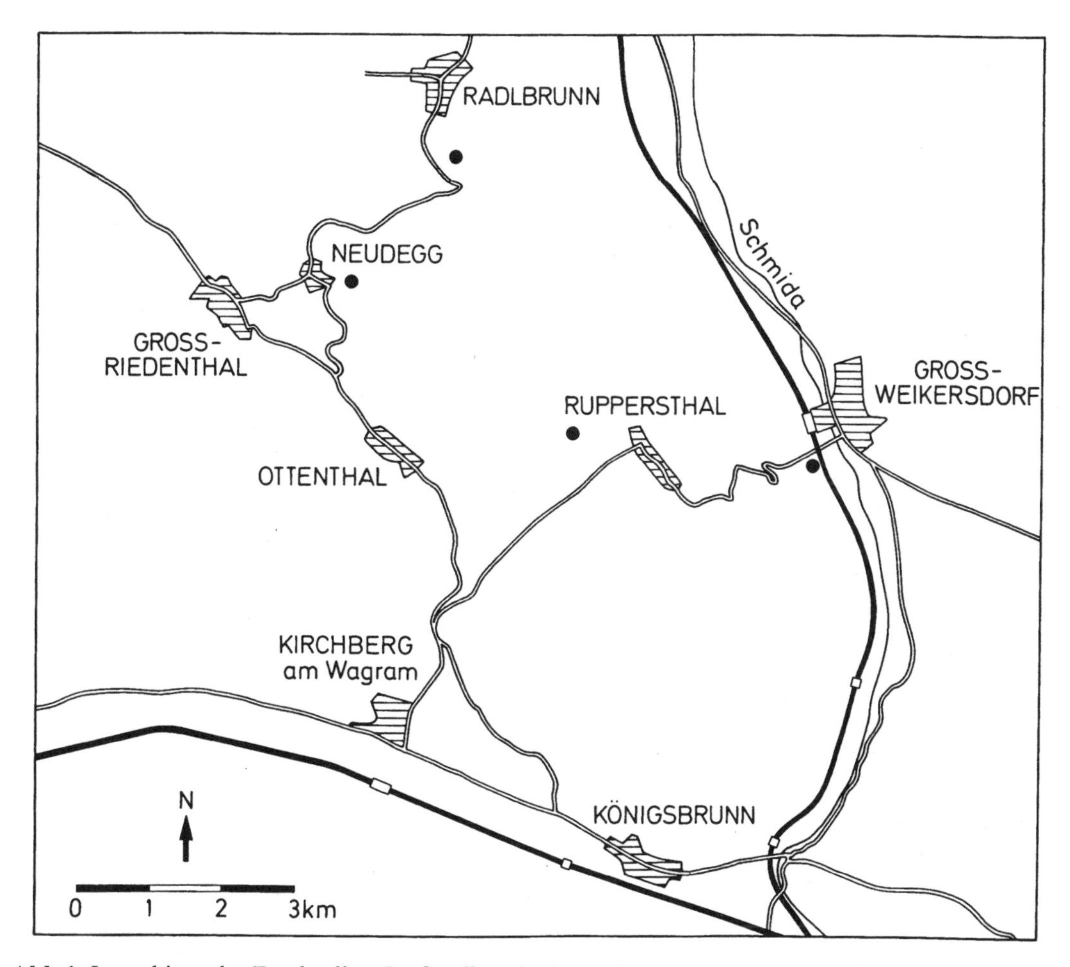

Abb.1: Lageskizze der Fundstellen Großweikersdorf, Neudegg, Ottenthal, Radlbrunn und Ruppersthal

Laaerberg

Christa Frank & Gernot Rabeder

Ehemalige Ziegelgrube mit mittelpleistozäner Fauna
Synonyme: Rudolfs-Ziegelöfen, Ziegelei Löwy, La

Gemeinde: Wien
Polit. Bezirk: Wien XI, Simmering
ÖK 50-Blattnr.: 59, Wien
16°23' E (RW: 94mm)
48°10' N (HW: 352mm)
Seehöhe: 220m, Schottersohle der 'Wienerbergterrasse': 210m

Lage: Im Süden von Wien, im Osten des Laaerberges (Abb.1).
Zugang: Die ehemalige Ziegelgrube Löwy wurde mit Müll verfüllt, darüber wurden Gärten angelegt, sodaß die Fundstelle völlig verschwunden ist.
Geologie: Der Laaerberg und der an ihn anschließende Wienerberg sind durch mächtige Schotterablagerungen entstanden, die über den weichen Sedimenten des Obermiozäns liegen. Die Unterkante der Laaerbergschotter bildet eine flachwellige, westgeneigte Fläche (KÜPPER 1952, KÜPPER & al. 1954). Über den Schottern liegt eine Serie von Lössen und Bodenbildungen, die stellenweise Fossilien enthalten.

Forschungsgeschichte: Die Ziegel- und Schottergruben im Bereich des Laaerberges standen schon oft im Interesse der Quartärgeologen (SCHAFFER 1906). Die Löwy'sche Grube (früher Rudolfsziegelöfen genannt) spielt in der Literatur eine besondere Rolle, weil hier Säugetierreste zum Vorschein gekommen waren, die für eine Datierung der Schotterterrassen und Lösse herangezogen werden konnten. In den Jahren 1904 bis 1909 wurden durch Schaffer und Kittl einige z.T. guterhaltene Knochen- und Zahnreste aufgesammelt und dem Naturhistorischen Museum übergeben. Ein Elefantenzahn aus den Laaerbergschottern wurde von SCHLESINGER (1914, 1916) ausführlich beschrieben und diskutiert, während die von Kittl aufgesammelten Reste erst im Jahre 1949 durch SIEBER (1949) in einer kurzen Notiz vorgestellt wurden. Die von SIEBER geplante ausführliche Darstellung dieser Fauna erschien nie.
Weitere Literatur: PAPP & THENIUS (1949), KÜPPER (1949, 1951a,b, 1952, 1955a,b), KÜMEL (1936, 1938), FINK & MAJDAN (1954). Mit den Wirbeltierresten waren SCHLESINGER (1914), PAPP & THENIUS (1949) sowie SIEBER (1949) befaßt, mit den Gastropoden PAPP (1955).

Fundstellenbeschreibung: Am Laaerberg und am Wienerberg bestanden mehrere Ziegelgruben, in denen vor allem der pannonische Tegel zur Ziegelgewinnung abgebaut wurde. Dabei wurden auch die darüberliegenden Laaerbergschotter sowie Löß- und Lehmfolgen aufgeschlossen. Heute sind diese Gruben verbaut oder durch Vegetation verdeckt.

Sedimente und Fundsituation: Die einst aufgeschlossene Schichtfolge beginnt mit dem basalen Pannon-Tegel (Ober-Miozän), der aufgrund der reichen Molluskenfauna (mit *Congeria subglobosa*) der Zone E der Pannongliederung angehört. Die darüberliegenden sterilen Sande (Pannonsande) wurden vielleicht auch noch in einer Phase des Pannons abgelagert. Nach einer Erosionsphase kam es zur Ablagerung der bis zu 20m mächtigen Laaerbergschotter; sie bestehen zum Teil aus hellen, ziemlich groben Quarzschottern, zum Teil sind an der Basis große Flysch-Blöcke von 'Pannonsand'-Konkretionen eingeschlossen; stellenweise sind Linsen eines grauen, konglomeratischen Sandsteines entstanden. Etwa 8-10m über der Sohle sind die Schotter von rostbraunen Streifen durchzogen.
Seitlich an dieses sich ostwärts verjüngende Schotterpaket ist der ältere Löß angelagert, der auch 'Liegendlöß' genannt wird und auf erodierten Laaerbergschottern liegt. Darüber folgt die als Bodenbildung angesprochene Roterdezone (=Rotlehme der Rudolfsziegelöfen). Darüber folgen der jüngere Löß (=Hangendlöß), in welchen am Nordrand der Grube Braunerde-Horizonte, an der Südwand auch ein Schwarzerde-Horizont eingeschaltet sind (KÜPPER 1952). Ein schematisches Profil bringt KÜPPER (1955a), s. Abb.2.
Der Hauptteil der Säugetierfauna stammt nach SIEBER (1949) "aus einem Verband von Schottern, feinen Sanden und rotbraunem Lößlehm im Liegenden der mächtigen Lösse der großen Löwyschen Ziegelgrube in Simmering"; diese Reste wurden von Kittl im Jahre 1909 aufgesammelt. Während SIEBER (1949:63, Fußnote) der Meinung war, daß der Fundpunkt derzeit nicht mehr genau zu ermitteln ist, bezeichnet KÜPPER (1955a,b) die Schicht 5 (=Älterer Löß, Liegendlöß) als Fundschicht.
Der von SCHLESINGER (1914) als *Elephas planifrons* beschriebene Molar stammt "aus der Mitte der Laaerbergschotter". Aus dem Liegendlöß unter der Bodenbildung und aus dem Hangendlöß auf der Bodenbildung liegen individuenreiche Molluskenfaunen vor (geschlämmte Substratmenge aus dem Liegenden: 50 kg; aus dem Hangenden: unbekannt).
Von SIEBER (1949) nur erwähnt bzw. nicht berücksichtigt wurden Ren-Geweihreste, die von Kittl schon 1904 aus 'dil. Löß' (=Hangendlöß?) aufgesammelt wurden, sowie Pferdereste, die von SCHAFFER 1906 ohne Schichtzuweisung aus der Löwy'schen Ziegelei entnommen wurden.

Fauna:

Tabelle 1. Mollusca (det. C. Frank) aus der Fundstelle Laaerberg.

	5	7	Anm.
Cochlicopa lubrica	-	+	1
Columella columella	+	+	2
Pupilla muscorum	+	+	3
Pupilla muscorum densegyrata	-	+	4
Pupilla bigranata	-	+	4
Pupilla sterrii	+	+	3
Pupilla loessica	+	+	4
Pupillidae, Apices	+	+	5
Vallonia costata	-	+	
Vallonia tenuilabris	+	+	6
Chondrula tridens	-	+	
Clausilia dubia	+	+	7
Neostyriaca corynodes austroloessica	+	+	4, 8
Succinella oblonga mit f. *elongata*	+	+	9
Catinella arenaria	-	+	4
Euconulus fulvus	+	-	
Euconulus alderi	+	+	4
Trichia hispida	+	+	4, 10
Trichia rufescens suberecta	+	+	4
Helicopsis striata	-	+	4
Xerolenta obvia	-	+	11
Arianta arbustorum	+	-	
Kalkkonkremente v. Regenwürmern	-	+	
Gesamt: 21	13	19	

Schichtbezeichnung wie Abb.2: 3=Laaerbergschotter, 5=Liegendlöß, 7=Hangendlöß, x=Fundschicht unbekannt. Abkürzung: Anm. = Anmerkung

Anm. 1: Schlanke, verhältnismäßig große Ausbildung.
Anm. 2: Der Hinweis auf ein 'häufigeres' Vorkommen der Art im Hangendlöß läßt sich aufgrund des vorhandenen Materiales nicht verifizieren (nur 3 Exemplare).
Anm. 3: Große Individuen.
Anm. 4: In Tabelle 2 in PAPP (1955) nicht registriert oder Fehldetermination.
Anm. 5: Überwiegend aus der *muscorum*-Gruppe.
Anm. 6: 5 Individuen '*Vallonia tenuilabris*' sind juvenile *Trichia hispida.*
Anm. 7: Form mit obsoletem Doppelknötchen.
Anm. 8: Es handelt sich um die von KLEMM (1969:302-303) beschriebene *Neostyriaca corynodes austroloessica*, l. t.: Langenlois, Ziegelofengasse.
Anm. 9: Die f. *elongata* liegt aus beiden Löß-Schichten vor.
Anm. 10: Die als '*Fruticicola sericea* DRAP.' bestimmten Individuen aus dem Liegendlöß sind *Trichia hispida; Trichia sericea* ist in keiner der Faunen enthalten.
Anm. 11: Nicht autochthon; subrezentes Exemplar.

Tabelle 2. Vertebrata nach SIEBER (1949), rev. v. G. Rabeder.

	3	5	7?	x	
Talpa europaea	-	+	-	-	Humerus
Canis mosbachensis	-	+	-	-	Schädel
Ursus thibetanus (="Plionarctos stehlini")	-	+	-	-	Mand., Hum.
Meles sp.	-	+	-		2 Canini
Martes sp.	-	+	-	-	Radius-Fr.
Trogontherium schmerlingi	-	+	-	-	Schädel
Capreolus capreolus	-	+	-	-	Geweihfr.- u. Zähne
Rangifer tarandus	-	-	+	-	Geweihfr.
Bison priscus	-	+	-	-	Mt 3+4-Fr.
Equus cf. *ferus*	-	-	-	+	Mc3-Fr., Phalangen
Dicerorhinus cf. *etruscus*	-	+	-	-	Mc 2
Mammuthus meridionalis (="Elephas planifrons")	+	-	-	-	M_3 sin.

Schichtbezeichnung siehe Tab. 1

Eine artliche Bestimmung der *Martes-*, *Meles-* und *Bison*-Reste ist aufgrund des geringen Materials nicht möglich.

Paläobotanik: kein Befund.

Archäologie: Einzelne Komponenten aus dem Laaerbergerschotter wurden als primitive Artefakte gedeutet (MOHR 1962). Es handelt sich dabei um Gerölle mit abgesprengten Segmenten, deren Umrisse an Elemente der sog. Geröllkulturen erinnert. Da derartige Absprengungen auch auf natürliche Weise entstehen können, wird eine artifizielle Entstehung heute abgelehnt.

Chronologie: Die Säugetierfauna aus dem Liegendlöß weise nach SIEBER (1949) in PAPP & THENIUS (1949) auf einen Auwald-Lebensraum hin und sei etwas altertümlicher als die Fauna der Hundsheimer Fundstelle. Die chronologisch aussagekräftigen Reste von *Canis, Ursus* und *Trogontherium* sprechen aber lediglich für Mittelpleistozän. *Trogontherium* kommt in den ungarischen Fundstellen bis zur Vertesszöllösphase (JÁNOSSY 1986) vor, in Vertesszöllös selbst tritt es gemeinsam mit *Ursus thibetanus* auf, weshalb uns eine Einstufung in das mittlere oder jüngere Mittelpleistozän plausibel erscheint.
Die zeitliche Stellung des Laaerbergschotters kann aufgrund des *'Archidiscodon' (=Mammuthus) meridionalis*-Zahnes nur auf den Zeitraum vom Mittelpliozän bis zum Altpleistozän eingeschränkt werden.
Die *Rangifer*- und *Equus*-Reste deuten auf eine Kalt-Phase des jüngeren Mittelpleistozäns hin, in der die Hangendlösse entstanden sind.
Für die Molluskenfauna des Liegendlösses läßt sich durch *Neostyriaca corynodes austroloessica*, die aus verschiedenen ober- und niederösterreichischen donaunahen Fundstellen vorliegt, ein deutlich jüngeres Alter als Hundsheim postulieren. Die *Neostyriaca* aus der altpleistozänen Gastropodenfauna aus Hundsheim ist *Neostyriaca schlickumi* (KLEMM 1969). Zur Taxonomie siehe die neuen Untersuchungen von KROLOPP (1994:5-8), der *schlickumi* nur als *Neostyriaca corynodes*-Form betrachtet. Sowohl die Fauna des Liegend- als auch des Hangendlösses enthalten *Neostyriaca corynodes austroloessica* und Feuchtezeiger, die zwar eine gewässernahe Landschaft mit reichlich krautigem Bewuchs (im Hangendlöß deutlich akzentuiert), aber keinen Auwald annehmen lassen, sondern eher Pioniergebüsche. Zeitliche Stellung der Molluskenfaunen: jüngeres Mittelpleistozän.

Klimageschichte:
Die Molluskenfauna aus der liegenden Lößschicht ist arten- und individuenärmer als die aus dem Hangendlöß und zeigt auch eine wesentlich geringere ökologische Differenzierung. Es überwiegen die Indikatoren für offene, mehr oder weniger felsige Lößtundra (oder -steppe), die vermutlich einzelne Büsche u./o. Bäume aufwies. Neben trockenen Flächen (*Pupilla sterrii* in größeren Mengen) müssen aber auch Stellen höherer Feuchtigkeit bis lokaler Staunässe bestanden haben, mit reichlichem krautigem Bewuchs (*Euconulus alderi, Trichia rufescens suberecta*). Klimacharakter: mittelfeucht, gemäßigt.

Die Standortsdifferenzierung, die die Fauna des Hangendlösses bezeichnet, ist höher: Obwohl die Anzeiger der weitgehend offenen, steinigen Lößtundra individuenstark vertreten sind und die ökologisch anspruchslose *Trichia hispida* das beherrschende Faunenelement ist, dürfte das Landschaftsbild ein abwechslungsreicheres gewesen sein: Stärkere Entwicklung der krautigen Vegetation, vermutlich auch der Hochstauden (mehr *Trichia rufescens suberecta*); mehr Gebüsche u./o. Bäume; lokal wieder Bodenvernässung (*Euconulus alderi*). Klimacharakter: feucht, gemäßigt.

Aufbewahrung: Vertebrata: Naturhist. Mus. Wien (Geol.-paläont. Abt), Mollusken: Inst. Paläont. Univ. Wien.

Rezente Molluskenvergleichsfauna:
Laaerberg: FRANK (1986): 1 (Funddaten zw. 1887 und 1952), KLEMM (1974): 2.
Simmering: KLEMM (1974): 3; REISCHÜTZ (1986): 4; REISCHÜTZ (1978): 5; REISCHÜTZ & STOJASPAL (1979): 6; STOJASPAL (1978): 7 (5-7: Gärten der Erdbergerstraße, beim alten Gasometer).
Planorbarius corneus (1), *Planorbis planorbis* (1), *Radix ovata* (1), *Radix peregra* (1), *Lymnaea stagnalis*, Tendenz zur f. *minor* (1), *Cochlicopa lubrica* (2), *Cochlicopa lubricella* (1), *Granaria frumentum* (1), *Pupilla muscorum* (1, 2), *Vallonia costata* (1, 2), *Vallonia pulchella* (1, 2), *Zebrina detrita* (1, 2), *Zonitoides nitidus* (1, 2), *Euconulus fulvus* (2), *Vitrea crystallina* (1, 2), *Aegopinella nitens* (1, 2), *Oxychilus draparnaudi* (1), *Tandonia budapestensis* (4), *Boettgerilla pallens* (4), *Limax maximus* (4), *Deroceras laeve* (4), *Deroceras sturanyi* (4), *Deroceras panormitanum* (4, 5; Einschleppung in jüngster Zeit), *Deroceras reticulatum* (4), *Arion lusitanicus* (4), *Arion fasciatus* (4), *Arion distinctus* (4), *Trichia hispida* (1, 2, 3), *Petasina unidentata* (2), *Pseudotrichia rubiginosa* (1, 2), *Hygromia cinctella* (6, 7; Einschleppung in jüngster Zeit), *Xerolenta obvia* (1, 2, 3), *Euomphalia strigella* (1, 2), *Monacha cartusiana* (1, 2), *Cepaea vindobonensis* (1, 2), *Helix pomatia* (3), *Cryptomphalus aspersus* (5, 6; Einschleppung in jüngster Zeit; wieder erloschen). - Gesamt: 37.
Die 5 aquatischen Arten sprechen für ein kleineres, stehendes Gewässer vom Typ des Schotter- oder Ziegelteiches, mit Submersvegetation und Eutrophierungstendenz. Es handelt sich durchwegs um Daten aus FRANK (1986), also alles Fundmeldungen vor 1952.
Die verbleibenden 32 terrestrischen Arten (19 ökologische Gruppen) zeigen deutlich die Siedlungsnähe durch eine Reihe von kulturfolgenden Nacktschneckenarten(10!), die kulturfolgenden *Oxychilus draparnaudi* und *Xerolenta obvia*, sowie die in jüngster Zeit eingeschleppte *Hygromia cinctella* und die (vermutlich wieder erloschene) *Cryptomphalus aspersus*. Die restlichen Arten bewohnen verschiedene offene, mehr trockene (*Cochlicopa lubricella, Granaria frumentum, Pupilla muscorum, Vallonia costata*) oder mehr feuchte (*Cochlicopa lubrica, Vallonia pulchella*) Standorte; in mittelfeuchten, oft krautreichen Habitaten leben *Euconulus fulvus, Vitrea crystallina, Trichia hispida, Monacha cartusiana*). Ob die xerothermophile, sensible *Zebrina detrita* bzw. die auwaldtypische, hochhygrophile *Pseudotrichia rubiginosa* noch kleinräumige Reliktvorkommen haben, ist fraglich. In die Begleitfauna der letzteren würden *Zonitoides nitidus, Deroceras laeve* und *Deroceras sturanyi* als Nässezeiger sowie *Petasina unidentata* als häufige Feuchtwald-Art fallen; Reliktär wäre auch die waldbewohnende *Aegopinella nitens.*

Euomphalia strigella, *Cepaea vindobonensis* und *Helix pomatia* bilden eine häufige Gruppe gebüschreicher, meist xerothermer Standorte, sie bezeichnen auch Saum- und Mantelformationen.

Literatur:

FINK, J. & MAJDAN H. 1954. Zur Gliederung der pleistozänen Terrassen des Wiener Raumes. - Jb. Geol. Bundesanst. Wien, **97**(2): 211-249.

FRANK, C. 1986. Zur Verbreitung der rezenten schalentragenden Land- und Wassermollusken Österreichs. - Linzer biol. Beitr., **18**(2): 445-526, Linz.

JÁNOSSY, D. 1986. Pleistocene Vertebrate Faunas of Hungary. 208 S, Akadémiai Kiadó, Budapest.

KLEMM, W. 1969. Das Subgenus *Neostyriaca* A. J. WAGNER 1920, besonders der Rassenkreis *Clausilia* (*Neostyriaca*) *corynodes* HELD 1836. - Arch. Moll., **99**(5/6): 285-311, Frankfurt/Main.

KLEMM, W. 1974. Die Verbreitung der rezenten Land-Gehäuse-Schnecken in Österreich. - Denkschr. Österr. Akad. Wiss., **117**: 503 S., Wien, New York: Springer.

KROLOPP, E. 1994. A *Neostyriaca* génusz a magyarországi pleistocén képzödményekben. - Malakológiai Tájekoztató, **13**: 5-8, Gyöngyös.

KÜMEL, F. 1936. Der Löß des Laaerberges in Wien. - Führer f. d. Quartär-Exkursion Österr. III. Int. Quart. Konf. Wien.

KÜMEL, F. 1938. Die Exkursion am Nachmittag des 5. September 1936 auf den Laaerberg in Wien. - Verh. III. Int. Quartärkonferenz Wien 1936.

KÜPPER, H. 1949. Bericht 1949, Quartärbereich. - Verh. Geolg. Bundesanst. **1949**(1), Wien.

KÜPPER, H. 1951a. Kalk und Quarzschotter im Pleistozän. - Anz. Österr. Akad. Wiss. **1951/7**, Wien.

KÜPPER, H. 1951b. Zur Kenntnis des Alpenabbruches am Westrand des Wiener Beckens. - Jb. Geol. Bundesanst. **1949-51/XCIV**, Wien.

KÜPPER, H. 1952. Neue Daten zur jüngsten Geschichte des Wiener Beckens. - Mitt. Geogr. Ges. Wien, **94**(1-4): 10-30, Wien.

KÜPPER, H. 1955a. Exkursion im Wiener Becken südlich der Donau mit Ausblicken in den pannonischen Raum. - Verh. Geol. Bundesanstalt, SH D (**1955**): 127-136, Wien.

KÜPPER, H. 1955b. Ausblick auf das Pleistozän des Raumes von Wien. - Verh. Geol. Bundesanstalt, SH D (**1955**): 136-152, Wien.

KÜPPER, H., PAPP, A. & ZAPFE, H. 1954. Zur Kenntnis der Simmeringterrasse bei Fischamend. - Verh. Geolog. Bundesanst. Wien, **3**.

MOHR, H. 1962. Uralte Kulturzeugen im Stadtboden von Wien. - Universum, Natur und Technik **17**, 23/24: 529-532, Wien.

PAPP, A. 1955. Über quartäre Molluskenfaunen aus der Umgebung von Wien. - Verh. Geol. Bundesanst., **1955**, SH D: 152-157, mit Tab. 2, Taf. 12.

PAPP, A. & THENIUS, E. 1949. Über die Grundlagen der Gliederung des Jungtertiärs und Quartärs in Niederösterreich. - Sitzungsber. Österr. Akad. Wiss., Math. Naturwiss. Kl. **1949**: 763-787, Tab. VI, Wien.

REISCHÜTZ, P. L. 1978. Zwei eingeschleppte Schneckenarten in Wien-Simmering. - Mitt. Zool. Ges. Braunau, **3**(3/4): 98, Braunau/Inn.

REISCHÜTZ, P. L. 1986. Die Verbreitung der Nacktschnecken Österreichs (Arionidae, Milacidae, Limacidae, Agriolimacidae, Boettgerillidae). - Sitzungsber. Österr. Akad. Wiss., Math. Naturwiss. Kl. Abt. I, **195**(1-5): 190 S., Wien, New York: Springer.

REISCHÜTZ, P. L. & STOJASPAL, F. J. 1979. Über die Beständigkeit der neuen Vorkommen von *Hygromia cinctella* (DRAPARNAUD) und *Helix aspersa* O. F. MÜLLER in Wien. - Mitt. Zool. Ges. Braunau, **3**(8/9): 242-243, Braunau/Inn.

SCHAFFER, F. X. 1906. Geologie von Wien, II. und III. Teil. 242 S. Wien.

SCHLESINGER, G. 1914. Ein neuerlicher Fund von *Elephas planifrons* in Niederösterreich (Mit Beiträgen zur Stratigraphie der Laaerberg- und Arsenalterrasse.). - Jb. K. Geol. Reichsanst. **63**: 711-742, Wien.

SCHLESINGER, G. 1916. Die Planifronsmolaren von Dobermannsdorf und Laaerberg in Niederösterreich. Palaeont. Z. **2**: 215-224, Berlin.

SIEBER. 1949. Die Hundsheimer Fauna des Laaerberges in Wien. - Anz. Akad. Wiss., Math.-Naturwiss. Kl., Jg. **1949**(3): 63-68, Wien

STOJASPAL, F. J. 1978. *Hygromia cinctella* (DRAPARNAUD) in Wien. - Mitt. Zool. Ges. Braunau, **3**(3/4): 100, Braunau/Inn.

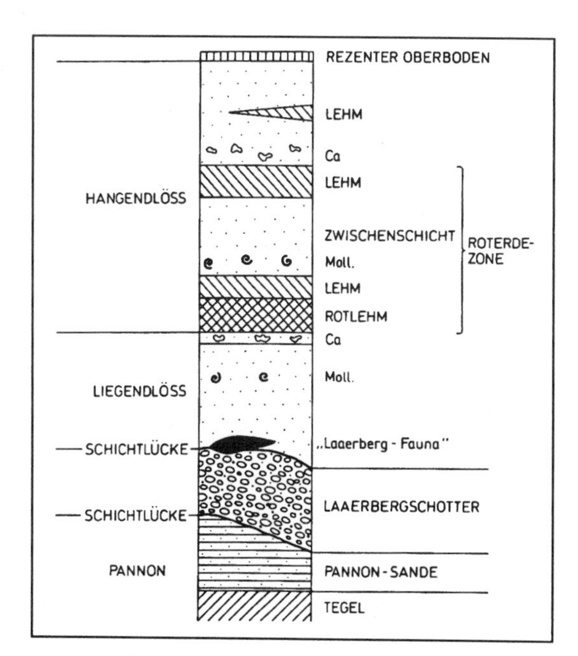

Abb.3: Sedimentprofil in der Sandgrube Löwy (stark verändert und generalisiert nach KÜPPER 1955)

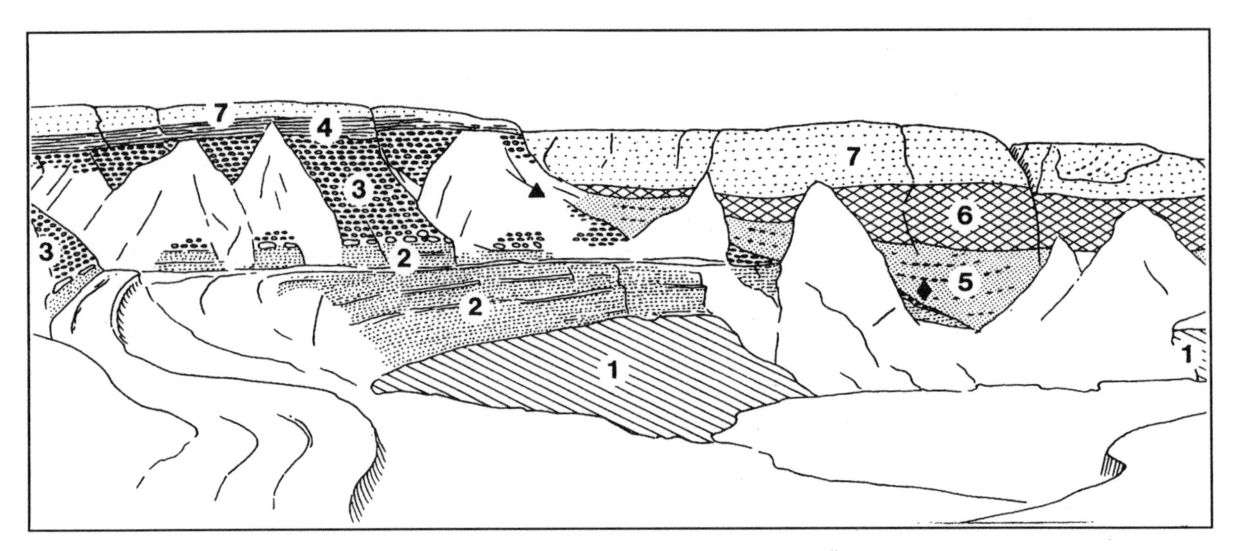

Abb.2: Aufschlußskizze der Sandgrube Löwy (nach KÜPPER 1955)

1 Pannon-Tegel **2** Graue und gelbe Sande, fossilleer **3** Laaerbergschotter, ▲ Archidiskodon-Zahn **4** Lehmiger Feinsand **5** 'Älterer Löß' = Liegendlöß, ◆ Vertebratenfunde **6** 'Roterdezone' = rotbrauner Lehm **7** 'Jüngerer Löß' = Hangendlöß

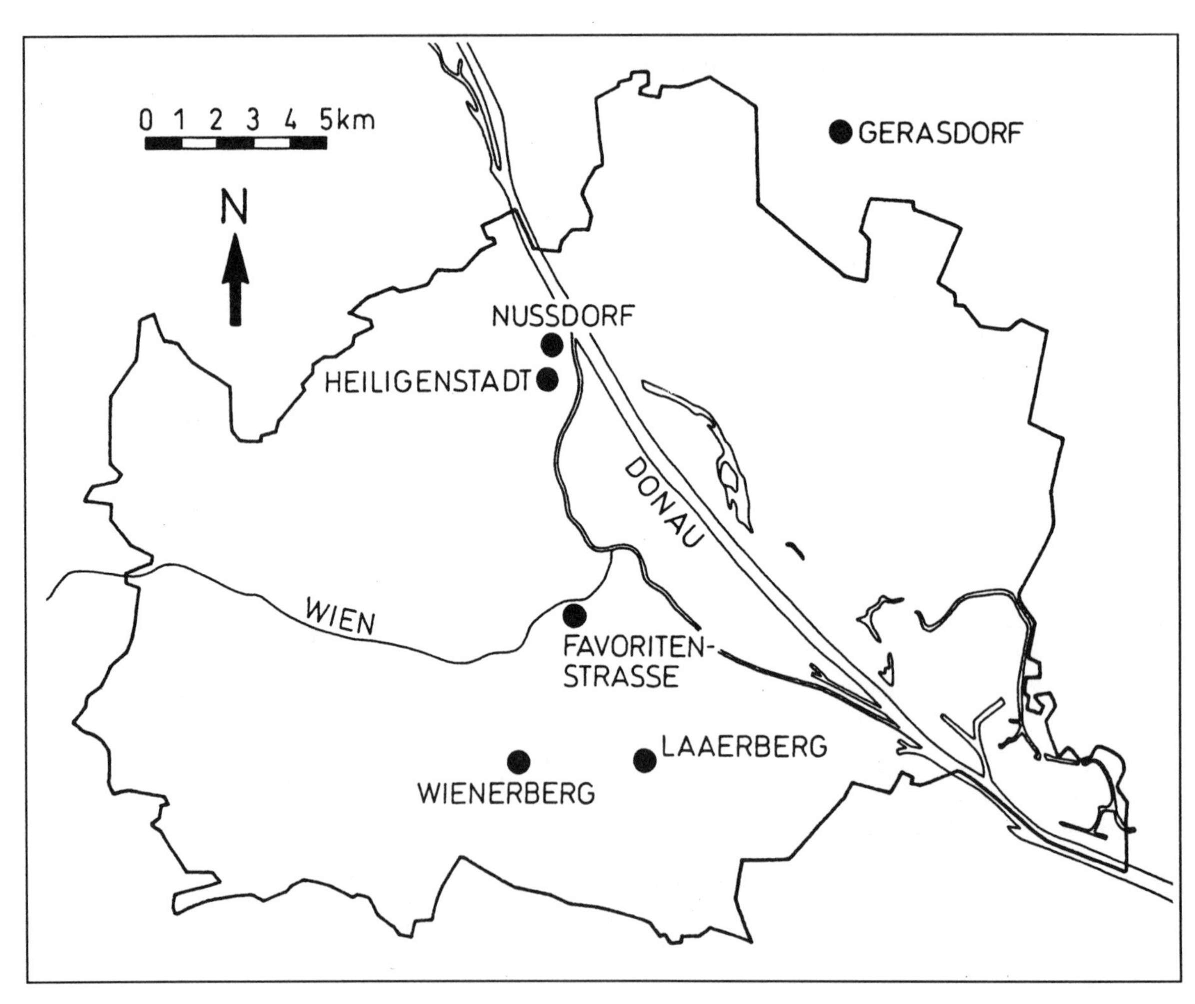

Abb.1: Lageskizze der Fundstellen Laaerberg, Gerasdorf, Wien-Heiligenstadt/Nußdorf, Wien-Favoritenstraße und Wienerberg

Langmannersdorf

Florian A. Fladerer

Jungpaläolithischer Lagerplatz (Aurignacien)
Kürzel: Lf

Gemeinde: Weißenkirchen an der Perschling
Polit. Bezirk: St. Pölten, Niederösterreich
ÖK 50-Blattnr.: 39, Tulln
15°50'20" E (RW: 7mm)
48°16'53" N (HW: 70mm)
Seehöhe: ca. 205m

Lage: Die Perschling durchfließt, aus den Voralpen kommend, das südliche Tullner Feld in nordöstlicher Richtung zur Donau. Die Fundstelle befindet sich am flachen Südfuß des Schaflerberges (ca. 290m) orographisch links im Tal der Perschling.
Zugang: Die Fundstellen bzw. deren Streuungen liegen ca. 700m östlich des Ortsendes von Langmannersdorf am flachen lößbedeckten Südhang des Schaflerberges im Zwickel der Straße nach Tautendorf und dem Fahrweg nach Norden Richtung Seelackenberg (Abb.1). Die Flur 'Striegelfurth' wurde zur Zeit der Entdeckung ebenso wie heute als Ackerland genutzt.
Geologie: Der Löß mit den archäologischen Fundschichten liegt hier auf der rißzeitlichen Hochterrasse der Donau, die den Oncophora-Schichten, Mergel und Sanden des Ottnangien der Molassezone angelagert ist (vgl. THENIUS 1964:Abb. 7).

Fundstellenbeschreibung: Die Lößdecke ist stark abgetragen, wodurch die Kulturschichte teilweise in den rezenten Boden übergeht. Die Fundstreuung hat einen Mindestdurchmesser von 300m. Die mittlerweile historischen Grabungen wurden getrennt auf mehreren Parzellen durchgeführt (BAYER 1920, ANGELI 1953, Abb.5-9). Auf Parzelle 1324/25 im westlichsten Bereich der Fundstelle fanden sich u. a. eine Herdstelle und zahlreiche Mammutknochen. Auf der im Osten gelegenen Parzelle 1329 wurden die beiden Lagerplätze A und B freigelegt: 'Lagerplatz A' ist durch ein Steinpflaster und eine Feuerstelle mit zahlreichen Silices und Knochen, vor allem vom Mammut gekennzeichnet. Auf dem 'Lagerplatz B' war eine 2m durchmessende und 1,5m tiefe Grube die augenfälligste Struktur.

Forschungsgeschichte: Die Fundstelle ist mindestens seit der Jahrhundertwende bekannt: Knochen wurden nach J. Bayer (ANGELI 1953:4) in 20-30kg-Säcken verkauft! 1904-1906 wurden von A. STUMMER (1906) im Auftrag des Hofmuseums (später Naturhistorisches Museum) Sondagen auf den Parzellen 1324-1325 angelegt. 1907 wurde die Ausgrabung gemeinsam mit H. Obermaier fortgesetzt. 1919-1920 erweiterte J. BAYER (1920) die Grabungsflächen auf den Parzellen 1324 bis 1325 und grub auf der Parzelle 1329 die Lagerplätze A-B aus. 1949 Bestimmung der Tierreste durch R. Sieber und E. Thenius, Paläontologisches Institut der Universität Wien, und dem Cynologen E. Hauck (ANGELI 1953:33ff, 76ff). 1949 überprüfte ANGELI (1953:8) die Ausdehnung des Fundplatzes. Ausgeackerte Funde, die bis in die 30er Jahre durch J. Bayer an die Prähistorische Abteilung des Naturhistorischen Museums gelangten, spätere und laufende Aufsammlungen (pers. Mitt. Ch. Neugebauer 11/1996) lassen einen durch die landwirtschaftliche Bodenbearbeitung hohen Zerstörungsgrad der Fundstelle vermuten. 1996 Teilsichtung der Tierreste durch den Autor.

Sedimente und Fundsituation: Die Lößdecke erscheint stark abgetragen. Sie beginnt allmählich in der Mitte des Hanges und wird nach unten zur Perschling hin zunehmend mächtiger. Einer Bohrung unterhalb des Lagerplatzes B zufolge, erreicht der Löß unter den Fundschichten 5m Mächtigkeit. Unmittelbar unter der Kulturschicht liegt eine Verlehmungszone (J. Bayer in ANGELI 1953:9f).
An der Grabungsstelle J. Bayers auf Parzelle 1325 lag die Kulturschicht 0,5 bis 0,6m tief, die Mächtigkeit wird mit 8-13cm angegeben (ANGELI 1953:13). Auf Parzelle 1329 lag 'Lagerplatz A' 0,3m tief und war bis 0,3m mächtig; 0,15 bis 0,3m darunter wurde ein unterer archäologischer Horizont beobachtet. Am 'Lagerplatz B' lag die Hauptkulturschicht bis über 1m tief, bzw. rund 1,5m tief als Bodenbedeckung der von BAYER (1919) und ANGELI (1953) als 'Wohngrube' interpretierten Vertiefung, in der sich Silices und Knochenreste, darunter ein Wolfsschädel mit Unterkiefer in situ befanden. Der Lagerplatz B ist durch zahlreiche Reste von Mammuts gekennzeichnet, durch Verbandfunde von Knochen, darunter zwei vollständige Wolfsskelette und durch die Befundung mehrere Stangensetzlöcher.

Fauna: Die Tierreste von Langmannersdorf stammen aus mehreren Ausgrabungsjahren (Tab. 1) und einigen weiteren Aufsammlungen. Das Material ist, vermutlich durch mehrmalige Umlagerungen, stark in Mitleidenschaft gezogen. Eine detailierte paläontologische Revision kann erst mit der Entfernung der konkretionären und teilweise konservierten Sedimentkrusten erfolgen. Auch zur Verifizierung von Modifikationen, wie alten Brüchen und Schnittmarken, müssten die Knochen erst freipräpariert werden. Das Artenspektrum und die Artenfrequenz können aufgrund der Bestimmungen von E. Hauck, R. Sieber und E. Thenius (ANGELI 1953) vorläufig angegeben werden (Tab.1).

Tabelle 1. Langmannersdorf, Niederösterreich. Tierreste der Ausgrabungen 1904-1920. Knochenzahlen nach E. Hauk, R. Sieber und E. Thenius (ANGELI 1953), teilweise revidiert (F.A. Fladerer) und Mindestindividuenzahlen in Klammer.

	1904-1907	1919/20	Lagerplatz A	Lagerplatz B
Aquila sp. (Adler)	1	-	-	-
Rodentia*	-	-		+*
Lepus timidus	13(1)	-	4(1)	14(3)
Canis lupus	5(1)	-	-	>140(11)
Vulpes vulpes	-	-	-	2
Alopex lagopus	25(3)	-	>6(3)	>70(8)
Rangifer tarandus	90(3)	4(1)	22(3)	>75(5)
Equus sp.	2(1)	-	-	-
Coelodonta antiquitatis	4(1)	-	1	-
Mammuthus primigenius	130(4)	>70(4)	>22(2)	>110(6)

* 'Einige kleine Nager' waren in der 'kleinen Wolfsgruppe' assoziiert (ANGELI 1953:29).

Obwohl die Aufsammlung als selektiv erkannt wird, ist die Dominanz des Mammuts ersichtlich. Juvenile bis subadulte Tiere überwiegen bei weitem. Milchzähne eines non- oder neonaten Tieres sind aus der großen Grube am Lagerplatz B nachgewiesen. Damit ist Nutzung des Lagers im Frühling/Frühsommer belegt. Isolierte, bis 2m lange Stoßzähne und ein Schädel mit beiden Stoßzähnen lassen erkennen, daß das Mammut Hauptjagdtier war und der Tötungsplatz nahe gelegen ist.
Zweithäufigstes Jagdtier ist das Ren. Reste eines ausgewachsenen, großen männlichen Individuums sind vom Lagerplatz B bekannt. Bemerkenswert sind die große Häufigkeit von Eisfuchsresten und die Verbandfunde von Wölfen. Zwei nebeneinander liegende Wolfsskelette und Teile von zwei weiteren Tieren veranlassten Bayer zur Bezeichnung 'große Wolfsgruppe'. Im Gegensatz zu dieser sind in der 'kleinen Wolfsgruppe' die Knochen stärker beschädigt. In der 'Wohngrube' wurde ein Schädel mit vollständigem Unterkiefer einer ca. vierjährigen Wölfin gefunden (E. Hauck in ANGELI 1953:22).
Da die Zusammenhänge zwischen den Fundstellenbereichen unklar sind, läßt sich nur mit großem Vorbehalt ein generelles Prozentverhältnis an Individuen, Hase bis Mammut, angeben. Außerdem sind in einem länger und wiederholt genutzten Lager saisonale Änderungen in der Jagdbeute zu erwarten. Mammutknochen können von Aufsammlungen als 'Baumaterial' stammen und indizieren nicht unbedingt Jagdverhalten. In den Individuenzahlen zeigt sich ein Verhältnis von Mammut 25%, Eisfuchs 22%, Rentier und Wolf je 19%, Hase 8%, Pferd, Nashorn und Rotfuchs mit je 1%. Unter den Großtierindividuen nimmt das Mammut mit 46% die erste Stelle ein, gefolgt von Rentier, 39%, von Nashorn, 6%, und Pferd von 3%. Offensichtlich handelt es sich um eine Gruppe, die vor allem Mammuts und Rentiere bejagt hat. Aufgrund der höheren Individuenzahlen und der größeren Körpermasse wird das Mammut als Hauptlieferant für Fett und Protein angesehen. Eine besondere Bedeutung hatten in der Ökonomie die reinen Pelztierarten Eisfuchs und Wolf. Schnitt-, Biß- oder Schlagspuren sind an den Wolfsresten nicht festgestellt worden (E. Hauck in ANGELI 1953:35f). Verbandfunde von Knochen wurden an mehreren Stellen gemacht, wie Wolfsskelette und ein Wirbelsäulenabschnitt eines Fuchses am Lagerplatz B.
Von der näheren Umgebung der Fundstelle wurden nach ANGELI (1953: 33) folgende Gastropodenarten festgestellt: *Pupilla muscorum, Trichia hispida, Succinenella oblonga.* Es gibt keine Aufsammlungen aus den archäologischen Horizonten und den Profilen.

Paläobotanik: Einige Holzkohlefragmente konnten als Tannenholz (*Abies alba*) bestimmt werden. Ein haselnußgroßes Stück gehörte zu *Pinus* sp. - die Jahresringeentfernung entsprach jener der rezenten Kiefern im Gebiet. E. Hofmann, Wien, untersuchte den kohligen Überzug an der Kaufläche eines Mammutmolaren. Sie konnte neben Markstrahlen eines Nadelholzes Kutikularreste von dickwandigen Zellen nachweisen, die auf Samen- oder Fruchtoberhäute schließen ließen (ANGELI 1953:36f).

Archäologie: Spätes Aurignacien (Epiaurignacien), u. a. aufgrund des Fehlens von Gravetten. Unter den rund 9000 Silices sind etwa 400 Geräte bzw. intentionelle Modifikationen festzustellen (vgl. ANGELI 1931:37ff): Stichel dominieren mit 57%; Kratzer bilden die zweithäufigste Gruppe mit 25% - meist einfache und wenige Kiel- und Nasenkratzer (25%) -. Klingen sind mit 15% bereits untergeordnet. Häufigster Rohstoff sind verschiedene Hornsteintypen neben Quarzit. Weitere Funde sind Klopfsteine - eine partiell bifacial retuschierte Spitze, gravierte Gerölle, Rötel und Ocker, kugelige Limonitkonkretionen, zahlreiche Dentalien und Serpulidenröhren und Bernstein. Von einer Knochenindustrie sind sehr wenige Stücke bekannt: neben zwei schmalen Elfenbeinstücken (ANGELI 1953:43), die keine klare Formgebung erkennen lassen, sind mindestens zwei Stoßzahnfragmente mit abgerundetem Ende im Inventar (unpubliziert). Befunde von einer teilweise steilwandigen, 1,4m tiefen und an der Basis bis 2m durchmessenden Grube wurden von J. Bayer (ANGELI 1953) als Wohngrube interpretiert. Da auf Lagerplatz B mehrere Feuerstellen, mit Asche und angekohlten Knochen, und Stangensetzlöcher, teilweise mit Knochenverspreitzung befundet sind (J. Bayer in ANGELI 1953:28), kann kaum an der Anlage von zelt- oder jurtenartigen Behausungen gezweifelt werden. Aufgrund der geringen Grundfläche jener Grube ist aber eher an eine Vorratsgrube zu denken, die später als Abfallgrube Verwendung gefunden hat. Eine mehrmalige Nutzung des Platzes ist aufgrund der gelegentlichen Auffiederung des archäologischen Horizontes festzustellen.

Chronologie und Klimageschichte: Die ^{14}C-Daten aus Knochenkohle von 20.580 ±170 a BP (GrN-6659) und 20.260 ±200 a BP (GrN-6660) (NEUGEBAUER-MARESCH 1993:27) entsprechen den jüngsten Daten der Spätaurignac-Station Alberndorf (FLADERER & FRANK, dieser Band). Damit ist eine deutlich spätere Zeitstellung als die typologische Zuweisung angezeigt (NEUGEBAUER-MARESCH 1993:27).
Die Fauna ist eine typische Vergesellschaftung unter starkem kontinentalklimatischen Einfluß, wie vor allem die Häufigkeit des Polarfuchses anzeigt. Im Dominieren von Mammut, Rentier, Eisfuchs und Wolf ist zumindest eine Analogie in der Subsistenz mit Pavlovienfundstellen wie Pavlov und Predmostí in Mähren anzunehmen. Die geringe Repräsentation von Pferden und das Fehlen des Bisons unterstützt diese Annahme.

Aufbewahrung: Die Tierreste befinden sich an der Geologisch-Paläontologischen Abteilung am Naturhistorischen Museum Wien, das Artefaktmaterial an der Prähistorischen Abteilung. Ein kleines Inventar wird am Niederösterreichischen Landesmuseum aufbewahrt.

Literatur:

ANGELI, W. 1953. Der Mammutjägerhalt von Langmannersdorf an der Perschling. - Mitt. Prähist. Komm. Österr. Akad. Wiss., 6(1952-1953): 3-118, Wien.
BAYER, J. 1920. Paläolithstation Lang-Mannersdorf. Parzelle 1325. - Unpubl. Grabungsprotokolle, 'Blaue Bücher', **16**: 17 S (DIN A6), Wien.
NEUGEBAUER-MARESCH, Ch. (ed.) 1993. Altsteinzeit im Osten Österrreichs. - Wiss. Schriftenreihe Niederösterreich, **95/96/97**: 1-96, St. Pölten-Wien.
THENIUS, E. 1974. Niederösterreich. - Verh. Geol. Bundesanstalt, Bundesländerserie, 2. Aufl., 280 S., Wien.
STUMMER, A. 1906. Lang-Mannersdorf, eine neue paläolithische Fundstelle in Niederösterreich. - Mitt. k. k. Zentralkomm., 3. Folge, **4**: 1-2, Wien.

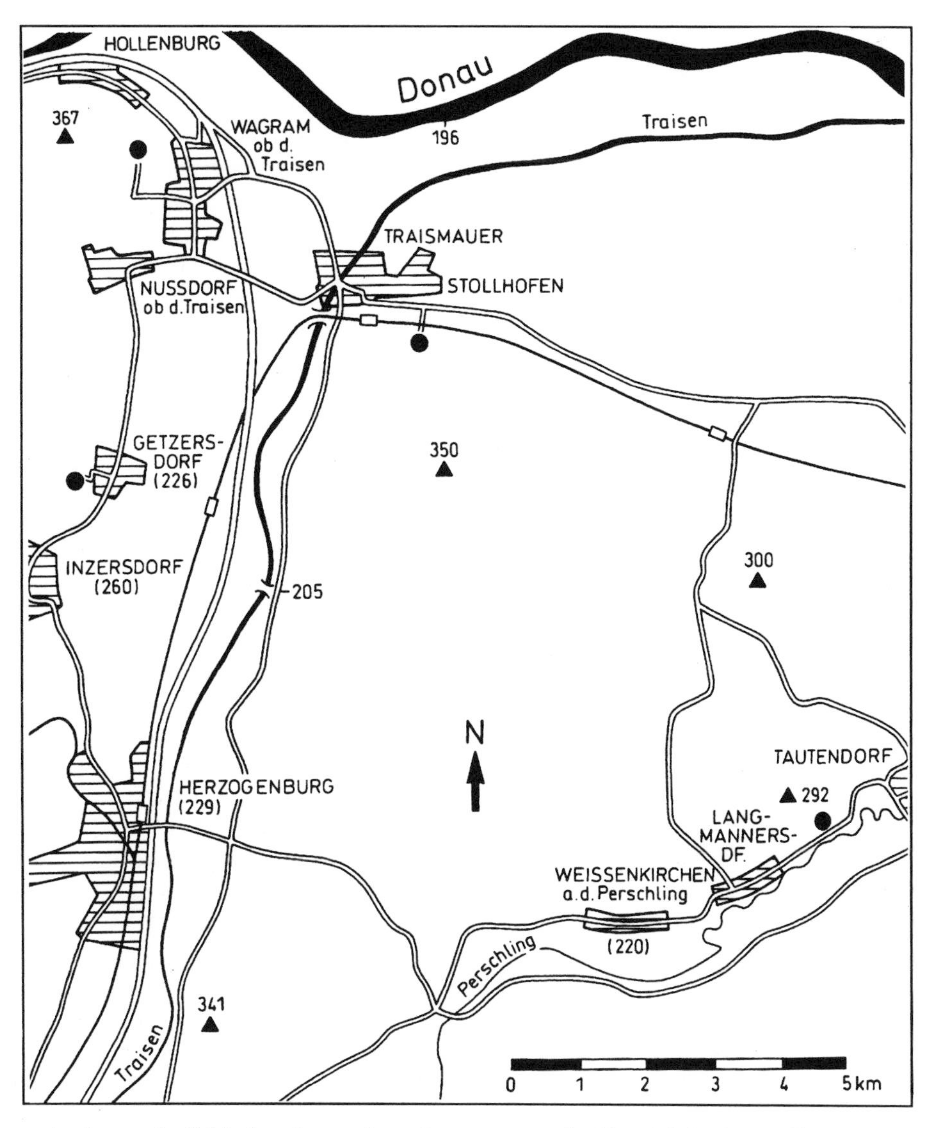

Abb.1. Lage der jungpaläolithischen Lagerplätze Langmannersdorf im Tal der Perschling (Spätaurignacien), Getzersdorf im Tal der Traisen, Wagram an der Traisen und Stollhofen (Aurignacien).

Lettenmayerhöhle

Doris Döppes & Gernot Rabeder

Jungpleistozäne Bärenhöhle mit spätglazialer Mikrofauna

Synonyme: Lettenmaierhöhle, Lettenmayrhöhle, LM

Gemeinde: Kremsmünster
Polit. Bezirk: Kirchdorf a. d. Krems, Oberösterreich
ÖK 50-Blattnr.: 50, Bad Hall
14°08' E (RW: 74mm)
48°03'41" N (HW: 136mm)
Seehöhe: 380m
Österr. Höhlenkatasternr.: 1673/1
Naturdenkmal seit 1949.

Lage: Im Steilhang des linken Kremsufers, 550m NNE vom Haupteingang des Benediktiner Stiftes (Abb.1).
Zugang: Vom Stift auf der Straße zum Kirchberg bis zu einem kleinen privaten Parkplatz, nach links zum Höhleneingang, der vom Österr. Alpenverein 1976 versperrt wurde.
Geologie: In einem kalzitisch verfestigten Konglomerat, das als 'Weiße Kremsmünsterer Nagelfluh' bezeichnet wird und dessen geologisches Alter zwischen Obermiozän und Altpleistozän angenommen wird.

Fundstellenbeschreibung: Die relativ niedrige Höhle (bis 4m hoch) besteht aus einem einzigen Raum mit einer maximalen Ausdehnung von 24x20m. Sohle und Decke verlaufen horizontal und sind fast eben.

Forschungsgeschichte: Schon im 18. Jahrhundert (1722), dann auch in den Jahren 1863 und 1874 wurden in den sog. 'Sandlassen' (mit Sand erfüllten Hohlräumen in der Nagelfluh) Reste von Höhlenbären gefunden (ANGERER 1910, FELLÖCKER 1864). Die größte dieser Höhlen, nach dem Steinbruchsbesitzer benannt, wurde bei Steinbrucharbeiten im Jänner 1881 wiederentdeckt, nachdem sie nach FELLÖCKER schon um 1864 bekannt gewesen war. Die erste wissenschaftliche Grabung fand vom 18. bis 22. 7. 1881 durch F. v. Hochstetter, J. Szombathy und A. Pfeiffer statt. Im folgenden Jahr erschienen ein Grabungsbericht von A. PFEIFFER (1882) und eine erste Beschreibung der Fauna (HOCHSTETTER 1882). Beide Artikel enthalten den ersten Höhlenplan.
Nach der Auflassung des Steinbruchs wurde der Eingang durch nachrutschenden Gehängeschutt verschüttet. Im Rahmen der Höhlenphosphat-Prospektion wurde der Eingang im Jahre 1919 wieder freigelegt (SCHADLER 1920, mit Plan und Profilen, s. auch KYRLE 1923) und es kam zu zahlreichen kleineren Grabungen und Aufsammlungen, deren Ausbeute wohl nur zum geringen Teil in die Sammlungen des Stiftes oder des Landes gelangten. Zu einem Phosphatabbau kam es erst in den Jahren 1945-1947 (EHRENBERG 1962), bei dem jenes Fossilmaterial geborgen wurde, welches heute im Oberösterr. Landesmuseum aufbewahrt wird.
Eine kritische Sichtung des Höhlenmaterials erfolgte bei der ersten Ausstellung der Funde aus der Lettenmayerhöhle im Museum des Stiftes Kremsmünster durch O. Abel, wobei besonders ontogenetische und pathologische Untersuchungen im Vordergrund standen. EHRENBERG (1962) sichtete das in Linz aufbewahrte Material. Er betonte die relativ große Zahl von pathologischen Höhlenbärenresten und vermutete bei einigen geglätteten Stücken eine Benutzung durch den Menschen.
1963 wurde die Höhle vom Landesverein für Höhlenkunde in Oberösterreich (Fritsch und Donner) neuerlich vermessen (s. Plan).

Sedimente und Fundsituation: Die Höhle entstand durch Auswaschung von nicht verfestigten Sand- und Lehmlinsen im Konglomerat.
Ursprünglich lagen in der ganzen Höhle durchschnittlich 1,8m mächtige graue bis rotbraune Lehme, die im SE von ausgedehnten, bis 0,5m dicken Sinterplatten bedeckt waren. Die Großsäugerreste stammen vorwiegend aus der hangenden Partie des Schichtpakets. Die von HOCHSTETTER (1882) beschriebenen und nun revidierten Mikrovertebratenreste wurden durch Schlämmen des Hangendlehmes gewonnen. Wie aus einem im Museum der Sternwarte Kremsmünster aufbewahrten Sinterstück hervorgeht, lagen diese Mikrofossilien direkt unter der Sinterplatte, also über der Lehmschicht, welche die Großsäugerreste enthielt. Aufgrund dieser Fundlage, aber auch wegen des Faunenbestandes und des unterschiedlichen Erhaltungszustandes glauben wir, daß analog zu anderen Bärenhöhlen (Nixloch bei Losenstein-Ternberg, Merkensteinhöhle, Gamssulzenhöhle, etc.) die Mikrovertebraten aus einem wesentlich jüngeren Zeitraum stammen als die Höhlenbärenreste.
Die vollständige Schichtfolge (Standardprofil) wurde nach den Grabungsberichten von HOCHSTETTER (1882), PFEIFFER (1882) und SCHADLER (1920) zusammengestellt und mit der vermutlichen Lage der Kleinsäugerschicht ergänzt.

Fauna:
Von den Großsäugerresten gehören fast alle dem Höhlenbären an, sodaß man die Lettenmayerhöhle berechtigt als Bärenhöhle nennen kann. Die Kleinsäuger- , Vogel- und Amphibienreste stammen höchstwahrscheinlich aus den obersten Partien des fossilführenden Lehmpaketes und sind entweder durch aquatische Umlagerung oder bei der Grabung 1881 mit den Höhlenbärenresten vermischt worden. Aufgrund des Artenbestandes (Lemminge) sind die Mikrovertebraten dem Spätwürm (Hoch- oder Spätglazial) zuzuordnen. Die relativ häufigen Lemmingreste *(Lemmus* und *Dicrostonyx)* wurden von HOCHSTETTER (1882) eigenartigerweise als *Microtus* bestimmt.

	Mittelwürm	Jungwürm	Material
Amphibia (det. G. Rabeder)			
Rana temporaria (Grasfrosch)	-	+	
Aves (det. G. Rabeder)			
Turdus iliacus (Rotdrossel)	-	+	
Mammalia (det. D. Döppes u. G. Rabeder)			
Talpa europaea	-	+	1 Mand., 1 Humerus, 2 Ulnae
Sorex minutus	-	+	1 Mandibel
Sorex macrognathus	-	+	2 Mandibeln
Sorex cf. *coronatus*	-	+	3 Mandibeln
Neomys anomalus	-	+	1 Schädel, 1 Mandibel
Myotis sp.	-	+	1 zahnlose Mandibel
Plecotus auritus	-	+	2 Mandibeln
Barbastella barbastellus	-	+	1 Mandibel
Glis glis	-	+	1 M_1, 1 M_2
Apodemus sylvaticus	-	+	3 Mandibeln
Arvicola terrestris	-	+	3 Schädelfr., 8 Mand.
Microtus arvalis	-	+	2 Mand., 3 M_1
Microtus gregalis	-	+	1 Schädelfr., 1 Mand.
Microtus oeconomus	-	+	2 Mand., 4 M_1
Clethrionomys glareolus	-	+	5 Mand., 1 Schädel
Dicrostonyx gulielmi	-	+	1 Maxillarfr., 2 Mandibeln
Lemmus lemmus	-	+	1 Schädelfr., 7 Mandibeln
Canis lupus	+	-	1 Humerus, 2 Tibiae, 1 Metacarpale 3, 1 Atlas
Ursus spelaeus	+++	-	reich*
Mustela sp.	-	+	1 Mandibelfr. juvenil
Panthera spelaea	+	-	3 Metapodien
Cervus elaphus	+	-	2 Geweihfragmente

* Im Stift Kremsmünster werden u. a. folgende Höhlenbärenreste aufbewahrt:

	adult, ganz	Fragmente	juvenil
Schädel	10	12	-
Mandibeln	4	10	74
Canini	24	-	viele
Scapulae	-	15	-
Humeri	-	3	4
Radii	4	-	-
Ulnae	7	-	19
Pelves	9	-	7
Femora	9	1	26
Tibiae	5	-	17
Fibulae	4	-	-
Calcanei	20	-	-
Astragali	25	-	-
Atlantes	5	-	-
Epistropheus	1	-	-
Vertebrae div.	viele	viele	+

Aus der großen Zahl juveniler Reste ist zu schließen, daß die Lettenmayerhöhle den Höhlenbären nicht nur als Überwinterungsplatz, sondern auch zur Aufzucht der Jungen gedient hat.

Paläobotanik: kein Befund.

Archäologie: Paläolithische Steinartefakte liegen nicht vor. Die von PFEIFFER (1882:13) und dann von EHRENBERG (1962:397) vermuteten menschlichen Gebrauchsspuren an einigen Knochen werden heute als nicht artifiziell gedeutet.
Bei der Grabung 1881 wurden ein eiserner Dolch und eine eiserne Lanzenspitze sowie Keramik gefunden, die nach REITINGER (1968) undatierbar sind, aber vielleicht der Hallstattzeit zuzuordnen seien. Aus dieser Zeit dürfte auch ein menschlicher Unterkiefer stammen, der

ebenfalls bei der Grabung 1881 gefunden wurde und im Museum des Stiftes aufbewahrt wird (PFEIFFER 1882).

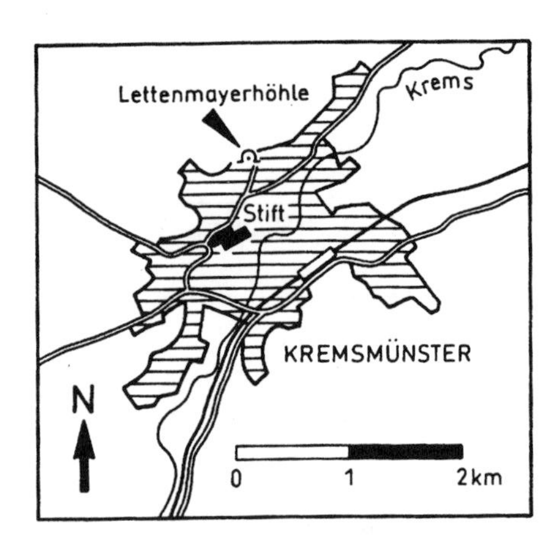

Abb.1: Lageskizze der Lettenmayerhöhle

Chronologie: Radiometrische Daten liegen nicht vor.

- Aus einer Aminosäuren-Datierung (Razemisierung von Alanin) eines Höhlenbärenknochens kommt der Hinweis, daß die Höhlenbärenschicht dem Mittelwürm angehört (HILLE & al. 1981); das Verhältnis von D- zu L-Alanin ist mit 0,036 knapp höher als von der Schlenken-Durchgangshöhle, deren Höhlenbärenreste dem Mittelwürm angehören (s. dieser Band).
- Ursidenchronologie: Die Anzahl der bewertbaren P4 ist zwar für eine chronologische Aussage zu gering, die Index-Werte stehen aber zu dem angenommenen Mittelwürm-Alter nicht in Widerspruch. P_4-Morphotypen: 1 A, 3 A/D, 3 B, 1 B/D, 3 D, 1 E. Index = 137,5 (n=12) und P^4-Morphotypen: 9 C1, 1 C2, 1 D1/2, 2 D1, 1 E1. Index = 128,6 (n=14).

Jedenfalls handelt es sich nicht um den großen, hochevoluierten Bären, wie er vom Nixloch, von der Kugelsteinhöhle 2 und der Gamssulzenhöhle beschrieben worden ist.

Die Kleinsäugerfauna enthält boreale Elemente *(Lemmus, Dicrostonyx)* aber auch waldgebundene Formen wie *Glis* und *Apodemus* und ähnelt damit den spätglazialen Faunen des Nixloches (NAGEL & RABEDER 1992) und der Merkensteinhöhle (s. dieser Band), weshalb wir annehmen, daß die Kleinsäuger der Lettenmayerhöhle auch aus diesem Zeitraum stammen; allerdings ist auch die Zeit des Würm-Hochglazials nicht auszuschließen.

Klimageschichte: Die für den Höhlenbären geeignete Nahrung war nur in Zeiten mit schütterer Bewaldung vorhanden, wie sie nur in einer kühleren Phase des (ausgehenden?) Mittelwürms gegeben war.

Das Spektrum der Mikrovertebraten entspricht einer kalten Phase des Jungwürms, die Anhäufung der kleinen Wirbeltiere ist vielleicht auch hier auf die Tätigkeit der Schnee-Eule zurückzuführen.

Aufbewahrung: Museum in der Sternwarte des Stiftes Kremsmünster, Naturhistorisches Museum Wien (Geol.-Paläont. Abteilung), Oberösterreichisches Landesmuseum, Institut für Paläontologie der Universität Wien.

Literatur:

ANGERER, G. 1910. Geologie und Prähistorie von Kremsmünster. - 60. Progr. k.k. Obergymn. Benediktiner zu Kremsmünster, 29ff.

EHRENBERG, K. 1962. Bemerkungen über die Bestände an Höhlenfunden im Oberösterreichischen Landesmuseum. - Jb. Oberösterr. Mus. Ver. **107**: 394-437, Linz.

FELLÖCKER, S. 1864. Funde von *Ursus spelaeus* in Kremsmünster. - Jber. Mus. Francisco-Carolinum **24**, Linz.

HILLE, P., MAIS, K., RABEDER, G., VÀVRA, N. & WILD, E. 1981. Über Aminosäuren- und Stickstoff/Fluor-Datierung fossiler Knochen aus österreichischen Höhlen. – Die Höhle, **32**/3: 74–91, Wien.

HOCHSTETTER, F. v. 1882. Die Lettenmaierhöhle bei Kremsmünster. - Sitz. ber. k. k. Akad. Wiss., 86, **1**. Abt. : 84-89, Wien.

KYRLE, G. 1923. Grundriß der theoretischen Speläologie. - Speläolog. Monogr. **1**: 1-353, Wien.

NAGEL, D. & RABEDER, G. (eds.) 1991. Das Nixloch bei Losenstein-Thernberg. - Mitt. Komm. Quartärforsch. **8**: 1-225, Wien.

PFEIFFER, A. 1882. Höhlenfunde bei Kremsmünster. - Jber. Ver. Höhlenkde.: 1-16, Linz.

REITINGER, J. 1968. Oberösterreich in ur- und frühgeschichtlicher Zeit. - Bd.1, Linz.

SCHADLER, J. 1920. Die Phosphatablagerungen in der Lettenmayerhöhle bei Kremsmünster in Oberösterreich. - Ber. staatl. Höhlenkomm. **1**: 26-31, Wien.

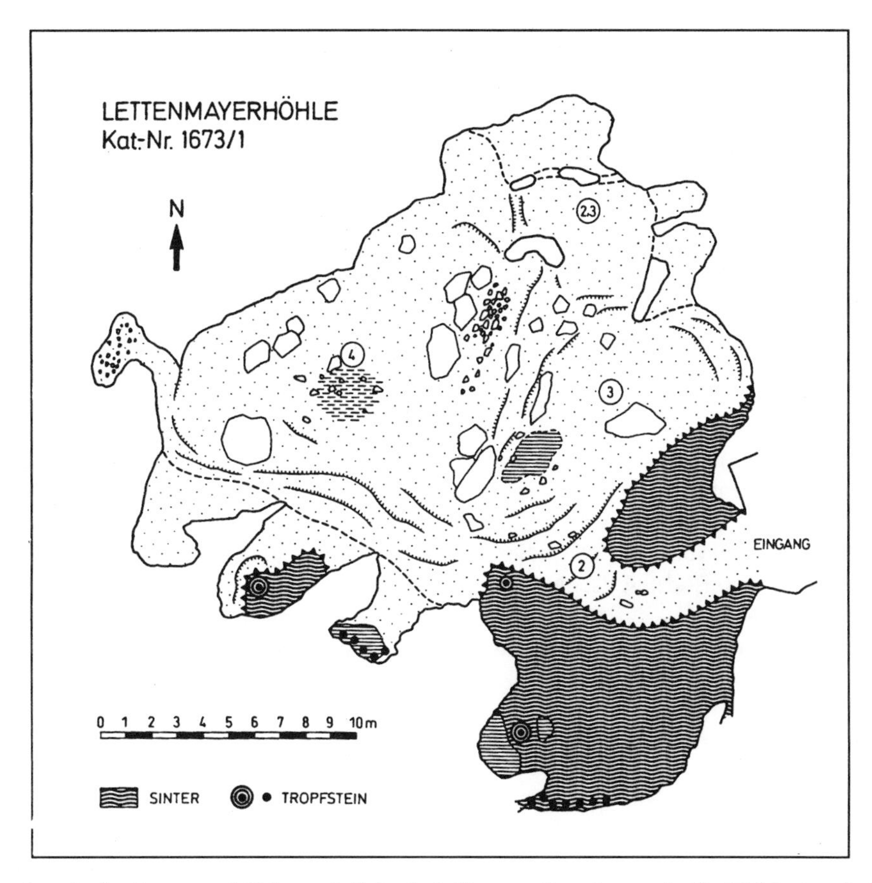

Abb.2: Höhlenplan der Lettenmayerhöhle nach Fritsch & Donner (Landesverein für Höhlenkunde Oberösterreich)

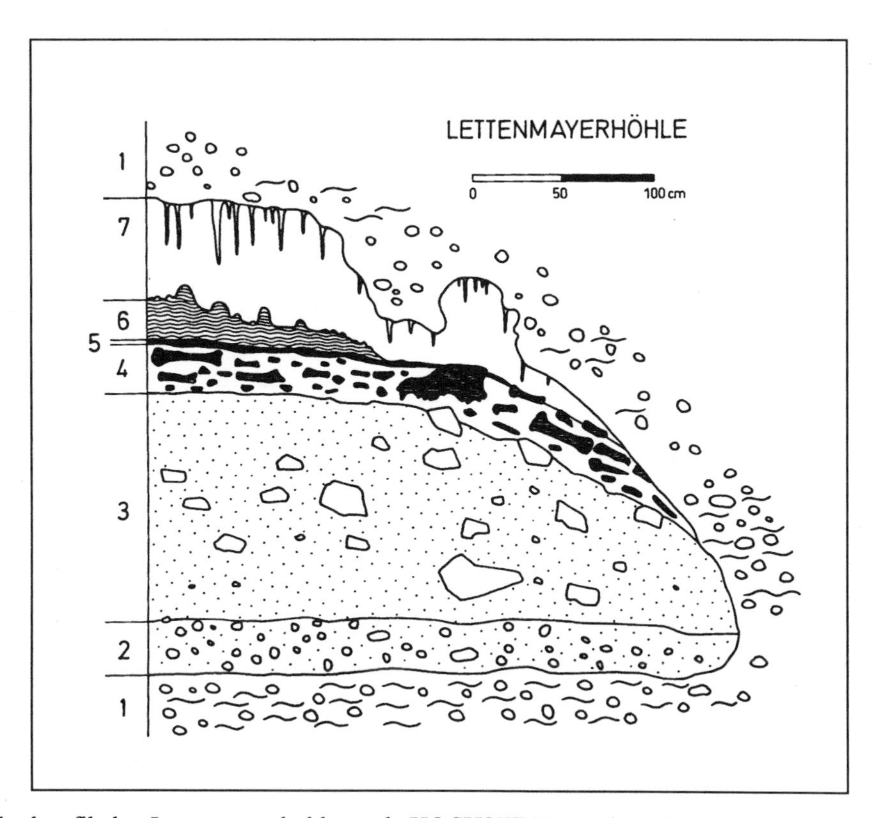

Abb.3: Standardprofil der Lettenmayerhöhle nach HOCHSTETTER (1882), ergänzt: **1** weiße Nagelfluh, **2** verwitterte Nagelfluh, **3** Sand und Lehm, fossilarm, **4** Höhlenbärenschicht, **5** Kleinsäugerschicht, **6** Sinterdecke, **7** Sinterröhrchen und Stalaktiten

Linz - Grabnerstraße

Christa Frank

Pleistozäne Lößfundstelle
Synonyme: Ziegelwerke Fabigan & Feichtinger, Löß/Lehmgrube Linz Reisetbauer, LGr

Gemeinde: Linz
Polit. Bezirk: Linz, Oberösterreich
ÖK 50-Blattnr.: 32, Linz
14°15'28" E (RW: 284mm)
48°16'56" N (HW: 71mm)
Seehöhe: 320m

Lage: Linz-Waldegg, Grabnerstraße (siehe Lageskizze Linz - Plesching, FRANK, dieser Band).
Zugang: Beim Anstieg der Straße von der Bahnstation Untergaumberg gegen Nordwesten ist der Aufschluß auf der rechten Seite sichtbar (FINK 1956).
Geologie: Im Kristallin des Kürnberges westlich von Linz sind mehrere ältere Terrassen eingetieft. Über zermürbtem Perlgneis liegen mehrere Meter mächtige, intensiv rot verfärbte Deckenschotter. In der horizontalen Fortsetzung des Schotterpaketes liegt weiter bergwärts das Ziegelwerk, das besonders im mittleren Teil die Abfolgen erkennen läßt (FINK 1956).

Fundstellenbeschreibung: Ehemaliger Löß-Lehmaufschluß der Ziegelei Grabnerstraße, etwa 400m südlich vom Stadion über Deckenschottern gelegen.

Forschungsgeschichte: Ein Profil wurde am 14.4.1954 von KOHL (1955, Taf. IV) aufgenommen. Mehrere paläontologische Funde liegen aus den 20er und 30er Jahren vor, die stratigraphisch nur bedingt auswertbar sind. 1969, 1970 und 1971 wurden über 'Günzschottern' Proben zur paläomagnetischen Untersuchung von J. KUKLA (Prag) entnommen. 1977 wurde zu demselben Zweck in der Nordwestecke des Aufschlusses ein Profil dokumentiert. Die Ergebnisse aus dem rekonstruierten Profil A (nicht mehr zugänglich), aus den Probenreihen B, C, D und E (entnommen an Aushubstellen, die von der Abbausohle aus angelegt waren) wurden von KOCI & SIBRAVA (1976), von KOHL (1976) und KOHL & al. (1978) publiziert. Weitere Probennahmen (71 Proben) wurden von PEVZNER durchgeführt (1978). Eine Gastropodenfauna aus der jüngsten Lößbedeckung wurde von BINDER (1977) dargestellt.

Sedimente und Fundsituation: Die Abfolge der Schichten wird von KOHL (1955, 1976), FINK (1956), KOHL & al. (1978) beschrieben. Vom liegenden zum hangenden Anteil werden 13 Schichten unterschieden. - Schicht 13: "Pechschotter" (Ferretto), das sind rostüberzogene Schotter in gelblichbraunem bis braunem, kalkfreiem Lehm. - Schicht 12 (-9,35m): Gelblichbrauner, sehr dichter Solifluktionslehm mit Quarzgeröllen. - Schicht 11 (-9,00m bzw. 9,20m): Dichter Solifluktions- oder (?) Schwemmlöß. - Schicht 10 (-8,30m): Braunlöß, vergleichbar dem basalen Bereich der Schicht 8. - Schicht 9 (-7,70m): Naßboden (= hell olivbrauner, kalkfreier, etwas feinsandiger Schluff mit Gleyflecken; Struktur undeutlich plattig). - Schicht 8 (-7,50m): Braunlöß (brauner bis hell olivbrauner, kalkfreier bis lagenweise schwach kalkhältiger Schluff, der gelegentlich etwas feinsandig ist; mitteldicht bis dicht, stellenweise undeutlich plattig und mit Gleyflecken. Im tieferen Bereich einzelne Lagen mit Calcium-Konkretionen und Gastropodenresten). - Schicht 7 (-3,00m): Gelblichbrauner, kalkfreier, schluffiger Lehm; dicht, blockig und fleckig mit bis zu 2 cm großen Konkretionen. - Schicht 6 (-2,50m): Solifluktionslöß/Braunlöß; hauptsächlich hell olivbrauner, kalkfreier, schwach lehmiger Schluff, mit dichten Gleyflecken und 1-2cm großen Konkretionen. - Schicht 5 (-2,20m): Braunlöß; hell olivbrauner bis brauner, sehr schwach kalkhältiger Schluff mit wenig Gleyflecken. - Schicht 4 (-1,90m): Gelblichbrauner, kalkfreier, schluffiger Lehm, dicht und blockig, mit 5-10 mm großen Konkretionen. - Schicht 3 (-1,60cm): Solifluktionslöß/Braunlöß (hell olivbrauner bis brauner, schwach kalkhältiger Schluff; mitteldicht bis dicht, plattig und gleyfleckig; mit vielen bis 5 mm großen Konkretionen basal). - Schicht 2 (-1,20m): Löß (hell olivbrauner, kalkreicher, lockerer, poröser Schluff, der Gastropoden enthält). - Schicht 1 (0-0,65m): Parabraunerde (grobblockiger, dunkel gelblichbrauner, kalkfreier, schluffiger Lehm). - Siehe auch Tafel I zu PEVZNER (1978).
Paläontologische und prähistorische Funde sind zum Teil stratigraphisch unsicher; zum Teil stammen sie aus 5, 6, 10, 11 und 12m Tiefe. Einige für die Fragestellung unbedeutende Oberflächenfunde sind bronzezeitlich.

Fauna:

Vertebrata: nach KOHL & al. (1978) und FINK (1956).

Art	Tiefe
Rodentia (1 Kieferfragment)	?
Cervus cf. *elaphus*	
Megaloceros giganteus	?
Rangifer sp.	
Bison sp.	6,5m (vermutlich falsche Angabe; wahrscheinlich mindestens aus dem 2. Lößkomplex unterhalb der ersten fossilen Parabraunerde)
Equus abeli	11m (= Lößkomplex unterhalb der zweiten fossilen Parabraunerde, nahe der Abbausohle)
Equus sp.	5, 6, 10, 12m (= 2. und 3. Lößkomplex)
Mammuthus primigenius	

Mollusca:
Revidiert und ergänzt nach BINDER (1977:24). Entnahme aus der "jüngsten Lößbedeckung".

Stagnicola glaber
Columella columella
Pupilla muscorum
Pupilla muscorum densegyrata
Pupilla bigranata
Pupilla sterrii
Pupilla loessica
Succinella oblonga + f. *elongata* (hochdominant)
Catinella arenaria
Trichia hispida
Trichia rufescens suberecta
Monachoides incarnatus
Regenwurm-Konkremente

Gesamt: 12

Durch die Revision des Materiales konnte nicht nur die Artenzahl um 5 erhöht, sondern auch ein für die österreichische Quartärfauna sehr bemerkenswerter Nachweis erbracht werden: Die heute wahrscheinlich atlantisch verbreitete *Stagnicola glaber* (O. F. MÜLLER 1774) (=*Omphiscola glabra* (MÜLLER). Sie ist heute allgemein stark rückläufig und selten; vgl. FALKNER (1991:84, Anm. 35), GLOER & MEIER-BROOK (1994:53, 94). Die Vorkommen liegen besonders im nordwestdeutschen Tiefland. In Österreich gibt es keine rezenten Vorkommen, zumindest sind noch keine gesicherten bekannt. Die Fundmeldung von MÜLLER (1988) aus dem Seewinkel, Burgenland, beruht mit Sicherheit auf einer Fehldetermination; vgl. dazu auch REISCHÜTZ (1993:147). Die Art besiedelt vegetationsreiche, flachgründige Kleingewässer wie Tümpel oder Gräben, die auch trockenfallen können, entspricht also in der Ökologie den anderen zentraleuropäischen *Stagnicola*-Arten (siehe auch Fundstelle Gerasdorf FRANK, dieser Band).

Paläobotanik: Auf der SSE-Seite des Aufschlusses wurden im 'alten' Lehm, wenig über der Abbausohle, Holzkohlenreste geborgen (KOHL 1955, keine näheren Angaben).

Archäologie: Ein Hornstein-Schaber mit einseitiger Retusche wurde 1931 in 6,5m Tiefe gefunden. Zur Tiefenangabe siehe den zusammen damit festgestellten Fund von *Bison* sp. (Gelenkspfanne; KOHL 1955, KOHL & al. 1978).

Chronologie: BINDER (1977:24) stuft die Molluskenfauna aus dem jüngsten Löß mit "wahrscheinlich mittelpleistozän" ein. Sie zeigt einen sehr feuchten, gemäßigten Klimaabschnitt an, enthält aber keine chronologisch bedeutsamen Arten, sodaß eine über "wahrscheinlich mittel- bis jünger pleistozän" hinausgehende Einstufung nicht möglich ist.

Paläomagnetik: Vom Profil Linz-Grabnerstraße wurden 71 Proben entnommen, die alle normale (positive) Magnetisierung besitzen. Die größere Streuung der Werte, die in zwei Abschnitten (Proben 30-36 und 50-52) auftritt, wird durch Solifluktionsprozesse bzw. auf das Vorhandensein kleinerer Gerölle zurückgeführt (PEVZNER 1978).

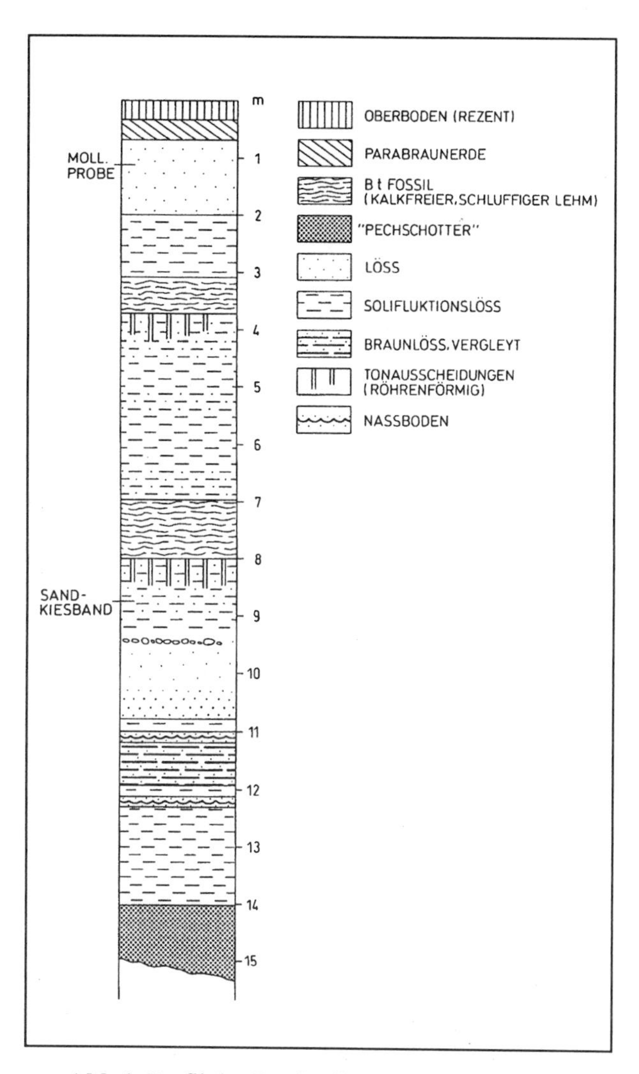

Abb.1: Profil der Fundstelle Linz - Grabnerstraße

Klimageschichte: Die Fauna zeigt eine starke Feuchtigkeitsbetonung. Durch *Trichia rufescens suberecta* und *Monachoides incarnatus* muß ein Gehölzbestand in Ufernähe eines - wahrscheinlich kleineren, temporären - Gewässers (*Stagnicola glaber*!) angenommen werden. Da ansonsten keine wärmebedürftigen Elemente des Auwaldes enthalten sind, dürfte es sich um Pioniergehölze, z. B. wie heute etwa (Grau-) Erlen-Weidengebüsche, oder um eine Art Bruchwald gehandelt haben. Dafür spricht auch die Massenentwicklung von *Succinella oblonga*, die sich gerne auf trockengefallenen, schlammigen Uferstellen aufhält. Da auch *Trichia hispida* verhältnismäßig zahlreich ist, sind ausgedehntere, feuchte, kraut- und hochstaudenbewachsene Flächen in unmittelbarerer Nachbarschaft anzunehmen. Die restlichen Arten sprechen für offene, grasige Standorte, eventuell mit kleinen, etwas wärmeren und trockeneren Isolaten (an Böschungen mit Südexposition; *Pupilla bigranata*, *Pupilla sterrii*). Klimacharakter: Feucht, gemäßigt.

Aufbewahrung: Oberösterr. Landesmus. Linz (Knochenreste, Schaber); Inst. Paläont. Univ. Wien (Gastropoda).

Rezente Vergleichsfauna: Die artenreiche, differenzierte Molluskenfauna des Linzer Raumes wird bei der Fundstelle Weingartshof bei Linz abgehandelt; siehe dort.

Literatur:

BINDER, H. 1977. Bemerkenswerte Molluskenfaunen aus dem Pliozän und Pleistozän von Niederösterreich. - Beitr. Paläont. Österr., **3**: 49 S., 14 Taf., Wien.
FALKNER, G. 1991. Vorschlag für eine Neufassung der Roten Liste der in Bayern vorkommenden Mollusken (Weichtiere). - Schriftenr. Bayer. Landesamt f. Umweltschutz, **97** (1990): 61-112, München.
FINK, J. 1956. Zur Korrelation der Terrassen und Lösse in Österreich. - Eiszeitalter u. Gegenwart, **7**: 49-77, Öhringen/Württ.
GLOER, P. & MEIER-BROOK, C. 1994. Süßwassermollusken. - Dt. Jugendbund f. Naturbeobachtung, 11. Aufl., 136 S., Hamburg.
KOCI, A. & SIBRAVA, V. 1976. The Brunhes-Matuyama Boundary at Central European Localities. - Quatern. Glaciations in the Northern Hemisphere, Project 73/1/24, Rep. Nr. 3: 135-160, Prag.
KOHL, H. 1955. Die Exkursion zwischen Lambach und Enns. - Beiträge zur Pleistozänforschung in Österreich. - Verh. Geol. Bundesanst., SH **D**: 40-62, Wien.
KOHL, H. 1976. Überblick über das salzburgisch-oberösterreichische Alpenvorland. - Mitt. Komm. Quartärforsch. Österr. Akad. Wiss., **1**: 9-12, Wien.
KOHL, H., KOCI, A., KUKLA, G. & PEVZNER, M.A. 1978. Ergänzende Angaben zu den Lößprofilen Ziegelei Fabigan und Feichtinger/Linz, Grabnerstraße und Ziegelei Würzburger/Wels. - Mitt. Komm. Quartärforsch. Österr. Akad. Wiss., Ergänzung zu Bd. **1**: 13-18, Wien.
MÜLLER, Ch. Y. 1988. Die Molluskenfauna des Seewinkels (Gebiet östlich des Neusiedler Sees, Österreich). - Mitt. Dtsch. Malakozool. Ges., **42**: 11-24, Frankfurt/Main.
PEVZNER, M. A. 1978. Bemerkungen zu den paläomagnetischen Untersuchungen. - Mitt. Komm. Quartärforsch. Österr. Akad. Wiss., Ergänzung zu Bd. **1**: 18, Wien.
REISCHÜTZ, P. L. 1993. Anmerkungen zur Kenntnis der Molluskenfauna des Burgenlandes. - Biolog. Forschungsinst. f. Burgenland-Bericht, **79**: 147-148, Illmitz.

Mannswörth

Christa Frank & Gernot Rabeder

Sand- und Schottergrube, Jungpleistozän
Synonym: Schottergrube Lechner, Ma

Gemeinde: Schwechat
Polit. Bezirk: Wien-Umgebung, Niederösterreich
ÖK 50-Blattnr.: 59, Wien
16°31'55" E (RW: 295mm)
48°07'45" N (HW: 286mm)
Seehöhe: 170m

Lage: Von Wien aus über die A4 bis Schwechat, dann über die Hauptstraße. Die Grube Lechner liegt südlich von Mannswörth, etwa 3km SE von Schwechat, auf der rechten Straßenseite in Fahrtrichtung Fischamend; am Ostrand der Raffinerie Nova (PAPP & THENIUS 1949, PAPP 1955, BINDER 1977).
Geologie: Schotter der 'Mannswörther Terrasse'; etwa 3-4km über dem Alluvium der Praterterrasse. Ihr Steilrand ist zwischen der Thurnmühle bei Schwechat und Mannswörth entlang des Kalten Ganges ausgeprägt. (PAPP & THENIUS 1949); in diesem Niveau liegt die Grube Lechner.

Fundstellenbeschreibung: Lößaufschluß in der aufgelassenen Sand- und Schottergrube. Südlich der Donau, im Randbereich des Marchfeldes; in der Reichsstraße (=Punkt 15 bei FINK & MAJDAN 1954).

Forschungsgeschichte: Mit Geologie und Morphologie der 'Mannswörther Terrasse' beschäftigten sich unter anderem FINK (1955a,b, 1956, 1957), FINK & MAJDAN (1954), PAPP & THENIUS (1949), KÜPPER (1952). Eine Bearbeitung der Molluskenfauna wurde von PAPP (1955) und von BINDER (1977:26) durchgeführt. Mit den Vertebraten in den Schottern beschäftigten sich PAPP & THENIUS (1949).

Sedimente und Fundsituation: Ein schematisiertes Profil der Sedimente zeigt die Abb. 8 in FINK (1955b:108). In der kurzen Beschreibung vermerkt FINK, daß die untere Humuszone im nördlichen Teil der Schottergrube in eine verlehmungszonen-ähnliche Bildung übergeht, die unmittelbar der Schotteroberkante aufliegt.
Die von PAPP (1955) beschriebenen Mollusken wurden aus einem Paket sandiger Tone, das durch Brodelboden gestört ist und über den Quarzschottern liegt, entnommen. Eine weitere, unpublizierte Probe wurde aus 'Linsen von Aulehm', die zwischen die Schotter eingeschaltet sind, gewonnen (KÜPPER 1952; handschriftlicher Vermerk von A. PAPP: 'Wiesenklei'). Das BINDER'sche Material stammt aus 150-50 cm über dem Terrassenschotter, aus 'typischem, ungegliedertem Löß' (Proben 3-7).
In den Grubenschottern wurden die Vertebratenreste registriert (PAPP & THENIUS 1949, KÜPPER 1952).

Fauna:

Vertebrata:
Mammuthus primigenius (Molaren und Stoßzähne)

Mollusca:
Nach PAPP (1955) und BINDER (1977: 26); revidiert und ergänzt durch unbestimmtes Material aus dem Institut für Paläontologie der Universität Wien:
1. 'Sandige Tone auf Quarzschottern der Praterterrasse (Mannswörther Terrasse)', PAPP (1955).
2. 'Mannswörther Terrasse, in Wiesenklei' (leg. PAPP, unpubl.).
3. (= 1 in BINDER 1977), 50cm über dem Terrassenschotter.
4. (= 2 in BINDER 1977), 60-90cm über dem Terrassenschotter.
5. (= 3 in BINDER 1977), 90-110cm über dem Terrassenschotter.
6. (= 4 in BINDER 1977), 110-130cm über dem Terrassenschotter.
7. (= 5 in BINDER 1977), 130-150cm über dem Terrassenschotter

Arten	1	2	3	4	5	6	7	Anm.
Valvata cristata	+	+	-	-	-	-	-	"häufiger"
Vallonia pulchella	+	+	-	-	-	-	-	"seltener"
Valvata piscinalis	-	+	-	-	-	-	-	Anm. 10
Carychium tridentatum	+	+	-	-	-	-	-	"seltener"
Aplexa hypnorum	+	+	-	-	-	-	-	"häufiger"
Planorbis carinatus	+	+	-	-	-	-	-	"seltener"
Anisus spirorbis	+	-	-	-	-	-	-	"seltener"
Anisus leucostoma	+	+	-	-	-	-	-	"häufiger", Anm. 11
Bathyomphalus contortus	+	+	-	-	-	-	-	"seltener"
Gyraulus laevis	+	+	-	-	-	-	-	"häufiger", Anm. 12
Galba truncatula	+	+	-	-	-	-	-	"häufiger"
Stagnicola palustris	+	+	-	-	-	-	-	"häufiger", Anm. 1, 13
Stagnicola turricula	+	+	-	-	-	-	-	"seltener", Anm. 1, 13
Radix ovata	+	-	-	-	-	-	-	"seltener"
Radix peregra	-	+	-	-	-	-	-	
Cochlicopa lubrica	+	-	-	-	-	-	-	"häufiger"
Pupilla muscorum	+	-	+	+	+	+	-	"seltener", Anm. 2
Pupilla muscorum densegyrata	+	-	+	+	+	+	-	Anm. 3
Pupilla bigranata	+	-	+	+	+	+	+	Anm. 4
Pupilla triplicata	-	-	+	+	+	-	-	
Pupilla sterrii	-	-	-	+	+	+	+	
Pupilla loessica	-	-	-	-	-	+	-	Anm. 9
Vallonia costata + f. *helvetica*	+	-	+	-	-	-	-	
Vallonia tenuilabris	-	-	-	-	-	+	-	
Vallonia pulchella	+	+	-	-	-	-	-	"seltener"
Chondrula tridens	-	-	-	-	+	+	+	
Clausilia pumila	-	+	-	-	-	-	-	
Succinella oblonga + f. *elongata*	+	+	+	+	-	+	+	"seltener", Anm. 14
Succinea putris	+	+	-	-	-	-	-	Anm. 15
Oxyloma elegans	+	-	-	-	-	-	-	"seltener", Anm. 15
Punctum pygmaeum	+	-	-	-	-	-	-	"seltener", Anm. 18
Zonitoides nitidus	+	-	-	-	-	-	-	"seltener"
Euconulus fulvus	+	-	-	-	-	-	-	"seltener", Anm. 5
Euconulus alderi	+	+	-	-	-	-	-	
Perpolita hammonis	+	-	-	-	-	-	-	Anm. 16
Perpolita petronella	+	-	-	-	-	-	-	Anm. 16
Limacoidea	+	-	-	-	-	-	-	"seltener", Anm. 6
Deroceras sp.	+	-	-	-	-	-	-	Anm. 17
Trichia hispida	+	-	-	+	+	+	-	
Helicopsis striata	-	-	+	+	+	+	+	
Pseudotrichia rubiginosa	+	-	-	-	-	-	-	"seltener", Anm. 7
Arianta arbustorum	+	-	-	-	-	-	-	"häufiger"
Pisidium subtruncatum	-	+	-	-	-	-	-	
Pisidium nitidum	-	+	-	-	-	-	-	
Pisidium obtusale	-	+	-	-	-	-	-	
Pisidium personatum	-	+	-	-	-	-	-	
Pisidium casertanum	-	+	-	-	-	-	-	
Pisidium sp.	+	-	-	-	-	-	-	"häufiger", Anm. 8
Gesamt: 47	34	23	7	8	8	10	5	

Anmerkungen: Die Hinweise auf Häufigkeit bzw. Seltenheit in Tab. 2, Fauna 1 (PAPP 1955) stehen in Anführungszeichen in der Spalte 'Anmerkungen'.
1: Zur Differenzierung von *Stagnicola turricula* (HELD 1836) von *Stagnicola palustris* (O. F. MÜLLER 1774) siehe FALKNER (1985). Es ist nicht möglich, zu sagen, ob hier wirklich *Stagnicola turricula* (HELD) vorliegt, oder *Stagnicola turricula* (HELD) sensu JACKIEWICZ 1959. - In PAPP (1955) sub '*St. palustris diluviana* ANDR.' bzw. '*palustris turricula*'.
2: Teilweise als '*P. muscorum densegyrata*' bestimmt.
3: Teilweise als '*P. sterrii*' oder '*P. muscorum*' bestimmt.
4: Als '*P. muscorum densegyrata*', '*P. sterrii*' oder '*P. muscorum*' bestimmt.
5: Sub '*Euconulus trochiforme* MONT.'; es kommen *E. fulvus* (O. F. MÜLLER 1774) oder *E. alderi* (GRAY 1840) in Frage.
6: Schälchen von Limacidae und/oder Agriolimacidae.
7: Wahrscheinlich bezieht sich die Fundmeldung '*Fruticicola sericea* DRAP.' bzw. '*Edentiella sericea*' auf diese Art.
8: Keine Artbestimmung in PAPP (1955); vermutlich eine der in Probe 2 enthaltenen Arten.
9: Teilweise als '*P. sterrii*' bestimmt.
10: Als '*Vallonia pulchella*' bestimmt.
11: Sub '*Paraspira*', oder als '*G. laevis*' bestimmt.
12: Sub '*Tropidiscus laevis*' bzw. als '*V. cristata*' bestimmt.
13: In Probe 2 sensu JACKIEWICZ 1959.
14: Teilweise als '*Galba truncatula*' bestimmt.
15: Als '*Succinea pfeiffer*' bestimmt.
16: Als '*Zonitoides nitidus*' bestimmt.
17: Als '*Limax* sp.' bestimmt; kleine *Deroceras*-Art (möglicherweise *laeve* oder *sturanyi*).
18: Sub '*P. pygmalum* DRAP.'.

Paläobotanik und Archäologie: kein Befund.

Chronologie: Die Molluskenfauna (1, 2) wird von KÜPPER (1952) als 'jungpleistozän' eingestuft. Sie entspricht der ökologischen Aussage nach dem 'Aulehm' gut. Die 'Gänserndorfer Terrasse' und deren lokale Modifikation, die 'Mannswörther Terrasse', werden als 'Anfang Würm' eingestuft. Aus der starken Lößbedekkung stammen die trocken-kühlen Faunen 3-7. Nach PAPP & THENIUS (1949) und KÜPPER (1952) ist die 'Mannswörther Terrasse' zwischen 'Stadtterrasse' und heutigem Donauspiegel eingeschoben und liegt etwa 3-4km über dem Alluvium der Praterterrasse. Die zeitliche Einstufung dieser Terrassen bleibt jedoch problematisch. Aus der obigen Schilderung wäre nur zu schließen, daß die weit artenärmeren Faunen 3-7 älter wären als 1 und 2, die nur als 'wahrscheinlich jungpleistozän' klassifiziert werden können. Die *primigenius*-Reste aus den Schottern weisen auf ein 'noch glaziales Alter' (KÜPPER 1952) bzw. 'Würm' (PAPP & THENIUS 1949) hin. Absolute Daten liegen nicht vor.

Klimageschichte:
Proben 1 und 2: Die Fauna ist von Stillwasserarten geprägt. Aus der Artenzusammensetzung geht hervor, daß es sich vermutlich um ein flachgründiges Gewässer mit breitem Verlandungsgürtel gehandelt haben dürfte, möglicherweise auch um eine versumpfte Landschaft mit kleineren und größeren Tümpeln mit Schlammgrund und reichlich Submersvegetation. Unter den terrestrischen Arten sind *Oxyloma elegans*, *Zonitoides nitidus* und *Perforatella rubiginosa* hochhygrophile, semiaquatile Elemente, die unmittelbar an der Wasserlinie oder im Uferbewuchs leben. Im weiteren Umkreis dürften Pioniergehölze (Büsche, auch Bäume) und Kraut- und Hochstaudenvegetation bestanden haben. In Probe 1 sind die feucht-terrestrischen Arten prozentuell stärker beteiligt, daher sind hier stärkere Verlandungstendenzen erkennbar. Klimacharakter: sehr feucht, gemäßigt.
Proben 3 bis 7 sind artenarm und von trockenem Charakter. Sie zeigen ähnliche Struktur hinsichtlich der Verteilung auf die ökologischen Gruppen. Alle enthalten *Pupilla bigranata*, in den höchsten Anteilen die Proben 4-6 (60-130cm über dem Terrassenschotter). In diesem Bereich dürfte das Klima am trockensten gewesen sein; gegenüber 3 und 7 bestehen aber nur fazielle Unterschiede. Die Landschaft war eine weitgehend offene Grasheide bis Heidesteppe, mit Gebüschen. Klimacharakter: trocken-kühl.

Aufbewahrung: Inst. Paläont. Univ. Wien.

Rezente Molluskensozietäten:
Nach KLEMM (1974:1), FRANK (1985:2, 3) und REISCHÜTZ (1986:4):
Viviparus acerosus (2), *Valvata piscinalis* (2), *Bithynia tentaculata* (2), *Physella acuta* (2), *Planorbarius corneus* (2), *Planorbis planorbis* (2), *Anisus spirorbis* (2), *Anisus vortex* (2), *Gyraulus albus* (2), *Hippeutis complanatus* (2), *Galba truncatula* (2), *Radix auricularia* (2), *Radix ovata* (2), *Lymnaea stagnalis* (2), *Cochlicopa lubrica* (1, 3), *Truncatellina cylindrica* (1), *Granaria frumentum* (1), *Chondrula tridens* (1), *Cochlodina laminata* (1), *Clausilia pumila* (1), *Balea biplicata* (1), *Succinea putris* (1), *Oxyloma elegans* (1), *Oxyloma sarsii* (det. anat.: 3), *Zonitoides nitidus* (1, 3), *Euconulus fulvus* (1), *Euconulus alderi* (3), *Vitrea crystallina* (1, 3), *Arion subfuscus* (4), *Fruticicola fruticum* (1), *Trichia hispida* (1, 3), *Trichia rufescens danubialis* (1), *Petasina unidentata* (1), *Monachoides incarnatus* (1, 3), *Pseudotrichia rubiginosa* (1, 3), *Urticicola umbrosus* (1), *Euomphalia strigella* (1), *Monacha cartusiana* (1), *Arianta arbustorum* (1), *Cepaea hortensis* (1), *Cepaea vindobonensis* (1), *Helix pomatia* (1), *Musculium lacustre* (2), *Pisidium* sp. (2). - Gesamt: 44.
Die Fauna ist repräsentativ für eine danubische Landschaft mit Altarm im weiteren Sinn, wie sie im Strombereich unterhalb Wiens anzutreffen ist, und zwar in weitgehend ungestörter Form (Weichholzau; im Uferbereich des Altarms Röhrichtgesellschaften). Besonders bezeichnende aquatische Arten sind *Viviparus acerosus* und *Anisus vortex*; unter den terrestrischen sind es die Artenverbindung der beiden *Oxyloma*-Arten, *Zonitoides nitidus*, *Euconulus alderi* und *Pseudotrichia rubiginosa* als Vernässungszeiger, mit *Clausilia pumila* und *Trichia rufescens danubialis*.

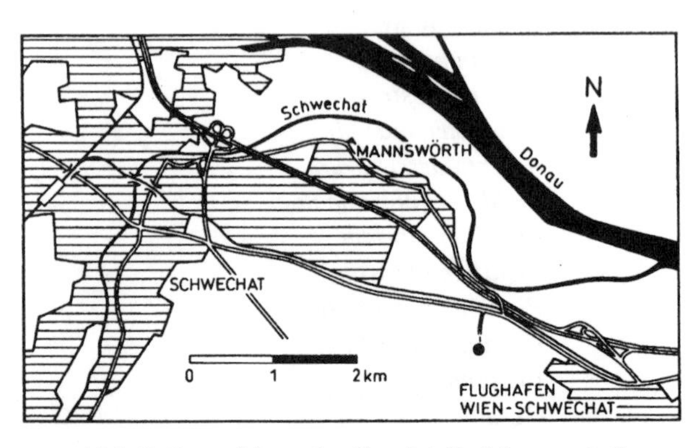

Abb.1: Lageskizze der Fundstelle Mannswörth

Literatur:
BINDER, H. 1977. Bemerkenswerte Molluskenfaunen aus dem Pliozän und Pleistozän von Niederösterreich. - Beitr. Paläont. Österr., **3**: 49 pp, 14 Taf.; Wien.
FALKNER, G. 1985. *Stagnicola turricula* (HELD) - eine selbständige Art neben *Stagnicola palustris* (O. F. MÜLLER 1774). - Heldia **1**(2): 47-50; München.
FINK, J. 1955a. Verlauf und Ergebnisse der Quartärexkursion in Österreich 1955. - Mitt. Geograph. Ges. Wien, **97**(III): 209-216; Wien.
FINK, J. 1955b. Abschnitt Wien-Marchfeld-March. Wegbeschreibung: Wien-Marchfeld-Stillfried. - Verh. Geol. Bundesanst., SH **D**(1955): 82-116; Wien.
FINK, J. 1956. Zur Korrelation der Terrassen und Lösse in Österreich. - Eiszeitalter u. Gegenwart, **7**: 49-77; Öhringen/Württ.
FINK, J. 1957. Quartärprobleme des Wiener Raumes. - Geomorphol. Stud., Machatschek-Festschr., 199-207, Taf. 15.
FINK, J. & MAJDAN, H. 1954. Zur Gliederung der pleistozänen Terrassen des Wiener Raumes. - Jb. Geol. Bundesanst., **XCVII**, Wien.
FRANK, C. 1985. Aquatische und terrestrische Mollusken der niederösterreichischen Donau-Auengebiete und der angrenzenden Biotope. VI. Die Donau von Wien bis zur Staatsgrenze. Teil 2. - Z. ang. Zool., **72**(3): 257-303; Berlin.
JACKIEWICZ, M. 1959. Badania nad zmiennoscia i stanowiskiem systematycznym *Galba palustris* O. F. MÜLL. - Pozn. Tow. Przyjaciol Nauk., Wydz. mat.-przyr., Prace Kom. biol., **19**(3): 89-187; Poznan.
KLEMM, W. 1974. Die Verbreitung der rezenten Land-Gehäuse-Schnecken in Österreich. - Denkschr. Österr. Akad. Wiss., **117**: 503 pp; Springer-Verl, Wien/New York.
KÜPPER, H. 1952. Neue Daten zur jüngsten Geschichte des Wiener Beckens. - Mitt. Geogr. Ges., **94**(1/4): 10-30; Wien.
PAPP, A. 1955. Über quartäre Molluskenfaunen aus der Umgebung von Wien. - Verh. Geol. Bundesanst. **1955**, SH **D**: 152-157, Taf. XII; Wien.
PAPP, A. & THENIUS, E. 1949. Über die Grundlagen der Gliederung des Jungtertiärs und Quartärs in Niederösterreich. - Sitzungsber. Österr. Akad. Wiss., math.-naturwiss. Kl., Abt. I, **158**(9/10): 763-787, Tab. VI; Wien.
REISCHÜTZ, P. L. 1986. Die Verbreitung der Nacktschnecken Österreichs (Arionidae, Milacidae, Limacidae, Agriolimacidae, Boettgerillidae). - Sitzungsber. Österr. Akad. Wiss., math.-naturwiss. Kl., Abt. I, **195**(1/5): 67-190; Springer-Verl., Wien/New York.

Marchegg

Gernot Rabeder

Fluviatile Schotter mit eingeschwemmten jungpleistozänen Wirbeltierresten
Kürzel: Mg

Gemeinde: Marchegg
Polit. Bezirk: Gänserndorf, Niederösterreich
ÖK 50-Blattnr.: 43, Marchegg
16°54'37" E (RW: 114mm)
48°16'44" N (HW: 64mm)
Seehöhe: 143m

Lage: Schottergrube des H. Krammel, heute etwa 250m von der March entfernt.
Geologie: Die fossilführenden Schotter liegen z.T. im Grundwasserbereich der March, ihre Ablagerung dürfte erst im Holozän erfolgt sein. Die Fossilien liegen hier in sekundärer Lage, wegen des Vorkommens von artifiziell veränderten Knochen kommen als Ursprungsgebiet jungpaläolithische Jagdstationen der näheren Umgebung in Frage.

Fundstellenbeschreibung: Die Fossilien kamen bei Baggerarbeiten zutage, die zur Schottergewinnung getätigt wurden.

Forschungsgeschichte: Die hier angeführten Fossilien wurden von den Privatsammlern A. Pantucek (Angern) und H. Preisl (Dürnkrut) im Laufe mehrerer Jahre aufgesammelt. Eine Publikation dieser Funde erfolgte durch WINKLER (1992) und RABEDER (1992). Ähnliche Funde wurden auch in anderen Bereichen der March schotter gemacht, eine zeitliche Korrelation ist wegen der Umlagerung problematisch.

Fauna (n. RABEDER 1992 und WINKLER 1992):

Tetrao urogallus (Auerhuhn): 1 Humerus
Megaloceros giganteus: 1 Geweihstück
Alces alces: 1 Geweihstange
Rangifer tarandus: 1 Geweihfragment
Bos primigenius: 1 Femur, 1 Radius, 2 Ulnae, 2 Metacarpalia, mehrere Molarenfragmente
Bison priscus: mehrere Hornzapfen
Equus ferus cf. *"solutreensis"*: mehrere Molaren, 2 Metatarsalia
Coelodonta antiquitatis: 1 Maxillare
Mammuthus primigenius: 3 Molaren
Homo sapiens sapiens: 1 Unterkiefer-Molar (M_2 oder M_3)

Die ähnliche Art der Fossilerhaltung sowie die Fundumstände sprechen dafür, daß die in der Schottergrube Krammel gefundenen Wirbeltierreste einen gemeinsamen Ursprungsbereich haben, der wegen der geringen Abrollungsspuren in der näheren Umgebung vermutet werden kann.

Paläobotanik: kein Befund.

Archäologie: Ein Metatarsale eines Pferdes und ein Geweihstück eines Rentieres sind durch den Menschen bearbeitet worden. Ähnliche Artefakte sind aus zahlreichen jungpaläolithischen Stationen bekannt geworden.

Chronologie: Das Faunenspektrum sowie die artifiziell veränderten Knochen sind typisch für das späte Jungpleistozän (Jungpaläolithikum).

Klimageschichte: Der kaltzeitliche Charakter der Fauna ist eindeutig.

Aufbewahrung: in den Sammlungen der Privatsammler A. Pantucek und H. Preisl.

Literatur:

RABEDER, G. 1992. Wirbeltierreste aus den jungpleistozänen Marchschottern von Marchegg, Niederösterreich. - Archaeol. Austr. **76**: 5-7, Wien.

WINKLER, E. M. 1992. Der Unterkiefermahlzahn eines Homo sapiens aus den jungpleistozänen Marchschottern von Marchegg, Niederösterreich. - Archaeol. Austr. **76**: 9-17, Wien.

Neudegg

Christa Frank & Gernot Rabeder

Rotlehm-Sedimente mit Kleinsäugern und Gastropoden, Mittel-Pliozän

Kürzel: Ng

Gemeinde: Großriedenthal
Polit. Bezirk: Tulln, Niederösterreich
ÖK 50-Blattnr.: 39, Tulln
15°53' E (RW: 86mm)
48°29'17" N (HW: 525mm)
Seehöhe: 295 m

Lage: In einer Sandgrube nordöstlich und etwas oberhalb der Ortschaft Neudegg (Lageskizze siehe Fundstelle Großweikersdorf, FRANK & RABEDER, dieser Band).
Zugang: Von der Ortsmitte in wenigen Minuten auf einem Fahrweg zur Sandgrube (PKW-Zufahrt möglich).
Geologie: In der Sandgrube werden Sande und Kiese abgebaut, die dem Hollabrunner Schotterstrang (Ober-Miozän) angehören (s. Stranzendorf). In einer Erosions-Rinne oder -Mulde sind rötliche Sedimente abgelagert, die linsenartige Vorkommen von Kleinfossilien enthalten. Die fossilführenden Sedimente sind bzw. waren im linken (westl.) Teil der Sandgrube aufgeschlossen.

Forschungsgeschichte: Entdeckt durch J. Fink (Inst. für Geographie der Univ. Wien) und L. Piffl (Tulln) im Jahre 1974 (mündl. Mitteilung). Grabungen durch G. Rabeder und Mitarbeiter (Inst. Paläont. Univ. Wien) 1974 und 1975. Neuaufnahme und Fossilaufsammlung durch C. Frank und G. Rabeder 1995 (FRANK & RABEDER 1996, DÖPPES & RABEDER 1996).

Sedimente: Mit Sand und Schotter vermischte Terra rossa-Reste.

Fauna:

Mammalia (det. Rabeder)	
Mimomys (Pusillomimus) altenburgensis/reidi	$2M_1, 1M^1, 1M^2$
Mimomys stehlini (=M. 'kretzoii')	$1M^2$
Ungaromys cf. *opsia*	$1M_1$-Fragment

Mollusca (det. Frank)	Anm.
Cochlostoma salomoni	1
Carychium schlickumi	2
Cochlicopa lubrica	
Truncatellina cf. *strobeli*	
Vertigo pusilla	
Vertigo antivertigo	
Granaria frumentum	
Gastrocopta (Vertigopsis) meijeri	3
Vallonia costata	
Vallonia tenuilabris	
Acanthinula aculeata	
Ena montana	
Buliminidae, cf. *Zebrina* sp.	
Ruthenica filograna	
Macrogastra densestriata	
Macrogastra sp.	4
Clausilia stranzendorfensis	5
Clausilia strauchiana	6
Serrulina serrulata	
Clausiliidae	Windungsfragmente
Triptychia sp.	7
Catinella arenaria	
Punctum pygmaeum	
Discus cf. *rotundatus*	
Semilimax cf. *kochi*	
Vitrinobrachium sp.	
Vitrea diaphana	
Vitrea crystallina	
Aegopis sp.	
Archaegopis cf. *acutus*	
Aegopinella sp.	
Retinella (Lyrodiscus) sp.	8
Oxychilus sp.	
Mesodontopsis doderleini	9
Soosia diodonta	
Petasina cf. *unidentata*	
Perforatella bidentata	
Monachoides cf. *incarnatus*	
cf. *Urticicola umbrosus*	
Hygromiidae, Fragmente	
Arianta arbustorum	
Helicigona lapicida	

Mollusca (det. Frank)	Anm.
cf. *Drobacia banaticum*	
Helicigona capeki	
cf. Ariantinae, Fragmente	
Isognomostoma isognomostomos	
Causa holosericea	
Helicoidea	große Art(en)
Korrodierte Splitter (dominant: *Triptychia* sp.)	massenhaft
Gesamt	44

Anmerkungen:

1. *Cochlostoma (Obscurella) salomoni* (GEYER 1914) wurde aus dem unteren Deckschotter von Buch bei Illertissen beschrieben und von MÜNZING (1974) dort wiedergefunden. Weitere Nachweise erfolgten von SCHRÖDER & DEHM (1951) in den mittleren Deckschottern (Schotter der Staudenplatte), von GEISSERT (1985) bei Gambsheim und La Wantzenau (nördliches Elsaß; vermutlich 'tegelzeitliche' Schichten), von RÄHLE & BIBUS (1992: 329) in altpleistozänen Höhenschottern des Neckars bei Rottenburg (Einstufung: vermutlich spätes 'Tegelen'), von RÄHLE (1995: 107-109) im Altpleistozän vom Uhlenberg und von Lauterbrunn (Iller-Lech-Platte, Bayerisch Schwaben). Ebenfalls hierher gehören könnten die Funde von *Cochlostoma (Obscurella)* von MÜNZING (1973:163) aus altpleistozänen Rheinsanden bei Bruchsal (Wasserbohrung Philippsburg) und von MEIJER (in FREUDENTHAL & al. 1976: 9) aus dem 'Tegelen C5' von Tegelen (Niederlande; auch MEIJER 1987:289). Nach MEIJER (1988) und RÄHLE (1995:109) ist die Art in den Niederlanden letztmals in Ablagerungen des älteren 'Waal' oder 'Tegelen' nachweisbar. Aus Österreich war sie bis dato noch nicht bekannt. Die Fragmente aus dem Rotlehm C von Stranzendorf dürften zu dieser Art zu stellen sein. Rezente Vertreter der Untergattung, die ihr am nächsten stehen, leben im Pyrenäenraum (Nordspanien, südwestliches Frankreich): WAGNER (1897).
2. *Carychium (Saraphia) schlickumi* wurde von STRAUCH (1977:168-170, Taf. 16, Fig. 40-45, Taf. 19, Fig. 68-70, 72, 73, 75) aus dem pliozänen Ton des Tagebaus Fortuna, Rhein. Braunkohle AG, beschrieben, und ihre Verwandtschaftsbeziehungen diskutiert. Weitere Hinweise zur zeitlichen und räumlichen Verbreitung dieser Art bringen RÄHLE & BIBUS (1992:331-332) und RÄHLE (1995:109). In Mitteleuropa dürfte sie demzufolge im älteren Pleistozän erloschen sein.
3. *Gastrocopta (Vertigopsis) meijeri* wurde von SCHLICKUM (1978:251-252, Taf. 19, Fig. 9) aus oberpannonem Süßwassermergel von Öcs (Kom. Veszprém, Ungarn) beschrieben. LUEGER (1981:28-29, Taf. 2, Fig. 25, 26a-b) wies sie auch im Pont G/H von Velm nach.
4. Mündungs- und Apikalfragmente einer kleinen *Macrogastra*-Art (Schalenhöhe ca. 8 mm) liegen verhältnismäßig zahlreich vor. Sie erinnert an die von PAPP & THENIUS (1954: 22-23) als *Pseudidyla* beschriebene *voesendorfensis* ('Pannon E'), die von NORDSIECK (1981:80, Taf. 9, Fig. 26-28) revidiert und als *Macrogastra* erkannt wurde. LUEGER (1981:52, Taf. 7, Fig. 13) stellt sie in die Gattung *Clausilia* DRAPARNAUD 1805. Sie ist auch von Hollabrunn bekannt (Mittelmiozän). Wahrscheinlich liegt eine neue Art vor.
5. Zu *Clausilia stranzendorfensis* siehe NORDSIECK (1990: 162-164). Außer in Stranzendorf tritt sie auch in Unterparschenbrunn auf. Es lagen 3 vollständig erhaltene Mündungen sowie 2 Mündungsfragmente vor, sodaß eine eindeutige Iden tifizierung möglich war. NORDSIECK wies bereits auf gewisse Unterschiede zwischen den Neudegger Individuen und dem Typusmaterial hin, die möglicherweise die Abtrennung einer eigenen Unterart rechtfertigen.
6. *Clausilia strauchiana* wurde von NORDSIECK (1972:172-174, Taf. 10, Fig. 19-23, Abb. 3-4) aus den oberpliozänen Deckschichten der niederrheinischen Braunkohle, Tagebau Frechen, beschrieben. Sie ist auch von Tagebau Fortuna-N und vom Eichkogel ('Pont H'; LUEGER 1981:51, Taf. 7, Fig. 14a-b) bekannt und kommt in Stranzendorf wie an der vorliegenden Fundstelle gemeinsam mit *Clausilia stranzendorfensis* NORDSIECK 1990 vor; vgl. NORDSIECK (1990:162-164, Abb. 6, 9-11).
7. Die dominante Art dieser Fauna ist eine *Triptychia*, die in zahllosen kleinen und größeren Windungsfragmenten, Apices und Mündungsfragmenten vorliegt. Bis jetzt ist sie mit keiner aus dem Pliozän bekannten mittel- oder westeuropäischen Art identifizierbar. Sie entspricht auch nicht der von LUEGER (1981:55, Taf. 8, Fig. 8a-b) kurz charakterisierten neuen Art aus dem 'Pont G/H' von Velm. Es dürfte sich um eine neue, mittelgroße Art (Schalenhöhe etwa 30 mm) handeln. Die ersten 2-3 Windungen sind glatt, die folgenden gerippt, wobei die Rippen am letzten Umgang verflachen. Ein Nackenwulst oder eine Gaumenschwiele im Inneren der Mündung sind nicht ausgebildet.
8. *Retinella (Lyrodiscus)* PILSBRY 1893 ist durch die stark niedergedrückte, matte Schale mit einigen sehr bezeichnenden membranösen Spiralkämmen gekennzeichnet. Dies stellt eine Ausnahme unter den Zonitidae dar. Gegenwärtig ist die Untergattung nur durch wenige Vertreter auf den Kanarischen Inseln repräsentiert (Riedel 1980: 68). Aus dem europäischen Plio- und Pleistozän sind bis jetzt zwei Arten bekannt geworden: *Retinella (L.) jourdani* (MICHAUD), Unterpliozän von Hauterives (Südostfrankreich) und *R.(L.) sklertchlyi* KERNEY 1976. Zur chronostratigraphischen Verbreitung der letzteren siehe RÄHLE & BIBUS (1992:333-334) und RÄHLE (1995: 110-111). Die Funde erstrecken sich vom Oberpliozän (Deckschichten der rheinischen Braunkohle der Tagbaue Frechen und Fortuna; Süßwassermergel von Cessey-sur-Tille) über den plio-pleistozänen Grenzbereich (Nuits Saint-Georges/Beaune, Ostfrankreich) bis ins Altpleistozän (Tegelen/Niederlande; untere Deckschotter/Bayerisch Schwaben; Höhenschotter des Neckars bei Rottenburg; Liegendschichten des Leilenkopf-Vulkans/Osteifel; untere Deckschotter des Iller-Lech-Gebietes: Hörlis bei Babenhausen, Osterbuch SE Wertingen; Uhlenberg). - In Westeuropa dürfte sie während des Mittelpleistozäns ausgestorben sein (Literaturübersicht: RÄHLE & BIBUS 1992:333-334 und RÄHLE 1995:110-111, mehrere Fundmeldungen).
Aus österreichischen Fundstellen ist bis jetzt kein Nachweis dieser Untergattung gelungen. Da nur wenige Fragmente vorliegen, ist eine genaue Zuordnung nicht möglich.
9. Zur zeitlichen und räumlichen Verbreitung von *Mesodontopsis doderleini* siehe ausführlich SCHLICKUM & STRAUCH (1973:161-166), auch LUEGER (1981:62-65). Kritische Bemerkungen zur Ableitung von *Mesodontopsis* aus der *Tropidomphalus*-Gruppe siehe NORDSIECK (1986:113). Das hier vorliegende Individuum ist groß, horizontal stark verdrückt (etwa 43-45 mm Schalendurchmesser) und hat einen verschlossenen Nabelritz. Durch diesen Fund wird die Frage nach dem tatsächlichen Aussterben dieser im "oberen Pont" des Wiener Beckens so verbreiteten Art erneut verstärkt. Einige Fragmente dürften ebenfalls zu dieser Art gehören.

Chronologie: Trotz der geringen Anzahl an Arvicoliden-Molaren ist eine relativ genaue zeitliche Einstufung möglich. Das Evolutionsniveau der beiden *Mimomys*-Arten ist etwas niedriger als das von Stranzendorf D (RABEDER 1981:146) und etwas höher als die Niveaus von Deutsch-Altenburg 20 und 21 (RABEDER 1981:105 und 140). Die kleinere *Mimomys*-Form von Neudegg steht in den Indices der Linea sinuosa zwischen *M. altenburgensis* von Deutsch-Altenburg 21 und *M. reidi (=M. 'stranzendorfensis')* aus dem Braunlehm Stranzendorf D, was auch aus folgender Tabelle hervorgeht:

Tabelle 1. Molaren-Maße von *Mimomys* aus dem Mittel-Pliozän von Neudegg

Art	Molar	occ.	Hsd	Hsld		HH	
		Länge	Prs	As	Asl	PA	PAA
M. alt./reidi	M_1	2,58	>2,45	2,12		>3,24	
	M_1	2,78	>1,56	1,56		>2,21	
	M^1	2,12	2,53	2,35	1,75	3,08	3, 87
	M^2	1,79	2,44	2,53		3,51	
M. stehlini	M^2	1,98	0,97	1,01		1,40	

Abk.: As Anterosinus-Höhe, Asl Anterosinulus-Höhe, HH-Index, Hsd Hyposinuid-Höhe, Hsld Hyposinulid-Höhe, PA-Index, PAA-Index, Prs Protosinus-Höhe (s. RABEDER 1981)

Das Molaren-Fragment von *Ungaromys* wird aufgrund der isoknemen Schmelzbanddifferenzierung und des Fehlens von Synklinalzement hierher gestellt. Eine genauere Bestimmung ist leider nicht möglich. Die Art *C. opsia* ist aus dem Mittel-Pliozän von Stranzendorf A und C bekannt.

Malakologisch zeigen sich Analogien zu den basalen Rotlehmen des Profiles von Stranzendorf. Den Fundstellen sind einige Arten gemeinsam, wobei stratigraphisch bedeutend vor allem *Clausilia stranzendorfensis, Clausilia strauchiana, Soosia diodonta, Helicigona capeki* und *Drobacia banaticum* sind.
Von höchstem überregionalem Interesse sind Gemeinsamkeiten mit einer altpleistozänen Molluskenfauna aus den Höhenschottern des Neckars bei Rottenburg (Württemberg), die RÄHLE & BIBUS (1992) beschreiben: *Aegopinella* sp., *Retinella (L.) sklertchlyi* (Uhlenberg), *Cochlostoma salomoni, Perforatella bidentata, Vitrinobrachium breve* (Uhlenberg), *Semilimax* cf. *kochi* (Uhlenberg), *Carychium schlickumi* (Uhlenberg) (RÄHLE 1995).
Daraus ergeben sich Vergleichsmöglichkeiten mit den pliozänen Deckschichten der rheinischen Braunkohle, mit dem plio-pleistozänen Grenzbereich in Montagny-les Beaune (Ostfrankreich): *Carychium schlickumi*; mit dem Oberpliozän Ostfrankreichs (Cessey-sur-Tille, Côte d'Or), mit den vermutlich 'tegelenzeitlichen' Rheinablagerungen im nördlichen Elsaß (Gambsheim), verschiedenen Fundstellen des älteren Mittelpleistozäns Deutschlands und 'mindelzeitlichen' Lössen des nördlichen Elsaß: *Semilimax* cf. *kochi*; möglicherweise mit dem Altpleistozän von Tegelen ('Tegelen C5', Niederlande): *Aegopinella* sp.; nochmals mit den pliozänen Deckschichten der rheinischen Braunkohle, mit den Süßwassermergeln von Cessey-sur-Tille, mit dem plio-pleistozänen Grenzbereich bei Nuits Saint-Georges (Ostfrankreich), mit dem Altpleistozän von Tegelen ('Tegelen C5', Niederlande), mit dem altpleistozänen unteren Deckschotter von Bayerisch Schwaben, mit altpleistozänen Ablagerungen des Leilenkopf-Vulkans (Osteifel): *Retinella (Lyrodiscus)* [*sklertchlyi*; sie erlischt in Westeuropa offenbar um etwa 400.000 BP].
Die Gesamtheit der Neudegger Fauna würde nach dem bisherigen Kenntnisstand für eine Einstufung ins Oberpliozän bis in den plio-pleistozänen Grenzbereich sprechen. Folgende Arten müssen aber kritisch betrachtet werden: *Gastrocopta meijeri* ist bis dato aus dem 'Pont G/H' von Velm (entspricht dem älteren Turolium) bzw. dem 'Oberpannon' von Öcs (entspricht dem jüngeren Vallesium) bekannt. Triptychiidae-Vertreter erstrekken sich bis ins Oberpliozän; die Hauptentfaltung dieser Familie fand im Untermiozän statt. *Mesodontopsis doderleini* soll im 'oberen Pont' des Wiener Beckens ausgestorben sein (entspricht dem älteren Turolium). Auch die an *Macrogastra voesendorfensis* (Mittel- bis Obermiozän) erinnernde *Macrogastra*-Art dürfte chronologisch an diese Faunenkomponenten anzuschließen sein. Wann viele 'tertiäre' Faunenelemente tatsächlich verschwunden sind, kann für das zur Diskussion stehende Gebiet jedoch noch nicht gesagt werden. Die Molluskenfauna könnte demzufolge größtenteils dem Zeitraum Mittelpliozän bis Ältestpleistozän zuzurechnen sein. Die Position der vier letztgenannten Komponenten innerhalb der Gesamtfauna erscheint etwas unklar: Ist es hier zu einer Vermischung mit älteren Elementen gekommen oder ist die zeitliche Verbreitung verschiedener Arten eine noch größere als bis dato angenommen?
Auch hinsichtlich der Chronologie ist auf die wiederholt genannten Faunen von Rottenburg und vom Uhlenberg zu verweisen: In der Diskussion der Altersstellung dieser Faunen wird für die Rottenburger Fauna das späte 'Tegelen' angenommen, eventuell auch das Waal (frühes oder mittleres Altpleistozän) (RÄHLE & BIBUS 1992:336-337), für die Uhlenberger Fauna ein Alter von etwa 0,9 Millionen Jahren (etwa 'Tegelen'). Die Kleinsäugerreste aus den molluskenführenden Schichten des Uhlenberges entsprechen dieser Einschätzung aber nicht; sie werden in die 'Lagurodon-Villanyia'-Zone gestellt (RÄHLE 1995: 113-114; ELLWANGER & al. 1994 in RÄHLE 1995). Diese stratigraphische Einstufung ist in mehrfacher Hinsicht problematisch, weil sie mit taxonomischen Problemen (*'Lagurodon'= Lagurus arankae; Villanyia = Ungaromys?)* verknüpft ist. Eine 'Lagurus arankae-Ungaromys-Zone' aber würde weit in das Altpleistozän hinaufreichen. Fest steht nur, daß das Zusammenvorkommen von *Borsodia, Lagurus,* und je

einem Vertreter der *Mimomys pliocaenicus*-Gruppe und der *Mimomys pitymyoides*-Gruppe für Oberpliozän sprechen.
Das Alter der Neudegger Rotlehme ist durch die Kleinsäuger aber eindeutig dem Mittelpliozän zuzuordnen. In der Profilskizze der Fundstelle Neudegg (Abb.: 1)ist jedoch ersichtlich, daß die fossilführende Schicht mit Sanden und Kiesen vermischt ist. Diese Vermischung kommt in der Heterogenität der Gastropodenfauna zum Ausdruck (siehe Anmerkungen). Nach dem bisherigen Kenntnisstand kann der Molluskenbefund jedenfalls nicht als Gesamtheit der zeitlichen Einstufung der Mikromammalia entsprechen.

Klimageschichte: Die Molluskenfauna ist stark feuchtigkeits- und wärmebetont: Aus den identifizierbaren Arten bzw. Gattungen ist eine weitgehend geschlossene Bewaldung, Laubholzdominanz, ersichtlich. Der Wald dürfte am ehesten einem heutigen Auwald, mit dichter Krautschichte und hoher Bodenfeuchtigkeit sowie reichlicher Strauchschichte entsprochen haben. Unmittelbar im angrenzenden Bereich waren Felssteppenheiden geringer Ausdehnung: Diese werden durch die *Cochlostoma*-Art angezeigt. Die calciphilen Tiere leben auf Geröllhalden, an Felsen mit wenig Humuslage und Flechtenbewuchs und haben ein hohes Wärme-, aber im allgemeinen nur geringes Feuchtigkeitsbedürfnis.
Da auch für *Mesodontopsis doderleini* ein Lebensraum in unmittelbarer Ufernähe angenommen wird (SCHLICKUM & STRAUCH 1973:166-168), war der Lebensraum dieser Fauna wahrscheinlich eine ausgedehnte Flußniederung mit breitem Auengürtel, der durch Gebüschsäume in offene Felsensteppen überging.
Auch in ökologischer Hinsicht bestehen auffallende Gemeinsamkeiten mit den Faunen aus dem Hochflutlehm der Neckar-Höhenschotter und vom Uhlenberg, welche zusätzlich noch aquatische Arten enthalten.

Aufbewahrung: Inst. Paläont. Univ. Wien.

Rezente Sozietäten:
Aufnahme: FRANK 1993 (1); zusätzliche Daten aus KLEMM (1974) (2).
Cochlicopa lubrica (1), *Truncatellina cylindrica* (1), *Granaria frumentum* (2), *Chondrula tridens* (2), *Zebrina detrita* (2), *Cecilioides acicula* (2), *Punctum pygmaeum* (1), *Euconulus fulvus* (1), *Vitrina pellucida* (1), *Aegopinella nitens* (1, 2), *Fruticicola fruticum* (2), *Xerolenta obvia* (2), *Euomphalia strigella* (1, 2), *Cepaea vindobonensis* (2). - Gesamt: 14.
Gegenwärtig zeigen Vegetation und Malakofauna im unmittelbaren Umkreis des ehemaligen Aufschlusses xeromorphes Gepräge: Lichtoffene, buschbestandene Standorte zeigen *Truncatellina cylindrica, Granaria frumentum, Chondrula tridens, Zebrina detrita, Vitrina pellucida* (vor allem bezeichnend unter Robinienbeständen), *Fruticicola fruticum, Euomphalia strigella, Cepaea vindobonensis.* Denselben Indikatorwert besitzen die beiden Kulturfolger *Cecilioides acicula* und *Xerolenta obvia.* Die restlichen Arten sind größtenteils anspruchslos; sie können auch in koniferenbeherrschten, eher trockenen Baumbeständen leben. Die vermutlich nicht vollständig erfaßte Fauna zeigt aber die standörtlichen Verhältnisse - Sekundärbiotop, umgeben von Kulturland - sehr deutlich.

Literatur:

DÖPPES, D. & RABEDER, G. 1996. Die pliozänen und pleistozänen Faunen Österreichs. Schwerpunkte eines FWF-Projektes. - Mitt. Abt. Geol. und Paläont. Landesmus. Joanneum **54**: 7-42, Graz.
FRANK, C. & RABEDER, G. 1996. Kleinsäuger und Landschnecken aus dem Mittel-Pliozän von Neudegg (Niederösterreich). - Beitr. Paläont. Österr. **21**: 41-49, Wien.
FREUDENTHAL, M., MEIJER, T. & VAN DER MEULEN, A. J. 1976. Preliminary report on a field campaign in the continental Pleistocene of Tegelen (The Netherlands). - Scr. Geol., **34**: 1-27; Leiden.
GEISSERT, F. 1985. Une Faune malacologique du Quaternaire ancien dans les alluvions rhénanes d'Alsace septentrionale. - Doc. Nat., **27**, 1-4; München.
KLEMM, W. 1974. Die Verbreitung der rezenten Land-Gehäuse-Schnecken in Österreich. - Denkschr. Österr. Akad. Wiss., Math.-Naturwiss. Kl., **117**: 503 S.; Wien, New York: Springer.
LUEGER, J. P. 1981. Die Landschnecken im Pannon und Pont des Wiener Beckens. - Denkschr. Österr. Akad. Wiss., Math.-Naturwiss. Kl., **120**: 124 S., 16 Taf.; Wien, New York: Springer.
MEIJER, T. 1987. De Molluskenfauna von het Waalien in Niederland. - Correspondentieblad Nederl. Malak. Vereniging, **236**: 276-279, **237**: 288-297, Leiden.
MEIJER, T. 1988. Mollusca from the borehole Zuurland-2 at Brielle, The Netherlands (an interim report). - Meded. Werkgr. Tert. Kwart. Geol., **25**: 49-60, Leiden.
MÜNZING, K. 1973. Beiträge zur quartären Molluskenfauna Baden-Württembergs. - Jb. geol. Landesamt Baden-Württemberg, **15**: 161-185; Freiburg/Breisgau.
MÜNZING, K. 1974. Mollusken aus dem älteren Pleistozän Schwabens. - Jb. geol. Landesamt Baden-Württemberg, **16**: 61-78; Freiburg/Breisgau.
NORDSIECK, H. 1972. Fossile Clausilien, I. Clausilien aus dem Pliozän W-Europas. - Arch. Moll., **102**(4/6): 165-188; Frankfurt/Main.
NORDSIECK, H. 1981. Fossile Clausilien, V. Neue Taxa neogener europäischer Clausilien, II. - Arch. Moll., **111**(1/3) (1980): 63-95; Frankfurt/Main.
NORDSIECK, H. 1986. Das System der tertiären Helicoidea Mittel- und Westeuropas (Gastropoda: Stylommatophora). - Heldia, **1**(4): 109-120, Taf. 15-17; München.
NORDSIECK, H. 1990. Revision der Gattung *Clausilia* DRAPARNAUD, besonders der Arten in SW-Europa (Das *Clausilia rugosa*-Problem) (Gastropoda: Stylommatophora: Clausiliidae). - Arch. Moll., **119**(1988)(4/6): 133-179; Frankfurt/Main.
PAPP, A. & THENIUS, E. 1954. Vösendorf - ein Lebensbild aus dem Pannon des Wiener Beckens. - Mitt. Geol. Ges. Wien, **46**, Sonderband (1953): 109 pp, 15 Taf.; Wien.
RABEDER, G. 1981. Die Arvicoliden aus dem Pliozän und älterem Pleistozän von Niederösterreich. - Beitr. Paläont. Österr. **8**: 1-373, Wien.
RÄHLE, W. 1995. Altpleistozäne Molluskenfaunen aus den Zusamplattenschottern und ihrer Flußmergeldecke vom Uhlenberg und Lauterbrunn (Iller-Lech-Platte, Bayerisch Schwaben). - Geologica Bavarica, **99**: 103-117; München.
RÄHLE, W. & BIBUS, E. 1992. Eine altpleistozäne Molluskenfauna in den Höhenschottern des Neckars bei Rottenburg, Württemberg, - Jh. geol. Landesamt Baden-Württemberg, **34**: 319-341; Freiburg/Breisgau.
RIEDEL, A. 1980. Genera Zonitidarum. - Rotterdam: Backhuys; 197 pp.
SCHLICKUM, W. R. 1978. Zur oberpannonen Mollusken

fauna von Öcs, I. - Arch. Moll., **108**(4/6)(1977): 245-261; Frankfurt/Main.

SCHLICKUM, W. R. & STRAUCH, F. 1973. Die neogene Gastropodengattung *Mesodontopsis* PILSBRY 1895. - Arch. Moll. **103** (4/6): 153-174; Frankfurt/Main.

SCHRÖDER, J. & DEHM, R. 1951. Die Molluskenfauna aus der Lehmzwischenlage des Deckenschotters von Fischach, Kreis Augsburg (vorläufige Zusammenfassung). - Geologica Bavarica, **6**: 118-120; München.

STRAUCH, F. 1977. Die Entwicklung der europäischen Vertreter der Gattung *Carychium* O. F. MÜLLER seit dem Miozän (Mollusca: Basommatophora). - Arch. Moll., **107**(4/6): 149-193; Frankfurt/Main.

WAGNER, A. J. 1897: Monographie der Gattung *Pomatias* STUDER. - Denkschr. Kaiserl. Akad. Wiss., Math.-Naturwiss. Kl., **64**: 565-632; Wien.

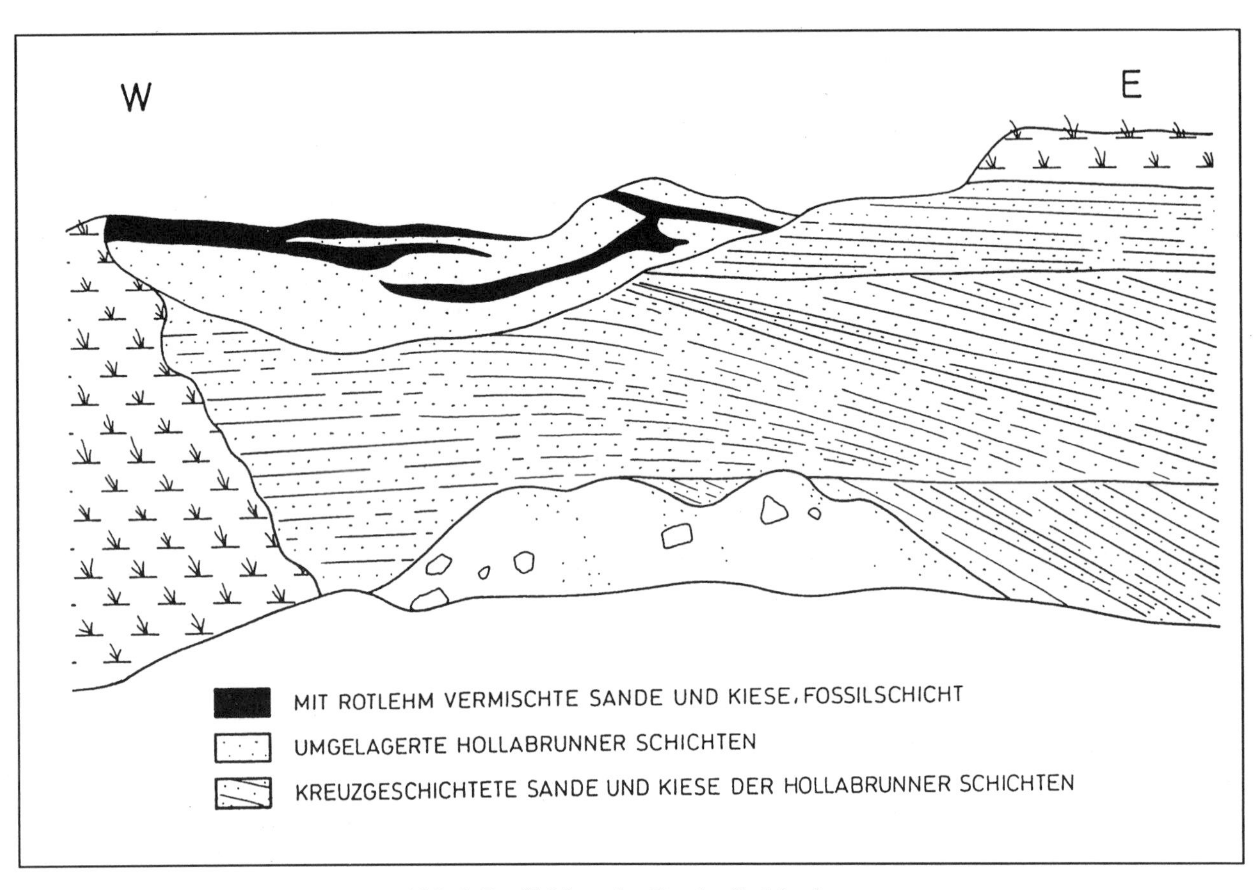

Abb.1: Profilskizze der Fundstelle Neudegg

Ottenthal

Christa Frank

Pleistozäne Lößfundstelle, Spätwürm?
Kürzel: Ot

Gemeinde: Großriedenthal
Polit. Bezirk: Tulln, Niederösterreich
Seehöhe: 237m
ÖK 50-Blattnr.: 39, Tulln
15°53'45" E (RW: 92mm)
48°28'21" N (HW: 493mm)

Lage und Zufahrt: Von Wien aus über die Bundesstraße 3 bis Neustift im Felde, dann über die Hauptstraße über Kirchberg am Wagram in Richtung Großriedenthal; von Kirchberg a. W. sind es etwa 6 km bis Ottenthal (siehe Großweikersdorf, FRANK & RABEDER, dieser Band). Der Aufschluß befindet sich an der Straße nach Großriedenthal, 500 m nach dem Ortsende, rechts jenseits des Krampusgrabens, über eine kleine Brücke führt ein Feldweg direkt zum Profil (BINDER 1977).
Geologie: Lößauflage auf Hollabrunner Schotter.

Forschungsgeschichte: Das Profil wurde von BINDER unter Anleitung des Inst. Paläont. Univ. Wien gegraben und 1977 publiziert. Davor ist es in der Literatur nicht erwähnt.

Sedimente und Fundsituation: Das Profil liegt 10m über dem Straßenniveau. Es umfaßt eine mächtige Tschernosemfolge. - Auf Löß liegt eine Verlehmungszone mit zahlreichen Kalkkonkretionen an der Basis und an der Oberkante auf; darüber folgt eine Schotterlage. Danach wurde nicht aufgeschlossen. Nach etwa 8m folgt Lehmbröckelsand mit der Tschernosemabfolge (BINDER 1977).

Fauna: Die Fauna umfaßt nur Gastropoden, die von BINDER (1977) publiziert wurden. Das Material wurde von C. Frank revidiert sowie noch unbestimmte Proben determiniert und in die Auswertung einbezogen:

Mollusca:
1 = 0-20cm unter 0, 2 = 0-20cm über 0, 3 = 20-40cm über 0, 4 = 40-60cm über 0, 5 = 60-80cm über 0, 6 = 80-100cm über 0, 7 = 100-120cm über 0, 0 = Bezugspunkt (Unterkante des Tschernosems), pl = zahlreich

Art	1	2	3	4	5	6	7	Anmerkung
Truncatellina cylindrica	-	-	-	+	-	-	-	
Vertigo pygmaea	-	-	-	+	+	+	-	
Granaria frumentum	-	-	-	-	-	-	+	2
Pupilla muscorum	-	-	-	+	-	-	+	
Pupilla muscorum densegyrata	-	-	-	+	-	-	+	
Pupilla triplicata	-	-	-	-	-	-	+	1
Pupilla sp. juv.	-	-	-	-	+	-	-	
Vallonia costata + f. *helvetica*	-	+	+	pl	pl	+	pl	
Chondrula tridens	-	+	-	+	+	+	+	
Catinella arenaria	-	-	-	-	+	-	-	
Aegopis verticillus	-	-	-	-	-	-	+	
Zonitidae, embr. (cf. *Perpolita* vel. *Oxychilus* sp.)	-	-	-	+	-	-	-	
Deroceras sp.	-	-	-	-	-	+	-	
Trichia hispida	-	-	-	+	-	-	+	
Helicopsis striata	+	+	+	+	+	+	+	
Arianta arbustorum alpicola	-	-	-	-	-	-	+	
Regenwurm-Konkremente	-	-	-	-	+	-	-	
Gesamt: 15	1	3	2	9	6	6	9	

Anmerkungen: 1: Als '*P. m. densegyrata*' oder '*P. muscorum*' bestimmt. 2: Sub '*Abida frumentum*'.

Durch die Einbeziehung des nicht determinierten Materiales konnte die Artenzahl von 7 auf 15 erhöht werden. Vor allem ändert sich auch die klimatologische Aussage: Probe 7 (100-120 cm) fällt durch *Aegopis verticillus* aus dem Rahmen der übrigen Abfolge. Zusammen mit *Arianta arbustorum alpicola* deutet sie auf Teilbewaldung (Büsche und Bäume) hin; mit ausreichend bodenfeuchten Stellen. Die restliche Fauna bezeichnet trockenes Buschland vom Typus der gebüschreichen Heidesteppe. Klimacharakter: Mild, mäßig feucht. Alle anderen Proben (0-100cm über 0) sind von ähnlicher Aussage: Trockene Heidesteppen mit reichlich Gebüschen; in 4 (40-60cm) und 6 (80-100cm) auch kleine krautige Flächen (*Deroceras* sp., *Trichia hispida*). Klimacharakter: Gemäßigt, trocken.
Probe 1 (0-20cm unter 0) kann nicht bewertet werden, da nur *Helicopsis striata*, 1 Individuum, vorliegt.

Paläobotanik und Archäologie: kein Befund.

Chronologie: Wahrscheinlich jungpleistozän. Die Einstufung 'Spätwürm' erscheint wahrscheinlicher als die von BINDER (1977:21) vorgeschlagene 'Frühphase der Würmeiszeit'.

Klimageschichte: Das Profil umfaßt ganz offensichtlich eine Sukzession von Faunen gemäßigter, trockener Verhältnisse bis zu einer Steigerung der Temperatur und Feuchtigkeit. Diese Phase ist aber nur anfänglich erfaßt, da sonst mehr an begleitenden Waldarten vorliegen würde.

Aufbewahrung: Inst. Paläont. Univ. Wien.

Rezente Vergleichsfauna: Diese Fauna wurde unmittelbar im Bereich des Aufschlusses, am Rande der Äcker bzw. in einem trockenen, gebüschreichen Kiefernwäldchen aufgenommen (Frank 1993). Funddaten fehlen in der Literatur: *Cochlicopa lubrica*, *Truncatellina cylindrica*, *Granaria frumentum*, *Punctum pygmaeum*, *Vitrina pellucida*, *Vitrea crystallina*, *Aegopinella pura*, *Aegopinella minor*, *Euomphalia strigella*, *Cepaea vindobonensis*, *Helix pomatia*. - Gesamt: 11.
Die rezente Gastropodenfauna hat stark xeromorphes Gepräge und bringt die gegenwärtigen Standortsverhältnisse sehr deutlich zum Ausdruck. Gesellschaften dieser Artenzusammensetzung sind äußerst repräsentativ für die Lebensraumgruppe "Trockenbusch" (Buschwald, trockene Feldgehölze, auch Windschutzgürtel mit Robinien oder trockene Eichen-Hainbuchen-Hangwälder).
Bei Betrachtung der Faunen aus dem Profil, mit Ausnahme des obersten Bereiches (Probe 7) möchte man fast annehmen, daß sich die Lebensverhältnisse in der Nähe des Fundplatzes kaum wesentlich geändert haben. Die Agrarwirtschaft dürfte nun zu einer Konzentration der Tiere auf die Randzonen geführt haben. Die Anzeiger gemäßigten, trockenen Klimas sind durch solche warm-trockener Verhältnisse ersetzt worden. Die Schwankung von Probe 7 erinnert an die günstige Schwankung im oberen Bereich der Fundstelle Willendorf (unterhalb von Kulturschicht 8; siehe dort), nur ist sie noch nicht so deutlich.

Literatur:

BINDER, H. 1977. Bemerkenswerte Molluskenfaunen aus dem Pliozän und Pleistozän von Niederösterreich. - Beitr. Paläont. Österr., **3**: 49 S., 14 Taf., Wien.

Poysdorf

Christa Frank

Jungpleistozäne Lößfundstelle
Kürzel: Py

Gemeinde: Poysdorf
Polit. Bezirk: Mistelbach, Niederösterreich
ÖK 50-Blattnr.: 25, Poysdorf
16°37'41" E (RW: 67mm) Molluskenfundstelle
48°40'23" N (HW: 369mm)
Seehöhe: 225m

Lage: Im nordöstlichen Weinviertel, etwa 60km NNO von Wien und 16 km nördlich von Mistelbach.
Zugang: Die Stadt Poysdorf ist von Wien aus über die Bundesstraße 7 erreichbar. Sie liegt im Schnittbereich des W-O-fließenden Poybaches mit der N-S verlaufenden Brünner Bundesstraße (= B7).
Geologie: Das Gebiet um Poysdorf besteht aus Granit und Gneis der Böhmischen Masse. Knapp westlich von Poysdorf streicht die Waschbergzone vorbei. In Bohrkernen der OMV sind Granit aus dem heute von jüngeren Schichten überdeckten Ausläufer des Weinviertels und tertiäre Gesteine, die oberflächlich nicht auftreten, enthalten.
Zu den geologischen Besonderheiten in der näheren Umgebung von Poysdorf gehören der weiße Süßwasserkalk von Ameis und die oberjurassischen Klippen von Falkenstein, Staatz, Kleinschweinbarth und Ernstbrunn (KOLLMANN 1978).

Fundstellenbeschreibung: Die Gastropodenfundstelle befindet sich am nördlichen Stadtrand von Poysdorf, im Radyweg. Dieser ist eine Kellergasse, in deren Lößwänden rechts und links die Weinkeller eingetieft sind. Der zur Untersuchung der Gastropoden abgetragene Löß wurde etwa zwischen drittem und viertem Keller (stadtauswärts, auf der linken Seite) entnommen. Ein ungeschlämmter Block, in dem deutlich Gastropodenschalen zu sehen sind, ist im Stadtmuseum Poysdorf ausgestellt. Von dieser Fundstelle liegen auch Kleinsäugerknochen vor. Die Mammutreste wurden nicht weit von der Gastropodenfundstelle geborgen, und zwar im westlichen Stadtteil, im Hof des Hauses Brunngasse 64.

Forschungsgeschichte: Da das Poysdorfer Gebiet in der Urzeit stark besiedelt war, weist die archäologische Forschung hier eine lange Tradition auf. Hier wirkten bekannte Forscher, wie die ehemaligen Direktoren der Prähistorischen Abteilung des Naturhistorischen Museums in Wien, J. Bayer und E. Beninger; weiters H. Mitscha-Märheim und lokale Forscher wie V. Kudernatsch und K. Heinrich (NEUGEBAUER 1978).
Eine aktuelle Zusammenfassung über den Stand der archäologischen Forschung im Poysdorfer Raum gibt NEUGEBAUER (1995).
Probennahmen im Radyweg erfolgten 1977/78 von Dr. Kollmann (Naturhist. Mus. Wien). Ein geringer Teil wurde geschlämmt und fotografiert und zusammen mit dem schon erwähnten Lößblock im Poysdorfer Stadtmuseum als Dokument für pleistozäne 'Kältesteppen' ("Die abgebildeten Schnecken zeigen eine offene Landschaft und kaltes Klima an") ausgestelllt (siehe auch PREYER 1978). Der Mammutfund gelang im Oktober 1983. Im Juli 1993 wurde die Fundstelle im Radyweg von C. Frank zusammen mit J. Preyer (Stadtmus. Poysdorf) nochmals beprobt.

Sedimente und Fundsituation: Die Lößwände der Kellergasse bestehen aus jungpleistozänem, im trockenen Zustand blaßgelbem bis gelblichbraunem Löß. Bei der Neubeprobung durch C. Frank und J. Preyer wurde Löß aus dem basalen Teil der linken Lößwand, hinter dem stadtauswärts 3. Keller entnommen. Der Löß erschien uniform, ohne erkennbare Schichtung und Verfärbungen. Die Molluskenführung ist reichlich und makroskopisch erkennbar. Der Löß enthielt vereinzelt Wurzelröhrchen, Holzkohlesplitter und Reste von Julidae (Myriapoda). Geschlämmte Menge: 150 kg.
Die Mammutknochen wurden im Zuge von Grabungsarbeiten im Oktober 1983 im Hof des Hauses Brunngasse 64, in etwa 2 m Tiefe gefunden und am 5. November von der Geologisch-Paläontologischen Abteilung des Naturhistorischen Museums Wien geborgen.

Fauna:

Vertebrata: *Mammuthus primigenius*: Extremitäten und Wirbel.

Mollusca:

Art	Anmerkungen
Columella columella	
Pupilla muscorum	
Pupilla muscorum densegyrata	massenhaft, dominant
Pupilla bigranata	
Pupilla sterrii	einzeln
Pupilla loessica	zahlreich
Pupilla sp., Apices	
Vallonia tenuilabris	zahlreich
Vallonia pulchella	einzeln
Succinella oblonga + f. *elongata*	massenhaft
Trichia hispida	zahlreich
Helicopsis striata	einzeln
Arianta arbustorum	einzeln
Regenwurm-Konkremente	einzeln
Gesamt: 12	

Die Fauna ist von *Pupilla muscorum densegyrata* klar dominiert. In hohen Anteilen sind *Pupilla loessica*, *Vallonia tenuilabris*, *Succinella oblonga* und *Trichia hispida* enthalten. Es handelt sich um eine artenarme, individuenreiche Lößfauna, in der die ökologische Gruppe 'Offenland' mit 53,8 % der Individuen enthalten ist. Durch die mengenmäßige Beteiligung von *Succinella oblonga* (26,3 %), *Trichia hispida* (11,6 %) und

Columella columella (5 %) ist eine deutliche Feuchtigkeitsbetonung gegeben. Solche '*Pupilla*-Faunen' sensu LOZEK (1964:139) kennzeichnen extreme standörtliche Gegebenheiten und entsprechen hochglazialen Verhältnissen.

Paläobotanik: kein Befund.

Archäologie: Das Gemeindegebiet von Poysdorf ist reich an ur- und frühgeschichtlichen Funden; besonders dicht ist die Abfolge jungsteinzeitlicher Fundstellen, u.a. NEUGEBAUER (1978, 1979, 1995). HAHNEL (1990, 1993), ADLER (1978). Aus dem Radyweg und von der Mammutfundstelle Brunngasse liegen keine archäologischen Funde vor.

Chronologie: Die Malakofauna zeigt die Verhältnisse, für die eine feuchte, offene Lößtundra und hochkaltzeitliches Klima anzunehmen sind. Es fehlen hochkaltzeitliche Elemente der Gattung *Vertigo* sowie die Lößbegleiter (*Cochlicopa lubrica*, *Perpolita petronella*, *Euconulus* sp., *Clausilia dubia*), die unter weniger extremen Gegebenheiten vorhanden sind. Sie dürfte eine kaltfeuchte Klimaphase des jüngeren Pleistozäns (Würm) repräsentieren, und zeitlich dem Mammutfund entsprechen.
Absolute Daten liegen nicht vor.

Klimageschichte: Die Molluskenfauna repräsentiert extreme Gegebenheiten und ist eine artenarme, individuenreiche Lößfauna, dominiert von *Pupilla muscorum densegyrata*. Das durch sie dokumentierte Landschaftsbild ist eine Lößtundra mit Gras- und Krautbeständen, vielleicht sehr vereinzelt anspruchslosen Hochstauden. Klimacharakter: sehr kalt, feucht.

Aufbewahrung: Paläontologisches Inst. d. Univ. Wien, Poysdorfer Stadtmuseum.

Rezente Molluskenfauna: Daten aus KLEMM (1974:1), REISCHÜTZ (1977:2, 1986: 3).
Cochlicopa lubrica (2), *Pupilla muscorum* (2), *Vallonia costata* (2), *Vallonia pulchella* (2), *Vallonia excentrica* (2), *Cochlodina laminata* (2), *Balea biplicata* (1), *Cecilioides acicula* (2), *Aegopinella minor* (2), *Tandonia budapestensis* (2), *Deroceras reticulatum* (3), *Arion fasciatus* (2, 3), *Xerolenta obvia* (2), *Euomphalia strigella* (2), *Cepaea hortensis* (2), *Cepaea vindobonensis* (1, 2). - Gesamt: 16.
Die rezente Fauna zeigt verschiedene Akzentuierungen durch ausgeprägt kulturfolgende Arten (*Tandonia budapestensis*, *Deroceras reticulatum*, *Arion fasciatus*, *Xerolenta obvia*); Anzeiger von xeromorphen Gebüschen und Baumgruppen an Feld- und Wegrändern (*Aegopinella minor*, *Xerolenta obvia*, besonders *Euomphalia strigella* und *Cepaea vindobonensis*), Waldrelikte (*Cochlodina laminata*, *Balea biplicata*) und mehr oder minder offene Flächen (Kulturland, Wiesen).

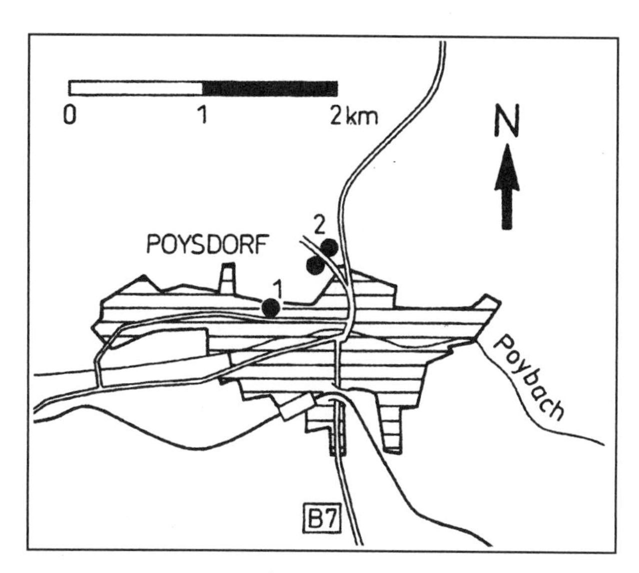

Abb.1: Lage der Mammut (1) - und der Mollusken (2) - Fundstellen in Poysdorf

Literatur:

ADLER, H. 1978. Frühgeschichte. - In: Führer durch das Museum der Stadt Poysdorf. S. 21-28, Poysdorf.
HAHNEL, B. 1990. Frühbronzezeitliche Bestattungen mit Trepanationen aus Röschitz, Poysdorf und Stillfried, NÖ. - Fundber. Österr., **29**: 13, Wien.
HAHNEL, B. 1993. Frühneolithische Gräber in Österreich. - Fundber. Österr., **32**: 107, Wien.
KLEMM, W. 1974. Die Verbreitung der rezenten Land-Gehäuse-Schnecken in Österreich. - Denkschr. Österr. Akad. Wiss., **117**: 503 S., Wien, New York: Springer.
KOLLMANN, H. 1978. Geologie und Paläontologie. - In: Führer durch das Museum der Stadt Poysdorf. S. 4-9, Poysdorf.
LOZEK, V. 1964. Quartärmollusken der Tschechoslowakei. - Rozpravy Ústredního ústavu geologického, **31**: 374 S., 32 Taf., Prag.
NEUGEBAUER, J.-W. 1978. Urgeschichte. - In: Führer durch das Museum der Stadt Poysdorf. S. 10-21, Poysdorf.
NEUGEBAUER, J.-W. 1979. Eine Ansiedlung der Veterov-Kultur bei Poysbrunn, NÖ. - Fundber. Österr., **18**: 187, Wien.
NEUGEBAUER, J.-W. 1995. Archäologie in Niederösterreich. Poysdorf und das Weinviertel. - Verl. Österr. Pressehaus St. Pölten-Wien.
PREYER, J. 1978 (ed.). Führer durch das Museum der Stadt Poysdorf. - 56 S., Poysdorf.
REISCHÜTZ, P. L. 1977. Die Weichtiere des nördlichen Niederösterreich in zoogeographischer und ökologischer Sicht. - Hausarbeit, Zool. Inst. Univ. Wien, 33 S., Anh. I und II, Wien.
REISCHÜTZ, P. L. 1986. Die Verbreitung der Nacktschnecken Österreichs (Arionidae, Milacidae, Limacidae, Agriolimacidae, Boettgerillidae). - Sitzungsber. Österr. Akad. Wiss., Math.-Naturwiss. Kl. Abt. I, **195**(1/5): 67-190; Wien, New York: Springer.

Radlbrunn

Christa Frank & Gernot Rabeder

Schottergrube mit obermiozänen und ältestpleistozänen Sedimenten
Kürzel: Ra

Gemeinde: Ziersdorf
Polit. Bezirk: Hollabrunn, Niederösterreich
ÖK 50-Blattnr.: 22, Hollabrunn
15°54'33" E (RW: 111mm)
48°30'08" N (HW: 5mm)
Seehöhe: 267m

Lage: Man erreicht die Ortschaft Radlbrunn über die Bundesstraße 4, bis ins Ortsgebiet von Ziersdorf. Bei der Kirche zweigt die Hauptstraße nach links ab und quert die Bahnlinie. In einer Entfernung von etwa 2,5km liegt der Ort Radlbrunn. Die Fundstelle befindet sich in der Sand- und Schottergrube Pichler an der Straße nach Neudegg (siehe Großweikersdorf, FRANK & RABEDER, dieser Band).

Geologie: Über den in der Sandgrube abgebauten Hollabrunner Schottern (O-Miozän) liegen rötlich gefärbte fossilführende Sedimente.

Forschungsgeschichte: In den Jahren 1981 und 1982 wurden von A. Papp (†) und G. Rabeder, Inst. Paläont. Univ. Wien, Beprobungen der Abbauflächen der Sand- und Schottergrube vorgenommen, sowie Oberflächenfunde von Gastropoden geborgen.

Sedimente und Fundsituation: Im Hangenden des Hollabrunner Schotters liegen rote, mit Schotter und Sand durchsetzte Lehme und gelbe, kalkreiche Lehme. Beide Sedimenttypen waren fossilführend und enthielten sowohl reichlich Gastropoden als auch einige Arvicoliden-Reste.

Fauna:

Vertebrata: det. Rabeder

Microtus cf. *pliocaenicus*	2 M^1, 1 M^2, 1 M^3-Fragment
Clethrionomys sp.	1 M^2
Pliomys cf. *episcopalis*	1 M^1 (L = 2,35; Prs = 2,30; As = 1,80; Asl = 2,25; PA - Index = 3,68)

Abkürzungen: L-Länge, Prs-Protosinushöhe, As-Anterosinushöhe, Asl-Anterosinulushöhe

Mollusca: det. Frank
1 = "Rote Böden im Hangenden des Hollabrunner Schotters" (1981).
2 = "Rote und gelbe Sedimente" (Handaufsammlung, 1982).
3 = "Gelbe, kalkreiche Sedimente im Hangenden des Schotters" (1982).
4 = "Fossiler Boden" (1982).
pl = zahlreich, **fett** Typlokalität, leg. A. Papp.

Art	1	2	3	4	Anmerkungen
Cochlicopa lubrica	+	+	+	+	
Cochlicopa lubricella	+	-	+	+	
Columella columella	+	+	pl	+	
Truncatellina cylindrica	+	+	+	-	
Vertigo pygmaea	pl	+	pl	pl	
Vertigo pusilla	+	-	+	+	
Granaria frumentum	+	-	+	+	3
Pupilla muscorum	+	+	+	+	8
Pupilla sterrii	+	-	+	pl	8
Pupilla loessica	-	-	+	+	
Pupilla triplicata	pl	+	-	pl	8
Pupilla sp., Apices	-	-	pl	-	5
Vallonia costata inkl. *helvetica*	pl	+	pl	+	
Vallonia tenuilabris	+	+	pl	pl	
Vallonia pulchella	+	-	+	+	
Chondrula tridens	-	-	-	+	
Clausilia rugosa antiquitatis	+	+	pl	pl	9, 10
Clausilia dubia	pl	-	+	+	
Succinella oblonga	pl	+	+	pl	1, 10
Catinella arenaria	+	+	+	+	
Punctum pygmaeum	+	-	+	-	
Discus rotundatus	+	+	+	+	
Discus ruderatus	+	+	+	+	4
Euconulus fulvus	-	-	+	+	

Art	1	2	3	4	Anmerkungen
Aegopinella pura	+	-	-	-	
Perpolita hammonis	+	+	-	+	
Perpolita petronella	+	-	+	+	
Deroceras sp.	-	-	+	-	6
Fruticicola fruticum	+	-	-	+	
Trichia hispida	-	+	pl	pl	
Candidula soosiana	+	+	-	-	
Helicopsis striata	+	+	+	pl	
Arianta arbustorum	-	-	-	+	
Helicigona lapicida	-	-	+	-	
Drobacia banaticum	-	-	-	+	
Helicoidea, große Art (indet.)	-	-	+	-	
Gesamt: 34	26	17	28	28	
Regenwurm-Konkremente	+	+	+	+	
Schneckeneier	+	-	+	-	2, 7
2 frag. *Limnocardium* sp. (Tertiär)	-	-	+	-	

Anmerkungen:
1: Normalform, ohne *elongata*-Tendenz.
2: Probe 1: > 1 mm, rund, ohne Micropyle.
3: Proben 1 und 4: Normal gerippte Form.
4: Kräftig skulptiert.
5: Etwa gleich vorherrschend *Pupilla muscorum* und *Pupilla sterrii*, weniger *Pupilla triplicata.*
6: Ca. 3 mm lang, gelbbraun, Nucleus randständig, exzentrisch.
7: Probe 3: < 1 mm, linsenförmig, ohne Micropyle
8: Äußerst variabel in der Größe.
9: Diese Unterart der rezenten *Clausilia rugosa* (DRAPARNAUD 1801) wurde von H. NORDSIECK (1990:152-156) von l. t. Radlbrunn, "mit Schotter und Sand durchsetzter Rotlehm, Grenze Plio/Pleistozän", beschrieben (Kleinsäugerfauna nach RABEDER zwischen Villany 5 und Betfia 2). Bisher wurde sie fast nur in warmzeitlichen Ablagerungen, nur in der Nähe größerer Flüsse gefunden. Ihr Lebensraum dürften Auwälder gewesen sein. Sie war vermutlich auch mehr dendro- als petrophil. Stratigraphische Verbreitung: Oberes Pliozän, Alt- und älteres Mittelpleistozän Mitteleuropas. Sie wird auch als die Stammform der rezenten *C. rugosa* oder als dieser sehr nahestehend angesehen (alpin-westmitteleuropäisch verbreitet).
10: Probe 4: massenhaft (mehrere 1000).

Paläobotanik und Archäologie: kein Befund.

Chronologie: Unter den wenigen Arvicoliden-Resten gibt es zwar keinen einzigen M_1, aber nach dem Schmelzmuster und den übrigen Merkmalen (Wurzeln, Zement, Linea sinuosa) ließen sich 3 Taxa bestimmen, die für Ältestpleistozän sprechen. Der M^1 von *Pliomys* cf. *episcopalis* hat ein niedrigeres Evolutionsniveau als die M^1 von *Pliomys episcopalis* aus Deutsch-Altenburg zweite Indexfossilien unter den Gastropoden sind *Clausilia rugosa antiquitatis* (mit der Typuslokalität Radlbrunn) und *Drobacia banaticum.*

Klimageschichte:
1: Von *Vertigo pygmaea, Pupilla triplicata, Vallonia costata, Clausilia dubia* und *Clausilia rugosa antiquitatis* dominierte Fauna, die auch *Pupilla muscorum, Succinella oblonga* (Normalform), *Catinella arenaria* und *Helicopsis striata* in größeren Anteilen enthält. Klimacharakter: Ziemlich warm und mäßig feucht; vermutlich Augebiet mit Strauch- und Krautschichte, auf das in unmittelbarer Nähe offenes Grasland folgt.
2: Wird nicht als eigene Fauna, sondern als Mischung (1/3) angesehen.
3: Hier sind *Columella columella, Vertigo pygmaea, Vallonia costata, Vallonia tenuilabris, Clausilia rugosa antiquitatis* und *Trichia hispida* faunenbestimmend, dazu zahlreicher *Pupilla muscorum, Pupilla sterrii* und *Pupilla loessica.* Trotzdem daß 2 hochkaltzeitliche Elemente (*Columella columella, Vallonia tenuilabris*) zu den Dominanten zählen, kann die Fauna nicht als kalt eingestuft werden; sie enthält *Cochlicopa lubricella, Discus rotundatus, Discus ruderatus, Helicigona lapicida.* Einstufung wie 1, wahrscheinlich mehr Bäume.
4: Dominanz von *Pupilla sterrii, Pupilla triplicata* und *Trichia hispida,* vor allem von *Clausilia rugosa antiquitatis* und *Succinella oblonga* (beide massenhaft); in höheren Anteilen *Vertigo pygmaea, Pupilla muscorum, Vallonia costata, Vallonia tenuilabris, Helicopsis striata.* Als hochwarmzeitliche Zeigerart ist *Drobacia banaticum* enthalten. Einstufung wie 1 und 3.
Gesamt: Vor allem unter feuchteren Bedingungen dürften in Mitteleuropa die kaltzeitlichen Elemente an Refugialstellen weiterbestanden haben. Ihre Anwesenheit in differenzierteren Faunen darf daher nicht zu Fehlinterpretationen führen. - Die Gesamtheit dieser Faunen ist als warm-feucht einzustufen; sie entspricht einem Auenbiotop (vor allem Strauch- und Krautschichte, aber auch die Baumschichte ausgebildet), welcher in thermophiles Offenland übergeht; mit kurzrasigen Heidesteppen.

Aufbewahrung: Inst. Paläont. Univ. Wien, Privatsammlung H. Nordsieck (Villingen-Schwenningen).

Rezente Sozietäten:
Aufnahme: Sand- und Schottergrube Pichler mit xerothermophiler Vegetation (buschreiches Wäldchen mit ruderaler Beimischung), FRANK 1993.
In KLEMM (1974) und REISCHÜTZ (1986) scheint Radlbrunn nicht unter den Fundorten auf. Aus Ziersdorf sind in KLEMM (1974) *Candidula soosiana* (sicher subfossil) und *Xerolenta obvia* gemeldet. REISCHÜTZ (1986) meldet vom Heldenberg die folgenden Nacktschneckenarten, die größtenteils sicher auch in Radlbrunn vorkommen, vor allem die

kulturfolgenden Arten: *Tandonia budapestensis*, *Boettgerilla pallens*, *Limax maximus*, *Deroceras laeve*, *Deroceras reticulatum*, *Arion subfuscus*, *Arion fasciatus*, *Arion distinctus*.
Aufnahme:
Columella edentula, *Columella columella*, *Truncatellina cylindrica*, *Vertigo pygmaea*, *Granaria frumentum*, *Acanthinula aculeata*, *Clausilia dubia*, *Balea biplicata*, *Succinella oblonga*, *Punctum pygmaeum*, *Discus ruderatus*, *Euconulus fulvus*, *Euconulus alderi*, *Vitrina pellucida*, *Aegopinella minor*, *Xerolenta obvia*, *Euomphalia strigella*, *Cepaea vindobonensis*, *Helix pomatia*. - Gesamt: 28.
Faunencharakter: Xeromesophil; beherrschende Elemente sind *Vitrina pellucida*, *Punctum pygmaeum*, *Aegopinella minor*, *Truncatellina cylindrica*. *Aegopinella minor* ist besonders bezeichnend für lichten, xerothermen Laubmischwald (Eiche, Hainbuche), mit der Hasel als bestandsbildendem Faktor der Strauchschichte, auf Hanglagen.
Als reliktär im Faunenkomplex sind *Columella columella*, *Acanthinula aculeata*, vor allem aber *Discus ruderatus* (Art des geschlossenen Waldes, vor allem mit höherem Anteil an Nadelhölzern) zu sehen. Auf besiedeltes Gelände weisen *Xerolenta obvia* und fast alle Nacktschnecken hin.

Literatur:

KLEMM, W. 1974. Die Verbreitung der rezenten Land-Gehäuse-Schnecken in Österreich. - Denkschr. Österr. Akad. Wiss., **117**: 503 S.; Wien, New York: Springer.

NORDSIECK, H. 1990. Revision der Gattung *Clausilia* DRAPARNAUD, besonders der Arten in SW-Europa (Das *Clausilia rugosa*-Problem) (Gastropoda: Stylommatophora: Clausiliidae). - Arch. Moll., **119**(1988)(4/6): 133-179, Frankfurt/Main.

REISCHÜTZ, P. L. 1986. Die Verbreitung der Nacktschnecken Österreichs (Arionidae, Milacidae, Limacidae, Agriolimacidae, Boettgerillidae). - Sitzungsber. Österr. Akad. Wiss., Math.-Naturwiss. Kl. Abt. I, **195**(1/5): 190 S., Wien, New York: Springer.

Rohrbach am Steinfeld

Gernot Rabeder

Steinbruch mit Säugetierfährten, Pliozän
Kürzel: Ro

Gemeinde: Ternitz
Polit. Bezirk: Neunkirchen, Niederösterreich
ÖK 50-Blattnr.: 105, Neunkirchen
16°03'12" E (RW: 329mm)
47°43'44" N (HW: 508mm)
Seehöhe: ca. 400m

Lage: Steinbruch NE von Rohrbach am Steinfeld, W von Neunkirchen, nördl. der Straße nach Mahrersdorf (Abb.1).
Geologie: Bei den fossilführenden Konglomeraten handelt es sich um Ablagerungen eines einstigen Schotterkegels im Südwestende des Wiener Beckens, der sich vom Sierningtal bei Ternitz im Süden bis Urschendorf im Norden erstreckt. Der Untergrund, dem diese Schotter aufliegen, gehört z. T. der Grauwackenzone und der Wechselserie an, z.T. dem Obermiozän des Wiener Beckens. Vor der Ablagerung des Rohrbacher Konglomarats hat eine tiefe Ausräumung dieses Gebietes stattgefunden, weil die Schotter in tiefe Erosionsrinnen geschüttet wurden (KÜPPER & al. 1952).

Forschungsgeschichte: Der Fund von Fährten wurde 1932 zum ersten Mal in der 'Volkszeitung' erwähnt und durch AMON 1933 beschrieben. Die Geologie und Paläontologie des Rohrbacher Konglomerats wurde durch KÜPPER, PAPP und THENIUS 1952 beschrieben, seine genaue Kartierung erfolgte durch PLÖCHINGER (1964). Schließlich publizierte THENIUS (1967) eine ausführliche Studie über die Säugetierfährten.

Fundstellenbeschreibung: Die fossilführenden Platten wurden in Steinbrüchen abgebaut, die heute verfüllt oder verwachsen sind.

Sedimente: Die Komponenten des Schuttkegels stammen vorwiegend aus dem Kalkalpenbereich (es gibt aber auch Anteile aus der Grauwackenzone und aus dem Wechselkristallin) und sind durch einen feinkörnigen, mattgelben Kalk-Zement verkittet. Zwischen den groben Konglomeratbänken gibt es feinkörnige Sandsteinlagen sowie tonige und lehmige Zwischenlagen. In diesen Zwischenlagen fanden sich Abdrücke von Blättern und Fährten von Säugetieren. Die Wechsellagerung von tonigen Schichten und Sandsteinen hat zur Erhaltung der Fährten geführt, und zwar als 'Vollformen' an der Unterseite der Sandsteinbänke. Die im Ton eingeprägten Hohlformen sind meist nicht erhaltungsfähig, weil das tonige Material zu weich ist (THENIUS 1967).

Fauna:

Mammalia (n. THENIUS 1967)
Bestiopeda sp., kleiner Felidentyp
Bestiopeda sp., mittelgroßer Felidentyp
Bestiopeda amphicyonidies, Amphicyonidenfährte
Bestiopeda guloides, Fährte eines guloähnlichen Musteliden
Pecoripeda div. sp., Paarhuferfährten

Mollusca (n. PAPP in KÜPPER & al. 1952)
Bithynia cf. *leachii,* Opercula

Ostracoda (n. PAPP in KÜPPER & al. 1952)
cf. *Candona* sp.

Paläobotanik: (n. HOFMANN 1933 und KÜPPER & al. 1952)
Fagus cf. *orientalis*
Quercus cf. *cerrus*
Ulmus cf. *campestris*
Cornus sp.
Acer cf. *Campestris*

Acer cf. *platanoides*
Acer sp.
Chara megarensis , Oogonien in Steinkernerhaltung

Chronologie: Die Säugetierfährten können für die Frage der Altersstellung nur insoferne herangezogen werden, daß das Fehlen von *Hipparion*-Fährten gegen eine Zugehörigkeit zum Pannon spricht. Dies wird auch durch das Vorkommen von *Chara megarensis* PAPP bekräftigt, die aus dem Plio-Pleistozän von Griechenland beschrieben wurde, während im Pannon und Sarmat des Wiener Beckens die Art *C. mariani* dominiert.
Die postpannone Stellung wird auch durch die geologischen Umstände gefestigt. Der Schotterstrang des Rohrbacher Konglomerats kann sich erst nach Ende der marin-lakustrischen Sedimentation des Wiener Beckens und nach einer intensiven Ausräumphase gebildet haben. Ein höchstens pliozänes Alter scheint damit gesichert (s. KÜPPER & al. 1955).
Nach oben läßt sich die Bildungszeit des Konglomerats nicht begrenzen. Die exotisch wirkende Fährte vom Amphicyoniden-Typ spricht eher für Pliozän als für Pleistozän.

Klimageschichte: Das Klima war nach den Blattfunden (Buche und Ahorn dominant) warm gemäßigt und feucht. Nach der Lithologie entstanden die Fährten in flachen, teilweise vom Wasser bedeckten schlammigen Flächen, die immer wieder durch Schotter und Sande überdeckt wurden. Nach dem Vorkommen von Süßwasseralgen und der limnischen Gastropodenart war das Ablagerungsmilieu limnisch-fluviatil. Die häufigen Blattfunde sprechen für Ufernähe. Daß die Schlammflächen immer wieder trocken fielen, sagen uns nicht nur die Fährten, sondern auch Regentropfeneindrücke (THENIUS 1967).

Aufbewahrung der Fährtenplatten: Niederösterr. Landesmuseum, Institut für Paläontologie der Universität Wien, Privatsammler.

Literatur:

AMON, R. 1933. Säugetierfährten aus dem Rohrbacher Konglomerat. - Verh. zool.-bot. Ges. **83**: 40-42, Wien.
HOFMANN, E. 1933. Pflanzenreste aus dem Rohrbacher Steinbruch. - Verh. zool.-bot. Ges. **83**, Wien
KÜPPER, H., PAPP, A. & THENIUS, E. 1952. Über die stratigraphische Stellung des Rohrbacher Kongomerats. - Sitz. ber. Österr. Akad. Wiss., math.-naturwiss. Kl. I, **161**: 441-453, Wien
PLÖCHINGER, B. 1964. Geologische Karte des Hohewandgebietes. - Geol. Bundesanst, 1:25.000, Wien
THENIUS, E. 1967. Säugetierfährten aus dem Rohrbacher Konglomerat (Pliozän) von Niederösterreich. - Ann. Naturhist. Mus. **71**: 363-379, Wien.

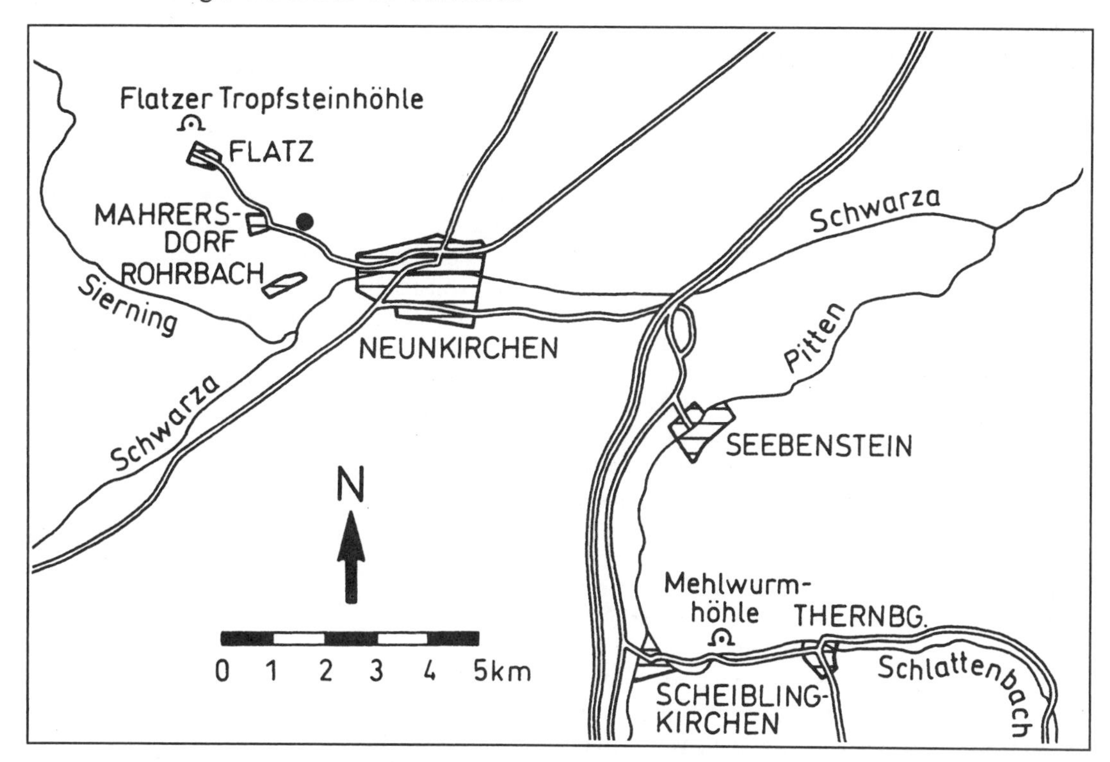

Abb.1: Lageskizze der Fundstellen Rohrbach am Steinfeld, Flatzer Tropfsteinhöhle und Mehlwurmhöhle

Ruppersthal - Mammutjägerstation

Florian A. Fladerer

Jungpaläolithische Freilandstation
Kürzel: Ru

Gemeinde: Großweikersdorf
Polit. Bezirk: Tulln, Niederösterreich
ÖK 50-Blattnr.: 39, Tulln
15°56' E (RW: 148mm)
48°28'09" N (HW: 485mm)
Seehöhe: 295m

Lage: Ruppersthal liegt am Wagram, einer plio-pleistozänen Terrasse der Donau, die hier die Molassezone durchquert. Damit gehört dieser Teil des südwestlichen Weinviertels zum Donautal im weiteren Sinn.
Zugang: Die Fundstelle befindet sich auf einem terrassierten Weingarten in der Flur Mortal, auch Mordthal, ca. 900 m westlich der nördlichen Straßenkreuzung nach Kirchberg in Ruppersthal (siehe Großweikersdorf, FRANK & RABEDER, dieser Band). Auf der Straße nach Oberstockstall nimmt man die zweite Abzweigung (asphaltierter Hohlweg) nach N in die Weingärten. Ca. 400m nach einem Bildstock auf der linken Seite erreicht man eine Kreuzung von Fahrwegen. Die Fundstelle liegt links von dem wieder nach unten führenden Fahrweg, im zweiten Weingarten nach einem Acker.
Nur wenige Meter nördlich der Fundstelle sind - nach PIFFL (1955) pliozäne - grobe Schotter aufgeschlossen, welchen der Löß angelagert ist.

Fundstellenbeschreibung: Einer Rekonstruktion der Verhältnisse vor der Ausgrabung zur Folge lag die Fundschicht rund 2m unter der Oberfläche der nur sanft nach Süd bis Südwest geneigten Weinbauterrasse. Die oberflächliche Fundstreuung unmittelbar nach dem Einebnen der Stufe zur unteren Terrasse wird mit 10 mal 10m angegeben (BACHMAYER & al. 1971). Die Ausgrabung 1971 hatte eine Erstreckung von 19x12m und erreichte eine durchschnittlichen Tiefe von 2m. Weitere Knochenfunde wurden 1989 aus einer Geländestufe ca. 50m südöstlich und rund 6m tiefer gemacht (SCHNEIDER 1990).

Forschungsgeschichte: Im Dezember 1970 wurden beim Pflügen bis 1m Tiefgang und Einebnen des terrassierten Weingartens der Parzelle 1692 von den Grundbesitzern L. und Th. Grill Mammutknochen angetroffen. Aufgrund der Benachrichtigung durch L. Piffl, Tulln, wurde am 22.3.1971 unter Leitung von F. Bachmayer, Geologisch-Paläontologische Abteilung am Naturhistorischen Museum Wien, eine 3-wöchige Ausgrabung begonnen. Es wurde eine Gesamtkubatur von ca. 450m^3 bewegt (BACHMAYER & al. 1971). Teile des archäologischen Horizontes wurden im Verband konserviert. Dem Grabungsbericht ist eine Analyse der Steinartefakte (ANGELI 1971), eine malakologische (SCHULTZ 1971) und eine sedimentologische (NIEDERMAYR 1971) angeschlossen. Gastropodenvergesellschaftungen aus dem Gemeindebereich von Ruppersthal wurden um 1975 von BINDER (1977) analysiert. KUBIAK (1990) legt eine Bearbeitung der Wirbeltierreste der Grabung 1972 vor. Die Aufsammlung gut erhaltener Pferdereste im Jahr 1989 (SCHNEIDER 1990) lässt vermuten, daß der Fundplatz eine größere Ausdehnung hat. 1995 Revision der Gastropodenaufsammlungen von H. Binder durch C. Frank (Ruppersthal-Lößprofile, dieser Band). 1996 Teilrevision der Vertebratenreste.

Sedimente und Fundsituation: Nach einer sedimentologischen Untersuchung von vier Proben aus dem Profil - Komponentenanalyse, organischer Gehalt, Schwermineralien und Korngößenverteilung - durch NIEDERMAYR (1971) befand sich die archäologische Fundlage mit Knochen und Geröllen über einem als Fließ- und Schwemmlöß bezeichneten Komplex (Abb. 1). Dieser zeigt Verlagerung infolge Wassersättigung an (Proben 1 und 2). Die Fundschicht bildet die teilweise stärker gegliederte Basis des höheren Komplexes (mit Proben 3 und 4). Über der Knochenlage war eine bis 10cm mächtige bräunlich gefärbte Lage mit Holzkohleanreichungen und Konkretionen zu beobachten (Probe 3), die auf Lumbricidentätigkeit zurückgeführt wird. Aufgrund der Exponierung des Hanges nach Süd bis Südost und dem Schwermineralspektrum, das ein kristallines Liefergebiet abbildet, ist der Komplex als ein aus Nordwest bis Nordost angewehter und im Windschatten abgelagerter Hanglöß anzusehen (NIEDERMAYR 1971).
Auf die erhöhte Einbettungsgeschwindigkeit wird auch die gute Erhaltung der teilweise dicht und angehäuft liegenden Tierreste, vor allem zahlreiche vollständige Langknochen von Mammuts, zurückgeführt. Auch zwei fast vollständige Oberschädel wurden angetroffen. Aus dem Lageplan in BACHMAYR & al. (1971:Abb. 4) ist ein maximaler Durchmesser der Fundstreuung mit 13m anzugeben. Sie zeigt zungenförmige Ausdehnungen Richtung Südost und Richtung Südwest, wo auch die einzigen beiden Oberschädel lagen. Eine Häufung von Mammutrippen kann im nordwestlichen und und im südöstlichen Bereich festgestellt werden. Die Fundstreuung wird aber teilweise von den Außenkanten der Ausgrabungsfläche begrenzt. Offensichtlich wurde nur ein unbekannt großer Teil des Fundplatzes erfaßt.

Fauna:

Tabelle 1. Ruppersthal bei Großweikersdorf. Knochenzahl KNZ (Mindestanzahl) und Mindestindividuenzahl (in Klammer), teilweise revidiert (F. A. Fladerer), ergänzt nach KUBIAK (1990).

	KNZ (MNI)
Canis lupus	5 (1)
Rangifer tarandus	2 (1)
Bison priscus	25 (1)
Equus sp. (*germanicus*-Gruppe)	17 (3)
Mammuthus primigenius	>180 (7)

Es liegen über 250 artlich zuordbare Skelettteile vor. Zur Relativierung der osteologischen Untersuchung muß klargestellt werden, daß nur ein unbekannt großer Anteil des gesamten Fundplatzes durch die Ausgrabungen erfasst wurde und die Bergung kleinerer Objekte als selektiv bezeichnet werden muß.
Jedenfalls ist ein deutliches Überwiegen von Mammutresten zu beobachten. Es liegen fast alle Elemente vor. Einer Mindestindividuenzahl von sieben Tieren (KUBIAK 1990) stehen allerdings nur zwei Oberschädelreste gegenüber. Nach der Anzahl juveniler Diaphysen und isolierter Epiphysen waren mindestens drei Tiere noch nicht adult.
Zweithäufigste Beutetierart ist ein stämmiges Wildpferd der *germanicus*-Gruppe, wie es bespielsweise auch aus Alberndorf (FLADERER & FRANK, dieser Band) bekannt ist. Schädel- und Extremitätenteile belegen mindestens drei Pferde, darunter ein juveniles bis subadultes. Es können Zusammenpassungen an einem distalen Vorderfuß beobachtet werden. Während das Zerstörungsmuster an der Mandibel durchaus auf artifizielle Öffnung zur Markgewinnung zurückgeführt werden kann, scheinen der Oberarmknochen und die beiden Mittelfußknochen beim Pferd an Knochenmark arme Elemente, ungeöffnet eingebettet worden zu sein.
Vom großen Wildrind, das aufgund eines Handwurzelknochens und des Metatarsale eindeutig als Wisent zu bestimmen ist, sind zusammengehörige Teile des Schädels und des Rumpfes vorhanden. Bereits KUBIAK (1990), der allerdings die Reste noch zum Ur stellt, hält die fünf etwa gleich langen dorsalen Rippenstümpfe für eine Modifikation bei der Verarbeitung des Kadavers.
Vom Rentier liegen ein distales Tibiafragment und ein längeres Stück eines Metatarsus vor. Die Modifikation beider Knochen entspricht den zahlreichen Funden aus Rentierjägerlagern, wo sie eindeutig als Verarbeitungsreste der Markgewinnung interpretiert werden können.
Besonders bemerkenswert ist ein fast vollständiger Schädel eines senilen großen Wolfes mit Mandibeln, dem zweiten und einem weiteren Halswirbel und zwei Lendenwirbeln mit Exostosen an der Ventralseite.
Vom archäozoologischen Standpunkt ist die Funktion des Fundplatzes Ruppersthal als Schlachtplatz zu interpretieren. Die breite Repräsentanz von Mammutkadaverteilen ist kaum durch Eintrag zu erklären. Das Fehlen von Brandspuren und die äußerst geringe Häufigkeit von Steinartefakten sprechen eindeutig gegen ein länger genutztes Lager, wo eingetragene Knochen als Hüttenbaumaterial Verwendung finden könnten. Auch die Pferdereste und die Wisentkadaverteile scheinen Abfälle von Tieren zu sein, die in der Nähe des Fundplatzes erlegt worden sind. Jedenfalls sprechen die vollständigen Langknochen der Großwildarten für eine sehr gute Versorgungslage der Jägergruppe, da diese nicht auf die Verwertung des Knochenmarks angewiesen waren. Aufgrund des gleichmäßigen Erhaltungszustandes der Reste kann ein einziges, vielleicht mehrere Tage dauerndes Jagdgeschehen angenommen werden.

Mehrere der von KUBIAK (1990) angeführten Reste der 'Begleitfauna' des Mammuts waren zur Zeit der Revision 1996 nicht zugänglich. Dem Rothirsch zugeordnete Elemente konnten nicht verifiziert werden. Die einzige distale Paarhuferphalanx ist bovin. Das rechte Unterkieferfragment eines Ovicaprinen konnte ebenfalls nicht gesichtet werden. Bemerkungen über einen eventuell abweichenden Erhaltungszustand und eine nähere Beschreibung werden vom Erstautor nicht gegeben. Wenn es ein fossiles Stück ist, kämen Steinbock und Saigaantilope in Betracht.

Aus dem Grabungsareal von 1971 stellt SCHULTZ (1971) vier Landschneckengemeinschaften vor (Abb.1, Tab. 2). Leider wurde das unmittelbar an den Knochen liegende Sediment nicht beprobt. Vier Lößprofile im Ortsgebiet wurden von BINDER (1977) beprobt und von FRANK (Ruppersthal-Lößprofile, dieser Band) revidiert. Profil IV bei BINDER (1977:Tab.6) wird von diesem mit der Mammutfundstelle gleichgesetzt. Da jedoch selbst von der Fundstelle keine exakte Profilbeprobung vorliegt, ist eine Gleichsetzung problematisch.
Häufigste Arten sind die Pupillen, typische Bewohner offener sonniger Habitate. Im Fließlöß unter der Kulturschicht fallen zusätzlich die Häufigkeiten der trockene Hänge bevorzugenden *Chondrula* und *Helicopsis* auf. *Semilimax, Arianta* und eine *Clausilia* geben deutliche Hinweise auf perennierende Feuchtigkeit - möglicherweise auch im Auftaubereich über Permafrost. *Succinella* ist im untersten Profilbereich und in der an Holzkohle reichen Schicht auch eine der zahlenmässig dominierenden Arten. Generell ist in allen vier Proben ein Nebeneinander von Formen der offenen, trockenen und hellen Standorte und solcher mit erhöhter Bodenfeuchtigkeit ohne unmittelbare Sonnenexposition zu finden.

Tabelle 2. Ruppersthal-Mammutjägerstation. Gastropodengemeinschaften aus den Schichten unterhalb und oberhalb der Kulturschichte nach SCHULTZ (1971). hh - sehr viele, h - viele, m - wenig, s - selten. Siehe auch FRANK (Ruppersthal-Lößprofile, dieser Band)

Probennummer	1	2	3	4
Vertigo parcedentata	-	s	-	-
Pupilla muscorum	hh	h	hh	h
P. loessica	-	h	h	h
Vallonia pulchella =? V. costata* f. *helvetica*	s	s	s	s
Chondrula tridens	-	hh	-	-
Clausilia cruciata =? C. dubia**	-	hh	-	s
Succinella oblonga	hh	s	h	s
Punctum pygmaeum	-	s	s	s
Euconulus fulvus	-	s	s	s
Semilimax kotulae	-	s	-	s
Trichia hispida	ss	s	-	s
Helicopsis striata	-	ss	-	-
Arianta arbustorum alpicola	-	s	-	s

* Anmerkungen siehe FRANK (Ruppersthal-Lößprofile, dieser Band)

Paläobotanik: Im Löß oberhalb der Kulturschicht wurden Anreicherungen von verkohlten Holzresten beobachtet (NIEDERMAYR 1971). Holzanatomische Bestimmungen liegen nicht vor.

Archäologie: Dem mittleren Jungpaläolithikum werden zwei Spitzen aus weiß patiniertem Silex mit partieller Flächenretusche, ein vollständiger und zwei Fragmente von Klingenkratzern, eine unretuschierte Klinge und zwei Absplisse zugeordnet (ANGELI 1971). Die beiden sehr ähnlichen Spitzen werden von HEINRICH (1973) als Blattspitzen angesprochen. Auf Ähnlichkeiten mit dem Typ Jerzmanowska und zu Geräten von Willendorf II, Schicht 8 wird hingewiesen. Damit ist die Kultur mit dem Pavlovien unmittelbar parallelisierbar (pers. Mitt. Ch. Neugebauer, Kosterneuburg, 1/1997).

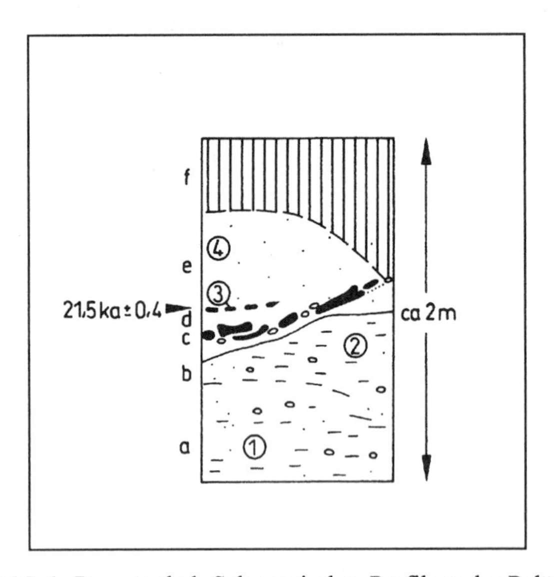

Abb.1: Ruppersthal. Schematisches Profil an der Paläolithfundstelle der Grabung 1971 nach NIEDERMAYR (1971). a - Schwemmlöß mit Geröllen, b - Fließlöß, c - Kulturschicht mit Knochen und Geröllen, d - Schicht mit Holzkohleresten, e - primärer Löß, f - rezenter umgearbeiter Boden. ka - 1000 Jahre vor heute, 1-4 - Sediment- und Molluskenproben.

Chronologie und Klimageschichte: Holzkohlenreste von oberhalb der Fundlage wurden in Hannover mit 21.565 ±405 a BP datiert (Hv, ohne Labornummer) (NIEDERMAYR 1971). Somit ist für die Fundlage, die noch undatiert ist, ein höheres Alter anzunehmen (Abb.1). Mammut, Pferd und Bison gelten nach GUTHRIE (1990:173) als 'die großen Drei' der Mammutsteppe. Extreme Tundren-Verhältnisse oder sehr trockene sind für dichtere Populationen der Herden bildenden großen Pflanzenfresserarten unwahrscheinlich. Auch in den vier Gastropodensozietäten der Mammutfundstelle (SCHULTZ 1971) überwiegen generell Individuen der Arten offener sonniger Standorte (*Pupilla, Chondrula*). Es zeigt sich aber eine höhere Diversität bei Arten, die eine höhere Bodenfeuchte bzw. deren Pflanzenstandorte bevorzugen. Damit sind im Profil extreme hochglaziale Bedingungen ausgeschlossen. Geostratigraphisch ist im Profil ein Übergang von instabilen klimatischen Verhältnissen mit Bodenfließen in eine Periode ruhigerer Lößsedimentation dokumentiert. Aufgrund der Artefakttypologie ist ein absolutes Alter um 26.000 Jahren BP wahrscheinlich.

Eine Knochenprobe aus der Fundlage ergab mit 11.640 ±405 a BP (Hv, ohne Labornummer) ein Datum, das nach M. Geyh sehr wahrscheinlich auf Kontamination zurückzuführen ist (NIEDERMAYR 1971).

Aufbewahrung: Knochen und Gastropoden der Grabung 1971 werden am Naturhist. Mus. in Wien aufbewahrt.

Literatur:

ANGELI, W. 1971. Die Steingeräte im Mammutfund von Ruppersthal, NÖ. - In: BACHMAYER & al. 1971: 266-270, Wien.

BACHMAYER, F., KOLLMANN, H. A., SCHULTZ, O., SUMMESBERGER, H. 1971. Eine Mammutfundstelle im Bereich der Ortschaft Ruppersthal (Groß Weikersdorf) bei Kirchberg am Wagram, NÖ. - Ann. Naturhistor. Mus. Wien, **75**: 263-282, Wien.

BINDER, H. 1977. Bemerkenswerte Molluskenfaunen aus dem Pliozän und Pleistozän von Niederösterreich. - Beitr. Paläont. Österr., **3**: 1-78, Wien.

GUTHRIE, R. D. 1990. Frozen fauna of the Mammoth steppe. Chicago (Univ. Press).

HEINRICH, W. 1973. Das Jungpaläolithikum in Niederösterreich. Unpubl. Diss. Univ. Salzburg.

KUBIAK, H. 1990. Eine Mammutfundstelle im Bereich der Ortschaft Ruppersthal (Großweikersdorf) bei Kirchberg am Wagram, NÖ. - Ann. Naturhist. Mus. Wien, **91** (A): 39-51, Wien.

NIEDERMAYR, G. 1971. Sedimentpetrographische Untersuchung an einem Lößprofil von Ruppersthal, Gr. Weikersdorf, in NÖ. - In: BACHMAYER & al. 1971: 272-282, Wien.

PIFFL, L. 1955. Die Exkursion von Krems bis Absberg. - Verh. Geol. Bundesanst., Sonderheft D (Beiträge zur Pleistozänforschung in Österreich. Exkursionen zwischen Salzach und March), Wien.

SCHNEIDER, H. 1990. Und noch ein Pferd in Ruppersthal (Ein neuer Fund in der Mammutjägergrube). - Mitt. Heimatkundl. Arbeitskreises für die Stadt und den Bezirk Tulln, **3**: 60-64, Tulln.

SCHULTZ, O. 1971. Bericht über die Löß-Pulmonaten. - In: BACHMAYER & al. 1971: 270-272, Wien.

Ruppersthal - Lößprofile

Christa Frank

Gemeinde: Ruppersthal
Polit. Bezirk: Tulln, Niederösterreich
ÖK 50-Blattnr.: 39, Tulln
Seehöhe: 766m

Weitere Daten siehe F.A. FLADERER (Ruppersthal - Mammutjägerstation, dieser Band)

SCHULTZ (1971:270-272) untersuchte die in 4 Lößproben aus der von BACHMAYER & al. (1971) beschriebenen Fundstelle enthaltenen Stylommatophora. In dem schematisierten Profil (S. 273) sind die Entnahmestellen eingetragen (Probe 4=Hangender Löß, 3=Schichte oberhalb der Knochenlage, 2=grauer Löß, 1=Löß mit Geröllen). Die Resultate müßten mit dem

Profil IV von BINDER (1977) korrelierbar sein.

Wie die Revision des im Inst. für Paläontologie der Univ. Wien befindlichen BINDER-Materiales aus insgesamt 4 Profilen und die kritische Durchsicht der Artenliste von SCHULTZ ergaben, bestehen hier etliche Fehldeterminationen.

Profil I
Am Anfang der Schmidgasse; durch Bauarbeiten zerstört. Es enthielt den Löß unter einem Bodenkomplex: Die Abfolge begann mit einer gelben Löß-Schicht, die in einen weißen Kalk-Anreicherungshorizont überging. Darauf folgte eine braune Verlehmungszone mit einem Tschernosempaket. Nach einer Übergangszone aus Schwemmlöß folgte ein mächtiges Lößpaket, in dem keine Gliederung sichtbar war; im unteren Teil traten Krotowinen auf.
1=200-170 cm, 2=170-120 cm, 3=120-90 cm, 4=90-60 cm, 5=60-30 cm, 6=30-0 cm unter 0 (=Basis der Braunerde).

Art	1	2	3	4	5	6
Vertigo pygmaea	-	-	-	+	-	-
Sphyradium doliolum	-	-	-	-	+	-
Pupilla muscorum densegyrata	+	+	+	+	-	-
Pupilla bigranata	+	+	-	-	-	-
Pupilla sterrii	+	+	+	+	-	-
Pupilla loessica	+	+	+	-	-	-
Vallonia tenuilabris	+	-	-	-	-	-
Succinella oblonga + *elongata*	+	+	+	-	+	+
Trichia hispida	-	-	-	-	+	+
Cepaea sp.	-	-	-	-	-	+
Gesamt: 10	6	5	4	3	3	3

1 und 2: Dominanz von *Succinella oblonga* (mit einzelnen f. *elongata*) vor *Pupilla muscorum densegyrata*; dasselbe in Schicht 3, mit deutlicher Zunahme von *Pupilla loessica*. Unter den spärlichen Mollusken der Schichten 4-6 ist auf die wärmebedürftige, Wald und Gebüsche bewohnende *Sphyradium doliolum* (Schicht 5) und *Cepaea* sp. (Schicht 6), ebenfalls thermophil, hinzuweisen.

Klimageschichte: 1, 2: Offene, baumlose Gras-, Kraut- und Hochstaudenflächen. Klima kühl, mittelfeucht; ebenso 3, mit Abkühlung. In den oberen Bereichen, zwischen 60 und 0 cm Erwärmung, Grasland mit Busch- und Baumgruppen. Nirgends extreme Verhältnisse!

Profil II
Wie I, in etwa 100 m vom Ortseingang, beim 7. Weinkeller vor einer Trafo-Station, an der ostgerichteten Wand. - Tschernoseme.
7=Braunerde, 8=100-80 cm, 9=80-60 cm, 10=60-40 cm, 11=40-20 cm, 12=20-0 cm unter 0 (=Oberkante der Tschernoseme).

Art	7	8	9	10	11	12
Vertigo pygmaea	-	-	-	+	+	-
Granaria frumentum	-	-	-	-	-	+
Pupilla bigranata	-	-	-	-	-	+
Pupilla triplicata	-	-	+	+	+	+
Vallonia costata + f. *helvetica*	-	+	+	+	+	+
Vallonia excentrica	+	-	-	-	-	-
Chondrula tridens	+	+	+	+	+	+
Clausilia dubia	-	-	-	+	-	-
Succinella oblonga	-	-	-	-	+	+
Trichia hispida	-	-	-	-	-	+
Helicopsis striata	-	+	+	+	+	+
Gesamt: 11	2	3	4	6	6	8

Schicht 7: Geringe Molluskenführung; trockene, baumfreie Steppenlandschaft; in 8 und 9 trockene Buschsteppen, in den Schichten 10 und 11 ähnliche Verhältnisse - trockene Steppenheiden mit zunehmender Verbuschung, einzelne Bäume; Schicht 11 zeigt trotz der dominanten Komponente Xeromorphie - Offenland mit Gebüschen, eine leichte Mesophilietendenz.

Klimageschichte: Dieses Profil zeigt fast durchgehend - mit leichter Einschränkung im obersten Bereich (20-0 cm) trockene, mäßig kalte Klimabedingungen. Der xeromorphe Charakter wird unterstützt durch die vorherrschende *helvetica*-Form der *Vallonia costata* und die extremen Zwergformen von *Pupilla triplicata*. Im obersten Bereich ist eine schwache Feuchtigkeitszunahme ersichtlich. Nirgends extreme Verhältnisse!

Profil III
Gegenüber einer Wegkreuzung am westschauenden Hang, beim 5. Weinkeller. Es umfaßt den Löß im Hangenden des Bodenkomplexes.
1=0-20 cm, 2=20-50 cm, 3=50-100 cm, 4=100-150 cm, 5=150-200 cm, 6=200-250 cm, 7=250-300 cm, 8=300-350 cm, 9=350-400 cm, 10=400-450 cm, 11=450-500 cm, 12=500-550 cm über 0 (=Oberkante des Tschernosems).

Art	1	2	3	4	5	6	7	8	9	10	11	12
Columella columella	-	-	-	+	-	-	-	-	+	+	+	+
Vertigo pygmaea	-	-	-	-	-	-	-	-	+	-	-	+
Vertigo parcedentata	-	+	-	-	-	-	-	-	-	+	+	+
Pupilla muscorum	-	-	+	-	-	-	-	-	-	+	-	+
Pupilla muscorum densegyrata	-	-	+	-	-	-	-	+	+	+	+	+
Pupilla bigranata	+	+	-	-	-	-	-	+	+	+	+	+
Pupilla triplicata	+	+	+	-	-	-	-	+	+	+	+	+
Pupilla loessica	-	-	-	-	-	-	-	+	+	+	+	+
Vallonia costata + f. *helvetica*	+	+	+	-	+	+	+	+	+	+	+	+

Art	1	2	3	4	5	6	7	8	9	10	11	12
Vallonia tenuilabris	-	-	-	-	-	-	-	-	+	+	+	+
Chondrula tridens	-	-	-	-	-	-	-	-	-	+	-	-
Catinella arenaria	-	-	-	-	-	-	+	+	-	-	-	+
Succinella oblonga + f. *elongata*	-	-	+	-	-	-	+	+	+	+	+	+
Clausilia dubia	-	+	-	-	-	-	-	-	+	+	+	+
Punctum pygmaeum	-	-	-	-	-	-	-	-	+	+	+	+
Euconulus fulvus	-	-	-	-	-	-	-	-	-	+	-	+
Euconulus alderi	-	-	-	-	-	-	-	-	+	+	-	+
Semilimax kotulae	-	-	-	-	-	-	-	-	+	+	+	+
Perpolita hammonis	-	-	-	-	-	-	-	-	-	+	+	+
Limacidae	-	+	-	-	-	-	-	-	-	-	-	-
Deroceras sp., 3 Arten	+	-	-	-	-	-	-	+	+	+	+	+
Limacidae vel Agriolimacidae	-	-	-	-	-	-	-	+	+	-	-	-
Trichia hispida	+	-	-	-	-	+	-	-	+	+	+	+
Helicopsis striata	+	+	+	+	-	+	+	+	+	+	+	+
Arianta arbustorum alpicola	-	-	-	-	-	-	-	-	-	+	-	+
Regenwurm-Konkremente	-	-	-	-	-	-	-	-	+	-	-	+
Gesamt: 27	6	7	6	2	1	3	4	10	17	21	16	24

Schicht 1-7: Ähnlich; offene Gras- und Steppenheiden; überwiegend trockene Flächen mit einzelnen Büschen und Bäumen. Zone 8 ist ein Übergangsbereich, in welchem eine leichte Zunahme des Krautbewuchses und damit der Mesophilie sichtbar ist. Dieser Trend verstärkt sich in Schicht 9, deren Fauna auf mehr Kräuter und Hochstauden, mehr Gebüsche und Baumgruppen schließen läßt. Schicht 10 zeigt ausgedehntes Offenland - teils xeromorph, mit Gebüschen, teils mesophil, mit nassen Senken; Hochstaudenfluren und Busch- und Baumgruppen. Ähnlich sind die Verhältnisse in den Schichten 11 und 12.

Die Klimaverhältnisse im oberen Bereich (10-300 cm) waren trocken-gemäßigt, ab 300 bis 400 cm feuchter, gemäßigt; im Bereich darunter (400-550cm) mehr feucht, bei etwa gleichbleibenden, mäßig kühlen Klimaverhältnissen. Auch hier ist trotz der mit Ausnahme von *Vertigo modesta arctica* in Vollzahl vertretenen kaltzeitlichen Komponenten kein Hinweis auf klimatische Extreme gegeben. Dazu sind die ökologischen Einheiten zu differenziert, obwohl sie keinerlei anspruchsvolle Elemente umfassen. Da *Semilimax kotulae* die einzige waldbewohnende Art ist, darf ihre Anwesenheit nicht überbewertet werden, da das Ausmaß ihrer ehemaligen Waldbindung noch nicht ausreichend beurteilt werden kann.

Profil IV
wurde an der Mammutfundstelle gelegt (siehe BACHMAYER & al. 1971).
13=100 cm, 14=30 cm unter 0 (=Unterkante der rezenten Humuslage).

Art	13	14
Cochlicopa lubrica	+	+
Columella columella	+	+
Vertigo pygmaea	+	-
Vertigo modesta arctica	+	-
Vertigo alpestris	+	-
Vertigo parcedentata	+	+
Pupilla muscorum	+	+
Pupilla muscorum densegyrata	+	+
Pupilla bigranata	+	+
Pupilla triplicata	+	+
Pupilla loessica	+	+
Vallonia costata	+	+
Vallonia tenuilabris	+	+
Chondrula tridens	-	+
Clausilia dubia	+	+
Succinella oblonga	+	+
Punctum pygmaeum	+	+
Euconulus fulvus	+	+
Euconulus alderi	+	+
Semilimax kotulae	+	+
Perpolita hammonis	+	+
Limacidae, 1. Art	+	-
Limacidae, 2. Art	+	-
Agriolimacidae, 1. Art	+	-
Agriolimacidae, 2. Art	+	-
Limacidae vel Agriolimacidae	+	-
Trichia hispida	+	+
Helicopsis striata	+	+
Arianta arbustorum alpicola	+	-
Schneckeneier	+	-
Regenwurm-Konkremente	-	+
Gesamt: 29	28	20

Klimageschichte:
In beiden Schichten dominieren die Elemente des Offenlandes bei weitem, doch bestehen fazielle Unterschiede: Im tieferen Bereich ist die Artenzahl höher, die ökologischen Differenzierungen sind feiner. Neben Vertretern der trockenen Standortsgruppen herrschen die mesophilen Komponenten vor, sodaß sich folgendes Landschaftsbild rekonstruieren läßt: Offene Kraut-, Hochstauden- und Grasflächen, darin Gebüsche, einzelne Bäume und Baumgruppen, dazwischen feuchte bis

nasse Senken. Angrenzend Trockenbiotope geringerer bis mittlerer Ausdehnung. Der obere Bereich zeigt eine weitere Ausdehnung der offenen Kraut- und Grasflächen; Gebüsche, Bäume, Baumgruppen, nasse Senken; größere trockene Heideflächen angrenzend.
Im tieferen Bereich feuchtes, kühles Klima. Trotz der Präsenz der hochkaltzeitlichen Leitelemente sind keine Extrembedingungen ersichtlich. Im höheren Bereich kälteres und weniger feuchtes Klima, doch ebenfalls ohne extreme Verhältnisse.

Bemerkungen zur Taxonomie:
Aus den Befunden ergibt sich die Notwendigkeit einiger kritischer Bemerkungen zu dem Bericht von SCHULTZ (1971): Von den *Pupilla*-Arten werden nur *muscorum* und *loessica*, nicht aber *muscorum densegyrata, bigranata* und die im BINDERschen Material vielfach als Zwergform auftretende *triplicata* registriert. Da sich bei der Revision der BINDERschen *Pupilla*-Exemplare ebenfalls eine Reihe von Fehldeterminationen ergaben, liegt die Annahme nahe, daß zuwenig Vergleichsmaterial herangezogen werden konnte. Ebenso fällt auf, daß die in den Profilen I-IV konstant und in einigen Schichten zahlreich enthaltene *Vallonia costata* nicht aufscheint, wohl aber die quartär weit spärlicher gemeldete *Vallonia pulchella* in allen 4 Lößproben genannt wird. Es dürfte sich hier um die f. *helvetica* (STERKI 1890) gehandelt haben, die in den Profilen enthalten ist. Diese allgemein wenig beachtete Form hat anstelle der typischen scharfen Rippen der Nominatform nur unregelmäßige Streifen, ist aber durch die Morphologie der Mündung von *Vallonia pulchella* unterscheidbar. Auch das Vorkommen von *Clausilia cruciata* (Probe 2, "relativ viel"; Probe 4, "vereinzelt") ist höchst unwahrscheinlich; es dürfte sich hier um Verwechslungen mit der in den Profilen II-IV auftretenden *Clausilia dubia* handeln: Die letztere zeigt hier - wie häufig im Löß - ein verflachtes bis obsoletes Doppelfältchen der Unterlamelle. *Clausilia cruciata* ist außerdem kleiner, ziemlich weit gerippt und eine dendrophile, feuchtigkeitsbedürftige Waldbewohnerin, die nicht in das Bild der artenarmen Lößfaunen paßt, die hier - mit der erwähnten Korrektur - vorgelegen haben.

Chronologie: Alle Profile enthalten typische jungpleistozäne Faunen.

Rezente Vergleichsfauna: KLEMM (1974) enthält nur vereinzelte Fundmeldungen aus der Umgebung von Ruppersthal (Baumgarten und Kirchberg am Wagram, Ober- und Unterstockstall). Diese zeigen aber Ähnlichkeit mit den rezenten Faunen der Lößfundstellen Ottenthal (westlich von Ruppersthal; Aufnahme FRANK, dieser Band) und Großweikersdorf (östlich von Ruppersthal; FRANK & PAPP 1996): Es handelt sich im wesentlichen um anspruchslose Arten des Kulturgeländes, die teils trocken-warme Standorte (Weg- und Feldränder, Böschungen, Hänge), teils mittelfeuchte Standorte verschiedener Art bewohnen.

Literatur:
BACHMAYER, F., KOLLMANN, H. A., SCHULTZ, O. & SUMMESBERGER, H. 1971. Eine Mammutfundstelle im Bereich der Ortschaft Ruppersthal (Groß Weikersdorf) bei Kirchberg am Wagram, NÖ. - Ann. Naturhistor. Mus. Wien, **75**: 263-282, Wien.
BINDER, H. 1977. Bemerkenswerte Molluskenfaunen aus dem Pliozän und Pleistozän von Niederösterreich. - Beitr. Paläont. Österr., **3**: 1-49, 14 Taf.; Wien.
FRANK, C. & PAPP, A. 1996. Gastropoda (Pulmonata: Stylommatophora) aus der Grabung Großweikersdorf C (NÖ). - Beitr. Paläont. Österr. **21**: 11-19, Wien.
KLEMM, W. 1974. Die Verbreitung der rezenten Land-Gehäuse-Schnecken in Österreich. - Denkschr. Österr. Akad. Wiss., **117**: 503 S.; Wien, New York: Springer.
SCHULTZ, O. 1971. Bericht über die Löß-Pulmonaten. In: BACHMAYER & al. 1971: 270-272, Wien.

Stillfried - Typusprofile

Christa Frank

Pleistozäne Lößprofile
Kürzel: St

Gemeinde: Angern an der March (KG Grub und Angern)
Polit. Bezirk: Gänserndorf, Niederösterreich
ÖK 50-Blattnr.: 43, Marchegg
16°50'17" E (Westwall, RW: 7mm)
48°25' N (Westwall, HW: 367mm)
Seehöhe (Kirche): 199 m

Lage: Die Profile befinden sich bei der Scheune von Haus Nr. 6 (Profil I), in der ehemaligen Abbauwand des Ziegelwerkes, etwa 20m S davon (Profil II) und hinter dem Haus Nr. 9 (Profil III; nicht mehr zugänglich).
Zugang: Mit der Bahn (Wien-Nord) bis Bahnhof Stillfried oder über die Bundesstraße 8 (von Wien über Deutsch Wagram-Gänserndorf-Angern), die bei Angern mit der B 49 (von Bad Deutsch Altenburg über Marchegg) zusammentrifft (Abb.1).
Geologie: Stillfried liegt im zentralen Teil des nördlichen Wiener Beckens, eines im Mittelmiozän entstandenen Einbruchsbeckens. Vom Steinberg-Bruchsystem bis an die March bilden "oberpannone" limnofluviatile Sedimente den Untergrund. Im Bereich der Marchniederung folgen darüber Sande, die meist fluviatiler Entstehung sind, aber auch äolisch transportiert worden sein können. Den Abschluß bildet eine mächtige, flächenhafte Lößdecke (FINK 1973, RÖGL & SUMMESBERGER 1978).

Forschungsgeschichte: Die Lösse im Bereich von Stillfried/March sind schon seit dem Ende des vorigen Jahrhunderts als Fundstellen jungpleistozäner Artefakte und Faunenreste bekannt (WINDL 1985). Die bedeutendste der neun altsteinzeitlichen Fundstellen wurde von F.

Felgenhauer in den Jahren 1974 bis 1976 unterhalb des westlichen Befestigungswalles der Wehranlage nahe der Kirche ergraben. Die von diesen Fundstellen genommenen Proben wurden von C. FRANK (1990), auch von BINDER (in FELGENHAUER 1980a), malakologisch ausgewertet; es handelt sich dabei im wesentlichen um wenig signifikante, typische Lößfaunen.
Von überregionaler Bedeutung sind die Lößprofile hinter den Häusern Nr. 6 und Nr. 9, die von J. Fink vor allem pedologisch untersucht wurden. Seit 1933 werden auch archäologische und paläontologische Untersuchungen der nahegelegenen Paläolithfundstelle der Flur Kranawetberg durchgeführt. Sie ist seit den Dreißigerjahren bekannt und liegt am südlichen Hang der Flur (Ost-West-Ausdehnung: etwa 500 m; Steingeräte des Gravettien; Funde von Mammut und Nashorn; FWF-Projekt-P11.140-GEO: Archäologische-sedimentologische-paläontologische Untersuchungen im Paläolithikum in Stillfried/Grub an der March).
Die klassischen Profile wurden von BINDER (1972, 1977, 1978) malakologisch untersucht. Eine Neuaufnahme des Bodens 'Stillfried B', Typusprofil II, erfolgte 1996 von F. Stadler, die malakologische Bearbeitung von C. Frank.

Sedimente und Fundsituation:
Die beiden Typusprofile von Stillfried werden immer wieder in der Literatur als Beispiel für die 'Idealausprägung' der Abfolgen in der "trockenen Lößlandschaft" zitiert. Wie die Forschungen von RÖGL & SUMMESBERGER (1978) zeigten, liegen sie stratigraphisch nicht übereinander.

LAIS (1951: Taf. 4) zeigt den Aufschluß photographisch. Die Pedologie wurde von FINK (1954, 1955a,b, 1956a,b, 1962a,b, 1969, 1973, 1976), BRANDTNER (1954), auch FELGENHAUER & al. (1959) dargestellt.
Für die Korrelation der beiden Typusprofile wurden von RÖGL & SUMMESBERGER (1978) 4 Profile vermessen und 3 Handbohrungen durchgeführt. "Stillfried B" ist eine blasse, graubraune Bodenbildung, die den Charakter eines Steppenbodens zeigt (hangend und liegend Krotowinen). Eine starke Entkalkung ist chemisch nachweisbar.
Der 'Stillfrieder Komplex' (= 'Stillfried A") umfaßt basal eine kalkfreie Verlehmungszone, die von einem Kalkanreicherungshorizont unterlagert wird. Auf ihr liegen mehrere Humuszonen, die durch Lößzwischenlagen getrennt sind. Die Verlehmungszone entspricht einer Lößbraunerde, die Humuszonen können mit Tschernosem verglichen werden.
Profil I umfaßt einen Lößabschnitt und den "Stillfrieder Komplex", Profil II ein Lößpaket mit dem 'Stillfried B-Horizont'. Das dritte, nicht mehr zugängliche Profil entsprach in der Abfolge dem Profil I.
Eine Verfeinerung der Kenntnisse erzielten RÖGL & SUMMESBERGER (1978), deren Untersuchungen die ursprüngliche Annahme einer stratigraphischen Abfolge von Stillfried B über A bestätigten.
Profil I und II wurden von BINDER (1977, 1978) durch aufeinanderfolgende Schichtproben malakologisch dokumentiert, auf Profil III bezieht sich eine Einzelfundmeldung (siehe später). Von dem für die Korrelation der beiden Typusprofile vermessenen 4. Profil liegt nur eine Molluskenart (*Columella columella*) vor.

Fauna:

Vertebrata: Aus dem Fundstellengebiet liegen mehrere Reste pleistozäner Großsäuger vor, die nach NEUGEBAUER (1973) offenbar großteils nicht stratigraphisch fixiert sind.
Mammuthus primigenius: Typusprofil von "Stillfried B" (Profil II), oberhalb des "Stillfried B"-Horizontes. - *M. primigenius* wurde auch in der entsprechenden Schichte im Abbaugebiet der Ziegelei nachgewiesen (RÖGL & SUMMESBERGER 1978) sowie an der Paläolithfundstelle 1 des Wallplateaus (WEISER 1978).
Rangifer tarandus: Aufschluß "Jungpaläolithisches Steinschlägeratelier" (Gravettien) unter dem Westwall, knapp über dem "Stillfried B"-Horizont (THENIUS in FELGENHAUER 1980a).

Mollusca:

Profil I: Rev. nach BINDER (1977); Belegmaterial nur teilweise auffindbar.
Bezugspunkt: 0 (= Basis der Braunerde).
Proben 1-9, Löß unter der Braunerde: 1 = 260-240cm, 2 = 240-220cm, 3 = 220-120cm, 4 = 120-100cm, 5 = 100-80cm, 6 = 80-60cm, 7 = 60-40cm, 8 = 40-20cm, 9 = 20-0cm.
Proben 10-15, "Stillfrieder Komplex": 10 = 0-100cm (Braunerde), 11 = 100-120cm (Zwischenlage), 12 = 120-140cm, 13 = 140-160cm (Humuszone), 14 = 160-180cm (Humuszone), 15 = 180-200cm.
Proben 16-21, Löß über dem "Stillfrieder Komplex": 16 = 200-220cm, 17 = 220-240cm, 18 = 240-260cm, 19 = 260-280cm, 20 = 280-300cm, 21 = 200-320cm.

Art	1	2	3	4	5	6	7	8	9	10	11	12	13	14	15	16	17	18	19	20	21	A.
Columella columella	-	-	-	-	-	+	+	+	+	-	+	-	-	-	-	-	-	-	-	-	-	
Pupilla muscorum	+	+	-	+	+	+	+	+	+	+	-	-	+	-	-	+	+	-	-	-	-	1
Pupilla muscorum densegyrata	-	-	-	-	-	+	+	+	-	+	-	-	-	-	-	-	-	-	+	+	+	
Pupilla bigranata	-	-	-	-	-	+	-	+	-	+	-	-	-	-	-	-	-	-	-	-	-	2
Pupilla sterrii	+	-	-	-	-	+	+	+	-	-	-	-	-	-	-	-	-	-	-	-	-	3

Art	1	2	3	4	5	6	7	8	9	10	11	12	13	14	15	16	17	18	19	20	21	A.
Pupilla loessica	+	+	-	+	-	+	+	+	+	+	-	-	-	-	-	-	-	-	-	-	-	4
Vallonia costata	-	-	-	-	-	-	-	-	-	-	-	-	-	+	-	-	-	-	-	-	-	
Vallonia tenuilabris	-	-	-	-	+	+	+	+	-	-	+	-	-	-	-	-	-	+	-	-	-	
Chondrula tridens	-	-	-	-	-	-	-	-	-	-	+	-	-	+	-	-	+	-	-	-	-	
Clausilia dubia	-	-	-	-	-	-	-	-	-	-	-	-	-	-	-	-	-	-	-	+	-	
Succinella oblonga	+	-	-	-	+	+	+	+	+	-	-	-	+	-	+	-	-	-	-	+	-	
Euconulus fulvus	-	-	-	-	-	-	-	+	-	-	-	-	-	-	-	-	-	-	-	-	-	
Trichia hispida	+	-	-	-	+	+	+	+	+	-	-	-	-	-	-	-	-	-	-	-	-	
Helicopsis striata	-	-	-	-	-	-	-	-	-	-	+	-	-	-	-	+	+	-	+	-	-	
Gesamt: 14	5	2	0	2	4	9	8	10	4	5	4	0	2	2	1	2	3	1	2	3	1	

Anmerkungen (A.):
1: Teilweise als "*P. muscorum densegyrata*" bestimmt.
2: Als "*P. muscorum*", "*P. muscorum densegyrata*" oder "*P. loessica*" bestimmt.
3: Teilweise als "*P. loessica*" bestimmt.
4: Teilweise als "*P. muscorum densegyrata*" bestimmt.

Profil II: rev. nach BINDER (1977; Belegmaterial nur teilweise vorhanden).
Bezugspunkt: 0 (= Oberkante von "Stillfried B").

Proben 1-10, Löß unterhalb von "Stillfried B": 1 = 240-220cm, 2 = 220-200cm, 3 = 200-180cm, 4 = 180-160cm, 5 = 160-140cm, 6 = 140-120cm, 7 = 120-100cm, 8 = 100-80cm, 9 = 80-60cm, 10 = 60-40cm.
Proben 11-12, "Stillfried B": 11 = 40-20cm, 12 = 20-0cm.
Proben 13-22, Löß oberhalb des "Stillfried B"-Horizontes: 13 = 0-20cm, 14 = 20-40cm, 15 = 40-60cm, 16 = 60-80cm, 17 = 80-100cm, 18 = 100-120cm, 19 = 120-140cm, 20 = 140-160cm, 21 = 220-240cm, 22 = 260-280cm.

Art	1	2	3	4	5	6	7	8	9	10	11	12	13	14	15	16	17	18	19	20	21	22	Anm.
Cochlicopa lubrica	-	-	-	-	-	-	-	-	-	-	-	-	+	+	+	+	-	-	-	-	-	-	
Columella columella	-	-	-	+	+	-	+	+	-	-	+	-	+	m	m	+	+	+	+	-	-	-	10
Vertigo modesta arctica	-	-	-	-	-	-	-	-	-	-	-	-	+	m	pl	+	-	-	-	-	-	-	
Vertigo parcedentata	-	-	-	-	-	-	-	-	-	-	-	-	+	+	+	+	-	-	-	-	-	-	
Pupilla muscorum	-	+	-	+	+	+	+	+	+	+	+	+	+	+	+	+	+	+	+	+	-	+	5
Pupilla muscorum densegyrata	-	-	-	+	-	-	+	-	-	-	+	-	+	+	+	+	+	+	-	-	-	-	6
Pupilla bigranata	-	-	-	-	-	-	-	-	-	-	-	-	-	+	-	+	-	+	-	-	-	-	9
Pupilla triplicata	-	-	+	-	+	-	-	-	-	-	-	-	m	m	+	+	+	+	-	-	-	-	
Pupilla sterrii	-	-	-	+	-	-	+	-	-	-	+	-	-	-	-	+	+	+	-	-	-	-	
Pupilla loessica	+	+	-	+	+	+	+	+	-	-	-	-	-	+	-	-	+	+	-	-	-	-	7
Vallonia costata	-	-	-	-	-	-	-	-	-	-	-	-	+	-	-	-	-	-	-	-	-	-	
Vallonia tenuilabris	+	-	-	+	+	-	+	+	-	-	-	-	+	pl	+	+	+	+	+	+	-	+	4
Clausilia dubia	-	-	-	-	-	-	-	-	-	-	-	-	+	+	+	+	+	+	+	-	-	-	
Succinella oblonga+f.el*ongata*	+	-	-	+	-	-	pl	+	+	-	+	+	+	m	m	m	+	+	+	+	-	-	
Punctum pygmaeum	+	-	-	+	-	-	-	-	-	-	-	-	+	m	m	m	m	+	-	-	+	-	
Discus ruderatus	-	-	-	-	-	-	-	-	-	-	-	-	-	-	+	-	-	-	-	-	-	-	
Euconulus fulvus	-	-	-	-	-	-	-	-	-	-	-	-	+	m	m	+	+	+	+	+	-	-	
Euconulus alderi	-	-	-	+	-	-	-	-	-	-	-	-	-	-	-	-	-	-	-	-	-	-	1
Semilimax kotulae	-	-	-	-	-	-	-	-	-	-	-	-	-	+	+	+	-	-	-	-	-	-	
Perpolita hammonis	-	-	-	-	-	-	-	-	-	-	-	-	+	+	+	+	-	+	-	-	-	-	3
Perpolita petronella	-	-	-	+	-	-	-	-	-	-	-	-	-	+	-	-	-	-	-	-	-	-	2
Trichia hispida	+	-	-	-	-	-	-	-	-	-	-	-	+	m	+	+	+	+	+	+	+	-	
Helicopsis striata	-	-	-	-	-	-	-	-	-	-	+	-	-	-	-	-	-	-	-	-	-	-	
Arianta arbustorum	-	-	-	-	-	-	-	-	-	-	-	-	-	+	+	+	+	+	+	-	-	-	8, 11
Gesamt: 24	5	2	1	10	5	2	7	5	2	1	6	2	15	19	17	18	13	15	8	5	2	2	

Anmerkungen:
1: Als "*Euconulus fulvus*" bestimmt.
2: Als "*Perpolita radiatula*" bestimmt (= wäre synonym zu *P. hammonis*).
3: Sub "*Perpolita radiatula*".
4: Teilweise als "*Trichia hispida*" bestimmt.
5: Teilweise als "*Pupilla muscorum densegyrata*" bestimmt.
6: Teilweise als "*Pupilla loessica*" bestimmt.
7: Teilweise als "*Pupilla muscorum densegyrata*" bestimmt.
8: Juvenilschalen; als "*Trichia hispida*" bestimmt (Probe 14).
9: Als "*Pupilla muscorum*" oder "*Pupilla muscorum densegyrata*" bestimmt.
10: In Probe 14 die weitaus dominante Art (mehr als 1000 Individuen!).
11: In Probe 17 *Arianta arbustorum alpicola* (FÉR.).
Abkürzungen: pl = zahlreich (200-300 Individuen), m = massenhaft (> 300 Individuen).

Der Bereich von 'Stillfried B' (0-60 cm unterhalb der Bodenoberkante) wurde von F. C. Stadler (1996) neu beprobt:
1: 0-20cm
2: 20-40cm unterhalb der Bodenoberkante; Typusprofil B.; Probenmenge: je 6 l.
3: 40-60cm
Das Substrat enthielt auch Holzkohlesplitter, Wurzelröhren und kleine Knochen; in Probe 2 waren auch einzelne Micromammalia-Zähne sowie Insektenreste enthalten.

Art	1	2	3	Anm.
Cochlicopa sp.	-	+	+	
Columella columella	+	+	-	
Vertigo parcedentata	+	+	-	
Pupilla muscorum densegyrata	-	+	-	
Pupilla sp. juv. (hptsl. *muscorum*-Gruppe)	+	+	+	
Pupilla bigranata	+	-	+	
Pupilla triplicata	+	+	+	1
Pupilla sterrii	+	+	+	
Pupilla loessica	+	+	+	
Vallonia costata	+	+	+	
Vallonia tenuilabris	+	+	+	2
Chondrula tridens	+	+	+	
Clausilia dubia	+	+	+	
Succinella oblonga	+	+	+	
Punctum pygmaeum	-	+	-	
Euconulus alderi	-	+	+	
Semilimax kotulae	+	+	-	
Vitrea crystallina	-	+	-	
Perpolita hammonis	-	-	+	
Deroceras sp., Schälchen:				
- klein, dünn, schmal	+	+	-	
- dick	-	-	+	
Trichia hispida	+	+	+	
Helicopsis striata	+	+	+	3
Arianta arbustorum	+	+	+	
Gesamt: 23	16	20	16	

Anmerkungen: 1: In Probe 2-3 dominant (in 2 die zweithäufigste Art), 2: In Probe 1-2 die zahlreichste Art, 3: In Probe 3 zahlreich (die zweithäufigste Art)

Paläobotanik:
Aus dem Typusprofil von Stillfried B, am Nordende der ehemaligen Ziegelei-Abbauwand, liegt eine Untersuchung der Pollenflora vor (FRENZEL 1964). An besonders begünstigten und feuchteren Standorten war Bewaldung, mit vorherrschenden Nadelhölzern: Fichte (49,5 %), Kiefer (21,3 %), Tanne (1,3 %), Lärche (1,3 %), an feuchteren Standorten zusätzlich Ulme (8,5 %), Esche (1,2 %), Ahorn (0,3 %), Pappel (0,6 %) und Weide (7,8 %); an Stellen besonders günstigen Kleinklimas auch Eiche (0,3 %), Linde (0,3 %), Hainbuche (1,6 %). Die trockenen Lößplateaus der Umgebung wurden von steppenartigen Sozietäten eingenommen.
Im jüngsten Löß von Stillfried wurden wenige Pollenkörner von *Dryas* festgestellt und eine "gramineenreiche Kräutersteppe" vermutet.
Interessant ist auch der Nachweis der Kammquecke (*Agropyron pectinatum*) von G. WENDELBERGER (1976) rezent im Bereich der Wehranlage. Es handelt sich um das einzige autochthone Vorkommen dieser Grasart in Österreich, die in den Lößtundren des pannonischen Raumes vorgekommen ist.

Archäologie:
Die altsteinzeitlichen Fundplätze wurden zum Teil zufällig entdeckt (beim Bau eines Kellers, beim Lößabbau in der Ziegelei, bei Flurbegehungen) und sind stratigraphisch nicht fixiert. Das Fundgut umfaßt Klingen, Spitzen, Kratzer, Schaber, Stichel u. a. (HEINRICH 1973, NEUGEBAUER 1973). WEISER (1978) gibt einen Überblick über die paläolithischen Funde aus den Jahren 1879-1977. Eine eindeutige Datierung des Materiales ist bedingt durch die größtenteils oberflächlichen Aufsammlungen nicht möglich. Typologisch ließen sich mehrmals Parallelen zu Willendorf II/5-9 feststellen. Minimalhinweise für Gravettien sind vorhanden (Spitzenbruchstücke), aber für eine endgültige Zuordnung zu wenig gesichert. Die Autorin erwähnt auch eine Aurignac-Klinge und ein -Klingenbruchstück. Aufgrund der Lage von Stillfried wird ein Zusammenhang des Fundmateriales mit dem südmährischen Raum während des späteren Jungpaläolithikums angenommen. 1974-1979 gelang F. FELGENHAUER (1980a) die Entdeckung einer 'Steinschlägerwerkstatt' mit über 200 Objekten. Unter den fertigen und echten 'Typen' vorherrschend

sind Gravetten, besonders Mikrogravettespitzen. Daneben liegen wenige Kratzer, Stichel, Klingen und Lamellen, sowie eine große Zahl bearbeiteter Abschläge und Absplisse vor. Verwendet wurden fast ausnahmslos Radiolarite in verschiedener Färbung, daneben wenige Hornsteine und ein "verquarzter Kalkarenit".
Aus der Jungsteinzeit wurden im Bereich der Wehranlage hauptsächlich Streufunde gemacht. Ausgedehnte Siedlungsbereiche wurden im Süden (Rochusberg) und Norden (Haspelberg) festgestellt (Linearkeramik und ältere und jüngere Lengyel-Kultur). Die Endphase der Jungsteinzeit ist durch Tassen, Krüge und Reste größerer Gefäße der Badener Kultur repräsentiert (u. a. NEUGEBAUER-MARESCH 1976, 1978, FELGENHAUER 1980b).

Chronologie: Es liegt eine Reihe von konventionellen ^{14}C-Daten vor (VOGEL & ZAGWIJN 1967, RÖGL & SUMMESBERGER 1978 und FELGENHAUER 1980a):

1. Aus Holzkohlenestern knapp über der Oberkante von "Stillfried B": GrN-2533: 28.120 ±200, GrN-2523: 27.990 ±300, HV-7363: 26.300 +950/-820, HV-5822: 26.835 ±550.
2. Aus Holzkohle im Löß, 190-200 cm unterhalb der Holzkohleschicht im Typusprofil von Stillfried B (knapp über den "Schotterlinsen" im Profil von FINK 1954, 1962b): HV-7364: 22.960 +920/-790, HV-8015: 21.350 +1150/-950. Diese deutlich jüngeren Werte als die aus der tieferen Holzkohleschicht werden nicht gedeutet, da ein technischer Fehler laut RÖGL & SUMMESBERGER (1978) ausgeschlossen werden kann.
3. Nach VERGINIS (1993) liegen weitere Datierungen nach der Thermoluminiszenz-Methode vor, die aus WALLNER (1989) entnommen sind: Stillfried B: 33.000 ±3000 (TL), 37.000 ±4000 (PTTL) und Stillfried A: 79.000 ±8000 (TL), 87.000 ±9000 (PTTL)

BINDER (1977) nimmt für Profil I unterhalb des Stillfrieder Komplexes als Zeitphase die "Endphase der vorletzten Kaltzeit (entspricht Riß) an. Die "darauffolgende Warmzeit (Riß-Würm-Interglazial)" soll die Waldfauna, die zu bestätigen wäre, enthalten. Für Profil II wird der Löß unterhalb von "Stillfried B" mit "früher als Mittelwürm" eingestuft und die leichte Erwärmung im 'Stillfried B-Horizont' als "Stillfried B-Interstadial" bezeichnet.

Klimageschichte:
Profil I umfaßt eine Klimakurve von kalt bis kühl, trocken bis mäßig feucht:
Zwischen 260-80 cm unter 0 ist die Fauna arten- und meist auch individuenarm; prozentuell herrschen die Offenlandelemente vor: überwiegend grasige, im obersten Bereich auch krautige Flächen, Gebüsche fehlen. Klimacharakter: kalt, trocken bis (?) mäßig feucht.
Zwischen 80-0 cm ist eine etwas deutlichere Strukturierung des Offenlandes anzunehmen: Teils grasig-krautige, teils mehr steppenartige Flächen; in den ersteren möglicherweise Hochstauden; im Bereich 40-20 cm unter 0 möglicherweise einzelne Büsche. Klimacharakter: kalt, trocken bis mäßig feucht.
Die übrigen Proben sind durch Arten- und Individuenarmut bzw. durch gänzliche Fossilleere gekennzeichnet. Klimacharakter: kalt, mäßig feucht; die relativ günstigsten Verhältnisse in der 'Zwischenschichte' (Probe 11).
Auch der überlagernde Löß ist arten- und individuenarm. Zwischen 200-280cm dürfte die Landschaft mehr steppenartigen, zwischen 280-320cm mehr grasig-krautigen Charakter gehabt haben; die erstere vielleicht mit einzelnen Gebüschen. Klimacharakter: kühl, trocken bzw. mäßig feucht.

Profil II dokumentiert mehrere Feuchtigkeitsschwankungen und Temperaturschwankungen zwischen kalt bis gemäßigt:
Die abwechslungsreichsten Faunen liegen aus dem Bereich 0-120cm (Probe 13-18) vor, wobei die optimalen Verhältnisse zwischen 20-80cm (Proben 14-16) zu erkennen sind. Obwohl die Anzeiger offener, baumloser, zumeist feuchter Grasflächen von den Individuenzahlen her stark vertreten sind, ist durch *Semilimax kotulae* und in Probe 15 (40-60cm) auch durch *Discus ruderatus* Teilbewaldung (Baumgruppen mit Gebüschen) ersichtlich. Gebüsche und Hochstauden dürften reichlich entwickelt gewesen sein (repräsentative Beteiligung der Gruppen W(M) und M(W) - Wald bis verschiedene mittelfeuchte Standorte). Bodenfeuchte Krautfluren müssen ebenfalls großflächig bestanden haben; in der unmittelbaren Nachbarschaft aber auch trockene Rasenflächen. Klimacharakter: gemäßigt, feucht.
In Probe 13, 17 und 18 (0-20cm, 80-120cm) dürfte die Buschvegetation die vorherrschende gewesen sein, mit eher einzelnen Bäumen. Sonst zeichnet sich das Landschaftsbild wie in den Proben 14-16 ab; das Klima muß auch feucht, aber kühler gewesen sein.
Die übrigen Faunen sind ärmer bis sehr arm. Trockenes, baum- und gebüschfreies Offenland wird durch die Proben 2, 3 (22-180cm), 5, 6 (160-120cm), 10 (60-40cm), 22 (260-280cm) ersichtlich. Klimacharakter: kalt, trocken.
Offenland mit Kräutern und Hochstauden zeigen die Proben 1 (240-220cm), 9 (80-60cm), 12 (20-0cm). Klimacharakter: kalt, etwas feuchter.
Offenland mit mehr krautiger und Hochstaudenvegetation, Gebüsche, zeigen die Proben 4 (180-160 cm), 7, 8 (120-80cm), 11 (40-20cm), 19, 20 (120-160cm). Klimacharakter: kühl, feucht (Feuchtigkeitsmaximum in Probe 4).
Probe 21 (220-240cm) schließlich zeigt Offenland, Kraut- und Hochstaudenvegetation; kühles und feuchtes Klima.

Die Untersuchungen von BINDER (1977, 1978:90) ergaben für den Bereich zwischen 0-20cm eine '*striata*-Fauna', für den Bereich zwischen 20-40cm eine '*Columella*-Fauna'. Die quantitativ-ökologische Bearbeitung der Proben (0-60cm) aus dem Bereich von 'Stillfried B' erbrachte die folgenden Befunde:
0-20 cm unterhalb der Bodenoberkante: weitgehend offenes bis halboffenes, trockenes Grasland, abwech-

selnd mit mittelfeuchten Rasen, Kraut- und Hochstauden sowie Gebüschgruppen (anspruchslose Arten). Klimacharakter: trocken-kühl.
20-40cm unterhalb der Bodenoberkante: obwohl auch hier die Offenlandarten individuenmäßig dominieren (etwa 50 % der Gesamtindividuenzahl), zeichnen sich hier stärkere horizontale Vegetationsgliederung (ausgeprägtere Differenzierung innerhalb der ökologischen Gruppen) und eine Zunahme mittelfeuchter Buschgruppen, sogar mit sehr vereinzelten anspruchslosen Baumarten ab (Gesamtanteil der ökologischen Gruppen 'W'-'Wf'-'W(M)': 9 % der Individuen). Klimacharakter: mehr feucht und gemäßigter als in Probe 1.
40-60 cm unterhalb der Bodenoberkante: stärkerer Anteil xeromorpher Rasen und Gebüsch-Heiden (vier ökologische Gruppen mit 50,2 % der Gesamtindividuen), die mittelfeuchten Gebüschgruppen treten zurück (3,3 % der Individuen). Mittelfeuchtes Grasland mit Hochstauden besteht weiterhin. Klimacharakter: trokken, gemäßigt.
Im ganzen gesehen umfaßt das Sedimentpaket zwischen 0-60 cm unterhalb der Bodenoberkante, also der 'Stillfried B'-Boden im Sinne der Binderschen Ausführungen eine trockene, gemäßigte Klimaphase mit geringfügigen Temperatur- und Feuchtigkeitsschwankungen. Die Aussage (BINDER 1977:5, 9) 'Der Stillfried-B-Horizont enthält wegen der Dekalzifizierung sehr wenig Mollusken, nur im Oberboden findet sich neben *Microtus*-Resten *Helicopsis striata*" kann nicht bestätigt werden, da die bei der Neubeprobung erhaltenen Individuen- und Fragmentzahlen eine Beurteilung gut ermöglichen.
Es kann aber bestätigt werden, daß die Erwärmung nur geringfügig gewesen sein kann.

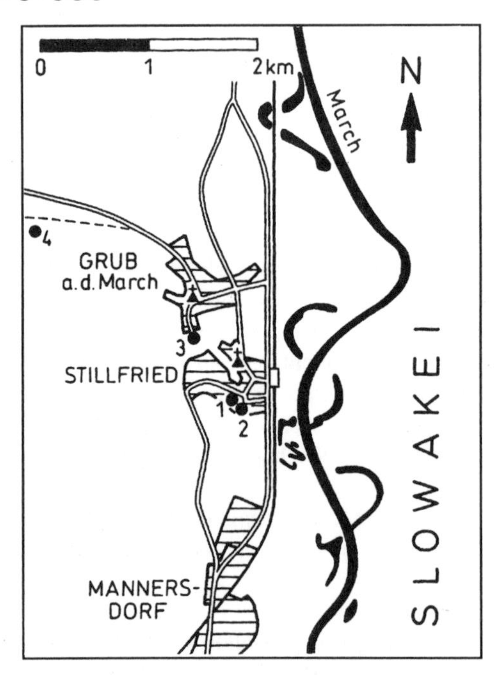

Abb.1: Lageskizze der einzelnen Fundstellen: **1** - Stillfried A, **2** - Stillfried B, **3** - Westwall, **4** - Grub-Kranawetberg

Auf **Profil III**, das in der Abfolge Profil I entspricht, und von dem keine Tabelle erstellt worden ist (BINDER 1977), bezieht sich die Fundmeldung "*Aegopis verticillus*". Diese Art, deren Belege nicht verifiziert werden konnten, ist eine hochsignifikante Art für warmes, feuchtes Klima und Laubmischwald. Mit ihr vergesellschaftet sind aber immer andere, ebenso signifikante Komponenten wie z. B. *Ruthenica filograna*, *Monachoides incarnatus*, *Causa holosericea* u. a. Monospezifisch tritt sie auch in rezenten Faunen nie auf. Da das revidierte Material eine Reihe von Fehldeterminationen enthielt, muß dieser Befund angezweifelt werden; damit auch die "Echte Warmzeit" im rotbraunen Boden des 'Stillfrieder Komplexes' (BINDER 1978).

Aufbewahrung: Inst. Paläont. Univ. Wien (Mollusca); Naturhist. Museum Wien, Museum Stillfried, Inst. für Ur- und Frühgeschichte der Univ. Wien, Niederösterr. Landesmuseum Wien.

Rezente Sozietäten:
Aus den Marchauen der näheren und weiteren Umgebung von Stillfried liegen zahlreiche Funddaten vor: Insgesamt 108 wasser- und landbewohnende Molluskenarten - zum Teil subrezent - sind aus diesem Gebiet bekannt. Eine Zusammenfassung bringt FRANK (1990:205-211). Einzeldaten: KLEMM (1974), REISCHÜTZ (1977, 1983, 1986), FALKNER (1985). Eine detaillierte malakologische Untersuchung des Gebietes Stillfried und Grub an der March wurde von FRANK (1987) im Rahmen einer monographischen Bearbeitung des österreichischen Marchtales durchgeführt.
KLEMM (1974): Stillfried und Grub an der March (1), REISCHÜTZ (1977) und (1986): Grub an der March (2 und 3), FRANK (1987): Stillfried und Grub an der March (4).
Viviparus acerosus (4), *Viviparus contectus* (4), *Valvata cristata* (4), *Valvata piscinalis* (4), *Lithoglyphus naticoides* (Eikokons; 4), *Bithynia tentaculata* + f. *producta* (4), *Bithynia leachii* (4), *Planorbarius corneus* (4), *Planorbis planorbis* (4), *Planorbis carinatus* (4), *Anisus spirorbis* (4), *Anisus leucostoma* (4), *Anisus vortex* (4), *Anisus vorticulus* (4), *Bathyomphalus contortus* (4), *Gyraulus albus* (4), *Hippeutis complanatus* (4), *Segmentina nitida* (4), *Stagnicola* cf. *palustris* (4), *Stagnicola corvus* (4), *Radix peregra* (4), *Lymnaea stagnalis* (4), *Cochlicopa lubrica* (4), *Cochlicopa lubricella* (4), *Columella edentula* (4), *Vertigo pygmaea* (1), *Granaria frumentum* (1, 4), *Pupilla muscorum* (4), *Vallonia costata* (4), *Vallonia pulchella* (4), *Vallonia excentrica* (4), *Chondrula tridens* (4), *Cochlodina laminata* (1, 4), *Clausilia dubia dubia* (1), *Succinella oblonga* (4), *Succinea putris* (1), *Oxyloma elegans* (4), *Zonitoides nitidus* (4), *Euconulus fulvus* (4), *Semilimax semilimax* (4), *Perpolita hammonis* (4), *Tandonia budapestensis* (3), *Limax maximus* (3), *Deroceras laeve* (3, 4), *Deroceras sturanyi* (3), *Deroceras reticulatum* (3, 4), *Arion fasciatus* (3), *Arion distinctus* (3), *Fruticicola fruticum* (4), *Monachoides incarnatus* (1, 4), *Pseudotrichia rubiginosa* (4), *Xerolenta obvia* (1, 4), *Euomphalia strigella* (4), *Cepaea hortensis* (4), *Cepaea vindobonensis* (1, 4), *Helix pomatia* (1, 4), *Unio pictorum* (2, 4), *Unio tumidus* (4), *Unio crassus cytherea* (2, 4), *Anodonta cygnea* + f. *cellensis* (4), *Sphaerium corneum* (4), *Pisidium personatum* (4). - Gesamt: 62.
Während der Neubeprobung des 'Stillfried-B'-Bodens wurden *Granaria frumentum* und *Aegopinella nitens* lebend im Pro

filbereich festgestellt.

Die 63 Molluskenarten zeigen durch die Vielfalt der vertretenen ökologischen Gruppen die auf relativ kleinräumigem Areal präsenten Standortstypen: Auwaldreste (vor allem *Pseudotrichia rubiginosa*), Gebüsche und Pioniergehölze (*Cepaea hortensis*, *Helix pomatia*), mehr trockenere Gebüsche (*Cepaea vindobonensis*, *Euomphalia strigella*), trockene, offene Flächen, Böschungen (*Pupilla muscorum*, *Vertigo pygmaea*, *Chondrula tridens*); die Siedlungsnähe (verschiedene kulturfolgende Nacktschneckenarten, *Xerolenta obvia*) und schließlich die Feucht- und Naßbiotope in der unmittelbaren Nähe der March (die großen Succineidae, *Deroceras laeve*, *Deroceras sturanyi*, *Zonitoides nitidus*). Die aquatischen Arten dokumentieren ebenfalls ein weites Spektrum, das von Elementen permanenter Fließ- und Stillgewässer - teils mehr durchströmt, teils ruhiger - bis zu den Bewohnern temporärer Lacken und Tümpel (vor allem die kleinen Planorbidae) reicht.

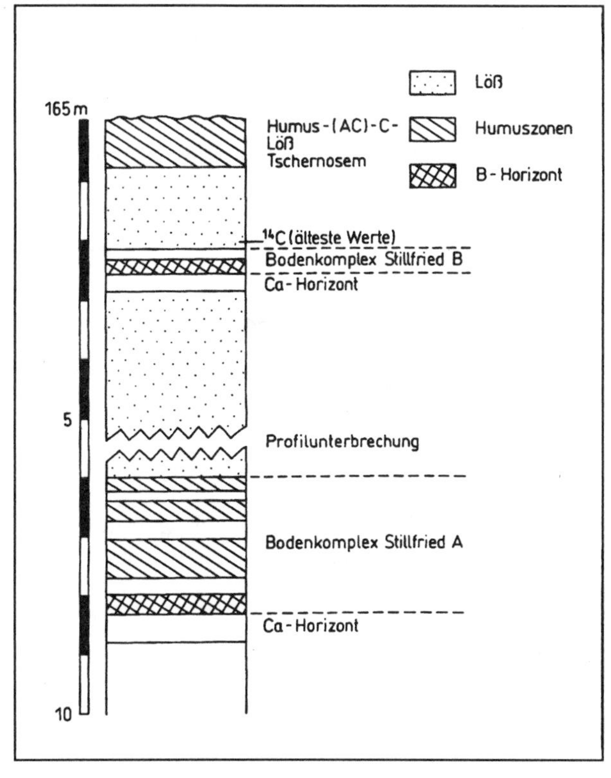

Abb.3: Kombiniertes Profil der Fundstelle Stillfried (NEUGEBAUER-MARESCH 1993, leicht verändert)

Literatur:

BINDER, H. 1972. Fossile Schneckeneier aus dem niederösterreichischen Löß. - Ann. Naturhist. Mus. Wien, **76**: 37-39, Wien.

BINDER, H. 1977. Bemerkenswerte Molluskenfaunen aus dem Pliozän und Pleistozän von Niederösterreich. - Beitr. Paläont. Österr., **3**: 49 S., 14 Taf., Wien.

BINDER, H. 1978. Die pleistozänen Molluskenfaunen von Stillfried an der March, NÖ. - Forschungen in Stillfried, **3**: 87-90, Taf. 45, Wien.

BRANDTNER, F. 1954. Jungpleistozäner Löß und fossile Böden in Niederösterreich. - Eiszeitalter u. Gegenwart, **4/5**.

FALKNER, G. 1985. *Stagnicola turricula* (HELD) - eine selbständige Art neben *Stagnicola palustris* (O. F. MÜLLER). - Heldia, **1**(2): 47-50; München.

FELGENHAUER, F. 1980a. Ein jungpaläolithisches Steinschlägeratelier aus Stillfried an der March, Niederösterreich. Zur Herstellung von Mikrogravettespitzen. - FIST, **4**: 7-40, Taf. 1-11, Wien (mit Beitr. von H. BINDER und E. THENIUS).

FELGENHAUER, F. 1980b. Arbeitsbericht Stillfried 1977, 1978, 1979, 1980. - FIST, **4**: 177-192, Wien.

FELGENHAUER, F., FINK, J., DE VRIES, H. 1959. Studien zur absoluten und relativen Chronologie der fossilen Böden in Österreich. I. Oberfellabrunn. - Archäologia Austriaca, **25**: 35-73, Wien: Deuticke.

FINK, J. 1954. Die fossilen Böden im österreichischen Löß. - Quartär, **6**: 85-108, Bonn.

FINK, J. 1955a. Verlauf und Ergebnisse der Quartärexkursion in Österreich 1955. - Mitt. Geogr. Ges. Wien, **97**(3): 209-216, Wien.

FINK, J. 1955b. Das Marchfeld. - Verh. Geol. Bundesanst., SH **D**: 89-116, Wien.

FINK, J. 1956a. Zur Korrelation der Terrassen und Lösse in Österreich. - Eiszeitalter u. Gegenwart, **7**: 49-77, Öhringen/Württ.

FINK, J. 1956b. Zur Systematik fossiler und rezenter Lößböden in Österreich. - Sixième Congrès Sci. du Sol, Paris, 1956: 585-592.

FINK, J. 1962a. Die Gliederung des Jungpleistozäns in Österreich. - Mitt. Geol. Ges. Wien, **54**(1961): 1-25, 1 Taf., Wien.

FINK, J. 1962b. Studien zur absoluten und relativen Chronologie der fossilen Böden in Österreich. II. Wetzleinsdorf und Stillfried. - Arch. Austr., **31**: 1-18, Wien.

FINK, J. 1969. Le loess en Autriche. - Bull. Assoc. Franc. et Quart., **5**: 3-12, Paris.

FINK, J. 1973. Geologie. Stillfried. - Mitt. Österr. Arbeitsgem. Ur- u. Frühgeschichte, **24**: 67-69, Wien.

FINK, J. 1976. IGCP-Exkursion 1974 in Österreich. - Mitt. Komm. Quartärforsch. Österr. Akad. Wiss., **1**: 1-8, Wien.

FRANK, C. 1987. Aquatische und terrestrische Mollusken der niederösterreichischen Donau-Auengebiete und der angrenzenden Biotope. Teil VII. - Wiss. Mitt. Niederösterr. Landesmus., **5**: 13-121, 6 Taf., Wien.

FRANK, C. 1990. Pleistozäne und holozäne Molluskenfaunen aus Stillfried an der March: Ein Beitrag zur Ausgrabungsgeschichte von Stillfried und des Buhuberges nördlich von Stillfried. - Wiss. Mitt. Niederösterr. Landesmus., **7**: 7-272, Wien.

FRENZEL, B. 1964. Zur Pollenanalyse von Lössen. - Eiszeitalter u. Gegenwart, **15**: 5-39, Öhringen/Württ.

HEINRICH, W. 1973. Die Altsteinzeit. - Mitt. Österr. Arbeitsgem. Ur- u. Frühgeschichte, **24**: 70-71, Wien.

KLEMM, W. 1974. Die Verbreitung der rezenten Land-Gehäuse-Schnecken in Österreich. - Denkschr. Österr. Akad. Wiss., **117**: 503 S.; Wien, New York: Springer.

LAIS, R. 1951. Über den jüngeren Löß in Niederösterreich, Mähren und Böhmen. - Ber. Naturforsch. Ges. Freiburg i. Br., **41**(2): 119-178, Freiburg i. Br.

NEUGEBAUER, J.-W. 1973. Das Museum Stillfried. - Mitt. Österr. Arbeitsgem. Ur- u. Frühgeschichte, **24**: 96-98, Wien.

NEUGEBAUER-MARESCH, Ch. 1976. Lengyel-Keramik aus Stillfried und Umgebung. - FIST, **2**: 9-23, Taf. 1-4, Wien.

NEUGEBAUER-MARESCH, Ch. 1978. Die ur- und frühgeschichtliche Fundstelle "Alter Mühlgraben" beim Haspelberg, Grub a. d. March, NÖ. - FIST, **3**: 21-50, Taf. 8-29, Wien.

NEUGEBAUER-MARESCH, Ch. 1993. Altsteinzeit im Osten Österreichs. - Wiss. Schriftenr. Niederösterr., **95/96/97**, St. Pölten.

REISCHÜTZ, P. L. 1977. Die Weichtiere des nördlichen Waldviertels in zoogeographischer und ökologischer Sicht. - Hausarb. am Zool. Inst. d. Univ. Wien, 33 S., Anh. I, II.

REISCHÜTZ, P. L. 1983. Die Gattung *Ferrissia* (Pulmonata - Basommatophora) in Österreich. - Ann. Naturhist. Mus. Wien

B; **84**: 251-254, Wien.
REISCHÜTZ, P. L. 1986. Die Verbreitung der Nacktschnecken Österreichs (Arionidae, Milacidae, Limacidae, Agriolimacidae, Boettgerillidae). - Sitzungsber. Österr. Akad. Wiss., Math.-Naturwiss. Kl. Abt. I, **195**(1/5): 190 S., Wien, New York: Springer.
RÖGL, F. & SUMMESBERGER, H. 1978. Die geologische Lage von Stillfried an der March. - FIST, **3**: 76-86, Taf. 42-44, Wien.
VERGINIS, S. 1993. Lößakkumulation und Paläoböden als Indikatoren für Klimaschwankungen während des Paläolithikums (Pleistozän). - Wiss. Schriftenr. Niederösterr., **95/96/97**: 13-30, St. Pölten-Wien.
VOGEL, J. C. & ZAGWIJN, W. H. 1967. Groningen Radiocarbon Dates VI. - Radiocarbon, **9**: 63-106.
WALLNER, G. 1989. Thermolumineszenz - Datierung eiszeitlicher Sedimente. [Diss. Univ. Wien, Inst. Radiumforschung und Kernphysik] Wien.
WEISER, W. 1978. Die paläolithischen Funde aus Stillfried 1879-1977. - FIST, **3**: 5-14, Taf. 1-6, Wien.
WENDELBERGER, G. 1976. Die Kammquecke (*Agropyron pectinatum*) - ein Lößtundrenrelikt auf dem Stillfrieder Kirchhügel. - FIST, **2**: 5-8, Wien.
WINDL, H. (Red.) 1985. Ausgrabung in Stillfried. Stratigraphie von der Eiszeit bis zur Gegenwart. - Katalog des Niederösterr. Landesmuseums, N.F. **158** (Hrsg.: Abt. III/2 d. Amtes d. NÖ Landesregierung), 71 S., Druck: F. Berger u. Söhne, ISBN: 3-900464-25-10.

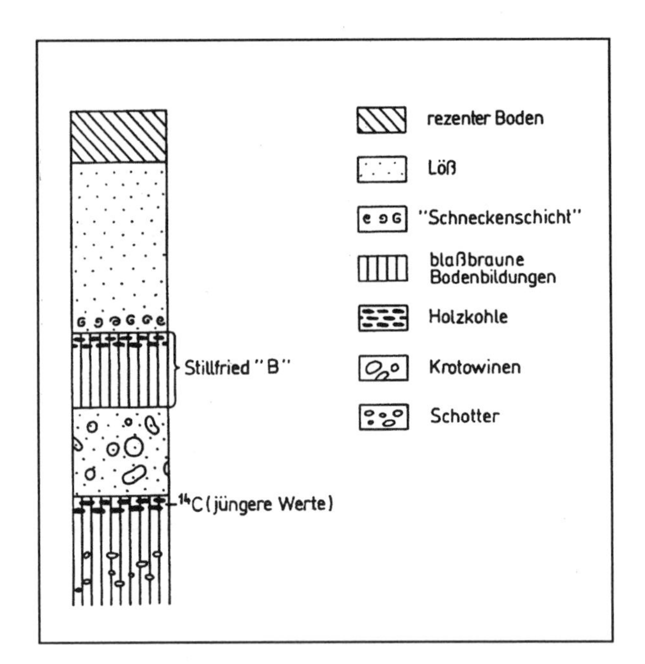

Abb.2: Typusprofil der Fundstelle Stillfried 'B' (verändert nach Taf. 43 zu RÖGL & SUMMERSBERGER 1978, 'Pkt. 19')

Stranzendorf

Christa Frank & Gernot Rabeder

Lößprofil mit zahlreichen Paläoböden, Mittel- und Jung-Pliozän
Kürzel: Sd

Gemeinde: Niederrußbach
Polit. Bezirk: Korneuburg, Niederösterreich
ÖK 50-Blattnr.: 40, Stockerau
16°05' E (RW: 3mm)
48°27' N (HW: 447mm)
Seehöhe : 298 m

Lage: Die Fundstelle befindet sich in einer Sand- und Schottergrube, knapp östlich von Stranzendorf (Abb.1).
Zugang: Der Ort Stranzendorf liegt an der Bundesstraße 19 zwischen Tulln und Hollabrunn, die knapp südlich des Dorfes die Bundesstraße 4 (Horner Bundesstraße) überbrückt.
Geologie: Auf marinem Unter-Miozän liegen fluviatile Sande und Schotter, die von einem Vorläufer der Donau abgelagert wurden und hier als Hollabrunner Schotter bezeichnet werden; sie werden aufgrund von Säugetieren (*Hipparion, Tetralophodon, Dinotherium*, etc.) dem Obermiozän zugerechnet. Die im Stranzendorfer Profil an der Basis anstehenden Schotter zeigen das volle Spektrum der sog. 'Ur-Donau'; neben Quarz und Gneisen treten aber auch vereinzelt Amphibolite, Kalke, Mergel und Flyschsandsteine unverwittert auf (FINK & PIFFL 1976). Sie werden daher als Ablagerungen nicht der Urdonau selbst, sondern eines südlichen Nebenflusses gedeutet.
Die Löß- und Lehmfolge ist durch Brüche in den Schotterkörper eingesenkt und blieb von der Erosion verschont.

Forschungsgeschichte: Grabungen 1974-1976 von J. Fink (Inst. für Geographie der Univ. Wien) und G. Rabeder (Inst. Paläont. Univ. Wien). Durch Schlämmen großer Sedimentmengen (mehrere Tonnen pro Schicht) gelang es, aus fast allen Paläoböden Kleinsäugerreste und Gastropoden zu gewinnen. Bearbeitung der Kleinsäuger durch RABEDER (1976, 1981), der Gastropoden durch BINDER (1977), Revision durch C. Frank, Paläomagnetik durch Kukla und Koci (Prag), Sedimentologie durch Verginis, Assmann.

Sedimente: Sequenz von Rot- und Braunlehmen sowie von Lößpaketen. Die Sequenz beginnt mit den Rotlehmen A und C (mit B wurden fossilleere Lehmstreifen zwischen A und C bezeichnet). Darüber folgen abwechselnd Braun- oder Rotlehme (sie werden mit den Buchstaben D bis M bezeichnet) und Lösse (mit den Bezeichnungen C/D, D/E usw. Die Paläoböden und die Lößpakete unterscheiden sich voneinander durch sedimentologische Daten (Korngröße, Ton- und Kalkgehalt, Schwermineralien) und Farbe (RABEDER & VERGINIS 1987).

Fundsituation: Die meisten Paläoböden waren fossilführend, die Lösse dazwischen nur teilweise. Eine aussagekräftige Anzahl von Fossilien ist nur durch das Schlämmen großer Sedimentmengen zu gewinnen.

Fauna:
Kleinsäuger traten in fast allen Paläoböden in unterschiedlicher Häufigkeit auf (am reichlichsten in den Braunlehmen D, F, G und K und im Rotlehm L (RABEDER 1981, NAGEL & RABEDER 1991). Vereinzelt kamen auch Großsäugerreste zutage (THENIUS 1976a,b).
Reiche und differenzierte Gastropodenfaunen liegen vor allem aus den Braunlehmen F und K, aus den Rotlehmen C, J und L, sowie aus der Lößschicht K/L vor.

Vertebrata (RABEDER 1974, 1976, NAGEL & RABEDER 1991)

	A	C	C/D	D	F	G	I	K	L
Talpa cf. *minor*	-	-	-	+	-	-	-	-	-
Sorex cf. *runtonensis*	+	-	-	+	-	+	-	-	-
Sorex sp.	-	-	-	+	-	-	-	-	-
Beremendia cf. *fissidens*	-	-	-	+	-	-	-	-	-
Blarinoides mariae (?)	-	-	-	+	-	-	-	-	-
Prospalax priscus	+	-	-	+	-	-	-	-	-
Mimomys sp.	+	-	-	-	-	-	+	-	+
Mimomys regulus	-	+	-	+	cf.	-	-	-	-
Mimomys praerex	-	-	-	-	-	+	-	-	-
Mimomys praepliocaenicus	-	+	-	+	+	-	-	-	-
Mimomys cf. *pliocaenicus*	-	-	-	-	-	+	-	-	-
Mimomys hintoni	+	-	-	+	+	-	-	-	-
Mimomys tornensis	-	-	-	-	-	-	-	+	+
Pusillomimus sp.	+	-	-	-	-	-	-	-	-
Pusillomimus reidi	-	-	-	+	-	-	-	-	-
Pusillomimus stenokorys	-	-	-	-	-	+	-	-	-
Pusillomimus jota	-	-	-	-	-	-	+	+	+
Cseria proopsia	+	-	-	-	-	-	-	-	-
Cseria opsia	-	-	-	+	-	-	+	-	cf.
Clethrionomys sp. (?)	-	-	-	-	-	-	+	+	-
Borsodia parvisinuosa	-	-	-	+	-	-	-	-	-
Borsodia aequisinuosa	-	-	-	-	+	-	-	-	-
Borsodia altisinuosa	-	-	-	-	-	+	-	-	-
Borsodia sp.	-	-	-	-	-	-	-	+	-
Pliomys sp.	-	-	-	-	-	-	-	-	+
Equus cf. *bressanus*	-	-	-	-	?	+	-	-	-
Cervidae, indet. (Hyänenfraßrest)	-	-	+	-	-	-	-	-	-

Mollusca (det. Frank)
Erläuterungen zur Tabelle: A' = unterhalb des Rotlehmes A, Anm. = Anmerkung Nr., Fragm. = nicht bestimmbare Fragmente, Ap. = Apex bzw. Apices, pl. = zahlreich.
Mollusca, Profil I (A-F) und Profil II

Art	A'	C	D	F	G	H	i	J	K	K'L	L	L'M	M	Anm.
Cochlostoma sp.	-	+	-	-	-	-	-	-	-	-	-	-	-	24
Bithynia tentaculata	-	+	-	-	-	-	-	-	-	-	-	-	-	
Stagnicola sp.	-	-	-	-	-	-	-	-	-	+	-	-	-	29
Azeca goodalli	+	-	-	-	-	-	-	-	-	-	-	-	-	23
Cochlicopa lubrica	+	+	+	+	+	-	+	+	+	+	+	-	-	
Cochlicopa lubricella	-	-	-	+	-	-	-	-	+	+	+	-	-	
Cochlicopa nitens	-	+	-	-	-	-	-	-	-	-	-	-	-	25
Columella columella	-	-	-	-	-	-	-	-	-	+	-	+	-	
Truncatellina cylindrica	+	+	+	-	+	-	-	-	-	-	-	-	-	
Vertigo pusilla	+	+	pl.	+	+	-	+	pl.	+	+	+	-	+	
Vertigo antivertigo	-	-	+	-	-	-	-	-	-	-	-	-	-	
Vertigo pygmaea	-	+	-	-	-	-	-	-	-	+	+	-	-	
Vertigo modesta arctica	-	+	-	-	+	-	-	+	-	-	-	-	-	
Vertigo cf. *alpestris*	-	-	-	-	-	-	-	+	-	-	-	-	-	
Vertigo parcedentata	-	-	+	+	+	-	-	-	+	+	-	+	-	
Vertigo angustior	-	-	-	+	-	-	-	-	-	-	-	-	-	

Art	A'	C	D	F	G	H	i	J	K	K'L	L	L'M	M	Anm.
Granaria frumentum	pl.	+	+	+	pl.	+	+	pl.	pl.	pl.	pl.	+	+	
Abida secale	-	-	-	-	-	-	cf.	-	-	-	-	-	-	
Gastrocopta serotina	-	-	+	+	+	-	-	-	-	-	-	-	-	11
Pupilla muscorum	+	+	+	+	pl.	-	+	+	+	+	pl.	+	-	
Pupilla m.densegyrata	-	-	+	-	+	-	-	-	+	-	-	+	-	
Pupilla bigranata	-	-	-	-	+	-	-	+	+	-	+	+	-	
Pupilla triplicata	-	+	+	+	pl.	-	+	pl.	+	+	+	+	+	
Pupilla sterrii	-	+	+	-	-	-	-	-	+	-	+	+	-	
Pupilla loessica	-	-	+	-	-	-	-	-	-	-	-	+	-	
Vallonia costata	-	+	pl.	+	pl.	-	pl.	pl.	pl.	+	pl.	+	-	30
Vallonia tenuilabris	+	+	pl.	+	pl.	-	-	+	+	+	+	pl.	+	
Vallonia pulchella	+	+	+	+	+	-	+	-	+	-	+	-	+	17
Vallonia excentrica	-	-	-	-	-	-	-	-	-	-	-	-	+	
Acanthinula aculeata	+	-	-	-	-	-	-	-	-	+	-	-	-	
Chondrula tridens	+	+	+	+	+	+	+	+	+	+	+	+	-	
Mastus cf. *bielzi*	-	+	-	-	+	-	-	-	-	-	-	-	-	2
Mastus vel *Ena* sp.	+	-	-	-	-	-	-	-	-	-	-	-	-	
Ena montana	-	-	-	-	-	-	-	-	+	+	-	-	-	
Cochlodina laminata	-	-	-	+	-	-	-	-	-	-	-	-	-	
*Cochl.*cf. *orthostoma*	-	+	-	-	-	-	-	-	-	-	-	-	-	
Ruthenica filograna	-	-	-	+	-	-	-	-	-	-	-	-	-	
Macrogastra ventricosa	-	-	-	-	-	-	-	-	-	-	+	-	-	
Macrogastra densestriata	-	-	-	+	-	-	-	+	+	+	+	-	+	
Macrogastra cf. *tumida*	-	-	-	+	-	-	-	-	-	-	-	-	-	15
Macrogastra badia	-	-	-	cf.	-	-	-	-	+	-	-	-	-	
Macrogastra plicatula	-	-	-	+	-	-	-	-	-	-	cf.	-	-	
Macrogastra sp.	-	+	-	-	-	-	-	-	+	-	cf.	-	-	26
Claus. stranzendorfensis	+	+	-	-	-	-	-	-	-	+	-	-	-	
Clausilia strauchiana	-	+	+	+	+	-	+	+	+	+	+	+	-	
Clausilia dubia	+	-	+	-	-	-	-	+	-	-	-	+	-	1
Neostyriaca sp.	-	-	-	-	-	-	-	-	-	+	-	-	-	32
Baleinae indet.	-	-	-	-	-	-	-	-	-	-	-	-	+	
Clausiliidae, Fragmente/Apices	-	+	-	+	-	-	-	-	pl.	-	-	+	-	14
Succinella oblonga + f. *elongata*	-	-	+	+	-	-	+	+	+	-	-	+	-	31
Catinella arenaria	+	+	pl.	+	pl.	-	+	pl.	+	-	+	+	-	
Cecilioides acicula	-	-	-	-	-	-	+	+	-	-	-	-	-	
Punctum pygmaeum	+	+	+	-	-	-	-	-	-	-	+	+	-	
Helicodiscus (Hebetodiscus) sp.	-	+	+	-	-	+	-	-	-	-	-	-	-	16
Discus rotundatus	-	-	-	+	-	-	-	-	+	+	+	-	-	
Discus ruderatus	+	+	+	+	+	-	-	-	+	+	+	-	-	
Euconulus fulvus	-	-	-	-	-	-	-	-	+	+	-	+	-	
Euconulus alderi	-	-	+	-	-	-	-	-	+	+	-	+	-	
Semilimax kotulae	-	-	-	-	-	-	-	-	-	-	-	+	-	
Vitrinobrachium sp.	+	-	-	-	-	-	-	-	-	-	-	-	-	10
Vitrea crystallina	+	+	+	+	+	-	-	-	-	-	-	+	-	
Aegopis verticillus	-	-	-	-	+	-	-	-	-	cf.	-	-	-	
Aegopis sp.	-	+	-	-	-	-	-	-	+	-	-	-	-	7
Aegopinella cf. *nitidula*	+	-	-	-	-	-	-	+	-	+	-	-	-	27
Aegopinella cf. *nitens*	-	-	-	-	-	-	-	-	-	+	-	-	-	
*Aeg.*cf. *nitidula/nitens*	-	+	-	-	-	-	-	-	-	-	-	-	-	
Aeg. cf. *nitens/minor*	-	-	-	-	-	-	-	-	+	-	-	-	-	
Aegopinella sp.	-	-	-	+	-	-	-	-	-	-	-	-	-	
Perpolita petronella	-	-	-	+	-	-	+	+	-	-	-	-	-	
Oxychilus sp.	-	-	-	-	-	-	-	+	-	-	-	-	-	
Zonitidae indet. sp.	-	-	-	+	-	-	-	-	-	-	+	-	-	22
Limax sp.	-	-	-	-	-	-	-	+	-	-	-	-	-	18
Deroceras sp.	-	-	-	+	+	-	-	+	-	-	-	-	-	
Soosia diodonta	-	+	-	+	-	-	-	-	-	-	-	-	-	3

Art	A'	C	D	F	G	H	i	J	K	K'L	L	L'M	M	Anm.
Fruticicola fruticum	+	+	-	+	+	+	+	+	+	pl.	+	+	pl.	
Trichia hispida	-	-	-	+	-	-	-	-	+	-	+	pl.	+	
Tr.rufescens suberecta	-	-	-	-	-	-	-	-	-	-	-	-	+	
Petasina unidentata	+	cf.	-	-	-	-	-	-	-	-	-	-	-	
Helicopsis striata	-	+	-	-	+	-	-	-	-	-	+	+	-	
Perforatella bidentata	-	-	-	-	-	-	-	-	+	+	+	+	+	19
Perforatella dibothrion	-	+	-	+	+	+	+	+	pl.	pl.	+	-	-	12
Monachoides incarnatus	-	+	-	-	-	-	-	-	+	+	+	+	-	
Monachoides vicinus	-	+	-	+	+	-	+	+	+	+	-	+	-	4
Urticicola umbrosus	-	-	-	-	+	-	-	-	-	-	+	-	-	
Xerolenta obvia	-	+	+	-	-	-	+	-	-	-	-	-	+	33
Euomphalia strigella	-	+	-	+	-	-	-	+	+	+	+	+	-	
Helicodonta obvoluta	-	cf.	-	-	-	-	-	-	+	-	+	-	-	
Hygromiidae indet.	-	+	-	-	+	-	-	-	+	-	-	-	-	28
Arianta arbustorum	-	+	+	+	+	-	-	+	+	pl.	+	+	+	21
Helicigona lapicida	+	-	-	+	-	-	-	-	+	-	-	-	+	
Faustina faustina	cf.	cf.	-	-	-	-	-	-	-	cf.	-	-	cf.	6
Helicigona capeki	+	+	-	+	cf.	-	-	+	-	-	-	-	+	9
"Klikia" altenburgensis	-	-	-	+	-	-	-	-	-	-	-	-	-	13
Isognomostoma isognomostomos	-	-	-	+	-	+	-	-	-	-	-	-	-	
Causa holosericea	-	+	-	-	-	-	-	-	-	-	-	-	-	
Cepaea hortensis	-	cf.	+	+	-	-	-	-	-	-	-	-	cf.	
Cepaea vindobonensis	-	+	-	+	+	-	-	-	-	-	-	-	-	
Cepaea sp.	-	-	-	-	-	-	-	-	cf.	-	-	-	-	
Hygrom./Helicidae indet.	-	+	-	+	-	+	+	+	+	-	-	+	+	5
Helicidae indet.	-	-	+	-	+	-	-	-	-	-	-	+	+	
Corbicula fluminalis	-	+	-	-	+	-	-	-	-	-	-	-	-	8
Splitter indet.	+	+	-	+	+	-	-	-	+	+	+	-	+	20
Regenwurm-Kalkkörperchen	-	-	+	-	+	-	-	+	+	+	+	-	-	
Tertiäre Molluskenreste	-	-	-	-	-	-	+	+	-	-	-	-	+	
Artenzahl	23	46	28	40	31	6	18	28	38	34	34	29	18	
Gesamt: 91														

Anmerkungen:

Anm. 1: Zu *'Clausilia dubia'* in Nr. 1 und 3 schreibt BINDER (1977:34-35): "bei der letztgenannten Schnecke war die Spindellamelle und die untere Gaumenfalte stark ausgebildet". Es handelt sich hier um *Clausilia stranzendorfensis* und *Clausilia strauchiana*; vgl. H. NORDSIECK (1988:162), der die Meinung äußert, daß "ein Teil der enthaltenen Arten falsch bestimmt sind oder in der Liste fehlen". Dies hat auch die Revision des im Inst. für Paläontologie d. Univ. Wien vorliegenden Materiales durch C. FRANK bestätigt. *Clausilia dubia* tritt erst im Rotlehm J und im Löß L/M auf.

Anm. 2: Nur Fragmente, doch mit dem charakteristischen kleinen Angularhöcker; von *Ena montana* durch die Oberflächenskulptur auch in Fragmenten unterscheidbar, bei diesen sind außerdem deutliche Spirallinien vorhanden (vgl. auch LOZEK 1964:226-227). Hochwarmzeitliche Leitart, die heute in den Ostkarpaten und in Siebenbürgen vorkommt; zumindest eemzeitlich über die Westkarpaten und die Böhmische Masse bis Mitteldeutschland verbreitet.

Anm. 3: Mündungsfragmente; diese sind eindeutig, ebenso ist die Oberflächenskulptur sehr bezeichnend. Gegenwärtig nordbalkanisch-südkarpatisch verbreitet; hochwarmzeitliche Leitart, die über den Karpatenbogen, Ungarn, bis Böhmen und Süddeutschland vorgekommen ist; auch aus Ostösterreich nachgewiesen.

Anm. 4: Charakteristische Oberflächenskulptur; stärkeres Feuchtigkeitsbedürfnis als die ähnlich *Monachoides incarnatus*. Heute im gesamten Karpatengebiet mit äußerem Vorland, bis in die Sudeten und nach Ostböhmen verbreitet; vereinzelt in Polen; isolierte Reliktvorkommen im nördlichen Fränkischen Jura und in der Fränkischen Schweiz.

Anm. 5: Stark korrodierte Splitter; nicht bestimmbar.

Anm. 6: Fossil erst wenig bekannt; warmzeitlich; heute in einem großen Teil des Karpatengebietes und den anliegenden Gebieten verbreitet: Slowakei, Mähren, Schlesien, Polnischer Jura und Gebirge bis zu den östlichen Sudeten, Nordostungarn; Genistfund bei Szeged. In feuchten, schattigen Hangwäldern und an bewachsenen Geröllen.

Anm. 7: Keine Artbestimmung aufgrund der Fragmentart möglich; vermutlich aber *Aegopis verticillus*.

Anm. 8: Warmzeitlich, fluviatil, in West- und Mitteleuropa; heute vor allem in Vorder- und Innerasien verbreitet. Im Tertiär weit in Afrika und im Mittleren Osten verbreitet; vgl. KINZELBACH & ROTH (1984:116-177, Fig. 3). In Mitteldeutschland bezeichnende Leitart des Holstein-Interglazials. - Fragmente unverkennbar durch die Skulptur. Die Identität dieser Art und eventuelle Beziehungen zu *Corbicula fluminea* O. F. MÜLLER 1774 sind noch umstritten (GLÖER & MEIER-BROOK 1994).

Anm. 9: Bezeichnende altpleistozäne warmzeitliche Art (südslowakischer Karst; bis Böhmen, Süddeutschland, Ostösterreich); gegenwärtig ausgestorben.

Anm. 10: Vereinzelte quartäre Fundmeldungen von *Vitrinobrachium breve* (A. FÉRUSSAC 1821), heute westmitteleuropäisch; in feuchten Wäldern und in Überschwemmungsgebieten. Die Art des Alpensüdrandes ist *Vitrinobra-*

chium tridentinum FORCART 1956. *V. breve* ist von ostösterreichischen Fundstellen, u. a. von Krems-Schießstätte, bekannt.
Anm. 11: Nur fossil - altpleistozän - bekannt, wahrscheinlich warmzeitlich.
Anm. 12: Heute karpatisch verbreitet: Östliche Slowakei, Polen (Ostkarpaten bis zur Raba), Rumänien, Ungarn. In feuchten Laubmischwäldern auf Hängen.
Anm. 13: Von BINDER 1977: 43-44 von der Fundstelle Deutsch-Altenburg 4B (Altbiharium, Betfia-Phase) beschrieben. Vermutlich ist dies keine *Klikia* (vgl. NORDSIECK 1986; FRANK 1993, unpubl. Manuskript), sondern eine Ariantinae. Hier liegt eine Schalenbasis vor, deren Skulptur der BINDERschen Art entspricht.
Anm. 14: In Nr. 4 exklusive *Ruthenica filograna*; in Schicht K (9) vor allem *Clausilia strauchiana, Macrogastra densestriata*. Aus Rotlehm C liegt ein derzeit nicht bestimmbarer Apex vor (etwa 4 Umgänge; plump) Dieser Apex entspricht Apices, die von der Grabungsstelle Neudegg, Schicht C, vorliegen. Diese gehören ziemlich sicher zu einer Art der Gattung *Triptychia* (Familie Triptychiidae). Leider liegt kein signifikantes Mündungsfragment vor, sodaß die Art derzeit nicht identifiziert werden kann.
Anm. 15: Heute karpatisch verbreitet: Karpaten, einzeln in den östlichen Sudeten, in Mittel- und Südböhmen, auch in den polnischen Karpaten und Ostsudeten; in Ober- und Niederösterreich vereinzelte Fundpunkte. Warmzeitlich.
Anm. 16: Gegenwärtig ist *Helicodiscus (Hebetodiscus) singleyanus* (PILSBRY 1890) nordamerikanisch und europäisch verbreitet. In Europa sind die bekannten Standorte über verschiedene Länder verstreut (u. a. SCHLICKUM 1979, FRANK 1986). In Österreich ist *Helicodiscus* aus der Fundstelle Krems-Schießstätte (Rotlehm 15, plio-pleistozäner Grenzbereich) und der Fundstelle Deutsch-Altenburg 2 (Fundschicht 2C1, altpleistozän) bekannt; siehe FRANK & RABEDER (1996).
Anm. 17: Über die Autochthonität von *Vallonia pulchella* und *Cecilioides acicula* in den Fundschichten müssen Zweifel bestehen, da die Schalen großteils den eingetrockneten Weichkörper, zumindest in Resten, enthielten. Vor allem die letztere lebt subterran-grabend, kann also sekundär in die Schichten I und J gelangt sein. Situation bei *Vallonia pulchella*? Funde aus dem mitteleuropäischen Pleistozän sind weitaus spärlicher als von *Vallonia costata*; über ihre regionale Verbreitung im Pliozän kann nichts sicheres ausgesagt werden.
Anm. 18: Große Art; dickes, fragmentiertes Schälchen, etwa 10 mm lang.
Anm. 19: Gegenwärtig osteuropäisch; eine ein unzusammenhängendes Areal bewohnende, höchst feuchtigkeitsbedürftige und vor allem in Erlenbrüchen lebende Art. Sie ist in Österreich sehr selten; vgl. FRANK (1978, 1987a).
Anm. 20: Zahlreiche kleine Schalenfragmente (etwa 1000), in Schicht K/L deutlich vorherrschend sind *P. dibothrion, A. arbustorum* (große Form), *F. fruticum*, in Schicht L vorherrschend: *G. frumentum, Ch. tridens*.
Anm. 21: *A. arbustorum*, Schicht K/L, große Form.
Anm. 22: Schicht L: cf. *Aegopinella* sp. und *Perpolita* sp.
Anm. 23: Synonym=*A. menkeana* (C. PFEIFFER 1821). Gegenwärtig westeuropäisch verbreitet (Kantabrisches Gebirge bis Mitteldeutschland; Mittel- und Südengland, Schottland; Holstein, Nordbayern). Sie lebt im Fallaub, Moos oder in der Bodenstreu feuchter Wälder und Gebüsche, auch an felsigen Standorten. Im mitteleuropäischen Pleistozän nur sehr vereinzelt nachgewiesen, u. a. in Böhmen (Podsedice). Der Hinweis auf das Vorkommen in Österreich von KERNEY & al. (1983:83) konnte während der Revision der pleistozänen Molluskenfaunen bis jetzt nicht bestätigt werden. Hochwarmzeitliche Leitart!
Anm. 24: Es handelt sich vermutlich um eine Art, die der *Cochlostoma nouleti* var. *arriensis* DE SAINT-SIMON 1867 sehr nahesteht. Die Verbreitung dieser Unterart ist nicht genau bekannt (angegeben vom "Dép. Ariège", Pyrenäen; WAGNER 1897).
Anm. 25: Die größte der in Österreich lebenden *Cochlicopa*-Arten ist durch ihre kräftig gewölbten Umgänge und den gerundeten Mündungs-Außenrand, im Leben auch durch Färbung und Glanz charakterisiert. Die eher zerstreuten Fundpunkte liegen in Mittel- und Osteuropa. Auch pleistozän ist sie noch verhältnismäßig wenig bekannt, dürfte aber doch häufiger als heute gewesen sein. Sie hat hohes Feuchtigkeitsbedürfnis und lebt in sehr nassen Habitaten wie Sümpfen, Mooren, in nassen Waldstandorten; außerdem ist sie calciphil.
Anm. 26: Die Fragmente deuten auf eine größere Vertreterin der Gattung hin (16-19 mm).
Anm. 27: Gegenwärtig nordwesteuropäisch: Britische Inseln, Nord- und Westfrankreich, Belgien, Niederlande, Nord- und Westdeutschland, Böhmen, westliches und nordwestliches Polen; außerdem auf den Azoren. Sie lebt in der Fallaub- oder Spreuschichte mittelfeuchter Wälder und Gebüsche, in Krautbeständen, felsigen Habitaten und im anthropogen beeinflußten Gebiet. Pleistozän ist sie noch wenig bekannt, dürfte aber wie andere *Aegopinella*-Arten warmzeitlich sein.
Anm. 28: Wahrscheinlich aus der *Trichia*-Gruppe (Rotlehm C), sonst nicht näher bestimmbar.
Anm. 29: Wahrscheinlich *Stagnicola turricula* (HELD) oder *palustris* (O. F. MÜLLER).
Anm. 30: Häufig auch die Form *helvetica* (STERKI 1890), die heute trocken-warme Standortsverhältnisse bezeichnet; sie lebt auch in südseitigen Felsfluren.
Anm. 31: In Schicht L/M ausschließlich die Form *elongata* SANDBERGER.
Anm. 32: Die *Neostyriaca*-Reste aus dem Löß K/L können nicht eindeutig zugeordnet werden, da nur 2 Apices vorliegen: Möglicherweise handelt es sich schon um *Neostyriaca schlikkumi* (KLEMM 1969), die derzeit die älteste bekannte *Neostyriaca* ist; l. t. ist der Fundort Hundsheim; zeitliche Einstufung: Biharium. Das Genus ist quartär erst wenig bekannt. *Neostyriaca corynodes austroloessica* (KLEMM 1969) liegt aus einer Reihe von ober- und niederösterreichischen Lößfundstellen im Donaugebiet vor; vgl. KLEMM (1969:302-304).
Anm. 33: Für die österreichische Molluskenfaunen-Genese ist das Erscheinen von *Xerolenta obvia* in Rotlehm C und I sowie in Braunlehm D und M von außerordentlichem Interesse. Diese xerothermophile Charakterart trockener Graslandschaften, Steppenheiden und anthropogen bedingter sekundärer Trockenstandorte ist aus dem Pleistozän der Balkanhalbinsel angegeben (LOZEK 1964:289), in Mitteleuropa dagegen sind die gesicherten Funde holozänen Alters. Gegenwärtig ist sie südosteuropäisch verbreitet: Ihr Areal erstreckt sich von Kleinasien über die östliche und mittlere Balkanhalbinsel und das Karpatengebiet bis zum Südrand der Ostsee; vereinzelte Standorte in Südostfrankreich; in Deutschland etwa bis in die Gegend von Lübeck-Braunschweig-Heidelberg. FRANK (1995:31-32) bringt eine Diskussion dieser heutigen Verbreitung mit dem Hinweis auf Vorkommen in Alpentälern, die als Interglazialrelikte gedeutet werden müssen. Die Befunde aus dem Oberpliozän von Stranzendorf belegen nun eindeutig, daß diese morphologisch sehr veränderliche Art schon wesentlich früher in Mitteleuropa erschienen ist, als allgemein angenommen.

Chronologie: Die Fundstelle Stranzendorf ist ein durchgehendes Profil, das von von ca. 2,7 Mio. Jahren bis etwa 1,7 Mio. Jahren reicht. Die. Einstufung ins Mittlere und Obere Pliozän erfolgt aufgrund der Evolution der Arvicolidae und der paläomagnetischen Daten (s. Abb.2).
Chronologie der Mollusken: Für die zeitliche Einstufung 'Oberes Pliozän' sprechen auch die nahezu durchgehend verbreiteten *Clausilia strauchiana* und *C. stranzendorfensis* (Rotlehme A, C, Braunlehm D, Löß K/L) (vgl. auch Anm. 1.).
Bisher auf "Altpleistozän" eingeschränkt bekannt waren *Gastrocopta serotina* (Braunlehme D, F, G), *"Klikia" altenburgensis* (Braunlehm F), *Helicigona capeki* (Rotlehme A, C, J, Braunlehme F, G, M). Als zeitliche Indexfossilien müssen in Mitteleuropa auch *Soosia diodonta* (Rotlehm C, Braunlehm F) und *Corbicula fluminalis* (Rotlehm C, Braunlehm G) gelten.

Klimageschichte: Die reichsten und differenziertesten Molluskenfaunen liegen aus den Rotlehmen C (46 Arten) und L (34 Arten), den Braunlehmen F (40 Arten), G (31 Arten) und K (38 Arten) sowie aus dem Löß K/L (34 Arten) vor.

Rotlehm A:
Waldbetont; feuchter, strukturierter Laubmischwald mit Kräutern und Hochstauden; Gebüschsäume und offene Heidesteppen in unmittelbarer Nachbarschaft (Individuendominanz von *Granaria frumentum*). Faunistische Besonderheiten: *Azeca goodalli*, *Vitrinobrachium* sp., *Aegopinella* cf. *nitidula*, cf. *Faustina faustina*. Klimacharakter: warm, feucht.

Rotlehm C:
Starke Waldbetonung; ein vertikal gut gegliederter, feuchter, krautreicher Mischwald mit einem kleinen, vermutlich stehenden Gewässer, dessen Ufer versumpft, mit Schilf- u./o. Seggenbeständen, waren. In der Nachbarschaft müssen offene Gebüschheiden sowie offenes Grasland bestanden haben. Faunistische Besonderheiten: *Cochlostoma* sp., *Cochlicopa nitens*, *Mastus* cf. *bielzi*, *Cochlodina* cf. *orthostoma*, *Helicodiscus (Hebetodiscus)* sp., *Aegopinella* cf. *nitens* vel *nitidula*, *Soosia diodonta*, *Perforatella dibothrion*, *Monachoides vicinus*, *Xerolenta obvia*, cf. *Faustina faustina*. Klimacharakter: sehr warm und sehr feucht.

Braunlehm D:
Ausgedehnte offene Steppen- und Buschheiden, einzelne Baumgruppen, dazwischen kleinere Kraut- und Hochstaudenbestände. Besonders hervorhebenswert ist die deutliche Individuendominanz von *Catinella arenaria*; gegenwärtig westeuropäisch und eher selten, zerstreut. Faunistische Besonderheiten: *Helicodiscus (Hebetodiscus)* sp., *Xerolenta obvia*. Klimacharakter: trokken, warm.

Braunlehm F:
Ausgedehnte, reichlich strukturierte Mischwälder mit bodenfeuchten Kraut- und Hochstaudenbeständen, eventuell leichte Vernässungstendenz. In der Nachbarschaft auch kleinere, offene, trockene Heideflächen, Gebüsche. Reiche landschaftliche Gliederung. Faunistische Besonderheiten: *Macrogastra* cf. *tumida*, *Soosia diodonta*, *Perforatella dibothrion*, *Monachoides vicinus*. Klimacharakter: sehr warm und sehr feucht.

Braunlehm G:
Kleinere, doch bodenfeuchte bis mesophile Mischwaldbestände neben ausgedehnten offenen Grasheiden und Trockenland, mit Gebüschen. Starke Individuendominanz von *Catinella arenaria* vor *Pupilla muscorum* und *Granaria frumentum*. Faunistische Besonderheiten: *Mastus* cf. *bielzi*, *Perforatella dibothrion*, *Monachoides vicinus*. Klimacharakter: warm, trocken.

Braunlehm H:
Arten- und individuenarme Fauna, die aber Elemente des feuchten Waldes enthält. Besonderheiten: *Helicodiscus (Hebetodiscus)* sp., *Perforatella dibothrion*. Klimacharakter wahrscheinlich warm und feucht bis mittelfeucht.

Rotlehm I:
Vergleichbar den Verhältnissen in Braunlehm G, vermutlich weitere Reduktion des Waldes zugunsten des offenen bis halboffenen Landes. Die Individuendominanz von *Vallonia costata* spricht für Heideflächen mit Gebüschen bzw. Buschgruppen. Besonderheiten: *Perforatella dibothrion*, *Monachoides vicinus*, *Xerolenta obvia*. Klimacharakter: wie in Braunlehm G.

Rotlehm J:
Vergleichbar wie in Braunlehm G; Besonderheiten: *Aegopinella* cf. *nitidula*, *Perforatella dibothrion*, *Monachoides vicinus*. Klimacharakter: warm und trocken, mit feuchteren Phasen.

Braunlehm K:
Wieder Zunahme des feuchten Waldes mit Strauch- und Krautschichte; Saum- und Mantelformationen neben felsigen Steppenheiden. Besonderheiten: *Perforatella dibothrion*, *Perforatella bidentata*, *Monachoides vicinus*. Klimacharakter: warm und feucht.

Löß K/L:
Starke Zunahme des feuchten Mischwaldes mit Au- bis Bruchwaldcharakter (Dominanz von *Perforatella dibothrion*), mit vernäßten bis versumpften Stellen und kleinen Tümpeln; randlich Gebüschsäume und kleinere offene Heideflächen. Besonderheiten: *Neostyriaca* sp., *Aegopinella* cf. *nitidula*, *Perforatella bidentata*, *Perforatella dibothrion*, *Monachoides vicinus*, cf. *Faustina faustina*. Klimacharakter: sehr warm und sehr feucht, vergleichbar Rotlehm C, aber noch Feuchtigkeitszunahme. Maximale Niederschläge!

Rotlehm L:
Ausgedehnte, trockene Felsheiden, die teils trockensonnigen, teils den Charakter von Rasenflächen gehabt haben müssen. In der unmittelbaren Nachbarschaft Feuchtwald mit Strauch- und Krautschichte; vermutlich Übergangszonen mit Gebüschen. Besonderheiten: *Perforatella bidentata*, *Perforatella dibothrion*. Klimacharakter: warm, längerfristig trocken als feucht; es spricht alles für einen jahreszeitlich begrenzten Niederschlagshöhepunkt, den Rest des Jahres trocken.

Löß L/M:
Den Verhältnissen in Rotlehm L vergleichbar, aber die Mesophilietendenz ist ausgeprägter; die Niederschlagsverteilung ausgeglichener; mehr Gras- als Steppenheiden. Besonderheiten: *Perforatella bidentata*, *Monachoi*

des vicinus. Klimacharakter: warm, mittelfeucht.

Braunlehm M:

Feuchte, weitgehend geschlossene Waldgesellschaft, mit reichlich entwickelten Kraut- und Hochstaudenfluren; Gebüschen; kaum offene Flächen. Besonderheiten: *Perforatella bidentata*, *Xerolenta obvia*, cf. *Faustina faustina*. Klimacharakter: warm, reichlich Niederschlag, wahrscheinlich ohne deutliche Jahresmaxima.

Die Molluskenfaunen-Sukzession des Stranzendorfer Profiles umfaßt einen warmen Klimaabschnitt mit wiederholten Feuchtigkeitsschwankungen, Expansion und Reduktion des Waldlandes; mit dem Niederschlagsmaximum in Schicht K/L und der maximalen Ausdehnung des geschlossenen Waldes.

Im Vergleich zu der Bearbeitung von KOVANDA & al. (1995:63-67), die 12 Molluskenthanatozönosen mit mehr als 40 Arten ergab [eigene Probennahmen der Autoren und die Daten von BINDER (1977)], sind die von Frank (vorliegende Studie) erzielten Artenzahlen aus insgesamt 14 Faunen mehr als doppelt so hoch (91). Es ergab sich eine vollständige Sequenz, die einen warmen Klimaabschnitt mit wiederholten Feuchtigkeitsschwankungen, damit korreliert Expansion und Reduktion des Waldlandes, dokumentiert. Niederschlagsmaximum und maximale Ausdehnung des geschlossenen Waldes dürfte in der Schicht K/L (Lößzwischenschicht) manifistiert sein. Durch die Präsenz von *Clausilia strauchiana* (nahezu durchgehend) und *Clausilia stranzendorfensis* (Rotlehme A, C, Braunlehm D, Löß K/L) ist die zeitliche Einstufung 'Oberpliozän' gerechtfertigt.

Paläobotanik und Archäologie: kein Befund.

Aufbewahrung: Das Molluskenmaterial der Nr. 1, 2 und 14 dürfte sich zumindest teilweise in der Sammlung von H. Nordsieck (Villingen-Schwenningen) befinden. Alles andere: Inst. Paläont. Univ. Wien.

Rezente Sozietäten:

Mollusca: rezente Fauna im Gebiet Stranzendorf, Ober- und Unterparschenbrunn.

Stranzendorf: Aufnahme im Bereich der ehemaligen Aufschlüsse (xerophile Vegetation, FRANK 1993): 1

Vergleichsdaten aus der Umgebung: REISCHÜTZ (1986): Niederrußbach (2), Seitzersdorf-Wolfpassing (3), Stockerau (4); KLEMM (1974): Eggendorf (5), Stetteldorf (6), Stockerau (7); FRANK (1987a): Stockerau (8).

Bithynia tentaculata (8), *Planorbis planorbis* (8), *Anisus spirorbis* (8), *Anisus vortex* (8), *Gyraulus albus* (8), *Galba truncatula* (8), *Stagnicola palustris* (8), *Stagnicola turricula* sensu FALKNER (8), *Stagnicola corvus* (8), *Radix ovata* (8), *Cochlicopa lubrica* (7, 8), *Cochlicopa lubricella* (7, 8), *Truncatellina cylindrica* (1, 7), *Granaria frumentum* (1, 7), *Pupilla muscorum* (7), *Vallonia pulchella* (1, 7), *Chondrula tridens* (7), *Merdigera obscura* (7), *Cochlodina laminata* (5, 7, 8), *Clausilia pumila* (5, 7, 8), *Balea biplicata* (7, 8), *Succinella oblonga* (7, 8), *Succinea putris* (7), *Oxyloma elegans* (8), *Cecilioides acicula* (1), *Punctum pygmaeum* (1), *Zonitoides nitidus* (8), *Euconulus alderi* (1), *Semilimax semilimax* (7, 8), *Vitrina pellucida* (1), *Vitrea crystallina* (8), *Aegopinella nitens* (1, 7, 8), *Oxychilus glaber striarius* (8), *Tandonia budapestensis* (2), *Boettgerilla pallens* (2, 3), *Limax maximus* (2, 4, 8), *Limacus flavus* (2), *Deroceras laeve* (4, 8), *Deroceras reticulatum* (2), *Arion lusitanicus* (2), *Arion subfuscus* (4, 8), *Arion fasciatus* (2), *Arion distinctus* (2, 4, 8), *Fruticicola fruticum* (8), *Trichia hispida* (8), *Trichia rufescens danubialis* (7, 8), *Petasina unidentata* (7, 8), *Monachoides incarnatus* (7, 8), *Pseudotrichia rubiginosa* (8), *Urticicola umbrosus* (7, 8), *Euomphalia strigella* (1, 8), *Arianta arbustorum* (6, 7, 8), *Cepaea hortensis* (8), *Cepaea vindobonensis* (1), *Helix pomatia* (1, 7, 8).

Die rezente Fauna (Nr. 1, 2, 3, 5, 6) zeigt deutlich die Umweltverhältnisse in unmittelbarer Umgebung der Fundstelle, Ruderal- bzw. bewirtschaftete Flächen, mit Gebüschen und Baumgruppen. Sie ist überwiegend xerophil geprägt (*Truncatellina cylindrica, Granaria frumentum, Cecilioides acicula, Euomphalia strigella, Cepaea vindobonensis*), mit mesophilen Elementen größerer ökologischer Amplitude (*Punctum pygmaeum, Vitrina pellucida, Arianta arbustorum, Helix pomatia*). Ehemals größere Baumbestände werden durch *Aegopinella nitens* und *Cochlodina laminata* angedeutet; lokal größere Bodenfeuchtigkeit durch *Vallonia pulchella, Clausilia pumila, Euconulus alderi*. Die Nacktschneckenfauna setzt sich aus Kulturfolgern, mit mehr oder weniger ausgeprägter Bindung an die durch den Menschen gestalteten Landschaften zusammen: *Tandonia budapestensis, Boettgerilla pallens, Limax maximus, Limacus flavus* (vorwiegend in Kellern), *Deroceras reticulatum* und die *Arion*-Arten *lusitanicus, fasciatus* und *distinctus*.

Die restliche Vergleichsfauna macht die Nähe des danubischen Auengürtels deutlich.

Literatur:

BINDER, H. 1977. Bemerkenswerte Molluskenfaunen aus dem Pliozän und Pleistozän von Niederösterreich. - Beitr. Paläont. Österr., **3**: 1-49, 14 Taf.; Wien.

BOLE, J. 1994. Rod *Cochlostoma* JAN 1830 (Gastropoda, Prosobranchia, Cochlostomatidae) v Sloveniji. - Rozprave IV. Razreda Sazu XXXV (11): 187-217, 3 Taf.; Ljubljana.

FALKNER, G. 1990. Vorschlag für eine Neufassung der Roten Liste der in Bayern vorkommenden Mollusken (Weichtiere). - Schriftenr. Bayer. Landesamt Umweltschutz, **97**: 61-112; München.

FECHTER, R. & FALKNER, G. 1989. Weichtiere. - Die farbigen Naturführer, Hrsg.: G. STEINBACH; 287 S, München: Mosaik-Verl.

FINK, J. & PIFFL, L. 1976. In FINK, J.: Exkursion durch den österreichischen Teil des nördlichen Alpenvorlandes und den Donauraum zwischen Krems und Wiener Pforte. - Mitt. Komm. Quartärforsch. Österr. Akad. Wiss., **1**: 101-109; Wien.

FRANK, C. 1978: *Perforatella (P.) bidentata* GMELIN 1788 (Hygromiinae): weitere Funde aus der Südweststeiermark. - Verh. Zool.-Bot. Ges. Wien, **116/117**: 15-17; Wien.

FRANK, C. 1986. Ein Nachweis von *Helicodiscus (Hebetodiscus) singleyanus inermis* H. B. BAKER 1929 aus dem Donautal in Niederösterreich (Gastropoda: Endodontidae). - Heldia, **1**(4): 145-147; München.

FRANK, C. 1987a. Aquatische und terrestrische Mollusken der niederösterreichischen Donau-Auengebiete und der angrenzenden Biotope. Teil VII. - Wiss. Mitt. Niederösterr. Landesmus., **5**:13-121, 6 Taf.; Wien.

FRANK, C. 1987b. Aquatische und terrestrische Mollusken der niederösterreichischen Donau-Auengebiete und der angrenzenden Biotope. Teil IX. Die Donau von Wien bis Melk. Teil 1. - Z. Ang. Zool., **74**(1): 35-81; Berlin.

FRANK, C. 1995. Die Weichtiere (Mollusca): über Rückwanderer, Einwanderer, Verschleppte; expansive und regressive Areale. - Stapfia, **37**, zugl. Kataloge des OÖ Landesmus. N.F.,

84: 17-54; Linz.

FRANK, C. & RABEDER, G. (1996) *Helicodiscus (Hebetodiscus)* (Pulmonata, Gastropoda) im Pliozän und Pleistozän von Österreich. - Beitr. Paläont. **21**: 33-39, Wien.

GLÖER, P. & MEIER-BROOK, C. 1994. Süßwassermollusken. Ein Bestimmungsschlüssel für die Bundesrepublik Deutschland. - 11., erweiterte Aufl., 136 S.; Hamburg: DJN.

KERNEY, M. P., CAMERON, R. A. D. & JUNGBLUTH, J. H. 1983. Die Landschnecken Nord- und Mitteleuropas. - 384 S; Hamburg, Berlin: Parey.

KINZELBACH, R. 1991. Die Körbchenmuscheln *Corbicula fluminalis, Corbicula fluminea* und *Corbicula fluviatilis* in Europa (Bivalvia: Corbiculidae). - Mainzer naturwiss. Arch., **29**: 215-228; Mainz.

KINZELBACH, R. 1992:. The distribution of the freshwater clam *Corbicula fluminalis* in the Near-East (Bivalvia: Corbiculidae). - Zool. Middle East, **6**: 51-61; Heidelberg.

KINZELBACH, R. & ROTH, G. 1984. Patterns of distribution of some freshwater molluscs of the Levant region. - Fol. Hist. Nat. Mus. Matr., **9**:115-128.

KLEMM, W. 1969. Das Subgenus *Neostyriaca* A. J. WAGNER 1920, besonders der Rassenkreis *Clausilia (Neostyriaca) corynodes* HELD 1836. - Arch. Moll., **99**(5/6): 285-311; Frankfurt/Main.

KLEMM, W. 1974. Die Verbreitung der rezenten Land-Gehäuse-Schnecken in Österreich. - Denkschr. Österr. Akad. Wiss., **117**: 503 S; Wien, New York: Springer.

KOVANDA, J., SMOLIKOVA, L. & HORACEK, I. 1995. New data on four classic loess sequences in Lower Austria. - Sborn. geol. Antropoz. **22**: 63-85, Praha.

LOZEK, V. 1964. Quartärmollusken der Tschechoslowakei. - Rozpravy ústredního ústavo geologikého, **31**: 374 S., 32 Taf.; Prag.

LOZEK, V. 1978. in FINK, J.: Krems-Schießstätte, Malakologie. - Mitt. Komm. Quartärforsch. Österr. Akad. Wiss., Ergänzung zu Bd. 1: 27-31, Taf. III; Wien.

NAGEL, D. & RABEDER, G. 1991. Exkursionen im Pliozän und Pleistozän Österreichs. - Österr. Paläont. Ges., 44 S.; Wien.

NORDSIECK, N. 1986. Das System der tertiären Helicoidea Mittel- und Westeuropas (Gastropoda: Stylommatophora). - Heldia, **1**(4): 109-120; München.

NORDSIECK, N. 1988. Revision der Gattung *Clausilia* DRAPARNAUD, besonders der Arten in SW-Europa (Das *Clausilia rugosa*-Problem) (Gastropoda: Stylommatophora: Clausiliidae). - Arch. Moll., **119**(4/6): 133-179; Frankfurt/M. (ersch. 1990).

PFLEGER, V. 1984. Schnecken und Muscheln Europas. - 192 S.; Stuttgart: Franckh.

RABEDER, G. 1974. Die Kleinsäugerfauna des Jungpliozäns von Stranzendorf. In FINK, J.: Führer zur Exkursion durch den österreichischen Teil des nördlichen Alpenvorlandes und den Donauraum zwischen Krems und Wiener Pforte. - Mitt. Quartärkomm. Österr. Akad. Wiss., **1**: 137-139; Wien.

RABEDER, G. 1976. In FINK, J.: Exkursion durch den österreichischen Teil des nördlichen Alpenvorlandes und den Donauraum zwischen Krems und Wiener Pforte. - Mitt. Quartärkomm. Österr. Akad. Wiss., **1**: 108-109; Wien.

RABEDER, G. 1981. Die Arvicoliden (Rodentia, Mammalia) aus dem Pliozän und dem älteren Pleistozän von Niederösterreich. - Beitr. Paläont. Österr., **8**: 1-373; Wien.

RABEDER, G. & VERGINIS, S., 1987. Die plio-pleistozänen Lößprofile von Stranzendorf und Krems (Niederösterreich). – Griech. Geogr. Ges., 1. Panhellenische Geographen-Tagung Athen, **9**:285–306, Athen.

REISCHÜTZ, P. L. 1986. Die Verbreitung der Nacktschnecken Österreichs (Arionidae, Milacidae, Limacidae, Agriolimacidae, Boettgerillidae). - Sitzungsber. Österr. Akad. Wiss., Math. Naturwiss. Kl. Abt. I, **195**(1/5): 190 S.; Wien, New York: Springer.

SCHLICKUM, W. R. 1979. *Helicodiscus (Hebetodiscus)*, ein altes europäisches Faunenelement. - Arch. Moll., **110**(1/3): 67-70; Frankfurt/M.

SCHNABEL, TH. 1994. Die känozoischen Clausilien und Triptychien West- und Mitteleuropas. - Diplomarbeit Formal- u. Naturwiss. Fak., Inst. Paläont. Univ. Wien.; 143 S.

THENIUS, E. 1976a. Einhuferreste (Equidae, Mammalia) aus dem Villafranchium von Niederösterreich. - N. Jb. Geol. Paläont. Mh. **1976**/2: 83-86; Stuttgart.

THENIUS, E. 1976b. Hyänenfraßrest aus dem Villafranchium Österreichs. - Säugetierkdl. Mitt., **24**/2: 95-99; München.

WAGNER, A. J. 1897. Monographie der Gattung *Pomatias* STUDER. - Denkschr. Kaiserl. Akad. Wiss., Math. Naturwiss. Kl., **64**: 565-632; Wien.

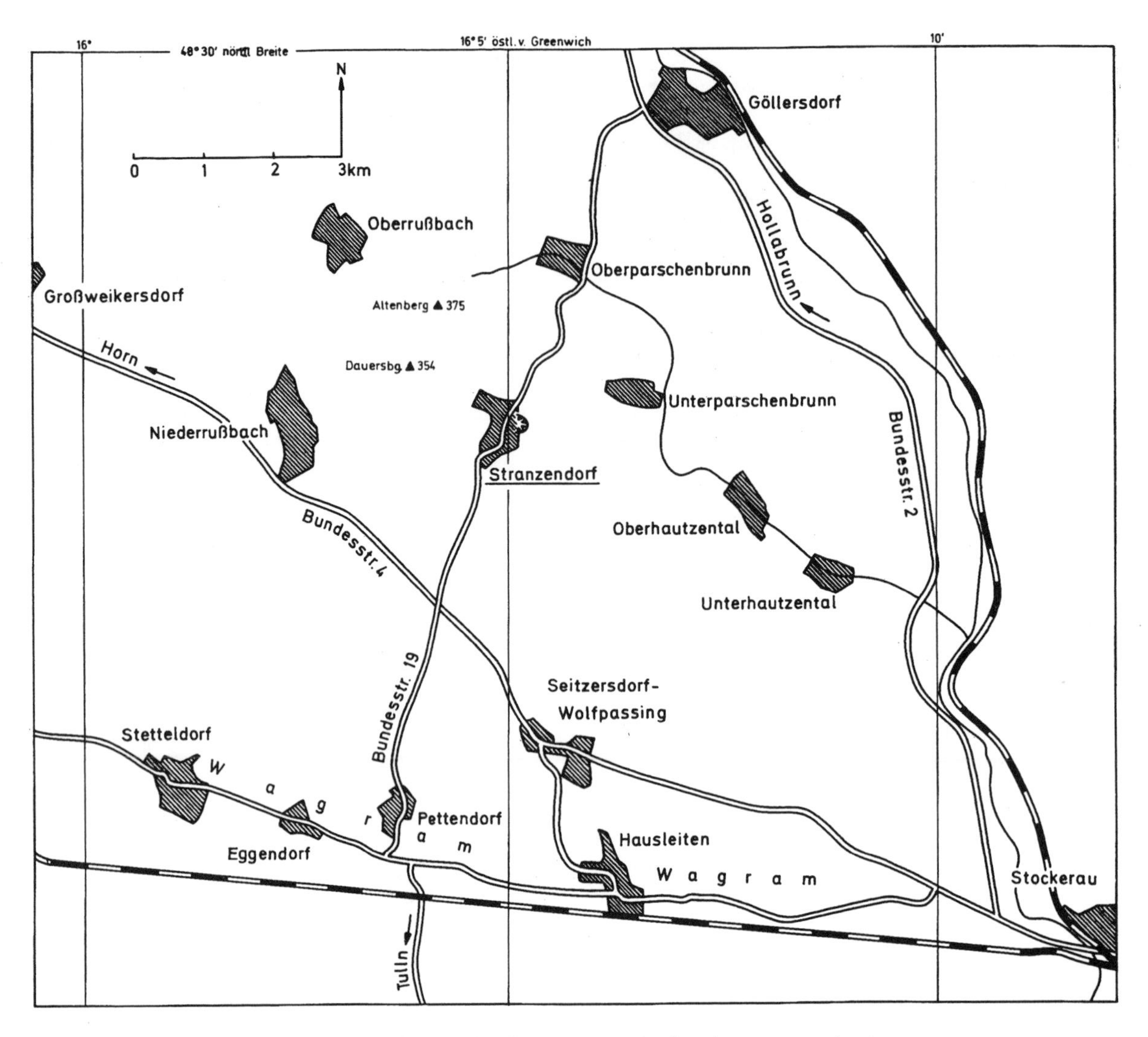

Abb.1: Lageskizze der Fundstellen Stranzendorf und Unterparschenbrunn

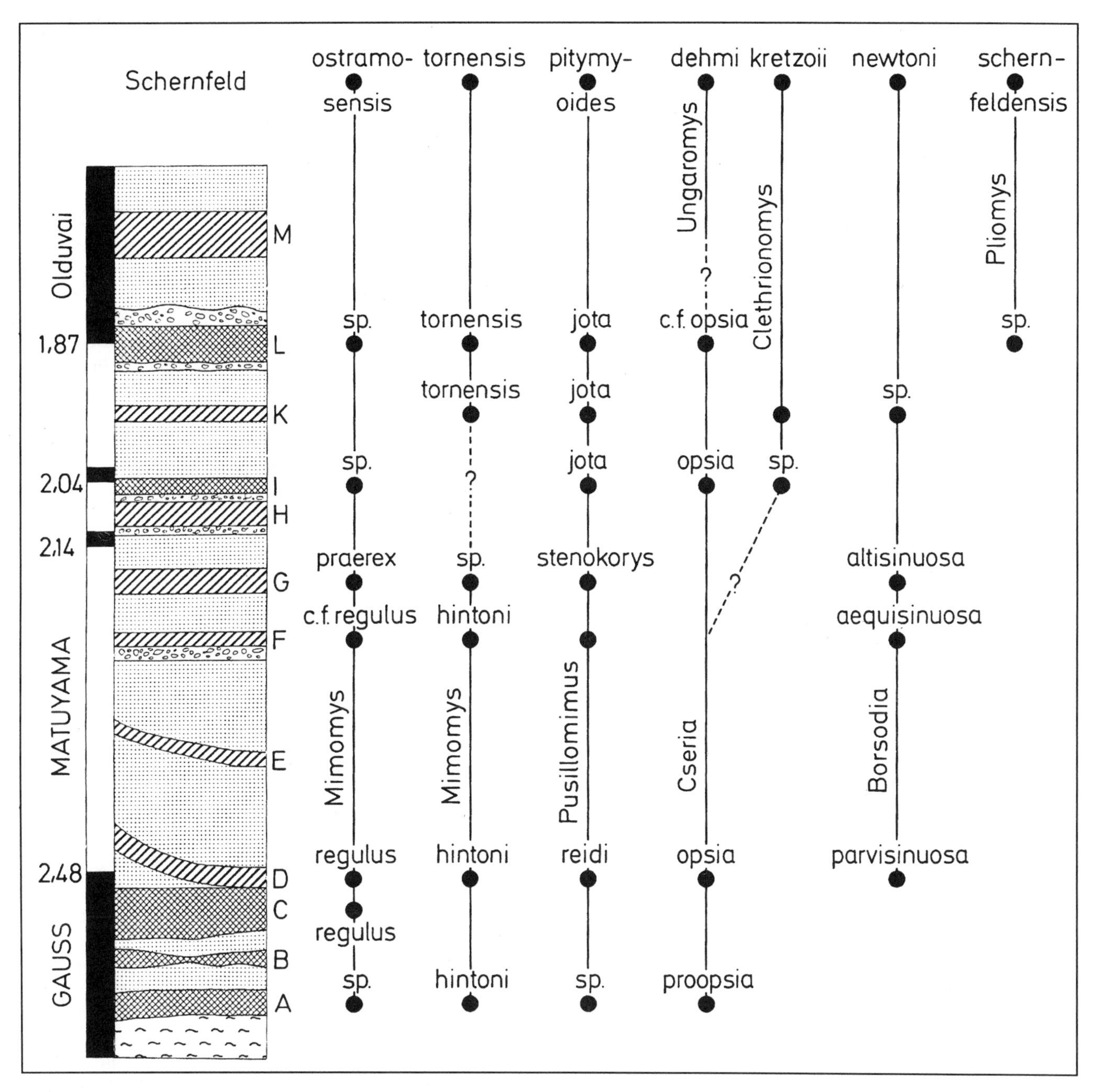

Abb.2: Die Evolution der Arvicoliden im Profil von Stranzendorf im Vergleich zur ältestpleistozänen Fauna von Schernfeld in Bayern (n. NAGEL & RABEDER 1991).

Unterparschenbrunn

Christa Frank

Lößaufschluß, Oberpliozän
Kürzel: Up

Gemeinde: Sierndorf
Polit. Bezirk: Korneuburg, Niederösterreich
ÖK 50-Blattnr.: 40, Stockerau
16°06'01" E (RW: 25mm)
48°27'29" N (HW: 462mm)
Seehöhe: 256m

Lage: Die Fundstelle befindet sich nordöstlich von Stranzendorf, an der Straßenböschung westlich vom Ort Unterparschenbrunn (siehe Fundstelle Stranzendorf, FRANK & RABEDER, dieser Band).

Forschungsgeschichte: Anläßlich der Grabungen in Stranzendorf wurden auch Proben aus anderen Lößprofilen der Umgebung entnommen. Als molluskenführend erwies sich ein lößähnliches Sediment mit Resten einer

Bodenbildung direkt an der Straße östl. des Ortes. Bisher liegt noch keine Publikation vor.

Fauna:

Mollusca (det. Frank):

Art	Anm.
Granaria frumentum	
Pupilla muscorum	1
Pupilla triplicata	
Pupilla sterrii	
Vallonia costata	
Vallonia tenuilabris	2
Vallonia pulchella	
Chondrula tridens	
Clausilia stranzendorfensis	3
Clausilia strauchiana	
Succinella oblonga inkl. *elongata*	4
Catinella arenaria	
Discus rotundatus	1
Trichia hispida	
Helicopsis striata	
Perforatella dibothrion	
Monachoides vicinus	
Xerolenta obvia	5
Euomphalia strigella	
Arianta arbustorum	
korrodierte Splitter, indet.	
Regenwurm-Konkremente	

Anmerkungen:
Anm. 1: Starkschalige Individuen, kräftige Ausbildung auch der Oberflächenskulptur.
Anm. 2: Darunter 1 scalarides Exemplar.
Anm. 3: Vgl. H. NORDSIECK (1988): Beschrieben von Stranzendorf A, Rotlehm; Mittelpleistozän; sie ist auch in Stranzendorf C (Rotlehm) und Neudegg A (Rotlehm) enthalten. Nach NORDSIECK (1988:162-164) dürfte sie der rezenten *C. (C.) cruciata* (STUDER 1820) sehr nahestehen bzw. sogar deren Stammform darstellen. Die Individuen von Stranzendorf C und Neudegg sind vom Typus aus Stranzendorf A verschieden und möglicherweise Unterarten. *Clausilia cruciata* ist waldbewohnend.
Anm. 4: Zum Teil sehr ausgeprägte *elongata*
Anm. 5: vgl. Anm. 33 der Fundstelle Stranzendorf (FRANK & RABEDER, dieser Band).

Paläobotanik und Archäologie: kein Befund.

Chronologie und Klimageschichte: Die Altersstellung der Unterparschenbrunner Fauna ist durch die Präsenz von *Clausilia stranzendorfensis* und von *Clausilia strauchiana* mit 'zumindest Oberpliozän' festlegbar. Im ganzen zeigt sie - trotz Individuenarmut - feuchten Mischwald, mit Kraut- und Strauchschichte, wechselnd mit offenen Steppenheide- und Grasheideflächen, erstere mit Gebüschen. Klimacharakter: warm, feucht.

Aufbewahrung: Inst. Paläont. Univ. Wien.

Rezente Sozietäten: siehe Fundstelle Stranzendorf (FRANK & RABEDER, dieser Band)

Literatur:

NORDSIECK, N. 1988. Revision der Gattung *Clausilia* DRAPARNAUD, besonders der Arten in SW-Europa (Das *Clausilia rugosa*-Problem) (Gastropoda: Stylommatophora: Clausiliidae). - Arch. Moll., **119**(4/6): 133-179; Frankfurt/M. (ersch. 1990).

Weingartshof bei Linz

Christa Frank

Jungpleistozänes Lößprofil
Kürzel: LW

Gemeinde: Leonding
Polit. Bezirk: Linz-Land, Oberösterreich
ÖK 50-Blattnr.: 32, Linz
14°15'E (RW: 247mm)
48°15'18" N (HW: 11mm)
Seehöhe: 277m

Lage: Das Profil befindet sich am Abfall der Hochterrasse SW von Linz (siehe Lageskizze Linz - Plesching, FRANK, dieser Band).
Zugang: Es liegt an der westlichen Seite der Bundesstraße 1, etwa 2,5km südlich des Ortes Haag, unmittelbar hinter einem Pfadfinderhaus (FINK 1956, BINDER 1977). Es ist nur noch teilweise aufgeschlossen.
Geologie: Schotterkörper der "Harter Terrasse".

Fundstellenbeschreibung: Lößaufschluß am Hochterrassenrand von etwa 7 m Höhe, der ursprünglich fast die gesamte Schotterüberdeckung zeigte.

Forschungsgeschichte: Das Profil wurde am 3.4.1955 von KOHL (1955:59-60) aufgenommen und von FINK (1956:52-54) beschrieben. Die Molluskenfauna wurde von BINDER (1977:22-24) bearbeitet.

Sedimente und Fundsituation: Der Schotterkörper ist mehrere Meter hoch überlößt, mit markantem Südrand gegen die Niederterrasse der Traun. Es gab mehrere Aufschlüsse, z. B. bei Neu-Scharlitz, die nur die verlehmte Schotteroberkante zeigten. Der Aufschluß von Weingartshof ist der vollständigste: Über dem basalen Pechschotter (= Verlehmungszone auf der Schotteroberkante) folgt eine mächtige Schicht kalkfreier Fließerde (= Schicht XII bei KOHL 1955), die nur schwach humos und deutlich geschichtet ist. Darin befanden sich makroskopisch sichtbare Molluskenreste. Darüber folgen Schichten vergleyten, kalkigen und schluffigen Feinsandes (Schichten XI-IX bei KOHL), dann Lösse (Schichten VIII-VII), dann Naßboden (Schichten VI-V) wechselnder Mächtigkeit, mit Kryoturbationen. Der hangende Löß (Schicht IV), der den C-Horizont für den rezenten Boden ("sol brun lessivé") bildet, schließt das Profil ab (FINK 1956).

Fauna: Die Molluskenführung beginnt etwa 5m unter der Profiloberkante (etwa 3m über dem Wegniveau), direkt über der Fließerde und reicht ungefähr bis zum Vernässungshorizont im oberen Profilabschnitt. Vertebratenreste liegen nicht vor.

Mollusca: nach BINDER (1977), rev. und ergänzt C. Frank

1 = 5m unter der Profiloberkante (= 3m über Wegniveau).
2 = 10cm darüber.
3 = 4-4,5m unter der Profiloberkante.
4 = 1m darüber.
5 = 1-2m darüber (= über Probe 4).
pl = zahlreich

Art	1	2	3	4	5	Anm.
Anisus leucostoma	-	-	+	+	+	
Gyraulus acronicus	-	-	+	-	-	
Galba truncatula	+	+	+	+	-	4
Stagnicola palustris	-	-	-	-	+	6
Radix peregra	-	-	+	-	-	
Columella columella	+	-	+	-	-	
Pupilla muscorum	+	+	-	+	-	
Pupilla muscorum densegyrata	+	+	-	+	-	3
Pupilla bigranata	+	+	-	-	-	2
Pupilla loessica	+	+	-	-	-	
Succinella oblonga + f. *elongata*	pl	pl	pl	pl	pl	1
Catinella arenaria	-	-	-	-	+	7
Trichia hispida	pl	+	-	+	+	
Pisidiidae, nicht bestimmt	-	-	+	-	+	5
Regenwurm-Konkremente	+	-	-	+	-	
Gesamt: 14	8	7	7	7	6	

Anmerkungen:
1: Durchgehend eudominant.
2: Als "*P. muscorum*" bestimmt.
3: Teilweise als "*P. loessica*" bestimmt.
4: Die Juvenilschalen von *Galba truncatula* und *Succinella oblonga* wurden häufig verwechselt.
5: Das Material konnte nicht revidiert werden (nicht unter den Belegen enthalten).
6: Kleine Form; teilweise als "*S. oblonga*" bestimmt.
7: Als "*S. oblonga*" bestimmt.

Paläobotanik und Archäologie: kein Befund.

Chronologie: Die gegenwärtige Reichhaltigkeit und Differenziertheit der Fauna des Linzer Gebietes unterstreicht die einseitige, artenarme Zusammensetzung der Gemeinschaften im Profil. Dieses umfaßt einen kalten, sehr feuchten Klimaabschnitt des Jungpleistozäns. Die Korrelation der "Sumpflöß-Fauna" (Proben 3 und 5) mit Stillfried B (BINDER 1977:24, 44) erscheint gewagt, da hier nicht das geringste Indiz für eine auch nur leichte Erwärmung gegeben ist. Es liegen noch zu wenige detaillierte, quantitativ durchgeführte malakologische Untersuchungen in Österreich vor, mit deren Hilfe lokalklimatische Verhältnisse - wie in Willendorf - erfaßt werden können und die durch absolute Daten unterstützt sind.

Klimageschichte:
Die Proben 1 und 2 (etwa 5 m unter der Oberkante) sind sehr ähnlich. Offene, überwiegend krautreiche Flächen, mit Hochstauden; nur wenige, kleine, xeromorphe Stellen (*Pupilla bigranata*!). Vermutlich bestanden ausgedehnte, versumpfte, nasse Biotope (ähnlich heutigen Cariceten oder Magnocariceten) mit kleineren Temporärgewässern.
Probe 3 zeigt noch stärkere Vernässung, mit kleinen, aber auch größeren, beständigen, doch wahrscheinlich auch zeitweilig trockenfallenden, flachgründigen Tümpeln.
Die Proben 4 und 5 erinnern etwas an 1 und 2; durch die Präsenz von *Anisus leucostoma* und vor allem von *Stagnicola palustris* ist aber ein längerfristiges Austrocknen der Tümpel ablesbar. Dies geht auch aus der Morphologie der letzteren Art hervor, die als Kümmerform auftritt.
Für alle Proben ist die ausgeprägte Feuchtigkeitsbetonung bezeichnend; das Maximum zeigt Probe 3 (4-4,5m unterhalb der Profiloberkante). Alle Arten sind thermisch anspruchslos, mit Ausnahme der in geringen Zahlen vertretenen *Pupilla bigranata*, die in der Regel trockene, meist warme Habitate bewohnt. Da sie gegenüber den anderen *Pupilla*-Arten unterrepräsentiert ist und auch sonst keinerlei Trockenheitszeiger in den Faunen auftreten, fällt sie bei der Gesamtbeurteilung des Klimacharakters nicht ins Gewicht.
Klimacharakter: Kalt, sehr feucht, wahrscheinlich mit jahreszeitlich bedingtem Niederschlagsmaximum, vor allem in den Schichten 4 und 5.

Aufbewahrung: Inst. Paläont. Univ. Wien.

Rezente Vergleichsfauna: Die rezente Molluskenfauna des Linzer Raumes ist gut bekannt. Außer den Einzeldaten in KLEMM (1974) und REISCHÜTZ (1986) liegen Gebietsbearbeitungen von FRANK (1987, 1988a,b) über den Donauraum zwischen Stromkilometer 2138,0 und 2125,0 und über das Traungebiet bei Flußkilometer 0,5 vor. Eine Serie von Arbeiten verfaßte SEIDL: 1984 über das Diessenleitenbachtal, 1987 über den Weidingerbach und den Kleinmünchner Kanal, 1990a über die Auwaldgebiete, 1990b über die Wasserschutzwälder, 1990c über die "Linzer Pforte" und 1990d über das Wambachtal. Die Vielfalt der erfaßten Biotope von natürlich bis anthropogen beeinflußt spiegelt sich in einer enormen Artenfülle wider:
Cochlostoma septemspirale, *Valvata cristata*, *Valvata pulchella*, *Valvata piscinalis*, *Bythiospeum acicula geyeri*, *Potamopyrgus antipodarum*, *Lithoglyphus naticoides* (nur Schalen), *Bithynia tentaculata*, *Acicula lineata*, *Carychium minimum*, *Carychium tridentatum*, *Acroloxus lacustris*, *Aplexa hypnorum*, *Physa fontinalis*, *Physella acuta*, *Planorbis planorbis*, *Anisus spirorbis*, *Anisus leucostoma*, *Anisus vortex*, *Bathyomphalus contortus*, *Gyraulus albus*, *Gyraulus acronicus*, *Hippeutis complanatus*, *Segmentina nitida*, *Ancylus fluviatilis*, *Galba truncatula*, *Stagnicola palustris*, *Radix*

auricularia, Radix ovata, Radix peregra, Lymnaea stagnalis, Cochlicopa lubrica, Cochlicopa repentina, Cochlicopa lubricella, Cochlicopa nitens, Columella edentula, Truncatellina cylindrica, Vertigo pusilla, Vertigo pygmaea, Vertigo angustior, Granaria frumentum, Sphyradium doliolum, Pagodulina pagodula principalis, Pupilla muscorum, Vallonia costata + f. *helvetica, Vallonia pulchella, Vallonia excentrica, Vallonia enniensis, Acanthinula aculeata, Chondrula tridens, Ena montana, Merdigera obscura, Cochlodina laminata, Ruthenica filograna, Macrogastra ventricosa, Macrogastra plicatula grossa, Clausilia rugosa parvula, Clausilia pumila, Clausilia dubia obsoleta, Balea biplicata, Balea perversa, Succinella oblonga, Succinea putris, Oxyloma elegans, Cecilioides acicula, Punctum pygmaeum, Discus rotundatus, Discus perspectivus, Zonitoides nitidus, Euconulus fulvus, Euconulus alderi, Semilimax semilimax, Vitrina pellucida, Vitrea crystallina, Vitrea contracta, Aegopis verticillus, Aegopinella pura, Aegopinella nitens, Perpolita hammonis, Oxychilus cellarius, Oxychilus draparnaudi, Oxychilus mortilleti, Boettgerilla pallens, Limax maximus, Limax cinereoniger, Malacolimax tenellus, Lehmannia marginata, Lehmannia valentiana* (Botan. Garten, REISCHÜTZ 1986), *Deroceras laeve, Deroceras sturanyi, Deroceras reticulatum, Deroceras rodnae, Arion rufus, Arion lusitanicus, Arion subfuscus, Arion silvaticus, Arion distinctus, Fruticicola fruticum, Trichia hispida, Trichia sericea, Trichia rufescens danubialis, Petasina unidentata, Petasina edentula subleucozona, Monachoides incarnatus, Pseudotrichia rubiginosa, Urticicola umbrosus, Helicella itala, Xerolenta obvia, Euomphalia strigella, Monacha cartusiana, Helicodonta obvoluta, Arianta arbustorum, Helicigona lapicida, Isognomostoma isognomostomos, Cepaea nemoralis, Cepaea hortensis, Cepaea vindobonensis, Helix pomatia, Unio pictorum, Anodonta cygnea, Anodonta anatina, Sphaerium corneum, Musculium lacustre, Pisidium henslowanum, Pisidium supinum, Pisidium subtruncatum, Pisidium nitidum, Pisidium personatum, Pisidium casertanum, Pisidium moitessierianum, Dreissena polymorpha.* - Gesamt: 132.

Literatur:

BINDER, H. 1977. Bemerkenswerte Molluskenfaunen aus dem Pliozän und Pleistozän von Niederösterreich. - Beitr. Paläont. Österr., **3**: 49 S., 14 Taf., Wien.

FINK, J. 1956. Zur Korrelation der Terrassen und Lösse in Österreich. - Eiszeitalter u. Gegenwart, **7**: 49-77, Öhringen/Württ.

FRANK, C. 1987. Aquatische und terrestrische Mollusken des österreichischen Donautales und der angrenzenden Biotope. Teil XIII. Supplement zu Teil I-XII. - Soosiana, **15**: 5-33, Budapest.

FRANK, C. 1988a. Die Mollusken der österreichischen Donau, der Auengebiete und der angrenzenden Biotope von Linz bis Melk. - Linzer biol. Beitr., **20**/1: 313-400, Linz.

FRANK, C. 1988b. Aquatische und terrestrische Mollusken der österreichischen Donau-Auengebiete und der angrenzenden Biotope. Teil XII. Das oberösterreichische Donautal von der österreichisch-deutschen Staatsgrenze bis Linz. - Linzer biol. Beitr., **20**/2: 413-509, Linz.

KLEMM, W. 1974. Die Verbreitung der rezenten Land-Gehäuse-Schnecken in Österreich. - Denkschr. Österr. Akad. Wiss., **117**: 503 S.; Wien, New York: Springer.

KOHL, H. 1955. Die Exkursion zwischen Lambach und Enns. Beiträge zur Pleistozänforschung in Österreich. - Verh. Geol. Bundesanst., SH **D**: 40-62, Wien.

REISCHÜTZ, P. L. 1986. Die Verbreitung der Nacktschnecken Österreichs (Arionidae, Milacidae, Limacidae, Agriolimacidae, Boettgerillidae). - Sitzungsber. Österr. Akad. Wiss., Math.-Naturwiss. Kl. Abt. I, **195**(1/5): 190 S., Wien, New York: Springer.

SEIDL, F. 1984. Zur Molluskenfauna des Diessenleitenbach-Tales. - Naturk. Jb. d. Stadt Linz, **30**: 267-276, Linz (ersch. 1987).

SEIDL, F. 1987. Die Molluskenfauna am Weidingerbach und am Kleinmünchner Kanal in Linz/Donau. - Naturk. Jb. d. Stadt Linz, **31/32**: 113-120, Linz.

SEIDL, F. 1990a. Zur Kenntnis der Molluskenfauna der Linzer Auwaldgebiete. - Naturk. Jb. d. Stadt Linz, **34/35**: 287-330, Linz.

SEIDL, F. 199b. Die Molluskenfauna der Linzer Wasserschutzwälder. - Naturk. Jb. d. Stadt Linz, **36**: 225-234, Linz (ersch. 1991).

SEIDL, F. 1990c. Zur Gastropodenfauna der "Linzer Pforte". - Naturk. Jb. d. Stadt Linz, **36**: 235-248, Linz (ersch. 1991).

SEIDL, F. 1990d. Zur Molluskenfauna des Wambach-Tales in Linz/Donau. - Naturk. Jb. d. Stadt Linz, **36**: 215-224 (ersch. 1991).

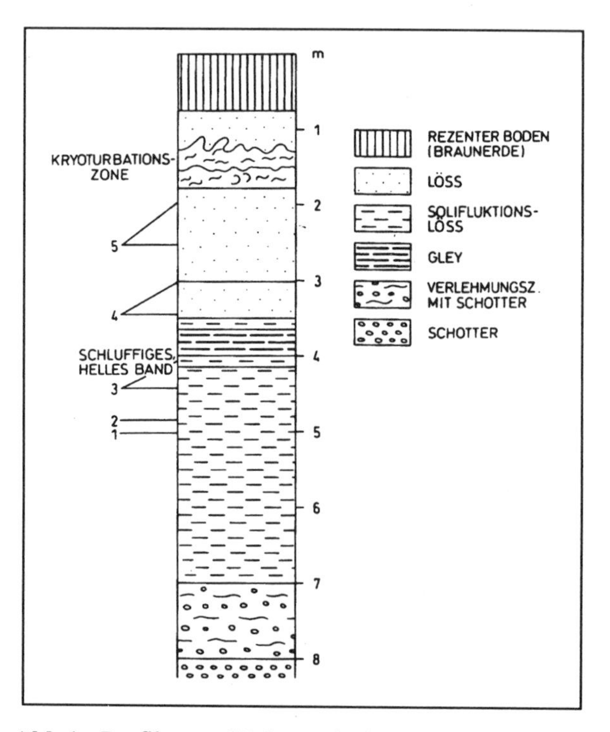

Abb.1: Profil von Weingartshof (nach KOHL 1955, Tafel IV, leicht vereinfacht). 1-5 (linke Seite): Entnahmestellen der Molluskenproben entsprechend den Angaben von BINDER (1977).

Weinsteig

Christa Frank

Jungpleistozänes Lößprofil
Kürzel: Ws

Gemeinde: Großrußbach
Polit. Bezirk: Korneuburg, Niederösterreich
ÖK 50-Blattnr.: 41, Deutsch Wagram
16°24'10" E (RW: 103mm)
48°27' N (HW: 445mm)
Seehöhe: 220m

Lage: Das Profil wurde in der ehemaligen Ziegelei aufgeschlossen, die sich südlich der Ortschaft befindet (Abb.1).
Zugang: Über die Bundesstraße Nr. 6 von Korneuburg in Richtung Laa a. d. Thaya. Von Karnabrunn erreicht man über die Hauptstraße nach Querung der Bahnlinie nach etwa 2,5km den Ort Weinsteig.
Geologie: Die Fundstelle liegt in einer Muldenzone, die geologisch einen Teil des mit helvetischen Sedimenten gefüllten Korneuburger Beckens darstellt. Dieses streicht in Nordostrichtung und wird durch Bergrücken der Flysch- und Waschbergzone begrenzt (FINK 1954).

Fundstellenbeschreibung: Der Aufschluß befand sich in dem gegen Westen schauenden Hang des großen Ziegelwerks, dort wo die Bodenbildung am mächtigsten ist. Der zwischen letzterem und dem Ort Weinsteig verlaufende Abschnitt des Rußbach-Gerinnes wird von einer etwa 4 m hohen Terrasse begleitet, die wenig ausgeprägt ist und in deren Abfall Weinkeller eingetieft worden sind (FINK 1954).

Forschungsgeschichte: Der Aufschluß wird von GÖTZINGER & VETTERS (1936), FELGENHAUER & al. (1959) und FINK (1954, 1961) beschrieben bzw. erwähnt. Die Gastropoden wurden von BINDER (1977:38) bearbeitet.

Sedimente und Fundsituation: Die basalen Bodenbildungen sind nach FINK (1961) mit rezenten Anmoorbildungen vergleichbar. Sie sind von stumpf-grauer Farbe und zeigen schlechtes Gefüge sowie einen hohen Gehalt an Konkretionen, die immer mit Gleybildungen zusammen auftreten. Die darüber folgenden Straten sind im großen und ganzen vergleyte und zusammengeschwemmte Lösse. Über einer humosen Schwemmlage ('interstadiales Humusband' von GÖTZINGER 1936) wird die Vergleyung rasch geringer. Darüber folgen ein 'gefleckter Horizont', eine schwach geschichtete Humuszone, Löß und eine bräunliche Bodenbildung. Die beiden Bodenbildungen werden durch ein bräunliches Schwemmlößpaket mit Solifluktionserscheinungen und Eiskeilbildungen etwa in der Mitte des Aufschlusses gekappt. Sie erscheinen im rechten Teil der Abbauwand nur noch als dünne Streifen (FINK 1954, Aufnahme von Dudal und Fink 1953).

Die von BINDER (1977:38) entnommenen Stichproben stammen aus Lössen, und zwar aus der 'Nordwand über der Braunerde' und aus der 'Südwand, bei einer schwachen Verfärbung(Rostflecken)'.

Fauna:

Vertebrata: keine Funde.

Gastropoda: Das von BINDER (1977) bearbeitete Material wurde revidiert und ergänzt.
1: Probe aus der 'Nordwand über der Braunerde'.
2: Probe aus der 'Südwand im Bereich einer schwachen Verfärbung (Rostflecken)'.

Art	1	2
Columella columella	+	+
Vertigo parcedentata	-	+
Pupilla muscorum	+	+
Pupilla muscorum densegyrata	+	+
Pupilla bigranata	+	+
Pupilla triplicata	+	+
Pupilla sterrii	+	-
Pupilla loessica	+	+
Pupillidae, Apices	-	+
Vallonia costata	+	-
Vallonia tenuilabris	+	-
Clausilia dubia	+	-
Succinella oblonga + f. *elongata*	+	+
Catinella arenaria	-	+
Semilimax kotulae	+	-
Trichia hispida	+	-
Regenwurm-Kalkkörperchen	-	+
Trichopterenköcher	-	+
Gesamt: 15	13	9

Paläobotanik und Archäologie: kein Befund.

Chronologie: Absolute Daten liegen nicht vor. Der malakologische Befund erlaubt keine sichere Einstufung, nur 'wahrscheinlich jungpleistozän'.

Klimageschichte: Die Proben 1 und 2 deuten auf mittelfeuchte Klimaverhältnisse hin; bei der letzteren ist die Feuchtigkeitsbetonung ausgeprägter. Hier war die Landschaft offen, mit reichlich krautiger Vegetation und Hochstauden; Gebüsche und Bäume sind nicht anzunehmen. Kühles bis kaltes Klima. - Auch Probe 1 läßt ausgedehnte Kraut- und Staudenbestände annehmen. Hier sind aber auch Gebüsche, Bäume und Busch- und Baumgruppen dokumentiert; ebenso wie kleinere, steppenartige Flächen. Mäßig kühles Klima.

Aufbewahrung: Inst. Paläont. Univ. Wien.

Rezente Vergleichsfauna: Gegenwärtig ist der Aufschluß

durch landwirtschaftlich genutzte Flächen und Ruderalvegetation umgeben. Dies kommt auch in der Molluskenfauna deutlich zum Ausdruck (Aufnahme Frank 1993 (1); einzelne Angaben aus REISCHÜTZ 1977 (2) und 1986 (3).
Cochlicopa lubrica (1), *Truncatellina cylindrica* (1), *Granaria frumentum* (1, 2), *Pupilla muscorum* (1, 2), *Vallonia costata* (1, 2), *Vallonia pulchella* (1, 2), *Succinella oblonga* (1), *Cecilioides acicula* (1), *Vitrina pellucida* (1, 2), *Vitrea contracta* (2), *Limax maximus* (2), *Limax cinereoniger* (2), *Deroceras sturanyi* (3), *Deroceras reticulatum* (3), *Arion fasciatus* (3), *Monachoides incarnatus* (1), *Monacha cartusiana* (1, 2), *Xerolenta obvia* (2), *Cepaea hortensis* (1, 2), *Helix pomatia* (1). - Gesamt: 20.
Auf ehemals vorhandene Bewaldung deuten vor allem *Limax cinereoniger* und *Monachoides incarnatus* hin. Der hohe Anteil von *Helix pomatia* und *Vitrina pellucida*, auch von *Limax maximus*, *Cepaea hortensis* und *Vitrea contracta* zeigen reichlich Sträucher, die letztere auch Steinschutt an. Feld- und Wegränder werden von *Monacha cartusiana* und *Xerolenta obvia* bewohnt; durch *Truncatellina cylindrica*, *Granaria frumentum* und *Cecilioides acicula* zeigt sich die Xeromorphie des Standortes. Die Siedlungsnähe bzw. das Kulturland sind aus der Anwesenheit der kulturfolgenden Nacktschneckenarten und *Xerolenta obvia* ersichtlich. Lokale Bodenvernässung (unter Baum- und Buschgruppen) zeigen *Deroceras sturanyi* und *Vallonia pulchella*.

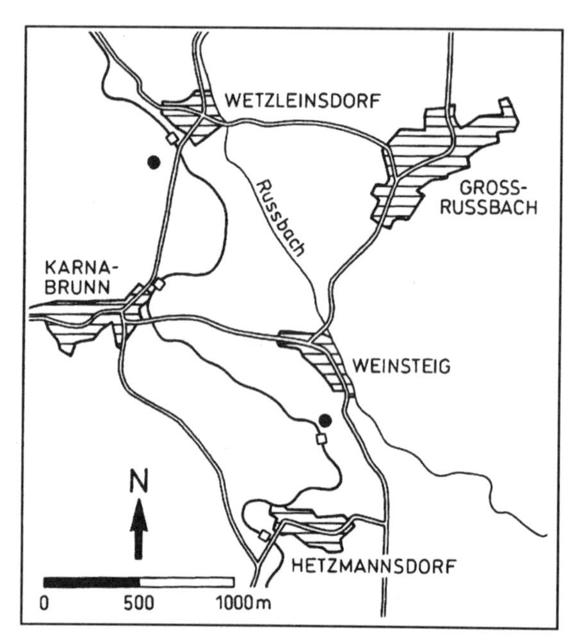

Abb.1: Lageskizze der Fundstellen Weinsteig und Wetzleinsdorf

Literatur:

BINDER, H. 1977. Bemerkenswerte Molluskenfaunen aus dem Pliozän und Pleistozän von Niederösterreich. - Beitr. Paläont. Österr., **3**: 1-49, 14 Taf.; Wien.

FELGENHAUER, F., FINK, J. & DE VRIES, H. 1959. Studien zur absoluten und relativen Chronologie der fossilen Böden in Österreich. I. Oberfellabrunn. - Archäologia Austriaca, **25**: 35-73; Wien

FINK, J. 1954. Die fossilen Böden im Österreichischen Löß. - Quartär **6**: 85-108, Bonn.

FINK, J. 1961. Die Gliederung des Jungpleistozäns in Österreich. - Mitt. Geol. Ges. Wien, **54**: 1-25, 1 Taf.; Wien, 1962.

GÖTZINGER, G. & VETTERS, H. 1936. Exkursionen in das Lößgebiet des niederösterreichischen Weinviertels und angrenzenden Waldviertels. - Führer f. d. Quartärexkursionen in Österreich, Wien.

REISCHÜTZ, P. L. 1977. Die Weichtiere des nördlichen Niederösterreich in zoogeographischer und ökologischer Sicht. - Hausarbeit 'Biologie u. Umweltkunde', Zool. Inst. Univ. Wien, 1-33.

REISCHÜTZ, P. L. 1986. Die Verbreitung der Nacktschnecken Österreichs (Arionidae, Milacidae, Limacidae, Agriolimacidae, Boettgerillidae). - Sitzungsber. Österr. Akad. Wiss., Math.-Naturwiss. Kl. Abt. I, **195**(1/5): 190 S.; Wien, New York: Springer.

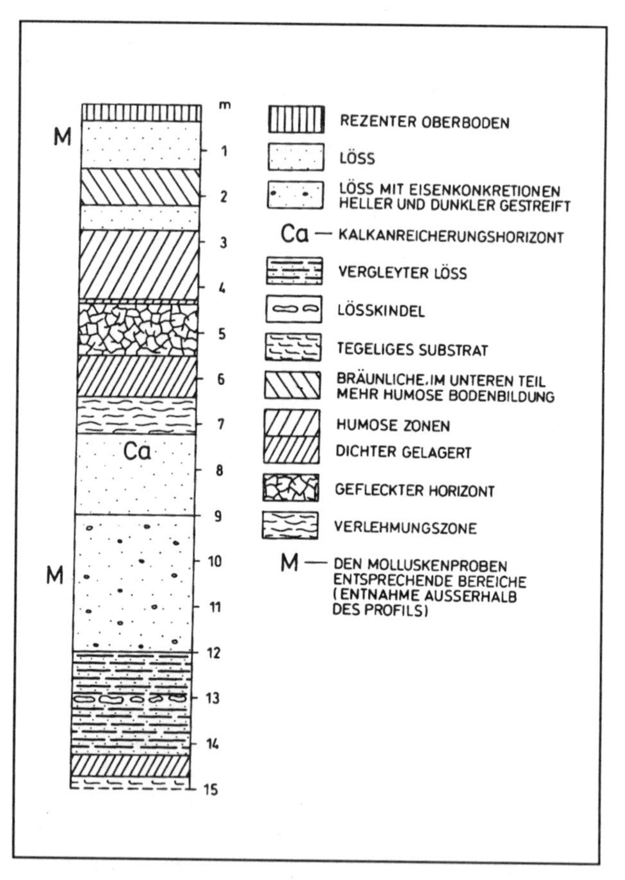

Abb.2: Profil der Fundstelle Weinsteig nach FINK (1954:104, vereinfacht)

Wetzleinsdorf

Christa Frank

Jungpleistozäne Lößprofile
Kürzel: Wz

Gemeinde: Großrußbach
Polit. Bezirk: Korneuburg, Niederösterreich
ÖK 50-Blattnr.: 41, Deutsch Wagram

16°22'48" E (RW: 68mm)
48°28'25" N (HW: 499mm)
Seehöhe: 220m
Lage: Die Fundstellen liegen in den W- bzw. NE-schauenden Hängen des großen Ziegelwerkes, etwa 3km Luftlinie von der Fundstelle Weinsteig entfernt (siehe

Lageskizze der Fundstelle Weinsteig, FRANK, dieser Band).

Zugang: Man erreicht die Fundstellen, die sich auf der mittleren Abbauwand der ehemaligen Ziegelei Vogel befinden, über die Bundesstraße Nr. 6, die von Korneuburg über Karnabrunn nach Ernstbrunn bzw. weiter nach Laa a. d. Thaya führt. Sie liegen am Anfang des Ortsgebietes von Wetzleinsdorf, auf der linken Straßenseite, knapp vor der Bahnübersetzung.

Geologie: Die Fundstellen liegen in einer Muldenzone, die geologisch einen Teil des mit helvetischen Sedimenten gefüllten Korneuburger Beckens darstellt. Es streicht in Nordost-Richtung und wird im Osten und Westen durch Bergrücken der Flysch- und Waschbergzone begrenzt. DerAbschluß gegen das eigentliche Korneuburger Becken wird im Süden durch eine nördlich von Mollmannsdorf über den anstehenden Flysch des Scharreither Berges gegen Karnabrunn ziehende Zwischentalscheide gebildet (FINK 1954).

Forschungsgeschichte: Die vier pedologischen Aufschlüsse wurden von GÖTZINGER (1936) erwähnt und später von FINK (1954, 1962) detailliert beschrieben. Von BINDER (1977) liegt eine malakologische Darstellung zweier neuangelegter Schlitzprofile vor. Der letztere nennt auch ein drittes Profil, wertet es aber nicht malakologisch aus. Weiters wurden von ihm 2 Fundpunkte ('IV' und 'V') beprobt, deren Gastropodenmaterial im Inst. f. Paläontologie der Univ. Wien deponiert war.

Sedimente und Fundsituation: Die sedimentologische Abfolge in den Abbaubereichen der Ziegelei wurde von FINK (1954:100-107) durch die Aufnahme von 4 Profilen dargestellt (Aufnahme Profil 1 und 4: Dudal und Fink 1953, Profil 2 und 3: Brandtner und Fink 1949). Diese 4 Profile lagen räumlich nahe beieinander und zeigten eine weitgehende Entsprechung hinsichtlich der Karbontkurven.

Die sedimentologische Abfolge zeigt das vereinfachte Profil 1: Die basalen Bodenbildungen sind wie bei der Fundstelle Weinsteig mit rezenten Anmoorbildungen vergleichbar (stumpf-graue Farbe, schlechtes Gefüge, hoher Gehalt an Konkretionen, die mit Gleybildungen zusammen angetroffen werden). Darüber liegen im großen und ganzen vergleyte und zusammengeschwemmte Lösse. Es folgten ein Kalkanreicherungshorizont, eine Verlehmungs- und eine Humuszone und ein braunes bis dunkelbraunes, mächtiges Schwemmlößpaket, das mit Linsen und Streifen von Humus- und Verlehmungszonenmaterial durchsetzt ist. Der folgende Boden, bestehend aus Verlehmungs- und Humuszone mit kalkhältiger Zwischenschichte entspricht nach FINK dem 'Stillfrieder Komplex'. Der 'gefleckte Horizont' und das aufgelöste Humusband ist nur örtlich ausgebildet (sichtbargemacht in Profil 1). Auf der rechten Seite des auf der Lageskizze von FINK (1962) eingezeichneten Einschnittes (mittlere Abbauwand) wurde etwa 3 m N desselben das Schlitzprofil I von BINDER (1977) angelegt. Auf dem NE schauenden Hang wurden Profil II und III gegraben. Die erhaltenen Artenzahlen sind nirgends hoch, wohl aber die Individuenzahlen einzelner Fundschichten. Das geringe Material der Fundpunkte 'IV' und 'V' wird hier nicht besprochen.

Fauna: Das von BINDER (1977) großteils bestimmte Gastropodenmaterial wurde von C. Frank 1995 revidiert. Dabei konnten einige Irrtümer, vor allem in der Identifizierung der *Pupilla*-Arten, bereinigt werden.
Vertebratenfunde liegen keine vor.
Der Bezugspunkt im umfangreichen Profil I war der Übergang zwischen Verlehmungszone und Schwarzerde: Aus dem Löß im Liegenden unterhalb des 'Stillfried-A-Komplexes' wurden 12 Proben (1-12) entnommen, aus der Bodenbildung ('Tschernoseme') 2 Proben (13-14), aus dem darüberliegenden Löß 6 Proben (15-20), aus dem hangenden Boden ('Stillfried B') 3 Proben (21-23) und aus dem darüberliegenden Löß 8 Proben (24-31).
Entnahme nach BINDER (1977:13), revidiert und ergänzt Frank, Punkt 0 = 'Unterkante Tschernosem'

1 = 260-240cm unter 0, 2 = 240-220cm, 3 = 220-200cm, 4 = 200-180cm, 5 = 180-160cm, 6 = 160-140cm, 7 = 140-120cm, 8 = 120-100cm, 9 = 100-80cm, 10 = 80-60cm, 11 = 60-40cm, 12 = 40-20cm, 13 = 20-0cm, 14 = 0-20cm über 0, 15 = 20-40cm, 16 = 40-60cm, 17 = 60-80cm, 18 = 80-100cm, 19 = 100-120cm, 20 = 120-140cm, 21 = 140-160cm, 22 = 160-180cm, 23 = 180-200cm, 24 = 200-220cm, 25 = 220-240cm, 26 = 240-260cm, 27 = 260-280cm, 28 = 280-300cm, 29 = 300-320cm, 30 = 320-340cm, 31 = 340-360cm

Art	1	2	3	4	5	6	7	8	9	10	11	12	13	14	15	16	17	18	19	20	21	22	23	24	25	26	27	28	29	30	31
Cochlicopa lubrica	-	-	-	-	-	-	-	-	-	-	-	-	-	-	-	-	-	+	-	-	-	-	-	+	-	-	-	-	-	-	-
Columella columella	-	-	-	-	+	+	+	+	-	-	-	-	-	-	-	-	-	-	+	+	+	+	-	+	+	+	+	+	+	+	-
Vertigo parcedentata	-	-	-	+	-	-	-	-	-	-	-	-	-	-	+	-	-	-	-	-	-	-	-	+	-	+	+	-	-	-	-
Pupilla muscorum	-	+	+	+	-	+	+	+	+	+	-	+	-	+	-	+	+	+	+	+	+	-	-	-	-	-	+	-	+	+	-
Pupilla muscorum densegyrata	+	+	+	+	-	+	+	+	-	-	-	-	-	+	-	+	+	+	+	+	+	+	+	+	+	+	+	+	+	+	-
Pupilla bigranata	+	+	+	+	-	+	-	-	-	-	-	-	-	+	-	-	-	+	+	+	-	+	-	-	+	+	+	-	-	-	-
Pupilla triplicata	-	+	+	+	+	+	+	-	-	+	+	-	+	+	+	+	+	+	-	+	+	+	+	+	+	+	-	-	-	-	-
Pupilla sterrii	-	-	-	+	-	+	+	-	-	-	-	-	-	-	-	-	+	+	+	+	-	-	+	-	-	-	-	-	-	-	-
Pupilla loessica	+	-	-	+	-	+	+	-	+	-	-	-	+	-	-	-	+	+	+	+	+	+	-	+	+	-	+	+	+	-	+
Vallonia costata + f. *helvetica*	-	-	+	+	-	+	-	-	-	+	+	-	-	+	+	+	+	-	+	+	+	-	+	+	+	-	-	-	+	-	-
Vallonia tenuilabris	-	+	+	+	+	+	+	-	-	-	-	-	-	-	-	-	+	+	+	+	-	+	+	+	+	-	-	-	-	-	-
Chondrula tridens	-	+	-	-	-	-	-	-	-	-	-	-	-	+	+	-	+	+	-	-	-	-	-	+	-	-	-	-	-	-	-
Clausilia dubia	-	-	-	-	-	-	-	-	-	-	-	-	-	-	-	-	-	-	-	-	-	-	-	-	-	-	+	-	-	-	-
Succinella oblonga+f. *elongata*	+	+	+	+	+	+	+	+	+	+	-	-	+	-	-	-	-	+	+	+	-	+	+	+	+	+	+	+	+	+	+

Art	1	2	3	4	5	6	7	8	9	10	11	12	13	14	15	16	17	18	19	20	21	22	23	24	25	26	27	28	29	30	31
Euconulus fulvus	-	-	-	-	-	-	-	-	-	-	-	-	-	-	-	-	-	-	-	-	-	-	-	-	-	+	-	-	-	-	-
Semilimax kotulae	-	-	-	-	-	-	-	-	-	-	-	-	-	-	-	-	-	-	-	-	-	-	-	+	+	+	+	-	-	-	-
Perpolita hammonis	-	-	-	-	-	-	-	-	-	+	-	-	-	-	+	-	+	-	+	-	-	-	-	-	-	-	-	-	-	-	-
Perpolita petronella	-	-	-	-	-	-	-	-	-	-	-	-	-	-	+	-	-	-	-	-	-	-	-	-	-	-	-	-	-	-	-
Limacidae vel Agriolimacidae (2 Arten)	-	-	-	-	-	-	-	-	-	-	-	-	-	-	-	-	-	-	-	-	-	+	-	-	-	-	-	-	-	-	-
Deroceras sp.	-	-	-	-	-	-	-	-	-	-	-	-	-	-	-	-	-	-	-	-	-	-	+	+	-	-	-	-	-	-	-
Trichia hispida	-	-	+	-	-	+	+	+	-	-	-	-	-	+	-	-	+	+	+	-	-	-	+	-	+	+	+	-	-	-	+
Helicopsis striata	-	-	+	+	-	+	+	-	+	-	+	+	+	+	+	+	+	+	+	-	+	+	-	-	-	-	-	-	-	-	-
Arianta arbustorum	-	-	-	-	-	-	-	-	-	-	-	-	-	-	-	-	-	-	+	+	+	-	-	-	-	-	-	-	-	-	-
Regenwurm-Konkremente	-	-	-	-	-	-	-	-	-	-	-	-	-	-	-	-	-	-	-	-	-	-	-	-	-	-	-	-	+	-	-
Gesamt: 24	4	7	9	11	4	12	10	5	4	5	3	2	4	8	7	5	11	12	13	11	8	10	8	12	10	9	10	4	6	4	3

Profil II umfaßt die 'untere Bodenbildung (Probe 9) und den Löß im Liegenden (Probe 1-8)': nach BINDER 1977:12, revidiert und ergänzt von Frank, Bezugspunkt 0 ('Unterkante der unteren Bodenbildung')
1 = 160-140cm unter 0, Löß im Liegenden, 2 = 140-120cm, 3 = 120-100cm, 4 = 100-80cm, 5 = 80-60cm, 6 = 60-40cm, 7 = 40-20cm, 8 = 20-0cm, 9 = Untere Bodenbildung

Art	1	2	3	4	5	6	7	8	9
Carychium tridentatum	-	-	-	-	-	-	-	-	+
Columella columella	-	-	-	-	+	-	-	-	-
Sphyradium doliolum	-	-	-	-	-	+	-	-	-
Pupilla muscorum	-	+	+	+	+	+	+	+	-
Pupilla muscorum densegyrata	-	+	+	+	+	+	-	+	-
Pupilla sterrii	-	+	+	+	+	+	+	+	-
Chondrula tridens	-	-	-	-	-	+	-	-	-
Succinella oblonga	-	+	+	+	+	-	-	+	-
Discus rotundatus	-	-	-	-	+	+	-	-	+
Discus perspectivus	-	-	-	-	-	-	-	-	+
Aegopis verticillus	-	-	-	-	-	-	-	-	+
Aegopinella nitidula	-	-	-	-	+	-	-	-	-
Fruticicola fruticum	-	-	-	-	-	-	-	-	+
Trichia hispida	+	+	+	+	+	+	-	+	-
Helicopsis striata	-	-	-	-	-	+	-	-	-
Helicodonta obvoluta	-	+	-	-	-	-	-	-	+
Cepaea sp.	-	-	-	-	-	-	-	-	+
Gesamt: 17	1	6	5	5	8	8	2	5	7

Anmerkung: *Succinella oblonga* liegt durchgehend in der Normalform, ohne *elongata*-Typen vor. Die hohen Zahlen von '*Pupilla muscorum*' (maximal zwischen 120-80cm unter 0) müssen mit Einschränkung gewertet werden: Das revidierte *Pupilla muscorum*- und *Pupilla muscorum densegyrata*-Material aus Profil I enthielt sehr viel *Pupilla bigranata*.

Profil III (östlich von Profil II), das BINDER malakologisch nicht ausgewertet hat, umfaßt die 'obere Bodenbildung, die dem Stillfrieder Komplex entspricht'. Die 9 Proben (0=-180cm) enthalten Lößfaunen, daher dürfte der Bezugspunkt 0 sich auf die Unterkante der Bodenbildung beziehen.

1 = 0-20cm unter Bezugspunkt 0, 2 = 20-40cm, 3 = 40-60cm, 4 = 60-80cm, 5 = 80-100cm, 6 = 100-120cm, 7 = 120-140cm, 8 = 140-160cm, 9 = 160-180cm

Art	1	2	3	4	5	6	7	8	9
Columella columella	-	-	-	-	-	-	-	-	+
Pupilla muscorum	+	+	+	+	+	+	+	+	-
Pupilla muscorum densegyrata	-	-	+	+	-	+	+	+	-
Pupilla bigranata	+	-	+	+	+	+	+	+	-
Pupilla sterrii	+	+	+	+	+	+	+	+	-
Pupilla loessica	-	-	-	+	-	+	-	-	-
Chondrula tridens	-	-	+	-	-	-	-	-	-
Succinella oblonga + f. *elongata*	-	-	-	+	+	+	+	-	-
Punctum pygmaeum	-	-	-	-	-	-	+	-	-
Discus rotundatus	-	-	+	-	-	-	-	-	-
Trichia hispida	+	-	+	+	+	+	-	+	-
Gesamt: 11	4	2	7	7	5	7	6	5	1

Paläobotanik und Archäologie: kein Befund.

Chronologie: Ein Holzkohledatum aus dem Bereich an der Oberkante des 'Göttweiger Bodenhorizontes' liegt vor: GrN-2696 älter als 50.000 a BP (VOGEL & ZAGWIJN 1967), siehe auch FINK 1962, FINK & al. 1962. Aufgrund der Interpretation der ökologischen Gruppen innerhalb der Gastropodenfaunen ist eine Einstufung der Wetzleinsdorfer Komplexe ins jüngere Mittelwürm anzunehmen.
Die mehr trockene bis mehr mittelfeuchte, mäßig kalte bis kalte Phase von Profil I (auch Profil III) und die in Profil II manifestierten Wärmeschwankungen sprechen dafür. Durch die chronologisch entnommenen Schichten lassen sich kleinere Oszillationen, vor allem hinsichtlich der Feuchtigkeitsverhältnisse besser fassen. Es erscheint jedoch nach wie vor sehr gewagt, Parallelisierungen wie 'Stillfrieder Komplex' und 'Stillfried B' vorzunehmen.
Bei Annahme der Richtigkeit des Holzkohledatums von der Oberkante der unteren Bodenbildung müßte der im Profil I erfaßte Zeitabschnitt zumindest teilweise dem Willendorfer Profil entsprechen. Von der kräftigen Wärme- und Feuchtigkeitsbetonung in dessen liegendem Anteil (FRANK & RABEDER 1994) ist jedoch hier nichts merkbar. Aus malakologischer Sicht ist nur eine Einordnung 'Mittelwürm' gerechtfertigt.

Klimageschichte:
In Profil I ist nirgends eine Wärmebetonung ersichtlich, wie dies in Profil II wiederholt der Fall ist und auch in Fundpunkt 'V' (zwischen Braunerde und Tschernosem: *Aegops verticillus*) zum Ausdruck kommt.
Die geringste Faunenentwicklung liegt zwischen 260-220cm, 180-160cm, 100cm unter bis 60cm über 0, 160-180cm und 340-360cm vor: Trockenes bis höchstens mittelfeuchtes, mäßig kaltes Klima, Grasheiden mit höchstens einzelnen Hochstauden (260-220cm und 180-160cm); mittelfeuchtes, mäßig kaltes Klima, offene, staudenfreie Krautheiden (100-80cm) bzw. mit Hochstauden und/oder einzelnen Büschen (80-40cm, 20-0 cm, 160-180cm), trocken-kaltes bis mäßig kaltes Klima; Gras- bis Buschsteppe (40-20cm, 0-60cm). Zwischen 220-180 cm, 160-100cm, 60-160cm und 180-280cm sind die Arten- und Individuenzahlen höher; mit deutlicher Akzentuierung der weitgehend offenen Flächen, wobei größtenteils die kraut- und hochstaudenreicheren neben den Grasheiden- bzw. Buschsteppen nebeneinander bestanden haben. Größere Busch-, sogar Baumgruppen, damit größere Feuchtigkeit, zeichnet sich zwischen 200-280cm ab. Die relativ ungünstigsten Bedingungen liegen zwischen 280-360cm vor - mittelfeuchtes, kaltes Klima, offene Kräuterheiden mit Hochstauden.
Im ganzen gesehen umfaßt dieses Profil eine wechselhafte Klimaphase, in der mehr trockene und mehr mittelfeuchte, mäßig kalte bis kalte Abschnitte wechseln.
Die geringste Faunenentwicklung zeigt sich in Profil II zwischen 160-140cm bzw. 40-20cm unter 0: mittelfeuchte Krautsteppe bzw. trockene Steppenheide. Zwischen 120-80cm und 20-0cm läßt sich weitestgehend offenes Land - Steppenheiden, höchstens einzelne Gebüsche oder Hochstauden im unteren Bereich - ablesen. Daraus sind im letzteren höchstens mittelfeucht-kühle, im oberen mehr trocken-kühle Verhältnisse anzunehmen. Keine extremen Klimabedingungen.
Das Profil umfaßt 3 deutliche Wärmeschwankungen: Zwischen 140-120cm, 80-40cm und in der unteren Bodenbildung (Schicht 9). Hier sind deutliche Hinweise auf eine Teilbewaldung gegeben: Baumgruppen innerhalb von weitgehend offenen, mittelfeuchten Flächen (140-120cm); ausgedehntere Waldflächen, mehr Hochstauden und/oder Gebüsche, dazwischen offenes Grasland (80-40cm); in Schicht 9 die deutlichste Strukturierung der Landschaft mit bodenfeuchtem Wald, Strauch- und Krautschichte, Gebüschsäumen, offenbar Ausdehnung des Waldes (keine Elemente des Offenlandes in der Fauna enthalten). Die beiden Phasen zwischen 140-120cm bzw. 80-40cm zeigen warmes, mittelfeuchtes Klima, die letztgenannte warmes und ziemlich feuchtes Klima an.
Zwischen 0-40cm zeigt sich in Profil III nur geringe Faunenentwicklung; offenes, trockenes Grasland, wahrscheinlich ohne Gebüsche und trockenes, mäßig kaltes Klima sind anzunehmen. Zwischen 40-60cm und 100-120cm sind die Verhältnisse ähnlich, wobei eine leichte Feuchtigkeitszunahme, daher auch einzelne Hochstauden und/oder Gebüsche anzunehmen sind. Diese Tendenz verstärkt sich zwischen 60-100cm. In diesem Bereich dürfte das Klima mittelfeucht und mäßig kalt gewesen sein. Große, offene Grasheiden mit mehr Steppencharakter dürften neben feuchteren, mehr krautigen Flächen mit Hochstauden, eventuell anspruchslosen Kräutern, bestanden haben. Ab 120cm werden die Verhältnisse wieder deutlich trockener, ebenfalls mäßig kalt; offenes, trockenes Grasheideland mit sehr vereinzelten Büschen oder Hochstauden. Zwischen 160-180cm ist nur offenes, wenig feuchtes Grasland und eher kaltes Klima ersichtlich. Alles in allem umfaßt dieses Profil einen mäßig kalten Klimaabschnitt mit leichten Feuchtigkeitsschwankungen. Extreme Verhältnisse sind nicht ersichtlich.

Aufbewahrung: Inst. Paläont. Univ. Wien.

Rezente Sozietäten: Rezente Vergleichsdaten wurden von Frank 1993 an der nicht weit entfernten Lößfundstelle Weinsteig (1) erhoben. Von dort liegen auch Daten von REISCHÜTZ (1977 (2); 1986 (3)) vor; einzelne Angaben beziehen sich auf Kleinebersdorf (ebenfalls aus REISCHÜTZ 1977, 1986). Eine Fundmeldung aus Wetzleinsdorf enthält KLEMM (1974) (4). Alle Fundorte liegen im anthropogen beeinflußten Gebiet, was aus den 26 vorliegenden Arten deutlich hervorgeht.
Cochlicopa cf. *lubrica* (1), *Truncatellina cylindrica* (1), *Granaria frumentum* (1, 2), *Pupilla muscorum* (1, 2), *Vallonia costata* (1, 2), *Vallonia pulchella* (1, 2), *Chondrula tridens* (4), *Balea biplicata* (2), *Succinella oblonga* (1), *Cecilioides acicula* (1), *Vitrina pellucida* (1, 2), *Vitrea contracta* (2), *Limax maximus* (2), *Limax cinereoniger* (2), *Deroceras laeve* (3), *Deroceras sturanyi* (3), *Deroceras reticulatum* (3), *Arion subfuscus* (3), *Arion fasciatus* (3), *Trichia hispida* (2), *Mo*

nachoides incarnatus (1), *Xerolenta obvia* (2), *Monacha cartusiana* (1, 2), *Cepaea hortensis* (1, 2), *Cepaea vindobonensis* (2), *Helix pomatia* (1).

Innerhalb der ökologischen Gruppen zeichnen sich gegenwärtig zwei Schwerpunkte ab:
Elemente mit weiter ökologischer Amplitude (mäßig feuchte Standorte verschiedener Art (*Vitrina pellucida, Trichia hispida, Succinella oblonga*), z. T. kulturfolgend (*Limax maximus, Deroceras reticulatum, Arion fasciatus*)), herrschen vor. Die Standortsgruppe 'Offenland', vor allem xeromorpher Prägung, ist ebenfalls stark repräsentiert. Hier finden sich Arten, die auch am Rande landwirtschaftlich genutzter Flächen an Straßen- und Wegrändern oder Bahndämmen existieren können (*Truncatellina cylindrica, Granaria frumentum, Cecilioides acicula, Monacha cartusiana, Xerolenta obvia*); z. T. sind dies 'alteingesessene Steppenelemente' (*Pupilla muscorum, Chondrula tridens*).
Auch Reste ehemaliger Bewaldungsphasen, die Profil II so deutlich zeigt, kommen in einzelnen Waldbewohnern zum Ausdruck, die in kleinen Baum- und Gebüschgruppen überlebt haben (*Balea biplicata, Vitrea contracta, Limax cinereoniger, Arion subfuscus, Monachoides incarnatus*). Diese sind aber im Gebiet vermutlich erst im Postglazial aufgetreten, oder sie sind durch das Profil II nicht erfaßt worden. Bezeichnend für Hecken, Robinienbestände u. a. sind die *Cepaea*-Arten und *Helix pomatia.* Auf lokale Bodenfeuchtigkeit weisen *Deroceras laeve* und *Deroceras reticulatum* hin.

Literatur:

BINDER, H. 1977. Bemerkenswerte Molluskenfaunen aus dem Pliozän und Pleistozän von Niederösterreich. - Beitr. Paläont. Österr., **3**: 47 S., 14 Taf.; Wien.
FINK, J. 1954. Die fossilen Böden im österreichischen Löß. - Quartär, **6**: 85-108; Bonn.
FINK, J. 1962. Die Gliederung des Jungpleistozäns in Österreich. - Mitt. Geol. Ges. Wien, **54**(1991): 1-25, 1 Taf.; Wien.
FINK, J., DE VRIES, H. & DE WAARD, H. 1962. Studien zur absoluten und relativen Chronologie der fossilen Böden in Österreich. II. Wetzleinsdorf und Stillfried. - Archäol. Austr., **31**: 1-18; Wien.
FRANK, C. & RABEDER, G. 1994. Neue ökologische Daten aus dem Lößprofil von Willendorf in der Wachau. - Archäologie Österr., **5**/2: 59-65; Wien.
GÖTZINGER, G. 1936. Das Lößgebiet um Göttweig und Krems an der Donau. - Führer f. d. Quart. Exkurs. in Österr., III. Internat. Quart.-Konf. Wien: 1-12.
KLEMM, W. 1974. Die Verbreitung der rezenten Land-Gehäuse-Schnecken in Österreich. - Denkschr. Österr. Akad. Wiss., Wien, Math.-Naturwiss. Kl., **117**: 503 S.; Wien, New York: Springer.
REISCHÜTZ, P. L. 1977. Die Weichtiere des nördlichen Niederösterreich in zoogeographischer und ökologischer Sicht. - Hausarbeit 'Biologie u. Umweltkunde', Zool. Inst. Univ. Wien, 1-33.
REISCHÜTZ, P. L. 1986. Die Verbreitung der Nacktschnecken Österreichs (Arionidae, Milacidae, Limacidae, Agriolimacidae, Boettgerillidae). - Sitzungsber. Österr. Akad. Wiss., Math.-Naturwiss. Kl. Abt. I, **195**(1/5): 190 S.; Wien, New York: Springer.
VOGEL, J. C. & ZAGWIJN, W. H. 1967. Groningen Radiocarbon Dates VI. - Radiocarbon, **9**: 63-106.

Wienerberg

Christa Frank

Löß-Lehm-Folge über Terrrassenschottern, Altpleistozän?
Kürzel: Wb

Gemeinde: Wien
Polit. Bezirk: Wien X, Favoriten
ÖK 50-Blattnr.: 59, Wien
16°21' E (RW: 25mm)
48°09'42" N (HW: 359mm)
Seehöhe: 240m

Lage: Die Fundstelle ist über Wien-Matzleinsdorferplatz und die Triesterstraße (Buslinie 65A) erreichbar und befindet sich in der Wienerberger Ziegelei (Schottersohle: 210m). Die Fundstelle existiert nicht mehr (siehe Lageplan Laaerberg, FRANK & RABEDER, dieser Band).
Geologie: 'Wienerbergterrasse'. Die in der älteren Literatur vorgenommene Einstufung der Schotter ins Altpleistozän ist nicht gesichert (FINK 1955, 1956; KÜPPER 1952, 1955).

Forschungsgeschichte: Die Fundstelle wurde durch H. KÜPPER (1952, 1955) beschrieben und durch PAPP (1955) bearbeitet.

Sedimente und Fundsituation: Die malakologisch bearbeiteten Proben wurden aus dem 'Sumpflöß und Aulehm' (PAPP 1955) über der 'Wienerbergterrasse' entnommen. Die Abfolge über dem Schotter ist 'Sumpflöß' - 'Andeutung einer Bodenbildung' - höherer Löß (KÜPPER 1955, Tafel IX). Die Molluskenführung ist überaus reich. Vertebratenreste liegen keine vor.

Fauna: Die Molluskentabelle in PAPP (1955) wurde überarbeitet und die angegebenen Arten mit dem vorliegenden Material verglichen. Dabei konnten einige Irrtümer bereinigt und die Tabelle vervollständigt werden.

Art	Bemerkungen
Anisus leucostoma	
Gyraulus laevis	
Galba truncatula	
Stagnicola palustris	
Cochlicopa lubrica	kein Belegmaterial vorhanden
Columella columella	
Vertigo parcedentata	
Pupilla muscorum	
Pupilla triplicata	
Pupilla sterrii	
Pupilla loessica	
Vallonia costata	
helvetica	
Vallonia tenuilabris	
Chondrula tridens	
Clausilia dubia	

Art	Bemerkungen
Succinella oblonga elongata	als '*S. oblonga oblonga*'
Succinea putris	
Oxyloma elegans	
Semilimax semilimax	
Perpolita petronella	
Trichia hispida	
Trichia rufescens suberecta	
Helicopsis striata	
Pisidium personatum	als '*Pisidium* sp.'
Regenwurm-Konkremente	als '*Arion* sp., häufig'
Gesamt: 24	

Vier Arten, die in PAPP (1955) als 'selten' aufgeführt werden, waren nicht verifizierbar: '*Anisus spirorbis*' bezieht sich vermutlich auf *Anisus leucostoma*, '*Vallonia pulchella*' auf die Form *Vallonia costata helvetica*, '*Vitrea crystallina*' auf *Perpolita petronella* und '*Daudebardia rufa*' auf *Semilimax semilimax*.

Paläobotanik und Archäologie: kein Befund.

Chronologie: Es liegt kein absolutes Datum vor. Die sehr feuchte, kühle bis sogar kalte Verhältnisse anzeigende Molluskenfauna (*Vertigo parcedentata*, *Columella columella*, *Pupilla loessica*) allein ist schwer einzustufen. Die 'Wienerbergterrasse' selbst wird in der älteren Literatur als 'Altpleistozän' eingestuft. Wenn diese Einstufung richtig ist, könnte durch den malakologischen Befund eine Klimaverschlechterung am Beginn des Pleistozäns angedeutet werden. Da keine Vertebratenreste vorliegen, bleibt die Einstufung jedoch problematisch. Eindeutig ist jedoch die geringe vertikale Gliederung der Vegetation, die zwar horizontale Zonierung erkennen läßt, aber doch als ganzes gesehen eintönig ist.

Klimageschichte: Die 'artenarme Molluskenfauna' umfaßt 24 Arten und ist sehr feuchtigkeitsbetont: Kleinere, flachgründige, eventuell temporäre Gewässer werden durch die hohe Beteiligung von *Anisus leucostoma* und *Galba truncatula* (in der langgestreckten f. *turrita* CLESSIN) und die Präsenz von *Stagnicola palustris* angezeigt. Vernäßte bis versumpfte Uferstellen, Seggen- und Schilfbestände bewohnen die großen Succineidae, Stellen mit reichlich Kraut- und Hochstaudenbewuchs *Semilimax semilimax* und *Trichia rufescens suberecta*, auch *Perpolita petronella*. In der unmittelbaren Umgebung müssen ausgedehnte offene Flächen mit einzelnen Büschen bestanden haben. Klimacharakter: sehr feucht, kühl bis kalt.

Aufbewahrung: Inst. Paläont. Univ. Wien.

Rezente Vergleichsfauna: Gegenwärtig liegen nur wenige Angaben bezüglich der Molluskenfauna vor: KLEMM (1974) (1), FRANK (1986) (2), FRANK (1990) (3) und mit der Fundortangabe 'Inzersdorf': KLEMM (1974) (4).
Lymnaea stagnalis (2; Beleg von 1948), *Cochlicopa lubrica* (3), *Pupilla muscorum* (3), *Zebrina detrita* (1), *Monachoides incarnatus* (4), *Xerolenta obvia* (4), *Euomphalia strigella* (4), *Monacha cartusiana* (4), *Arianta arbustorum* (4), *Cepaea hortensis* (1, 4), *Helix pomatia* (4). - Gesamt: 11.
Die 11 registrierten Arten zeigen im großen und ganzen trokkenen, wenig strukturierten Lebensraum im Bereich von besiedeltem Gebiet. Vor allem *Euomphalia strigella* zeigt Gebüschgruppen, unter denen auch *Monachoides incarnatus* lebt. Ob *Zebrina detrita* noch lebend vorkommt, müßte bestätigt werden.

Literatur:

FINK, J. 1955. Verlauf und Ergebnisse der Quartärexkursion in Österreich 1955. - Mitt. Geogr. Ges. Wien, **97**(3): 209-216; Wien.

FINK, J. 1956. Zur Korrelation der Terrassen und Lösse in Österreich. - Eiszeitalter und Gegenwart, **7**: 49-77; Öhringen/Württemberg.

FRANK, C. 1986. Zur Verbreitung der rezenten schalentragenden Land- und Wassermollusken Österreichs. - Linzer biol. Beitr., **18**(2): 445-526; Linz.

FRANK, C. 1990. Ein Beitrag zur Kenntnis der Molluskenfauna Österreichs. Zusammenfassung der Sammeldaten aus Salzburg, Oberösterreich, Niederösterreich, Steiermark, Burgenland und Kärnten (1965-1987). - Jahrb. f. Landeskd. v. Niederösterr., N. F., **54/55**(1988/89): 85-144; Wien.

KLEMM, W. 1974. Die Verbreitung der rezenten Land-Gehäuse-Schnecken in Österreich. - Denkschr. Österr. Akad. Wiss., Wien Math.-Naturwiss. Kl., **117**: 503 S.; Wien, New York: Springer.

KÜPPER, H. 1952. Neue Daten zur jüngsten Geschichte des Wiener Beckens. - Mitt. Geogr. Ges. Wien, **94**(1-4).

KÜPPER, H. 1955. Ausblick auf das Pleistozän des Raumes von Wien. - Verh. Geol. Bundesanstalt, Sonderheft **D** (1955): 136-152, Wien.

PAPP, A. 1955. Über quartäre Molluskenfaunen aus der Umgebung von Wien. Verh. Geol. Bundesanst., **1955**, Sonderheft D: 152-157, Taf. 12; Wien.

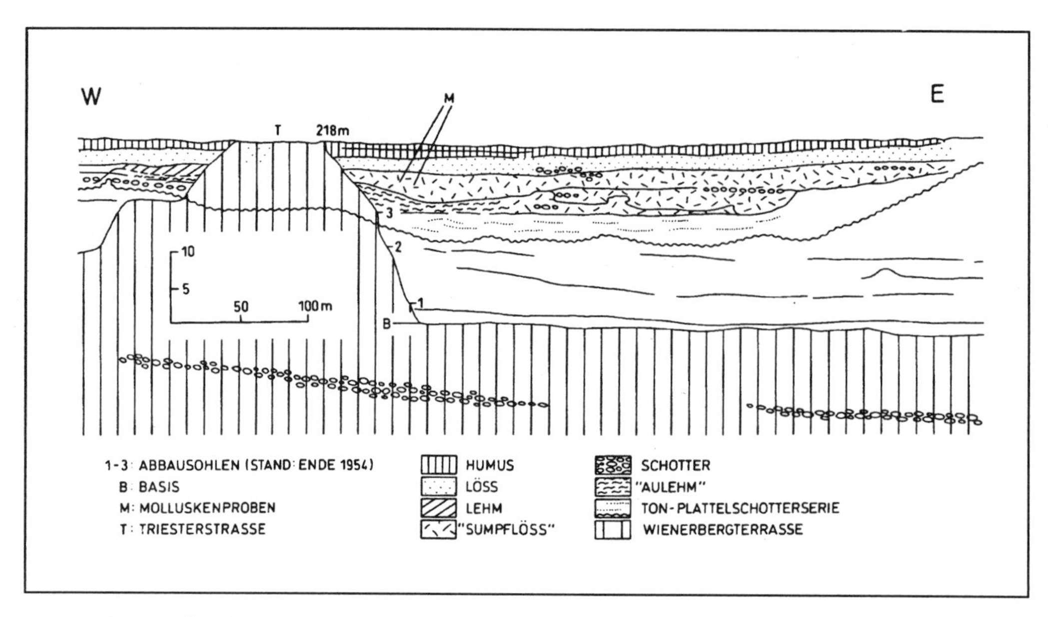

Abb.1: Ziegelgrube am Wienerberg (aus FINK 1955, Tafel IX, leicht vereinfacht)

Wien - Favoritenstraße

Christa Frank

Lößfundstelle, wahrscheinlich Mittelpleistozän
Kürzel:WF

Gemeinde: Wien
Polit. Bezirk: Wien IV (Wieden)
ÖK 50-Blattnr.: 59, Wien
16°22'20" E (RW: 55mm)
48°11'08" N (HW: 436mm)
Seehöhe: 170m

Lage: Der Aufschluß befand sich im 4. Wiener Gemeindebezirk an der Ecke Gußhausstraße/Favoritenstraße und wurde im Verlauf des U-Bahnbaues aufgegraben (siehe Lageplan Laaerberg, FRANK & RABEDER, dieser Band).
Zugang: Die Fundstelle ist nicht mehr zugänglich, da sie durch die Bauarbeiten zerstört worden ist.
Geologie: Terrassenschotter, darüber Löß (FINK 1955, 1956).

Forschungsgeschichte: Es handelt sich um eine ausschließliche Molluskenfundstelle, die von BINDER (1977) erstmals bearbeitet wurde.

Sedimente und Fundsituation: Die malakologischen Proben stammen aus dem 3-4 m mächtigen Schwemmlöß über dem Schotterkörper.

Faunen:
Mollusca:
Nach BINDER (1977:24-25) (1), sowie einer im Paläontologischen Inst. der Univ. Wien befindlichen, unbestimmten Probe (2; det. Frank 1994).
1. Vermutlich wie 2, da keine nähere Angabe.
2. 3,5 m unter dem Straßenniveau, ca. 4 m mächtiger Löß.

Art	1	2	Anm.
Platyla polita	-	+	
Carychium tridentatum	+	-	1
Cochlicopa sp., cf. *lubrica/nitens*	-	+	
Vertigo pusilla	+	-	
Sphyradium doliolum	+	+	2
Vallonia costata	-	+	
Vallonia pulchella	+	-	
Ena montana	-	+	
Cochlodina laminata	+	+	
Ruthenica filograna	-	+	
Macrogastra ventricosa	+	+	
Macrogastra badia	+	-	3
Macrogastra plicatula	+	-	3
Clausilia pumila	+	+	
Clausilia dubia	-	+	4
Laciniaria plicata	+	-	
Balea biplicata	-	+	
Oxyloma elegans	-	+	
Succinella oblonga	-	+	
Discus rotundatus	+	+	
Discus perspectivus	+	+	
Vitrea crystallina	+	+	
Aegopis verticillus	+	+	
Aegopinella nitidula	-	+	5
Limax sp., Schälchen	-	+	
Trichia rufescens suberecta	-	+	
Monachoides incarnatus	-	+	
Arianta arbustorum	+	+	
Regenwurm-Konkremente	-	+	
Gesamt: 28	15	22	

Anmerkungen:
1: Die zahlenmäßig vorherrschende Art der Probe.
2: Sub '*Orcula doliolum*'.

3: Sub '*Iphigena*'.
4: Typische Ausbildung.
5: Heute nicht in Österreich bekannt; atlantisch verbreitet.
6: Großwüchsige Individuen.

Beide Proben zeigen hochwarmzeitlichen Charakter, Probe 2 noch ausgeprägter: 24,7 % der Individuen sind reine Waldarten, 16,9 % zeigen Bodenfeuchtigkeit (reich entwickelte Krautschicht), 3,9 % Felsen und Gesteinsschutt innerhalb des Waldes. Eine reiche Strauchschichte bzw. Saum- und Mantelformationen sind durch 42,9 % der Individuen repräsentiert. Die geringfügige Vertretung weiterer ökologischer Gruppen zeigt eine weitgehend geschlossene Bewaldung mit nur kleinräumig freien Flächen dazwischen. *Oxyloma elegans* ist als Anzeiger lokaler Bodenvernässung zu werten.
Klimacharakter: Voll entwickelte, warme, feuchte Klimaphase, daher große Ausdehnung geschlossenen, von Laubhölzern dominierten Waldes.

Paläobotanik und Archäologie: Kein Befund.

Chronologie und Klimageschichte: Die Molluskenfauna zeigt eine vollentwickelte Wärmephase, die von BINDER (1977) als letzte oder vorletzte Warmzeit (Interglazial) eingestuft wird. Eine nähere Einstufung kann auch mittels der zweiten Probe nicht vorgenommen werden. Typisch altpleistozän-warmzeitliche Elemente fehlen jedenfalls.
Absolute Daten liegen nicht vor.

Aufbewahrung: Inst. Paläont. Univ. Wien (Probe 2).

Rezente Vergleichsfauna: Gegenwärtig befindet sich der Fundpunkt im verbauten Stadtgebiet. Verstreute Fundmeldungen von Gastropodenarten in Wien (verschiedene Bezirke) in KLEMM (1974), REISCHÜTZ (1986), FRANK (1986, 1988/89).

Literatur:
BINDER, H. 1977. Bemerkenswerte Molluskenfaunen aus dem Pliozän und Pleistozän von Niederösterreich. - Beitr. Paläont. Österr., **3**: 49 S., 14 Taf., Wien.
FINK, J. 1955. Verlauf und Ergebnisse der Quartärexkursion in Österreich 1955. - Mitt. Geograph. Ges. Wien, **97**(3): 209-216; Wien.
FINK, J. 1956. Zur Korrelation der Terrassen und Lösse in Österreich. - Eiszeitalter u. Gegenwart, **7**: 49-77, Öhringen/Württ.
FRANK, C. 1986. Zur Verbreitung der rezenten schalentragenden Land- und Wassermollusken Österreichs. - Linzer biol. Beitr., **18**(2): 445-526; Linz.
FRANK, C. 1988/89. Ein Beitrag zur Kenntnis der Molluskenfauna Österreichs. Zusammenfassung der Sammeldaten aus Salzburg, Oberösterreich, Niederösterreich, Steiermark, Burgenland und Kärnten (1965-1987). - Jahrb. f. Landeskde. Niederösterr., **54/55**: 85-144; Wien.
KLEMM, W. (1974). Die Verbreitung der rezenten Land-Gehäuse-Schnecken in Österreich. - Denkschr. Österr. Akad. Wiss., **117**: 503 S.; Wien, New York: Springer.
REISCHÜTZ, P. L. 1986. Die Verbreitung der Nacktschnecken Österreichs (Arionidae, Milacidae, Limacidae, Agriolimacidae, Boettgerillidae). - Sitzungsber. Österr. Akad. Wiss., Math.-Naturwiss. Kl. Abt. I, **195**(1/5): 190 S., Wien, New York: Springer.

Wien - Heiligenstadt/Nußdorf

Christa Frank & Gernot Rabeder

Lößfundstellen, jüngeres Mittelpleistozän
Kürzel: HN

Gemeinde: Wien
Polit. Bezirk: Wien XIX (Nußdorf)
ÖK 50-Blattnr.: 41, Deutsch Wagram und Blatt 59, Wien
16°22' E
48°15' N
Seehöhe: ca. 170-180m

Zugang: Die an den ehemaligen Abbauwänden entstandenen Böschungen sind auch heute noch gut sichtbar: erreichbar über die Linie U4-Bahnhof Heiligenstadt oder die Linie D. Aufschlüsse gibt es aber heute nicht mehr (siehe Lageplan Laaerberg, FRANK & RABEDER, dieser Band).
Geologie: Die geologische Situation wurde von KÜPPER (1955, Abb. 8) skizziert: Über den auf miozänem Tegel abgelagerten Schottern der Stadtterrasse lagen bis 15m mächtige Lösse, die an einigen Stellen an ihrer Basis Anhäufungen von Wirbeltierresten enthielten. Die darüber liegenden Lösse waren stellenweise molluskenreich.

Lage und Fundstellenbeschreibung: Die Fundstellen lagen an den Rändern der sog. Stadtterrasse westl. der Heiligenstädterstraße. Hier gab es schon in der Mitte des 19. Jhdts. mehrere Ziegelgruben, in denen die auf den Schottern der Stadtterrasse liegenden Lösse abgebaut wurden. Große Abgrabungen wurden auch beim Bau der Franz-Josephsbahn und des Bahnhofs Heiligenstadt vorgenommen. Die genaue Lage der in dieser Zeit entdeckten Wirbeltierfundstellen zueinander ist kaum mehr zu rekonstruieren. Die Funde südl. der Grinzingerstraße wurden mit 'Heiligenstadt', die nördl. davon mit 'Nußdorf' etikettiert. Nach der Auflassung der Gruben wurden die Abbauwände abgeböscht und zum größten Teil verbaut.
Neue Aufschlüsse entstanden erst wieder um 1975 beim Bau der Wohnhausanlage Heiligenstädterstr. Nr. 136. Aus einem 13 m hohen Profil konnten Molluskenproben entnommen werden, deren stratigraphischer Zusammenhang mit den wirbeltierführenden Schichten nicht zu eruieren ist. Die beprobten Lößprofile befanden sich im Hanglöß auf dem Abfall der Hohen Warte zur Heiligenstädterstraße. Bezugspunkte waren das Straßenniveau bzw. nach der Abgrabung durch die Bauarbeiten der Parterrefußboden des obersten Hauses.

Forschungsgeschichte: Die Ziegeleien in Heiligenstadt und Nußdorf wurden zuerst durch Funde von Mammut-Stoßzähnen und sogar ganzen Schädeln bekannt. In der Zeit zwischen 1850 und 1890 kamen aber auch Reste anderer Säugetiere, darunter auch Kleinsäuger, zum Vorschein, die in mehreren kurzen Mitteilungen bekannt gemacht wurden (SUESS 1863, WOLF 1870, 1872, STUR 1870, KARRER 1879, PETERS 1863). Eine erste Revision der Kleinsäugerfauna von Nußdorf unternahm NEHRING 1879. Die gut erhaltenen Funde von Pferderesten wurden durch die umfangreiche Monographie von ANTONIUS (1913) am besten bekannt.

BINDER (1977) untersuchte die Gastropodenfauna zweier Profile (I, II). In dem Material am Inst. Paläont. Univ. Wien befanden sich auch Proben aus einem Profil III, das unmittelbar neben dem Profil II gelegt worden sein muß, da die Faunen nahezu ident sind. Die Profile wurden im Frühjahr bzw. Herbst 1970 gegraben.

Sedimente:
Lösse mit stellenweise eingeschalteten Schotterbändern. Darunter Schotter der Stadtterrasse. In der Lößabfolge waren weder Bodenbildungen noch Verfärbungen erkennbar.

Fauna:

Vertebrata (n. NEHRING 1879, ANTONIUS 1913, THENIUS in KÜPPER 1955, rev. durch G. Rabeder 1996).

Talpa europaea	5 Mand., 5 Hum., 6 Ulnae, 4 Radii, 5 Fem., 4 Tibiae, Einzelzähne
Sorex hundsheimensis	3 Max., 1 Mand.
Citellus sp. ?	n. NEHRING (1879), Material unauffindbar
Sicista betulina	1 Max.
Microtus arvalis	1 M_1
Microtus gregalis	2 M_1
Microtus oeconomus	12 M_1, 2 Mand.
Arvicola cf. *hunasensis*	4 M_1, 1 Mand.
Ochotona pusilla	1 Max.
Crocuta spelaea	n. NEHRING (1879), Material unauffindbar
Megaloceros giganteus	1 Max.
Rangifer tarandus	Geweihfrag. (Fig. bei KARRER 1879)
Bison sp.	2 Hornzapfenfr., 2 Astragali, 1 Calcaneusfr.,1 Radiusfr.
Equus abeli	1 Schädelfragment, zahlreiche Extremitätenreste (s. ANTONIUS 1913)
Coelodonta ? sp.	1 Zahn, 1 Mand.
Mammuthus sp.	1 Schädel, (n. WOLF 1870), 8 Stoßzähne

Mollusca: nach BINDER (1977); ergänzt und rev. durch C. Frank 1995.

Profil I
Probe 1: 7 m über Straßenniveau.
Probe 2: 13 m über Straßenniveau (Belege nicht revidierbar, da nicht im Material des Paläont. Inst. enthalten).
Probe 3: 14 m über Straßenniveau.
Probe 4: 15 m über Straßenniveau.
Probe 5: 18 m über Straßenniveau.
Probe 6: 20 m über Straßenniveau (wurde in BINDER 1977, Tabelle 15, nicht ausgewertet).

Art	1	2	3	4	5	6	Anmerkungen
Cochlicopa lubrica	+	-	+	-	+	-	
Granaria frumentum	+	-	-	-	-	-	sub "*Abida f.*"
Orcula dolium	+	-	+	-	-	-	sub "*Vicula d.*", Anm. 4
Pupilla muscorum	+	-	+	-	+	-	
Pupilla muscorum densegyrata	+	+	+	+	+	+	Anm. 1, 6
Pupilla bigranata	-	-	+	-	-	-	Anm. 3
Pupilla sterrii	-	-	+	-	+	+	
Pupilla loessica	-	-	+	-	+	-	sub "*Pupilla* sp."
Pupilla sp. juv.	-	-	-	-	+	-	
Chondrula tridens	+	-	-	-	-	-	
Ena montana	-	-	+	-	-	-	Anm. 5
Macrogastra ventricosa	+	-	-	-	-	-	sub "*Iphigena v.*"
Clausilia dubia	-	-	+	-	-	-	Anm. 9
Neostyriaca corynodes austroloessica	-	-	+	-	-	-	sub "*N. corynodes*"
Clausiliidae, Apices	-	-	+	-	-	-	nicht bestimmbar
Succinella oblonga + f. *elongata*	+	+	+	+	+	+	Anm. 1, 6, 7, 8
Punctum pygmaeum	+	-	+	-	+	-	Anm. 1

Art	1	2	3	4	5	6	Anmerkungen
Discus perspectivus	+	-	-	-	-	-	nicht zu bestätigen (? Belege)
Euconulus fulvus	-	-	+	-	+	-	
Euconulus alderi	-	-	+	-	-	-	sub "*E. fulvus*"
Semilimax semilimax	-	-	+	-	-	-	sub "Vitrinidae"
Vitrea crystallina	+	-	+	-	+	-	Anm. 1
Perpolita hammonis	+	-	+	-	+	-	sub "*P. radiatula*"
Trichia hispida	-	-	+	-	+	+	Anm. 7
Trichia rufescens suberecta	-	-	+	-	-	-	sub "*T. striata*", Anm. 1
Helicopsis striata	+	-	-	-	-	-	
Monachoides sp.	+	-	-	-	-	-	nicht zu bestätigen (? Belege)
Arianta arbustorum	-	-	+	-	-	-	Anm. 2
Helicidae, große Art	-	-	+	-	-	-	nicht bestimmbar
Regenwurm-Konkremente	-	-	-	+	+	-	
Gesamt: 26	14	2	20	2	11	4	

Anm. 1: In Probe 3 massenhaft.
Anm. 2: In Probe 3: *A. arbustorum alpicola* (FÉRUSSAC).
Anm. 3: Als "*P. muscorum*" oder "*P. m. densegyrata*" bestimmt.
Anm. 4: Große, schlanke Form.
Anm. 5: 1 Fragment unter Material "*Vitrea crystallina*".
Anm. 6: In Probe 4 massenhaft.
Anm. 7: In Probe 5 massenhaft.
Anm. 8: In Probe 6 massenhaft.
Anm. 9: Doppelknötchen obsolet.

Profil II
Nach BINDER (1977); ergänzt und revidiert.
Probe 1: etwa 7 m über d. Parterrefußboden des obersten Hauses.
Probe 2: etwa 1,5 m über d. Parterrefußboden des obersten Hauses.
Probe 3: etwa 2 m über d. Parterrefußboden des obersten Hauses ("entspricht den oberen Proben von Profil I").
Es konnte nur das Material aus Probe 1 revidiert werden; das aus den Proben 2 und 3 liegt nicht im Inst. f. Paläont. auf.

Art	1	2	3	Anmerkungen
Pupilla muscorum	-	-	+	
Pupilla muscorum densegyrata	-	+	+	Anm. 2
Pupilla sterrii	+	-	+	
Succinella oblonga	+	+	+	Anm. 1
Trichia hispida	+	+	+	durchgehend massenhaft
Trichia rufescens suberecta	+	-	-	zahlreich
Regenwurm-Konkremente	+	-	-	
Gesamt: 6	4	3	5	

Anm. 1: In Probe 1 zahlreich, in 2 u. 3 massenhaft.
Anm. 2: In Probe 3 zahlreich; enthält vermutlich auch *P. bigranata*.

Profil III
Im Paläont. Inst. d. Univ. Wien lag Material eines 3. Profiles auf, das in der Publikation BINDER (1977) nicht erwähnt wird. Die Arten- und Dominanzverhältnisse entsprechen etwa denen aus Profil II.

Art	2	3	4	Anmerkungen
Pupilla muscorum densegyrata	+	+	+	
Pupilla bigranata	-	+	+	Anm. 3
Pupilla sterrii	+	-	+	
Pupilla loessica	-	-	+	
Vallonia costata	+	-	-	
Succinella oblonga + f. *elongata*	+	+	+	Anm. 1
Trichia hispida	+	+	+	Anm. 2
Regenwurm-Konkremente	+	-	+	
Gesamt: 7	5	4	6	

Anm. 1: In Probe 2 zahlreich, in 3 u. 4 massenhaft (in 4 die bei weitem dominierende Art). In allen Proben mit ausgeprägten *elongata*-Formen.
Anm. 2: In Probe 2 zahlreich, in 3 und 4 massenhaft. Wie in Profil II liegt hier die hochgewundene, konische f. *terrena* (CLESSIN 1874) vor.
Anm. 3: Als *P. muscorum densegyrata* bestimmt.

Die Kleinsäugerfunde lagen in einem Mammutschädel, der aus dem sog. Sumpflöß von Nußdorf geborgen wurde. Die Großsäugerreste stammen z. T. aus dem Löß von Heiligenstadt, z.T. aus dem 'Sumpflöß' von Nußdorf.

Interpretation der Molluskenfauna:
Profil I:
Die Bereiche 7 m bzw. 14 m über dem Straßenniveau enthielten die differenziertesten Gastropodenfaunen. Vor allem im letzteren ist die Landschaftsstrukturierung am ausgeprägtesten: Bodenfeuchter, laubholzbetonter Wald vom Typus eines Auengehölzes, mit reicher Kraut- und wahrscheinlich auch Strauchschichte. Dies zeigt die dominant enthaltene *Trichia rufescens suberecta* (gleichzeitig auch ein Hinweis auf das Donautal), die Anwesenheit von *Euconulus alderi*, *Semilimax semilimax*, und die ebenfalls zahlreich vertretene *Vitrea crystallina*. Daneben müssen kleinräumige, offene, teils krautige, teils steppenartige Flächen weiterbestanden haben. Auf eine noch deutlichere vertikale Gliederung des Waldes im ersteren Bereich deuten *Discus perspectivus* und *Macrogastra ventricosa* hin. - Klimacharakter: Feucht und mäßig warm (7m ü. N.) bzw. sehr feucht und mäßig warm (14m ü. N.).
Starke Verarmung zeichnet sich in den übrigen Proben ab. Am extremsten dürften die Verhältnisse im Bereich 13m ü. N., 15m ü. N. bzw. 20m ü. N. gewesen sein: 2 bzw. 4 Arten, die offenes Grasland mit Kräutern und Hochstauden anzeigen. Klimacharakter: Mittelfeucht, kühl bis kalt. 18m ü. N. ist die Artenzahl höher; es dürften auch Gebüschgruppen bestanden haben. Der Klimacharakter dürfte aber derselbe gewesen sein.
Profil II:
Nur Probe 1 enthält neben *Trichia rufescens suberecta* einen Indikator für bodenfeuchte Auvegetation, die aber hier mehr den Charakter von Pioniergehölzen (Weidenbüschen u. a.) gehabt haben muß, da differenzierende Arten fehlen. Im Anschluß daran sind offene, krautbestandene Flächen anzunehmen. Die Proben 2 u. 3 lassen nur noch die letzteren, eventuell mit Hochstauden, aber ohne Baumbewuchs erkennen. Klimacharakter: Feucht-gemäßigt (Probe 1) bzw. feucht, kühl bis mäßig kalt (Proben 2 u. 3).
Profil III:
Entspricht im wesentlichen der Aussage von Profil II; nur die Probe 4 läßt auch kleinere, steppenartige Flächen vermuten, wie sie eventuell an Böschungen mit kleinen, trockenen Rasenflecken entstehen.

Paläobotanik und Archäologie: kein Befund.

Chronologie und Klimageschichte: Die Wirbeltierfaunen aus Heiligenstadt-Nußdorf wurden augrund der Faunenlisten ursprünglich als 'jüngstes Pleistozän' angesehen (E. Thenius in KÜPPER 1955). Die Revision der Kleinsäuger ergab aber, daß hier typische Vertreter des Mittelpleistozäns vorliegen. *Sorex hundsheimensis* ist wahrscheinlich der mittelpleistozäne Vorläufer des rezenten *Sorex coronatus*. Eindeutig älter als Jungpleistozän ist auch die als Zwischenform von *Arvicola cantiana* und *A. terrestris* definierte *A. hunasensis* CARLS, 1986; das Schmelzmuster der Molaren ist z.T. schwach pachyknem (Lee-Schmelz dicker als Luv-Schmelz), z. T. schwach pityknem (luv<lee), meist aber mesoknem (luv- und leeseitiger Schmelz etwa gleich dick). Dieses Evolutionsniveau ist typisch für jüngeres Mittelpleistozän. *Equus abeli* ist größer als *E. mosbachensis* und damit wesentlich größer als die Pferde (*E. ferus*-Gruppe) unseres Jungpleistozäns. Das Lamellenmuster der Mammut-Molaren müßte noch untersucht werden, um die Frage zu klären, ob nicht doch hier Reste des mittelpleistozänen *Mammuthus trogontherii* vorliegen.
Die Gastropoden-Assoziationen können zur Frage der Chronologie wenig beitragen. Aufgrund der Artenkombinationen sind extreme klimatische Gegebenheiten nicht anzunehmen. Eine zeitliche Einstufung ist nur mit 'jüngerem Mittel- oder Jung-Pleistozän" möglich.
Der Bereich zwischen 7 und 14 m über dem Straßenniveau von Profil I bzw. etwa 7 m über dem Parterrefußboden des obersten Hauses von Profil II könnte vielleicht einer Erwärmung entsprechen.
Die Faunen von Heiligenstadt und Nußdorf sind daher dem jüngeren Mittelpleistozän zuzuordnen. Ob der Löß auch jungpleistozäne Anteile gehabt hat, läßt sich nicht erkennen.

Aufbewahrung: Inst. Paläont. Univ. Wien.

Rezente Vergleichsfauna: Daten aus KLEMM (1974) (1) und FRANK (1986) (2, Material im Niederösterr. Landesmuseum Wien, Jahre 1947-50); Fundangabe in beiden Fällen "Heiligenstadt".
Granaria frumentum (1, 2), *Pupilla muscorum* (1, 2), *Vallonia costata* (1, 2), *Vallonia pulchella* (1, 2), *Zebrina detrita* (1, 2), *Punctum pygmaeum* (1), *Vitrina pellucida* (1, 2), *Petasina unidentata* (1, 2). - Gesamt: 8.
Nach der Verbauung beschränkt sich die Molluskenfauna wahrscheinlich auf Reliktstandorte wie Hausgärten u. ä.. *Zebrina detrita* und *Petasina unidentata* kommen in solchen Habitaten sicher nicht mehr vor.

Literatur:

ANTONIUS, O. 1913. *Equus abeli* n. sp. Ein Beitrag zur genaueren Kenntnis unserer Quartärpferde. - Beitr. Paläont. Geol. Österr.-Ungarn Orient. **26**: 241-301, Wien.
BINDER, H. 1977: Bemerkenswerte Molluskenfaunen aus dem Pliozän und Pleistozän von Niederösterreich. - Beitr. Paläont. Österr., **3**: 1-49, 14 Taf., Wien.
FRANK, C. 1986: Zur Verbreitung der rezenten schalentragenden Land- und Wassermollusken Österreichs. - Linzer biol. Beitr., **18**/2: 445-526, Linz.
FRANK, C. & RABEDER, G. 1994: Neue ökologische Daten aus dem Lößprofil von Willendorf in der Wachau. - Archäologie Österr., **5**(2): 59-65, Wien.
KARRER, F. 1879. Über ein fossiles Geweih vom Renthier aus dem Löß des Wiener Beckens. - Verh. k. k. geol. Reichsanst. 7: 149-152, Wien.
KLEMM, W. 1974: Die Verbreitung der rezenten Land-Gehäuse-Schnecken in Österreich. - Denkschr. Österr. Akad. Wiss., **117**: 503 S.; Wien, New York: Springer.

KÜPPER, H. 1955. Ausblick auf das Pleistozän des Raumes von Wien. - Verh. Geol. Bundesanstalt, SH D (**1955**): 136-152, Wien.
NEHRING, A. 1879. Fossilreste kleiner Säugethiere aus dem Diluvium von Nußdorf bei Wien. - Jb. k. k. geol. Reichsanst. **29**,3: 475-492, Wien.
PETERS, K. 1863. Über das Vorkommen kleiner Nager und Insectenfresser im Löß von Nußdorf bei Wien. - Verh. k. k. geol. Reichsanst. 118-120, Wien.
STUR, D. 1870. Schädelreste eines *Rhinoceros*, eines Pferdes und ein Stosszahn von *Elephas primigenius* aus der Materialgrube der Nord - Westbahn bei Heiligenstadt nächst Wien. - Verh. k. k. geol. Reichsanst. **6**: 121-122, Wien.
SUESS, E. 1862. Notiz über Funde aus Wien-Heiligenstadt. - Jb. geol. Reichsanst. **12**: 257, Wien.
WOLF, H. 1870. Neue geologische Aufschlüsse in der Umgebung von Wien durch die gegenwärtigen Eisenbahnarbeiten. Verh. geol. Reichsanst. **6**: 139-147, Wien.
WOLF, H. 1872. Die Knochenreste von Heiligenstadt bei Wien. - Verh. k. k. geol. Reichsanst. 6: 121-122, Wien.

Wien - St. Stephan

Christa Frank

Pleistozäne Freilandfundstelle
Kürzel: WS

Gemeinde: Wien
Polit. Bezirk. Wien I (Innere Stadt)
ÖK 50-Blattnr.: 59, Wien
16°22' E (RW: 57mm)
48°12' N (HW: 464mm)
Seehöhe: 171m

Lage: Die Fundstelle befand sich im I. Wiener Bezirk, Stephansplatz, in einer Baugrube ('Haas-Haus', November 1951).
Geologie: 'Pleistozäne Stadtterrasse' mit Deckschichten (lokale Modifikation der Gänserndorfer Terrasse). Die Fundamente von St. Stephan stehen großteils im Löß, nur im Westteil in Plattelschotter. Diese bilden einen in Ost-West-Richtung ansteigenden Kegel, der sich gegen Westen mit Lössen verzahnt. Darunter liegt geschichteter, zum Teil lehmiger Feinsand mit unregelmäßiger Oberkante, mit Schwemmlößbrocken. Seine Unterkante bildet das Dach der tieferen Quarzschotter. Darunter liegen überwiegend aus Quarzkomponenten bestehende Rundschotter; in einer Tiefe von etwa 17m liegt blauer Pannontegel (KÜPPER 1952). Die zeitliche Einstufung ist problematisch (FINK 1955, 1956).

Forschungsgeschichte: KIESLINGER (1949) teilte seit der klassischen Darstellung von SÜESS (1862) erstmals geologische Daten über den Untergrund von St. Stephan mit. Nach KÜPPER (1952) befinden sich im Archiv der Geologischen Bundesanstalt Angaben über Bohrungen, die für ein U-Bahnbauprojekt durchgeführt worden waren. Anläßlich der Ausschachtungen für eine Kelleranlage 1951 wurden fast vom gesamten Grundprofil von St. Stephan Proben entnommen und untersucht. 1952 machte KÜPPER auf die Fundstelle aufmerksam. Die Schnecken wurden von PAPP (1955) in seiner Bearbeitung mehrerer quartärer Molluskenfaunen aus dem Wiener Bereich aufgelistet; eine detaillierte ökologische Analyse wurde nicht vorgenommen.

Sedimente und Fundsituation: Bis 8,40m Löß (gelber, kalkig verkitteter, feinkörniger Sand), bis 10,30m Plattelschotter (grober Schotter aus kantengerundeten Flyschsandstein-Bruchstücken; feinerer Kies vorwiegend aus kantengerundeten Flyschsandsteinbrocken; nur sehr wenige Quarzgerölle; feines Material aus braunem, verlehmtem Flyschsandstein-Sand), bis 12,25m geschichteter Feinsand mit Lehmeinlagerung und Fossilsplittern (hauptsächlich aus scharfkantigen Quarzkörnern). Die Vertebratenreste wurden in den Löß-Sanden gefunden, die Gastropoden in den im Feinsand enthaltenen Lehmbändern. Sie stammen aus dem Schlämmrückstand einer Probe unbekannter Ausgangsmenge (Beschreibung nach der Baugrube 'Haas-Haus' vom November 1951, aus KÜPPER 1952).

Fauna:

Vertebrata: *Bos primigenius* (zahlreiche Reste, schon von SUESS 1862 beschrieben; Zitat aus KÜPPER 1952).

Gastropoda:
Die Tabellen in PAPP (1955) und KÜPPER (1952) enthalten 10 Arten. Die Revision des Materiales ergab, daß einige Arten nicht erkannt bzw. fehldeterminiert wurden.

Art	Bemerkungen zu PAPP (1955)
Galba truncatula	teilw. als "*Succinella oblonga*"
Cochlicopa lubrica	nicht "selten"
Pupilla muscorum	scheint nicht auf
Vallonia pulchella	teilw. als "*Punctum pygmaeum*"
Succinella oblonga + f. *elongata*	
Punctum pygmaeum	nicht "selten"
Discus ruderatus	als "*Helicopsis striata nilsoniana* BECK"
Perpolita hammonis	als "*Vitrea crystallina*"
Perpolita petronella	als "*Vitrea crystallina*"
Deroceras sp. juv.	als "*Limax* sp."
Trichia hispida	
Trichia rufescens suberecta	als "*Trichia hispida*"
Regenwurm-Konkremente	

Gesamt: 12.

Die Fauna zeigt eine starke Feuchtigkeitsbetonung. Mit Ausnahme von *Galba truncatula* enthält sie keine aquatischen Arten. Diese lebt vorzugsweise in kleinen bis kleinsten, auch temporären Gewässern und verläßt diese

auch. Es dürfte sich um eine feuchte, an krautiger Vegetation und Hochstauden reiche, lokal vernäßte Wiesenfläche gehandelt haben. Dies zeigt der hohe Anteil von *Vallonia pulchella* und *Cochlicopa lubrica*, die Anwesenheit von *Perpolita petronella*, *Deroceras*-Schälchen und *Trichia rufescens suberecta*. Der Busch- und Baumbewuchs dürfte vor allem durch Weiden und Erlen repräsentiert gewesen sein, wobei eine Dominanz von Pioniersträuchern gegenüber Bäumen naheliegend ist. Einzelne Bäume und/oder Baumgruppen werden vor allem durch *Discus ruderatus* angezeigt, aber auch durch *Galba truncatula*: Wenn diese ihr aquatisches Habitat verläßt, kriecht sie gerne auf ausgetrockneten Schlammflächen, aber auch an Bäumen hoch.
Landschaftstypus: Feuchtwiese mit Pioniergebüschen und -holzarten in einem Auenbereich. Ein Auwald ist nicht anzunehmen. Klimacharakter: sehr feucht, gemäßigt.

Paläobotanik und Archäologie: Kein Befund.

Chronologie: Es liegen keine absoluten Daten vor. Eine zeitliche Einstufung allein aufgrund der Molluskenfauna ist von derselben Problematik wie bei der Fundstelle Wienerberg. Auch in KÜPPER (1952) wird von einer zeitlichen Einstufung abgesehen.

Aufbewahrung: Inst. f. Paläontologie, Univ. Wien.

Rezente Vergleichsfauna: Da die ehemalige Fundstelle mitten im verbauten Stadtgebiet von Wien liegt, sind Vergleichsdaten nur der älteren Literatur, meist mit der wenig präzisen Angabe "Wien" versehen, zu entnehmen. Aus der Wiener Umgebung bzw. aus einzelnen Bezirken liegen dagegen viele Fundangaben vor: KLEMM (1974), FRANK (1986, 1987a,b, 1990), FRANK & al. (1990), REISCHÜTZ (1973, 1986); eine unpublizierte Projektstudie über die Gewässermollusken Wiens von WITTMANN & al. (1992). Mit Importgemüse, Grünpflanzen, Blumenerde usw. eingeschleppte oder eingebürgerte Arten werden entweder nur ein- bis mehrmals registriert und verschwinden wieder, oder sie halten sich in Gärten, Parkanlagen, am Rand von Schrebergartensiedlungen. Auch diesbezüglich gibt es eine Reihe von Literaturangaben; eine zusammenfassende Darstellung in jüngster Zeit bringt FRANK (1995).
Die folgenden Angaben sind aus KLEMM (1974), "Wien" (1), REISCHÜTZ (1973), "Donau in Wien" (2), und REISCHÜTZ (1986), "Wien" (3a), "Innere Stadt" (3b), "Universität" (3c), "Wien II, Importsalat", (3d):
Theodoxus transversalis (2), *Theodoxus danubialis* (2), *Lithoglyphus naticoides* (2), *Bithynia tentaculata* (2), *Ancylus fluviatilis* (2), *Radix peregra fluminensis* (2), *Discus rotundatus* (1), *Milax nigricans* (3d), *Milax gagates* (3d), *Limax maximus* (3a), *Limacus flavus* (3b), *Deroceras laeve* (3c), *Deroceras reticulatum* (3c), *Deroceras lothari* (3d), *Arion distinctus* (3c), *Trichia hispida* (1), *Trichia rufescens danubialis* (1), *Petasina edentula subleucozona* (1), *Monachoides incarnatus* (1), *Urticicola umbrosus* (1), *Monacha cartusiana* (1), *Cepaea hortensis* (1), *Cepaea vindobonensis* (1), *Helix pomatia* (1), *Anodonta cygnea* (2), *Sphaerium rivicola* (2), *Sphaerium corneum* (2), *Dreissena polymorpha* (2). - Gesamt: 28.
Für "Wien, St. Stephan" sind derzeit allerdings nur kurzfristige Einbürgerungen, etwa mit Topfpflanzen (Holland-Blumenmärkte), Blumenerde, Gemüse oder aus Aquarien- und Terrarienhandlungen in Betracht zu ziehen.

Literatur:

FINK, J. 1955. Verlauf und Ergebnisse der Quartärexkursion in Österreich 1955. - Mitt. Geogr. Ges. Wien, **97**(3): 209-216; Wien.
FINK, J. 1956. Zur Korrelation der Terrassen und Lösse in Österreich. - Eiszeitalter und Gegenwart, **7**: 49-77; Öhringen/Württemberg.
FRANK, C. 1986. Zur Verbreitung der rezenten schalentragenden Land- und Wassermollusken Österreichs. - Linzer biol. Beitr., **18**(2): 445-526; Linz.
FRANK, C. 1987a. Aquatische und terrestrische Mollusken der niederösterreichischen Donau-Auengebiete und der angrenzenden Biotope. IX. Die Donau von Wien bis Melk. Teil 1. - Z. Angew. Zool., **74**(1): 35-81; Berlin.
FRANK, C. 1987b. Idem. Teil 2. - Z. Angew. Zool., **74**(2): 129-166; Berlin.
FRANK, C. 1990. Ein Beitrag zur Kenntnis der Molluskenfauna Österreichs. Zusammenfassung der Sammeldaten aus Salzburg, Oberösterreich, Niederösterreich, Steiermark, Burgenland und Kärnten (1965-1987). - Jahrb. f. Landeskd. v. Niederösterr., N. F., **54/55**(1988/89): 85-144; Wien.
FRANK, C. 1995. Die Weichtiere (Mollusca): Über Rückwanderer, Einwanderer, Verschleppte; expansive und regressive Areale. - Stapfia, **37**, zugl. Kataloge des OÖ Landesmus., N. F., **84**: 17-54; Linz.
FRANK, C., JUNGBLUTH, J. H. & RICHNOVSZKY, A. 1990. Die Mollusken der Donau vom Schwarzwald bis zum Schwarzen Meer. - Budapest: Akaprint. 142 S.
KLEMM, W. 1974. Die Verbreitung der rezenten Land-Gehäuse-Schnecken in Österreich. - Denkschr. Österr. Akad. Wiss., Math.-Naturwiss. Kl., **117**: 503 S.; Wien, New York: Springer.
KÜPPER, H. 1952. Neue Daten zur jüngsten Geschichte des Wiener Beckens. - Mitt. Geogr. Ges. Wien, **94**(1-4): 10-30; Wien.
PAPP, A. 1955. Über quartäre Molluskenfaunen aus der Umgebung von Wien. - Verh. Geol. Bundesanst., **1955**, Sonderheft D: 152-157, Taf. 12; Wien.
REISCHÜTZ, P. L. 1973. Die Molluskenfauna der Wiener Augebiete. - Mitt. dtsch. malakozool. Ges., **3**(25): 2-11; Frankfurt/Main.
REISCHÜTZ, P. L. 1986. Die Verbreitung der Nacktschnecken Österreichs (Arionidae, Milacidae, Limacidae, Agriolimacidae, Boettgerillidae). - Sitzungsber. Österr. Akad. Wiss., Math.-Naturwiss. Kl. Abt. I, **195**(1/5): 190 S.; Wien, New York: Springer.
WITTMANN, K. J. 1992. Zwischenbericht zum Projekt: Kartierung, Stadtökologie und Indikatorwert der Molluskenfauna Wiens. Kartierung der Gewässermollusken Wiens, Teil 1. - Inst. f. Allg. Biol. d. Univ. Wien. (Mitarb.: DORNINGER, C., ELSAYED, H., HÖNLINGER, M.).

4.3 Nordalpen

Allander Tropfsteinhöhle

Doris Döppes & Christa Frank

Tropfsteinhöhle mit spätpleistozäner bis mittelholozäner Fauna
Synonyme: Frauenhöhle, Frauenloch, AT

Gemeinde: Alland
Polit. Bezirk: Baden, Niederösterreich
ÖK 50-Blattnr.: 57, Neulengbach
16°04'43" E (RW: 366mm)
48°03'11" N (HW: 118mm)
Seehöhe: 400m
Österr. Höhlenkatasternr.: 1911/2
Die Höhle wurde mit dem NÖ Höhlenschutzgesetz vom 22. Oktober 1982 (BGBl. 114/82) zur besonders geschützten Höhle erklärt (HARTMANN 1990).

Lage: Kalkwienerwald, am Nordhang des Buchberges südlich von Alland.
Zugang: Ein markierter Zugangsweg führt von einem Parkplatz über zwei Serpentinen zum Eingang. Führungen am Wochenende.
Geologie: Steinalmkalk (Anis). Die Höhle ist nach zwei deutlichen Hauptkluftrichtungen, die N-S und WNW-ESE verlaufen, angelegt, die der Tektonik der geologischen Umgebung entsprechen (vgl. GRILL & KÜPPER 1954).

Fundstellenbeschreibung: Unmittelbar nach dem ca. 3m hohen und 2,5m breiten Eingang beginnt ein abwärts führender Kluftgang, über welchen man in den Nixdom gelangt. Von hier zieht in Richtung WNW eine steile, abfallende Strecke (Diebsversteck) zum tiefsten Punkt der Höhle (Schaukasten mit Braunbärenskelett). Weitere größere Räume sind der Schräge Dom, die Heuschrekkenkammer und der Hohe Dom. Die labyrinthartig angeordnete Höhle ist versperrt und im Schaubetrieb begehbar. Die Maximalerstreckung beträgt 177m (HARTMANN 1982, MAIS & SCHAUDY 1985).

Forschungsgeschichte: Erstmalige Erwähnung 1932 (Anonym 1932). Anfangs konnte man sich nur durch eine sehr enge Spalte in die Höhle abseilen. Zur Errichtung des Schaubetriebs wurden die Höhlenräume durch Sprengungen zugänglich gemacht. 1928 Schauhöhleneröffnung. Im 2.Weltkrieg wurden die Anlagen zerstört, und erst am 25.05.1952 konnte der Führungsbetrieb wieder aufgenommen werden. Im Zuge der ur- und frühgeschichtlichen Ausgrabungen (KERCHLER 1974) auf dem Großen Buchberg erforschte man die Höhle genauer. Der Eingang zum Diebsversteck war nur als kleiner Spalt zu erkennen. Während man das Sediment wegtransportierte, wurden die Knochen eines Bären sichtbar (1955). Im März 1994 wurden im Diebsversteck - Höhe Schaukasten - Proben vom Inst. Paläont. Univ. Wien entnommen. Im Höhlenlehm konnten Kleinsäuger- und Molluskenreste gefunden werden. Auch in einer Nische im Hohen Dom machte man eine Probegrabung, doch dürfte hier Sediment während des Ausbaues abgelagert worden sein. Damit würde die Fossilleere an dieser Stelle erklärt.

Sedimente und Fundsituation: Durch den Ausbau der Höhle sind die Sedimente umgelagert.

Fauna: nach DÖPPES & FRANK (im Druck), F.A. Fladerer, E. Winkler, Stückzahl

	fossil	fossil und/oder holozän	holozän
Mollusca			
Platyla polita	-	-	2
Chondrina clienta	-	-	2
Orcula dolium	-	-	2
Sphyradium doliolum	-	-	2
Pagodulina pagodula altilis	-	-	4
Vallonia costata	-	-	1
Cochlodina laminata	-	-	7
Ruthenica filograna	-	-	9
Macrogastra ventricosa	-	-	5
Macrogastra plicatula	-	-	8
Clausilia dubia dubia	-	-	16
Balea biplicata	-	-	14
Discus rotundatus	-	-	10
Discus perspectivus	-	-	3
Semilimax semilimax	-	-	1
Vitrea subrimata	-	-	1

	fossil	fossil und/oder holozän	holozän
Vitrea contracta	-	-	1
Aegopis verticillus	-	-	34
Aegopinella pura	-	-	2
Aegopinella nitens	-	-	15
Perpolita hammonis	-	-	1
Daudebardia rufa	-	-	2
Milacidae,indet., Schälchen	-	-	4
Limax sp., 2 Arten (Schälchen)	-	-	6
Deroceras sp., 2 Arten (Schälchen)	-	-	3
Limacoidea, indet. (Schälchen)	-	-	1
Fruticicola fruticum	-	-	4
Trichia rufescens	-	-	2
Petasina unidentata	-	-	3
Petasina edentula	-	-	1
Monachoides incarnatus	-	-	18
Euomphalia strigella	-	-	1
Arianta arbustorum	-	-	6
Isognomostoma isognomostomos	-	-	2
Causa holosericea	-	-	1
Cepaea hortensis	-	-	3
Cepaea vindobonensis	-	-	1
Helix pomatia	-	-	12
Vertebrata			
Anuren indet.	-	-	+
Ophidia indet.	-	-	+
Pisces indet.	-	-	+
Aves indet.	-	-	+
Talpa europaea	-	6	-
Sorex araneus	-	2	-
Sorex alpinus	-	1	-
Neomys anomalus	-	1	-
Rhinolophus hipposideros	-	-	4
Myotis brandti	-	-	3
Myotis cf. *emarginatus*	-	-	1
Plecotus auritus/austriacus	-	2	-
Barbastella barbastellus	-	3	-
Glis glis	-	11	-
Muscardinus avellanarius	-	-	3
Apodemus sylvaticus/flavicollis	-	21	-
Clethrionomys glareolus	-	62	-
Arvicola terrestris	-	5	-
Microtus nivalis	3	-	-
Microtus arvalis	-	16	-
Microtus agrestis	-	2	-
Microtus subterraneus	-	-	4
Sicista betulina	5	-	-
Lepus europaeus	1	-	-
Ochotona pusilla	1	-	-
Canis lupus	-	1	-
Ursus arctos	fast vollst. Skelett	-	-
Crocuta spelaea	1	-	-
Bos primigenius f. taurus	-	-	1
Caprovine	-	-	1
Homo sapiens	-	1	-

Beim Schlämmen der Proben vom März 1994 fand man Molluskenreste, die von C. Frank begearbeitet wurden. Es ist eine aus 41 Arten bestehende Thanatozönose, wobei mit 15 Arten (38,4%) bzw. 96 Individuen (53,3%) die reinen Waldarten dominieren. Weitere 19 Arten bewohnen Wald, Waldfelsen, feuchte, mittelfeuchte oder mehr trockene Waldstandorte. Andere ökologische Gruppen - vor allem im offenen Bereich - sind unterrepräsentiert.
Es wurden noch viele andere Vertebratenknochen und deren Fragmente gefunden (Extremitäten, Schulterblätter, Becken, Bullae auditivae, Rippen, Wirbel), die aber nicht genauer bestimmbar waren.

Sicista betulina (Waldbirkenmaus): Die Funde in der Allander Tropfsteinhöhle sind 2 linke Mandibulae mit M_1 in situ und 3 Oberkieferfragmente mit Zähnen in situ. Der artliche Unterschied zu *Sicista subtilis* wurde durch die Länge und Breite der M_1 und der Länge der Mandibel, die bei der Waldbirkenmaus kürzer ist, nachgewiesen (DÖPPES 1996).
Microtus nivalis (Schneemaus) wurde mittels 3 M_1 in der Allander Tropfsteinhöhle nachgewiesen und kommt heute in den Alpen zwischen 1000 und 2600 m vor.
Ochotona pusilla (Steppenpfeifhase) wurde mittels eines Unterkieferzahnes nachgewiesen und ergänzt die Funde in Österreich (FLADERER 1992). Das heutige Verbreitungsgebiet ist als Schrumpfgebiet zu bezeichnen und umfaßt in Asien Steppen westlich des Urals bis zur Wolga. Im Jungpleistozän kam der Steppenpfeifhase bis nach Westeuropa.
Lepus europaeus (Feldhase): Der Oberkieferzahn (P^2 sin.) hat den selben Erhaltungszustand wie der Zahn des Steppenpfeifhasen. Der Feldhase besiedelte nach der eiszeitlichen Steppenperiode Mitteleuropa, aber verschwand durch zunehmende Bewaldung weitgehend. Erst durch die Ausbreitung der Kultursteppe wurde er wieder häufig.
Ursus arctos (Braunbär): Der Schädel ist in gutem Zustand. Durch Vergleiche der Schädelmaße vom Allander und rezenten Braunbären erkannte man, daß es sich um ein Weibchen handelt. Beide Unterkieferhälften sind auch gut erhalten. Der rechten Mandibel fehlt der M_1, und der M_3 ist fast um die Hälfte kleiner als der linke M_3. Es dürfte sich hierbei um einen Entzündungsherd gehandelt haben, der den Zahnwuchs behinderte und sogar den Knochen selbst angriff. Humerus, Ulna und Radius der linken Seite wurden im Institut für Paläontologie, Univ. Wien geklebt. Die Ellen und Speichen zeigen Exostosen. Ein Calcaneus (von ihm wurde ein Kunstharz-Abguß hergestellt) wurde für die ^{14}C-Datierung verwendet.
Es fehlen das Schulterblatt und das Becken, sowie einige Wirbel, Metapodien, Phalangen und Zähne.
Crocuta spelaea ist durch ein Scapholunatum nachgewiesen, das den selben Erhaltungszustand wie die restlichen Braunbärenknochen hat.
Homo sapiens: Der Milchzahn (Id^2) mit einer offenen Wurzel wird einem ca. 18 Monate alten Kind zugeordnet (E. Winkler, pers. Mitt.). Der Zahn weist eine dünne Sinterschicht auf.

Paläobotanik und Archäologie: kein Befund.

Chronologie und Klimageschichte: Kaltzeitliche und daher fossile Elemente unter den Säugetieren (*Crocuta, Sicista, Microtus nivalis, Ochotona*) einerseits und warmzeitliche, holozäne Arten unter den Gastropoden andererseits lassen mindestens zwei Zeitniveaus erkennenn, die miteinander vermischt sind:

- Spätglazial: Ein Calcaneus des Braunbären wurde für die radiometrische Bestimmung mit der ^{14}C-Methode herangezogen und ergab ein Alter von 10.870 ±80 a BP (VRI 1438), das einer spätglazialen Fauna entspricht.
- Mittelholozän: Aus dem Artenspektrum der Gastropoden (Frank, mündl.Mitt.) ist zu schließen, daß sie aus dem Atlantikum (Mittelholozän, 3 000 - 5 000 B.C.) stammen. Die Fauna mit der Bezeichnung fossil und/oder holozän dürfte größtenteils auch in diesen Zeitabschnitt gehören.

Der für das Mittelholozän rekonstruierte Lebensraum ist ein feuchter, felsiger, von Laubhölzern dominierter Mischwald mit reicher Strauch - und Krautschichte; vermutlich sind Buchen, Ahorn, Ulmen und Eschen bestandsbildend gewesen. Feuchte, krautige Stellen (Gewässernähe) sind anzunehmen. Dafür spricht ein hoher Anteil von *Aegopis verticillus*, der bemooste Felsen mit Sickerwasseraustritt bevorzugt.
Sehr wärmebedürftige Arten sind stark repräsentiert, dazu zählt man *Platyla polita,* die auch lockeren, strukturierten Oberboden anzeigt, *Pagodulina pagodula altilis,* durch die auch eine zoogeographische Festlegung - Wiener Becken im weiteren Sinn - möglich ist, und fünf der sechs Clausilien - Arten mit maximalen Schalendimensionen. Diese sprechen außerdem für optimale Umweltverhältnisse.

Aufbewahrung: Das montierte Skelett von *Ursus arctos* befindet sich in der Höhle, die Kleinsäuger und Mollusken sind am Inst. Paläont. Univ. Wien archiviert.

Rezente Sozietäten: Anhand der Molluskensozietäten kann man eine Verarmung an Arten im Gegensatz zum Mittelholozän erkennen, dies ist hauptsächlich auf die Aufforstung mit Schwarzkiefern zurückzuführen (Versauerung der Böden). *Rhinolophus hipposideros, Myots bechsteini* (Aufsammlung Dezember 1981, Mitt. K. Bauer, NHMW 10/1996)

Literatur:

ANONYM, 1932. Zeitungsausschnitt aus dem Badener Volksblatt, 15. Okt. 1932 (Jg. 31/Nr. 42, S. 4).
DÖPPES, D. 1996. Sechs pleistozäne Höhlenfaunen aus Österreich. Teilgebiete eines Forschungsprojekts. [Diplomarbeit, Univ. Wien]
DÖPPES, D. & FRANK, C. (im Druck). Spätglaziale und mittelholozäne Faunenreste in der Allander Tropfsteinhöhle (Niederösterreich). - Wiss. Mitt. Niederösterr. Landesmus., **10**, St. Pölten.
FLADERER, F.A. 1992. Neue Funde von Steppenpfeifhasen (*Ochotona pusilla* PALLAS) und Schneehasen (*Lepus timidus* L.) im Spätglazial der Ostalpen. - In: NAGEL & RABEDER (eds.). Das Nixloch bei Losenstein-Ternberg. - Mitt. Komm. Quartärforsch., **8**: 189-209, Wien.

GRILL, R. & KÜPPER, H. 1954. Erläuterungen zur Geologischen Karte der Umgebung von Wien, 1:75000 (Ausgabe 1952), Wien

HARTMANN, W. & H. 1982. Die Höhlen Niederösterreichs 2. - Die Höhle, wiss. Beih., **29**: 214-216, Wien.

HARTMANN, W. & H. 1990. Die Höhlen Niederösterreichs 4. - Die Höhle, wiss. Beih., **37**: 11, Wien.

KERCHLER, H. 1974. Ur- und frühgeschichtliche Siedlungsfunde auf dem Großen Buchberg bei Alland. - Archaeologia Austriaca, **55**: 29-90, Wien.

MAIS, K. & SCHAUDY, R. 1985. Höhlen in Baden und Umgebung aus naturkundlicher und kulturgeschichtlicher Sicht. - Die Höhle, wiss. Beih., **34:** 37, Wien.

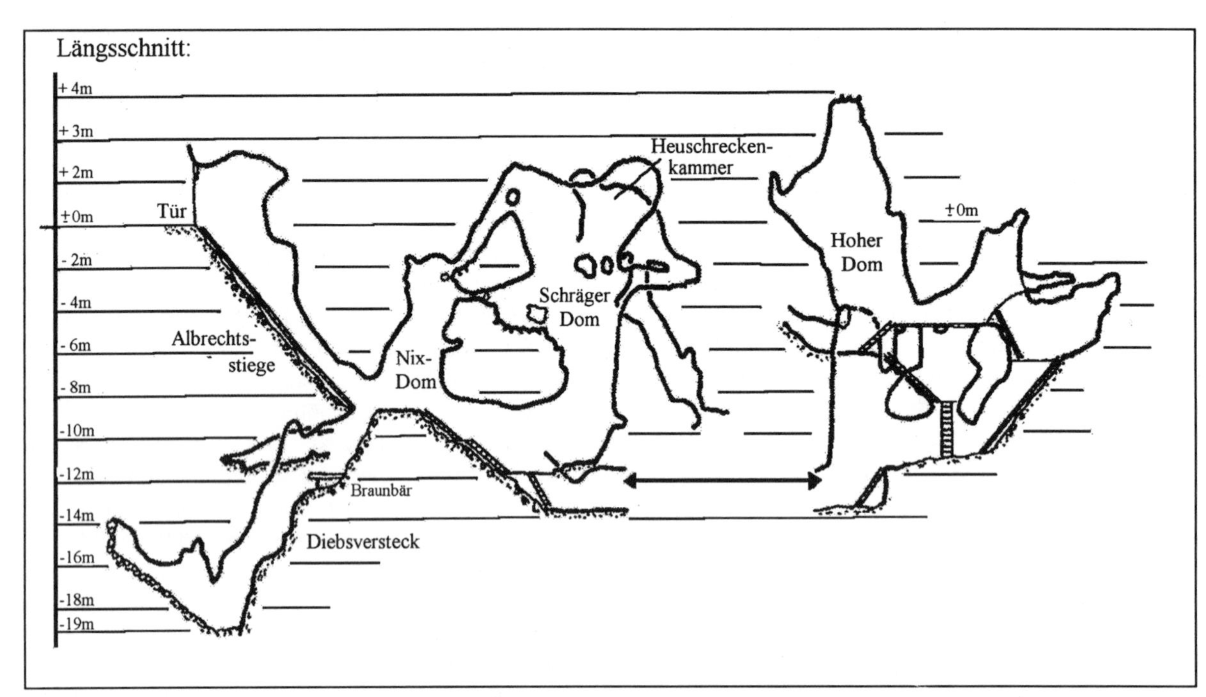

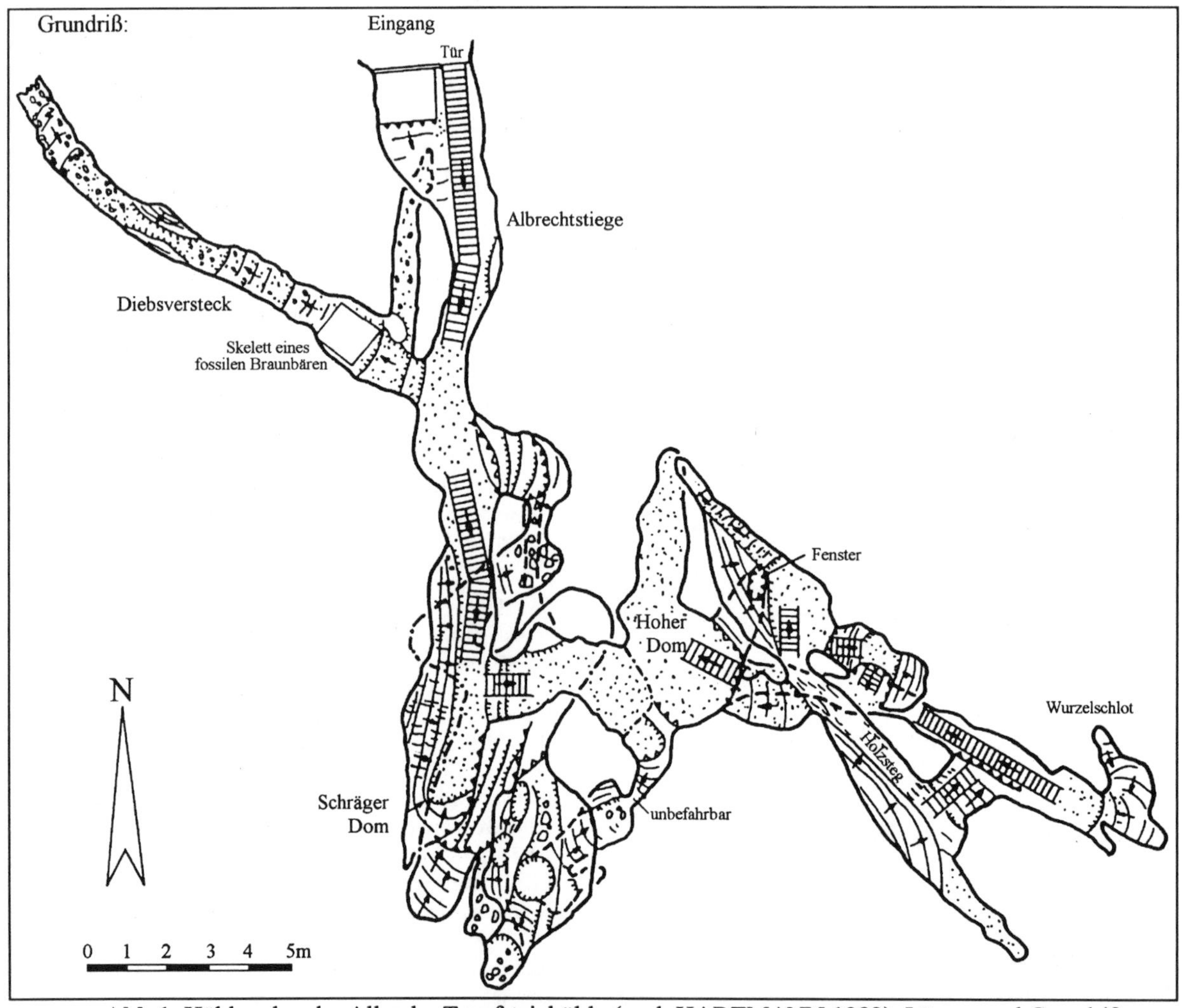

Abb.1: Höhlenplan der Allander Tropfsteinhöhle (nach HARTMANN 1982), Längs- und Grundriß

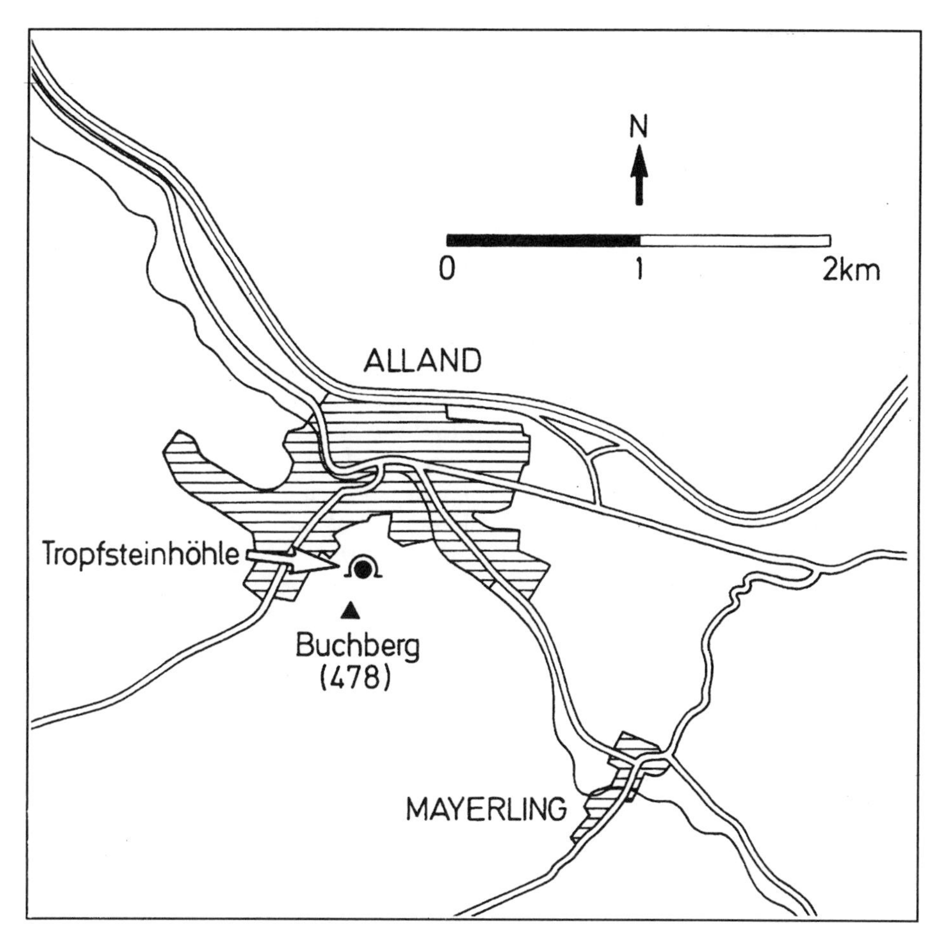

Abb.2: Lageskizze der Allander Tropfsteinhöhle

Brettsteinbärenhöhle

Doris Döppes, Christa Frank & Gernot Rabeder

Hochalpine Bärenhöhle, Frühwürm?
Synonyme: Kleine (=Obere) Brettstein(bären)höhle; Große (=Untere) Brettstein(bären)höhle, BS

Gemeinde: Grundlsee (Eingänge B, C) und Tauplitz (Eingang A)
Polit. Bezirk: Liezen, Steiermark
ÖK 50 Blattnr.: 97, Bad Mitterndorf
13°59' E (RW: 224mm) Eingang A
47°37'19" N (HW: 268 mm)
Seehöhe: 1660m (Eingang A)
Österr. Höhlenkatasternr.: 1625/33
Naturdenkmal seit 1972 (Zl.3832/72)

Lage: Die Höhle liegt am Südrand des östlichen Toten Gebirges, im NNE von Bad Mitterndorf gelegenen Brettstein (1691 m).
Zugang: Man erreicht die Höhle über Bad Mitterndorf, wo eine ca. 5km lange Straße zur Kochalm führt. Von hier aus geht man entlang einer Forststraße (Fahrverbot) 2km in Richtung Öderntal. Beim Rechenplatz überquert man die Salza und steigt steil durch den Wald, eine Forststraße querend, zur Jagdhütte am Plankerauermoos, dann weiter über die Plankeraueralm und auf Wegspuren in östlicher Richtung durch eine begrünte Karrenlandschaft zum Höhleneingang B (gesamte Gehzeit: 2 ½ Stunden, Abb.2).
Geologie: Dachstein-Riffkalk, Karn (GRAF 1982).

Fundstellenbeschreibung: Relativ enge und hohe Gänge sind miteinander labyrinthartig verbunden und leiten oft in große Versturzräume über, die durchwegs an Verwerfungen gebunden sind (GRAF 1982). Die Höhle hat 5 bekannte Eingänge, die mit den Buchstaben A-E gekennzeichnet sind. Die Eingänge A-C führen in eine Halle, die in einem Plan von O. Schauberger 1957 als Walkner Dom (EHRENBERG 1958) bezeichnet wird und in ihrem östlichen Teil durch großes Blockwerk verstürzt ist. Im Nordabschnitt der Halle befindet sich der durch Blockwerk versteckte Einstieg (versperrt!) in die weiteren Höhlenräume, deren Gesamtlänge inzwischen ca. 1.700m (SEEBACHER 1997) beträgt.

Forschungsgeschichte: Als Entdecker des Brettsteinbärenhöhlensystems werden Hr. Walkner und Hr. Sendlhofer angegeben. Leider ist das Jahr unbekannt. Der 1.

bekannte Plan stammt von F. Kiesinger aus dem Jahre 1929 (WITHALM 1995:5). 1938 entdeckten P. Grieshofer und J. Sendlhofer die Kleine (=Obere) Brettsteinbärenhöhle. 1957 fanden eine Befahrung der Brettsteinhöhlen und eine erste Sichtung des Materials im Privatmuseum Strick in Bad Mitterndorf und im oberösterreichischen Landesmuseum durch K. Ehrenberg statt (EHRENBERG 1958). Die im Jahre 1967 neu entdeckten Teile der Großen (=Unteren) Brettsteinbärenhöhle wurden von A. Auer, G. Graf und H. Segel 1968 vermessen (GRAF 1969). 1969 wurde das Brettsteinhöhlen-System von K. Ehrenberg, H. Trimmel und G. Graf aufgesucht. Während ihres Aufenthaltes sichteten sie auch Material im Privatmuseum Strick in Bad Mitterndorf (EHRENBERG 1970). Grabungen des Instit. Paläont. Univ. Wien unter der Leitung von Gernot Rabeder finden seit 1994 statt. Seitdem wird als einheitlicher Terminus 'Brettsteinbärenhöhle' verwendet. Die Funde dieser Grabungen werden in dem FWF-Projekt P11019-BIO 'Untersuchungen in frühwürmzeitlichen Bärenhöhlen' ausgearbeitet. 1996 begannen auch neue und eingehende Vermessungen durch den Verein für Höhlenkunde in Obersteier (Obmann: Joseph Steinberger).

Sedimente und Fundsituation:

Grabungsstelle 1: 1994, nördlich von Eingang B, 3m², Raumprofil und Profil (WITHALM 1995:7).

Grabungsstelle 2: 1994, 1995, 2,5m von der Trauflinie des Eingangs A, Profil und Raumprofil; Sedimentproben aus dem Profil R/S-5/6 und Pollenproben aus dem gleichen Profil sind noch nicht bearbeitet (PACHER, im Druck).

Grabungsstelle 3: 1994, tagfern in der 'Weißen Kammer', Raumprofil und schematisches Profil (WITHALM 1995:9).

Grabungsstelle 4 und 5: seit 1995, im Wendelgang, oberflächliche Höhlenbärenfunde, Sedimentproben, sek. Lagerstätte, auch Langknochen.

Grabungsstelle 6: 1996, 14m vom Eingang A, Tiefe 1,90m, Sediment- und Pollenproben (NIEDERHUBER, im Druck).

11 Sedimentproben aus verschiedenen Schichten, hauptsächlich aus der Grabungsstelle 1, wurden malakologisch untersucht; dazu 3 Proben bestehend aus Lesefunden.

Der Gehalt an Molluskenresten war hoch; es konnte eine arten- und individuenreiche Gastropodenfauna isoliert und interpretiert werden. Zu Vergleichszwecken wurden 2 rezente Proben aus der unmittelbaren Nähe der Höhle malakologisch untersucht und Literaturdaten herangezogen.

Fauna:

Mollusca nach FRANK 1994

Grabungsstellen	1	2
Acicula lineata	+	-
Pyramidula rupestris	+	+
Abida secale	+	-
Orcula dolium	+	-
Orcula sp.	+	-
Cochlodina laminata	+	-
Macrogastra plicatula	+	-
Macrogastra sp.	+	-
Clausilia rugosa parvula	+	-
Clausilia dubia	+	-
Neostyriaca corynodes	+	-
Clausiliidae indet.	+	-
Punctum pygmaeum,	+	-
Discus cf. *rotundatus/ruderatus*	+	-
Discus ruderatus	+	-
Euconulus alderi	+	-
Semilimax semilimax	-	+
Semilimax kotulae	+	-
Semilimax sp.	+	-
Vitrea diaphana	+	-
Vitrea subrimata	+	+
Vitrea crystallina	+	-
Aegopis verticillus	+	-
Aegopinella ressmanni	+	-
Perpolita hammonis	+	-
Perpolita petronella	+	-
Oxychilus sp.	+	-
Limax sp., W(M)	+	-
Deroceras sp.	+	-
Limacoidea indet.	+	-
Petasina unidentata	+	-
Petasina edentula subleucozona	+	-
Monachoides incarnatus	+	-
Urticicola umbrosus	+	-
Helicodonta obvoluta	+	+
Arianta arbustorum	+	+
Helicigona lapicida	+	+
Chilostoma achates	+	+
Isognomostoma isognomostomos	+	-
Causa holosericea	+	+
Regenwurm-Konkremente	+	+
Gesamtartenzahl: 38	37	8

Die Molluskenfauna ist sicherlich nicht zeitgleich mit der Vertebratenfauna: vor allem die 3 Proben aus Quadrant D5 (1,20 bis 1,30m unter 0) der Grabungsstelle 1 dokomentieren mit hoher Wahrscheinlichkeit das Mittelholozän, mit optimaler Entfaltung des Mischwaldes mit Buche, Tanne, Fichte, eventuell Bergulme, guter vertikaler Gliederung der Vegetation, mit Strauch- und Krautschichte; lockeren, spaltenreichen Oberboden. Das Material aus Grabungsstelle 2 dürfte dem Frühholozän entsprechen und Phasen beginnender Bewaldung, bei nur mäßig warmen und weniger feuchten Klimaverhältnissen, repräsentieren. Diese Phase ist auch aus den Proben 5,8-10 und 13 von Grabungsstelle1 ablesbar (detailliert siehe FRANK 1994)

Mammalia nach EHRENBERG 1958, WITHALM 1995

	fossil	subfossil
Canis lupus	+	-
Ursus spelaeus	+++	-
Gulo gulo	+	
Panthera spelaea	+	-
Sus sp.	-	+

	fossil	subfossil
Cervus elaphus	-	+
Rupicapra rupicapra	-	+
Capra ibex	+	-

Ursus spelaeus ist der dominante Bestandteil der Funde. Auffallend ist, daß in der Grabungsstelle 2 ausschließlich Zähne, Phalangen, Hand- und Fußwurzelknochen, Sesamoide und Metapodien gefunden wurden. Anhand dieser Fundsituation kann man von einer sekundären Lagerstätte sprechen. In den Grabungsstellen 4 und 5 im Wendelgang wurden auch Langknochen, z.T. nur fragmentarisch, gefunden. Vor den wissenschaftlichen Grabungen seit 1994 wurden immer wieder oberflächliche Aufsammlungen gemacht. Auch juvenile Knochen waren im Material. An wenigen Höhlenbärenknochen konnte Carnivorenverbiß festgestellt werden. Hierzu zählen auch die Kerbungen an Humerus und Ulna, die von EHRENBERG (1970) beschrieben worden sind. Die Extremitätenreste des Vielfraßes stammten aus der Grabungsstelle 6 bei einer Tiefe von 130 bis 180cm und entsprechen metrisch den rezenten Maßen (PACHER & DÖPPES, im Druck). *Panthera spelaea* wurde durch Funde von M_1-Frag., Metatarsale IV dext. (GL 150mm, pB 26,1mm, dB 26,3mm), 2 Metapodien, 1 Mittelphalanx und 4 Wirbel belegt. Die Größenwerte der Metatarsale IV stimmen mit den Funden aus der Salzofenhöhle überein (EHRENBERG 1958).

Paläobotanik: Kein Befund.

Archäologie: Ein Trümmerstück eines Hornsteins kann nicht als Artefakt angesprochen werden (PACHER, im Druck).

Chronologie: Die Einstufung mit Hilfe der Uran-Serienmethode steht noch aus (PACHER, im Druck). Ursidenchronologie: Die Morphotypenzahlen der Prämolaren lauten für den P^4: 14A, 14 A/B, 11 B, 8 A/D, 1B/C, 5B/D, 4 C, 6 D, 1 C/E, 2 E, 2D/F, 2 E/F; für den P_4:: 4 A/B1, 8B1, 3 B/C1, 31 C1, 2 C/D1, 8 D1, 2 D/E1, 2 E1, 1 B1/2, 1B1/C2, 15 C 1/2, 1 D1/2, 5 C2, 3 D2. Das Auftreten von relativ niedrig evoluierten Morphotypen (A, A/B bzw. A/B1, B1) und die errechneten Indices (für die P^4 =103,93; n=70; für die P_4 = 119,4; n=86) sprechen aber für ein mittelwürmzeitliches Evolutionsniveau, vergleichbar mit den Werten der Ramesch-Knochenhöhle. Die Indexwerte liegen auch deutlich über dem Niveau der Bären aus der Schwabenreithhöhle, die dem Frühwürm zuzurechnen sind. Die Brettsteinbärenhöhle ist wahrscheinlich während der Mittelwürm-Warmzeit zumindest zeitweise vom Höhlenbären bewohnt worden.

Tabelle 1. Mittelwerte der Backenzahn-Maße von *Ursus spelaeus* aus der Brettsteinbärenhöhle.

	P^4	M^1	M^2	P_4	M_1	M_2	M_3
Länge	18,74	27,05	41,07	14,47	28,01	28,65	24,27
Breite	13,02	19,08	21,14	8,42	13,62	17,29	18,01
Anzahl	61	62	46	83	37	62	75

Aufbewahrung: Inst. Paläont. Univ. Wien.

Rezente Sozietäten: Die heutige Molluskenfauna des Gebietes ist reichhaltig und differenziert. Funddaten: Mitterndorf östlich von Bad Aussee, 814 m (KLEMM 1974: 1K), Bad Mitterndorf (REISCHÜTZ 1986: 1R), Tauplitzalpe nördlich von Tauplitz, 1400 m (KLEMM 1974: 2K), Tauplitzalm (REISCHÜTZ 1986: 2R), Tauplitz, östlich von Mitterndorf, 891 m (KLEMM 1974: 3K), Lawinenstein nördlich von Mitterndorf, 1961 m (KLEMM 1974: 4K), Lawinenstein bei Bad Mitterndorf (REISCHÜTZ 1986: 4R), aktuelle Aufsammlungen im unmittelbaren Bereich der Höhle (G. Withalm und Th. Kühtreiber 1994, M. Niederhuber 1995: KNW): Gesamt: 75 Taxa.

Art	Funddaten
Cochlostoma septemspirale	1K
Acicula lineata	1K
Platyla polita	1K
Carychium minimum	1K
Cochlicopa lubrica	1K 4K
Cochlicopa lubricella	1K
Pyramidula rupestris	1K 4K KNW
Columella edentula	1K 4K
Truncatellina cylindrica	1K
Vertigo pusilla	1K
Abida secale	1K
Chondrina avenacea	1K
Chondrina clienta	1K
Orcula dolium	1K 3K KNW
Orcula dolium edita	4K

Art	Funddaten
Orcula gularis	1K 4K KNW
Deroceras rodnae	1R
Pupilla muscorum	1K
Vallonia costata	1K
Vallonia pulchella	1K
Ena montana	1K
Cochlodina laminata	1K 2K KNW
Pseudofusulus varians	1K 2K 4K
Macrogastra ventricosa	1K
Macrogastra badia crispulata	2K 4K
Macrogastra plicatula	1K 2K 4K
Clausilia rugosa parvula	1K
Clausilia cruciata	1K 4K
Clausilia dubia obsoleta	1K 4K KNW
Clausilia dubia kaeufeli	4K
Neostyriaca corynodes	1K KNW
Succinella oblonga	1K
Succinea putris	1K
Oxyloma elegans	1K
Punctum pygmaeum	1K
Discus rotundatus	1K 4K
Discus perspectivus	1K
Zonitoides nitidus	1K
Euconulus fulvus	1K KNW
Semilimax semilimax	1K KNW
Eucobresia diaphana	1K
Eucobresia nivalis	4K
Vitrina pellucida	1K 2K
Vitrea diaphana	1K
Vitrea subrimata	1K KNW
Vitrea crystallina	1K
Aegopis verticillus	1K

Art	Funddaten
Aegopinella nitens	1K
Perpolita hammonis	1K
Oxychilus cellarius	1K
Oxychilus draparnaudi	1K
Oxychilus depressus	3K
Limax cinereoniger	2R KNW
Malacolimax tenellus	4R
Lehmannia marginata	2R 4R
Deroceras reticulatum	1R 2R
Deroceras sp.	KNW
Arion subfuscus	2R 4R KNW
Fruticicola fruticum	1K
Trichia hispida	1K
Trichia sericea	1K 3K KNW
Petasina unidentata	1K 3K 4K KNW
Petasina unidentata alpestris	4K
Petasina edentula subleucozona	1K 2K
Monachoides incarnatus	1K
Urticicola umbrosus	1K 2K KNW
Xerolenta obvia	1K
Arianta arbustorum	1K 2K 4K KNW
Arianta arbustorum alpicola	4K
Arianta arbustorum styriaca	2K 4K KNW
Helicigona lapicida	1K
Cylindrus obtusus	4K
Chilostoma achates ichthyomma	1K 4K KNW
Isognomostoma isognomostomos	1K KNW
Causa holosericea	1K KNW
Cepaea hortensis	1K
Helix pomatia	1K 2K

Dieser Artenreichtum, vor allem auch die Diversität dokumentieren molluskenfreundliche Gegebenheiten: Kalkuntergrund, landschaftliche Gliederung und günstige Vegetationsverhältnisse.

Literatur:

EHRENBERG, K. 1958. Die Brettsteinhöhlen im Toten Gebirge und ihre pleistozänen Tierreste. - Sitz.ber. math.-naturw. Kl., **8**: 127-134, Wien.

EHRENBERG, K. 1970. Über Fundbesichtigungen und Höhlenbefahrungen im steirischen Salzkammergut. - Die Höhle, **21**(1): 39-41, Wien.

FRANK, C. 1994. Früh- und mittelholozäne Gastropodenfaunen aus der Brettsteinhöhle. - Unpubl. Manuskript Paläont. Inst. Univ. Wien, 9pp + 28 Graphiken.

GRAF, G. 1969. Einige Bemerkungen zu den bisherigen Forschungen am Brettstein. - Mitt. Sekt. Ausseerland des Landesvereins für Höhlenkunde in der Steiermark, 7,3, Alt-Aussee.

GRAF, G. 1982. Die Brettsteinhöhlen im Toten Gebirge - Forschungen und Erkenntnisse zur Klima- und Landschaftsentwicklung. „Da schau her“ - Beiträge aus dem Kulturleben des Bezirkes Liezen. **5**/1982/November, 3.Jg.: 11-14, Liezen.

KLEMM, W. 1974. Die Verbreitung der rezenten Land-Gehäuse-Schnecken in Österreich. - Denkschr. Österr. Akad. Wiss, **117**: 503pp., Wien, New York: Springer.

NIEDERHUBER, M. (im Druck). Bericht über die Grabungskampagne 1996 in der Brettsteinbärenhöhle (Totes Gebirge). - Mitt. Ver. Höhlenkunde in Obersteier, Bad Mitterndorf.

PACHER, M. (im Druck). Die Grabungen in der Brettsteinbärenhöhle (Totes Gebirge) im Jahre 1995. - Mitt. Ver. Höhlenkunde in Obersteier, Bad Mitterndorf.

PACHER, M. & DÖPPES, D. (im Druck). Zwei Faunenelemente aus pleistozänen Höhlenfundstellen des Toten Gebirges: *Canis lupus* L. und *Gulo gulo* L. - Mitt. Geol.-Paläontol. Abt., Innsbruck.

REISCHÜTZ, P. L. 1986. Die Verbreitung der Nacktschnecken Österreichs (Arionidae, Milacidae, Limacidae, Agriolimacidae, Boettgerillidae). - Sitzungsber. Österr. Akad. Wiss., Math. Naturwiss. Kl., Abt. I, **195**(1-5): 67-190, Wien, New York: Springer.

SEEBACHER, R. 1997. Tätigkeitsberichte 1996 der dem Verband österreichischer Höhlenforscher angeschlossenen höhlenkundlichen Vereine und Forschergruppen. - Die Höhle **48**/2: 58, Wien

WITHALM, G. 1995. Bericht über eine paläontologische Probegrabung in der Brettsteinbärenhöhle bei Bad Mitterndorf (Totes Gebirge). - Mitt. Ver. Höhlenkunde in Obersteier, **14**: 3-11, Bad Mitterndorf.

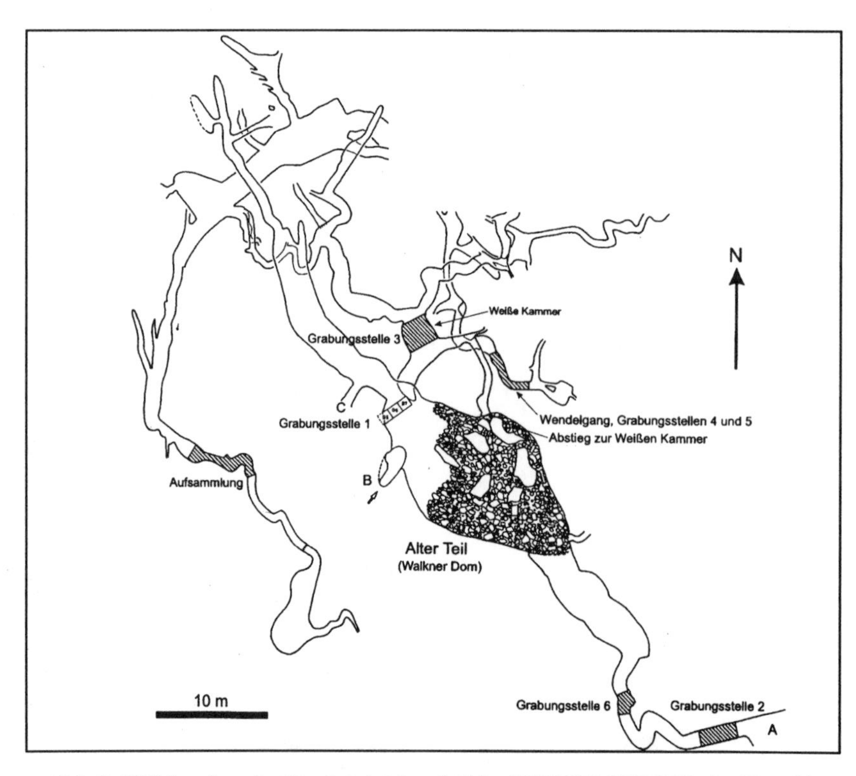

Abb.1: Höhlenplan der Brettsteinbärenhöhle (NIEDERHUBER, im Druck)

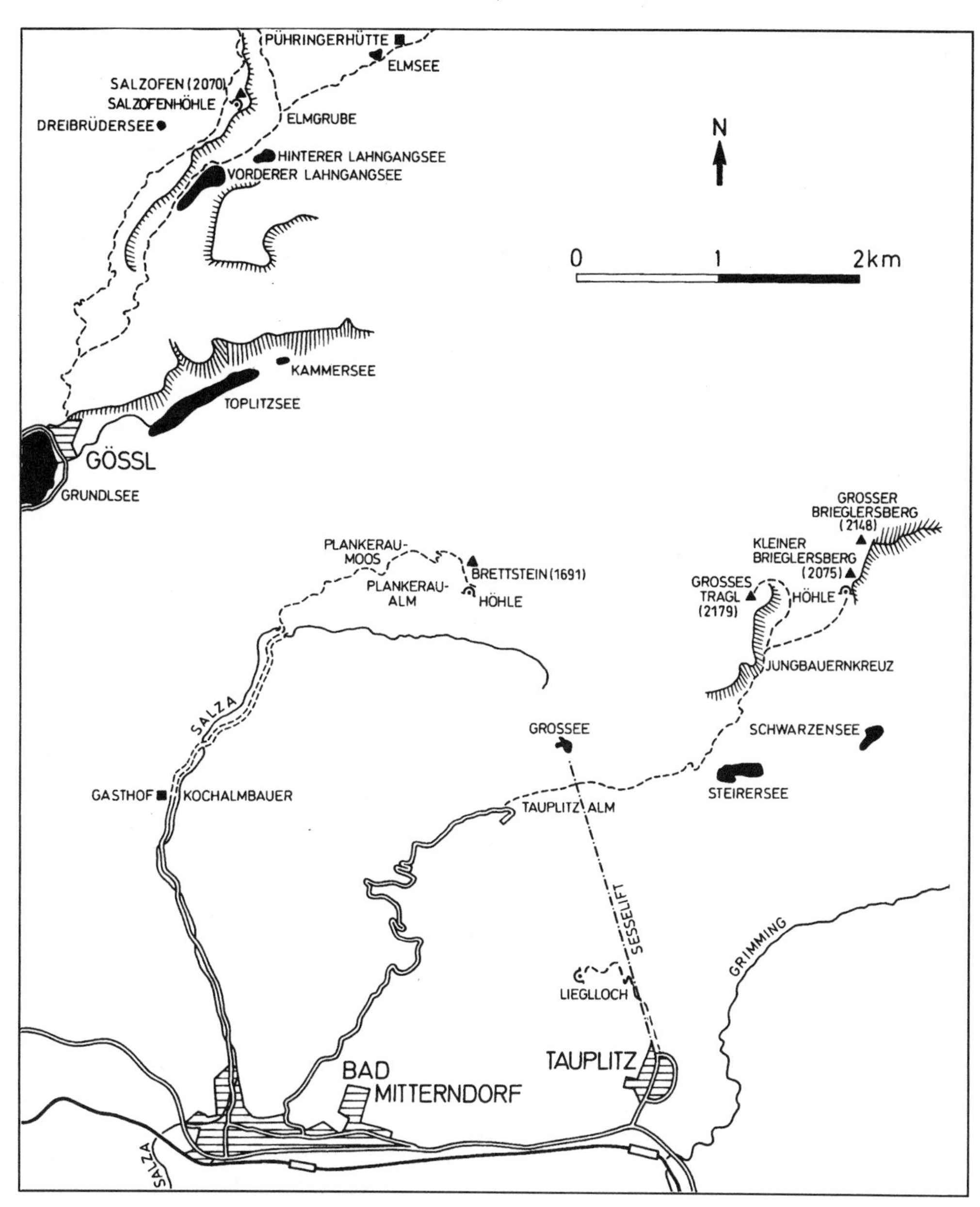

Abb.2: Lageskizze der Fundstellen im zentralen Toten Gebirge: Brettsteinbärenhöhle, Brieglersberghöhle, Lieglloch und Salzofen

Brieglersberghöhle

Gernot Rabeder

Hochalpine Bärenhöhle, Frühwürm?
Synonyme: Bärenhöhle im Kleinen Brieglersberg, Bärenhöhle im Kleinen Brieglerskogel, Hermann Bock-Höhle, BB

Gemeinde: Tauplitz
Polit. Bezirk: Liezen, Steiermark
ÖK 50-Blattnr.: 97, Bad Mitterndorf
14°03'07" E (RW: 325mm)
47°37'12" N (HW: 267mm)
Seehöhe: 1960 m
Österr. Höhlenkatasternr.: 1625/24

Lage: Am südlichen Rand der zentralen Hochfläche des Toten Gebirges, in der felsigen Südflanke des Kleinen Brieglersberges (2078m).
Zugang: Von Tauplitz mit dem Sessellift oder von Bad Mitterndorf mit PKW bzw. Bus zur Tauplitzalm. Vom östlichen Ende des Almplateaus zur Steirerseealm hinab und auf dem markierten Weg in Richtung "Gr.Tragl" bis zum "Jungbauernkreuz" (ca. 1 St.). Dann weglos in ostnordöstlicher Richtung zuerst durch rasendurchsetztes Felsgelände, dann über Platten zum Fuß des Kleinen Brieglersberges und nach Norden zur weithin sichtbaren

Höhle (2 bis 21/2 St. von der Tauplitzalm, siehe Lageskizze Brettsteinbärenhöhle, DÖPPES, FRANK & RABEDER).
Geologie: Die Höhle ist im gebankten Dachsteinkalk der Totengebirgs-Decke angelegt. Ihre Räume sind nach den tektonischen Kluftrichtungen NE-SW und NW-SE sowie der fast horizontalen Bankung ausgerichtet.

Fundstellenbeschreibung: Das über 20 m breite und 8 m hohe Portal ist über einen 9 Meter hohen Wall aus Bergsturzblöcken zu erreichen, der wie eine Wettertüre wirkt; er verhindert den Temperaturaustausch mit den hohen Sommertemperaturen der Höhlenumgebung, weshalb die Höhle als Kältesack wirkt. In den meisten Jahren ist der Höhlenboden zumindest teilweise gefroren. Die Höhle besteht aus einem breiten Hauptgang, der zuerst horizontal, dann etwas fallend nach Norden verläuft und nach Westen in eine geräumige Seitenhalle übergeht. Die Sedimente der Höhle waren ursprünglich überall fossilführend.

Forschungsgeschichte: Die Höhle wurde im August 1951 durch Hermann Bock entdeckt. Die erste wissenschaftliche Grabung erfolgte durch das Landesmuseum Joanneum unter der Leitung von Karl Murban (MURBAN & MOTTL 1953). In den folgenden Jahrzehnten wurde die Höhle durch zahlreiche Raubgrabungen fast ausgeplündert.
Anläßlich der vom Oberösterreichischen Landesmuseum in Auftrag gegebenen zweiten wissenschaftlichen Grabung (Leitung: G. Rabeder, Inst. f. Paläont. Univ. Wien und K. Mais, Naturhist. Mus. Wien) im August 1985 konnten nur mehr Restbestände des einstigen Fossilreichtums angetroffen werden (RABEDER 1986).

Sedimente und Fundsituation: Die Hauptfossilschicht war ein dunkelbrauner bis schwarzer Lehm, der viele Höhlenbärenreste und Steine enthielt. Im Eingangsbereich war diese Höhlenbärenschicht von fossilarmem, gelbem, kalkreichem Lehm überlagert, in der Halle lag sie auf gelbbraunen fossilleeren Lehmen (MURBAN & MOTTL 1953, Abb. 1-2).

Fauna: Die dominanten Höhlenbärenreste stammen nach MOTTL (MURBAN & MOTTL 1953) überwiegend von kräftig-großen, adulten (männlichen?) Tieren, die kleineren (weiblichen?) Exemplare sind seltener. Die Mittelwerte der bei der zweiten Grabung geborgenen Einzelzähne liegen deutlich unter den Werten der Ramesch-Knochenhöhle (RABEDER 1986) und weit unter den Werten der Mixnitzer Drachenhöhle. Funde von Milchmolaren und anderen juvenilen Resten sind so zu interpretieren, daß die Höhle den Bären auch im Sommer als Zufluchtsort gedient hat.

Faunenliste:
Talpa europaea (subfossil?)
Marmota marmota, 1 Femur- und ein Radius-Fragment
Cricetus cricetus , 1 Mandibel
Canis lupus, 1 Canin
Ursus spelaeus, dominant
Rupicapra rupicapra, 1 Phalanx

Paläobotanik: Eine Probe aus dem sog. "Kessel" enthielt Pollen bzw. Sporen von folgenden krautigen Pflanzen (n. I. Draxler in RABEDER 1986:116):
Asteracea, Cichoriacea, *Centaurea montana, Knautia, Scabiosa,* Caryophyllacea, Apiacea, Valerianacea, *Selaginella selaginoides,* Mondraute und anderen Farnen. Das Artenspektrum ähnelt den Verhältnissen in der Ramesch-Knochenhöhle.

Archäologie: kein Befund.

Chronologie: Radiometrische Daten liegen nicht vor.
Ursidenchronologie: Die Morphotypen-Zahlen lauten für den P^4: 6 A, 14 A/B, 8 B, 1 B/C, 1 D; für den P_4: 1 B1, 1 B/C1, 15 C1, 3 D1, 2 C1/2, 2 C2, 2 D1/2, 1 D2.
Die morphodynamischen Indices der Prämolaren betragen für den P^4 61,7 (n=30) und für den P_4 126,9 (n=27). Das Evolutionsniveau der Höhlenbären ist somit relativ niedrig, es liegt deutlich unter dem der Ramesch-, Salzofen- oder Conturines-Bären. Es ist anzunehmen, daß die Höhlenbären aus einer frühen Phase des Würm oder aus der Riß/Würm-Warmzeit stammen, sie haben vielleicht zeitgleich mit jenen Höhlenbären gelebt, die aus den tiefsten Lagen der Ramesch-Knochenhöhle (Schicht G) geborgen worden sind.

Klimageschichte: Nach dem palynologischen Befund ist mit ähnlichen warmzeitlichen Klimabedingungen wie zur Zeit der Ramesch- und Salzofen-Bären zu rechnen.

Aufbewahrung: Landesmus. Joanneum, Graz, Inst. Paläont. Univ. Wien.

Literatur:
MURBAN, K. & MOTTL, M. 1953. Die Bärenhöhle (Hermann Bock-Höhle) im Kleinen Brieglersberg, Totes Gebirge. - Mitt. Mus. Bergbau, Geol. Techn. Joanneum, **9**: 1-19, Graz.
RABEDER, G. 1986. Neue Grabungsergebnisse aus der Bärenhöhle im Brieglersberg (Totes Gebirge). - Jb. Oberösterr. Mus. Ver., **131**: 107-116, Linz.

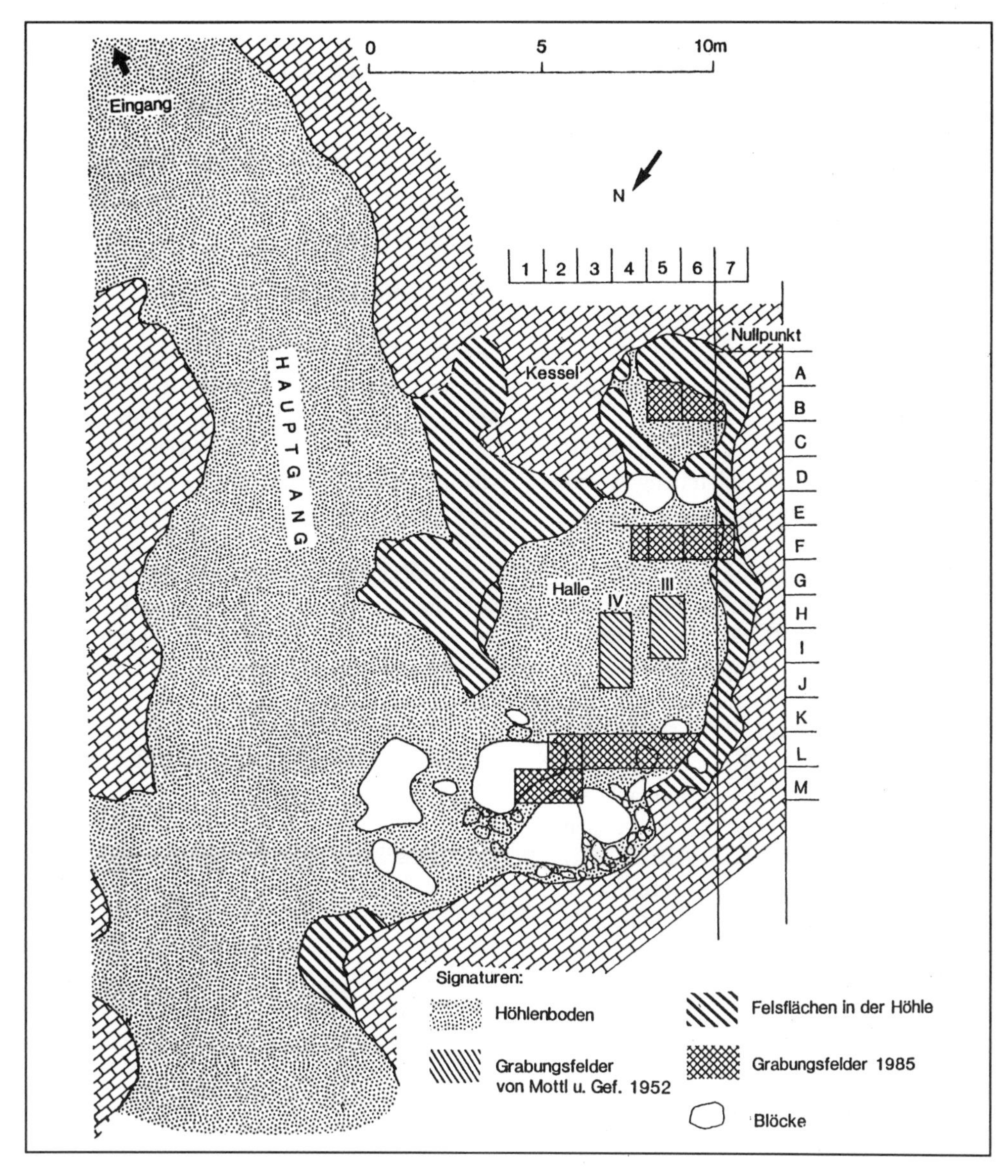

Abb.1: Grabungsplan der Grabung des OÖ. Landesmuseums im Jahre 1985in der Brieglersberghöhle (RABEDER 1986)

Dachstein-Rieseneishöhle

Martina Pacher

Teilweise vereiste Höhle mit spärlichen Carnivorenresten, Jungpleistozän
Synonym: Dachsteineishöhle, DE

Gemeinde: Obertraun
Polit. Bezirk.: Gmunden, Oberösterreich
ÖK 50-Blattnr.: 96 Bad Ischl
13°43' E (RW: 250mm)
47°32' N (HW: 80mm)
Seehöhe: 1421m (neuer Eingang)
Österr. Höhlenkatasternr.: 1547/17
Unter Schutz seit 1928 (Zl. 5025/D ex 1928).

Lage: Die Dachstein-Rieseneishöhle liegt im Nordosten des Dachsteinmassives im Gebiet der Schönbergalm.

Zugang: Von der Mittelstation der Dachstein-Seilbahnen ist die Höhle über einen asphaltierten Weg in 15min. zu erreichen. Von Obertraun führt ein markierter Wanderweg zur Höhle.
Geologie: Die Höhle liegt im gebankten Dachsteinkalk (O-Trias).

Fundstellenbeschreibung: Die Dachstein-Rieseneishöhle ist rund 2km, lang bei einem Höhenunterschied von rund 70m. Der heutige, neue Eingang wurde erst 1952 für den Schauhöhlenbetrieb (seit 1912) angelegt. Die Besucher verlassen die Höhle durch den alten, 40m höher gelegenen Eingang.
Die Dachstein-Rieseneishöhle zählt zum Typ der dynamischen Eishöhlen. Der Eisinhalt wird mit rund

13.000m^3 bei einer Oberfläche von 5.000m^2 angegeben (PFARR & STUMMER 1988:92).

Forschungsgeschichte: Die Höhle dürfte wohl seit alters her bekannt gewesen sein, da eine Nutzung der Schönbergalm seit dem Mittelalter belegt ist. Die erste historisch faßbare Person, die nachweislich die Dachstein-Rieseneishöhle betrat, war Peter Gamsjäger im Jahre 1910. Er hat vor einem Unwetter unter dem alten Höhleneingang Zuflucht gesucht (SAAR 1951:10). Die höhlenkundliche Erforschung der Dachstein-Rieseneishöhle und der nahegelegenen Mammuthöhle, die vor allem durch G. Lahner, das Ehepaar Bock und R. Saar vorangetrieben wurde, begann bereits um die Jahrhundertwende (s. SAAR 1951).
Im Zuge der Untersuchung der Dachstein-Rieseneishöhle auf abbauwürdige Phosphatmengen entdeckte SCHADLER „bei der Einmündung des Korsaganges“ ... „im tonigen, mit abgestürzten Deckenplatten durchsetzten Sand einzelne Knochenreste von *Ursus spelaeus*“ (1921:52). Weitere Höhlenbärenknochen wurden von R. SAAR und seinen Gefährten im Bärenfriedhof, an der Westwand der Tropfsteinhalle, im Lehmlabyrinth und in der Tropfsteingalerie des Kreuzganges geborgen (s. EHRENBERG 1953b:152). Der staatlich geprüfte Höhlenführer R. Pilz meldete Knochenfunde bei der Kote 1390 im Plimisoel (s. EHRENBERG 1953a:15). Bei Kabelverlegungsarbeiten 1955 wurde in der Plimisoel von den Arbeitern Josef Pamesberger und Hans Staudinger eine durchlochte Höhlenbärentibia entdeckt und auf einem Stein zur Seite gelegt, wo sie 1956 von Ing. Hans Gruber gefunden wurde. Er sandte den Knochen an das Oberösterreichische Landesmuseum (s. FREH & KLOIBER 1956).
1967 entnahm KRAL (1968) Pollenproben aus den zugänglichen Eisteilen in der Großen Eiskapelle, der Monte Cristallo-Eisfigur und aus der Kleinen Eiskapelle. Den Beginn der Eisbildung stellt er, aufgrund der pollenanalytischen Untersuchungen, ins 13./14. Jahrhundert. Das Alter der zugänglichen Eisteile setzt er somit mit maximal 500 Jahren an.
Aufgrund der Knochenfunde erfolgte 1995 eine einwöchige Probegrabung unter G. Rabeder vom Institut für Paläontologie in Wien, die jedoch erfolglos blieb (s. PACHER 1996, 1997).

Sedimente und Fundsituation: Die Sedimente der Dachstein-Rieseneishöhle erwiesen sich aufgrund der Untersuchungen von SCHADLER (1921), bis auf die von ihm erwähnte Fundstelle der Höhlenbärenknochen, als phosphatfrei. Die vereinzelten Funde von Höhlenbärenknochen weisen auf eine sekundäre Lage der Bärenreste hin. Die Hoffnung, während der Probegrabung 1995 eine primäre Fundsituation vorzufinden, erfüllte sich nicht. Die Sedimente der Grabungsstelle 1 erwiesen sich als absolut fossilleer und bestanden, nach einer ersten Bestimmung durch E. Hedayati und W. Hinterholzer aus exotischen Sanden, Kiesen und Schotter. Diese mußten von außen in die Höhle gelangt sein. Die Proben wurden zur weiteren Bearbeitung an R. Pavuza (Institut für Karst- und Höhlenkunde, Naturhist. Mus. Wien) übergeben.

Fauna: An Faunenelementen konnten nur Wolf und Höhlenbär nachgewiesen werden.

Faunenliste (n. EHRENBERG 1953a, b)

Canis lupus	1 Atlas, 1 Humerus, 1 Ulna (MIZ 1)
Ursus spelaeus	MIZ 2-3

Paläobotanik: kein Befund.

Archäologie: kein Befund.
Die von FREH & KLOIBER (1956) beschriebene durchlochte Höhlenbärentibia, die als einziger Beleg für die Begehung der Dachstein-Rieseneishöhle durch den paläolithischen Menschen geführt wird (s. KROH 1996:116; URBAN 1989:25; REITINGER 1968:318, 1969:25), ist nicht als Artefakt anzusprechen. Nach einer neuerlichen Bearbeitung durch PACHER (in Vorbereitung) ist die Durchlochung auf Bißspuren, möglicherweise in Kombination mit einer unabsichtlichen Manipulation des Stückes bei der Befreiung von anhaftendem Lehm zurückzuführen.

Chronologie und Klimageschichte: keine Aussagen möglich.

Aufbewahrung: Knochenfunde aus der Dachstein-Rieseneishöhle befinden sich im Haus der Dachsteinhöhlenverwaltung auf der Schönbergalm, im Museum in Hallstatt und im Oberösterreichischen Landesmuseum. In diesem wird auch die durchlochte Höhlenbärentibia aufbewahrt.

Rezente Sozietäten: Aus den 15 Eisproben aus mehreren Höhlenteilen konnte KRAL (1968) ein reichhaltiges Spektrum an rezenten Pollen gewinnen.

Literatur:
EHRENBERG, K. 1953a. Fossilfunde aus der Dachsteineishöhle.- Anz. Österr. Akad. Wiss., math.-naturwiss. Kl., **90**/1: 14-18, Wien.
EHRENBERG, K. 1953b. Ergänzende Bemerkungen zu den Fossilfunden aus der Dachsteineishöhle.- Anz. Österr. Akad. Wiss., math.-naturwiss. Kl., **90**/8: 152-154, Wien.
EHRENBERG, K. 1962. Bemerkungen über die Bestände an Höhlenfunden im oberösterreichischen Landesmuseum .- Jb. OÖ. Musealverein, **107**: 394-437, Linz.
FREH, W. & KLOIBER, Ä. 1956. Ein paläolithisches Knochenartefakt aus der Dachstein-Rieseneishöhle.- Jb. OÖ. Musealverein, **101**: 301-304, Linz.
KRAL, F. 1968. Pollenanalytische Untersuchungen zur Frage des Alters der Eisbildungen in der Dachstein-Rieseneishöhle.- Die Höhle, **19**/2: 41-51, Wien.
KROH, H. 1996. Paläolithische Funde in Oberösterreich aus geowissenschaftlicher Sicht. - Oberösterr. Heimatbl. **50**/2: 115-147, Linz.
PACHER, M. 1996. Bericht über eine paläontologische Probegrabung in der Dachstein-Rieseneishöhle bei Obertraun (Oberösterreich). - Die Höhle, **47**/3: 74-79, Wien.
PACHER, M. 1997. Die paläontologische Probegrabung in der Dachstein-Rieseneishöhle (22.5.1995 - 28.5.1995). - Mitt.

Landesver. Höhlenkunde Oberösterr. 43 Jg., **1997**/1: 5-10, Linz.

PACHER, M. (in Vorbereitung). Ein paläolithisches Knochenartefakt aus der Dachstein-Rieseneishöhle in Oberösterreich.

PFARR, Th. & STUMMER, G. 1988. Die längsten und tiefsten Höhlen Österreichs. - Die Höhle, wiss. Beih, **35**: 92, Wien.

REITINGER, J. 1968. Die Ur- und Frühgeschichtlichen Funde in Oberösterreich. - Oberösterr. Landesverlag, Linz.

REITINGER, J. 1969. Oberösterreich in Ur- und Frühgeschichtlicher Zeit. - Oberösterr. Landesverlag, Linz.

SAAR, R. 1951. Die Geschichte der Entdeckung, Erforschung und Erschließung der bundesforsteigenen Höhlen nächst Obertraun im oberösterreichischen Salzkammergut. - Selbstverlag der Österreichischen Bundesforste, Wien.

SCHADLER, J. 1921. Tätigkeitsbericht der Höhlenbauleitung Gmunden, Oberösterreich, über Befahrungs- und Aufschlussarbeiten. - Berichte der staatlichen Höhlenkommission **2**: 51-56, Wien.

URBAN, O. 1989. Wegweiser in die Urgeschichte Österreichs. - Österr. Bundesverlag, Wien.

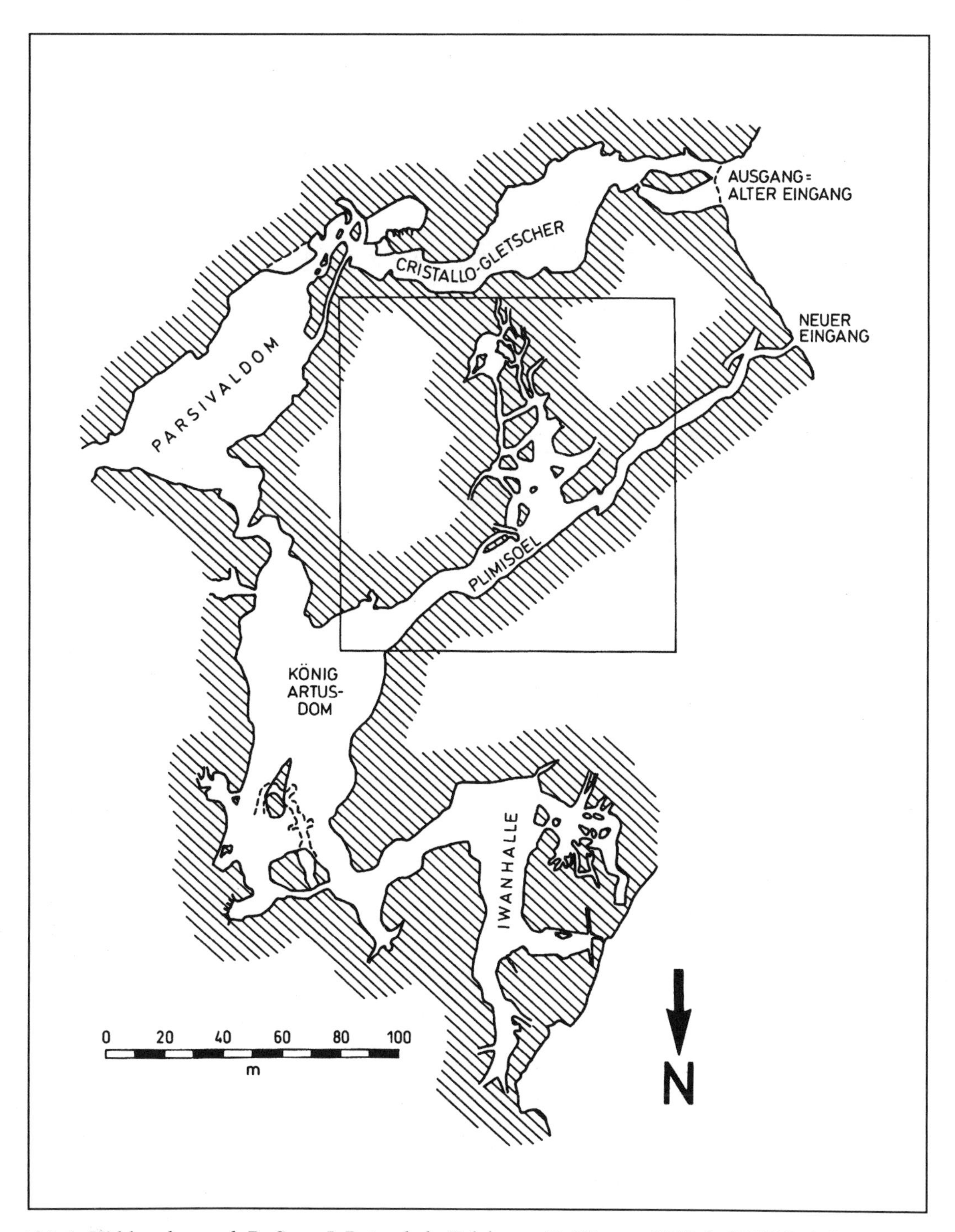

Abb.1: Höhlenplan nach R. Saar, J. Potuschak, Zeichnung B. Wagner 1953 (in PFARR & STUMMER 1988), verändert - Umzeichnung N. Frotzler, Inst. Paläont. Univ. Wien.

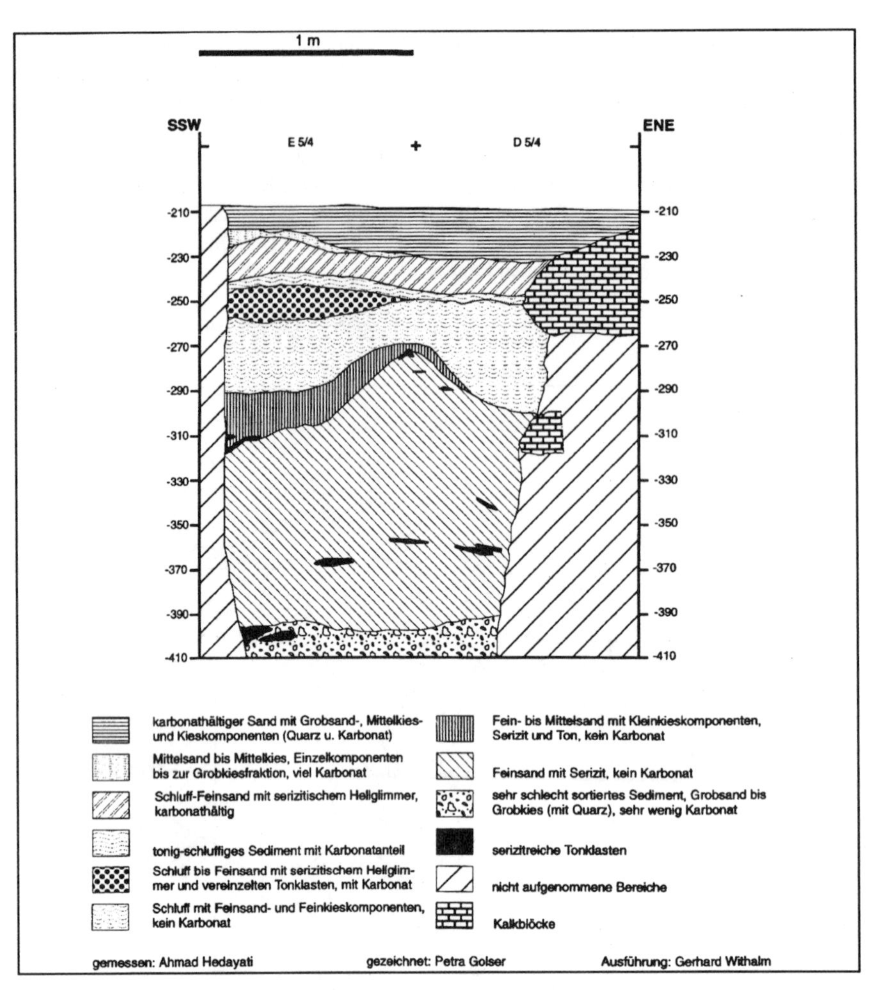

Abb.2: Sedimentprofil (E 5/4 - D 5/4) der Grabungsstelle 1 in der Dachstein-Rieseneishöhle (PACHER 1996)

Flatzer Tropfsteinhöhle

Gernot Rabeder

Jungpleistozäne Bärenhöhle
Synonyme: Langes Loch, FT

Gemeinde: Ternitz
Polit. Bezirk: Neunkirchen, Niederösterreich
ÖK 50-Blattnr.: 105, Neunkirchen
16° 01'18" E (RW: 280mm)
47°55' N (HW: 552mm)
Seehöhe: 585m
Österr. Höhlenkatasternr.: 1861/9

Lage: Im östlichen Teil der Flatzer Wand, einer West-Ost ziehenden Felswand nordwestl. von Neunkirchen (siehe Lageskizze der Fundstelle Rohrbach am Steinfeld, RABEDER, dieser Band). Von den 15 Höhlen der Flatzer Wand ist das Lange Loch (Flatzer Tropfsteinhöhle) die längste und paläontologisch interessanteste (FINK & HARTMANN 1979).
Zugang: Die Höhle liegt 500m nördlich von Flatz und ist über einen markierten Steig erreichbar.

Geologie: Wettersteinkalk, Mitteltrias.

Fundstellenbeschreibung: Die 90m lange Höhle besteht aus zwei parallelen Gängen, die mehrfach miteinander verbunden sind und sich schließlich in der Museumshalle vereinigen. Der (östl.) Haupteingang ist künstlich erweitert , etwa 2m breit und 1,8m hoch; der nach Norden absteigende Gang führt in die Teilungshalle, in welche die enge Kluftverbindung zur Dachslucke (1861/2) mündet, die den westlich gelegenen Nebeneingang bildet. Es folgt der schlotartige Rohrauer Dom und schließlich die Museumshalle, in der früher eine kleine Ausstellung von Fundstücken zu sehen war.

Forschungsgeschichte: Grabungen wurden durchwegs nur von Laien vorgenommen wie z. B. von der Ortsgruppe Neunkirchen des Touristenvereins "Die Bergfreunde" im Jahre 1904. Über Fundumstände und Lagerungsverhältnisse ist nichts bekannt (THENIUS 1949).

Fauna (n. THENIUS 1949): Neben zahlreichen rezenten Haustier-, Wildtier- und Menschenresten konnte THENIUS folgende fossile Taxa nachweisen, sie stammen alle aus der Museumshalle:

Marmota marmota	1 Mand.-Fragm., 3 Incisivi
Spalax leucodon	1 Mandibelfragment
Lepus sp.	1 Calc. 2 Metapodien
Vulpes vulpes	1 Mand.-Fragm., 2 Canini
Ursus spelaeus	1 Max.-Fragm., 12 Zähne, 21 Knochen und Fragmente
Ursus arctos	Schädel (verloren gegangen)
Martes martes	2 Mand.-Fragmente
Meles meles	1 Calcaneus
Panthera spelaea	1 Mand.-Fragment, 1 P^4-Fragm.
Capreolus capreolus	1 Calc., 1 Phalanx
Cervus elaphus	2 Geweihspitzen, 2 Mand,-Fragmente
Bos sp. (*?primigenius)*	1 P_4, 1 Minf.
Bison sp.	1 P_4, 1 M_2

In dieser kleinen Fauna ist vor allem das Vorkommen der Blindmaus bemerkenswert. Die Reste der übrigen fossilen Säugetiere sind so spärlich, daß weder über die Evolutionshöhe noch über die zeitliche Zusammengehörigkeit etwas ausgesagt werden kann.

Archäologie: Keramikfunde ohne Altersangabe.

Chronologie: Jungpleistozän, wahrscheinlich Spätwürm.

Klimageschichte: Das (gleichzeitige?) Vorkommen von Höhlenbär, Murmeltier und Blindmaus spräche für kühle, trockene Bedingungen.

Literatur:

FINK, M. & H. & W. HARTMANN, 1979. Die Höhlen Niederösterreichs 1. - Die Höhle, wiss. Beih., **28**: 127-132, Wien.

THENIUS, E. 1949. Der erste Nachweis einer fossilen Blindmaus *(Spalax hungaricus* Nehr.) in Österreich. - Sitz. ber. Österr. Akad. Wiss., math.-naturw. Kl. Abt. I, **158**,4: 287-298, Wien.

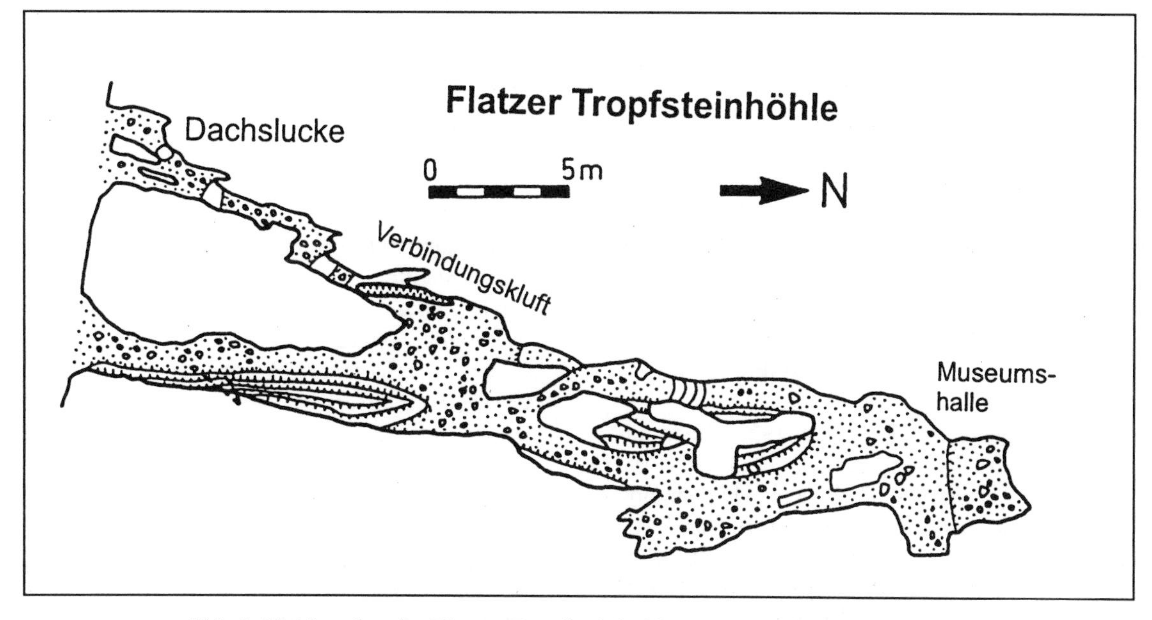

Abb.1: Höhlenplan der Flatzer Tropfsteinhöhle (FINK & HARTMANN 1979)

Gamssulzenhöhle

Christa Frank & Gernot Rabeder

Alpine Bärenhöhle und spätglaziale Jagdstation

Synonyme: Gleinkerseehöhle, Bärenriesenhöhle, Bärenhöhle im Seestein, Gamssulzen (ohne den Zusatz "-höhle"), GS

Gemeinde: Spital am Pyhrn
Polit. Bezirk: Kirchdorf an der Krems, Oberösterreich
ÖK 50-Blattnr.: 98, Liezen
14°17'52" E (RW: 319mm)
47°40'56" N (HW: 399mm)
Seehöhe: 1300m
Österr. Höhlenkatasternr.: 1637/3
Seit 10. 3. 1973 "besonders geschützte Höhle", Naturdenkmal, Betreten nur mit behördlicher Genehmigung gestattet.

Lage: 500m oberhalb des Gleinkersees, in der bewaldeten, felsdurchsetzten Nordwestflanke des Seesteines (1675m) gelegen, östliche Warscheneck-Gruppe, Totes Gebirge (Abb.3, RABEDER & WEICHENBERGER 1995).
Zugang: vom Gleinkersee 1,5 St. steil und beschwerlich. Auf dem markierten Weg durch den Seegraben in Richtung Dümlerhütte, nach ca. 3/4 st. zweigt links der ebenfalls markierte Weg zum Seestein ab. Diesem folgt man etwa 10 Minuten. Bei 1150m Seehöhe verläßt man diesen Weg und folgt einem Jagdsteig, der nach NE zur Höhle führt (RABEDER & WEICHENBERGER 1995).
Geologie: im gebankten Dachsteinkalk (O-Trias) der Warscheneck-Teildecke. Die im Osten des Warsche-

necks an der Oberfläche erkennbare Bruchtektonik ist auch in der Anlage der Höhlenräume wirksam (PAVUZA 1995a).

Fundstellenbeschreibung: Vom 7 m breiten und 4 m hohen Portal führt ein gut 6 m breiter Höhlengang nordostwärts. Er mündet in der "Halle der Erwartung" in einen Parallelgang, der ebenfalls an einer von Ostnordost nach Westsüdwest streichenden tektonischen Störung angelegt ist und "Bärengalerie" genannt wird. Der Boden dieser Halle ist mit grobem Blockwerk bedeckt, das mehrere in die Tiefe führende Klüfte verdeckt. Für den Betrachter ist vorerst nur der eindrucksvolle 21 m tiefe "Linzerschacht" erkennbar. Wenn man aber den Schacht abgestiegen ist und die untere Etage der Höhle begeht, erkennt man ein nach oben strebendes Kluftsystem, das direkt unter der "Bärengalerie" mündet. Diese tektonische Verbindung zwischen der oberen und unteren Etage hatte zur Folge, daß ein Teil der in der oberen Etage abgelagerten Sedimente durch diese Spalten und Klüfte nach unten in die tiefere Etage durchsackte. In der "Bärengruft", einem knochenführenden Teil der unteren Etage, ist dies an der steil nach oben führenden "Lehmkluft" deutlich erkennbar. Sie ist mit Sedimenten aus Lehm und Bruchschutt, der mit reichlichem Knochenmaterial durchsetzt ist, aufgefüllt.
Der Grabungsbefund und ein genaues Studium der Verhältnisse in der unteren Etage ergaben, daß hier früher noch ein weiterer Höhleneingang bestanden haben muß, der heute innen durch einen noch aktiven Versturz und außen durch eine Baumgruppe (große Buche unterhalb des Haupteinganges) verschlossen ist. Gesamtlänge: 372 Meter (RABEDER & WEICHENBERGER 1995).

Forschungsgeschichte: Entdeckt um 1920. Erste Forschungen und Fossilaufsammlungen 1923. Bis 1988 zahlreiche unsystematische Grabungen. Paläontologische und archäologische Grabungen durch das Inst. f. Paläontologie der Universität Wien (Leitung: G. Rabeder) in den Jahren 1988 bis 1991 (EHRENBERG 1962, RABEDER & WEICHENBERGER 1995).

Sedimente und Fundsituation: Als fossilführend erwiesen sich typische Bärenlehme in der Unteren Etage (Fundstelle 2 "Bärengruft") sowie unter Blockwerk verborgen in der Oberen Etage (Fundstelle 3 "Bärengalerie") mit einer Dominanz der Höhlenbärenreste. In der Eingangshalle (Fundstelle 1) liegen lehmig-sandige Sedimente mit Umlagerungsprodukten aus dem Bärenlehm und spätglazialen Kleinsäugern, Gastropoden und spätpaläolithischen Artefakten.
Die Sedimente in der Eingangshalle haben diese Abfolge (PAVUZA 1995b:23):

- (sub)rezenter Höhlenboden (inhomogen, gestört)
- Lehm mit Schutt
- Schuttlage und/oder bunte Lehme
- Fels/grobes Blockwerk

Fauna (nach FRANK & al. 1995):
Aus den radiometrischenen Daten sowie aus den Fundumständen und dem Artenbestand geht hervor, daß die Faunenreste aus 2 Zeitabschnitten stammen, die durch die letzte Vereisungphase (Würm-Hauptglazial) voneinander getrennt sind:
1.) aus der Zeit des ausgehenden Mittelwürms und der beginnenden Kaltphase des Jungwürms (ca. 38-25 ka), und
2.) aus dem Spätglazial (ca. 14-10 ka)
Es sind weder hochglaziale noch holozäne Sedimente durch Fossilien nachweisbar. Möglicherweise dem Holozän sind lediglich Faunenreste zuzuordnen, die von der Oberfläche des Höhlenbodens aufgesammelt wurden wie z.B. *Ursus arctos, Rupicapra rupicapra, Myotis myotis.*

	1	2
Gastropoda		
Cochlicopa lubrica	-	+
Pyramidula rupestris	-	+
Columella columella	-	+
Vertigo alpestris	-	+
Abida secale	-	+
Chondrina avenacea	-	+
Chondrina sp.	-	+
Orcula dolium	-	+
Orcula gularis	-	+
Orcula tolminensis	-	+
Orcula pseudodolium	-	+
Orcula sp.	-	+
Pupilla alpicola	-	+
Pupilla sterrii	-	+
Ena montana	-	+
Cochlodina laminata	-	+
Macrogastra badia crispulata	-	+
Macrogastra plicatula	-	+
Macrogastra sp.	-	+
Clausilia dubia	-	+
Neostyriaca corynodes	-	+
Clausiliidae indet.	-	+
Succinella oblonga	-	+
Punctum pygmaeum	-	+
Discus rotundatus	-	+
Discus ruderatus	-	+
Euconulus fulvus	-	+
Euconulus alderi	-	+
Semilimax semilimax	-	+
Vitrea crystallina	-	+
Vitrea subrimata	-	+
Aegopis verticillus	-	+
Aegopinella pura	-	+
Aegopinella minor/nitens	-	+
Perpolita hammonis	-	+
Zonitidae indet.	-	+
Limacidae indet.	-	+
Trichia hispida	-	+
Petasina unidentata	-	+
Monachoides incarnatus	-	+
Arianta arbustorum	-	+
Helicigona lapicida	-	+
Chilostoma achates ichthyomma	-	+
Cylindrus obtusus	-	+
Causa holosericea	-	+

	1	2
Helix pomatia	-	+
Pisces		
Fischwirbel indet.	-	+
Amphibia		
Salamandra atra (Alpensalamander)	-	+
Bombina variegata (Bergunke)	-	+
Rana temporaria (Grasfrosch)	-	+
Bufo bufo (Erdkröte)	-	+
Reptilia		
Lacerta vivipara (Bergeidechse)		
Anguis fragilis (Blindschleiche)	-	+
Vipera berus (Kreuzotter)	-	+
Aves		
Lagopus mutus (Alpenschneehuhn)	-	+
Lagopus sp.	-	+
Gallinula chloropus (Teichralle)	-	+
Gallinago media (Doppelschnepfe)	-	+
Corvidae indet.	-	+
Turdidae indet.	-	+
Mammalia		
Talpa europaea	+	+
Sorex macrognathus	-	+
Sorex cf. *coronatus*	-	+
Sorex minutus	-	+
Sorex alpinus	-	+
Neomys cf. *anomalus*	-	+
Marmota marmota	+	+
Apodemus sylvaticus	-	+
Cricetus cricetus	-	+
Arvicola terrestris	-	+
Microtus arvalis	-	+++
Microtus agrestis	-	+
Microtus oeconomus	-	+
Microtus subterraneus/mutiplex	-	+
Microtus nivalis	-	+++
Clethrionomys glareolus	-	+
Lepus timidus	-	+
Canis lupus	+	+?
Vulpes vulpes	+	+
Ursus spelaeus	+++	-
Ursus arctos	+	+
Mustela erminea	-	+
Martes martes	+	+
Lynx lynx	+	-
Panthera spelaea	+	-
Alces alces	-	+
Cervidae indet.	-	+
Capra ibex	-	+
Rupicapra rupicapra	-	+

Vom Höhlenbären konnten in der Bärengruft zusammengehörige Extremitätenknochen in situ angetroffen werden, in der Eingangshalle fanden sich zusammengehörige Skeletteile vom Steinbock.

Paläobotanik: Aus der Gamssulzenhöhle wurden 47 Sedimentproben aus Grabungsprofilen und aus der Sedimentfüllung eines Höhlenbärenschädels palynologisch bearbeitet. In den Proben aus dem Eingangsbereich der Höhle ist der Erhaltungszustand vorwiegend schlecht, die Pollenführung gering und die Pollentypenzahl niedrig. Nur in den feinkörnigen Sedimenten aus dem Höhlenbärenschädel und in den Proben aus der unteren Höhlenetage wurde gute Erhaltung festgestellt. Die Pollenflora der Sedimente aus der tieferen Höhlenetage, die heute keine Verbindung nach außen hat, enthält etwas höhere Prozentsätze an Baumpollen (*Pinus*, *Picea*, vereinzelt *Tilia*) (DRAXLER 1995).

Archäologie: Ausgrabungen im Eingangsbereich der Gamssulzenhöhle erbrachten etwa 50 spätpaläolithische Stein- und Knochenartefakte. Spätglaziale Kultur- und Faunenreste wurden später in eine ältere Matrix mit Höhlenbärenknochen eingebettet. Der Eingangsbereich stellt das Musterbeispiel einer Fundstelle vom Palimpsest-Typ dar, die verschiedene taphonomische Fazies enthält. Menschliche Einflußnahme auf die Knochen ist nicht leicht nachzuweisen, während zahlreiche Paarhuferreste stark von Carnivoren modifiziert wurden. Die Gamssulzenhöhle diente anscheinend kleinen Gruppen des spätpaläolithischen Menschen als kurzfristige Jagdstation oder Außenlager (KÜHTREIBER & KUNST 1995).

Chronologie (RABEDER 1995):

- Radiometrische Datierungen

Weil die Datierung der ersten Knochenprobe mit der Uran-Serien-Methode ein Alter von rund 25.000 Jahren v.h. ergab, wurden alle folgenden Proben mit der weniger aufwendigen Radiokarbon-Methode datiert. Dabei stellte sich heraus, daß die Höhlenbären aus einem Zeitraum (rund 40.000 bis 25.000 Jahre v.h.) vor dem letzten Glazial stammen, während die fossilen Kleinsäugeraber auch die Steinbock-Reste dem Spätglazial (rund 10.000 bis 14.000 Jahre v.h.) zuzuordnen sind. Ein Bärenknochen, der aus dem Einsturztrichter bei der späteren Grabungsstelle 3 stammt, ergab ebenfalls ein postglaziales Alter. Wir vermuten, daß dieser Knochen vom Braunbären stammt, von dem in der Folge noch weitere Elemente an dieser Stelle gefunden wurden.
Die ermittelten Daten ordnen sich in zwei Gruppen an (Tab.1), die durch einen Zeitraum (ca. 14.000 bis 25.000 Jahre v.h.) voneinander getrennt sind, dem die letzte Vereisungsphase (Würm-Hauptvereisung) zugeordnet wird.

- Ursiden-Chronologie

Die Höhlenbärenreste der Gamssulzenhöhle gehören dem höchsten bisher bekannt gewordenen Evolutionsniveau an. Trotz der weiten zeitlichen Überlappung mit den Ramesch-Bären (s. Ramesch-Knochenhöhle) ergeben sich in den durchschnittlichen Dimensionen und der Evolutionshöhe beträchtliche Unterschiede, die nicht durch die Evolution allein erklärt werden können.

- Spätglaziale Gastropoden und Kleinsäuger

Die in den Sedimenten der Eingangshalle enthaltenen

Gastropoden-Assoziationen haben schon warmzeitliche Akzente, sie entsprechen aber noch nicht einem holozänen Spektrum, was rezente oder frühholozäne Beimengungen ausschließt. Bei den Arvicoliden ist das Auftreten von *Microtus subterraneus/multiplex* überraschend, der bisher als holozäner Einwanderer galt. Die übrigen Kleinsäuger (v.a. die *Sorex-* und *Microtus* -Arten) sind typisch für das Jungpleistozän.

Tabelle 1. Absolute Daten von Knochenproben aus der Gamssulzenhöhle.

Methode	Inst.Nr.	GS-Nr.	Grst.	Qu., Tiefe	Taxon	Alter [ka] BP.
^{14}C	VRI-1327	GS 535	1	G/F7,150-160	*Capra ibex*	10,18 ±0,16
AMS	ETH-11569	GS 437	1	J8,130	*Cricetus cricetus*	10,792-11,087
^{14}C	VRI-1255	KS 1990	1	F-G, 140-170	Rodentia	14,0 ±0,5
^{14}C	Hv 16893	GS 171	1	G8, 171	*U. spelaeus*	25,965 ±0,78
^{14}C	Hv 16892	o. Nr.	1	140-150	*U. spelaeus*	27,52 ±0,645
^{14}C	VRI-1226	GS 123	1	F8, 140-150	*U. spelaeus*	31,5 +1,3/-1,1
^{14}C	VRI-1228	GS 166	1	F8, 180-200	*U. spelaeus*	34,3 +2,4/-1,9
^{14}C	VRI-1326	GS 638	1	F5, 185-200	*U. spelaeus*	38,0 +2,/-1,9
^{14}C	VRI-1227	GS 161	2	130-145	*U. spelaeus*	38,0 +3,3-2,3
US	VRI-GS I	o. Nr.	3	HB-Schicht	*U. arctos* ?	10,8 +0,8-2,5
US	VRI-GS II	o. Nr.	3	HB-Schicht	*U. spelaeus*	25,4 ±1,5

Anmerkungen:
^{14}C = konventionelle Radiokarbondaten, US = Uran-Serien-Daten
AMS = Beschleuniger-Daten
VRI = Institut für Radiumforschung und Kernphysik der Universität Wien
Hv = Niedersächsisches Landesamt für Bodenforschung, Hannover
ETH = Institut für Teilchenphysik der ETH Zürich
Grst. = Grabungsstelle, QU = Quadrant, HB-Schicht = Höhlenbärenschicht

Klimageschichte:
Der Beginn der Höhlenbärenzeit liegt in einer Warmphase des Mittelpleistozäns, wie wir aus den Befunden der Ramesch-Knochenhöhle wissen. Wesentlich ungünstiger war das Klima um 25.000 Jahre v.h. Die ausgezeichnet erhaltenen Pollen aus einem Höhlenbärenschädel von der Grabungsstelle 2 lassen erkennen, daß die Höhlenumgebung um diese Zeit nicht mehr bewaldet war, die Waldgrenze lag bei ungefähr 1000m. Von der folgenden Vereisungsphase des Würm-Hochglazials gibt es in der Höhle keine Sedimente.
Die spätglazialen Sedimente der Eingangshalle lassen sich anhand der Gastropoden und Arvicoliden ökologisch untergliedern: Auf eine kalte Phase (240-170cm unter NN) folgte eine Warmphase (150-170cm) mit Waldbereichen, in denen die Coniferen dominierten. In den Sedimenten darüber (120-150cm) klingen wieder etwas kühlere Bedingungen an (Baumgruppen) (FRANK 1995).
Die holozäne Warmzeit ist in der Höhle nicht durch Organismenreste belegt.

Aufbewahrung: Inst. Paläont. Univ. Wien.

Rezente Sozietäten:
Die rezente Molluskenfauna wurde an 11 Untersuchungsbereichen zwischen 770 m und 1.550 m SH, einschließlich der Gleinkersee-Ufer, erhoben (Probennahmen M. Parrag und W. Sadik), siehe FRANK 1991.
Valvata piscinalis, Valvata piscinalis antiqua, Bythinella austriaca, Acicula lineata, Carychium minimum, Carychium tridentatum, Planorbis carinatus, Gyraulus albus, Gyraulus crista, Ancylus fluviatilis, Galba truncatula, Cochlicopa lubrica, Pyramidula rupestris, Columella edentula, Columella columella, Truncatellina monodon, Vertigo pusilla, Vertigo antivertigo, Vertigo geyeri, Abida secale, Chondrina avenacea, Chondrina clienta, Orcula dolium, Orcula gularis, Orcula pseudodolium, Orcula sp. (juvenil), *Vallonia costata, Vallonia pulchella, Acanthinula aculeata, Ena montana, Cochlodina laminata, Macrogastra ventricosa, Macrogastra plicatula, Macrogastra tumida,· Macrogastra* sp. (juvenil), *Clausilia dubia, Neostyriaca corynodes, Balea biplicata,* Clausiliidae (juvenil), *Oxyloma elegans, Succinella oblonga,* Succineidae (juvenil), *Punctum pygmaeum, Discus perspectivus, Zonitoides nitidus, Euconulus fulvus, Euconulus alderi, Semilimax semilimax, Semilimax kotulae, Vitrina pellucida, Vitrea diaphana, Vitrea subrimata, Aegopis verticillus, Aegopinella pura, Aegopinella nitens, Perpolita hammonis, Oxychilus cellarius, Oxychilus draparnaudi, Limax* sp. (Schälchen), *Deroceras* sp. (Schälchen, 2-3 Arten), *Fruticicola fruticum, Trichia hispida, Trichia sericea, Petasina unidentata, Petasina edentula, Petasina/Trichia* sp. (juvenil), *Monachoides incarnatus, Urticicola umbrosus, Helicodonta obvoluta, Arianta arbustorum, Arianta arbustorum alpicola, Helicigona lapicida, Chilostoma achates ichthyomma, Causa holosericea, Helix pomatia, Unio pictorum, Anodonta anatina, Pisidium amnicum, Pisidium milium, Pisidium pseudosphaerium, Pisidium subtruncatum, Pisidium obtusale, Pisidium personatum, Pisidium casertanum, Pisidium* sp. (Embryonen). - Gesamt: 78.
Eine arten- und individuenreiche Molluskenfauna, die reichlich strukturierten, meist felsbetonten Lebensraum anzeigt. Die höchsten Arten- und Individuenzahlen wurden in etwa 800 m SH, im Umkreis des Gleinkersees angetroffen; ein zweiter Schwerpunkt liegt bei 1300 m (FRANK 1991).

Literatur:
DRAXLER, I. 1995. Palynologische Untersuchungen der jungpleistozänen Sedimente aus der Gamssulzenhöhle bei Spital a. Pyhrn (Oberösterreich). - In: RABEDER, G. 1995 (ed.). Die Gamssulzenhöhle im Toten Gebirge. - Mitt. Komm. Quartärforsch. Österr. Akad. Wiss., **9**: 37-49, Wien.

EHRENBERG, K. 1962. Bemerkungen über die Bestände an Höhlenfunden im Oberösterreichischen Landesmuseum. - Jahrbuch des Oberösterr. Musealvereines, **107**: 394-437, Linz.
FRANK, C. 1991. Mollusca (Gastropoda) aus der Gamssulzenhöhle im Toten Gebirge. Vergleichende Untersuchungen rezenter und ehemaliger Faunenverhältnisse. - Unpubl. Manuskript, Inst. f. Paläontologie, Univ. Wien, 94pp, Wien.
FRANK, C. 1995. Mollusca (Gastropoda) aus der Gamssulzenhöhle im Toten Gebirge. Vergleichende Untersuchungen rezenter und ehemaliger Faunenverhältnisse. - In: RABEDER, G. 1995 (ed.). Die Gamssulzenhöhle im Toten Gebirge. - Mitt. Komm. Quartärforsch. Österr. Akad. Wiss., **9**: 53-59, Wien.
FRANK C., KUNST G., MLIKOVSKY, J., NAGEL, D., RABEDER, G., RAUSCHER, K. & REINER, G. 1995. Liste der fossilen Faunen der Gamssulzenhöhle im Toten Gebirge (OÖ.). - In: RABEDER, G. 1995 (ed.). Die Gamssulzenhöhle im Toten Gebirge. - Mitt. Komm. Quartärforsch. Österr. Akad. Wiss., **9**: 51-52, Wien.
KÜHTREIBER, Th. & KUNST, G.K. 1995. Das Spätglazial in der Gamssulzenhöhle im Toten Gebirge (Oberösterreich) - Artefakte, Tierreste, Fundschichtbildung, - In: RABEDER, G. 1995 (ed.). Die Gamssulzenhöhle im Toten Gebirge. - Mitt. Komm. Quartärforsch. Österr. Akad. Wiss., **9**: 83-120, Wien.
PAVUZA, R. 1995a. Die geologische Situation im Bereich der Gamssulzenhöhle im Toten Gebirge (Oberösterreich). - In: RABEDER, G. 1995 (ed.). Die Gamssulzenhöhle im Toten Gebirge. - Mitt. Komm. Quartärforsch. Österr. Akad. Wiss., **9**: 13-14, Wien.
PAVUZA, R. 1995b. Die Sedimente der Gamssulzenhöhle (Warscheneck, Oberösterreich). - In: RABEDER, G. 1995 (ed.). Die Gamssulzenhöhle im Toten Gebirge. - Mitt. Komm. Quartärforsch. Österr. Akad. Wiss., **9**: 23-26, Wien.
RABEDER, G. 1995. Chronologie der Gamssulzen-Höhle im Toten Gebirge (Oberösterreich) - In: RABEDER, G. 1995 (ed.). Die Gamssulzenhöhle im Toten Gebirge. - Mitt. Komm. Quartärforsch. Österr. Akad. Wiss., **9**: 129-133, Wien.
RABEDER, G. & WEICHENBERGER, J. 1995. Die Gamssulzenhöhle bei Spital am Pyhrn im Toten Gebirge - Lage, Morphologie und Forschungsgeschichte. - In: RABEDER, G. 1995 (ed.). Die Gamssulzenhöhle im Toten Gebirge. - Mitt. Komm. Quartärforsch. Österr. Akad. Wiss., **9**: 1-12, Wien.
SCHÖNER, M. & W. 1995. Neuvermessung und Kartographie der Gamssulzenhöhle im Toten Gebirge (Oberösterreich). - Mitt. Komm. Quartärforsch. Österr. Akad. Wiss., **9**: 15/16, Wien.

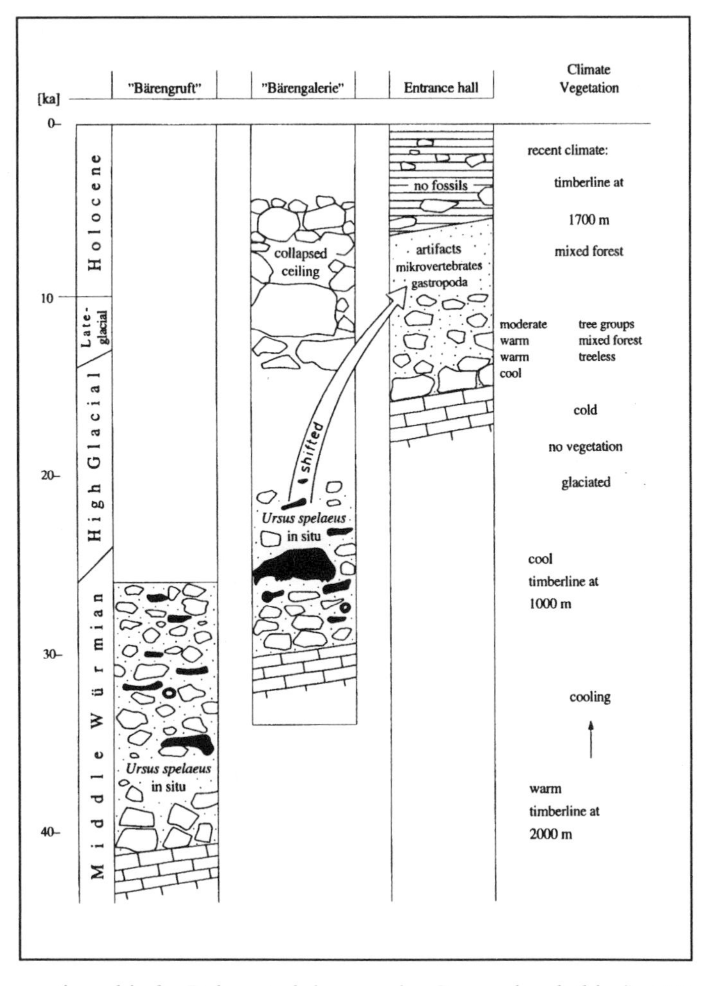

Abb.1: Chronostratigraphische Rekonstruktion aus der Gamssulzenhöhle (RABEDER 1995:131)

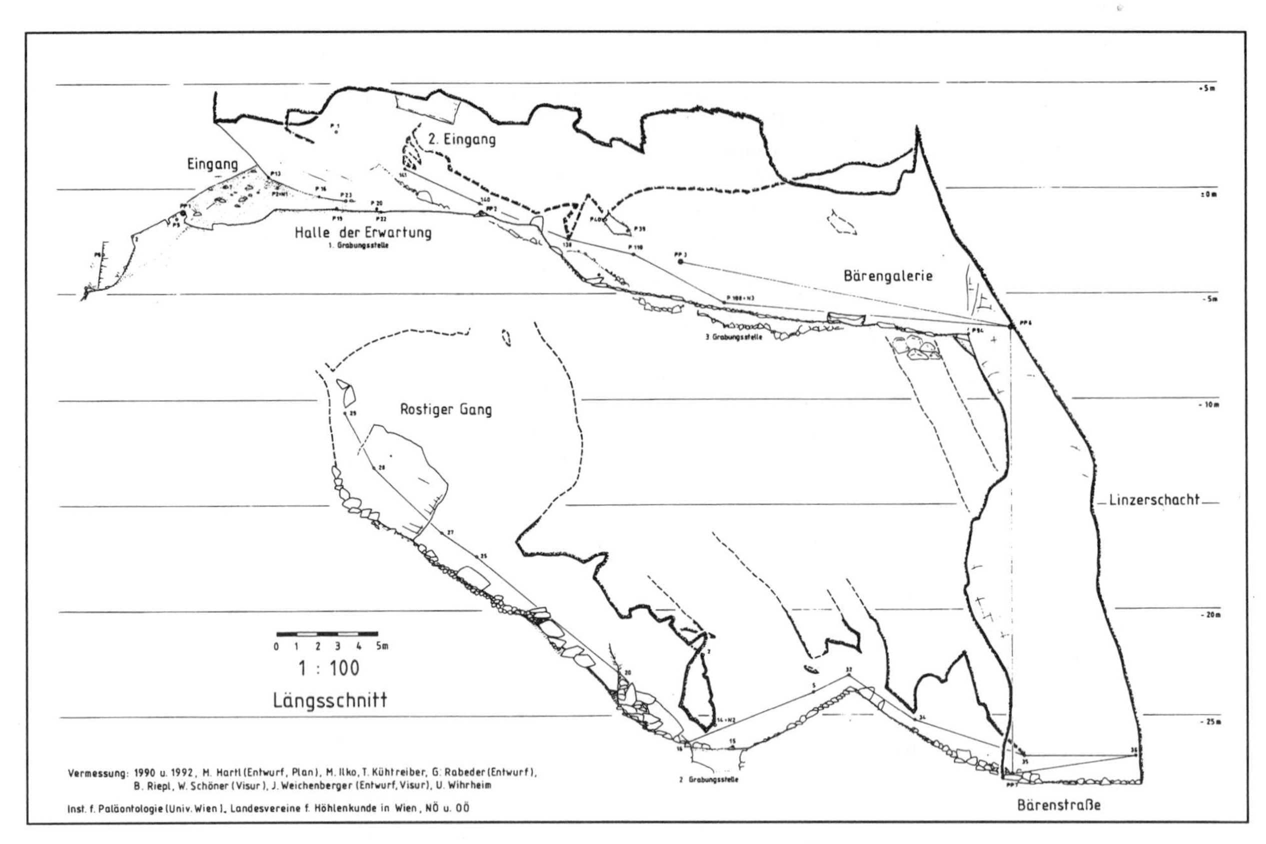

Abb.2: Längsschnitt der Gamssulzenhöhle (SCHÖNER 1995)

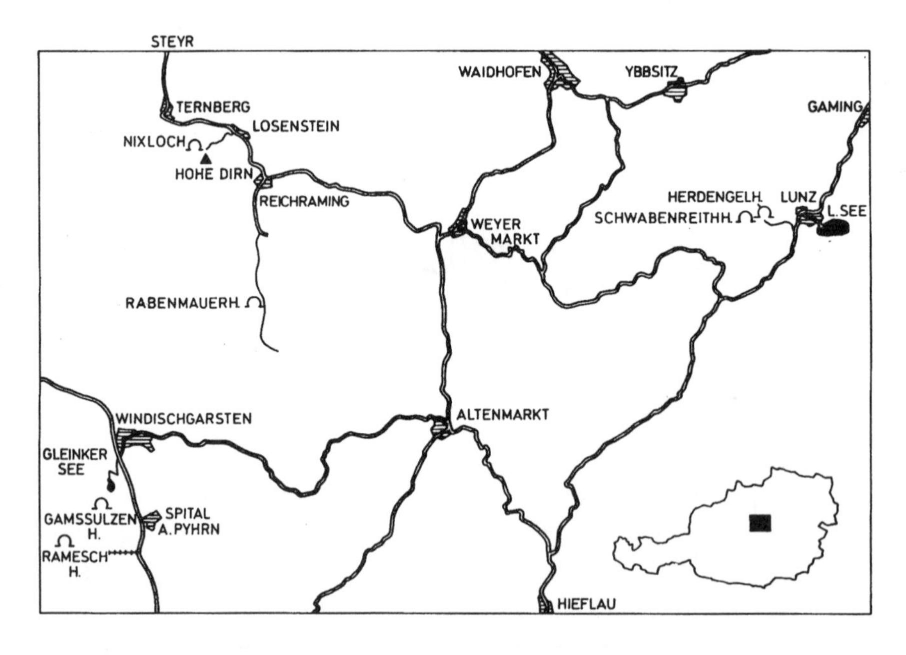

Abb.3: Lageskizze der Fundstellen Gamssulzenhöhle, Ramesch-Knochenhöhle, Herdengelhöhle, Schwabenreithhöhle, Nixloch bei Losenstein-Ternberg und Rabenmauerhöhle

Bärenhöhle im Hartelsgraben

Gernot Rabeder

Alpine Bärenhöhle, Jungpleistozän
Synonyme: Hartlesgrabenhöhle, Bärenhöhle im Hartlesgraben, Bärenhöhle bei Hieflau, Bärenloch, Boanloch, Hg

Gemeinde: Hieflau
Polit. Bezirk: Leoben, Steiermark
ÖK 50-Blattnr.: 100, Hieflau
14°42'48" E (RW: 187mm)
47°34' N (HW: 147mm)
Seehöhe: 1230m
Österr. Höhlenkatasternr.: 1714/1
Naturdenkmal nach dem Bescheid des Bundesdenkmalamtes (Zl 7062/48) von 23.08.1948.

Lage: In der z. T. bewaldeten, z.T. felsigen Westflanke des Schalenkogels, eines nordwestlichen Vorberges des Lugauers (2206m) im Gesäuse, etwa 130m oberhalb der Hartelsgrabenjagdhütten.
Zugang: Von den Jagdhütten, die man aus dem Ennstal auf einem markierten Fahrweg (Fahrverbot) durch den Hartelsgraben erreicht, etwa 100m in Richtung Lugauer, dann links durch Wald und über kleine Felsstufen zum großen Höhlenportal, insgesamt 2 Stunden.
Geologie: Im gebankten Dachsteinkalk (Ober-Trias) des Hochtorzuges.

Fundstellenbeschreibung: Vom 18m breiten und 8m hohen, nach SSW gerichteten Portal zieht ein breiter Gang (Halle 1) zuerst nach NE dann nach ENE. Ein 15m hoher Deckensturz unterbricht den fast horizontalen Verlauf dieses Gangabschnittes. Nach Überkletterung der riesigen Blöcke ("Trümmerberg") erreicht man die 2. Halle, den Hauptfundpunkt der Fossilien. Von hier führt ein schmaler Gang mit Auf- und Abstiegen nach NNE, der kaum Fossilien enthält. Großräumiger ist die Fortsetzung nach Norden: mehrere enge Gänge führen abwärts in die Halle 3, deren Boden dem Einfallen der Schichten nach Norden folgt. Ein steiler Gang leitet schließlich zu den tiefsten Teilen der Höhle. Die in der Halle 3 und den tiefer liegenden Gängen gefundenen Knochen dürften durch Verfrachtung aus der Halle 2 hierher gelangt sein.

Forschungsgeschichte: MOTTL (1949) beschrieb angebliche Artefakte aus dieser Höhle. Im Rahmen der Prospektion der Phosphatlagerstätten Österreichs wurden die Sedimente untersucht (SCHOUPPÉ 1949). Die von MOTTL (1949), BACHMAYER & ZAPFE (1960) und EHRENBERG (1964) beschriebenen Säugetierreste stammen von unbefugten Grabungen. Bei der ersten wissenschaftlichen Grabung durch das Institut für Paläontologie der Universität Wien (unter Leitung von G. Rabeder und im Auftrag des Landesmuseums Joanneum) im Jahre 1986 konnten keine fossilführenden Sedimente in situ angetroffen werden. Die lehmigen Sedimente der Hallen 2 und 3 waren bis in größere Tiefe durch Raubgrabungen gestört, die Schädel-Reste sowie die größeren Knochen waren entwendet. Kleinere Reste wie isolierte Molaren, Metapodien und Elemente der Autopodien konnten aber in so großer Anzahl geborgen werden, daß die Bestimmung des Evolutionsniveaus möglich war.

Sedimente und Fundsituation: Über den Phosphatgehalt der Sedimente in den Hallen 2 und 3 liegt ein Bericht von SCHOUPPÉ (1949) vor. Der Gehalt an P_2O_5 schwankt zwischen 0,5 und 30,2 %. Eine Profilaufnahme der ungestörten Sedimente existiert nicht.

Fauna (n. MOTTL 1949 u. det. Rabeder)

Ursus spelaeus, dominant
Gulo gulo
Panthera spelaea
Capra ibex

Höhlenbärenreste: Da über diese Funde bisher nur kleine Mitteilungen vorliegen, werden hier einige neue Ergebnisse bekannt gemacht.
Mottl (unpubliziertes Manuskript): "Ein Radius und eine Tibia unter dem Minimum von Mixnitz, letztere auch gering torsiert (49°). Ein anderer Radius + Ulna sehr groß. Metacarpalia und Metatarsalia groß, stark, Mt 2 aber klein. Canin schlank, übrige Zahngrößen mittel. Am P^4 der Deuterocon hinten, Verbindungskamm zwischen Trito-Deuterocon. Zweiwurzelig. M^1 vorne breiter, aber Para-Metastyl sehr schwach, sonst speläoid, dreiwurzelig. M^2 (4 Stück) teils sehr speläoid, Mittelfeld gekörnelt, teil sehr klein, flachfaltig. Vierwurzelig. M_{1-3} speläoid, mittlere Größe. - Im allgemeinen speläoid, mit wenigen atavistischen Zügen."
Bemerkenswert sind die von EHRENBERG beschriebenen juvenilen Reste, besonders ein fast komplettes Skelett eines etwa 7 Monate alten Höhlenbärenkindes.
Die bei der Grabung 1986 geborgenen Einzelzähne bestätigen MOTTLs Recherchen, daß der Hartelsgraben-Bär ein typischer Höhlenbär mit mittleren Dimensionen und einem mittleren Evolutionsniveau war, wie folgende Übersicht zeigt.

Tabelle 1. Zahnmaße von *Ursus spelaeus* aus der Bärenhöhle im Hartelsgraben

	min.	max.	Mittel	n
P^4	17,9	22,8	20,49	23
M^1	26,0	31,6	28,1	29
M^2	39,5	51,6	43,67	24
M_3	23,4	31,6	27,03	34
M_2	27,4	33,2	30,05	38
M_1	26,5	33,0	30,58	38
P_4	13,4	17,5	15,41	18

P^4-Morphotypen: 2 A, 9 A/B, 7 B, 4 B/D, 10 D, 1 E
P_4-Morphotypen: 7 C1, 1 C1/2, 4 D1, 1 D1/2, 1 D/E1, 1 E1, 3 C2, 2 D2

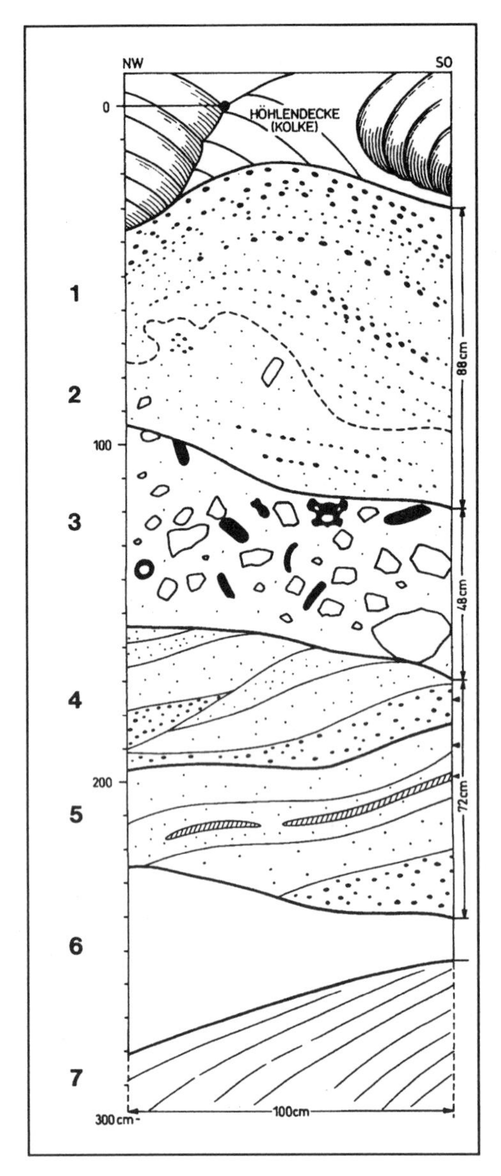

Abb.1: Profil (halbschematisch) im hinteren Abschnitt der Bärenhöhle im Hartelsgraben, aufgen. F.A. Fladerer 11.09.1986:

1 graubrauner, geschichteter und gradierter Grobsand (Komponentenø ±1cm bis ±2cm), mit fein hellbraunen, feinsandigen Zwischenlagen, fossilleer (?)
2 brauner, stark verlehmter Feinsand mit grobsandigen Zwischenlagen und geringem Schuttanteil, fossilleer (?)
3 lockerer, gelblichbrauner, feinsandiger Lehm mit reichlicher Fossilführung und Steinen (-±20cm ø) [im Profilbereich Fund eines vollständigen Schädels von *Ursus spelaeus*]
4 gelbbraune, glimmerige, gradierte, kreuzgeschichtete Sande
5 rotbraune, tonige Zwischenschicht (Matrix von Grobsand) mit hellgelblichgrauen Lehmzwischenlagen
6 hellgelbbrauner, plastischer Lehm
7 Schuttfächer des heutigen Höhlenbodens

Paläobotanik: kein Befund.

Archäologie: Die beiden von MOTTL (1949) als Artefakte des Aurignacien angesehenen Höhlenbärenreste ("Knochenpfriem", "Zahnklinge") sind nach heutiger Ansicht ohne Einwirkungen des Menschen entstanden. Somit gibt es keinen archäologischen Befund.

Chronologie:
Radiometrische Daten: Von einem Höhlenbärenknochen liegt ein Uran-Thorium-Datum vor (WILD & al. 1989): 35.000 +8400/-7700 Jahre v.h.
Ursiden-Chronologie: Die morphodynamischen Indices der Prämolaren betragen für den P^4 122,7 (n=33) und für den P_4 156,3 (n=20). Diese Werte entsprechen einem Mittel-Würm-Niveau, was mit dem absoluten Datum übereinstimmt.
Die Hartelsgrabenhöhle war vom Höhlenbären zumindest im Mittelwürm, wie schon MOTTL vermutet hat, bewohnt gewesen, eine genauere zeitliche Eingrenzung ist wegen der Störung der Sedimente nicht möglich.

Klimageschichte: keine Aussagen möglich.

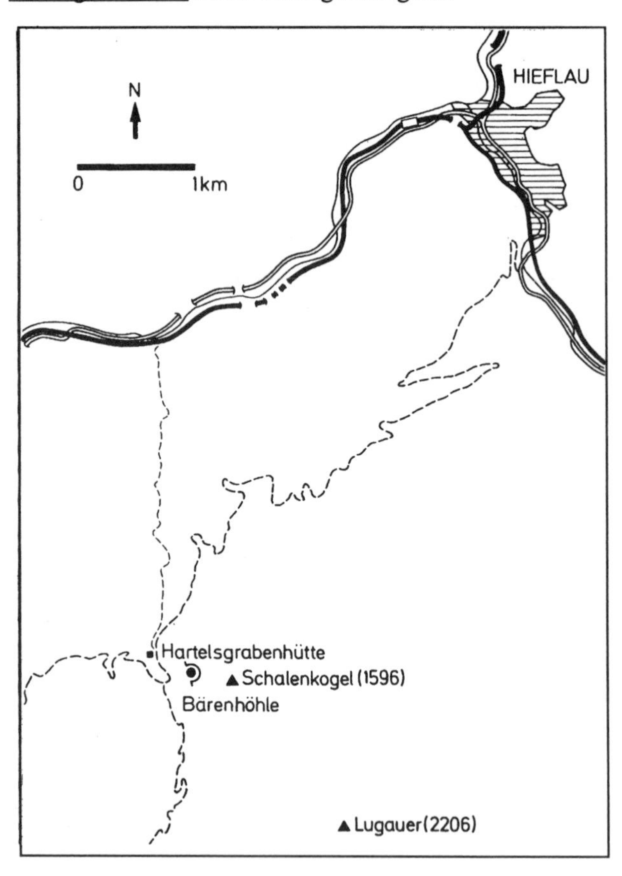

Abb.2: Lageskizze der Fundstelle Bärenhöhle im Hartelsgraben

Aufbewahrung: Naturhist. Mus. Wien, Landesmus. Joanneum Graz und Inst. Paläontologie, Univ. Wien.

Literatur:

BACHMAYER, F. & ZAPFE, H. 1960. Neue Funde aus einer eiszeitlichen Bärenhöhle. - Veröff. Naturhist. Mus. N. F., **3**: 26-29, Wien.

EHRENBERG, K. 1964. Ein Jungbärenskelett und andere Höhlenbärenreste aus der Bärenhöhle im Hartlesgraben bei Hieflau (Steiermark). - Ann. Naturhist. Mus., **67**: 189-252, Wien.

MOTTL, M. 1949. Weitere Spuren des Aurignacmenschen in Steiermark. - Protok. 3. Vollversmlg. Bundeshöhlenkomm. Bundesmin. Land- Forstw. Wien.

SCHOUPPÉ, A. 1949. Die Phosphatlagerstätten in der Steiermark. - Protok. 3. Vollversmlg. Bundeshöhlenkomm. Bundesmin. Land- Forstw. Wien.

WILD, E., STEFFAN, I. & RABEDER, G., 1989: Uranium series dating of fossil bones. – IRK Progress Rep., **1987/1988**: 53–56, Wien.

Höhlenbucheinlage f. Bärenhöhle (Hartelsgraben), Planbeilage S. 13 (Archiv der Karst- und Höhlenkundl. Abt. d. Naturhist. Mus. Wien).

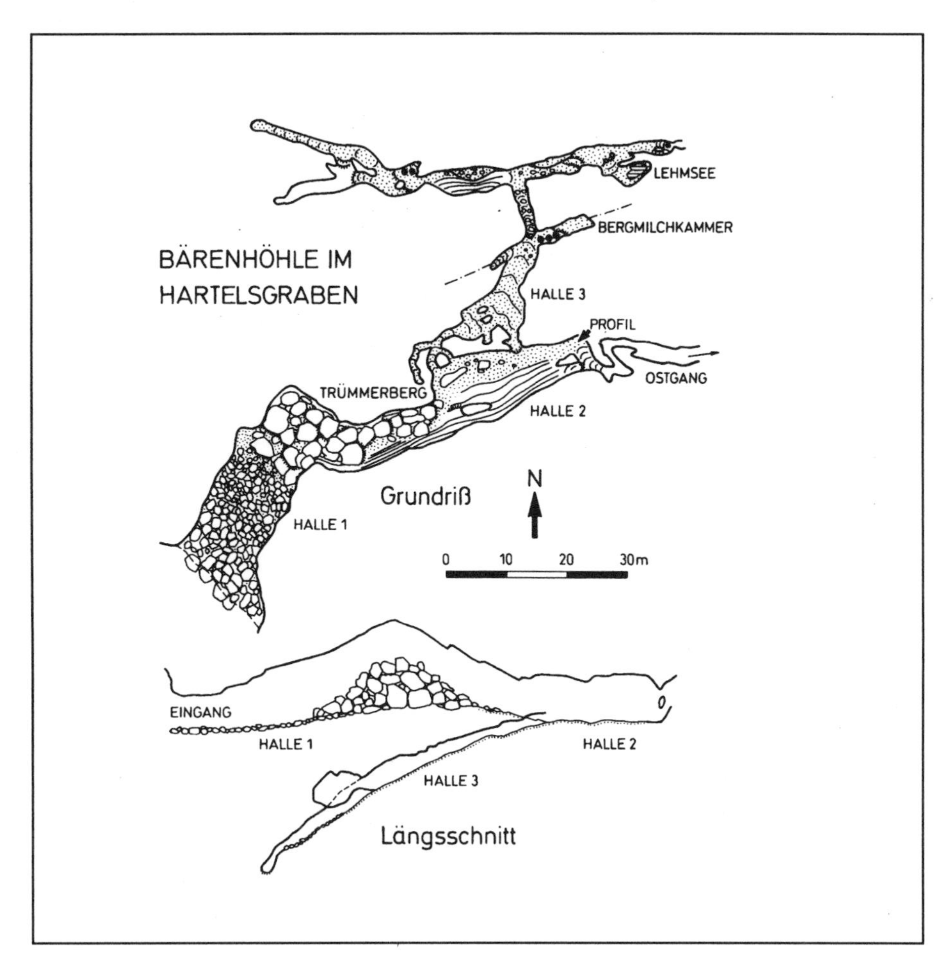

Abb.3: Höhlenplan der Bärenhöhle im Hartelsgraben (nach TRIMMEL 1947, Höhlenbucheinlage)

Äußere Hennenkopfhöhle

Petra Cech, Karl Mais & Rudolf Pavuza

Hochalpine Bärenhöhle, Mittelwürm?
Kürzel: HK

Gemeinde: Saalfelden
Polit.Bezirk: Zell am See, Salzburg
ÖK 50-Blattnr.: 124, Saalfelden
Seehöhe: 2070m
Österr Höhlenkatasternr.: 1331/14

Lage: Im Hennenkopf unweit des Eichstätter Weges beim Ingolstädter Haus (Steinernes Meer; Salzburg).
Zugang: Über den Diessbach-Stausee und das Ingolstädter Haus etwa eine halbe Stunde Richtung Riemannhaus ("Eichstätter Weg"), der Eingang zur Höhle liegt einige Zehnermeter nördlich des Weges am oberen Ende einer Karstschlucht, ist jedoch vom Weg aus nicht sichtbar und schwer zu finden.

Geologie: Im sehr gut gebankten, flach gegen Norden einfallenden, obertriassischen Dachsteinkalk des Tirolikums. Viele Höhlengänge orientieren sich an den N/S-streichenden, an der Oberfläche kartierbaren Großklüften in Verbindung mit dem Schichtfallen gegen Norden, etliche der W/E gerichteten Gänge können mit den heute zumeist calcitverheilten WSE/ENE- streichenden Mikroklüften in Zusammenhang gebracht werden.

Fundstellenbeschreibung: Durch den NE-schauenden Eingang mit markantem Kastenprofil erreicht man über die "Czoernighalle" den Grund eines rund 20 m tiefen, von der Oberfläche herabziehenden Schachtes mit Schneekegel, der eine in die Tiefe führende Eisrutsche speist. Diese Fortsetzung ist unter ungünstigen klimatischen Bedingungen ganzjährig verschlossen. Wenige Meter nach Beginn der "Eisrutsche", die in den Hauptteil der Hennenkopfhöhle - über Schachtstufen - führt, erreicht man durch einen engen Durchschlupf den meist ansteigenden "Bärengang", der nach einigen Zehnermetern an einem vereisten Versturz endet. Der Durchstieg zur Oberfläche ist trotz geringer Überlagerung gegenwärtig nicht möglich. Im Bärengang fanden sich in einem kleinen Schacht sowie in einem niederen Gang mit elliptischem Profil Höhlenbärenreste auf sekundärer Lagerstätte.

Forschungsgeschichte: Die Höhle wurde 1942 von W. CZOERNIG entdeckt (KLAPPACHER & KNAPZCYK 1977), die Erforschung - durch Nürnberger Höhlenforscher - setzte indessen erst 1984 ein. Gegenwärtig sind rund 3800 m Ganglänge vermessen, ein Zusammenhang mit dem benachbarten, zur Zeit auf 44km vermessenen Kolkbläser-Monsterhöhlensystem (Kat.Nr. 1331/25 und 141) konnte wohl noch nicht gefunden werden, ist aber aus höhlenkundlicher Sicht zu erwarten (KLAPPACHER 1997). Zwischen 1986 und 1991 erfolgten Grabungen durch die Karst- und höhlenkundliche Abteilung des Naturhistorischen Museums Wien, die die Bergung der meist oberflächlich lagernden Höhlenbärenreste zum Ziele hatten. Diese Arbeiten gestalteten sich wegen der Enge der Grabungsstellen und der Kälte (+1°C) als recht unangenehm. In einem Sommer konnte die Grabungsstelle wegen gänzlicher Vereisung des Zustieges nicht erreicht werden.
Eine umfassende Darstellung der Ergebnisse, verzögert unter anderem auch wegen Datierungsproblemen, ist in Vorbereitung.

Sedimente und Fundsituation: Die fast zur Gänze in Oberflächennähe zu findenden, zumeist schlecht erhaltenen Höhlenbärenreste liegen in einem durch Frosteinwirkung aufgelockerten, schuttreichen Höhlenlehm, unter dem in wenigen Dezimetern Tiefe eine zerbrochene Sinterdecke folgt, in deren Spalten Höhlensediment eingeschwemmt wurde. Die tieferen Lagen und der Bereich unter den Sinterplatten ist fossilleer. Außer den Höhlenbärenresten konnten lediglich verschiedene Fledermausknochen (indet.) festgestellt werden. Die Lagerungsverhältnisse zeugen von der Einschwemmung und mehrfachen Umlagerung des Höhlensedimentes, wobei Höhlensedimente aus höheren Bereichen über den heute vereisten Versturz in den Bärengang und weiter in Richtung Eisrutsche bis in eine kleine schachtartige Vertiefung gelangten. Von der ursprünglichen Bärenhöhle, also einem halbwegs ebenen Höhlenraum oberhalb des tagnahen Eisversturzes beim Bärengang, ist heute nichts mehr zu finden.
Die Tatsache, daß bei den Bärenresten juvenile Formen vorherrschen, legt nahe, daß es sich bei der ursprünglichen, heute nicht mehr existenten Bärenhöhle um eine Wochenstube gehandelt haben könnte. Ob dieses Phänomen kausal mit einer möglicherweise katastrophenartigen Zerstörung der Wochenstube zusammenhängt, läßt sich derzeit nicht beantworten.

Fauna:

Gastropoda: negativer Befund (C. Frank, mündl.Mitt., Stichproben wurden von M. Jakupec geschlämmt und ausgesucht).

Mammalia
Chiropteria indet.
Wühlmaus (1 Ex.)
Ursus spelaeus (70 % juvenil/neonat)

Keine weitere Begleitfauna !

Paläobotanik: kein Befund.

Chronologie: Die ^{14}C-Datierung der Höhlenbärenknochen mittels AMS (Univ. Groningen NL) erbrachte - je nach Modell - nur teilweise befriedigende Ergebnisse, je nach gewähltem Berechnungsmodell zwischen 50.200 (+7200,+3700) BP und ">43.900", also am äußersten Rand der Methode liegend. Eine Verifizierung dieser Angaben mittels der Uran-Serien-Methode konnte noch nicht erreicht werden. Die Datierung der basalen Sinterlagen mit der Uran-Thorium-Methode scheiterte infolge des hier vorliegenden "offenen Systems" (Einlagerung von sekundärem Th-230, vermutlich bei Überflutungen des Höhlenabschnittes). Das Evolutionsniveau des Höhlenbären spricht für ein Alter im Bereich der Mittelwürm-Warmzeit.

Klimageschichte: Direkte Daten zur Klimatologie liegen nicht vor, einige Rezentvergleiche führen jedoch die geomorphologisch erforderlichen Prozesse vor Augen, die für die Zerstörung der ursprünglichen Bärenhöhle und den Transport in den heutigen "Bärengang" maßgeblich waren.
Unter den heutigen Gegebenheiten ist in dem eher flachen Plateaurelief um die Höhle weder eine derartig nachhaltige Zerstörung oder gar der gravitative Abtransport des Materials der ehemaligen Höhlendecke nachvollziehbar. Modellversuche zeigten, daß auf den flachen Karrenplatten interessanterweise selbst kleine Steine (<1000g) keinerlei Bewegung im Zuge von Niederschlagsereignissen oder der Schneeschmelze im Frühjahr erfuhren.
Rezente Überschwemmungen oder auch nur deren Folgen konnten im Untersuchungszeitraum im Bärengang jedenfalls nicht beobachtet werden.

Aufbewahrung: Naturhist. Mus. Wien (Karst und Höhlenkundliche Abteilung).

Literatur:
KLAPPACHER, W. & KNAPCZYK, H. 1977. Salzburger Höhlenbuch. Band **2**.- Salzburg (Landesver. f. Höhlenkunde).
KLAPPACHER, W. (Red.) 1997. Salzburger Höhlenbuch. Band **6**, Salzburg.

Herdengelhöhle

Christa Frank & Gernot Rabeder

Alpine, mittel- bis jungpleistozäne Bärenhöhle
Synonyme: Herdengelbauernhöhle, HD

Gemeinde: Lunz am See, (KG Ahorn)
Polit. Bezirk: Scheibbs, Niederösterreich
ÖK 50-Blattnr.: 71, Ybbsitz
14°58'38" E (RW: 208mm)
47°50'25" N (HW: 199mm)
Seehöhe: Haupteingang 878m, oberer Eingang: 883m
Österr. Höhlenkatasternr.: 1823/4

Lage: Südwestlich des Gehöftes Herdengel, am Nordhang des Scherzlehnerberges (siehe Lageskizze Gamssulzenhöhle, FRANK & RABEDER, dieser Band).
Zugang: Von der Straße zwischen den Gehöften Ramsau und Schwabenreith zweigt ein nach Süden ansteigender Traktorweg ab, dem man etwa 10 Minuten folgt. Bei einer scharfen Rechtskurve der roten Markierung folgend geradeaus und über ein Steiglein steil empor zur Höhle.
Geologie: Die Höhle ist im obertriadischen Opponitzer Kalk angelegt, darunter liegen mächtige Lunzer Schichten.

Fundstellenbeschreibung: Eine relativ kleine Höhle; im Haupteingang 8 m breit und 1,5m hoch. Dieser führt in einen erst nach Süden, dann nach Südwesten verlaufenden Gang, der nach etwa 10m in eine geräumige Halle mit Kolkbildungen und bis 11m Höhe mündet. An ihrer Westseite münden zwei Tagöffnungen; in ihrem südwestlichen Teil beginnt unterhalb eines Schlotes ein Kluftgang - 2,5 bis 3m hoch -, der nach 30m nach Westen biegt. Die steil aufwärts nach Norden führende Endkammer kann nur noch schliefend erreicht werden. Am Boden des erwähnten Kluftganges Wasseransammlung (HARTMANN 1985, NAGEL & RABEDER 1991).
Gesamtlänge: 129m.

Forschungsgeschichte: Nach ergebnislosen Grabungen von H. Gams und H. Müller 1927 und 1928 wurde die Fossilführung der Höhle im Jahre 1935 durch W. ABRAHAMCZIK im Zuge einer Dissertation an der Univ. Wien (unter O. Abel und G. Kyrle) entdeckt. Erfolgreiche Grabungen fanden zwischen 1983 und 1989 statt, durchgeführt vom Inst. f. Paläontologie der Univ. Wien unter G. RABEDER, in Zusammenarbeit mit dem Naturhistorischen Museum Wien, Abt. f. Karst- und Höhlenkunde (MAIS & RABEDER 1985).

Sedimente und Fundsituation: Das Schichtpaket von über 8m Dicke reicht vom späten Riß (etwa 130.000 BP) bis ins Mittelwürm (etwa 45.000 BP). Es konnten sechs Schichtgruppen mit verschiedenen Evolutionsniveaus des Höhlenbären unterschieden werden. Die reiche Fossilführung und die autochthone Lagerung der Knochen machten es erstmalig möglich, die Entwicklung des Höhlenbären über einen größeren Zeitraum nachzuvollziehen:
Unter einer fast 2m mächtigen, fossilarmen, hellgelben Lehmschicht, die stark von Geröll und Schutt durchsetzt war und die nur in den liegenden Partien Höhlenbärenreste enthielt (= Schicht 6: 200-280cm), lagen eine hellrote Lehm- und eine deutliche Blockschichte. Dies deutet eine Erosionsphase an (Schicht 5: 280-300cm). Schicht 4 (300-330cm) und Schicht 3 (330-360cm) enthielten braun verfärbte Knochen, die z. T. sehr gut erhalten waren und auf große Individuen hindeuten. Schicht 2 (360-380cm) zeigt um etwa 380cm unter der Null-Linie den Beginn einer Sinterbildungsphase. Auf einer Lehmschicht war eine Karbonatsinterschichte mit z. T. schön geformten Stalagmiten aufgewachsen. In dieser Schicht waren nur wenige Knochen enthalten. Schicht 1 (380-430cm), schwarz-gelber Lehm, enthielt schwarz verfärbte Knochen von verhältnismäßig kleinen und noch primitiveren Höhlenbären. Zuletzt folgte nochmals Sinter und steriler Feinsand bis etwa 750 cm. (LEITNER-WILD & al. 1994).

Fauna: W. ABRAHAMCZIK legte während seiner Grabungen im Bereich des Haupteinganges in einer Tiefe von 1,8m ein reiches Lager von Höhlenbärenknochen frei. Die späteren Grabungen in der Halle (1983) und im Eingangsbereich (1983-1989) durch RABEDER und MAIS ergaben reiches Fundgut in gutem Erhaltungszustand, in zweifellos autochthoner Lagerung, mit einer für alpine Höhlen relativ reichen Begleitfauna.
Die Gastropoden konnten während dieser Grabungen nicht erfaßt werden. Ein Teil des Abraumes und der verfüllten Sedimente wurde 1993 durch C. Frank untersucht.

Gastropoda (det. C. Frank)
Probe 1: Aus dem Bereich des Profiles der Grabungsstelle 1983-89 im Eingangsbereich; verfülltes Material.
Probe 2: Eingangsbereich, aus der Grabungsfläche W. ABRAHAMCZIK; Abraumsediment, schutt- und blockreich, mit Knochenresten.
Probe 3: Eingangsbereich, etwa 0,6 m vom Portal nach innen, links, Entkalkungshorizont mit Holzkohle- und Knochenresten, Schutt.

	1	2	3
Carychium tridentatum	-	+	+
Orcula gularis	-	-	+
Acanthinula aculeata	-	-	+
Ena montana	+	-	+
Cochlodina laminata	+	-	+
Ruthenica filograna	-	-	+
Fusulus interruptus	-	-	+
Clausilia dubia	+	+	+
Neostyriaca corynodes	+	-	+
Balea biplicata	+	-	+
Discus rotundatus	-	-	+
Discus perspectivus	-	-	+
Semilimax semilimax	-	-	+
Vitrea subrimata	-	+	+
Aegopis verticillus	+	cf.,+	+

	1	2	3
Aegopinella nitens	-	-	+
Petasina unidentata	+	-	+
Monachoides incarnatus	-	-	+
Arianta arbustorum	+	+	+
Helicigona lapicida	-	-	+
Chilostoma achates	+	+	+
Causa holosericea	+	-	+
Cepaea hortensis	-	-	+
unbest. Fragm.: Clausiliidae	-	-	+
unbest. Fragm.: Hygromiidae et Helicidae	+	+	-
Gesamt	10	6	23

Vertebrata (det. G. K. Kunst u. G. Rabeder)

	Frühwürm 430-380cm	Mittelwürm ca. 380-200cm
Marmota marmota	-	+
Lepus sp.	-	+
Canis lupus	-	+
Vulpes vulpes	-	+
Ursus arctos	-	+
Ursus spelaeus	+	+
Mustela sp.	-	+
Panthera spelaea	-	+
Rangifer tarandus	-	+
Bos vel *Bison* sp.	-	+
Capra ibex	-	+
Kleinsäugerreste indet.	-	+

In allen Fossillagen dominieren die Reste des Höhlenbären. Bemerkenswert sind aber auch die gut erhaltenen Reste des Höhlenlöwen (Mandibel, Humerus, Metapodien) sowie des Wolfes (Schädel).

Paläobotanik: Die Auswertung der z. T. gut erhaltenen Pollen durch I. Draxler ist noch nicht abgeschlossen.

Archäologie: Eine zumindest kurzfristige Anwesenheit des altsteinzeitlichen Menschen in der Höhle wird durch den Fund eines typischen Hornstein-Artefaktes (Moustérien) dokumentiert. Außerdem liegen einige mittelalterliche Gefäßfragmente vor.

Chronologie:

Tiefe (cm)	Material	Inst.-Probennr.	Schicht	Methode	Datum BP
-178	Knochen	VRI		US	< 14.800 +670/-600
-208	Knochen	ETH-11567		AMS-^{14}C	37.670 +/-590
-295	Knochen	VRI-1506		^{14}C	36.800 +2300/-1800
-200	Knochen	VRI-1506		^{14}C	36.200 +2900/-2100
-292	Knochen	ETH-11568		AMS-^{14}C	40.030 +/-740
-327	Knochen	VRI	4	US	<65.800 +/-2300
-327	Knochen	VRI	4	US	<66.400 +/-3000
ca. -355	Sinter	UKGI	2	U/Th	112.800 +13.100/-11.600
-375	Sinter	VRI	2	US	110.900 +11.000/-10.000
-377	Knochen	VRI	1	US	135.200 +10.900/-9600
-385	Knochen	VRI	1	US	126.900 +7000/-6700

UKGI = Geologisches Institut der Universität Köln
US = Uran-Seriendaten n. LEITNER-WILD & al. 1994
ETH = Eidgenössische Technische Hochschule, Zürich
VRI = Institut für Radiumforschung und Kernphysik der Universität Wien

Mit den radiometrischen Daten von Knochen und Sinterstücken wurden vier Zeitabschnitte erfaßt: Die Bärenreste der Schicht 1 (380-430cm) gehören der Riß-Kaltzeit und vielleicht der Riß/Würm-Warmzeit an. In einer Sinterbildungsphase um 110.000 Jahre v.h. war die Höhle wahrscheinlich nicht vom Höhlenbären bewohnt gewesen, er hätte die Entstehung von Boden-Sinter-Figuren verhindert. Durch mehrere Daten (< 66.000 - 36.000 Jahre) ist das Mittel-Würm vertreten. Die jüngsten Partien des Profils sind zumindest teilweise umgelagert worden. Ein Datum um 14.000 erweckt den Verdacht, daß auch spätglaziale Faunenelemente in die höhlenbärenführenden Schichten gelangt sind.

Ursidenchronologie: In der Morphologie der P4 sup. läßt sich eine kontinuierliche Modernisierung der Kaufläche erkennen (RABEDER 1989, 1994; LEITNER-WILD & al. 1994): In Schicht 1 (430-380 cm) liegen ziemlich primitive P^4 vor, mit Dominanz der Morphotypen A und A/B; in Schicht 2 (380-360cm) ist bereits der Übergangstyp A/B vorherrschend. Dies gilt auch für die Schicht 3 (360-330cm), die sich aber in den relativ hohen Frequenzen der Typen B/D, C und D etwas fortschrittlicher verhält. In Schicht 4 (330-300cm) dominiert bereits der moderne Morphotyp D (mit Metaloph). In Schicht 5 (300-280cm) herrschen die P^4-Typen A/B und D vor, in Schicht 6 (280-200cm) treten neben A/B und B-Typen Übergangsformen zum Typ F auf.

Klimageschichte: Die Auswertung der Mollusken ergab für die drei Proben, die leider nicht aus dem Schichtverband entnommen werden konnten, folgendes:
1: Individuenmäßig sind die ökologischen Gruppen "Waldbewohner" und "Wald bis verschiedene mittelfeuchte Standorte" zu gleichen Anteilen vertreten. Ar-

tenzahlmäßig dominieren die Waldarten s. str. (*Ena montana, Cochlodina laminata, Aegopis verticillus*) vor den letzteren (*Balea biplicata, Arianta arbustorum*); *Causa holosericea* dokumentiert schattige, feuchte, kühle Waldbiotope. Durch die beiden Clausilienarten *Clausilia dubia* und *Neostyriaca corynodes*, über deren Morphologie nichts ausgesagt werden kann, da nur je ein korrodiertes Mündungs- bzw. Apikalfragment vorliegt, werden schattige, baumbestockte Felshabitate angezeigt. Für mehr offene, doch schattige Felsen spricht die individuenmäßig relativ stark vertretene *Chilostoma achates*. Die offenbar häufigste Art zur Lebenszeit dieser Fauna war *Arianta arbustorum*, mit weiter ökologischer Amplitude im mesophilen Bereich. - Wahrscheinlich frühestes Holozän (Präboreal/Boreal).

2: Die 6 Arten sprechen für ziemliche Felsbetonung, feucht-kühle Verhältnisse (*Clausilia dubia, Chilostoma achates*), vermutlich nur einzelne Bäume oder Baumgruppen im Höhlenumfeld (1 fragliches Fragment *Aegopis verticillus*), schutt- und blockreichen Oberboden (*Carychium tridentatum, Vitrea subrimata*). Auch in dieser kleinen Fauna ist *Arianta arbustorum* die relativ am häufigsten beteiligte Komponente. - Für die zeitliche Einstufung dieser Fauna bieten sich zwei Möglichkeiten an: entweder "spätglazial" oder "mittelwürmzeitlich", da entsprechende Vergleichsfaunen noch fehlen. Im letzteren Fall würde sie zu Schicht 5-6, aus denen entsprechende absolute Daten vorliegen, korrespondieren.

3: Die Verhältnisse, die durch diese waldbetonte Fauna repräsentiert werden, unterscheiden sich wesentlich von den beiden vorhergehenden: 23 Arten, verteilt auf 8 ökologische Gruppen, in denen die Waldbewohner s. str. arten- und individuenmäßig klar dominieren (*Acanthinula aculeata, Ena montana, Cochlodina laminata, Ruthenica filograna, Vitrea subrimata, Aegopis verticillus, Aegopinella nitens, Monachoides incarnatus, Causa holosericea*), 3 Arten sind signifikant für bodenfeuchten Laubmischwald (*Discus perspectivus, Semilimax semilimax, Petasina unidentata*). Der Rest der Arten verteilt sich auf mehr oder minder ausgeprägt felsbetonte Habitate vom schattig-kühlen, halboffenen bis offenen Typus bzw. auf die Gruppe der Mesophilen (*Balea biplicata, Discus rotundatus, Arianta arbustorum, Cepaea hortensis*). - Sehr wahrscheinlich frühes Mittelholozän, da noch ausgeprägte Unterschiede gegenüber der rezenten Malakofauna bestehen.

Aufbewahrung: Inst. Paläont. Univ. Wien.

Rezente Molluskenfauna: Aufnahmen: Hangwald unterhalb der Höhle; stark modrig-feuchte Stelle, von Pilzhyphen durchsetzt (1); 2-7: Haupteingang, davon 2-4: halbfeuchtes, 5-6: nasses, 7: trockenes Substrat auf der linken Seite des Einganges (2, 3 = Laubschichte, 4 = Felsmull, 5, 6 =nasses Laub, den Felsen aufliegend, 7 = Laubschichte), 8-9: 2. Eingang (8 = nasses Laub, 9 = halbfeuchter Felsmull, offene Stelle). Alle Aufnahmen: Frank 1993.

Acicula lineata (3-7), *Carychium minimum* (6), *Carychium tridentatum* (3-8), *Pyramidula rupestris* (9), *Abida secale* (4, 6), *Chondrina avenacea* (9), *Chondrina* sp. (8), *Orcula dolium* (3-9), *Acanthinula aculeata* (2, 6), *Ena montana* (4-7, 9), *Cochlodina laminata* (2-9), *Ruthenica filograna* (4, 7), *Fusulus interruptus* (6, 7), *Macrogastra ventricosa* (2), *Macrogastra badia* (3), *Neostyriaca corynodes brandti* (2-9), *Balea biplicata* (2-9), *Punctum pygmaeum* (3-8), *Discus rotundatus* (2, 4, 6-8), *Discus perspectivus* (2-8), *Euconulus fulvus* (6), *Euconulus alderi* (2, 3, 6), *Semilimax semilimax* (1-3, 5-8), *Vitrea subrimata* (2-9), *Vitrea crystallina* (2-4, 6), *Aegopis verticillus* (1, 2, 7, 8), *Aegopinella pura* (2, 4, 5), *Aegopinella nitens* (1-8), *Limax* sp. (7), *Deroceras* sp. (3, 7, 8), *Petasina unidentata* (2-9), *Monachoides incarnatus* (7, 8), *Arianta arbustorum* (2-9), *Helicigona lapicida* (4, 6, 7, 9), *Chilostoma achates* (2, 3, 5-7), *Isognomostoma isognomostomos* (2, 3, 7), *Causa holosericea* (1-3, 6-8), *Helix pomatia* (1).
Gesamt: 40 Arten.

Die 40 Arten verteilen sich auf 13 ökologische Gruppen, die klar von anspruchsvollen Arten des bodenfeuchten Laubmischwaldes mittlerer Höhenlage beherrscht sind. Die Arten zeigen lockere Fallaubschichte, strukturierten, steinigen Oberboden (*Acicula lineata, Carychium tridentatum, Discus perspectivus, Vitrea subrimata* und *Vitrea crystallina, Aegopis verticillus, Isognomostoma isognomostomos*) mit stark vernäßten Stellen (*Carychium minimum, Euconulus alderi*), Stellen mit gut entwickelter Krautschichte (*Petasina unidentata*), ausreichend Fallholz (*Macrogastra ventricosa, Semilimax semilimax, Causa holosericea*), baum- und/oder strauchbestockte Felsen (*Orcula dolium, Fusulus interruptus, Macrogastra badia, Clausilia dubia, Neostyriaca corynodes, Helicigona lapicida*); dazu auch mehr offene Stellen in lichtoffener Lage (*Pyramidula rupestris, Chondrina avenacea*) bis Schattenlage (*Abida secale, Chilostoma achates*). Zusammengefaßt: artenreiche, für das skelettreiche, mittelmontane Abieti-Fagetum frischer bis hangfeuchter Lagen des östlichen Nordalpenraumes bezeichnende Gastropodenfauna. - Weitere, das Gebiet von Lunz betreffende Angaben in KLEMM (1974) und REISCHÜTZ (1986).

Literatur:

ABRAHAMCZIK, W. 1935. Karsterscheinungen in der Umgebung von Lunz a. See (mit besonderer Berücksichtigung der Höhlen). - Unpubl. Diss. Univ. Wien.

FRANK, C. & RABEDER, G. 1995. Die Herdengelhöhle bei Lunz am See (Niederösterreich). - 3. Internat. Höhlenbären-Symposium in Lunz am See, Niederösterreich. Zuammenfassungen der Vorträge, Exkursionsführer: 9-15, Wien.

HARTMANN, H. & W. 1985: Die Höhlen Niederösterreichs 3. - Die Höhle, wiss. Beih., **30**: 237-239; Wien.

KLEMM, W. 1974. Die Verbreitung der rezenten Land-Gehäuse-Schnecken in Österreich. - Denkschr. Österr. Akad. Wiss., **117**: 503 S.; Wien, New York: Springer.

LEITNER-WILD, E., RABEDER, G. & STEFFAN, I. 1994. Determination of the evolutionary mode of austrian alpine cave bears by uranium series dating. - Hist. Biol., **7**: 97-104; Malaysia: Harwood.

NAGEL, D. & RABEDER, G. 1991. Exkursionen im Pliozän und Pleistozän Österreichs. - Hrsg. v. d. Österr. Paläont. Ges. zum 25jährigen Bestehen 1991: 30-34.

RABEDER, G. 1989. Modus und Geschwindigkeit der Höhlenbären-Evolution. - Schr. Verbreit. Naturwiss. Kenntn. Wien **127**: 105-126; Wien.

RABEDER, G. 1994: Höhlenbären in Niederösterreich. - In: Chronik der Marktgemeinde Lunz a. See: 57-63.

RABEDER, G. & MAIS, K. 1985: Erste Grabungsergebnisse aus der Herdengelhöhle bei Lunz am See (Niederösterreich). - Die Höhle, **36**(2): 35-41; Wien.

REISCHÜTZ, P. L. 1986. Die Verbreitung der Nacktschnecken Österreichs (Arionidae, Milacidae, Limacidae, Agriolimacidae, Boettgerillidae). - Sitzungsber. Österr. Akad. Wiss., Math. Naturwiss. Kl. Abt. I, **195**(1-5): 190 S.; Wien, New York: Springer.

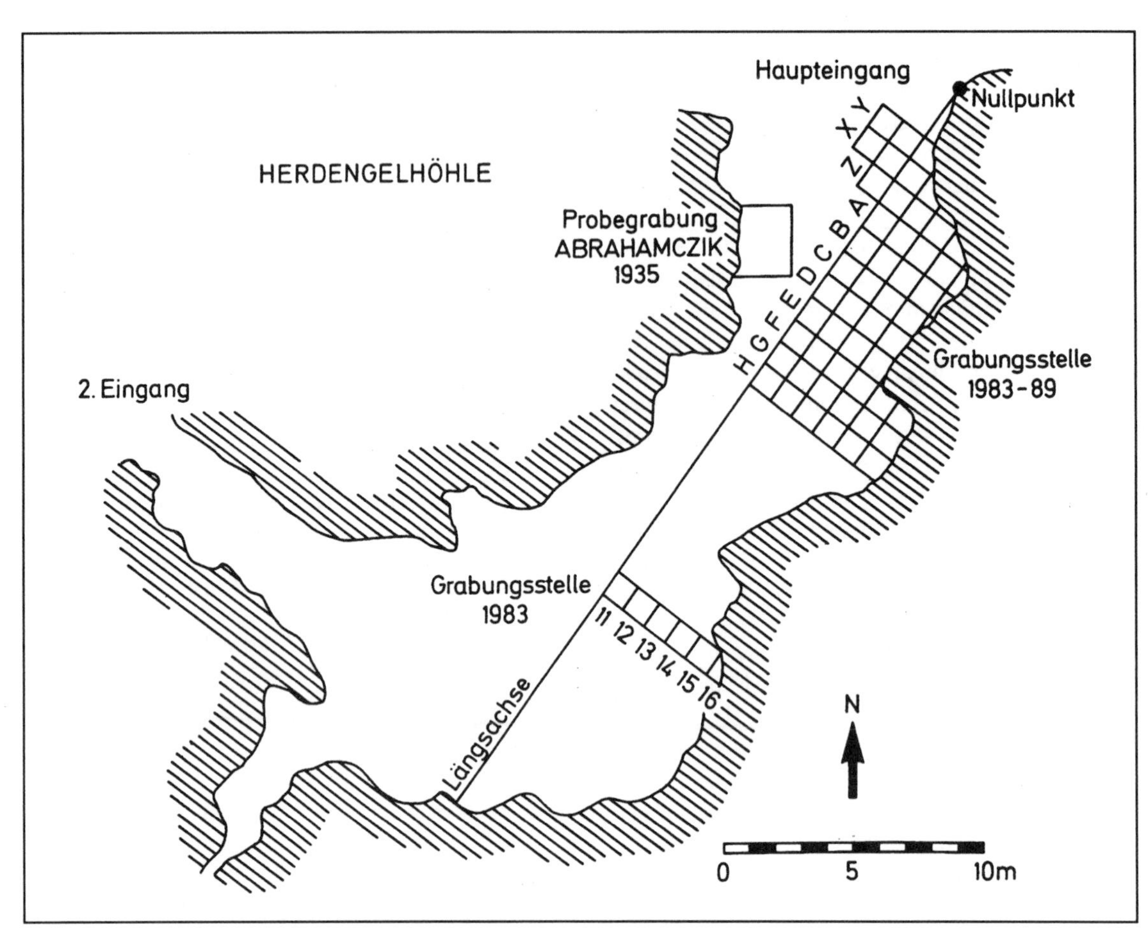

Abb.1: Grundriß der Herdengelhöhle mit den Grabungsstellen aus den Jahren 1935 und 1983-1989 (FRANK & RABEDER 1995:11)

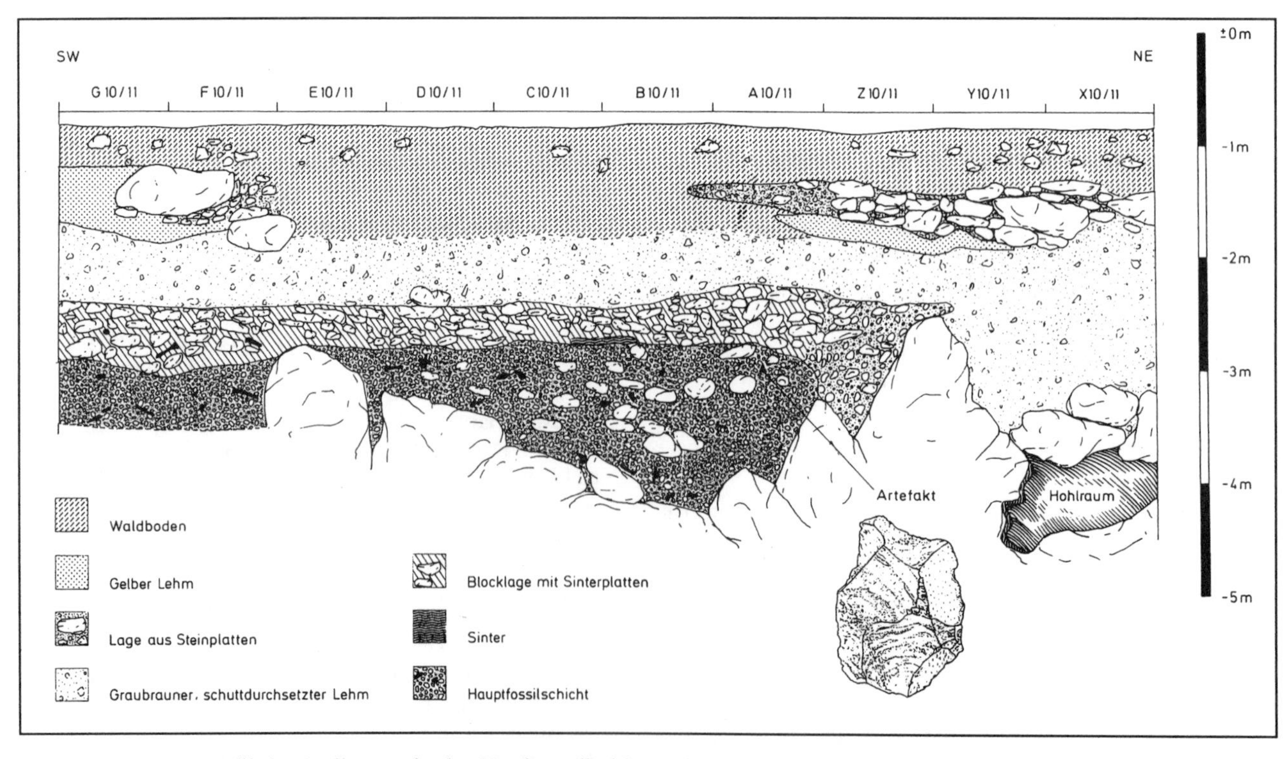

Abb.2: Längsprofil der Sedimente in der Herdengelhöhle nach der Achse 10/11 (FRANK & RABEDER 1995:13)

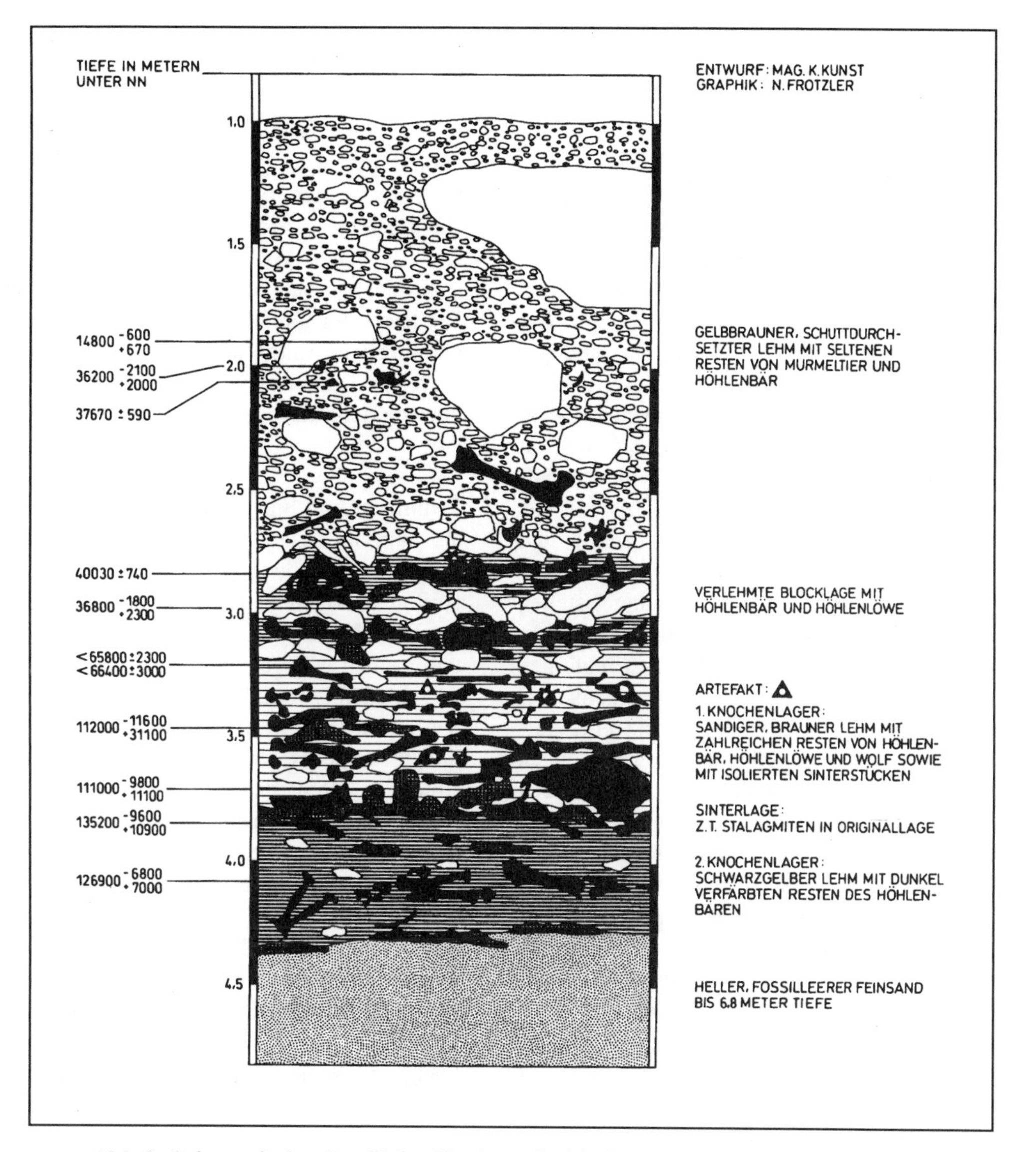

Abb.3: Schematisches Profil der Herdengelhöhle (FRANK & RABEDER 1995:12)

Köhlerwandhöhle

Christa Frank & Gerhard Withalm

Alpine Bärenhöhle mit rezentem, subrezentem und fossilem Knochenmaterial
Synonyme: Nixhöhle, Nixlucke; KW

Gemeinde: Lehenrotte
Polit. Bezirk: Lilienfeld, Niederösterreich
ÖK 50-Blattnr.: 73, Türnitz
Die Höhle selbst ist auf der ÖK-50 nicht eingezeichnet, die Rechts- und Hochwerte wurden nach den Angaben von HARTMANN, W. (1982) ermittelt.
15°33'51" E (RW: 28mm)
47°56'17" N (HW: 137mm)
Seehöhe (Haupteingang): 591m
Österr. Höhlenkatasternr: 1835/6

Lage: Die Köhlerwandhöhle liegt nahe eines baumfreien Hangstreifens am Kellerriegel beim Kräuterbachgraben, SE von Lehenrotte (Abb.1).

Zugang: Man fährt von Lehenrotte aus, die Bahntrasse kreuzend, nach S in Richtung Kräuterbachgraben und fährt dann beim 2. Wegkreuz (447m ü.d.M., rechts der Straße) nach links, sodaß der Bannwald linker Hand zu liegen kommt. Auf dieser Forststraße bleibt man bis zur 2. Abzweigung, nach der man sich wiederum links hält. Die ehedem als Fahrweg eingezeichnete Strecke wird dann auf der Karte zu einem Karrenweg, von dem nach etwa 150m linker Hand ein breiter Fußweg abzweigt. Der Zustieg kann über den vorerwähnten Hangstreifen vom darunterliegenden Karrenweg aus erfolgen, oder aber von dem knapp oberhalb der Höhle vorbeiziehenden breiten Fußweg. Die eher kleinräumige Höhle ist ohne weitere Hilfsmittel mit dem Schliefanzug zu befahren.

Geologie: Die Köhlerwandhöhle liegt in gut geschichteten, anisischen Gutensteiner-Kalken (Oberostalpin), die dort bituminös entwickelt sind. Deshalb dominieren breite und flache Raumprofile, die an den Schichten und den sie kreuzenden Störungen (N-S, NW-SE, NE-SW, NNW-SSE) orientiert sind.

Fundstellenbeschreibung: Die über einen kleinen, unauffälligen, nach W und SW schauenden Eingang zu betretende Köhlerwandhöhle mit einer Gesamtlänge von ca. 380m und einer gesamten Höhendifferenz von ca. 15m ist bereits seit langem als Fundstelle des Höhlenbären bekannt. Sie ist in 2 Stockwerken angelegt, von denen das untere keinen eigenen Eingang hat und nur durch das obere, viel größere Stockwerk zu erreichen ist. Das obere Stockwerk besteht aus einem NE-SW orientierten Hauptgang, von dem mehrere Gänge in annähernd rechtem Winkel abzweigen, um in dem NE gelegenen Teil ein kleines Labyrinth zu bilden. Die Sedimente in der Höhle sind nicht sehr mächtig und werden immer von einer Schichte von Blockwerk oder von Sinterbildungen unterlagert. Drei Grabungsstellen von der vom Institut für Paläontologie durchgeführten Probegrabung von 1993 liegen in nicht allzu tagfernen Bereichen der Köhlerwandhöhle, im Hauptgang des oberen Stockwerkes, die 4. im unteren Stockwerk. Auffällig sind bei allen Grabungsstellen die großen Mengen von Bergmilch, die teils oberflächlich, teils von anderen Sedimenten bedeckt in der Höhle liegen. Nur in den tieferen Teilen der Höhle findet sich Höhlenlehm, er erreicht aber nie wirklich große Mächtigkeiten. Entsprechend selten sind auch fossile Reste zu finden. In der eingangsnahen Grabungsstelle 1, die noch im photischen Bereich der Höhle liegt, wurden vorwiegend Kleinsäuger- und Molluskenreste gefunden, daneben aber auch ein proximales Humerusfragment einer Kröte (*Bufo* sp. indet.) und ein Metacarpus der Elster (*Pica pica*). Der Umfang des gefundenen Kleinsäugermateriales läßt aber durch die geringe Stückzahl keine weitergehenden Analysen zu. Überdies sind zumindestens im eingangsnahen Bereich die Sedimente nicht mehr auf primärer Lagerstätte, sondern dürften mehrfach umgelagert worden sein (FRANK 1997). Das dürfte aber auch für die übrigen in der Höhle befindlichen Sedimente zutreffen.

Forschungsgeschichte: Die durch Publikationen belegte Erforschung der Köhlerwandhöhle und ihrer Umgebung beginnt nach den Angaben von HARTMANN (1982) in der ersten Hälfte des 20. Jahrhunderts mit Publikationen von WICHMANN (1927), der über Funde der Höhlenheuschrecke in Niederösterreich berichtet und mit 2 Arbeiten von MÜLLNER, ebenfalls im Jahre 1927. MAIS (1962) und ZAGLER (1965) berichten über Funde eiszeitlicher Tiere (Höhlenbären) und MAYER (1965) berichtet in einem Artikel über Säugetierfunde und Säugetierbeobachtungen in niederösterreichischen Höhlen auch über die Fauna der Köhlerwandhöhle. Zwei weitere Berichte von MAYER & WIRTH wobei diese Höhle als Lebensraum von Fledermäusen erwähnt wird, erscheinen dann in den Jahren 1969 und 1973. Im Jahre 1974 wurde dann die Köhlerwandhöhle durch Mitglieder des Landesver. für Höhlenkunde in Wien und Niederösterreich, publiziert durch HARTMANN (1974), neu vermessen. STROUHAL & VORNATSCHER (1975) erwähnen die Köhlerwandhöhle in ihrem Katalog der rezenten Höhlentiere Österreichs. Sechs Jahre später wurden dann Knochen aus der Köhlerwandhöhle für eine Arbeit von HILLE & al. (1981) über die Anwendbarkeit der Aminosäuren- und Stickstoff-/Fluor-Datierung verwendet. Ein Jahr später wird abermals Knochenmaterial aus dieser Höhle von MAIS & al. (1982) für eine weitere Arbeit zur Erprobung einer Datierungsmethode, nämlich der Uran-Serien-Methode, verwendet. Die letzte bekannte Forschungstätigkeit war eine Probegrabung von Seiten des Institutes für Paläontologie im Jahre 1993 unter der Leitung von G. Rabeder. Ein Grabungsbericht liegt von WITHALM (1997, im Druck) vor.

Sedimente und Fundsituation: Große Teile des Fundgutes sind im Zuge etlicher Befahrungen oberflächlich aufgelesen worden. Die in ihrer Gesamtheit ziemlich geringmächtigen Sedimente enthalten auffallend wenig fossiles Material. Charakteristisch ist das Vorhandensein von großen Mengen Bergmilch und Bergkreide, die an verschiedenen stratigraphischen Positionen innerhalb der ergrabenen Profile auftreten. Diese Bereiche sind immer fundleer. Verhältnismäßig gering hingegen ist der Anteil an Höhlenlehm. Über dem Anstehenden findet sich in großen Bereichen der Höhle eine Lage von grobem Blockwerk, dessen Lückenräume im Eingangsbereich mit verwitterter Bergmilch verfüllt sind. Nur in den tieferen Teilen der Höhle findet man über dem relativ stark zerklüfteten Anstehenden Höhlenlehm-Lagen, die auch fundführend sind, wie das z.B. bei Grabungsstelle 4 der Fall ist.

Fauna: Gastropoda (nach FRANK 1997, im Druck), Amphibia (det. K. Rauscher), Mammalia (nach WITHALM, im Druck; K. Bauer [NHMW], unveröffent. Faunenliste)

	Stückzahl (rekonstr.)
Gastropoda	
Pyramidula rupestris	1
Vertigo sp., rechtsgewundene Art	1
Abida secale	1
Chondrina clienta	2
Orcula dolium	4
Orcula austriaca	11
Sphyradium doliolum	1
Pagodulina pagodula principalis	1
Ena montana	2
Cochlodina laminata	13
Macrogastra ventricosa	3
Macrogastra plicatula	6
Clausilia dubia	4
Neostyriaca corynodes	31
Balea biplicata	5
Clausiliidae, unbestimmbares Frag.	1
Discus rotundatus	4
Discus ruderatus	1
Vitrea subrimata	21
Vitrea crystallina	2

	Stückzahl (rekonstr.)
Aegopis verticillus	378
Aegopinella nitens	2
Perpolita hammonis	2
Oxychilus glaber	15
Daudebardia rufa	4
Tandonia sp., Schälchen	1
Limax sp., Schälchen	22
Limacidae, Schälchen großer bis mittelgroßer Arten; Gen. *Limax, Malacolimax, Lehmannia*	150
Deroceras sp., Schälchen	15
Petasina unidentata	19
Monachoides incarnatus	48
Euomphalia strigella	2
Helicodonta obvoluta	12
Arianta arbustorum	97
Chilostoma achates	4
Isognomostoma isognomostomos	6
Causa holosericea	41
Cepaea hortensis	39
Helix pomatia	2
Amphibia	
Bufo sp. indet.	1
Aves	
Pica pica (Elster)	1

Mammalia
Talpa europaea
Rhinolophus hipposideros
Sciurus vulgaris
Glis glis
Clethrionomys glareolus
Microtus arvalis
Apodemus sylvaticus
Lepus europaeus
Ursus arctos
Ursus spelaeus
Meles meles
Martes martes
Felis libyca domestica
Cervus elaphus
Capreolus capreolus
Rupicapra rupicapra
Bos primigenius cf. *taurus*
Capra aegagrus cf. *hircus*
Caprovine
Perissodactyla gen. et sp. indet.

Paläobotanik und Archäologie: Es liegen keine Befunde vor.

Chronologie: Höhlenbärenknochen wurden mit der N/F-Methode auf ca. 18 ka eingestuft (HILLE & al. 1981). Dieses Datum wurde durch ein weiteres Datum nach der Uran-Serien-Methode von 18.000 ± 6000 a BP (MAIS & al. 1982), ebenfalls aus Höhlenbärenmaterial gewonnen, gut gestützt und steht auch in gutem Einklang mit dem an dem geringen vorliegenden Zahnmaterial festgestellten Evolutionsniveau des Höhlenbären. Die aus der eingangsnahen Grabungsstelle 1 gewonnenen Molluskenproben werden von FRANK (1997, im Druck) aufgrund ihrer Artenzusammensetzung in das frühe Atlantikum eingestuft, sind also deutlich jünger als die Höhlenbärenreste.

Klimageschichte: Die Kleinsäugerfauna zeigt keine Besonderheiten. Deutliche Indikatorarten für kaltes Klima fehlen völlig, die Fauna wird vielmehr von Waldarten dominiert, die auch heute noch im größeren Umkreis der Höhle verbreitet sind. Sie sind dadurch nicht einer Kaltzeit zuzuordnen, sondern passen gut zu dem Bild des Frühatlantikums, das FRANK (1997, im Druck) aus der Mollusken-Thanatozönose gewonnen hat.

Aufbewahrung: Das Mollusken- und Kleinsäugermaterial sowie einige andere fossile und subrezente Reste von Großsäugern befindet sich am Institut für Paläontologie der Universität Wien und an der Abteilung für Karst- und Höhlenkunde des Naturhistorischen Museums Wien.

Rezente Sozietäten: Über Funde resp. Sichtungen rezenter Lebewesen wird seltener berichtet. Die hier gemachten Angaben beruhen auf der angeführten Literatur.

Mollusca:
1 - Hangwald unterhalb der Höhle incl. Kräuterbach (nach FRANK, 1988/89)
2 - Umgebung der Höhle (21 Proben; Aufnahme: FRANK 1993, 1997 im Druck)

Arten	1	2
Bythinella austriaca	+	
Acicula lineata	+	+
Carychium minimum	+	
Carychium tridentatum	+	+
Ancylus fluviatilis	+	
Cochlicopa lubrica	+	
Cochlicopa lubricella		+
Pyramidula rupestris		+
Columella edentula	+	+
Vertigo pusilla	+	+
Vertigo alpestris		+
Vertigo sp. juv.	+	
Chondrina clienta	+	+
Orcula dolium	+	+
Orcula austriaca		+
Orcula sp., Fragment		+
Pagodulina pagodula principalis	+	+
Pupilla muscorum	+	
Acanthinula aculeata	+	+
Ena montana		+
Cochlodina laminata	+	+
Macrogastra ventricosa	+	+
Macrogastra plicatula	+	+
Clausilia rugosa parvula		+
Clausilia pumila	+	
Clausilia dubia		+
Clausilia dubia obsoleta		+
Neostyriaca corynodes brandti	+	+
Balea biplicata		+
Punctum pygmaeum	+	+

Arten	1	2
Discus rotundatus	+	+
Discus perspectivus	+	+
Euconulus fulvus		+
Euconulus alderi		+
Semilimax semilimax	+	
Vitrea subrimata	+	+
Vitrea crystallina	+	+
Aegopis verticillus	+	+
Aegopinella pura	+	+
Aegopinella nitens	+	+
Oxychilus glaber striarius		+
Daudebardia rufa	+	+
Limax sp., Schälchen		+
Deroceras sp., Schälchen		+
Arion silvaticus	+	
Fruticicola fruticum	+	
Petasina unidentata	+	+
Monachoides incarnatus	+	+
Helicodonta obvoluta	+	+
Helicigona lapicida	+	+
Isognomostoma isognomostomos	+	+
Causa holosericea		+
Cepaea hortensis		+
Helix pomatia	+	

Gesamt: 52 Arten

Die Verteilung und Differenziertheit der ökologischen Gruppen zeigt eine reiche Gliederung des Lebensraumes in der unmittelbaren Umgebung der Höhle. Die Faunen sind größtenteils fels- und feuchtigkeitsbetont und entsprechen sowohl der geographischen Lage dem nördlich-randalpinen Bereich mit großer Reliefenergie, wie auch der submontanen Stufe mit edellaubholzreichen Laubmischwäldern sehr gut.

Arachnida:
Meta menardi
Opiliones, 4 sp. indet.
Ixodes vespertilionis
Malacostraca:
Niphargus sp. indet.
Niphargus fontanus
Isopoda, gen. et sp. indet.
Insecta:
Troglophilus cavicola
Nematocera, div. gen. et sp. indet.
Triphosa dubitata
Scoliopteryx libatrix

Mammalia:
Rhinolophus hipposideros - MAYER, A. & WIRTH, J. (1969, 1973)
Lepus europaeus - MAYER, A. (1965)
Glis glis - K. Bauer [NHMW], unveröff. Faunenliste
Cervus elaphus - K. Bauer [NHMW], unveröff. Faunenliste
Capreolus capreolus - MAYER, A. (1965)
Rupicapra rupicapra - K. Bauer [NHMW], unveröff. Faunenliste
Martes martes - K. Bauer [NHMW], unveröff. Faunenliste
Meles meles - MAYER, A. (1965)
Ursus arctos - HARTMANN, W. (1974), MAYER, A. (1965)
Haustiere:
Canis lupus f. *familiaris* - K. Bauer [NHMW], unveröff. Faunenliste
Felis libyca domestica - K. Bauer [NHMW], unveröff. Faunenliste
Bos primigenius f. *taurus* - K. Bauer [NHMW], unveröff. Faunenliste
Capra aegagrus f. *hircus* - K. Bauer [NHMW], unveröff. Faunenliste
Caprovine - K. Bauer [NHMW], unveröff. Faunenliste

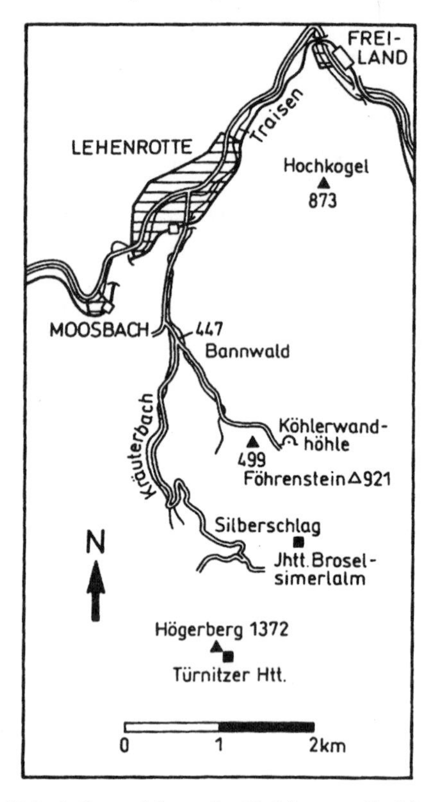

Abb.1: Lageskizze der Köhlerwandhöhle

Literatur:

FRANK, C. 1988/89. Ein Beitrag zur Kenntnis der Molluskenfauna Österreichs: Zusammenfassung der Sammeldaten aus Salzburg, Oberösterreich, Niederösterreich, Steiermark, Burgenland und Kärnten (1965 - 1987). - Jahrb. Ver. Landeskde. Niederösterr. **1988/89**: 84-144, Wien.

FRANK, C. (im Druck). Mollusca (Gastropoda) aus der Köhlerwandhöhle (Niederösterreich). - Wiss. Mitt. Niederösterr. Landesmus. **10**, St. Pölten.

HARTMANN, W. 1974. Neuvermessung der Köhlerwandhöhle bei Lehenrotte (Niederösterreich). - Die Höhle, **25**,2: 76, Wien.

HARTMANN, H. & W., (eds.) 1982. Die Höhlen Niederösterreichs 2 - Die Höhle, wiss. Beih., **29**: 46-53, Wien.

HILLE, P., MAIS, K., RABEDER, G., VÁVRA, N. & WILD, E. 1981. Über Aminosäuren- und Stickstoff/Fluor-Datierung fossiler Knochen aus österreichischen Höhlen. - Die Höhle, **32**,3: 74-91, Wien.

MAIS, K. 1962. Nachweis des Höhlenbären (*Ursus spelaeus* Rosenm.) in der Köhlerwandhöhle bei Lehenrotte (N.-Ö.). - Die Höhle, **13**/3: 68 Wien.

MAIS, K., RABEDER, G., VONACH, H. & WILD, E. 1982. Erste Datierungs-Ergebnisse von Knochenproben aus dem österreichischen Pleistozän nach der Uran-Serien-Methode. - Österr.Akad.Wiss., Sitz.ber., **191**: 1-14, Wien.

MAYER, A 1965. Säugetierfunde und Säugetierbeobachtungen in niederösterreichischen Höhlen im Jahre 1964. - Die Höhle **16**,1: 25-27, Wien.

MAYER, A. & WIRTH, J. 1969. Über Fledermausbeobachtungen in österreichischen Höhlen im Jahre 1968. - Die Höhle, **20**,4: 123-128, Wien.

MAYER, A. & WIRTH, J. 1973. Über Fledermausbeobachtungen in österreichischen Höhlen im Jahre 1971. - Die Höhle, **24**,1: 17-23, Wien.

MÜLLNER, M. 1927a. Die Paulinenhöhle bei Türnitz. - Natur- und höhlenkundl. Führer d. Bundeshöhlenkomm., **X**, Wien.

MÜLLNER, M 1927b. Karsterscheinungen in den Traisentaler Kalkalpen. - Bl. Naturkunde Naturschutz, **14**, Wien.

STROUHAL, H. & VORNATSCHER, J. 1975. Katalog der rezenten Höhlentiere Österreichs. - Die Höhle, wiss. Beih., **24**, Wien.

WICHMANN, H.E. 1927. Die Verbreitung der Höhlenheuschrecke in Niederösterreich. - Bl. Naturkunde Naturschutz, **14**, 2, Wien.

WITHALM, G. (im Druck). Bericht über eine paläontologische Probegrabung in der Köhlerwandhöhle bei Lehenrotte, Bezirk Lilienfeld (NÖ). - Wiss. Mitt. Niederösterr. Landesmus., **10**, St. Pölten.

ZAGLER, O. 1965. Die eiszeitlichen Funde in der Köhlerwandhöhle bei Lehenrotte. - Heimatkunde des Bezirkes Lilienfeld, Bd. **4**, St. Pölten.

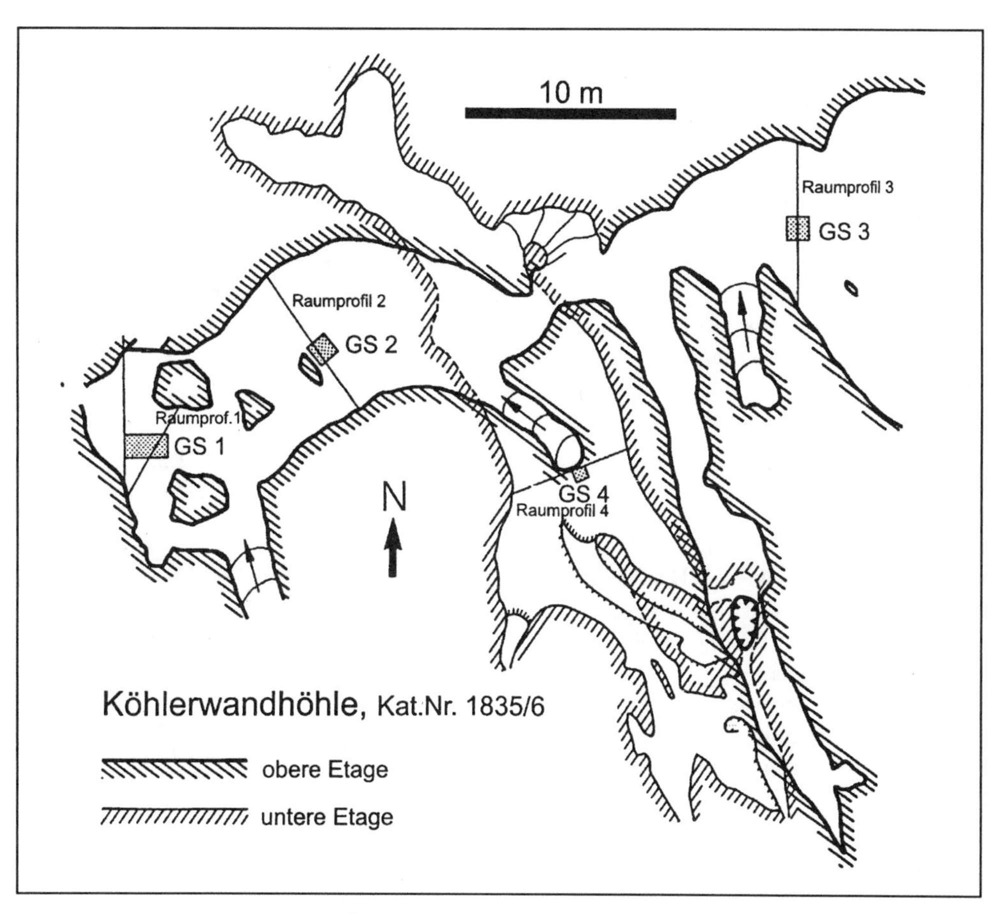

Abb.2: Köhlerwandhöhle (1835/6): Übersichtsplan zur Lage der Grabungsstellen 1 - 4 der Probegrabung von 1993, gemessen: D. Döppes, G. Withalm, gezeichnet: Ch. Reisinger, Grafik: N. Frotzler

Lieglloch

Gernot Rabeder

Alpine, jungpleistozäne Bärenhöhle
Synonyme: Bergerwandhöhle, Liglloch, LL

Gemeinde: Tauplitz
Polit. Bezirk: Liezen, Steiermark
ÖK 50-Blattnr.: 97, Bad Mitterndorf
14° E (RW: 250mm)
47°34'23" N (HW: 162mm)
Seehöhe: 1290m
Österr. Höhlenkatasternr.: 1622/1
Geschützt seit 1948 (ZL 6443/48).

Lage: Am Fuß der Bergerwand, einer breiten, im Bogen von Westen nach Norden ziehenden Felswand nordwestlich von Tauplitz, das große Höhlenportal öffnet sich im nördlichenTeil dieser Wand und ist nach Osten orientiert (siehe Lageskizze Brettsteinbärenhöhle, DÖPPES, FRANK & RABEDER, dieser Band).

Zugang: Von der Mittelstation des Tauplitzalm-Sesselliftes führt ein markierter Steig zur Höhle (ca. 15 Min.).

Geologie: Im gebankten Dachsteinkalk (O-Trias) der Warscheneck-Teildecke.

Fundstellenbeschreibung: Die etwa 100m lange Höhle erstreckt sich in ost-westlicher Richtung, der vordere Teil besteht aus zwei hohen Hallen, die durch querverlaufende Klüfte erweitert sind, den niedrigen hinteren Teil bildet ein schmaler Gang, der letzlich verstürzt ist. Während die fossilreichen Schichten im vorderen Teil durch sterile und fossilarme Sedimente bedeckt sind, stehen die Höhlenbärenlehme im hinteren Gang an und gaben schon frühzeitig Anlaß zu unbefugten Grabungen.

Forschungsgeschichte: Erste Grabungen fanden schon ab dem Jahre 1926 statt. Oberlehrer F. Angerer und seine Schüler F. und H. Pichler fanden nach MOTTL (1950) eine eiszeitliche Feuerstelle, in deren Bereich auch paläolithische Funde gemacht wurden. Unter der Leitung von A. Schouppé wurde die Höhle im Jahre 1946 eingehender erforscht und vermessen, wobei auch 6 Röschen gezogen wurden, um die Schichtung und den Phosphatgehalt zu erkunden. Im tagfernen Höhlenbereich stellte V. Maurin in einer Sedimenttiefe von 45 cm eine Feuerstelle mit angebrannten Höhlenbärenknochen fest. Eine weitere Feuerstelle enthielt gut erhaltene Holzkohlestücke. 1947 erfolgte eine wissenschaftliche Überprüfung durch F. Waldner im Auftrag des Bundesdenkmalamtes.
Die erste paläontologische Probegrabung erfolgte im Jahre 1949 durch das Landesmuseum Joanneum unter der Leitung von M. MOTTL (1950, 1968), eine zweite im Jahre 1985 durch das Institut für Paläontologie der Universität Wien (G. Rabeder) und das Naturhistorische Museum Wien (K. Mais).

Sedimente und Fundsituation: Im vorderen Höhlenabschnitt liegt zuoberst eine dünne Humusdecke (ca. 10cm) mit römerzeitlicher Keramik und Haustierknochen. Darunter folgt ein hellbrauner Lehm (ca. 90 cm), der zuerst gerundete, dann scharfkantige Kalkstücke enthält, mit wenigen Höhlenbärenresten.
Sehr auffällig ist der folgende graue bis gelbgraue plastische Lehm (30 bis 40cm mächtig), der an manchen Stellen Schotter oder Schutt enthält, aber fossilarm ist. Die eigentliche Höhlenbärenschicht wurde von MOTTL (1968) als "rotbraune Phosphaterde" bezeichnet, sie enthält gut erhaltene Höhlenbärenreste und liegt dem Höhlenboden direkt auf.

Fauna: Es dominieren die Reste eines hochevoluierten Höhlenbären.

Faunenliste (n. MOTTL, 1968 und Rabeder)
Marmota marmota
Microtus nivalis
Canis lupus
Ursus spelaeus
Cervus elaphus
Capra ibex

Paläobotanische Funde (Holzkohle): *Picea excelsa.*

Archäologie: Das Liegloch ist schon seit langem als archäologische Fundstelle bekannt. MOTTL (1950) bildet 13 Stücke ab, von denen einige nach heutiger Ansicht nicht als Artefakte angesehen werden können. Das betrifft die als "Kiskevélyer Klingen" bezeichneten Zahnbruchstücke ebenso wie Knochenfragmente mit geglätteten Enden und "Klingen aus Kalkstein". Andererseits gibt es aber eindeutig artifiziell veränderte Knochen wie eine Lautscher Knochenspitze mit ovalem Querschnitt, eine Knochennadel und ein mit vier regelmäßig angebrachten Bohrlöchern versehenes Tibiafragment eines Höhlenbären. Es gibt aber auch eindeutige Steinartefakte, z.B. Klingenschaber aus Chalcedon und aus Hornstein. Derartige Funde wurden im Laufe der letzten Jahrzehnte immer wieder gemacht. Eine moderne Bearbeitung des archäologischen Fundgutes steht noch aus. Die Mehrheit der Funde stammt aus dem hellbraunen Lehm, einige Stücke aus der "rotbraunen Phosphaterde". Das Liegloch ist auch als Fundstelle römerzeitlicher Keramik und von Ritzzeichnungen bekannt (BURGSTALLER 1989).

Chronologie: Radiometrische Daten liegen noch nicht vor.
Ursidenchronologie: Die bei der Grabung 1985 geborgenen Höhlenbärenzähne gehören einem sehr hohen Evolutionsniveau an (RABEDER 1989), wie es auch im Nixloch bei Losenstein-Ternberg (NAGEL & RABEDER 1992) und von der Gamssulzenhöhle (RABEDER 1995) festgestellt wurde.
Die P^4 haben folgende Morphotypen-Zahlen: 3 B, 5 B/D, 1 B/C, 3 C, 10 D, 1 D/E, 3 E (n=26), die P_4: 1 B1, 6 C1, 3 C1/2, 2 C2, 1 D2, 1 C2/3, 1 E3, 2 C3 (n=17).
Die morhodynamischen Indices lauten daher: 190,38 (P^4) und 176,47 (P_4).
Nach dem Evolutionsniveau stammen die Höhlenbärenreste zumindest von der rotbraunen Phosphaterde aus dem Zeitbereich zwischen 35.000 und 25.000 Jahren v.h. Die Gleichaltrigkeit der Artefakte und der Höhlenbären muß bezweifelt werden. Die Höhlenbärenfunde aus dem hellbraunen Lehm könnten in ähnlicher Weise wie in der Gamssulzenhöhle und im Nixloch umgelagert worden sein, die Schicht dem Spätglazial angehören. Eine Klärung dieser Fragen können nur eine moderne Grabung und radiometrische Datierungen bringen.

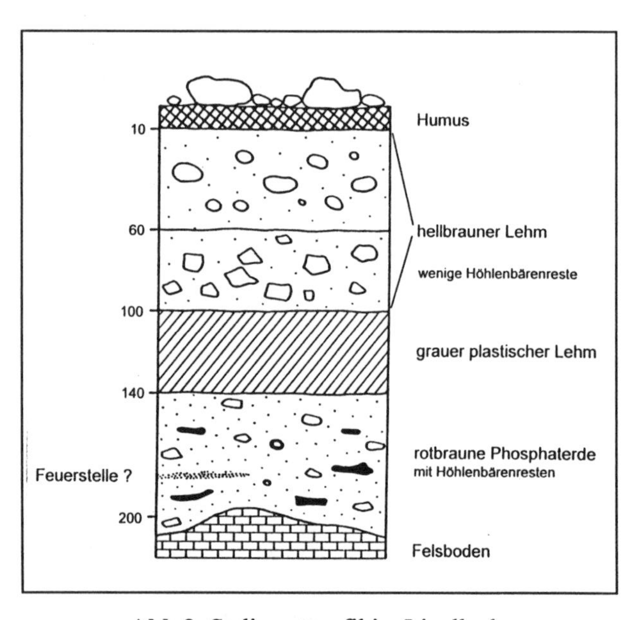

Abb.2: Sedimentprofil im Liegloch

Klimageschichte: keine Aussage möglich.

Aufbewahrung: Landesmus. Joanneum in Graz, Inst. Paläont. Univ. Wien, Kammerhofmus. Bad Aussee.

Literatur:

BURGSTALLER, E. (ed.) 1989. Felsbilder in Österreich. - 3. Aufl. Veröff. Österr. Felsbildermus. Spital a. Pyhrn, 120 S., 79 Fototafeln.

MOTTL, M. 1949. Weitere Spuren des Aurignacmenschen in Steiermark. - Protok. 3. Vollversmlg. Bundeshöhlenkomm. Bundesmin. Land- Forstw.: 55-57, Wien.

MOTTL, M. 1950. Das Liegloch bei Tauplitz, eine Jagdstation des Eiszeitmenschen. - Archaeol. Austr. **5**: 18-23, Wien.

MOTTL, M. 1968. Neuer Beitrag zur näheren Datierung urgeschichtlicher Rastplätze Südostösterreichs. - Mitt. Österr. Arbeitsgem. Ur- Frühgesch., **19**,5/6: 87-111, Wien.

RABEDER, G. 1989: Modus und Geschwindigkeit der Höhlenbären-Evolution. – Schriftenreihe d. Vereins zur Verbreitung naturwiss. Kenntnisse in Wien, **127**: 105–126, Wien.

RABEDER, G. 1992. Ontogenetische Stadien des Höhlenbären aus dem Nixloch bei Losenstein-Ternberg. - In: NAGEL, D. & RABEDER, G. (eds), Das Nixloch bei Losenstein-Ternberg. - Mitt. Komm. Quartärforsch., **8**: 129-131, Wien.

RABEDER, G. 1995 (ed.) Die Gamssulzenhöhle im Toten Gebirge. - Mitt. Komm. Quartärforsch. Österr. Akad. Wiss., **9**: 1-133, Wien.

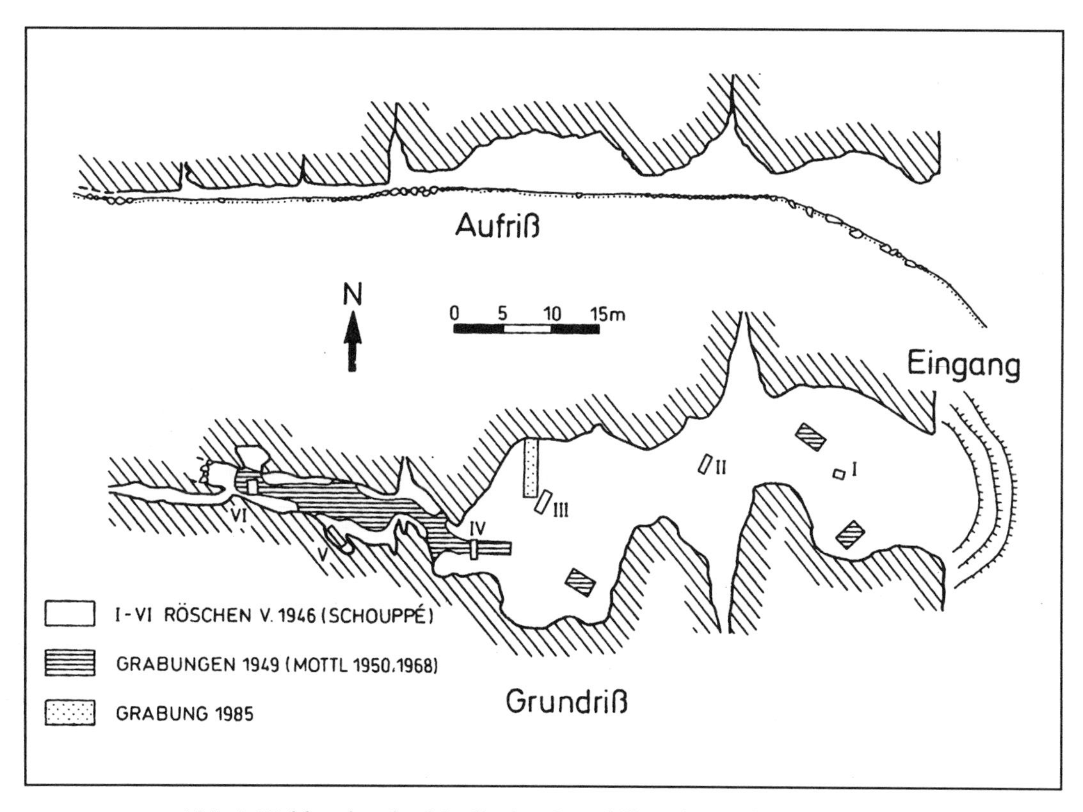

Abb.1: Höhlenplan des Liegllochs. Grundriß und Aufriß (MOTTL 1950)

Merkensteinhöhle

Doris Döppes & Gernot Rabeder

Jungpleistozäne Bärenhöhle mit spätglazialer Mikrofauna

Synonyme: Merkensteinerhöhle, Merkensteiner Höhle, Mst

Gemeinde: Gainfarn
Polit. Bezirk: Baden, Niederösterreich
ÖK 50-Blattnr.: 76, Wr. Neustadt
16°08' E (RW: 72mm)
47°59' N (HW: 515mm)
Seehöhe (Haupteingang): 441m
Österr. Höhlenkatasternr.: 1911/32
1942 wurde die Höhle nach dem damaligen Naturschutzgesetz zum Naturdenkmal erklärt.

Lage: Die Höhle liegt im südlichen Wienerwald - ca. 8km WNW der Bahnstation Bad Vöslau entfernt - und befindet sich auf einem isolierten Kalkfelsen am Südteil des Lindkogels (847m). Auf diesem Kalkfelsen steht die Ruine Merkenstein.

Zugang: Von der Straße zwischen Gainfarn und Rohrbach kommt man zu Fuß auf einer Forststraße zur Ruine, die privat renoviert wird.

Geologie: Hauptdolomit (Trias).

Fundstellenbeschreibung: Der fast 2m breite Höhleneingang liegt am Fuße der südöstlichen Steilwand des Burgfelsens. Der Eingangsraum wird durch zwei Tagfenster erhellt. Zu Beginn der Grabungen (1921) war die heute geräumige Höhle (Gesamtlänge: 72m) nur ein 45 m langer, stetig aufwärtsführender Schluf, der in die Küche der Burg führte. Gegenwärtig liegt dieser obere Ausgang als Lichtschacht 12m über der Grabungssohle

(KLEMM 1985, MAIS & RABEDER 1985, MÜHLHOFER & WETTSTEIN 1938).

Forschungsgeschichte: 1921 entdeckte Major F. Mühlhofer in den Sedimentfüllungen der Höhle verschiedene Schichtfolgen, die von den Türkenkriegen bis ins Jungpleistozän reichten. 1922 Planskizze, Proben für das Bundesministerium für Land- und Forstwirtschaft (Phosphatgehalt), August 1922 - September 1923 Grabung, 1926 Prof. O. Abel übernahm verschiedenes Fossilmaterial, Jänner bis Juli 1930 Grabung, 1931 Skizze mit Einzeichnung der Nagerschicht, 1932 Teilgrundriß; Tätigkeiten nach 1937 sind nicht bekannt (MAIS & RABEDER 1985). Ab dem Beginn der Dreißigerjahre konnte man die Höhle sonntags besuchen. Während des 2. Weltkrieges diente die Höhle als Zufluchtsstätte (HARTMANN 1982). Die Höhle ist momentan mit einer Eisentür versperrt.

Sedimente und Fundsituation (MÜHLHOFER & WETTSTEIN 1938):

- Bodensinter (30cm)
- d2: rötlichbrauner Lehm, enthält die Merkensteiner Nagerschicht (MN, linsenförmig, 4m^3, ungeschichtete Masse, Ablagerungen von Gewöllen eiszeitlicher Großeulen und auch Eintrag von Eisfüchsen, Magensteine von Tetraonen, Magdalénien). Die Reste der MN wurden geschlämmt und präpariert.
- d1: aus größtenteils stark unterschiedlichen, aber auch nicht immer durchgängigen Lagen, Knochenreste nur mehr vereinzelt, Höhlenbärenreste auf sek. Lagerstätte.
- d: schwachlehmige Masse mit Sturzblöcken und zahlreichen Knochen, Höhlenbärenschicht, unter anderem auch *Panthera spelaea, Canis lupus, Crocuta spelaea, Alces alces.*
- Breccie

Fauna (n. WETTSTEIN & MÜHLHOFER 1938, MAIS & RABEDER 1985, z.T. rev. von D. Nagel u. G. Rabeder).

	d	d1	d2
Osteichthyes			
Perca fluviatilis (Barsch)	-	-	+
Salmo sp. (lachsgroßer Salmonide)	-	-	+
Silurus glanis (Wels)	-	-	+
Amphibia			
Pelobates fuscus (Knoblauchkröte)	-	-	+
Rana mehelyi	-	-	+++
Reptilia			
Anguis fragilis (Blindschleiche)	-	-	+
Aves			
Lagopus lagopus (Moorschneehuhn)	-	-	+
Lagopus mutus (Alpenschneehuhn)	-	-	+
Tetrao tetrix (Birkhuhn)	-	-	+
Tetrao urogallus (Auerhahn)	-	-	+
Perdix perdix (Rebhuhn)	-	-	+
Coturnix coturnix (Wachtel)	-	-	+
Corvus monedula (Dohle)	-	-	+
Nucifraga caryocatactes (Tannenhäher)	-	-	+
Coccothraustes coccothraustes (Kernbeißer)	-	-	+
Carduelis chloris (Grünling)	-	-	+
Carduelis flammea (Birkenzeisig)	-	-	+
Pyrrhula pyrrhula (Gimpel)	-	-	+
Pyrrhocorax graculus (Alpendohle)	-	-	+
Pinicola enucleator (Hakengimpel)	-	-	+
Loxia sp. (Kreuzschnabel)	-	-	+
Emberiza schoeniclus (Rohrammer)	-	-	+
Plectrophenax nivalis (Schneeammer)	-	-	+
Parus major ? (Kohlmeise) ?	-	-	+
Lanius collurio (Dorndreher)	-	-	+
Turdus viscivorus (Misteldrossel)	-	-	+
Turdus philomelos (Singdrossel)	-	-	+
Cinclus cinclus (Wasseramsel)	-	-	+
Dendrocopos major (Gr. Buntspecht)	-	-	+
Cuculus canorus (Kuckuck)	-	-	+
Nyctea scandiaca (Schneeule)	-	-	++
Asio flammeus ? (Sumpfohreule)	-	-	+

	d	d1	d2
Falco tinnunculus (Turmfalke)	-	-	+
Haliaeetus albicilla (Seeadler)	-	-	+
Anser albifrons (Bläßgans)	-	-	+
Anas platyrhynchos (Stockente)	-	-	+
Pluvialis squatarola (Kiebitzregenpfeifer)	-	-	+
Calidris ferruginea (Strandläufer)	-	-	+
Larus ridibundus (Lachmöwe)	-	-	+
Rallus aquaticus (Wasserralle)	-	-	+
Mammalia			
Talpa europaea	-	-	+
Sorex macrognathus	-	-	+
Sorex araneus	-	-	+
Sorex cf. coronatus	-	-	+
Sorex alpinus	-	-	+
Neomys fodiens	-	-	+
Myotis blythi	-	-	+
Citellus citellus	-	-	+
Cricetulus songarus	-	-	+
Arvicola terrestris	-	-	+
Microtus arvalis	-	-	+
Microtus araneus	-	-	+
Microtus gregalis	-	-	++
Microtus oeconomus	-	-	+
Microtus nivalis	-	-	+
Dicrostonyx gulielmi	-	-	++
Clethrionomys glareolus	-	-	+
Sicista betulina	-	-	+
Castor fiber	-	-	+
Lepus timidus	-	-	++
Ochotona pusilla	-	-	+++
Canis lupus	+	-	+
Alopex lagopus	+	-	+
Vulpes vulpes	-	-	++
Ursus spelaeus	+++	-	+
Meles meles	-	-	+
Lutra lutra	-	-	+
Martes foina	-	-	+
Mustela erminea	-	-	++
Mustela nivalis	-	-	++
Mustela putorius	-	-	+
Panthera spelaea	+	-	-
Panthera pardus	-	-	+
Lynx lynx	-	-	+
Crocuta spelaea	+	-	-
Sus scrofa	-	-	+
Alces alces	-	-	+
Rangifer tarandus	-	-	+
Capra ibex	-	-	+
Equus ferus	-	-	+

Unter 100 untersuchten wurzellosen Arvicoliden-M_1 gehören 60 dem *Microtus arvalis*-Formenkreis an, 21 *zu M. nivalis*, 8 zu *M. gregalis*, 5 zu *M. oeconomus*, 2 zu *M. agrestis* und 1 zu *Dicrostonyx*, weiters gab es 3 nicht näher zuzuordnende *Microtus*-Sonderformen.

Der Höhlenbär ist hier das vorherrschende Faunenelement (HÜTTER 1955, SPAHNI 1954:358,359). *Panthera pardus* ist mittels eines P_4 und einer Phalanx vertreten. Vom Höhlenlöwen wurden 1 fast ganzer Oberschädel samt zugehörigem rechten Unterkiefer, 1 rechtes Unterkieferfragment mit Milcheckzahn und Milchprämolare, 1 Atlas, 1 Lendenwirbel und 1 rechte Tibia (WETTSTEIN & MÜHLHOFER 1938) sowie 1 Metacarpale IV, 1 Metatarsale IV und 2 Phalangen gefunden (NAGEL, im Druck).

Paläobotanik: Unter dem Lichtschacht wurden mehrere kleine Feuerstellen gefunden, deren Holzkohlenreste von *Pinus silvestris* (Rotkiefer-Astholz) stammen (MÜHLHOFER & WETTSTEIN 1938:517).

Archäologie: Ein Leitblock (1,9m breit, 2m lang, 1,7m hoch), der sich ca. 8m vom Haupteingang, in der Mitte des Eingangsraumes befand, ist nicht mehr vorhanden. Die ältesten Funde sind Bruchstücke von Gefäßen der jüngeren Phase der Linearbandkeramik, die auch aus anderen Höhlen um Baden bekannt sind (KLEMM 1985).

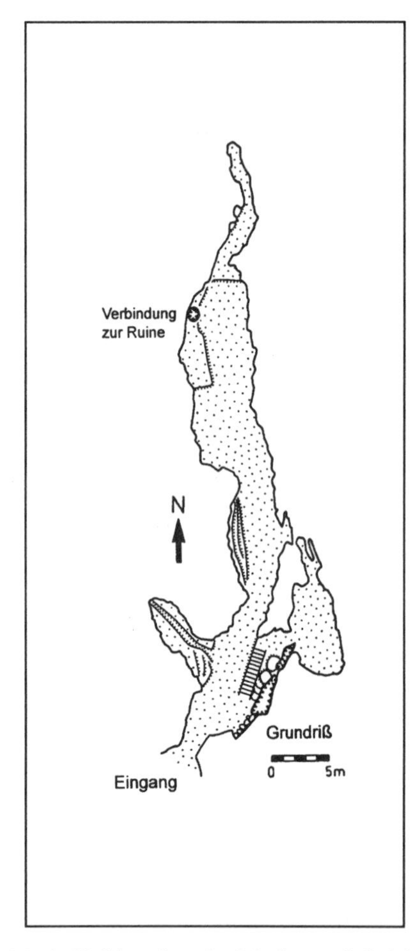

Abb.1: Höhlenplan der Merkensteinhöhle (HARTMANN 1982)

Chronologie:
Ursidenchronologie: Die Morphotypenzahlen der Prämolaren von *Ursus spelaeus* lauten für den P^4: 2A, 4A/B, 7B, 1B/D, 25D, 1C, 3E, n=43, Index = 166,3 und für den P_4: 3B1, 21C1, 8C1/2, 1 D1, 1B2, 1B/C2, 6 C2, 1C3, 1E4, n=43, Index = 135,5.
Sowohl nach dem Auftreten von hochevoluierten Morphotypen wie E bzw. C3, als auch nach den hohen Indexwerten repräsentieren die Höhlenbärenreste aus der Merkensteinhöhle ein mittleres Evolutionsniveau, das etwa dem jüngeren Mittelwürm entspricht.
Arvicolidenchronologie: Die besten Daten für die relative Chronologie der Kleinsäugerschicht liefern die Kauflächenbilder der *Dicrostonyx*-Molaren (s. NAGEL 1992, NAGEL, in Druck1). Die aus den aussagekräftigsten Molaren ermittelten Indices ergaben folgende Werte: M^1-Index = 206 (n=50) und M^2-Index = 196 (n=41).
Die Werte von Merkenstein liegen etwa im Bereich des Nixloches und der Kleinen Scheuer, deren Mikrovertebraten-Faunen beide dem Spätglazial angehören und mit rund 10.550 bzw.13.250 a BP datiert wurden (vgl. NAGEL 1992:179, RABEDER 1992:224). Daraus ergibt sich, daß die Fauna der Schicht d2 ("Merkensteiner Nagerschicht") wesentlich jünger ist als die Großsäugerfauna der Schicht d (Höhlenbärschicht), die dem jüngeren Mittelwürm (Isotopenstufe 3) zuzurechnen ist.

Aufbewahrung: Naturhist. Mus. Wien (Säugetiersammlung, Geol.-Paläont. Abt.), Niederösterr. Landesmuseum (THENIUS 1951:322, Taf.1), Inst. Paläont. Univ. Wien.

Rezente Sozietäten: *Rhinolophus hipposideros, Rhinolophus ferrumequinum, Plecotus auritus, Plecotus austriacus, Myotis oxygnathus* (STROUHAL & VORNATSCHER 1975).

Literatur:
HARTMANN, W. & H. 1982. Die Höhlen Niederösterreichs 2. - Die Höhle, wiss. Beih., **29**: 214-216, Wien.
HÜTTER, E. 1955. Der Höhlenbär von Merkenstein. - Ann. Naturhist. Mus. Wien **60**, 1954/55: 122- 170, Wien.
KLEMM, S: 1985. Die archäologische Erforschung der Merkensteinhöhle bei Gainfarn. - In: MAIS, K. & SCHAUDY, R. Höhlen in Baden und Umgebung aus naturkundlicher und kulturgeschichtlicher Sicht. - Die Höhle, wiss. Beih., **34**: 122-125, Seibersdorf.
MAIS, K. & RABEDER, G. 1985. Das Jungpleistozän der Merkensteinhöhle, wenig Bekanntes zu den Grabungen und neue Ergebnisse zur Chronologie. In: MAIS, K. & SCHAUDY, R. Höhlen in Baden und Umgebung aus naturkundlicher und kulturgeschichtlicher Sicht. - Die Höhle, wiss. Beih., **34**: 107-122, Seibersdorf.
MÜHLHOFER, F. & WETTSTEIN, O. 1938. Die Fauna der Höhle von Merkenstein in N.-Ö. - Sonderdr. aus Archiv f. Naturgeschichte, Z. f. wiss. Zoologie, Abt. B, N.F. 7,4, Leipzig.
NAGEL, D. (im Druck). *Panthera pardus* und *Panthera spelaea* (Felidae) aus der Höhle von Merkenstein (Niederösterreich). - Wiss. Mitt. Niederösterr. Landesmus., **10**.
NAGEL, D. (im Druck1). *Dicrostonyx gulielmi* (Rodentia, Mammalia) aus der Höhle von Merkenstein (Niederösterreich). - Wiss. Mitt. Niederösterr. Landesmus., **10**.
NAGEL, D. 1992. Die Arvicoliden (Rodentia, Mammalia) aus dem Nixloch bei Losenstein-Ternberg, O.Ö. - In: NAGEL, D. & RABEDER, G. (Hrsgb.). Das Nixloch bei Losenstein-Tern-

berg - Mitt. Komm. Quartärforsch., **8**: 153-187, Wien.
RABEDER, G. 1983. Neues vom Höhlenbären. Zur Morphologie der Backenzähne. - Die Höhle, **34**: 67-85, Wien.
RABEDER, G. 1985. Die Grabungen des Oberösterreichischen Landesmuseums in der Ramesch-Knochenhöhle (Totes Gebirge, Warscheneck-Gruppe). - Jb. oberösterr. Mus. Ver., **130**: 161-181, Linz.
RABEDER, G. 1992. Standardprofil und Chronologie der Nixlochsedimente. - In: NAGEL, D. & RABEDER, G. (Hrsgb.). Das Nixloch bei Losenstein-Ternberg - Mitt. Komm. Quartärforsch., **8**: 223-225, Wien.
SPAHNI, J. C. 1954. Les gisement à Ursus spelaeus de l'Autriche et leurs problèmes. - Bull. soc. préhist. franc., **51**: 346-367, Le Mans.
STROUHAL, H. & VORNATSCHER, J. 1975. Katalog der rezenten Höhlentiere Österreichs. - Die Höhle, wiss. Beih., **24**, Wien.
THENIUS, E. 1951. Eine neue Rekonstruktion des Höhlenbären (*Ursus spelaeus* Ros.). - Sitz.ber. Österr. Akad. Wiss., math.-naturw. Kl. Abt.I, **160**(3 und 4): 321-333, Wien.

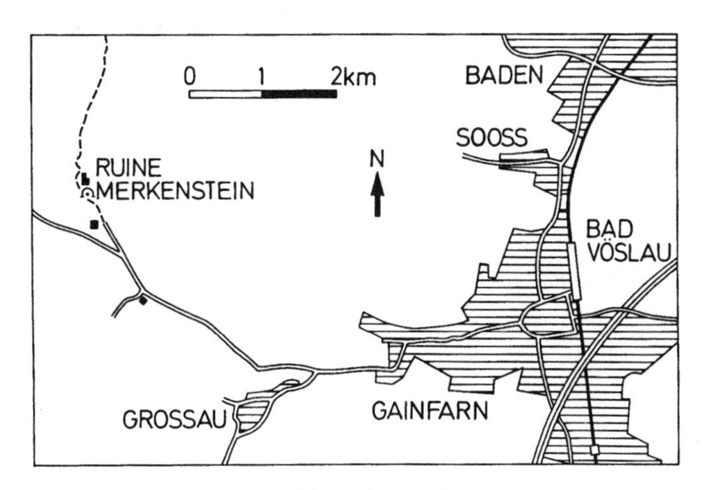

Abb.2: Lageskizze der Merkensteinhöhle

Nixloch bei Losenstein-Ternberg

Christa Frank & Gernot Rabeder

Jungpleistozäne Bärenhöhle mit spätglazialer Mikrofauna

Synonyme: Nixhöhle, Nixlucke, Nixgrotte, NL

Gemeinde: Ternberg
Polit. Bezirk: Steyr-Land, Oberösterreich
ÖK 50-Blattnr.: 69, Großraming
14°22'58" (RW: 74mm)
47°55'15" N (HW: 378mm)
Seehöhe des Portals: 770m
Österr. Höhlenkatasternr: 1665/1

Lage: Die Höhle liegt in jenem ausgedehnten Bergland, das im Osten von der Enns, im Westen von der Steyr und im Süden von der Teichl, sowie dem Laußabach begrenzt wird (RABEDER & WEICHENBERGER 1992). 40m neben der Gemeindegrenze Losenstein (siehe Lageskizze Gamssulzenhöhle, FRANK & RABEDER, dieser Band).

Zugang: Am günstigsten von Losenstein a. d. Enns durch den Hintsteingraben. Vom höchstgelegenen Bauernhof (Hintsteiner) führt zuerst ein Fahrweg, dann ein schmaler Steig zur Höhle (RABEDER & WEICHENBERGER 1992).

Geologie: Nördl. Kalkalpen; Ternberger Decke, Vilser Kalk (Oberer Dogger). Vier verschiedene Kluftrichtungen prägen den Verlauf und die Neigung der Höhlenwände, aber auch der Sohle (HOLNSTEINER 1992, RABEDER & WEICHENBERGER 1992).

Fundstellenbeschreibung: Die Höhle besteht aus einem 14 m breiten und 5,5 m hohen Portal, das in eine vom Tageslicht gut ausgeleuchtete Halle führt, und aus einem sich nach 25 m verengenden Gang; Gesamtlänge: 55m (RABEDER & WEICHENBERGER 1992).

Forschungsgeschichte: Die Höhle ist schon lange bekannt. 1910 erster Bericht über die Erforschung der „Nixgrotte bei Losenstein" in der Linzer Tagespost. 1958 Vermessung durch Linzer Höhlenforscher. 1986 und 1987 erfolgten Grabungen durch das Inst. Paläont. Univ. Wien, im Auftrag des OÖ Landesmuseums Linz; Leitung: B. Gruber und G. Rabeder (KUNST & al. 1989, NAGEL & RABEDER 1991, RABEDER & WEICHENBERGER 1992)

Sedimente und Fundsituation: Gesamtmächtigkeit der Sedimente: max. 1,8 m (RABEDER 1992a).
Mächtigkeit und Abfolge der Schichten vom Hangenden zum Liegenden:

- Kleinsäugerschicht, Schicht A, schuttreich, sandig.
- Höhlenbärenlehm, Schicht B.

- Brauner, schuttarmer Lehm; Schicht B'.
- Gelbe und rote Lehme, z. T. reich an Augensteinen (Fremdgerölle): Fossilleere Schichten C-F.

Sedimentologie: Die Analyse der Schwerminerale ergab, daß die älteren, fossilleeren Schichten (F-C) vorwiegend allochthone Anteile enthalten; die fossilführenden Schichten B', B und A bestehen überwiegend aus autochthonem Material (PAVUZA 1992).

Fauna: nach FLADERER & al. (1992), teilweise rev. von G. Rabeder

	Hochglazial	Spätglazial	Frühholozän	rezent
Gastropoda				
Cochlostoma septemspirale	-	-	+	+
Cochlicopa lubrica	-	-	+	-
Orcula dolium	-	+	+	+
Orcula pseudodolium	-	-	+	-
Abida secale	-	-	-	+
Chondrina avenacea	-	-	+	-
Chondrina clienta	-	-	+	+
Vallonia costata helvetica	-	-	+	-
Vallonia pulchella	-	-	+	-
Cochlodina laminata	-	-	+	+
Macrogastra ventricosa	-	-	+	+
Macrogastra badia crispulata	-	-	+	-
Macrogastra plicatula	-	-	+	-
Clausilia dubia	-	+	+	-
Clausilia dubia obsoleta	-	+	+	+
Clausilia cruciata	-	-	-	+
Neostyriaca corynodes	-	+	+	+
Succinella oblonga	-	+	-	-
Punctum pygmaeum	-	-	+	-
Discus rotundatus	-	-	+	+
Discus perspectivus	-	-	+	+
Semilimax semilimax	-	-	-	+
Vitrea subrimata	-	-	-	+
Aegopis verticillus	-	-	+	+
Aegopinella minor-nitens	-	-	-	+
Aegopinella nitens	-	-	+	-
Oxychilus cellarius	-	-	+	+
Oxychilus glaber	-	-	-	+
Limax sp.	-	-	+	-
Trichia hispida	-	+	-	-
Petasina unidentata	-	-	+	+
Urticicola umbrosus	-	-	+	+
Helicodonta obvoluta	-	-	+	-
Arianta arbustorum	-	-	+	+
Arianta arbustorum alpicola	-	+	?	-
Helicigona lapicida	-	-	+	-
Chilostoma achates ichthyomma	-	-	+	+
Cylindrus obtusus	-	+	-	-
Isognomostoma isognomostomos	-	-	-	+
Helix pomatia	-	-	+	-
Amphibia				
Rana arvalis (Moorfrosch)	-	+	+	-
Salamandra sp.	-	+	+	+
Reptilia				
Anguis fragilis (Blindschleiche)	-	+	+	-
Aves				
Falco tinnunculus (Turmfalke)	+	-	-	+
Lagopus lagopus (Moorschneehuhn)	+	+	+	-
Lagopus mutus (Alpenschneehuhn)	-	+	+	+

	Hochglazial	Spätglazial	Frühholozän	rezent
Tetrastes bonasia (Haselhuhn)	-	+	-	+
Gallinula chloropus (Teichralle)	-	-	-	+
Eudromias morinellus (Mornellregenpfeifer)	-	+	-	+
Philomachus pugnax (Kampfläufer)	-	-	-	+
Gallinago media (Doppelschnepfe)	-	+	-	-
Aegolius funereus (Rauhfußkauz)	-	-	-	+
Picus canus (Grauspecht)	-	-	-	+
Hirundo sp. (Schwalbe)	-	-	-	+
Garrulus glandarius (Eichelhäher)	-	-	-	+
Nucifraga caryocatactes (Tannenhäher)	-	-	-	+
Pyrrhocorax graculus (Alpendohle)	+	+	+	+
Pyrrhocorax pyrrhocorax (Alpenkrähe)	+	+	+	+
Turdus sp. (Drossel)	-	+	+	+
Turdus iliacus (Rotdrossel)	-	-	-	+
Prunella collaris (Alpenbraunelle)	-	-	-	+
Lanius excubitor (Raubwürger)	-	-	-	+
Pinicola enucleator (Hakengimpel)	-	+	-	-
Osteichthyes				
Fischwirbel		+	+	
Mammalia				
Talpa europaea	-	+	+	-
Sorex macrognathus	-	+	-	-
Sorex cf. *coronatus*	-	+	-	-
Sorex araneus	-	-	?	+
Sorex minutus	-	+	-	-
Sorex alpinus	-	-	-	+
Rhinolophus hipposideros	-	-	+	?
Myotis bechsteini	-	+	+	-
Eptesicus nilssoni	-	+	-	-
Eptesicus serotinus	-	-	+	-
Nyctalus noctula	-	?	+	-
Pipistrellus savii	-	-	+	-
Pipistrellus pipistrellus	-	-	+	-
Plecotus auritus	-	-	+	-
Marmota marmota	-	+	-	-
Glis glis	-	-	+	-
Muscardinus avellanarius	-	-	+	-
Cricetus cricetus	-	+	+	-
Apodemus sylvaticus	-	+	+	-
Apodemus flavicollis	-	+	+	-
Sicista betulina	-	+	-	-
Arvicola terrestris	-	+	?	-
Microtus arvalis	-	+	+	+
Microtus agrestis	-	?	+	-
Microtus gregalis	-	+	?	-
Microtus oeconomus	-	+	+	-
Microtus nivalis	-	+	?	-
Clethrionomys glareolus	-	+	+	+
Dicrostonyx gulielmi	?	+	-	-
Ochotona pusilla	?	+	-	-
Lepus timidus	?	+	-	-
Lepus europaeus	-	-	?	+
Canis lupus	+	+	-	-
Vulpes vulpes	+	+	-	-
Alopex lagopus	+	+	-	-
Ursus arctos	1M_2	-	-	-
Ursus spelaeus	+	-	-	-
Martes martes	+	+	-	-

	Hochglazial	Spätglazial	Frühholozän	rezent
Mustela sp.	+	+	-	-
Felis silvestris	+	+	-	-
Panthera spelaea	+	-	-	-
Rangifer tarandus	+	+	-	-
Capra ibex	+	+	-	-
Rupicapra rupicapra	+	+	-	-
Bos/Bison	+	+	-	-

Funde von *Ursus spelaeus* dominieren zwar, doch wegen der artenreichen Gesamtfauna kann man nicht von einer typischen Bärenhöhle sprechen. Carnivorenfraßreste wurden an Knochenelementen von *Ursus spelaeus, Rupicapra rupicapra* und *Rangifer tarandus* erkannt. Die Funde der Kleinsäuger, Wiesel, Hasen, Alpenmurmeltiere und vielleicht auch Teile von Eisfüchsen bzw. Rotfüchsen dürften aus Eulengewöllen stammen. Der Nachweis zusammengehöriger Elemente von *Mustela, Rangifer, Capra* und *Vulpes* läßt auf das Vorhandensein relativ autochthoner Sedimente schließen (KUNST 1992).

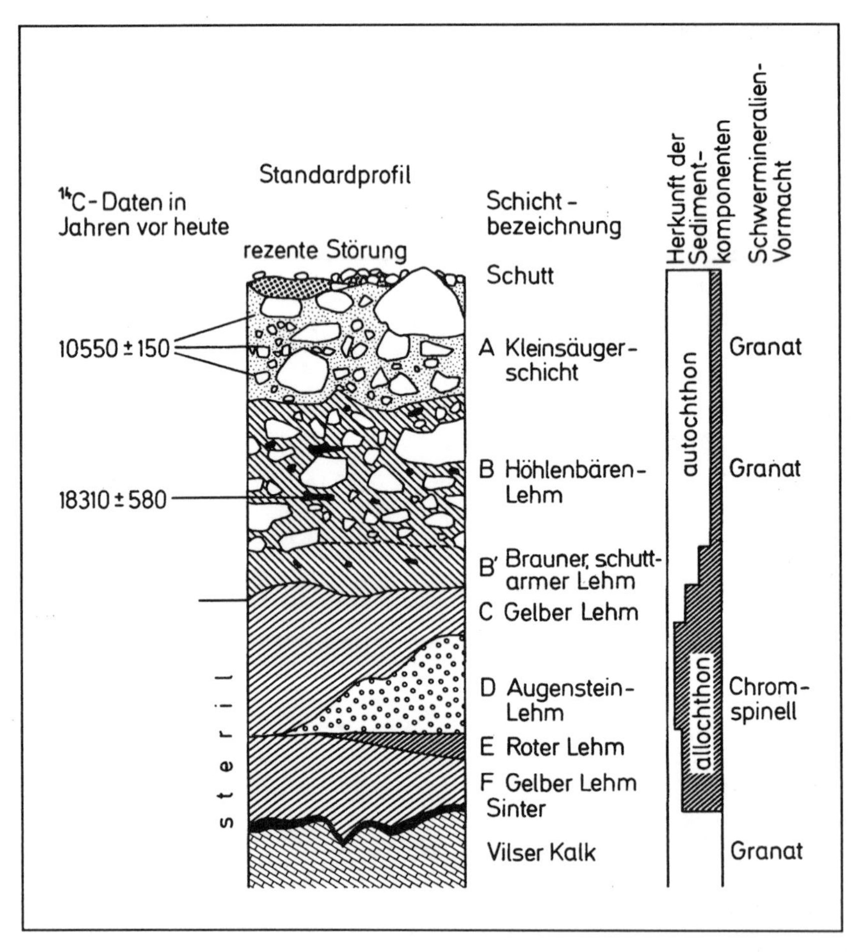

Abb.1: Standardprofil der Sedimente des Nixlochs bei Losenstein-Ternberg (RABEDER 1992a:225)

Paläobotanik: Palynologische Untersuchung an 2 Profilen: Ungünstige Erhaltungsbedingungen hatten schlechte Pollenerhaltung und selektive -zerstörung zur Folge. Charakteristische Dominanz der Kräuterpollen über Baumpollen und Sporen, wobei durchgehend die liguliforen Compositen vorherrschen; in höheren Prozentsätzen sind auch Asteraceen- und Polypodiaceensporen enthalten, in den meisten Proben auch Apiaceen und Poaceen. Zu dieser starken Anreicherung der Kräuterpollen dürfte der Höhlenbär beigetragen haben (Nahrung).

Aus der Pollenanalyse ergibt sich offene, tundrenartige Vegetation mit Rasengesellschaften. Außer vereinzelt *Abies* und in höheren Prozentsätzen *Pinus* und *Picea* ist kein Hinweis auf geschlossene Bewaldung gegeben. Die *Tilia-* und *Corylus*pollen (Thermophile) könnten auf Umlagerung aus älteren (interglazialen) Sedimenten oder auf Verschleppung zurückzuführen sein (DRAXLER 1992).

Archäologie: 5 Steinartefakte aus Schicht B, sowie 1 Knochennadel, 2 mittelneolithische Abschläge und 2 Absplisse aus Schicht A, die dem Spätpaläolithikum bzw. dem Mesolithikum zugeordnet werden können, beweisen, daß der Mensch sowohl in hochglazialer als auch in spätglazialer Zeit die Höhle aufgesucht hat (KÜHTREIBER 1992).

Chronologie:

- Radiokarbondaten:
  Schicht B: aus Höhlenbärenknochen: 18.130 ±580a BP (VRI-1030),
  Schicht A: aus postkranialen Kleinsäugerknochen: 10.550 ±150a BP (VRI-1188).
  Beides Inst. f. Radiumforschung und Kernphysik der Univ. Wien (RABEDER 1992a).
- Ursiden-Chronologie: Die Morphotypenzahlen der Prämolaren von *Ursus spelaeus* lauten für den P^4: 2B, 2B/D, 12D, 2E, 4D/F, 2E/F, 4F, n=28, Index = 250,0 und für den P_4: 1B1, 2C1, 2C/D1, 2D/E1, 3C1/2, 2D1/E2, 5C2, 3D2, 2D/E2, 6E2, 1C3, 1D/E3, 1E3, 1E/F2, 1E/F2, 1F3, n=34, Index = 241,9. Die Nixloch-Bären haben ein Evolutionsniveau erreicht, das dem Niveau der Gamssulzen-Bären nahekommt. Das daraus abzuleitende relativ geringe Alter wird durch das Radiokarbon-Datum bestätigt (RABEDER 1992b).

Klimageschichte: Schicht B stammt aus einer Kaltzeit des jüngeren Würm ("Höhlenbärenzeit"). Die Höhle wurden von den Bären vermutlich zur Zeit der höchsten Vereisung aufgesucht und diente nicht nur dem Winterschlaf, sondern auch der Jungenaufzucht im Jahresverlauf. Die Höhle wurde auch von anderen Raubtieren, in der Folge vom Menschen aufgesucht. - Schicht A: p.p. entspricht einer kalten Phase des Spätglazials ("Lemmingzeit") und enthält eine kaltzeitliche Mikrovertebraten-Fauna mit Halsbandlemming, Schneemaus und Schneehuhn, den fossilen Soriciden, Arvicoliden, Murmeltier und Pfeifhase. - Mit frühholozänen und rezenten Beimischungen. - Eine frühholozäne Wärmephase mit zumindest Teilbewaldung wird vor allem durch Gastropoden, einige Kleinsäuger und waldbewohnende Vogelarten dokumentiert. - Rezent: In der ganzen Höhle ist eine Störung der Sedimente, teils durch grabende Säugetiere, teils durch den Menschen gegeben (Höhlenbärenreste in der gesamten Schicht A). Auch gegenwärtig gelangen Kleinsäugerknochen, Gastropodenschalen und Insektenreste in die Höhle (RABEDER 1992a).

Aufbewahrung: Inst. Paläont. Univ. Wien, OÖ Landesmus. Linz und Geolog. Bundesanstalt, Wien (Palynologische Dokumentation).

Rezente Sozietäten:

Vegetationskundliche Befunde: Die Höhle liegt heute innerhalb der Buchen-Tannen-Fichtenwaldgesellschaften der Unteren Montanstufe.

Die Struktur der rezenten Molluskengesellschaften im nächsten Umfeld der Höhle entspricht dem Buchen-Tannen-Fichtenwald, tiefmontan, mit starker Felsbetonung, auf Kalkgrund: *Chilostoma achates ichthyomma*-Gesellschaft feuchter, moosiger, beschatteter Felsen, mit ostalpin-randalpiner Prägung (FRANK 1992).

Rezente Höhlenfauna: Wenigborster, Webspinnen, Weberknechte, Milben, Asseln, Tausendfüßler, Springschwänze, Hautflügler, Käfer, Schmetterlinge, Zweiflügler, Fledermäuse (*Rhinolophus hipposideros*, *Myotis myotis*), Nagetiere (*Glis glis*, *Apodemus* sp.), RABEDER & WEICHENBERGER 1992.

Literatur:

DRAXLER, I. 1992. Palynologische Untersuchungen von Höhlensedimenten im Nixloch bei Losenstein-Ternberg (Oberösterreich). - [In:] NAGEL, D. & RABEDER, G. (Hrsgb.) 1992. Das Nixloch bei Losenstein-Ternberg - Mitt. Komm. Quartärforsch., **8**: 21-29, Wien.

FLADERER, F.A., FRANK, C., KUNST, G., MLÍKOVSKY, J., NAGEL, D. & RABEDER, G. 1992. Faunenliste des Nixlochs bei Losenstein-Ternberg (O.Ö.). - [In:] NAGEL, D. & RABEDER, G. (Hrsgb.) 1992. Das Nixloch bei Losenstein-Ternberg - Mitt. Komm. Quartärforsch., **8**: 31-34, Wien.

FRANK, C. 1992. Spät- und postglaziale Gastropoden im Nixloch bei Losenstein-Ternberg, O.Ö. - [In:] NAGEL, D. & RABEDER, G. (Hrsgb.) 1992. Das Nixloch bei Losenstein-Ternberg - Mitt. Komm. Quartärforsch., **8**: 35-69, Wien.

HOLNSTEINER, R. 1992. Der geologische Aufbau der Umgebung des Nixlochs bei Losenstein-Ternberg (O.Ö.). - [In:] NAGEL, D. & RABEDER, G. (Hrsgb.) 1992. Das Nixloch bei Losenstein-Ternberg - Mitt. Komm. Quartärforsch., **8**: 13-16, Wien.

NAGEL, D. & RABEDER, G. 1991. Exkursionen im Pliozän und Pleistozän Österreichs. - Hrsg. Öster. Paläontolog. Ges. aus Anlaß ihres 25jährigen Bestehens, Wien.

KÜHTREIBER, Th. 1992. Jungpaläolithische Funde aus dem Nixloch bei Losenstein-Ternberg, O.Ö. - [In:] NAGEL, D. & RABEDER, G. (Hrsgb.) 1992. Das Nixloch bei Losenstein-Ternberg - Mitt. Komm. Quartärforsch., **8**: 13-15, Wien.

KUNST, G. K. 1992. Hoch- und spätglaziale Großsäugerreste aus dem Nixloch bei Losenstein-Ternberg (O.Ö.). -[In:] NAGEL, D. & RABEDER, G. (Hrsgb.) 1992. Das Nixloch bei Losenstein-Ternberg Mitt. Komm. Quartärforsch., **8**:83-127, Wien.

KUNST, G.K., NAGEL, D. & RABEDER G. 1989. Erste Grabungsergebnisse aus dem Nixloch bei Losenstein-Ternberg. - Jb. OÖ Mus.-Ver., **134**/I: 199-212, Linz.

PAVUZA, R. 1992. Die Sedimentologie des Nixloches bei Losenstein-Ternberg (OÖ). - [In:] NAGEL, D. & RABEDER, G. (Hrsgb.) 1992. Das Nixloch bei Losenstein-Ternberg - Mitt. Komm. Quartärforsch., **8**: 13-15, Wien.

RABEDER, G. 1992a. Standardprofil und Chronologie der Nixlochsedimente. - [In:] NAGEL, D. & RABEDER, G. (Hrsgb.) 1992. Das Nixloch bei Losenstein-Ternberg - Mitt. Komm. Quartärforsch., **8**: 223-225, Wien.

RABEDER, G. 1992b. Das Evolutionsniveau der Höhlenbären aus dem Nixloch bei Losenstein-Ternberg (O.Ö.). - [In:] NAGEL, D. & RABEDER, G. (Hrsgb.) 1992. Das Nixloch bei Losenstein-Ternberg - Mitt. Komm. Quartärforsch., **8**: 133-141, Wien.

RABEDER, G. & WEICHENBERGER, J. 1992. Das Nixloch bei Losenstein-Ternberg (O.Ö.), Lage, Morphologie und Forschungsgeschichte. - [In:] NAGEL, D. & RABEDER, G. (Hrsgb.) 1992. Das Nixloch bei Losenstein-Ternberg - Mitt. Komm. Quartärforsch., **8**: 3-12, Wien.

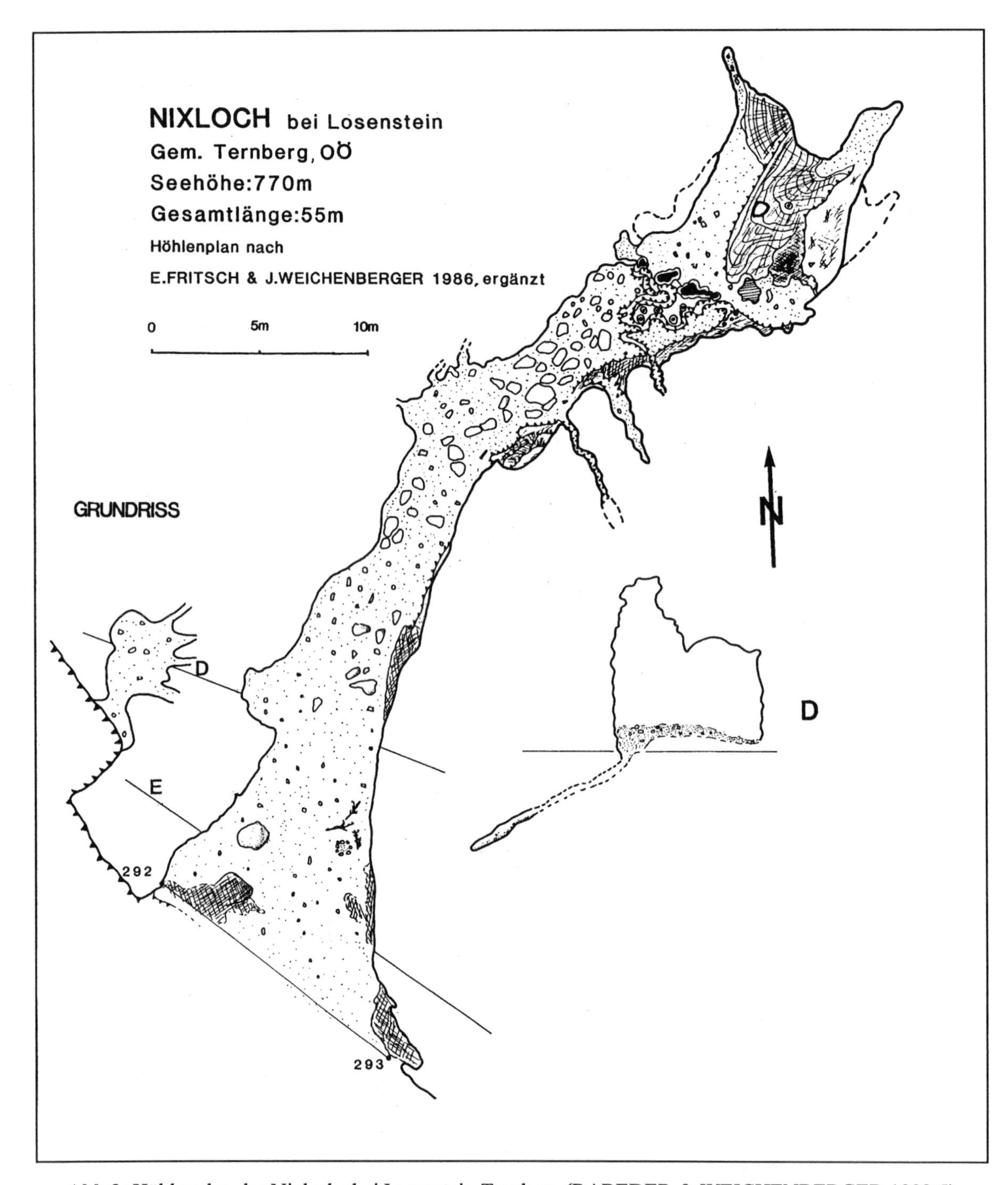

Abb.2: Höhlenplan des Nixlochs bei Losenstein-Ternberg (RABEDER & WEICHENBERGER 1992:5)

Große Ofenbergerhöhle

Florian A. Fladerer
(mit einem Beitrag von Christa Frank)

Bärenhöhle im Mittelgebirge, ?Großtierfalle, spätglazialer Raubvogelhorst
Synonyme: Of(f)enbergerhöhle I, Of(f)enberger Südosthöhle; GrO

Gemeinde: St. Lorenzen im Mürztal
Polit. Bezirk: Bruck an der Mur, Steiermark
15°21'59" E (RW: 50mm)
47°30'23" N (HW: 14mm)

ÖK 50-Blattnr.: 103, Kindberg
Seehöhe (Haupteingang): 766m
Österr. Höhlenkatasternr.: 1733/1

Lage: Mürztaler Alpen. Im Ostsüdosthang des Ofenbergs (958m), dem südöstlichen Ausläufer des Fuchseggs (1091m) (Abb. 1).
Zugang: Von der Abzweigung Stolling(erbach)graben - Weißenbachgraben an der Kapelle vorbei; den Weg auf

der Südseite des Ofenbergs steil nach oben zum Wandfuß der Ofenberger oder Weißenburger Wand. Im südöstlichen Anteil des Wandfusses liegen 11 weitere, kleinere Höhlenobjekte. Von paläontologischer Bedeutung sind die 110-140m weiter westlich liegende Südwesthöhle (Durchgangshöhle) und die Westhöhle (siehe unten).
Geologie: 'Semmeringmesozoikum' (Zentralalpen, Unterostalpin). Die Ofenberger Wand wird von einem Marmor aus der (?Mittel-)Trias gebildet, der in diesem Bereich konkordant bis leicht diskordant in den Phyllit und Biotit- bis Zweiglimmerschiefer des Troiseckzuges eingewalzt wurde (ARNETZEL & WUNDERLICH 1979, siehe auch MURBAN 1953).

Fundstellenbeschreibung: Die Große Ofenbergerhöhle ist ein kluftgebundenes Höhlensystem mit zwei Etagen und mit sieben, teilweise nicht begehbaren Tagöffnungen im Bereich eines aufgelassenen Steinbruchs (Abb. 2). Haupteingang ist die westliche der beiden nach Südosten gerichteten Tagöffnungen (ARNETZEL & WUNDERLICH 1979). Im 2. Weltkrieg wurden zur Einrichtung eines Benzinlagers bzw. einer Werkstätte (BAUER 1986) Bohr- und Sprengarbeiten durchgeführt. Die Höhle lag 1953 noch im Bereich eines aktiven Steinbruches. Die Zugänge, wie auch das Höhleninnere sind durch die Sprengungen im stark zerklüfteten Gestein stark verändert worden (MOTTL 1953:35). Die Gesamtlänge beträgt 400m, der Höhenunterschied 27m.

Forschungsgeschichte: 1870 gelangen Aufsammlungen subrezenter und fossiler Knochenreste aus den Ofenberger Höhlen an das Landesmuseum Joanneum (GRÄF & MURBAN 1972). Weitere Schenkungen (1902) veranlaßten 1903 zu einer Grabung durch V. HILBER (1911), Landesmuseum Joanneum (LMJ) und Aufsammlung archäologischer Reste und sub/fossiler Tierreste in einer 'Ofenberger Höhle' (MUCH 1902). TEPPNER (1914) beschreibt die Mandibel eines '*Cuon europaeus*' und einen Wolfsschädel mit Unterkiefer aus der 'Ofenberger Höhle'. M. MOTTL (1949) revidiert die Wolfreste im Rahmen der Bearbeitung der Wölfe vom Frauenloch. 1952 sondiert MOTTL (1953), LMJ, in der Großen Ofenbergerhöhle und der Ofenberger Südwesthöhle ohne nähere Angaben ('Durchsicht einer noch ungestörten Randpartie'). 1976 Aufsammlungen durch die Biospeläologische Arbeitsgemeinschaft am Naturhistorischen Museum Wien, vermutlich im Eingangsbereich ('Abbau eines von eingeleiteten lokalen 'Erschließungen' akut bedrohten Sedimentrestes'; BAUER 1986). Bearbeitung durch BAUER (1986), BOCHENSKI & TOMEK (1994) und FLADERER & REINER (1996).

Sedimente und Fundsituation:
MOTTL (1953: 35) schildert ein vierteiliges Sedimentprofil ohne Angabe der Mächtigkeiten:
(1) dünne Humusablagerung
(2) gelbbrauner Lehm mit scharfkantigem Schutt
(3) rotbrauner Lehm
(4) feingeschichteter Sickerwasserabsatz mit feinschottrigen und grausandigen Lagen

HILBER (1922) nennt aus der 'Westhöhle' (die möglicherweise der Großen Ofenbergerhöhle entspricht) ein Profil, dessen unterste Schicht als Fundschicht der Steinbockreste in Frage kommt. Der obere Sand könnte ein jüngeres Schuttereignis über der prähistorischen Kulturschicht repräsentieren.
(1) feiner Sand, 25cm mächtig
(2) Holzkohlen, 8 bis 10cm mächtig
(3) Brandschichte mit Keramik
(4) grober Sand, bis 50cm (Anmerkung: ?Unterkante der Grabung)

Fauna:

Tabelle 1. Große Ofenbergerhöhle. Artenliste nach FLADERER & REINER (1996), Chiroptera nach BAUER (1986), Vögel nach BOCHENSKI & TOMEK (1994), ergänzt. Knochenzahlen, Mindestindividuenzahl (MNI) in Klammer, * Anzahl der M1, unstrat. - unstratifizierte Aufsammlungen

	1952	1976		unstrat.[1]
	rotbr. Lehm	KNZ	MNI	
Pisces			+	
Aves				
Anser erythropus (Zwerggans)		1	(1)	
Anas platyrhynchos (Stockente)		2	(1)	
Falco tinnunculus (Turmfalke)		5	(3)	
Falco sp. (kleine Art)		4	(1)	
Lagopus lagopus (Moorschneehuhn)		4	(1)	
Lagopus mutus (Alpenschneehuhn)		5	(2)	
Lagopus lagopus/mutus		5		
Tetrastes bonasia (Haselhuhn)		1	(1)	
cf. *Gallinula chloropus* (Teichhuhn)		1	(1)	
Scolopax rusticola (Waldschnepfe)		1	(1)	
Gallinago media (Doppelschnepfe)		2	(1)	
Lymnocryptes minimus (Zwergschnepfe)		2	(1)	

	1952 rotbr. Lehm	1976 KNZ	MNI	unstrat.[1]
Tringa sp. (Wasserläufer)		1	(1)	
Nyctea scandiaca (Schneeule)		4	(1)	
Asio flammeus (Sumpfohreule)		2	(1)	
Eremophila alpestris (Ohrenlerche)		4	(1)	
Hirundo rustica (Rauchschwalbe)		1	(1)	
Delichon urbica (Mehlschwalbe)		2	(2)	
Cinclus cinclus (Wasseramsel)		1	(1)	
Phoenicurus ochruros (Gartenrotschwanz)		2	(1)	
Acrocephalus arundinaceus (Drosselrohrsänger)		1	(1)	
Emberiza sp.(Ammer)		5	(5)	
Montifringilla nivalis (Schneefink)		82	(14)	
Pyrrhocorax pyrrhocorax (Alpendohle)		5	(2)	
Pyrrhocorax graculus (Alpenkrähe)		61	(7)	
Passeriformes indet.		8		
Aves indet.		10		
Mammalia				
Talpa europaea		1	(1)	
Sorex araneus		2	(2)	
Sorex alpinus		1	(1)	
Neomys fodiens		1	(1)	
Myotis myotis		1	(1)	
Myotis bechsteini		8	(4)	
Myotis aff. *nattereri*		3	(2)	
cf. *Vespertilio murinus*		1	(1)	
Eptesicus serotinus		1	(1)	
Barbastella barbastellus		2	(2)	
Plecotus auritus		3	(2)	
Marmota marmota		8	(4)	
Glis glis		1	(1)	
Arvicola terrestris		12	(6)	
Microtus arvalis/agrestis		*232	(116)	
Microtus nivalis		*547	(275)	
Microtus oeconomus		*2	(1)	
Microtus gregalis		1	(1)	
Sicista betulina		1	(1)	
Ochotona pusilla		4	(3)	
Lepus timidus		130	(5)	
Canis lupus		-		4 (2)[1]
Cuon alpinus		-		1[1]
Vulpes vulpes		1	(1)	
Alopex lagopus		1	(1)	
Mustela erminea		2	(1)	
Mustela nivalis		28	(5)	
Ursus spelaeus	2	-		
Bos/Bison				1[2]
Rupicapra rupicapra		-		1[1]
Capra ibex	+[1]	-		>400 (9)[1]

[1] Es ist nicht zu klären, ob die in HILBER (1912) und in TEPPNER (1914) erwähnten und am LMJ unter dem Fundort 'Große Offenbergerhöhle' aufbewahrten Reste mit heterogener Erhaltung tatsächlich aus dieser stammen. Im Falle der Steinbockreste erscheinen die Ofenberger West- und die Südwesthöhle ebenso möglich. V. Hilber gibt von seiner 'Westhöhle' eine Beschreibung, die auf die Ofenberger Westhöhle kaum zutrifft: Jene hat „einen schlurfförmigen, etwa 4m langen Eingang, auf welchen ein langer höherer Gang folgt, der sich in der Wand weiter talaufwärts öffnet" (HILBER 1922) - die Ofenberger Westhöhle ist ein labyrinthartiges Objekt mit großem Portal. Die Wand- und damit die Eingangskonfigurationen wurden allerdings in den späteren Jahrzehnten durch den Steinbruchbetrieb stark verändert.

[2] Der Erhaltungsgrad erlaubt in einem von drei Objekten nicht, eine pleistozäne Herkunft auszuschließen.

Die Herkunft der von HILBER (1911, 1922) angeführten Reste ist bereits nach MOTTL (1953:34f) unklar. Auch andere Höhlen der Ofenberger Wand kommen für diese in Frage. Die linke Mandibel von *Cuon alpinus europeaus* und die Funde der Tunnelhöhle (FLADERER & FRANK, dieser Band) und aus der Gudenushöhle (DÖPPES, dieser Band) sind die bislang einzigen deutlichen Nachweise des Rothundes im Jungpleistozän von Österreich. Weitere in ihrer Zuweisung nicht eindeutige Funde werden aus dem Nixloch bei Losenstein-Ternberg (KUNST 1992) gemeldet. Die Abmessungen der Mandibel sind etwas größer als entsprechende Funde aus dem Jungpleistozän Mährens, Sloweniens und Montenegros (TEPPNER 1914: 12ff, MALEZ & TURK 1991) (Tab. 2).

Tabelle 2. *Cuon alpinus*. Jungpleistozän (Repolusthöhle: Mittelpleistozän). Mandibelmaße in Millimeter. Alveolenmaß der Zahnreihe und Dimension des Reißzahns im Vergleich mit Maßen bei *Canis lupus* aus MALEZ & TURK (1991), ergänzt.

Cuon alpinus	n	uZr P_1-M_2	n	GL M_1	GB M_1
Ofenbergerhöhle	1	70,8	1	23,2	10,0
Certova dira	1	67	1	20,3	8,5
Apnarjeva jama	1	68,8	1	21,7	9,0
Crvena Stijena	2	67,3; 68,5	2	21,0; 21,1	9,0
Repolusthöhle		-	1	23	9,9
Canis lupus					
Ofenbergerhöhle	1	106,5	1	30*	12*
Frauenhöhle	1	100,5	1	28	12
Luegloch	-	-	1	28	11
Drachenhöhle	4	95,2 - 106	2	34* - 29	12* - 11,5

* Alveolenmaß

Der eurasiatische Wildhund, Rothund[1], Dhole oder 'Alpenwolf' gilt als klimatisch sehr anpassungsfähige Art, die im heutigen Rückzugsareal im Rudel einerseits vom montanen Nadelwald aus bis in hochalpine Regionen streift, andererseits auch die tiefer gelegenen Steppen besiedelt.

So wie dieser Fund wurde auch der Wolfsschädel mit beiden Unterkiefern von einem Sammler ohne Angabe aus welcher Ofenbergerhöhle überbracht (HILBER 1911:228). Bemerkenswert ist seine helle Färbung - zum Unterschied zur dunklen der Cuonmandibel und der Steinbockreste. Allerdings ist der Fossilisationsgrad eher als höher zu bewerten (MOTTL 1949:104f)! Es handelt sich um ein großes älteres Tier (Tab. 2) mit stark usierten Zähnen. Die Abstände zwischen den Prämolaren sind sehr deutlich. Der P^4 ist für seine Länge relativ schmal. Die Schnauzenregion ist deutlich kürzer und breiter als beispielsweise bei den Formen aus der Frauenhöhle. Der Schädel ist im allgemeinen kräftiger; die Nasalia sind lang und reichen weit in die Frontalia hinein. Entsprechende Abstände zwischen den Prämolaren und relativ schmale Zähne zeigt auch der Unterkiefer. Mit diesen Charakteristika werden größere Ähnlichkeiten zum Wolf (f. *suessi*) von Wien-Heiligenstadt/Nußdorf aufgezeigt (MOTTL 1949:100; siehe FRANK & RABEDER, dieser Band).

[1] Auch in der paläontologischen Literatur wird selten der eingedeutschte Name 'Rotwolf' verwendet. Als Red wolf wird aber der nordamerikanische, in seinem taxonomischen Status diskutierte und fast ausgerottete *Canis lupus niger* oder *Canis niger* bezeichnet. In beiden Fällen trägt die Namensgebung seiner rötlichbraunen Fellfärbung Rechnung. Der '-hund' bezieht sich auf das unterschiedliche Beutegreifverhalten zwischen Wildhunden und Wölfen.
Während der Rothundfund aus der Ofenbergerhöhle als 'Unterart' *europaeus* eindeutig zur rezenten Art *C. alpinus* gezählt wird, zeigten die altpleistozänen Funde von Hundsheim (siehe RABEDER, dieser Band) ein älteres phylogenetisches Entwicklungsstadium der Wildhunde (THENIUS 1954).

Das Inventar an Steinbockresten umfaßt zu einem hohen Anteil vollständige und zusammengehörige Elemente von mindestens neun Individuen, von welchen mindestens vier juvenil bis subadult sind. Jeweils mindestens drei Tiere sind aufgrund der Größe als männlich oder weiblich einzuordnen. Die Messungen zeigen im Rezentvergleich die sehr deutlich größere pleistozäne Form (Tab. 3). Da alle Elemente repräsentiert und keinerlei Schlachtmodifikationen beobachtbar sind, ist im Gegensatz zu jener alten Interpretation (HILBER 1922) menschlicher Einfluß weitgehend auszuschließen. Die von HILBER (1911:228) vertretene Ansicht, die Steinbockfunde seien Beutereste neolithischer Jäger hat nur historische Bedeutung. Über die Lagerungsverhältnisse der Reste, die von einer Schenkung und einer Nachgrabung durch V. Hilber stammen, ist nichts bekannt. Allerdings „ist das ausschließliche Vorkommen von Knochen des Steinbockes“ bereits für HILBER (1911) 'merkwürdig'. Tatsächlich ist sogar Raubtierverbiss selten. Die Marken an einem Femur lassen auf einen wolfsgroßen Verursacher schließen. Eintrag durch Carnivoren ist somit ebenso auszuschließen wie anthropogener. Die Fundstelle und die Anordnung der Knochen im Sedimentkontext sind nicht befundet. Die äußerst geringen Verbissmarken lassen darauf schließen, daß die Kadaver größeren Aasfressern nicht zugänglich waren. Die Homogenität in der Erhaltung der Knochen spricht für ein einmaliges Ereignis, das zur Anhäufung der Kadaver führte. Es kann der Einschluß eines Rudels z. B. durch einen Hangabbruch passiert sind. Das Nebeneinander von adulten großen und kleinen Individuen wird als gemischter Verband von Böcken und Geißen interpretiert, wie er zur Brunft im Winter gebildet wird. Bevorzugte Einstände in dieser Jahreszeit liegen nach NIEVERGELT & ZINGG (1986) an den steilsten, südexponierten Hängen, an denen sich Schnee kaum festsetzen kann. Steinbockrudel begeben sich aktiv auch in Höhlen, wie es leicht an deren Losung in der Drachenhöhle bei Mixnitz beobachtet werden kann.

Tabelle 3. *Capra ibex*, Maße des Metacarpale III/IV (distale Breite, Mc Bd), des Metatarsale III/IV (distale Breite, Mt Bd) und des Calcaneus (größte Länge, Calc GL) in Millimeter. Jeweils erste Zeile Anzahl und Variationsbreite, Frauenhöhle bei Semriach und Holzingerhöhle, aus FLADERER (Frauenhöhle, dieser Band). Rezentmaße mit arithmetischem Mittel in der zweiten Zeile aus DESSE & CHAIX (1983, 1991).

	n	Mc Bd	n	Mt Bd	n	Calc GL
Ofenbergerhöhle	7	41,5 - 43,5	12	36,2 - 39,3	11	80,1 - 87,4
Frauenhöhle	3	36,6; 43,6; 43,8	3	33,3; 38,4; 42,0	-	-
Holzingerhöhle	-	-	1	40,8	1	86,3
rez. männl. Tiere	26	33,7 - 39,2	31	30,2 - 35,5	19	67,8 - 78,2
		35,8		33,3		74,6

Der Höhlenbär ist im Altinventar nur durch zwei Objekte aus dem rotbraunen Lehm vertreten, darunter einem Metacarpale II (GL 70,1; Bp 18,1; KD 16,5; Bd 24,4mm).
Die Vergesellschaftung der Aufsammlung von 1976 beinhaltet einen hohen Anteil boreal-alpiner Arten: beide Schneehuhn-Arten, Schneeule, Schneefink - rezent in mittel- und südeuropäischen Gebirgen erst oberhalb 1800m nistend -, Alpendohle und Alpenkrähe, Murmeltier, Schneemaus, Eisfuchs und Steinbock. Eine zweite Gruppe sind Arten kontinentaler offener Biotope: Zwiebelmaus, Steppenpfeifhase (FLADERER 1992) und Schneehase.
Einige Arten der Avifauna verlangen besondere Beachtung: Die Ohrenlerche brütet heute in trockeneren Tundrenbereichen und am Balkan oberhalb der Baumgrenze (PETERSON & al. 1965). Die rezente Zwerggans - als Zugvogel bis ins Mittelmeergebiet streifend - nistet in Nordskandinavien und bevorzugt in davon südlicheren Breiten Zwergbirken- oder Zwergweidenzonen in der Umgebung von Bergseen. Ein weiteres sub/fossiles Vorkommen wird vom Zwerglloch (Graslhöhle) bei Rosenburg gemeldet (BOCHENSKI & TOMEK 1994). Brutvogelarten feuchterer, waldnaher Plätze Nord- und Nordosteuropas, also innerhalb des Taigagürtels, sind weiters Doppelschnepfe und Zwergschnepfe. Wasserflächen und Nähe zu dichterer Vegetation werden auch durch die bereits genannte Zwerggans, durch Haselhuhn, Teichhuhn, Waldschnepfe, Drosselrohrsänger und die Sumpfohreule angezeigt. Unter den Säugetieren stehen die Spitzmäuse - darunter die Sumpfspitzmaus -, Fledermäuse, der Siebenschläfer und die Birkenmaus für Waldnähe. Eine Übersicht über das rezente Verbreitungsareal von *Sicista* in den Alpen geben unter Berücksichtigung der ersten jungpleistozänen Funde HABLE & SPITZENBERGER (1989).
Die hauptsächlichen Beutegreifer dürften in den Schneeeulen- und Sumpfohreulenresten repräsentiert sein. Möglicherweise spiegelt sich darin auch eine Zweiphasigkeit in der Abfolge der Höhlenbesiedelung bzw. der klimatischen Bedingungen wieder. Über 30% der nachgewiesenen Arten fehlen der rezenten Lokalfauna (FLADERER & REINER 1996).

Die Fuchsreste der Aufsammlung 1976 lassen beide Arten erkennen: Der Rotfuchs ist mit einem Metacarpale I (GL 44,3mm; KD 4,4; Bd 6,6) und der Polarfuchs mit einem Metatarsale II (GL rekonstruiert 44,5; KD 3,8; Bd 5,2) nachgewiesen. Dem Hermelin ist ein Fazialschädelfragment mit P^2 - M^1 (oZr 10,2) und eine Mandibel (uZr 11,7) zuzuordnen. Drei Maxillarfragmente vom Kleinen Wiesel haben dagegen eine Zahnreihenlänge (oZr) von 8,2, 8,3 und 9,1mm.
Die Taphozönose von 1976 umfaßt auch holozäne Reste, sodaß das Aufscheinen einiger Arten kritisch betrachtet werden muß. Die von BOCHENSKI & TOMEK (1994) als frühholozän beurteilten Elemente der Vogelfauna wurden in die Liste aufgenommen. Nicht aufgelistet wurden allerdings *Gallus gallus, Rhinolophus hipposideros* und die als sub/rezent erkennbaren Caprinen. Auch das Altinventar beinhaltet neben den als fossil erkennbaren auch subrezente Reste von *Cervus, Sus* (kleine Haustierrasse), *Ovis/Capra* und *Bos*.
Unter dem vorsortierten Vertebratenmaterial der Aufsammlung 1976 fand sich nach C. Frank ein Exemplar von *Vallonia costata*. Diese gilt als anspruchslose, häufige Art verschiedener offener bis halboffener Standorte.

Paläobotanik: Kein Befund.

Archäologie: Es gibt keine Belege einer altsteinzeitlichen Nutzung.
Von FUCHS (1994) werden prähistorische und (?)römerzeitliche Funde genannt. Eine dreieckige Pfeilspitze aus Feuerstein, ebenso zwei 'Knochenpfrieme' - distal zugespitzte Ellen vermutlich eines Fuchses und eines Rehs (Abbildung in HILBER 1911:229; 1922: Taf. II) sind nicht genauer zuzuweisen - sie stammen vermutlich aus einer der westlichen Ofenbergerhöhlen (Kat.Nr. 1733/2-3). Prähistorische und mittelalterliche Keramik ist beispielsweise aus der nahen Ofenberger Südwesthöhle bekannt geworden.

Chronologie und Klimageschichte: ?Mittelwürm, Hochglazial, Spätglazial (GrN-22332: 13.690 ±100 a BP).
Der größte Teil der Kleinsäuger- und Vogelvergesellschaftung stammt aus einem oder meheren kontinentalen Abschnitten des Hoch- und Spätglazials. Insgesamt ist die Vergesellschaftung deutlich kontinentaler als die spätglaziale der Großen Badlhöhle (siehe FLADERER & FRANK, dieser Band). Ein Radiokarbondatum von

Kollagen aus Hasenknochen (vermutlich *Lepus timidus*) ergab später 13.690 ±100 a BP (GrN-22332). Mit diesem Datum wäre die Gemeinschaft mit dem Gletschervorstoss der Gschnitz-Phase zu korrelieren (vgl. van HUSEN 1997): In den hochgebirgsnahen Mooren ist zu dieser Zeit ein deutliches Überwiegen von Gräsern gegenüber den Baumpollen zu beobachten.
Das Wühlmaus-Morphotypenverhältnis arvalis/agrestis : nivalis : oeconomus : gregalis beträgt 29,6 : 70,0 : 0,2 : 0,2% und spiegelt damit intensiven kontinental geprägten Einfluß wieder (vgl. das deutlich zu Gunsten arvalis/agrestis verschobene Verhältnis in der jüngeren, ?allerödzeitlichen Taphozönose von der Großen Badlhöhle).
Die Einstände der rezenten Alpensteinböcke liegen meist zwischen 1600 und 3200m; die niedrigsten Lagen werden im Frühjahr aufgesucht (NIEVERGELT & ZINGG 1986:397). Obwohl die Gleichzeitigkeit der Ofenberger Steinböcke mit der übrigen Fauna nicht belegbar ist, spricht doch das Auftreten einer Steinbockpopulation in der über 800m tieferen Höhle für glaziale paläoklimatische Bedingungen.
Der zuunterst liegende rote Lehm mit den Höhlenbärenresten ist kaum jünger als mittelwürmzeitlich.
Der Wolfsschädel, der von einem Privatsammler übergeben wurde, läßt aufgrund seiner Ähnlichkeit zu *Canis lupus* f. *suessi* auf ein höheres, bis mittelpleistozänes Alter schließen. Der Originalfundort ist leider unbekannt.

<u>Aufbewahrung:</u> Die Wirbeltierreste der älteren Ausgrabungen liegen am Steiermärkischen Landesmuseum Joanneum in Graz. Kleine Bestände am Institut für Geologie und Paläontologie der Universität Graz, die Aufsammlung von 1976 an der 1. Zoologischen Abteilung am Naturhistorischen Museum in Wien.

Weitere Fundstellen in der Ofenberger Wand:
Die **Ofenberger Südwesthöhle** (Ofenbergerhöhle II, Durchgangshöhle, Katasternr. 1733/2) mit dem Haupteingang in 766m liegt 110m westlich der Großen Ofenbergerhöhle. Die Koordinaten sind 15°21'55" und 47°30'32". Die Südwesthöhle ist eine Schichtfugenhöhle mit drei Tagöffnungen, einer Gesamtlänge von 50m und einem Höhenunterschied von 15m (MOTTL 1953). Der Grundriß kann als annähernd H-förmig beschrieben werden: Durch den tiefsten Teil, den nach Südwest gerichteten Haupteingang mit einer Breite von 5m und einer Höhe von 4,5m gelangt man in einen südöstlichen, ca. 30m langen Gang. Der nordwestliche 'Balken' des H wird von einem 30° steilen, ca. 20m langen, schuttbedeckten Gang gebildet, der die beiden weiteren Tagöffnungen verbindet. Im proximalen und distalen Bereich des ersten Ganges wurden in diesem Jahrhundert zur Sprengstofflagerung für den Steinbruchbetrieb bauliche Veränderungen durchgeführt.
1952 legte M. Mottl im Mittelbereich des südöstlichen Ganges eine ca. 2,5m x 2m abmessende Sondage bis 1,4m Tiefe an. Der tiefste Komplex ab 1m Tiefe, rostbrauner Lehm mit wenigem kantengerundeten Bruchschutt enthielt einige Belege von *Canis lupus, Ursus spelaeus* und *Capra ibex*. Zwischen 0,2m und 1m wurde gelbbrauner Lehm beobachtet, der folgende Taxa enthielt, jeweils in geringer Knochenzahl: *Rana* sp., *Glis glis, Microtus arvalis-agrestis, Clethrionomys glareolus* und *Ursus spelaeus*. Es ist nicht auszuschließen, daß ein Teil der bei HILBER (1911, 1922) genannten Reste aus der Südwesthöhle stammt.

Die **Ofenberger Westhöhle** (Wunderliche Höhle, Katasternr. 1733/3) ist ein ausgedehntes labyrinthartiges System, dessen Portal 30m westlich der Südwesthöhle auf 762m Seehöhe liegt. Das 6m breite und 3m hohe, nach West gerichtete Portal öffnet in eine 20m lange, bis 6m breite Eingangshalle. 5m hinter der heutigen Trauflinie zweigt ein rund 2m breiter Gang ab, an den sich ein Kluftfugensystem mit zum Teil steilen Strecken und einigen kleinen Hallen anschließt. Die Gesamtlänge beträgt 530m, die Niveaudifferenz 28m (ARNETZEL & WUNDERLICH 1979). 1977 wurde von A. Baar und A. Mayer, Biospeläologische Arbeitsgemeinschaft am Naturhist. Mus. Wien, eine Aufsammlung durchgeführt. Die Wirbeltiergemeinschaft entspricht nach einer vorläufigen Durchsicht (K. Bauer, pers. Mitt. 1995) weitgehend der Aufsammlung 1976 aus der Großen Ofenbergerhöhle.

Mollusca (C. Frank): Aus der Gesamtsedimentprobe der Ofenberger Westhöhle, Aufsammlung 1977, kann eine artenarme Gastropodengemeinschaft bestimmt werden, die aus wenigen, korrodierten, kleinen Wandfragmenten und Apices zu besteht (Tab. 4). Die Oryktozönose zeigt Feuchtigkeitsbetonung (*Pupilla* cf. *alpicola, Deroceras* sp.) sowie weitgehend offene Verhältnisse. Das Landschaftsbild könnte dem eines krautigen, hochalpinen Naßrasens entsprechen, eventuell auch dem einer sumpfigen oder moorigen Fläche zwischen Steinschutt und Felsen. Feuchter, kühler bis kalter Klimacharakter. Möglicherweise hochglaziale Verhältnisse. Mit Vermischung ist analog den Wirbeltieren allerdings zu rechnen.
Aus der Umgebung der Fundstelle liegen keine rezenten Vergleichsdaten vor.

Tabelle 4. Ofenberger Westhöhle. Gastropodenvergesellschaftung in der Aufsammlung 1977 (Beitrag C. Frank).

Pupilla cf. *alpicola*
cf. *Neostyriaca corynodes*
Deroceras sp. (kleine Art)
Arianta arbustorum
Chilostoma achates

<u>Literatur:</u>
ARNETZEL, H. & WUNDERLICH, H. 1979. Auszug aus der geologischen Meldearbeit. - In: Verband österr. Höhlenforscher (Hrsg.), Jahrestagung 1979, Die Höhlen im Offenberg bei St. Lorenzen/Mzt., 2-24, St. Lorenzen im Mürztal.
BAUER, K. 1986. Stmk. Fossiles Höhlenmaterial H1986/171. - Unpubl. Einlageblatt Archiv 1. Zool. Abt. Naturhist. Mus.

Wien, 1 S., Wien.
BOCHENSKI, Z. & TOMEK, T. 1994. Fossil and subfossil bird remains from five Austrian caves. - Acta zool. cracov. **37**(1): 347-358, Kraków.
DESSE, J. & CHAIX, L. 1983. Les bouquetins de l'Observatoire (Monaco) et des Baoussé Roussé (Grimaldi, Italie). Seconde partie: métapodes et phalanges. - Bull. Mus. Anthropol. préhist. Monaco, **27**:21-49, Monaco.
DESSE, J. & CHAIX, L. 1991. Les bouquetins de l'Observatoire (Monaco) et des Baoussé Roussé (Grimaldi, Italie). Troisième partie: stylopodes, zeugopode, calcanéus et talus. - Bull. Mus. Anthropol. préhist. Monaco, **34**:51-73, Monaco.
FLADERER, F. A. 1992. Neue Funde von Steppenpfeifhasen (*Ochotona pusilla* PALLAS) und Schneehasen (*Lepus timidus* L.) im Spätglazial der Ostalpen. - Mitt. Komm. Quartärforsch., **8**:189-209, Wien.
FLADERER, F. A. & REINER, G. 1996. Hoch- und spätglaziale Wirbeltierfaunen aus vier Höhlen der Steiermark. - Mitt. Abt. Geol. Paläont. Landesmus. Joanneum, **54**: 43-60, Graz.
FUCHS, G. 1994. Liste der archäologischen Höhlenfundstellen in der Steiermark. 9. Aufl., unpubl., 9 S., Graz (Fa. ARGIS, Archäol. Geodatenservice).
GRÄF, W. & MURBAN, K. 1972. Die Steirische Höhlenforschung und das Landesmuseum Joanneum. - Schild von Steier, Kleine Schriften, **12**:51-56, Graz.
HABLE, E. & SPITZENBERGER, F. 1989. Die Birkenmaus, *Sicista betulina* PALLAS, 1779 (Mammalia, Rodentia) in Österreich. - Mitt. Abt. Zool. Landesmus. Joanneum, **43**:3-22, Graz.
HILBER, V. 1911. Geologische Abteilung. - In A. MELL (Hrsg.), Das Steiermärkische Landesmuseum Joanneum und seine Sammlungen, 197-238, Graz.
HILBER, V. 1922. Urgeschichte Steiermarks. - Mitt. naturwiss. Vereins Steiermark, **58**:3-79, Graz.
van HUSEN, D. 1997. LGM and late-glacial fluctuations in the Eastern Alps. - Quaternary International, **38/39**: 109-118, Oxford/New York.
KUNST, G. K. 1992. Hoch- und spätglaziale Großsäugerreste aus dem Nixloch bei Losenstein-Ternberg (O.Ö.). - Mitt. Komm. Quartärforsch., **8**:83-127, Wien.
MALEZ, M. & TURK, I. 1991. *Cuon alpinus europaeus* Bourguignat (Carnivora, Mammalia) from the Upper Pleistocene in the Cave Apnarjeva jama at Celje. - Geologija, **33**:215-232, Ljubljana.
MOTTL, M. 1949. Die pleistozäne Säugetierfauna des Frauenlochs im Rötschgraben bei Stübing. - Verh. geol. Bundesanst. Jg. **1947**:94-120, Wien.
MOTTL, 1953. Die Erforschung der Höhlen. In: MOTTL, M. & MURBAN, K., Eiszeitforschungen des Joanneums in Höhlen der Steiermark. - Mitt. Mus. Bergbau, Geol., Technik, **11**:14-58,Graz.
MUCH 1902. Steiermark. - Mitt. K. K. Central-Commission für Erforsch. und Erhaltung der Kunst- und Histor. Denkmale, 3. Foge, **1**:399, Wien.
MURBAN, K. 1953. Geologische Vorbemerkungen. - In: MURBAN, K. & MOTTL, M., Eiszeitforschungen des Joanneums in Höhlen der Steiermark. Mitt. Mus. Bergbau, Geol., Technik, **11**:7-13, Graz.
NIEVERGELT, B. & ZINGG, R. 1986. *Capra ibex* Linnaeus, 1758 - Steinbock. - In: NIETHAMMER, J. & KRAPP, F. (Hrsg.), Handbuch der Säugetiere Europas, **2/II**:384-404, Wiesbaden.
PETERSON, R., MOUNTFORT, G. & HOLLOM, P. A. D. 1965. Die Vögel Europas. - Hamburg, Berlin (Parey).
TEPPNER, W. 1914. Beiträge zur fossilen Fauna der steirischen Höhlen. - Mitt. für Höhlenkunde, **7** (1):1-18, Graz.
THENIUS, E. 1954. Zur Abstammung der Rotwölfe (Gattung *Cuon* HODGSON). - Österr. zool. Z., **5** (3):377-387, Wien.

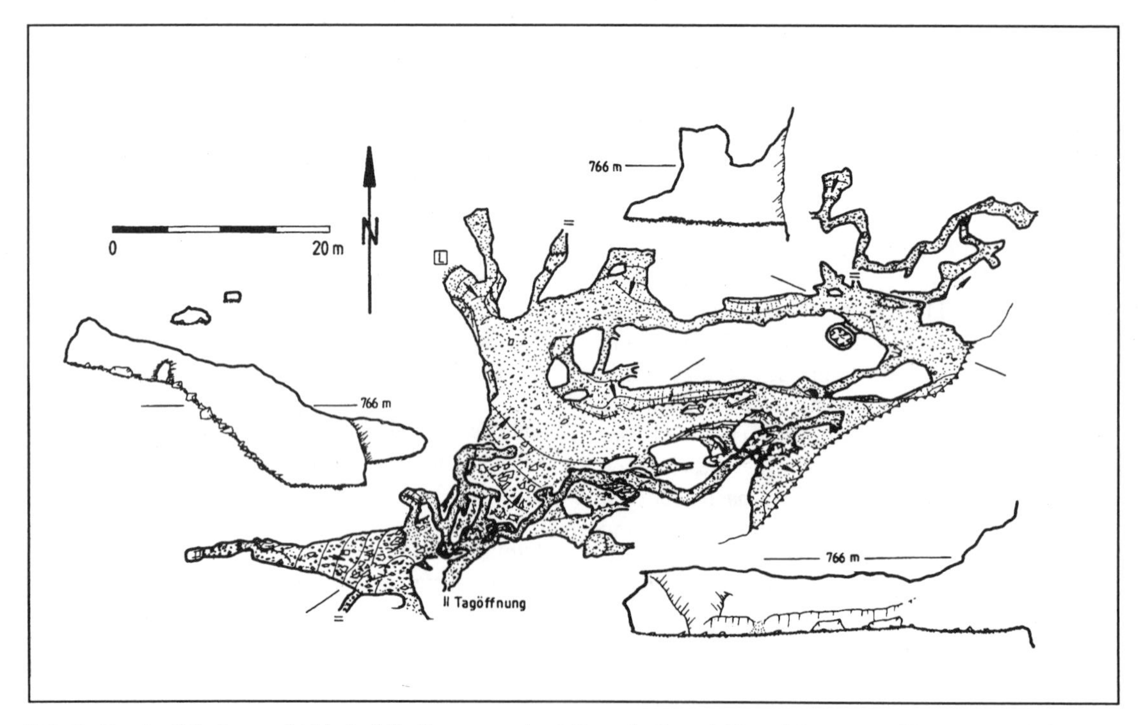

Abb.2: Große Ofenbergerhöhle bei St. Lorenzen im Mürztal. Grundriß und Raumprofile. Umgezeichnet und ergänzt (nach L. Kahsiovsky, Verband österr. Höhlenforscher 1979).

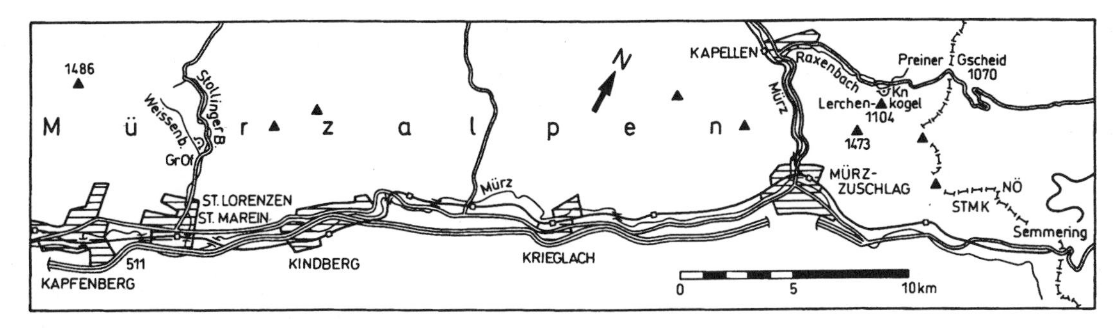

Abb.1: Lage der Ofenbergerhöhlen (GrOf) und der Knochenhöhle bei Kapellen (Kn). Schematisierte Karte des Mürztals zwischen Kapfenberg und Semmering

Rabenmauerhöhle

Christa Frank & Gernot Rabeder

Jungpleistozäne Bärenhöhle mit frühholozäner Mikrofauna
Kürzel: RM

Gemeinde: Reichraming
Polit. Bezirk: Steyr-Umgebung, Oberösterreich
ÖK 50-Blattnr.: 69, Großraming
14°28'12" E (RW: 205mm)
47°48'29" (HW: 129mm)
Seehöhe: 670m
Österr. Höhlenkatasternr.: 1636/8

Lage: Das 20m hohe und 10m breite Portal (vom Tal aus nicht sichtbar) öffnet sich am Fuß einer Felswand, der Rabenmauer, hoch über dem Tal des Reichraminger Baches, ca. 20km südl. von Reichraming, Reichraminger Hintergebirge (siehe Lageskizze Gamssulzenhöhle, FRANK & RABEDER, dieser Band).
Zugang: Von Reichraming auf der Forststraße (teilw. Fahrverbot) bis zu einer Jagdhütte knapp vor der "Großen Klause". Von rechts her mündet ein Bach ein, der Rabenbach, dem man etwa 100m folgt. Nun rechts durch steilen Buchenwald mühsam empor zum Fuß einer Felswand und schräg rechts zum Höhlenportal (1/2 St. von der Jagdhütte).
Geologie: Lunzer Fazies, Reichraminger Decke, im Übergangsbereich Plattenkalk - Rhätkalk (TOLLMANN 1985).

Forschungsgeschichte: Die Fossilführung dieser Höhle wurde von Joseph Weichenberger im Jahre 1991 entdeckt. Eine Grabung des Instituts für Paläontologie der Universität Wien unter der Leitung von D. Nagel erfolgte im Sommer 1992 (NAGEL 1994).

Fundstellenbeschreibung: Die 35m lange Höhle verjüngt sich vom nach Osten gerichteten Eingang stetig, indem die Höhlendecke etwa waagrecht verläuft und der Höhlenboden ansteigt, auch die Seitenwände nähern sich einander. Nach 11m verbreitert sie sich durch eine niedrige Nische. Der hintere Abschnitt verengt sich auf knapp 1m, über eine 2m hohe Kletterstelle wird die Endkammer erreicht.

Sedimente und Fundsituation: Im vorderen Teil lagen in kleinen Vertiefungen der Höhlensohle sowie der Seitenwände massenhaft Reste von Kleinvertebraten, die durch Sieben des feinsandigen Sediments gewonnen wurden (Grabungsstelle 2). Bei einer Grabung im Mittelteil der Höhle wurden Höhlenbärenreste gefunden. Das Sediment ist hier lehmig und mit großen Steinen durchsetzt (Grabungsstelle 1).

Fauna:

Grabungsstelle	1	2
Mollusca (det. C. Frank)		
Neostyriaca corynodes x *brandti*	-	+
Petasina unidentata	-	+
Chilostoma achates ichthyomma	-	+
Vertebrata		
Amphibia (det. K. Rauscher)		
Bombina variegata (Gelbbauchunke)	-	+
Hyla arborea (Laubfrosch)	-	+
Bufo bufo (Erdkröte)	-	+
Rana temporaria (Grasfrosch)	-	+
Rana dalmatina (Springfrosch)	-	+
Reptilia (det. K. Rauscher)		
Lacerta vivipara (Wald- oder Bergeidechse)	-	+
Anguis fragilis (Blindschleiche)	-	+
Ophidia indet.	-	+
Mammalia (det. D. Nagel, G. Rabeder)		
Talpa europaea	-	+
Sorex araneus	-	+
Myotis myotis	-	+
Vespertilionide indet.	-	+
Sciurus vulgaris	-	+
Glis glis	-	+
Dryomys nitedula	-	+
Muscardinus avellanarius	-	+
Apodemus sp.	-	+
Arvicola terrestris	-	+
Microtus (Pitymys) subterraneus	-	+
Clethrionomys glareolus	-	+
Ursus spelaeus	+	-

Grabungsstelle	1	2
Mustela erminea	-	+
Sus scrofa	-	+
Bovide indet.	+	-

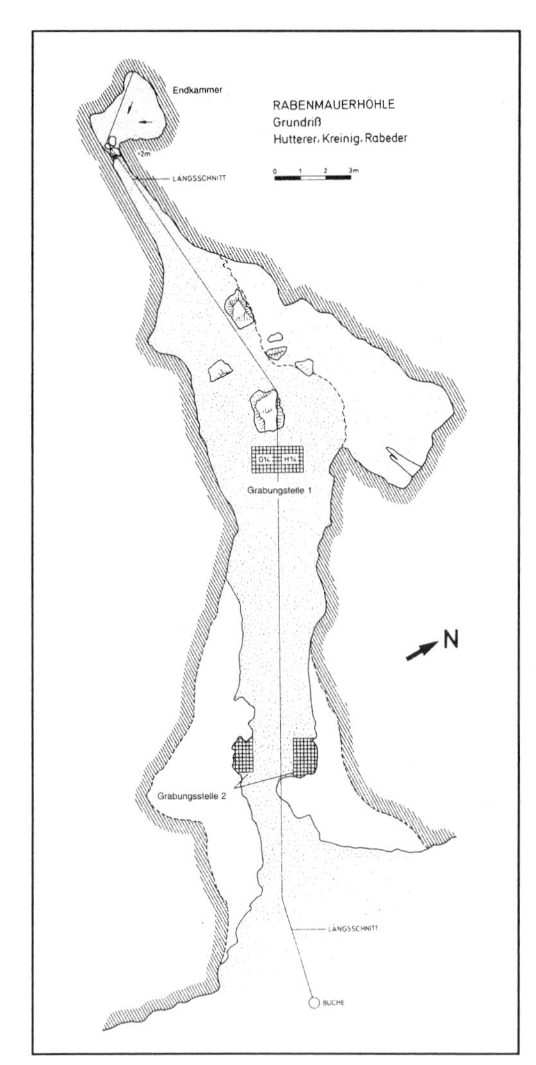

Abb.1: Höhlenplan der Rabenmauerhöhle (NAGEL 1994)

Paläobotanik und Archäologie: keine Funde.

Chronologie und Klimageschichte: Die Mikrovertebraten-Reste, die im Eingangsbereich gefunden wurden, stammen durchwegs von rezenten Arten, auch das Artenspektrum entspricht der heutigen Fauna in der Umgebung der Höhle. Diese Fauna wird als holozän angesehen, weil einerseits die spätglazialen kaltzeitlichen Arten fehlen, die im nahen Nixloch in Massen anzutreffen waren (NAGEL & RABEDER 1992), und andererseits warmzeitliche Elemente dominieren. Die Anhäufung der Mikrofauna ist wahrscheinlich von Eulen verursacht worden. Es kommen in Frage: Sperlingskauz, Raufußkauz und besonders der Waldkauz, von dem bekannt ist, daß er mit Vorliebe Froschlurche frißt.
Die arten- und individuenmäßige Zusammensetzung der Molluskenfauna und die Schalenmorphologie von *N. corynodes* sprechen für eine Einstufung in das Frühholozän.

Die Funde aus der Grabungsstelle 1 sind hingegen eindeutig fossil. Die wenigen Höhlenbärenreste stammen von relativ hoch evoluierten Bären, wie sie für das Jungwürm typisch sind.

Aufbewahrung: Institut f. Paläontologie der Universität Wien.

Rezente Sozietäten: Aus dem Bereich des Reichraminger Hintergebirges liegt eine Vielzahl malakologischer Funddaten vor, die sich im wesentlichen auf die terrestrischen beschalten Arten beziehen: Eine Auswahl von den Fundgebieten „Großraming", „Reichraming" (Klemm 1974: 1, 2) und „Gamsstein bei Großraming" (Reischütz 1986: 3) zeigt den Artenreichtum und die Vielfalt der heute vertretenen ökologischen Gruppen.
Cochlostoma septemspirale (1, 2), *Acicula lineata* (2), *Platyla polita* (2), *Carychium minimum* (2), *Carychium tridentatum* (2), *Cochlicopa lubrica* (2), *Pyramidula rupestris* (1, 2), *Columella edentula* (2), *Columella columella* (2), *Vertigo pusilla* (1, 2), *Vertigo substriata* (2), *Vertigo pygmaea* (2), *Vertigo alpestris* (2), *Vertigo angustior* (2), *Abida secale* (1), *Chondrina avenacea* (2), *Chondrina clienta* (1), *Orcula dolium* (2), *Orcula gularis* (1, 2), *Orcula pseudodolium* (1, 2), *Orcula tolminensis* (2), *Pagodula pagodula principalis* (2), *Vallonia costata* (2), *Vallonia pulchella* (2), *Acanthinula aculeata* (2), *Ena montana* (1, 2), *Cochlodina laminata* (1, 2), *Fusulus interruptus* (1, 2), *Macrogastra ventricosa* (1, 2), *Macrogastra plicatula* (1, 2), *Clausilia rugosa parvula* (1), *Clausilia cruciata* (1, 2), *Clausilia pumila* (1, 2), *Clausilia dubia obsoleta* (1, 2), *Neostyriaca corynodes corynodes* (1, 2), *Neostyriaca corynodes brandti* (1, 2), *Balea biplicata* (1, 2), *Succinella oblonga* (2), *Punctum pygmaeum* (2), *Discus rotundatus* (1, 2), *Discus perspectivus* (1, 2), *Zonitoides nitidus* (2), *Euconulus fulvus* (2), *Semilimax semilimax* (1, 2), *Eucobresia diaphana* (1), *Vitrea diaphana* (2), *Vitrea subrimata* (2), *Vitrea crystallina* (2), *Aegopis verticillus* (1, 2), *Aegopinella pura* (2), *Aegopinella nitens*(1, 2), *Lehmannia marginata* (3), *Arion rufus* (3), *Trichia hispida* (2), *Petasina unidentata* (1, 2), *Petasina edentula subleucozona* (2), *Monachoides incarnatus* (1, 2), *Urticicola umbrosus* (1, 2), *Helicodonta obvoluta* (2), *Arianta arbustorum* (1, 2), *Helicigona lapicida* (1, 2), *Chilostoma achates ichthyomma* (1), *Isognomostoma isognomostomos* (1, 2), *Causa holosericea* (2), *Cepaea hortensis* (1, 2), *Cepaea vindobonensis* (2), *Helix pomatia* (1, 2). - Gesamt: 67.

Literatur:
KLEMM, W. 1974. Die Verbreitung der rezenten Land-Gehäuse-Schnecken in Österreich. - Denkschr. Österr. Akad. Wiss., **117**: 503 pp.; Springer Verl. Wien/New York.
NAGEL, D. 1994. Die Rabenmauerhöhle, eine fossilführende Bärenhöhle im Reichraminger Hintergebirge. - Jb. Oberösterr. Mus.-Ver., **139**/1: 11-125, Linz.
RABEDER, G. 1992. Ontogenetische Stadien des Höhlenbären aus dem Nixloch bei Losenstein-Ternberg, O.Ö. - In: NAGEL, D. & RABEDER, G. (eds). Das Nixloch bei Losenstein-Ternberg. - Mitt. Komm. Quartärforsch., **8:** 129-131, Wien.
REISCHÜTZ, P. L. 1986. Die Verbreitung der Nacktschnecken Österreichs (Arionidae, Milacidae, Limacidae, Agriolimacidae, Boettgerillidae). - Sitzungsber. Österr. Akad. Wiss., math.-naturwiss. Kl., Abt. I, **195**(1/5): 67-190; Springer-Verl., Wien/New York.
TOLLMANN, A. 1985. Geologie von Österreich. Bd 2: 1-710, Deuticke Verlag, Wien.

Ramesch-Knochenhöhle

Christa Frank & Gernot Rabeder

Hochalpine Bärenhöhle, Mittelwürm
Synonyme: Bärenhöhle im Ramesch, Rameschhöhle, RK

Gemeinde: Spital am Pyhrn
Polit. Bezirk: Kirchdorf an der Krems, Oberösterreich
ÖK 50-Blattnr.: 98, Liezen
14°15' E (RW: 250mm)
47°39' N (HW: 340mm)
Seehöhe des Haupteinganges: 1960m
Österr. Höhlenkatasternr.: 1636/8
Seit 1977 unter Schutz per Landesgesetz, BH Kirchdorf an der Krems (Agrar 135/1976).

Lage: In der Nordwand des 2134m hohen Ramesch in der Warscheneckgruppe, Totes Gebirge (siehe Lageskizze Gamssulzenhöhle, FRANK & RABEDER, dieser Band).
Zugang: Von der Bergstation des Frauenkar-Sesselliftes auf Steigspuren durch das Frauenkar in die Frauenscharte zwischen Warscheneck und dem frei aufragenden Ramesch. Jenseits der Scharte etwa 50m nach Osten am Wandfuß hinab zu einer begrünten Wand und über diese in leichter Kletterei zur Höhle.
Geologie: im gebankten Dachsteinkalk (O-Trias) der Warscheneck-Teildecke.

Fundstellenbeschreibung: Hinter dem breiten Portal erstreckt sich die geräumige, etwa 30m lange Eingangshalle mit fast horizontalem Boden. Enge, nach Osten absinkende Seitenteile führen zu einer kleinen Tagöffnung, eine Schlufstrecke zum sog. Bärenfriedhof (Halle mit Oberflächenfunden).

Forschungsgeschichte: Die Fossilführung dieser Höhle ist schon lange bekannt. Eine von J. BAYER (1927) geplante Grabung fand nicht statt. Paläontologische Grabungen durch das Institut f. Paläontologie (Leitung: G. Rabeder) und des Naturhistorischen Museums Wien (K. Mais) im Auftrag des Oberösterr. Landesmuseums in den Jahren 1979 - 1984.

Sedimente und Fundsituation: Ungestörte Ablagerungen gibt es nur in der Eingangshalle. Unter einer holozänen Gastropodenschicht A liegen typische Höhlenbärenlehme (Schichten B - E) mit z.T. hohen Schuttanteilen. Korrosionseinwirkungen sind sowohl an den Knochen als auch an den Schuttkomponeneten durchwegs feststellbar. Mehrere dunkle Bänder gliedern das bis 1,5m mächtige Lehmpaket. Es folgen sterile Lehme zwischen großen Blöcken; in Karsttaschen der Höhlensohle darunter gibt es dunkle Sedimente mit Höhlenbären-Resten und Augensteinen sowie fossilleere Augensteinsande.

Fauna: Von den Wirbeltierresten gehören über 99% dem Höhlenbären an. Die meisten großen Knochen wie Schädel und Langknochen sind selten ganz erhalten. Die starke Fragmentierung ist wohl auf die lang andauernde Wirkung schwacher Säuren zurückzuführen. Kleine feste Knochen wie Phalangen, Metapodien, Carpalia und Tarsalia sowie Einzelzähne sind daher relativ häufig.

	A	B - E, und G
Arianta arbustorum alpicola	+	-
Cylindrus obtusus	+	-
Microtus nivalis	+	?
Canis lupus	-	+
Ursus spelaeus	-	dominant
Ursus arctos	-	+
Panthera spelaea	-	+
Capra ibex	-	+

Die Höhlenbärenreste stammen von relativ kleinen Individuen und unterscheiden sich von etwa gleich alten Tieflandformen durch ein deutlich niedrigeres Evolutionsniveau. Der Rameschbär ist ein typischer Vertreter der "hochalpinen Kleinform" (RABEDER 1983).

Paläobotanik: Es wurden mehrere Profile beprobt. In allen Schichten mit Ausnahme der sterilen Schichten F und H war die Erhaltung der Pollen und Sporen relativ gut. Die Mehrheit der Nichtbaumpollen stammt von typischen Vertretern einer Hochstaudenflur, v.a. von Asteraceen, wie sie heute in der unteren subalpinen Vegetationsstufe etwa zwischen 1400 und 1700m gedeiht. Auch die Baumpollenflora enthält Arten (*Tilia, Alnus, Corylus*), die dafür sprechen, daß sich der Höhleneingang zur Höhlenbärenzeit nahe der damaligen Baumgrenze befunden hat (s. DRAXLER & al. 1986).

Archäologie: Aus verschiedenen Tiefen des Schichtkomplexes B bis E wurden typische Steingeräte des Moustériens gefunden. PITTIONI (1986) beschreibt fünf nach der Levallois-Technik hergestellte Abschläge. Damit wurde zum ersten Mal ein typologisch erfaßbares Mittelpaläolithikum in einer hochalpinen Höhle nachgewiesen.

Chronologie und Klimageschichte: Mit insgesamt 13 Uran-Serien-Daten und drei Kontrollwerten nach der Radiokarbon-Methode gehört die Ramesch-Knochenhöhle zu den bestdatierten Fundstellen des Höhlenbären. Die Hauptfundschichten E bis B umfassen den klimatisch begünstigten Zeitraum des Mittelwürms zwischen rund 65.000 und 30.000 Jahren v.h. Wesentlich älter sind die Fossilreste der basalen Schicht G (DRAXLER & al. 1986:47 u. 49).

Tabelle 1. Resultate der U-Serien-Datierungen der Bären-Knochen aus der Ramesch-Knochenhöhle.

Probenerkennung (Grabungsjahr, Quadrant)	Nummer	Tiefe in m	U-Th-Alter in Jahren
RK80-D7	1: Schädelfragm.	90-100	42400 +5300/-4900
	2: Schädelfragm	90-100	36100 +3000/-2800
	3: gerundete Fragm.	90-100	38900 +2300/-2200
RK81-D8	1	130-140	31300 +1900/-1800
	2	130-140	9400 ±400
	3	210-220	51300 +2800/-2700
	4	280-290	150400 +24700/-19000
RK82-U16	1	280-290	64000 +5400/-5100
	2	340-370	117400 +11300/-10000
	2 (Wiederholung)		117500 +20100/-16000
RK82-U17	1	200-210	44500 +2900/-2800
RK83-L11	1	90-100	34600 +2800/-2700
	2	130-140	62100 +4100/-3900
	3	190-200	52000 +4700/-4500
RK83-L12	1: Höhlenboden	> 200	128400 +12800/-11000

Tabelle 2. ^{14}C-Alter von Knochenproben aus der Ramesch-Knochenhöhle (FELBER 1982, 1983)

Probenerkennung		Tiefe in cm	^{14}C-Alter in Jahren
RK80-D7	VRI-776 (gerundete Fragm.)	90-100	34900 +1800/-1500
RK82-T15	VRI-792	110-120	37200 +1900/-1600
RK-T16	VRI-793	150-160	> 40700

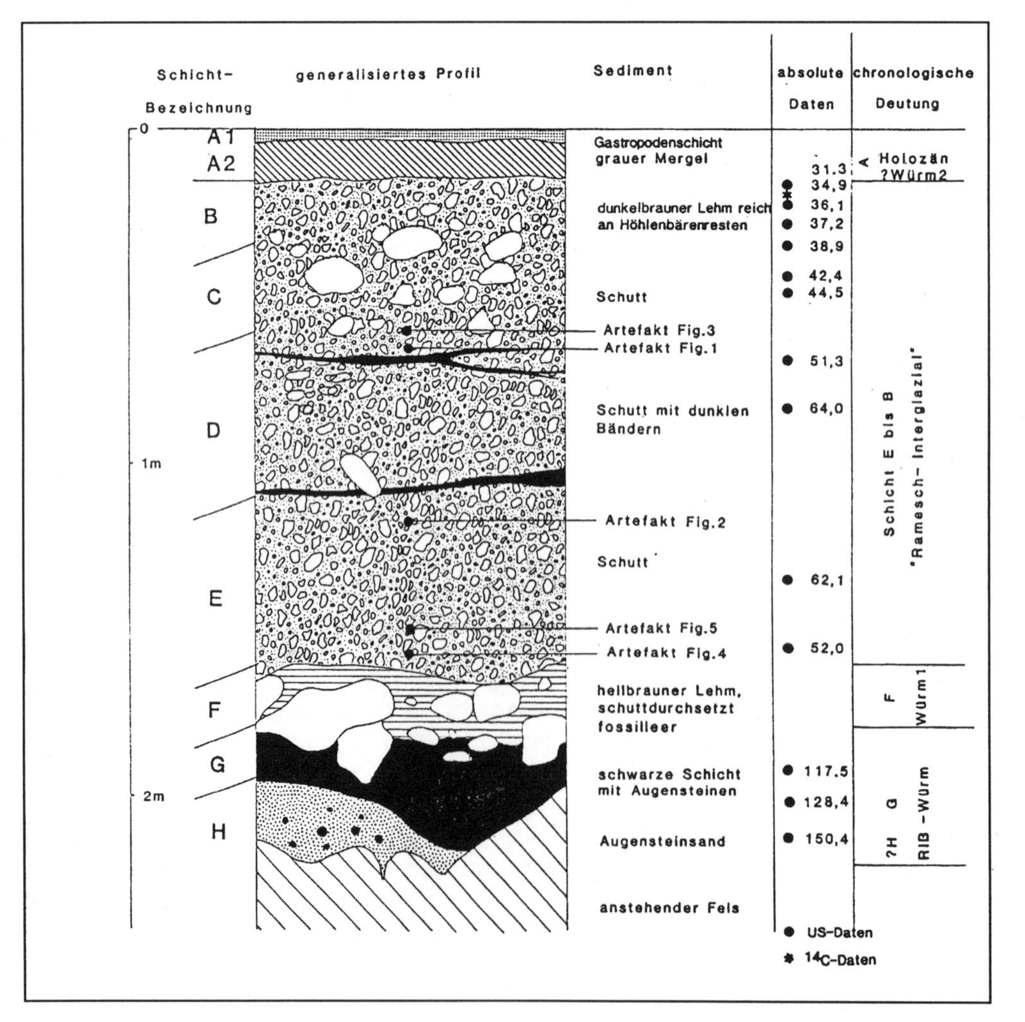

Abb.1: Generalisiertes Profil der Sedimente in der Ramesch-Knochenhöhle (DRAXLER &. al. 1986)

Ursiden-Chronologie: Für die relative Chronologie der Höhlenbärenfaunen besonders des Hochgebirges spielt die Rameschhöhle eine Schlüsselrolle. Die im Profil verfolgbare Evolution verläuft überraschend; ihre Geschwindigkeit ist im Zeitabschnitt des Mittelwürms offensichtlich wesentlich langsamer als bei den Höhlenbären des Tieflandes und der Mittelgebirge; im hangenden Bereich des Profils (Schicht B und z.T. C) ist sie sogar rückläufig. Zu den Höhlenbären der nahe gelegenen Gamssulzenhöhle, die zum größeren Teil zeitgleich waren, bestehen so große Unterschiede im Evolutionsniveau aber auch in den Dimensionen, daß daran gedacht wird, daß hier zwei artlich getrennte Populationen nebeneinander gelebt haben (RABEDER 1995, s. Gamssulzenhöhle)

Tabelle 3. P4-Evolution im Profil der Ramesch-Knochenhöhle.

cm unter NN	n	P_4-Index	n	P^4-Index	Alter in ka
0-50	66	115,9	73	97,3	ca.40-30
50-100	38	143,4	48	142,7	ca.50-40
100-200	45	123,3	41	107,3	ca.50-65
200-250	4	100,0	14	108,9	ca.130-120
gesamt	153	124,5	176	112,9	ca. 130-30

Tabelle 4. Morphotypen-Frequenzen des P_4 aus der Ramesch-Knochenhöhle.

MT/Tiefe	f	0-40	40-60	60-100	100-150	150-200	200-250	ges.
A	0	1	2	1	-	-	-	4
A/B1	0,25	-	-	1	1	1	-	3
B1	0,5	2	-	1	6	2	-	11
B2	1,5	-	1	2	-	-	-	3
B/C1	0,75	3	2	1	-	1	-	7
C1	1	17	25	21	16	13	4	96
C1/2	1,5	12	9	6	4	-	-	31
C2	2	2	2	1	3	3	-	11
C2/3	2,5	-	-	1	-	-	-	1
C3	3	-	1	-	-	-	-	1
C/D1	1,25	-	2	1	2	2	-	7
C/D3	3,25	1	-	-	-	-	-	1
D1	1,5	-	2	9	7	4	-	22
D1/2	2	-	4	2	2	1	-	9
D2	2,5	-	1	-	-	-	-	1
D/E1	1,75	1	2	1	1	1	-	6
D/E3	3,75	-	1	-	-	-	-	1
E1	2	1	1	-	2	1	-	5
E1/2	2,5	-	-	-	-	1	-	1
E2	3	1	-	-	-	-	-	1
n		41	55	48	44	30	4	222
Index		127,4	134,1	124,0	122,7	125,8	100	**126,7**

Abkürzungen: f = morphodynamischer Faktor, MT = Morphotypen, Tiefe in cm, ges. = gesamt

Tabelle 5. Morphotypen-Frequenzen des P^4 aus der Ramesch-Knochenhöhle.

MT/Tiefe	f	0-40	40-60	60-100	100-150	150-200	200-250	ges.
A	0	9	2	2	4	-	1	18
A/B	0,5	14	9	7	5	3	3	41
A/D	1	2	2	3	1	3	-	11
B	1	16	13	5	2	1	2	39
B/D	1,5	4	9	7	4	7	1	32
B/E	2,5	1	2	1	-	2	-	6
C	2	-	1	-	-	2	-	3
D	2	5	2	5	2	1	-	15
D/E	2,5	2	2	2	-	-	-	6
D/F	3	2	1	6	2	2	2	15
E	3	2	-	1	-	-	-	3
E/F	3,5	-	1	-	-	-	-	1
F	4	-	1	-	-	-	-	1
n		57	45	39	20	21	9	191
Index		106,1	132,2	155,1	107,5	157,1	122,2	**128,8**

Abkürzungen: f = morphodynamischer Faktor, MT = Morphotypen, Tiefe in cm, ges. = gesamt

Aus dem palynologischen Befund und den absoluten Daten ist der Schluß zu ziehen, daß das Klima zur Zeit des Höhlenbären, also zwischen 65.000 und 30.000 Jahren v.h., günstiger war als heute, was mit den Milankovitch-Kurven im Einklang steht, mit den Befunden vom Mondsee (KLAUS 1976) aber im krassen Widerspruch. Für die im Ramesch dokumentierte Warmphase wurde der Ausdruck "Ramesch-Interglazial" geprägt.

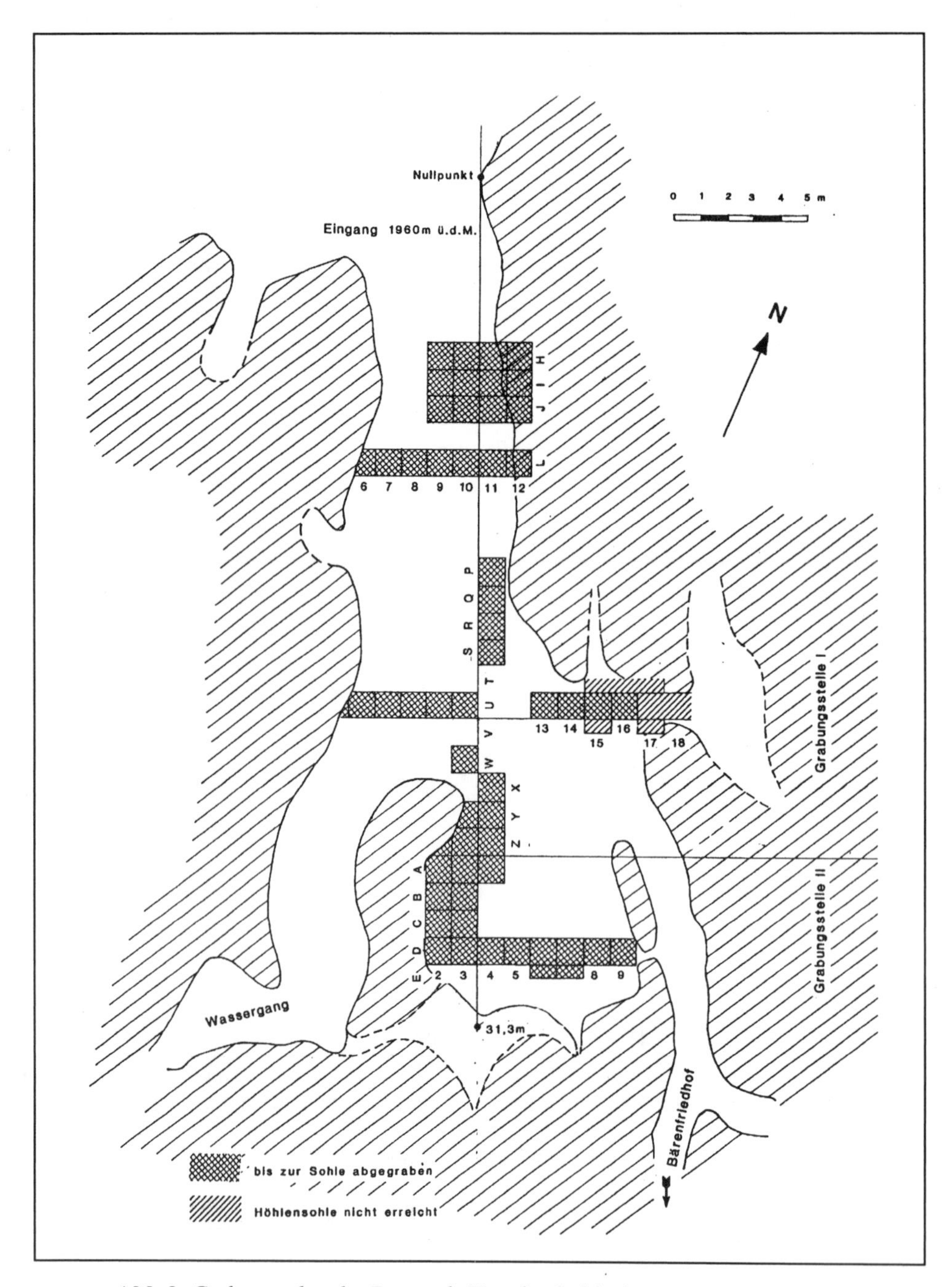

Abb.2: Grabungsplan der Ramesch-Knochenhöhle (DRAXLER &. al. 1986)

Aufbewahrung:
- fossile Faunenreste: Institut f. Paläontologie der Univ. Wien und Oberösterr. Landesmuseum, Linz.
- palynologische Präparate: Geol. Bundesanstalt Wien.

Rezente Sozietäten: Rezente Fauna der Höhlenumgebung: Mollusca (n. FRANK 1992:543-546)

Im Toten Gebirge leben oberhalb der Baumgrenze artenarme Zönosen mit zwei ostalpin-endemischen Elementen, *Arianta arbustorum styriaca* und *Cylindrus obtusus*. *A. a. styriaca* hat ihren rezenten Verbreitungsschwerpunkt im Toten Gebirge. Offenbar vikariierend mit *A. a. styriaca* erscheint *A. a. alpicola* in Verbindung mit *Cylindrus* in vergleichbaren Assoziationen bis in etwa 2.700m Seehöhe. Die *Arianta* - Ausbildung aus der Schicht A ist die der typischen *A. a. alpicola* (kleinwüchsig, starkschalig und relativ hochgetürmt), daher wird vermutet, daß die Gastropoden der Schicht A aus dem Übergangsbereich Pleisto/Holozän stammen.

Rezente Vegetation: Die Höhle ist heute nur von spärlicher Vegetation umgeben. Es herrschen Schutthalden und kahle Karstflächen vor. Im besten Fall gedeiht eine alpine Kalkrasengesellschaft (Polsterseggenflur mit *Carex, Saxifraga* und Zwergsträuchern (*Dryas* u.a.) sowie vereinzelt *Cirsium spinosissimum*.

Literatur:
BAYER, J. 1927. Der Mensch im Eiszeitalter. - F. Deuticke, Wien-Leipzig.
DRAXLER, I., HILLE, P., MAIS, K., STEFFAN, I. & WILD, E. 1986. Paläontologische Befunde, absolute Datierungen und paläoklimatologische Konsequenzen der Resultate aus der Ramesch-Knochenhöhle. - In: HILLE, P. & RABEDER, G. (eds.) Die Ramesch-Knochenhöhle im Toten Gebirge. - Mitt. Komm. Quartärforsch. Österr. Akad. Wiss., **6**: 6-66, Wien.
FELBER, H. 1982. Altersbestimmung nach der Radiokohlenstoffmethode am Institut für Radiumforschung und Kernphysik XVIII. - Anz. Österr. Akad. Wiss., Math.-naturwiss. Kl., 133-141, Wien.
FELBER, H. 1983. Altersbestimmung nach der Radiokohlenstoffmethode am Institut für Radiumforschung und Kernphysik XIX. - Anz. Österr. Akad. Wiss., Math.-naturwiss. Kl., 111-119, Wien.
FRANK, C. 1992. Malakologisches aus dem Ostalpenraum. - Linzer biol. Beitr., **24**,2: 383-662, Linz.
KLAUS, W. 1976. Das Riß/Würm-Interglazial von Mondsee. - Mitt. Komm. Quartärforsch. Österr. Akad. Wiss., **1**: 14-24, Wien.
MADER, B. 1986. Die Etymologie des Bergnamens Ramesch. - In: HILLE, P. & RABEDER, G. (eds.). Die Ramesch-Knochenhöhle im Toten Gebirge. - Mitt. Komm. Quartärforsch. Österr. Akad. Wiss., **6**: 1-5, Wien.
PITTIONI, R. 1986. Das paläolithische Fundgut der Ramesch-Knochenhöhle. - In: HILLE, P. & RABEDER, G. (eds.). Die Ramesch-Knochenhöhle im Toten Gebirge. - Mitt. Komm. Quartärforsch. Österr. Akad. Wiss., **6**: 73-76, Wien.
RABEDER, G. 1983. Neues vom Höhlenbären. Zur Morphogenetik der Backenzähne. - Die Höhle, **34**,2: 67-85, Wien.
RABEDER, G. 1995. Evolutionsniveau und Chronologie der Höhlenbären aus der Gamssulzen-Höhle im Toten Gebirge (Oberösterreich). - In: RABEDER, G. (eds.). Die Gamssulzenhöhle im Toten Gebirge. - Mitt. Komm. Quartärforsch. Österr. Akad. Wiss., **9**: 69-82, Wien.
VÁVRA, N. 1986. Aminosäuren aus dem Knochenmaterial des Höhlenbären aus der Ramesch-Knochenhöhle (Totes Gebirge, Oberösterreich). - In: HILLE, P. & RABEDER, G. (eds.). Die Ramesch-Knochenhöhle im Toten Gebirge. - Mitt. Komm. Quartärforsch. Österr. Akad. Wiss., **6**: 67-72, Wien.

Salzofenhöhle

Doris Döppes, Christa Frank, Gernot Rabeder & Christian Reisinger

Hochalpine Bärenhöhle
Kürzel: So

Gemeinde: Grundlsee
Polit. Bezirk: Liezen, Steiermark
ÖK 50-Blattnr.: 97, Bad Mitterndorf
13°95'20" E (RW. 155mm)
47°82'40" N (HW: 402mm)
Seehöhe des Haupteingangs: 2005m
Österr. Höhlenkatasternr.: 1624/31
Naturdenkmal seit 1949.

Lage: Die Salzofenhöhle liegt im steirischen Teil des Toten Gebirges. Der Haupteingang der Höhle und zwei Nebeneingänge liegen, in südwestlicher Richtung, etwa 60m unterhalb des Gipfels des Salzofen (2068m).
Zugang: Von Gößl am Grundlsee führt ein Wanderweg zum Vorderen und Hinteren Lahngangsee. Im Gebiet der sogenannten Elmgrube, einer großen Doline, kommt man zu einer Wegkreuzung. Hier wendet man sich nach links und steigt in Serpentinen ein Kar bis zum Abblaser hinauf. Vom Paß nach W zuletzt steil auf den Kamm und links bis ca. 50m unterhalb des Salzofengipfels. Nun verlassen wir den markierten Weg und queren auf der W-Seite (Steigspuren) bis unterhalb des weithin sichtbaren Portals. Über Schutt schräg rechts zu diesem empor. Die Gehzeit von Gößl zur Salzofenhöhle beträgt ca. 5 Stunden. Die Höhle ist auch direkt von Gößl über die Gößl-Alm mit einer Gehzeit von 4 ½ Stunden erreichbar (siehe Lageskizze Brettsteinbärenhöhle, DÖPPES, FRANK & RABEDER, dieser Band).
Geologie: Das Massiv des Salzofens besteht aus jurassischen, dünnbankigen Kalken der Oberalm-Schichten (Malm). Das Muttergestein ist nach allen Raumrichtungen hin mit zahlreichen Fugen und Klüften durchsetzt. Die primären Faktoren der Höhlenraumbildung sind Korrosion und endochthone Verwitterung. Das dadurch bedingte Auftreten von Kolkbildungen zeigt sich besonders deutlich im Eingangsbereich, an den siebartig durchlöcherten Höhlenwänden. Näheres zur Spelaeogenese der Salzofenhöhle siehe TRIMMEL (1950, 1951).

Fundstellenbeschreibung: Das Höhlensystem stellt ein aus mehreren Stockwerken angeordnetes System von Räumen dar, die durch gerade noch schliefbare Klüfte und steile Kolkröhren miteinander verbunden sind. Sinterbildung tritt meist nur als bergmilchartiger, weicher und feuchter Überzug auf. Zu den wichtigsten fossilführenden Teilen der Salzofenhöhle zählen Vorraum, Nebenhöhle-Vorraum, Graf Kesselstatt-Dom, Forsterkapelle, Löwenschacht, Opferschacht und Bärenfriedhof. Länge der bisher erforschten Gänge: 3.588m (PFARR & STUMMER 1988).

Forschungsgeschichte: Die Fossilführung der Höhle wurde von den beiden Jägern Franz Köberl und Ferdinand Schramel im Sommer 1924 entdeckt. Ihre Entdekkung berichteten sie dem Schulrat Otto Körber aus Bad Aussee. Dieser begann noch im gleichen Jahr seine Grabungstätigkeit in der Höhle (EHRENBERG 1962, 1969), die bis 1944 andauern sollte. In einem Bereich der Höhle, dem sogenannten Vorraum, glaubte er auf eine paläolithische Kulturschicht gestoßen zu sein. In einer Publikation bezeichnet KÖRBER (1939) die Höhle als die höchstgelegene Siedlungsstätte des Altsteinzeitmenschen im Deutschen Reich. Die von ihm gefundenen "Kulturrelikte" reihte er in das alpine Paläolithikum.
Im Jahre 1939 begann Kurt Ehrenberg vom damaligen Paläobiologischen Institut (Universität Wien) seine Grabungen in der Salzofenhöhle (EHRENBERG 1941). Unter seiner Leitung wurde die Höhle 1948 erstmals

vermessen (EHRENBERG 1949a, 1969). Durch planmäßige Begehungen sind neue Höhlenstrecken entdeckt und aufgenommen worden.
Ab 1950 wurden die systematischen Grabungen fortgesetzt. Sie sollten bis in das Jahr 1964 (mit Ausnahme von 1954 und 1955) andauern. Die Hauptgrabungen der Jahre 1950 bis 1953 fanden im Bereich des Graf-Kesselstatt-Domes und der Forsterkapelle statt. Jene Stellen waren von den Grabungen Körbers noch nicht betroffen. Bei einer dieser Grabungen glaubte Ehrenberg, aufgrund bestimmter Lagerungsverhältnisse von Höhlenbärenschädeln, auf eine "Höhlenbären-Schädel-Steinsetzung" gestoßen zu sein. Er zog daraus den Schluß einer "gegebenen Beziehung zu einem Bärenkult" (EHRENBERG 1953a, 1953b:71, 1960a).
Ab 1956 (EHRENBERG 1956, 1969) wurden weitere Grabungen in der "Vorhalle" durchgeführt. Im Bereich des Vorraums wurde 1957 an der Nordwest-Wand eine nichtschliefbare Verbindung zu einem Nebenhöhlensystem freigelegt. An dieser Stelle wurden Sprengungen durchgeführt (EHRENBERG 1959c,1960a), die das von Ehrenberg später als Nebenhöhlen-Vorraum bezeichnete Gangsystem schufen.
Der Grabungsverlauf der Jahre 1959 bis 1964 im Bereich Nebenhöhle-Vorraum wurde durch eine von Karl Mais gezeichnete Planskizze festgehalten (EHRENBERG 1965:78). Auch wurden von K. Mais weitere, bisher unbegangene Höhlenstrecken vermessen.
Im Jahre 1964 ist in einer nordwestlich gelegenen Nische des als Rundzug bezeichneten Höhlenabschnittes ein relativ vollständiges Neonatenskelett eines Höhlenbären entdeckt worden (EHRENBERG 1965:84, 1973:81).
Neue, z.T. fossilführende Räume wurden während einer Nachgrabung in den Jahren 1971/72 durch K. Mais, G. und G. Rabeder entdeckt und vermessen (PFARR & STUMMER 1988).
Neue Vermessungen des Eingangsbereiches sind in Planung, weshalb kein Plan beiliegt.

Sedimente und Fundsituation: In den zahlreichen Publikationen Ehrenbergs über die Salzofenhöhle wird fallweise in kurzer und rein deskriptiver Form auf die Stratigraphie des Sediments eingegangen (EHRENBERG 1941, 1953a, 1956, 1957, 1959a, 1960b, 1961). Es haben jedoch drei Autoren Profilzeichnungen und/oder umfassende petrographische Untersuchungen der Höhlensedimente publiziert. Für den Bereich des Graf Kesselstatt-Domes hat Josef Schadler im Jahre 1939 petrographische Untersuchungen des Sediments vorgenommen und eine Profilzeichnung angefertigt (EHRENBERG 1941:330-333). Eine weitere Skizze eines Profils aus dem Areal des Vorraumes der Höhle liegt von Fritz Felgenhauer (EHRENBERG 1953a:23) vor.
Die derzeit bedeutenste Arbeit über die Sedimentologie der Salzofenhöhle stammt von Elisabeth Schmid (SCHMID 1957; EHRENBERG 1957). Anhand der Sedimentproben wurden eine Korngrößenanalyse, sowie Untersuchungen des Humus-, Karbonat- und Phosphatgehaltes durchgeführt. Weiters fertigte sie eine graphische Darstellung der entsprechenden Sedimentabfolgen an, in der die verschiedenen Profile zueinander in Beziehung gesetzt wurden.

Fauna:
Vertebrata: Die angeführte Auflistung hat ihre Grundlage in verschiedenen Zitaten Ehrenbergs (EHRENBERG 1950:3, 1953a, 1956, 1959a:242, 1959c:96-99, 1961:254, 1962:288, 1965:79). Heute nicht mehr gebräuchliche Bezeichnungen der Taxa wurden geändert. 1994 erfolgte die Durchsicht des Materials am Institut für Karst- und Höhlenkunde (Naturhist. Mus. Wien) von C. Reisinger.

	fossil	fossil, z.T. subfossil
Aves		
Pyrrhocorax pyrrhocorax (Alpenkrähe)	-	+
Fringilla montifringilla (Bergfink)	-	+
Emberiza citrinella (Grauammer)	-	+
Mammalia		
Talpa europaea	-	+
Sorex minutus	-	+
Sorex araneus	-	+
Myotis mystacinus	-	+
Pipistrellus sp.	-	+
Chiroptera indet.	-	+
Marmota marmota	-	+
Clethrionomys glareolus	-	+
Microtus subterraneus "kupelwieseri"	-	+
Microtus nivalis	-	+
Muscardinus avellanarius	-	+
Lepus timidus	-	+
Lepus sp.	+	-
		-
Canis lupus	+	-
Vulpes vulpes	+	-
Ursus arctos	+	+
Ursus spelaeus	+++	-
Martes martes	+	-
Martes sp.	+	-
Gulo gulo	+	-
Panthera spelaea	+	-
cf. *Capreolus capreolus*	+	-
Cervus elaphus	-	+
Rupicapra rupicapra	-	+
Capra ibex	+	-

Die Reste von *Ursus spelaeus* machen mehr als 99 % der Gesamtmenge der in der Salzofenhöhle geborgenen Knochen aus. Angefangen von neonaten bis senilen Individuen sind nahezu alle ontogenetischen Stadien vorhanden. An einigen der Höhlenbärenknochen aus der

Salzofenhöhle wurden auch röntgenologische Untersuchungen (EHRENBERG & RUCKENSTEINER 1961) durchgeführt. Unter anderem wurden auch einige im Verband vorliegende Höhlenbärenskelette geborgen und auch teilweise vermessen (EHRENBERG 1941:340-343, EHRENBERG 1942:543-618, REISINGER 1995). Die Funde der *Panthera spelaea* zählen zu einem der höchstgelegenen Vorkommen in Östereich. Die Großkatze wurde an mehreren Fundpunkten angetroffen. Selbst in den letzten Grabungen von K. Ehrenberg im Nebenhöhlen-Vorraum wurden einzelne Knochenelemente gefunden. Im Kammerhofmuseum in Bad Aussee konnten 1 Unterkieferhälfte, 1 Radius, einige Wirbel, 2 Metapodien und 1 Humerus oder Femur sichergestellt werden (mündl. Mitt. M. Pacher). Das Material, welches sich im Naturhistorischen Museum in Wien (Institut für Karst- und Höhlenkunde) befindet, konnte nur teilweise bis jetzt gesichtet werden.
Bemerkenswert ist auch der Fund eines fast vollständigen Vielfraßskeletts, der früher im Kammerhofmuseum montiert war. Der Fund wurde von O. Körber 1939 im Opferschacht in einer Tiefe von 6m gemacht. Der Vielfraß ist der größte europäische Marder und ein typisches Tier des Nordens. Er bewohnt hauptsächlich die Nadelwaldregionen und die Taiga Skandinaviens und Finnlands. Er ist ein Allesfresser und hält keinen Winterschlaf. Weitere pleistozäne Vielfraß-Fundstellen sind in der Steiermark (Brettsteinbärenhöhle, Bärenhöhle im Hartelsgraben, Drachenhöhle bei Mixnitz, Tropfsteinhöhle am Kugelstein, Tunnelhöhle), in Niederösterreich (Grubgraben bei Kammern, Krems-Wachtberg, Teufelslucke bei Eggenburg, Willendorf in der Wachau) und in Vorarlberg (Sulzfluh-Höhlen) bekannt.

Mollusca: Gastropodenmaterial aus der höhlenkundlichen Sammlung des Kammerhofmuseums Bad Aussee, ebenso die Sedimentproben mit der Originalbeschriftung von K. Ehrenberg. Das gesamte Material wurde von G. Graf zur Verfügung gestellt.

Vorraum:

1. "Nagetierschicht I, Schneckenschalen, Vogel- und Kleinsäugerknochen, Paarhufer-Zahn" (2 Sedimentproben, davon eine mit Nr. 131).
2. "Obere Nagetierschicht, W. Biese" (Gastropodenreste).
3. "Nagetierschicht Ia, schwarz, grob" (Sedimentprobe Nr. 112).
4. "Tiefere, schwarze Nagetierschicht mit *Talpa*, W. Biese" (Gastropodenreste).
5. "Nagetierschicht Ic, braunerdig, grob" (Sedimentprobe, Nr. 115).
6. "Seitenstollen, Nagetierschicht mit Schneckenschalen, Kohlestückchen und Höhlenbärenmittelphalangen (umgelagert), EHRENBERG 1950" (Sedimentprobe Nr. 121).
7. "Kulturschicht, beim Eingang zur Vorraum-Nebenhöhle, E. K., 27. u. 29.8.1956 und 1957" (Gastropodenreste, det. W. Kühnelt).
8. "Diluviale Schicht mit *Ursus* sp.-Streufunden" (Sedimentprobe Nr. 135).

Graf Kesselstatt-Dom:

9. "Nagetierschicht, Röhre" (Sedimentprobe Nr. 91).

Forsterkapelle:

10. "Sedimentprobe mit Kohlenstückchen (105d), K. E." (Sedimentprobe Nr. 95).

Ohne Bezeichnung:

11. (Gastropodenreste).

Elmgrube, östlich des Salzofens, 1.800 m:

12. (Gastropodenreste).

Folgende Proben enthielten keine Molluskenreste:

"Vorraum, 1956, Alter? K. E., Schneckenschalenreste": vermutlich Eischalen.
"Forsterkapelle, 94, Sedimentprobe."
"Forsterkapelle, 134, Sedimentprobe F III, 23.9.1941, K. E."

Mollusca	1	2	3	4	5	6	7	8	9	10	11	12	Anm.
Cochlicopa sp.	-	-	+	-	-	-	-	-	-	-	-	-	
Pyramidula rupestris	+	-	+	+	+	-	-	-	-	-	-	-	
cf. *Abida secale*	+	-	-	-	-	-	-	-	-	-	-	-	
Orcula sp.	-	-	+	-	-	-	-	-	-	-	-	-	3
cf. *Cochlodina laminata*	-	-	-	-	+	-	-	-	-	-	-	-	
Macrogastra plicatula + f. *grossa*	+	-	-	+	+	-	-	-	-	-	-	-	6, 10
Neostyriaca corynodes	+	+	+	+	+	-	+	-	-	-	-	-	2
Clausiliidae, embr.	+	-	-	-	+	-	-	-	-	-	-	-	
Punctum pygmaeum	-	-	-	-	-	+	-	-	-	-	-	-	
Semilimax kotulae	+	-	-	-	-	-	-	-	-	-	-	-	
cf. *Semilimax* sp.	-	-	-	-	+	-	-	-	-	-	-	-	
Vitrea subrimata	+	+	+	+	+	-	-	-	-	-	+	-	
Aegopinella nitens	-	-	-	+	-	-	-	-	-	-	-	-	5
Aegopinella sp., juv.	-	-	-	+	-	-	-	-	-	-	-	-	
Perpolita petronella	+	-	-	-	+	-	-	-	-	-	-	-	10
Deroceras sp., Schälchen	-	-	+	-	-	-	-	-	-	-	-	-	4
Petasina unidentata	+	-	+	+	+	-	-	-	-	-	-	-	8
Arianta arbustorum	+	-	-	-	+	-	+	-	+	+	-	-	1, 11
Arianta arbustorum styriaca	+	-	+	-	-	+	+	+	-	-	+	-	
Cylindrus obtusus	-	+	-	+	-	-	-	-	-	-	+	+	
Isognomostoma isognomostomos	-	-	+	+	-	-	-	-	-	-	-	-	9
Causa holosericea	+	+	+	+	-	+	-	-	-	-	-	-	7
Helicidae, embr.	-	-	-	-	+	-	-	-	-	-	-	-	
Gesamt: 19	11	4	10	9	10	3	3	1	1	1	3	1	

Anmerkungen:
1. Aufgrund der Fragmentart keine Zuordnung zu Form *styriaca* möglich.
2. In Probe 2 als "*Kuzmicia parvula*" bestimmt (det. W. Biese).
3. Kleine Art der Gattung.
4. 3 mm lang:1,9 mm breit, dick, Nucleus kaum exzentrisch.
5. Sub. "*Retinella nitens*" (det. W. Biese).
6. In Probe 4 die f. *grossa* (sub "*Iphigena plicatula*", det. W. Biese).
7. Sub. "*Isognomostoma holosericum*" (det. W. Biese).
8. Ein Gewindefragment bei *Causa holosericea* (Probe 4).
9. Sub. "*Isognomostoma personatum*" (Probe 4, det. W. Biese).
10. In Probe 5 "cf.".
11. Ein Gewindefragment in Probe 7 als "*Campylaea* (*Helicigona*) *ichthyomma* HELD" bestimmt (det. W. Kühnelt).

Die Proben 1 und 3-5 sind durch Waldarten geprägt, trotz der geringeren Arten- und Individuenzahl auch Probe 2. Individuenmäßig starke Beteiligung von *Arianta arbustorum* bzw. deren Unterart *styriaca* ist in den Proben 1 und 3 (mehr als 40 % der Individuen), Probe 6 (etwas über 90 %) sowie der Probe 5 (etwa 28 %) gegeben. Die "Nagetierschicht" als ganzes gesehen geht malakologisch konform mit einer wärme- und feuchtigkeitsbetonten Fauna, die einen skelettreichen montanen Mischwald repräsentiert, etwa einem heutigen Abieti-Fagetum (Fichten-Tannen-Buchenwald) der nördlich-randalpinen Lage entsprechend (vgl. MAYER 1974:291-292). *Cylindrus obtusus* (Proben 2, 4, 11 und 12) bevorzugt dagegen mehr offene, feucht-humöse, nordexponierte Lagen, gegenwärtig im Krummholzbereich und darüber. Innerhalb der Faunen 2 und 4 müssen also auch ihr entsprechende Möglichkeiten (wahrscheinlich kleinräumig) bestanden haben, wenn sie darin autochthon enthalten ist.
Die Proben 7-10 enthalten nur verstreut Molluskenreste, im wesentlichen *Arianta arbustorum*, Probe 11 ist nicht näher bezeichnet.

Im Oktober/November 1996 konnte eine weitere kleine Sedimentprobe aus der "Nagerschicht II" malakologisch befundet werden (Kammerhofmuseum Bad Aussee, G. Graf). Sie enthielt neben Holzkohlesplittern und Kleinsäugerknochen folgende 10 Arten:
Pyramidula rupestris, Ena montana, Clausilia dubia, Neostyriaca corynodes, Vitrea subrimata, Aegopinella nitens (dominant), *Petasina unidentata, Arianta arbustorum, Chilostoma achates, Causa holosericea.*
Quantitativ stark beteiligt waren auch *Causa holosericea* und *Vitrea subrimata.* Neu gegenüber obigen Proben sind *Ena montana, Clausilia dubia* und *Chilostoma achates.* Das Basisfragment einer adulten *Arianta arbustorum* ließ die Entwicklung in Richtung *arbustorum styriaca* erkennen. Die ökologische Aussage entspricht völlig der bereits bekannten - Abieti-Fagetum, dicht, skelettreich, weitgehend geschlossen (76,4% der Individuen sind sylvan); warm feuchtes Klima.

Paläobotanik: E. Hofmann (EHRENBERG 1941, 1953a; HOFMANN 1940) untersuchte Holzkohlenreste aus dem Eingangsbereich der Salzofenhöhle. Es wurden folgende Gehölzarten identifiziert: *Picea excelsa* (Fichte), *Taxus baccata* (Eibe), *Pinus cembra* (Zirbelkiefer), *Pinus silvestris* (Rotföhre)
Nachdem er eine Beprobung der Höhlensedimente vorgenommen hatte, um sie auf Baum- und Strauchpollen zu untersuchen, wies F. Brandtner (EHRENBERG 1953c, 1959a) erstmals spärliche Mengen an Pollenkörnern in den Sedimenten der Salzofenhöhle nach. Er schloß aufgrund des Auftretens wärmeliebender Elemente (besonders *Carpinus* sp.) auf eine Entstehung der Sedimente im Riß-Würm-Interglazial.
In ihrer Dissertation untersuchte Ilse Draxler (DRAXLER 1972) die Sedimente der Salzofenhöhle aus paläobotanischer Sicht. In ihrer umfangreichen Arbeit geht sie neben der systematischen Beschreibung der reichen Pollen- und Sporenflora auch auf die Möglichkeiten des Eintrages in die Höhle ein. So passieren beispielsweise die an Bären verfütterten Blütenpollen den Verdauungstrakt unbeschadet. Sie finden sich ohne jede Veränderung in seinen Exkrementen (DRAXLER 1972:40) und können somit in weiterer Folge in die Höhlensedimente gelangt sein. Da sich Pflanzen von ganz verschiedenen Standorten und Höhenstufen in den Sedimenten finden, gilt dies als bedeutender Hinweis für die Herkunft der Pollen aus dem Darminhalt (DRAXLER 1972:171). Eine Einwehung der Kräuterpollen (Insektenblütler), die nur über kurze Strecken erfolgen könnte, kann ausgeschlossen werden. Auch eine Einschwemmung ist aufgrund der Lage und Beschaffenheit der Höhle nicht vorstellbar. Zu den damaligen klimatischen Bedingungen meint sie, daß sie nicht viel ungünstiger waren als heute. Die Baumpollenspektren lassen eine Einstufung in das Brørup-Interstadial des Frühwürm (ca. 65.000 a BP) zu. Demnach ernährte sich der Höhlenbär bevorzugt von Kräutern und Wiesenpflanzen der Hochstaudenfluren, und er hielt sich "vor allem in den waldfreien Gebieten zwischen Wald- und Baumgrenze" auf (DRAXLER 1972:199).

Archäologie: Wie bereits in der Forschungsgeschichte kurz angesprochen, glaubte Ehrenberg im Verlauf seiner Grabungen, daß er in der Salzofenhöhle auf Höhlenbärenschädel-Depositionen, des weiteren auf den Nachweis von Höhlenbärenjagden (der Höhlenbär als Hauptjagdwild, EHRENBERG 1959c:104) und Bärenkulte des paläolithischen Menschen gestoßen sei. Er gelangte zu diesen Vorstellungen aufgrund 'besonderer' Lagerungsumstände der Bärenschädel und der in ihrer unmittelbarer Nähe befindlichen 'gesetzten' Gesteinsplatten. Auch stellte er an Höhlenbärenwirbeln "artifizielle Lochungen" fest. Auf diese Ergebnisse und die damit verbundenen Diskussionen der Höhlenbärenjagd bzw. Bärenkultproblematik wird hier nicht näher eingegangen. Abschließend läßt sich feststellen, daß durch das Vorkommen von mindestens acht Steinartefakten die Anwesenheit des paläolithischen Menschen in der Salzofenhöhle als gesichert gilt (EHRENBERG 1953a, 1959b; MOTTL 1950; PACHER 1994, PITTIONI 1954). 1983 wurde ein Mousterien-Schaber von Dr. G. Graf aus Bad Mitterndorf gefunden. Er wurde an der Sedimentoberfläche im Bereich einer schon älteren

Raubgrabung im Graf Kesselstatt-Dom geborgen (PITTIONI 1984).

Chronologie:

- Radiokarbondaten: Anhand einer 1956 geborgenen Holzkohle aus der Vorraum-"Kulturschicht" wurde von De Vries in Groningen (EHRENBERG 1959a, 1969) ein ^{14}C-Datum mit einem Alter (Gro-761) von 34.000 ±3.000 Jahren vor heute ermittelt (zwei Messungen). 1965 wurde in Groningen ein weiteres ^{14}C-Datum (Gro-4628) an Knochen aus der Kulturschicht der Salzofenhöhle (EHRENBERG 1969) bestimmt, das nun ein Mindestalter von >44.500 a BP bzw. >54.000 v.h. (PITTIONI 1980) ergab. Ein neueres ^{14}C-Datum (VRI-492) von Pollen- und Pflanzenresten aus dem Graf-Kesselstatt-Dom (15-20cm Tiefe) ergab ein Alter von 31.200 ±1.100 v.h. (PITTIONI 1980).
- Ursidenchronologie: Die Morphotypenzahlen der Prämolaren von *Ursus spelaeus* lauten für den P^4: 2A, 8A/B, 8,5 B, 3A/D, 3,5 B/D, 3D, 1E, 1F, 1B/F, n=31, Index = 115,3 und für den P_4: 1 B1, 15 C1, 1 B1/C2, 3C1/2, 6C2, 1 C1/D2, 7D1, 2 D1/2, 1D2, n=37, Index = 140,5.

Klimageschichte: Dies würde doch für eine Autochthonität der Faunenkomponenten *Arianta arbustorum styriaca* und *Cylindrus obtusus* in der "Nagetierschichte" sprechen, die durch *Isognomostoma isognomostomos*, *Causa holosericea* (relativ zahlreich) und die restlichen Waldelemente besonders wald-, wärme- und feuchtigkeitsbetont ist. Die Ablagerung dieser Schichte muß also auf eine Zeit zurückgehen, in welcher die Umgebung der Höhle bewaldet war. In Anbetracht der Höhenlage muß das Klima während der Entstehungszeit dieser Fauna deutlich günstiger als gegenwärtig gewesen sein. Eine Möglichkeit der Einschwemmung der Waldelemente "von oben" und damit parautochthone Lagerung, wie sie von SCHMID (1957:46) angesprochen wird, dürfte damit auszuschließen sein. Wohl könnten einzelne, weitgehend unversehrte Individuen von *Arianta arbustorum styriaca* und *Cylindrus obtusus* jünger und vom Eingang her in die Höhle gelangt sein; dies ändert aber an dem Befund nichts.
Dem malakologischen Befund nach dürfte eine würmzeitliche Wärmeschwankung für diese Umweltverhältnisse verantwortlich sein.

Aufbewahrung: Das von Körber aus der Salzofenhöhle geborgene Material wird im Bad Ausseer Kammerhofmuseum (Steiermark) aufbewahrt. Jenes von Ehrenberg aus den Jahren 1950 bis 1964 befindet sich derzeit im Naturhistorischen Museum in Wien (Abt. Karst- und Höhlenkunde). Die Funde aus dem Grabungsjahr 1939 (EHRENBERG 1941, 1942) sind an der Universität Wien (Institut für Paläontologie) untergebracht.
Ebenso sollen Höhlenbärenreste aus der Salzofenhöhle ins "Haus der Natur" nach Salzburg gelangt sein (EHRENBERG 1962).

Rezente Sozietäten: Die rezente Molluskenfauna des Ausseer Gebietes ist durch zahlreiche Fundmeldungen (in KLEMM 1974) und durch Einzelpublikationen gut dokumentiert. Eine Zusammenfassung von Funddaten, ergänzt durch aktuelle Aufsammlungen, enthält FRANK (1994, unpubl. Manuskript über früh- und mittelholozäne Gastropodenfaunen aus der Brettsteinhöhle nördlich der Tauplitz); vom Nordrand des Toten Gebirges FRANK (1992a).
Einzelfundmeldungen aus KLEMM (1974): Elmberg (1: 2.124 m), Elmgrube (2: 1.760 m), Elmsee (3: 1.680 m) und Elmseehütte (4), Salzöfen (5: 2.068 m):
Cochlostoma henricae huettneri (1), *Pyramidula rupestris* (2), *Ena montana* (2), *Trichia hispida* (3; Höhenform), *Petasina unidentata alpestris* (1, 3), *Arianta arbustorum styriaca* (1, 3, 5), *Cylindrus obtusus* (1, 2, 4, 5). - Gesamt: 7.
Individuenreiche Bestände von *Cylindrus obtusus* leben gegenwärtig zwischen 1.700 und 2.500 m. Die Fundmeldungen von *Arianta arbustorum styriaca* liegen zwischen 430 und 2.200 m, aber auch sie ist bevorzugt in den höheren Lagen anzutreffen. Wie aktuelle Untersuchungen von FRANK (1992a: Fundpunkte 13.6-13.9) zeigen, treten die beiden Arten in den höheren Lagen des Großen Priel-Bereiches vergesellschaftet auf. Dass *Cylindrus obtusus* auch in tiefergelegenen Enklaven reliktartig - in waldbetonten Faunenkontexten - erscheinen kann, ist aus dem neuen Fund vom Kleinen Ödsee (897 m, FRANK 1992a: 13.5) ersichtlich, sowie aus den von KLEMM 1974 genannten zwei Angaben bei 1.100 m (Apothekerplan bei Lunz, Ploneralm im Leobner). Die Art war auch in einigen spät- bis post(?)glazialen Gemeinschaften aus dem Nixloch bei Losenstein-Ternberg, etwa 770 m gemeinsam mit Waldbewohnern enthalten (FRANK 1992b). Wie auch gegenwärtig dürften sehr kleinräumige, für sie günstige Siedlungsnischen (kühl-schattige Lage, Bodenfeuchte, Lockersubstrat, bemooste Felsen) innerhalb eines Lebensraumes für sie ausreichend gewesen sein.

Literatur:

DRAXLER, I. 1972. Palynologische Untersuchungen an Sedimenten aus der Salzofenhöhle im Toten Gebirge. - Diss. phil. Fak. Wien.

EHRENBERG, K. 1941. Berichte über Ausgrabungen in der Salzofenhöhle im Toten Gebirge. I. Über bemerkenswerte Fossilvorkommen in der Salzofenhöhle. - Palaeobiologica, 7(4): 325-348, Wien.

EHRENBERG, K. 1949a. Berichte über Ausgrabungen in der Salzofenhöhle im Toten Gebirge. III. Die Expedition im September 1948 von Prof. Dr. Kurt Ehrenberg. - Anz. Österr. Akad. Wiss., math.-naturwiss. Kl., **86**(1): 40-43, Wien.

EHRENBERG, K. 1949b. Berichte über Ausgrabungen in der Salzofenhöhle im Toten Gebirge. IV. - Anz. Österr. Akad. Wiss., math.-naturwiss. Kl., **86**(1): 43-46, Wien.

EHRENBERG, K. 1950. Berichte über Ausgrabungen in der Salzofenhöhle im Toten Gebirge. V. Erste Ergebnisse der Sichtung des Fundmateriales in der Sammlung Körber in Bad Aussee. - Anz. Österr. Akad. Wiss., math.-naturwiss. Kl., **87**(10): 262-271, Wien.

EHRENBERG, K. 1953a. Die paläontologische, prähistorische und paläo-ethnologische Bedeutung der Salzofenhöhle im Lichte der letzten Forschungen. - Quartär, **6**(1), Bonn.

EHRENBERG, K. 1953b. Berichte über Ausgrabungen in der Salzofenhöhle im Toten Gebirge. VI. Die biostratonomischen Verhältnisse der Funde I-III/1950 und die sich hieraus ergebenden Schlußfolgerungen. - Anz. Österr. Akad. Wiss., math.-naturwiss. Kl., **90**(4): 62-71, Wien.

EHRENBERG, K. 1953c. Berichte über Ausgrabungen in der Salzofenhöhle im Toten Gebirge. VII. Beobachtungen und

Funde der Salzofen-Expedition 1953. - Anz. Österr. Akad. Wiss., math.-naturwiss. Kl., **90**(15): 273-281, Wien.
EHRENBERG, K. 1956. Berichte über Ausgrabungen in der Salzofenhöhle im Toten Gebirge. IX. Die Grabungen 1956 und ihre einstweiligen Ergebnisse. - Anz. Österr. Akad. Wiss., math.-naturwiss. Kl., **93**(13): 149-153, Wien.
EHRENBERG, K. 1957. Berichte über Ausgrabungen in der Salzofenhöhle im Toten Gebirge. VIII. Bemerkungen zu den Ergebnissen der Sediment-Untersuchungen von Elisabeth Schmid. - Sitz.-Ber. Österr. Akad. Wiss., math.-naturwiss. Kl., **166**(1): 57-63, Wien.
EHRENBERG, K. 1959a. Vom dermaligen Forschungsstand in der Höhle am Salzofen. - Quartär, **10/11**: 237-251, Erlangen.
EHRENBERG, K. 1959b. Die urgeschichtlichen Fundstellen und Funde in der Salzofenhöhle. - Archaeol. Austriaca, **25**: 8-24, Wien.
EHRENBERG, K. 1959c. Berichte über Ausgrabungen in der Salzofenhöhle im Toten Gebirge. X. Die Expeditionen und Forschungen der Jahre 1957 und 1958. - Anz. Österr. Akad. Wiss., math.-naturwiss. Kl., **96**(5): 92-105, Wien.
EHRENBERG, K. 1960a. Über einen neuen Fund einer mutmaßlichen Höhlenbären-Schädeldeposition in der Salzofenhöhle. - In: Festschrift für Lothar Zotz. Steinzeitfragen der Alten und Neuen Welt. S141-144, Röhrscheid, Bonn.
EHRENBERG, K. 1960b. Berichte über Ausgrabungen in der Salzofenhöhle im Toten Gebirge. XII. Verlauf und vorläufige Ergebnisse der Salzofen-Expedition 1960. - Anz. Österr. Akad. Wiss., math.-naturwiss. Kl., **97**(14): 308-312, Wien.
EHRENBERG, K. 1961. Berichte über Ausgrabungen in der Salzofenhöhle im Toten Gebirge. XIV. Die Grabungen und Ergebnisse der Salzofen-Expedition 1961. - Anz. Österr. Akad. Wiss., math.-naturwiss. Kl., **98**(14): 251-260, Wien.
EHRENBERG, K. 1962. Die Salzofenhöhle. - 1-8, Heimatmuseum Ausseerland, Bad Aussee.
EHRENBERG, K. 1965. Berichte über Ausgrabungen in der Salzofenhöhle im Toten Gebirge. XVII. Grabungen und Ergebnisse der Salzofen-Expedition 1964. - Anz. Österr. Akad. Wiss., math.-naturwiss. Kl., **102**(4): 72-89, Wien.
EHRENBERG, K. 1969. Ergebnisse und Probleme der Erforschung der Salzofenhöhle. Ein vorläufiger Schlußbericht. - Akten d. 4. Int. Kongr. f. Speläologie, **4-5**: 315-319, Ljubljana.
EHRENBERG, K. 1973. Ein fast vollständiges Höhlenbärenneonatenskelett aus der Salzofenhöhle im Toten Gebirge. - Ann. Naturhistor. Mus. Wien, **77**: 69-113.
EHRENBERG, K. & RUCKENSTEINER, E. 1961. Berichte über Ausgrabungen in der Salzofenhöhle im Toten Gebirge. XIII. Paläopathologische Funde und ihre Deutung auf Grund von Röntgenuntersuchungen. - Sitz.-Ber. Österr. Akad. Wiss., math.-naturwiss. Kl., **170**(5/6): 203-221, Wien.
FRANK, C. 1992a: Malakologisches aus dem Ostalpenraum. - Linzer biol. Beitr., **24**/2: 383-662., Linz.
FRANK, C. 1992b: Spät- und postglaziale Gastropoden aus dem Nixloch bei Losenstein-Ternberg (Oberösterreich). - Mitt. Komm. Quartärforsch. Österr. Akad. Wiss., **8**: 35-69, Wien.
FRANK, C. 1994: Früh- und mittelholozäne Gastropodenfaunen aus der Brettsteinhöhle. - Unpubl. Manuskript, Inst. Paläont. Univ. Wien, 12 pp.
HOFMANN, E. 1940. Pflanzliche Reste aus der Salzofenhöhle bei Aussee. - Forschungen und Fortschritte, **16**(27): 306-307, Berlin.
KLEMM, W. 1974: Die Verbreitung der rezenten Land-Gehäuse-Schnecken in Österreich. - Denkschr. Österr. Akad. Wiss., **117**: 503 pp; Wien, New York: Springer.
KÖRBER, O. 1939. Der Salzofen. - Forschungen und Fortschritte, **15**(1): 11-12, Berlin.
MAYER, H. 1974. Wälder des Ostalpenraumes. - 344 pp. - Stuttgart: Fischer.
MOTTL, M. 1950. Die paläolithischen Funde aus der Salzofenhöhle. - Archaeol. Austriaca, **5**: 24-34, Wien.
PACHER, M. 1994. Der Höhlenbärenkult aus ethnologischer Sicht. - Diplomarbeit, Univ. Wien.
PACHER, M. & DÖPPES, D. (im Druck). Zwei Faunenelemente aus pleistozänen Höhlenfundstellen des Toten Gebirges: *Canis lupus* L. und *Gulo gulo* L. - Mitt. Geol.-Paläontol. Abt., Innsbruck.
PFARR, T. & STUMMER, G. 1988. Die längsten und tiefsten Höhlen Österreichs. Die Höhle, wiss. Beih., **35**: 122-123, Wien.
PITTIONI, R. 1954. Urgeschichte des österreichischen Raumes. - Deuticke-Verlag, Wien.
PITTIONI, R. 1980. Urgeschichte von etwa 80 000 bis 15 v. Chr. Geb. - Geschichte Österreichs, **I/2**, Verl. Österr. Akad. Wiss., Wien.
PITTIONI, R. 1984. Ein Moustérien-Schaber aus der Salzofenhöhle im Toten Gebirge (Steiermark). Die Höhle, **35**(1): 1-4, Wien.
SCHMID, E. 1957. Von den Sedimenten der Salzofenhöhle. - Sitz.-Ber. Österr. Akad. Wiss, math.-naturwiss. Kl., **166**(1): 43-55, Wien.
TRIMMEL, H. 1950. Die Salzofenhöhle im Toten Gebirge. Ein Beitrag zur Frage der Entstehung und Entwicklung alpiner Karsthöhlen. - Diss., Univ. Wien
TRIMMEL, H. 1951. Morphologische und genetische Studien in der Salzofenhöhle. - Die Höhle, **2**(1), Wien.

Schlenkendurchgangshöhle

Christa Frank & Gernot Rabeder

Alpine Bärenhöhle (Mittelwürm) mit spätglazialer und holozäner Mikrofauna, SDH
Kürzel: SDH

Gemeinde: Vigaun; KG. Krispl (nördl. Teil) und KG. Rengerberg (südl. Teil)
Polit. Bezirk: Hallein, Salzburg
ÖK 50-Blattnr.: 94, Hallein
13°13'29" E (RW: 221mm)
47°40'55" N (HW: 404mm)
Seehöhe (Südeingang): 1590m
Österr. Höhlenkatasternr.: 1525/20

Ab September 1965 steht die Höhle als Naturdenkmal unter Schutz.

Lage: Im Ostkamm des Schlenken (1648m) bei Hallein, westliche Osterhorn-Gruppe (Abb.1).
Zugang: Von der Halleiner Hütte oberhalb von Vigaun (PKW-Zufahrt) auf bezeichnetem Steig auf den Schlenkengipfel und über den Ostkamm hinab bis oberhalb einer Felsstufe, die mit Drahtseilen gesichert ist. Entweder oberhalb der Felsstufe links, nördlich steil zwischen Latschen hinab zum Nordportal oder unterhalb der Felsstufe auf einem schmalen Felsband nach rechts,

südlich zum Südeingang, 1 1/2 Stunden.
Geologie: Oberalmerkalk (liegende Schichten) und Barmsteinkalk (hangende Bänke), beide Malm (Oberjura).

Fundstellenbeschreibung: Der in etwa 1590m Seehöhe in ost-westlicher Richtung verlaufende Schlenkengrat wird in etwa 1550m Höhe von der Höhle gequert. Ein dolinenartiger Deckenbruch führt von seiner Nordflanke in eine Halle (etwa 40m lang und mehr als 15m breit), die in einen etwa 40m langen Gang übergeht. Im nördlichen Hallenteil herrschen Deckenbrüche und Blockwerk vor, welches gegen Süden abnimmt. Zum Südeingang hin wird der Boden eben und erdig.

Forschungsgeschichte: Der verstürzte Südeingang der Höhle wurde zwischen 1926 und 1928 durch Jäger entdeckt und erstmals freigelegt. Eine erste Befahrung der Höhle soll schon im Jahre 1926 stattgefunden haben (EHRENBERG 1974). Der Salzburger Höhlenverein wurde 1934 durch den Jäger Palfinger wieder auf die Höhle aufmerksam gemacht. Bei der darauffolgenden Begehung durch E. Heger und W. v. Czoernig wurden im erdigen Sediment Knochenfragmente von Höhlenbären festgestellt. Im selben Jahr erfolgten die Planaufnahme durch G. Abel und eine Probegrabung unter M. Hell. Während folgender Begehungen wurden immer wieder Knochen aufgesammelt bzw. auch Temperaturbeobachtungen durchgeführt. Für die Unterschutzstellung der Höhle wurden 1964 eine genaue Lageeinmessung und eine neue Planaufnahme von H. Trimmel getätigt.
Systematische Grabungen begannen 1965 und wurden 20 Jahre lang, bis zum Zuschütten der Grabungsstellen im Sommer 1985, fortgeführt. (K. Ehrenberg, K. Mais, G. Abel mit insgesamt fast 200 verschiedenen Mitarbeitern.)
Über die Grabungen erschienen zahlreiche Berichte (EHRENBERG 1969, EHRENBERG & MAIS 1967, 1968, 1969a u.b, 1971, 1972a u. b, 1974, 1975, 1976, 1977, 1978) sowie paläontologische Detailbearbeitungen über Pathologien (EHRENBERG 1969, EHRENBERG & GRÜNBERG 1974, 1976), Cricetiden (EHRENBERG 1972) und Höhlenbärenzähne (EHRENBERG 1976), schließlich auch Artikel über archäologische Funde (EHRENBERG 1974).
Eine Bearbeitung des umfangreichen Höhlenbärenmaterials sowie der Begleitfauna steht noch aus.

Sedimente und Fundsituation: Die Mächtigkeit der Sedimente schwankt zwischen 2,4 und 3,4 Meter. Unter einer Schuttlage von sehr unterschiedlicher Mächtigkeit folgen "erdige" (humose) Lagen, die noch keine Höhlenbärenreste führen. Die Fossilführung beginnt mit einer Steinlage aus größeren Oberalm- und Barmsteinkalkstücken, in der vereinzelt Bärenreste auftreten. Die mächtigen grauen oder braunen Lehme ("krümelige Höhlenerde") darunter reichen bis zur Höhlensohle hinab und enthalten reichlich Höhlenbärenreste. Diese Lehme sind stellenweise durch gelbbraune Zwischenschichten oder Blöcke unterbrochen. Zwei unterschiedliche Profile publizierte MAIS K. (1992:261) ohne Detailbeschreibung.
Die Erhaltung der Großsäugerreste ist ähnlich der in der Rameschhöhle oder im Salzofen. Die kleinen, kompakten Knochen wie Metapodien und Phalangen sind meist ganz erhalten, ebenso die Einzelzähne, während die großen Knochen (Schädel, Langknochen, Wirbel, etc.) meist nur in Fragmenten vorliegen und deutliche Korrosionsspuren erkennen lassen. An manchen Stellen kommen die Höhlenbärenreste zusammen mit Kleinsäugerresten vor, die ausgezeichnet erhalten sind und keine Korrosionserscheinungen zeigen. In Analogie zu anderen alpinen Höhlen (z. B. Gamssulzenhöhle, RABEDER 1995), wo die verschiedenen Fossilgruppen datiert worden sind, ist anzunehmen, daß es auch in der Schlenkenhöhle zu ähnlichen Umlagerungen und Vermischungen verschieden alter Organismenreste gekommen ist.
Die gute Fossilführung aller Grabungsstellen läßt annehmen, daß die Höhle ganzjährig in so gut wie allen Teilen von Höhlenbären bewohnt war. Der Erhaltungszustand der Knochen war jedoch unterschiedlich. Es liegen Knochen und Zähne aller Altersstufen vor. Insgesamt wurde 34 Wirbeltierarten und 10 Gastropodenarten in den Höhlensedimenten nachgewiesen.

Fauna: Die bei der jährlichen Grabung geborgenen Faunenelemente wurden von K. Ehrenberg verschiedenen Fachleuten vorgelegt. Die Bestimmung der Säugetierreste erfolgte durch K. Bauer, K. Ehrenberg, G. Höck-Daxner, G. Rabeder, F. Spitzenberger und P. Wolff, der Vögel durch H. Frey und K. Rokitansky, der Mollusken durch H. Binder, W. Kühnelt und C. Frank. Eine Revision der Faunenliste sowie eine chronologische Zuordnung wurde von G. Rabeder und C. Frank durchgeführt bzw. versucht. Analog zu den Ergebnissen in der Gamssulzenhöhle und im Nixloch bei Losenstein-Ternberg (s. dieser Katalog) werden die sehr unterschiedlichen Erhaltungszustände mit wesentlichen zeitlichen Unterschieden erklärt und folgendermaßen gedeutet:

Faunenliste	vermutete chronologische Stellung Mittelwürm	Spätglazial	Holozän
Mollusca			
Cochlostoma septemspirale	-	-	+
Vertigo substriata (Anm. 1)	-	-	+
Ena montana	-	-	+
Cochlodina laminata	-	-	+
Macrogastra badia crispulata (Anm. 2)	-	-	+
Macrogastra plicatula (Anm. 2)	-	-	+
Clausilia pumila (Anm. 3)	-	-	+
Trichia cf. *rufescens* (Anm. 4)	-	-	+
Trichia sericea (Anm. 5)	-	-	+
Trichia sp.	-	-	+
Vertebrata			
Rana sp.	-	+	+
Crex crex (Wachtelkönig)	-	-	+
Turdus viscivorus ((Misteldrossel)	-	-	+
Pica pica (Elster)	-	-	+
Pyrrhocorax graculus (Alpendohle)	-	?	+
Sorex araneus (oder *coronatus)*	-	+	+
Sorex alpinus	-	-	+
Talpa europaea	?	+	+
Barbastella barbastellus	-	+	+
Myotis myotis	-	-	+
Myotis mystacinus	-	+	+
Cricetus cricetus major	-	+	-
Marmota marmota	-	+	-
Clethrionomys glareolus	-	+	+
Arvicola terrestris	-	+	+
Pitymys subterraneus	-	+	+
Microtus agrestis	-	+	+
Microtus arvalis	-	+	+
Microtus nivalis	-	+	+
Lepus europaeus	-	+	+
Canis lupus	+	+	-
Ursus arctos	?	+	?
Ursus spelaeus (dominant)	+++	-	-
Martes martes	-	+	?
Mustela erminea	-	-	+
Panthera spelaea	+	-	-
Cervus elaphus	-	+	+
Capreolus capreolus	-	-	+
Capra ibex	-	+	-
Rupicapra rupicapra	-	+	+

Anmerkungen:

Anm. 1: Diese in Österreich zerstreut vorkommende Art ist am relativ zahlreichsten aus Salzburg gemeldet und kommt rezent auf dem Schlenken vor (KLEMM 1974:113-115, Karte 20).

Anm. 2: In MAIS (1992) sub *"Iphigenia"*

Anm. 3: *Clausilia pumila* ist eine häufig mit anderen Arten verwechselte Clausilie. Wenn sie auch gelegentlich bis in hohe Berglagen aufsteigt, ist sie doch mehr eine Bewohnerin feuchter (Au-)Waldstandorte in der planaren und collinen Stufe. Wahrscheinlich bezieht sich die Fundmeldung auf *Clausilia dubia*, deren Unterart *obsoleta* A. SCHMIDT 1857, mit abgeschwächter Mündungsarmatur, im Gebiet vorkommt (KLEMM 1974; FRANK 1992:461). Es fällt auf, daß die (nord)ostalpin-endemische *Neostyriaca corynodes* (HELD 1836) nicht gemeldet ist, da diese petrophile und kalkholde Art in Höhlensedimenten des betreffenden Gebietes absolut zu erwarten ist. Rezent ist sie im gesamten weiteren Bereich des Taugl-Gebietes überaus häufig (KLEMM 1969).

Anm. 4: In MAIS (1992) sub *"striolata montana"* Hier ist vermutlich *Trichia "rufescens* (DA COSTA 1778)" ssp. gemeint, die nach FALKNER (1982) von den Britischen Inseln bis Ungarn in verschiedenen geographischen Rassen verbreitet ist, die revisionsbedürftig sind. Dem genannten Autor zufolge sollte die Rasse des Salzkammergutes *austriaca* MAHLER 1952 heißen.

Trichia montana (STUDER 1820) ist eine kleinräumig verbreitete Art (Französischer und Schweizer Jura; sehr wahrscheinlich auch Liechtenstein; FRANK 1992: 488, 512-513). Nach einer umfangreichen Recherche von FALKNER (1995:99-100) ist aber auch das Taxon *Trichia 'rufescens* (DA COSTA 1778)' nicht mehr verfügbar. Aktuelles Taxon?

Anm. 5: In MAIS (1992) sub "*T. plebeija*". *Trichia sericea* (DRAPARNAUD 1801) ist im westlichen und mittleren Teil Österreichs allgemein verbreitet und dringt tief in die Alpentäler ein bzw. steigt hoch ins Gebirge auf. Nach FALKNER (1982) muß sie nomenklatorisch von *Trichia plebeia* (DRAPARNAUD 1805), Französischer und Schweizer Jura, abgetrennt werden. Möglicherweise umfaßt auch sie mehrere Arten (? oder Unterarten); siehe auch FRANK (1992:487-488).

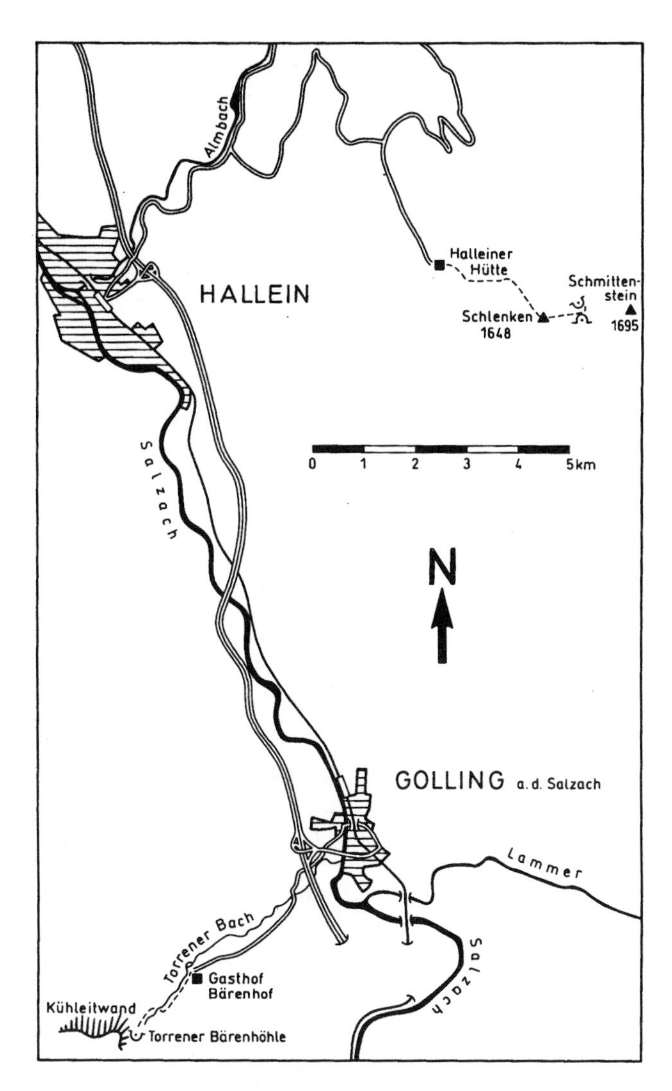

Abb.1: Lageskizze der Schlenkendurchgangshöhle und der Torrener Bärenhöhle

Paläobotanik: Aus allen Tiefen des Sedimentprofils ließ sich ein reichliches Spektrum an Kräuter- und Baumpollen feststellen (KLAUS 1967). In den basalen Schichten und noch mehr in den mittleren Schichten (90-160cm unter dem Höhlenboden) dominieren die Kräuterpollen, die in ihrer Zusammensetzung an das Pollenbild der Salzofenhöhle erinnern. In den hangenden, z.T. humosen Partien treten die Kräuterpollen zugunsten der Baumpollen (*Pinus, Picea, Alnus)* zurück. Die Waldgrenze war zur Zeit des Höhlenbären etwa 400 m höher als heute.

Archäologie: Das erste Steinartefakt wurde 1967 im Schichtverband von Grabungsstelle II gefunden. Es besteht allerdings aus stark verkieseltem Kalk und ist typologisch nicht einzustufen. Artefaktähnliche Gesteinsstücke hatte auch Hell 1934 gefunden. Die Steinwerkzeuge lagen einzeln, in verschiedenen Schichten.
Relativ häufiger wurden Knochen mit angeblichen Benützungsspuren (Kerben, Glättungen, vor allem Lochungen an verschiedenen Knochenstücken, s. EHRENBERG 1974) festgestellt, deren artifizieller Charakter von der heutigen Paläolithforschung aber angezweifelt wird.

Chronologie:
Absolute Daten liegen von Knochenproben vor (^{14}C-Werte, nach EHRENBERG & MAIS 1971):
aus 75-80cm Tiefe: 33.415 +1150/-1050 Jahre BP.
aus 2,65-2,80m Tiefe: > 42.735 BP.
Ergänzend dazu wurden auch bio-geochemische Methoden angewandt: Fluor-Stickstoffverhältnis-Bestimmung, Analyse der Aminosäurensenquenzen des Knochenkollagens, Razemisierung. Die Ergebnisse bestätigen das jungpleistozäne Alter der fossilführenden Sedimente (HILLE & al. 1982).
Ursidenchronologie: noch nicht bearbeitet.
Aus den beiden radiometrischen Daten läßt sich aber vermuten, daß der Höhlenbär die Schlenken-Durchgangshöhle etwa im gleichen Zeitabschnitt (Mittelwürm) wie in der Ramesch-Knochenhöhle und in der Salzofenhöhle bewohnt hat. Wahrscheinlich im Spätglazial

(absolute Daten fehlen allerdings) kam es zumindest stellenweise zu Umlagerungen der Höhlenbären führenden Sedimente und zur Vermischung mit Kleinsäugern (Murmeltier, Hamster, Wühlmäuse, etc.), z.T. sind diese Vermischungen auch auf die grabende Tätigkeit dieser Kleinsäuger zurüchzuführen. Diese Vorgänge wiederholten sich auch noch im Holozän, das sagen uns holozäne Elemente wie *Myotis myotis* sowie der Mehrzahl der Gastropodenarten.

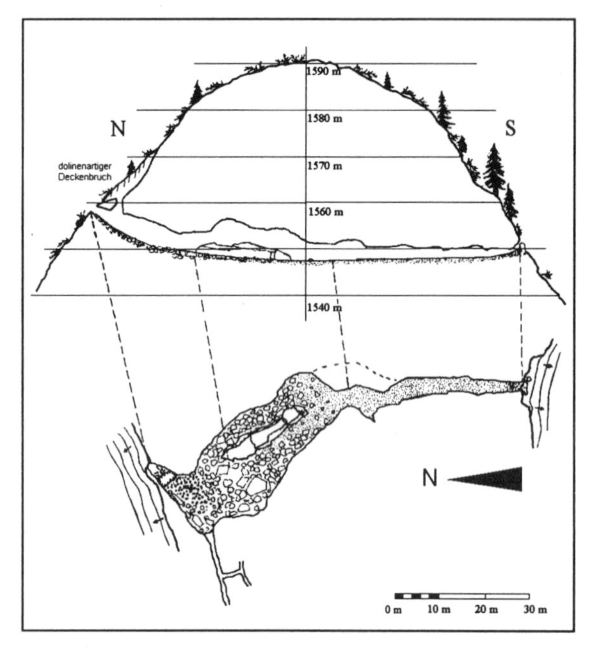

Abb.2: Höhlenplan der Schlenkendurchgangshöhle (MAIS 1992, leicht verändert von D. Döppes)

Klimageschichte: Wegen des Problems der vermutlichen Vermischung verschieden alter Sedimente und Fossilien sind klimatologische Aussagen problematisch.

Die paläobotanische Untersuchung läßt annehmen, daß die Waldgrenze und entsprechende Phytosozietäten in der Zeit des Höhlenbären (basaler Sedimentteil) um etwa 400m höher als heute reichten. Die krautige Vegetation war reich entwickelt.

Die meisten der registrierten Gastropoden-Arten sind thermisch anspruchsvoll und feuchtigkeitsbedürftig. Das Vorkommen von *Ena montana* und *Cochlodina laminata* spricht für Laubgehölze, denen Koniferen beigemischt waren, und paßt zum Pollenbild der hangenden humosen Schichten. Sie gehören wahrscheinlich schon dem Holozän an. Jungtiere von *Trichia* leben an und zwischen krautiger Vegetation; die adulten mehr im lockeren pflanzlichen Zerfallsmaterial, das dem Oberboden aufliegt; auch zwischen lockeren, bemoosten Steinen.

Aufbewahrung: Inst. f. Karst- und Höhlenkunde des Naturhistorischen Museums in Wien.

Rezente Sozietäten: Die rezente Molluskenfauna des Halleiner Gebietes ist gut erforscht. Neben einer Reihe von Einzelarbeiten sind Funddaten vor allem in KLEMM (1974), auch REISCHÜTZ (1986) und FRANK (1992) enthalten.

Ausgewählte Punkte: 1: Berg Alm, 2a und b: Hallein, 3: Hintersee, 4: Lammeröfen, 5: Schlenken, 6: Taugltal, 7: Wiestal (2b: REISCHÜTZ 1986; alle anderen Punkte: KLEMM 1974).

Cochlostoma septemspirale (2a, 5, 7), *Acicula lineata* (5), *Platyla polita* (5, 7), *Platyla gracilis* (5), *Renea veneta* (7), *Carychium minimum* (3), *Carychium tridentatum* (3, 7), *Cochlicopa lubrica* (2a), *Pyramidula rupestris* (2a, 5), *Columella edentula* (2a, 7), *Truncatellina cylindrica* (2a), *Vertigo pusilla* (2a), *Vertigo substriata* (5), *Vertigo pygmaea* (5), *Abida secale* (2a), *Chondrina clienta* (2a), *Orcula dolium* (2a), *Pagodulina pagodula principalis* (2a, 5, 7), *Vallonia costata* (2a), *Vallonia pulchella* (2a, 5, 7), *Acanthinula aculeata* (7), *Ena montana* (1, 2a, 7), *Merdigera obscura* (2a), *Cochlodina laminata* (1, 2a, 3, 4, 5, 7), *Macrogastra ventricosa* (1, 4), *Macrogastra badia crispulata* (5), *Macrogastra plicatula* (1), *Clausilia rugosa parvula* (1, 2a, 7), *Clausilia dubia obsoleta* (1, 2a, 4, 7), *Balea biplicata* (2a, 4, 7), *Balea perversa* (2a), *Succinella oblonga* (5), *Succinea putris* (4), *Oxyloma elegans* (2a), *Punctum pygmaeum* (2a, 5), *Discus rotundatus* (2a, 3), *Discus perspectivus* (2a), *Zonitoides nitidus* (6), *Euconulus fulvus* (2a, 7), *Eucobresia diaphana* (7), *Vitrina pellucida* (7), *Vitrea diaphana* (2a, 5, 7), *Vitrea subrimata* (2a), *Vitrea crystallina* (2a, 3), *Vitrea contracta* (2a), *Aegopis verticillus* (2a, 5), *Aegopinella pura* (2a, 5), *Aegopinella nitens* (2a, 5, 7), *Aegopinella ressmanni* (2a), *Oxychilus mortilleti* (2a), *Boettgerilla pallens* (2b), *Deroceras reticulatum* (2b), *Arion lusitanicus* (2b), *Arion distinctus* (2b), *Fruticicola fruticum* (1, 2a), *Trichia hispida* (3), *Trichia sericea* (2a, 4-7), *Trichia rufescens* (5), *Petasina unidentata* (1, 2a, 3-7), *Monachoides incarnatus* (1, 2a, 4, 7), *Urticicola umbrosus* (1, 2a, 4, 7), *Helicodonta obvoluta* (3), *Arianta arbustorum* (1, 2a, 3-7), *Helicigona lapicida* (2a, 5), *Isognomostoma isognomostomos* (1, 2a, 3-7), *Cepaea hortensis* (7), *Helix pomatia* (1, 2a, 3, 4, 6, 7). - Gesamt: 67.

Eine reiche und differenzierte Molluskenfauna, deren Besonderheiten *Platyla gracilis*, *Renea veneta*, *Vertigo substriata* und *Trichia rufescens* sind. Die vertretenen Arten repräsentieren eine Vielfalt von Lebensräumen in einem verhältnismäßig kleinen Areal.

Literatur:

EHRENBERG, K. 1969. Die bisherigen Ergebnisse der Ausgrabungen in der Schlenkendurchgangshöhle im Land Salzburg. - Abh. 5. Int. Kongr. Spelaeol., **1969**,4, B: 1-4, Stuttgart.

EHRENBERG, K. 1972. Über jungpleistozäne Hamsterfunde aus der Schlenken-Durchgangshöhle. - Die Höhle, **23**,1: 8-15, Wien.

EHRENBERG, K. 1974. Die bisherigen urzeitlichen Funde aus der Schlenkendurchgangshöhle, Salzburg. - Arch. Austr., **55**: 7-28, Wien.

EHRENBERG, K. 1976. Über weitere Funde altertümlicher Höhlenbären-Backenzähne in der Schlenken-Durchgangshöhle. - Die Höhle, **27**,4: 152-154, Wien.

EHRENBERG, K. & GRÜNBERG, W. 1974. Ein eigenartig pathologisch verändertes Höhlenbärenknochenfragment aus der Schlenkendurchgangshöhle im Land Salzburg. - Die Höhle, **25**,4: 136-142, Wien.

EHRENBERG, K. & GRÜNBERG, W. 1976. Bemerkenswerte Höhlenbärenfunde von der Schlenkendurchgangshöhlen-Expedition 1974. - Die Höhle, **27**, 1: 11-16, Wien.

EHRENBERG, K. & MAIS, K. 1966. Die Schlenkendurchgangshöhle bei Vigaun (Salzburg). Bericht über eine informative Grabung - Anz. math.-naturw. Kl. Österr. Akad. Wiss., **1966**,7: 22-30, Wien.

EHRENBERG, K. & MAIS, K. 1967. Über die Forschungen in der Schlenkendurchgangshöhle bei Vigaun im Sommer 1966. - Anz. math.-naturw. Kl. Österr. Akad. Wiss., **1967**,1:

22-30, Wien.
EHRENBERG, K. & MAIS, K. 1968. Die Forschungen in der Schlenkendurchgangshöhle bei Vigaun im Sommer 1967. - Anz. math.-naturw. Kl. Österr. Akad. Wiss., **1968**,5: 105-122, Wien.
EHRENBERG, K. & MAIS, K. 1969a. Die Forschungen in der Schlenkendurchgangshöhle im Sommer 1968. - Anz. math.-naturw. Kl. Österr. Akad. Wiss., **1969**,2: 35-46, Wien.
EHRENBERG, K. & MAIS, K. 1969b. Die Expedition in der Schlenkendurchgangshöhle im Sommer 1969. - Anz. math.-naturw. Kl. Österr. Akad. Wiss., **1969**,14: 301-312, Wien.
EHRENBERG, K. & MAIS, K. 1971. Die Schlenkendurchgangshöhlen-Expedition im Sommer 1970. - Anz. math.-naturw. Kl. Österr. Akad. Wiss., **1971**,2: 30-38, Wien.
EHRENBERG, K. & MAIS, K. 1972a. Bericht über die Schlenkendurchgangshöhlen-Expedition 1971. - Anz. math.-naturw. Kl. Österr. Akad. Wiss., **1972**,1: 21-38, Wien.
EHRENBERG, K. & MAIS, K. 1972b. Bericht über die Schlenkendurchgangshöhlen-Expedition 1972. - Anz. math.-naturw. Kl. Österr. Akad. Wiss., **1972**,14: 347-359, Wien.
EHRENBERG, K. & MAIS, K. 1974. Bericht über die Schlenkendurchgangshöhlen-Expedition 1973. - Anz. math.-naturw. Kl. Österr. Akad. Wiss., **1974**,6: 66-78, Wien.
EHRENBERG, K. & MAIS, K. 1975. Die Schlenkendurchgangshöhlen-Expedition im Sommer 1974. - Anz. math.-naturw. Kl. Österr. Akad. Wiss., **1975**,7: 86-103, Wien.
EHRENBERG, K. & MAIS, K. 1976. Die Schlenkendurchgangshöhlen-Expedition im Sommer 1975. - Anz. math.-naturw. Kl. Österr. Akad. Wiss., **1976**,8: 104-119, Wien.
EHRENBERG, K. & MAIS, K. 1977 . Die Schlenkendurchgangshöhlen-Expedition 1976. - Anz. math.-naturw. Kl. Österr. Akad. Wiss., **1977**,8: 131-155, Wien.
EHRENBERG, K. & MAIS, K. 1978. Die Schlenkendurchgangshöhlen-Expedition 1977. - Anz. math.-naturw. Kl. Österr. Akad. Wiss., **1978**,3: 85-110, Wien.
EHRENBERG, K., RUCKENBAUER, E., ADAM, H. & FRIEDL, H. 1969. Ein fossiler Knochentumor aus der Schlenkendurchgangshöhle. - Sitz. Ber. Österr. Akad., math.-naturw. Kl., **178**,1-4: 63-76, Wien.
FALKNER, G. 1982. Zur Problematik der Gattung *Trichia* (Pulmonata, Helicidae) in Mitteleuropa. - Mitt. dt. malakozool. Ges., **3**: 30-33; Frankfurt/Main.
FALKNER, G. 1995. Beiträge zur Nomenklatur der europäischen Binnenmollusken, VIII. Nomenklaturnotizen zu europäischen Hygromiidae (Gastropoda: Stylommatophora). - Heldia, **2**(3/4): 97-107; München (1996).
FRANK, C. 1992. Malakologisches aus dem Ostalpenraum. - Linzer biol. Beitr., **24**/2: 383-662; Linz.
HILLE, P., MAIS, K., RABEDER, G., VÁVRA, N. & WILD, E., 1981. Über Aminosäuren- und Stickstoff/Fluor-Datierung fossiler Knochen aus österreichischen Höhlen. – Die Höhle, **32**,3: 74–91, Wien.
KLAUS, W. 1967. Vorbericht über pollenanalytische Untersuchungen von Sedimenten aus der Schlenken-Durchgangshöhle a. d. Taugl (Salzburg). - Anz. math.-naturw. Kl. Österr. Akad. Wiss., **1967**,12: 379-380, Wien.
KLEMM, W. 1969. Das Subgenus *Neostyriaca* A. J. WAGNER 1920, besonders der Rassenkreis *Clausilia* (*Neostyriaca*) *corynodes* HELD 1836. - Arch. Moll., **99**(5/6): 285-311; Frankfurt/Main.
KLEMM, W. 1974. Die Verbreitung der rezenten Land-Gehäuse-Schnecken in Österreich. - Denkschr. Österr. Akad. Wiss., **117**: 503 pp., Springer-Verlag, Wien/New York.
MAIS, K. 1992. Schlenkendurchgangshöhle. - In: KLAPPACHER, W. (ed.) Salzburger Höhlenbuch, **5**: 250-268; Landesver. Höhlenkunde, Salzburg.
RABEDER, G. 1995 (ed.). Die Gamssulzenhöhle im Toten Gebirge (Oberösterreich). - Mitt. Komm. Quartärforsch. Österr. Akad. Wiss., **9**, Wien.
REISCHÜTZ, P. L. 1986. Die Verbreitung der Nacktschnecken Österreichs (Arionidae, Milacidae, Limacidae, Agriolimacidae, Boettgerillidae). - Sitz. Ber. Österr. Akad. Wiss., math.-naturw. Kl., Abt. I, **195**(1/5): 67-190; Springer Verlag, Wien/New York.

Schottloch

Gernot Rabeder

Hochalpine Bärenhöhle, Mittelwürm
Synonyme: Bärenhöhle im Kufstein, Schottloch am Kufstein, Sch

Name vom "Wilden Schotten" (= Bergmilch), der als Arznei für das Almvieh aufgesammelt wurde.

Gemeinde: Haus im Ennstal
Polit. Bezirk: Liezen, Steiermark
ÖK 50-Blattnr.: 127, Schladming
13°46' E (RW: 276mm)
47°27'39" N (HW: 469mm)
Seehöhe: 1980m
Österr. Höhlenkatasternr.: 1544/10

Lage: Am Südrand des östlichen Dachstein-Plateaus, am sog. "Stein". Etwa 540m nordöstl. des Großen Kufsteins (2049m), eines bekannten Aussichtsberges.
Zugang: Von Weißenbach nördl. von Haus im Ennstal auf markiertem Weg zur Stornalm und auf dem Weg in Richtung Gr. Kufstein ein kurzes Stück weiter. Bei einer Seehöhe von ca. 1800m zweigt rechts ein Weg ab, der in das Kar östl. des Kufsteins und schließlich auf einen Sattel (beim Stangl) führt. Nun nach links (Westnordwest) etwa 70 Höhenmeter ansteigend zum Höhleneingang bei einer auffälligen roten Erdausschwemmung, ca. 3 St. Die Höhle ist in der ÖK 127 zu nahe der Kote 2049 (Gr. Kufstein) eingetragen.
Geologie: gebankter Dachsteinkalk.

Fundstellenbeschreibung: Das niedrige, aber 5m breite Portal führt über einen nur 1m hohen Gang, der leicht abfallend ist, in eine über 2m hohe, aber kleine Halle, in der die meisten Höhlenbärenreste gefunden wurden. Nach einer Verengung folgt noch eine kleine Halle, dann endet die Höhle abrupt. Länge: 32m.

Forschungsgeschichte: Die Höhle war den Einheimischen zumindest schon im vorigen Jahrhundert gut bekannt. Die erste wissenschaftliche Begehung erfolgte durch F. KRAUS (1881), der den Bergführer K. Fischer und einen Gehilfen für zwei Grabungen (1881 und 1882) in der Höhle verpflichtete. Diese frühesten Grabungen in einer hochalpinen Bärenhöhle brachten gut erhaltene Höhlenbärenreste, die von KRAUS (1881) beschrieben wurden. Weitere Aufsammlungen von

Höhlenbärenknochen erfolgten durch SCHADLER (1920, EHRENBERG 1962) im Rahmen der Prospektion für die Höhlendüngeraktion. Erst 1977 kam es zur Vermessung und Planaufnahme der Höhle durch Mitglieder des Landesver. f. Höhlenkunde in Oberösterr., E. Fritsch, W. Dunzendorfer und H. Traindl (s. Mitt. Landesver. Höhlenkde. Oberösterr. Dez. 1977).

Sedimente und Fundsituation: Die Höhlenbärenschicht (brauner Lehm) lag teilweise unter einer Schuttschicht von 0,5m Mächtigkeit sowie einer mit Schutt vermischten Lehmschicht begraben. Eine Profilzeichnung existiert nicht.

Fauna (rev. v. G. Rabeder 1996):

Ursus spelaeus
?Canis lupus

Es wurden nur Reste (Schädel, Kiefer, Einzelzähne und Knochen) vom Höhlenbären gefunden. Eigenartig im Vergleich zu den vorliegenden Gebißresten ist der Umstand, daß aus dem Schottloch neun vollständig erhaltene Penisknochen des Höhlenbären überliefert sind.
Einige der Knochen weisen Bißspuren auf, die auf die Anwesenheit von Wölfen *(Canis lupus)* hinweisen.

Tabelle 1. Die Mittelwerte der Backenzahnmaße aus dem Schottloch lauten.

	P^4	M^1	M^2	M_3	M_2	M_1	P_4
Länge	21,05	29,43	44,18	24,80	28,99	29,00	14,98
Breite	13,70	17,38	22,40	17,90	17,16	12,79	9,92
n	2	4	6	17	21	12	11

Die Anzahl der überlieferten Zähne ist zwar nicht repräsentativ, die Mittelwerte sagen uns aber, daß die Bären des Schottloches in der Größe etwa mit den Ramesch- und Salzofen-Bären übereinstimmen.

Paläobotanik und Archäologie: kein Befund.

Chronologie:
Radiometrische Daten liegen nicht vor. Ein Datierungsversuch wurde mit der Aminosäuren-Razemisierungs-Methode unternommen (HILLE & al. 1981). Ein Wert (D/L=0,044) spricht für ein etwas höheres Alter als die Bären der Lettenmayerhöhle und der Schlenkendurchgangshöhle, aber für ein etwas jüngeres als das der Bären der Köhlerwandhöhle.
Ursidenchronologie: Die Morphotypen-Zahlen lauten für den P^4: 1 A, 2 A/B, 1 A/D; für den P_4: 6 C1, 1 C1/2, 1 D1/2, 1 E1/2, 1 B2, 1C2.
Die morphodynamischen Indices der Prämolaren betragen für den P^4 50 (n=4) und für den P_4 140,9 (n=11). Das Evolutionsniveau der Höhlenbären ist aufgrund so weniger Stücke natürlich nur zu erahnen. Das Niveau der P_4 spricht für Mittelwürm. Wegen der ähnlichen Dimensionen und des fast gleichen P_4-Index kann angenommen werden, daß es sich bei den Bären des Schottloches auch um die sog. >hochalpine Kleinform< handelt, die zur gleichen Zeit das Dachsteinplateau und die Hochflächen des Toten Gebirges (Ramesch- und Salzofenhöhle) bewohnt haben.

Klimageschichte: kein Befund

Aufbewahrung: Naturhist. Mus. Wien (Geol.-paläont. Abt.), Oberösterr. Landesmus. Linz.

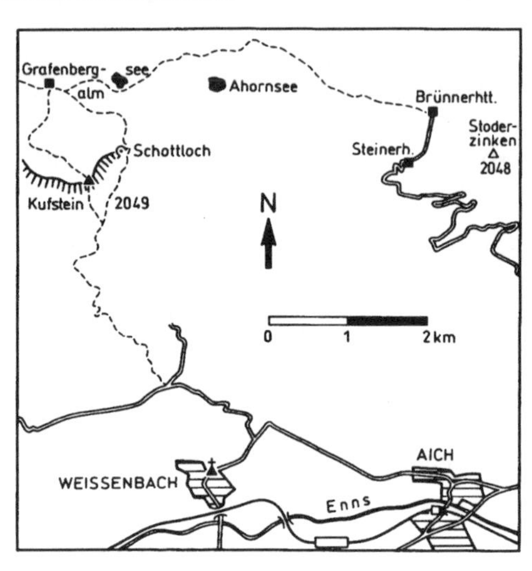

Abb.1: Lageskizze des Schottlochs

Literatur:

EHRENBERG, K. 1962. Bemerkungen über die Bestände an Höhlenfunden im Oberösterreichischen Landesmuseum. - Jb. Oberösterr. Musealver. **107**: 394-437, Linz.
HILLE, P., MAIS, K., RABEDER, G., VÁVRA, N. & WILD, E., 1981. Über Aminosäuren- und Stickstoff/Fluor-Datierung fossiler Knochen aus österreichischen Höhlen. – Die Höhle, **32**/3: 74–91, Wien.
KRAUS, F. 1881. Neue Funde von Ursus spelaeus im Dachsteingebiet. - Jb. K. K. Geol. Reichsanst. **31**,4: 529-538, Wien.
SCHADLER, J. 1920. Tätigkeitsbericht der Höhlenbauleitung Gmunden, OÖ. Über Befahrung und Aufschlußarbeiten. - Ber. Staatl. Höhlenkomm. **1**,1/2: 54, Wien.

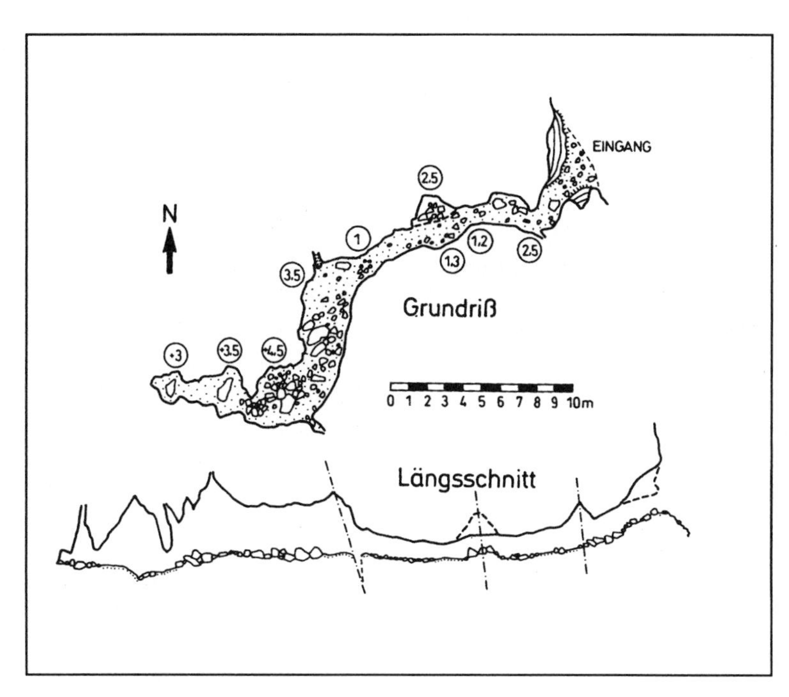

Abb.2: Höhlenplan des Schottlochs (nach E. Fritsch, W. Dunzendorfer und H. Traindl)

Schreiberwandhöhle

Gernot Rabeder

Hochalpine Bärenhöhle, Mittelwürm
Synonyme: Bärenhöhle am Dachstein, Adamek-Höhle, Sr

Gemeinde: Gosau
Polit. Bezirk: Gmunden, Oberösterreich
ÖK 50-Blattnr.: 127, Schladming
13°35' E (RW: 1mm)
47°29'39" N (HW: 543mm)
Seehöhe: 2250m
Österr. Höhlenkatasternr.: 1543/27

Lage: In der felsigen Südwestflanke der Schreiberwand, dem Ausläufer eines mächtigen Felskammes, der vom Dachstein nach Norden zieht (Abb.1).
Zugang: Vom Vorderen Gosausee (mit Bus oder PKW erreichbar) zur Adamekhütte (3 1/2 St.), ein Schuttfeld quert man leicht ansteigend nach W bis zu seinem oberen Ende. Hier beginnt ein mit Drahtseilen gesicherter Klettersteig, dem man bis zum Beginn des 3. Drahtseiles folgt. Nun waagrecht über etwas brüchigen Fels ausgesetzt (evt. mit Seilen sichern) nach rechts und hinab auf ein Rasenband, das zur Höhle führt.
Geologie: Im gebankten Dachsteinkalk (O-Trias) der Dachsteindecke.

Fundstellenbeschreibung: Das 11m breite und 4m hohe nach SW gerichtete Portal führt in den sog. "Hallenteil", einem etwa 6m breiten, 40m langen und 2m hohen Gang, in den von E 4 kurze Gänge einmünden. Bei einer Erweiterung setzt der sog. "Gangteil" an, der mit einer Breite von etwa 2-6m nach NE verläuft und nach ca. 70m unschliefbar wird (n. EHRENBERG & SICKENBERG 1929, FRITSCH 1975). Gesamtlänge: 160m, max. Niveaudifferenz +29m, -2m.

Forschungsgeschichte: Entdeckt wurde die Höhle durch den Bergführer Sepp Seethaler vor 1926. Paläontolgische Grabung durch das Institut für Paläontologie und Paläobiologie der Universität Wien unter der Leitung von K. EHRENBERG vom 28.8. bis 7.9.1927. In dieser relativ sehr kurzen Zeit war natürlich keine methodisch hochwertige Grabung möglich. Trotzdem liegen eine Kurzfassung (EHRENBERG 1929) sowie eine umfangreiche Publikation (EHRENBERG & SICKENBERG 1929) vor, in der die Höhlenräume und ihre Sedimente genau beschrieben werden. Der Schwerpunkt des paläontologischen Teiles liegt auf Morphologie, Ontologie und Pathologie des Höhlenbären. 1975 erfolgte eine Neuvermessung und Planerstellung durch E. Fritsch und S. Putz (FRITSCH 1975).

Sedimente und Fundsituation: Die Höhle enthält nicht nur fossilführende Höhlenlehme ("Phosphaterde"), sondern auch sterile Quarzsande und Augensteinkonglomerate. Die Sinterbildungen sind bescheiden und bestehen nur aus dünnen, blättrigen Sinterkrusten.
Ein gegrabenes Profil aus dem Hallenteil ergab vom Hangenden zum Liegenden folgende Mächtigkeiten (EHRENBERG & SICKENBERG 1929):
- 15cm Phosphaterde durchsetzt mit Quarzsand und Augensteinen
- 5cm Quarzsand
- 60cm Phosphaterde durchsetzt mit Quarzsand
- 35cm Quarzsand mit schwarzen Bändern (Eisen- und Mangan-Oxide).

Die Schichtfolge sowie die Vermischung von autocht

honer Phosphaterde und allochthonen Quarzsanden und Augensteinen läßt auf zumindest kleinräumige Verfrachtung der Höhlensedimente schließen.

Fauna: (n. EHRENBERG & SICKENBERG 1929)

Faunenreste wurden vorwiegend in der Phosphaterde gefunden, wobei an bestimmten Plätzen der Höhlenräume Fossilanhäufungen festgestellt worden sind, während andere Höhlenteile fossilarm oder sogar fossilfrei waren.

Aves:
Turdus viscivorus (Misteldrossel)
Turdus philomelos (Singdrossel)
Acanthis cannabina (Bluthänfling)
Laniuaufgrund excubitor (Raubwürger)
Corvus monedula (Dohle)

Mammalia:
Myotis mystacinus
Microtus nivalis
Microtus "kupelwieseri": Die taxonomische Stellung dieser Form konnte nicht untersucht werden, weil von ihr kein Beleg gefunden wurde.
Canis lupus
Ursus spelaeus, dominant
Artiodactyla indet.

Am Höhlenbärenmaterial der Schreiberwandhöhle beschrieb EHRENBERG zum ersten Mal die "hochalpine Kleinform", die später auch in der Salzofenhöhle und in der Ramesch-Knochenhöhle festgestellt wurde. Die Mittelwerte der Backenzahn-Längen aus der Schreiberwandhöhle sind allerdings noch geringer als jene aus den beiden anderen Höhlen.
Detailliert beschrieben wurden auch die relativ vielen juvenilen und neonaten Schädelreste sowie einige Pathologien. Aus den vorhandenen Stadien der Milchzähne kann geschlossen werden, daß die Höhle auch im Sommer immer wieder aufgesucht wurde, d.h., daß die Höhlenbären das ganze Jahr über die Höhle als Schlupfwinkel benutzt haben.

Tabelle 1. Mittelwerte der Backenzahn-Maße von *Ursus spelaeus* aus der Schreiberwandhöhle.

	P^4	M^1	M^2	P_4	M_1	M_2	M_3
Länge	17,62	26,46	40,00	13,77	28,05	28,43	24,77
Breite	12,11	17,70	20,15	8,81	12,70	17,58	17,39
Anzahl	6	9	12	9	15	18	10

Paläobotanik und Archäologie: kein Befund.

Chronologie: Radiometrische Daten liegen nicht vor.
Ursidenchronologie: Die Morphotypenzahlen der Prämolaren lauten für den P^4: 1 A, 3 A/D, 1 D/F, 1 E, für den P_4: 1 B/C1, 6 C1, 1 D2.
Wegen der relativ geringen Stückzahl ist die chronologische Aussagekraft natürlich beschränkt. Das Auftreten von relativ hoch evoluierten Morphotypen (D/F, E bzw. D 2) und die errechneten Indices (für die P^4 = 150,0, n= 6; für die P_4 = 119,4, n= 9) sprechen aber für ein mittelwürmzeitliches Evolutionsniveau vergleichbar mit den Werten der Ramesch-Knochenhöhle und der Salzofenhöhle. Die Schreiberwandhöhle ist wahrscheinlich während der Mittelwürm-Warmzeit zumindest zeitweise vom Höhlenbären bewohnt worden.

Klimageschichte: Aus der Lage der Höhle in einer heute vegetationsarmen Umgebung, in der kaum Möglichkeiten zur Äsung bestünden, ist noch stärker als im Fall der Ramesch-Knochenhöhle zu schließen, daß das Klima zur Höhlenbärenzeit wesentlich günstiger war als heute. Warmzeitlich mutet auch die Begleitfauna an, doch ist die Gleichaltrigkeit der Vogel- und der Kleinsäugerreste sowie der Höhlenbärenreste nicht wahrscheinlich.

Aufbewahrung: Institut für Paläontolgie der Universität Wien.

Literatur:
EHRENBERG, K. 1929. Die Ergebnisse der Ausgrabung in der Schreiberwandhöhle am Dachstein. - Palaeont. Z., **11**,3: 261-268, Berlin.
EHRENBERG, K. & SICKENBERG, O. 1929. Eine plistozäne Höhlenfauna aus der Hochgebirgsregion der Ostalpen. - Palaeobiologica, **2**: 303-364, Wien.
FRITSCH, E. 1975. Schreiberwandhöhle (1543/27). - Höhlenkataster beim Landesverein für Höhlenkunde in Oberösterreich, Linz/D.

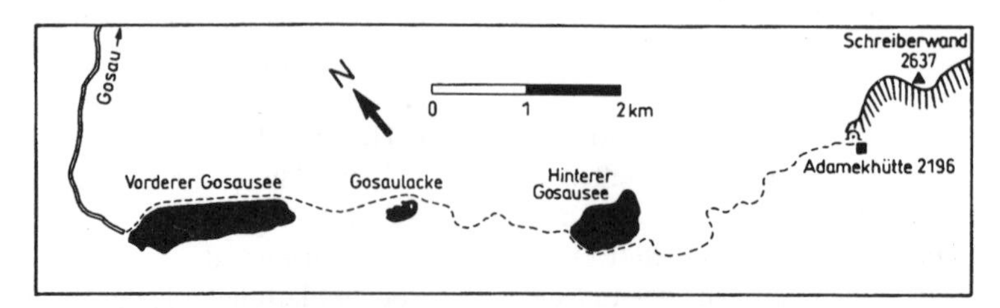

Abb.1: Lageskizze der Schreiberwandhöhle

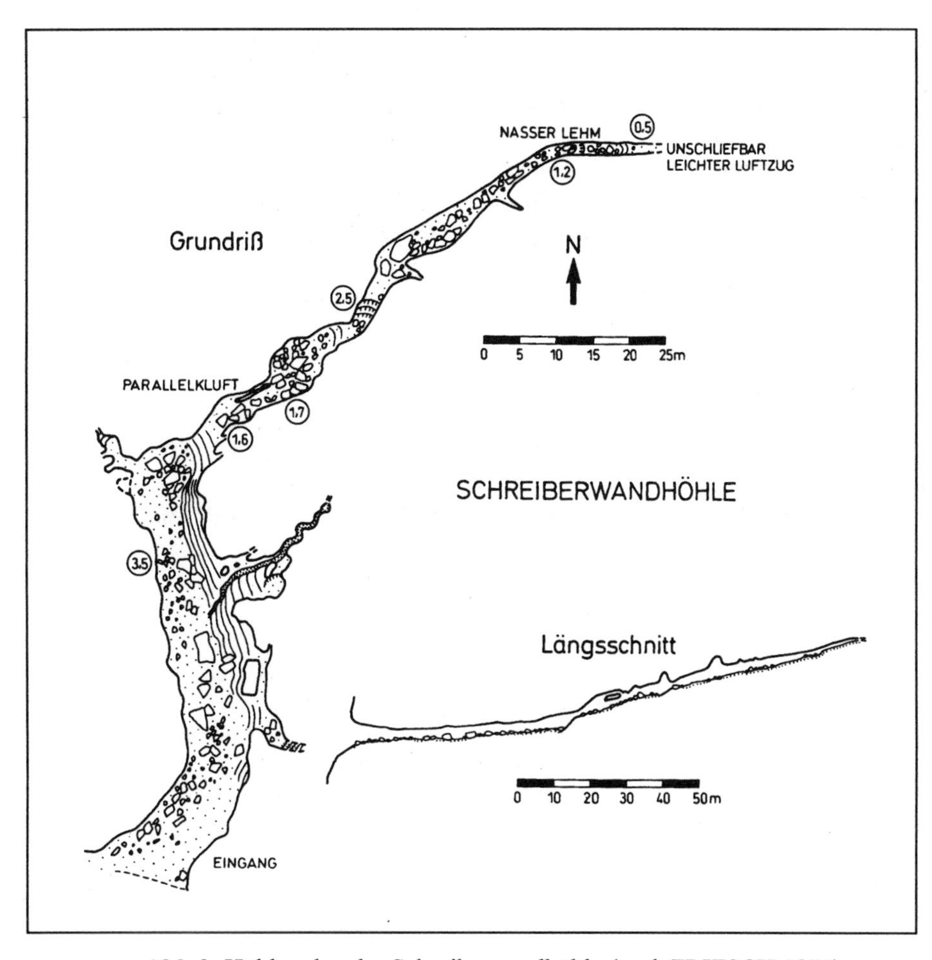

Abb.2: Höhlenplan der Schreiberwandhöhle (nach FRITSCH 1975)

Schwabenreith-Höhle

Christa Frank & Gernot Rabeder

Jungpleistozäne Bärenhöhle, Frühwürm
Kürzel: SW

Gemeinde: Lunz am See, (KG Ahorn)
Polit. Bezirk: Scheibbs, Niederösterreich
ÖK 50-Blattnr.: 71, Ybbsitz.
14°58'38" E (RW: 214mm)
47°50'33" N (HW: 205mm)
Seehöhe: 959m
Österr. Höhlenkatasternr.: 1823/32

Lage: Südlich des Gehöftes Schwabenreith im Nordhang des Schöpftaler Waldes (siehe Gamssulzenhöhle, FRANK & RABEDER, dieser Band).
Zugang: Von der Herdengelhöhle durch den z. T. steilen Wald nach Süden bis zu einer Forststraße, dann rechts bis zu einem Holzplatz und durch den Hochwald schräg links auf den Kamm. Jenseits etwa 30 m absteigend zu einem Felsturm, an dessen westlichem Fuß sich der kleine Eingang befindet, der durch ein Gitter versperrt ist; ca. 1/2 st. von der Herdengelhöhle.
Geologie: Die Höhle ist im obertriadischen Opponitzer Kalk angelegt, darunter liegen mächtige Lunzer Schichten.

Fundstellenbeschreibung: Der ursprünglich über drei Meter hohe Eingang wurde durch Bergsturzblöcke und eingeschwemmte Sedimente bis auf eine Höhe von 90 cm eingeengt. Gleich hinter dem Eingang teilt sich der Höhlenraum. Gerade aus führt der etwa 40m lange Ostgang (auch Brückengang genannt) hinab zu einer Felsbrücke und stets über Schutt und Blöcke zur Endhalle, wo sich heute die Grabungsstelle 3 befindet. Der zweite, wesentlich längere Höhlenteil wird zuerst als Wolkengang bezeichnet. Er zieht fast eben und teilweise mäandrierend nach Südwest in eine tropfsteingeschmückte Halle, deren Lehm- und Wasseransammlungen "Sümpfe der Traurigkeit" genannt werden. Die Hauptfundstelle (Grabungsstelle 2) von einzigartiger Erhaltung der Höhlenbärenreste liegt knapp vor dieser Endhalle unter einer etwa 15 cm dicken Sinterdecke, die offensichtlich das Abfließen des Wassers verhindert.
Der mittlere Teil des Wolkenganges ist mit trockenen lehmigen Sedimenten (Grabungsstelle 1) erfüllt, die durch aquatische Umlagerungen im Holozän entstanden sind. Reste von Höhlenbären sind hier mit holozänen Mollusken und Kleinsäugern vermischt (FLADERER 1992, WITHALM 1995).
Länge der Höhle: 134 m, Höhenunterschied -10 m

(HARTMANN 1985).

Forschungsgeschichte: Die den Einheimischen schon lange bekannte Höhle wurde erst Ende der 1960er Jahre von den Höhlenforschern erkundet. In diesen Jahren wurde auch der reiche Tropfsteinschmuck und die Fossilführung allgemein bekannt, weshalb es in den Folgejahren zu Raubgrabungen und zur teilweisen Zerstörung der Sinterfiguren kam. Seit 1984 ist die Höhle verschlossen, das Gitter wurde aber im Jahre 1993 aufgebrochen und die Grabungsstelle verwüstet.
Paläontologische Grabungen durch das Institut für Paläontologie der Universität Wien (Leitung: G. Rabeder) laufen seit 1990. Die Funde dieser Grabungen werden in dem FWF-Projekt P11019-BIO 'Untersuchungen in frühwürmzeitlichen Bärenhöhlen' ausgearbeitet (PACHER 1995, 1996).

Sedimente und Fundsituation: Die Abfolge der Sedimente ist in den verschiedenen Höhlenteilen sehr unterschiedlich.
Im Ostgang liegen unter einer 1m mächtigen Schutt- und Blockschicht schuttdurchsetzte Lehme mit schlecht erhaltenen Höhlenbärenknochen.
Den Wolkengang erfüllen mehrere z.T. fossilführende Lehmschichten bis in eine Höhe von etwa 1,2m. Aus der eingeregelten Lage der Langknochen sowie aus den Beimengungen an holozänen Gastropoden ist zu erkennen, daß die Fossilien hier auf sekundärer Lagerstätte liegen.
In der Grabungstelle 2 sitzen Stalagmiten direkt dem Fels der Höhlensohle auf. Darüber folgt ein lehmiger Sand, der völlig fundleer ist. Die Oberfläche dieses Sandpaketes ist gewölbt und fällt gegen die südöstliche Höhlenwand ein. Darüber liegt das fossilführende Paket in einer Mächtigkeit von über 1,3m. Es besteht hauptsächlich aus ausgezeichnet erhaltenen Knochen und Kiefern von Höhlenbären, die offensichtlich in Originallage vorliegen.

Fauna: Die in situ liegenden Großsäugerreste in den Grabungsstellen 2 und 3 stammen ausschließlich von Höhlenbären. Bisher konnten weder Reste vom Braunbären noch von anderen Raubtieren und Huftieren gefunden werden. In einem kleinen Fundbereich mitten im Sedimentkörper der Höhlenbärenschicht wurden Reste von Kleinsäugern gefunden, die als autochthon anzusehen sind, weil die dicke Sinterdecke eine Vermischung mit jüngeren Faunenelementen wie in der Grabungsstelle 1 verhindert haben muß. Die Kleinsäugerreste von der Grabungsstelle 3 wurden aus dem Blockwerk und Schutt oberhalb der Höhlenbärenschichten geborgen und gehören wahrscheinlich dem Holozän an.

Vertebrata / Grabungsstelle	1	2	3
Rana temporaria (Grasfrosch)	-	-	+
Talpa europaea	+	+	+
Sorex araneus	-	-	+
Barbastella barbastellus	+	-	+
Plecotus auritus	+	-	-
Glis glis	+	-	-
Cricetus cricetus	-	+	-
Clethrionomys glareolus	+	-	+
Microtus nivalis	-	+	-
Ursus spelaeus	+	+++	++
Mustela nivalis	+	-	-

Mollusken: Die Gastropodenreste stammen alle von der Grabungsstelle 1:
Acanthinula aculeata
Cochlodina laminata
Discus perspectivus
cf. *Semilimax* vel *Eucobresia* sp.
cf. *Vitrina pellucida*
Vitrea subrimata
Vitrea crystallina
Vitrea sp.
Aegopis verticillus
Aegopinella nitens
Limax cf. *cinereoniger* (Schälchen)
Deroceras sp. (Schälchen von 2-3 Arten)
Petasina unidentata
Petasina vel *Trichia* sp.
Monachoides incarnatus
Arianta arbustorum
Chilostoma achates
Causa holosericea
Anm.: Sedimentproben aus der Grabungsst. 2 waren durchwegs molluskenfrei.

Die insgesamt 19-20 Gastropodenarten bilden 6 ökologische Gruppen: Feuchtigkeitsbetonung durch *Discus perspectivus*, *Semilimax* (vel *Eucobresia*) sp., *Petasina unidentata* und die im Verhältnis zahlreichen Schälchen von *Deroceras* sp. (2-3 kleine bis mittelgroße Arten); Dominanz anspruchsvoller Waldarten (insgesamt 8: *Acanthinula aculeata*, *Cochlodina laminata*, *Vitrea subrimata*, *Aegopis verticillus*, *Aegopinella nitens*, *Limax* cf. *cinereoniger*, *Monachoides incarnatus*, *Causa holosericea*). Hinzu kommen mesophile (*Vitrea crystallina*, *Arianta arbustorum*) bis ökologisch wenig anspruchsvolle Elemente (*Vitrina pellucida*) und die petrophile, schattenliebende *Chilostoma achates*.

Paläobotanik: noch keine Daten.

Archäologie: kein Befund.

Chronologie: Die zwei Sintergenerationen in der Grabungsstelle 2 wurden mit der Uran-Serien-Methode datiert. Die basalen Sinterfiguren sind in der ersten Warmphase des Frühwürm entstanden und sind somit gleich alt wie die Sinterproben aus der Herdengelhöhle, die abschließende Sinterdecke wurde in der zweiten oder dritten Warmphase gebildet (Tab. 1).

Tabelle 1. Alter der zwei Sintergenerationen in der Grabungsstelle 2 aus der Schwabenreith-Höhle.

Probenherkunft	U/TH-Alter	Labor/Bearbeiter
Sinterdecke	78.4 +30,2/-23,4 ka	Geol. Inst. Univ. Köln, X. Hausmann
basale Sinterfiguren	116.000 ±5000, 112.000 ±5000	Inst. Radiumforsch. Univ. Wien, E. Wild & I. Steffan

Ursidenchronologie: Die Morphotypenzahlen der Prämolaren von *Ursus spelaeus* aus der Grabungsstelle 2 lauten für den P^4: 23A, 30A/B, 5B, 9A/D, 3B/D, 1D, 2D/E, 1D/F, n=74, Index = 58,8 und für den P_4: 2B1, 5B/C1, 51C1, 16C1/2, 10D1, 1C2, 1D2, n=86, Index = 115,4.
Die Umlagerung der Höhlenbärenreste und die sekundäre Einbettung mit Kleinsäugern und Mollusken im Bereich der Grabungsstelle 1 geschah erst im jüngeren Holozän.
Die Höhlenbärenreste der Grabungsstelle 2 stammen aus einer Kaltphase zwischen ca. 110.000 und min. 65.0000 Jahren. Das Alter der Höhlenbärenreste in der Grabungsstelle 3 ist derzeit noch nicht bekannt.

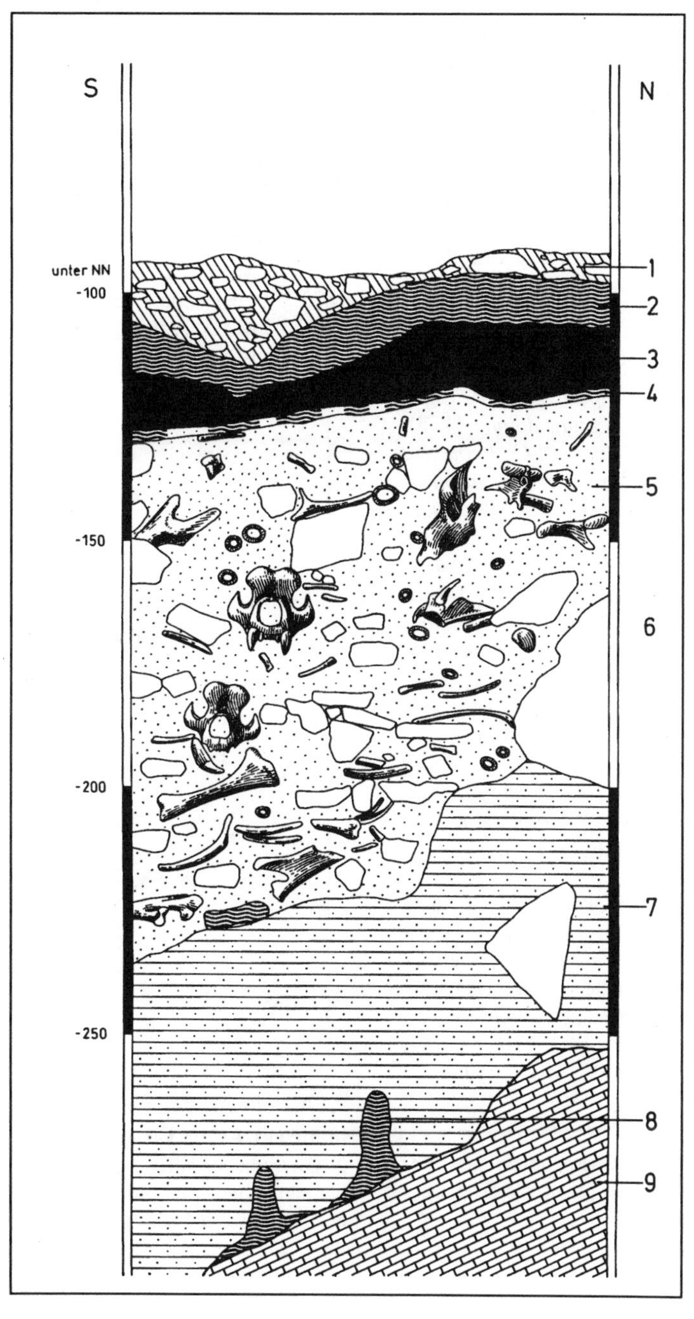

Abb.1: Profil der Grabungsstelle 2 der Schwabenreithhöhle

1	Aushub	4	Sinter und Lehm	7	steriler Lehm
2	Sinter	5	Fossilschichten	8	Stalagmiten
3	dunkler Lehm	6	Blöcke	9	Fels (Opponitzer Kalk)

Klimageschichte: Die Höhlenbärenreste stammen wahrscheinlich aus einer frühen Kaltphase des Würm, als die Waldgrenze deutlich tiefer lag als heute. Die bevorzugten Futterpflanzen, wie sie durch fossile Pollenkörner aus zahlreichen Höhlen nachgewiesen sind, kommen vorwiegend im Bereich der Waldgrenze vor, die heute im Gebiet der Lunzer Berge bei 1500 bis 1800m liegt. Jungholozäne, für den Waldtyp des ostalpinen, skelettreichen Abieti-Fagetums in mittelmontaner, frischer bis hangfeuchter Lage kennzeichnende Weichtiergesellschaft (FRANK 1992a,b).

Aufbewahrung: Inst. Paläont. Univ. Wien.

Rezente Vergleichsfauna: Probennahme (durch F. Fladerer 1991): Südwest-Verebnung im Wald oberhalb der Höhle; Fichte, Buche, Ahorn, Birke, 970 m (1); Schöpftaler Wald, sonniger, südexponierter Schlag mit Fichte, Rotbuche, Esche, etwa 970 m (2); Schöpftaler Wald, Fichten, Buchen, Baummull, etwa 970 m (3); am Fuß des Felsens beim Höhlenportal, Westsüdwest-Lage, 959 m (4); humusreicher Schuttkegel, ca. 2 m vom Portal nach innen, etwa 958 m (5); Schöpftaler Wald, südexponierter Holzlagerplatz mit Fichten, etwa 930 m (6); Höhle, Nische im westlichen Gang, etwa 6 m vom Portal nach innen, etwa 957 m (7); Sulzbachgraben, am Fuß einer exponierten Felswand, Ahorn, Eberesche, Linde, etwa 690 m (8).

Acicula lineata (2, 4, 5), *Carychium minimum* (6), *Carychium tridentatum* (4, 5, 6, 8), *Pyramidula rupestris* (4, 5), *Columella edentula* (5), *Abida secale* (4), *Orcula dolium* (4, 5), *Ena montana* (4, 5, 8), *Cochlodina laminata* (2-6), *Ruthenica filograna* (4, 5), *Fusulus interruptus* (4), *Macrogastra plicatula* (2, 4, 5, 6), *Clausilia dubia dubia* (4), *Clausilia dubia obsoleta* (4), *Neostyriaca corynodes* (4, 5), *Balea biplicata* (2, 4, 5), *Punctum pygmaeum* (2), *Discus rotundatus* (1, 2, 4, 5, 6), *Discus perspectivus* (4, 5), *Euconulus fulvus* (4), *Semilimax semilimax* (4, 5, 6), *Vitrina pellucida* (4), *Vitrea diaphana* (3), *Vitrea subrimata* (2, 4, 5, 6), *Vitrea crystallina* (4, 5, 7), *Vitrea* sp. (4, 5), *Aegopis verticillus* (2-5), *Aegopinella nitens* (1, 4, 5, 6), *Oxychilus* sp. juv. (4), *Oxychilus glaber striarius* (8), *Limax* sp. (4; Schälchen), *Deroceras* sp. (4, 7; Schälchen), *Petasina unidentata* (1, 4, 5, 6), *Monachoides incarnatus* (5, 8), *Helicodonta obvoluta* (6), *Arianta arbustorum* (2, 4, 5, 8), *Helicigona lapicida* (4), *Chilostoma achates ichthyomma* (1, 2, 4, 5), *Causa holosericea* (1, 4, 5).
Gesamt: 38 Arten.
Die rezente Fauna ist eine reichhaltigere ökologische Analogie zu der Fauna aus Grabungsstelle I; mit ausgeprägterer Wald- und Feuchtigkeitsbetonung und stärkerer Standortsdifferenzierung bei den Felshabitaten (baumbestockte Felsen, mesophile, feuchte, feucht-schattige und sonnenexponierte Felsen); vgl. FRANK (1992a,b); zur Molluskenfauna in der Gegend von Lunz siehe auch KLEMM (1974) und REISCHÜTZ (1986).

Literatur:

FLADERER, F. 1992. Erste Grabungsergebnisse aus der Schwabenreith-Höhle bei Lunz am See (Niederösterreich). - Die Höhle **43**(3): 84-91; Wien.
FRANK, C. 1992a: Mollusca (Gastropoda) von der Schwabenreithhöhle bei Lunz (Niederösterreich). - Die Höhle, **43**(3): 92-95; Wien.
FRANK, C. 1992b: Idem. Ein Nachtrag zum Aufsatz. - Die Höhle, **43**(4): 128-130; Wien.
HARTMANN, H. & W. 1985: Die Höhlen Niederösterreichs, Bd. 3. - Die Höhle, wiss. Beih., **30**: 237-239; Wien.
KLEMM, W. 1974: Die Verbreitung der rezenten Land-Gehäuse-Schnecken in Österreich. - Denkschr. Österr. Akad. Wiss., **117**: 503 S.; Wien, New York: Springer.
PACHER, M. 1995. Taphonomische Untersuchungen an der Höhlenbären-Fundstelle Schwabenreith-Höhle bei Lunz am See (Niederösterreich). Projektvorstellung. - In: RABEDER, G. & WITHALM, G. (Hgs.). 3. Int. Höhlenbären-Symposium in Lunz am See, Niederösterreich: 4-5, Wien.
PACHER, M. 1996. Taphonomy of a Pleistocene cave bear site in Lower Austria: The Schwabenreith-Cave. - In: MELÉNDEZ-HEVIA, G., BLANCO SANCHO, F. & PÉREZ URRESTI, I. (Hgs.). II Reunion de Tafonomía y Fosilizacíon 13.-15. de Junio, Zaragoza.
REISCHÜTZ, P. L. 1986: Die Verbreitung der Nacktschnecken Österreichs (Arionidae, Milacidae, Limacidae, Agriolimacidae, Boettgerillidae). - Sitzungsber. Österr. Akad. Wiss., Math. Naturwiss. Kl. Abt. I, **195**(1-5): 190 S.; Wien, New York: Springer.
WITHALM, G. 1995. Die Schwabenreithhöhle (Kat.-Nr. 1823/32) bei Lunz am See. - In: RABEDER, G. & WITHALM, G. (eds.). 3. Internat. Höhlenbären-Symposium, Exkursionsführer: 16-19, Wien.

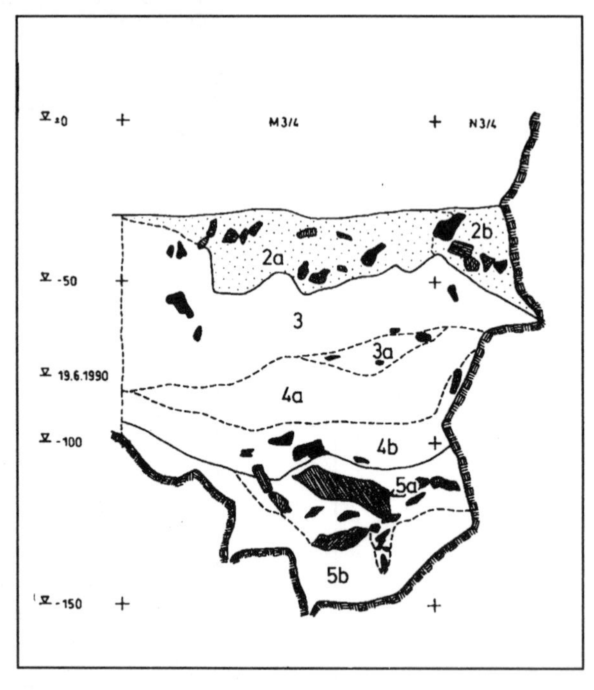

Abb.2: Profil der Grabungsstelle 1 der Schwabenreithhöhle (FLADERER 1992)
2: Graubrauner siltiger Lehm, 3: rötlichbrauner, teils Höhlenbärenknochen führender Lehm, 4: graubrauner Lehm, 5: hellgrauer fetter Lehm (steril)

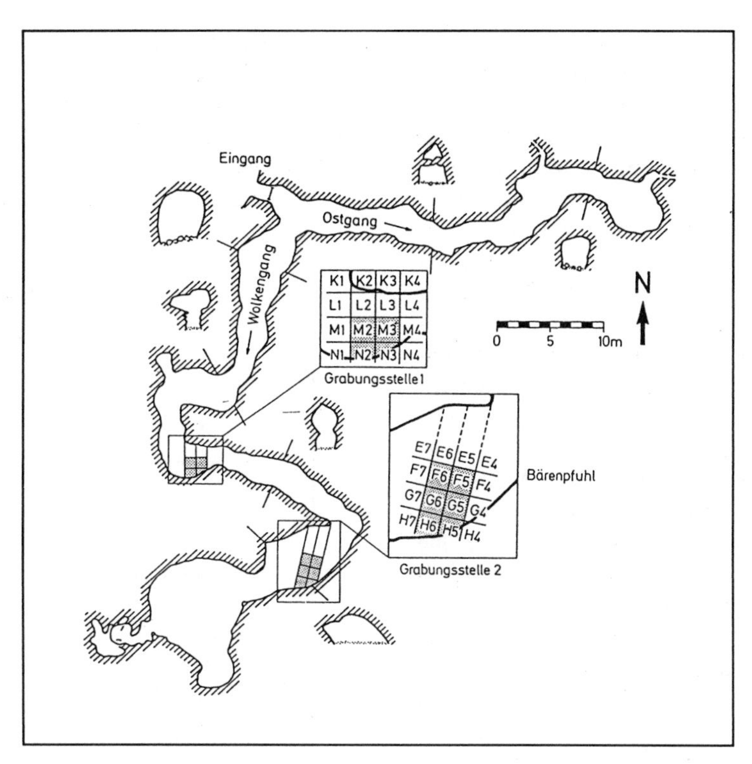

Abb.3: Höhlenplan der Schwabenreithhöhle mit den Grabungstellen 1-2 (FLADERER 1992)

Sulzfluh-Höhlen

Gernot Rabeder

Hochalpine Bärenhöhle
Synonyme: Apollohöhle, Seehöhle, Seehöli, SF

Die Eingänge zu diesem Höhlensystem sowie die Fossilfundstellen liegen alle auf Schweizer Grund, die Höhlen selbst erstrecken sich auch auf Österreichisches Gebiet, weshalb diese wichtige Fundstelle in den Katalog der Österreichischen Fundstellen aufgenommen wurde.
Gemeinde: St. Antönien
Kanton: Graubünden, Schweiz
ÖK-50 Blattnr.: 142, Schruns
9°51'08" (RW: 40,5mm)
47°01'40" (HW: 42mm)
Seehöhe: 2200-2400m

Lage: Die Sulzfluh (2817m) ist ein mächtiger Kalkstock im östlichen Teil des Rhätikon an der Grenze zwischen Graubünden und Vorarlberg. Im Norden, auf der Montafoner Seite, bildet die Sulzfluh ein Hochplateau, das sog. "Karrenfeld", das durch zahlreiche Erscheinungen wie Karren, Schächte und Dolinen erkennen läßt, daß dieser Teil der Sulzfluh stark verkarstet ist.
Zugang: Von Partnun, oberhalb von St. Antönien, auf markiertem Weg („zu den Höhlen") zum Unteren Seehöli (großes Höhlenportal). 50m darüber liegen die beiden versperrten Eingänge zum Oberen Seehöli (Faß-Einstieg) und zur Apollohöhle (Gitter), 1 ½ Stunden und von der Tilisunahütte über das 'grüne Fürggeli' zu den Eingängen, ½ Stunde.
Geologie: Sulzfluhkalk (Tithon). Die hellen Kalke der Sulzfluhdecke (M-Penninikum) sind hier am Südrand der Kalkalpen über den Prätigau-Flysch (O-Kreide bis Alttertiär) geschoben; sie waren einst von Gesteinen der Arosa-Zone (S-Penninikum) überlagert, die heute auf der Sulzfluh fehlen. In den Höhlen gibt es aber umfangreiche Depots von Schottern (z.B. Serpentinschotter), die von der einstigen Überlagerung zeugen. Die komplizierte Tektonik des Rätikon-Südrandes ist z.B. bei OBERHAUSER (1970) dargestellt.

Fundstellenbeschreibung: Die Vermutung, daß darunter tatsächlich ein ausgedehntes Höhlensystem liegt, ergab sich durch die vielen Felslöcher und Höhlenportale, die in der felsigen Ostflanke zwischen einer Meereshöhe von ca. 2200 bis 2400m dicht nebeneinander liegen. Jene Höhlen, deren Eingänge am alten (Schmuggel-) Weg zum Grüen Fürggeli liegen, wurden sehr früh bekannt und beschrieben: Unteres Seehöli, Chilchhöli, Abgrundhöli.
Erst der intensiven Forschungstätigkeit der "Arbeitsgemeinschaft Sulzfluh-Höhlen" der Ostschweizer Gesellschaft für Höhlenforschung ist es zu danken, daß wir heute wissen, daß tatsächlich ein ausgedehntes und weitverzweigtes Höhlensystem den ganzen nordöstlichen Teil der Sulzfluh durchzieht. So konnte von der Unteren Seehöhle aus die Obere Seehöhle entdeckt werden, deren ursprünglicher Eingang durch ein Schuttfeld verdeckt war. Als die Vermessungen gezeigt hatten, daß der Hauptgang von innen in dieses Schuttfeld mündet, wurde durchgegraben und der nun wieder begehbare Eingang durch ein Metallfaß gesichert. Auch die knapp neben der Oberen Seehöhle gelegene "Pfingsthöhle"

wurde sozusagen von innen her erforscht. Von einem etwas höher in einer Felswand liegenden Portal wurde der zum Teil sehr enge "Mondgang" entdeckt und befahren. Wir wissen heute, daß er den Hauptgang der "Pfingsthöhle" überlagert und beim "Tisch" mit einer kurzen Abseilstrecke einmündet. Von hier aus wurde nun entdeckt, daß der kurze, bisher bekannte Eingangsteil der "Pfingsthöhle" durch einen Lehmsiphon und eine mit Schutt verstopfte Engstelle mit den neuentdeckten Gängen in Verbindung steht. Nach dem mühevollen Ausräumen des Lehmsiphons und der Schuttstelle, "Silo" genannt (ebenfalls durch ein Faß gesichert), wurde die ursprüngliche Begehbarkeit hergestellt und später noch wesentlich verbessert.
Die auf diese Weise vereinigten Höhlenteile Mondgang und Pfingsthöhle sowie die dahinterliegenden Abschnitte (Plutogang, Plutodom, Kanonenrohr, Eishöhle usw.) erhielten nach der zur Entdeckungszeit erfolgreichen Raumfahrt den Namen "**Apollohöhle**". Eine Zusammenschau der Höhlenpläne (Abb. 2) zeigt, daß die Seehöhlen und die Apollohöhle ein zusammenhängendes System bilden. Verbindungen sind nicht nur in den tagfernen Bereichen zu suchen, sondern vor allem im Eingangsbereich. Durch die abscherende Wirkung der letzten Vereisung wurden die ursprünglichen Eingangsteile beseitigt. Das zeigen die Eingänge der Oberen Seehöhle und der Apollohöhle. Den im Hangschutt jäh endenden Gängen fehlen die Erweiterungen der Eingangshallen und die vergrößerten Portale, wie wir es von den meisten hochalpinen Höhlen gewohnt sind. Die tagnahen Erweiterungen entstehen durch die starke Wirkung der Frostsprengung im Mischungsbereich des feuchtwarmen Höhlenklimas mit der kalten Gebirgsluft. Wir rechnen damit, daß einst (nämlich zur Höhlenbärenzeit) breite und hohe Portale in dieses System geführt haben wie z.B. beim Drachenloch bei Vättis. In der Abb. 2 wurde eine Rekonstruktion versucht. Bei Verlängerung der tagnahen Gänge um ca. 25 Meter nach außen treffen sie in einer hypothetischen Eingangshalle aufeinander.

Forschungsgeschichte: Schon bei der ersten Befahrung der Oberen Seehöhle wurden Knochen und Zähne eines großen Säugetiers entdeckt, die die Fachleute der Universität Zürich als Reste des eiszeitlichen Höhlenbären erkannten. Diese Fossilien lagen im Schutt der nach ihnen benannten "Bärenhalle" am Fuß eines 17 Meter hohen Schachtes. Es hat den Anschein, daß mehrere dieser Tiere durch den Schacht abgestürzt und hier verendet sind.
Diese Fossilfunde waren der Anlaß für eine mehrjährige Grabungskampagne durch das Institut für Paläontologie der Universität Wien unter G. Rabeder im Auftrag des Bünder Naturmuseums (Leitung J. Müller).

Sedimente und Fundsituation: Als günstigste Grabungsstelle erwies sich ein etwa 6 m^2 großes Areal in der Bärenhalle der Apollohöhle (RABEDER 1994, 1995).
Das ergrabenen Profil (Abb. 3) zeigt, daß nur die obere Lehmschicht Knochen enthält. Die darunterliegenden Sande, Lehme und Schluffe sind fast fossilleer und durch fließende Gewässer (Höhlengerinne) hierhergelangt. Ihre Schichtfolge ist als Wechselspiel von Ablagerungen und Erosion zu erklären. Auch für die fossilführende Schicht ist anzunehmen, daß sie aus dem Nahbereich umgelagert wurde.

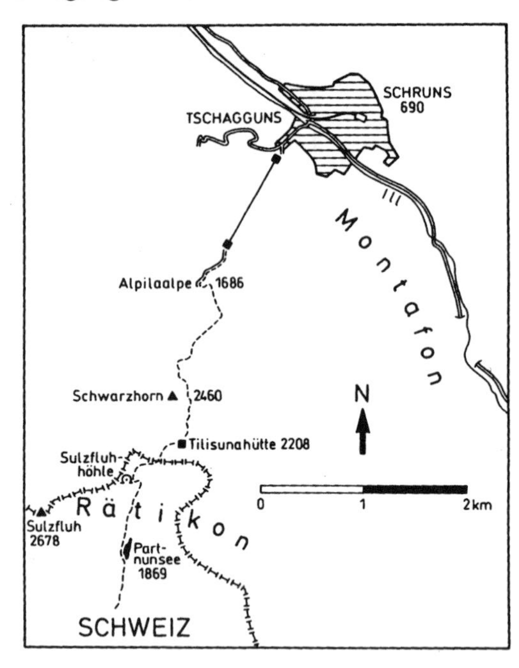

Abb.1: Lageskizze der Sulzfluh-Höhlen

Fauna (det. G. Kunst und G. Rabeder): Abgesehen von den oberflächlich in der Bärenhalle und im Plutogang liegenden Knochen und Zähnen, die von rezenten Tieren wie Steinbock und Schneehase stammen, wurden folgenden fossile Formen festgestellt.

Ursus spelaeus, dominant
Ursus arctos
Canis lupus
Gulo gulo

Die Höhlenbärenreste dominieren mit 95%, sodaß die Sulzfluhhöhlen als "hochalpine Bärenhöhlen" bezeichnet werden können. Relativ gut ist auch der Braunbär belegt, v.a. durch einen Teil des Fußskelettes in situ.
Die spärlichen Vielfraß-Reste sind hervorzuheben, weil dieses Raubtier sehr selten in hochgelegenen Höhlen vorkommt.

Paläobotanik: derzeit noch kein Befund.

Archäologie: Fund eines Artefaktes aus rotem Hornstein.

Chronologie: Bisher liegt noch kein radiometrisches Datum vor.
Ursidenchronologie: Die Analyse der Morphotypen der Prämolaren ergab folgende Häufigkeiten:
P^4: 2A, 10 A/B, 14,5 B, 1 A/AD, 1B/C, 1A/D, 1C/E, 1,5 B/D, n=32, Index = 71,1
P_4: 1B1, 1BC1, 18,5 C1, 10,5C1/2, 3 D1/2, 1 D1, 1 C2, 1 D2, 1 C/D1, n=38, Index = 128,3

Die morphodynamischen Indices (für die P^4 = 71,1 und für die P_4 = 128,3) sprechen für ein Evolutionsniveau, das den Höhlenbären des Drachenloches bei Vättis oder des Wildkirchli entspricht. Im Vergleich mit radiometrisch datierten Höhlenbärenfaunen (Herdengelhöhle, Vindija) stammen die drei Ostschweizer Höhlenbärenfaunen aus dem Riß-Würm-Interglazial oder einer Frühwürm-Warmzeit.

Klimageschichte: Analog zu anderen hochalpinen Höhlen kann der Höhlenbär diese Höhlen nur während einer Warmzeit bewohnt haben, in der die Waldgrenze um mehrere 100m höher lag als heute.

Aufbewahrung: Bündner Naturmus., Chur (Schweiz).

Literatur:

OBERHAUSER, R. 1970. Die Überkippungs-Erscheinungen des Kalkalpen-Südrandes im Rätikon und im Arlberg-Gebiet. - Verh. Geol. Bundesanstalt, Jg. **1970**(3): 477-485, Wien.

RABEDER, G. 1994. Die Bärenhöhlen in der Sulzfluh, Rhätikon. - Höhlenpost, Organ d. Ostschweiz. Ges. Höhlenforsch., **32**,95: 5-13, Zürich.

RABEDER, G. 1995. Les grottes à ours dans la région de la Sulzfluh (Rhétie). Die Bärenhöhlen in der Sulzfluh, Rhätikon. - Stalactite, **45**,1: 36-43.

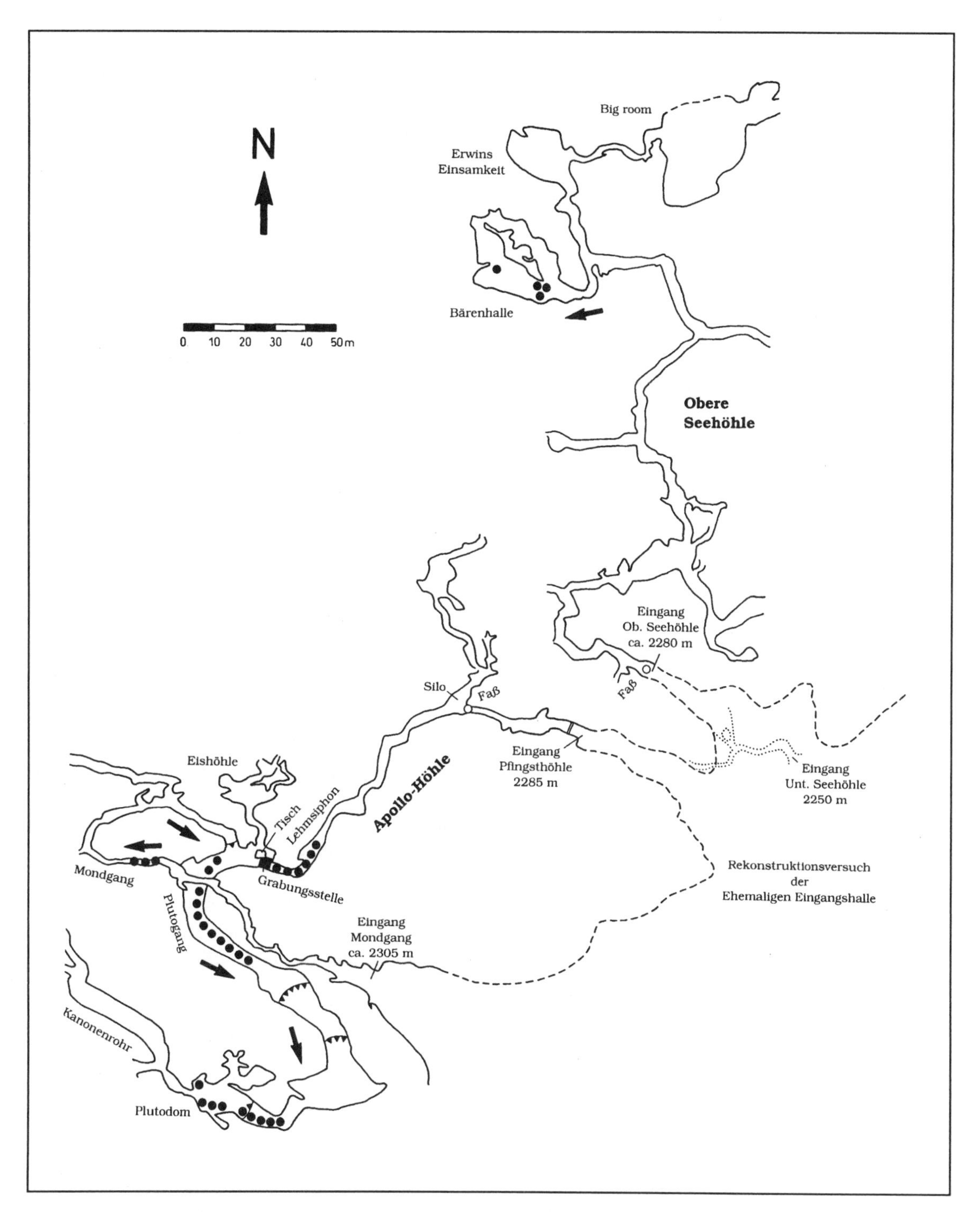

Abb.2: Höhlenplan der Sulzfluhhöhlen (RABEDER 1995): • Höhlenbärenfunde

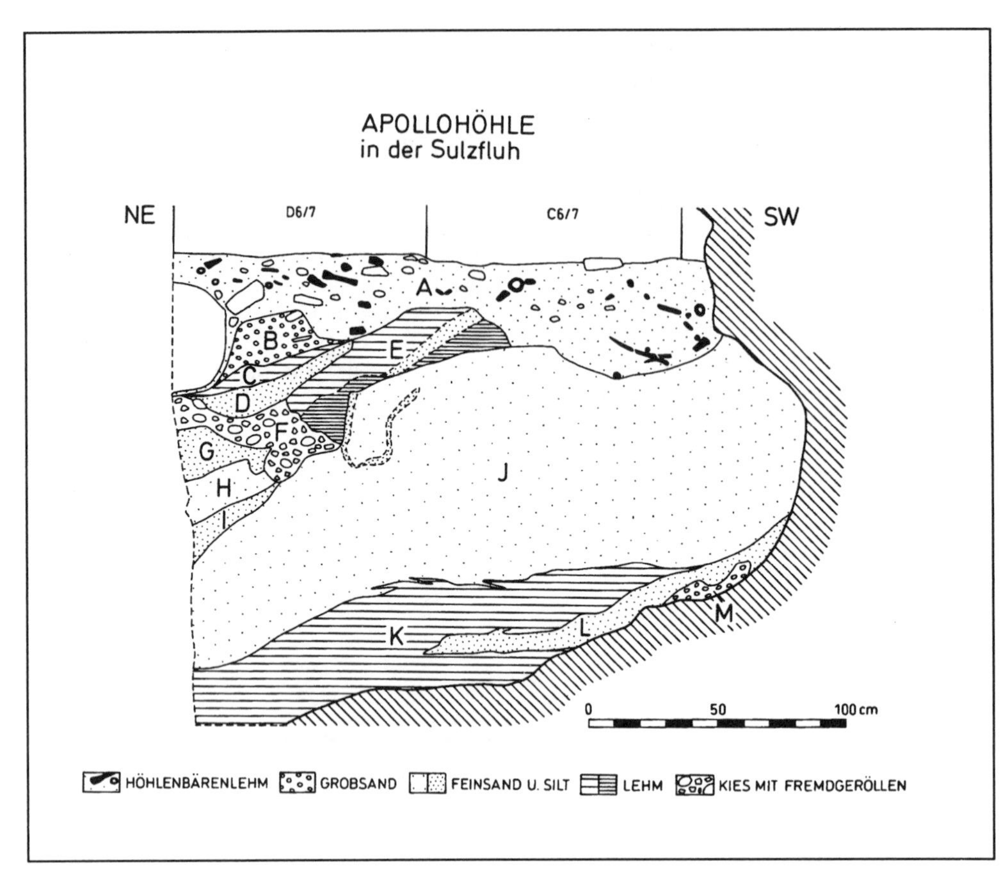

Abb.3: Profil der Grabungsstelle in der Apollohöhle (RABEDER 1995)

Tischoferhöhle

Doris Döppes

Jungpleistozäne Bärenhöhle in Mittelgebirgslage, jungpaläolithische Höhlenstation
Synonyme: Bärenhöhle oder Tischofer Höhle im Kaisertale, To

Der Höhlenname bezieht sich auf den Dialekt-Ausdruck 'die Schofer' (die Schäfer, MENGHIN & KNEUSSL 1967).

Gemeinde: Ebbs
Polit. Bezirk: Kufstein, Tirol
ÖK 50 Blattnr.: 90, Kufstein
12°11'50" E (RW: 172mm)
47°35'34" N (HW: 206mm)
Seehöhe: 598m
Österr. Höhlenkatasternr.: 1312/1

Lage: Die Höhle befindet sich NW von Kufstein, im Kaiser- oder Sparchental, etwa 60m unterhalb des Kaisertalweges im Nordsteilhang der Schlucht des Sparchenbaches, ca. 80m über dem Gerinne.
Zugang: Vom Kaisertalaufstieg (Parkplatz, nach der Brücke über den Kaiserbach) erreicht man nach ca. 20 Minuten den Ausichtspunkt 'Nepalbank', kurz danach kommt man zu einer Abzweigung (Wegtafel), die über einen Steig abwärts zur Höhle führt (URBAN 1989:24, 31-33).

Geologie: Hauptdolomit (O-Trias).

Fundstellenbeschreibung: Die Hallenhöhle mit dem 20m breiten und 8,5m hohen, etwa halbkreisförmigen Eingang öffnet sich nach Süden. Die Höhle steigt geringfügig nach hinten an. Gesamtlänge: ca. 40m.

Forschungsgeschichte: Die Höhle ist mindestens seit dem Mittelalter bekannt. Seit 1607 sind schriftliche Aufzeichnungen über Höhlenbären('Riesen')aufsammlungen dokumentiert. Seit dieser Zeit wurde sie immer wieder für kleinen Aufsammlungen und Ausgrabungen sowie auch als beliebtes Ausflugsziel aufgesucht. 1906 erste wissenschaftliche Untersuchung durch SCHLOSSER (1910), in diesem Jahr entstand auch der erste Höhlenplan (URBAN 1989).

Sedimente und Fundsituation:
Kompositprofil nach MENGHIN & KNEUSSL (1967: 116):
9 Steinchenschicht (ca. 20 bis 50cm)
8 Kultur- und Brandschicht (nur stellenweise)
7 von der Höhlendecke gestürzte Blöcke
6 Sinterschicht (ca. 10-20cm)
5 grauer Letten (steril, ca. 10-20cm)
4 knochenführender Höhlenlehm (ca. 20-250cm)

3 Bachgerölle (darunter gletschertransportierter Wettersteinkalk)
2 Höhlenlehm (steril, ca. 20cm)
1 gewachsener Felsen

Fauna nach SCHLOSSER 1910, MENGHIN & KNEUSSL 1967 aus dem Höhlenlehm (4):

	MNI
Marmota marmota	1
Ursus spelaeus	380 (180 juvenil)
Canis lupus	6
Vulpes vulpes	12
Panthera spelaea	1
Crocuta spelaea	2
Rangifer tarandus	3
Capra ibex	9
Rupicapra rupicapra	1

Von *Ursus spelaeus* sind alle Altersstufen vertreten, bemerkenswert sind die Funde von ca. 70 Penisknochen. SCHLOSSER (1910:416) macht schon damals auf die hohe Variabilität der Dimensionen verschiedenen Knochen und Zähne aufmerksam. Pathologische Bildungen kommen relativ selten vor. Die Funde vom Wolf sind hauptsächlich auf den Höhlenlehm (4) beschränkt. Weiters stammen ein durchlochter Eckzahn, ein Fragment eines linken Unterkiefers und ein rechter Oberkiefer aus der Kulturschicht (8). Die Reste des Alpenmurmeltiers (rechter, unterer Schneidezahn, untere Hälfte eines rechten Oberarmknochens) wurden im steilen Abhang außerhalb der Höhle gefunden, jedoch spricht ihr Erhaltungszustand und auch die Seehöhe der Funde (598m!) für ein fossiles Alter. Die Pflanzenfresser wurden von den Raubtieren in die Höhle gebracht.

Paläobotanik: kein Befund.

Archäologie: Aus der unteren Kulturschicht (4) sind acht jungpaläolithische Knochenspitzen bekannt, die nach MOTTL (1966) z.T. aus Höhlenbären- und Höhlenhyänenknochen verfertigt worden sein sollen und typologisch dem Aurignacien zugeordnet werden (GROSS 1965, ZOTZ 1965, MOTTL 1966). Aus der oberen Kulturschicht (8) kennt man frühbronzezeitliche Funde, u.a. Reste von etwa 30 Menschenskeletten.

Chronologie: ^{14}C-Datum: Hv-5441: 27.875 ±485 a BP (25.925 ±485 a B.C.). Das Radiocarbondatum wurde von Höhlenbärenknochen aus der Schicht 4 ermittelt (KNEUSSL 1973). Für eine chronologische Bewertung der Höhlenbären-Zähne liegt zu wenig Material vor.

Aufbewahrung: Stadtmus. Kufstein (3 Höhlenbärenskelette, Knochenspitzen, bronzezeitl. Funde), das restliche Material wurde im Krieg zerstört (Mitt. Dr. Resch, Univ. Innsbruck).

Literatur:

GROSS, H. 1965. Die geochronologischen Befunde der Bären- oder Tischoferhöhle bei Kufstein am Inn. - Quartär, **15/16**: 133-141, Erlangen.
KNEUSSL, W. 1973. Höhlenbärenknochen aus der Tischoferhöhle (Kaisertal bei Kufstein - Nordtirol) mit C14-Methode altersbestimmt. - Z. Gletscherkunde und Glazialgeol., **9**: 237ff, Innsbruck.
MENGHIN, O. & KNEUSSL, W. 1967. Die Tischofer Höhle. - Tiroler Heimatblätter, **42**: 113-133, Innsbruck.
MOTTL, M. 1966. Ergebnisse der paläontologischen Untersuchung der Knochenartefakte aus der Tischoferhöhle in Tirol. - Quartär, **17**: 153-163, Erlangen.
SCHLOSSER, M. 1910. Die Bären- oder Tischoferhöhle im Kaisertal bei Kufstein. - Abh. Math.-physik. Königl. Bayr. Akad. Wiss., **24**: 385-506, München.
URBAN, O. 1989. Wegweiser in die Urgeschichte Österreichs: 31-33. - Wien, Bundesverlag.
ZOTZ, L. 1965. Die Aurignac-Knochenspitzen aus der Tischoferhöhle in Tirol. - Quartär, **15/16**: 143-153, Erlangen.

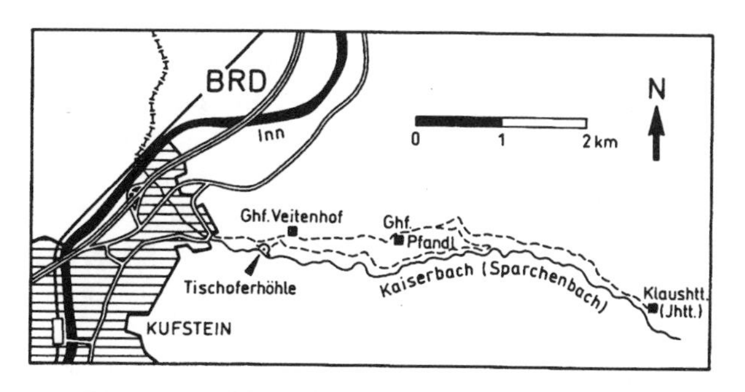

Abb.1: Lageskizze der Tischoferhöhle bei Kufstein

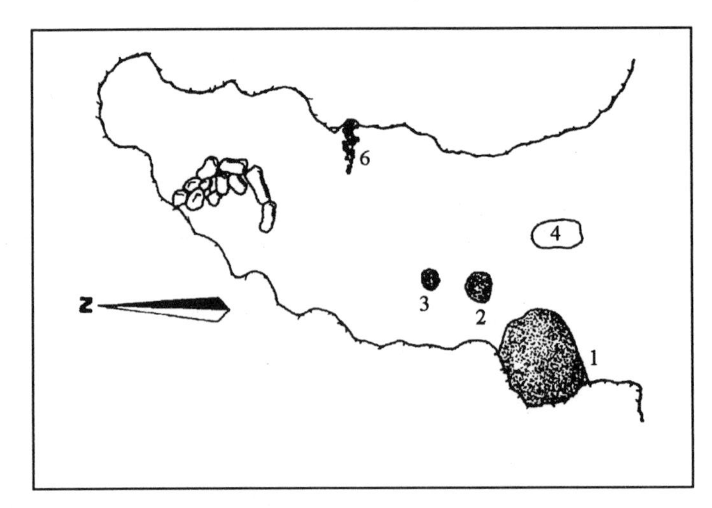

Abb.2: Grundriß der ca. 40m tiefen und am Höhleneingang ca. 8,5m hohen Tischoferhöhle (nach URBAN 1989): **1** und **4** Kupfer- und Bronzewerkstätte, **2** Brandgrube mit menschlichen Skelettresten, **3** Brandgrube, **6** aufgehäufte Flußkiesel, deren eigentliche Funktion, z. B. als Schleudersteine oder Kochsteine, unklar ist.

Torrener Bärenhöhle

Doris Döppes & Gernot Rabeder

Alpine Bärenhöhle, Frühwürm?

Synonyme: Bärenhöhle, Bärenhöhle am Torrenerfall, Bärenhöhle über dem Torrener Wasserfall, Bärenhöhle in der Bluntau, Torrenerfallhöhle (KLAPPACHER & KNAPCZYK 1979), Bärenloch (ÖK 50-Blatt 94), Torrener Fall-Bärenhöhle (PITTIONI 1954), TB

Gemeinde: Golling an der Salzach
Polit. Bezirk: Hallein, Salzburg
ÖK 50-Blattnr.: 94, Hallein
13°06'40" (RW: 41mm)
47°33'42" (HW: 137mm)
Seehöhe: 810 m
Österr. Höhlenkatasternr.: 1335/1
Naturdenkmal seit 1955 (Zl. 3243/55)

Lage: Im nördlichen Abfall des Hagengebirges (siehe Lageskizze Schlenkendurchgangshöhle FRANK & RABEDER, dieser Band).
Zugang: Man fährt von der Bundesstraße ins Bluntautal. Ein markierter Wanderweg führt vom Bärenhof fast bis zur Höhle, die ca. 200m oberhalb des Torrenerfalls in einer Felswand liegt.
Geologie: geschichteter Dachsteinkalk (O. Trias).

Fundstellenbeschreibung: Der 4m breite und 1m hohe, nach Norden geöffnete Eingang führt in einen breiten, nicht verzweigten Gang, der beim 'Bärenfriedhof' (etwa 40m vom Eingang) endet, wo ca. 90[1] Skelette des Höhlenbären gefunden wurden. Hier geht es in westlicher Richtung dem 'Wassergang' bis zu einer 6m hohen Wandstufe entlang. Die Höhle führt kontinuierlich in die Tiefe (-225m) und endet schließlich an einem Siphon. Teilweise ist sie wasserführend. Gesamtlänge: 820m (KLAPPACHER & KNAPCZYK 1979).

[1] Diese Anzahl von Funden konnte nicht im 'Haus der Natur' (Salzburg) angetroffen werden.

Forschungsgeschichte: 1924 entdeckte H. Gruber den Höhleneingang. F. Oedel, R. Oedel, T. Rullmann und der Entdecker erforschten die Höhle weiter. R. Oedel erstellte den ersten Plan (CZOERNIG-CZERNHAUSEN 1926). Im Auftrag des Naturkundemuseums Salzburg wurden Grabungen von H. Gruber durchgeführt. In dieser Zeit entstand auch das Projekt zur Erschließung des Höhlenbaches für die Trinkwasserversorgung durch einen angelegten Stollen. Es setzte ein unkontrollierter Raubbau ein. 1930 waren die Lager völlig zerstört (KLAPPACHER & KNAPCZYK 1979). Im Februar 1997 wurde das Höhlenbärenmaterial im 'Haus der Natur' (Salzburg) gesichtet.

Sedimente und Fundsituation:
Sedimentprofil am Beginn des 'Bärenfriedhofs' (KLAPPACHER & KNAPCZYK 1979):

- feine Breccie (60cm)
- geschichteter grauer Sand (20cm)
- gerollte Blöcke (20cm)
- lichtgrauer Sand (10cm)
- grobe Knochenbreccie mit großen Gerölltrümmern (80cm)
- felsiger Untergrund

Fauna:

	MNI
Ursus spelaeus	26
Canis lupus	?

SPAHNI (1954) erwähnt in seiner Zusammenfassung Funde von *Canis lupus*. Reste des Wolfes konnten im 'Haus der Natur' nicht gefunden werden, jedoch dürften die nach EHRENBERG (1972) 'offenbar artifiziellen Lochungen' als Bißspuren dieses Tieres angesprochen

werden. EHRENBERG (1972) beschrieb näher die Elemente Scapula (H 4183), Calcaneus (H 4178) und Patella (H 4506), wobei nur letztere im 'Haus der Natur' vorzufinden war.
Hierbei wurden auch Knochen mit der Bezeichnung 'Knochenartefakt' vorgefunden, die als Penisknochen bestimmt worden sind. Es wäre von Nöten, das gesamte Material ordentlich zu sichten. Wir beschränkten uns auf eine Durchsicht und auf das Vermessen der Zähne (Tab.1). Einzelzähne lagen nicht vor, sondern nur Schädel- und Unterkieferreste mit Zähnen. Juvenile bis senile Höhlenbären waren in der Höhle vertreten. Auch pathologische Reste (Fragmente eines Lendenwirbels [H 4065], BACHMAYER & al. 1975, linksseitiges Frontale-Fragment [H 4191], EHRENBERG 1972) wurden beschrieben.
Die Anzahl der überlieferten Zähne ist zwar nicht bei allen Positionen repräsentativ, die Mittelwerte der M_2 und M_3 sagen uns aber, daß die Bären der Torrener Bärenhöhle in der Größe eher mit den hochalpinen Bären der Ramesch-, Brieglersberg- und Salzofenhöhle übereinstimmen als mit Höhlenbären aus einer ähnlichen Höhenlage.

Tabelle 1. Die Mittelwerte der Backenzahnmaße aus der Torrener Bärenhöhle.

	P^4	M^1	M^2	M_3	M_2	M_1	P_4
Länge	20,37	28,24	42,80	25,65	29,08	29,38	14,34
Breite	14,73	19,63	22,39	18,45	17,79	14,25	9,62
n	13	18	22	52	48	23	15

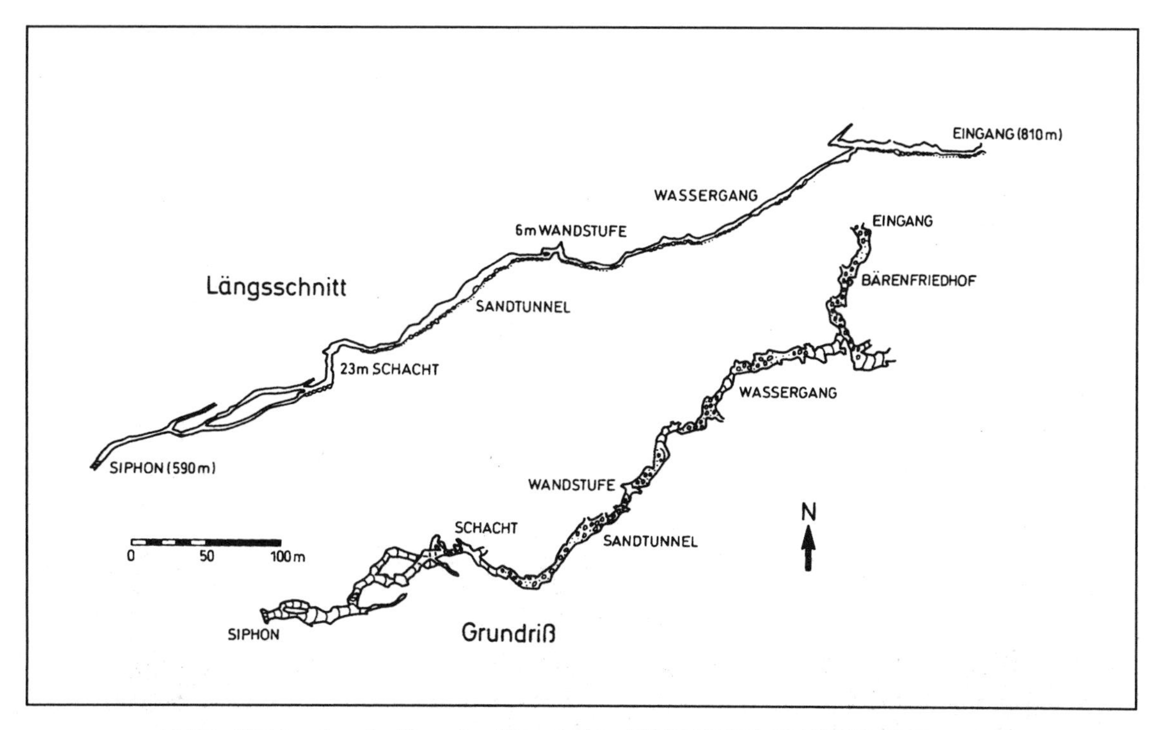

Abb.1: Höhlenplan der Torrener Bärenhöhle (CZOERNIG-CZERNHAUSEN 1926)

Paläobotanik: kein Befund.

Archäologie: Die beschriebenen Funde (EHRENBERG 1938, 1972) sind mit großer Vorsicht zu genießen.

Chronologie:
Radiometrische Daten liegen bisher nicht vor.
Ursidenchronologie: Die Morphotypen-Zahlen lauten für den P^4: 5A, 2 A/B, 3 A/D, 1 A/B/F, 2D;
für den P_4: 2 B1, 6 C1, 1 D1.
Die morphodynamischen Indices der Prämolaren betragen für den P^4 69,23 (n=13) und für den P_4 96,67 (n=15). Das Evolutionsniveau der Höhlenbären ist aufgrund so weniger Stücke nicht exakt zu eruieren. Sowohl nach den Dimensionen als auch nach den P4-Indices gehört die Höhlenbärenfauna der Torrener Bärenhöhle einem frühen Stadium des Würm an. Sie ist damit wesentlich älter als die Faunenabfolge der relativ nahe gelegenen Schlenkendurchgangshöhle, die nach radiometrischen Daten im Mittelwürm vom Bären bewohnt war.

Aufbewahrung: Haus der Natur, Salzburg.

Literatur:
BACHMAYER, F., EHRENBERG, K. & GRÜNBERG, W. 1975. Pathologische Reste von *Ursus spelaeus*. I. Beispiele von Wirbel-Ankylosen. - Ann. Naturhist. Mus. Wien, **79**: 23-36, Wien.
CZOERNIG-CZERNHAUSEN, W. 1926. Die Höhlen des Landes Salzburg und seiner Grenzgebirge. - Verlag Verein für Höhlenkunde in Salzburg.
EHRENBERG, K. 1938. Über einige artefakt verdächtige Knochenfragmente aus der Torrener Höhle (Salzburg). - Wiener Prähist. Z., **25**: 20, Wien.

EHRENBERG, K. 1972. Bemerkenswerte Höhlenbären-Knochenfunde aus der Bärenhöhle im Torrenerfall. - Sitz. math.-naturwiss. Kl., Österr. Akad. Wiss., **10**: 246-253, Wien.
KLAPPACHER, W. & KNAPCZYK, H. 1979. Salzburger Höhlenbuch **3**: 128-132, Salzburg.
PFARR, T. & STUMMER, G. 1988. Die längsten und tiefsten Höhlen Österreichs. - Die Höhle, wiss. Beih., **35**: 189, Wien.
PITTIONI, R. 1954. Urgeschichte des Österreichischen Raumes. - Verlag Deuticke, Wien.
SPAHNI, J. C. 1954. Les gisements à ursus spelaeus de l'Autriche et leurs problèmes. - Bull. soc. préhist. franç. **51**: 346-367, Le Mans.

4.4 Zentralalpen

Hainburger Berge, Leithagebirge, Bucklige Welt, Semmering

Deutsch-Altenburg

Christa Frank & Gernot Rabeder

Allgemein

Weggesprengte Höhlen und Spalten in einem Steinbruch, Mittel-Pliozän bis Mittel-Pleistozän
Kürzel: DA

Gemeinde: Bad Deutsch-Altenburg
Polit. Bezirk: Bruck an der Leitha, Niederösterreich
ÖK 50-Blattnr.: 61, Hainburg
16°55' E (RW 243mm)
48°09' N (HW 251mm)
Seehöhe: 210 bis 312m
Österr. Höhlenkatasternr.: 2921/18

Lage: Im Pfaffenberg, dem westlichen Ausläufer der Hainburger Berge. Seit 1908 werden im sog. "Hollitzer Steinbruch" mesozoische Dolomite in mehreren Etagen abgebaut. Die Spalten- und Höhlenfüllungen kamen im Laufe der Sprengungen zu Tage (Abb. 1).
Zugang: Nur mit Bewilligung der Werksleitung.
Geologie: Im Steinbruch Hollitzer wird ein bituminöser, blaugrauer Dolomit abgebaut, dessen geologisches Alter wegen der Fossilarmut lange umstritten ist (Trias oder Jura?), vermutlich ist er mitteltriadisch. Dieser deutlich gebankte Dolomit - die Schichten fallen mit etwa 40° nach S ein - gehört zum Zentralalpinen Mesozoikum und hat wahrscheinlich Äquivalente im Semmeringmesozoikum.
Direkt über dem mesozoischen Dolomit oder Kalk (weiter östlich) wurden miozäne Kalke, Konglomerate (Leithakalk, Badenium) und Sandsteine (Sarmat) abgelagert, die im Bereich des Pfaffenberges aber schon im Pleistozän der Erosion zum Opfer gefallen waren. Reste dieser einstigen Bedeckung fanden sich in Form von Kleinfossilien (Seeigelstachel, Kleinmollusken) in den plio-pleistozänen Höhlen- und Spaltensedimenten.
So konnten sich ab dem Alt-Pleistozän direkt über den mesozoischen Karbonaten Lösse ablagern, deren genauere Alterstellung nicht eruiert werden konnte.
Alle fossilführenden Hohlräume waren im mesozoischen Dolomit angelegt.

Fundstellenbeschreibung: Mit "Deutsch-Altenburg" werden alle Fossilfundstellen im großen Steinbruch Hollitzer in Bad Deutsch-Altenburg bezeichnet, die im Laufe der Jahre 1908 sowie von 1971 bis 1984 entdeckt und ausgebeutet wurden. Sie werden chronologisch nach dem Zeitpunkt ihrer Entdeckung mit den Nummern 1 bis 52 gekennzeichnet. Diese Numerierung wurde auch dann beibehalten, wenn sich später ein räumlicher und stratigraphischer Zusammenhang verschiedener Schichtglieder herausgestellt hat.

Forschungsgeschichte: Die Entdeckung der ersten Fossilfundstelle im Steinbruch Hollitzer gelang schon im Jahre 1908, sie wurde 1914 durch FREUDENBERG beschrieben und trägt heute die Bezeichnung Deutsch-Altenburg 1. In den Jahren danach wurden weitere knochenführende Höhlen und Spalten entdeckt (EHRENBERG 1929), deren Lage und Faunenbestand heute nicht mehr zu eruieren sind.
1971 begann die große Zeit der Entdeckungen neuer Fundstellen. Durch K. Mais (Bundesdenkmalamt, später Naturhist. Museum Wien) und G. Rabeder (Institut für Paläontologie der Universität Wien) wurden in den folgenden Jahren weitere 51 fossilführende Karstobjekte gefunden. Die Fossilien wurden z.T. aufgesammelt, z.T. wurden in größeren Grabungskampagnen die fossilführenden Sedimente abgebaut und im Institut für Paläontologie geschlämmt.
Trotz der großen Zahl vorliegender Publikationen (s. Literaturverzeichnis) ist die Bearbeitung dieser Fossilien noch lange nicht abgeschlossen.

Sedimente: Die fossilführenden Ablagerungen sind z.T. in der Höhle selbst entstanden, z.T. wurden sie durch Wasser und Wind von außen in die Hohlräume eingebracht. Sie können nach ihrer Bildung in fünf Gruppen gegliedert werden.
1. Höhlensedimente. Schutt und Blockwerk, zwischen denen meist linsenartige Vorkommen von Höhlenlehm eingebettet sind; Sinter und durch Sinter verfestigte Sande.

2. Fluviatile Sande. Zahlreiche Höhlenteile waren mit fluviatilen Fein- bis Grobsanden erfüllt, die petrologisch den heutigen Donausanden entsprechen (NIEDERMAYER & SEEMANN 1974).
3. Eingeschwemmte Bodensedimente, z.B. Terra rossa.
4. Äolische Sedimente: Eingewehte Lösse.
5. Kein Sediment. Die Fossilien lagen ohne Bindemittel oberflächlich auf dem Höhlenboden, auf Schutt oder auf Sinterplatten.

Faunenlisten siehe bei den einzelnen Fundstellen.

Paläobotanik und Archäologie: kein Befund.

Chronologie und Klimageschichte: siehe bei den einzelnen Fundstellen.

Aufbewahrung: Inst. Paläont. Univ. Wien.

Rezente Fauna und Vegetation:
Mollusca:
Rezent ist das Gebiet um Deutsch-Altenburg durch eine reiche, danubisch geprägte Molluskenfauna (95 Arten und Unterarten) gekennzeichnet (*Theodoxus danubialis, Lithoglyphus naticoides* und *Microcolpia acicularis* subrezent; *Trichia rufescens danubialis, Pseudanodonta complanata, Sphaerium rivicola, Pisidium moitessierianum*).
Die Lage des Fundortes im Osten Österreichs bezeichnen *Chondrula tridens, Zebrina detrita, Oxychilus inopinatus, Helicopsis striata, Pseudotrichia rubiginosa,* auch *Xerolenta obvia* und *Cepaea vindobonensis.*
In jüngster Zeit im Gebiet nicht lebend nachgewiesen wurden: *Theodoxus transversalis, Lithoglyphus naticoides* (im Unterlauf der March lebend), *Microcolpia acicularis, Zebrina detrita* (lebend: Hundsheimer Berg), *Helicopsis striata* (lebend: Groißenbrunn), *Unio crassus, Unio tumidus, Sphaerium rivicola* (die zwei letztgenannten im Unterlauf der March lebend).
Trotz der anthropogenen Beeinflussung des Gebietes (Donauregulierung, Steinwurfufer, Kurbad) lassen sich die folgenden Strukturierungen des Lebensraumes aufgrund der Molluskenzönosen abgrenzen:
Donaustrom-Altarm(e) mit temporärer Verbindung zum Hauptbett - Röhrichtbestände - danubischer Auwald - offene, eher trockene Flächen - halboffenes, buschbestandenes Gebiet - Siedlungsgebiet - Kleingewässer (vgl. FRANK 1982, 1985).
Junge, vor allem für die zweite Holozänhälfte bezeichnende Komponenten sind *Zebrina detrita, Cecilioides acicula, Oxychilus inopinatus, Xerolenta obvia,* in jüngster Vergangenheit: *Arion lusitanicus.*

Literatur:

BINDER, H. 1977. Bemerkenswerte Molluskenfaunen aus dem Pliozän und Pleistozän von Niederösterreich. - Beitr. Paläontol. Österr., **3**: 1-78, Wien.
CARLS, N. 1987. Arvicoliden (Rodentia, Mammalia) aus dem Mittel- und Jungpleistozän Süddeutschlands. - Diss. Univ. Erlangen-Nürnberg.
EHRENBERG, K. 1929. Zur Frage der systematischen und phylogenetischen Stellung der Bärenreste von Hundsheim und Deutsch-Altenburg in Niederösterreich. - Palaeobiologica **2**: 213-222, Wien.
FALKNER, G. 1990. Vorschlag für eine Neufassung der Roten Liste der in Bayern vorkommenden Mollusken (Weichtiere). - Schriftenr. Bayer. Landesamt f. Umweltschutz, **97**: 61-112, München 1990 (= Beiträge 7).
FINK, M.H., HARTMANN, H. & HARTMANN, W. 1979. Die Höhlen Niederösterreichs; Bd.1. - Die Höhle, wiss. Beih. **28**: 1-8, Wien
FLADERER, F. A. & REINER, G. 1996. Evolutionary shifts in the first premolar pattern of *Hypolagus beremendensis* (PETÉNYI, 1864) (Lagomorpha, Mammalia) in the Plio-Pleistocene of Central Europe. - Acta zool. cracov., **39**(1): 147-160, Kraków.
FLADERER, F. A. 1984. Das Vordergliedmaßenskelett von *Hypolagus beremendensis* und von *Lepus* sp. (Lagomorpha, Mammalia) aus dem Altpleistozän von Deutsch-Altenburg (Niederösterreich). - Beitr. Paläont. Österr., **11**: 71-148, Wien.
FLADERER, F. A. 1987. Macaca (Cercopithecidae, Primates) im Altpleistozän von Deutsch-Altenburg, Niederösterreich. - Beitr. Paläont. Österr., **13**: 1-24, Wien.
FRANK, C. 1982. Aquatische und terrestrische Molluskenassoziationen der niederösterreichischen Donau-Auengebiete und der angrenzenden Biotope. - Malak. Abh. Staatl. Mus. Tierkd. Dresden, **8**: 95-124, Dresden.
FRANK, C. 1985. Aquatische und terrestrische Mollusken der niederösterreichischen Donau-Auengebiete und der angrenzenden Biotope VI. Die Donau von Wien bis zur Staatsgrenze, Teil 2. - Z. Ang. Zool., **72**,3: 257-303, Berlin.
FRANK, C. & RIEDEL, A. 1997. *Oxychilus (O.) steiningeri* spec. nov. aus dem Biharium der Fundstelle Deutsch Altenburg 4B (Niederösterreich) (Gastropoda: Stylommatophora: Zonitidae). - Malak. Abh. Staatl. Mus. Tierkd. Dresden, **17**: 181-191, Dresden.
FREUDENBERG, W. 1914. Die Säugetiere des älteren Quartärs von Mitteleuropa, mit besonderer Berücksichtigung der Fauna von Hundsheim und Deutschaltenburg in Niederösterreich, nebst Bemerkungen über verwandte Formen anderer Fundorte. - Geol. Paläont. Abh., **12**(16),4-5: 375-391, Jena.
JANOSSY, D. 1986. Pleistocene vertebrate faunas of hungary. - 208 p. Akad. kiadó, Budapest.
JANOSSY, D. 1981. Die altpleistozänen Vogelfaunen von Deutsch-Altenburg 2 und 4 (Niederösterreich). - Beitr. Paläont. Österr., **8**: 375-391, Wien.
HILLE, P., MAIS, K., RABEDER, G., VÁVRA, N. & WILD, E. 1981. Über Aminosäuren- und Stickstoff/Fluor-Datierung fossiler Knochen aus österreichischen Höhlen. – Die Höhle, **32**/3:74–91, Wien.
HORÁCEK, J. & LOZEK, V. (1988). Palaeozoology and the Mid-European Quaternary part: scope of the approach and selected results. - Rozpravy Ceskoslov. Akad. Véd, Rada Mat. o. Prírod. Véd, **98**(4): 102 S, 4 Taf., Prag.
KLEMM, W. 1974. Die Verbreitung der rezenten Landgehäuse-Schnecken in Österreich - Denkschr. Österr. Akad. Wiss, **117**, math.-naturwiss. Kl., 503 S., Wien, New York: Springer.
LOZEK, V. 1964. Quartärmollusken der Tschechoslowakei. - Rozpravy Usterdního Ust. Geolog. **31**: 374 S., 32 Taf., Prag.
MAIS, K. 1971. Entdeckung einer Knochenspalte im Pfaffenberg bei Bad Deutsch-Altenburg. - Höhlenkundl. Mitt., **28**: 43-44, Wien.
MAIS, K. 1972. Das Karstgebiet Pfaffenberg bei Bad Deutsch-Altenburg (Niederösterreich) - ein vorläufiger Überblick. - Die Höhle, **24**: 1-8, Wien.
MAIS, K. & RABEDER, G. 1977a. Eine pliozäne Höhlenfüllung im Pfaffenberg bei Bad Deutsch-Altenburg (Niederösterreich). – Die Höhle, **28**/1: 1–7, Wien.
MAIS, K. & RABEDER, G. 1977b. Eine weitere pliozäne Höhlenfauna aus dem Steinbruch Hollitzer bei Bad Deutsch-Altenburg (Niederösterreich). – Die Höhle, **28**/3: 84–86, Wien.
MAIS, K. & RABEDER, G. 1979. Das Karstgebiet der Hainburger Berge. – [In:] Höhlenforschung in Österreich – Veröff.

Naturhist. Mus. Wien, n.F., **17**: 51–63, Wien.

MAIS, K. & RABEDER, G. 1984. Das große Höhlensystem im Pfaffenberg bei Bad Deutsch-Altenburg (Niederösterreich) und seine fossilen Faunen. – Die Höhle, **35**,3/4: 213–230 (Trimmel-Festschrift), Wien.

NAGEL, D. & RABEDER, G. (im Druck). Revision der mittelpleistozänen Großsäugerfauna von Deutsch-Altenburg 1. - Wiss. Mitt. Niederösterr. Landesmus. **10**, St. Pölten.

NIEDERMAYER, G. & SEEMANN, R. 1974. Vorläufiger Bericht über sedimentpetrographische und mineralogische Untersuchungen an Höhlensedimenten des Karstgebietes Pfaffenberg bei Bad Deutsch-Altenburg (NÖ.) - Die Höhle, **25**: 3-11, Wien.

RABEDER, G. 1972a. Eine fossile Höhlenfauna aus dem Steinbruch Hollitzer bei Bad Deutsch-Altenburg (NÖ.). – Die Höhle, **23**: 89–95, Wien.

RABEDER, G. 1972b. Ein neuer Soricide (Insectivora) aus dem Alt-Pleistozän von Deutsch-Altenburg 2 (Niederösterreich). – N. Jb. Geol. Paläont. Mh., **1972**: 625–642, Stuttgart.

RABEDER, G. 1973a. Weitere Grabungsergebnisse von der altpleistozänen Wirbeltierfundstelle Deutsch-Altenburg 2. – Die Höhle, **24**: 8–15, Wien.

RABEDER, G. 1973b. Ein neuer Mustelide (Carnivora) aus dem Altpleistozän von Deutsch-Altenburg 2. – N. Jb. Geol. Paläont. Mh., **1973**: 674–689, Stuttgart.

RABEDER, G. 1973c. Fossile Fledermausfaunen aus Österreich. – Myotis, **11**: 3–14, Bonn.

RABEDER, G. 1974a. *Plecotus und Barbastella* (Chiroptera) aus dem Altpleistozän von Deutsch-Altenburg 2. – Naturkunde-Jahrbuch Stadt Linz, **1973**: 159–184, Linz.

RABEDER, G. 1974b. Fossile Schlangenreste aus den Höhlenfüllungen des Pfaffenberges bei Bad Deutsch-Altenburg (NÖ). – Die Höhle, **25**/4: 145–149, Wien.

RABEDER, G. 1976. Die Carnivoren (Mammalia) aus dem Altpleistozän von Deutsch-Altenburg 2. Mit Beiträgen zur Systematik einiger Musteliden und Caniden. – Beitr. Paläont. Österr., **1**: 1–119, Wien.

RABEDER, G. 1978. Das fossilführende Pleistozän-Profil im Höhlensystem "Deutsch-Altenburg 2-4-16" im Pfaffenberg bei Bad Deutsch-Altenburg (N.Ö.). – [In:] NAGL, H.: Beiträge zur Quartär- und Landschaftsforschung. – Festschrift zum 60. Geburtstag von J. Fink (F. Hirt-Verlag), Wien.

RABEDER, G. 1981. Die Arvicoliden (Rodentia, Mammalia) aus dem Pliozän und dem älteren Pleistozän von Niederösterreich. – Beitr. Paläont. Österr., **8**: 1–373, Wien.

RABEDER, G. 1982. Die Gattung *Dimylosorex* (Insectivora, Mammalia) aus dem Altpleistozän von Deutsch-Altenburg (Niederösterreich). – Beitr. Paläont. Österr., **9**: 233–251, Wien.

RABEDER, G. 1986. Herkunft und frühe Evolution der Gattung *Microtus* (Arvicolidae). – Z. Säugetierkunde, **51**/6: 350–367, Hamburg.

RAUSCHER, K.L. 1992. Die Echsen [Lacertilia, Reptilia] aus dem Plio-Pleistozän von Bad Deutsch-Altenburg, Niederösterreich. - Beitr. Paläont. Österr., **17**: 81-177, Wien.

REISCHÜTZ, P. L. 1984. Beiträge zur Molluskenfauna Niederösterreichs 5. Die Gattung *Cecilioides* FÉRUSSAC, 1814. - Wiss. Mitt. Niederösterr. Landesmus., **3**: 93-97, Wien.

REISCHÜTZ, P. L. 1986. - Die Verbreitung der Nacktschnecken Österreichs (Arionidae, Milacidae, Limacidae, Agriolimacidae, Boettgerillidae). - Sitzungsber. Österr. Akad. Wiss, math.-naturwiss. Kl., Abt. I, **195**(1-5): 190 S.Wien, New York.

VERGINIS, S. & RABEDER, G. 1985. Die Kluftabhängigkeit der fossilführenden Höhlen und Spalten der Hainburger Berge. – Die Höhle, **36**: 110–119, Wien.

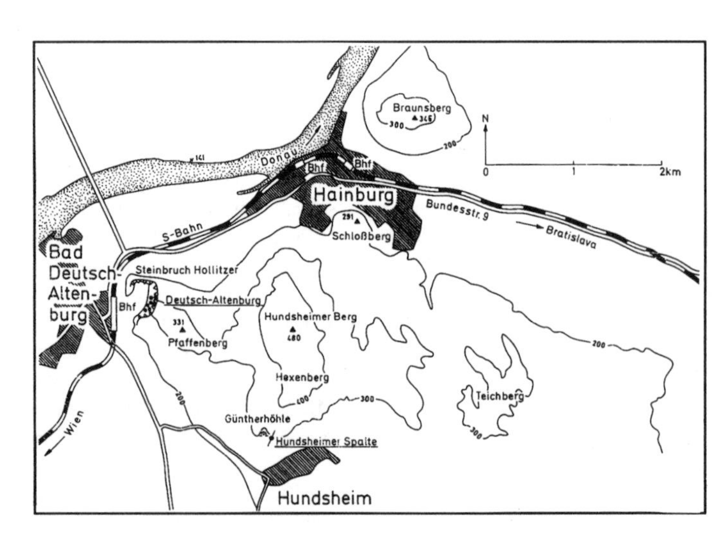

Abb.1: Lageskizze der Fundstellen Deutsch-Altenburg und Hundsheim (RABEDER 1981)

Deutsch-Altenburg 1

Gernot Rabeder

Höhle mit Großsäugerfauna, Mittelpleistozän

Seehöhe: ca. 205m

Lage und Fundstellenbeschreibung: Mehr als 100 Meter westl. der Fundstellen Deutsch-Altenburg 2-4-16-30. Die genaue Lage ist heute nicht mehr nachvollziehbar. Über die topographische Lage der hier revidierten Fundstelle machte FREUDENBERG (1914:97) folgende Angaben: *„Die genaue Fundstelle habe ich im September 1913 besucht, nachdem 1912 durch Sprengungen eine lößerfüllte Kammer ca. 30m unter der Oberkante des Steinbruches in gleichem triadischen Kalkstein, wie er in Hundsheim ansteht, aufgeschlossen war. Die letzten Reste dieser nach unten sich erweiternden Kammer konnte ich 1913 an der Nordwand des Steinbruches beobachten in einer Höhe von ca. 205m über NN."*
Nachdem im Jahre 1971 weitere Fossilfundstellen im Steinbruchsgebiet entdeckt worden waren, wurde die in den Jahren 1912 und 1913 ausgebeutete "Lößkammer" mit der Bezeichnung „Deutsch-Altenburg 1" versehen (RABEDER 1972).
Entdeckt und ausgebeutet: 1912

Forschungsgeschichte: Nach der Aufsprengung der Höhle wurden zahlreiche Fossilien durch Steinbrucharbeiter aufgesammelt und wahrscheinlich nur z. T. an Toula übergeben; denn es fällt auf, daß es eine Anzahl von Mandibelfragmenten gibt, die nur aus dem Ramus ascendens bestehen, während die zahntragenden Teile weggebrochen sind. Es ist anzunehmen, daß die Zähne Liebhaber gefunden haben. Die an das Naturhistorische Museum gelangten Säugetierreste wurden von W. FREUDENBERG (1914) bearbeitet. Mit den Bärenresten befaßte sich EHRENBERG (1929), mit Teilen der Molluskenfauna BINDER (1977).

Fauna:
Vertebrata (nach FREUDENBERG 1914, rev. von G. Rabeder 1996)
Ursus deningeri
Meles meles
Canis mosbachensis
Panthera spelaea
Glis sp.
Cervus sp.
Capreolus capreolus
Bison cf. *schoetensacki*
Dicerorhinus sp.
Equus mosbachensis

Chronologie: Die Fauna von Deutsch-Altenburg 1 wurde von FREUDENBERG (1914) in das "Mitteldiluvium" gestellt, das weitgehend dem heutigen Mittelpleistozän (780.000 bis 130.000 Jahre vor heute) entspricht. Hingegen hat EHRENBERG (1929) durch seine Meinung, daß es sich bei den Bärenknochen um Überreste des typischen Höhlenbären handelt, ein wesentlich jüngeres geologisches Alter angenommen.
Eine Analyse der revidierten Faunenliste gibt aber FREUDENBERG recht, der die Fauna von Deutsch-Altenburg 1 als etwas jünger ansieht als die Fauna von Hundsheim, die heute dem älteren Mittelpleistozän zugerechnet wird (s. NAGEL & RABEDER, im Druck).
Die chronologisch aussagekräftigstenen Formen dieser Liste liefern *Ursus, Canis* und *Equus*. Die ermittelten Arten dieser Gattungen werden im Jungpleistozän durch andere Arten bzw. höhere Evolutionsniveaus ersetzt: *Ursus deningeri* durch *U. spelaeus, Canis mosbachensis* durch den wesentlich größeren *C. lupus und Equus mosbachensis* durch meist kleineren Vertreter der *E. ferus*-Gruppe.
Gegen ein höheres Alter als Mittelpleistozän spricht die hochevoluierte *Meles*-Art: In den Faunen von Deutsch-Altenburg 2 und 4 tritt eine Dachsart *(Meles hollitzeri)* auf, die eine wesentlich primitivere Bezahnung aufweist (RABEDER 1976), während in Hundheim und Deutsch-Altenburg 1 schon der moderne *Meles meles* auftritt.
Somit kann festgestellt werden, daß die Fauna von Deutsch-Altenburg 1 dem Mittelpleistozän angehört. Eine genauere Einstufung ist wegen des Fehlens aussagekräftiger Kleinsäuger, v.a. der Arvicoliden, nicht möglich.
Durch die Revision dieser Fauna konnte bestätigt werden, was durch die Entdeckung der Fundstelle Deutsch-Altenburg 28 (RABEDER, dieser Band) schon angedeutet wurde, nämlich daß das Höhlensystem von Deutsch-Altenburg auch noch im Mittelpleistozän offene Verbindungen mit der Oberfläche gehabt hat.

Klimageschichte: Klimatologische Aussagen sind mit dem bescheidenen Faunenbestand nur beschränkt möglich. Das Vorkommen von Bison, Pferd und Nashorn lassen vermuten, daß die Umgebung der Hainburger Berge zu dieser Zeit zumindest teilweise Steppencharakter hatte. Die Reste der Huftiere sind wahrscheinlich durch Raubtiere (Höhlenlöwe, Wolf) in die Höhle gelangt, während wir den Dachs und die Bären als zeitweisen Bewohner der Höhle annehmen dürfen.

Aufbewahrung: Diese Fossilien werden heute an der Geologisch-paläontologischen Abteilung des Naturhistorischen Museums aufbewahrt. Laut Etiketten sind die meisten Stücke durch Schenkung ("Gesch. Hollitzer") zuerst an T. Toula (Technische Hochschule Wien) und dann an das k.k. naturhistorische Hofmuseum gelangt.

Deutsch-Altenburg 2-4-16-30

Christa Frank und Gernot Rabeder

Höhlensystem mit Schacht- und Höhlenfüllungen, die insgesamt 12 Fundschichten mit Wirbeltierresten (z.T. Vollfaunen) enthielten, Altpleistozän

Seehöhe: 210 bis 312m

Lage: Etwa im Zentrum der Abruchwände des Steinbruchs Hollitzer war dieses Höhlensystem in den Jahren 1971 bis 1982 immer wieder an- und schließlich weggesprengt worden (Abb. 2-8).

Fundstellenbeschreibung: Das Zentrum und wohl auch den Haupteingang bildete ein im Durchmesser etwa 40 Meter breiter Schacht, der von der heutigen Oberfläche des Pfaffenberges senkrecht und sich dabei erweiternd bis in eine Tiefe von 260m hinabzog, spaltenartige Fortsetzungen reichten bis in eine Tiefe von etwa 200m (= Fundstelle 4). Vom Schacht zweigten zahlreiche Gänge ab, deren größter nach SE abwärts verlief (= Fundstellen 2 und 16) und erst bei einer Seehöhe unter 210m endete (Fundstelle 30).
Das Höhlensystem war im Laufe des tiefen Altpleistozäns fast zur Gänze mit Sedimenten aufgefüllt worden, nur im Bereich der Fundstelle 16 war ein größerer Hohlraum begehbar geblieben.

Beschreibung der einzelnen **Schichtglieder** vom Hangenden zum Liegenden:
Deutsch-Altenburg 4A. Löß. Der keilförmige nördliche Teil der großen Schachte war im hangenden Abschnitt mit einem horizontal geschichteten Löß gefüllt, der durchwegs gastropodenführend war. Aus einer verbraunten Zone an der Basis stammt die Wirbeltierfauna.
Deutsch-Altenburg 4B. Braune Lehmlinsen vermischt mit Schutt zwischen dem lockeren Blockwerk der Schachtfüllung.

Deutsch-Altenburg 2H. Fledermausschicht. Im nördlichen Teil des Fundbereiches Deutsch-Altenburg 2 war ein begehbarer Hohlraum aufgeschlossen, in dem unter einer Sinterplatte lose diese Fledermausreste lagen. Aus dem Artenbestand ist anzunehmen, daß diese Fauna aus einer anderen (wahrscheinlich jüngeren) Zeit stammt als die anderen Faunen.

Deutsch-Altenburg 2F. Hellgelber fossilleerer Feinsand.

Deutsch-Altenburg 2E. Brauner Grobsand von sehr wechselnder Mächtigkeit.

Deutsch-Altenburg 2D. Orange-gelber Sand, z.T. fossilführend.

Deutsch-Altenburg $2C_2$. Quarzreicher, heller Feinsand, mit reicher Fledermausfauna, Mächtigkeit: bis 5,5m.

Deutsch-Altenburg $2C_1$. Brauner Grobsand, mit Dolomitschutt und Sandsteinkonkretionen durchsetzt, im Hangenden durch ca. 10cm dicke Sandsteinplatten überdeckt, enthielt die Hauptfauna der Fundstelle 2, Mächtigkeit: ca. 60cm.

Deutsch-Altenburg 2B. Orange-gelber fossilleerer Ton. Mächtigkeit: 10-15cm.

Deutsch-Altenburg 2A. Lose in Kolken und kleinen Spalten liegende Fledermaus- und Schlangenreste in beträchtlicher Menge.

Deutsch-Altenburg 16. Höhle mit ca. 100 Metern Länge und reichem Tropfsteinschmuck; an einigen Stellen gab es fluviatile Sande mit einer kargen Fauna.

Deutsch-Altenburg 30B. Gelber Sand mit einer Fledermausfauna. 10-15cm mächtig.

Deutsch-Altenburg 30A. Gelbgrauer Feinsand mit Toneinlagerungen.

Fauna: Die mit dem locus typicus Deutsch-Altenburg aufgestellten Taxa sind **fett** gedruckt:

Deutsch-Altenburg	30A	30B	16	2A	2C1	2C2	2D/E	4B	4A
Mollusca (det. bzw. revidiert C. Frank)									
Lithoglyphus naticoides	-	-	-	-	-	-	-	+	-
Planorbis planorbis	-	-	-	-	-	-	-	+	-
Anisus spirorbis	-	-	-	-	-	-	-	+	-
Cochlicopa lubrica	+	-	-	-	+	-	-	+	+
Cochlicopa lubricella	-	-	-	-	-	-	+	+	+
Truncatellina cylindrica	-	-	-	-	-	-	+	+	+
Truncatellina claustralis	-	-	-	-	-	-	-	+	+
Vertigo pygmaea	-	-	-	-	-	-	-	-	+
Vertigo antivertigo	-	-	-	-	-	-	-	+	-
Vertigo pusilla	-	-	-	-	+	-	-	+	+
Vertigo angustior	-	-	-	-	-	-	-	+	-
Gastrocopta serotina	-	-	-	-	-	-	+	-	-
Granaria frumentum	+	-	-	-	+	-	+	+	+
Abida secale	-	-	-	-	-	-	-	+	-
Pupilla muscorum	-	-	-	-	-	-	-	+	+
Pupilla triplicata	-	-	-	-	+	-	+	+	+
Pupilla sterrii	-	-	-	-	-	-	-	+	+
Vallonia costata	+	-	-	-	+	-	+	+	+
Vallonia tenuilabris	-	-	-	-	+	-	-	+	+
Vallonia pulchella	-	-	-	-	+	-	-	-	-
Acanthinula aculeata	-	-	-	-	-	-	-	+	-

Deutsch-Altenburg	30A	30B	16	2A	2C1	2C2	2D/E	4B	4A
Chondrula tridens	+	-	-	-	+	-	+	+	+
Chondrula tridens albolimbata	-	-	-	-	-	-	-	+	-
Zebrina cephalonica	+	-	-	-	+	-	-	+	+
Cochlodina laminata	-	-	-	-	-	-	-	+	-
Macrogastra ventricosa	+	-	-	-	-	-	-	+	+
Macrogastra densestriata	-	-	-	-	+	-	-	+	+
Macrogastra badia	+	-	-	-	+	-	-	+	+
Macrogastra plicatula	-	-	-	-	-	-	-	+	-
Macrogastra sp.	-	-	-	-	-	-	-	cf.	+
Clausilia rugosa antiquitatis	-	-	-	-	-	-	+	-	
Clausilia dubia	+	-	-	-	+	-	-	+	+
Neostyriaca corynodes	+	-	-	-	+	-	-	+	+
Laciniaria plicata	-	-	-	-	-	-	-	+	-
Balea biplicata	-	-	-	-	-	-	-	+	cf.
Bulgarica cana	+	-	-	-	+	-	-	+	cf.
Baleinae indet.	-	-	-	-	-	-	-	+	-
Cecilioides cf. *petitianus*	-	-	-	-	-	-	-	+	-
Punctum pygmaeum	-	-	-	-	-	-	-	+	+
Helicodiscus (Hebetodiscus) sp.	-	-	-	+	-	-	-	-	
Discus rotundatus	+	-	-	-	-	-	-	+	+
Discus cf. *ruderatus*	-	-	-	-	-	-	-	-	+
Discus perspectivus	-	-	-	-	+	-	-	+	-
Euconulus fulvus	-	-	-	-	-	-	+	-	+
Semilimax semilimax	-	-	-	-	-	-	-	+	+
Vitrinobrachium breve	-	-	-	-	-	-	-	+	-
Vitrea crystallina	+	-	-	-	-	-	-	+	+
Archaegopis acutus	-	-	-	-	+	-	-	+	-
Aegopinella minor	-	-	-	-	-	-	-	+	-
Aegopinella nitens	+	-	-	-	+	-	-	+	-
A. cf. *minor/nitens*	-	-	-	-	-	-	-	-	+
Aegopinella cf. *ressmanni*	-	-	-	-	-	-	-	-	+
Perpolita hammonis	-	-	-	-	-	-	-	-	+
Perpolita petronella	-	-	-	-	-	-	-	+	+
Oxychilus sp.	-	-	-	-	-	-	+	-	-
Oxychilus steiningeri	-	-	-	-	-	-	-	+	-
Tandonia cf. *rustica*	-	-	-	-	-	-	-	+	-
Tandonia cf. *budapestensis*	-	-	-	-	-	-	-	+	-
Soosia diodonta	-	-	-	-	-	-	-	+	-
Fruticicola fruticum	+	-	-	-	+	-	-	+	+
Trichia hispida	-	+	-	-	-	-	-	+	+
Trichia sericea	+	-	-	-	+	-	-	+	+
Trichia sp.	+	-	-	-	-	-	-	-	-
Petasina unidentata	-	-	-	-	-	-	-	+	-
Petasina cf. *bielzi*	-	-	-	-	-	-	-	+	-
Helicopsis striata	+	-	-	-	+	-	+	+	+
Helicopsis hungarica	+	-	-	-	-	+	+	+	+
Helicopsis sp.	-	-	-	-	-	-	-	+	+
Perforatella bidentata	-	-	-	-	-	-	-	+	-
Urticicola umbrosus	-	-	-	-	-	-	-	-	+
Monachoides incarnatus	-	-	-	-	-	-	-	+	-
Monachoides vicinus	+	-	-	-	+	-	-	+	-
Euomphalia strigella	+	-	-	-	+	-	-	+	+
Arianta arbustorum	+	-	-	-	+	-	-	+	+
Helicigona capeki	+	-	-	-	+	-	-	+	+
"Klikia" altenburgensis	+	-	-	-	-	-	-	+	+
Isognomostoma isognomostomos	+	-	-	-	+	-	-	+	+
Cepaea vindobonensis	-	-	-	-	cf.	+	+	+	+
Helix figulina	-	-	-	-	+	-	-	+	-
Hygromiidae et Helicidae indet.	-	-	-	-	-	-	-	+	
Gesamt: 75	23	1	-	-	28	2	12	66	43

Deutsch-Altenburg	30A	30B	16	2A	2C1	2C2	2D/E	4B	4A
Pisces									
-Wirbel	-	-	-	-	+	-	-	-	-
Amphibia (det. Rabeder)									
Pelobates fuscus	+	-	-	-	+	-	-	+	-
Pelobates sp.	-	-	-	-	+	-	-	-	-
Pelodytes sp.	-	-	-	-	+	-	-	-	-
Bufo viridis	+	-	-	+	+	-	-	+	-
Bufo bufo	+	-	-	-	+	-	-	-	-
Rana arvalis	-	-	-	-	-	-	-	+	-
Rana sp.	+	-	-	-	+	-	-	+	-
Reptilia (n. RABEDER1977, RAUSCHER 1992)									
Lacertilia									
Ophisops elegans	-	+	-	-	-	-	-	+	-
Lacerta vivipara	-	-	-	+	-	-	-	+	-
Lacerta viridis	+	-	-	+	+	-	-	+	-
Lacerta agilis	+	-	-	-	+	-	-	+	-
Lacerta oxycephala	-	-	-	-	-	-	-	+	-
Podarcis praemuralis	+	-	-	-	+	-	-	+	-
Podarcis altenburgensis	-	-	-	-	-	-	-	+	-
Lacerta sp.	+	-	-	+	+	-	-	+	-
Anguis fragilis	-	-	-	+	-	-	-	+	-
Ophisaurus pannonicus	+	-	-	-	+	-	-	-	-
Serpentes									
Natrix natrix	+	-	-	+	+	-	-	+	-
Coluber sp.	+	+	+	+	+	+	-	+	-
Elaphe quatuorlineata	-	-	-	+	+	-	-	+	-
Coronella? sp.	+	-	-	-	-	-	-	-	-
Aves (nach JANOSSY 1981)									
Falco tinnunculus atavus	-	-	-	-	-	-	-	+	-
Glaucidium passerinum	-	-	-	-	-	-	-	+	-
Athene cf. *veta*	-	-	-	-	+	-	-	-	-
Francolinus capeki	-	-	-	-	+	-	-	+	-
Perdix perdix jurcsaki	-	-	-	-	+	-	-	+	-
Dendrocopos submajor	-	-	-	-	-	-	-	+	-
Hirundo cf. *rustica*	-	-	-	-	+	-	-	+	-
Sylvia cf. *atricapilla*	-	-	-	-	-	-	-	+	-
Turdus cf. *viscivorus*	-	-	-	-	+	-	-	+	-
Turdus cf. *philomelos*	-	-	-	-	-	-	-	+	-
Turdus cf. *musicus*	-	-	-	-	-	-	-	+	-
Sitta cf. *europaea*	-	-	-	-	-	-	-	+	-
Sitta sp. (kleine Art)	-	-	-	-	-	-	-	+	-
Serinus cf. *serinus*	-	-	-	-	-	-	-	+	-
Pinicola sp. (cf. *enucleator*)	-	-	-	-	-	-	+	-	
Garrulus cf. *glandarius*	-	-	-	-	-	-	-	+	-
Mammalia (det. Rabeder)									
Talpidae									
Talpa cf. *europaea*	+	-	-	-	-	-	-	+	-
Talpa minor	+	-	-	-	-	-	-	+	-
Desmana nehringi	+	-	-	-	+	-	-	+	-
Desmana thermalis	-	-	-	-	+	-	-	-	-
Soricidae									
Sorex runtonensis	+	-	-	-	+	-	-	+	-
Sorex cf. *praealpinus*	-	-	-	-	+	-	-	-	-
Sorex cf. *minutus*	+	-	-	-	+	-	-	+	-
Sorex sp.	-	-	-	-	+	-	-	-	+

Deutsch-Altenburg	30A	30B	16	2A	2C1	2C2	2D/E	4B	4A
Drepanosorex margaritodon	+	-	-	-	+	-	-	-	+
Dimylosorex tholodus	+	-	-	-	+	-	-	+	-
Petenyia hungarica	-	-	-	-	+	-	+	-	-
Beremendia fissidens	+	-	-	+	+	-	-	+	-
Episoriculus gibberodon	-	-	-	+	-	-	-	+	-
Episoriculus sp.	-	-	-	-	-	-	-	+	-
Crocidura kornfeldi	+	-	-	+	+	-	-	+	-
Erinaceidae									
Erinaceus sp.	-	-	-	-	+	-	-	+	-
Rhinolophidae (det. Sapper)									
Rhinolophus mehelyi	+	+	+	+	+	+	+	+	-
R. ferrumequinum	+	+	+	+	+	+	+	+	-
Rhinolophus hipposideros	-	-	-	-	+	-	-	-	-
Vespertilionidae									
Miniopterus schreibersi	-	-	-	+	-	+	+	+	-
Myotis blythi	-	+	-	+	-	+	+	+	-
Myotis bechsteini	+	+	+	+	+	+	+	+	+
Myotis cf. *emarginatus*	+	+	-	+	-	+	+	+	+
Myotis cf. *nattereri*	-	+	+	+	+	+	+	+	-
Myotis cf. *dasycneme*	-	+	-	+	-	-	-	-	-
Myotis cf. *exilis*	+	+	-	+	+	+	+	+	-
Myotis cf. *mystacinus*	-	+	-	-	-	-	-	+	-
Myotis cf. *helleri*	-	-	-	+	-	-	-	-	-
Plecotus abeli	+	+	+	+	+	+	+	+	-
Paraplecotus crassidens	-	-	-	+	-	+	+	-	-
Barbastella schadleri	+	+	-	+	-	+	+	+	-
Eptesicus cf. *praeglacialis*	-	-	-	+	-	+	+	+	-
Nyctalus sp.	-	-	-	-	-	-	-	+	-
Sciuridae									
Marmota sp.	-	-	-	-	+	-	-	-	-
Citellus primigenius	+	-	-	-	+	-	+	+	-
Sciurus sp.	-	-	-	-	+	-	-	+	-
Gliridae									
Glis antiquus	-	-	-	+	+	-	-	+	-
Muscardinus dacicus	-	-	-	-	+	-	-	+	-
Glirulus pusillus	-	-	-	-	-	-	-	+	-
Cricetidae									
Cricetus nanus	+	+	-	+	+	+	+	+	-
Cricetulus bursae	-	-	-	-	+	+	+	+	-
Arvicolidae									
Lagurus arankae		-	-	+	+	-	+	+	-
Prolagurus pannonicus	+	-	-	-	+	-	-	+	-
Mimomys coelodus	+	-	-	-	+	-	-	+	+
Mimomys pusillus	+	-	cf.	-	+	-	-	+	-
Mimomys tornensis	-	-	-	-	+	-	-	+	-
Microtus pliocaenicus	+	+	-	+	+	+	+	-	-
Microtus praehintoni	-	-	-	-	-	-	-	+	-
Microtus hintoni	-	-	-	-	-	-	-	-	+
M. superpliocaenicus	-	-	-	-	-	-	-	-	+
Mimomys cf. *savini*	-	-	-	-	+	-	+	+	-
Clethrionomys hintonianus	+	-	-	+	+	+	+	+	-
Pliomys episcopalis	+	-	-	-	+	-	sp.	+	-
Pliomys simplicior	+	-	-	+	+	-	-	-	-
Pliomys hollitzeri	-	-	-	-	-	-	-	+	-
Ungaromys nanus	-	-	-	-	+	-	-	+	-
Lemmus sp.	+	-	-	-	-	-	-	+	-
Muridae									
Apodemus cf. *atavus*	+	-	-	+	+	-	-	+	-
Dipodidae									
Sicista praelorigor	-	-	-	-	-	-	-	+	-

Deutsch-Altenburg	30A	30B	16	2A	2C1	2C2	2D/E	4B	4A
Leporidae (n. FLADERER 1984, FLADERER & REINER 1996)									
Hypolagus beremendensis brachygnathus	+	-	-	-	+	+	+	+	-
Lepus terraerubrae	-	-	-	+	+	+	+	+	-
Lepus sp.	-	-	-	-	-	-	-	+	-
Ochotonidae (det. Fladerer)									
Ochotona sp.	+	-	-	-	+	-	-	-	-
Mustelidae									
Mustela palerminea	+	-	-	-	+	-	+	+	-
Mustela praenivalis	+	-	-	-	+	-	-	-	-
Psalidogale altenburgensis	-	-	-	-	+	-	-	-	-
Martes cf. *zibellina*	-	-	-	-	+	-	-	+	-
Martes cf. *vetus*	-	-	-	-	+	-	-	-	-
Martes sp.	-	-	-	-	-	-	-	+	-
Vormela petenyii	-	-	-	-	+	-	-	+	-
Oxyvormela maisi	-	-	-	-	+	-	+	-	-
Pannonictis ardea	-	-	-	-	+	-	-	-	-
Pannonictis pliocaenicus	-	-	-	-	+	-	-	-	-
Baranogale sp.	-	-	-	-	-	-	-	+	-
Meles hollitzeri	-	-	-	-	+	-	-	+	-
Meles n. sp.	-	-	-	-	+	-	-	-	-
Canidae									
Vulpes praeglacialis	+	-	-	-	+	+	-	+	-
Vulpes praecorsac	-	-	-	-	+	-	-	-	-
Canis cf. *mosbachensis*	-	-	-	-	+	-	-	+	-
Ursidae									
Ursus etruscus	-	-	-	-	+	-	-	+	-
Ursus deningeri	-	-	-	-	+	-	-	+	-
Felidae									
Felis sp.	-	-	-	-	+	-	-	-	-
Panthera n. sp.	-	-	-	-	-	-	-	+	-
Homotherium sainzelli	-	-	-	-	-	-	-	+	-
Lynx sp.	-	-	-	-	-	-	-	+	-
Rhinocerotidae									
Stephanorhinus etruscus	-	-	-	-	+	-	-	+	-
Equidae									
Equus sp.	-	-	-	-	-	-	-	+	-
Cervidae									
Cervus sp.	-	-	-	-	+	-	+	-	-
Bovidae									
Leptobos sp.	-	-	-	-	-	-	-	-	-
Bison schoetensacki	-	-	-	-	+	-	-	+	+
Caprinae indet.	-	-	-	-	+	-	-	-	-
Proboscidea									
Mammuthus meridionalis	-	-	-	-	+	-	-	-	-
Cercopithecidae (n. FLADERER 1987)									
Macaca sylvanus	-	-	-	-	+	-	-	+	-
Gesamtanzahl der Wirbeltierarten: 129	44	15	6	33	81	22	27	94	8

Chronologie: Aus der Artenliste der Großsäuger und Mollusken geht schon hervor, daß das ganze große Profil des Höhlensystems dem Altpleistozän zuzuordnen ist. Eine wesentlich feinere Zonierung ist mit Hilfe der Arvicoliden möglich. Dank der raschen Evolution der Gattung *Microtus* ist das Altpleistozän (= Biharium im Sinne KRETZOIs 1965) in mehrere Biozonen zu unterteilen, von denen die ersten beiden am Profil von Deutsch-Altenburg definiert wurden (RABEDER 1981, 1986, MAIS & RABEDER 1984).

Die Fundschicht 30A gehört einem tieferen, $2C_1$ einem höheren Niveau der Microtus pliocaenicus-Zone an. Die Fauna der Schachtfüllung 4B repräsentiert die M. praehintoni-Zone, während der Löß von Deutsch-Altenburg 4A in die M. nutiensis-Zone zu stellen ist. Die Fundschichten 30B, 16, $2C_2$, 2D und 2E sind nur nach ihrer stratigraphische Lage einzustufen, da sie zu wenig Leitformen geliefert haben.

Klimageschichte: Schon aus dem Vorkommen thermophiler Arten unter den Wirbeltieren (*Coluber*-Arten, *Ophisaurus, Rhinolophus mehelyi, Miniopterus)* geht hervor, daß das Klima zur Bildungszeit der Höhlenfüllungen deutlich wärmer war als heute (s. MAIS &

RABEDER 1984). Die Auswertung der Molluskenfaunen (d. C. Frank) ermöglicht wesentlich genauere und feinere ökologische und klimatologische Aussagen:
Für **Deutsch-Altenburg 30A** und **2C1** ergibt sich eine hohe Wärme-, aber nur mäßige Feuchtigkeitsbetonung (wenig *Discus perspectivus, Isognomostoma isognomostomos*, mehr *Aegopinella nitens*). Individuenmäßig herrschen die Arten der trockenen, offenen bis halboffenen Landschaft vor (*Granaria frumentum, Chondrula tridens*, auch *Vallonia costata*). Gebietsweise gab es Bewaldung, mit Busch- und Mantelformationen (für Wald sprechen vor allem die *Macrogastra*-Spezies, *D. perspectivus, Ae. nitens, Trichia sericea, Monachoides vicinus, Helicigona capeki, I. isognomostomos*; für Buschwerk *Fruticicola fruticum, Euomphalia strigella, Cepaea* cf. *vindobonensis*, und *Helix figulina*).
Eine Felsbetonung (karstartige Landschaft) ist ausgeprägt durch *Zebrina cephalonica, Clausilia dubia, Neostyriaca, Bulgarica cana*, vermutlich *Archaegopis acutus*, vor allem aber durch *Helicodiscus (Hebetodiscus)* (lebt wahrscheinlich subterran in Spaltenräumen). Eine balkanisch-südkarpatische Akzentuierung entsteht durch *Z. cephalonica, Macrogastra densestriata, Trichia sericea, Monachoides vicinus*, und *Helix figulina*.

Deutsch-Altenburg 2D/E:
Eine warm-trocken akzentuierte Fauna, die für offene bis halboffene Verhältnisse spricht.

Deutsch-Altenburg 4B:
Die reichste und am stärksten differenzierte Molluskenfauna aus dem Deutsch-Altenburger Fundkomplex; wärme- und feuchtigkeitsbetont: Die Wärmebetonung beruht vor allem auf *Chondrula tridens albolimbata, Cecilioides* cf. *petitianus* (heute vorwiegend mediterran, auch im Karpatenbecken, in Ungarn und vom österreichischen Alpenostrand bekannt - Bisamberg, Gainfarn bei Bad Vöslau, Mödling, Baden, Bad Vöslau/Hansybachschotter; vgl. REISCHÜTZ 1984) und auf dem überaus hohen Anteil an *Helicopsis*. Auch *Aegopinella minor* ist hoch wärmebedürftig (bevorzugt in Eichen-Hainbuchen-Buschwäldern auf Hanglagen, mit *Corylus avellana* als bestandsbildendem Element der Strauchschichte).
Deutliche Feuchtigkeitsbetonung: Die Planorbidae deuten auf temporäre Kleingewässer hin, *Lithoglyphus* auf die nahe Donau; weiters *Macrogastra ventricosa*, Zonitidae, die Tandonien (gleichzeitig ein Hinweis auf Spaltenräume im Oberboden), *Monachoides incarnatus*, der hohe Anteil von "*Klikia*" *altenburgensis, Isognomostoma isognomostomos*. Mit der hochspezifischen *Perforatella bidentata* ist sogar ein Hinweis auf Phytozönosen gegeben, die einem heutigen Schwarzerlenbruch entsprechen würden.
Das Landschaftsbild läßt sich als sehr strukturiert annehmen, mit Wald und offenen Flächen, Gebüschgruppen (viel *Granaria, Euomphalia*). Die Clausilien-Arten deuten auf bodenfeuchten, laubholzbetonten Mischwald hin; dafür spricht auch *Acanthinula aculeata*. Die Clausiliidae sind durch 13 Arten repräsentiert - in gegenwärtigen artenreichen Gemeinschaften Mitteleuropas sind es höchstens 6-8! Eine weitere Besonderheit ist *Vitrinobrachium breve* (in Österreich ist gegenwärtig nur ein Genistfund bei Neunkirchen/Enknach, Bez. Braunau, bekannt; sowie cf. *Vitrinobrachium breve* -Krems, III. und *Vitrinobrachium* sp. - Stranzendorf I. Auch von der Fundstelle Stranska skálá bei Brünn ist die Art gemeldet).
Starker südkarpatisch-balkanischer Einfluß: *Chondrula tridens albolimbata, Zebrina cephalonica, Soosia diodonta* (weitere österreichische Fundstellen der letztgenannten: Gedersdorf, Aigen; auch Stranska skálá I), *Trichia sericea, Petasina (E.)* cf. *bielzi, Monachoides vicinus, Helix figulina*.
Das Gesamtartenspektrum deutet darauf hin, daß das Klima zur Ablagerungszeit dieser Fauna wärmer und feuchter als das heutige gewesen war. Weiters ist erkennbar, daß der südkarpatisch-balkanische Einfluß auf die Faunenentwicklung der Mollusken im zentralen Mitteleuropa vermutlich älter ist als der südeuropäisch-mediterrane. Dieser brachte eine Reihe von Arten, die vor allem postglazial im Gebiet, auch als Kulturfolger, erschienen sind.

Deutsch-Altenburg 4A:
Die Gastropodenfauna ist wärme- und feuchtigkeitsbetont; durch den individuenmäßigen Anteil der Arten feuchten Waldes ist die Feuchtigkkeitsbetonung aber geringer als in der Fundschicht 4B. Der Anteil der Steppenheidenflächen mit Gebüschen dürfte größer gewesen sein - dafür spricht die hohe Beteiligung von *Pupilla triplicata, Granaria frumentum* und *Truncatellina cylindrica*. Demgegenüber tritt der prozentuelle Anteil der Waldbewohner s.str. zurück, sodaß ein Landschaftsbild ähnlich wie zur Bildungszeit der Schichten 30A und $2C_1$ denkbar wäre, mit etwas stärker ausgeprägter Feuchtigkeitsbetonung. Die deutlich höhere Artenzahl spricht für eine bessere standörtliche Gliederung (mehr Mikrohabitate). Auch ist der balkanische Charakter der Fauna schwächer als in den genannten Schichten.
Die wenigen aus 30B, 2C2 und 2E vorliegenden Molluskenarten sind unsignifikant und reichen für eine Einstufung nicht aus. Aus Fundnummer 16 sind keine Mollusken vorhanden.

Abb.2: Die Fundstelle Deutsch-Altenburg 2 unmittelbar nach ihrer Entdeckung im Juli 1971. Nach einer Zeichnung (Ansicht von SE) von P. Schlusche. A, B, C und H bezeichnen die damaligen Aufschlüsse der Fundschichten 2A und 2C sowie die Lage von 2H in einem kleinen Hohlraum.

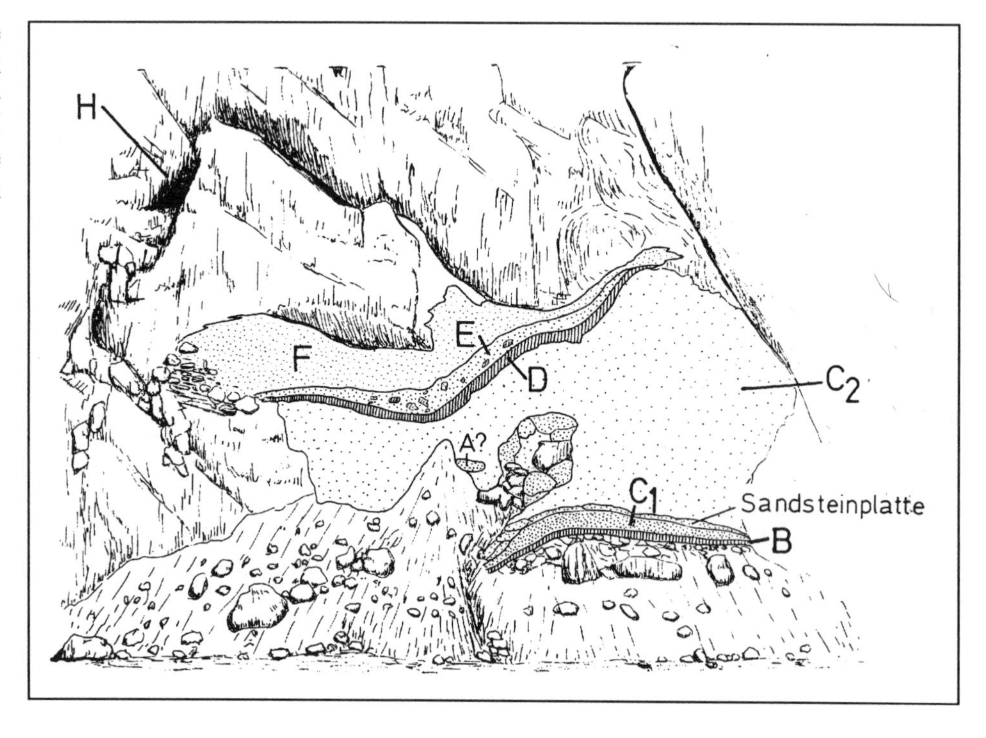

Abb.3: Die Fundstelle Deutsch-Altenburg 2 im März 1972, schematische Ansicht von SW (n. RABEDER 1973:9). Die Buchstaben bezeichnen die Schichten.

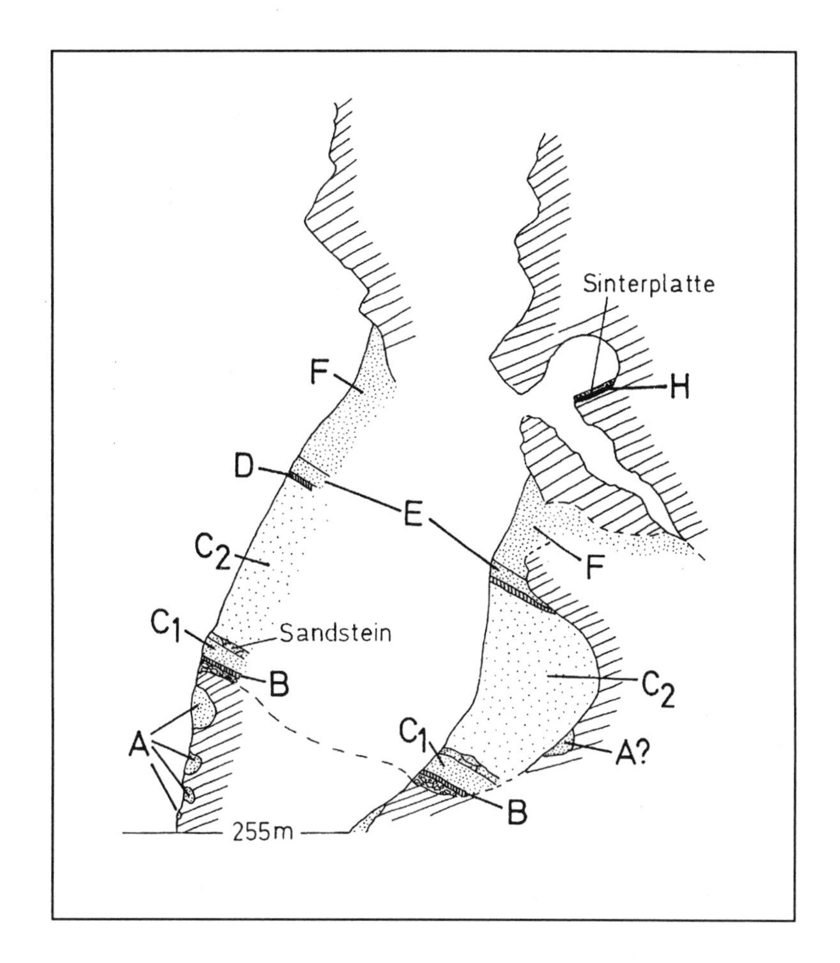

Abb.4: Die Fundstelle Deutsch-Altenburg 2 im Profil, links im September 1971, rechts im Oktober 1972. Vermutete Hohlraumumgrenzung strichliert (n. RABEDER 1972:13).

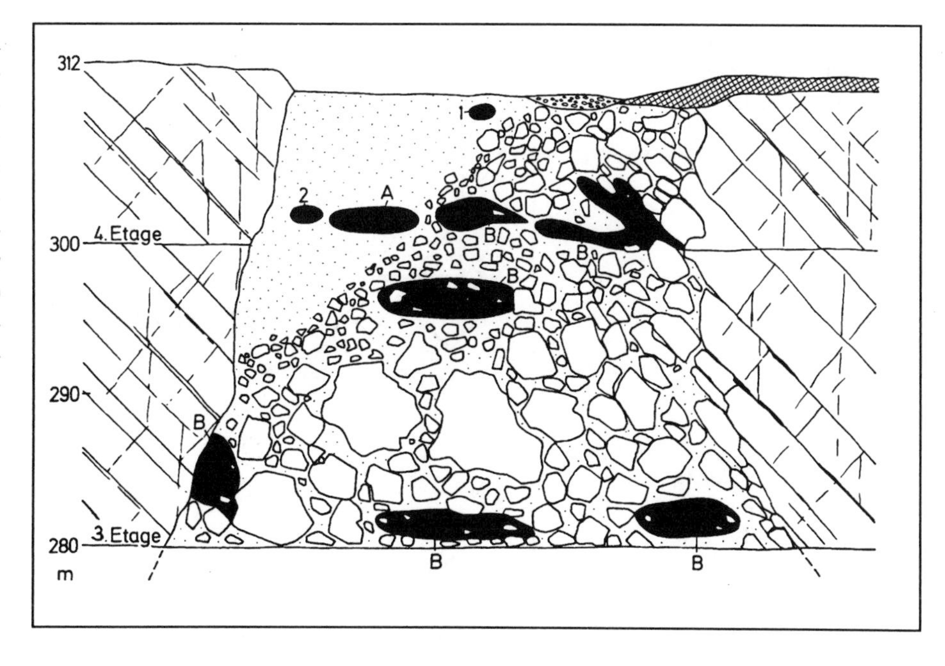

Abb.5: Die hangenden Abschnitte der Schachtfüllung Deutsch-Altenburg 4 mit den Fundschichten 4A und 4B. Die Ziffern 1 und 2 bezeichnen die Lage der Einzelfunde von *Mammuthus meridionalis* (1 Molar) und von *Bison schoetensacki* (Schädel). Schematische Zeichnung von G. Rabeder.

Abb.6: Schematischer Aufriß des großen Höhlenprofils im Steinbruch Hollitzer mit den Fundstellen Deutsch-Altenburg 2, 4, 16 und 30, rekonstruiert nach Geländeaufnahmen in den Jahren 1971 bis 1983. (aus: MAIS & RABEDER 1984).

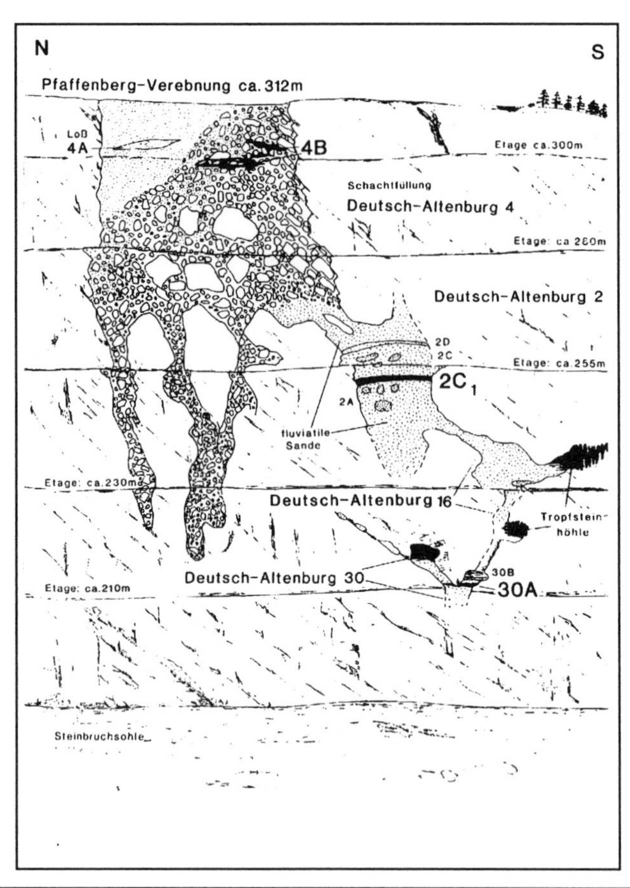

Abb.7: Aufschluß-Skizze einer spaltenförmigen Fortsetzung der Schachtfüllung Deutsch-Altenburg 4 im September 1978, (nach einer Zeichnung von G. Rabeder, aus dem "Archiv-Material K. Mais", Abt. f. Karst- u. Höhlenkde. Naturhist. Mus. Wien).

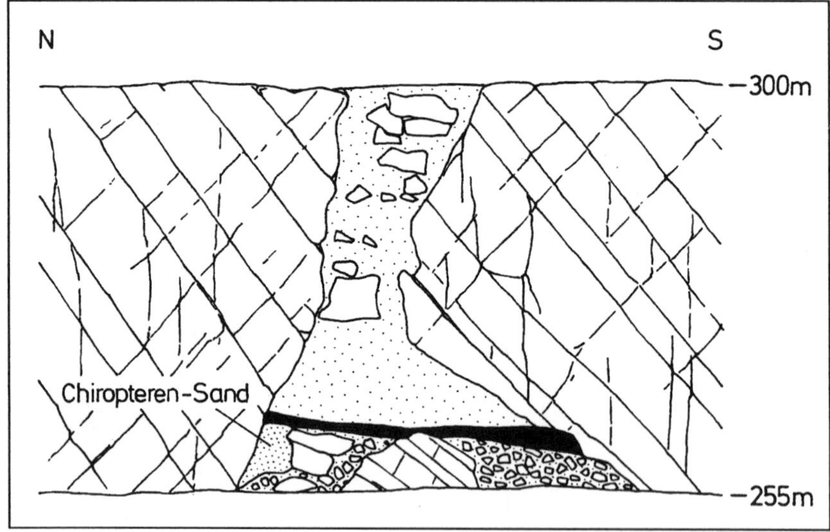

Abb.8: Aufschluß-Skizze der Fundstelle Deutsch-Altenburg 30 mit den Fundschichten A und B im November 1981, (nach einer Zeichnung von G. Rabeder, aus dem "Archiv-Material K. Mais", Abt. f. Karst- u. Höhlenkunde Naturhist. Mus. Wien).

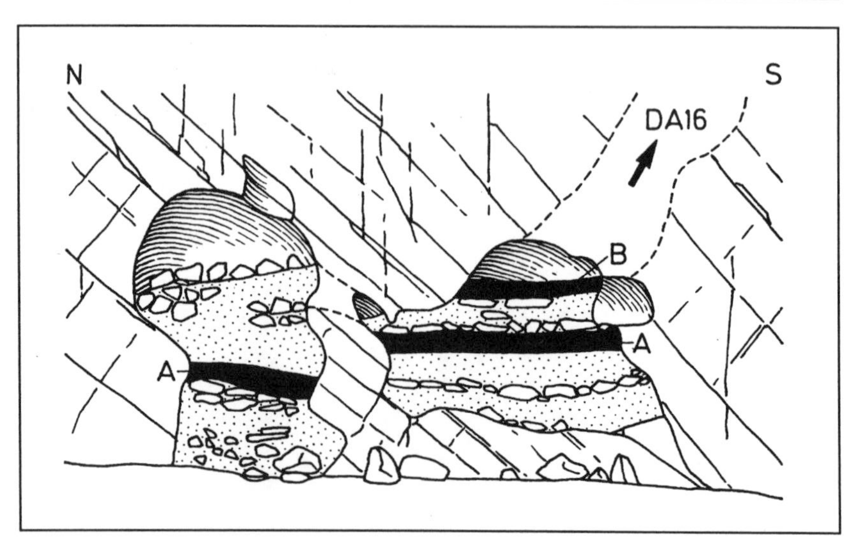

Deutsch-Altenburg 2H

Gernot Rabeder

Höhle mit Fledermausfauna, Altpleistozän?

Seehöhe: ca. 260m
Lage und Fundstellenbeschreibung: Im Bereich der Fundstelle 2 in einer kleinen Seitenhöhle (siehe Abb.2, 3 und 4). Unter einer 3cm dicken Sinterplatte kam im Jahre 1973 eine individuenreiche Fledermausfauna zum Vorschein. Die Knochen lagen auf einem gelben Feinsand, der vielleicht mit der Schicht 2F zusammenhing.

Fauna:
Mammalia (det. Rabeder)
Rhinolophus ferrumequinum (selten)
Miniopterus schreibersi (selten)
Myotis blythi (häufig)
Myotis bechsteini (dominant)
Myotis cf. *emarginatus* (selten)
Myotis cf. *nattereri* (selten)
Myotis mystacinus

Chronologie und Klimageschichte: Da keine Arvicoliden-Reste vorliegen, ist eine chronologische Einstufung nicht möglich. Gegenüber der Fundschicht 2D fällt das seltene Vorkommen von *Rhinolophus* und *Miniopterus* sowie das Fehlen von *Plecotus* und *Barbastella* auf. Die Fauna der Fundschicht 2H stammt vielleicht aus einer etwas jüngeren, etwas kühleren Phase des Altpleistozäns.

Deutsch-Altenburg 3

Christa Frank & Gernot Rabeder

Spaltenfüllung mit Mikrofauna, Ältestpleistozän

Seehöhe: ca. 255m
Lage und Fundstellenbeschreibung: Etwa 50 Meter südl. der Fundstelle Deutsch-Altenburg 2 (Abb.9). Im Jahre 1971 wurde ein spaltenförmiger Höhlenrest angetroffen, der mit einem Sand und Ton gefüllt war. Eine nur 30cm mächtige Schicht enthielt massenhaft Schnecken und Mikrovertebraten.

Fauna:
Mollusca (n. Papp: Manuskript; Frank: Revision)
Theodoxus sp.
Valvata sp.
Cochlicopa lubricella
Truncatellina cylindrica
Truncatellina claustralis
Granaria frumentum
Abida cf. *secale*
Helicopsis hungarica (zahlreich; 53 ausgezählt), Fragmente größerer Arten, davon
cf. "*Klikia*" *altenburgensis*. (1 Exemplar)

Amphibia (Rabeder)
Rana sp.
Pelobates sp.
Bufo bufo
Reptilia (n. RAUSCHER 1992, Rabeder)
Lacerta vivipara
Lacerta viridis
Lacerta agilis
Podarcis praemuralis
Lacerta sp.
Coluber sp.
Natrix sp.

Mammalia (Rabeder)
Talpa minor
Talpa europaea
Beremendia fissidens
Sorex sp.
Crocidura kornfeldi
Erinaceus sp.

Rhinolophus cf. *ferrumequinum*
Miniopterus schreibersi
Myotis bechsteini
Myotis cf. *emarginatus*
Myotis cf. *exilis*

Citellus sp.
Glis sp.
Glirulus sp.
Gliridae indet. (cf. *Peridyromys*)
Cricetulus bursae
Mimomys pusillus
Mimomys tornensis
Mimomys pitymyoides
Borsodia hungarica
Mimomys cf. *pliocaenicus*
Clethrionomys cf. *kretzoii*
Ungaromys sp.
Prospalax sp.
Apodemus atavus

Chronologie: Ältestpleistozän, Jungvillanyium. Typisch jungvillanyische Arvicolidenfauna.
Klimageschichte: Die Mollusken stammen überwiegend aus warm-trockenen, offenen bis halboffenen Lebensräumen; die beiden aquatischen Gastropoden-Arten deuten auf fließendes Wasser hin und sind vermutlich eingeschwemmt. Die Chondrinidae *(Granaria, Abida)* und *Truncatellina claustralis* zeigen leichte Felsbetonung an.

Lit.: BINDER 1977, RABEDER 1981

Abb.9: Aufschluß-Skizze der Fundstelle Deutsch-Altenburg 3 mit den Schichten A = roter Ton, B und C = gelber Sand, (nach einer Zeichnung von G. Rabeder, aus dem "Archiv-Material K. Mais", Abt. f. Karst- u. Höhlenkde. Naturhist. Mus. Wien).

Deutsch-Altenburg 5

Christa Frank & Gernot Rabeder

Höhle mit eingeschwemmten Gastropoden- und Kleinsäugerresten, Altpleistozän

Seehöhe: ca. 260m

Lage und Fundstellenbeschreibung: Im Jahre 1972 war auf der 2.Etage des Steinbruchs Hollitzer eine geräumige Höhle (über 100m lang) mit geringer Sedimentfüllung aufgeschlossen. Über fossilleeren fluviatilen Sanden gab es an zwei Stellen gering mächtige Fundschichten, die mit 5A und 5B bezeichnet wurden und unterschiedliche Faunen enthielten.

Fauna: (Stückzahl)

	5A	5B
Mollusca (det. FRANK 1993)		
Vertigo pygmaea (0/2)	-	+
Granaria frumentum (5/0)	+	-
Pupilla triplicata (7/1)	+	+
Vallonia costata (5/0)	+	-
Vallonia tenuilabris (27/0)	+	-
Zebrina cephalonica (0/2)	-	+
Clausilia dubia (>24, dominant/0)	+	-
Neostyriaca corynodes (2/0)	+	-
Discus rotundatus (0/1)	-	+
Trichia cf. *sericea* (14/6)	+	+
"Klikia" altenburgensis (0/5)	-	+
Vertebrata (det. Rabeder)		
Reptilia		
Coluber sp. (Wirbel)	-	+

	5A	5B
Mammalia		
Talpa europaea (1)	-	+
Rhinolophus cf. *ferrumequinum* (1)	-	+
Myotis bechsteini (5Mand.)	-	+
Glis sp. (1 zahnloses Max.)	+	-
Cricetus cricetus (1 Humerus-Fr.)	+	-
Mimomys pusillus (1)	+	-
Microtus sp. (1 M_1)	+	-
Felis cf. *silvestris*	+	-

Chronologie: Nach den Gastropoden (*"K." altenburgensis* und *Z. cephalonica)* sowie nach der urtümlichen *Microtus*-Form (es gibt nur einen M_1 mit dem Morphotyp praehenseli) sind beide Faunen in das Altpleistozän zu stellen.

Klimageschichte: Die Gastropoden der Schicht A kamen aus Verhältnissen, die einer "Felssteppe" entsprechen : Es überwiegen klimatisch anspruchslose Arten (*C. dubia*) bis ausgesprochen kaltzeitliche Elemente (*V. tenuilabris*).

Die Fauna der Schicht B ist artenarm. Ihr Herkunftsgebiet war warm-trocken, offenes bis halboffenes Land.

Lit.: RABEDER 1981, MAIS 1972

Deutsch-Altenburg 6

Christa Frank & Gernot Rabeder

Spaltenfüllung, Altpleistozän

Seehöhe: 240m

Im Jahre 1972 wurde knapp nördlich der Fundstelle Deutsch-Altenburg 5 ein spaltenförmiger Hohlraum entdeckt, der fossilführende Lehme enthielt.

Fauna:

Mollusca (det. FRANK 1993)

alle Molluskenreste sind stark korrodiert.

Granaria frumentum (14)

Pupilla cf. *triplicata* (1)

Neostyriaca corynodes (1; kleines Exemplar)

Helicopsis hungarica (4)

"Klikia" altenburgensis (1)

Dazu die Steinkerne von 2 tertiären Arten (*Valvata* sp., cf. Bithyniidae).

Mammalia

Sorex runtonensis

Myotis bechsteini

Myotis cf. *nattereri*

Plecotus ? sp.

Barbastella schadleri

Microtus sp.

Hypolagus beremendensis

"Martes" sp. (gleiche Art wie in Deutsch-Altenburg 4)

Chronologie: Das altpleistozäne Alter ergibt sich aus dem Vorkommen von *Hypolagus, Sorex runtonensis*

und *"Klikia"*.
Klimageschichte: Das Klima war etwas gemäßigter als zur Zeit von Deutsch-Altenburg 5. Die Mollusken wurden aus einem Biotop eingeschwemmt, das man als "Felssteppe" charakterisieren kann.

Lit.: RABEDER 1973c, 1981

Deutsch-Altenburg 7

Christa Frank & Gernot Rabeder

Höhlenrest, der wahrscheinlich mit dem Schacht der Fundstelle Deutsch-Altenburg 4 in Verbindung stand, Altpleistozän

Seehöhe: ca. 285m
Lage: knapp nördlich der Fundstelle Deutsch-Altenburg 4.
Entdeckt und ausgebeutet: 1972

Fauna:
Mollusca
Vallonia sp.
Clausiliidae indet.

Reptilia
Ophidia indet.
Mammalia
Erinaceus sp.
Sorex runtonensis
Rhinolophus ferrumequinum
Myotis blythi
Myotis cf. *emarginatus*
Myotis nattereri
Myotis cf. *exilis*
Myotis cf. *dasycneme*
Plecotus? sp.
Barbastella schadleri
Eptesicus sp.
Pliomys hollitzeri
Microtus cf. *hintoni*
Mimomys pusillus

Chronologie: Nach den Leitformen *Pliomys hollitzeri* und *Microtus* cf. *hintoni* gleichalt wie Deutsch-Altenburg 4A oder 4B (*M. hintoni*- oder *M. praehintoni*-Zone).
Klimageschichte: s. Deutsch-Altenburg 4. Die Gastropoda sind nicht signifikant.

Lit.: RABEDER 1973c, 1981

Deutsch-Altenburg 8

Gernot Rabeder

Höhlenraum, der ursprünglich mit dem Schacht der Fundstelle Deutsch-Altenburg 4 verbunden war. Altpleistozän.
Seehöhe: 260m
Lage: Knapp nördlich des genannten Schachtes.
Entdeckt und ausgebeutet: 1972

Fauna:
Mammalia
Rhinolophus ferrumequinum
Myotis blythi
Myotis bechsteini
Myotis cf. *emarginatus*
Myotis cf. *nattereri*
Myotis cf. *exilis*
Cricetus cricetus
Prolagurus pannonicus

Chronologie und Klimageschichte: Wahrscheinlich wie Deutsch-Altenburg 2 oder 4B.

Lit.: RABEDER 1973c, 1981

Deutsch-Altenburg 9

Gernot Rabeder

Spaltenfüllung mit Mikrovertebraten, Mittel-Pliozän

Seehöhe: ca. 295m
Lage: In einer Erweiterung derselben Schichtfuge, in der auch die Fundstelle 20 situiert war (Abb. 10).
Sediment: Eingespülte Terra rossa

Fauna:
Reptilia
Coluber sp.
Ophisaurus pannonicus
Lacertilier indet.
Testudinata indet.
Mammalia
Talpa minor
Beremendia sp.
Episoriculus sp.
Petenyia sp.
Crocidura obtusa
Rhinolophus cf. *ferrumequinum*
Rhinolophus mehelyi
Myotis sp.
Mimomys stehlini = M. "kretzoii "?
Cseria carnuntina
Prospalax priscus
Apodemus dominans
Glis sp.
Hypolagus beremendensis

Chronologie und Klimageschichte: Die beiden Arvicoliden-Arten sind Leitformen für das Mittelpliozän (auch als Csarnotium, MN-Zone 16 bezeichnet). Die Assoziation von *Rhinolophus mehelyi* und *Ophisaurus* mit *Prospalax* entspricht dem warmen, trockenen Klima des Mittelpliozäns.

Lit.: MAIS & RABEDER 1977a, BACHMAYER & MLYNARSKI 1977

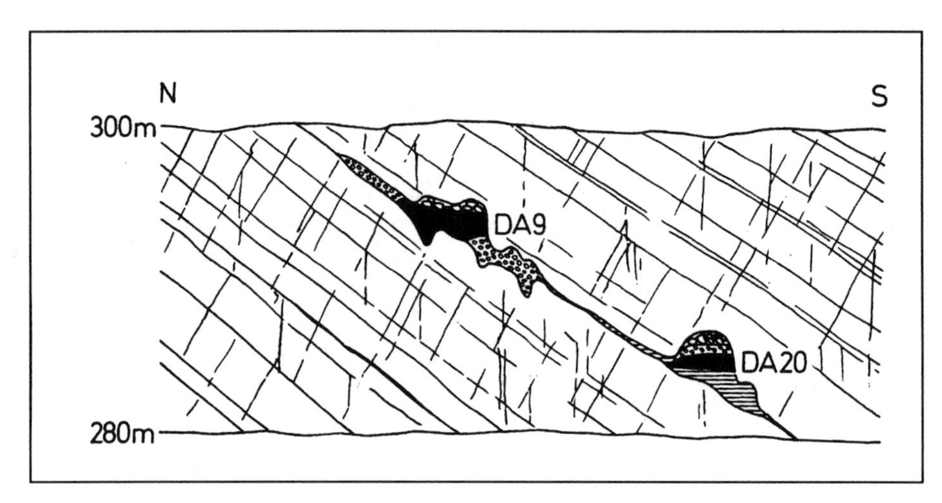

Abb.10: Aufschluß-Skizze der Fundstellen Deutsch-Altenburg 9 und 20 (n. MAIS & RABEDER 1977b).

Deutsch-Altenburg 10

Gernot Rabeder

Spalten- oder Höhlenfüllung mit Mikrovertebraten, Ältestpleistozän

Seehöhe: ca. 250m
Lage: Knapp südlich der Fundstelle Deutsch-Altenburg 3
Entdeckt 1973. Die Fauna konnte aus einem Höhlen- oder Spaltenrest geborgen werden, der die einstige Gestalt und Größe des Hohlraumes nicht mehr erkennen ließ. Vielleicht bestand ein Zusammenhang mit der Fundstelle Deutsch-Altenburg 3.
Sediment: gelbbrauner Grobsand

Fauna:

Reptilia
Lacertilier indet.
Mammalia
Talpa sp.
Beremendia sp.
Crocidura sp.
Cricetus bursae
Mimomys pusillus
Mimomys tornensis/Microtus "deucalion"
Mimomys cf. *coelodus*
Mimomys (Pusillomimus) pitymyoides
Mimomys cf. *pliocaenicus*
Borsodia hungarica
Clethrionomys sp.
Apodemus sp.

Chronologie: Die ursprünglich mit *Mimomys tornensis* und *Microtus deucalion* bezeichneten Arvicolidenmolaren sind Übergangsstadien zwischen den Gattungen *Mimomys* (mit bewurzelten Molaren) und *Microtus* (mit wurzellosen Molaren) und gehören einem ältestpleistozänen Taxon an, das man derzeit am besten mit diesem Doppelnamen bezeichnet. Auch die *Borsodia*- und die *Pusillomimus*-Art sind typisch für den ältesten Abschnitt des Pleistozäns.

Klimageschichte: Wegen des Fehlens von Klimaindikatoren sind keine Aussagen möglich.

Lit.: RABEDER 1981

Deutsch-Altenburg 11

Gernot Rabeder

Spaltenfüllung mit Kleinsäugerresten, Altpleistozän

Seehöhe: ca. 260m
Lage: Knapp östlich der Schachtfüllung Deutsch-Altenburg 4
Entdeckt und ausgebeutet: 1973. Auch dieser kleine Rest einer Spaltenfüllung dürfte im Zusammenhang mit dem genannten Schacht entstanden sein.

Fauna:
Mammalia
Rhinolophus ferrumequinum
Myotis dasycneme?
Myotis bechsteini
Myotis nattereri
Myotis cf. *emarginatus*
Paraplecotus crassidens
Plecotus abeli
Eptesicus nilssoni ?
Citellus sp.
Microtus cf. *hintoni*
Clethrionomys sp.
Apodemus atavus
Glis sp.

Chronologie: Nach der Leitform *Microtus* cf. *hintoni* besteht Gleichaltrigkeit mit Deutsch-Altenburg 4A oder 4B: Altpleistozän, *Microtus praehintoni*- oder *M. hintoni*-Zone.

<u>Klimageschichte:</u> wie Deutsch-Altenburg 4.

<u>Lit.:</u> RABEDER 1973c, 1981

Deutsch-Altenburg 12

Christa Frank & Gernot Rabeder

Höhlenfüllung mit Mikrovertebraten und wenigen Gastropoden, Altpleistozän

Seehöhe: ca. 250m
<u>Lage:</u> Unmittelbar nördlich der Fundstelle Deutsch-Altenburg 2.
Entdeckt und ausgebeutet: 1974. Auch diese Fundstelle stand wahrscheinlich mit dem großen Höhlensystem in Verbindung.

<u>Fauna:</u>
Mollusca (det. Frank)
Chondrula tridens (1)
Helicopsis hungarica

Reptilia (n. RAUSCHER 1992)
Lacerta agilis
Coluber sp.
Aves
cf. *Serinus* sp.
Mammalia
Talpa minor
Rhinolophus ferrumequinum
Rhinolophus mehelyi
Myotis blythi
Myotis bechsteini
Myotis cf. *emarginatus*
Myotis cf. *nattereri*
Myotis cf. *exilis*
Paraplecotus crassidens
Citellus primigenius
Citellus sp.
Cricetus cricetus
Mimomys coelodus
Mimomys pusillus
Microtus pliocaenicus
Pliomys cf. *simplicior*
cf. *Lagurus arankae*
Glis antiquus
Apodemus cf. *atavus*
Mustela palerminea
Pannonictis ? sp.

<u>Chronologie und Klimageschichte:</u> Wie Deutsch-Altenburg 2. Die Mollusken sind wenig signifikant; sie sprechen für "trocken-warme" Verhältnisse.

Deutsch-Altenburg 13

Gernot Rabeder

Höhle mit Fledermausfauna, wahrscheinlich Altpleistozän

Seehöhe: ca. 260m
<u>Lage:</u> Östlich der Schachtfüllung Deutsch-Altenburg 4, mit ihr wahrscheinlich in Verbindung.
Entdeckt und ausgebeutet: 1973.

<u>Fauna:</u>
Mammalia (det. Rabeder)
Myotis bechsteini (dominant)
Myotis cf. *emarginatus*
Myotis cf. *nattereri*
Myotis exilis
Plecotus sp.
Mustela palerminea

<u>Chronologie und Klimageschichte:</u> Wegen des Fehlens von Indexfossilien kann das geologische Alter dieser Chiropterenfauna nur vermutet werden. Die Dominanz von *Myotis bechsteini* und das Fehlen von *Rhinolophus* und *Miniopterus* sprechen für eine kühlere Phase des Altpleistozäns - ähnlich der Fauna aus Deutsch-Altenäburg 2H.

Deutsch-Altenburg 14

Gernot Rabeder

Spaltenfüllung mit Mikrovertebraten, Mittel-Pliozän

Seehöhe: ca. 305m
<u>Lage:</u> Südlich der Schachtfüllung Deutsch-Altenburg 4, knapp unterhalb der Pfaffenberg-Verebnung.
<u>Sediment:</u> Eingeschwemmte Terra rossa, die nur spärlich Fossilien enthielt.

<u>Fauna:</u>
Reptilia
Ophisaurus pannonicus
Coluber sp.
Mammalia
Talpa minor
Beremendia sp.
Petenyia sp.
Myotis sp.
Myotis bechsteini
Miniopterus sp.
Glis sp.
Mimomys stehlini = M. kretzoii?
Mustela sp.
Hypolagus beremendensis

<u>Chronologie:</u> Dem Auftreten von *M. kretzoii* nach ist diese Fundstelle dem Mittel-Pliozän zuzuzählen.
<u>Klimageschichte:</u> warm und relativ trocken, wie bei Deutsch-Altenburg 9.

<u>Lit.:</u> RABEDER 1981

Deutsch-Altenburg 15

Gernot Rabeder

Höhlenteil mit Fledermausfauna, Altpleistozän?

Seehöhe: ca. 255m
<u>Lage:</u> Knapp südlich der Fundstelle 2

<u>Fauna:</u>

Reptilia
Ophidia (Wirbel)
Mammalia
Rhinolophus ferrumequinum
Myotis blythi
Myotis bechsteini
Myotis nattereri
Myotis emarginatus
Myotis cf. *mystacinus*
Plecotus abeli
Barbastella schadleri

<u>Chronologie und Klimageschichte:</u> Wahrscheinlich wie Deutsch-Altenburg 2.

Deutsch-Altenburg 17

Christa Frank & Gernot Rabeder

Spaltenfüllung, Ältest-Pleistozän

Seehöhe: ca.233m
<u>Lage:</u> In der Abbauwand südlich von Deutsch-Altenburg 2, die kargen Reste einer wahrscheinlich sehr großen Spaltenfüllung.
Da die Spalte nach einer zur Abbauwand parallelen Kluft angelegt war, wurde bei der Sprengung der Großteil der Füllung entfernt.
<u>Sediment:</u> Die Füllung bestand aus Grobsand, Schutt und Kies mit fossilführenden Tonlinsen.

<u>Fauna:</u>
Mollusca (n. Frank)
Cochlicopa lubricella (1)
Abida secale (4)
Chondrula tridens Æ albolimbata (1)
Helicopsis hungarica (29)
Euomphalia strigella, cf. (1)
Helicigona capeki (17)
"Klikia" altenburgensis (5)
Helix figulina (1)

Reptilia
Ophidia indet.
Mammalia
Rhinolophus ferrumequinum
Myotis sp.
Cricetulus sp.
Mimomys cf. *pusillus* (nur $2M^3$)
Mimomys cf. *reidi*
Hypolagus ? sp.

<u>Chronologie:</u> Das Vorkommen der *Mimomys*-Arten und das Fehlen von *Microtus*-Zähnen sprechen für Ältest-Pleistozän
<u>Klimageschichte:</u> Wärme- und trockenbetont; vorwiegend Offenland, Baum- und/oder Buschgruppen sind anzunehmen.

Deutsch-Altenburg 18

Christa Frank & Gernot Rabeder

Spaltenfüllung, Ältestpleistozän?

<u>Lage:</u> Östlich der Fundstelle 2
Entdeckt und ausgebeutet: 1977
<u>Sediment:</u> Fluviatiler Sand

<u>Fauna:</u>
Mollusca (det. FRANK)
Chondrula tridens albolimbata (1)
Helicopsis hungarica (9)
Helicigona capeki (8)
"Klikia" altenburgensis (4)
Mammalia (det. Rabeder)
Rhinolophus ferrumequinum
Miniopterus sp.
Lagomorpha indet.

<u>Chronologie:</u> Den Gastropoden-Arten nach könnte eine zeitliche Übereinstimmung mit Deutsch-Altenburg 17 bestehen.

Deutsch-Altenburg 19

Gernot Rabeder

Reste einer Spaltenfüllung, Oberpliozän

Seehöhe: ursprünglich ca. 270m
<u>Lage:</u> Faunula aus rotem Sediment auf Blöcken, die bei der Fundstelle Deutsch-Altenburg 17 herabgestürzt waren.
Entdeckt und ausgebeutet: 1977.
<u>Sediment:</u> Terra rossa mit Sand vermischt

Fauna:
Vertebrata (det. Rabeder)
Reptilia
Ophidia indet.
Mammalia
Talpa minor
Borsodia altisinuosa

Chronologie: Nach der *Borsodia*-Art ist diese Faunula etwa gleichalt wie der mittlere Abschnitt des Profils von Stranzendorf (Stranzendorf G), *Mimomys praerex*- oder *M. jota*-Zone, jüngstes Pliozän.

Deutsch-Altenburg 20
Gernot Rabeder

Spaltenfüllung mit artenreicher Fauna, Mittelpliozän

Seehöhe: 285m
Lage: Unmittelbar unterhalb der Fundstelle 9 war im Jahre 1977 ein kleiner Hohlraum angeschnitten worden, der an derselben, mit 32° nach S einfallenden Schichtfuge angelegt war wie die Spaltenfüllung 9 (Abb. 10).
Sediment: Die etwa 1m mächtige Fundschicht, ein grauer Mergel mit grünen und rotbraunen Partien, lag über einem sterilen rotbraunen Sand. Die Fundschicht wurde von sterilen dunkelgrünen Tonen überlagert.

Fauna:
Vertebrata (det. Rabeder)
Amphibia
Bufo sp.
Pelobates fuscus
Reptilia (det. Rabeder, Rauscher)
Testudo sp.
Lacerta viridis
Ophisaurus pannonicus
Coluber sp.
Natrix natrix
Elaphe sp.
Mammalia
Talpa minor
Desmana kormosi
Sorex sp.
Beremendia sp.
Episoriculus gibberodon
Sciurus sp.
Citellus sp.
Mimomys polonicus
Mimomys stehlini = M. "kretzoii"?
Mimomys postsilasensis
Cseria carnuntina
Dolomys milleri
Prospalax priscus
Hypolagus beremendensis beremendensis
Ochotona sp.

Chronologie: Nach der reichen Arvicolidenfauna gut einzustufen. Wegen des Zusammenvorkommens von fünf Evolutionslinien gehört Deutsch-Altenburg 20 zu den wichtigsten Faunen des mitteleuropäischen Pliozäns: *Mimomys polonicus*-, *M. stehlini*-Zone.
Klimageschichte: Die Reptilien-Arten sprechen für ein warmes Klima. Die *Coluber*-Arten und *Ophisaurus* sind heute auf den mediterranen Raum beschränkt. Das Auftreten von Anuren, Ringelnatter und Desman deutet auf nahe Gewässer hin. Auffällig ist auch hier das Fehlen der Fledermäuse. Das spricht dafür, daß die Wirbeltierreste mitsamt dem Sediment eingeschwemmt wurden, d.h., daß hier eine typische Spaltenfüllung vorlag.

Lit.: MAIS & RABEDER 1977a,b, RABEDER 1981.

Deutsch-Altenburg 21
Gernot Rabeder

Spaltenfüllung mit Mikrovertebraten, Mittelpliozän

Seehöhe: 300-312m
Lage: Südöstlich der Fundstelle 14
Eine ähnliche Spaltenfüllung wie Deutsch-Altenburg 14, aber viel breiter. Entdeckt 1977. Die Fundschicht war etwa 60cm mächtig.
Sedimentologie: Gemisch aus Höhlensedimenten und eingeschwemmtem Boden-Resten (Sintergrus und Terra rossa).

Fauna:
Vertebrata (det. Rabeder)
Reptilia
Ophisaurus pannonicus
Coluber sp.
Mammalia
Talpa minor
Desmana sp.
Beremendia sp.
Blarinoides mariae
Episoriculus sp.
Soricinae gen. indet. sp.
Sciurus sp.
Pliopetaurista pliocaenica
Glis sp.
Mimomys altenburgensis
Mimomys polonicus
Ungaromys altenburgensis
Prospalax priscus
Apodemus cf. *atavus*
Mustelinae indet.
Hypolagus beremendensis beremendensis

Chronologie: Wegen des höheren Evolutionsniveaus von *Mimomys altenburgensis* gegenüber *M. postsilasensis* wahrscheinlich etwas jünger als Deutsch-Altenburg 20.
Klimageschichte: Aufgrund der Reptilien wärmer als heute.

Lit.: RABEDER 1981

Deutsch-Altenburg 22

Christa Frank & Gernot Rabeder

Höhlenfüllung, Altpleistozän

Seehöhe: ca. 280-290m
Lage: Weit südlich des großen Höhlensystems, in der Abbauwand zwischen 3. und 4. Etage.
Großer Höhlenraum, der mit Sanden bis zu 2/3 gefüllt war, sodaß noch ein begehbarer Raum freigeblieben war (Abb. 11). Zwei Fundschichten.
Sedimente: Fluviatile, geschichtete Sande mit dazwischen eingelagerten Schotterbändern. Die Sande entsprechen petrologisch den Sanden der Fundstelle 2.
Fundschicht 22A: Etwa 50cm mächtiger Feinsand mit guter Fossilführung
Fundschicht 22B: 10 bis 15cm dicke Schotterlage mit wenigen Fossilien.

Fauna:
Mollusca (det. A. Papp und C. Frank). Die Molluskenfaunen der beiden Fundschichten sind so verschieden, daß sie hier besser getrennt aufgelistet werden:

Deutsch-Altenburg 22 A
Cochlicopa lubrica (1)
Vertigo pygmaea (>1)
Granaria frumentum (>1000 ausgezählt; sehr zahlreich)
Pupilla triplicata (>4)
Vallonia costata (8)
Vallonia tenuilabris (2)
Chondrula tridens (>178 ausgezählt; sehr zahlreich; große Ausbildung)
Chondrula tridens albolimbata (>100 ausgezählt; sehr zahlreich)
Clausilia cruciata (2)
Clausilia dubia (>80 ausgezählt; zahlreich; kräftige Mündungsarmatur)
Neostyriaca corynodes (1; große Ausbildung)
Fruticicola fruticum (>3)
Helicopsis striata (>33; zahlreich)
Helicopsis hungarica (>347 ausgezählt; etwa 5x so viele zusätzlich aus den Fragmenten rekonstruierbar)
Perforatella bidentata (1)
Euomphalia strigella (ca. 7)
Arianta arbustorum (2)
Cepaea vindobonensis (ca. 2)
Helicidae et Hygromiidae, größere Art(en) (>8 Fragmente; nicht bestimmbar)
Regenwurm-Konkremente (>14)

	22A	22B
Reptilia		
Natrix natrix	+	-
Coluber sp.	+	+
Mammalia		
Talpa minor	+	-
Beremendia fissidens	+	-
Erinaceus sp.	+	-
Rhinolophus hipposideros	+	-
Citellus primigenius	+	-
Cricetulus bursae	+	-
Mimomys coelodus	+	-
Mimomys pusillus	+	+
Microtus pliocaenicus	+	-
Pliomys sp.	+	-
Lagurus arankae	+	-
Apodemus atavus	+	-
Pannonictis ardea	+	-
Hypolagus beremendensis	+	-
Cervus sp.	+	+

Chronologie: Nach den Arvicoliden besteht volle Übereinstimmung mit der Fauna Deutsch-Altenburg 2: Frühes Altpleistozän, *Microtus pliocaenicus*-Zone.
Klimageschichte: Obwohl die Fauna ein absolut trockenes Gepräge zeigt (hohe Anteile von *Granaria frumentum, Helicopsis, Chondrula tridens*), ist durch die seltene Art *Perforatella bidentata* wie in der Fauna 4B ein hochhygrophiles Element vorhanden. Auch die Konkremente von Regenwürmern zeigen zumindest lokale Feuchtigkeitsverhältnisse an. Davon abgesehen war das Landschaftsbild wahrscheinlich das der felsigen, karstigen Landschaft mit Gebüschgruppen und könnte den Faunen zwischen 6,5 und 4,5 m ("Profil" in Deutsch-Altenburg 4A) vergleichbar sein: Altpleistozäne Wärmezeit, ausklingende Phase.

Deutsch-Altenburg 22B
Clausilia cf. *dubia* (6)
Helicopsis hungarica (2-3)
Helicigona cf. *capeki* (1 Fragment)
Helicacea, große Art (3 Fragmente; stark korrodiert)

Chronologie: wahrscheinlich wie die Fauna 22A
Klimageschichte: eher trockene Verhältnisse; Felsbetonung durch *Clausilia* cf. *dubia*.

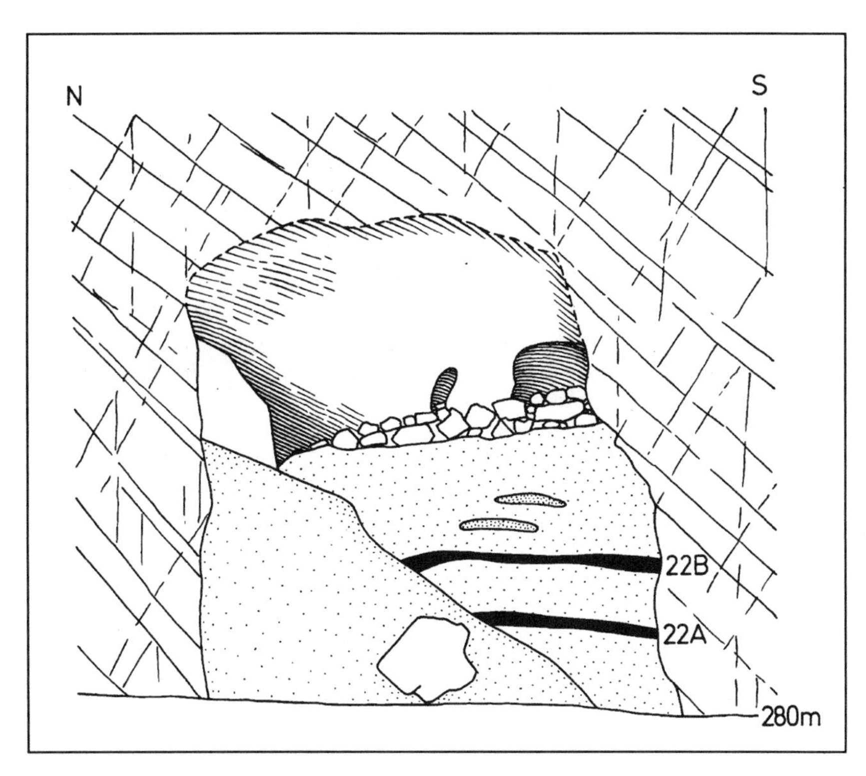

Abb.11: Aufschluß-Skizze der Fundstelle Deutsch-Altenburg 22 mit den Fundschichten A und B sowie einem sedimentfreien Hohlraum, Juni 1978, (nach einer Zeichnung von G. Rabeder, aus dem "Archiv-Material K. Mais", Abt. f. Karst- u. Höhlenkde. Naturhist. Mus. Wien).

Deutsch-Altenburg 23

Gernot Rabeder

Kleiner Kolk mit Chiropterensand, Altpleistozän?

Seehöhe. ca. 302m
Lage: Nördlich der Fundstelle 4, knapp über der Etagenebene D
Entdeckt und ausgebeutet: 1978
Sediment: Sand, darüber und darunter Sinterplatten

Fauna:
Vertebrata (det. Rabeder)
Mammalia
Soricidae indet.
Rhinolophus ferrumequinum
Myotis bechsteini
Myotis sp.
Pliomys sp.

Chronologie: Da die *Pliomys*-Reste artlich nicht bestimmbar sind, kann ein altpleistozänes Alter nur vermutet werden.

Deutsch-Altenburg 24

Gernot Rabeder

Kleiner Kolk mit Chiropteren, geol. Alter unbekannt

Seehöhe: 258m
Lage: Nördlich der Fundstelle 2-4
Entdeckt: 1978
Sediment: Mit Terra rossa vermischter Schutt.

Fauna:

Vertebrata (det. Rabeder)
Mammalia
Myotis bechsteini
Myotis cf. *emarginatus*

Chronologie: keine Leitformen.

Deutsch-Altenburg 25

Gernot Rabeder

Kolk mit Chiropterenresten, geol. Alter unbekannt

Seehöhe: ca. 258m
Lage: Etwas südlich von Deutsch-Altenburg 24.
Entdeckt: 1979
Sediment: Dolomitschutt

Fauna:

Mammalia (det. Rabeder)
Rhinolophus ferrumequinum
Myotis bechsteini
Miniopterus schreibersi

Chronologie: keine Leitformen

Deutsch-Altenburg 26

Gernot Rabeder

Spaltenfüllung mit Groß- und Klein-Vertebraten, Mittelpliozän

Seehöhe: 280-290m
Lage: Am nördlichen Rand des Steinbruchs in einer N-S verlaufenden Spalte.
Entdeckt und ausgebeutet 1979.
Sedimentologie: In der breiten Spaltenfüllung gab es 2 Fundschichten. Die höher gelegene Schicht 26A (heller Sand) enthielt weiße unbestimmbare Knochen-Fragmente; die Hauptfauna stammt aus einem rotbraunem Lehm (Fundschicht 26B) mit schwarz gefärbten Knochen. Darunter lagen sterile geschichtete Sande mit verhärteten Partien und Dolomittrümmern (Abb. 12). Über der ganzen Spaltenfüllung lag der rezente Humus.

Fauna:

Vertebrata (det. Rabeder)
Amphibia
Pelobates sp.
Bufo sp.
Rana sp.
Reptilia
Lacertilier indet.
Natrix natrix
Coluber sp.
Aves
Francolinus capeki
Aves indet.
Mammalia
Talpa minor
Desmanine indet.
Beremendia sp.
Petenyia sp.
Myotis cf. *blythi*
Myotis cf. *bechsteini*
Myotis cf. *emarginatus*
Miniopterus cf. *schreibersi*
Cricetus sp.
Cricetulus sp.
Keramidomys cf. *mohleri*
Mimomys postsilasensis
Mimomys stehlini = *M. "kretzoii"*
Prospalax priscus
Glis sp.
Pseudodryomys sp.
Apodemus dominans
Apodemus atavus
Pachycrocuta perrieri
Hypolagus sp.
Cervidae indet.

Chronologie: Das mittelpliozäne Alter ergibt sich aus den beiden *Mimomys*-Arten.
Klimageschichte: Die klimatisch aussagekräftigen Gastropoden fehlen hier völlig. Thermophile Taxa wie *Miniopterus* und *Coluber* sprechen für relativ hohe Temperaturen.

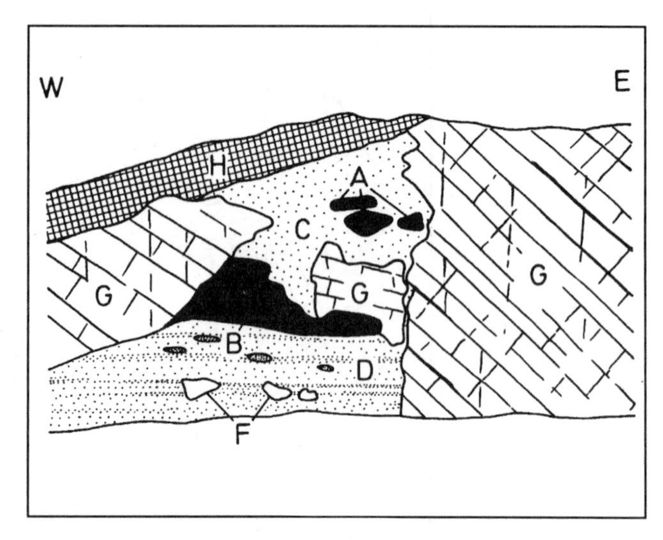

Abb.12: Aufschluß-Skizze der Fundstelle Deutsch-Altenburg 26 mit den Schichtbezeichnungen A=Fundschicht 26A, B=Fundschicht 26B, C=fossilleerer Sand, D=geschichteter Sand mit Verhärtungen, F=Dolomittrümmer, G=Dolomit, H=rezenter Humus, (nach einer Zeichnung von G. Rabeder 1979, aus dem "Archiv-Material K. Mais", Abt. f. Karst- u. Höhlenkde. Naturhist. Mus. Wien).

Deutsch-Altenburg 27

Christa Frank & Gernot Rabeder

Kleiner Kolk mit Chiropteren und Gastropoden, Altpleistozän

Seehöhe: ca. 285m
Lage: Oberhalb der Etage E, knapp südlich von Deutsch-Altenburg 36.
Entdeckt: 1979

Fauna:
Mollusca (det. Frank)
Chondrula tridens (>7)
Clausilia dubia, cf. (1, korrodiert)
Helicopsis hungarica (3)
Helicigona capeki (>5)
4 Arten

Mammalia (det. Rabeder)
Rhinolophus ferrumequinum
Myotis blythi
Myotis sp.
Myotis bechsteini
Myotis cf. *nattereri*

Chronologie: Erinnert nach den Gastropoden an Deutsch-Altenburg 22; wahrscheinlich Altpleistozän (*H. capeki*).
Klimageschichte: Warm-trocken. Die Gastropoden stammen aus einem Offenland mit Gebüschen.

Deutsch-Altenburg 28

Christa Frank & Gernot Rabeder

Spalten- oder Höhlenfüllung mit Mikrovertebraten, v.a. Fledermäusen, tiefes Mittelpleistozän

Seehöhe: ca. 230m
Lage: Südlich des Großen Höhlensystems.
Entdeckt und ausgebeutet 1978. Die Unterlagen über die genaue Lage sind verlorengegengen.
Sediment: Über Sinterplättchen lagen die Faunenreste ohne Bindemittel.

Fauna:
Mollusca (det. Frank)
Granaria frumentum (1)
Vallonia costata (6)
Vitrea crystallina (1)
Trichia cf. *sericea* (2)
Helicopsis striata (1)
Hygromiinae indet. (2)
"Klikia" altenburgensis (1 Gewinde cf., korrodiert)
Isognomostoma isognomostomos (1; klein, starke Ausprägung der Mündungskriterien)
Helicidae et Hygromiidae, größere Arten (stark korrodierter Splitter)

Vertebrata (det. Rabeder)
Amphibia
Pelobates fuscus
Reptilia
Colubridae indet.
Mammalia
Rhinolophus ferrumequinum
Rhinolophus mehelyi
Rhinolophus hipposideros?
Myotis blythi
Myotis bechsteini
Myotis cf. *nattereri*
Myotis cf. *mystacinus*
Plecotus sp.
Miniopterus schreibersi
Mustela palerminea
Arvicola cf. *cantiana* (1 M_1)
Microtus cf. *hintoni* (1 M_1, 1 M^3)
Microtus cf. *oeconomus* (1 M_1, 1 M^3)
Lagurus sp. (M^1)

Eine Überraschung bei der Bestimmung dieser Fauna brachte das Vorkommen einer urtümlichen *Arvicola*-Art. Diese Gattung kommt in keiner anderen Fauna von Deutsch-Altenburg vor. Wegen dieser Besonderheit sollen die Arvicoliden-Reste kurz beschrieben werden.

Arvicola cantiana (HINTON, 1926)
Material: 1M_1, 1M^3
Beschreibung: Der M_1 entspricht dem Morphotyp intermedius (s. CARLS 1987) mit drei geschlossenen Triangeln und einfach gebautem Anteroconidkomplex, der M^3 hat zwei geschlossenen Triangel, die Sl3 ist postvergent. Als ursprünglich ist die Dicke des Schmelzbandes anzusehen: das Schmelzmuster ist pachyknem, d.h., die leeseitigen Schmelzbandabschnitte sind dicker als die luvseitigen. Der SDQ-Wert (n. HEINRICH) ergibt für den M_1 1,37. Die Zugehörig zur mittelpleistozänen Art ist damit gesichert.

Microtus cf. *oeconomus* und *M.* cf. *hintoni*
Material: 2M_1, 1M_2, 1M^3-Fragment.
Die beiden abgebildeten Molaren (Länge: 2,81 und 3.00mm) haben mesokneme Schmelzmuster wie die altpleistozänen *Microtus*-Arten. Das Evolutionsniveau des als *M. oeconomus* bezeichneten Zahnes ist durch die Trennung der Triangel T4 und T5 viel höher als des anderen, sodaß vermutet werden kann, daß hier zwei Arten vorliegen. Der Morphotyp hintoni ist in der Fauna von Deutsch-Altenburg 4A dominant, kommt aber auch in anderen Zeitniveaus vor.

Lagurus sp.
Material: 1M^1, (Länge: 2,02) und 1M2 (1,43)
Typisch für *Lagurus,* artlich nicht bestimmbar. *Lagurus* verschwand n. JANOSSY im jüngeren Mittelpleistozän aus dem östlichen Mitteleuropa und kehrte erst im Jungpleistozän wieder zurück.

Chronologie: Die mengenmäßig dominanten Chiropteren würden ein altpleistozänes Alter wahrscheinlich machen, das Vorkommen von *Arvicola cantiana* und eines relativ modernen *Microtus* zusammen mit *Lagurus* läßt sich nur so erklären, daß hier eine frühe Warmphase des Mittelpleistozäns repräsentiert ist. Eine zeitliche Entsprechung könnte die Fauna der hangenden Schichten von Tarkö im Bükkgebirge sein (JANOSSY 1986).
Klimageschichte: Der Fledermausfauna und den Gastropoden nach stammt diese kleine Fauna aus einer warmfeuchten Phase, die Höhlenumgebung war zumindest teilweise bewaldet.

Deutsch-Altenburg 29

Gernot Rabeder

Kolk mit Chiropteren-Faunula, geol. Alter unbekannt

Lage: unbekannt

Fauna:
Mammalia (det. Rabeder)
Myotis bechsteini
Myotis cf. *emarginatus*

Deutsch-Altenburg 31

Christa Frank & Gernot Rabeder

Höhle mit reicher Wirbeltier- und Molluskenfauna, Altpleistozän

Seehöhe: ca. 285m
Lage: Nördlich der Fundstelle 4.

Entdeckt und ausgebeutet: 1982
Sediment: Sand und Dolomitschutt

Fauna:
Mollusca (det. Frank)
Macrogastra ventricosa (2)
Macrogastra sp., große Art, cf. *tumida* (1)
Macrogastra densestriata (5)
Clausilia dubia (2-3)
cf. *Trichia sericea* (1)
"Klikia" altenburgensis (1-2)

Vertebrata (det. Rabeder)
Pisces indet. Wirbel
Amphibia
Rana sp.
Pelobates fuscus
Reptilia
Coluber sp.
Lacertilier indet.
Mammalia
Rhinolophus ferrumequinum
Myotis blythi
Myotis bechsteini
Myotis cf. *nattereri*
Miniopterus schreibersi
Myotis cf. *emarginatus*
Plecotus sp.
Citellus sp.
Cricetus cricetus
Mimomys coelodus
Mimomys pusillus
Microtus sp.
Lagurus sp.
Pliomys cf. *episcopalis*
Pliomys hollitzeri
Apodemus sp.
Pannonictis ardea

Chronologie: Den Arvicoliden nach gleichalt wie Deutsch-Altenburg 4B.
Klimageschichte: Die von Clausilien beherrschte Gastropoden-Fauna deutet auf Wärme, Bewaldung und ausreichende Feuchtigkeitsverhältnisse hin.

Deutsch-Altenburg 32

Christa Frank & Gernot Rabeder

Höhle mit reicher Chiropterenfauna, Altpleistozän

Seehöhe: 280-290m
Lage: Zwischen den Fundstellen 31 und 4
Entdeckt und ausgebeutet: 1982
Sediment: Fluviatiler Sand

Von der einst großen Höhle waren nach der Sprengung mehrere kleinere Kolke übriggeblieben.

Fauna:

Mollusca (det. Frank)
Clausilia dubia (3)
Fruticicola fruticum (1)
Cepaea vindobonensis (2)

Vertebrata (det. Rabeder)
Amphibia
Rana sp.
Reptilia
Lacertilier indet.
Coluber sp.
Mammalia
Rhinolophus ferrumequinum
Myotis blythi
Myotis bechsteini
Myotis cf. *nattereri*
Myotis cf. *emarginatus*
Myotis cf. *mystacinus*
Myotis sp.
Miniopterus schreibersi
Plecotus sp.
Barbastella schadleri
Eptesicus sp.
Glis sp.
Cricetus cricetus
Mimomys pusillus
Microtus cf. *hintoni*
Mimomys coelodus
Pliomys hollitzeri
Clethrionomys sp.
Lepus terraerubrae

Chronologie: Dem Evolutionsniveau der Arvicoliden nach entspricht diese Fauna dem Niveau von Deutsch-Altenburg 4B oder 4A.
Klimageschichte: Wahrscheinlich wie Deutsch-Altenburg 4. Die Gastropoden erlauben keine nähere Aussage. *Fruticicola* deutet auf Gebüsche, *Cepaea* ist wärmebedürftig.

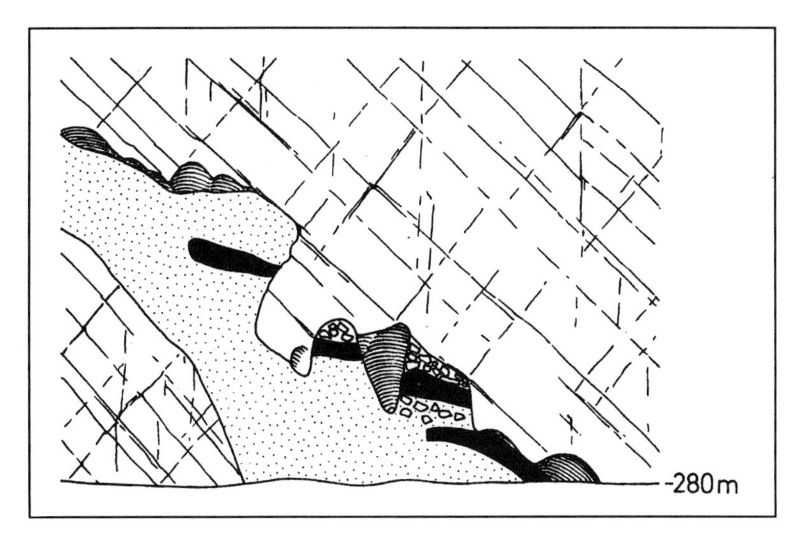

Abb.13: Aufschluß-Skizze der Fundstelle Deutsch-Altenburg 32 mit den Fundschichten, im Dezember 1981, (nach einer Zeichnung von G. Rabeder, aus dem "Archiv-Material K. Mais", Abt. f. Karst- u. Höhlenkde. Naturhist. Mus. Wien).

Deutsch-Altenburg 33

Christa Frank & Gernot Rabeder

Spaltenfüllung, Altpleistozän?

Seehöhe: ca. 280-285m
Lage: Am Südrand des Steinbruchs
Die mehrere Meter breite Spaltenfüllung war am Südrand der 280m-Etage aufgeschlossen. Die Fossilien stammen aus mehreren kleinen linsenartigen Vorkommen.
Sedimente: Fossilführend waren graue bis rötliche Sande, die als Verwitterungsprodukte in die Spalte geschwemmt wurden. Darüber lag ein fossilleeres Band aus Sand und Geröllen. Den Abschluß bildete junger Hanglöß, der nicht nur die Spaltenfüllung überdeckte.

Fauna:

Mollusca (det. Frank)
Granaria frumentum (1)
Abida secale (1)
Chondrula tridens (>13)
Chondrula tridens cf. *albolimbata* (1)
Zebrina cephalonica (>3)
Archaegopis acutus (1-2)
Aegopinella nitens (1)
Helicopsis hungarica (>22)
Euomphalia strigella (1-2)
"Klikia" altenburgensis (1 Fragment; korrodiert)
Helix figulina (>2)

Vertebrata (det. Rabeder)
Reptilia
Colubridae (Wirbel)
Ophisaurus pannonicus (1 Frontale)

Mammalia
Rodentia indet.
Leporide indet.

Chronologie: Nach den Mollusken-Arten wahrscheinlich dem Altpleistozän zuzuordnen.
Klimageschichte: stark wärme- und trockenheitsanzeigende Fauna aus felsigen, karstigen Verhältnissen: Offenland mit Gebüschen.

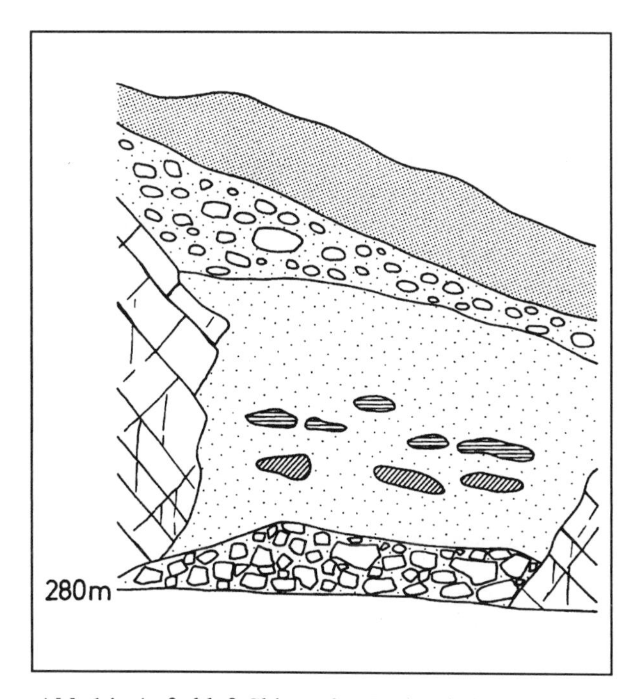

Abb.14: Aufschluß-Skizze der Spaltenfüllung Deutsch-Altenburg 33 im November 1981. Unter einer Lößbedeckung lagen mit Sand vermischte Schotter, darunter Sande mit grauen und roten Tonlinsen (nach einer Zeichnung von G. Rabeder, aus dem "Archiv-Material K. Mais", Abt. f. Karst- u. Höhlenkde. Naturhist. Mus. Wien).

Deutsch-Altenburg 34

Gernot Rabeder

Kleiner Kolk mit Chiropteren, Altpleistozän?

Seehöhe: ca. 257m
Lage: Knapp nördlich der Fundstelle 4.
Entdeckt und ausgebeutet: 1981
Kleiner Höhlenrest, der vielleicht mit der Schachtfüllung Deutsch-Altenburg 4 in Verbindung gestanden war.
Sedimente: Die Fossilien stammen aus einer roten Lehmlinse, die von sterilen grauen Sanden unter- und überlagert war.

Fauna:
Vertebrata (det. Rabeder)
Reptilia
Ophidia indet.
Mammalia
Rhinolophus ferrumequinum
Myotis bechsteini
Myotis cf. *nattereri*
Myotis cf. *mystacinus*
Paraplecotus crassidens

Chronologie: Den Fledermausarten (*Paraplecotus*) nach wahrscheinlich Altpleistozän
Klimageschichte: Wahrscheinlich wie in Deutsch-Altenburg 4.

Deutsch-Altenburg 35

Christa Frank & Gernot Rabeder

Höhle mit Arvicoliden und Gastropoden, Altpleistozän

Seehöhe: ca. 259m
Lage: Knapp südlich der Fundstelle 4
Entdeckt und ausgebeutet: 1981
Die Fauna stammt aus einem großen Höhlenrest, der nach der Sprengung noch ca. 10 Meter breit und mehrere Meter hoch war.
Sediment: Rote Lehme und Sande

Fauna:
Mollusca (det. Frank)
Cochlicopa lubrica (1; groß, schmal)
Granaria frumentum (>23 ausgezählt; zahlreich)
Abida secale (>26 ausgezählt; zahlreich; große Form)
Pupilla triplicata (1)
Vallonia costata (4)
Chondrula tridens (1)
Vitrea crystallina (1)
cf. *Fruticicola fruticum* (1)
Helicopsis hungarica (12)
"Klikia" altenburgensis (>8)
Helicoidea, größere Art (fragmentiert; nicht bestimmbar)

Vertebrata (det. Rabeder)
Mammalia
Mimomys cf. *pusillus*
Borsodia hungarica
Lagurus arankae
Lagurus arankae/Prolagurus pannonicus-Übergangsform
Microtus cf. *pliocaenicus*
Pliomys sp.
Clethrionomys sp.

Chronologie: Nach den Arvicoliden ist diese Fauna eindeutig in die Microtus pliocaenicus-Zone des Altpleistozäns einzustufen.
Klimageschichte: Warm-trockene Bedingungen, mäßige Feuchtigkeit (zumindest lokal: *Vitrea crystallina, "K." altenburgensis*). Durch die Chondrinidae ergibt sich eine ausgeprägte Felsbetonung.

Deutsch-Altenburg 36

Gernot Rabeder

Höhle mit Chiropterenfaunula, Altpleistozän?

Seehöhe: ca. 282m
Lage: Westlich der Schachtfüllung 4 war ein etwa 5 Meter breiter Höhlenrest aufgeschlossen, der teilweise mit Sand gefüllt war und stellenweise Fossilien enthielt.
Entdeckt und ausgebeutet: 1981/82

Fauna:
Mammalia (det. Rabeder)
Rhinolophus ferrumequinum
Myotis bechsteini (häufig)
Myotis cf. *emarginatus*
Microtus sp. (nur 1 M_3, 1 M^3 simplex)

Chronologie und Klimageschichte: Keine näheren Angaben möglich

Deutsch-Altenburg 37

Christa Frank & Gernot Rabeder

Höhlenrest mit artenreicher Mikrofauna, Altpleistozän

Seehöhe: ca. 260m
Lage: In der nördlichen Hälfte der Abbruchwand waren zwei Kolke angeschnitten, die offensichtlich den Rest einer größeren Höhle gebildet hatten.
Entdeckt im Juni 1982
Sedimente: Die Höhlensohle war mit einer etwa 20-35cm dicken Sinterlage bedeckt. Darüber lagen rotbraune, sterile Sande (2-5cm), dann folgten geschichtete Sande mit reichlicher Fossilführung in einer Mächtigkeit von etwa 70cm.

Fauna:
Mollusca (det. Frank)
Cochlicopa lubrica (4)
Cochlicopa lubricella (1)
Granaria frumentum (28; variabel)
Vallonia costata (6)
Vallonia tenuilabris (7)
Vallonia pulchella (1)
Chondrula tridens (2)
Chondrula tridens albolimbata (1)
Zebrina cephalonica (7)
Macrogastra cf. *tumida* (1)
Clausilia rugosa cf. *antiquitatis* (2)
Clausilia cruciata (1)
Clausilia dubia (5)
Neostyriaca corynodes (1; kleines Exemplar)
Discus rotundatus (4)
Discus perspectivus (1)
Discus ruderatus (2)
Vitrea crystallina (9)
Archaegopis acutus (3)
Aegopinella nitens (5)
Fruticicola fruticum (ca. 5)
Trichia sericea (≥19)
Helicopsis striata (26)
Monachoides vicinus (2)
Euomphalia strigella (4)
Arianta arbustorum (3)
Helicigona capeki (5)
"Klikia" altenburgensis (>75; dominant)
Isognomostoma isognomostomos (13)
Cepaea vindobonensis (1)
Helix figulina, cf. (1)

Vertebrata (det. Rabeder)
Amphibia
Pelobates sp.
Reptilia
Ophidia-Wirbel
Mammalia
Rhinolophus ferrumequinum
Myotis bechsteini
Plecotus sp.
Myotis cf. *mystacinus*
Mimomys pusillus
Microtus cf. *pliocaenicus*
Clethrionomys hintonianus
Pliomys cf. *simplicior*
Citellus sp.
Miniopterus sp.
Sorex sp.
Mustela sp.
Lepus sp.

Chronologie: Nach den Arvicoliden dem basalen Altpleistozän zuzuordnen: *Microtus pliocaenicus*-Zone.
Klimageschichte: Die reichhaltige, differenzierte Fauna erinnert an Deutsch-Altenburg 4B; wieder mit südkarpatisch-balkanischer Akzentuierung (*Ch. tridens albolimbata, Z. cephalonica, M.* cf. *tumida, T. sericea, M. vicinus, H. figulina*) und Wärme- und Feuchtigkeitsbetonung, Wald mit offenen Flächen und Buschland.

Deutsch-Altenburg 38

Christa Frank & Gernot Rabeder

Kleiner Kolk mit artenreicher, individuenarmer Mikrofauna, Altpleistozän

Seehöhe: ca. 260m
Lage: in der Nähe von Deutsch-Altenburg 37
Entdeckt: 1982
Sediment: Sand und Schutt

Fauna:
Mollusca (det. Frank)
Granaria frumentum (8)
Abida secale (1)
Pupilla muscorum (1)
Pupilla triplicata (1)
Vallonia costata (12)
Vallonia tenuilabris (1)
Chondrula tridens (2)
Chondrula tridens → albolimbata (1)
Zebrina cephalonica (2)
Macrogastra densestriata (1)
Clausilia rugosa cf. *antiquitatis* (2)
Clausilia dubia (>5)
Neostyriaca corynodes (1)
Vitrea crystallina (1)
Fruticicola fruticum (ca. 8)
Trichia sericea (5)
Helicopsis striata (3)
Helicopsis hungarica (1)
Monachoides incarnatus (1)
Monachoides vicinus (2)
Euomphalia strigella (1)
Arianta arbustorum (1)
Helicigona capeki (3-4)
"Klikia" altenburgensis (6)
Isognomostoma isognomostomos (2)
Cepaea vindobonensis (1)
26 Arten

Vertebrata (det. Rabeder)
Reptilia
Colubridae indet. (Wirbel)
Mammalia
Sorex sp.
Myotis bechsteini
Myotis cf. *nattereri*
Cricetus cricetus
Sicista praelorigor
Mimomys cf. *pusillus*
Microtus sp.
Lagurus arankae
Lepus sp.

Chronologie und Klimageschichte: Wahrscheinlich wie Deutsch-Altenburg 37.

Deutsch-Altenburg 39

Gernot Rabeder

Kleiner Kolk mit unbedeutenden Faunenresten, Alter unbekannt

Lage: unbekannt
Entdeckt: 1982

Fauna:
Vertebrata
Mammalia
Rhinolophus ferrumequinum
Rhinolophus mehelyi
Myotis bechsteini

Deutsch-Altenburg 40

Gernot Rabeder

Kleiner Kolk mit unbedeutender Fauna, Alter unbekannt

Seehöhe: ca. 260m
Lage: Im nördlichen Teil der Abbauwand zwischen großen Blöcken
Entdeckt: September 1982.
Sedimente: fossilführender Schutt und Sand, darunter fossilleere bunte Tone und Mergel.

Fauna:
Vertebrata (det. Rabeder)
Mammalia
Rhinolophus ferrumequinum
Myotis bechsteini
Myotis cf. *emarginatus*

Chronologie und Klimageschichte: Keine Aussagemöglichkeiten. Die kleine Faunenliste könnte für pliozänes bis mittelpleistozänes Alter passen. Auch für klimatologische Aussagen fehlen die Anhaltspunkte.

Deutsch-Altenburg 41

Christa Frank & Gernot Rabeder

Höhlenrest mit Chiropterenfauna, Altpleistozän?

Seehöhe: ca. 280m
Lage: Im nördlichen Teil der Abbruchwand waren mehrere Höhlenräume angeschnitten gewesen: einige von ihnen enthielten fossilführende Sedimente. In diesem Abschnitt, der als "Luckerte Wand" bezeichnet worden war, lag die Fundstelle 41 im nördlichen Teil (Abb. 15)
Entdeckt: 1982
Sediment: "Fledermaussand" mit Schutt durchmischt

Fauna:
Vertebrata (det. Rabeder)
Rhinolophus ferrumequinum
Myotis bechsteini
Myotis nattereri
Myotis cf. *mystacinus*
Miniopterus schreibersi
Microtus cf. *pliocaenicus* ($1M^3$, Morphotyp simplex, Schmelzband mesoknem)

Chronologie: Die Artenliste der Chiropteren und der *Microtus*-Zahn sprechen für Altpleistozän.
Klimageschichte: warm, keine nähere Aussage möglich.

Abb.15: Aufschluß-Skizze der Fundstellen Deutsch-Altenburg 41, 42 und 44 in der "Luckerten Wand", als Beispiel für die vielen "Kolk"-Fundstellen: Deutsch-Altenburg 23, 24, 25, 27, 29, 34, 37, 38, 39, 40, 41, 42, 43, 44, (nach einer Zeichnung von G. Rabeder 1982, aus dem "Archiv-Material K. Mais", Abt. f. Karst- u. Höhlenkde. Naturhist. Mus. Wien).

Deutsch-Altenburg 42

Christa Frank & Gernot Rabeder

Höhle mit reicher Fledermausfauna, Altpleistozän

Seehöhe: 280m
Lage: Im nördlichen Teil der Abbruchwand waren nach mehreren Sprengungen immer wieder Höhlenräume angeschnitten gewesen: einige von ihnen enthielten fossilführende Sedimente. In diesem Abschnitt, der als "Luckerte Wand" bezeichnet worden war, lag die Fundstelle 42 im südlichen Teil (Abb. 15).
Der relativ große Höhlenraum (Breite ca. 5m) enthielt in mehreren linsenartigen Anreicherungen von Sintergrus massenhaft stark fragmentierte Reste von Fledermäusen.
Entdeckt und ausgebeutet: 1982
Sedimente: Über fossilleeren orange-braunen Lehmen lagen die Fossilien entweder lose oder sie waren mit Sintergrus durchsetzt.

Fauna:
Mollusca: tertiäre Arten

Vertebrata:
Sorex sp.
Rhinolophus mehelyi
Myotis blythi
Myotis bechsteini (häufig)
Myotis emarginatus
Mimomys sp.(1M_3)
Lagurus sp. (1M^2, 1M_2)
Pliomys hollitzeri (1M_1, 2M_2, 1M_3, 1M^1)

Chronologie: Aufgrund der *Pliomys*- und *Lagurus*-Zähne ist diese Faunula eindeutig dem Altpleistozän zuzuordnen.
Klimageschichte: Die Präsenz der Mittelmeerhufeisennase spricht für warme Verhältnisse. Die Mollusken sind eingeschwemmte Erosionsreste der ursprünglichen tertiären Bedeckung.

Deutsch-Altenburg 43

Christa Frank & Gernot Rabeder

Kolk mit Mikrofauna, Altpleistozän

Seehöhe: 293m
Lage: Knapp nördlich der Fundstelle 36
Entdeckt: 1982
Sedimente: Fossilführender Sand lag über sterilem rotgrau gefärbtem Schutt.

Fauna:
Mollusca (det. Frank)
Macrogastra ventricosa (7; unter den Clausilien dominant)
Macrogastra densestriata (4)
Discus rotundatus (2)
Archaegopis acutus (1)
Fruticicola fruticum (2-3)
Soosia diodonta (1)
Arianta arbustorum (2)
Helicigona capeki (7)
"Klikia" altenburgensis (>58 ausgezählt, dominant)
Cepaea vindobonensis (ca. 4)
Helix cf. *figulina* (1)
11 Arten

Vertebrata (det. Rabeder)
Rhinolophus ferrumequinum

Klimageschichte: feucht-warm (stärkere Feuchtigkeitsbetonung vor allem durch *M. ventricosa*); Bewaldung; trotz der geringen Artenzahl etwa 4B entsprechend).

Deutsch-Altenburg 44

Gernot Rabeder

Kleiner Kolk mit bescheidener Fledermaus-Fauna, Alter unbekannt

Seehöhe: ca. 258m
Lage: Knapp nördlich der Fundstelle 42 in der "Luckerten Wand" (Abb.15).
Entdeckt: 1982

Fauna:
Vertebrata (det. Rabeder)
Myotis bechsteini

Deutsch-Altenburg 45

Christa Frank & Gernot Rabeder

Spalten- oder Höhlenfüllung mit korrodierten Faunenresten, Altpleistozän
Lage: unbekannt, Etikett ging verloren

Fauna:
Mollusca (det. Frank)
Granaria frumentum (1; fein gerippt)
Serrulina sp. (nov.?) (1)
Balea biplicata (2)
cf. *Oxychilus* sp. nov.
Fruticicola fruticum (3)
Monachoides incarnatus (5)
Euomphalia strigella (6)
Soosia diodonta (3)
Arianta arbustorum (4; Nominatunterart)
Helicigona capeki (5)
Faustina faustina (5)
"Klikia" altenburgensis (35)
Cepaea hortensis (3)
Helicoidea indet. (mittelgroße bis große Arten, korrodierte Fragmente)

Vertebrata (det. Rabeder)
Lacertidae indet. (1 Dentale-Fragment)

Soricidae indet. (1 Iinf.-Fragment)
Mimomys (Pusillomimus) sp. (1 M^1-, 1 M^2-Fragment)
Lagurus sp. (je 1 M^1-, M^2- und M^3-Fragment)
Microtus sp. (1 M^2- und 1 M^3-Fragment)
Pliomys sp. (1 Msup.-Fragment)

Chronologie: Nach den Arvicoliden-Gattungen *Pusillomimus, Pliomys* und *Lagurus* sowie den Gastropoden *Helicigona capeki* und *"Klikia" altenburgensis* dem Altpleistozän zugehörend.
Klimageschichte: wärme- und feuchtigkeitsbetonte Fauna.
Serrulina sp. ist möglicherweise eine neue Art, etwas größer als *S. serrulata* (L. PFEIFFER 1847) (Vergleich mit rezenten Exemplaren aus dem westlichen Kaukasus), oder eine Unterart von ihr. Die Schale ist nicht vollständig erhalten.

Deutsch-Altenburg 46
Gernot Rabeder

Kolk mit Fledermausfauna, Altpleistozän?

Seehöhe: 280m
Lage: Westlich der großen Schachtzone

Fauna:
Vertebrata (det. Rabeder, Sapper)
Rhinolophus ferrumequinum
Rhinolophus mehelyi

Chronologie: keine Index-Fossilien
Klimageschichte: Aufgrund des Vorkommens von *Rhinolophus mehelyi* warmzeitlich.

Deutsch-Altenburg 47
Gernot Rabeder

Kolk mit Fledermausfauna, Altpleistozän?

Seehöhe: 280m
Lage: nördlich von Deutsch-Altenburg 46
Sediment: Schutt

Fauna:
Vertebrata (det. Rabeder, Sapper)
Rhinolophus ferrumequinum
Rhinolophus mehelyi
Rhinolophus hipposideros
Myotis sp.

Chronologie: keine Index-Fossilien
Klimageschichte: Aufgrund des Vorkommens von *Rhinolophus mehelyi* warmzeitlich.

Deutsch-Altenburg 48
Christa Frank & Gernot Rabeder

Höhlenrest mit Wirbeltierfaunula, Altpleistozän?

Seehöhe: 280m
Lage: Im Bereich westlich der großen Schachtzone und südlich der "Luckerten" Wand", südlich von Deutsch-Altenburg 46.
Sediment: Schutt

Fauna:
Vertebrata (det. Rabeder, Sapper)
Colubridae indet. (Wirbel)
Rhinolophus ferrumequinum
Rhinolophus mehelyi
Leporidae indet. (Metapodium-Fragment, Wirbel)
Ursus sp. (1 Tarsale 1)

Chronologie: keine Index-Fossilien
Klimageschichte: Aufgrund des Vorkommens von *Rhinolophus mehelyi* warmzeitlich.

Deutsch-Altenburg 49
Gernot Rabeder

Kleine Höhlenfüllung mit Groß- und Kleinfauna, Altpleistozän

Seehöhe: 280m
Lage: Etwas nördl. der Steinbruch-Mitte
Sediment: Sintergrus und gelber Sand

Fauna:

Vertebrata (det. Rabeder, Sapper)
Talpa sp.
Rhinolophus ferrumequinum
Rhinolophus hipposideros
Cricetus sp.
Mimomys sp.
Microtus sp.
Pliomys sp.
Lagurus arankae
Leporidae indet.
Ursus deningeri (1 Metatarsale 5, 1 Phalanx)

Lynx sp. (1 Metatarsale 2, 9 Phalangen, 1 Tibia-Fragment

Chronologie: Nach den Arvicoliden-Arten wahrscheinlich Altpleistozän.
Klimageschichte: warm-gemäßigt.

Deutsch-Altenburg 50

Gernot Rabeder

Kolk mit Fledermausfauna

Seehöhe: ca. 282m
Lage: im Bereich einer großen Spaltenfüllung, die wahrscheinlich mit Deutsch-Altenburg 4 in Verbindung stand.
Sediment: Über massivem Kalksinter lag eine 1-3cm dicke knochenführende Schicht, darüber folgten zwei Sinterplättchen-Schichten, zwischen denen noch eine nur 1cm mächtige Knochenlage eingebettet war.
Entdeckt: 1984

Fauna:
Vertebrata (det. Rabeder)
Rana sp.
Colubridae indet. (Wirbel)
Beremendia fissidens
Rhinolophus ferrumequinum
Myotis blythi
Myotis bechsteini
Myotis cf. *nattereri*
Pliomys cf. *hollitzeri*

Chronologie: Aufgrund der *Pliomys*-Reste dem Altpleistozän zuzuordnen.
Klimageschichte: keine Aussagemöglichkeiten

Deutsch-Altenburg 51

Gernot Rabeder

Kolk mit kleiner Fauna, Altpleistozän

Seehöhe: ca. 255m
Lage: Südlich der Fundstelle 47
Sediment: schuttdurchsetzter Sand
Entdeckt und ausgebeutet: 1984

Fauna:
Vertebrata (det. Rabeder)
Colubridae indet. (Wirbel)
Myotis bechsteini
Myotis nattereri
Myotis cf. *mystacinus*
Pliomys cf. *simplicior* (1M$_1$, 1M^3)
Microtus sp. (1M$_1$, Morphotyp pliocaenicus, 1M^3-Fragment)

Chronologie: Altpleistozän, wahrscheinlich *Microtus pliocaenicus*-Zone
Klimageschichte: keine Aussagemöglichkeiten

Deutsch-Altenburg 52

Christa Frank & Gernot Rabeder

Kolk mit Faunula

Seehöhe: unbekannt
Lage: unbekannt, Etikett ging verloren
Sediment: Schutt

Fauna:
Vertebrata (det. Rabeder, Sapper)
Rhinolophus ferrumequinum
Myotis bechsteini
Myotis nattereri
Apodemus sp.

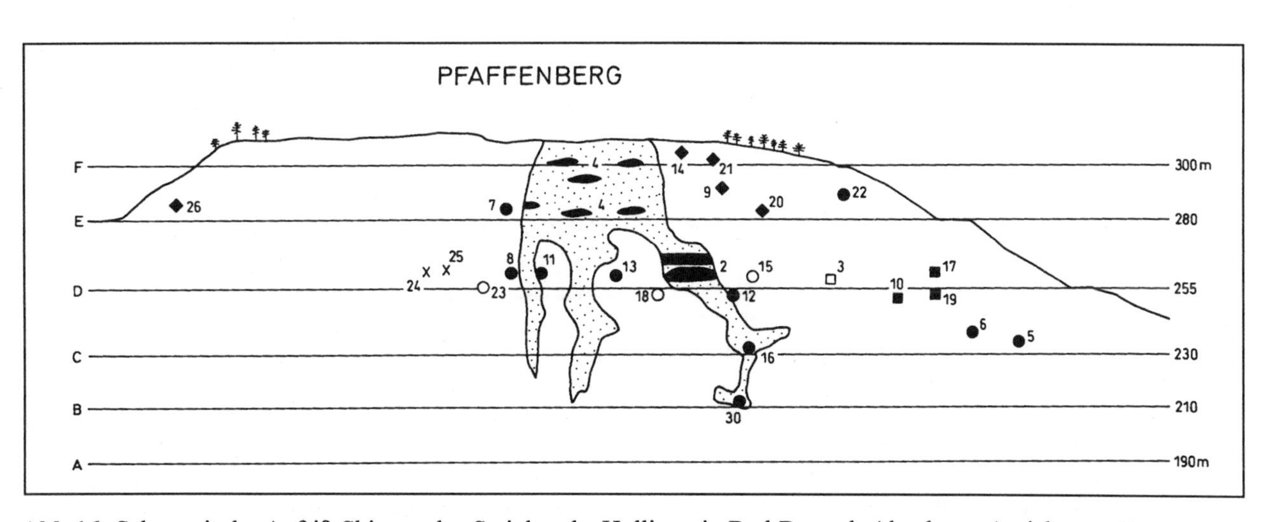

Abb.16: Schematische Aufriß-Skizzen des Steinbruchs Hollitzer in Bad Deutsch-Altenburg, Ansicht von Westen, mit der ungefähren Lage der Fundstellen "Deutsch-Altenburg 2" bis "26" (oben) und "27" bis "48" (nächste Seite).
Signaturen: ▲ Mittelpleistozän, ● Altpleistozän, O vermutlich Altpleistozän, ■ □ Jungpliozän bis Ältestpleistozän, ◆ Mittelpliozän, ✕ geol. Alter unbekannt

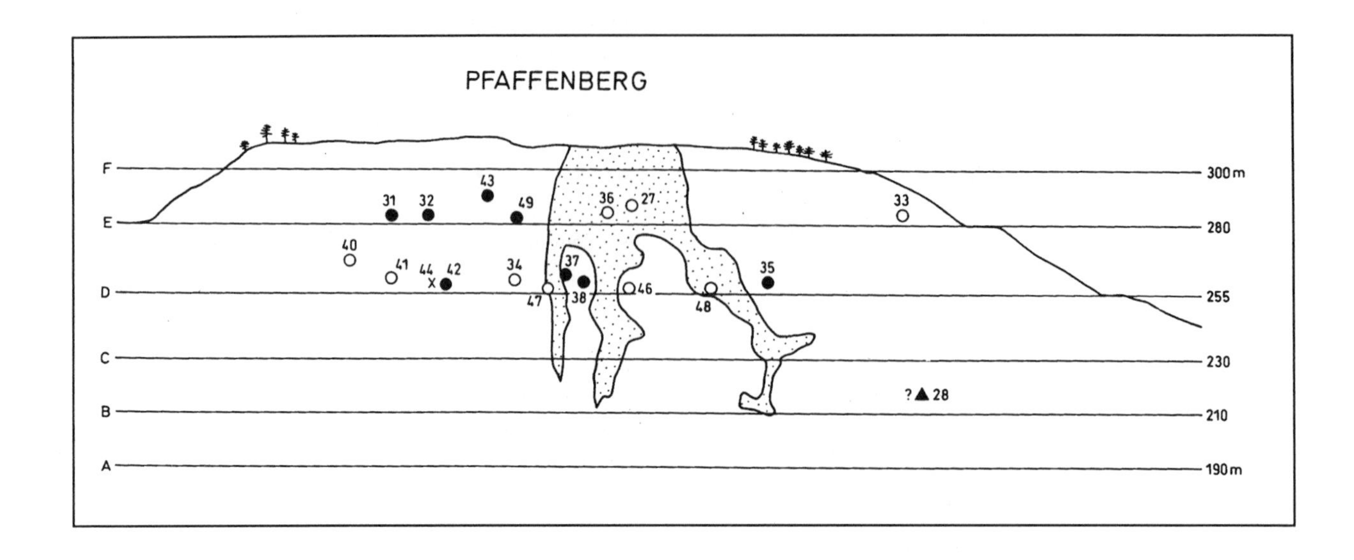

Hundsheim

Christa Frank & Gernot Rabeder

Spaltenfüllung mit einer mittelpleistozänen Vollfauna
Hundsheimer Spalte, Knochenspalte, HH

Gemeinde: Bad Deutsch-Altenburg (KG Hundsheim)
Polit. Bezirk: Bruck an der Leitha, Niederösterreich
ÖK 50-Blattnr.: 61, Hainburg
16°56'05" E (RW: 217mm)
48°08'24" N (HW: 284mm)
Seehöhe: 270m
Österr. Höhlenkatasternr.: 2921/13

Lage: In der Südflanke des Hexenberges in den Hainburger Bergen, nahe der Ortschaft Hundsheim. Die Spalte liegt unmittelbar neben der Güntherhöhle (siehe Lageskizze Deutsch-Altenburg RABEDER & FRANK, dieser Band).
Zugang: Auf einem schmalen Weg, der am Fuß der felsigen Flanke entlang führt, und den man vom westlichen Ortsbeginn oder vom Ortszentrum erreicht, zu einer auffälligen Erweiterung unterhalb der Güntherhöhle. Ein z.T. mit Stufen versehener Steig führt empor zur Höhle und zur Spalte, die beide unter Natur- und Denkmalschutz stehen.
Geologie: Die Hundheimer Spalte ist im selben (wahrscheinlich mitteltriadischen) Karbonat angelegt wie die Höhlen und Spalten von Deutsch-Altenburg, das Gestein ist aber weniger dolomitisiert (WESSELY 1961).

Fundstellenbeschreibung: Die mehrere Meter breite Spalte ist heute nach den wissenschaftlichen Grabungen, aber auch nach zahlreichen Raubgrabungen fast sedimentfrei. Die ausgekolkten Seitenwände zeigen, daß hier ursprünglich eine Höhle entstanden war. Ihr Dach stürzte ein und es entstand eine Tierfalle, in die so große Tiere wie Nashörner hineinstürzen konnten.
Länge der Spalte: 45m, Höhenunterschied: 16m.

Forschungsgeschichte: Die Hundsheimer Spalte wurde im Jahre 1900 zusammen mit der benachbarten (fossilfreien) Güntherhöhle bei Steinbrucharbeiten angeschnitten. Die erste wissenschaftliche Grabung im Jahre 1902 durch TOULA brachte sensationelle Großsäugerfunde ("Das Nashorn von Hundsheim") zutage, die von TOULA noch im selben Jahr publiziert wurden. Eine ausführliche Beschreibung dieser Funde sowie neuer Grabungsergebnisse erfolgte dann im Jahre 1914 durch W. FREUDENBERG.
Weitere Grabungen erfolgten durch SICKENBERG (1933), ZAPFE (1939), Hütter und Toth (1942), Hütter und Lehmann (1943). Eine ausgedehnte Grabungskampagne leitete schließlich E. THENIUS in den Jahren 1947 bis 1951.
Neben den Grabungsberichten wurden zahlreiche Spezialuntersuchungen publiziert: BACHMAYER 1953, BACHOFEN-ECHT 1942, BREUER 1938, DAXNER 1968, EHRENBERG 1929,1933, JANOSSY 1974, KLEMM 1969, KORMOS 1937, KÜHNELT 1938, RABEDER 1972, 1973a,b, SCHLICKUM & LOZEK 1965, THENIUS 1947a,b,c, 1948, 1951, 1953a,b, 1954, 1962, 1975, STROUHAL 1954, ZAPFE 1939,1948.

Sedimente und Fundsituation: Ursprünglich war der Hohlraum der Knochenspalte mit "lößähnlichem Material, mit Steinen und Knochen ganz und gar erfüllt" (FREUDENBERG 1908). Die Füllmasse war stellenweise rötlich verlehmt und in einigen Zonen auch versintert, was lokal zur Bildung von Brekzien geführt hat. Das ganze Sedimentpaket hat sich wahrscheinlich aus eingeschwemmtem Bodenmaterial und in der Höhle entstandenem Kalkschutt zusammengesetzt. Eine stratigraphische Abfolge verschiedener Sedimenttypen konnte bei den Grabungen nicht erkannt werden.

Fauna: **Fett** gedruckt: Arten, die aus Hundsheim beschrieben wurden.
1 und 2: aus der Hundsheimer Spalte, 1= n. PAPP 1955, 2= det. Frank 1993, 3= "aus dem Löß", außerhalb der Spalte

Mollusca (det. Frank)	1	2	3
Planorbis planorbis (sub: *Tropidiscus)*	+	1	-
Cochlicopa lubrica	-	1	-
Truncatellina cylindrica	-	>2	-
Granaria frumentum (sub: *Abida)*	+	>80	zahlreich
Pupilla cf. *muscorum*	-	4	-
Pupilla bigranata	+	-	>12
Pupilla triplicata	-	1	1
Vallonia costata	-	14	dominant
Vallonia tenuilabris	-	-	>12
Vallonia pulchella	-	-	>4
Chondrula tridens (sub: *Jaminia)*	+	1	2
Cochlodina laminata	+	1	-
Cochlodina sp.	+	-	-
Ruthenica filograna	+	4	1
Macrogastra ventricosa (sub: *Iphigena)*	+	3	1(cf.)
Macrogastra tumida (sub: *Iphigena*)	+	1	2(cf.)
Macrogastra cf. *densestriata*	-	1	-
Macrogastra plicatula (sub: *Iphigena*)	+	5	-
Clausilia dubia (kräftige Armatur u. Rippg.)	+	11	1
Neostyriaca corynodes	+	3	-
Neostyriaca schlickumi LOZEK [1]	-	8	-
Clausiliidae indet.	-	1Apex	3Apices
Succinella oblonga	-	1	-
Vitrinobrachium breve	-	2	-
Vitrea crystallina	-	1	-
Aegopis verticillus (sub: *Zonites*)	+	68	-
Aegopis klemmi SCHLICKUM & LOZEK	-	71	-
Zonites croaticus [3]	+	-	-
Aegopinella nitidula (sub. *Retinella*)	+	1	-
Aegopinella minor (sub. *Retinella nitidula*)	-	1	-
Oxychilus sp. [2]	+	-	
Fruticicola fruticum (sub: *Eulota f.*), mit *f. fasciata*	+	144	-
Soosia diodonta	+	-	-
Euomphalia strigella	+	84	-
Arianta arbustorum	-	4	-
Helicigona lapicida (sub: *Chilotrema l.*)	+	-	-
Faustina faustinum	+	26	-
Drobacia banaticum (sub: *Campylaea*)	+	3	-
"Klikia" altenburgensis	-	9	-
Campylaea sp.	+	-	-
Cepaea vindobonensis	+	2	-
Cepaea cf. *hortensis*	-	1	-
Helix pomatia	+	4	-
Helicidae, große Art	-	+	-
Pisidium casertanum	+	1	-
Artenzahl (gesamt 42)	26	34	12

Anm. 1: nach KROLOPP, 1994: *Neostyriaca corynodes* f. schlickumi (KLEMM)

Anm. 2: Dieser Hinweis ist der Tabelle 2 (PAPP 1955) entnommen. Im gesamten revidierten Gastropodenmaterial aus dieser Fundstelle befand sich keine dieser Gattung angehörende Art. „*Oxychilus* sp.“ dürfte sich auf die damals noch nicht beschriebene *Aegopis klemmi* SCHLICKUM & LOZEK 1965 beziehen, die bei flüchtiger Betrachtung an eine große *Oxychilus*-Art erinnert. Ihre Zugehörigkeit zur Gattung *Aegopis* wird von C. Frank, auch A. Riedel (Warschau) als nicht gesichert angesehen.

Anm. 3: Auch dieses Zitat ist nicht verifizierbar.

Myriopoda (n. BACHMAYER 1953)
O. Diplopoda
Polydesmus (Acanthotarsius) edentulus
Polydesmus (Polydesmus) complanatus illyricus
Unciger foetidus

Crustacea
Isopoda (n. STROUHAL 1954)
Porcellio (Porcellio) cf. *scaber*
Protracheoniscus (Protracheoniscus) cf. *amoenus*
Armadillidium (Armadillidium) cf. *carniolense*
Pleistosphaeroma hundsheimensis STROUHAL

Amphibia
Rana sp.
Pelobates sp.

Reptilia (n. FREUDENBERG 1914, SICKENBERG 1933)
Scincidae indet.
Lacerta sp.
Coluber sp.
Natrix sp.
Vipera sp.

Aves (n. JANOSSY 1974)
Gyps melitensis
Aquila sp. (Artenkreis von *A. heliaca,* Kaiseradler)
Falco tinnunculus atavus (Turmfalke)
Tetrastes praebonasia JANOSSY
Lyrurus cf. *partium*
Perdix cf. *perdix* (Rebhuhn)
Coturnix cf. *coturnix* (Wachtel)
Otis cf. *lambrechti*
Scolopax cf. *rusticola* (Waldschnepfe)
Columba cf. *palumbus* (Ringeltaube)
Strix intermedia
Glaucidium cf. *passerinum* (Sperlingskauz)
Apus apus palapus JANOSSY
Merops cf. *apiaster* (Bienenfresser)
Upupa phoeniculides JANOSSY
Dendrocopos major submajor JANOSSY

Dendrocopos praemedius JANOSSY
Alauda cf. *arvensis* (Feldlerche)
Hirundo cf. *rustica* (Rauchschwalbe)
Pica pica major (Elster)
Pyrrhocorax cf. *graculus* (Alpendohle)
Parus cf. *major* (Kohlmeise)
Parus cf. *palustris* (Sumpfmeise)
Turdus sp. I (Größe von *pilaris-viscivorus*)
Turdus sp. II (*iliacus*-Größe)
Phoenicurus cf. *phoenicurus* (Gartenrotschwanz)
Oenanthe cf. *oenanthe* (Steinschmätzer)
Motacilla sp. (Stelze)
Anthus cf. *cervinus* (Rotkehlpieper)
Phylloscopus sp. (Laubsänger)
Muscicapa sp. (Fliegenschnäpper)
cf. *Pinicola* sp. (Gimpel)

Mammalia
Insectivora (n. THENIUS 1948 und RABEDER 1972)
Talpa minor
Talpa europaea
Desmana thermalis hundsheimensis KORMOS
Drepanosorex austriacus KORMOS
Sorex hundsheimensis RABEDER
Sorex cf. *helleri*
Sorex cf. *minutus*
Neomys anomalus
Erinaceus cf. *praeglacialis*

Chiroptera (n. RABEDER 1972, 1973a,b)
Rhinolophus cf. *hipposideros*
Myotis blythi oxygnathus
Myotis bechsteini cf. *robustus*
Myotis emarginatus
Myotis cf. *mystacinus*
Myotis exilis
Plecotus abeli
Barbastella schadleri
Pipistrellus cf. *savii*
Pipistrellus sp.
Vespertilio cf. *discolor*
Eptesicus serotinus
Nyctalus noctula

Rodentia (n. KORMOS 1937, RABEDER 1981, SICKENBERG 1933, und Revision d. G. Rabeder 1994)
Citellus sp.
Muscardinus sp.
Glis sp.
Cricetus runtonensis
Allocricetus bursae
Clethrionomys acrorhiza
Pliomys cf. *hollitzeri*
Microtus gregaloides
Microtus arvalinus
Arvicola cantiana
Sicista sp.

Lagomorpha
Lepus sp.

Carnivora (n. THENIUS 1947a,b,c, 1948, 1951, 1953a,b,1954, ZAPFE 1948)
Canis mosbachensis
Canis sp.
Cuon priscus THENIUS
Vulpes angustidens THENIUS
Felis sp.
Panthera pardus
Homotherium moravicum
Acinonyx intermedius THENIUS
Hyaena striata
Crocuta sp.
Meles sp.
Putorius putorius
Mustela cf. *nivalis*
Nesolutra sp.
Ursus deningeri

Artiodactyla (n. DAXNER 1968, FREUDENBERG 1914, SICKENBERG 1933)
Sus scrofa
Cervus elaphus angulatus
Capreolus "priscus"
Hemitragus jemlahicus bonali
Bison schoetensacki

Perissodactyla (n. FREUDENBERG 1914, THENIUS 1975)
Equus mosbachensis
Stephanorhinus etruscus hundsheimensis TOULA

Proboscidea indet. (n. FREUDENBERG 1914)

Paläobotanik und Archäologie: kein Befund.

Chronologie: Schon das altertümliche Gepräge der Großsäugerfauna, z.B. die Nashorn-Reste sowie die artenreichen Carnivoren ließen erkennen, daß diese Spaltenfüllung aus einer frühen Phase des Pleistozäns stammt. In den älteren Publikationen wurde das geologische Alter mit Altpleistozän angegeben. Die reiche Kleinsäugerfauna, v.a. die Soriciden- und Arvicoliden-Reste ermöglicht eine feinere Einstufung. Aus dem Vorkommen von *Drepanosorex* und *Pliomys* sowie der relativ urtümlichen *Microtus*-Arten einerseits und dem Auftreten von *Arvicola cantiana* (statt *Mimomys savini)* andererseits wird auf eine chronologische Stellung im frühen Mittelpleistozän geschlossen.

Klimageschichte: Die Molluskenfaunen 1 und 2 deuten auf hochwarmzeitlich-optimale Verhältnisse hin: reichlich Feuchtigkeit und wahrscheinlich wärmeres Klima als heute (Artenzusammensetzung; kräftige, großwüchsige Schalen bei *Chondrula tridens*, *Macrogastra ventricosa*, *Aegopis verticillus*, *Fruticicola fruticum*, *Euomphalia strigella*, *Arianta arbustorum*; ausgeprägte Mündungsarmatur und Rippung bei *Clausilia dubia*). Anzunehmen ist skelettführender, laubholzdominierter Mischwald mit reichem Gebüschsaum; wahrscheinlich ein kleineres Gewässer in der Nähe (*Planorbis planor-*

bis, *Pisidium casertanum*). Bemerkenswert ist das Auftreten von "*Klikia*" *altenburgensis* (2), beschrieben von BINDER 1977 aus Fundschicht 4B von Deutsch-Altenburg.

Fauna 3 ist von gänzlich anderem Charakter - von Arten der offenen "Felssteppe" beherrscht, mit Beteiligung der kaltzeitlichen *Vallonia tenuilabris* - und repräsentiert daher deutlich schlechteres Klima. Eine voll entwickelte Kaltzeit ist jedoch aufgrund des Fehlens von *Columella columella*, *Vertigo modesta arctica*, *Vertigo parcedentata* und hochkaltzeitlicher *Pupilla*-Faunenbestandteile auszuschließen.

Zu "*Neostyriaca corynodes*" aus PAPP (1955; Hinweis: "besser *Neostyriaca* n. sp."): Es handelt sich vermutlich ebenfalls um *Neostyriaca schlickumi* KLEMM 1969, mit bauchiger, stark keuliger, bis auf die Embryonalwindung gerippter Schale, Mittelwert: 9,94 mm H:2,43 mm D, l. t.: "spätaltpleistozäne Ausfüllung der Spalte von Hundsheim; jungbiharische Säugetierfauna" (KLEMM 1969:303-304; Abb. 13). Conchologisch bestehen die nächsten Beziehungen zur gegenwärtig südalpinen *Neostyriaca strobeli* (STROBEL 1850), die früher wahrscheinlich weiter verbreitet war und im klimatisch wärmsten Bereich innerhalb der Gesamtverbreitung des Genus lebt. - *N. schlickumi* ist derzeit die älteste bekannte *Neostyriaca*.

Aufbewahrung: Naturhist. Mus. Wien, Inst. Paläont. Univ. Wien, Niederösterr. Landesmus., Privatsammler.

Rezente Vergleichsfauna: Aus der näheren Umgebung sind 38 Gastropodenarten registriert. Auf den Hundsheimer Bergen wurden von FRANK (1983) drei ineinander verzahnte ökologische Einheiten dargestellt:
- Auf den Trockenrasen und sonnigen Hanglagen: *Zebrina detrita* - *Xerolenta obvia*-Gesellschaft (xerothermophil),
- Im Eichenmischwald in feuchter, schattiger Hanglage: *Vitrea subrimata* - *Daudebardia rufa*-Gesellschaft (mesophil),
- Im Eichenmischwald an trockenen, felsigen Hanglagen, in Buschsäumen, an Wegrändern und Waldrändern: *Euomphalia strigella*-Gesellschaft (heliophil).

Literatur:

BACHMAYER, F. 1953. Die Myriopodenreste aus der altpleistozänen Spaltenfüllung von Hundsheim bei Deutsch-Altenburg (NÖ.). - Sitzungsber. Österr. Akad. Wiss., Math. Naturwiss. Kl. Abt. I, **162**: 25-30; Wien.
BACHOFEN-ECHT, A. 1942. Die Geweihe von *Cervus elaphus* aus Hundsheim a. d. Donau nebst Bemerkungen über Geweihbildung. - Palaebiologica, **7**: 249-260, Wien.
BINDER, H. 1977. Bemerkenswerte Molluskenfaunen aus dem Pliozän und Pleistozän von Niederösterreich. - Beitr. Paläont. Österr. **3**:1-78, Wien.
BREUER, R. 1938. Zwei neue Funde aus dem Pleistozän von Hundsheim und ihre paläobiologische Bedeutung. - Palaeobiologica, **6**: 184-189, Taf. XIV-XV; Wien und Leipzig.
DAXNER, G. 1968. Die Wildziegen (Bovidae, Mammalia) aus der altpleistozänen Karstspalte von Hundsheim in Niederösterreich. - Ber. Dtsch. Ges. Geol. Wiss. A Geol. Paläont., **13**: 305-334; Berlin.
EHRENBERG, K. 1929. Zur Frage der systematischen und phylogenetischen Stellung der Bärenreste von Hundsheim und Deutsch-Altenburg. - Palaebiologica, **2**: 213-221, Wien.
EHRENBERG, K. 1933. Ein fast vollständiges Bärenskelett aus dem Alt-Diluvium von Hundsheim in Niederösterreich. - Verh. Zool. Bot. Ges. Wien, **83**: 48-52; Wien.
FRANK, C. 1983. Aquatische und terrestrische Molluskenassoziationen der niederösterreichischen Donau-Auengebiete und der angrenzenden Biotope. Teil III. Die Hundsheimer Berge. - Malak. Abh. Staatl. Mus. Tierkd. Dresden, **8**(16): 209-220; Dresden.
FREUDENBERG, W. 1908. Die Fauna von Hundsheim in Niederösterreich. - Jb. Geol. R.-Anst., **58**: 197-222; Wien.
FREUDENBERG, W. 1914. Die Säugetiere des älteren Quartärs von Mitteleuropa, mit bes. Berücksichtigung der Fauna von Hundsheim und Deutsch-Altenburg in Niederösterreich. - Geol. u. Paläont. Abh. n. Fl., **12**: 455-671; Jena.
JANOSSY, D. 1974. Die mittelpleistozäne Vogelfauna von Hundsheim (Niederösterreich). - Sitzungsber. Österr. Akad. Wiss., Math. Naturwiss. Kl. Abt. I, **182**: 211-257; Wien.
KLEMM, W. 1969. Das Subgenus *Neostyriaca* A. J. WAGNER 1920, besonders der Rassenkreis *Clausilia (Neostyriaca) corynodes* HELD 1836. - Arch. Moll., **99**(5/6): 285-311; Frankfurt/Main.
KORMOS, Th. 1937. Revision der Kleinsäuger von Hundsheim in Niederösterreich. - Földt. Közl., **67**: 157-171, Fig. 39-45; Budapest.
KROLOPP, E. 1994. A *Neostyriaca* génusz a magyarországi pleistocén képzödményekben. - Malakológiai Tájekoztató, **13**: 5-8, Gyöngyös.
KÜHNELT, W. 1938. Die quartären Mollusken Österreichs und ihre paläoklimatische Bedeutung. - Verh. III. Internat. Quartärkonferenz Wien, **1936**: 234-236, Wien.
PAPP, A. 1955. Über quartäre Molluskenfaunen aus der Umgebung von Wien. - Verh. Geol. Bundesanst., **1955**, SH D: 152-157, Tab. 2, Taf. 12; Wien.
RABEDER, G. 1972. Die Insectivoren und Chiropteren (Mammalia) aus dem Altpleistozän von Hundsheim (NÖ.). - Ann. Naturhist. Mus. Wien, **76**: 375-474; Wien.
RABEDER, G. 1973a. Fossile Fledermausfaunen aus Österreich. - *Myotis*, **XI**: 3-14, Bonn.
RABEDER, G. 1973b. *Plecotus* und *Barbastella* (Chiroptera) im Pleistozän von Österreich. - Naturk. Jb. Stadt Linz, **1973**: 159-184, Linz.
RABEDER, G. 1981. Die Arvicoliden (Rodentia, Mammalia) aus dem Pliozän und dem älteren Pleistozän von Niederösterreich. - Beitr. Paläont. Österr., **8**: 1-373, Wien.
SCHLICKUM, W.R. & LOZEK, V. 1965. *Aegopis klemmi*, eine neue Interglazialart aus dem Altpleistozän Mitteleuropas. - Arch. Moll., **94** (3/4): 111-114, Frankfurt/Main.
SICKENBERG, O. 1933. Neue Ausgrabungen im Altpleistozän von Hundsheim. - Verh. Zool. Bot. Ges., **83**: 46-48; Wien.
STROUHAL, H. 1954. Isopodenreste aus der altpleistozänen Spaltenfüllung von Hundsheim bei Deutsch-Altenburg (NÖ.). - Sitzungsber. Österr. Akad. Wiss., Math. Naturwiss. Kl. Abt. I, **163**: 51-61, Wien.
THENIUS, E. 1947a. Neue Ausgrabungen in Österreich. - Natur und Technik, **1**, Wien.
THENIUS, E. 1947b. Ergebnisse neuer Ausgrabungen im Altpleistozän von Hundsheim bei Deutsch-Alteburg (Niederösterreich). - Anz. Akad. Wiss., Math. Naturwiss. Kl., **6**: 1-4, Wien.
THENIUS, E. 1947c. Bemerkungen über fossile Ursiden. - Sitzungsber. Akad. Wiss., math.-naturw. Kl. Wien.
THENIUS, E. 1948. Fischotter und Bisamspitzmaus aus dem Altquartär von Hundsheim in Niederösterreich. - Sitzungsber. Österr. Akad. Wiss., math.-naturwiss. Kl., **157**: 187-202, Wien.
THENIUS, E. 1949. Der erste Nachweis einer fossilen Blindmaus (*Spalax hungaricus* NEHR.) in Österreich. - Sitzungs-

ber. Österr. Akad. Wiss., Math. Naturwiss. Kl. Abt. I, **158**: 287-298, Wien.

THENIUS, E. 1951. Die neuen paläontologischen Ausgrabungen in Hundsheim (N.-Ö.). (Vorläufige Mitteilung). - Anz. Akad. Wiss., math.-naturwiss. Kl., **13**: 341-343; Wien.

THENIUS, E. 1953a. Ergebnisse der Bearbeitung der altpleistozänen Caniden von Hundsheim in Niederösterreich. - Anz. Akad. Wiss., math.-naturwiss. Kl., **15**: 258-259; Wien.

THENIUS, E. 1953b. Gepardreste aus dem Altquartär von Hundsheim in Niederösterreich. - N. Jb. Geol. Paläontol., Mh. 225-238; Stuttgart.

THENIUS, E. 1954. Die Caniden (Mammalia) aus dem Altquartär von Hundsheim (N.-Ö.) nebst Bemerkungen zur Stammesgeschichte der Gattung *Cuon*. - N. Jb. Geol. Paläont. Abh., **99**: 230-286; Stuttgart.

THENIUS, E. 1955. Niederösterreich im Wandel der Zeiten. Grundzüge der Erd- und Lebensgeschichte von Niederösterreich. - 2. Aufl., 1-126 S.; Wien (Nö. Landesmus.).

THENIUS, E. 1975. Niederösterreichs eiszeitliche Tierwelt. - Wiss. Schriftenreihe Niederösterreich, **10/11**, St. Pölten.

TOULA, F. 1902. Das Nashorn von Hundssheim, *Rhinoceros* (*Ceratorhinos*) *hundsheimensis* nov. form. - Abh. Geol. Reichsanst., **13**, Wien.

WESSELY, G. 1961. Geologie der Hainburger Berge. - Jb. Geol. B.-Anst., **104**: 273-349; Wien.

ZAPFE, H. 1939. Über das Bärenskelett aus dem Altplistozän von Hundsheim. - Verh. Zool. Bot. Ges., **88/89**: 239-245; Wien.

ZAPFE, H. 1948. Die altpleistozänen Bären von Hundsheim in Niederösterreich. - Jb. Geol. B.-Anst., **1946**: 95-164; Wien.

Abb.1: Die Hundsheimer Spalte während der Grabung im Jahre 1943 (Zeichnung E. Thenius)

Knochenhöhle bei Kapellen

Florian A. Fladerer & Christa Frank

Spätglazialer Schneeulenhorst
Kürzel: Kn

Gemeinde: Kapellen
Polit. Bez.: Mürzzuschlag, Steiermark
ÖK 50-Blattnr.: 104, Mürzzuschlag
15°40'36" E (RW: 138mm)
47°39'18" N (HW: 344mm)
Seehöhe: 860 m
Österr. Höhlenkatasternr.: 2861/51

Lage: Mürztaler Alpen. Im steilen Nordhang des Lerchenkogels (1104 m) östlich der Ortschaft Kapellen (siehe Große Ofenbergerhöhle, FLADERER, dieser Band).
Zugang: An der Straße Kapellen zum Preiner Gescheid im Ortsteil Stojen befindet sich gegenüber dem Haus Mitterbach 2 (790 m Seehöhe) auf der südlichen Seite des Raxenbaches ein Wasserspeicher. Von hier über einen steilen Steig rechts der Felswand bis zur südlichen Eingangsnische.
Geologie: 'Semmeringmesozoikum' (Zentralalpen, Unterostalpin), 'Semmeringkalk' (Dolomit der Mittel-Trias).

Fundstellenbeschreibung: Das nach Nordwest gerichtete Portal bildet einen halbhöhlenartigen 6m breiten und 1,5m hohen Vorraum. Auf der weiteren ansteigenden Strecke liegen eine kleine Kammer mit zwei kleinen Tagöffnungen und ein nach Südost gerichteter immer niedriger werdender Gang. Er setzt sich in einen Kriechgang fort, der in zwei unbefahrbare Engstellen mündet. Eine gegen Nord umbiegende Schliefstrecke führt abwärts und mündet ebenfalls in zwei kurze, durch Sediment verstopfte unbefahrbare Äste. Die Gesamtlänge beträgt 47m, die Höhendifferenz 9m (+4m, -5m) (HARTMANN 1986, 1990).

Forschungsgeschichte: 1984 Entdeckung und Aufsammlung von Tierknochen durch H. Lammer, Verein für Höhlenkunde in Langenwang, im distalen Höhlenabschnitt. 1986 Vermessung und 2. Aufsammlung durch H. und W. Hartmann (Beide Aufsammlungen wurden an die Säugetierkundliche Abteilung am Naturhistorischen Museum in Wien übergeben). 1994 Aufsammlung durch F. Fladerer und G. Rabeder, Institut für Paläontologie der Universität Wien im distalsten Höhlenbereich.

Sedimente und Fundsituation: Das Sediment im Bereich der distalen abwärtsführenden Strecke enthält neben vielen Tierknochen, Knochensplittern, Geröllen und dünnen Tropfsteinfragmenten auch Bruchstücke einer Sinterdecke (HARTMANN 1986). Fossile Reste sind über die gesamte Strecke ab dem Vorraum zu beobachten. Das sehr deutliche Überwiegen von gut erhaltenen Langknochen von Schneehasen bei gleichzeitigem fast Fehlen von Schädelframenten, Einzelzähnen und flächigen Knochenteilen wie Rippen zeugt von ausgepägter Frachtsortierung in die distale Strecke. Da keine Grabung unternommen wurde, ist die Stratigraphie unbekannt.

Fauna:

Tabelle 1. Knochenhöhle bei Kapellen. Gastropoden (det. C. Frank) und Wirbeltierarten, Vögel (nach BOCHENSKI & TOMEK 1994), ergänzt, Arvicolidae (det. G. Reiner). Knochenzahl und Mindestindividuenzahl (in Klammer), + nachgewiesen, * Anzahl der M1.

Mollusca	KNZ	MNI
Orcula cf. *dolium*		+
Orcula cf. *gularis*		+
Ena montana		+
cf. *Neostyriaca corynodes*		+
Clausiliidae indet.		+
Euconulus fulvus		+
Vitrea subrimata		+
Vitrea crystallina		+
Zonitidae cf. *Aegopinella* vel *Oxychilus* sp.		+
Monachoides incarnatus		+
Arianta arbustorum		+
Chilostoma achates		+
Causa holosericea		+
Vertebrata		
Cyprinidae indet.	2	(1)
Lagopus lagopus (Moorschneehuhn)	14	(5)
Lagopus mutus (Alpenschneehuhn)	3	(2)
Lagopus lagopus/mutus	42	
cf. *Gallinula chloropus* (Teichhuhn)	1	(1)
Crex crex (Wachtelkönig)	1	(1)
Nyctea scandiaca (Schnee-Eule)	10	(4)
Pyrrhocorax graculus	1	(1)
Passeriformes (unbestimmt)	15	
div. Aves (indet.)	60	
Marmota marmota	2	(2)
Arvicola terrestris	7*	(2)
Microtus arvalis/agrestis	120*	(30)
Microtus nivalis	360*	(90)
Dicrostonyx cf. *gulielmi*	2*	(1)
Ochotona pusilla	2	(1)
Lepus timidus	>300	(45)
Lepus europaeus	1	(1)
Canis lupus	1	(1)
Vulpes vulpes	4	(2)
Alopex lagopus	2	(1)
Mustela erminea	5	(3)
Mustela nivalis	10	(7)
M. erminea/nivalis	2	(1)
Ursus arctos	1	(1)
Ursus arctos/spelaeus	2	(1)
Rangifer tarandus	1	(1)
Bos/Bison	3	(1)
Capra ibex	10	(3)

Die Lagerung des fossilführenden Sediments läßt für wahrscheinlich annehmen, daß hier eine zeitlich uneinheitliche Vergesellschaftung vorliegt. Andererseits spricht die relativ große Häufigkeit von Resten von Schneeulen dafür, daß diese Hauptakkumulatoren der Tierreste waren: bevorzugte Beutetierarten sind Schneehase, die kleinen Wühlmausarten, Schneehuhn und Mauswiesel. Auffallend ist das Überwiegen von gut erhaltenen Langknochen in der Skelettteilfrequenz der Hasen. Diesen stehen wenige Mandibel- und Schulterblattfragmente gegenüber - Oberschädelteile und Rippen fehlen überhaupt. Diese Verschiebung in der Häufigkeit gegenüber der aufgrund der Individuenzahlen zu erwartenden Verteilung läßt sich weniger mit der Aufsammlungsmethode erklären als vielmehr durch Frachtsonderung in der Höhle. Adulte Individuen bilden mit über 60% den Hauptanteil. Beide Fuchsarten sind zu beobachten; der Eisfuchs ist durch zwei Mittelfußknochen eines kleinen Individuums nachgewiesen, das deutlich unter dem späteiszeitlichen Mittelmaß liegt. Die Länge (GL) eines Metatarsale II beträgt 43,9mm, die Länge eines Metatarsale V 44,5mm.

Die Reste des Steinbocks und des größeren Boviden zeigen ebenso wie die Kniescheibe eines großen Bären Bissmarken von großen Carnivoren. Die Bären sind durch einen d4, durch ein juveniles Fibulafragment und durch eine Patella (GL 60,1, GB 45,0, GD 31,3mm) nachgewiesen. Es ist nicht zu entscheiden, ob es sich um einen Höhlenbären oder Braunbären handelt.

Die Knochenhöhle ist der südlichste Fundort des Halsbandlemmings in Österreich. Auch die große Häufigkeit der Schneemaus bei gleichzeitigem Fehlen von Spitzmäusen zeigt kontinental-trockene Bedingungen an. Die Knochenhöhle dokumentiert auch das bisher höchstgelegene Vorkommen von Steppenpfeifhasen (*Ochotona pusilla*) in den Ostalpen. Er ist eine Leitart der Offenlandvergesellschaftungen im Mittelgebirge (Große Ofenbergerhöhle, mittleres Murtal, Nixloch) und Vorland (Waldviertel, Mehlwurmhöhle, Wien, u.a.) (FLADERER 1992).

Es konnten 13 Molluskenarten - durchgehend in Gehäusesplittern - aus fünf ökologischen Gruppen nachgewiesen werden. Es dominieren der Nordlage entprechende offene bis halboffene und nicht sonnenexponierte Felsstandorte - wie besonders aus der Häufigkeit von *Chilostoma achates* geschlossen werden kann. Der Rest verteilt sich auf mesophile Standorte und Waldstandorte.

In den Inventaren aller Aufsammlungen fanden sich sub/rezente Tierreste. Es sind vor allem wenige postcraniale Reste von Fledermäusen, von Fuchs, Reh und Schaf/Ziege. Zwei distale Hinterfußelemente mit Raubtierverbiss stammen von einer sehr kleinen Rinderform, wie sie mittelalterlichen Inventaren entspricht. Der in der Liste genannte Feldhase ist durch einen Schneidezahn belegt, dessen Erhaltungszustand nicht eindeutig gegen eine Zugehörigkeit zur pleistozänen Taphozönose spricht. Ein gemeinsames Vorkommen des Feldhasen mit Ochotoniden im spätglazialen Stadial wäre sehr überraschend. In der unstratifizierten Aufsammlung aus der Allander Tropfsteinhöhle (DÖPPES & FRANK, dieser Band), die spätglaziale Anteile umfaßt, sind beide Arten fossil nachgewiesen.

<u>Paläobotanik:</u> Eine palynologische Durchsicht von Sedimentproben ergab nach I. Draxler (persönliche Mitt.) eine Vergesellschaftung, die große Analogien zur heutigen Hochgebirgsflora zeigt.

<u>Archäologie:</u> kein Befund.

<u>Chronologie und Klimageschichte:</u> Spätglazial (?Älteste Dryas). Schneehasenknochen wurden mit 14.070 ±100 BP (GrN-22333) datiert. Dieses Datum läßt sich mit dem Gletschervorstoß der Gschnitz-Phase um 14 ka parallelisieren (vgl. van HUSEN 1997). Deutlichste Indikatoren einer sehr hohen Kontinentalbeeinflussung sind: der Halsbandlemming, die große Häufigkeit der Schneemaus bei gleichzeitigem Fehlen von Spitzmäusen und die Schneeule. Das Wühlmaus-Morphotypenverhältnis von arvalis/agrestis : nivalis beträgt 35 : 65 und entspricht mit diesem 'stadialen' Wert der Kleinsäugergemeinschaft von der Großen Ofenbergerhöhle (siehe FLADERER, dieser Band). In der fossilen Wirbeltierassoziation von 24 Taxa überwiegen mit 54 Prozent jene, die heute im regionalen Umkreis nicht - oder höchstens selten, was die Vögel betrifft - vorkommen (FLADERER & REINER 1996). Damit ist auch eine intensivere Vegetationsgliederung angezeigt, die sich deutlich von der rezenten collinen Bergbewaldung unterscheidet.

Auch malakologisch ist ein generell vegetationsarmer Raum indiziert, ein weitgehend offener Felshang mit alpinen bis subnivalen Rasengesellschaften, einzelnen Büschen oder anspruchslosen Baumarten und Flechtenbewuchs. Krautige Vegetation dürfte nur wenig vorhanden gewesen sein.

<u>Aufbewahrung:</u> Säugetierkundliche Abteilung am Naturhistorischen Museum und Institut für Paläontologie der Universität Wien.

<u>Rezente Sozietäten:</u> Aus dem Raum Preiner Gscheid, 680m - 1070m (FRANK 1992) und Kapellen (KLEMM 1974) ist eine aus 50 Arten bestehende rezente Molluskenfauna bekannt, die sich auf 21 ökologische Gruppen verteilt. Schwerpunkt hinsichtlich Arten- und Individuenzahlen liegt bei den Waldstandorten unter starker Feuchtigkeitsbetonung. Es ist eine für den Nordostalpenrand bezeichnende Fauna, die einem feuchten Bach- bis Schluchtwald mit reicher vertikaler Vegetationsgliederung entspricht.

<u>Literatur:</u>

BOCHENSKI, Z. & TOMEK, T. 1994. Fossil and subfossil bird remains from five Austrian caves. - Acta zool. cracov., **37**(1): 347-358, Kraków.

FLADERER, F. A. 1992. Neue Funde von Steppenpfeifhasen (*Ochotona pusilla* PALLAS) und Schneehasen (*Lepus timidus* L.) im Spätglazial der Ostalpen. - Mitt. Komm. Quartärforsch. Österr. Akad. Wiss., **8** (Das Nixloch bei Losenstein-Ternberg): 189-209, Wien.

FLADERER, F. A. & REINER, G. 1996. Hoch- und spätglaziale Wirbeltierfaunen aus vier Höhlen der Steiermark. - Mitt. Abt. Geol. Paläont. Landesmus. Joanneum, **54**: 43-60, Graz.

FRANK, C.1992. Malakologisches aus dem Ostalpenraum. - Linzer biol. Beitr., **24** (2): 383-662, Linz.

HARTMANN, H. & HARTMANN, W. 1986. Höhlen im Raxenbachtal, Teilgruppe 2861 (Stmk.). - Höhlenkundl. Mitt., **42** (9): 180-182, Wien

HARTMANN, H. & HARTMANN, W. 1990. Die Höhlen Niederösterreichs, Band 4. - Die Höhle, Wissenschaftl. Beih., **37**, Wien.

van HUSEN, D. 1997. LGM and late-glacial fluctuations in the Eastern Alps. - Quaternary International, **38/39**: 109-118, Oxford/New York.

KLEMM, W. 1974. Die Verbreitung der rezenten Land-Gehäuse-Schnecken in Österreich. - Denkschr. Österr. Akad. Wiss., **117**: 1-503, Wien.

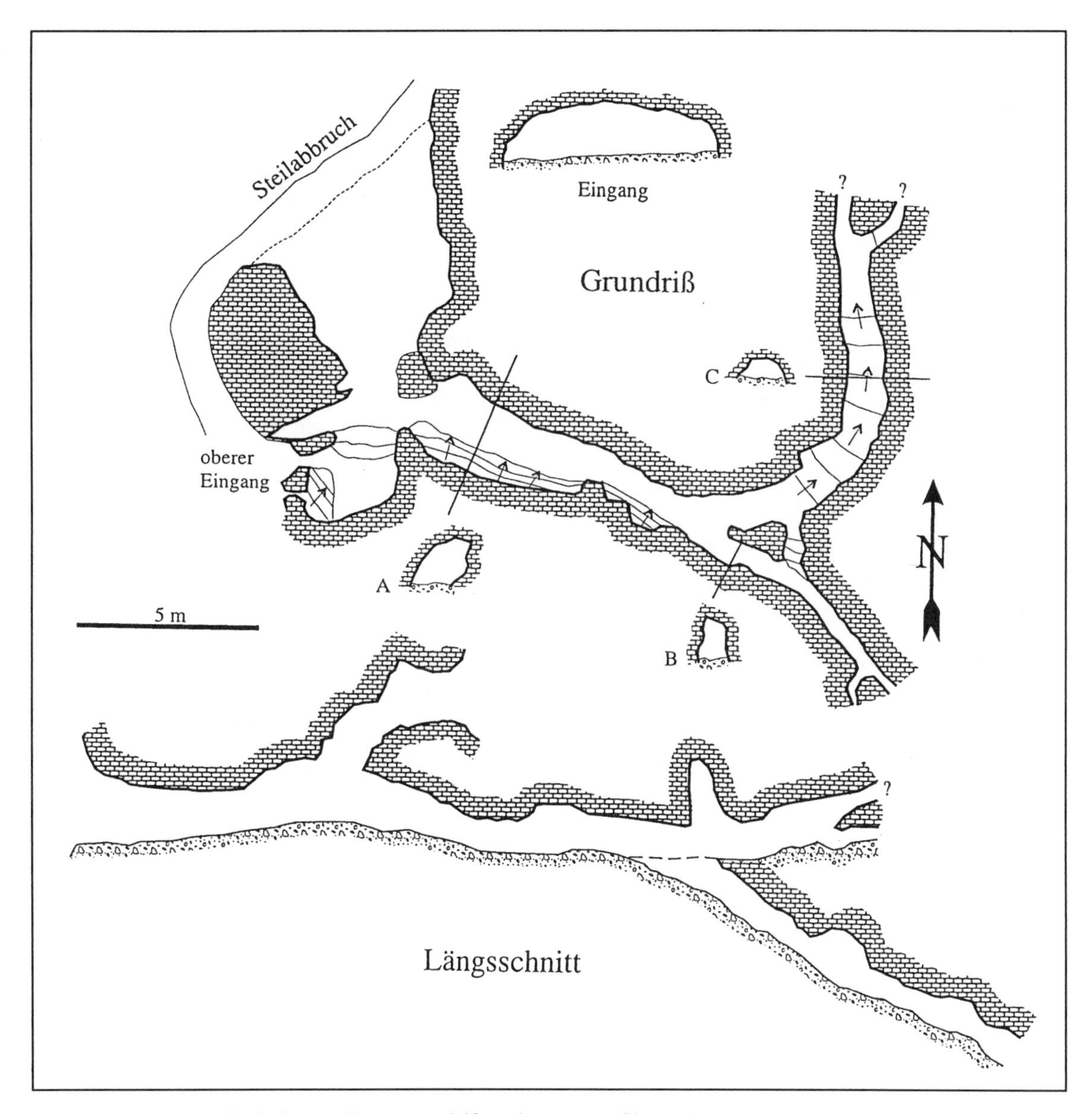

Abb. 1: Knochenhöhle bei Kapellen, Grundriß und Raumprofil (nach HARTMANN & HARTMANN 1986)

Mehlwurmhöhle

Gernot Rabeder

Jungpleistozäne Hyänenhöhle, später von Murmeltieren und Füchsen bewohnt.
Kürzel: MW

Gemeinde: Scheiblingkirchen
Polit. Bezirk: Wiener Neustadt, Niederösterreich
ÖK 50-Blattnr.: 106, Aspang-Markt
16°09'24"E (RW: 110m)
47°39'42"N (HW: 359mm)
Seehöhe: 3905m
Österr. Höhlenkatasternr.: 2872/25

Lage: Östl. von Scheiblingkirchen, im Schlattental (siehe Lageskizze Rohrbach am Steinfeld, RABEDER, dieser Band).

Zugang: Von Scheiblingkirchen auf der Straße ca. 1,3 km nach Osten bis knapp vor den Ort Innerschildgraben. Auf einem Fahrweg links (nördl.) des Schlattenbaches zum Fuß einer Felswand mit dem von weitem gut sichtbaren spaltförmigen Eingang.

Geologie: In einem mitteltriadischen Kalk des Semmering-Mesozoikums (FUCHS 1962).

Fundstellenbeschreibung: Die relativ kleine Höhle ist an einer NW-gerichteten Kluft angelegt. Sie mündet mit zwei engen Öffnungen in einer etwa 20m hohen Felswand nach außen. Die Eingänge liegen etwa 10m über dem heutigen Talniveau des Schlattenbaches. Der ca. 5m lange und 4m breite Hauptraum ist durch eine Engstelle mit einer kleinen Halle verbunden.
Gesamtlänge: 24m

Forschungsgeschichte: 1963 entdeckt, 1965 vermessen (BEDNARIK 1965), 1973 paläontologische Grabung durch Bundesdenkmalamt u. Inst. Paläont. Univ. Wien (MAIS & RABEDER 1974).

Sedimente und Fundsituation: Der Hauptraum ist bis zu einem Drittel mit einem mehlartigen Feinsand erfüllt (Name!), der durch Bioturbation keine Schichtung erkennen läßt.
Als fündig erwiesen sich vor allem der südöstl. Teil des Hauptraumes sowie ein kleiner Kolk außerhalb der Höhle, 3m östl. des unteren Einganges.

Fauna: Wegen der grabenden Tätigkeit von Murmeltieren und Füchsen war es nicht möglich, die fossilen Reste stratifiziert zu entnehemen. Nach Erhaltungszustand und Farbe läßt sich aber das relativ reiche Fundmaterial ohne Schwierigkeiten in drei homogene Gruppen untergliedern:
1. Gruppe: Hyänenfraßreste, Jungpleistozän
Canis lupus
Ursus spelaeus
Panthera spelaea
Crocuta spelaea
Cervus elaphus
Megaloceros giganteus
Alces alces
Bos primigenius
Bison priscus
Equus sp.
Coelodonta antiquitatis
Mammuthus primigenius
Die Reste dieser Großsäuger stammen aus dem Hauptraum und aus dem kleinen Kolk, der als Nahrungsdepot der Hyäne zu deuten ist. Die Knochen und Kiefer zeigen die charakteristischen Fraßspuren der Höhlenhyäne. Auch die typischen Koprolithen der Hyänen sind häufig. Die Artenzusammensetzung ist charakteristisch für eine jungpleistozäne kaltzeitliche Großsäugerfauna.

2. Gruppe: Spätpleistozäne Reste
Marmota marmota
Cricetus cricetus
Lepus europaeus
Lepus timidus ?
Ochotona pusilla
Canis lupus
Alopex lagopus

Besonders hervorzuheben sind die gut erhaltenen Schädel der Murmeltiere, welche die Höhle wohl längere Zeit nach den Hyänen bewohnt haben. Auch bei dieser Fauna ist der kaltzeitliche Charakter der Fauna nicht zu übersehen. Sie stammt wahrscheinlich aus dem späten Würm-Hochglazial.

3. Gruppe: Holozäne Reste
Gallus gallus f. domestica (Haushuhn)
Citellus citellus
Glis glis
Arvicola terrestris
Microtus sp.
Lepus europaeus
Vulpes vulpes
Mustela nivalis
Felis silvestris
Felis silvestris f. domestica
Sus scrofa juv. wahrscheinlich f. domestica
Caprovine juv.
Bei diesen z.T. noch fetthaltigen Knochen handelt es sich wohl hauptsächlich um Fraßreste des Rotfuchses, der auch heute noch die Höhle teitweise bewohnt.

Paläobotanik und Archäologie: kein Befund.

Chronologie und Klimageschichte: Radiometrische Daten liegen nicht vor.
Es gibt jedoch Daten nach der Aminosäuren-Razemisierungsmethode (HILLE & al. 1981): Das D/L-Verhältnis von Alanin beträgt 0,036. Dieser Wert liegt im Bereich anderer Mittelwürm-Daten (Schlenkendurchgangshöhle und Schottloch), was mit den ermittelten Evolutionsniveaus im Einklang steht.
Die Funde der 1. Gruppe stammen aus einer Kaltzeit des letzten Vereisungszyklus, wahrscheinlich aus dem Hochglazial des Würm. Auch die Fossilien der 2. Gruppe sind wegen ihres kaltzeitlichen Charakters der letzten Kaltzeit, wahrscheinlich dem Spätglazial zuzuordnen. Die Faunenreste der 3. Gruppe sind rezent.

Aufbewahrung: Inst. Paläont. Univ. Wien.

Literatur:
BEDNARIK, E. & R. 1965. Die Höhlen von Scheiblingkirchen und Innerschildgraben, NÖ. - Höhle u. Spaten **3**: 19-23, Wiener Neustadt.
FINK, M., HARTMANN, H. & W. 1979. Die Höhlen Niederösterreichs, Bd. 1. - Die Höhle, wiss. Beih. **28**: S. 320, Wien.
FUCHS, G. 1962. Neue tektonische Untersuchungen im Rosaliengebirge (Niederösterreich, Burgenland). - Jb. Geol. Bundesanst., **105**: 19-37, Wien.
MAIS, K. & RABEDER, G. 1974. Eine neuentdeckte jungpleistozäne Hyänenhöhle in Niederösterreich. - Die Höhle **25**(4): 142-145, Wien.
HILLE, P., MAIS, K., RABEDER, G., VÁVRA, N. & WILD, E. 1981. Über Aminosäuren- und Stickstoff/Fluor-Datierung fossiler Knochen aus österreichischen Höhlen. - Die Höhle, **32**(3): 74-91, Wien.

St. Margarethen

Doris Döppes

Mittelpleistozäne Spaltenfüllung
Kürzel: StM

Gemeinde: St. Margarethen im Burgenland
Polit. Bezirk: Eisenstadt-Umgebung, Burgenland
ÖK 50-Blattnr.: 78, Rust
16°37'58" E (RW: 114mm)
47°48'5" N (HW: 75mm)
Seehöhe: 185m

Lage: Der Kalksteinbruch von St. Margarethen liegt im Ruster Hügelzug, der das Eisenstädter Becken vom Neusiedler See trennt (Abb.1).
Zugang: Die Fundstelle lag an der Bundesstraße 52, welche St. Margarethen mit Rust verbindet. Etwa 50 m westlich der Paßhöhe erhob sich eine etwa 8 m hohe Felswand mit mehreren Spalten.
Geologie: Das Leithagebirge ist die geologische Fortsetzung der Zentralalpen. Das kristalline Gestein wird von Leithakalk (Mittelmiozän, Badenien) überlagert.

Fundstellenbeschreibung: Der westliche Randbereich der Felswand ist von mehreren Nord-Süd verlaufenden Kluftsystemen durchzogen, von den 4 erkennbaren senkrechten Klüften war nur die westlichste reichlich mit Sediment erfüllt. Sie zeigte einen unregelmäßigen Umriß, die Seitenwände waren zum Teil ausgekolkt. Nach oben verschmälerte sich die anfangs fast meterbreite Spalte rasch. Die Fundstelle selbst ist nicht mehr vorhanden (weggesprengt).

Forschungsgeschichte: Um 1960 Entdeckung der Fossilführung (G. Siebert, Landesverein für Höhlenkunde in Wien und Niederösterreich), 1977 Grabung unter G. Rabeder (Inst. Paläont. Univ. Wien).

Sedimente und Fundsituation: Das Sediment war ein rostbrauner Feinsand, offenbar ein Verwitterungsprodukt des Leithakalkes, da er stark korrodierte Mikrofossilien des Miozäns enthält. Dieses rostbraune Sediment liegt auch an anderen Stellen dem Leithakalk auf und ist in manchen Spalten - allerdings ohne Wirbeltierreste - zu finden.

Fauna: Mollusca (det. Frank), Vertebrata (nach RABEDER 1977b)

	Stückzahl
Fruticicola fruticum	+
Helicopsis striata	+
Anura indet.	einige
Natrix natrix (Ringelnatter)	26 Schädelelemente
Coluber viridiflavus (Gelbgrüne Zornnatter)	117 Schädelelemente
Coluber gemonensis (Balkan-Zornnatter)	4 Schädelelemente
Elaphe longissima (Äskulapnatter)	2 Schädelelemente
Vipera berus (Kreuzotter)	3 Schädelelemente
Crocidura leucodon	19 davon $1M_1$, $1M_2$
Myotis bechsteini	13 davon $1M^1$, $1M^2$, 5 M inf.
Myotis sp.	$1M^1$
Glis glis	2 M_3
Apodemus flavicollis	5 davon $2M^1$, $1M_1$, $1M_2$
Clethrionomys sp.	$2M^1$
Microtus arvalis	2 M_1, 2 M^3
Microtus gregalis	$1M_1$, $1M^3$

99 % der Wirbeltierreste stammen von Schlangen, die diese Fundstelle sicher als Schlupfwinkel benutzt haben. Der größere Anteil der Kleinsäuger und Amphibien dürfte als Beute in die Spalte gelangt sein.

Paläobotanik und Archäologie: kein Befund.

Chronologie: Das durch die Uran-Serien-Methode (MAIS & al. 1982, HILLE & al. 1981) erhaltene Alter von 175.000 +62.000/-39.000 ermöglicht die Einstufung in die Isotopenstufe 7 (jüngeres Mittelpleistozän).

Klimageschichte: *Glis*, *Apodemus* und *Elaphe* sprechen für eine teilweise Bewaldung, während das Auftreten von *Natrix* auch auf ein nahes Gewässer hindeutet. Die beiden *Microtus* - Arten sind Bewohner der offenen Vegetation. Die zwei *Coluber*-Arten sprechen für ein wärmeres Klima als heute. Beide Arten haben heute eine mediterrane Verbreitung, wobei sich die Areale in Istrien überschneiden. Das Klima muß zur Zeit der Spaltenfüllung deutlich wärmer gewesen sein als heute, es hat etwa - zumindest was die Temperatur betrifft - dem heutigen Klima von Istrien entsprochen. Wegen des Aufretens von *Microtus arvalis* und *Microtus gregalis* kommt nur eine zeitliche Zuordnung zu einer mittel- oder jungpleistozänen Warmzeit in Frage (RABEDER 1977a).
Die Molluskenarten *Fruticicola fruticum* und *Heliocopsis striata* sind Elemente genügsamer Faunen halboffener, gebüschbestandener Graslandschaften und fehlen der heutigen Fauna.

Aufbewahrung: Inst. Paläont. Univ. Wien.

Rezente Sozietäten: Anhand der rezenten Molluskenfauna sind die gegenwärtigen Verhältnisse deutlich: trockener, offener Lebensraum, reichlich Gebüsche, einzelne Bäume oder Baumgruppen. *Helicodonta obvoluta* als Bewohnerin der feuchten Fallaubschichte und des Totholzes in Wäldern verschiedener Zusammensetzung fällt hier völlig aus dem Rahmen der übrigen Fauna. Es kann sich hier nur um ein reliktäres Vorkommen - etwa in der Nadelstreu unter einem Schwarzkieferbestand u.a. - handeln. (C. Frank, mündl. Mitt.)

Literatur:

HILLE, P., MAIS, K., RABEDER, G., VÁVRA, N. & WILD, E. 1981. Über Aminosäuren- und Stickstoff/Fluor- Datierung fossiler Knochen aus österreichischen Höhlen. - Die Höhle, **32**,3: 74-91, Wien.

MAIS, K., RABEDER, G., VONACH, H. & WILD, E. 1982. Erste Datierungsergebnisse von Knochenproben aus dem österreichischen Pleistozän nach der Uran-Serien-Methode. - Sitzber. Österr. Akad. Wiss., math.-naturw. Kl., Abt. I, **191**: 1-14, Springer-Verlag. New York, Wien.

RABEDER, G. 1974. Fossile Schlangenreste aus den Höhlenfüllungen des Pfaffenberges bei Deutsch-Altenburg (NÖ). - Die Höhle, **25**,4: 145-149, Wien.

RABEDER, G. 1977a. Wirbeltierreste aus einer mittelpleistozänen Spaltenfüllung im Leithakalk von St. Margarethen im Burgenland. - Beitr. Paläont. Österr., **3**: 79-103, Wien.

RABEDER, G. 1977b. Eine mittelpleistozäne Spaltenfüllung im Römersteinbruch bei Sankt Margarethen im Burgenland. - Die Höhle, **28**,4: 115-119, Wien.

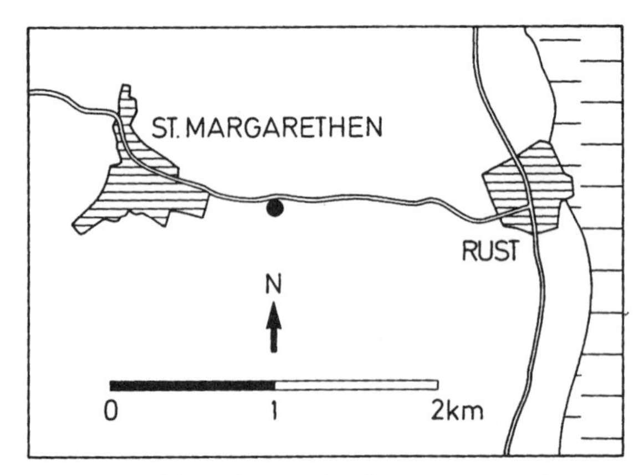

Abb.1: Lageskizze der Fundstelle St. Margarethen im Burgenland

Windener Bärenhöhle

Doris Döppes & Gernot Rabeder

Jungpleistozäne Bärenhöhle mit spätglazialer bis holozäner Mikrofauna

Synonyme: Ludlloch, Bärenhöhle bei Winden, Wi

Gemeinde: Winden am See
Polit. Bezirk: Neusiedl am See, Burgenland
ÖK 50-Blattnr.: 78, Rust
16°45'22" E (RW: 257mm)
47°58'15" N (HW: 478mm)
Seehöhe: 190m
Österr. Höhlenkatasternr.: 2911/1
Naturdenkmal nach dem Naturhöhlengesetz mit Bescheid vom 4.02.1929.

Lage: Die Höhle liegt am Westhang des Zeilerberges, ca. 3km nördlich von Winden am See, etwa 20m über der Straße.

Zugang: Von der Ortsmitte führt eine Straße zu einem Parkplatz, wo sich eine Schautafel befindet. Die Höhle ist über einige Stufen erreichbar.

Geologie: Die Schichtfugenhöhle befindet sich im Leithakalk-Konglomerat (Badenien, Beckenrand des Wr. Beckens) und wurde wahrscheinlich im Pliozän gebildet.

Fundstellenbeschreibung: Ihre 2 Eingänge sind ca. 3m breit und 1,6m hoch. Ein früherer dritter Eingang führte direkt in die Südhalle 1. Dies dürfte der Haupteingang gewesen sein, der durch einen Deckeneinsturz verschlossen wurde (Postpleistozän?, EHRENBERG 1931). Die Höhle ist eben, besteht aus einem Raum mit kurzen Nebenstrecken und hat eine Gesamtlänge von 70m. Die Höhle ist verschlossen.

Forschungsgeschichte: Entdecker unbekannt. 1923 sind erste Aufsammlungen von rezenten Knochenresten durch O. Wettstein & J. Pia belegt (BAUER 1996a). Zwischen 1929 und 1931 fanden erste dokumentierte Grabungen in der Südhalle 1 unter der Leitung von K. Ehrenberg und mit Hilfe von H. Bürgl, W. Marinelli, O. & A. Sickenberg und R. Rieber statt (Paläont. und Paläobiolog. Institut der Univ. Wien mit Bewilligung des Bundesdenkmalamtes, EHRENBERG 1929, 1931, 1932). 1962-1984 Streu- und Oberflächenfunde aus dem Aushub der Grabungen (BAUER 1996b).

Sedimente und Fundsituation: Die Schichtfolge bestand aus basalen, vorwiegend kristallinen Komponenten bestehenden Sanden sowie aus phosphathaltiger Höhlenerde. In der Südhalle 1 war keine phosphathaltige Erde vorhanden.

Fauna: Amphibia & Reptilien (det. Rabeder), Aves (nach BOCHENSKI & TOMEK 1994), Mammalia (nach BAUER 1996b, EHRENBERG 1931 und det. Rabeder), Stückzahl soweit vorhanden (MNI)

	sicher Pleistozän	unklar	sicher holozän
Gastropoden	-	+	-
Pisces	-	+[1]	-
Pelobates fuscus (Knoblauchkröte)	-	+[1,2]	-
Bufo viridis (Wechselkröte)	-	+[2]	-
Bufo bufo (Erdkröte)	-	+	-
Rana cf. *dalmatina* (Springfrosch)	-	+	-
Lacerta agilis (Zauneidechse)	+	-	-
Lacerta viridis (Smaragdeidechse)	+	-	-
Colubridae indet.	-	+	-
Anas platyrhynchos (Stockente)	-	-	1 (1)
Anas cf. *strepera* (Schnatterente)	-	-	1 (1)
Gallus gallus (Huhn)	-	-	2 (1)[1]
Perdix perdix (Rebhuhn)	-	-	5 (2)
Coturnix coturnix (Wachtel)	-	-	2 (1)
Scolopax rusticola (Waldschnepfe)	-	-	1 (1)
Athene noctua (Steinkauz)		-	2 (1)
Turdus philomelos (Singdrossel)	-	-	2 (1)
Nucifraga caryocatactes (Tannenhäher)	-	-	1 (1)
Corvus monedula (Dohle)	-	-	1 (1)
Aves indet.	-	-	1 (1)
Erinaceus europaeus	-	+	-
Talpa europaea	-	+[1,2]	-
Neomys sp.	-	+	-
Crocidura cf. *russula*	-	-	+
Crocidura suaveolens	-	-	+
Marmota marmota	+[2]	-	-
Citellus sp.	-	+[1,2]	-
Glis glis	-	+[1]	-
Apodemus cf. *flavicollis*	-	+[1]	-
Apodemus sylvaticus	-	+[1]	-
Cricetus cricetus	-	+[1,2]	-
Arvicola terrestris	-	+[1,2]	-
Microtus arvalis / agrestis	-	+[1,2]	-
Clethrionomys glareolus	-	+	-
Oryctolagus cuniculus	-	-	+[2]
Lepus europaeus	-	+[1,2]	-
Canis lupus	-	+[1,2]	-
Vulpes vulpes	-	+[1]	-
Meles meles	-	+[1,2]	-
Ursus spelaeus	+[2]	-	-
Ursus arctos priscus	+	-	-
Felidae indet.	-	+[1,2]	-
Crocuta spelaea	+	-	-
Artiodactyla indet.	-	+	-

Anm. 1: 1923 Aufsammlung O. Wettstein & J. Pia: 13 Arten (MNI 45), wobei *Lepus*, *Vulpes* und *Meles* durch juvenile und adulte Funde vertreten sind, auch Hausschwein, Hausrind und Hausschaf wurden nachgewiesen (BAUER 1996b).
Anm. 2: 1962-1984 Streu- und Oberflächenfunde aus dem Aushub der Grabungen: u.a. *Rana arvalis* (Moorfrosch), *Rattus norvegicus*, *Mustela* cf. *putorius*, *Mustela eversmanni* (BAUER 1996b).

Durch die Grabtätigkeiten von Dachs und Fuchs war es wahrscheinlich schon vor den Raubgrabungen zur Vermischung fossiler, subfossiler und rezenter Reste gekommen. Als sicher fossil haben die Reste von Höhlenbär (mit über 50% der Individuen dominant), Höhlenhyäne und Braunbär zu gelten. Pathologisch veränderte Wirbel von *Ursus spelaeus* wurden aus der Südhalle geborgen und bearbeitet (BACHMAYER & al. 1975). Unter den Vögeln (z.B. *Gallus*) und Kleinsäugern (*Crocidura*, *Oryctolagus cuniculus*) gibt es holozäne

Formen. Die übrigen Taxa können sowohl dem Spätglazial als auch dem Postglazial zugeordnet werden. Kaltformen wie Lemminge und Schneehühner fehlen. EHRENBERG (1932, 1938), SPAHNI (1954) und THENIUS (1956) bearbeiteten unter anderem 2 Bärenschädel aus Winden, die durch ihre flache Stirn und den Besitz von 3 bzw. 4 Prämolaren je Kieferhälfte auffielen. EHRENBERG (1932, 1938) hielt eine Kreuzung zwischen Braun- und Höhlenbären bzw. eine Deutung als ± arctoide Höhlenbären für wahrscheinlich. SPAHNI (1954) beschrieb die 2 Schädel als *Ursus spelaeus*. THENIUS (1956) kam zu der Erkenntnis, daß es sich um eine große Braunbärenform (*Ursus arctos priscus* GOLDFUSS) handelt, die verschiedene Übereinstimmungen mit rezenten Braunbärenformen erkennen läßt. Die Vogelknochen der Bärenhöhle stammen aus der Grabung 1929-1931 sowie aus deren Aushub und werden als Frühholozän eingestuft, jedoch kann man durch das Vorhandensein von *Gallus* und das Fehlen von *Lagopus* eine noch jüngere Einstufung in Betracht ziehen (BOCHENSKI & TOMEK 1994).

Paläobotanik: kein Befund.

Archäologie: Es gibt keine Hinweise auf eine paläolithische Nutzung der Höhle. Die von EHRENBERG 1932 beschriebenen Funde (Pfriemen, Kiskevélyer Klingen, dreieckige Schaber, Kellermannsche Knöpfe, Bohrer) sind ausschließlich natürliche Bildungen. 2 Topfscherben wurden als spätneolithisch bis frühbronzezeitlich eingestuft (EHRENBERG 1931).

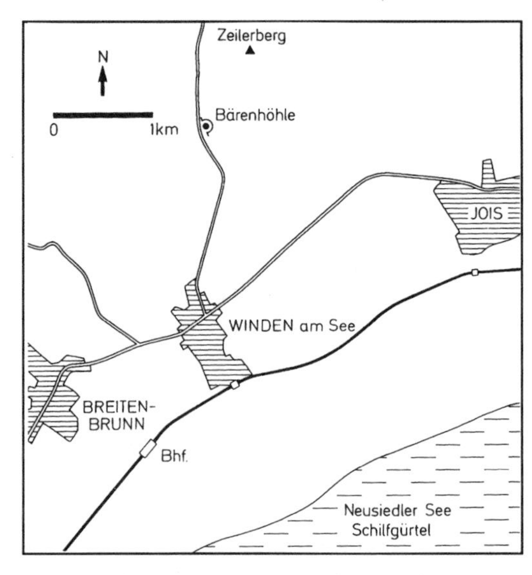

Abb.1: Lageskizze der Windener Bärenhöhle

Chronologie:

- ^{14}C-Datierung (VRI-1029) eines Bärenknochens von 17.680 ±238 B.P Jahren.
- Stickstoff/Fluor-Daten bestätigen die ^{14}C-Datierung (FWF-Projekt 3019, HILLE & al. 1981).
- Ursiden-Chronologie: In den Sammlungen des Institutes für Paläontologie der Universität Wien sind isolierte Höhlenbären-Zähne aufbewahrt, die nach einer Etikette aus der Bärenhöhle bei Winden stammen, nähere Fundangaben aber fehlen. Das Morphotypen-Spektrum der P4 zeigt ein relativ modernes Gepräge (RABEDER 1991).

Tabelle 1. Morphotypen von P^4 und P_4 der Windener Bärenhöhle

P^4	A	A/B	B	A/D	B/C	B/D	D	D/E	D/F	E	G	Index	n
	1	1	6	2	1	5	8	1	1	2	1	172,4	29

P_4	A/C1	C1	C1/2	C2	D1	D2	D/E1	E1/2	E1	E2	Index	n
	1	9	2	5	9	2	1	2	1	1	161,0	34

Im Evolutionsniveau der analysierten Zähne steht die Windener Bärenassoziation den Faunen des jüngeren Mittelwürms (z.B. Pod hradem, Weinberghöhle bei Mauern) am nächsten (RABEDER 1991), die um 30.000 Jahre v.h. datiert wurden. Das ermittelte Radiocarbon-Datum steht zu diesem Ergebnis in Widerspruch. Möglicherweise gehört der datierte Bärenknochen zu *Ursus arctos*.

Aufbewahrung: Inst. Paläont. Univ. Wien.

Rezente Sozietäten: Die weitgehend oberflächliche Aufsammlung 1923 deutet einerseits eine klassische Kleinraubtierhöhle an, in der sich zeitweise sichtlich Fuchs und Dachs, nach späteren Funden wohl auch die Hauskatze fortgepflanzt haben. Andererseits handelt es sich um einen Rupf- und Fraßplatz des Uhus, wofür einerseits die Auswahl großer Kleinsäuger und andererseits die Elementenverteilung (und Behandlung) der vielen Hasenknochen hinweist (BAUER 1996a, auch an dieser Stelle möchten wir uns bei Dr. K. Bauer für diese Informationen herzlich bedanken). Heute wird die Höhle von Fledermäusen (*Rhinolophus hipposideros, Myotis myotis, Plecotus austriacus*, MAYER & WIRTH 1973) und Tagpfauenaugen aufgesucht.

Literatur:

BACHMAYER, F. EHRENBERG, K. & GRÜNBERG, W. 1975. Pathologische Reste von Ursus speleaus. I. Beispiele von Wirbel-Ankylosen. - Ann. Naturwiss. Mus. Wien, **79**: 23-36, Wien.

BAUER, K. 1996a. Bestimmungsprotokoll H 1996-42. - Säugetiersammlung, Naturhist. Mus., 3S., Wien.

BAUER, K. 1996b. Schriftl. Mitt. vom 14.10.1996, Säugetiersammlung, Naturhist. Mus., 1S., Wien.

BOCHENSKI, Z. & TOMEK, T. 1994. Fossil and subfossil bird remains from five Austrian caves. - Acta zool. cracov., **37**(1): 347-358, Krakau.

EHRENBERG, K. 1929. Über einen bemerkenswerten Bärenschädel aus der Bärenhöhle bei Winden im Burgenland. - Sitz.ber. math.-naturw. Kl., Österr. Akad. Wiss., **26**, Wien.

EHRENBERG, K. 1931. Über weitere Ergebnisse der Aus-

grabungen in der Bärenhöhle bei Winden im Burgenland. - Sitz.ber. math.-naturw. Kl., Österr. Akad. Wiss., **10**, Wien.
EHRENBERG, K. 1932. Über die letzten Ergebnisse der Windener Grabungen und einige Probleme der Diluvial - Paläontologie. - Verh. Zool.-Botan. Ges., **82**: 41-52, Wien.
EHRENBERG, K. 1937. Über einige weitere Ergebnisse der Untersuchungen an den Bären von Winden. - Verh. Zool.-Botan. Ges., **86/87**: 388-395, Wien.
FINK, M.H., HARTMANN, W. & H. 1979. Die Höhlen Niederösterreichs 1. - Die Höhle, wiss. Beih., **28**: 273, Wien.
HILLE, P., MAIS, K., RABEDER, G., VÁVRA, N. & WILD, E. 1981. Über Aminisäuren- und Stickstoff/Fluor - Datierung fossiler Knochen aus österreichischen Höhlen. - Die Höhle, **32**,3: 74-91, Wien.
MAYER, A. & WIRTH, J. 1973. Über Fledermausbeobachtungen in österreichischen Höhlen im Jahre 1971. - Die Höhle, **24**,1: 17-23, Wien.
RABEDER, G. 1991. Die Höhlenbären von Conturines. Entdeckung und Erforschung einer Dolomiten-Höhle in 2.800m Höhe. - Artesia-Verlag, Bozen.
SPAHNI, J. C. 1954. Les gisements à ursus spelaeus de l'Autriche et leurs problèmes. - Bull. soc. préhist. franc., **51**: 346-367, Le Mans.
THENIUS, E. 1956. Zur Kenntnis der fossilen Braunbären (Ursidae, Mammmalia) - Anz. Akad. Wiss., math.-naturw. Kl. **165**: 153-172, Wien.

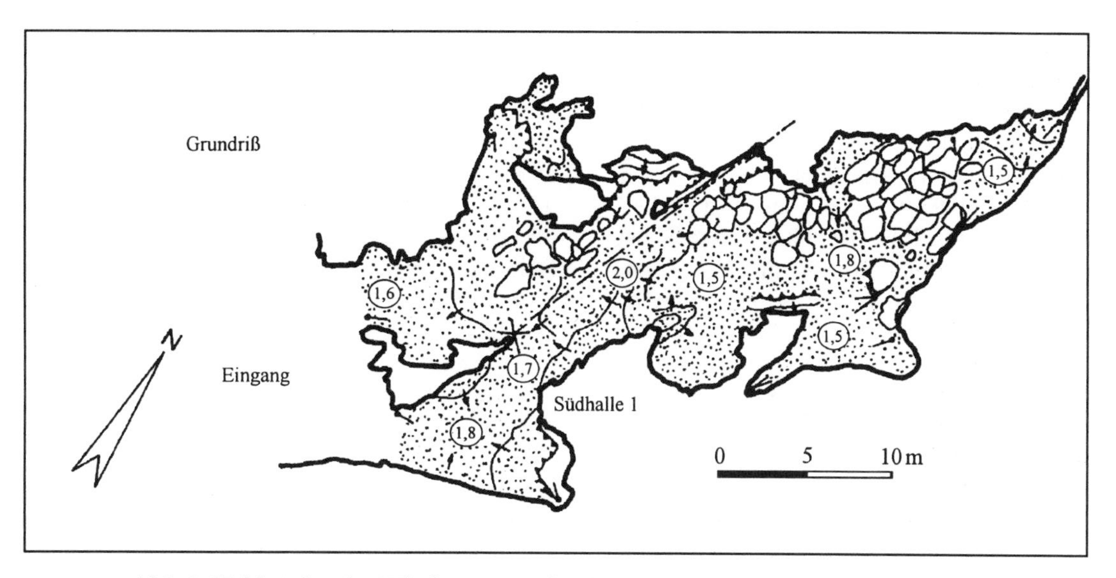

Abb.2: Höhlenplan der Windener Bärenhöhle (FINK & al. 1979, bearbeitet D. Döppes)

Grazer Bergland und Koralpe

Große Badlhöhle

Florian A. Fladerer & Christa Frank
(mit einem Beitrag von Gernot Rabeder)

Mittelwürmzeitliche Bärenhöhle im Mittelgebirge, Carnivorenlager, mittel- und jungpaläolithische Station (Moustérien i. w. S. und Aurignacien), spätglazialer Raubvogelhorst
Synonyme: Badlhöhle, Badelhöhle, Ba

Gemeinde: Peggau
Polit. Bezirk: Graz-Umgebung, Steiermark
ÖK 50-Blattnr.: 164, Graz
15°20'58" E (RW: 24 mm)
47°13'42" N (HW: 507 mm)
Seehöhe: 495m
Österr. Höhlenkatasternr.: 2836/17
Die Höhle steht unter Denkmalschutz. Der Zutritt ist per Antrag an die Bezirkshauptmannschaft Graz-Umgebung möglich.
Lage: Das Badlhöhlensystem im Grazer Bergland am Nordhang des Badlgrabens im oberen Bereich des Nordabfalls der Tanneben ist nach der Lurgrotte das zweitlängste Höhlensystem des Gebietes. Möglicherweise stehen die beiden Systeme in Verbindung (siehe Lurgrotte, FLADERER, dieser Band, Abb. 1).
Zugang: Man folgt der alten, zum Teil verfallenen Straße in den Badlgraben. Ca. 400m vom Ausgang ins Murtal entfernt, verengt sich der Graben. Im Bereich von exponierten Felsplatten führt südseitig ein steiler Pfad hangaufwärts. Der Haupteingang liegt 40m über dem Badlbach.
Geologie: Grazer Paläozoikum (Oberostalpin, Zentralalpen), Schöckelkalk (Mitteldevon) (MAURIN 1994).
Fundstellenbeschreibung: Die Badlhöhle ist ein labyrinthartig verzweigtes Höhlensystem mit mehreren Stockwerken und zwei Eingängen, dessen Räume aus Torsostrecken eines Paläohöhlenflußsystems bestehen (MAURIN 1951). Die Gesamtlänge beträgt rund 850m. Das untere nach Nordwest orientierte hohe Hauptportal öffnet in die 'Steinzeithalle', von der man südwärts aufsteigend nacheinander die 40m lange Bärenhalle, die Pfeilergrotte und den Tanzsaal erreicht. Von der Pfeilergrotte schließt nach Osten das Labyrinth und die

Löwenhalle an. Schmale, niedere Gänge vermitteln zu einem kleinen Raum vor dem oberen Eingang (547m). Die Horizontalerstreckung beträgt 220m, die Vertikalerstreckung +52m (KUSCH 1996).

Forschungsgeschichte: Die dokumentierte Grabungsgeschichte reicht bis in das Jahr 1837 zurück, als bei einer Grabung im Auftrag des Landesmuseums von F. Thinnfeld und W. Haidinger Artefakte entdeckt wurden (UNGER 1838), ohne daß deren altsteinzeitliches Alter erkannt wurde. Weitere Grabungen in pleistozänen Sedimenten durch J. Lorenz 1838 (KUSCH 1996). 1870 wurden von WURMBRAND (1871) sechs Sondagen angelegt; auch von F. Thinnfeld wurde im selben Jahr gegraben. Weitere Grabungsjahre sind 1873, 1885 (G. Wurmbrand), 1899 (L. Donati, A. Mayer), 1906 (Steirischer Höhlenklub) (KUSCH 1996:181). Die Grabung von 1910 unter G. Engele brachte eine "drehrunde Speerspitze... mitten unter Höhlenbärenknochen" zutage (HILBER 1911:227). Der Phosphaterdeabbau 1918-1919 des Bundesministeriums für Land- und Forstwirtschaft bis in die Bärenhalle erfolgte ohne archäologische und paläontologische Kontrolle. 400t Phosphaterde und eingelagerte Knochen wurden aus der Höhle entfernt (KYRLE 1923:180). 1929 wurde die Höhle unter Naturschutz gestellt. 1951, 1952 sondierte M. Mottl an fünf Stellen (Abb. 1), 1961 erfolgte eine Grabung durch K. Hofer im Auftrag von K. Murban, Landesmuseum Joanneum (MOTTL 1953a, b, 1975a). Zum Schutz gegen unbefugte Grabungen, die wiederholt beobachtbar waren, wurde 1984 am unteren Eingang eine massive Absperrung errichtet. Für deren Fundament wurde an der engsten Stelle von G. FUCHS (1984) und D. Kramer, Landesmuseum Joanneum ein Schnitt von 1m Breite und 1m Tiefe angelegt. Dabei wurde eine 'Kleinsäugerschicht' geborgen und geschlämmt. Ergebnisse einer ersten Sichtung wurden von FLADERER (1993) vorgelegt. Es folgten die Bearbeitungen der Vögel (MLÍKOVSKÝ 1994), der Gastropoden (FRANK 1993) und der Kleinsäuger (REINER 1995), die als Diplomarbeit vorgelegt wurde.

Sedimente und Fundsituation:
Im Haupteingang nach FUCHS (1984):
(1)-(3) Humus und vermischtes rezentes Material, 5-25cm mächtig
(4, 4a) 'Kleinsäugerschicht'; grauer, sandiger Lehm, 15-30cm mächtig
(5)-(9) hellbraune Lehmschichten mit verschiedenen Bruchschuttanteilen, über 35cm mächtig
'Steinzeithalle' und 'Bärenhalle': Kompositprofil nach MOTTL (1975a:168f, 1953b:15ff):
(1*) Humus
(2*) Sinterkruste
(3*) graubraune Schicht, erdig, mit Bruchschutt und Quarzschotter, reich an Säugetierresten, P_2O_5-Gehalt 9,2% (KYRLE 1923:174). Bis 1,7m Tiefe.
(4*) Schutt mit graubraunem Feinmaterial, zahlreichen Höhlenbärenresten, P_2O_5-Gehalt 14,3%. Häufige Kollophankrusten. Geringerer, nach unten aber zunehmender Quarzschotteranteil. Bis 1m mächtig.
(5*) hellgraue Schicht, tonig-feinsandig, ohne Schutt. In eine rötlichgelbe, feinsandige Lage übergehend, ohne Tierreste. 0 bis 0,2m mächtig.
(6*) rötlichbraune Schicht mit zersetztem, häufig von Kollophan umkrusteten Schutt. Rote, lehmige Lagen wechseln mit gelben, sandigeren. Reich an Eisen- und Manganoxiden. Höherer Anteil an Quarzschotter. Bis 3m mächtig in der 'Steinzeithalle'.
(7*) dunkelrote Schicht, 'feinmulmig', mit wenig Quarzschotter, spärlichem, zersetztem, häufig mit dick kollophanverkrustetem Schutt (nur in der 'Steinzeithalle').
'Löwenhalle' (MOTTL 1953b:14f):
(1#) graubraune Schicht, erdig, mit verhältnismäßig wenig Schutt
(2#) rötlichbraune Schicht, lehmig, mit Terra rossa-Brocken

Fauna:

Tabelle 1. Große Badlhöhle bei Peggau. Vertebratenfauna nach MOTTL (1953a, b, 1975a), teilweise revidiert und ergänzt. Knochenzahlen bzw. Mindestindividuenzahlen (in Klammer); + - nachgewiesen, ++ - dominant). Fauna des unteren Eingangs - Schicht 4 Kleinsäuger nach REINER (1995), Großsäuger nach FLADERER (1993), Pisces nach A. Galik, Amphibien nach K. Rauscher (beide Inst. Paläontologie, Univ. Wien), Aves nach MLÍKOVSKÝ (1994).

	Löwenhalle		Bärenhalle				unterer Eingang		
	2#	1#	7*	6*	4*	3*	7	5	4
Salmo trutta (Bachforelle)	-	-	-	-	-	-	-	-	1
Thymallus thymallus (Äsche)	-	-	-	-	-	-	-	-	1
Leuciscus leuciscus (Hasel)	-	-	-	-	-	-	-	-	1
Perca fluviatilis (Flußbarsch)	-	-	-	-	-	-	-	-	1
Salamandra atra (Alpensalamander)	-	-	-	-	-	-	-	-	1
Triturus alpestris (Bergmolch)	-	-	-	-	-	-	-	-	1
Bombina variegata (Gelbbauchunke)	-	-	-	-	-	-	-	-	1
Bufo bufo (Erdkröte)	-	-	-	-	-	-	-	-	1
Bufo cf. *viridis* (Wechselkröte)	-	-	-	-	-	-	-	-	1
Hyla arborea (Laubfrosch)	-	-	-	-	-	-	-	-	1

	Löwenhalle		Bärenhalle				unterer Eingang		
	2#	1#	7*	6*	4*	3*	7	5	4
Lagopus lagopus (Moorschneehuhn)	-	-	-	-	-	+	-	-	1
Lagopus mutus (Alpenschneehuhn)	-	-	-	-	-	-	-	-	1
Lagopus lagopus/mutus	-	-	-	-	-	-	-	-	17
cf. *Tetrao tetrix* (Birkhuhn)	-	-	-	-	-	-	-	-	1
Prunella collaris (Alpenbraunelle)	-	-	-	-	-	-	-	-	1
Erinaceus sp.	-	-	-	-	-	-	-	-	1
Talpa europaea	-	-	-	-	-	-	-	-	1
Sorex araneus	-	-	-	-	-	-	-	-	42
Sorex minutus	-	-	-	-	-	-	-	-	6
Sorex minutissimus	-	-	-	-	-	-	-	-	1
Neomys fodiens	-	-	-	-	-	-	-	-	3
Marmota marmota	-	-	-	-	-	+[1]	-	-	-
Cricetus cricetus	-	-	-	-	-	-	-	-	3
Apodemus sp.	-	-	-	-	-	-	-	-	2
Clethrionomys glareolus	-	-	-	-	-	-	-	-	10
Arvicola terrestris	-	-	-	-	-	-	-	-	3
Microtus arvalis	-	-	-	-	-	-	-	-	78
Microtus agrestis	-	-	-	-	-	-	-	-	23
Microtus cf. *multiplex*	-	-	-	-	-	-	-	-	8
Microtus nivalis	-	-	-	-	-	-	-	-	25
Sicista betulina	-	-	-	-	-	-	-	-	4
Ochotona pusilla	-	-	-	-	-	-	-	-	1
Lepus timidus	-	-	-	-	-	-	-	-	1
Canis lupus	-	+	-	+	-	+	-	+	-
Vulpes vulpes	-	-	-	-	-	+	-	-	-
Crocuta spelaea	-	-	-	-	-	+	-	-	-
Mustela erminea	-	-	-	-	-	-	-	-	1
Mustela nivalis	-	-	-	-	-	-	-	-	2
Ursus arctos	-	-	-	+	-	+	-	+	-
Ursus spelaeus	+	++	+	++	++	++	+	++	-
Panthera spelaea	-	-	-	+	-	+	-	+	-
Panthera pardus	-	-	-	+	-	+	-	-	-
Lynx lynx	-	-	-	-	-	+	-	-	-
cf. *Mammuthus primigenius*	-	1	-	-	-	-	-	-	-
Equus sp.	-	-	-	-	-	-	-	+	-
Coelodonta antiquitatis	-	-	-	-	-	+	-	-	-
Cervus elaphus	-	-	-	+	-	+	-	-	-
Alces alces	-		-	-	-	+	-	-	-
Rangifer tarandus	-		-	-	-	+	-	-	-
cf. *Bison priscus*	-	-	-	-	-	+	-	+	-
Capra ibex	-	+	-	-	-	+	-	+	-

[1] Ein nahezu vollständiges Skelett aus der 'graubraunerdigen Schicht' wurde 1970 von H. Temmel (Wien) geborgen und dem Naturhistorischen Museum, Wien, Geologisch-paläontologische Abteilung, übergeben.

Die Kleinsäuger- und Vogelvergesellschaftung aus dem Portalbereich ist die zur Zeit am besten dokumentierte artenreiche Taphozönose des Mittelsteirischen Karsts (REINER 1995). Unter den Vögeln sind mit *Lagopus* und *Prunella collaris* Formen der alpinen Zonen bzw. trockener Flächen der Tundra, Nunataks und alpinen Wiesen repräsentiert. Das Birkhuhn bevorzugt moornahe Lebensräume und im Gebirge die Nähe der Waldgrenze. Die fossile Kleinsäugervergesellschaftung zeigt deutliche Unterschiede zu der rezenten Fauna im Umfeld der Großen Badlhöhle (FLADERER & REINER 1996). Die Knirpsspitzmaus *Sorex minutissimus* wurde zum ersten Mal aus Österreich beschrieben (REINER 1995). Sie gilt als eurytop. *Microtus arvalis* bevorzugt wie *Cricetus cricetus* eine offene Vegetation. Auch der Steppenpfeifhase ist ein deutlicher Anzeiger einer kontinentalen offenen Landschaft (FLADERER 1992) - er ist nur durch wenige Reste nachgewiesen. Die Schneemaus ist troglophil, heterotherm und verträgt keine geschlossen Vegetationsdecken. Daneben gibt es feuchtigkeitsbevorzugende (z.B. *Neomys fodiens*) und 'waldbewohnende' Arten (*Clethrionomys glareolus*). Die Akkumulation der Skeletteile der Schicht 4 erfolgte hauptsächlich durch Eulen (REINER & BICHLER 1996). Der darunterliegende Komplex, Schicht 5, verdankt seine Position der rückschreitenden Erosion des Höhlenportals - zu seiner Bildungszeit lag der Eingang weiter nördlich.

Die weitaus häufigsten Reste der älteren Ausgrabungen stammen von Höhlenbären. Das Inventar umfaßt ausschließlich gut erhaltene Reste, deren Fundschicht nicht ausgewiesen ist. Nach der Gebiß- und Schädelmorphologie sind es generell fortschrittliche Bärenformen. Im Vergleich mit dem umfangreichen postcranialen Material von der Drachenhöhle bei Mixnitz unterschreitet die Größe der Individuen von der Badlhöhle die Größenvariabilität derjenigen aus der Drachenhöhle. Auch die evolutionsstratigraphisch näherungsweise verwendete Tibiatorsion liegt mit 42°-49° unter jener der Drachenhöhle (MOTTL 1964:5f). Auch aufgrund der ursidenchronologischen Beurteilung (siehe Beitrag G. Rabeder) wird die Ähnlichkeit mit dem Gesamtinventar von der Drachenhöhle unterstrichen. Die Fortschrittlichkeit der Bärenformen aus dem jungpaläolithischen Kontext der Drachenhöhle wird in der Badlhöhle nicht erreicht.
Von Wölfen liegen im Joanneum in Graz sechs Mandibeln vor, die eine entsprechend dem Geschlechtsdimorphismus breite Variabilität zeigen (vgl. TEPPNER 1914:15f, MOTTL 1949:99f). Ein Mandibelfragment und mehrere postcraniale Elemente belegen die pleistozäne Großkatze. Das lange Diastem hinter dem Eckzahn wird als Primitivmerkmal bewertet (MOTTL 1949:108). Ein Calcaneus mit einer Länge (GL) von 127,4mm dürfte von einem kleineren, weiblichen Individuum stammen. Auch eine Tibia mit einer Länge (GL) von 343mm entspricht einer Stichprobe von der Drachenhöhle (337mm) und liegt sehr deutlich unter den oberen Werten der mittelpleistozänen Löwen aus der Repolusthöhle (350-405mm).
Sehr gering ist das Inventar an Huftierresten. Aus dem tieferen Komplex des Profils im Eingang liegen mehrere Steinbockreste vor: ein rechtes Carpale IV/V, ein proximales linkes Metacarpale (Bp 37,3mm) und eine rechte distale Tibia (Bd 37,9; KD 23,8mm). Die Langknochen sind durch Verbiß von mittelgroßen Carnivoren, sehr wahrscheinlich von Wölfen, modifiziert. Der Wolf ist in der kleinräumigen, aber fossilreichen Grabung durch zwei Grundphalangen auch direkt nachgewiesen. Aufgrund der sehr geringen Häufigkeit von gut erhaltenen Pferderesten in Höhlen verdient eine Hufphalanx der Hinterextremität eines Pferdes besondere Beachtung (Tab. 2). Sie repräsentiert ein 'stämmiges' Individuum mit relativ breiten distalen Extremitäten, das im angegebenen Vergleich nähere metrische Affinitäten zur mittelpleistozänen als zur jüngeren Form hat.

Tabelle 2. *Equus* sp. Phalanx 3 der hinteren Extremität aus der Großen Badlhöhle im Vergleich mit *Equus abeli* von Wien-Heiligenstadt (HN) und *Equus* sp. von einer Lößfundstelle aus Niederösterreich (LNÖ) (Institut für Paläontologie). BF - Breite der Facies articularis, GL - größte Länge, GB - größte Breite, HP - Höhe, Ld - Länge dorsal (cranial), LF - Länge der Facies articularis. Maße in mm.

	GL	GB	LF	BF	HP	Ld
Ba9/2	84	92,9	30	58	>45	>60
HN	88	92	30	52	+-48	65,5
LNÖ	79	87	27	53	47	65

Tabelle 3. Große Badlhöhle. Molluskenfauna der Kleinsäugerschicht im unteren Eingang (grauer, sandiger Lehm mit Bruchschutt). + - nachgewiesen.

	Kleinsäugerschicht
cf. *Granaria* vel *Abida* sp.	+
Orcula dolium	+
Sphyradium doliolum	+
Pupilla muscorum	+
Pupilla alpicola	+
Vallonia costata f. *helvetica*	+
Chondrula tridens	+
Cochlodina laminata	+
Charpentieria ornata	+
Ruthenica filograna	+
Clausilia dubia	+
Clausiliidae indet.	+
Succinella oblonga oblonga	+
Semilimax semilimax	+
Vitrea subrimata	+
Aegopis verticillus	+
Aegopinella ressmanni	+
Zonitidae indet.	+
Limacidae et Agriolimacidae[1]	+
cf. *Fruticicola fruticum*	+
Trichia hispida	+
Petasina cf. *subtecta/filicina*	+
Monachoides incarnatus	+
Euomphalia strigella	+
cf. *Euomphalia* vel *Fruticicola* sp.	+
Arianta arbustorum[2]	+
Chilostoma achates stiriae	+
Hydrobiidae[3]	+
Pisidium sp.[3]	+
Congeria sp.[3]	+
Gesamtartenzahl	29

[1] Schälchen von 3 Arten (Gattungen *Limax*, *Malacolimax*, *Deroceras*)
[2] vermutlich die normalwüchsige Ausbildung
[3] in Bearbeitung

Die Molluskenfauna der Kleinsäugerschicht (Tab. 3) hat die folgenden Arten mit der rezenten Fauna im Höhlenumfeld gemeinsam: cf. *Granaria* vel *Abida* sp., *Orcula dolium, Sphyradium doliolum, Pupilla muscorum, Cochlodina laminata, Charpentieria ornata, Ruthenica filograna, Clausilia dubia, Semilimax semilimax, Vitrea subrimata, Aegopis verticillus, Aegopinella ressmanni, Monachoides incarnatus, Euomphalia strigella, Chilostoma achates stiriae*; vielleicht auch *Petasina subtecta*. Gegenwärtig fehlen dem unmittelbaren Umkreis der Höhle anscheinend *Pupilla alpicola, Chondrula tridens, Trichia hispida* und *Arianta arbustorum*. Zum rezenten Nacktschnecken-Vorkommen im Gebiet Peggau siehe FRANK (1975) und REISCHÜTZ (1986). Der Vergleich der zoogeographischen Gruppen zeigt, daß sich die heutige Fauna in der südeuropäischen und der alpinen Gruppe um jeweils drei Arten vermehrt hat. Auch fehlen in der Kleinsäugerschicht Elemente mit paläarktischer und westeuropäischer Gesamtverbreitung. Die wesentlichsten ökologischen Charakteristika der Molluskenfauna der Kleinsäugerschicht sind: Der relativ geringe Individuenanteil der Waldbewohner s. str. von unter 5% - rezent zwischen 15,5 und 66,7% -, der relativ hohe Anteil der Gruppe 'Offene, schattig-kühle Felsstandorte' (*Chilostoma*) sowie die verhältnismäßig gute Vertretung von *Succinella oblonga*, mit ihrer breiten ökologischen Amplitude, und von *Arianta arbustorum*.

Von besonderem Interesse ist eine kleine, sehr fragmentarisch erhaltene, noch in Bearbeitung befindliche Fauna aus der 'Kleinsäugerschicht', bestehend aus 3-4 aquatischen Arten aus den Familien Hydrobiidae, Sphaeriidae und Dreissenidae. Die Vertreter der beiden ersten sind auch bei rezentem Material mitunter schwierig zu identifizieren, oft nur durch den anatomischen Befund.
Von herausragender Bedeutung sind die Überreste einer Art der Gattung *Congeria* PARTSCH (Heterodonta: Dreissenacea: Dreissenidae): mehrere, millimetergroße Fragmente, darunter solche vom Wirbelbereich, und jeweils ein juveniles Exemplar. Der Größe der Fragmente nach zu urteilen, handelt es sich um eine kleinere Art, wahrscheinlich mit etwa 2cm Schalenlänge. Mit der Beschreibung und Benennung dieser höchstwahrscheinlich neuen Art wird noch gewartet, bis mehr Material vorliegt, damit mehr über Morphologie und Lebensumstände dieser interessanten Art gesagt werden kann. Wahrscheinlich handelt es sich sogar um ein rezentes Vorkommen. Zu seiner Bestätigung wird seit 1992 an verschiedenen Stellen laufend geschlämmt. Die Art soll nach F. Steininger, Vorstand des Instituts für Paläontologie der Universität Wien, benannt werden. Die Hoffnung, daß auch im Grabungsmaterial aus dem Rittersal und den Peggauerwandhöhlen (siehe FLADERER, dieser Band) *Congeria* enthalten ist, hat sich nicht erfüllt. Dieser Fund ist tiergeographisch von allerhöchstem Interesse: BOLE (1962) beschrieb die erste rezente endemische *Congeria*-Art Europas, ein Tertiärrelikt, *C. kusceri*, aus der Höhle Zira bei Strujici am Südwestrand des Popovo polje, Hercegovina. Sie ist auch von anderen Höhlen und Karstquellenauswürfen der Hercegovina und Dalmatiens bekannt geworden (BOLE 1962, BOLE & VELKOVRH 1986: "caves on the Popovo polje, near Metkovic, near Lusci Palanko, and springs near Vrgorac and Cernomelj"). *C. kusceri* hat die durchschnittlichen metrischen Daten 18-20mm Länge, 8-13mm Breite, 11-16mm Dicke, ist dünn- aber festschalig, hellbraun, mit dünnem Periostracum.
Nächste Beziehungen der mittelsteirischen Form zu dieser Art sind auch aufgrund der ähnlichen Lebensräume zu erwarten. Zur Hydrogeologie des Badlgebietes vgl. BATSCHE & al. (1967).
Bis zur Beschreibung von *C. kusceri* waren in Europa aus der Familie Dreissenidae *Dreissena polymorpha* (PALLAS 1771) (im vorigen Jahrhundert aus dem ponto-kaspischen Raum weit über Mittel- und Westeuropa verbreitet, vor allem durch die Schiffahrt) und *D. blanci* WESTERLUND 1890 (Griechenland, westliches Kleinasien; vgl. FECHTER & FALKNER 1989) rezent bekannt. Funde von *Congeria cochleata* (KICKX 1835) im Brackwasser von Frankreich, im Nordostseekanal, im Rhein bis Duisburg und in der Weser gehen auf Einschleppung, wahrscheinlich aus den USA, zurück. *Mytilopsis leucophaeata* (CONRAD 1831) ist in Nordamerika beheimatet, Vorkommen im Brackwasser im Rhein-Schelde-Delta, in Niederrhein, Weser, Nordostseekanal und im Ornekanal bei Caen (GLOER & al. 1987, FECHTER & FALKNER 1989). Nach SCHÜTT (1989, 1991) ist *Mytilopsis* ein jüngeres Synonym von *Congeria*. Dagegen waren Vertreter der Familie Dreissenidae im Tertiär in Europa reichlich vorhanden. Eine weltweite Übersicht aller bekannten rezenten und fossilen Arten des Genus *Congeria* gibt SCHÜTT (1989, 1991).

Paläobotanik: Holzkohle aus der graubraunen Schicht (3*) unter der Sinterkruste der Steinzeithalle/Bärenhalle wurde als *Abies alba* bestimmt. Holzkohlenreste aus der Kleinsäugerschicht (4) werden zur Zeit bearbeitet (O. Cichocki, Institut für Paläontologie).

Archäologie: Mittelpaläolithikum (Tayacien/Taubachien /Moustérien) und Jungpaläolithikum (Aurignacien).
Einige schaber-, spitzen- und breitklingenförmige Quarzitartefakte aus Schicht (6*) werden als mittelpaläoltithisch beurteilt. Schicht (5*) lieferte ebenfalls einige spitzen- und breitklingenförmige Quarzitartefakte. Auch aus der tieferen Schicht in der Löwenhalle ist ein Quarzitartefakt mit Bohrerspitze geborgen worden (MOTTL 1953a:31). Es wird auf Ähnlichkeiten mit Funden aus der Repolusthöhle und dem 'Tayacien' verwiesen (JEQUIER 1975:103, 90). In der Vorlage der Steinindustrie von der Tunnelhöhle am Kugelstein (FLADERER & FRANK, dieser Band) konstatieren FUCHS & RINGER (1996) Affinitäten zum 'Taubachien', das mit dem Eem korreliert wird.
Begehungen im älteren Jungpaläolithikum (Aurignacien, HILBER 1911, JEQUIER 1975, 'Olschewien' z.B. MOTTL 1975b) sind durch Funde aus Schicht (3*) dokumentiert: eine 247mm lange knöcherne Geschoßspitze ('Lautscher Spitze') wurde schon 1837 in einer Seitennische der Löwenhalle gefunden, außerdem zwei weitere kleine Knochenspitzen (Nadeln) mit rundem Querschnitt und ein steilretuschierter Silexabschlag (JEQUIER 1975).
Aus dem obersten Profilbereich sind durch Funde Bronzezeit/Urnenfelderzeit, Hallstattzeit, Latènezeit, Römerzeit und Mittelalter belegt (KUSCH 1996:182).

Chronologie und Klimageschichte:
Frühes Jungpleistozän, Mittelwürm, Spätglazial (12.430 ±95 a BP/VRI - 1259).

Zu den oben genannten Schichtbezeichnungen lassen sich aufgrund faunistischer Daten, stratigraphischer Überlegungen und Radiokarbondaten folgende Einstufungen vornehmen:
(6*)-(5*), (2#) Mittelwürm bis älter (mittelpaläolithische Kulturreste; eine zeitliche Gleichsetzung mit dem tieferen Komplex der Repolusthöhle ist paläontologisch nicht vertretbar!, vgl. RABEDER & TEMMEL, dieser Band)
(4*)-(3*), (1#) Mittelwürm (Reste fortschrittlicher, aber nicht höchstevoluierter Höhlenbärenformen, MOTTL 1964:6; G. Rabeder, siehe Ursidenchronologie; jungpaläolithische Kulturreste)
(5) >34.000 a BP (VRI-1259: ^{14}C, *U. spelaeus*), ?Mittelwürm
(2*) ?spätglaziales Interstadial, ?Holozän
(4,4a) 12.430 ±95 a BP (VRI - 1259: ^{14}C/AMS von Schneehuhnknochen). Spätglazial (Bölling / Dryas II).

Die Molluskengesellschaft der 'Kleinsäugerschicht' zeigt eine weitgehend offene, stark felsbetonte Landschaft mit einzelnen Bäumen und Gebüschen an. Dabei müssen Kleinlebensräume unterschiedlicher Feuchtigkeitsbetonung unmittelbar nebeneinander bestanden haben, da sonst die Diversität der einzelnen, individuenmäßig nur gering vertretenen Gruppen nicht erklärbar wäre. Ein solches Nebeneinander ist in landschaftlich strukturierten Regionen durchaus zu erwarten. Es kann aber auch standörtliche 'Unruhe' angezeigt sein, wie sie durch fortschreitende Veränderungen der Vegetationsverhältnisse infolge Klimaveränderungen zum Ausdruck kommt (FRANK 1993). Im Rezentvergleich zeigt auch die fossile Kleinsäugervergesellschaftung ein größeres Artenspektrum und eine größere ökologische Diversität an (FLADERER & REINER 1996). Gegen extreme stadiale Verhältnisse und hohe Aridität spricht, daß es unter den Mollusken keine Dominanz von hochkaltzeitlichen Arten gibt. Im Kleinsäugerspektrum werden die Häufigkeit der Spitzmäuse, der Feldmaus und der Waldmaus als Hinweis auf gemäßigtere klimatische Verhältnisse verstanden. Im Gegensatz zum hohen nivalis-Anteil unter den *Microtus*-Morphotypen in der Großen Ofenbergerhöhle und der Knochenhöhle bei Kapellen (siehe FLADERER & FRANK, dieser Band) liegt das Verhältnis in der Kleinsäugerschicht der Großen Badlhöhle von arvalis/agrestis : nivalis : oeconomus : gregalis bei 79,4 : 19,0 : 0,8 : 0,8. Auch der relativ geringe Anteil von ca. 30% lokal heute fehlender Vogel- und Säugetierarten, gegenüber 37-59% im Luegloch bei Köflach, über 50% in der Knochenhöhle bei Kapellen (FLADERER & REINER 1996) unterstützt die 'interstadiale' Einstufung.

Ursidenchronologie (Gernot Rabeder):
Die Morphotypenzahlen der Höhlenbärenprämolaren von den älteren Grabungen in der Großen Badlhöhle lauten für den P^4: 3 A/D, 1 B, 2 D, für den P_4:: 1 B/C1, 3 C1, 1 D1, 1 B2, 1 B/C2, 3 C2.

Tabelle 4. Mittelwerte der Backenzahn-Maße in mm von *Ursus spelaeus* aus der Großen Badlhöhle.

	M^1	M^2	M_1	M_2	M_3
Anzahl	31	10	12	14	28
Länge	29,97	46,36	30,27	30,79	28,54

Wegen der relativ geringen Stückzahl (Tab. 4) ist die chronologische Aussagekraft natürlich beschränkt. Das Auftreten von relativ hoch evoluierten Morphotypen (D bzw. C 2) und die errechneten Indices (für die P^4 =133,3 n= 6; für die P_4 = 145,0 n= 10) sprechen aber für ein mittelwürmzeitliches Evolutionsniveau vergleichbar mit den Werten der Frauenhöhle bei Semriach und der Drachenhöhle von Mixnitz (Gesamtwert). Die Große Badlhöhle ist wahrscheinlich vorwiegend während der Mittelwürm-Warmzeit zumindest zeitweise vom Höhlenbären bewohnt worden.

Aufbewahrung: Landesmuseum Joanneum, einzelne Stücke (z.B. *Panthera spelaea*) am Institut für Paläontologie der Universität Wien). Umfangreiches, aber stratigraphisch unverwertbares Fundmaterial findet sich wohl in zahlreichen Privatsammlungen, wie die Raubgrabungstätigkeit bis zur Absperrung vermuten läßt (vgl. MOTTL 1953b:14).

Rezente Sozietäten: 6 Aufnahmen: Unterer Eingang, feuchte, schattige Felsen (1); westlich des Einganges (2); Badlgraben/Nordhang, Buchenmischwald, am Weg, etwa 60 Schrägmeter unterhalb des unteren Einganges (3); Aufstieg zur Großen Badlhöhle, etwa 30 m östlich der Mündung des Badlgrabens in das Murtal, Bachsediment (4); etwa 100 m östlich der Einmündung des Badlgrabens in das Murtal, Bachsediment (5); Badlgraben, Aufstieg zur Großen Badlhöhle, feuchte, schattige Felsen am Badlbach (6). (1), (6): leg. C. Frank 1992; (2)-(5): leg. F. A. Fladerer, 1992.
Platyla polita (1, 6), *Carychium minimum* (1, 6), *Carychium tridentatum* (1, 3, 6), *Pyramidula rupestris* (2), *Vertigo pusilla* (1, 2, 4), Chondrinidae, unbestimmbare Fragmente (4), *Orcula dolium* (1, 2, 3, 5, 6), *Sphyradium doliolum* (2, 5), *Pagodulina pagodula sparsa* (2, 3), *Argna truncatella* (1, 2), *Pupilla muscorum* (1, 6), *Acanthinula aculeata* (3), *Cochlodina laminata* (1-4), *Charpentieria ornata* (2, 4), *Macrogastra plicatula grossa* (2), *Clausilia dubia* (5), *Clausilia dubia speciosa* (1, 2), *Ruthenica filograna* (1, 2), *Fusulus approximans* (2), Baleinae indet. (1, Apices), cf. *Macrogastra ventricosa* (4-6, Fragmente), *Punctum pygmaeum* (1, 2, 6), *Discus rotundatus* (1, 6), *Discus perspectivus* (1, 2), *Zonitoides nitidus* (4), *Semilimax semilimax* (6), *Vitrea subrimata* (1-6), *Vitrea crystallina* (6), *Aegopis verticillus* (1, 2, 4, 5), *Aegopinella pura* (1, 2), *Aegopinella ressmanni* (2, 3, 4, 6), *Aegopinella* sp. (5), *Petasina subtecta* (6), *Petasina* vel *Trichia* sp. (2, 3, 4, 6), *Monachoides incarnatus* (1-5), *Euomphalia strigella* (1, 2, 5), *Chilostoma achates stiriae* (1, 2, 4-6), *Causa holosericea* (5, 6), cf. *Isognomostoma isognomostomos* (2, Fragment), *Cepaea vindobonensis* (5), *Pisidium amnicum* (4), *Pisidium personatum* (4). Gesamt: 41 Arten.
Zur Molluskenfauna des Gebietes siehe auch FRANK (1975), KLEMM (1974), TSCHAPECK (1883, 1885).

Die 41 rezent festgestellten Arten verteilen sich auf 18 ökologische Gruppen: Sehr deutlich kommt hier der Charakter des bodenfeuchten mittelsteirischen (Sauerkleereichen) Rotbuchenwaldes sensu EGGLER (1953) auf lockeren, mullreichen, humösen Böden, in colliner bis tiefsubmontaner Lage zum Ausdruck: Vorherrschen der Waldarten s. str. (*Platyla polita, Pagodulina pagodula sparsa, Acanthinula aculeata, Cochlodina laminata, Macrogastra plicatula grossa, Ruthenica filograna, Aegopinella pura, Vitrea subrimata, Aegopis verticillus, Monachoides incarnatus, Causa holosericea, Isognomostoma isognomostomos*); die Feuchtebetonung ist durch *Carychium tridentatum, Macrogastra ventricosa, Discus perspectivus, Semilimax semilimax, Aegopinella ressmanni, Petasina subtecta* gegeben. Zeiger für Bodenvernässung sind *Carychium minimum* und *Zonitoides nitidus*. Die restlichen beschalten Arten - Nacktschnecken konnten durch die Beprobung nicht erfaßt werden - sind in unterschiedlichem Ausmaß petro- bis calciphil und leben an schattigen bzw. besonnten Felsen, in offenen oder halboffenen Lagen, in Saum- und Mantelformationen. Die beiden Pisidienarten sind bezeichnend für kleine bis mittlere (Berg-)Bäche, relativ rasche Strömung, steinigen Grund mit schlammig-sandigen Stellen, Armut an Makrophyten.

Literatur:

BATSCHE, H. & al. 1967. Vergleichende Markierungsversuche im Mittelsteirischen Karst 1966. - Steir. Beitr. Hydrogeol., Jg. **1966/67**: 331-404, Graz.

BOLE, J. 1962. *Congeria kusceri* sp. n. (Bivalvia, Dreissenidae). - Biol. Vestnik, **10**: 55-61, Ljubljana.

BOLE, J. & VELKOVRH, F. 1986. Mollusca from continental subterranean aquatic habitats. - In: BOTOSANEANU, L. (Ed.): Stygofauna Mundi, 177-208, Leiden (Brill/Backhuys).

EGGLER, J. 1953. Mittelsteirische Rotbuchenwälder. - Mitt. Naturwiss. Ver. Steiermark, **83**: 13-30, Graz.

FECHTER, R. & FALKNER, G. 1989. Weichtiere. - Die farbigen Naturführer (G. STEINBACH, ED.), 281 S.; München (Mosaik).

FLADERER, F. A. 1992. Neue Funde von Steppenpfeifhasen (*Ochotona pusilla* PALLAS) und Schneehasen (*Lepus timidus* L.) im Spätglazial der Ostalpen. - Mitt. Komm. Quartärforsch. Österr. Akad. Wiss., **8**: 189-209, Wien.

FLADERER, F. A. 1993. Neue Ergebnisse aus jung- und mittelpleistozänen Höhlensedimenten im Raum Peggau-Deutschfeistritz, Steiermark. - Fundber. Österr., **31**: 369-374, Wien.

FLADERER, F.A. & REINER, G. 1996. Hoch- und spätglaziale Wirbeltierfaunen aus vier Höhlen der Steiermark. - Mitt. Abt. Geol. Paläont. Landesmus. Joanneum, **54**: 43-60, Graz.

FRANK, C. 1975. Zur Biologie und Ökologie mittelsteirischer Landmollusken. - Mitt. naturwiss. Ver. Steiermark, **105**: 225-263, Graz.

FRANK, C. 1993. Mollusca aus der Großen Badlhöhle bei Peggau (Steiermark). - Die Höhle, **44**(2): 6-22, Wien.

FUCHS, G. 1984. Große Badlhöhle. Vorbereitungsarbeiten für die Absperrung: Grabung. - Unpubl. Bericht, 3 S.(1 Profil), Graz (Landesmuseum Joanneum, Vor- u. Frühgesch.).

FUCHS, G. 1989. Liste der Höhlen (mögliche bzw. erfolgversprechende Höhlen für Grabungen). - Unpubl. Manuskript, 3 S., Graz (ARGIS).

FUCHS, G. & RINGER, A. 1996. Das paläolithische Fundmaterial aus der Tunnelhöhle (Kat. Nr. 2784/2) im Grazer Bergland (Steiermark). - Fundber. Österr., **34**: 257-271, Wien.

GLOER, P., MEIER-BROOK, C. & OSTERMANN, O. 1987. Süßwassermollusken. - 6. Aufl., 85 S., Hamburg: (Deutscher Jugendbund f. Naturbeobachtung).

HILBER, V. 1911. Geologische Abteilung. - In: MELL, A. (ed.), Das Steiermärkische Landesmuseum Joanneum und seine Sammlungen, 197-238, Graz.

HILBER, V. 1922. Urgeschichte Steiermarks.- Mitt. Naturw. Ver. Steiermark, **58**, (B), 79 S., 6 Taf., Graz.

JEQUIER, J.-P. 1975. Le Moustérien Alpin. - Eburodonum II, Cahiers d'Arch. Romande, **2**: 1-188, Yverdon.

KLEMM, W. 1974. Die Verbreitung der rezenten Land-Gehäuse-Schnecken in Österreich. - Denkschr. Österr. Akad. Wiss., **117**: 1-503; Wien, New York (Springer).

KUSCH, H. 1996. Zur kulturgeschichtlichen Bedeutung der Höhlenfundplätze entlang des mittleren Murtales (Steiermark). 307p. - Frankfurt am Main.

KYRLE, G. 1923. Grundriß der theoretischen Speläologie. - Speläol. Monographien, **1**: 1-353, 187 Abb., 10 Taf., Wien.

MAURIN, V. 1951. Topographie und Geologie des Badlhöhlensystems. - In: MOTTL, M., Die Repolust-Höhle bei Peggau (Steiermark) und ihre eiszeitlichen Bewohner. - Archaeologia Austriaca, **8**: 2-14, Wien.

MAURIN, V. 1994. Geologie und Karstentwicklung des Raumes Deutschfeistritz-Peggau-Semriach.- In: BENISCHKE, R., SCHAFFLER, H. & WEISSENSTEINER, V. (Red.) 1994. Festschrift Lurgrotte 1894-1994: 103-137, Graz (Landesverein für Höhlenkunde in der Steiermark).

MLÍKOVSKÝ, J. 1994. Jungpleistozäne Vogelreste aus Höhlen des Mittelsteirischen Karsts bei Peggau-Deutschfeistritz, Österreich. - Unpubl. Manuskript, Inst. Paläont. Univ. Wien, 7 S., Univ. Wien.

MOTTL M. 1949. Die pleistozäne Säugetierfauna des Frauenlochs im Rötschgraben bei Stübing. - Verh. geol. Bundesanst., Jg. **1947**: 94-120, Wien.

MOTTL, M. 1953a. Bericht über die wichtigeren Ergebnisse der Höhlengrabungen des Joanneums in den Jahren 1951-1952. - Mitt. der Höhlenkommission, Jg. **1953**: 31-33, Wien.

MOTTL, M. 1953b. Die Erforschung der Höhlen. - In: MOTTL, M. & MURBAN, K., Eiszeitforschungen des Joanneums in Höhlen der Steiermark. - Mitt. Mus. Bergbau, Geol., Technik Landesmus. Joanneum, **11**: 14-58,Graz.

MOTTL, M. 1964. Bärenphylogenese in Südost-Österreich. - Mitt. Mus. Bergbau, Geol., Technik Landesmus. Joanneum, **26**: 1-55, Graz.

MOTTL, M. 1975a. Die pleistozänen Säugetierfaunen und Kulturen des Grazer Berglandes. - Mitt. Abt. Geol. Paläont. Bergbau Landesmus. Joanneum, Sonderheft, **1** (Die Geologie des Grazer Berglandes): 159-179, Graz.

MOTTL, M. 1975b. Was ist nun eigentlich das „alpine Paläolithikum"? - Quartär, **26**: 33-52, Bonn.

REINER, G. 1995: Eine spätglaziale Mikrovertebratenfauna aus der großen Badlhöhle bei Peggau, Steiermark. - Mitt. Abt. Geol. Paläont. Landesmus. Joanneum, **52/53**: 135-192, 28 Abb., 12 Tab., Graz.

REINER, G. & BICHLER, H. 1996. Taphonomy in caves: two case studies. - Communicacíon de la II Reunión de Tafonomía y fosilización, 347-352, Zaragoza.

REISCHÜTZ, P. L. 1986. Die Verbreitung der Nacktschnecken Österreichs (Arionidae, Milacidae, Limacidae, Agriolimacidae, Boettgerillidae). - Sitzungsber. Österr. Akad. Wiss., Math. Naturwiss. Kl. Abt. I, **195**(1-5): 67-190, Wien.

SCHÜTT, H. (1989): The taxonomical situation in the genus *Congeria* PARTSCH. - Abstr. 10th Int. Malac. Congr., Tübingen 1989: 223.

SCHÜTT, H. 1991. The taxonomical situation in the genus *Congeria* PARTSCH. - Proc. Tenth Int. Malac. Congr. (Tübingen 1989): 607-610.

TEPPNER, W. 1914. Beiträge zur fossilen Fauna der steirischen Höhlen. - Mitt. für Höhlenkunde, **7** (1):1-18, Graz.

TSCHAPECK, H. 1883. Formen der *Clausilia dubia* DRAPARNAUD in Steiermark. - Nachrichtenbl. dtsch. malak. Ges., **15**: 26-32, Frankfurt am Main.

TSCHAPEK, H. 1885. Von der Tanneben bei Peggau in Steiermark. - Nachrichtenbl. dtsch. malak. Ges., **17**: 7-22, Frankfurt am Main.

UNGER, F. 1838. Geognostische Bemerkungen über die Badelhöhle bei Peggau. - Steiermärkische Zeitschrift, N. F., **5** (2): 6-16, Grätz (=Graz).

WURMBRAND, G. 1871. Ueber die Hoehlen und Grotten in dem Kalkgebirge bei Peggau. - Mitt. naturw. Ver. Steiermark, **2** (3): 407-428, Taf.I-III, Graz.

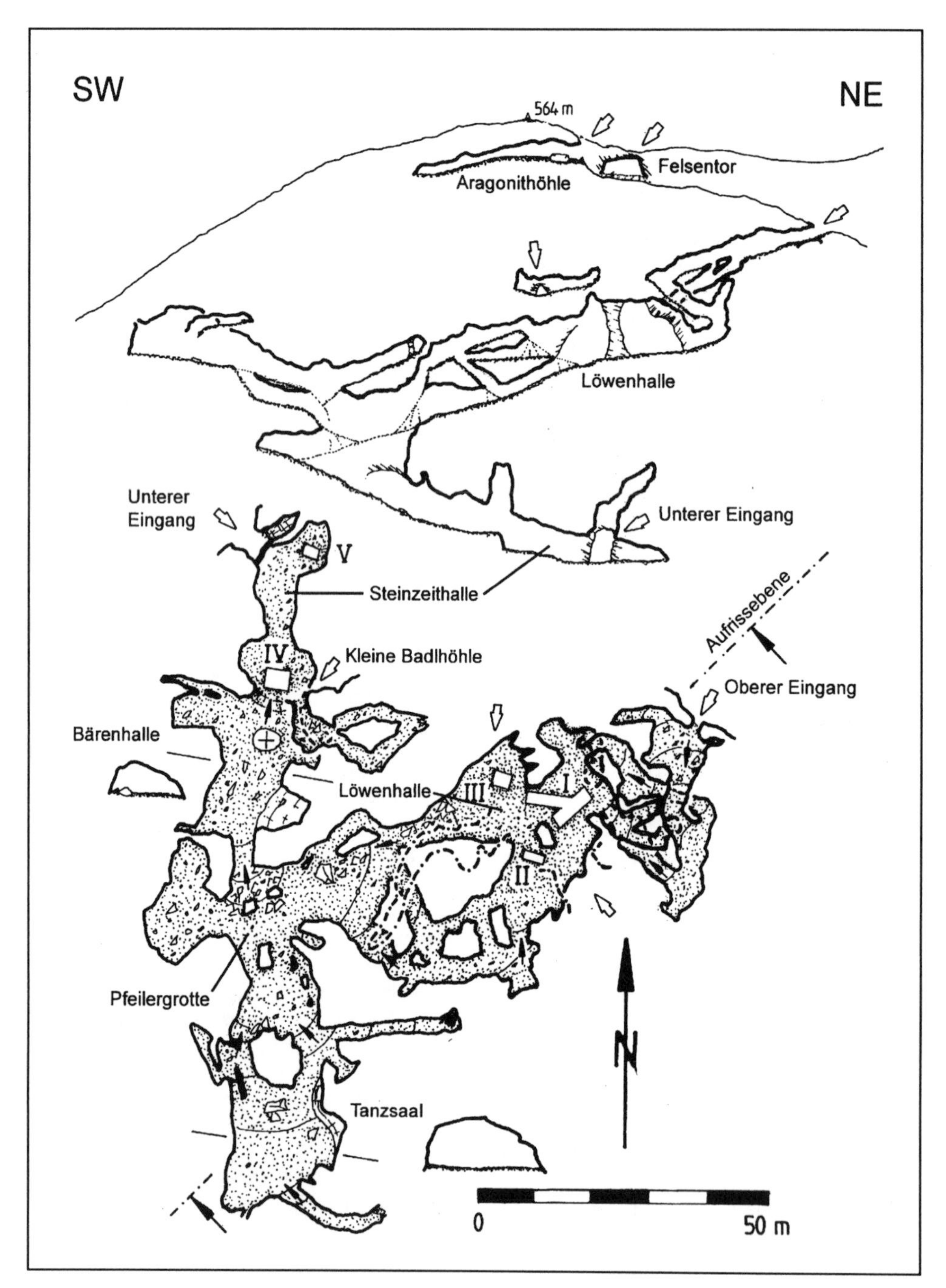

Abb.1: Große Badlhöhle, Grundriß und Aufriß nach MOTTL (1953b; Plangrundlage von J. Gangl), mit Grabungsstellen 1951-1952 (Sondagen I-V) und 1984 (im unteren Eingang).

Burgstallwandhöhle I

Florian A. Fladerer & Christa Frank

Mittelwürmzeitliche Bärenhöhlen(-Ruine) im Mittelgebirge
Synonyme: Burgstallhöhle I, Burgstall-Riesenhöhle (I); Bu

Gemeinde: Pernegg an der Mur (KG Mixnitz)
Polit. Bezirk: Bruck a. d. Mur, Steiermark
ÖK 50-Blattnr.: 134, Passail
15°23'16" E (RW: 82mm)
47°20'39" N (HW: 209mm)
Seehöhe (unterer Eingang): 810m
Österr. Höhlenkatasternr.: 2839/25

Lage: Die Burgstallwand bildet den Südwestabhang des Karstplateaus der Schwaigeralm im westlichen Hochlantsch am Nordrand des Mittelsteirischen Karstes (Grazer Bergland). Die Burgstallwand bildet die nördliche Begrenzung der 'Burgstallmulde'.
Zugang: Von der Schwaigeralm über den markierten Wanderweg nach unten Richtung Mautstatt. 10m nach der ersten Kehre vom Weg abzweigend und unmittelbar nach Osten querend erreicht man nach ca. 30m den unteren Eingang der Burgstallhöhle I.
Geologie: Die Höhle liegt in einer jungtertiären Gehängebrekzie ("Eggenberger Brekzie"; EBNER 1983) am Hochlantschkalk (Oberdevon). Grazer Paläozoikum (Oberostalpin, Zentralalpen).

Fundstellenbeschreibung: Der 8m breite und 15m hohe nach Nordwest gerichtete Eingang der Korrosionshöhle in einer Gehängebrekzie (MOTTL & MURBAN 1953:9f) öffnet sich in eine untere Vorhalle, von der ein ansteigender und von Versturzblöcken eingeengter Gang in den oberen kuppelförmigen 14m tiefen und 14m hohen Dom führt (Abb.1, MOTTL 1953:32f). Das obere Portal, das den zweiten Eingang in die Höhle bildet, ist teilweise ebenso von Versturz verlegt, sodaß der Ruinencharakter der Fundstelle gut erkennbar ist. Die maximale Horizontalerstreckung beträgt 46m, die Niveaudifferenz 14m.

Forschungsgeschichte: 1951 wurde von M. MOTTL (1953), Landesmuseum Joanneum, eine erste Sondage, Grabungsfeld I (ca. 2,3x1m) in der südöstlichen Nische im Verbindungsgang angelegt. Es folgten Grabungsfeld II (4x1,5m, über 1,5m tief) in der östlichen Nische der Vorhalle; Grabungsfeld III im schmalen Durchbruch zwischen Vorhalle und Gang (Daten unbekannt) und eine Sondage im Dom (nur sub/rezente Reste). 1991 G. Fuchs (Landesmuseum Joanneum, Abteilung für Vor- und Frühgeschichte), oberflächliche Aufsammlung im Bereich von Raubgrabungen.

Sedimente und Fundsituation: In Grabungsfeld I und II (Abb.1, MOTTL 1953:32f) folgte unter einer dünnen Humusbedeckung rostbrauner Lehm mit viel gerundetem Bruchschutt und fossilen Tierresten.
Im Bereich der westlichen Nische am unteren Ende des Ganges zeigte im Herbst 1994 das rund 1m mächtige Profil einer unbefugten Grabung folgende Abfolge von oben: (1) 20-30cm schichtige Lagen rotbrauner und grauer sandiger Lehme, (2) 15-20cm dunkelrötlichbrauner Lehm (Probe 1, Tab. 1), (3) >50cm gelbbrauner Schutt (mit feinsandigem Zwischenmittel) (Probe 2, fundleer). Ob (1) und (2) verlagerte Anteile sind, die älter als (3) sind, ließ sich im Profil nicht deutlich erkennen.

Fauna:

Tabelle 1. Burgstallhöhle I. Artenliste nach MOTTL (1953), revidiert und ergänzt. Knochenzahlen, Mollusken nach C. Frank (unpubliziert), + nachgewiesen.

	rostbrauner Lehm	Aufsammlung 1991	Probe 1 1994
Arianta arbustorum	-	-	+
Chilostoma achates	-	-	+
Helicoidea indet. (größere Art)	-	-	+
Sorex araneus	-	-	1
Arvicola terrestris	-	-	2
Lepus cf. *timidus*	-	1	-
Canis lupus	3	-	-
Vulpes vulpes[1]	-	2	-
Ursus spelaeus	>60	90	-
Martes sp.	-	-	1
Panthera spelaea	1	-	-
Bos/Bison[1]	-	1	-

[1] Die Reste vom Rotfuchs und vom großen Wildrind sind nicht eindeutig als fossil zu beurteilen.

Unter den Höhlenbärenresten befinden sich Neonate, Milchzähne und Mandibeln im Zahnwechsel, die als Zeugen der Nutzung der Höhle zu Überwinterung, zu Wurf und Aufzucht zu interpretieren sind, sowie unter den adulten Tieren eine sehr deutliche Größenvariation. Die wenigen vorliegenden Gebißreste deuten darauf hin, daß die Populationen nicht zu den höchst evoluierten des Mittelsteirischen Karstes - etwa wie jene der Lurgrotte und der Tropfsteinhöhle am Kugelstein - gehören (vgl. MOTTL 1964:7f). Von taphonomischer Bedeutung sind Schaftfragmente von Langknochen, die als 'zerschlagene Knochen' archiviert sind. Bißmarken belegen den Verbiß durch große Carnivoren. Menschlicher Einfluß ist bisher an den Tierresten der Burgstallwandhöhle nicht nachgewiesen.
Das Inventar aus dem gestörten Material von 1991 und von 1994 umfaßt auch fossile Reste der Waldspitzmaus, der Schermaus, einer großen, dem jungpleistozänen Schneehasen entsprechende Form und eines großen Wildrindes.
Wenig aussagekräftig sind auch die Gastropodenarten. Die Kombination der beiden Arten - *Chilostoma achates* dürfte die etwas häufigere gewesen sein - zeigt mittelfeuchte, schattige und kühle Verhältnisse an, wobei auch Felsstandorte eine Rolle gespielt haben.

Das gesamte Inventar an Tierresten und das Profil von 1994 unterstreichen, daß die Höhle und ihre Sedimente intensiven Veränderungen und Umlagerungen ausgesetzt war. Die Steilheit der Wand, der Ruinencharakter und die porösen Struktur des höhlenbildenden Gesteins lassen vermuten, daß nur mehr der distale Anteil der ehemaligen Bärenhöhle vorhanden ist und der vordere Bereich der Bergsturzaktivität in diesem Gebiet und der Erosion zum Opfer gefallen ist.

Paläobotanik: Kein Befund.

Archäologie: Kein Befund aus den pleistozänen Sedimenten.
Im Humus fanden sich mittelalterliche Keramik und Haustierreste (MOTTL 1953).

Chronologie und Klimageschichte: Jungpleistozän. Der rote Lehm ist aufgrund der Höhlenbärenreste, die nicht von den höchstentwickelten Populationen der Mittelsteiermark stammen, nicht jünger als spätes Mittelwürm. Weitere boreale, alpine und Steppenelemente, wie sie in hoch- und spätglazialen Taphozönosen in tyischen Anteilen vorhanden sind, fehlen bisher.

Aufbewahrung: Landesmuseum Joanneum, Graz.

Rezente Sozietäten: Aus der Mischwaldstufe im Murtal bei Kirchdorf umfassen zwei Aufnahmen (800-1000m) folgende Mollusken-Arten (FRANK 1975, 1979): *Cochlodina laminata, Pseudofusulus varians, Macrogastra ventricosa, Macrogastra plicatula, Clausilia pumila, Discus perspectivus, Aegopis verticillus, Aegopinella ressmanni, Oxychilus cellarius, Limax cinereoniger, Limax* sp., *Lehmannia marginata, Arion* sp. (2-3 Arten), *Petasina subtecta, Monachoides incarnatus, Arianta arbustorum, Chilostoma achates stiriae, Isognomostoma isognomostomos, Causa holosericea, Cepaea nemoralis, Helix pomatia* .
Den untersuchten Standorten entsprechend herrschen in der rezenten Fauna die Waldarten, insbesondere auch die Bewohner der feuchten Waldstandorte, vor. Dazu treten petrophile Elemente kühler, mäßig feuchter Standorte (*Chilostoma achates stiriae*); lockere Gebüsche werden durch *Helix pomatia* angezeigt.

Literatur:

EBNER, F. 1983. Erläuterungen zur geologischen Basiskarte 1:50:000 der Naturraumpotentialkarte „Mittleres Murtal". - Mitt. Ges. Geol. Berbaustud. Österr., **29**: 99-131, Wien.

FRANK, C. 1975. Molluskenassoziationen des Weizer Berglandes und der Fischbacher Alpen. - Mitt. deutsch. malak. Ges., **3**(28/29): 212-231, Frankfurt/Main.

FRANK, C. 1979. Ein Beitrag zur Molluskenfauna der Steiermark: Zusammenfassung der Untersuchungen während der Jahre 1965-1977. - Malak. Abh. Staatl. Mus. Tierkde. Dresden, **6**(14): 187-205, Dresden.

MOTTL, M. 1953. Die Erforschung der Höhlen. - Mitt. Mus. Bergbau, Geol. Technik am Landesmus. „Joanneum", **11**: 14-58, Graz.

MOTTL, M. 1964. Bärenphylogenese in Südost-Österreich. - Mitt. Mus. Bergb., Geol. Technik am Landesmus. „Joanneum", **26**: 1-56, Taf., Tab., Graz.

MOTTL, M. 1975. Die pleistozänen Säugetierfaunen und Kulturen des Grazer Berglandes. - Mitt. Abt. Geol. Paläont. Bergbau Landesmus. Joanneum, Sonderheft **1** (Die Geologie des Grazer Berglandes): 159-179, Graz.

MOTTL, M. & MURBAN, K. 1953. Eiszeitforschungen des Joanneums in Höhlen der Steiermark. - Mitt. Mus. Bergbau, Geol. Technik am Landesmus „Joanneum", **11**, Graz.

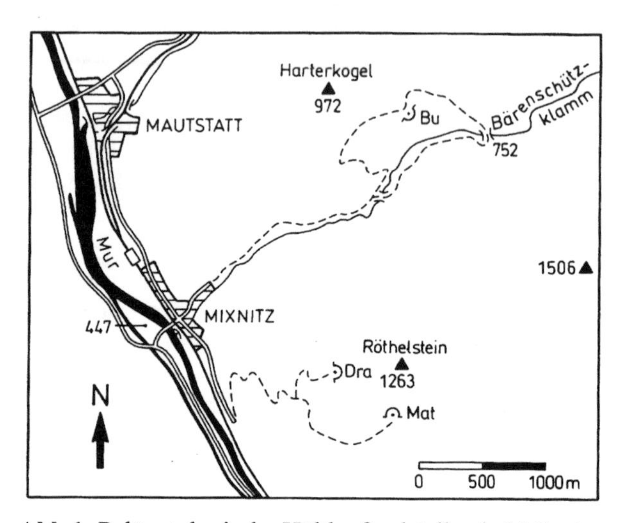

Abb.1: Paläontologische Höhlenfundstellen bei Mixnitz. Bu - Burgstallwandhöhle I, Dra - Drachenhöhle, Mat - Mathildengrotte.

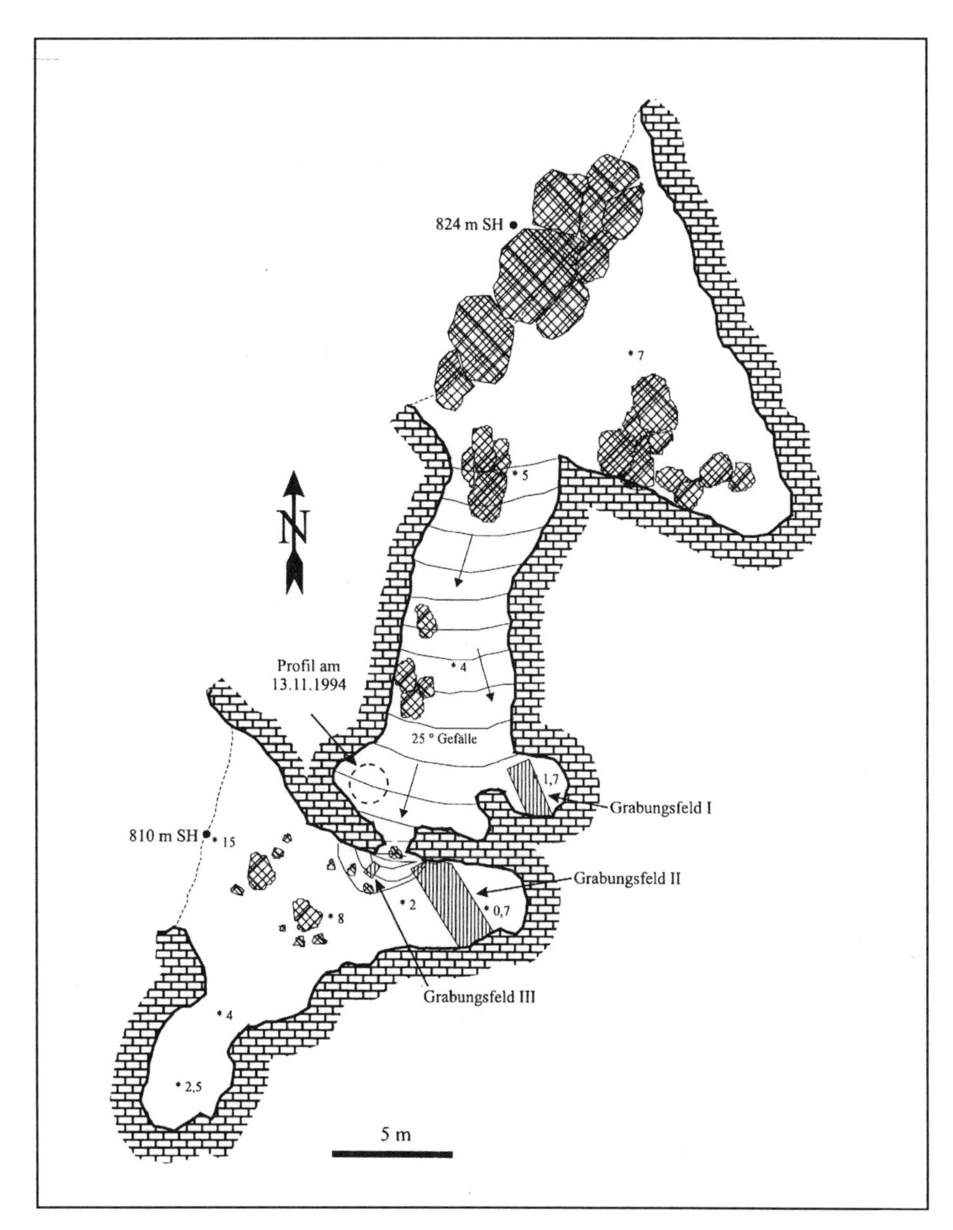

Abb.2: Burgstallwandhöhle I bei Mixnitz, Steiermark. Grundriß mit Raumhöhenangaben in Metern und Grabungsstellen (nach MOTTL & MURBAN 1953, umgezeichnet und ergänzt).

Dachsloch

Florian A. Fladerer

Spätpleistozänes Carnivorenlager
Kürzel: Dx

Gemeinde: Köflach
Polit. Bezirk: Voitsberg, Steiermark
ÖK 50-Blattnr: 162, Köflach
15°04'32" E (RW: 366mm)
47°30'23" N (HW: 161mm)
Seehöhe: 595m
Österr. Höhlenkatasternr.: 2782/46

Lage: Das Dachsloch liegt im Südwesthang des Zigöllerkogels (684m) am Westrand des Grazer Berglandes (Abb. 1).

Zugang: Von der Straße am Bergfuß im Gradental an der Fleischerhöhle vorbei in der Fallinie durch den Wald nach oben. Man erreicht das markante, von unten sichtbare Portal über niedrige Felsbänke, 105m über dem Talboden.

Geologie: Schöckelkalk (Mitteldevon) am Westrand des Grazer Paläozoikums, das tektonisch dem Oberostalpin der Zentralalpen angehört.

Fundstellenbeschreibung: Das Dachsloch ist eine kleine Erosionshöhle mit 6m breitem und 5m hohem, stark ausgewittertem halbhöhlenartigen Eingangsteil (Abb. 2), an die sich eine 20m lange, 1,5m breite, 0,7m hohe Strecke anschließt. Das Dachsloch hat mit der kleinen

Geier- oder Falkenhöhle Verbindung, die etwas höher mündet (MOTTL & MURBAN 1953:56).

Forschungsgeschichte: 1952 wurde unter der Leitung von K. Murban & M. Mottl, Steiermärkisches Landesmuseum Joanneum, Abteilung für Geologie, Bergbau und Technik, eine 1,8m x 1,8m abmessende Sondage im Eingang rund 0,5m tief ausgehoben (MOTTL 1953).

Sedimente und Fundsituation (Abb. 2): Unter 10cm Humus folgte gelbbrauner Lehm mit scharfkantigem Bruchschutt, der ab 0,3m fossilführend war (MOTTL 1953:56).

Fauna:

Tabelle 1. Dachsloch bei Köflach. Revidierte Artenliste. Knochenzahlen (KNZ), + nachgewiesen nach MOTTL (1953, 1975).

	KNZ
Rana sp.	+
Talpa europaea	1
Microtus sp.	+
Ursus spelaeus	3
Megaloceros giganteus	2
Rangifer tarandus	4
Rupicapra rupicapra	1
Capra ibex	1

Die Taphozönose fügt sich - abgesehen vom Auftreten der großen Hirschart - in das Spektrum aus dem Luegloch (FLADERER, dieser Band). Der Maulwurf ist durch die *magna*-Form vertreten. Der Riesenhirsch ist mit einem Fußwurzelknochen und einem Zehengrundglied nachgewiesen: Das linke Cubonaviculare entspricht in den Abmessungen dem Riesenhirsch der Teufelslucken in Niederösterreich (THENIUS 1959:Abb. 104). Die Phalange ist am Schaft bis zur proximalen Gelenkfläche derart aufgebrochen, daß auch menschliche Einwirkung in Frage kommt. Mehrere Knochen zeigen Bißmarken von Carnivoren.
Die wenigen Höhlenbärenreste deuten auf fortschrittliche Formen (darunter ein vielhöckriger M_2: L 30,1 / B 17,3mm). Aufgrund der oberflächennahen Position der Fundschicht ist mit Vermischung durch grabende Tiere zu rechnen, worauf auch der Name der Höhle hinweist.

Paläobotanik und Archäologie: Kein Befund.

Chronologie und Klimageschichte: Jungpleistozän. Die fortschrittlichen Höhlenbärenreste geben einen Hinweis, daß sie Populationen repräsentieren, die nicht älter als spätes Mittelwürm sind. Die übrigen Elemente können durchaus noch dem Spätglazial entstammen. Die Gemeinschaft belegt kontinentales Klima, das dem Rentier eine entsprechende südwärtsgerichtete Arealausdehnung ermöglichte, und dem Alpensteinbock Lebensräume im Vorland. Auch der Riesenhirsch repräsentiert offene Landschaften. Die Froschreste weisen auf feuchtere Biotope im Talgrund.

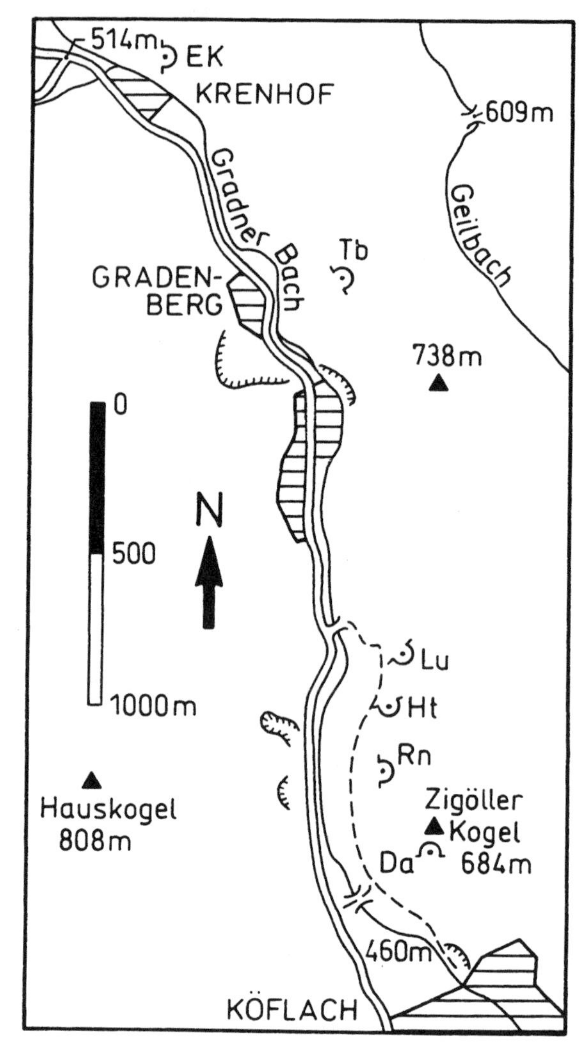

Abb.1: Paläontologische Höhlenfundplätze bei Köflach. Da - Dachsloch (Dx), EK - Eiserne Kassa (Krenhofhöhle), Ht - Heidentempel, Lu - Luegloch (Ochsenloch), Rn - Rinneloch, Tb - Taubenloch.

Aufbewahrung: Landesmuseum Joanneum in Graz, Sammlung Geologie und Paläontologie.
Weitere Fundstellen im 'Weststeirischen Karst', die teilweise auch in paläontologischer Literatur angeführt sind, werden hier nicht im Detail besprochen (Abb. 1): Im Zigöllerkogel befinden sich noch das gegen Westen gerichtete **Rinneloch (Bärenloch)** in 575m Höhe (MOTTL 1953: 55) und nach Nordwesten gerichtet der **Heidentempel** in 540m Höhe (S. 38ff). Rund 1 Kilometer nördlich im anschließenden Höhenrücken liegt gegenüber dem Steinbruch Gradenberg südwestexponiert das **Taubenloch**, 680m. Noch einmal 1 Kilometer weiter talaufwärts, gegenüber der Einmündung des Sallagrabens in das Gradental, liegt auf 585m Höhe nach Westen gerichtet die **Eiserne Kassa** oder **Krenhofhöhle** (S. 56). In diesen und weiteren Höhlenobjekten des Gebietes (**Korenhöhle** am Zigöllerkogel, **Geierfelsenhöhle** bei Gradenberg, **Steinbruch Gradenberg**) wurden Amateurausgrabungen bzw. Aufsammlungen durch regionale Privatsammler durchgeführt. Soweit Material zugänglich ist (Museum der Stadt Köflach; W.

Mulej, Köflach) kann eine vorläufige Sammelliste (Stand 1996) angegeben werden, die einen Eindruck vom hohen Wert mehrerer, ehemals vorhandener spätpleistozäner Sedimentfolgen gibt (FLADERER 1996): *Aquila chrysaetos, Nyctea scandiaca,* Aves div., *Talpa europaea, Cricetus cricetus, Marmota marmota, Lepus timidus, Canis lupus, Vulpes vulpes, Ursus spelaeus, Cervus elaphus, Megaloceros giganteus* /?*Alces alces, Rangifer tarandus, Bison priscus, Bos primigenius, Rupicapra rupicapra, Capra ibex.*
Aus den Repräsentationsmustern der Reste, die den Grabungsmethoden entsprechend als höchst selektiv zu betrachten sind, können grob folgende Fundstellentypen erkannt werden: Bärenhöhlen (Rinneloch, Korenhöhle, Eiserne Kassa/Krenhofhöhle), Carnivorenlager, Raubvogelhorste und altsteinzeitliche Höhlenstationen.

FLADERER, F. A. 1996. Sammlung Walter Mulej, Köflach. Inventar der Tierreste. - Unpubl. Manuskript, 39 S., Inst. Paläont. Univ., Wien.
MOTTL, M. 1953. Die Erforschung der Höhlen. - In: MOTTL, M. & MURBAN, K., Eiszeitforschungen des Joanneums in Höhlen der Steiermark. - Mitt. Mus. Bergbau, Geol., Technik Landesmus. Joanneum, **11**:14-58, Graz.
MOTTL, M. 1975. Die pleistozänen Säugetierfaunen und Kulturen des Grazer Berglandes. In: FLÜGEL, H.(ed.), Die Geologie des Grazer Berglandes (2. Auflage). - Mitt. Abt. Geol. Paläont. Bergbau Landesmus. Joanneum, Sonderheft **1**: 159-179, Graz.
MOTTL, M. & MURBAN, K. 1953. Eiszeitforschungen des Joanneums in Höhlen der Steiermark. - Mitt. Mus. Bergbau, Geol., Technik Landesmus. Joanneum, **11**:1-58, Graz.
THENIUS, E. 1959. Die jungpleistozäne Wirbeltierfauna von Willendorf i. d. Wachau, N.Ö. - Mitt. Prähist. Komm. Österr. Akad. Wiss., **8/9**:133-170, Wien.

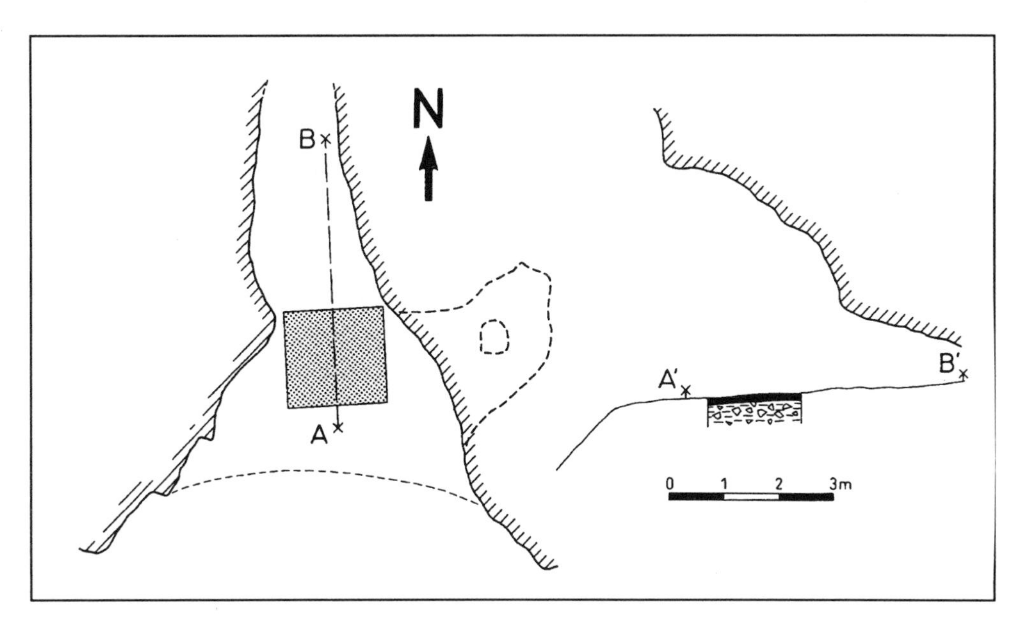

Abb.2: Dachsloch bei Köflach. Grundriß und Querprofil, umgezeichnet aus MOTTL & MURBAN (1953).

Drachenhöhle bei Mixnitz

Florian A. Fladerer
(mit einem Beitrag von Gernot Rabeder)

Mittel- bis spätwürmzeitliche Bärenhöhle im Mittelgebirge, Carnivorenlager, Eulenhorste, jungpaläolithische Station (Aurignacien, ?Magdalénien)
Synonyme: Kogellucke, Kugellucke (um 1800), Mixnitzhöhle, Rettelsteiner Drachen-Höle (sic!) (um 1747), Röthelsteiner Grotte; Mix

Gemeinde: Pernegg an der Mur (KG Mixnitz)
Polit. Bezirk: Graz-Umgebung, Steiermark
ÖK 50-Blattnr.:134, Passail
15°22'55" E (RW: 71,5mm)
47°19'33" N (HW: 169mm)
Seehöhe: 949m
Österr. Höhlenkatasternr.: 2839/1

Lage: Grazer Bergland, Mittelsteirischer Karst, im Südabfall des Rötelsteins (siehe Burgstallwandhöhle I, FLADERER & FRANK, dieser Band).
Zugang: Ein markierter Wanderweg führt in 1,5 Stunden von Mixnitz bis zum Höhleneingang.
Geologie: Grazer Paläozoikum (nicht- bis schwachmetamorphes Grundgebirge des Oberostalpins), Hochlantschkalk (graue, massige Kalke des Givet bis Oberdevon II/III, EBNER 1983).

Fundstellenbeschreibung: Die 542m lange Horizontalhöhle mit sehr großem, 20m breitem und ebenso hohem, nach Westen orientiertem Eingang ist neben der Lurgrotte der bedeutenste Karsthohlraum der Mittelsteier-

mark (GÖTZINGER 1931, SCHADLER 1931a, 1931b). Im Gegensatz zu dieser ist die Drachenhöhle sehr arm an Sinterbildungen. Die besondere internationale Bedeutung erreichte sie durch die Ausgrabung der Reste von mehreren tausend Höhlenbärenindividuen während des Abbaues der bis über 10m mächtigen Sedimente zu Düngezwecken. Die Ostwest-Richtung der Höhle ist dadurch entstanden, daß die Schichtung des Gesteins mit der Richtung des Hauptkluftsystems zusammenfällt. Sie wird von einem zweiten, Nord-Süd-gerichteten Kluftsystem gekreuzt. An Scharungspunkten der Kluftsysteme kam es zu den mehrphasigen Verstürzen. Generell läßt sich die Drachenhöhle in einen tunnelartigen nach Nordost gerichteten Anfangsteil mit 'Vorhalle' und 1. Versturz, die West-Ost-orientierte Mittelhalle mit dem 2. Versturz und den hinteren Teil mit dem 3. Versturz gliedern. Die vermessene Länge mit den Seitengängen beträgt 710m, zu welchen aber die Fortsetzung der Windlochkluft von über 3.600m hinzuzuzählen ist (PFARR & STÜRMER 1988:178). Die Erosionsbasis des 'Drachenhöhlen-Flußsystems' wird dem obermiozänen 'Trahüttner Niveau' zugeordnet. Die grobe Ausgestaltung besorgte ein von Osten kommender Fluß (SCHADLER 1931b, GÖTZINGER 1931).
Durch den Abbau und spätere Sanierungsmaßnahmen wurde der Höhlenboden sehr stark verändert (SCHADLER 1931a-c). Die Höhe der originalen Ablagerungen ist an Sedimentresten an den Wänden bis 8m über der heutigen Sohle ersichtlich. Von den zahlreichen Bärenschliffen - vermutlich Markierungsstellen zur olfaktorischen Orientierung - sind einige noch erhalten (siehe Abb.1). Kratzspuren der Bären sind an der 'Fährtenwand' hinter dem 4. Versturz zu beobachten (BACHOFEN-ECHT 1931b).

Forschungsgeschichte: Mindestens seit dem Mittelalter und bis ins 19. Jhdt. wurde die Drachenhöhle als Fundort von Drachen-, Riesen- oder Einhornknochen zur Herstellung von Heilmitteln häufig aufgesucht (ABEL 1931a). F. UNGER (1838), Landesmuseum Joanneum, berichtet von Höhlenbärenfunden und bezeichnet die Kenntnisse über den Fossilinhalt aber als 'äußerst mangelhaft'. Eine erste, einige (sic!) Meter tiefe Sondage von G. WURMBRAND (1871:419) im Jahr 1870 lieferte neben Einzelzähnen von Höhlenbären "zwei zusammengehörige Unterkiefer, Theile eines jugendlichen Thieres desselben Geschlechtes, in röthlichem Lehm eingebettet". Der Prähistoriker fertigte auch die erste Grundrißskizze an. 1877 fand R. HOERNES (1878) hinter dem 1. Versturz eine 15cm mächtige hallstattzeitliche Kulturschicht. Von den Ausgrabungen von F. Drugcevic und V. Hilber, Landesmuseum Joanneum zwischen 1893 und 1901 liegen keine näheren Angaben vor. TEPPNER (1914) legt allerdings eine erste paläontologische Bearbeitung von Carnivorenresten vor. Von den Ausgrabungen 1915-1916 unter der Leitung von W. Schmid, Landesmuseum Joanneum, im Bereich der jungsteinzeitlichen Kulturschichten nahe des Einganges gibt es kaum Dokumentationen (KUSCH 1996) (Abb.1). 1920-23 wurde 922 Tage im Auftrag des Bundesministeriums für Land- und Forstwirtschaft mit 51 Arbeitern ein Phosphatabbau betrieben[1]. Die wissenschaftliche Beaufsichtigung wurde durch die staatliche Höhlenkommission (Bundesdenkmalamt, Universitätsinstitute, Akademie der Wissenschaften) geregelt: Führung eines Fundbuches durch den Schichtmeister H. Mayer (Fundaufzeichnungen in ABEL & KYRLE 1931[2]), der besondere Befunde meldete und den weiteren Abbau zu verzögern beauftragt war. Tageweise Ausgrabungen, 'Aushebungen', Begutachtung und selektive Verpackung der aussortierten Funde unter O. Abel und K. Ehrenberg, Paläobiologisches Institut der Universität Wien. 1921 G. KYRLE (1931b), Speläologisches Institut beim Bundesministerium für Land- und Forstwirtschaft, und J. Weninger, 14 Tage Ausgrabung der paläolithischen Kulturschichten beim 2. Versturz mit bis 10 Mitarbeitern. In den folgenden Jahrzehnten Zerstörungen originaler Sedimentreste - v. a. der teilweise freigelegten Knochenbrekzie im Bereich der Zonen 18 und 19 durch unbefugte Ausgräber (Höhlenbärenreste von der Drachenhöhle sind in zahlreichen öffentlichen und privaten Sammlungen zu finden). 1997 Sichtung der Tierreste aus der paläolithischen Kulturschicht durch den Autor; Neubewertung der Höhlenbärengebißreste durch G. Rabeder.

[1] Die Ernte des Staatsgebiets blieb 1917 um 50-70% zurück; verantwortlich wurde die starke Abnahme des Phosphorgehaltes der intensiv genutzten Agrarflächen gemacht - "Eine schlechte Düngerwirtschaft ist staatsgefährlich". Alle zur Verfügung stehenden Phosphatquellen sollten nach Erwägungen des k.k. Ackerbauministeriums unter allen Umständen erschlossen werden (SAAR 1931). 41 größere Höhlen auf dem Gebiet der Monarchie wurden als abbauwürdig eingestuft. In Mähren z. B. die Höhlen von Sloup und die Vypustekhöhle, in der Steiermark die Lurgrotte, die Höhlen der Badl- und Peggauer Wand, die Frauenhöhle (siehe FLADERER, dieser Band) und die Drachenhöhle (SAAR 1931).

[2] Von einer vollständigen Angabe der älteren Literatur von 1921 bis 1931 wird hier abgesehen. Alle wesentlichen Daten werden in ABEL & KYRLE (1931) wiederholt, wo auch die Erstberichte zitiert sind.

Sedimente und Fundsituation: Die sedimentologischen Untersuchungen führten aufgrund ihrer wirtschaftlichen Zielsetzungen zu umfangreichen Dokumentationen (u.a. SCHADLER 1931c, MACHATSCHKI 1931, A. Marchet, H. Lieb, W. Ambrecht, O. Dafert, J. Höfinger und K. Endres in ABEL & KYRLE 1931:259ff, WALITZI 1966). Den detaillierten petrologischen und mineralogischen Analysen und generalisierten Profilaufnahmen stehen eine äußerst dürftige Befundung und eine nur ausnahmsweise Nivellierung der paläontologischen Funde gegenüber. 19 Querprofile und ein Längsprofil (SCHADLER 1931c:Taf.30-35) zeigen in den Abbau-Feldern 1 und 2 eine bis 12m mächtige Abfolge von Schichten, die von proximal nach distal in Abmessungen und Struktur stark veränderlich erscheinen (vgl. Abb.2).

- Holozäne, im vorderen Höhlenbereich humusreiche Sedimente, mit Kulturschichten.
- Phosphaterde mit 'oberer Knochenlage' (braun, rotbraun bis graubraun, mit Knochenlagen und Phosphatkonkretionen, teilweise ausgebleicht).
- 'Sinterplättchenschicht' in Feld 2 (eine weißlich-braune bis graugrüne, bis 15cm dicke, blättrig zerfallende Kruste, die mancherorts in einen bis 1,5m mächtigen Komplex von blättrigen Lagen in der

Phosphaterde aufgegliedert erschien). Das vor allem Kleinsäugerreste beinhaltende 'Knochenlager unter dem großen Stein' ('Fledermausstein') liegt nach Beobachtung der Ausgräber (SCHADLER 1931c:Taf. 31) und des Bearbeiters (WETTSTEIN 1931) in der Sinterplättchenschicht.

- Phospaterde mit 2 Kulturschichten vor dem 2. Versturz (Grabungsfläche ca. 8x6m; KYRLE 1931b:806):
  - Obere Kulturschicht ('Deckschichte'), nur wenige cm mächtig (unmittelbar unter der Sinterplättchen schicht)
  - Zwischenschicht, ca. 10cm
  - Untere Kulturschicht (Hauptkulturschicht), bis zu 30cm

Im vorderen Bereich wurden 'trockenrissige Lagen' (bis ca. 2m über der Basalschicht) mit vereinzelten Quarzitabsplissen beobachtet. Der gesamte Komplex war bis 5m mächtig.

- Phosphaterde mit 'unterer Knochenlage' (rotbraune bis graue, teilweise geschichtete Phospaterden mit Knochenlagen, bis 5m mächtig.
- Basalschicht in Feld 2 (hellgraue bis gelbbraune, teilweise sandige Tone; mit einer eingeschaltenen, bis 1m mächtigen Knochenbrekzie und einer hangenden Quarzgeröll-Knochen-Lage in der Mulde zwischen dem 1. und 2. Versturz; siehe Querprofile 10-11), bis 3m mächtig.
- Lehm (gelb, grau bis gelbbraun; z. T. sandig, mit Kieslagen und Bohnerzschmitzen), bis über 2m mächtig.

Fauna:

Tabelle 1. Drachenhöhle bei Mixnitz. Vertebratenfauna nach LAMBRECHT (1931: Vögel), WETTSTEIN-WESTERSHEIM (1931: Kleinsäuger), RABEDER (1974: Chiroptera), SICKENBERG (1931: Großsäuger partim). Teilweise revidiert und ergänzt. Die zoologischen Namen wurden aktualisiert. Unstrat. - unstratifiziert oder unklare Zuordnung, großteils aber ist die Originalfundschicht im oberen Phosphaterde-Komplex zu vermuten. Knochenzahlen und Mindestindividuenzahlen (in Klammer). +++ - sehr häufig. **fett**gedruckt: Typusmaterial.

	untere Schichten	Sinterplättchen-schicht	obere Schichten	unstrat.
Accipiter nisus (Europäischer Sperber)	-	-	1	
Dendrocopos leucotos (Weißrückenspecht)	-	-	-	5 (1)
Monticola saxatilis (Steinrötel)	-	-	1[2]	
Lanius sp. (Würger)	-	-	7 (2)[2]	
Parus caeruleus (Blaumeise)	-	-	5 (2)[2]	
Garrulus glandarius (Eichelhäher)	-	-	5 (3)[2]	
Nucifraga caryocatactes (Tannenhäher)	-	-	5 (4)[2]	
Pica pica (Elster)	-	-	4 (2)[2]	
Pyrrhocorax pyrrhocorax (Alpenkrähe)	-	-	<25 (4)*[2]	
Pyrrhocorax graculus (Alpendohle)	-	-	>1*	
Coloeus monedula (Dohle)	-	-	3 (2)[2]	
Talpa europaea	-	-	11 (2)	
Sorex minutus	-	1	-	
Myotis mystacinus	-	12 (6)	-	
Myotis mixnitzensis	-	1	-	
Myotis nattereri	-	3 (2)	-	
Myotis bechsteini	-	3 (2)	-	
Eptesicus nilssoni	-	56 (25)	-	
Plecotus abeli	-	103 (37)	-	
Barbastella schadleri	-	89 (39)	-	
Marmota marmota	+[1]	-	5 (1)	4
Glis glis	-	1	-	
Apodemus sylvaticus	-	>100 (19)	-	
Clethrionomys glareolus	-	1	1	2
Microtus arvalis-agrestis	-	-	1	
Microtus nivalis	-	2	23 (3)	1
cf. *Pitymys* sp.	-	1	-	
Canis lupus	-	-	1	58 (7)
Vulpes vulpes	-	-	-	2 (2)
Ursus arctos	cf.	-	-	3
Ursus spelaeus	+++	-	+++	+++
Ursus cf. *deningeri*	1	-	-	
Martes martes (inkl. cf. *Martes*)	-	-	-	4 (1)
Gulo gulo	-	-	-	3 (2)

	untere Schichten	Sinterplättchen-schicht	obere Schichten	unstrat.
Panthera spelaea	-	-	-	43 (4)
Capreolus capreolus	-	-	-	1[3]
Cervidae indet.	-	-	2	
cf. *Bison* sp.	-	-	-	1
Rupicapra rupicapra	-	-	4 (2)	5 (2)[3]
Capra ibex	-	-	34 (1)	21 (4)

[1] durch Baue nachgewiesen (BACHOFEN-ECHT 1931c:762)

[2] Deckschichte des Abelganges und als Äquivalent angesehene Fundstelle der Zone 18/Nordwand (WETTSTEIN 1931; SICKENBERG 1931).

[3] Möglicherweise mit holozänem Anteil.

* Die von LAMBRECHT (1931) zu *'P. alpinus'* gestellten Knochen umfassen Reste beider *Pyrrhocorax*-Arten!

Von den geschätzten 250.000kg Knochen - es handelt sich um eine selektive Aufsammlung ins Auge springender Stücke - stammen über 99 % vom Höhlenbären. Die ca. 4.000kg ausgewerteten Tierreste sind einzigartig für eine paläontologische Fundstelle des Bundesgebietes. Dennoch sind das nur 1,6 Prozent des insgesamt ausgegrabenen Knochenmateriales! Zahlreiche Pionieruntersuchungen zur Anatomie des Höhlenbären waren dadurch ermöglicht: Morphologie und Kinematik des Schädels (ANTONIUS 1931, MARINELLI 1931, DEXLER 1931), Variabilität, Entwicklung und Abnutzung des Gebisses (BACHOFEN-ECHT 1931a, EHRENBERG 1931b), Histologie und Pathologie (BREUER 1931); Neonatenskelette und zahlreiche Kiefer im Zahnwechsel erlaubten eine umfassende Dokumentation der Bärenontogenie (EHRENBERG 1931c).

Die Individuenzahl wird auf 30.000 geschätzt (ABEL 1931c). Nur von einer sehr geringen Anzahl von Kochen sind Lokalisierungen bekannt. Der Großteil ist stratigraphisch nicht zuordbares Verladematerial (BACHOFEN-ECHT 1931a; SICKENBERG 1931). Nur wenige Fundvermerke, wie die Angaben der ungefähren Tiefe unter der Sedimentoberkante, gelten als gesichert. Den Aufzeichnungen ist zu entnehmen, daß die Knochen sehr ungleichmäßig verteilt waren. Es wurden auch Anhäufungen wie im 'Abelgang' oder am 'Fundplatz 90', ca. 230m vom Eingang entfernt, angetroffen. Zusammengehörige Elemente lagen noch im Verband oder assoziiert. Carnivoren- und Nagetierverbiss ist an vielen Knochen zu beobachten (vgl. EHRENBERG 1931a). Eine entscheidende Komponente für die Verlagerung, die Zerlegung der Knochen und ihre Anreicherungen ist vermutlich im Zer- und Vertrampeln durch die Bären selbst zu sehen (KOBY 1943, JEQUIER 1975). Daneben spielten fluviatiler und schwerkraftbedingter Transport eine größere Rolle.

Vollständige Neonatenskelette werden von mehreren Stellen der Drachenhöhle berichtet. Diese geben Hinweise auf Wurfplätze, wie z.B. beim 2. Versturz. Mehrere fast vollständige juvenile Skelette fanden sich im Ostergang im distalsten Bereich. In der Häufigkeitsverteilung der Altersstadien zeigen sich gleichmäßige, fast völlige Lücken zwischen den ca. dreiviertel- bis einjährigen, und etwas weniger deutlich zwischen eineinviertel- und den eindreivierteljährigen Jungtieren. Die Annahme der gleichen Setzzeit wie bei Braunbären im Winter - der erste Sommer ist als Repräsentationslücke gut erkennbar (EHRENBERG 1972) - hat sich durch jüngere statistische Untersuchungen an Höhlenbären erhärtet. Die Drachenhöhle diente dem zur Folge vor allem als Lager zur Winterruhe. In dieser ist auch die höchste Mortalität festzustellen (z. B. KURTÉN 1969). Am reichen, aber dennoch als selektiv zu bezeichnenden Material läßt sich der Sexualdimorphismus sehr gut feststellen: (1) Die Körpergröße zeigt eine große Variabilität von kleinen weiblichen Tieren zu sehr großen männlichen. (2) Die unteren Eckzähne zeigen eine sehr klare bimodale Verteilung (KURTÉN 1969). Die Funde aus den tieferen Sedimentbereichen sind primitiver als jene der obersten (vgl. EHRENBERG 1972; G. Rabeder, siehe Chronologie). Mit der großen Häufigkeit pathologisch veränderter Knochen wurde die alte Ansicht von den degenerativen Tendenzen des Höhlenbären begründet (ABEL 1931b, BREUER 1931). Die hohe Repräsentation ist aber durch die selektive Aufsammlungsmethode mitbedingt. Außerdem umfassen Höhlenbärenthanatozönosen aufgrund der besonderen Lebens- und Erhaltungsbedingungen eine entsprechend große Anzahl spätadulter bis seniler Individuen mit altersbedingten Knochenveränderungen. Die Gebißreste zeigen ebenso wie das postcraniale Skelett einen hohen Entwicklungsgrad (MOTTL 1964:9ff; RABEDER 1983). Die Tibiatorsion variiert zwischen 46° und 61° und erreicht die höchsten Werte der mittelsteirischen Populationen. Nicht torsierte Tibien von 32° bis 34° und ein Schädel belegen auch den Braunbären (MOTTL 1964).

Als zweithäufigste Großtierart ist im Inventar der Wolf zu beobachten. Es liegen sieben linke und vier rechte Mandibeln, 14 Langknochen und über 30 weitere Postcranialelemente vor. Die wenigen gut erhaltenen Reste repräsentieren eine große Form mit ausgeprägtem Dimorphismus, die den Wölfen von der Frauenhöhle und der Großen Ofenbergerhöhle (FLADERER, dieser Band) entspricht: Die unteren Backenzahnreihen (uZr) von 95,2mm, 97,7mm, 103 und 106mm entsprechen in ihrer Variabilität den annähernd gleich alten Funden aus dem Donautal (Krems-Wachtberg, FLADERER & EINWÖGERER, dieser Band: 95,2 - 102,4mm), übertreffen diese aber im oberen Bereich. Die Tibialänge (GL) variiert zwischen 202 und 230mm!

Auch die Reste von Höhlenlöwen sind vor allem aus dem Verladematerial geborgen worden, darunter mehrere vollständig erhaltene Langknochen, 10 Metapodien und diverse Wirbel (SICKENBERG 1931:749). Fundlokalisierungen von Einzelfunden bezeichnen den Abelgang, ca. 180m hinter dem Portal und den Fundplatz 31 am Beginn der Mittelhalle, 250m hinter dem Portal. Mindestens eines der vier nachgewiesenen Individuen war juvenil, eines zeigte nach BREUER (1931:613) an einem Lendenwirbel eine Fraktur. An den 'Stichproben' dreier Elemente ist eine Größenstreuung zu beobachten, die sehr wahrscheinlich wie bei den Wolfstibien den Geschlechtsdimorphismus der Form abbildet (Tab. 2). Die Löwenfunde aus dem Spätwürm von Jaurens werden ebenfalls so interpretiert. Im allgemeinen Vergleich mit Funden aus Mittel- und Westeuropa zeigt sich, daß die bisher bekannten Individuen aus der Mittelsteiermark zwar an die Größe der größten rezenten Löwen heranreichen, aber doch deutlich unter den großen jungpleistozänen liegen.

Tabelle 2. *Panthera spelaea* aus jungpleistozänen Höhlenfundstellen der Mittelsteiermark und Vergleichsmaße aus Mittel- bis Westeuropa. Angaben in Millimeter. GL - größte Länge.

	Tibia - GL	Calcaneus - GL	Metatarsale III - GL
Drachenhöhle	320[1] ; 320[1]; 337	117,5; 121,5; 127,5	126; 130, 130; 131; 134
Frauenloch			125, 130
Gr. Badlhöhle	345	127	
Siegsdorf [2]	354; 355	126	138
Jaurens [3] ('kleine Form')	320; 320	115; 116	125; 128
('große Form')	-	129; 130	+-134 *
max. Werte (diverse Fundorte) [2]	370	130,5	162
Panthera leo rezent max. Werte [2]	348	127	145

[1] SICKENBERG (1931), [2] GROSS (1992), [3] BALLESIO (1980), * interpoliert aus den Angaben für die Metatarsalia II und IV.

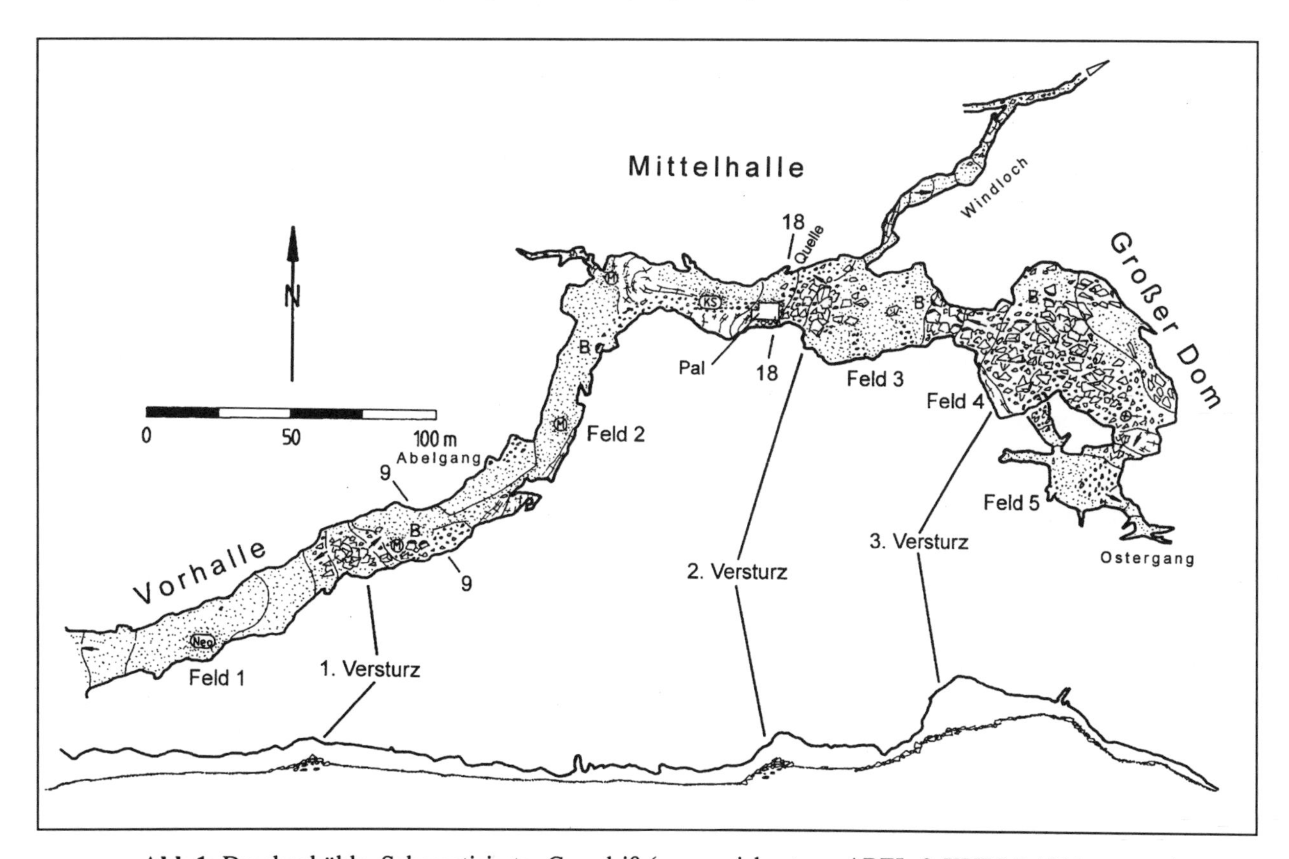

Abb.1: Drachenhöhle. Schematisierter Grundriß (umgezeichnet aus ABEL & KYRLE 1931, ergänzt).
B - Bärenschliff, KS - Kleinsäugerfundstelle 'unter den großen Stein', M - Murmeltierbauten, Neo - Fundplatz einer neolithischen Feuerstelle, PAL - Paläolithfundstelle, 9 und 18 - Querprofile siehe Abb.2

Neben den Wölfen und Löwen sind Rotfuchs, Vielfraß und Baummarder unter den Carnivoren nachgewiesen. An einer linken massiven Rotfuchsmandibel einer älteren Sondage ist eine Länge der Zahnreihe hinter dem Canin (uZr) von 64mm und eine M/1-Länge von 16,5mm zu messen. Unter Hinweis auf den Geschlechtsdimorphismus bei den Caniden hat bereits TEPPNER (1914) den Fund einem männlichen Individuum zugeordnet.

Auffallend ist die äußerst geringe Anzahl von Huftierresten. Abgesehen von natürlichen Tierfallen (z. B. Frauenhöhle bei Semriach, FLADERER, dieser Band) bildet diese Gruppe immer nur einen kleinen, meist kleinstükkigen Anteil in fossilen Höhlenvergesellschaftungen (vgl. KÜHTREIBER & KUNST 1995). Die geringe Repräsentanz im Inventar der Drachenhöhle ist wohl auf die höchst selektive Bergungsart der Tierreste zurückzuführen. Im hintersten Bereich der Höhle wurde gegen Ende des Abbaus ein juveniles Steinbockskelett gefunden, das aber nur fragmentarisch geborgen wurde (SICKENBERG 1931:756). Einige weitere isolierte Knochen wurden im Verlادematerial gefunden. An der proximalen Breite der Metacarpalia (Bp 28,5 - 30 - 34mm) und der Metatarsalia (Bp 28,3 - 29,5mm) ist im allgemeinen Übereinstimmung mit der großen jungpleistozänen Form festzustellen - die Werte liegen im oberen Varationsbereich der rezenten Formen (vgl. Große Ofenbergerhöhle und Frauenhöhle, FLADERER, dieser Band). Die Gemse ist durch mehrere Reste aus den oberen Schichten belegt. Zwei rechte Metacarpalia messen 150,1 bzw. 151mm in der größten Länge (GL) und 30,2 bzw. 31,2 mm in der Breite der distalen Gelenkrollen (Bd). Zu einem großen, allerdings noch juvenilen Reh wird eine Tibiadiaphyse (GL 126mm) aus dem Verlademateria l gestellt. Ein stark abgerollter erster Halswirbel eines großen Wildrindes wird von SICKENBERG (1931:755) zu *Bos primigenius* gestellt. Die Artikulationsfläche zum zweiten Halswirbel reicht seitlich nicht so weit nach dorsal wie bei *Bos* häufiger beobachtet. Die craniale Gelenkfläche ist rund 140mm breit, die caudale rund 120mm. Der Neuralkanal ist relativ höher als beim rezenten *Bos*. Im unmittelbaren Vergleich vermittelt der Atlas zwischen *Bison bonasus* und dem großen mittelpleistozänen Boviden von Deutsch-Altenburg 1.

Der Phosphatabbau ermöglichte eine grundlegende Erforschung der Morphologie von Murmeltierbauen in Höhlenbereichen ohne Tageslicht. Bis über 250m hinter dem Portal wurden Baue angetroffen, die den seicht liegenden Sommerbauen der Steppenformen entsprechen (vgl. BACHOFEN-ECHT 1931c). Die Murmeltierreste repräsentieren eine Form im oberen Größenbereich rezenter Populationen (vgl. WETTSTEIN-WESTERHEIM 1931:785f). Baue mit Röhren von rund 5cm Durchmesser in den Sedimenten zwischen dem ersten und zweiten Versturz werden als fossile Bauten von Microtinen interpretiert. Die Tierreste aus dem Kontext der altsteinzeitlichen Kulturschichten umfaßten fast ausschließlich Reste juveniler Höhlenbären (KYRLE 1921, EHRENBERG 1931d, ABEL 1931). Die Aussagen, daß abgesehen von Bärenresten "nur Reste von Steinbock, Wolf, Murmeltier und 'Höhlenlöwe' sowie Wildschwein?(...), u. zw. in nur äußerst spärlichen Resten (insgesamt kaum mehr als ein Dutzend Knochen und Zähne)" (EHRENBERG 1931d:864) geborgen wurden, finden auch bei den weiteren Autoren der Monographie kaum Bestätigung: Über die Wolfsreste gibt es nur unklare Angaben bei SICKENBERG (1931:751) und BREUER (1931:618, Taf.108), denen nicht zu entnehmen ist, ob sowohl die proximal pathologisch veränderte Tibia als auch eine Phalange aus der Kulturschichte stammen. In der Beschreibung der Murmeltierbaue findet sich die kurze Erwähnung von 'einem Zahn und zwei Kiefer aus der menschlichen Siedlung' (BACHOFEN-ECHT 1931c:763). Zwei Schulterblattfragmente aus der 'Hauptschichte 2/3' wurden von SICKENBERG (1931:762) mit dem Wildschwein in Verbindung gebracht ("doch ist eine sichere Bestimmung infolge der äußerste mangelhaften Erhaltung nicht möglich") und auch von EHRENBERG (1931d:864; 1972) und von ABEL (1931c:908) übernommen wurden: Sie stammen eindeutig von einem Bären; es sind Bruchstücke vom Caudalrand eines linken und von der Caudalecke eines rechten Schulterblattes! Von Löwen- und Steinbockfunden aus der Kulturschichte gibt es überhaupt keine Vorlagen! Allerdings konnten bei der Revision 1997, der allerdings nicht alle Objekte zugänglich waren, weitere Tierreste aus dem Fundstellenkontext bestimmt werden. Von *Pyrrhocorax graculus* ein rechter Humerus, von *Canis lupus* ein dritter Halswirbel, von *Ursus arctos/spelaeus* zwei Fragmente einer linken und einer rechten Scapula (die wiederholt als ?Wildschwein angeführt waren) in einer vom typischen Verlادematerial abweichenden, weniger veränderten Erhaltung und von *Capra ibex* ein linkes Carpale II/III.

Eine zeitlich vermutlich homogene Kleinsäugervergesellschaftung wurde rund 25m vor der Paläolithfundstelle und rund 300m vom Eingang entfernt, aus 0,9m unter der Sedimentoberkante geborgen. Das 'Knochenlager unter dem großen Stein' enthielt neben Einzelfunden von *Sorex minutus, Glis, Clethrionomys* und *Microtus* und einer größeren Anzahl von *Apodemus*-Resten vor allem Fledermausknochen, die sich auf sieben Arten verteilen (WETTSTEIN 1923, 1931:769ff). Die häufigsten Reste stammen von einer kleineren *Plecotus*-Form, die als *abeli* n. sp. von *P. auritus* abgetrennt wurde. Ebenso wurde die häufige *Barbastella schadleri* n. sp. aufgrund ihres etwas größeren Wuchses der Zähne von *B. barbastellus* als eigenständige Art abgetrennt (WETTSTEIN 1923, vgl. RABEDER 1974). Ein von *Myotis mystacinus* abweichender Unterkiefer mit längsovaler statt runder Caninus-Alveole und größeren Zähnen wird von WETTSTEIN (1923) als *M. mixnitzensis* beschrieben. Zur taphonomischen Interpretation der bestens erhaltenen Reste werden Beobachtungen von Eulen (*Strix aluco*) bis zum dritten Versturz und aktuopaläontologische 'Abschwemmungsversuche' von rezenten Kleinsäugerresten durch langsam fließendes Wasser oder Tropfwasser herangezogen (WETTSTEIN 1931).

Auch die Vogelreste entstammen vorwiegend den oberen Schichten und haben verhältnismäßig häufiger Fundvermerke (LAMPRECHT 1931). Sie umfassen ausschließlich Arten, die auch heute bis in die Nähe der Drachenhöhle vorkommen. Auffallend ist das Fehlen von *Lagopus*-Arten, die in den meisten spätpleistozänen Gemeinschaften vertreten sind. Die vorliegenden Reste werden ebenso wie die Kleinsäugerreste als Gewöllanteile der Waldohreule (*Asio otus*) oder des Waldkauzes (*Strix aluco*) interpretiert (S. 794).

Holozäne Vertebratenreste: Subrezente bis subfossile Vogelreste (nach LAMBRECHT 1931): *Aegolius funereus* (Rauhfußkauz), *Dryocopos martius* (Schwarzspecht), *Turdus* sp. (kleine Art), *Pyrrhula pyrrhula* (Dompfaff). Eine rezente Eulentanathozönose auf dem 1. Versturz umfaßte nach WETTSTEIN (1931): *Sorex araneus, S. minutus, Crocidura suaveolens, Crocidura russula, Rhinolophus hipposideros,*

Myotis myotis, Myotis mystacinus, Eptesicus nilssoni, Eptesicus serotinus, Nyctalus noctula, Nyctalus leisleri?, Plecotus auritus?, Dryomys nitetula, Glis glis, Apodemus sylvaticus, Rattus rattus, Mus musculus, Clethrionomys glareolus, Microtus arvalis/agestis, Arvicola terrestris, Lepus europaeus?. Unter den alten Aufsammlungen von Großsäugerresten finden sich *Canis lupus/familiaris, Ursus arctos, Cervus elaphus, Capreolus capreolus, Rupicapra rupicapra, Bos primigenius* f. taurus, *Ovis musimon* f. aries, *Capra aegagrus* f. hircus (nach SICKENBERG 1931; ergänzt durch Bestimmungen des Autors).

Das originale Standwild des höhlennahen Gebietes wird seit der Wiederansiedelung durch den Alpensteinbock ergänzt, der hier auch im Sommer in der submontanen Zone vertreten ist.

Paläobotanik: Holzkohlereste aus der Herdstelle der Hauptkulturschicht wurden als *Pinus nigra* (Schwarzkiefer, dominant), *Picea excelsa* (Fichte) und *Abies alba* (Tanne) bestimmt (HOFMANN 1931). Heute liegen die nächsten Vorkommen von *P. nigra* im pannonisch beeinflußten Teil Niederösterreichs und in Slowenien. Versinterte Blattreste aus der 'Sinterplättchenschichte' wurden als zu *Fagus silvatica* (Rotbuche) gehörig identifiziert.

Archäologie: Aurignacien. Die Fundstelle nahe der Quelle vor dem zweiten Versturz, 325m vom Eingang entfernt, hatte nach KYRLE (1931b:806) eine Ausdehnung von rund 5x4m. Die Hauptkulturschicht beginnt mit einem Pflaster aus bis 0,5m durchmessenden Kalksteinplatten. Sie besteht aus "Branderde, eingesprengten Knochenstücken, einer großen Anzahl von Höhlenbärenknochen,..., einige davon angebrannt, sowie Quarzitartefakten, Abschlägen und Quarzitgeröllen" (S. 808). Während diese 'Hauptkulturschicht' 50cm Dicke erreicht, ist die 'Deckschichte' deutlich geringermächtig, fundärmer und weniger ausgedehnt. Vereinzelt wurden Artefakte außerhalb des Lagerplatzes gefunden. Es liegen insgesamt rund 800 Artefakte vor, von welchen 12 Prozent als Typen interpretiert werden und weitere 12 Prozent als Mikrolithen zu bezeichnen sind. Es dominieren kratzerartige Formen, Spitzen und 'Klopfsteine' aus quarzitischen Flußgeröllen, die generell als atypisch zu bezeichnen sind. Sie veranlaßten wiederholt zu einer mittelpaläolithischen Einstufung (KYRLE 1931b, PITTIONI 1954, u. a.); eine typologische Zuordnung oder Parallelisierung ist nicht möglich. Sechs Typen aus Hornstein und Jaspis, sowie zwei knöcherne Geschoßspitzenfragmente mit flachem, ovalem Querschnitt sind dem älteren Jungpaläolithikum zuzuweisen (HILBER 1922, BAYER 1929, S. BRODAR 1938, MOTTL 1968, JEQUIER 1975:97f). Kleine Abschläge belegen die Herstellung der Geräte in der Höhle. Wiederholt wird auf Gemeinsamkeiten mit den Funden und den Befunden des 'Olschewien' der Potocka-Höhle in Slowenien (BAYER 1929, BRODAR S. & M. 1983, vgl. PACHER, in Vorbereitung) und der Istállóskö-Höhle und der Kiskevély-Höhle in Ungarn (DOBOSI & VÖRÖS 1994) hingewiesen. Als weitere deutliche Höhlenfundplätze des Aurignacien in Österreich sind nur die Große Badlhöhle und das Liegloch in der Steiermark und die Tischoferhöhle in Tirol anerkannt, wo ebenfalls Kulturreste mit zahlreichen Höhlenbärenresten assoziiert sind.

Die Beobachtung von KYRLE (1931b) und EHRENBERG (1931d:864), daß in der Hauptkulturschicht nur 'äußerst spärlich Reste von Steinbock, ?Wildschwein, Wolf, Höhlenlöwe und Murmeltier vertreten gewesen seien' und der Hauptanteil der Knochenreste von erlegten Höhlenbären (ABEL 1931 u. a.) stamme, muß sehr kritisch interpretiert werden. Es liegen abgesehen von einem einzigen Plan mit der Häufigkeitsverteilung der Artefakte und drei schematischen Schichtprofilen (KYRLE 1931b) keine Situation oder Verteilungen der Tierreste vor. Auf Störungen und diskontiniuerliche Erstreckung der Kulturschichten wird hingewiesen (S. 806).

Vom archäozoologischen Standpunkt ist die selektive Aufsammlung aus den Kulturschichten höchst bedauernswert. Obwohl das "lithische Material der Drachenhöhle" als "das bisher reichste Begleitinventar des Olschewien in Österreich" bezeichnet wird (MOTTL 1975b:36), kann mangels Tierresten nichts über die regionale Subsistenz dieser Wildbeutergruppe ausgesagt werden. Verschwindend wenige empirische Daten stehen mehrseitigen romanhaften Erklärungen gegenüber, die ihrerseits zum populären Bild der höhlenbärenjagenden Eiszeitjäger verholfen haben (EHRENBERG 1931d, ABEL 1931c:898-907, 914-920).

Auf frühere Kritiker der Methode und der Schlußfolgerungen wird hier verwiesen (KOBY 1943, SPAHNI 1954, ZAPFE 1954, JEQUIER 1975), auf die Nennung jüngster populärer Literatur mit unkritischer Übernahme der alten Begriffe verzichtet. Widerlegt sind auch alte Ansichten (BACHOFEN-ECHT 1931d) von einer artifiziellen Genese von klingenähnlichen Zahnbruchstücken (vgl. DOBOSI & VÖRÖS 1994).

Folgende Daten sind festzustellen: (1) Es liegen verhältnismäßig zahlreiche Knochenfragmente von Höhlenbären vor; die Funde entstammen einer Aufsammlungsmethode, die gegenüber jener im Phosphatabbau als geändert beschrieben wird (KYRLE 1931b), (2) Es gibt Höhlenbärenknochen, die Brandspuren unbekannter Zeitstellung aufweisen. (3) Mehrere Langknochenfragmente, die dem Höhlenbären oder einem mittelgroßen Huftier zuzuordnen sind, haben Spiralbrüche, die für eine Zerstörung im relativ frischen Zustand sprechen. (4) Objekte mit einen eindeutigen Beleg für die Zerlegung eines Bärenkadavers wurden zur Zeit der Revision 1997 nicht beobachtet. (5) Folgende Tierarten können im unmittelbaren Kontext des Lagers festgestellt werden: Alpendohle, Murmeltier, Wolf, Höhlenbär, Steinbock. (5) Eine Knochenspitze und ein brettchenartiges Fragment (5x7cm, unpubliziert) wurden aus Cervidengeweih (*Rangifer* oder *Megaloceros*) gefertigt.

Ein 102mm langer halbrunder Geweihstab aus unklarer Position im Eingangsbereich zeigt große Ähnlichkeiten mit Magdalénien-Funden der Schweiz (KUSCH 1996).

Die Drachenhöhle gilt auch als Höhlenfundplatz des (?frühen und) späten Neolithikums, aus dem eine Feuerstelle, 50m vom Eingang entfernt, und zwei Bestattungen stammten. Weitere Funde belegen frühe Nutzungsphasen der imposanten Höhle in der Urnenfelder Kultur - deren Bedeutung besonders durch einen Gießereidepotfund hervorgehoben wird -, in der Hallstattzeit, in der Latène- und der Römerzeit (KYRLE 1931a, MODRIJAN 1972, KUSCH 1996).

Chronologie und Klimageschichte: (?Riß bis Frühwürm), Mittel- bis Spätwürm (25.040 ±270 BP / ETH-10404).
Aus den untersten Schichtkomplexen 'Basalschichte' und 'Lehm' sind keine zuverlässigen Daten bekannt. Nur aus ihrer tiefen Position im Profil und von einem Bärenschädel aus der basalen Knochenbrekzie, der zu *Ursus deningeri* gestellt wird (MARINELLI 1931:383f, Taf.57; ZAPFE 1946:100) wird auf ein höheres Alter als Mittelwürm geschlossen.
Die Höhlenbären sind nach MOTTL (1975a) sehr hoch evoluiert. RABEDER (1983; siehe unten) gibt für das Gesamtinventar mittelwürmzeitliches Alter an.
Holzkohlereste von der 'Jägerstation' wurden 1993 mit 25.040 ±270 BP (ETH-10404) datiert (FLADERER 1994).
Sinterbildung wie jene der unteren mittelwürmzeitlichen 'Sinterplättchenlagen' im unteren Phosphaterdekomplex und der oberen 'Sinterplättchenschicht' erfordert humideres Klima. Die Kleinsäugergemeinschaft 'unter dem großen Stein' mit den Fledermausarten, dem Siebenschläfer und der Waldmaus, die - abgesehen von der Nordfledermaus - auch den rezenten Wäldern ab Mittelskandinavien fehlen, repräsentieren möglicherweise die spätglaziale Wärmeschwankung (ein mögliches Äquivalent von Bölling/Alleröd) mit deutlich milderem, feuchteren Klima. In der Vergesellschaftung mit den beiden neubeschriebenen Fledermausarten, die mit *Plecotus auritus* bzw. mit *Barbastella barbastellus* nächst verwandt sind, fehlen weitgehend typische Kaltformen. Die Nordische Fledermaus *E. nilssoni* ist eine 'anspruchslose' Art, deren Verbreitungsschwerpunkt in Nordeuropa liegt, die heute als einzige Fledermaus bis in die arktische Taiga vordringt, aber auch in den Gebirgen Zentralasiens häufig ist. In Österreich, in der Peripherie des Verbreitungsareals der Art, gibt es Nachweise vor allem aus der montanen und subnivalen Stufe (SPITZENBERGER 1986). Sie sucht gelegentlich auch rezent die Drachenhöhle als Winterquartier auf (WETTSTEIN 1931). Ihre relativ hohe Repräsentanz in der Fauna der Drachenhöhle kann als Hinweis auf ein rauheres Klima als das heutige interpretiert werden.
Der 'Waldcharakter' der Vogelfauna (LAMBRECHT 1931) mit den Rabenvögeln, dem Würger und dem Specht, kann stratigraphisch kaum verwertet werden. Die Funde repräsentieren möglicherweise ein spätglaziales Interstadial.
Sehr wahrscheinlich sind die oberen Schichten mit Höhlenbären-, Murmeltier-, Schneemaus- und Vielfraßresten ein Mischprodukt durch die interne Verlagerung älterer Sedimente (vgl. WETTSTEIN 1931:775f). Die für einen industriellen Rohmaterialabbau ohne Zweifel gute Dokumentation durch ABEL & KYRLE (1931) ist aufgrund ihrer schematischen Methode für stratigraphische und paläoklimatische Fragestellungen nur sehr bedingt geeignet. Selbst eine feine Ausgrabungsmethode erfordert aufgrund der komplexen Schichtbildungsfaktoren in Höhlen differenzierte Folgeuntersuchungen, um das Neben- und sogar chronologisch inverse Übereinander von mittelwürmzeitlichen Höhlenbärenresten, spät würmzeitlichen Kleinsäugern und jungpaläolithischen Kulturresten 'aufzulösen' (vgl. KÜHTREIBER & KUNST 1995).

Ursidenchronologie (G. Rabeder): Die Beurteilung des gesamten Höhlenbäreninventars am Institut für Paläontologie zu Beginn der jüngeren Höhlenbärenforschung, für evolutionsstatistische Untersuchungen im Vergleich zu hochalpinen Fundstellen, ergab ein relativ hohes Evolutionsniveau (RABEDER 1983). Die Mittelwerte für je 100 Exemplare aus allen Fundtiefen haben folgende Morphotypen. P^4: 9A, 21B, 1B/D, 2C, 54D, 2D/E, 6E, 1E/F, 3F, 1F/G; daraus ergibt sich nach der neuen Berechnungsmethode (vgl. RABEDER 1995) ein morphodynamischer Index P^4 = 177,5. P_4: 2A, 2B1, 1B/C1, 38C1, 11D, 1D1/2, 1B2, 2B/C2, 20C2, 9D2, 7C2/3, 1C2/D3, 1D2/3, 3C3, 1F2, Index P_4 = 142,0. Im Vergleich mit absolut datierten Faunen sprechen diese Werte für Mittelwürm.
Die Prämolaren der 'Jägerstation' zeigen ein wesentlich höheres Niveau (sie sind z.T. bei EHRENBERG 1931b abgebildet). P^4 (n=14): 1A/D, 2B/D, 3D, 1D/E, 1D/F, 1E, 1E/F, 3F, 1F/G; Index P^4 = 275,0.
P_4 (n=11): 1B/C1, 1C1, 1D1, 1C1/2, 1E1/2, 1B2, 2D2, 2E2, 1F2, Index P_4 = 215,9. Trotz der relativ kleinen Stückzahl geht aus diesen Werten und dem Vorkommen extrem hoch evoluierter Morphotypen (F/G bzw. F2) hervor, daß hier ein sehr hohes Evolutionsniveau vorliegt, das etwa dem Alter der Höhlenbärenfaunen der Gamssulzenhöhle oder des Nixloches entspricht (RABEDER 1995, NAGEL & RABEDER 1992).

Aufbewahrung: Inst. Paläont. Univ. Wien, Landesmuseum Joanneum Graz, Naturhistorisches Museum Wien (Geologisch-paläontologische Abteilung; Holzkohlereste an der Karst- u. Höhlenkundlichen Abteilung).

Literatur:
ABEL, O. 1931a. Geschichte der Drachenhöhle. - In: ABEL & KYRLE 1931:81-97.
ABEL, O. 1931b. Die Degeneration des Höhlenbären von Mixnitz und deren wahrscheinliche Ursachen. - In: ABEL & KYRLE 1931:719-744.
ABEL, O. 1931c. Das Lebensbild der eiszeitlichen Tierwelt der Drachenhöhle von Mixnitz. - In: ABEL & KYRLE 1931:885-920.
ABEL, O. & KYRLE, G. (eds.) 1931. Die Drachenhöhle bei Mixnitz. - Speläol. Monographien, **7/8**, Wien.
ANTONIUS, O. 1931. Bericht über die Untersuchung der Höhlenbärenschädel. - In: ABEL & KYRLE 1931:329-331.
BACHOFEN-ECHT, A. 1931a. Beobachtungen über die Entwicklung und Abnutzung der Eckzähne bei *Ursus spelaeus* und seiner Urform. - In: ABEL & KYRLE 1931:574-580.
BACHOFEN-ECHT, A. 1931b. Fährten und andere Lebensspuren. - In: ABEL & KYRLE 1931:711-718.
BACHOFEN-ECHT, A. 1931c. Die Baue des *Arctomys primigenius*. - In: ABEL & KYRLE 1931:763-768.
BACHOFEN-ECHT, A. 1931d. Verwendung der Höhlenbärenzähne durch den Menschen. - In: ABEL & KYRLE 1931:867-869.
BALLESIO, R. 1980. Le gisement pléistocène supérieur de la

grotte de Jaurens à Nespouls, Corrèze, France: Les carnivores (Mammalia, Carnivora), II. Felidae. - Nouv. Arch. Mus. Hist. nat., **18**: 61-102, Lyon.

BAYER, J. 1929. Die Olschewakultur. - Eiszeit u. Urgeschichte, **6**: 83-100, Leipzig.

BREUER, R. 1931. Pathologisch-anatomische Befunde am Skelette des Höhlenbären. - In: ABEL & KYRLE 1931:611-623.

BRODAR, S. 1938. Das Paläolithikum in Jugoslawien. - Quartär, **1**: 140-172, Berlin.

BRODAR, S. & BRODAR, M. 1983. Potocka zijalka. Visokoalpska postoja aurignacianskih lovcev [Eine hochalpine Jägerstation] - Slovenska Akad. znanosti in umetnosti, Dela **24**, Ljublijana.

DEXLER, H. 1931. Über Hirnschädelausgüsse von Ursus spelaeus. - In: ABEL & KYRLE 1931:498-536.

DOBOSI, V. T. & VÖRÖS, I. 1994. Material and chronological revision of the Kiskevély cave. - Folia archaeol., **43**: 9-47, Budapest.

EBNER, F. 1983. Geologische Karte des mittleren Murtales. - Mitt. Ges . Geol.- Bergbaustudenten Österr., **29**, Beilage, Wien.

EHRENBERG, K. 1931a. Vorkommen, Bergung und Konservierung der Fossilreste. - In: ABEL & KYRLE 1931:295-325.

EHRENBERG, K. 1931b. Die Variabilität der Backenzähne beim Höhlenbären. - In: ABEL & KYRLE 1931:537-573.

EHRENBERG, K. 1931c. Über die ontogenetische Entwicklung des Höhlenbären. - In: ABEL & KYRLE 1931:624-710.

EHRENBERG, K. 1931d. Die Knochenreste der Kulturschichte. - In: ABEL & KYRLE 1931:863-866.

EHRENBERG, K. 1972. Ausgrabungen und Funde. In: EBNER, F. & EHRENBERG, K., Die Drachenhöhle bei Mixnitz. In: FLÜGEL H. W. (ed.), Führer zu den Exkursionen der 42. Jahresversammlung der Paläontologischen Gesellschaft, 233-237, Graz.

FLADERER, F. A. 1994. Aktuelle paläontologische und archäologische Untersuchungen in Höhlen des Mittelsteirischen Karstes, Österreich. - Cesky kras, **20**: 21-32, Beroun.

GÖTZINGER, G. 1931. Das Drachenhöhlenflußsystem und dessen Alter. - In: ABEL & KYRLE 1931:870-882

GROSS, C. 1992. Das Skelett des Höhlenlöwen (*Panthera leo spelaea* Goldfuss, 1910) aus Siegsdorf/Ldkr. Traunstein im Vergleich mit anderen Funden aus Deutschland und den Niederlanden. - Veröffentl. Diss., Tierärztl. Fakult. Univ. München, 128 S., München.

HILBER, V. 1922. Urgeschichte Steiermarks. - Mitt. Naturwiss. Ver. Steiermark, **58**: 3-79, Graz.

HOERNES, R. 1878. Spuren von Dasein des Menschen als Zeitgenossen des Höhlenbären in der Mixnitzer Drachenhöhle. - Verh. kaiserl.königl. geol. Reichsanstalt, **12**: 278-281, Wien.

HOFMANN, E. 1931. Die Pflanzenreste aus der Kultur- und Sinterplättchenschichte. In: ABEL & KYRLE 1931:870-882.

JEQUIER, J.-P. 1975. Le Moustérien Alpin. - Eburodonum II, Cahiers d'arch. Romane, **2**: 1-188, Yverdon.

KOBY, F. E. 1943. Les soi-disant instruments osseux du Paléolithique alpin et le charriage à sec des os d'ours des cavernes. - Verh. Naturforsch. Ges., **54**: 59-93, Basel.

KÜHTREIBER, Th. & KUNST, G. K. 1995. Das Spätglazial in der Gamssulzenhöhle im Toten Gebirge (Oberösterreich) - Artefakte, Tierreste, Fundschichtbildung. - Mitt. Komm. Quartärforsch., **9**: 83-119, Wien.

KURTÉN, B. 1969. Cave bears. - Studies in Speleol., **2** (1):13-24, London.

KURTÉN, B. 1976. The cave bear story. - 163 S., New York.

KUSCH, H. 1996. Zur kulturgeschichtlichen Bedeutung der Höhlenfundplätze entlang des mittleren Murtales (Steiermark). - Grazer Altertumskundliche Studien, **2**: 250-258, Frankfurt/M.

KYRLE, G. 1921. Vorläufiger Bericht über paläolithische Ausgrabungen in der Drachenhöhle bei Mixnitz in Steiermark. - Sitzungsber. Akad. Wiss., math.-naturw. Kl., Akad. Anz. , **18**, Wien.

KYRLE, G. 1931a. Jungsteinzeit- und Metallzeitliche Funde. In: ABEL & KYRLE 1931:797-803.

KYRLE, G. 1931b. Die Höhlenbärenjägerstation. In: ABEL & KYRLE 1931: 804-862.

LAMBRECHT, K. 1931. Die fossile Ornis. - In: ABEL & KYRLE 1931:790-794.

MACHATSCHKI, F. 1931. Beiträge zur Kenntnis der Ablagerungen. - In: ABEL & KYRLE 1931:225-245.

MARINELLI, W. 1931. Der Schädel des Höhlenbären. - In: ABEL & KYRLE 1931:332-497.

MODRIJAN, W. 1972. Die steirischen Höhlen als Wohnstätten des Menschen. - Schild von Steier, Kleine Schriften, **12**: 61-86, Graz.

MOTTL, M. 1964. Bärenphylogenese in Südost-Österreich. - Mitt. Mus. Bergbau, Geol., Technik Landesmus. Joanneum, **26**: 1-55, Graz.

MOTTL, M. 1968. Neuer Beitrag zur näheren Datierung urgeschichtlicher Rastplätze Südost-Österreichs. - Mitt Österr. Arbeitsgem. Urgesch., **19**: 87-112, Wien.

MOTTL, M. 1975a. Die pleistozänen Säugetierfaunen und Kulturen des Grazer Berglandes. - Mitt. Abt. Geol. Paläont. Bergbau - Landesmus. Joanneum, Sonderheft **1** (Die Geologie des Grazer Berglandes): 159-179, Graz.

MOTTL, M. 1975b. Was ist nun eigentlich das „alpine Paläolithikum"? - Quartär, **26**: 33-52, Bonn.

NAGEL, D. & RABEDER, G. (eds.) 1992. Das Nixloch bei Losenstein-Ternberg. - Mitt. Komm. Quartärforsch. Österr. Akad., **8**: 129-131, Wien.

PACHER, M. (in Fertigstellung). Die Höhlenbärenreste der Sammlung Grosz aus der Potocka zijalka (Slowenien). - Carinthia II, **xx**:xx-xx, Klagenfurt.

PFARR, Th. & STUMMER, G. 1988. Die längsten und tiefsten Höhlen Österreichs. - Die Höhle, wiss. Beih. **35**: 1-248, Wien.

PITTIONI, R. 1954. Urgeschichte des österreichischen Raumes. - 854 S., Wien.

RABEDER, G. 1974. *Plecotus* und *Barbastella* (Chiroptera) im Pleistozän von Österreich. - Naturkundl. Jb. Stadt Linz, **Jg. 1973**: 159-184, Linz.

RABEDER, G. 1983. Neues vom Höhlenbären: Zur Morphogenetik der Backenzähne. - Die Höhle, **34**(2): 67-85, Wien.

RABEDER, G. 1995. Evolutionsniveau und Chronologie der Höhlenbären aus der Gamssulzen-Höhle im Toten Gebirge (Oberösterreich). - Mitt. Komm. Quartärforsch. Österr. Akad., **9**: 69-81, Wien.

SAAR, R. 1931. Geschichte und Aufbau der österreichischen Höhlendüngeraktion mit besonderer Berücksichtigung des Werkes Mixnitz. - In: ABEL & KYRLE 1931:3-64.

SCHADLER, J. 1931a. Der Rötelstein und seine Durchhöhlung. - In: ABEL & KYRLE 1931:134-147.

SCHADLER, J. 1931b. Topographie und Morphologie der Höhlenräume. - In: ABEL & KYRLE 1931:148-165.

SCHADLER, J. 1931c. Die Ablagerungen. - In: ABEL & KYRLE 1931:169-224.

SICKENBERG, O. 1931. Die Großsäugetierreste der Begleitfauna. - In: ABEL & KYRLE 1931:747-762.

SPAHNI, J. Ch. 1954. Les gisements à Ursus spelaeus de l'Autriche et leurs problèmes. - Bull. Soc. Préhist. France, **51**(7): 346-367, Le Mans.

SPITZENBERGER, F. 1986. Die Nordfledermaus (*Eptesicus nilssoni* KEYSERLING & BLASIUS, 1839) in Österreich.

Mammalia austriaca 10 (Mammalia, Chiroptera). - Ann. Naturhist. Mus. Wien, **87**(B): 117-130, Wien.

TEPPNER, W. 1914. Beiträge zur fossilen Fauna der steirischen Höhlen. - Mitt. für Höhlenkunde, **7**(1): 1-18, Graz.

UNGER, F. 1838. Geognostische Bemerkungen über die Badelhöhle bei Peggau. - Steyermärkische Z., N. F., **5**(2): 5-16, Grätz.

WALITZI, E. 1966. Die mineralogische Zusammensetzung einiger Phosphatproben aus der Drachenhöhle bei Mixnitz, Steiermark. - Mitt. naturw. Ver. Steierm., **96**: 110-111, Graz.

WETTSTEIN-WESTERSHEIM, O. 1923. Die drei fossilen Fledermäuse und die diluvialen Kleinsäugerreste im Allgemeinen aus der Drachenhöhle bei Mixnitz in der Steiermark. - Sitzungsber. math.-naturw. Kl., Akad. Wiss., **60**(7/8): 39-41, Wien.

WETTSTEIN-WESTERSHEIM, O. 1931. Die diluvialen Kleinsäugerreste. - In: ABEL & KYRLE 1931:768-789.

WURMBRAND, G. 1871: Über die Höhlen und Grotten in dem Kalkgebirge bei Peggau. - Mitt. naturw. Ver. Steierm., **2**(3): 407-427, Graz.

ZAPFE, H. 1946. Die altplistozänen Bären von Hundsheim in Niederösterreich. - Jb. geol. Bundesanstalt, **91**(3/4): 95-163, Wien.

ZAPFE, H. 1954. Beiträge zur Entstehung von Knochenlagerstätten in Karstspalten und Höhlen. - Beihefte zur Z. Geol., **12**: 3-60, Berlin.

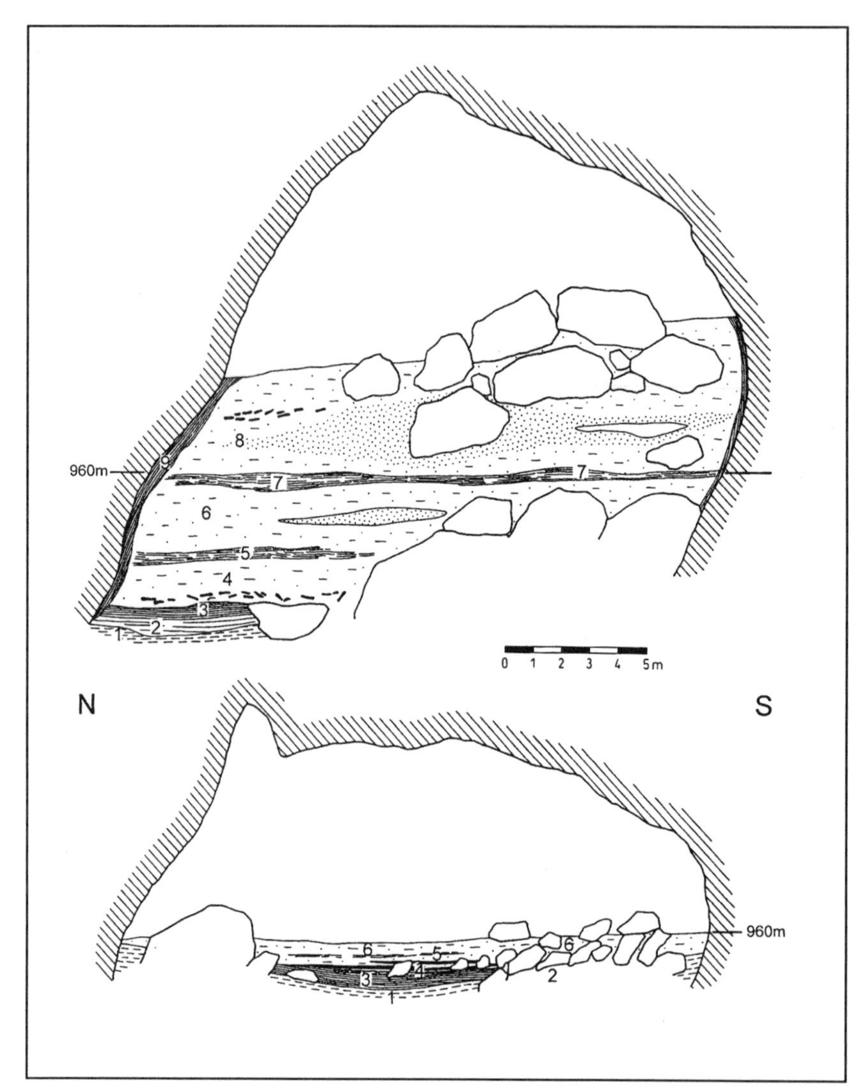

Abb.2: Drachenhöhle. Zwei Sediment- und Raumprofile (Lage siehe Abb. 1), aufgenommen während des Phosphaterdeabbaus. Umgezeichnet nach SCHADLER (1931c).

Querprofil 9 (oben): 1 - gelbbrauner Lehm, 2 - hellgrauer Ton, 3 - graubrauner Ton, 4 - Phosphaterde mit 'unterer Knochenlage', 5 - Sinterplättchenlagen, 6 - Phosphaterde, 7 - Sinterplättchenlagen, 8 - Phosphaterde mit 'oberer Knochenlage', 9 - Randkluft.

Querprofil 18 (unten): 1 - sandiger Lehm, 2 - Blockwerk, 3 - Phosphaterde, 4 - Phospaterde mit Kulturschichten mit Steinpflaster, 5 - obere Sinterplättchenschicht, 6 - Phosphaterde.

Frauenhöhle bei Semriach

Florian A. Fladerer
(mit einem Beitrag von Gernot Rabeder)

Mittelwürmzeitliche Bärenhöhle im Mittelgebirge, Carnivorenlager, Tierfalle/Schachtfauna; jungpaläolithische Station

Synonyme: Frauenloch im Kesselfall, "Frauenloch bei Stübing" (falsche Ortsangabe bei MOTTL 1949), Dreieckshöhle, Schusterhöhle, Fl

Gemeinde: Semriach
Polit. Bezirk: Graz-Umgebung, Steiermark
ÖK 50-Blattnr.: 164, Graz
15°24'15" E (RW: 107mm)
47°12'11" N (HW: 450mm)
Seehöhe: 600m
Österr. Höhlenkatasternr.: 2832/15

Lage: Die Höhle liegt sehr nahe der Kesselfallklamm, rund 4km Luftlinie östlich des Murtals im Grazer Bergland. Hier, im Zwickel von Rötsch(bach)graben und Glettbachgraben, bildet der Karlstein einen steilen Westhang, den sogenannten 'Thesenfelsen' (Abb.1). Die Frauenhöhle mündet, nach Südwest orientiert, im unteren Drittel des Hanges.
Zugang: Vom Gasthaus 'Kesselfall' den Wanderweg ca. 300m entlang nach Osten bis zum Waldrand. Durch den Wald nach Norden schräg aufsteigend bis ca. 60m über das Talniveau.
Geologie: Die Höhle liegt, wie die Mehrzahl der Höhlen des Mittelsteirischen Karstes, im mitteldevonen Schökkelkalk (Grazer Paläozoikum, Oberostalpin, Zentralalpen).

Fundstellenbeschreibung: Der abgerundet dreieckige, nach Westsüdwest gerichtete, 3m breite und über 2m hohe Eingang öffnet in einen etwas ansteigenden, vorerst gleich breit bleibendenden Gang, der sich nach 12 m verengt. Auf eine Felsschwelle folgt ein Strudelloch, hinter dem der Felsboden in einen 11m tiefen Schacht abbricht (Abb. 2). Knapp davor bildet ein schräg nach oben ziehender Kamin den Zusammenhang mit der darüber liegenden Nixengrotte (Hocheggerhöhle, Kat.Nr. 2832/12), die selbst keine Fossilreste beinhaltete, aus welcher aber möglicherweise Sedimente in den Schacht der Frauenhöhle verlagert wurden (MOTTL 1975:176).

Die Nixengrotte ist ein größeres Höhlensystem mit steil ansteigendem vorderen Abschnitt und zahlreichen Kammern. Der Eingang liegt schwer zugänglich in 605m Höhe in der Südostwand des Thesenfelsens. In der an Tropfstein- und Sinterbildungen sehr reichen Höhle verhinderten nach MOTTL (1950:22; 1975:176) Sinterdecken aufschlußgebende Grabungen.

Forschungsgeschichte: 1899 wurden erste Grabungen im Auftrag von V. Hilber (Steiermärkisches Landesmuseum Joanneum, Geologische Abteilung - LMJG) im hinteren Bereich durchgeführt. 1911 und 1913 F. Drugcevic und H. Mayer im Auftrag des Joanneums: Grabungen und selektive Aufsammlung im Schacht. 1947 M. Mottl (Bundesministerium für Land- und Forstwirtschaft; Bundesdenkmalamt) und V. Maurin (Höhlenverein): Grabung im Eingangsabschnitt, im hinteren Gangteil und im Schacht; 1948/49 M. Mottl (LMJG): Fortsetzung der Grabung im Eingangsabschnitt. Von keiner der Grabungskampagnen liegen Protokolle oder bildliche Dokumente vor!

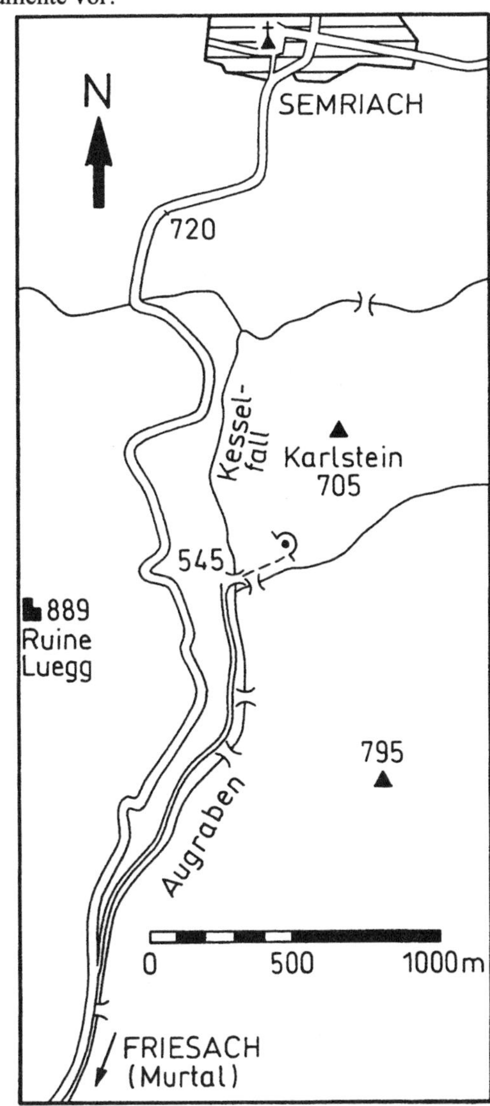

Abb.1: Lageskizze der Frauenhöhle im Mittelsteirischen Karst.

Sedimente und Fundsituation: MOTTL (1949, 1975) sind folgende Profilangaben zu entnehmen. Im Eingangsabschnitt: (1) dünner Humus. (2) gelbbrauner Lehm mit hohem Anteil an kantigem Bruchschutt und einigen fossilen Resten (die Höhlensohle wurde hier bei -0,6m erreicht).
In den beiden Strudellöchern im hinteren Abschnitt besteht die Ausfüllung aus graubraunem Lehm mit Geröllen, wenig feinem Bruchschutt und wenigen Tierresten.
Die Schachtausfüllung bestand aus gelbbraunem, geröll- und knochenreichem, teilweise versintertem Lehm.

Fauna:

Tabelle 1. Frauenhöhle bei Semriach. Revidierte und ergänzte Artenliste. Knochenzahlen (KNZ), in Klammer die Mindestindividuenzahl (MNI). + - nachgewiesen nach MOTTL (1949, 1975).

	Eingang und Strudellöcher	Schacht
Marmota marmota	1	1
Canis lupus	3 (1)	217 (7)
Vulpes vulpes	3 (2)	1
Ursus arctos priscus	-	14 (3)
Ursus spelaeus	+*	>1300 (50)*
Panthera spelaea	-	61 (4)
Rupicapra rupicapra	-	11 (3)
Capra ibex	-	79 (6)

* Das Höhlenbärenmaterial liegt nicht nach Grabungsstellen getrennt vor.
Die MNI wurde aus jeweils rund 100 einzelne M^1 und M^2 ermittelt.

Aus dem vorderen und mittleren Höhlenbereich sind nur wenige Tierreste bekannt. Abgesehen vom Murmeltier, einem Bewohner offener Landschaften, erlauben sie keinerlei ökologische und chronologische Rückschlüsse. Häufiger als im Schacht sind hier Füchse vertreten, die die Höhle vermutlich als Wohnbereich nutzten. Sie repräsentieren eine große Form im oberen Variationsbereich, wie sie aus dem späten Würm Mittel- und Westeuropas bekannt ist (z. B. MOTTL 1949, BENES 1975, CLOT 1980; Tab. 2).

Tabelle 2. *Vulpes vulpes*. Jungpleistozän von Mittel- und Westeuropa. Größte Länge des Metacarpale II in mm.

	Anzahl n	MC II GL
Frauenloch	1	46
S-Frankreich/N-Spanien (CLOT 1980)	34	38,2-48,1
Jaurens/Frankreich (BALLESIO 1979)	10	39,6-45,9
rezent (POPLIN 1976)	14	35,0-49,0

Die Knochen aus dem Schacht sind häufig stark zerbrochen und teilweise zusammengesintert. Einige sind stark korrodiert. Dennoch können auch vollständige und zusammengehörige Langknochen beobachtet werden, von Steinböcken ebenso wie von Raubtieren.

Die Wölfe sind durch mindestens sieben adulte Individuen repräsentiert. Ein Schädelfragment, 7 Ober- und 16 Unterkiefer bzw. -fragmente zeigen in der Morphologie und in den Abmessungen der Einzelzähne eine große Variationsbreite (MOTTL 1949, TEPPNER 1914), die auch im postcranialen Skelett beobachtet werden kann. Acht Calcanei zeigen eine Streuung in der größten Länge (GL) von 55,9 - 65,3mm . Das entspricht einer Größendifferenz von über 14 Prozent. Dieser Unterschied ist nach PETERS (1993) durchaus im Bereich des Geschlechtsdimorphismus zu erwarten. Die größten Maße entsprechen den rezenten männlichen Tieren im nördlichen Verbreitungsareal. In der Altersverteilung der Wölfe der Frauenhöhle fällt auf, daß juvenile Individuen vollkommen fehlen. Ein einziges seniles Tier ist durch einen Unterkiefer mit stark usierten Zähnen repräsentiert. Auch an den Wolfsknochen ist Raubtierverbiß mehrmals zu beobachten. In taphonomischer Hinsicht bemerkenswert ist eine fast vollständige, allerdings verbissene Elle, die im Verlauf der sedimentären Prozesse in ein an beiden Enden bereits vorher verbissenes Steinbockfemur eingedrungen ist. Der zusammengesinterte Fund zeugt von Umlagerungen im Schacht.

Unter den Höhlenbärenresten ist eine große Häufigkeit von adulten und senilen Individuen zu erkennen. Mandibeln im Zahnwechsel und juvenile Langknochen ohne Epiphysen zeigen einen relativ hohen Anteil etwa einbis eineinhalbjähriger Individuen. Non/Neonaten fehlen im Inventar weitestgehend; Frachtsonderung, Fossilisationsbedingungen und eine selektive Aufsammlungsmethode können dafür verantwortlich sein. Pathologien sind einige wenige Male zu beobachten (MOTTL 1949). Auch die Höhlenbärenknochen zeigen Raubtierverbiß. Das Geschlechterverhältnis wird mit 3:2 von weiblichen zu männlichen Tieren angegeben (MOTTL 1949:21). Der hohe Anteil gut erhaltener Langknochen und Kieferfragmente bei sehr geringer Repräsentanz von Wirbeln, Rippen und Knochenfragmenten charakterisiert die Schönstückaufsammlungen aus 'klassischen' würmzeitlichen Bärenhöhlen (z. B. KURTÉN 1976).

Die Braunbärenreste der Grabung von 1899, ein vollständiges Mandibelpaar mit den Zahnreihenlängen (uZr) 91,2 und 92,1mm, ein linker Unterkieferast mit einer Zahnreihenlänge von 85,3mm, eine vollständige Ulna, zwei Radiusfragmente, ein Femur, ein Astragalus und vier Metapodien, repräsentieren eine große Form mit schlankeren Extremitätenknochen (MOTTL 1964: "*Ursus priscus*").

Die Löwen bilden nach den Höhlenbären und Wölfen die dritthäufigste Tierart am Fundplatz. Im Inventar befinden sich neben Kieferknochen unbeschädigte und zusammengehörige Teile der Wirbelsäule und des Extremitätenskeletts: Sie gehören nach MOTTL (1949:15) zu einem großen, als 'leonin' bezeichneten Typ.

In der Skeletteilrepräsentanz der Steinböcke fällt das Fehlen von Schädelelementen und Wirbeln einerseits, von distalen Phalangen andererseits, auf. Es liegen doch einige vollständige Langknochen und 11 (!) Sprungbeine - bei 0 (!) Fersenbeinen - vor. Die Aufsammlungen im Schacht waren möglicherweise doch sehr selektiv. In der Größe der Steinwildindividuen ist eine beachtliche Variabilität festzustellen (Tab. 3). Sexualdimorphe Längenunterschiede können bei den rezenten Alpensteinböcken durchaus unter 80 Prozent vom Größeren aus gerechnet liegen: Beispielsweise wird die durchschnittliche Länge des Calcaneus weiblicher Tiere in einer Population von 67mm zu 80mm bei männlichen angegeben (COUTURIER 1962). Die großen Tiere übertreffen deutlich die männlichen Tiere des rezenten Steinwildes (Tab. 3). Ein deutlich größerer Anteil der Huftierknochen als jener der Raubtiere aus dem Schacht

der Frauenhöhle ist verbissen. Intensive Benagung durch ein kleines Nagetier von *Microtus*-Größe ist an einem Steinbockmetacarpale zu beobachten.
Die Fragmentierung der Knochen, deren Kantenverrundung und der Geröllgehalt des Sediments deuten auf einen bestimmten Anteil von Umlagerung unter Frachtsortierung bzw. Anreicherung aus anderen Höhlenbereichen. Allerdings ist diese sekundäre Skeletteilrepräsentanz eindeutig auch von der Aufsammlungsmethode überprägt. Bemerkenswert sind dennoch der relativ hohe Anteil an vollständigen Langknochen von Steinwild und Wölfen, sowie unbeschädigte und zusammengehörige Teile der Wirbelsäule und des Extremitätenskelettes der Löwen. Sehr wahrscheinlich bilden einen zweiten großen Anteil des Inventars aus dem Schacht abgestürzte Tiere: Steinböcke bzw. Löwen und Wölfe - jeweils nur adulte jagdfähige Individuen - , die vom Geruch verwesender Tiere angelockt werden und ebenfalls zu Tode stürzen oder vorerst überlebend andere Kadaverteile verbeißen. Der Knochenschacht der Frauenhöhle mit seiner 'Schachtfauna' sensu M. Kretzoi (ZAPFE 1954) repräsentiert nach der Repolusthöhle (siehe RABEDER & TEMMEL, dieser Band) die deutlichste eiszeitliche Großtierfalle im Mittelsteirischen Karst. Für den zerklüfteten Westabfall des Thesenfelsens ist ein Abtrag im späten Jungpleistozän durchaus wahrscheinlich: In Zeiten großer täglicher und saisonaler Temperaturgegensätze wie im Hochglazial wird die erosive Wirkung durch die verstärkte Spaltenfrostbildung immens verstärkt. Dadurch kommt es zu einer entsprechenden Rückverlagerung des Einganges und dadurch zum Verlust noch im Mittelwürm vorhandener Höhlenräume.

Tabelle 3. *Capra ibex*. Maße der distalen Breite (Bd) der Metapodien in mm.

	Anzahl n	MC III/IV Bd	Anzahl n	MT III/IV Bd
Frauenhöhle	3	36,6 - 43,6 - 43,8	3	33,3 - 38,4 - 42,0
Steinbockhöhle	2	38,0 - 38,5	-	-
Holzingerhöhle	-	-	1	40,8
Knochenhöhle b. Kapellen	1	36,0	-	-
Monaco, jungpleistozän *	185	25,4 - 52,0	179	28,0 - 41,5
rezente Böcke *	26	33,7 - 39,2	31	30,2 - 35,5
rezente Geißen*	6	28,7 - 33,0	15	26,2 - 29,6

*DESSE & CHAIX (1983)

Paläobotanik: Kein Befund.

Archäologie: Jungpaläolithikum. Eine schmale Silexklinge aus dem gelbgrauen Lehm im Eingangsbereich, die von MOTTL (1950:23) dem 'Magdalénien' zugeordnet wurde (auch zitiert bei SPAHNI 1954:353) gilt als verschollen.
Im Humus wurde prähistorische dickwandige, unverzierte Keramik gefunden (MOTTL 1950).

Chronologie und Klimageschichte: Mittelwürm bis ?Spätglazial.
Einige wenige Messungen an gut erhaltenen Höhlenbärentibien erlauben die Feststellung einer nur geringen Tibiatorsion von 44° bis 49° (MOTTL 1964:9). Aufgrund der Gebißreste wird ein mittelwürmzeitliches Alter angenommen (siehe Ursidenchronologie). Nach RABEDER (1989; 1991:11) entsprechen die Formen mittelwürmzeitlichen Assoziationen wie z.B. der Weinberghöhlen bei Mauern und von Vindija G in Nordkroatien, die nach radiometrischen Daten um 30.000 Jahren liegen. Die Auffüllung des Schachtes war vermutlich mit dem Ende des Mittelwürms abgeschlossen. Die Steinbockreste geben eine deutliche Aussage zum kontinentalen Klima während ihres Eintrags. Chronologisch kommen dafür stadiale Phasen zwischen Frühwürm und Mittelwürm in Frage. Später wurden die Schichten im Eingangsbereich abgelagert. *Marmota* und *Capra* gelten an einem Fundplatz in der heutigen Mischwaldstufe als Anzeiger eines trocken-kalten Klimas und somit einer stadialen Phase. Die Datierung in das jüngere Hochglazial bis Spätglazial wird vor allem durch die Gleichsetzung mit datierten Funden aus den Höhlen bei Peggau-Deutschfeistritz und den Artefaktfund unterstützt.

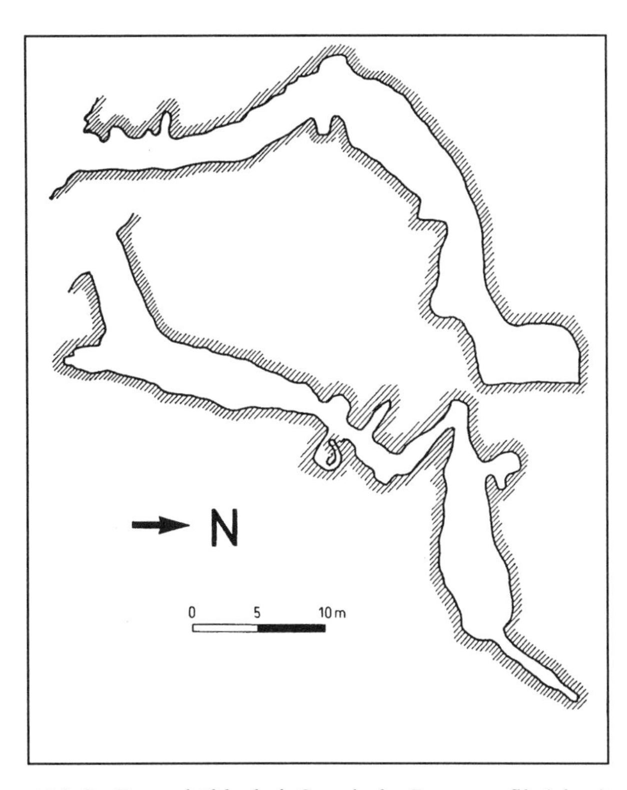

Abb.2: Frauenhöhle bei Semriach. Raumprofil (oben) und Grundriß (unten) nach einer Aufnahme von J. Gangl 1930 (Original im Landesverein für Höhlenkunde in der Steiermark, Graz).

Ursidenchronologie (Gernot Rabeder): Die Morphotypenzahlen der Prämolaren von *Ursus spelaeus* lauten für den P^4: 1A, 8 A/B, 11B, 4 B/D, 3C16D, 1D/E, 6E, Index P^4 = 159,0 (n= 50).
für den P_4: 2B1, 1 B/C1, 11C1, 3D1, 1C1/2, 1D1/2, 3C2, 1D2, 1D3, Index P_4 = 134,4 (n= 24).
Sowohl nach dem Auftreten von hochevoluierten Morphotypen wie E bzw.D3, als auch nach den hohen Indexwerten repräsentieren die Höhlenbärenreste aus dem Frauenloch ein mittleres Evolutionsniveau, das etwa dem Mittelwürm entspricht. Da die Höhlenbärenreste nicht stratifiziert entnommen wurden, ist auch die Möglichkeit zu diskutieren, ob die Zähne nicht aus zeitlich verschiedenen Niveaus stammen.

Aufbewahrung: Landesmuseum Joanneum Graz, Sammlung Geologie und Paläontologie.

Literatur:

BALLESIO, R. 1979. Le gisement Pléistocène supérieur de Jaurens à Nespouls, Corrèze, France: Les carnivores (Mammalia, Carnivora). I: Canidae et Hyaenidae. - Nouv. Arch. Mus. Hist. nat. Lyon, **17**: 22-55, Lyon.
BENES, J. 1975. The Würmian foxes of Bohemia and Moravian karst. - Acta musei nation. Pragae, rada B, **31**: 149-209, Praha.
CLOT, A. 1980. La grotte de la Carrière (Gerde, Hautes-Pyrénées). Stratigraphie et paléontologie des carnivores. - Thèse 3e cycle. - Trav. Lab. géol. Univ. Paul Sabatier, 2 Bde., 1-239, Toulouse.
COUTURIER, M. 1962. Le bouquetin des Alpes. - 1567 S., Grenoble (Coutourier, Impr. Allier).
DESSE, J. & CHAIX, L. 1983. Les bouquetins de l'Observatoire (Monaco) et des Baoussé Roussé (Grimaldi, Italie) - Seconde partie: métapodes et phalanges. - Bull. Mus. Anthrop. préhist. Monaco, **27**: 21-49, Monaco.
KURTÉN, B. 1976. The Cave Bear Story. - 163 S., New York (Univ. Press).
MOTTL, M. 1949. Die pleistozäne Säugetierfauna des Frauenlochs im Rötschgraben bei Stübing. - Verh. geol. Bundesanst., Jg. **1947**: 94-120, Wien.
MOTTL, M. 1950. Forschungen in den Kesselfallhöhlen bei Stübing (Steiermark). - Die Höhle, **1**: 22-24, Wien.
MOTTL, M. 1964. Bärenphylogenese in Südost-Österreich. - Mitt. Mus. Bergbau, Geol., Technik Landesmus. Joanneum, **26**: 1-55, Graz.
MOTTL, M. 1975. Die pleistozänen Säugetierfaunen und Kulturen des Grazer Berglandes. - Mitt. Abt. Geol. Paläont. Bergbau Landesmus. Joanneum, Sonderheft, **1** (Die Geologie des Grazer Berglandes): 159-179, Graz.
PETERS, G. 1993. *Canis lupus* Linnaeus, 1758 - Wolf. - In: J. NIETHAMMER & F. KRAPP (eds.), Handbuch der Säugetiere Europas, **5**(1): 47-106, Wiesbaden.
POPLIN, F. 1976. Les grandes vertébrés de Gönnersdorf. Fouilles 1968. - 227 S., Wiesbaden (Franz Steiner).
RABEDER, G. 1989. Modus und Geschwindigkeit der Höhlenbären-Evolution. - Schriften zur Verbreitung naturw. Kenntnisse in Wien, **127**: 105-126, Wien.
RABEDER, G. 1991. Die Höhlenbären der Conturines. - 124 S., Bozen (Athesia).
SPAHNI, J.-Ch. 1954. Les gisements à *Ursus spelaeus* de l'Autriche et leurs problèmes. - Bull. Soc. Préhist. Francaise, **60**(7): 346-367, Le Mans.
TEPPNER, W. 1914. Beiträge zur fossilen Fauna der steirischen Höhlen. - Mitt. für Höhlenkunde, **7**(1): 1-18, Graz.
ZAPFE, H. 1954. Beiträge zur Erklärung der Entstehung von Knochenlagerstätten in Karstspalten und Höhlen. - Z. Geologie, Beitr., **12**: 1-60, Berlin.

Fünffenstergrotte

Florian A. Fladerer

Mittel- bis jungwürmzeitliche Bärenhöhle, Carnivorenlager, paläolithische Höhlenstation
Kürzel: Ff

Gemeinde: Deutschfeistritz
Polit. Bezirk: Graz-Umgebung, Steiermark
ÖK 50-Blattnr.: 164, Graz
15°20'14" E (RW: 6,5mm)
47°13'25" N (HW: 496,5mm)
Seehöhe: 441m (Haupteingang)
Österr. Höhlenkatasternr.: 2784/18
Die Höhle steht unter Schutz nach dem Steirischen Höhlenschutzgesetz.

Lage: Im mittleren Murtal (Mittelsteirischer Karst, Grazer Bergland) orographisch rechts unmittelbar nach der Talenge von Badl an der Südseite des Kugelsteins (536m) (Abb.1; siehe auch Tunnelhöhle und Tropfsteinhöhle am Kugelstein, FLADERER & FRANK, dieser Band).
Zugang: Vom Fahrweg unmittelbar westlich der Autobahn nördlich des Bahntunnels den steilen Hang in der Fallinie nach oben zum Haupteingang. Die Höhle befindet sich im Südosthang des Kugelsteins wenige Meter westlich oberhalb des Südportals des Eisenbahntunnels.
Geologie: Grazer Paläozoikum (Oberostalpin, Zentralalpen), Schöckelkalk (Mitteldevon) (MAURIN 1994).
Fundstellenbeschreibung: Die Fünfenstergrotte (Abb. 2) ist ein kleinräumiges, aber verzweigtes Gangsystem (Auftriebslabyrinth) mit einem hochovalen, 1,2m breiten und 3m hohen Haupteingang - der südlichste -, einem zentralen, 4m breiten und 6m hohen Raum und 6 weiteren Tagöffnungen. Die gemessene maximale Horizontaldifferenz beträgt 24m, die Niveaudifferenz +8m (MOTTL 1953:31, KUSCH in FUCHS 1989:38).

Forschungsgeschichte: 1949 und 1952 sondierte M. Mottl, Steiermärkisches Landesmuseum Joanneum, im Eingangsabschnitt und im distalen Teil des Hauptganges (Abb.2).

Sedimente und Fundsituation: Eine Ansprache der Schichtfolge - ohne Mächtigkeiten - ist MOTTL (1953:31) zu entnehmen:
(1) dünner Humus
(2) gelbbrauner Sand mit Tierresten
(3) feingeschichteter Lehm ohne Funde

Fauna:

Tabelle.1. Fünffenstergrotte am Kugelstein, Deutschfeistritz. Artenliste nach MOTTL (1953, 1975), revidiert.

	KNZ
Cricetus cricetus major	2
Canis lupus	5
Vulpes vulpes	2
Ursus spelaeus	18
Panthera spelaea	1
Panthera pardus	1
Cervus elaphus	2
Bos primigenius/Bison priscus	2
Rupicapra rupicapra	2
Capra ibex	7

Die Zusammenschau des vorliegenden Knocheninventars läßt keinen Zweifel an ihrem Schönstückcharakter zu. Die Färbung der Knochen, der Verrundungsgrad und verschiedenartige anhaftende Sedimentreste lassen Verlagerungen und eine heterochrone Vergesellschaftung annehmen. Der Hamster ist aufgrund der Länge der unteren Zahnreihe von 9,05mm der f. *major* zuzuordnen. Ein distales Humerusfragment ist 12,7mm breit (Bd). Die Zuordnung zu einer eigenen Art, *C. major,* wird diskutiert (NIETHAMMER 1982:17). Der Großhamster überlebte in Mitteleuropa bis ins Spätglazial, wie Funde aus Süddeutschland (STORCH 1987) belegen. Unstratifizierte Belege im spätglazialen Kontext sind auch aus Nordösterreich (Teufelsrast-Knochenfuge, Teufelslucke) und Salzburg (Schlenkendurchgangshöhle) bekannt.
Auch die Rotfuchsreste repräsentieren eine Form im oberen Größenvariationsbereich der jungpleistozänen Populationen (z.B. BENES 1975). Die Länge eines Metacarpale V (GL) beträgt 45,7mm und liegt damit im oberen Bereich spätpleistozäner Formen. Das distale Fragment eines Metapodiums, ein Metacarpale II oder Metatarsale II mit der distalen Breite (Bd) von 11,4mm, wurde in der älteren Literatur dem Luchs zugeschrieben. Es ist aufgrund der Größe eher zum Leoparden zu stellen. Die wenigen Höhlenbärenreste lassen eine fortschrittliche Form annehmen. Das Inventar ist zu gering für eine fundierte Interpretation der Evolutionshöhe (vgl. MOTTL 1964:7, 1975:172).
An den meisten Huftierresten ist Carnivorenverbiß festzustellen. Vom großen Wildrind liegen ein Molarenfragment und eine distale Humerusrolle mit einem minimalen Durchmesser von 47,5mm vor. Die Gemse ist durch ein Hornzapfenfragment und eine mittlere Phalange nachgewiesen. Die Steinbockreste mit grauen sandigen Sedimentresten können durchaus zu einem juvenilen Individuum gehören. Die Fragmente von einem Oberschenkelknochen, dem Becken, dem Kreuzbein mit dem letzten Lendenwirbel und zwei weitere Lendenwirbel tragen Verbißmarken. Rotbraune Sedimentreste an einem weiteren distalen Metacarpalefragment von *Capra ibex* deuten auf Umlagerungen hin. Dem Boviden gehört auch die in älterer Literatur dem Wildschwein zugeordnete erste Phalange, sodaß dieses aus der Artenliste nicht mehr verzeichnet ist.

Paläobotanik: Kein Befund.

Archäologie: Atypische Silexabschläge weisen auf paläolithische Begehungen unbekannter Zeitstellung.
Aus dem Humus sind mittelalterliche und zahlreiche römerzeitliche Funde bekannt. Gemeißelte Stufen und Balkenlöcher zeugen von römerzeitlichen Einbauten, die für eine Nutzung der Höhle im engsten Zusammenhang mit der befestigten Siedlung am Kugelsteinplateau sprechen (MODRIJAN 1972).

Chronologie und Klimageschichte: ? Mittelwürm bis Spätglazial. Die Fortschrittlichkeit der Höhlenbären, die große Fuchsform und die oberflächennahe stratigraphische Lage lassen eine analoge Einstufung in das späte Jungpleistozän als sehr wahrscheinlich annehmen (vgl. Tunnelhöhle, FLADERER & FRANK, dieser Band). Im Hoch- bis Spätglazial treten der Bergmann'schen Regel entsprechend größere Füchse auf als im Früh- und Mittelwürm (BENES 1975). Die Taphozönose beinhaltet neben Arten des Gebirges (Gemse, Steinwild) und der Steppe (Großhamster) auch den Rothirsch, der auf lokale Bewaldung verweist. Die vorkommenden Carnivorenarten gelten als Ubiquisten im weiteren Sinn. Da es sich um eine teilfluviatile Ablagerung handelt - es sind graue und rötlichbraune sandige Sedimentreste an den Knochen festzustellen -, ist eine Durchmischung heterochroner Anteile sehr wahrscheinlich.

Aufbewahrung: Landesmuseum Joanneum in Graz, Sammlung Geologie und Paläontologie.

Literatur:

BENES, J. 1975. The Würmian foxes of Bohemian and Moravian Karst. - Acta musei nat. Pragae, B, **31**(3-5): 149-209, Praha.

KUSCH, H. 1989. Die Kugelsteinhöhlen im Murtal bei Peggau. - In: FUCHS, G. (ed.). Höhlenfundplätze im Raum Peggau-Deutschfeistritz, Steiermark, Österreich. BAR, Int. Ser. **510**: 33-57, Oxford.

MAURIN V. 1994. Geologie und Karstentwicklung des Raumes Deutschfeistritz-Peggau-Semriach.- In: BENISCHKE R., SCHAFFLER H. & WEISSENSTEINER V. (eds.) Festschrift Lurgrotte 1894-1994: 103-137, Graz (Landesver. Höhlenkunde Steiermark).

MODRIJAN, W. 1972. Die steirischen Höhlen als Wohnstätten des Menschen.- Schild v. Steier, Kl. Sch., **12**: 61-86, Graz.

MOTTL, M. 1953. Die Erforschung der Höhlen. - In: MOTTL, M. & MURBAN, K. Eiszeitforschungen des Joanneums in Höhlen der Steiermark. - Mitt. Mus. Bergbau, Geol., Technik Landesmus. Joanneum, **11**: 14-58,Graz.

MOTTL, M. 1964. Bärenphylogenese in Südost-Österreich. - Mitt. Mus. Bergbau, Geol., Technik Landesmus. Joanneum, **26**: 1-55, Graz.

MOTTL, M. 1975. Die pleistozänen Säugetierfaunen und Kulturen des Grazer Berglandes. - Mitt. Abt. Geol. Paläont. Bergbau Landesmus. Joanneum, Sonderheft **1**: 159-179, Graz.

NIETHAMMER, J. 1982. *Cricetus cricetus* (Linnaeus, 1758) - Hamster (Feldhamster). In: NIETHAMMER, J. & KRAPP, F. (eds.), Handbuch der Säugetiere Europas, **2/I** (Rodentia II): 7-28, Wiesbaden.

STORCH, G. 1987. Das spätglaziale und frühholozäne Kleinsäuger-Profil vom Felsdach Felsställe in Mühlen bei Ehringen, Alb-Donau-Kreis. - In: KIND, C.-J. Das Felsställe.- Forsch. Ber. Vor- u. Frühg. Baden-Württemberg, **23**:275-285, Tübingen.

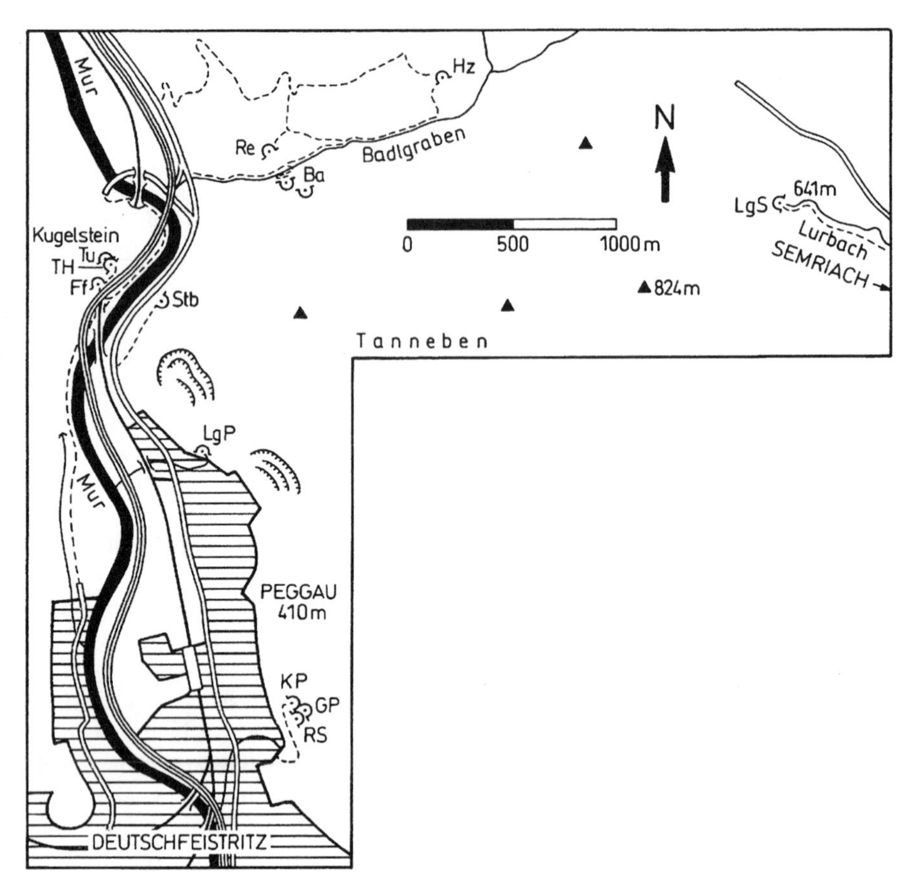

Abb.1: Paläontologische Höhlenfundstellen im Raum Peggau-Deutschfeistritz. Ba - Große Badlhöhle, Ff - Fünffenstergrotte, GP - Große Peggauerwandhöhle, Hz - Holzingerhöhle, KP - Kleine Peggauerwandhöhle, LgS - Lurgrotte-Semriach, LgP - Lurgrotte-Peggau, Re - Repolusthöhle, RS - Rittersaal, Stb - Steinbockhöhle, TH - Tropfsteinhöhle am Kugelstein, Tu - Tunnelhöhle.

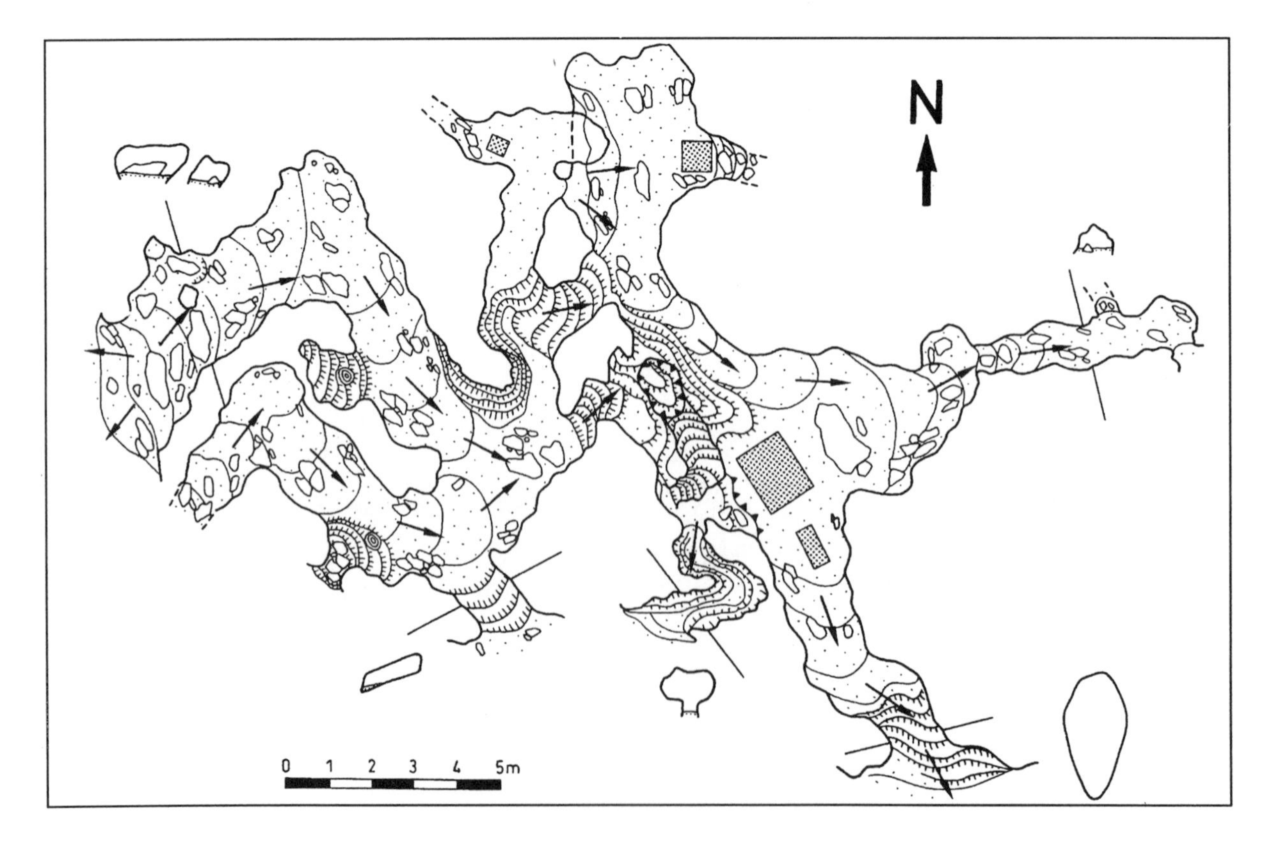

Abb.2: Fünffenstergrotte am Kugelstein, Deutschfeistritz. Grundriß mit Positionen der Sondagen von M. Mottl nach einer Aufnahme von H. Kusch 1967 (Original im Landesverein für Höhlenkunde in der Steiermark, Graz).

Holzingerhöhle

Florian A. Fladerer

Jungpleistozäne (?mittelwürmzeitliche) Bärenhöhle im Mittelgebirge
Synonyme: Gemsenhöhle; Hz

Gemeinde: Frohnleiten
Polit. Bezirk: Graz-Umgebung, Steiermark
ÖK 50-Blattnr.: 164, Graz
15°21'30" E (RW: 37mm)
47°13'54" N (HW: 514mm)
Seehöhe: 650m
Österr. Höhlenkatasternr.: 2837/5

Lage: Die Höhle liegt im bewaldeten felsigen Südhang der als Himmelreich bezeichneten Hochfläche (740-770m) orographisch rechts im Badlgraben, Mittelsteirischer Karst, Grazer Bergland (siehe Fünffenstergrotte, FLADERER, dieser Band: Abb. 1).
Zugang: Vom Fußweg, der ehemaligen Straße im Badlgraben ca. 1,3km vom Murtal nach Osten. In der Falllinie durch den Wald an der Nordseite nach oben, bis Felsschrofen das Ansteigen erschweren. Als Orientierungshilfe dient eine Felsrippe, die östlich des Anstiegs nach unten zieht. Die Höhle befindet sich ca. 130 Höhenmeter, zwei Drittel der Hanghöhe über dem Badlbach. Ebenso schwer auffindbar ist die Höhle, wenn man von der Hochfläche in der Fallinie absteigt. Der unmittelbare Einstieg ist unbeschwerlich.
Geologie: Die Karsthochfläche des Himmelreichs gehört so wie die Tanneben südlich des Badlgrabens zum zentralen Bereich des Mittelsteirischen Karstes im Grazer Paläozoikum (Oberostalpin, Zentralalpen), der vom mitteldevonen Schöckelkalk gebildet wird.

Fundstellenbeschreibung: Die Holzingerhöhle ist eine kleine Horizontalhöhle mit einem 2,5m breiten und 3m hohen, nach Südwest gerichteten Portal. Die anschließende ca. 15m lange Strecke wird nach distal niedriger, wo das höhlenbildende Gestein den Boden bildet (Abb.1).

Forschungsgeschichte: 1951 wurde von K. Murban & M. Mottl (Landesmuseum Joanneum) "ein guter Teil der Ausfüllungen [...] abgetragen, um vom Fossilinhalt der Schichten ein genaues Bild zu bekommen" (MOTTL 1953: 20). Der 6m lange und bis 2,5m breite Schnitt im Eingangsbereich wurde bei einer Tiefe von 2m beendet, ohne den anstehenden Felsen zu erreichen.

Sedimente und Fundsituation: Ein einfaches Profil zeigt nach MOTTL (1953:20f) einen dreiteiligen Aufbau (Abb. 1): (1) Humus, mit viel Bruchschutt (ca.0,2m), (2) rostbraune lehmige Ausfüllung mit gelblichen und rötlichen Lagen mit stark zersetztem Kalkschutt und Tierresten. In etwa 1m Tiefe wurde eine Anhäufung von feinem Quarzschotter angetroffen, auf den eine konkretionäre Schicht, vermutlich aus Manganoxiden, folgt.

Fauna:

Tabelle 1. Holzingerhöhle bei Frohnleiten. Artenliste nach MOTTL (1953, 1975) revidiert und ergänzt.

	KNZ (MNI)
Marmota marmota	1
Cricetus cricetus	+*
Ursus spelaeus	5 (2)
cf. *Panthera pardus*	1
cf. *Lynx lynx*	1
Cervus elaphus	1*
Capra ibex	6 (2)

* Die von MOTTL (1953:21) angeführten Reste standen der Revision nicht zur Verfügung.

Die kleine Vergesellschaftung, die aus der Grabung 1951 von der Holzingerhöhle vorliegt, ist abgesehen von Höhlenbär und Steinbock nur durch Einzelfunde belegt (Tab. 1). Unter den wenigen Höhlenbärenknochen gibt es auch einen juvenilen Radius und Einzelzähne. Sie geben einen Hinweis auf die Funktion als Bärenlager. Die Steinböcke entsprechen der großen jungpleistozänen Form der Mittelsteiermark, wie sie auch in der Gemeinschaft der Steinbockhöhle oder der Frauenhöhle (FLADERER, dieser Band) vertreten ist: Ein vollständiger Metatarsus III/IV (GL 162; Bp 34,5; Bd 40,8mm) und ein Calcaneus (GL 86,3) belegen Individuen, die im oberen Variationsbereich rezenter Böcke und sogar darüber liegen (siehe Große Ofenbergerhöhle und Frauenhöhle bei Semriach, FLADERER, dieser Band). An den wenigen Stücken ist auch keine Modifikation erkennbar, die auf menschliche Manipulation hinweist.
Von einem größeren Feliden, sehr wahrscheinlich einem Leoparden, liegt ein Schwanzwirbel vor. Eine Mittelphalange wird dem Luchs zugeordnet, obwohl die Zugehörigkeit zu einem kleinen Leopardenindividuum nicht vollständig ausgeschlossen werden kann.

Paläobotanik: Es liegt, wie von den meisten Höhlengrabungen aus dieser Zeit, kein Befund vor.

Archäologie: Keine Belege einer altsteinzeitlichen Nutzung.
In der oberen humusreichen Schicht wurden prähistorische (hallstattzeitliche?) und römerzeitliche Funde gemacht (MOTTL 1953, FUCHS 1989: 25).

Chronologie und Klimageschichte: Jungpleistozän (?mittelwürmzeitlich). Da keine näheren Angaben zur Stratigraphie vorliegen und das Artenspektrum klein ist, sind klimatische wie chronologische Rückschlüsse nur sehr bedingt möglich. Luchs und Rothirsch weisen auf lokale Waldbiotope. Der Steinbock als montane bis hochalpine Tierart an einem Fundplatz deutlich unter 1000m ist der deutlichste Beleg für trocken-kaltes kontinentales Klima. Die hohe Lage im Sedimentprofil läßt jüngeres Jungpleistozän erwarten.

Aufbewahrung: Landesmuseum Joanneum Graz, Sammlung Geologie und Paläontologie
In der Etikettierung ist irrtümlicherweise 1952 als Grabungsjahr ausgewiesen.

Literatur:

FUCHS, G. (ed.) 1989. Höhlenfundplätze im Raum Peggau-Deutschfeistritz, Steiermark, Österreich. - British Arch. Rep., Int. Ser., **510**, Oxford.

MOTTL, M. 1953. Die Erforschung der Höhlen. - In: MOTTL, M. & MURBAN, K. (1953). Eiszeitforschungen des Joanneums in Höhlen der Steiermark. - Mitt. Mus. Bergbau, Geol., Technik, **11**: 14-58,Graz.

MOTTL, M. 1975. Die pleistozänen Säugetierfaunen und Kulturen des Grazer Berglandes. - Mitt. Abt. Geol. Paläont. Bergbau Landesmus. Joanneum, Sonderheft, **1** (Die Geologie des Grazer Berglandes): 159-179, Graz.

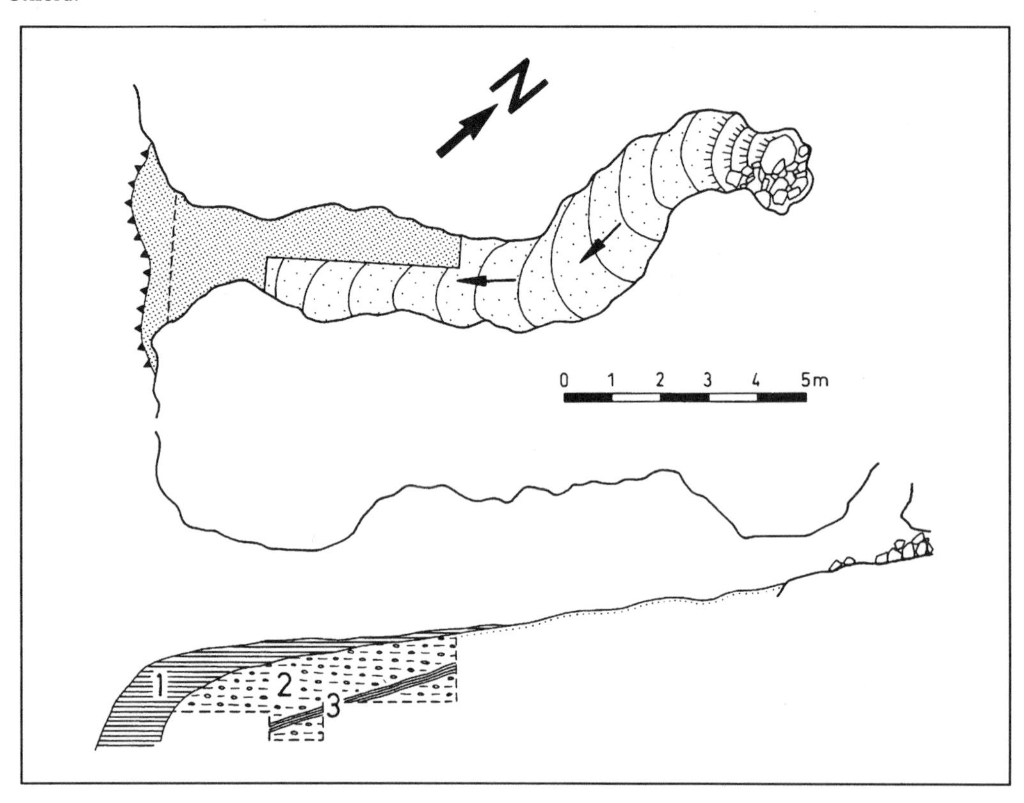

Abb.1: Holzingerhöhle im Badlgraben. Grundriß (oben) und schematisches Raumprofil und Schichten nach MOTTL (1953).
1 - Humus, mit Bruchschutt, 2 - rostbrauner Lehm mit stark zersetztem Kalkschutt und Tierresten, 3 - Schotterlage und konkretionäre Zwischenlage.

Luegloch bei Köflach

Florian A. Fladerer

Mittelwürmzeitliche Bärenhöhle im Mittelgebirge, (?hoch- bis) spätglazialer Raubvogelhorst, jungpaläolithische Station (?Gravettien)
Synonyme: Ochsenloch; Lu

Gemeinde: Köflach
Polit. Bezirk: Voitsberg, Steiermark
ÖK 50-Blattnr.: 162, Köflach
15°4'36" E (RW: 364mm)
47°4'41" N (HW: 173mm)
Seehöhe: 550m
Österr. Höhlenkatasternr.: 2782/26

Lage: Im Nordwesthang des Zigöllerkogels (684m) am Westrand des Grazer Berglandes, ca. 50m über dem Talniveau (siehe Dachsloch, FLADERER, dieser Band).
Zugang: Von der Straße ins Gradental (Gradnertal) zweigt man auf der Höhe des Nordabfalls des Zigöllerkogels nach Osten in die Privatstraße durch das Firmengelände ab. Von hier ist auf halber Hanghöhe das Portal des Heidentempels (Kat.Nr. 2782/27) gut sichtbar, einer in der Römerzeit und im Frühmittelalter intensiv genutzten Höhle (MOTTL 1953, FUCHS 1992); das Portal des Lueglochs liegt rund 140m entfernt an der nördlichen Kante des Hanges, 10m höher als der Heidentempel. Am Bergfuß rund 100m nach Süden bis zur ersten markanten Talung. Man steigt durch die Rinne den Wald ca. 60 Höhenmeter steil nach oben.
Geologie: Die Höhle liegt im Schöckelkalk (Mitteldevon), der hier am Westrand des Grazer Paläozoikums (Oberostalpin, Zentralalpen) ebenso wie im mittleren Murtal die häufigste verkarstete Formation ist.

Fundstellenbeschreibung: Das Luegloch ist eine halbhöhlenartige Ausbruchshöhle mit mächtigem, 8m breitem und hohem, nach Nordwesten exponierten Portal.

Die Halle ist 12m lang, 13m breit und 9m hoch (MOTTL 1953).

Forschungsgeschichte: Um 1920 wurde im Zuge der Prospektion nach phosphathältigen Sedimenten durch das Bundesministerium für Land- und Forstwirtschaft sondiert (GÖTZINGER 1926:138). 1951 und 1952 wurden unter der Leitung von K. Murban und M. MOTTL (1953), Steiermärkisches Landesmuseum, erste wissenschaftliche Grabungen durchgeführt. In einem ca. 13m langen und 1,5m breiten Schnitt wurde bis auf 2m abgegraben (Abb. 1). Eine Nachgrabung 1954 durch H. Bock vom Landesverein für Höhlenkunde ist bis auf einzelne Funde im Landesmuseum undokumentiert. Amateur- und unbefugte Grabungen verursachten in den Höhlensedimenten des Zigöllerkogels große Schäden (vgl. MOTTL 1953:38, FUCHS 1992:41).

Sedimente und Fundsituation: Das von MOTTL (1953:Abb.13; 1975:177f) vorgelegte Schichtprofil gibt eine ungefähre Vorstellung der Stratigraphie im hinteren Höhlenbereich (Abb.2). Der vordere ist unbekannt; die Sedimente dürften mindestens im oberen Profilabschnitt vollkommen zerstört sein. Da kein Grabungs- und Fundprotokoll vorliegt, sind die Schichtzuweisungen mit Vorbehalt zu betrachten.

Fauna:

Tabelle 1: Luegloch bei Köflach. Artenliste nach MOTTL (1953, 1975), revidiert und ergänzt durch Bestimmungen nichtinventarisierter Reste und dem Inventar der Grabung H. Bock 1954. 1-4 - Schichtkomplexe (siehe Abb. 2). Knochenzahlen und Mindestindividuenzahlen (in Klammer), + - nachgewiesen. Aufgrund der selektiven Aufsammlung handelt es sich bei den Zahlen um Mindestnachweise und um einen Ausdruck relativer Häufigkeiten.

	1 rostbrauner Lehm	2 graue Schicht	3 Nagetierschicht	4 gelbbrauner Lehm
Pisces	-	-	-	1
Rana sp.	-	2 (1)	17 (6)	3 (2)
Aythya ferina (Tafelente)	?1[1]	-	-	-
Falco tinnunculus (Turmfalke)	-	1	-	-
Lagopus mutus (Moorschneehuhn)	35 (9)	44 (11)	168 (43)	74 (19)
Lagopus lagopus (Alpenscheehuhn)	6 (2)	8 (2)	10 (3)	14 (4)
Tetrao tetrix (Birkhuhn)	2	1	-	1
Tetrao urogallus (Auerhuhn)	1	-	-	-
Tetrastes bonasia (Haselhuhn)	-	-	-	1
cf. *Nyctea scandiaca* (Schee-Eule)	-	-	1	-
Strix uralensis (Habichtseule)	2 (1)	-	-	2 (1)
Asio flammeus (Sumpfohreule)	-	-	-	1
cf. *Asio otus* (Waldohreule)	1[1]	-	-	-
Aegolius funereus (Rauhfußkauz)	-	1	-	-
cf. *Turdus* sp. (kleine Art)	1	-	-	-
Pyrrhocorax graculus (Alpendohle)	1	1	2 (1)	7 (3)
Erinaceus europaeus	-	-	1	-
Talpa europaea	22 (4)	17 (5)	17 (6)	4 (2)
Marmota marmota	6 (2)	3 (1)	14 (4)	5 (2)
Cricetus cricetus	-	-	-	1
Glis glis	-	1	5 (3)	-
Arvicola terrestris	1	3 (2)	13 (6)	-
Microtus arvalis/agrestis	+	6 (2)	74 (15)	4 (2)
Microtus sp. (*ratticeps*-Typ)	1	-	6 (3)	-
Microtus nivalis	1	-	9 (6)	4 (2)
Ochotona pusilla	1	-	17 (6)	3 (2)
Lepus timidus	7 (2)	14 (3)	9 (2)	8 (2)
Canis lupus	7 (1)	7 (1)	1	-
Vulpes vulpes	-	3 (1)	-	-
Alopex lagopus	1	-	2 (1)	5 (1)
Mustela erminea	-	4 (1)	3 (1)	4 (2)
Mustela nivalis	-	1	2	-
M. erminea/nivalis[2]	1	4	4	-
Martes martes	-	1	-	-
Meles meles	1	-	-	-
Ursus spelaeus	40 (4)	71 (6)	15 (2)	32 (4)

	1 rostbrauner Lehm	2 graue Schicht	3 Nagetierschicht	4 gelbbrauner Lehm
cf. *Lynx lynx*	1	-	-	-
Sus scrofa	-	-	1	1
Cervus elaphus	4 (1)	1	-	-
Rangifer tarandus	5 (2)	4 (1)	5 (2)	5 (2)
Rupicapra rupicapra	5 (2)	1	3 (1)	5 (1)
Bison/Bos	1[3]	2 (1)	-	-
Capra ibex	9 (2)	5 (1)	-	1

[1] Die Reste der Tafelente und einer mittelgroßen Eule werden im Inventar dem rotbraunen Lehm zugeordnet. Die Erhaltung der Knochen entspricht aber nicht den anderen Resten aus dieser tiefsten Schichteinheit.

[2] Die von MOTTL (1953, 1975) als *'Mustela krejcii'* bezeichneten Marderformen 'vermitteln' in der Größe zwischen der rezenten *M. erminea* und *M. nivalis*. Es kann angenommen werden, daß es sich mindestens teilweise um Männchen größerwüchsiger Mauswiesel handelt.

[3] Ein Sesambein eines großen Wildrindes, laut Etikette aus dem gelbbraunen Lehm, entspricht in Erhaltung und anhaftenden Sedimentresten eindeutig der rostbraunen Schicht.

Die von MOTTL (1953:42-55; 1964:5, Anhang) vorgelegte Bearbeitung beinhaltet Messungen und vergleichende Untersuchungen der meisten Gruppen. Obwohl keine Angaben über etwaige Störungen der Stratigraphie gegeben werden, sind die Schichtzuweisungen kritisch zu betrachten (Tab. 1). Der Erhaltungszustand der Pfeifhasenreste zeigt keine Änderungen im Profil (FLADERER 1992), sodaß ihre Verteilung durch Umlagerungen und/oder die unpräzise Aufsammlung erfolgte. Heterochrone Vergesellschaftungen von Fossilien sind aufgrund der komplexen Schichtbildungsagentien in Höhlen durchaus normal - eine Gleichaltrigkeit aller Tierreste ist unwahrscheinlich. Im Luegloch muß mit intensiven Umlagerungen gerechnet werden, da es wegen seines großen, exponierten Einganges bzw. seines Felsdachcharakters als zeitweiliger Wohnort grabender Arten wie Füchse und Dachse besonders gut geeignet ist. Sedimentreste am Altinventar entsprechen in manchen Fällen nicht der etikettierten Fundschicht. Deshalb sind die Schichtzuweisungen insgesamt kritisch zu betrachten (siehe Fußnoten in Tab. 1).

Im Profil zeigt sich von unten nach oben eine generelle Abnahme der Höhlenbärenreste bei gegenläufiger Zunahme der Schneehuhnreste. Als plausibelste Erklärung ist die sukzessive Rückverlagerung des Einganges und die jüngere Herausbildung zur Halbhöhle anzunehmen. Das vorliegende Höhlenbärenmaterial erscheint einheitlich. Aufgrund der Morphologie der Backenzähne und der Robustheit der Metapodien handelt es sich um Reste fortschrittlicher Populationen (vgl. MOTTL 1964: 5). Im Gegensatz zur Elementverteilung in den unteren Schichten, von wo auch Mandibeln und zusammengehörige Metapodien vorliegen, zeigt sich in den oberen ein Spektrum, wie es durch Umlagerung leichter erklärt werden kann: Hier dominieren kleinere und sehr robuste Elemente wie Wurzelknochen und Phalangen. Von den mittelgroßen Carnivoren sind der Wolf, beide Fuchsarten und der Dachs nachgewiesen. Die Kniescheibe eines Feliden aus dem rostbraunen Lehm zeigt bei einem morphologischen und metrischen Vergleich mit rezenten Leoparden- und Luchsskeletten nähere Affinitäten zum Luchs (Tab. 2).

Tabelle 2. Patellen-Maße von *Panthera pardus* und *Lynx lynx* (rezent; Inventar am Naturhistorischen Museum, Wien; die Leopardenskelette stammen ?ausschließlich aus dem Schönbrunner Zoo; die Luchse stammen aus Mitteleuropa und Südsibirien). m - männliche Tiere, w - weibliche Tiere, GB - größte Breite, T - Tiefe/Dicke an der tiefsten Stelle der tibialen Facette, GL - größte proximo-distale Länge (entsprechend der Sehnenverknöcherung sehr variabel!). Abmessungen in Millimeter.

		n	GB	T	GL
Panthera pardus	(m)	3	20,2 - 23,3 - 24,8	11,2 - 12,7 - 13,8	27,4 - 36,8 - 33,9
	(w)	3	16,7 - 17,0 - 22,4	8,1 - 9,0 - 13,0	20 - 23,2 - 33,2
Luegloch		1	18,7	8,8	31,4
Lynx lynx	(m)	2	17,5 - 18,7	9,4 - 9,6	28,9 - 29,8
	(w)	3	14,9 - 15,9 - 17,5	6,9 - 8,5 - 8,7	20,0 - 28,1 - 28,9

97 Prozent der Huftierreste repräsentieren die drei montanen bzw. borealen mittelgroßen Arten Rentier, Gemse und Steinbock. Ein unzweifelhaft fossiles linkes Carpale 4+5 aus der gelben Nagetierschichte ist einer der seltenen Belege für das Wildschwein im Spätpleistozän Ostösterreichs. An den Abmessungen, größte proximo-distale Länge (GL 25,6mm) und größte Breite (GB 33,0), ist die Zugehörigkeit zu einem sehr großen Individuum zu erkennen. Mehrere Knochenfragmente, die meist zweifelsfrei Ungulaten zuzuordnen sind, zeigen Zerlegungsmuster und Bruchformung, wie sie durch Schlag- oder Stoßeinwirkung auf den frischen Knochen entstehen. Besondere Beachtung gilt dem Verbandfund eines proximalen Unterarmes - Radius und Ulna - eines großen Wildrindes (Radius Bp 101,2mm) aus der archäologischen Fundschicht 2. Die Bruchformung nach dem green-bone-Typ, Schnittmarken in der Incisura der Ulna und am Radiusschaft und das Fehlen jeglicher Verbißmarken lassen in diesem Fall anthropogenen Eintrag annehmen. Dasselbe ist auch für ein proximales Metatarsale II/III-Fragment eines Steinbocks mit distalen Grünholzbrüchen im kulturellen Kontext derselben

Schicht zu vermuten. Die proximale Breite (MT Bp 29,5mm) spricht für ein großes Individuum im obersten Variationsbereich rezenter männlicher Steinböcke (vgl. Frauenhöhle, FLADERER, dieser Band).

Paläobotanik: Ein Holzkohlefragment aus der rostbraunen Schicht wurde als Nadelholz bestimmt (R. Zetter, pers. Mitt.).

Archäologie: Jungpaläolithikum (?Gravettien): Aus Schicht 2 (graue, sandige Schicht) sind eine Kerbklinge mit feiner Steilretusche (L 33mm) und eine Hohlkehlklinge aus rotbraunem Material (Jaspis oder Radiolarit) und eine knöcherne Geschoßspitze (MOTTL 1953:52, Abb.23) geborgen worden. Weitere 4 Artefakte - 2 endretuschierte Klingenfragmente, eine retuschierte Klinge und ein Denticulée -, deren Fundumstände unbekannt sind, befinden sich im Privatbesitz (W. Mulej, Köflach) (FUCHS 1992:51).
Aus dem Humus wurden kupfer-, bronze-, urnenfelderkultur-, hallstatt- und römerzeitliche Funde geborgen (FUCHS 1994).

Chronologie und Klimageschichte: Das Profil zeigt eine vermutlich mittelwürmzeitliche (Schicht 1) und eine hoch- bis spätglaziale Abfolge (Schichten 2-4). Radiokarbondaten liegen nicht vor.
Die Taphozönosen des Lueglochs sind insgesamt kontinental geprägt: Die Häufigkeit borealer bzw. montaner Vogelarten (Alpen- und Alpenschneehuhn, Schnee- und Habichtseule, Alpenkrähe) und die Vergesellschaftung von Murmeltier, Hamster, nordischer Schneehase, Steppenpfeifhase, großwüchsiger Eisfuchs, Hermelin, Rentier und großem Steinbock verdeutlicht das gebirgsnahe Nebeneinander tundren- und kältesteppenartiger Biotope. Der Großteil der Kleinsäugerreste und der Schneehühner sind sehr wahrscheinlich Beutereste von Eulen, die die Höhle als Nist- und Rupfplatz nutzten. Die Häufigkeit des Maulwurfes - die durchschnittliche Größe übertrifft die rezente Form - bei gleichzeitigem Fehlen der Spitzmäuse in der Beute gilt ebenfalls als Hinweis auf trockenere Verhältnisse. Unter den Wühlmaus-Morphotypen dominieren Formen der *arvalis-agrestis*-Gruppe gegenüber jenen der *nivalis*-Gruppe. Eine extremkontinentale Phase scheidet damit aus. Die Feldmaus-Erdmaus-Gruppe bevorzugt freie Flächen und Waldränder - die Schneemaus waldfreie, sonnige trokkene Hänge des Mittel- und Hochgebirges.
Tierarten, die dichteren Bewuchs benötigen und damit auf taigaartige Habitate in Tallagen hinweisen, sind untergordnet ebenfalls vertreten: Auer-, Birk- und Haselhuhn, Siebenschläfer, Edelmarder, Wildschwein und Rothirsch. Auf noch feuchtere Bereiche deuten Frösche, Tafelente und Sumpfohreule.
Bis über 50 Prozent der Arten der Schichten 2 bis 4 sind im Holozän - der zusätzlich reduzierende anthropogene Beitrag wurde bereits berücksichtigt - im Probengebiet nicht mehr heimisch (FLADERER & REINER 1996). Eine Erklärung ist insbesonders in einer reicher strukturierten spätpleistozänen Vegetation zu suchen, die sich deutlich von der natürlichen holozänen Einheitlichkeit des collinen Bergwaldes und der Talauen unterscheidet.

Stark vereinfacht zeigt das Profil zwei Phasen. Eine ältere, die die Nutzungsart als Bärenhöhle dokumentiert und eine jüngere mit verstärkter Gewöllaktivität und deutlichem menschlichen Einfluß.

Aufbewahrung: Landesmuseum Joanneum. Diverse Fundobjekte von Aufsammlungen ohne Dokumentation werden im Museum der Stadt Köflach und der Privatsammlung Mulej in Köflach (FLADERER 1996) aufbewahrt.

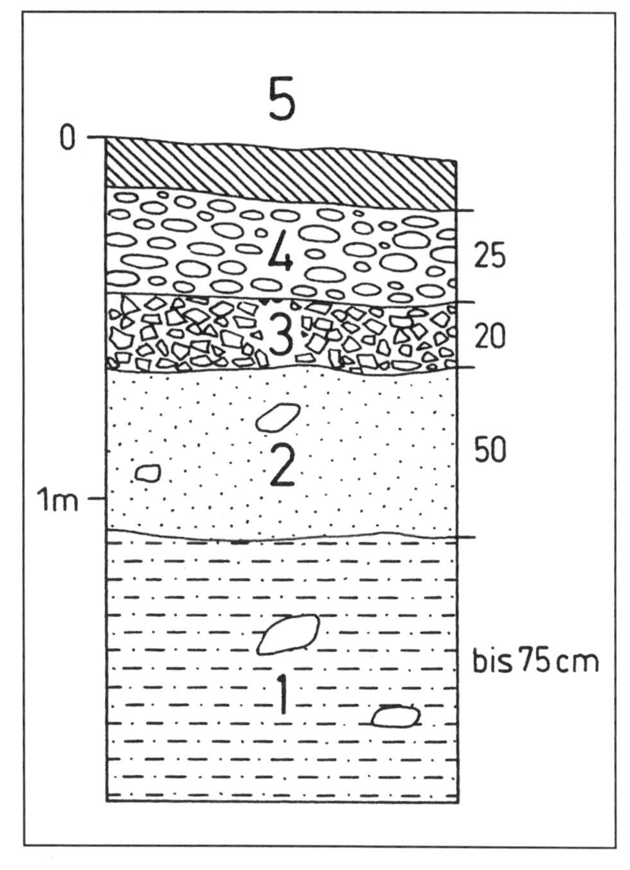

Abb.1: Luegloch bei Köflach. Schematisierte Schichtfolge im hinteren Höhlenbereich nach MOTTL (1953). Schichten: (5) Humus; (4) gelbbrauner Lehm (mit feinem, meist kantengerundetem Schutt); ca. 25cm mächtig; (3) 'Nagetierschicht' (hellgelbe, sehr feinkörnige, lößartige, lehmige Schicht mit Frostschutt), 20cm mächtig; (2) graue, sandige Schicht (glimmerreich), ca. 50cm mächtig; (1) rostbrauner Lehm (sandig, mit wenig, etwas verwittertem, z. T. von Kollophan überkrustetem Bruchschutt, fossilarm), bis 75cm mächtig.

Literatur:

FLADERER, F. A. 1992. Neue Funde von Steppenpfeifhasen (*Ochotona pusilla* PALLAS) und Schneehasen (*Lepus timidus* L.) im Spätglazial der Ostalpen. - Mitt. Komm. Quartärforsch. Österr. Akad. Wiss., **8**: 189-209, Wien.

FLADERER, F. A. 1996. Sammlung Walter Mulej, Köflach. Inventar der Tierreste. - Unpubl. Manuskript, 39 S., Inst. Paläont. Univ., Wien.

FLADERER, F. A. & REINER, G. 1996. Hoch- und spätglaziale Wirbeltierfaunen aus vier Höhlen der Steiermark. - Mitt. Abt. Geol. Paläont. Landesmus. Joanneum, **54**: 43-60, Graz.

FUCHS, G. 1992. Höhlenfundplätze in der Weststeiermark. - In: HEBERT, B. & LASNIK, E. (eds.) Spuren der Vergan-

genheit. Archäologische Funde der Weststeiermark. - Katalog zur Ausstellung im Stölzle-Glas-Center: 40-52, Bärnbach.
FUCHS, G. 1994. Liste der archäologischen Höhlenfundplätze in der Steiermark. - 9.Aufl., Graz (Fa. ARGIS).
GÖTZINGER, G. 1926. Die Phosphate in Österreich. - Mitt. geogr. Ges., **69**: 126-156, Wien.
MOTTL, M. 1953. Die Erforschung der Höhlen. - In: MOTTL, M. & MURBAN, K. Eiszeitforschungen des Joanneums in Höhlen der Steiermark. - Mitt. Mus. Bergbau, Geol., Technik Landesmus. Joanneum, **11**: 14-58,Graz.
MOTTL, M. 1964. Bärenphylogenese in Südost-Österreich. - Mitt. Mus. Bergbau, Geol., Technik Landesmus. Joanneum, **26**: 1-55, Graz.
MOTTL, M. 1975. Die pleistozänen Säugetierfaunen und Kulturen des Grazer Berglandes. - Mitt. Abt. Geol. Paläont. Bergbau Landesmus. Joanneum, Sonderheft, **1** (Die Geologie des Grazer Berglandes): 159-179, Graz.

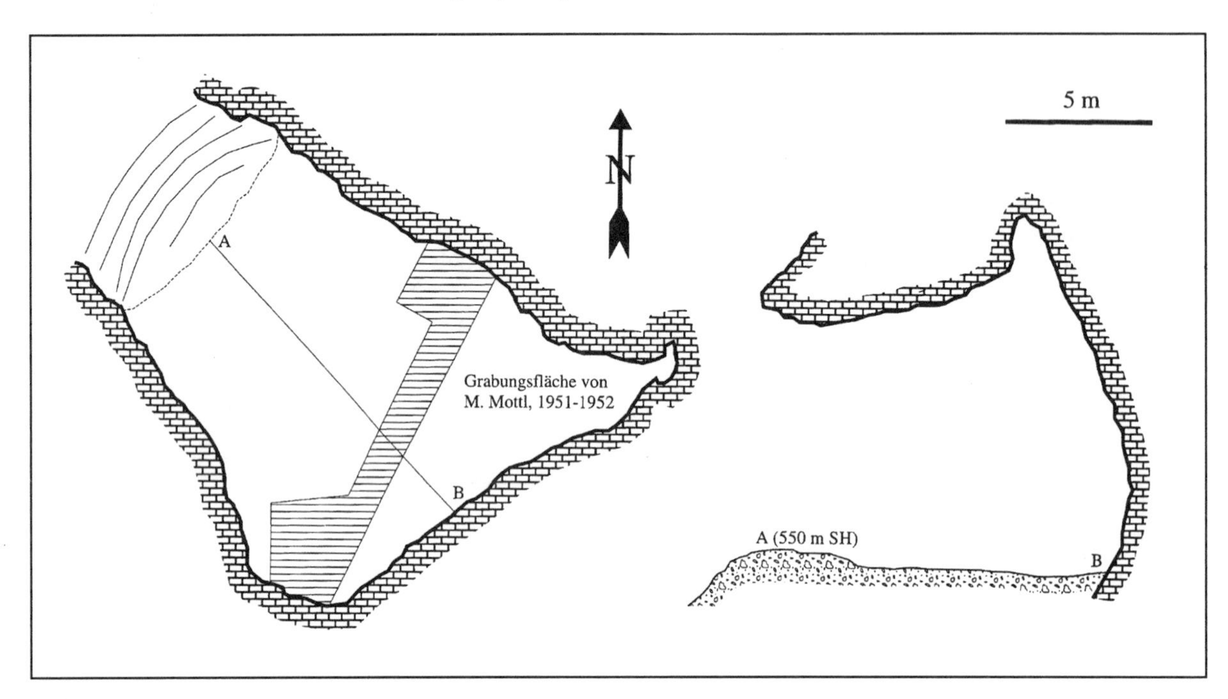

Abb.2: Luegloch bei Köflach. Grundriß und Raumprofil nach MOTTL (1953).

Lurgrotte

Florian A. Fladerer
(mit einem Beitrag von Christa Frank)

Spätwürmzeitliche Bärenhöhle im Mittelgebirge, jungpaläolithische Höhlenstation
Synonyme: Lurhöhle, Lurloch, Lugloch; Lg

Die Lurgotte ist eine wasserführende Durchgangshöhle mit über vier Kilometer von einander entfernten Eingängen in den Gemeindegebieten von Peggau im Westen und Semriach im Osten. In beiden Bereichen ist die Höhle im Schaubetrieb zugänglich.

Gemeinde: Peggau
Polit. Bezirk: Graz-Umgebung, Steiermark
ÖK 50-Blattnr.: 164, Graz
15°20'40" E (RW: 17mm)
47°13' N (HW: 48mm)
Seehöhe: 419m
Österr. Höhlenkatasternr.: 2736/1b

Gemeinde: Semriach
Polit. Bezirk: Graz-Umgebung, Steiermark
ÖK 50 Blattnr.: 164, Graz
15°22'50" E (RW: 71,5mm)
47°13'39" N (HW: 505mm)
Seehöhe: 640m
Österr. Höhlenkatasternr.: 2736/1a

Lage: Die Höhle durchläuft die Karsthochfläche der Tanneben (Abb.1) im Mittelsteirischen Karst (Grazer Bergland). Der Schneiderkogel bildet mit 824m die höchste Erhebung im Bereich der Höhle. Durch den östlichen Eingang im 'Lurkessel' - einer Einsturzdoline im äußersten Westen des Semriacher Beckens - tritt der Lurbach in die Höhle ein, durch den dieses entwässert wird. Der westliche Ausgang öffnet in das Talbecken von Peggau-Deutschfeistritz im mittleren Murtal (Abb.2).

Zugang: Beide Zugänge sind touristisch erschlossen und ihre Zufahrtswege gut beschildert. Der Semriacher Eingang liegt nordwestlich hinter dem Gasthaus Schinnerl. Der westliche liegt zwischen den beiden großen Steinbrüchen im Norden von Peggau und ist über Werksgelände erreichbar.

Geologie: Grazer Paläozoikum (Oberostalpin, Zentralalpen), Schöckelkalk (Mitteldevon) (MAURIN 1994).

Fundstellenbeschreibung: Der größte Teil der Tierreste aus der aktiven Tropfsteinhöhle stammt von mehreren Aufsammlungen im hochgelegenen Eingangsabschnitt des Großen Doms (Bärenhalle) im Semriacher Teil über 300m vom Eingang entfernt. Sie waren dort kaum von Sediment bedeckt (JAROSCH 1894). Berichtet wird auch von einer Anhäufung von freiliegenden Höhlenbärenschädeln (BOCK 1937). Wenige Funde stammen aus den fluviatilen Sedimenten des Mittelteiles. Da immer wieder katastrophale Hochwässer mit großen Rückstauhöhen die Höhle 'durchspült' bzw. Sedimente umgelagert und neu eingebracht haben, sind nur in den höchsten Räumen originale pleistozäne Sedimente konserviert. Im Peggauer Eingangsbereich ist im Norden der Seitenhalle (Höhlenmuseum) ein Profil aufgeschlossen, dessen undokumentierte Rückversetzungen Wirbeltierreste und Artefakte erbrachten.
Die Entstehung des Lurgrottensystems ist auf das Engste mit der Eintiefung der Mur vom obersten Miozän bis ins Mittelpleistozän verknüpft - die quartäre Erosionsleistung der Mur in diesem Bereich hat um die 250 Höhenmeter betragen (MAURIN 1994; Abb.1). Zwischen dem Riß-Würm-Interglazial und dem Mittelwürm wird eine Eintiefung bis mindestens 20m unter die holozäne Talflur angenommen. Die Anschüttung im Hochglazial erreichte bei Peggau die Seehöhe von 420m und damit die Höhe des Einganges. Die rezente Talflur liegt bei 410m. Weitere Berichte und Zusammenfassungen zur Topographie der Höhle sind BENISCHKE & al. (1994) zu entnehmen.

Forschungsgeschichte: 1871 machte G. Wurmbrand (Landesmuseum Joanneum, Prähistorische Abteilung) Aufsammlungen im Semriacher Abschnitt . 1894 führten M. Hoernes (Geologisches Institut der Universität Graz) und V. Hilber (Landesmuseum Joanneum, Geologische Abteilung, LMJG) Grabungen und Aufsammlungen im Großen Dom in Semriach durch. Um 1913 wurde von F. Bock (Höhlenverein für Steiermark) im Mittelteil der Höhle das Fragment eines Mammutzahnes geborgen (BOCK 1913; SCHOUPPÉ 1951). 1914 und 1937 publizierten W. TEPPNER bzw. F. BOCK Untersuchungen an den Höhlenbären von Semriach. Aus den 40er und 50er Jahren sind einzelne unstratifizierte Aufsammlungen bekannt geworden. 1961 ließ K. Murban (LMJG) ein Profil in der Nebenhalle von Peggau für die Einrichtung des Höhlenmuseums aufschließen. 1964 erschien von M. MOTTL eine zusammenfassende Bearbeitung der Semriacher Bären. 1963 wurde unter K. Murban (LMJG) zur Erweiterung des Lurgrottenmuseums eine Abgrabung von 50m³ Sediment vorgenommen, die ebenso wie alle anderen Grabungen und Aufsammlungen ohne Dokumentation erfolgte (MURBAN 1966). FUCHS (1994:90) berichtete von Zerstörungen der oberen Sedimentberiche im Bereich Tanzboden und Katzensteig im Semriacher Abschitt, wo fossile Tierreste in einem rötlichbraunen, fettigen Lehm zu beobachten sind.

Sedimente und Fundsituation: Da von keiner der Aufsammlungen und Grabungen Fundskizzen vorliegen, können keine näheren Angaben zur Stratigraphie und zu Fundsituationen gemacht werden.
Das 2m hohe Profil in der Seitenhalle des Peggauer Einganges ('Vorhalle', Lurgrottenmuseum, Abb.2), das 1963 ohne Dokumentation aufgeschlossen wurde, zeigt heute zwei Schichtkomplexe:

(1) eine obere graue Schicht, mit hohem Anteil an kantigem Bruchschutt,

(2) eine untere rötliche Schicht, lehmig und reich an Bruchschutt.

Fauna:

Tabelle 1: Lurgrotte im Mittelsteirischen Karst. Artenliste nach FLADERER (1994), korrigiert und ergänzt, Knochenzahlen und Mindestindividuenzahl (in Klammer), + - nachgewiesen (in Altliteratur erwähntes und teilweise verschollenes Material).

	Semriach und Mittelteil	Peggau		
	unstratiphiziert	rötliche Schicht	graue Schicht	unstratifiziert
Pyrrhocorax graculus (Alpendohle)	-	-	1	-
Marmota marmota	-	-	2(1)	-
Canis lupus	-	-	-	2(1)
Vulpes vulpes	+	-	5(2)	5(1)
Ursus spelaeus	232(8)	-	-	8(2)
Martes martes	-	-	1	-
Panthera spelaea	+	-	-	-
Hyaenidae cf. *Crocuta spelaea*	?[1]	-	-	-
Cervus elaphus	-	2(1)	-	-
Rangifer tarandus	-	1	-	-
Bison priscus	-	2(1)	-	-
Bos primigenius/Bison priscus	1	-	-	-
Capra ibex	-	-	2	-
Mammuthus primigenius	+[2]	-	-	-

Anmerkungen: [1] Charakteristische Bißspuren der Hyäne finden sich an Höhlenbärenknochen. [2] BOCK (1913:15) erwähnt den Fund eines Mammutstoßzahnes 1300m vom Semriacher Eingang entfernt.

In der Skeletteilrepräsentanz der Bären von Semriach fällt das Zurücktreten von Langknochen auf. So stand zur Zeit der Neuuntersuchung nur je ein Humerus und Femur zur Verfügung. Knochenfragmente sind im Inventar generell nicht enthalten. Sehr wahrscheinlich sind dafür die selektiven Aufsammlungen bzw. eine eingeschränkte Übermittlung an die öffentliche Sammlung verantwortlich zu machen. Ob die Hauptfundstelle in Semriach mindestens sehr nahe des Ortes des Verendens der Tiere gelegen hat, oder ob es sich um eine sekundäre Anreicherung durch rückstauende Hochwässer gehandelt hat, läßt sich nicht mehr rekonstruieren. Die Knochen lagen fast frei auf höchster Stelle im Großen Dom (JAROSCH 1894, BOCK 1937; Abb. 1 und 2). Einer anderen Beobachtung zufolge sind die Langknochen meistens zerbrochen gewesen (HILBER 1911:227). In der Altersverteilung zeigt sich ein hoher Anteil - rund 30% - von juvenilen Individuen. Das Überwiegen juveniler Mandibeln in besonderen Stadien des Zahnwechsels wird bei Annahme ähnlicher Entwicklungsverhältnisse wie beim rezenten Braunbären mit der erhöhten Sterblichkeit der Individuen am Ende des ersten Lebenswinters erklärt. Variabilität in der Zahnmorphologie und Größenunterschiede, die als Geschlechtdimorphismus zu interpretieren sind, entsprechen jener klassischer Bärenhöhlen (vgl. KURTÉN 1976). Die Höhlenbären der Lurgrotte sind als sehr fortschrittlich zu bezeichnen, was sowohl das Gebiß (MOTTL 1964, FLADERER 1994) als auch das postcraniale Skelett betrifft: M. Mottl gibt eine Tibiatorsion von 55-57° an. Nagespuren sind zu beobachten ebenso wie Verbiß durch Raubtiere - auch durch Hyänen, die im Inventar allerdings nicht nachgewiesen sind (FISTANI 1994; FLADERER 1994). Eine pleistozäne Molluskenfauna liegt aus der Höhle noch nicht vor (FRANK 1994). Das aufgeschlossene Profil im Höhlenmuseum gilt auch diesbezüglich als noch unbekanntes Archiv.

Paläobotanik: Kein Befund.

Archäologie: Jungpaläolithikum: Grob zugerichtete Quarzitabschläge aus dem Profil von Peggau erlaubten keine nähere Zuordnung (MOTTL 1974, 1975). Nach FUCHS (1994) wurden Artefakte bereits Ende der 40er Jahre beim Abtragen einer Halde am Nordende des Höhlenmuseums gefunden. Sie gelten als verschollen.

Im Bereich der Semriacher Lurgrotte ('Tanzboden' und 'Katzensteig') sind Fragmente von kupferzeitlicher, furchenstichverzierter Keramik (Typ Retz-Gajary) gefunden worden, die ins dritte vorchristliche Jahrtausend datiert wird. Durch Funde sind auch römerzeitliche, sowie hoch- und spätmittelalterliche Begehungen bzw. Aufenthalte nachgewiesen (FUCHS 1994).

Chronologie und Klimageschichte: Das Morphotypenspektrum der P4 der Semriacher Höhlenbären zeigt einen sehr hohen Anteil hochkomplexer Typen. P^4 (n=2): 1 B/D, 1 C/F. Index P^4 = 237,5. P_4 (n=10) 1 B1, 1 C1, 1 C1/C2, 1 C1, 1 D1, 1 D1/D2, 1 D2, 1 D3, 1 E1, 1 E2. Index P_4 = 191,2 (FLADERER 1994). Die Indices entsprechen den Werten der Tropfsteinhöhle am Kugelstein (FLADERER & FRANK, dieser Band). Derart hohe Indizes konnten bisher nur an spätwürmzeitlichen Gemeinschaften ermittelt werden.

Aus dem zweigliedrigen Profil der Peggauer Lurgrotte sind Gemeinschaften bekannt, die mit Alpendohle, Murmeltier, Höhlenbär, Rentier, Bison und Steinbock eine Mehrzahl an Arten lichter, grasreicher oder felsiger Habitate umfaßt und damit kalt-trockene Klimaverhältnisse anzeigt. Marder, Rotfuchs und Rothirsch sind durch große Individuen repräsentiert, die deutlich über dem Durchschnitt rezenter mitteleuropäischer Formen liegen. Es ist wahrscheinlich, daß zwischen den beiden Vergesellschaftungen ein zeitlicher Hiatus liegt.

Aufbewahrung: Landesmuseum Joanneum, Sammlung Geologie und Paläntologie, Landesverein für Höhlenkunde in der Steiermark (LVHSt), Sammlung C. Frank (Gastropoden).

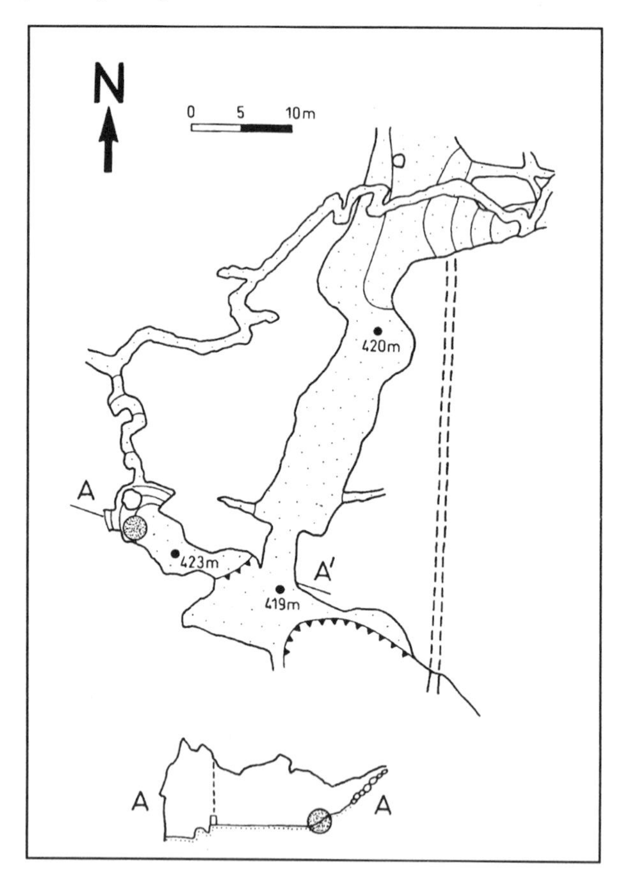

Abb.1: Lurgrotte, Peggau. Schematisierter Grundriß des Eingangsabschnittes und Aufriß des Lurgrottenmuseums nach SAAR (1922).

Kreis: Aufgeschlossenes Profil pleistozäner Ablagerungen mit Tierresten. Meterangaben am Boden über NN.

Rezente Sozietäten (Christa Frank): Aus einem Gesiebe des Höhleninneren, ohne stratigraphischen Zusammenhang, wurde eine Molluskenvergesellschaftung von 41 Arten geborgen (FRANK 1975:242-245). Sie verteilen sich auf 23 ökologische Gruppen: Die stärkste Vertretung entfällt auf die Waldarten s. str. (*Cochlodina laminata, Ruthenica filograna, Pseudofusulus varians, Vitrea subrimata, Aegopis verticillus, Aegopinella nitens, Isognomostoma isognomostomos*). Auf feuchten Laubmischwald mit gut entwickelter Kraut- und Fallaubschicht verweisen *Clausilia pumila, Aegopinella ressmanni, Urticicola umbrosus, Discus perspectivus, Peta-*

sina subtecta, Petasina edentula subleucozona. Orte lokaler Staunässe bzw. Austritt von Sickerwasser zeigen die 4 Vernässungszeiger *Carychium minimum, Vertigo antivertigo, Vertigo geyeri* und *Zonitoides nitidus*; gut feuchte bis mittelfeuchte Stellen die Arten *Columella edentula*, die relativ zahlreich enthaltene *Cochlicopa lubrica* und *Carychium tridentatum*. Offene, feuchte, grasreiche Stellen bevorzugt *Vallonia pulchella*, ebenfalls zahlreich. Die Vertreter der übrigen ökologischen Gruppen zeigen lockere Gebüsche, blockreichen Oberboden (*Vitrea contracta* und *Cecilioides acicula* leben teilweise bzw. ganz unterirdisch), weitgehend offene Felsbiotope und sogar einzelne trockene Kleinlebensräume (*Vallonia excentrica, Cochlicopa lubricella*).

Proben zur rezenten Vergleichsfauna wurden beim östlichen Eingang in die Lurgrotte in Semriach genommen. Im unmittelbaren Portalbereich (1, 2), etwas davon entfernt am Rand des Lurbaches (3, 4: unter Salweide, Pestwurz und *Caltha palustris*-Bestand, Moos; reichlich entwickelte Krautschicht, Aufnahme: C. Frank 1992). (5) "Lurgrotte" aus KLEMM (1974: *Platyla polita* (1), *Carychium tridentatum* (2, 3), *Pyramidula rupestris* (1), *Columella edentula* (4), *Truncatellina cylindrica* (2), *Vertigo pusilla* (2), *Vertigo alpestris* (2), *Chondrina clienta* (1), *Orcula dolium* (1), *Orcula dolium pseudogularis* (5), *Sphyradium doliolum* (1, 4), *Pagodulina pagodula sparsa* (1), *Vallonia costata helvetica* (1), *Vallonia pulchella* (1), *Acanthinula aculeata* (1, 4), *Ena montana* (2), *Cochlodina laminata* (2), *Charpentieria ornata* (2), *Ruthenica filograna* (2, 5), *Pseudofusulus varians* (5), *Macrogastra ventricosa* (3, 5), *Macrogastra plicatula* (2), *Clausilia pumila* (5), *Clausilia dubia gracilior* (2, 3, 5), *Clausilia dubia speciosa* (2), *Punctum pygmaeum* (1, 3, 4, 5), *Discus rotundatus* (3), *Discus perspectivus* (1, 3, 4, 5), *Zonitoides nitidus* (5), *Euconulus fulvus* (5), *Vitrea subrimata* (1, 3, 4, 5), *Vitrea crystallina* (5), *Aegopis verticillus* (1, 5), *Aegopinella pura* (1, 5), *Aegopinella nitens* (1, 3, 4, 5), *Aegopinella ressmanni* (4, 5), *Perpolita hammonis* (5), *Oxychilus mortilleti* (5), cf. *Boettgerilla pallens* (1, Schälchen), Limacidae (1, Schälchen von 2 Arten), *Trichia hispida* (5), *Petasina subtecta* (1, 3, 4, 5), *Petasina edentula subleucozona* (5), *Petasina filicina styriaca* (5), *Monachoides incarnatus* (1, 4, 5), *Urticicola umbrosus* (5), *Euomphalia strigella* (3, 4), *Helicodonta obvoluta* (5), *Arianta arbustorum* (3, 5), *Chilostoma achates stiriae* (1, 3, 5), *Isognomostoma isognomostomos* (5), *Causa holosericea* (2, 3), *Cepaea vindobonensis* (5).

Die 54 rezenten Taxa verteilen sich auf 20 ökologische Gruppen, die die mittelfeuchten Verhältnisse eines vertikal gut gegliederten, mittelsteirischen Rotbuchen-Mischwaldes gut repräsentieren (vgl. FRANK 1975).

Es bestehen wesentliche Unterschiede der rezenten Molluskenfauna zu jener aus dem Höhlengesiebe: Gegenwärtig ist der Anteil der Waldarten s. str. mehr als doppelt so hoch. Die Arten baumbestandener Felsen haben sich verdreifacht und kommen in hohen Individuenzahlen vor; die Gruppe 'Wald bis verschiedene feuchte Standorte' ist von 3 auf 5 Arten gestiegen, die Gruppe 'Wald bis verschiedene mittelfeuchte Standorte' von 2 auf 5. Dagegen ist die Anzahl der Nässezeiger markant zurückgegangen (von 4 auf 1 Art). Verschiedene Saum- und Mantelformationen, Gebüschgruppen sind gegenwärtig durch 3 ökologische Einheiten (je 1 Art) repräsentiert, in der Gesiebefauna durch 1. Die gegenwärtige Fauna enthält 2 xerophile Felsbewohner (*Pyramidula rupestris, Chondrina clienta)*, die der Gesiebefauna völlig fehlen. In der Gesiebefauna sind offene bis halboffene Standorte unterschiedlicher Feuchtigkeitsbetonung durch 6 ökologische Gruppen (8 Arten) vertreten, rezent nur noch durch 4 mit je 1 Art.

Wenn es sich bei dem Schälchen tatsächlich um *Boettgerilla pallens* handelt, dürfte es sich in dem malakologisch gut dokumentierten Gebiet um ein Element der jüngsten Vergangenheit handeln. Sie wurde ab den 60er-Jahren unseres Jahrhunderts bis jetzt in fast ganz Europa gemeldet (FECHTER & FALKNER 1989).

Aus diesem Vergleich resultiert die Einstufung der Gesiebefauna aus dem Höhleninneren: Vermutlich repräsentiert sie eine frühe Phase des Mittelholozäns, während welcher die bezeichnenden thermophilen Holozänarten mit hohen ökologischen Ansprüchen noch nicht in Vollzahl erschienen waren, und das Fagetum des Umfeldes noch nicht in der heutigen Differenziertheit bestanden hat.

Durch die unterschiedlichen klimatischen Verhältnisse im Murtal und im Hochbecken von Semriach ist das Lurgrottensystem mit 14 nachgewiesenen Arten auch Lebensraum einer der artenreichsten Fledermausfaunen Österreichs (MAYER 1994):

Rhinolophus ferrumequinum und *R. hipposideros* (Große und Kleine Hufeisennase), *Myotis emarginatus* (Wimperfledermaus), *M. brandti* (Große Bartfledermaus), *M. mystacinus* (Kleine Bartfledermaus), *M. nattereri* (Fransenfledermaus), *M. myotis* (Großes Mausohr), *M. daubentoni* (Wasserfledermaus), *Vespertilio murinus* (Zweifarbenfledermaus), *Eptesicus serotinus* (Breitflügelfledermaus), *Barbastella barbastellus* (Mopsfledermaus), *Plecotus auritus* (Braunes Langohr), *P. austriacus* (Graues Langohr), *Miniopterus schreibersi* (Langflügelfledermaus).

Über die weitere Landfauna wurde von NEUHERZ (1975) berichtet.

Literatur:

BENISCHKE, R., SCHAFFLER, H. & WEISSENSTEINER, V. (eds.) 1994. Festschrift Lurgrotte 1894-1994. - 332 S., Graz (Landesverein für Höhlenkunde in der Steiermark).

BOCK, F. 1913. Charakter des mittelsteirischen Karstes. - Mitt. f. Höhlenkunde, **6**(4): 5-19, Graz.

BOCK, F. 1937. Höhlenbären im Murtal. - Mitt. f. Höhlenkunde, N. F. **29**(2): 9-12, Graz.

FISTANI, A. B. 1994. Some taphonomic observations and notes on large mammals bones from Repolusthöhle and Lurgrotte b. Peggau, Graz, Styria. - Unpubl. Manuskript am Landesmuseum Joanneum, Abt. Geol. Paläont., 6 S., Graz.

FLADERER, F. A. 1994. Die jungpleistozänen Tierreste aus der Lurgrotte, Peggau-Semriach, Mittelsteirischer Karst. - Festschrift Lurgrotte 1894-1994: 183-200, Graz (LVHSt).

FECHTER, R. & FALKNER, G. 1989: Weichtiere. - Steinbachs Naturführer, München (Mosaik).

FRANK, C. 1975. Zur Biologie und Ökologie mittelsteirischer Landmollusken. - Mitt. naturwiss. Ver. Steiermark, **105**: 225-263; Graz.

FRANK, C. 1994. Gastropoda (Basomatophora et Stylommatophora) in Sedimentproben aus der Peggauer Umgebung (Stmk.). - In: BENISCHKE, R. & al. 1994: 201-203, Graz.

FRANK, C.1995. Mollusca: Über Rückwanderer, Einwanderer, Verschleppte; expansive und regressive Areale - Stapfia **37** (Kataloge des Oberösterr. Landesmus. N.F., **84**): 17-54, Linz.

FUCHS, G. 1994. Archäologie der Lurgrotte. - In: BENISCHKE, R. & al. 1994: 85-101, Graz.

HILBER, V. 1911. Geologische Abteilung. - In: MELL, A. (ed.), Das Steiermärkische Landesmuseum Joanneum und seine Sammlungen, 197-238, Graz.

JAROSCH, A. 1894. Ein wissenchaftlicher Besuch im Lueloch. - Grazer Tagblatt vom 26.5.1894, Graz

KLEMM, W. 1974: Die Verbreitung der rezenten Land-Gehäuse-Schnecken in Österreich. - Denkschr. Österr. Akad. Wiss., **117**: 1-503; Wien.

KURTÉN, B. 1976. The Cave Bear Story. - 163 S., New York (Columbia Univ. Press).

MAURIN, V. 1994. Geologie und Karstentwicklung des Raumes Deutschfeistritz-Peggau-Semriach.- In: BENISCHKE, R. & al. 1994: 103-137, Graz.

MAYER, A. 1994. Fledermausforschung in der Lurgrotte. In: R. BENISCHKE & al. 1994: 215-222, Graz.

MOTTL, M. 1964. Bärenphylogenese in Südost-Österreich. - Mitt. Mus. Bergbau, Geol., Technik Landesmus. Joanneum, **26**: 1-55, Graz.

MOTTL, M. 1974. Peggau. - Fundber. Österr., **7**(6-8): 5, Wien.

MOTTL, M. 1975. Die pleistozänen Säugetierfaunen und Kulturen des Grazer Berglandes. - Mitt. Abt. Geol. Paläont. Bergbau Landesmus. Joanneum, Sonderheft **1** (Die Geologie

des Grazer Berglandes): 159-179, Graz.
MURBAN, K. 1966. Jahresbericht für die Jahre 1962-1965. - Mitt. Landesmus. Joanneum, Abt. Bergb., Geol., Technik **28**: 71-99, Graz.
NEUHERZ, H. 1975. Die Landfauna der Lurgrotte. - Sitzungsber. Österr. Akad. Wiss., math.-nautrw. Kl., Abt. I, **183**(8-10): 159-285, Wien.
SAAR, R. 1922. Lurhöhle bei Peggau in Steiermark. Grundriß, Aufriß und 12 Querprofile 1:500. - Österr. Höhlenkarten **8**; Wien (Bundeshöhlenkommission).
SCHOUPPÉ, A. 1951. Neue Fossilfunde in der Lurgrotte bei Peggau. - Mitt. Naturwiss. Ver. Steierm. **79/80**: 172-173, Graz.
TEPPNER, W. 1914. Beiträge zur fossilen Fauna der steirischen Höhlen. - Mitt. für Höhlenkunde, **7**(1): 1-18, Graz.

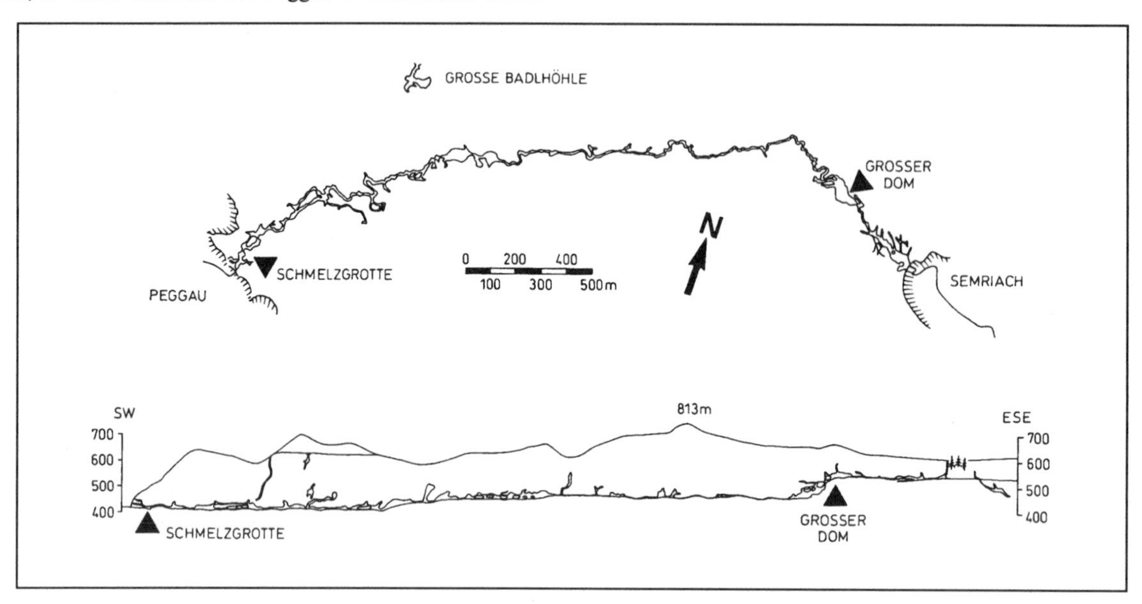

Abb.2: Vereinfachter Grundriß nach F. Bock & Dolischka aus BENISCHKE & al. (1994) und West-Ost-Schnitt (aufgerollt, nicht überhöht) durch die Lurgrotte vom Murtal bei Peggau nach Semriach, verändert aus MAURIN (1994). Dreiecke: Hauptfundstellen pleistozäner Tierreste.

Große Peggauerwandhöhle

Florian A. Fladerer

Mittel- bis spätwürmzeitliche Bärenhöhle im Mittelgebirge, Hyänenhorst?
Synonyme: Peggauer Höhle, Peggauerwandhöhle IV-V-VI, Große Peggauer Felsenhöhle; GP

Gemeinde: Peggau
Polit. Bezirk: Graz-Umgebung, Steiermark
ÖK 50-Blattnr.: 164, Graz
15°20'57" (RW: 26mm)
47°12'23" (HW: 457mm)
Seehöhe der Haupteingänge: 510m-518m (Eingang VI)
Österr. Höhlenkatasternr.: 2836/39a-d
Die Große Peggauerwandhöhle ist seit 1971 vom Bundesdenkmalamt unter Schutz gestellt.

Lage: Mittelsteirischer Karst im Grazer Bergland. Die Eingänge zum geräumigen System liegen im südlichen Drittel der Peggauer Wand orographisch linksseitig des Murtales (siehe Kleine Peggauerwandhöhle, FLADERER, dieser Band).
Zugang: Die Große Peggauerwandhöhle liegt am Ende des Steiges, der von der Straße am Wandfuß erreichbar ist, etwa 120m über dem Talniveau.
Geologie: Grazer Paläozoikum (Oberostalpin, Zentralalpen), Schöckelkalk (Mitteldevon) (MAURIN 1994).

Fundstellenbeschreibung: Das System Große Peggauerwandhöhle-Rittersaal ist nach der Lurgrotte und der Großen Badlhöhle das drittlängste Höhlensystem der Tanneben. Die Große Peggauerwandhöhle ist das Objekt mit der geräumigsten Halle im Peggauer Gebiet (KYRLE 1923). Alle drei Haupteingänge (a-c oder IV-VI) münden nach rund 20m langen Strecken in diese Haupthalle, die sich bei einer Raumhöhe zwischen 6 bis 18m über 40m in den Berg hinein erstreckt (Abb.1). An diese schließt nach einem 20m langen leichten Anstieg der hintere Teil mit zwei großen Erweiterungen und einer Oststrecke an, die knapp 100m vom Eingang IV entfernt endet. Die vermessene Gesamtlänge erreicht 548m, die Niveaudifferenz beträgt +24,4m und -10,7m (KUSCH 1996). Dazu kommt noch der Zusammenhang mit dem ungefähr unter dem Eingang VI sich erstreckenden Rittersaal (siehe FLADERER & FRANK, dieser Band). Genetisch ist die Große Peggauerwandhöhle eine Kluftfugenhöhle, die an einer markanten Ost-West bis NNW-SSE streichenden Kluft angelegt ist (SCHÖNGRUBER 1992). Die bis rechtwinkelig zur Hauptkluftrichtung angelegten sekundären Kluftsysteme korrelieren mit der Exposition der Peggauer Wand.

Forschungsgeschichte: 1871 machte G. WURMBRAND (1871) auf der Suche nach Spuren des eiszeitlichen

Menschen drei Probegruben im hintersten Abschnitt, wo er u. a. natürlich verrollte Knochen des Höhlenbären fand. Fossile Fundstücke von Aufsammlungen und undokumentierten Ausgrabungstätigkeiten zwischen 1871 und 1900 wurden öffentlichen Sammlungen, wie dem Joanneum und der Technischen Hochschule in Graz oder dem Naturhistorischen Museum in Wien, übergeben. Die Funde sind teilweise nur mit 'Peggauer Höhle' oder 'Peggauer Höhlen' etikettiert (z. B. TEPPNER 1914), sodaß eine Zuordnung unzulässig ist. Um 1917 grub der Archäologe W. Schmid, Landesmuseum Joanneum, im mittleren Haupteingang, ohne pleistozäne Funde zu machen (KUSCH 1996). 1918/19 wurden zur Gewinnung von Phosphatdünger ca. 5m mächtige Sedimente mit 600 Tonnen Feinmaterial abgebaut. Der Minenbetrieb erfolgte vollkommen ohne Beobachtung durch prähistorisch oder paläontologisch Geschulte - angeblich ein Ergebnis der Kompetenzunklarheiten über Fundbergung und Besitzansprüche (SAAR 1931). Nur die wenigen frühgeschichtlich wertvollen Angaben über eine rund 10cm mächtige latène- und römerzeitliche Fundschicht zwischen mittlerem Eingang und Halle geben nähere Auskunft (HOFMANN 1922, KYRLE 1923). Das phospathältige Material wurde mit einer Seilbahn zu Tal gebracht. Hohe Aufschließungskosten und der durch den Stein- und Bruchschuttgehalt geringe Phospatgehalt ließen später die Aktion als insgesamt defizitär erkennen (SAAR 1931). Zwischen 1959 und 1990 sind einzelne Aufsammlungen von archäologischen Funden dokumentiert (FLADERER & FUCHS 1992). 1991 erfolgte unter G. Fuchs (Landesmuseum Joanneum, LMJ, Abteilung für Vor- und Frühgeschichte) und F. Fladerer (Institut für Paläontologie der Universität Wien) im Auftrag der Fachstelle Naturschutz der Landesregierung die erste dokumentierte rund sechswöchige Ausgrabung in der Höhle. Eine Auswertung erfolgt im Rahmen des Projektes 8246GEO 'Höhlensedimente im Grazer Bergland' des Fonds zur Förderung der wissenschaftlichen Forschung (FLADERER & FUCHS 1996). 1991 wurden zum erstenmal in Österreich in Zusammenarbeit mit dem Institut für Geophysik der Universität Leoben paläomagnetische Messungen an einem pleistozänen Höhlensedimentprofil durchgeführt (ROLLINGER 1992).

Sedimente und Fundsituation: Durch den Abbau der Höhlensedimente 1918/19 wurde eine Sedimenthöhe im Dom von über 5m festgestellt; der anstehende Fels wurde teilweise nicht erreicht (KYRLE 1923:231-246, Tafel X). Die Ablagerungen werden als einheitlich beschrieben und zeigten keine deutliche Schichtung. Sie bestanden aus Deckenbruch, einem Gemenge aus hohem Anteil an bis faustgroßem Bruchschutt, unregelmäßig eingelagerte erdig-lehmige Nester mit einem Phosphorpentoxid-($P_2 0_5$)-Gehalt von durchschnittlich 6 Prozent und Knochen ohne Abrollungsspuren, die fast ausschließlich vom Höhlenbären stammen. Nach GÖTZINGER (1926) konnte ein $P_2 0_5$-Gehalt von bis zu 17,6 Prozent festgestellt werden, der zum vorwiegenden Teil den Faeces und Kadavern der Höhlenbären entstammte. KYRLE (1923:87) wies auf den hohen Grad der Beeinflussung der Verwitterung und der Sedimentbildung im Großen Dom durch das Außenklima hin: Die intensive Durchmischung von Bruchschutt mit Phosphaterde und die ehemals nach oben abschließende Bruchschuttschicht zeigten eine intensive Tagverwitterung an. Diese ist ab dem ansteigenden Mittelteil stark reduziert. Der heutige Boden in den beiden nördlichen Eingangsstrecken und im Dom wird teilweise von Aushubmaterial gebildet.

Die systematische Grabung 1991 wurde an der ehemaligen Abbaustirne der Phosphaterdegewinnung 1918/19 nahe des Einganges VI angelegt, die heute einen Böschungswinkel von 30 bis 45° hat (Abb.1). Die Gesamthöhe der Sedimente ist auch in diesem Abschnitt mit über 5m anzugeben (FLADERER & FUCHS 1992).

Folgender generalisierter Profilaufbau war festzustellen (Abb.2): Unter rezentem verlagerten Material und Grubenfüllungen (Schichten 1-2, 4) folgt ein Komplex von archäologischen Fundschichten und Strukturen (3, 5-6, 11-13). Die darunter liegenden 2m ergrabenen eiszeitlichen Schichten bestehen generell aus bruchschuttreichem rötlichbraunen Lehm. In manchen Abschnitten ist dicht gelagerter Bruchschutt bis plattiges Blockwerk und Versturz (Schicht 17) angetroffen worden. Knochen und ortsfremde Gerölle bilden weitere Großkomponenten in wechselnden Anteilen. Bis auf die oberste Kalksinter-Schicht 7a sind die pleistozänen Schichten nahezu unverfestigt. Die obersten Schichten sind durch Tierbauten gestört, die möglicherweise großteils dem Dachs zuzuschreiben sind. Auch im mittleren Abschnitt des pleistozänen Profils ist Verlagerung durchaus erkennbar. Im unteren Abschnitt bildet Bruchschutt den Hauptanteil.

Die sedimentologische Analyse erbrachte eine relativ homogene Korngrößenzusammensetzung der Fraktion <2mm (ROLLINGER 1992). Der schluffige Anteil dominiert, die Sortierung ist einheitlich sehr schlecht. Es sind größtenteils Rückstandsprodukte der Verwitterung des höhlenbildenden Gesteins. Dafür spricht auch der hohe Karbonatgehalt von 24 bis 41 Prozent. Hoch ist auch der organische Gehalt mit 5,1 bis 5,9 Prozent, der wie das Phosphat auf die Bärenbesiedelung zurückzuführen ist. Ein allochthoner Anteil, wie er in Quarzgeröllen in Erscheinung tritt, ist klar erkennbar. Die Messung der magnetischen Anisotropie in einem feinkörnigen Bereich der Schicht 15 läßt darauf schließen, daß das Ablagerungsgefüge hier ungestört ist.

Vollständige Langknochen und Mandibeln von Höhlenbären, die 1877 aus einer 'Peggauer Höhle' an das Naturhistorische Museum in Wien gelangten, sind nicht mit Sicherheit der Großen Peggauerwandhöhle zuzuordnen.

Fauna:

Tabelle 1. Große Peggauerwandhöhle. Artenliste nach FLADERER (1995b), mit Schichtnummern. + - nachgewiesen. unstr. - unstratifiziert und ältere Aufsammlungen. Vögel nach MLÍKOVSKÝ (1994), Kleinsäuger ergänzt nach REINER & BICHLER (1996).

	20-18	17	16	15, 14, 12, 10-7	unstr.
Pisces indet.	+	+	+	+	
Anura indet.	-	-	+	-	
Lagopus mutus (Alpenschneehuhn)	-	-	-	+	
Lagopus mutus/lagopus	-	-	-	+	
Tetrao urogallus (Auerhuhn)	-	-	-	+	
Coturnix coturnix (Wachtel)	+	-	-	-	
Gallinula chloropus (Teichhuhn)	+	-	-	-	
Corvidae indet.	+	-	-	-	
Aves indet.	-	+	-	-	
Talpa europaea	+	+	+	+	
Erinaceus sp.	-	+	-	+	
Soricidae	+	+	-	-	
Chiroptera indet.	+	+	+	+	
Citellus sp.	+	-	-	-	
Microspalax leucodon	+	+	+	+	
Arvicola terrestris	+	+	+	+	
Microtus arvalis-agrestis	+	+	+	+	
Pitymys sp.	+	+	-	-	
Microtus nivalis	+	+	+	+	
Clethrionomys glareolus	+	+	+	+	
Ochotona pusilla	-	+	-	-	
Lepus timidus	-	-	-	+	
Canis lupus	-	+	+	+	
Vulpes vulpes	+	cf.	-	+	
Alopex lagopus	cf.	-	-	+	
Ursus cf. *arctos*	-	+	-	-	
Ursus spelaeus	+	+	+	+	+
Mustela nivalis/erminea	+	-	-	-	
Martes martes	+	cf.	-	+	
Meles meles	-	-	-	+	
Panthera spelaea	-	-	+	-	+
Panthera pardus	+	-	-	+	
Crocuta spelaea	-	+	-	-	
Capra ibex	+	+	+	+	

Der Hauptanteil von über 60% Gewichtsanteilen von Tierresten stammt aus dem unteren Profilbereich (Schichten 16-20). Die Aussagekraft der Reste im oberen muß aufgrund der - möglicherweise noch pleistozänen - Störungen als bescheiden gewertet werden. Die Intensität von Umlagerungen ist aus dem Repräsentationsmuster der Höhlenbärenreste klar erkennbar. Bis Schicht 15 ist bei geringem Fundgewicht ein hoher Anteil von kleinen, abgerollten Fragmenten festzustellen, wobei Knochen und Zähne von juvenilen Tieren überwiegen. Im 'Versturz' (Schicht 17) fanden sich dagegen auch einige gut erhaltene Knochenelemente in situ. Auch hier sind juvenile Individuen nicht selten. Die Ausdehnung der Höhle und ihr nach bergwärts ansteigendes Raumprofil machen eine häufige Besiedelung durch Höhlenbären verständlich. Zahlreiche Bärenreste sind durch Carnivorenverbiß modifiziert. In einigen Fällen ist die Hyäne als Verursacher zu erkennen.

Für Großtier- wie Kleinsäugerreste gilt, daß sie gut erhalten, aber generell sehr bruchstückhaft sind. Die Wühlmausreste zeigen häufig Verdauungsätzung. Diese gibt einen Hinweis darauf, daß die Tiere vor allem Carnivoren zur Beute gefallen sind (REINER & BICHLER 1996). In der Versturzschicht lassen sich Zusammenpassungen von Höhlenbärenresten beobachten. Hier ist auch die Hyäne durch ein Metatarsale III nachgewiesen. Verbiß an Langknochen und Ätzung an einer Bärenphalanx sprechen ebenfalls für die Tätigkeit des Aasfressers. Der Löwe ist aus der höheren Schicht 16 durch eine Mittelphalanx belegt. Relativ häufig sind die kleineren Fleischfresserarten. Eisfuchs und Rotfuchs sind jeweils durch mehrere Elemente teilweise großer Individuen repräsentiert. Die sympatrische Anwesenheit beider Arten erscheint im gegliederten mittleren Murtal durchaus möglich. Selbstverständlich belegt das Nebeneinander in der Taphozönose nicht die Gleichzeitigkeit in der realen Fauna.

Auch die Elemente von *Arvicola* und *Martes* entsprechen den größeren jungpleistozänen Formen. Bemerkenswert sind die Reste von *Microspalax*, die über rund 0,7m des Profils verteilt waren und mindestens zwei Individuen zugeordnet werden müssen. Die subrezente westliche Verbreitungsgrenze der Westblindmaus liegt in der westlichsten Kleinen Ungarischen Tiefebene. Der bislang einzige westlichere eiszeitliche Fundpunkt liegt bei Neunkirchen in Niederösterreich (THENIUS 1949; Flatzer Tropfsteinhöhle, RABEDER, dieser Band).

Im Gegensatz zu den obersten der holozänen Kulturschichten mit Haustierresten sind aus deren untersten, archäologisch nicht genauer datierbaren Schicht 6 mit prähistorischer Keramik nur Wildtiere bekannt. Die Zwergmaus *Micromys minutus* gibt einen Hinweis auf feuchtere Biotope im Talgrund. Sie fehlt der rezenten Fauna des mittleren Murtales.

Paläobotanik: In einer pollenanalytischen Durchsicht von Sedimentproben stellte I. Draxler, Wien (pers. Mitt. 1995) in Schicht 10 neben einer Korbblütlerflora auch die etwas anspruchsvollere Linde (*Tilia*) fest.

Im Zuge des Abbaus 1918/19 wurde zwischen Eingang V und Dom eine spätlatène- bis römerzeitlich datierte Schicht angetroffen. Verkohlte Samen waren als *Triticum compactum* (Pfahlbauweizen), *Secale* sp. (Roggen) und den Hirsearten *Setaria italica* und *Panicum miliaceum* bestimmbar. Die Holzkohle stammt von einer Pappel, vermutlich *Populus tremula*. Die Untersuchungen von HOFMANN (1922, 1943) gelten als Pionierarbeiten der österreichischen Archäobotanik.

Archäologie: Es wurden bisher noch keine Belege einer altsteinzeitlichen Nutzung der Höhle gefunden.

Deutlich ist im bisherigen Fundgut eine kupferzeitliche/spätneolithische Besiedelung abgebildet. Weiters sind Hallstattzeit, Urnenfelderzeit und (?) Bronzezeit nachgewiesen. Eine intensivere Begehung ist für die Römerzeit nachgewiesen; Funde aus Hochmittelalter und Neuzeit deuten auf eine relativ häufige Frequentierung von eher kurzer Dauer durch Besucher (FLADERER & FUCHS 1992, KUSCH 1996).

Chronologie und Klimageschichte: Drei konventionelle Datierungen von Knochenkollagen und zwei Massenbeschleunigerdaten von Höhlenbärenknochen erstrecken sich von 42.400 bis 22.600 Jahre vor heute (FLADERER 1994) (Abb. 2). Die Daten lassen darauf schließen, daß auch im Mittelwürm auf dem verkarsteten Tannebenplateau zwischen 600 und 800m, in der heutigen Mischwaldstufe phasenweise offene Vegetation bestanden hat. Diese gilt als Ausdruck trocken-kalten kontinentaleren Klimaeinflusses mit generell geringerer Niederschlagsmenge, größeren täglichen und saisonalen Temperaturschwankungen und geringerer Bewölkung. Diese annähernd gleichalten 'absoluten' Daten wie aus montanen und subalpinen Höhlen (vgl. Bärenhöhle im Hartelsgraben, Ramesch-Knochenhöhle, RABEDER, dieser Band) können als Ausdruck einer gleichzeitigen Besiedelung bei einer von heute deutlich unterschiedlichen Vegetationszonierung interpretiert werden. Eine andere Erklärung ist, daß hier klimatisch gesteuerte Fluktuationen der Arealgrenzen angedeutet werden (FLADERER 1995a).

Aufgrund der Schichtbildungsdynamik in der Höhle, wie sie sich auch in Störungen und Einlagerung älterer Bärenreste im oberen pleistozänen Schichtkomplex ausdrückt, sind Altersgleichsetzungen nur sehr bedingt zulässig. Eine klimatische Abfolge ist im Profil der Großen Peggauerwandhöhle beim derzeitigen Stand der Bearbeitung nicht erkennbar. Der stadiale Eindruck wird jedenfalls vom montanen Steinbock und der Blindmaus als Offenlandart verstärkt. Der hohe unverrundete Dekkenbruchanteil im unteren Profilabschnitt (Schicht 18: 31.800 BP, Abb. 2) wird ebenfalls als Ausdruck trokken-kalten Klimas interpretiert (ROLLINGER 1992).

Am oberen Ende des pleistozänen Profils spricht die Erhaltung der Schneehuhn- und Kleinsäugerreste für eine Einstufung ins Spätwürm. Auf lokale Bewaldung weisen Waldrötelmaus, Dachs und das Auerhuhn. Sub/rezente Störungen der Stratigraphie erlauben keine näheren paläoklimatischen Aussagen.

Aufbewahrung: Die Tierreste der Grabung 1991 werden bis zum Abschluß der Untersuchungen am Institut für Paläontologie der Universität Wien aufbewahrt. Ältere Funde wurden am Landesmuseum Joanneum und am Naturhistorischen Museum Wien, Geologisch-paläontologische Abteilung, gesichtet.

Rezente Sozietäten: Zur Molluskenfauna des Gebietes siehe FLADERER & FRANK (Rittersaal, dieser Band).

Die Pflanzengemeinschaften der Peggauer Wand zeigen eine hohe Vielfalt von über 140 Arten. Sie gelten großteils als anpassungsfähig an die täglichen und jahreszeitlichen Feuchtigkeits- und Temperaturschwankungen des 200m hohen Felsabbruches (GRUBER 1992).

Literatur:

FLADERER, F. A. 1994. Aktuelle paläontologische und archäologische Untersuchungen in Höhlen des Mittelsteirischen Karstes, Österreich. - Cesky kras, **20**: 21-32, Beroun.

FLADERER, F. A. 1995a. Zur Frage des Aussterbens des Höhlenbären in der Steiermark, Südost-Österreich. - In: RABEDER, G. & WITHALM, G.(eds.), 3. Internationales Höhlenbären-Symposium in Lunz am See, Niederösterreich. Zusammenfassung der Vorträge, Exkursionsführer, 1-3, Wien (Univ. Wien).

FLADERER, F. A. 1995b. Jungpleistozäne Großtierreste aus der Großen Peggauerwandhöhle. - Unpubl. Manuskript, 9 S., Inst. Paläont. Univ., Wien.

FLADERER, F. & FUCHS, G. 1992. Sicherungsgrabung in der Großen Peggauer-Wand-Höhle. - Mitt. Landesver. Höhlenkunde Steiermark, **21**(1-4): 11-26, Graz.

FLADERER, F. & FUCHS, G. 1996. KG Peggau. - Fundber. Österr., **34**(1995): 597-598, Wien.

GÖTZINGER, G. 1926. Die Phosphate in Österreich. - Mitt. Geogr. Ges., **69**: 126-156, Wien.

GRUBER, E. 1992. Die Vegetation der Peggauer Wand. - Mitt. Landesver. Höhlenkunde Steiermark, **21**(1-4): 32-46, Graz.

HOFMANN, E. 1922. Frühgeschichtliche Pflanzenfunde aus der großen Peggauer Höhle (Steiermark). - Speläol. Jb., **3**(3/4): 130-140, Wien.

HOFMANN, E. 1943. Paläobotanik und Höhlenforschung. - Z. Karst- und Höhlenkunde (Mitt. Höhlen- und Karstforsch.), Jg. **1942/43**: 78-85, Berlin.

KUSCH, H. 1996. Zur kulturgeschichtlichen Bedeutung der Höhlenfundplätze entlang des mittleren Murtals (Steiermark). - Grazer Altertumskundliche Studien, **2**, 307 S., Frankfurt am Main (Peter Lang).

KYRLE, G. 1923. Grundriß der theoretischen Speläologie. - Speläol. Monogr., **1**, Wien.

MAURIN, V. 1994. Geologie und Karstentwicklung des Raumes Deutschfeistritz-Peggau-Semriach. - In: R. BENISCHKE & al. 1994: 103-137, Graz.

MLÍKOVSKÝ, J. 1994. Jungpleistozäne Vogelreste aus Höhlen des Mittelsteirischen Karsts bei Peggau-Deutschfeistritz, Österreich. - Unpubl. Manuskript, 7 S., Inst. Paläont., Univ. Wien.

REINER, G. & BICHLER, H. 1996. Taphonomy in caves: Two case studies. - Posterpräsentation, II Reunión de Tafonomía y fosilización, Communicación (G. MELÉNDEZ HEVIA, F. BLASCO SANCHO & I. PÉREZ URRESTI; eds.): 347-352, Zaragoza.

ROLLINGER, A. 1992. Höhlensedimente im Grazer Bergland. Sedimentanalytische und magnetische Untersuchungen. - Unpubl. Manuskript, Inst. Geol. Paläont. Univ., 45 S., Graz.

SAAR, R. 1931. Geschichte und Aufbau der österreichischen Höhlendüngeraktion mit besonderer Berücksichtigung des Werkes Mixnitz. - In: ABEL, O. & KYRLE, G. (eds.), Die Drachenhöhle bei Mixnitz, Speläol. Monogr., **7/8**: 3-64, Wien.

SCHÖNGRUBER, G. 1992. Kluftflächenbestimmung in der Großen Peggauer-Wand-Höhle. - Mitt. Landesver. Höhlenkunde Steiermark, **21**(1-4): 29-31, Graz.

TEPPNER, W. 1914. Beiträge zur fossilen Fauna der steirischen Höhlen. - Mitt. für Höhlenkunde, **7**(1): 1-18, Graz.

THENIUS, E. 1949. Der erste Nachweis einer fossilen Blindmaus (*Spalax hungaricus* Nehr.) in Österreich. - Sitzungsber. Math.-naturw. Kl., Österr. Akad. Wiss., Abt. I, **158**(4): 287-298, Wien.

WURMBRAND, G. 1871. Ueber die Hoehlen und Grotten in dem Kalkgebirge bei Peggau. - Mitt. naturwiss. Verein Steiermark, **2**(3): 407-427, Graz.

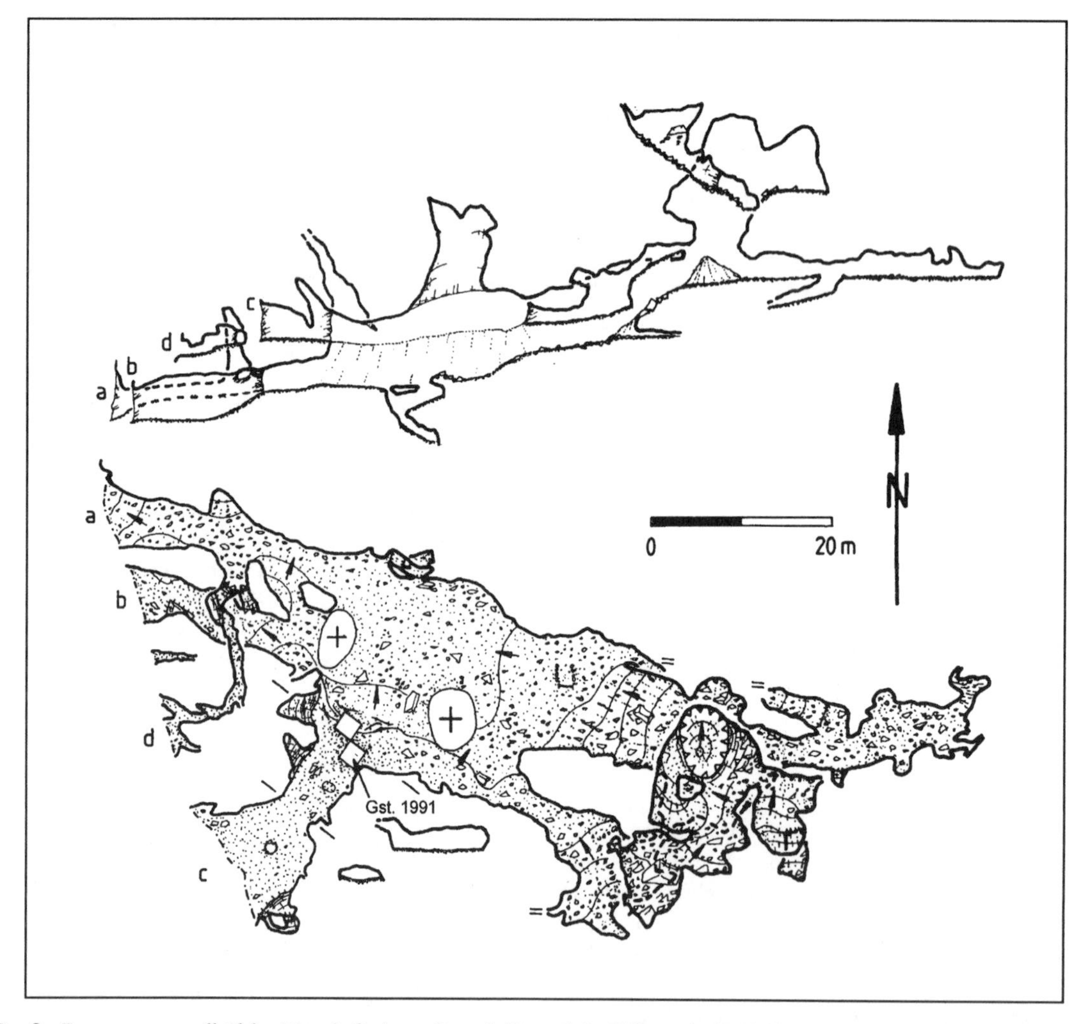

Abb.1: Große Peggauerwandhöhle. Vereinfachter Grundriß und Aufriß nach KUSCH (1996) mit Lage der Grabungsflächen Fuchs & Fladerer 1991.

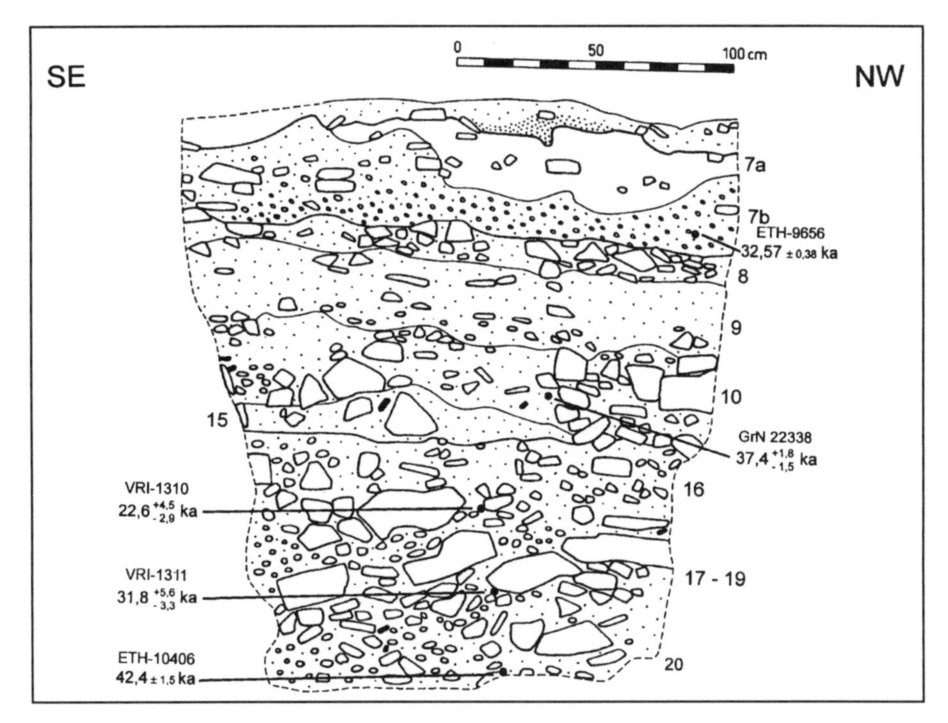

Abb.2: Große Peggauerwandhöhle. Südwestprofil der Grabung 1991 (FLADERER & FUCHS 1992) mit Radiokarbondaten in 1000 Jahren vor heute (teilweise projiziert).

Kleine Peggauerwandhöhle

Florian A. Fladerer
(mit einem Beitrag von Christa Frank)

Früh- bis mittelwürmzeitliche Bärenhöhle im Mittelgebirge

Synonyme: Peggauer-Wandhöhle III, Kleine Peggauer Höhle; KP

Gemeinde: Peggau
Polit. Bezirk: Graz-Umgebung, Steiermark
ÖK 50-Blattnr.: 164, Graz
15°20'57" E (RW: 26mm)
47°12'24" N (HW: 458mm)
Seehöhe: 511m
Österr. Katasternr.: 2836/38
Seit 1971 durch das Bundesdenkmalamt nach dem Naturhöhlengesetz unter Schutz gestellt.

Lage: Die Peggauer Wand ist der westexponierte Steilabfall der verkarsteten Hochfläche der Tanneben (ca. 700-900m) östlich der Mur. Vom Vorplatz, der die Kleine und die Große Peggauerwandhöhle verbindet, eröffnet sich ein weiter Blick ins Murtal mit dem Bekken von Peggau-Deutschfeistritz und die westlich gelegenen Mittelgebirgskuppen (siehe Fünffenstergrotte, FLADERER, dieser Band).
Zugang: Ein markierter Wanderweg führt hinter den Häusern am Bergfuß steil nach oben. Über restaurierte Steigleitern ist der mit Bruchschutt angeschüttete langgestreckte Vorplatz erreichbar, an dessen Nordende das Portal der Kleinen Peggauerwandhöhle sichtbar ist.
Geologie: Grazer Paläozoikum (Oberostalpin, Zentralalpen), Schöckelkalk (Mitteldevon) (MAURIN 1994).

Fundstellenbeschreibung: Die Höhle ist ein kleines, überwiegend kluftgebundenes, komplexes System mit Seitengängen und unbegehbaren Fortsetzungen. Der tiefste Punkt liegt im heute verfüllten Eingangsbereich. Größere Räume liegen im mittleren Abschnitt. Die Hauptstrecke ist leicht ansteigend und führt in den distalen gangartigen Abschnitt (Abb.2). Die maximale Längserstreckung wird mit 67m angegeben, die vertikale mit 29m.

Forschungsgeschichte: 1870 macht der Prähistoriker und spätere Landeshauptmann G. WURMBRAND (1871) erste Aufsammlungen und eine kleine Grabung im distalen Höhlenabschnitt (Abb.1). Gut erhaltene Höhlenbärenknochen von einer 'Peggauer Höhle' am Naturhistorischen Museum in Wien dokumentieren Aufsammlungen um 1877 (siehe Große Peggauerwandhöhle, FLADERER, dieser Band). Der Archäologe W. SCHMID (1918:121) erwähnt ohne nähere Angaben bronzezeitliche Keramikfunde. 1918/19 wird Verlademateria1 vom Phosphaterdeabbau in der Großen Peggauerwandhöhle im Eingangsbereich der Kleinen Peggauerwandhöhle deponiert (KYRLE 1923). Hinweise auf unbefugte Grabungen veranlassen 1992 im Auftrag der Fachstelle Naturschutz der Steiermärkischen Landesregierung zu einer 'Sicherungsgrabung' zur Feststellung von wissenschaftlichem Potential und besonderer Schutzwürdigkeit der Höhle. Die Auswertung erfolgt im Rahmen des FWF-Projekts 8246GEO 'Höhlensedimente im Grazer Bergland' (FLADERER & FUCHS 1992, 1994).

<u>Sedimente und Fundsituation:</u> Für die Anlage der Sondage 1992 im vorderen Höhlenabschnitt, 20m hinter dem Portal (Abb. 1), wurde die Verfüllung einer rund 2,7 x 1m großen Grube einer Raubgrabung ausgeräumt (FLADERER & FUCHS 1992). Zur Dokumentation wurden die Ränder begradigt und das Grabungsfeld nach Südwest zur Höhlenwand erweitert. Die pleistozäne Abfolge besteht hier (Abb.1) aus einem liegenden fundarmen Lehmkomplex (Schichten 10-8) bis über 1,6m Tiefe unter der rezenten Bodenoberfläche. Darüber folgt ein sandig-lehmiger Komplex mit Bruchschutt und fossilen Tierresten (Schichten 7-4). Beobachtete Maximalmächtigkeit ca. 0,8m. Darüber folgen eine dünne holozäne Sinterschicht (3) und archäologische Schichten (2-1a).

Im distalen Höhlenabschnitt lagen nach WURMBRAND (1871) Knochen von Höhlenbären frei auf dem Boden.

<u>Fauna:</u>

Tabelle 1. Artenliste der fossilen Reste nach FLADERER & FUCHS (1994), teilweise revidiert und ergänzt. Vögel nach MLÍKOVSKÝ (1994). 10-4 - Schichtnummern vom Liegenden, unstr. - nicht stratifizierte Aufsammlungen während der Sondierung 1992 und ältere.

	10-8	7	6	5	4	unstr.
Lagopus mutus/lagopus (Schneehuhn)		+				
Corvus corax (Kolkrabe)	-	+	-	-	-	
Talpa europaea	-	+	+	+	-	
Chiroptera indet.	-	+	-	-	+	
Apodemus sp.	-	-	-	-	-	
Arvicola terrestris	+	+	+	+	+	
Microtus arvalis-agrestis	+	+	+	-	+	
Microtus nivalis	+	+	+	-	+	
Clethrionomys sp.	-	+	+	-	+	
Lepus cf. *timidus*	-	+	-	-	-	
Canis lupus	+	-	+	-	+	+
Vulpes vulpes	-	-	+	+	-	
Alopex lagopus	-	-	-	-	-	
Mustela erminea	-	-	-	+*	-	
Mustela nivalis	-	+	-	-	-	
Martes martes	-	-	+	-	-	
Panthera spelaea	-	-	-	-	-	+
Ursus spelaeus	+	+	+	+	+	+
Rangifer tarandus	-	-	+	-	-	
Bison priscus / Bos primigenius	-	-	-	-	-	+
Capra ibex	-	+	+	-	-	+

* Das fast vollständige Hermelinskelett ist nach der Erhaltung nicht synchron mit den übrigen Kleinsäugerresten.

Tabelle 2. Mollusca

	4-5	1-6
cf. *Clausilia dubia*	-	2*
Hygromiidae vel Helicidae	1	-

* Die beiden Clausilienschalen stammen aus vermischtem Material.

Die Sondage 1992 bewegte sich nur kleinräumig in originalen Sedimenten. Der gesamte Aushub wurde im Freien getrocknet, verlesen und das Feinmaterial gesiebt und gewaschen. Vom Gesamtgewicht an stratifiziert geborgenen Tierresten stammen 60 Prozent aus den sandigen Schichten 5-7 und 17,5 Prozent aus der lehmigen Schicht 8. Davon sind über 95% Knochen und Zähne von Höhlenbären. Körperteilrepräsentation und Zerstörungsmuster zeigen intensive Umlagerung an. Sehr wahrscheinlich lagen in den mittleren und höheren Räumen der Höhle die Lager der Bären. Auch die zerstörte Befundung von freiliegenden Knochen (WURMBRAND 1871) unterstützt diese Ansicht. Ein Bärenschliff im mittleren Höhlenabschnitt ist ein weiteres Kennzeichen einer 'klassischen' Bärenhöhle.

Die weiteren Tierarten sind teilweise nur durch einzelne Reste belegt. Von den großen Herbivoren können eine Wildrindart, Steinbock und Rentier nachgewiesen werden. Die größeren Prädatoren Wolf und Höhlenlöwe gehören mit den Bären zu den potentiellen Nutzern der Höhle. Die systematische Bearbeitung ist noch nicht abgeschlossen. Die schlechte Erhaltung von Molluskenresten (Tab. 2) korreliert mit der relativ guten Erhaltung von Pollen, die vor allem durch die Faeces der Bären eingebracht wurden (vgl. z.B. RABEDER, Ramesch-Knochenhöhle, dieser Band).

<u>Paläobotanik:</u> Pollenproben von den Schichten 5-7 repräsentieren nach I. Draxler, Wien, eine reiche Kräuterflora und auch anspruchslosere Baumarten wie *Pinus* (Kiefer), *Betula* (Birke) und *Alnus* (Erle) (FLADERER & FUCHS 1994). Eine rötliche, lehmige Sedimentprobe

aus einem fragmentierten Höhlenbärenschädel der Schicht 8 wurde von R. Zetter, Wien, durchgesehen. Auch hier handelt es sich um eine vor allem aus Compositen (Korbblütler), Dipsacaceen (Kardengewächse) und *Alnus* bestehende Kräuterflora, deren Pollen wohl vor allem über die Faeces der Höhlenbären in die Höhle gelangt sind. Holzkohlereste wurden an O. Cichocki, Wien, zur anatomischen Bestimmung übergeben.

Archäologie: Aus den pleistozänen Schichten sind keine Hinweise auf menschliche Begehung bekannt. Nutzungsphasen sind für Urnenfelderzeit, Römerzeit und Mittelalter belegt (FLADERER & FUCHS 1994).

Chronologie und Klimageschichte: Ein konventionelles Radiokarbondatum von Höhlenbärenknochen aus der sandigen Schicht 7 ergab >27.000 Jahre vor heute (VRI-1398) (FLADERER 1994). Aus weiteren Proben aus den Schichten 5 und 6 konnte nach E. Pak, Wien, nur zu wenig Zählgas extrahiert werden. Aufgrund des klastischen Charakters der Schichten 4-7 wären durchaus resedimentierte und auch deutlich ältere Bärenreste zu erwarten. Die optische Ähnlichkeit und die hohe Lage im Profil, unmittelbar unter einer holozänen Sinterschicht lassen eine mittelwürmzeitliche Ablagerung vermuten. Das Gesamtbild der Faunen- und Florengemeinschaften korrespondiert mit trocken-kaltem Klima. Der Höhlenbär benötigt lichte krautreiche Äsungsflächen. Sehr wahrscheinlich sind in der Schichtabfolge klimatisch unterschiedliche Phasen repräsentiert. Ein deutlicher Hiatus liegt zwischen dem sandigen Komplex und den unteren lehmigen Schichten (8-10), die vermutlich älter als mittelwürmzeitlich sind.

Aufbewahrung: Die Wirbeltier- und Molluskenreste werden bis zum Abschluß der Untersuchungen am Institut für Paläontologie der Universität Wien aufbewahrt.

Rezente Sozietäten: Siehe Rittersaal (FLADERER & FRANK, dieser Band).

Literatur:

FLADERER, F. 1994. Aktuelle paläontologische und archäologische Untersuchungen in Höhlen des Mittelsteirischen Karstes, Österreich. - Ceský kras, **20**: 21-32, Beroun.

FLADERER, F. & FUCHS, G. 1992. Peggauer Wand. Sicherungsgrabungen 1992 in der Kleinen Peggauerwandhöhle (Kat.Nr. 2836/38) und im Rittersaal (Kat.Nr. 2836/40). - 36 S., Graz (ARGIS - Archäologie und Geodaten Service).

FLADERER, F. & FUCHS, G. 1994. Steiermark, KG Peggau. - Fundber. Österr., **32**(1993): 644-645, Wien.

KYRLE, G. 1923. Grundriß der Theoretischen Speläologie. - Speläolog. Monographien, **1**: 246f, Wien.

MAURIN, V. 1994. Geologie und Karstentwicklung des Raumes Deutschfeistritz-Peggau-Semriach.- In: BENISCHKE R., SCHAFFLER H. & WEISSENSTEINER V. (eds.) 1994. Festschrift Lurgrotte 1894-1994: 103-137, Graz (Landesverein für Höhlenkunde in der Steiermark).

MLÍKOVSKÝ, J. 1994. Jungpleistozäne Vogelreste aus Höhlen des Mittelsteirischen Karsts bei Peggau-Deutschfeistritz, Österreich. - Unpubl. Manuskript, 7 S., Inst. Paläont. Univ., Wien.

SCHMID, W. 1918. Vorgeschichtliche Forschungen in Steiermark im Jahre 1917. - Anz. Akad. Wissensch., phil.-hist. Kl., **55**: 118-122, Wien.

WURMBRAND, G. 1871. Ueber die Höhlen und Grotten in dem Kalkgebirge bei Peggau. - Mitt. naturw. Ver. Steiermark, **2**(3): 407-428, 3 Taf., Graz.

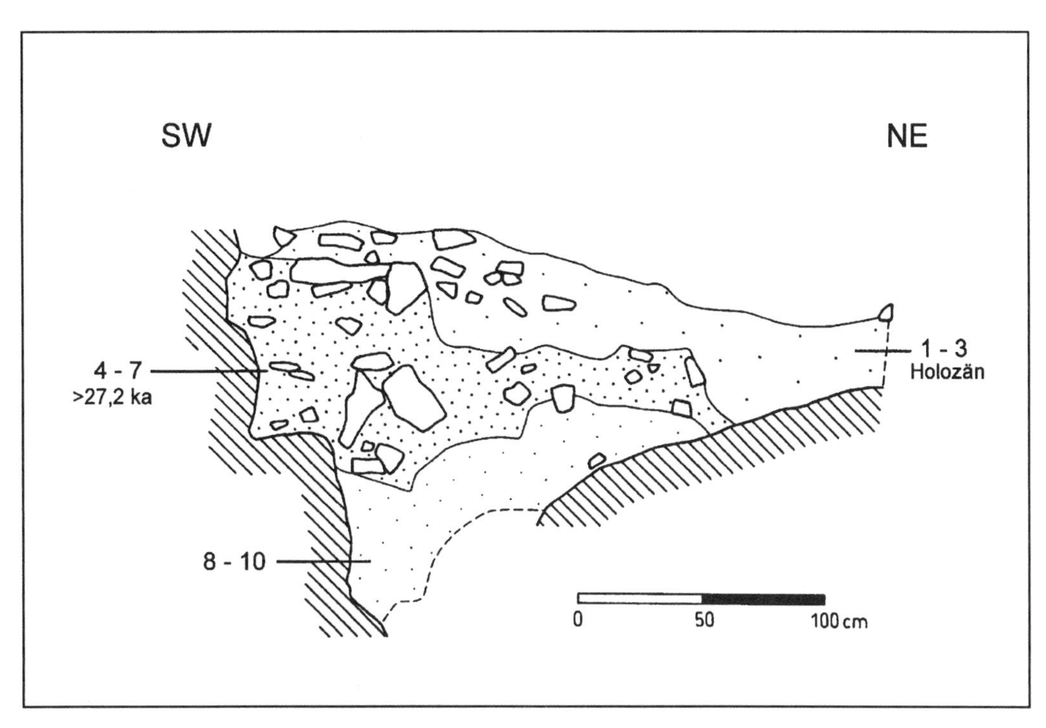

Abb.1: Kleine Peggauerwandhöhle. Vereinfachte Stratigraphie im Nordwestprofil der Grabung FLADERER & FUCHS (1992) und Radiokarbondatum.

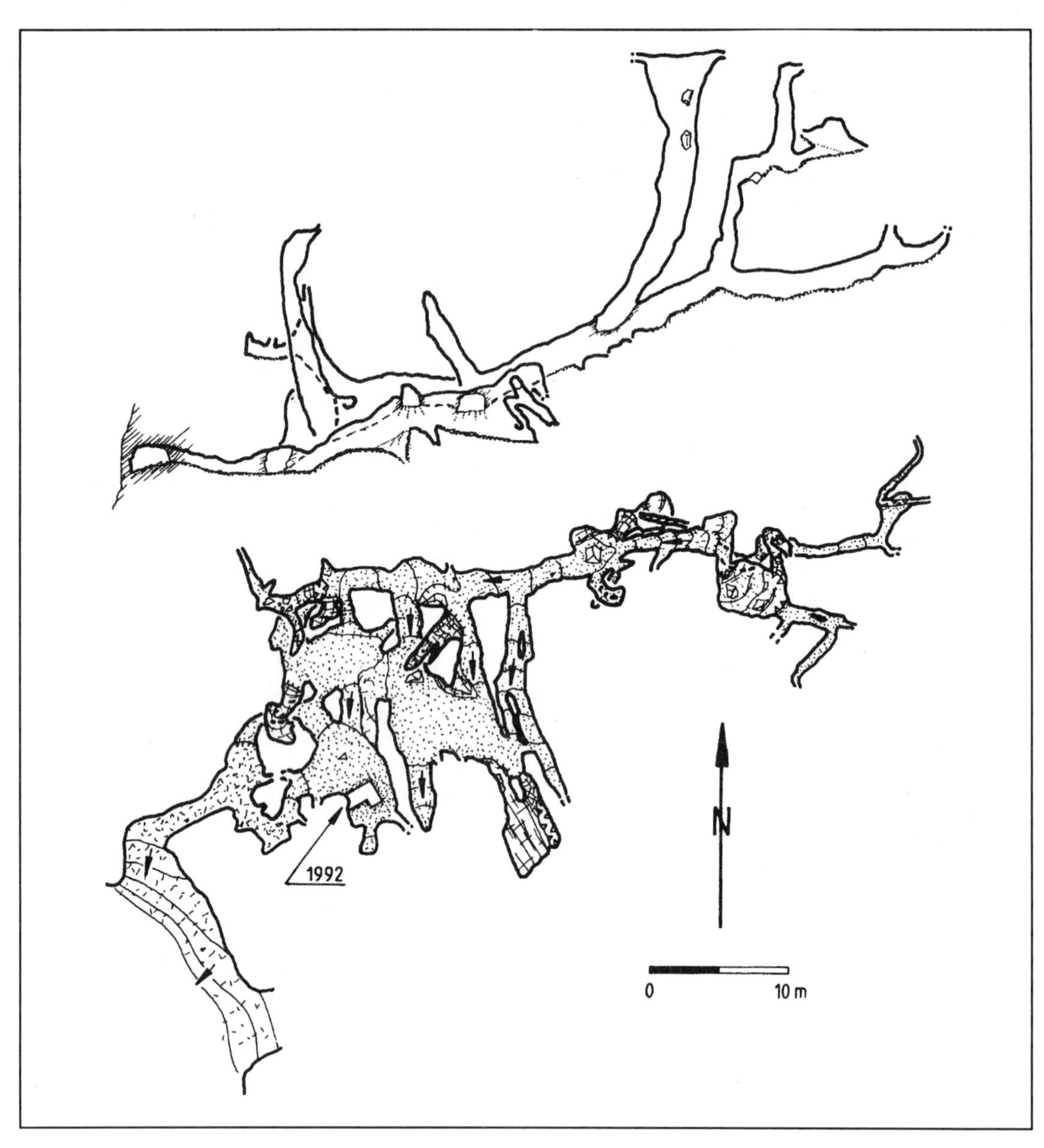

Abb.1: Kleine Peggauerwandhöhle. Grundriß und Aufriß nach Polt-Weißensteiner-Windisch 1992 (FLADERER & FUCHS 1992) mit Grabungsstelle 1992.

Repolusthöhle

Gernot Rabeder & Harald Temmel

Höhlenfüllung mit mittel- bis jung(?)pleistozäner Vertebratenfauna und mittelpleistozänen und rezenten Kulturresten
Kürzel: Re

Gemeinde: Frohnleiten (KG Mauritzen)
Polit. Bezirk: Graz - Umgebung, Steiermark
ÖK 50-Blattnr.: 164, Graz
15°20'51" E (RW: 351mm)
47°18'35" N (HW: 507mm)
Seehöhe: 525m.
Österr. Höhlenkatasternr.: 2837/1
Länge der Höhle: 50m. Höhenunterschied: 10m.
1949 erfolgte die behördliche Unterschutzstellung der Repolusthöhle und ihrer näheren Umgebung.

Lage: In dem nach Süden gerichteten Steilhang des Badlgrabens, ca. 500m vor dessen Mündung im Murtal, 70m über dem örtlichen Talboden (siehe Lageskizze Fünffenstergrotte, FLADERER, dieser Band).
Zugang: Entweder durch den Badlgraben, nach ca. 800m in nördlicher Richtung über eine verfallene Holzbrücke und über einen breiten ehemaligen Forstweg. Vor der letzten Steigung zur Verebnungsfläche oberhalb der Repolusthöhle, dem sogenannten Himmelreich, zweigt vom Forstweg links ein schmaler, weitgehend verwachsener Steig zur Höhle ab.
Oder auf einer gut instand gehaltenen, mit einem Wegschranken versperrten Forststraße, die im Ortsgebiet von Badl von der Bundesstraße (nicht Schnellstraße) Bruck/Graz in Richtung Osten abzweigt und die eben

falls bis zur Verebnungsfläche oberhalb der Repolusthöhle führt.

Geologie: Die Repolusthöhle liegt zur Gänze in sehr dichtem, weißgrau bis graublau gebändertem, schwach metamorphem und weitestgehend fossilfreiem Schökkelkalk, den man aufgrund enger Verknüpfung mit dunklen, fossilreichen Kalken der Kalkschiefer - Fazies in das (? Mittel-) Devon stellt.

Fundstellenbeschreibung: Von dem nach SO gerichteten, 4,5m breiten und maximal 2,8m hohen, halbkreisförmigen Eingang führt je ein Gang nach N und W. Beide Gänge ändern nach wenigen Metern ihre Richtungen, biegen rechtwinkelig nach W bzw. nach N um und umfassen derart einen mächtigen Felspfeiler. Anschließend vereinigen sie sich zu einer einfachen, tunnelartigen Höhlenstrecke von durchschnittlich vier Metern Höhe und drei Metern Breite.

Die mit Abraum bedeckte Sohle fällt leicht geneigt gegen W ab. Nach ungefähr 30m ist das Ende des Horizontalganges bei einem zur Zeit mit Abraum verfüllten Schacht erreicht. Vom Schacht zweigen nach N und W einige kleinere und wegen ihrer Enge nur noch wenige Meter befahrbare Gänge ab.

Über dem Schacht erhebt sich ein 8m hoher Kamin, der bis knapp unter die Erdoberfläche reicht.

Im Gang hinter dem Schacht befinden sich zwei, einst vollständig mit fossilführenden Sedimenten ausgefüllte Bodenkolke, die von unbekannten Raubgräbern geplündert worden sind.

Forschungsgeschichte: Die Repolusthöhle wurde im Jahre 1910 vom Bergknappen Repolust entdeckt. 1920 führte die Bundeshöhlenkommission im Rahmen der staatlichen Höhlendüngeraktion Sondierungsgrabungen in der Höhle durch. GÖTZINGER (1926) berichtet darüber und erwähnt nicht näher bezeichnete Knochenfunde.

Anschließend geriet die Repolusthöhle wieder in Vergessenheit. Bei ihrer 'Wiederentdeckung' 1947 im Auftrag des Bundesdenkmalamtes brachten die abgeteufte Probegrabungen bereits in geringer Tiefe pleistozäne Säugetierreste und Steinartefakte zutage.

Systematische Grabungen im Auftrag der Abteilung für Vor- und Frühgeschichte am steirischen Landesmuseum Joanneum unter der Leitung von M. Mottl im Jahre 1948 förderten beinahe die gesamten Ablagerungen des Horizontalganges der mit Sedimenten hoch angefüllten Höhle und lieferten zahlreiche eiszeitliche Vertebratenreste, Holzkohlen und über 2000 Artefakte.

Mehrere Nachgrabungen M. Mottls, z.T. gemeinsam mit W. Modrijan, in den Jahren 1950, 1952 und 1954 führten zur Entdeckung eines vollkommen sedimenterfüllten, nach der Ausgrabung knapp 10m tiefen Schachtes, im distalen Höhlenbereich.

1954 und 1955 wurden dessen Ausfüllungen im Auftrag der Abteilung für Geologie, Paläontologie und Bergbau am Joanneum, dieses Mal unter der örtlichen Leitung von H. Bock, vollständig ausgeräumt.

Von 1981 bis 1985 wurde der im Horizontalgang aufgeschüttete Abraum von H. Temmel nochmals eingehend durchsucht.

In einem vom Jubiläumsfonds der Österreichischen Nationalbank geförderten Projekt (Nr. 5691, Leitung: G. Fuchs) wird derzeit versucht, die Grabungen nach den Protokollen und dem Fundgut einer Revision zu unterziehen (FÜRNHOLZER 1996).

Sedimente: Vor Beginn der systematischen Grabungen war die Repolusthöhle mit autochthonen und allochthonen, teils lehmigen, teils sandigen Ablagerungen und Bruchschutt aus Muttergestein beinahe ausgefüllt, so daß der größte Teil der Höhlenstrecke nur kriechend zurückgelegt werden konnte. Nach ihrer Lage in der Höhle lassen sich Sedimente des Horizontalganges, des Schachtes und der beiden Bodenkolke im Gang hinter dem Schacht unterscheiden.

Für den Horizontalgang und den Schacht gibt MOTTL (1951, 1955) ein Profil an, in dem die Hauptschichten hier etwas vereinfacht - und nach den Angaben von TEMMEL (1996) modifiziert - beschrieben werden:

Unter einem im Eingangangsbereich bis zu 50cm umfassenden, rezenten **Humus** und einer Sinterkruste (stellenweise bis 10cm stark) folgen:

Gelbbrauner Lehm. Als postpleistozäner gelbbrauner Gehängelehm im Vorhof und in der Seitennische und als pleistozäner gelbgraubrauner Spaltenlehm im distalen Höhlenbereich, bis 65cm mächtig.

Graubraune, erdige Schicht. Nur im Horizontalgang, etwa bis zur Höhlenmitte, 25 - 30cm mächtig.

Schuttschicht. Autochthoner Bruchschutt aus Schöckelkalk in der gesamten Höhle.

Grauer Sand. In der gesamten Höhle, 30 - 50cm mächtig. Obere Kulturschicht.

Manganoxid- und Phosphatanreicherungen.

Rostbraune Phosphaterde. Untere Kulturschicht. Maximaler Umfang im hinteren Bereich des Horizontalganges 260cm.

In die Rostbraune Phosphaterde sind Sandlinsen, Manganoxidbänder, Holzkohlenanreicherungen ('Feuerstellen') sowie rote und dunkelbraune Lehme eingebettet. Die tieferen Anteile mit einer Mächtigkeit von 130cm hat TEMMEL (1996) aufgrund lithologischer und faunistischer Kriterien als 'Dunkelbraunen Phosphatlehm' abgetrennt und dafür eine eigene Faunenliste erstellt.

Im Schachtbereich liegt unter der Rostbraunen Phosphaterde nach Angaben von MOTTL (1955) eine Wechselfolge von bunten Lehmen, Tonen und Sanden mit Zwischenschaltungen von Manganoxidstreifen.

TEMMEL (1996) beschreibt eine wesentlich kompliziertere Schichtenfolge, die er nach Angaben von MOTTL (1955) aus Sedimentresten an der Schachtwand sowie nach dem Abraum der Schachtgrabung zu rekonstruieren versucht hat.

Die Ausfüllungen von Bodenkolk 1 waren durch Raubgrabungen gänzlich zerstört. Für den Bodenkolk 2 gibt

TEMMEL (1996) folgendes Profil bekannt:
Grauer Sand. Mächtigkeit 5cm.
Murmeltierabraum. 20 - 25cm Umfang.
Rostbrauner Lehm. 10cm mächtig.
Grausandige Lage. Mächtigkeit 5cm.
Roter Lehm. Mächtigkeit 80cm.

Fauna: Eine systematische Bearbeitung der umfangreichen Faunenreste war im Rahmen dieses Projektes aus Zeitgründen nicht möglich. Lediglich die zahlenmäßig dominanten Ursiden wurden zuerst durch MOTTL (1964) bearbeitet, dann von RABEDER (1989a,b) und TEMMEL (1996) revidiert. Die taxonomische Stellung der meisten anderen Taxa ist entweder noch nicht bekannt oder bedarf einer gründlichen Überprüfung.

Tabelle 1. Vertebrata (n. MOTTL 1951, 1955, 1964, 1975; TEMMEL 1996; ein Teil der Kleinsäugerreste revidiert von G. Rabeder). Die Spalten in folgender Tabelle bedeuten: 1 = rezenter Humus, 2 = Gelbbrauner Lehm, 3 = Graubraune, erdige Schicht (1 - 3 nur nach MOTTL); 4 = Grauer Sand - obere Kulturschicht, 5 = Rostbraune Phosphaterde - untere Kulturschicht (4 und 5 nach MOTTL und TEMMEL); 6 = Dunkelbrauner Phosphatlehm, 7 = Aushub aus dem Bodenkolk, 8 = Aushub aus dem Schacht (6 bis 8 nur nach TEMMEL 1996).
d = dominant, h = häufig

Taxa	1	2	3	4	5	6	7	8
Amphibia (det. K. Rauscher)								
Bufo bufo (Erdkröte)	-	-	-	-	-	+	-	+
Bufo viridis (Wechselkröte)	-	-	-	-	-	+	-	-
Bombina variegata (Gelbbauchunke)	-	-	-	-	-	+	-	-
Rana temporaria (Grasfrosch)	-	-	-	-	-	-	-	+
Reptilia								
Squamata indet.	-	-	-	-	-	-	+	-
Ophidia indet.	-	-	-	-	-	-	+	+
Aves (auch n. JÁNOSSY 1989)								
Gyps melitensis aegypioides	-	-	-	+	+	-	-	-
Aquila sp.	-	-	-	+	+	-	-	-
Tetrao urogallus	-	-	-	-	+	-	-	-
Lagopus mutus	-	-	-	+	-	-	-	-
Mammalia								
Talpa minor	-	-	-	-	-	-	+	+
Talpa europaea	-	-	-	+	+	+	+	+
Sorex cf. *araneus*	-	-	-	-	+	-	-	-
Sorex cf. *minutus*	-	-	-	-	-	-	+	-
Sorex sp. cf. *hundsheimensis*	-	-	-	-	-	-	-	+
Sorex sp. cf. *macrognathus*	-	-	-	-	-	-	+	-
Erinaceus sp.	-	-	-	-	-	-	-	+
Rhinolophus hipposideros	-	-	-	-	-	-	+	+
Myotis bechsteini	-	-	-	-	+	-	+	+
Barbastella barbastellus	-	-	-	-	-	-	-	+
Plecotus auritus	-	-	-	-	+	-	-	-
Myotis sp. (mittelgroß)	-	-	-	-	-	-	-	+
Marmota marmota	-	+	+	h	h	d	h	-
Citellus cf. *citellus*	-	-	-	+	+	+	+	-
Glis cf. *glis*	-	-	-	+	+	+	+	-
Allocricetus bursae	-	-	-	-	-	-	-	+
Cricetus cricetus	+	-	+	-	-	-	-	+
Cricetus major	-	-	-	+	+	+	+	+
Apodemus sylvaticus	-	-	-	+	+	-	+	-
Apodemus flavicollis	-	-	-	-	+	-	+	-
Microspalax leucodon	-	-	-	+	-	-	-	-
Castor fiber	-	-	-	-	-	-	-	+
Clethrionomys glareolus	-	-	-	-	+	-	-	+
Arvicola hunasensis	-	-	-	+	+	+	+	+
Microtus arvalidens	-	-	-	-	-	-	+	-

Taxa	1	2	3	4	5	6	7	8
Microtus nivalis	-	-	-	+	-	+	-	-
Microtus gregalis	-	-	-	-	-	+	-	+
Microtus arvalis	-	-	-	-	+	+	-	+
Hystrix cf. *vinogradovi*	-	-	-	-	+	+	+	-
Ochotona pusilla	-	-	-	+	-	-	-	+
Lepus sp.	+	-	-	+	+	+	-	+
Canis mosbachensis	-	-	-	-	+	-	-	+
Canis lupus	-	-	+	+	?	-	cf.	-
Vulpes vulpes	+	-	+	+	+	-	+	+
Vulpes sp.	-	-	-	-	-	-	-	+
Cuon alpinus ssp.	-	-	-	-	+	cf.	-	-
Mustelide indet. (kleine Form)	-	-	-	-	-	-	-	+
Mustelide indet. (cf. *Lutra*)	-	-	-	-	-	-	-	+
Mustelide indet. (cf. *Mustela erminea*)	-	-	-	-	-	-	+	-
Mustela nivalis	-	-	-	+	+	-	-	-
Putorius sp.	-	-	-	-	+	+	-	+
Martes martes	+	-	+	+	+	sp.	sp.	sp.
Meles meles	+	-	+	+	+	cf.	cf.	-
Gulo cf. *schlosseri*	-	-	-	-	-	-	-	+
Ursus arctos	-	-	+	+	+	-	+	-
Ursus deningeri	-	-	-	?	d	-	-	d
Ursus spelaeus	-	-	+	?	-	cf.	cf.	-
Crocuta crocuta	-	-	-	-	-	-	-	+
Felis silvestris	-	-	-	+	+	+	cf.	cf.
Lynx lynx	-	-	-	-	+	-	-	-
Panthera pardus	-	-	-	-	+	+	-	-
Panthera spelaea	-	-	-	+	+	cf.	-	+
Sus scrofa	-	-	+	-	+	+	+	-
Capreolus capreolus	+	-	-	-	+	-	-	-
Cervus elaphus	+	-	+	+	+	+	+	+
Megaloceros giganteus	-	-	-	-	+	-	-	-
Alces sp.	-	-	-	-	-	-	-	+
Rangifer tarandus	-	+	-	-	+	-	-	sp.
Bison cf. *schoetensacki*	-	-	-	-	-	-	+	-
Bison priscus	-	-	+	+	+	-	-	sp.
Rupicapra rupicapra	-	+	+	+	+	-	+	sp.
Capra ibex	-	+	+	d	h	cf.	-	-
Equus cf. *mosbachensis*	-	-	-	+	-	-	-	-
Elephantide indet.	-	-	-	-	+	-	-	-

Paläobotanik: Der Versuch einer pollenanalytischen Auswertung der Repolustsedimente brachte kein Ergebnis. Es gelang jedoch, zahlreiche Holzkohlenproben artlich zu bestimmen.

Holzkohlen (n. HOFMANN 1951)	1	2	3	4	5	6	7	8
Picea excelsa	-	-	-	+	+	-	-	-
Pinus cembra	-	-	+	-	+	-	-	-
Betula sp.	-	-	-	+	-	-	-	-
Salix sp.	-	-	-	+	+	-	-	-
Quercus pedunculata	-	-	-	+	+	-	-	-
Fagus silvatica	-	-	-	-	+	-	-	-

Archäologie: (n. MOTTL 1947, 1950, 1951, 1955, 1968a,b, 1975)

In der Repolusthöhle führten sowohl rezente und postglaziale als auch pleistozäne Schichten zahlreiche Kul-

urreste.
Der Humus (1) enthielt Funde aus napoleonischer Zeit, der Hallstatt-, La - Tène- und Römerzeit.
Im Gelbbraunen Gehängelehm (2) fanden sich Tonscherben, ein Knochenpfriem und ein neolithisches Beil aus Amphibolit.
Die Graubraune, erdige Schicht (3) erbrachte neben wenigen roten, zerschlagenen Kieselstücken, einem Amboß und Schlagsteinen aus Amphibolit, drei schön gearbeitete Klingengeräte aus Hornstein. ZOTZ (1951) ordnet sie einer Aurignacien - Fazies zu. Auch eine sekundäre Lagerung mit einem geringeren Alter wird nicht ausgeschlossen (MOTTL 1975).
Als Hauptfundschichten des Horizontalganges können der Graue Sand (4) und die Rostbraune Phosphaterde (5) angesehen werden. Der Dunkelbraune Phosphatlehm (6) bzw. die tiefen Bereiche der Rostbraunen Phosphaterde bei MOTTL (1951) dagegen waren fundarm und lieferten nur wenige, zumeist große und flüchtig zugerichtete Quarzitartefakte.
In beiden Schichten fanden sich Holzkohlenanhäufungen, die als Feuerstellen gedeutet wurden: Im Grauen Sand (4) eine 200cm lange, 60cm breite und mehrere cm mächtige, mit angeschwärzten Kalksteinen unterlegte Feuerstelle. Die Aschen- und Holzkohlenschicht barg zwei "Klingengeräte aus Hornstein mit starken Feuerspuren und angebrannte Steinbockknochenstücke" (MOTTL 1951).
MOTTL (1951) zufolge stammen die Knochen in beiden Schichten zu 80% von Beutetieren des Menschen und sind fast ausnahmslos zerschlagen.
Im Grauen Sand (4) dominieren Reste des Alpensteinbockes (69%) vor jenen des Höhlenbären, in der Rostbraunen Phosphaterde (5) sind Höhlenbärenknochen am häufigsten. Demnach wären die Menschen in der Repolusthöhle zur Ablagerungszeit des Grauen Sandes (4) vorwiegend Steinbockjäger, in der der Rostbraunen Phosphaterde (5) Bärenjäger gewesen.
MOTTL (1951) berichtet von insgesamt 2050 Artefakten. Davon bestehen 632 (= 31%) aus Hornstein, 1364 (= 66%) aus Quarzit und 54 (= 3%) aus Knochen. Während es sich beim Hornstein um ortsfremdes Material handelt, wurden die Quarzitgeräte aus bis zu kindskopfgroßen Murgeröllen hergestellt. Die Hornsteinartefakte sind braun bis milchigweiß patiniert, eine Patina kann aber auch vollkommen fehlen. Bei den Quarzitwerkzeugen ist die ursprüngliche Geröllrinde an den meisten Stücken erhalten und diente als Schlagbasis.
Durch die erwähnten Nachgrabungen erhöhte sich der Fundbestand auf über 2300 Artefakte. Eine genaue Aufschlüsselung der Rohstoffe der späteren Funde wurde nicht bekanntgegeben, (MOTTL 1968a,b) spricht lediglich von 68% Quarzitartefakten.
Die Steingeräte aus der Repolusthöhle sind vorwiegend einseitig bearbeitete Abschläge, die mit einer flachen bis steilen, z.T. auch wechselseitigen Randretusche versehen wurden. Sie lassen sich typologisch in Breitspitzen und Breitklingen gliedern, andere Formen sind von geringerer Bedeutung.
MOTTL (1951) betont die typologische und arbeitstechnische Einheit der plumpen und altertümlich wirkenden Steinartefakte aus dem Grauen Sand (4) und aus den Phosphaterden (5 und 6). Im Grauen Sand (4) sei lediglich ein Feiner- und Dünnerwerden der Geräte festzustellen, da die massiven und nur grob behauenen Großformen bevorzugt in den tiefen Lagen der Phosphaterden (6) auftraten. Sie schließt daraus auf eine kontinuierliche Besiedelung der Repolusthöhle.
Da MOTTL (1947, 1950) anfänglich eine primitiv - aurignacienähnliche Bearbeitungstechnik zu erkennen glaubt, bezeichnet sie die 'Repolustkultur' als Protoaurignacien.
In späteren Arbeiten verweist sie wegen der streng eingehaltenen Clactonien - Schlagtechnik mit einem offenen Schlagwinkel zwischen 108° und 125° (Mittelwert 110°) auf die engen Beziehungen der Steingeräte aus der Repolusthöhle zur mittelpleistozänen Clactonien - Tayacien - Fazies (MOTTL 1951 etc.).
Im Schachtbereich berichtet MOTTL (1955) von einigen groben Quarzitgeräten aus dem grauen bis graugrünlichen Sand bis 1,5m Schachttiefe und wenigen Artefaktfunden bis 8m Tiefe.
Weiters beschreibt MOTTL (1955, 1975) Nachsackungen, Umlagerungen und Verfrachtungen des grauen bis graugrünlichen Sandes in tieferliegende Bereiche und dessen starke, durch Sickerwässer verursachte, nachträgliche Durchmischung mit Rostbrauner Phosphaterde im gesamten hinteren Höhlenabschnitt.
Wegen dieser Tatsache und da bei der nochmaligen Durchsuchung des Schachtabraumes aus den Schachtsedimenten s.str. kein einziger Beleg für die Anwesenheit des Menschen erbracht werden konnte, schließt TEMMEL (1996) die Möglichkeit nicht aus, daß die Artefakte aus den tieferen Ablagerungen des Schachtes (unter 3,8m) aus den Kulturschichten stammen, welche der (bergwärtigen) Höhlenwand entlang abgeschwemmt wurden bzw. nachgesackt sind.
Ein weiterer gravierender Unterschied zwischen den Kulturschichten und den tieferen Ausfüllungen des Schachtes besteht in der überwiegend vollständigen Erhaltung der Knochen im Schacht.
Daß die Fossillagerstätte im Schacht ihre Entstehung der Tätigkeit des paläolithischen Menschen verdankt, wie von MOTTL (1955) angenommen (laut MOTTL würden 95% der geborgenen Knochenreste von Beutetieren der Eiszeitjäger stammen), ist nach aufgezeigten Befunden nicht sehr wahrscheinlich (vgl. TEMMEL 1996).
In einer neuen Interpretation der Artefakte nimmt RINGER (1991) mehrere Besiedelungshorizonte an.

Chronologie:
Radiometrische Daten liegen nicht vor.
Ursidenchronologie: Bei der Morphotypen - Bewertung des Altmaterials (Grabung Mottl) durch RABEDER (1989a) lagen nur 20 bewertbare P^4 und 23 P_4 vor.
Die Morphotypen - Zahlen (Stückzahlen) lauten für den P^4: 12 A, 5 A/B, 1 B, 1 B/D, 1 C/E; für den P_4: 5 A, 2 B1, 3 B/C1, 9 C1, 3 D1, 1 C2. Die morphodynamischen Indices betrugen für den P^4 37,5 (n = 20) und für den P_4 81,5 (n = 23).
Durch die Nachgrabungen von Temmel hat sich das Material wesentlich vermehrt. Die neuen Morphotypen-

zahlen lauten nach TEMMEL (1996): für den P^4: 62 A, 29 B; für den P_4: 16 A, 2 A/B1, 5 B1, 6 A/C1, 10 B/C1, 32 C1 und die morphodynamischen Indices betragen für den P^4 31,9 (n = 91) und für den P_4 64,1 (n = 71). Die Indexwerte liegen also merklich tiefer als bei der Bewertung des Altmaterials, was damit zu erklären ist, daß Temmels Material vorwiegend aus den tieferen Lagen der Schachtfüllung stammen dürfte.

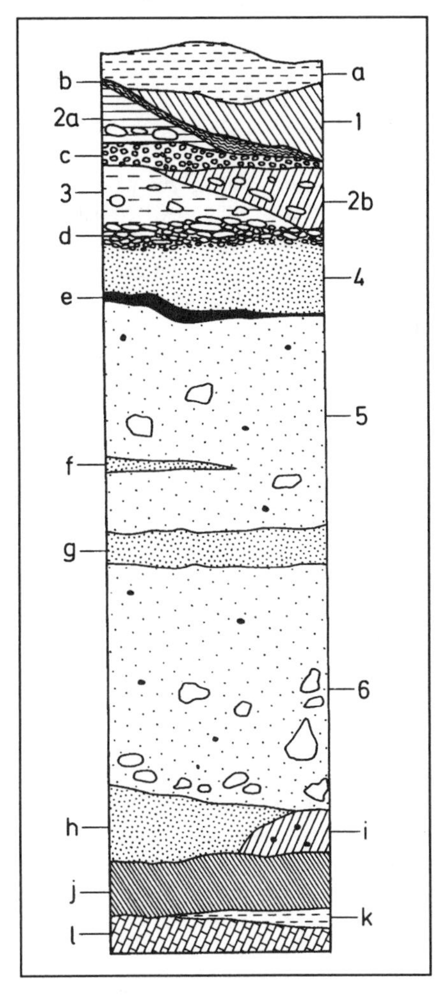

Abb.2: Standardprofil des Horizontalgangs der Repolusthöhle (nach TEMMEL 1996)

	Fossilführenden Schichten (siehe auch Tab.1)
1	Humus, rezent
2a	gelbbrauner Lehm
2b	schmutzigbrauner Spaltenlehm
3	graubraune, erdige Schicht
4	grauer Sand
5	rotbraune Phosphaterde
6	dunkelbrauner Phosphatlehm

	Fossilleere Schichten
a	neuzeitliche Aufschüttung
b	Sinterkruste
c	eiszeitlicher Murmeltierabraum
d	Schuttschicht
e	Phosphatanreicherung
f	graugrüne Sandlinse
g	brauner Sand
h	hellgraue Sandschicht
i	roter Lehm
j	Manganschicht
k	Kalkasche
l	Schöckelkalk

Das Evolutionsniveau der Höhlenbären ist somit relativ niedrig, es liegt deutlich unter dem der ältesten Einheit in der Herdengelhöhle, die nach der Uranserienmethode datiert wurde und sicher älter ist als die basale Sinterlage (bei 112.000 J.v.h.); sie ist etwa mit 135.000 a einzustufen. Die Bären der Repolusthöhle stehen nach dem Evolutionsniveau den Bären von Hunas, Scharzfeld, Heppenloch, Sipkahöhle und Jagsthausen nahe.

Damit ist ein mittelpleistozänes Alter gesichert. Für eine feinere Einstufung in ein jüngeres, mittleres oder älteres Mittelpleistozän müssen auch die anderen Faunenelemente herangezogen werden: Im Vergleich mit der Fauna von Hundsheim fehlen in der Repolustfauna chronologisch aussagekräftige Formen wie *Drepanosorex*, *Pliomys* und *Hemitragus*. Unter den *Microtus* - M_1 dominieren Morphotypen mit Microtusschritt, die in Hundsheim noch zur Minderheit gehören. Anklänge an Hundsheim sind vielleicht in den als altertümlich bezeichneten Resten von *Cuon*, *Vulpes* und *Meles* zu sehen, die Fauna der Repolusthöhle ist aber sicher deutlich jünger als die von Hundsheim.

Fazit: Die Hauptfundschichten (Grauer Sand und Rostbraune Phosphaterde) der Repolusthöhle stammen aus dem jüngeren Mittelpleistozän. Das typologisch schwierig einzuordnende Geräte - Inventar spricht nicht gegen diese Einstufung.

Die höher liegende 'Graubraune, erdige Schicht' enthielt spärliche Reste vom Höhlenbären und könnte daher dem Würm entsprechen.

Es fehlen aber sowohl typische Gebißreste des Mittelwürm - Bären, wie sie so häufig in den anderen Bärenhöhlen des Grazer Berglandes vorkamen, und es fehlen auch typische Steingeräte des Moustérien und des Jungpaläolithikums, wenn man von einigen fraglichen Stükken absieht.

Die Repolusthöhle war vorwiegend im Mittelpleistozän von Deningerbären bewohnt worden und der paläolithische Mensch hat sie über einen längeren Zeitraum als Jagdstation verwendet.

Klimageschichte:

Alle fossilen Schichten mit Ausnahme des Gelbgraubraunen Spaltenlehms führen ein Gemisch von boreo - alpinen Elementen wie *Marmota, Ochotona, Rangifer, Capra ibex, Rupicapra*, indifferenten Formen und waldanzeigenden Arten wie *Sus scrofa, Capreolus, Clethrionomys*. Ein synchrones Nebeneinander von Stachelschweinen und Rentieren, von Wildschweinen und Murmeltieren läßt sich nicht so leicht mit einer starken Differenzierung der Landschaft erklären. Viel wahrscheinlicher sind kleinräumige Verfrachtungen und Vermischungen von verschieden alten Ablagerungen durch bioturbate (Murmeltierbauten) und fluviatile Vorgänge; dafür sprechen die zahlreichen von MOTTL (1955) beschriebenen Sandlinsen sowie die Wechsellagerung von Sanden und rostbraunen Phosphaterden im Schacht. Nach TEMMEL (1996) enthielt der Schacht keine Phosphaterde sondern, bunte Lehme und Tone.

Besser abgesichert erscheint der kaltzeitliche Charakter des Gelbgraubraunen Spaltenlehms, der nur boreale und

alpine Elemente (Ren, Murmeltier, Steinbock, Gams) enthält.
Gegen das Liegende nehmen die wärmeliebenden Arten zu: in der Rostbraunen Phosphaterde dominieren die Bewohner eines warm - gemäßigten Laubmischwaldes, in dem offene Vegetationstypen nicht fehlen. Als thermophiles Exoticum gibt das Stachelschwein, das sich nicht nur durch Knochen- und Gebißreste, sondern vor allem durch Nagespuren manifestiert hat, der Fauna ein südöstliches Gepräge. Der Laubmischwald ist durch den Nachweis von Eiche, Buche, Fichte und Kiefer nachgewiesen. Die aus dem Schacht geborgene Fledermausfauna enthält keine thermophilen Arten.
Die Fossilassoziationen im ' Grauen Sand' und in der 'Graubraunen, erdigen Schicht' stellen eine Mixtur aus Steppen-, Gebirgs- und Waldbewohnern dar, ob sie primärer oder sekundärer Entstehung ist, muß offen bleiben.

Aufbewahrung: Landesmus. Joanneum, Graz, Privatsammlung H. Temmel.

Rezente Sozietäten: s. Große Badlhöhle (FLADERER & FRANK, dieser Band).

Literatur:

FÜRNHOLZER, J. 1996. Zum Versuch einer Revision der Ausgrabungen in der Repolusthöhle (Kat. - Nr. 2837/1) von 1947 bis 1955. - Die Höhle, **47**/2 : 45 - 50, Wien.
GÖTZINGER, G. 1926. Die Phosphate in Österreich. - Mitt. Geogr. Ges., **69**: 126 - 156, Wien.
HOFMANN, E. 1951. Die Holzkohlenreste von Feuerstellen der Repolusthöhle. - Archaeol. Austr., **8**: 79 - 81, Wien.
JÁNOSSY, D. 1989. Geierfunde aus der Repolusthöhle bei Peggau (Steiermark, Österreich). - Fragm. min. paläont., **14**: 117-119, Budapest.
MOTTL, M. 1947. Die Repolusthöhle, eine Protoaurignacienstation bei Peggau in der Steiermark. - Verh. Geol. B. - Anst., **10-12**: 200-205, Wien.
MOTTL, M. 1950. Das Protoaurignacien der Repolusthöhle bei Peggau, Steiermark. - Archaeol. Austr., **5**: 6-17, 6 Taf., Wien.
MOTTL, M. 1951. Die Repolusthöhle bei Peggau (Steiermark) und ihre eiszeitlichen Bewohner (mit einem Beitrag von V. MAURIN). - Archaeol. Austr., **8**: 1-78, Wien.
MOTTL, M. 1955. Neue Grabungen in der Repolusthöhle bei Peggau in der Steiermark (mit einem Vorwort von K. MURBAN). - Mitt. Mus. Bergb. Geol. Techn. Landesmus. Joanneum, **15**: 77-87, Graz.
MOTTL, M. 1964. Bärenphylogenese in Südost-Österreich mit besonderer Berücksichtigung des neuen Grabungsmaterials aus Höhlen des Mittelsteirischen Karstes. - Mitt. Mus. Bergb. Geol. Techn. Landesmus. Joanneum, **26**: 1-55, 6 Taf., 8 Tab., Graz.
MOTTL, M. 1968a. Neuer Beitrag zur näheren Datierung urgeschichtlicher Rastplätze Südost-Österreichs. - Mitt. Österr. Arbeitsgem. Urgesch., **19**: 87-111, Wien.
MOTTL, M. 1968b. Zusammenfassendes zur Datierung urgeschichtlicher Rastplätze Südost-Österreichs. - Quartär, **19**: 199-217, Bonn.
MOTTL, M. 1975. Die pleistozänen Faunen und Kulturen des Grazer Berglandes. - In: FLÜGEL, H. W. Die Geologie des Grazer Berglandes. - Mitt. Abt. Geol. Paläont. Bergb. Landesmus. Joanneum, SH., **1**: 159-185, Graz.
RABEDER, G. 1989a. Modus und Geschwindigkeit der Höhlenbären-Evolution. - Schriftreihe des Vereins zur Verbreitung naturwiss. Kenntnisse in Wien, **127**: 105-126, Wien.
RABEDER, G. 1989b. Die Höhlenbären der Tropfsteinhöhle im Kugelstein. - In: FUCHS, G. (ed.) Höhlenfundplätze im Raum Peggau - Deutschfeistritz, Steiermark, Österreich, Tropfsteinhöhle Kat. Nr. 2784/3, Grabung 1986/87. - BAR., International series, **510**: 171-178, Oxford/England.
RINGER, A. 1991. Bericht über den Studienaufenthalt in der Steiermark. - Unveröff. Ber. an das Bundesmin. Wiss. Forsch., 2 S., Wien
TEMMEL, H. J. 1996. Die mittelpleistozänen Bären (Ursidae, Mammalia) aus der Schachtfüllung der Repolusthöhle bei Peggau in der Steiermark (Österreich). - Diss. Univ. Wien, 1-258, 68 Abb., 99 Tab., Wien.
ZOTZ, L. F. 1951. Altsteinzeitkunde Mitteleuropas. S. 281, Stuttgart.

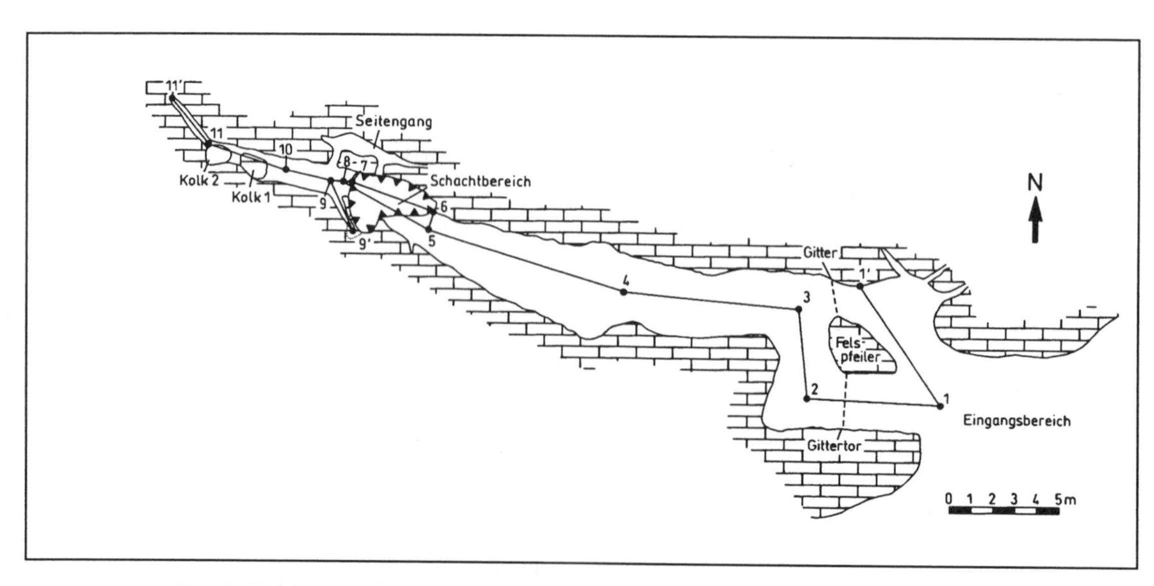

Abb.1: Höhlenplan der Repolusthöhle (nach TEMMEL 1996, leicht verändert)

Rittersaal

Florian A. Fladerer & Christa Frank

Jungpleistozäne Bärenhöhle mit umgelagerten Sedimenten aus der Großen Peggauerwandhöhle
Kürzel: RS

Gemeinde: Peggau
Polit. Bezirk: Graz-Umgebung, Steiermark
ÖK 50 Blattnr.: 164, Graz
15°20'57" E (RW: 25mm)
47°12'23" N (HW: 457mm)
Seehöhe: 505m
Österr. Höhlenkatasternr.: 2836/40
Die Höhle ist vom Bundesdenkmalamt nach dem Naturhöhlengesetz unter Schutz gestellt.

Lage: Die Peggauerwand, in der der Rittersaal liegt, bildet die östliche steile Begrenzung des Beckens von Peggau-Deutschfeistritz im mittleren Murtal bzw. den Westabfall der Tanneben (siehe Große Peggauerwandhöhle, FLADERER, dieser Band).
Zugang: Der Rittersaal liegt ca. 15m südlich des Felssteiges zur Großen Peggauerwandhöhle unmittelbar vor dem letzten rund 5m hohen Anstieg zu deren Eingang IV.
Geologie: Grazer Paläozoikum (Oberostalpin, Zentralalpen), Schöckelkalk (Mitteldevon).

Fundstellenbeschreibung: An das mannshohe, nach Südwest exponierte Portal schließt eine geräumige, kurze Horizontalhöhle von 22m Längserstreckung an. Bemerkenswert, auch für die Interpretation der kulturgeschichtlichen Bedeutung, sind der trockene Boden und die Geringheit der Tropfwassertätigkeit auch nach Starkregen. Im hintersten Punkt ist eine schlotartige Verbindung zur darüber liegenden Großen Peggauerwandhöhle (GPH) durch Sedimente verschlossen (Abb.1). Sie mündet dort in die GPH, wo der Zugang vom südwestexponierten Portal V in den großen Dom führt. Der Rittersaal bildet demnach den untersten bekannten Eingang des Höhlensystems. Aus der Höhendifferenz zwischen der Sedimentoberfläche im Eingang V der GPH und dem bei der Grabung 1992 tiefsten erreichten Punkt im Rittersaal ergibt sich eine Gesamtmächtigkeit von über 16m Sedimenten (FLADERER & FUCHS 1992).

Forschungsgeschichte: 1975 melden H. Kusch und I. Staber, Graz, die Aufsammlung von Keramikfragmenten (FUCHS 1981). Von 1991 stammen erste bekannte oberflächliche Aufsammlungen von Höhlenbärenresten. 1992 erste Vermessung durch H. Kusch und dreiwöchige Sondierungsgrabung unter der Leitung von G. Fuchs (Fa. Argis, Graz) und F. Fladerer (für das Landesmuseum Joanneum, Abteilung für Geologie und Paläontologie), im Auftrag der Fachstelle Naturschutz der Steiermärkischen Landesregierung (FLADERER & FUCHS 1992, FLADERER 1993). Auswertungen im Rahmen des Projektes 8246-GEO 'Höhlensedimente im Grazer Bergland' des Fonds zur Förderung der wissenschaftlichen Forschung.

Sedimente und Fundsituation: 1992 wurde eine 2m breite Sondage quer zur Längsachse der Höhle im Eingangsbereich angelegt (Abb. 1). Im Norden wurde sie bis über 2m abgeteuft, ohne daß hier der Felsboden erreicht wurde. Es läßt sich dadurch ein mindestens 4m hohes und nach unten hin sich asymmetrisch verengendes Portal feststellen.
Der untere pleistozäne Komplex mit den Schichten 7a-d umfaßt ockerfarbene bis ziegelrote, z. T. stark verfestigte Lehme mit wenig Bruchschutt. Konkretionen, Oxidanreicherungen und eine schwarze Verwitterungskruste geben den Schichten einen 'archaischen' Charakter. Bemerkenswert ist die bis 5mm dicke Holzkohleschicht 7b (Abb. 2). Eine rinnenförmige Erosionsdiskordanz trennt die Lehme von den hangenden Schichten. Demnach dürften jene eine ehemals mächtigere Ausfüllung gebildet haben.
Der obere pleistozäne Schichtkomplex 6-4 besteht vor allem aus lehmig-siltig-sandigen Schichten mit hohem Bruchschuttanteil und Steinen. Im Süden liegt autochthoner kantiger Bruchschutt direkt an der Höhlenwand. Darüber folgen holozäne humusreiche Schichten, die allerdings bis über 0,5m den älteren Komplex durchdringen.

Fauna:

Tabelle 1. Rittersaal, pleistozäne Wirbeltiere nach FLADERER & FUCHS (1992), teilweise revidiert und ergänzt.
7-4 - Schichtnummern, unstrat. - unstratifizierte Aufsammlung.

	7	6	5	4	unstr.
Corvidae cf. *Pica*	-	-	-	+	-
Pyrrhocorax graculus	-	-	-	+	-
Accipitridae indet.	-	-	-	-	+
Talpa europaea	-	+	-	+	-
Arvicola terrestris	+	+	-	+	-
Microtus sp. indet.	+	+	+	+	-
Ochotona pusilla	-	-	-	+	-
Lepus timidus	-	-	-	+	-

	7	6	5	4	unstr.
Canis lupus	-	+	-	-	+
Vulpes vulpes	-	+	-	+	-
Alopex lagopus	-	-	-	+	-
Mustela nivalis	-	+	-	-	-
Martes martes	-	+	-	+	-
Panthera pardus	-	-	-	-	+
Ursus spelaeus	+	+	+	+	+
Capra ibex	-	+	-	+	+

Wie bei den beiden etwas höher gelegenen Peggauerwandhöhlen bilden Höhlenbären den Hauptanteil der 1992 geborgenen Reste, wobei die Erhaltung allerdings noch bruchstückhafter ist. 44 bzw. 37 Prozent des Probengewichts stammen aus den oberen pleistozänen Schichten 4 und 6, 17,5% aus der unteren Lehmschicht. Hier liegen wenige, aber etwas vollständiger erhaltene Knochen in einer rotbraunen tonigen Matrix. Es kann ein relativ hoher Anteil seniler Tiere mit stark usierten Zähnen beobachtet werden (FLADERER & FUCHS 1992). Im Gegensatz zum oberen Komplex mit - möglicherweise mehrmals - umgelagerten Höhlenbärenresten, scheinen die weniger zerstörten Knochen aus dem tieferen Komplex auf einen geringeren Transportweg hinzuweisen. Der Unterschied korreliert mit der Höhlenentwicklung: (1) Die unteren dichten rotbraunen Lehme wurden unter stärker reduzierendem Sedimentmilieu im Höhleninneren gebildet - möglicherweise zu einer Zeit, in welcher der Höhleneingang noch weiter außen lag. (2) Die oberen schuttreichen Schichten 4 und 5 beinhalten aufgearbeitete ältere Reste - sehr wahrscheinlich aus dem 'Liefergebiet' Große Peggauerwandhöhle - neben jüngeren, die in den Schuttstrom gelangt sind.
Die Oryktozönosen der Schichten 4, 5 und 6 zeigen keine signifikanten Unterschiede. Das Nebeneinander von borealen (Polarfuchs, Schneehase), alpinen Arten (Alpenkrähe/dohle, Steinbock), osteuropäisch-zentralasiatischen Steppenarten (Pfeifhase) und holozänen 'Platzhaltern' (Mauswiesel, Baummarder) entspricht dem allgemeinen Faunenbild im periglazialen südöstlichen Voralpengebiet.

Tabelle 2. Rittersaal. Peggau. Gastropoda aus der Grabung 1992.
2-3g - holozäne, 4-7 - pleistozäne Schichten. Nur in den holozänen Anteilen nachgewiesene Arten sind eingerückt.

	6	5	4	3g	3b	3	2b	2a	2
Abida secale	-	-	+	+	-	-	-	-	-
Chondrina clienta	-	+	-	-	-	+	-	-	-
Vallonia costata	-	-	-	+	-	-	-	-	-
Vallonia pulchella	-	+	-	-	-	-	-	-	-
Cochlodina laminata major	-	-	-	+	+	+	-	-	+
Clausilia dubia speciosa	+	+	+	+	+	+	+	+	+
Cecilioides acicula	-	-	+	+	-	-	-	-	-
Aegopinella nitens	-	-	-	-	-	-	-	-	+
Oxychilus glaber striarius	-	-	-	+	+	+	-	-	+
Oxychilus inopinatus	+	+	+	+	-	-	-	-	-
Fruticicola fruticum	-	-	+	+	+	-	-	-	-
Petasina subtecta	-	-	-	+	-	-	-	-	-
Euomphalia strigella	-	-	+	+	-	+	+	-	+
Helicodonta obvoluta	-	-	-	+	-	-	-	-	-
Arianta arbustorum	-	-	+	-	-	-	-	-	-
Chilostoma achates stiriae	-	+	+	+	+	+	+	+	+
Cepaea vindobonensis	-	-	+	+	-	+	-	-	-
Helix pomatia	-	+	+	+	+	+	-	+	-
Gesamt: 18	2	6	10	14	6	8	3	3	6

Zum Unterschied zu den Wirbeltieren liegen die differenziertesten Molluskenfaunen aus der holozänen Schicht 3g vor. Allen Vergesellschaftungen gemein ist die Felsbetonung bei Bevorzugung schattiger Standorte bis baumbestockter Felsen (*Chilostoma achates* und *Clausilia dubia*). Die Fauna von 3g zeigt die deutlichste Waldbetonung. Klein- und Kleinstarten sind im Gegensatz zur rezenten Fauna nur sehr vereinzelt vorhanden (*Vallonia costata* in 3g, *Vallonia pulchella* in 5, *Cecilioides acicula* in 3g und 4). Auch sind die xerothermophilen Elemente unterrepräsentiert.
Artenzusammensetzung und standörtliche Präferenzgruppen lassen vermuten, daß die Fauna der Schicht 4 das ausklingende Spätglazial repräsentiert, mit gemäßigten Temperaturverhältnissen. Die Fundortumgebung dürfte verhältnismäßig vegetationsarm gewesen sein - einzelne Bäume (aufgrund der Clausilien-Arten wahrscheinlich glattrindige) und Gebüsche; die krautige

Vegetation fehlte wahrscheinlich noch weitgehend. Ab Schicht 5 zeichnet sich Verarmung ab, hier dürften die klimatischen Verhältnisse einschränkend gewirkt haben. Kühler bis kalter und eher trockener Klimacharakter. Aus Schicht 7 liegen keine Mollusken vor. Die Funde aus den oberen Bereichen (2, 2a und b, wahrscheinlich auch 3) sind vermutlich holozäne Vermischungen.
Besonders erwähnenswert ist das Vorliegen der für den Bereich des Grazer Berglandes auch gegenwärtig sehr bezeichnenden *major*-Form von *Cochlodina laminata* und der großen Unterart von *Chilostoma achates, stiriae*, die sich offensichtlich schon im Pleistozän differenziert haben.

Paläobotanik: Holzkohlereste wurden an O. Cichocki, Wien, zur anatomischen Bestimmung übergeben.

Archäologie: Belege zu einer paläolithischen Höhlennutzung fehlen. Unklar ist die Herkunft der Holzkohleanreicherung (>35.350 BP / ETH-10405) im untersten Schichtkomplex. Ihre Raumlage, in einer nach außen abfallenden 'Rinne', läßt eine Brandstelle im Inneren der Höhle annehmen (FLADERER & FUCHS 1992).
Die Grubenfüllung 3g enthielt spätneolithisch datierte Keramikfragmente, Hornsteinartefakte und Hüttenlehmstücke, die auf Einbauten in den Peggauer Höhlen und auf eine intensive kupferzeitliche Nutzungsphase des Rittersaals weisen. Aufgrund des birnenförmigen, nach unten erweiterten Umrisses der 1m tiefen Grube wird vermutet, daß sie zur Vorratshaltung angelegt wurde. Weiteres archäologisches Fundmaterial aus der Höhle stammt aus der Urnenfelderzeit, Hallstattzeit, Römerzeit und dem Hochmittelalter.

Chronologie und Klimageschichte: Zwei konventionelle Kollagendatierungen von Höhlenbärenknochen und eine AMS-Datierung von Holzkohle ergaben >30.000 Jahre vor heute (Abb. 2) (FLADERER 1994): Schicht 4: >29.600 BP (VRI-1394), Schicht 6: >34.500 BP (VRI-34.500), Schicht 7b: >35.350+-(450) BP (ETH-10405).
Es sind zuwenig Höhlenbärenreste vorhanden, die eine deutliche Aussage zu deren phylogenetischer Position ermöglichten. Der kontinentalere Faunencharakter der beiden pleistozänen Komplexe mit dem Höhlenbären als 'Leitfossil' der periglazialen Karstgebiete ist deutlich. Auch die Molluskenfaunen von Schicht 5 nach 3g lassen hier generalisiert den Übergang von kontinentalen trokken-kalten Verhältnissen zu gemäßigt feuchteren erkennen.
Da von den Schichten 6 und 4 allochthone Komponenten als älter als 30.000 Jahre vor heute datiert sind, kann die Platznahme der Sedimente - möglicherweise aus der Großen Peggauerwandhöhle (FLADERER & FUCHS 1994) - durchaus etwas später erfolgt sein. Ebenso können auch jüngere Faunenreste enthalten sein. Der vorläufig als mittelwürmzeitlich angesehene Komplex liegt erosionsdiskordant auf einem verfestigten älteren Komplex. Die hypothetische Einstufung zwischen spätem Riß und frühem Würm ist zu prüfen.

Aufbewahrung: Die Wirbeltier- und Molluskenreste werden bis zum Abschluß der Untersuchungen am Inst. Paläont. Univ. Wien aufbewahrt.

Rezente Sozietäten: Die rezente Molluskenfauna wurde von B. Freitag 1992 an zwei Stellen beprobt und von C. Frank bearbeitet:
Zwischen Großer und Kleiner Peggauerwandhöhle wurde eine Gemeinschaft von 20 Arten festgestellt: *Truncatellina cylindrica, Truncatellina claustralis, Abida secale, Chondrina avenacea, Chondrina clienta, Vallonia costata, Vallonia pulchella, Acanthinula aculeata, Charpentieria ornata, Ruthenica filograna, Clausilia dubia speciosa, Cecilioides acicula, Euconulus alderi, Vitrea subrimata, Aegopinella nitens, Oxychilus glaber striarius, Deroceras* sp. (Schälchen), *Petasina filicina, Euomphalia strigella, Cepaea vindobonensis.*
In der Probe aus dem unmittelbaren Eingangsbereich des Rittersaales wurden 15 rezente Gastropodenarten bestimmt, die eine stark xeromorph geprägte Gemeinschaft darstellen: Die Gruppe 'Trockene Felsstandorte' ist durch vier Arten repräsentiert (*Pyramidula rupestris,* die beiden *Chondrina*-Arten und die vorherrschende *Truncatellina claustralis*); petro- und calciphil ist die individuenmäßig dominierende große und schlanke, typische Ausbildung von *Clausilia dubia speciosa.* Die restlichen Arten verteilen sich auf verschiedene Gruppen offener und im wesentlichen trockener Standorte. Eigentliche Waldbewohner treten arten- und individuenmäßig stark in den Hintergrund (*Acanthinula aculeata, Aegopinella nitens*).
Die rezente Fauna aus der Umgebung der rund 1100m in südwestlicher Richtung entfernten Ruine Peggau, 511m (trockener, schattiger, feuchter Standort, alle Felsen, Aufsammlung C. Frank 1992) dokumentiert die standörtliche Diversität: Zahlenmäßig herrschen hier mit 7 Arten die Waldarten s. str. vor, wobei 3 weitere Artengruppen unterschiedlich feuchte Waldstandorte dokumentieren (*Deroceras* sp./*Aegopinella ressmanni*/*Discus perspectivus* und *Petasina filicina*). Individuenmäßig weit im Vordergrund stehen die petrophilen Elemente: bestockte Felsen (*Clausilia dubia speciosa*), blockreicher Oberboden (*Argna truncatella*), sonnige, trockene Felsen (die *Chondrina*-Arten mit *Truncatellina claustralis*). Aufgelichteten Wald repäsentieren *Vertigo pusilla, Euomphalia strigella* und *Cepaea vindobonensis.* Der Rest der Arten verteilt sich auf verschiedene offene Standorte, von feucht (*Vallonia pulchella*) über schattig (*Chilostoma achates*) bis trocken (*Truncatellina cylindrica*).

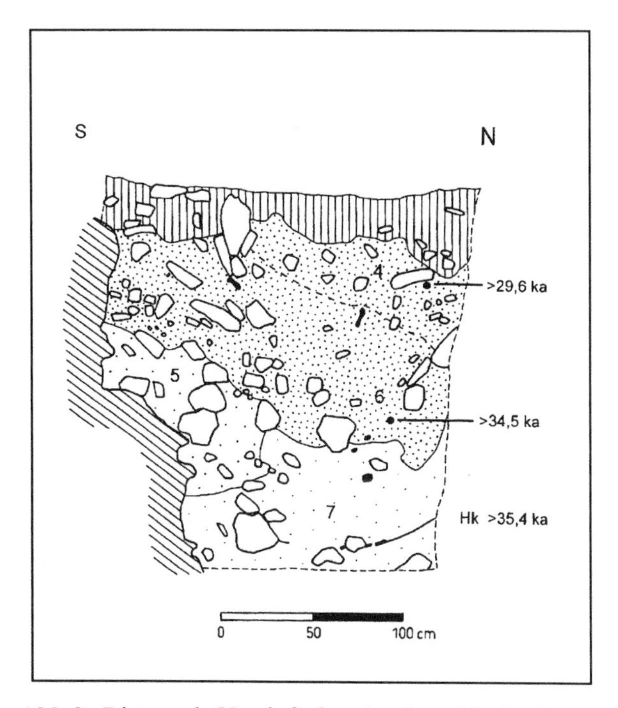

Abb.2: Rittersaal. Vereinfachte Stratigraphie im Westprofil der Grabung FLADERER & FUCHS (1992) und Radiokarbondaten (in 1000 Jahren vor heute).
Hk - Holzkohlelage.

Literatur:
FLADERER, F. A. 1993. Simultangrabung in zwei Höhlen der Peggauer Wand. - Archäol. Österr., **4**(1): 36-37, Wien.
FLADERER, F. A. 1994. Aktuelle paläontologische und archäologische Untersuchungen in Höhlen des Mittelsteirischen Karstes, Österreich. - Ceský kras, **20**: 21-32, Beroun.
FLADERER, F. & FUCHS, G. 1992. Peggauer Wand. Sicherungsgrabungen 1992 in der Kleinen Peggauerwandhöhle (Kat.Nr. 2836/38) und im Rittersaal (Kat.Nr. 2836/40). - 36 S., Graz (ARGIS - Archäologie und Geodaten Service).
FLADERER, F. & FUCHS, G. 1994. Steiermark, KG Peggau - Fundber. Österr., **32**(1993): 645-646, Wien.
FRANK, C. 1975. Zur Biologie und Ökologie mittelsteirischer Landmollusken. - Mitt. naturwiss. Ver. Steiermark, **105**: 225-263, Graz.
FUCHS, G. 1981. Funde aus steirischen Höhlen. - Z. hist. Verein Steiermark, **72**: 222, Graz.

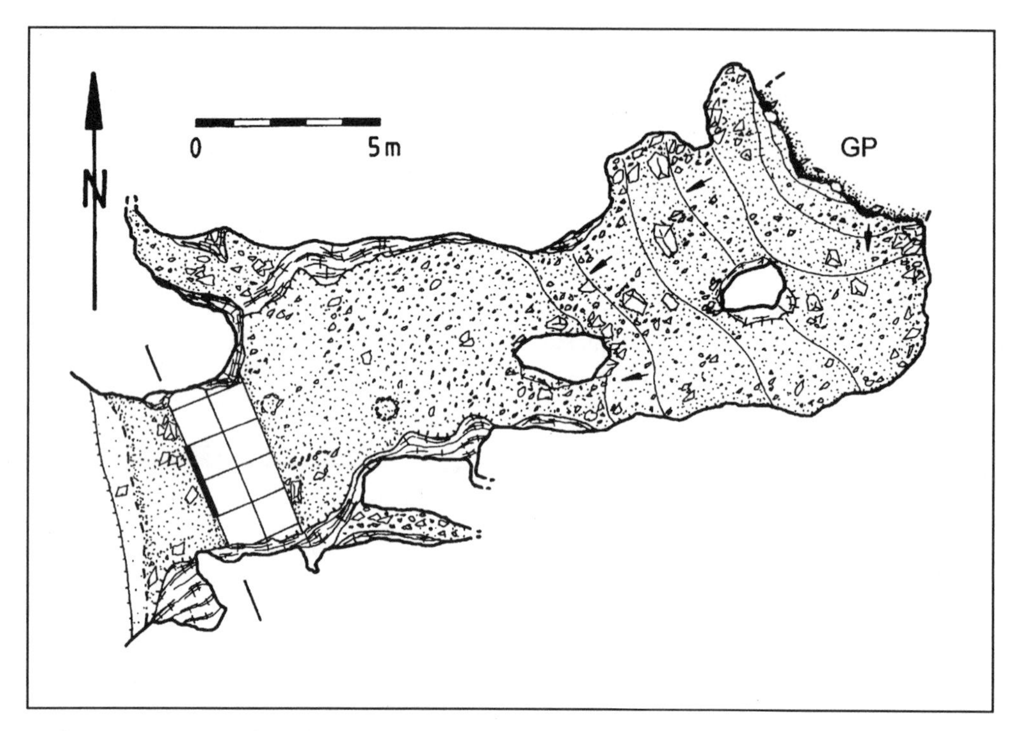

Abb.1: Rittersaal, Peggau. Grundriß nach H. Kusch 1992 (FLADERER & FUCHS 1992) mit Grabungsstelle 1992 und Lage des Westprofils (Abb.2). GP - Versturz aus der Großen Peggauerwandhöhle.

Steinbockhöhle

Florian A. Fladerer

Spätwürmzeitliche Bärenhöhle im Mittelgebirge, Carnivorenlager, jungpaläolithische Station (?Gravettien, ?Magdalénien)
Kürzel: Stb

Gemeinde: Peggau
Polit. Bezirk: Graz-Umgebung, Steiermark
ÖK 50-Blattnr.: 164, Graz
15°20'31"(RW: 12,5mm)
47°13'23" (HW: 494mm)
Seehöhe: 430m
Österr. Höhlenkatasternr.: 2836/23
Die Fundstelle steht nach dem Bundesdenkmalgesetz und dem Steirischen Naturhöhlengesetz unter Schutz und ist versperrt. Der Zutritt ist per Antrag an die Bezirkshauptmannschaft möglich.

Lage: Die Steinbockhöhle liegt im mittleren Murtal (Grazer Bergland) unmittelbar in der Talenge von Badl orographisch linksseitig im nordwestgerichteten Felsabbruch der Tanneben, der sogenannten Badlwand (siehe Fünffenstergrotte, FLADERER, dieser Band). Der untere Eingang liegt ca. 30m über dem Talboden.
Zugang: Von der Bundesstraße am Südende der Badlgalerie, dem Überbau der alten Eisenbahnstrecke führt ein Weg nach oben. Man geht diesem 'Industriedenkmal' ein Drittel seiner Länge entlang nach NW bis zum ersten markanten steilen Graben. Diesen steigt man ca. 20m an, bis ein Pfad nach Norden herausführt. Nach rund 60m kennzeichnen eiserne Griffe den Eingangsbereich der Höhle.
Geologie: Die vom mitteldevonen Schöckelkalk aufgebaute Tanneben bildet das 'Herzstück' des Mittelsteirischen Karstes im Grazer Paläozoikum (Oberostalpin, Zentralalpen).

Fundstellenbeschreibung: Die Steinbockhöhle ist ein kluftgebundenes Horizontalhöhlensystem mit zwei nach West orientierten Eingängen (Abb.1). Der nördliche mit einer Breite von 4m und einer Höhe von 4m öffnet in den stark ansteigenden 25m langen Nordgang. Der etwas schmälere südliche Eingang führt in den ca. 35m langen Hauptgang mit einer distalen erweiterten Querkluft, die parallel zur Badlwand streicht. Die begehbare Gesamtlänge beträgt rund 100m.

Forschungsgeschichte: 1909 und 1913 unternimmt H. BOCK (1913, 1919, 1937), Landesverein für Höhlenkunde in Steiermark, Grabungen im distalen, südlichsten Abschnitt. TEPPNER (1914) liefert eine erste paläontologische Bearbeitung der Höhlenbären. 1949 und 1951 legen M. Mottl und K. Murban von der Abteilung für Geologie, Bergbau und Technik am Landesmuseum Joanneum sechs Sondagen bis 2m Tiefe an (MOTTL 1953). Unkontrollierbare Raubgräbertätigkeiten veranlaßten zu einer Absperrung der Höhle. 1980 dokumentieren G. Fuchs und D. Kramer, Abteilung für Vor- und Frühgeschichte am Landesmuseum, die Schnitte in den beiden Eingangsbereichen zum Einbau der Vergitterungen (FUCHS 1982).

Sedimente und Fundsituation: Bei der Grabung 1980 im nördlichen Eingang wurde von FUCHS (1982) folgendes Profil beobachtet (Abb.1): (1) 20cm Humus mit Bruchschutt, (2) 20-30cm bröselige Lehmschicht mit Schutt, (3) Feuerstelle, (4) über 80cm mächtige, stark verfestigte gelbbraune Lehmschicht mit (neolithischen?) teilweise bearbeiteten Knochen im oberen Bereich, (5) Felsboden.

Vom südlichen Eingangsbereich ist nach FUCHS (1982, 1989) folgendes 1,5m hohe Profil anzugeben: (1) 20cm Humus mit Bruchschutt, (2) 15-40cm mittelbraune bröselige Lehmschicht, (3) durchschnittlich 40cm mächtige, lockere braune Kulturschicht mit Schutt mit (bronzezeitlicher) Keramik, (4) mindestens 70cm mächtige, mittelbraune Lehmschicht mit Schutt und Blockwerk, die nach unten in eine kupferzeitliche Kulturschicht mit Keramik, Knochen und Geröllen übergeht. Die untere Grenze wurde nicht erreicht.

Von den fünf Sondagen von MOTTL (1953) liegen nur kurze Beschreibungen vor. Es ist kein vollständiges Profil dokumentiert. Im Grabungsfeld I (2x1,5m), 5m hinter der Trauflinie des nördlichen Eingangs, traf sie unter einer (1) dünnen Humusschichte auf (2) gelbbraunen sandigen, stark schuttführenden Lehm mit Höhlenbären- und Steinbockknochen.

Im Grabungsfeld II (4,5x2,5m) im proximalen südlichen Hauptgangbereich war folgendes Profil zu beobachten: (1) mindestens 0,5m mächtige Humusschicht mit zwischengelagerten ausgedehnten Feuerstellen, v.a. römerzeitliche und hallstattzeitliche Keramik und Tierknochen (Schwein, Rind, Hund, Huhn, Biber, Hase); Hüttenlehm in den hallstattzeitlichen Lagen. (2) dünne Sinterschicht; (3) 0,2-0,3m mächtiger grauer Sand, glimmerreich, mit scharfkantigem Bruchschutt und geringem Fremdgeröllanteil. In der Mitte hinter dem Eingang fehlte nach M. Mottl der Sand aufgrund späterer Ausschwemmung - die Akkumulation erfolgte aus höher gelegenen Räumen und nicht durch die Mur. (4) Gelbbrauner, sandiger Lehm mit scharfkantigem Bruchschutt, bis 2m Tiefe ergraben.

Probegraben III im mittleren Abschnitt des Hauptganges: (1) 0,25m Humus, (2) durchschnittlich 0,3m grauer feiner Sand mit scharfkantigem Schutt "mit vielen *Ibex*-resten, wenigen Höhlenbär-, Wolf-, Fuchs-, Wisent- und Hirschknochen" (MOTTL 1953), (3) ca. 1m gelbbrauner, sandiger Lehm mit wenigen Knochenstücken. Probegraben IV durchstieß nur holozäne Sedimente.

Probegraben V liegt unmittelbar neben der Grabung von F. Bock im Südast (Abb.): (1) 0,25-0,3m Humus mit Hallstattfunden und Hüttenlehm, (2) dünne Sinterschicht, (3) 0,2m grauer Sand mit kantengerundetem Bruchschutt und wenigen Quarzgeröllen, 'vielen Steinbockknochen' und Resten von Höhlenbär, Fuchs, Hirsch und Rentier. Es ist dem wiederholten Bericht von BOCK (1937) zu entnehmen, daß hier die Stratigraphie ziemlich gestört ist.

Probegraben VI im Nordast des Querganges: (1) Oberflächlich stark gestört, (2) grauer Sand mit Wisent, Steinbock und Höhlenbären, darunter auch juvenile Individuen, (3) gelbbrauner Lehm, fundarm.

MOTTL (1953, 1975) faßt die Sedimentbeobachtungen zu einem generalisierten Profil der pleistozänen Anteile zusammen: Ein oberer 'grauer Sand' und 'zuunterst ein gelbbrauner Lehm'. Vor einer stratigraphischen Gleichsetzung der Schichten aus den acht Grabungen muß hier allerdings entschieden gewarnt werden (vgl. Abb.1). Ein generalisiertes Profil wird meist nicht der Komplexität von Höhlenablagerungen gerecht, wie sie bei modernen Grabungen dokumentiert wird. Aus den publizierten Berichten geht auch nicht hervor, ob eine der fünf Sondagen von M. Mottl den Felsboden erreicht hat.

Fauna:

Tabelle 1. Steinbockhöhle bei Peggau. Artenliste mit Knochenzahl (Stand 1996) und Mindestindividuenzahl (in Klammer). + nachgewiesen nach MOTTL (1975).

	BOCK 1913 TEPPNER 1914	gelbbrauner Lehm	grauer Sand
Canis lupus	-	-	1
Vulpes vulpes	-	-	1
Vulpes vel *Alopex*	-	-	1
Ursus spelaeus	+	5	41 (5)
großer Cervide	-	-	1
Rangifer tarandus	-	-	+
Bison priscus	-	-	+
Capra ibex	-	+	37 (4)

Das kleine Inventar der Höhlenbärenreste aus der Steinbockhöhle besteht großteils aus dunkel- bis mittelbraunen kleinstückigen Resten. Während jeweils mehrere Mandibelfragmente, Einzelzähne, Rippenfragmente, Metapodien und Phalangen vorhanden sind, fehlen Langknochenfragmente. Möglicherweise wurde dieses Muster durch Transportsonderung von kleineren Objekten in den von MOTTL (1953) sondierten Bereichen erzeugt. Es kann aber auch nicht ausgeschlossen werden, daß Stücke aus den ergrabenen Schichten heute - aus welchen Gründen auch immer - nicht im archivierten Inventar sind. Gut erhaltene Reste wurden von BOCK (1913, TEPPNER 1914) im höhergelegenen Südteil gefunden, der den Bären auch eher als Schlafbereich gedient hat. Zwei frühjuvenile Humeri aus dem grauen Sand, ein Beckenfragment und ein Femur eines juvenilen Tieres aus dem unteren gelbbraunen Lehm unterstützten die Interpretation der Höhle als Wohnhöhle. BOCK (1913) nahm die Variabilität unter den adulten Tieren sogar zum Anlaß, zwei neue Bärenarten '*U. styriacus*' und '*U. robustus*' aufzustellen. '*U. styriacus*' beruht auf einer P_1-Alveole 15mm hinter dem Eckzahn; '*robustus*' bezeichnete lediglich einen sehr massiven Mandibelbau (TEPPNER 1914, BOCK 1937), der aber durchaus in der Variabilität mittelsteirischer Höhlenbären liegt (MOTTL 1953:25). Es wurde später wiederholt darauf hingewiesen, daß vordere Prämolaren bei *U. spelaus* vorkommen können. Ein P_1 in deutlichem Abstand hinter dem Eckzahn unterscheidet ihn vom Braunbären, wo sie unmittelbar dahinter liegt (ibid.). Unter den Höhlenbärenresten der Steinbockhöhle hat ein M_1 eine Länge von 35,6mm und ist damit größer als der größte aus der Drachenhöhle (MOTTL 1953:24, 1964:5). Die Zahnmorphologie kann trotz des geringen Materialumfangs als fortschrittlich bewertet werden. Große Variabilität und das Vorkommen verschiedener Altersstadien, besonders auch neonater bis frühjuveniler Individuen sprechen dafür, daß die Steinbockhöhle eine 'echte' Bärenhöhle war.

Zweithäufigst nachgewiesene Art ist der Steinbock (Tab. 1). Der Bovide ist durch einige Gebißreste, mehrere Wirbel, Langknochen, Metapodien und Phalangen repräsentiert. Eine linke und rechte proximale Ulna sind einem Individuum zuzuordnen. Ein juveniles Tier ist durch einen Metatarsusschaft belegt. Drei Metacarpalia, ein vollständiges (GL 139mm) und zwei distale Fragmente, mit Breiten (MC Bd) von 38,0, 38,5 und 42,1mm. Sie entsprechen rezenten großen männlichen Tieren (siehe Frauenhöhle bei Semriach, FLADERER, dieser Band). Auch die Länge einer Grundphalanx (GL 60,0mm) übertrifft nach den in DESSE & CHAIX (1983) gegebenen Werten deutlich die rezenten Werte und liegt im obersten Variationsbereich der jungpleistozänen Populationen. Einige Elemente haben Verbißmarken. Schnitte oder deutliche Schlagmarken sind nicht zu beobachten. Auch Schaftbruchstücke von Langknochen, die als 'zerschlagene Knochen' aufbewahrt werden, zeigen keine auf menschlichen Einfluß hinweisende Modifikation.

Eine Phalange eines Rentiers hat im oberen Drittel ein rundes Loch. Obwohl Bohrspuren nicht erkennbar sind, wurde das Objekt wiederholt als 'Rentierpfeife' interpretiert (MOTTL 1953).

Vom Rotfuchs liegt aus dem grauen Sand ein rechtes Mandibelfragment mit P_2-M_2 vor. Der M_1 mit einer Länge (L) von 16,9 und einer Breite (B) von 6,1mm entspricht den großen jungpleistozänen Formen Mitteleuropas, die die rezenten an Größe übertreffen (BENES 1975). Die distale Tibia mit einer transversalen Breite (Bd) von 15,1mm ist in ihrer artlichen Zuordnung unbestimmt. Sie kann einem Polarfuchs oder einem kleinen Rotfuchs zugehören.

Paläobotanik: kein Befund.

Archäologie: Mittleres Jungpaläolithikum/Spätpaläolithikum. Aus dem oberen Bereich des grauen Sandes wurde eine schmale 47mm lange Klinge mit abgestumpftem Rücken geborgen. Weitere ähnliche Stücke aus der Grabung von H. Bock sind nach MOTTL (1953:23, Abb.6) verschollen. Rückenretuschierte Werkzeugformen bilden einen Gerätetyp, der ab dem Gravettien kennzeichnend wird.

Kupferzeitliche Funde, wie sie bei der Grabung 1980 im südlichen Eingang gemacht wurden, belegen die spätjungsteinzeitliche Nutzung der Höhle. Weiters gibt es Funde aus Bronzezeit, ? Urnenfelderzeit, Hallstattzeit, Latènezeit, Römerzeit und Mittelalter (FUCHS 1989). Hallstattzeitlich befundete Hüttenlehmfragmente und Haustierknochen im distalen südlichen Gang (MOTTL 1953) lassen vermuten, daß hier Einbauten bestanden haben.

Chronologie und Klimageschichte: Die als gelbbraun beschriebenen Lehme erlauben keine Datierung. Es erscheint spekulativ, sie als stratigraphische Einheit zu interpretieren. Besonders für den grauen Sand gilt, daß Einlagerung älterer Tierreste aufgrund der fluviatilen Fazies des Sediments durchaus möglich sind. Die fortschrittlichen Höhlenbären schließen allerdings eine ältere Einstufung als Mittelwürm weitgehend aus. Die für kontinentales Klima typischen Vergesellschaftungen und der jung- bis spätpaläolithische Artefaktfund sprechen deutlich für einen spätwürmzeitlichen Anteil des grauen Sandes. Einzelfunde erlauben aufgrund der generell sehr komplexen Schichtbildung in Höhlen nur sehr bedingt die genaue zeitliche Einordnung einer Schicht. Die Absperrung der Höhle ist als Schutz des Archivs der noch unbekannten Sedimente zu verstehen.

Aufbewahrung: Landesmus. Joanneum Graz, Sammlung Geologie und Paläont. und Vor- und Frühgeschichte.

Literatur:

BENES, J. 1975. The Würmian foxes of Bohemian and Moravian karst. - Acta Mus. Nation. Pragae, Rada B (Prirodni vedy) **31**(3-5): 149-209.

BOCK, H. 1913. Eine frühneolithische Höhlensiedlung bei Peggau in Steiermark. - Mitt. für Höhlenkunde, **6**(14): 20-24, Graz. (Anm.: Schwerpunkt liegt auf einer Darstellung von Knochenfragmenten, die als Artefakte interpretiert werden).

BOCK, H. 1919. Keltische und römische Altertumsfunde in der Steinbockhöhle bei Peggau. - Mitt. für Höhlenkunde, **8-12**(2-4): 38, Graz.

BOCK, H. 1937. Höhlenbären im Murtal. - Mitt. Höhlenkunde. Neue Folge, **29**(2): 9-12, Graz

DESSE, J. & CHAIX, L. 1983. Les bouquetins de l'Observatoire (Monaco) et des Baoussé Roussé (Grimaldi, Italie) - Seconde partie: métapodes et phalanges. - Bull. Mus. Anthrop. préhist. Monaco, **27**: 21-49, Monaco.

FUCHS, G. 1982. Funde aus steirischen Höhlen (2. Folge). - Zeitschrift Histor. Ver. Steiermark, **73**: 217-221, Graz.

FUCHS, G. 1989. Höhlen- und Freilandfundplätze im Raum Peggau. - In: FUCHS, G.(ed.) Höhlenfundplätze im Raum Peggau-Deutschfeistritz, Steiermark, Österreich. - British Arch. Rep., Int. Ser., **510**: 13-32, Oxford.

MOTTL, M. 1953. Die Erforschung der Höhlen. - In: MOTTL, M. & MURBAN, K. Eiszeitforschungen des Joanneums in Höhlen der Steiermark. - Mitt. Mus. Bergbau, Geol.,

Technik Landesmus. Joanneum, **11**: 14-58, Graz.
MOTTL, M. 1964. Bärenphylogenese in Südost-Österreich. - Mitt. Mus. Bergbau, Geol., Technik Landesmus. Joanneum, **26**: 1-55, Graz.
MOTTL, M. 1975. Die pleistozänen Säugetierfaunen und Kulturen des Grazer Berglandes. - Mitt. Abt. Geol. Paläont. Bergbau Landesmus. Joanneum, Sonderheft, **1** (Die Geologie des Grazer Berglandes): 159-179, Graz.
TEPPNER, W. 1914. Beiträge zur fossilen Fauna der steirischen Höhlen. - Mitt. für Höhlenkunde, **7**(1): 1-18, Graz.

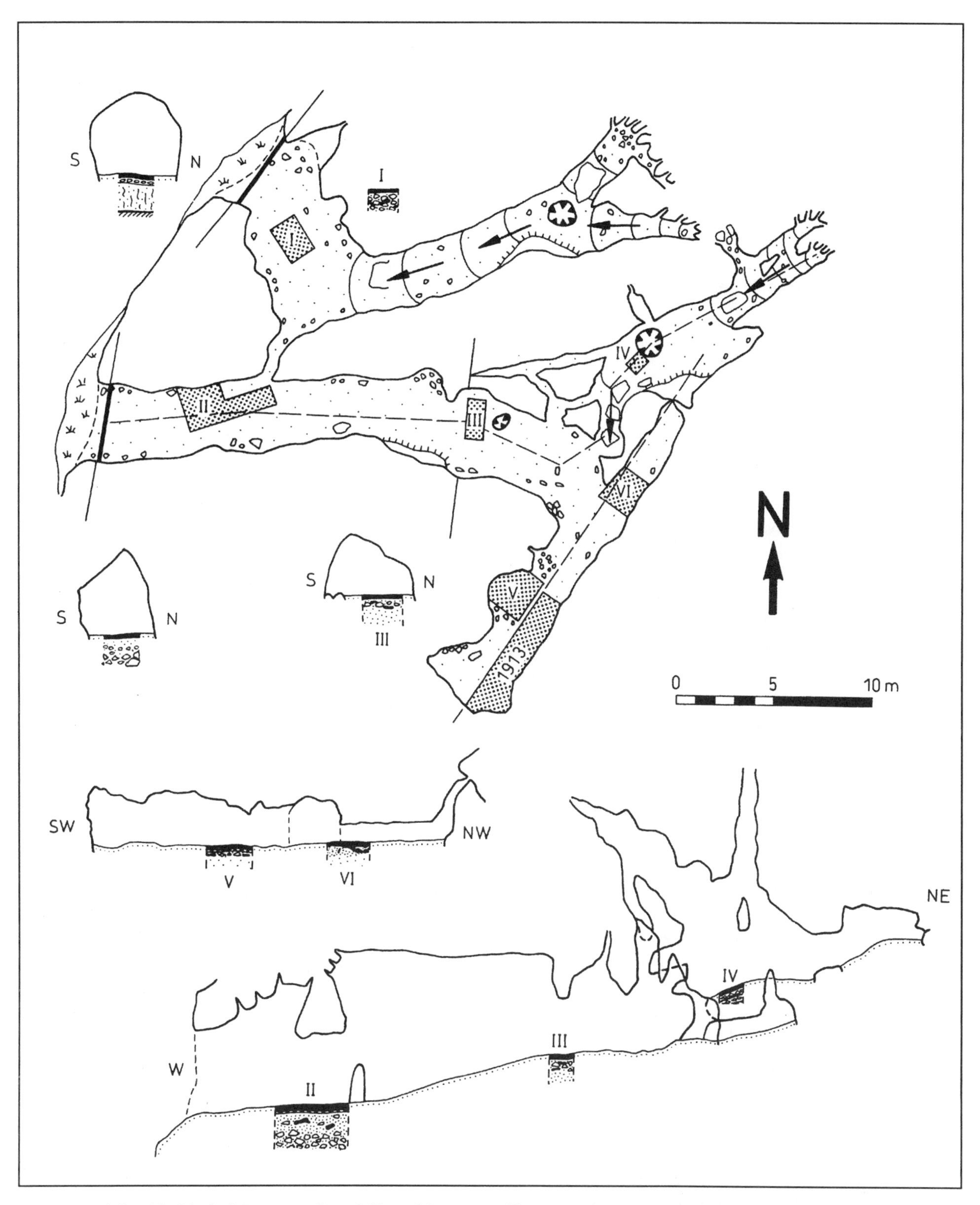

Abb.1: Steinbockhöhle bei Peggau. Grundriß und Raumprofile aus MOTTL & MURBAN (1953) mit Grabungsstellen, umgezeichnet und ergänzt durch schematische Sedimentprofile nach FUCHS (1982) und MOTTL (1953).

Tropfsteinhöhle am Kugelstein

Florian A. Fladerer & Christa Frank
(mit einem Beitrag von Gernot Rabeder)

Mittel- bis spätwürmzeitliche Bärenhöhle im Mittelgebirge, Carnivorenlager, mittelpaläolithische Station
Synonyme: Kugelsteinhöhle II, Bärenhöhle II am Kugelstein; TH

Gemeinde: Deutschfeistritz
Polit. Bezirk: Graz-Umgebung, Steiermark
ÖK 50-Blattnr.: 164, Graz
15°20'17" E (RW: 7mm)
47°13'29" N (HW: 498mm)
Seehöhe: 482m
Österr. Höhlenkatasternr.: 2784/3
Der Zutritt zu der geschützten und versperrten Höhle ist per Antrag an die Bezirkhauptmannschaft in Graz möglich.

Lage: Der Kugelstein im Mittelsteirischen Karst bildet ein kleines Plateau (536m, ca. 130m über dem Talniveau) an der orographisch rechten Seite der minimal 150m breiten 'Badlenge' im mittleren Murtal (siehe Fünffenstergrotte, FLADERER, dieser Band). Die Höhle liegt im steilen, nach Osten exponierten Hang des Kugelsteins südöstlich unterhalb der Tunnelhöhle.
Zugang: Unmittelbar östlich des Südportals des Eisenbahntunnels beginnt ein überwachsener Karrenweg, dem man zu Fuß nach Norden bis zu dessen höchstem Punkt folgt; durch den Wald nach Südwesten dem Waldrand entlang. Rund 40m in den Wald hinein und über einen schmalen, ausgetretenen Pfad nach unten. Nach zwei steileren Strecken zwischen den Felsbändern nach Norden zurück. Die Höhle liegt rund 18 Höhenmeter etwas südöstlich unter der Tunnelhöhle. Eine weitere Zustiegsmöglichkeit direkt vom Hangfuß durch den Wald steil nach oben.
Geologie: Grazer Paläozoikum (Oberostalpin, Zentralalpen), Tonschiefer-Fazies nach FLÜGEL (1975:58f). Schöckelkalk (Mitteldevon).

Fundstellenbeschreibung: Das ostorientierte, 6m breite und bis 2m hohe Portal der Schichtfugenhöhle öffnet in einen horizontalen, gewundenen, 2m hohen und 4m breiten und rund 15m langen Eingangsabschnitt, an dessen Ende eine südwärtsgerichtete Erweiterung, der 'Kessel', eine Raumhöhe von ca. 6m erreicht (Abb.1). An den gangartigen Mittelteil schließt ein von Lehm bedeckter Versturz an, über welchen man den rund 6m höheren Endteil erreicht. Die Ganglänge beträgt 60m, die Horizontalerstreckung 45m, die Vertikaldifferenz +10m (KUSCH in FUCHS 1989).

Forschungsgeschichte: 1931 berichtete erstmals der Höhlenforscher H. Bock über Funde von Höhlenbärenknochen (FUCHS 1989). 1948/49 und 1951/52 sondierte M. MOTTL (1949, 1953) im Auftrag des Bundesdenkmalamtes und des Landesmuseums Joanneum (Abteilung für Geologie, Paläontologie und Bergbau; LMJ). 1958-1960 grub der Grabungshelfer M. Mottls bei ihrer Grabung in der Repolusthöhle, K. HOFER (1958-1960) großflächig im Auftrag von K. Murban (LMJ). In rund 150 Tagen wurden bei 2500 Arbeitsstunden ca. 150 Kubikmeter Sedimente im distalen und mittleren Höhlenbereich im stufenweisen Abbau abgegraben (FUCHS 1989:61ff). 1986 und 1987 führten G. Fuchs & F. Fladerer im Auftrag der Steiermärkischen Landesregierung, Fachstelle Naturschutz, und für das LMJ (E. Hudeczek bzw. W. Gräf) eine Sondierungsgrabung durch (siehe auch Tunnelhöhle, FLADERER & FRANK, dieser Band). 52 Tage oder 1700 Arbeitsstunden verlangte der Schnitt im Portal, bei einer Breite und Tiefe von 2m und einer Länge über die Gangbreite von 6m. Der größte Teil des Materials wurde feingesiebt (FUCHS 1989).

Sedimente und Fundsituation: Unter dem gestörten Profilanteil (Schichteinheiten 1-3) und den primären holozänen Schichten 4-15 liegen im Eingangsbereich generell siltige und sandige pleistozäne Sedimente (Schichten 16-25), die sich in vier Komplexe gliedern lassen (Abb. 2):
Oberer graubrauner feiner Sand (16) (lößartig, mit wenig Bruchschutt), bis 80cm mächtig
Grauer fluviatiler Sand (17), bis über 100cm mächtig
Mittlerer lockerer Komplex (18-19) gegliedert in: (18) graubrauner Sand mit gelbbraunen Lagen (lößartig, mit wenig Bruchschutt), bis über 70cm und (19) brauner Sand (lößartig), bis über 85cm
Unterer verfestigter Sandkomplex (20-25): (20, 22, 24-25) stärker verfestigte grünlich- bis graubraune Sandschichten mit Bruchschutt und häufigen Knochen, über 70cm, sowie (21) ist ein gelbbrauner, stark verfestigter Sandrest an der südlichen Höhlenwand. Mit einer Handbohrung bis -430cm von der Sedimentoberkante wurde der Felsboden nicht erreicht.

Durch den Schnitt wurde eine ältere verfüllte Grabung (Schicht 2) zur Gänze getroffen, die bei einer Fläche von 2m mal 1m eine Tiefe von 1,9m erreichte. Schichtkomplex 20-25 wurde von ihr nicht berührt (FUCHS 1989:83ff). Ergebnisse der Sedimentbeprobung durch K. Stattegger und A. Fenninger, Institut für Geologie und Paläontologie der Universität Graz, stehen aus.

Im mittlerer Abschnitt, dem 'Kessel', ca. 16m vom Eingang entfernt, waren nach HOFER (1958; FUCHS 1989:65ff) bis rund 4m mächtige sandig-lehmige Schichten mit wechselndem Bruchschuttanteil und wenigen Knochenresten und sandige bis grobkiesige Erosionsreste an der Südwand zu beobachten.

Im distalen ansteigenden Abschnitt, bei 'Quermeter 5 ab obere Grotte' nach HOFER (1959; FUCHS 1989:68ff, Abb.5.5):
(1) Aushubmaterial
(2) Sinter bis 30cm

(3) grauer Sand,'leer' bis 20cm
(4) 'Sinterrinde'
(5) Lehm mit Grobschutt bis 180cm mit gut erhaltenen Höhlenbärenresten ab ca.90cm Tiefe
(6) Sinter bis 30cm
(7) Lehm mit Bruchschutt und 'kleinen' Knochen [Anmerkung: vermutlich Knochenfragmenten]
(8) grauer Sand, fast leer bis ca. 250cm
(9) Versturz-Blöcke.

Fauna:

Tabelle 1. Tropfsteinhöhle am Kugelstein. Gastropoda der Grabung 1986/87 nach FRANK (1993). Schichten 1-15 sind holozän, 16-24 pleistozän (Die Zusammenfassung von Schichten erfolgte aufgrund der Unmöglichkeit, die Grabungseinheiten exakt nur einer Schicht zuzuweisen). Ausschließlich holozäne Nachweise sind eingerückt.

Arten	22d/24	20c	19b/20c	18/19	17/19	17/18	16/17	16/16a	12-15	7-8	6	1-5
Carychium tridentatum	-	-	-	-	-	-	-	-	-	-	-	+
Pyramidula rupestris[1]	-	-	-	-	-	-	-	+	-	-	-	-
Granaria frumentum	-	-	-	-	-	-	-	-	-	+	+	-
Chondrina avenacea	-	-	-	-	-	-	-	+	-	-	+	-
Chondrina clienta	-	-	-	-	-	-	+	+	+	+	-	-
Chondrinidae indet.	-	-	-	-	-	-	-	-	-	-	-	+
Orcula dolium	-	-	-	-	-	-	-	-	-	+	-	-
Vallonia pulchella	-	-	-	-	-	-	-	-	-	-	-	+
Cochlodina laminata major	-	-	-	-	-	-	-	-	-	-	+	-
*Charpentieria ornata**	-	-	-	-	-	-	-	+	-	-	+	+
*Macrogastra ventricosa**	-	-	-	-	-	-	-	-	-	-	+	+
Clausilia dubia dubia	-	+	-	-	-	-	+	+	-	-	+	-
Clausilia dubia > speciosa	-	-	-	+	+	-	-	-	+	-	+	+
Clausilia dubia speciosa	-	-	-	-	-	-	-	-	-	-	+	-
Clausilia dubia > gracilior	-	-	-	+	-	-	+	-	+	+	+	-
Clausilia dubia gracilior	-	-	-	-	-	-	-	+	-	+	-	-
Clausilia d. dubia/speciosa	-	-	-	-	-	+	-	-	-	+	-	+
Succinella oblonga elongata[1]	-	-	-	+	-	-	-	-	-	-	-	-
Aegopis verticillus	-	-	-	-	-	-	-	-	-	-	-	+
*Aegopinella nitens**	-	-	-	-	-	-	-	-	-	-	+	+
*Aegopinella ressmanni**	-	-	-	-	-	-	-	-	-	-	+	-
Oxychilus inopinatus[1]	-	-	-	-	-	-	-	+	-	-	-	-
Oxychilus glaber striarius	-	-	-	-	-	-	-	-	-	-	+	+
Trichia hispida	-	-	+	-	-	-	-	-	-	-	+	-
Petasina subtecta[1]	-	-	-	-	-	+	-	-	-	-	-	-
Petasina filicina styriaca	+	-	-	-	-	-	-	-	-	-	+	+
Petasina sp.[1]	-	-	-	-	-	-	-	+	-	-	-	-
*Monachoides incarnatus**	-	-	-	-	-	-	-	-	-	-	+	+
Euomphalia strigella	-	-	-	-	-	-	+	-	-	+	-	+
Arianta arbustorum[1]	-	-	-	+	-	-	-	-	-	-	-	-
Chilostoma achates stiriae	+	-	-	-	-	-	-	+	+	+	+	+
Isognomostoma isognomostomos	-	-	-	-	-	-	-	-	-	-	-	+
Cepaea vindobonensis	-	-	-	-	-	-	-	-	-	-	+	+
Helix pomatia	-	-	-	-	-	-	-	+	+	+	+	+
Artenzahl: 29	2	1	1	4	1	2	3	10	5	9	18	17

[1] Ausschließlich pleistozäner Nachweis.
* Die Art ist durch große, dickschalige Individuen vertreten, wie sie einige Arten im Holozän des Grazer Paläozoikums hervorbringen.

Die Molluskenfauna aus Schicht (16) zeigt deutliche Verarmung gegenüber den holozänen Verhältnissen (Schichten 1-15). Die Umgebung ist clausilien- und chondrinenbetont und als gering differenziert ausgewiesen. *Oxychilus inopinatus* gilt heute als Bewohner xerothermer offener und halb-offener Landschaften und Hänge. Es sind felsige, überwiegend trockene Standortsverhältnisse angezeigt. Aufgrund der sporadisch aufscheinenden *Helix pomatia* sind vereinzelt Gebüsche durchaus möglich.

Aus den älteren Fundschichten liegen nur sporadische Gastropodenfunde vor. Bemerkenswert ist *Succinella oblonga* in der lößtypischen *elongata*-Ausbildung aus Schicht 19. Auch *Trichia hispida* aus 19b oder 20c gilt als Form der Kältesteppe. Damit sind deutlich offene, vegetationsarme Gegebenheiten angezeigt. *Petasina filicina* (22d) fällt hier ökologisch 'aus dem Rahmen', da sie heute krautreiche, bodenfechte Wälder bewohnt. Umlagerung aus einer älteren Schicht ist durchaus möglich.

Tabelle 2. Tropfsteinhöhle am Kugelstein. Wirbeltierreste nach FLADERER (1989a), teilweise revidiert (1993) und ergänzt. Vögel nach MLÍKOVSKÝ (1994). Mottl - Angaben nach MOTTL (1964, 1975) und der Fundetikettierung am Landesmuseum Joanneum; unstrat. - Zusammenfassung unstratifizierter und älterer Aufsammlungen.

	25-20	18-19	17	16	Mottl 2,5-2m	Mottl 2-1,3m	Mottl 0-1,3m	unstrat.
Pisces	-	-	-	-	-	-	-	+
Anura	-	-	-	-	-	-	-	+
Ophidia	-	-	-	-	-	-	-	+
Aegypius monachus (Mönchsgeier)	-	-	-	-	?	?	-	+
Falco subbuteo (Baumfalke)*	+*	-	-	-	-	-	-	
Falco cf. *peregrinus* (Wanderfalke)	-	-	-	-	?	?	?	+
Lagopus lagopus/mutus (Schneehuhn)	+	-	-	-	-	-	-	-
Tetrao urogallus (Auerhuhn)	-	-	-	-	-	-	+	+
Garrulus glandarius (Eichelhäher)	-	-	-	-	?	?	-	+
Pyrrhocorax graculus (Alpendohle)	-	+	-	-	-	-	+	+
Pyrrhocorax pyrrhocorax (Alpenkrähe)	-	+	+	-	-	-	-	
Montifringilla nivalis (Schneefink)	+	-	-	-	-	-	-	
Talpa europaea	+	-	-	-	-	-	-	
Sorex sp.	-	+	+	-	-	-	-	
Chiroptera	+	-	-	-	-	-	-	
Marmota marmota	+	+	+	+	+	+	+	+
Cricetus cricetus	-	-	-	+	-	-	+	+
Clethrionomys glareolus	+	-	-	-	-	-	-	
Arvicola terrestris	+	-	-	+	-	-	-	+
Microtus arvalis/agrestis	+	-	-	+	-	-	-	
Microtus gregalis	+	-	-	-	-	-	-	
Microtus nivalis	+	-	-	-	-	-	-	
Microtus malei	+	-	-	-	-	-	-	
Hystrix cf. *vinogradovi*	+	-	-	-	-	-	-	
Lepus timidus/sp. indet.	+	-	-	-	-	+	+	+
Canis lupus	+	-	-	-	+	+	+	+
Vulpes vulpes	+	+	-	-	+	-	+	+
Alopex lagopus	cf.	-	-	-	-	-	-	
Mustela nivalis	-	-	-	-	-	-	-	+
Gulo gulo	-	-	-	-	+	-	-	+
Lutra lutra	cf.	-	-	-	-	-	-	
Ursus arctos	cf.	-	-	-	-	+	+	+
Ursus spelaeus	+	+	-	+	+	+	+	+
Panthera spelaea	-	-	-	-	+	+	+	+
Panthera pardus	+	-	-	-	-	-	-	
Cervus elaphus	+	-	-	-	-	+	+	+
Capreolus capreolus	cf.	-	-	-	-	+	+	+
Megaloceros giganteus	+	-	-	-	-	-	-	
Rangifer tarandus	cf.	-	-	-	-	-	-	
Capra ibex	+	+	-	cf.	-	-	+	
Rupicapra rupicapra	cf.	-	-	-	-	+	-	+
Bison priscus	+	-	-	-	-	cf.	+	+
Equus sp.	-	-	-	-	-	-	+	+
Coelodonta antiquitatis/Rhinocerotide indet.	+	-	-	-	-	-	+	+
Elephantidae indet.	-	-	-	-	+	-	-	+
Macaca sylvanus	-	-	-	-	-	-	-	+

* Das Coracoid eines Baumfalken im Bereich der Schichtgrenze 19/22 ist Teil der Schicht 22.

Die Tierreste der Grabung 1986/87 verteilen sich auf 308 Aufsammlungseinheiten. Den bei weitem größten Anteil der rund 20kg geborgenen Knochenfunde bilden Höhlenbärenreste aus der Planierschicht der früheren Grabungen. Auch die Verfüllung der Altgrabung und den Schichtkomplex 20-25 kennzeichnen zahlreiche meist sehr fragmentarische Teile des Bärenskeletts, die durch Umlagerungen modifiziert sind. Dem entgegen sind die älteren Funde aus dem hintersten Abschnitt gut erhalten (MOTTL 1949, HOFER 1958, 1959; FUCHS

1989). Annähernd komplette Schädel, Kiefer und Langknochen indizieren den Lager- und Todesplatz der Bärenindividuen im höchsten Teil der Höhle. Sehr hoch repräsentiert sind neonate und juvenile Reste. Das Inventar - ohne Indizierung stratigraphischer Befundung - zeigt eine sehr breite Größenvariabilität von sehr kleinen, weiblichen Tieren bis zu großwüchsigen männlichen. Schädel-, Einzelzahn- und postcraniale Maße erreichen Werte unterhalb der der kleinsten Weibchen aus der Drachenhöhle (vgl. MOTTL 1964). Auch die Mittelwerte der Backenzahnlängen bleiben unter jenen der Drachenhöhle (RABEDER 1989). In der relativen Häufigkeit des dritten Prämolaren, der dem fortschrittlichen *U. spelaeus* meist fehlt, sieht MOTTL (1964, 1968) einen etwas geringeren Fortschrittlichkeitsgrad gegenüber dem Durchschnitt aus der Drachenhöhle. Die distale Tibiatorsion von 54° - 60° (MOTTL 1964) entspricht aber fortschrittlichen Populationen, wie sie auch die Höckermorphologie der P4 vermuten läßt (RABEDER 1989).
Mehrere Reste von Wölfen und der sehr hohe Anteil an verbissenen Knochen von Huftieren deuten darauf hin, daß die Tropfsteinhöhle auch den großen Caniden als Wohnplatz gedient hat. Wolf- und Rotfuchselemente repräsentieren Individuen in der Größe rezenter europäischer Populationen (FLADERER 1993). Ein eher kleineres Leopardenindividuum ist durch eine Grundphalanx I der Hand nachgewiesen (größte Länge GL 16,1mm; proximale Breite Bp 10,1; distale Breite Bd 8,5). 1958, 1960 und 1987 wurden insgesamt 11 postcraniale Reste vom Höhlenlöwen geborgen. Aus der Verfüllung der Altgrabung stammt ein Tarsale III eines Höhlenlöwen (größte Breite GB 24,4, größte Höhe GH 20,3) (FLADERER 1993). Aus dieser Verfüllung kommt auch der vordere untere Prämolar eines Makaken, der durch seine Schmelzvorbuchtung, als Widerlager zum verlängerten oberen Eckzahn bei männlichen Tieren, gekennzeichnet ist (FLADERER 1991b).
Die großen Pflanzenfresser sind generell sehr fragmentarisch durch postcraniale Reste erhalten. Eindeutig artliche zuzuweisen sind sie zum Rothirsch, zum Riesenhirsch, zum Rehwild, zum Steinbock und zum Wisent. In den meisten Fällen tragen sie Verbißmarken. Das Naviculare eines Pferdes aus dem oberflächennahen Bereich von 1958 repräsentiert eine stämmige Form. Vom Wollnashorn stammt eine Grundphalanx aus den obersten Schichten der Grabung 1958. Zu dieser Art oder zu *Dicerorhinus* wird auch ein massiver Wirbeldornfortsatz aus dem unteren Schichtkomplex der Grabung 1986 gestellt. Ein Proboscidier ist durch ein Rippenfragment im Inventar der Grabung 1960 nachgewiesen. Neben dem Mammut kann *Elephas (Palaeoloxodon) antiquus* nicht ausgeschlossen werden.
Von den Kleinsäugern ist der in situ erhaltene Kopf vom Hamster - Schädel mit Unterkiefer - aus den oberen sandigen Schichten der Grabung 1958 erwähnenswert. Von klimachronolgischer Bedeutung sind auch die guterhaltenen über 30 Murmeltierreste, darunter zwei Schädel, die im mittleren Höhlenbereich bis aus 2,5m Tiefe geborgen wurden. Bei den Wühlmäusen ist eine generell größere Häufigkeit der Erdmaus-Feldmaus-Morphotypen gegenüber der *nivalis*-Gruppe zu beobachten. Aus dem feinen, hellen graubraunen Sand (23), der ein kurzzeitiges fluviatiles Ereignis im Schichtkomplex 20-25 abbildet, kann ein Verhältnis von 10 *arvalis* : 2 *gregalis* : 2 *malei* : 1 *Clethrionomys* beobachtet werden. Im unteren Profilbereich ist der *malei*-Typ (det. G. Rabeder) zu einem relativ hohen Prozentsatz neben dem *arvalis*-Typ anzutreffen. Das Nagezahnfragment eines Stachelschweines aus Schicht 20 ist der einzige bisherige Nachweis dieser Art im Mittelsteirischen Karst neben jenem der Repolusthöhle (RABEDER & TEMMEL, dieser Band).

Paläobotanik: Holzkohlefragmente aus Schicht 16 wurden als *Carpinus betulus*, *Fagus sylvatica* und *Quercus* sp. bestimmt. Aus Schicht 17: *Carpinus betulus*, aus 19 Nadelholz und aus 20-24 *Carpinus* sp., *Quercus* sp. und Nadelholz (SCHNEIDER 1989:183ff). Vermischung kann allerdings nicht ausgeschlossen werden. Untersuchungen auf Pollenführung der Sedimente durch W. Klaus, Wien (MOTTL 1964:11) und I. Draxler, Wien (pers. Mitt. 1993) blieben negativ.

Archäologie: Mittelpaläolithikum. Aus dem tieferen, gelbbraunen Sand im Mittelbereich der Höhle stammt ein biface-artiges Quarzitgerät mit Rinde (L 130mm, B 70), das dem Mittelpaläolithikum (Moustérien) zugewiesen wird (MOTTL 1964: Taf. I; JÉQUIER 1975:104, Taf. IX; FUCHS [1989:67, Taf. 18]). Es gilt für Österreich als Unikat (FUCHS 1989:154). Nach MOTTL (1968:105) ist es von einem Flußgeröll abgespalten und zeigt ausgesprochenen Abschlagcharakter. Ein weiterer Quarzitabschlag mit Rinde wird als triangulär und hohlschaberförmig beschrieben (L 60mm, B 40). Mindestens sechs weitere Artefakte aus Quarzit aus den feinsandigen untersten Schichten des 'Kessels' sind verschollen. Ein Quarzitartefakt (L 450mm, B 320) aus der Grabung 1986/87, Schicht 24, in ca. 2m Tiefe, wird ebenfalls dem Mittelpaläolithikum zugeordnet (FUCHS 1989: Taf.17).
Mikrolithe und ein Rückenmesser in sekundärer Lage lassen eine mesolithische Begehung für wahrscheinlich annehmen. Aus der Römerzeit sind intensive Bodenveränderungen befundet. Ein Schlangengefäßfragment weist auf die mögliche Nutzung der Höhle als Mithrasheiligtum (WEDENIG in FUCHS 1989). Eine archäozoologische Untersuchung unterstützt diese Vermutung (ADAM & al. 1996). Wenige Streufunde datieren ins Frühmittelalter. Bodenveränderungen und zahlreiche Funde sind aus dem Hochmittelalter bekannt (FUCHS 1989).

Chronologie und Klimageschichte: (?spätes Mittelpleistozän), frühes Jungpleistozän, Mittelwürm bis Spätglazial (27.000 +4.500/-2.900 BP / VRI-1350; 24.200 ±900 BP / VRI-1256; 17.900 +1870/-1400 BP / Hv-16894; 15.000 ±865 BP (Hv-16895).
Die Platznahme der Schicht 22 ist kaum vor dem Spätwürm erfolgt, wie das Datum an Knochenkollagen von umgelagerten Höhlenbärenelementen aus dieser Schicht 24.200 ±900 BP (VRI-1256) anzeigt (FLADERER 1993, 1994). Dieser Beleg für die spätwürmzeitliche Besiedelung durch Bären wird durch ein Datum von

27.000 +4.500/-2.900 BP (VRI-1350) unterstützt, das von einem verworfenen Knochen einer älteren Grabung im mittleren Höhlenbereich ermittelt wurde.

Auf ein noch späteres Datum der Platznahme von 22 würden die Kollagendatierungen von umgelagerten Höhlenbärenknochen aus Schicht 22 mit 17.900+1870/-1400 BP (Hv-16894) deuten (FLADERER 1991a). Nach M. Geyh, Hannover (pers. Mitt. von Feb. 1991) kann dieses Ergebnis so wie ein weiteres derselben Probenserie aus einem stratigraphisch nicht auflösbaren Bereich der Schichten 20 und 17 von 15.000 ±865 BP (Hv-16895) durch einen Fehler infolge Kontamination verursacht sein (FLADERER 1994).

Macaca sylvanus - aus gestörten Schichten - und *Hystrix* sp. in einer sehr bruchstückhaften Erhaltung (Schicht 20-22) gelten als mittelpleistozäne bis interglaziale Elemente (KOENIGSWALD 1991 bzw. MOTTL 1967). Es gibt bisher keine weiteren Hinweise auf Makaken im Würm Mitteleuropas. Beide Arten lassen aber sehr deutlich eine älteste humid-gemäßigte Phase in der Paläoklimatologie der Tropfsteinhöhle erkennen, deren Komponenten in jüngeren Ablagerungen eingearbeitet sind. Ein mittelpleistozäner Ursprung, der in der 1km entfernten und knapp 40m höher gelegenen Repolusthöhle eine regionale Parallele hätte, kann nicht ausgeschlossen werden. Der Schichtkomplex 20-25 enthält jedoch mindestens noch spätmittelwürmzeitliche, vielleicht sogar hochglaziale Elemente. Er bildet einen fluviatil beeinflußten Palimpsest älterer Sedimente unbekannter Ursprungslagen. Generell beinhaltet die gesamte Schichtfolge der Tropfsteinhöhle mit *Chilostoma achates stiriae*, *Pyrrhocorax*, *Marmota*, *Capra ibex* und *Ursus spelaeus* Arten der offenen Landschaft bzw. der Gebirge, die trocken-kalte Phasen repräsentieren. Eine lokale Indikation für den Osthang der Badlenge gibt die *Chilostoma*-Art. Sie spricht für offene bis halboffene, aber schattige Habitate. Mit *Lagopus*, *Montifringilla nivalis* und *Megaloceros*, die nur aus (20-25) bekannt sind, trägt auch dieser deutliche kontinentale Züge. Die sporadischen Gastropodenfunde aus den Schichten 19-24 ergänzen ebenfalls die Indizierung durch die Wirbeltiere. Andererseits fallen im Komplex 20-25 Hinweise auf dichtere Vegetation oder des gemäßigten Klimas auf: *Talpa*, Häufigkeit von *Clethrionomys* und die zugunsten *arvalis* liegende *Microtus*-Typenfrequenz unter den Mikromammalia. Von den Gastropoden wird *Petasina filicina* aus 22 als umgelagertes 'humides' Element interpretiert (FRANK 1993). Die Nachweise der anspruchsvolleren Laubhölzer könnten ebenfalls damit erklärt werden. Sehr wahrscheinlich umfaßt der Komplex fluviatil aufgearbeitete interglaziale und früh- bis mittelwürmzeitliche Elemente. Auch die Artefaktfunde, die dem Mittelpaläolithikum zugeodnet werden, unterstützen die frühwürmzeitliche Einstufung.

Aufgrund der phylogenetischen Beurteilung der Prämolaren (RABEDER 1989) und der älteren Gesamtbearbeitung (MOTTL 1964, 1968) der Cranial- und Postcranialmerkmale der Höhlenbären der älteren Ausgrabungen, die zum überwiegenden Teil aus dem primären Lagerbereich im distalen Höhlenabschnitt stammen, wird eine späte Besiedelung durch sehr fortschrittliche Formen angenommen. Aufgrund des häufigen Vorkommens sehr komplexer Morphotypen und des hohen morphodynamischen Index der unteren vorderen Prämolaren von 184 nimmt RABEDER (1989) sogar eine Besiedelung noch zum Höhepunkt der Würmvereisung an.

Succinella oblonga elongata aus der äolisch beeinflußten Schicht 19 und *Trichia hispida* aus (19b) oder (20c) im Portalbereich entsprechen offener Vegetation in einer mässig feucht-kalten Klimaphase des Hochglazials. Die Schichteinheit 19 mit diesen Nachweisen wird als eindeutige lokale Entsprechung der hochglazialen niederösterreichischen 'Lößtundra' interpretiert. Von der synchronen Wirbeltierfauna können im Grabungsbefund beide *Pyrrhocorax*-Arten, *Marmota*, *Vulpes* und *Capra ibex* beobachtet werden.

Die Sandschicht 17 entspricht einem einmaligen fluviatilen Ereignis, das die darunterliegenden Silte erodiert. Es handelt sich um einen allochtonen Sedimentkörper, dessen ferntransportierte kristalline Teile eine hohe Niederschlagsmenge benötigt haben. Eine chronologische Zuweisung zu einer humiden Klimaphase ist aber noch nicht möglich.

Die Landschneckengemeinschaft aus Schicht 16 zeigt eine eher gering differenzierte Umgebung, in der trokkene Standortsverhältnisse dominierten. Das Kugelsteinplateau war wohl nur von offener Vegetation bedeckt. Vereinzelte Gebüsche im Hangbereich sind wahrscheinlich. *Marmota* und *Cricetus* als Offenlandarten unterstützten diese Umweltrekonstruktion. Eine Einstufung ins späte Hochglazial bis Spätglazial wird als sehr wahrscheinlich angenommen.

Ursidenchronologie (Gernot Rabeder): Die schon früher publizierten P4-Werte (RABEDER, 1989) konnten durch die Funde der neuen Grabung erweitert und ergänzt werden, sodaß folgende Morphotypenzahlen der Prämolaren von *Ursus spelaeus* angegeben werden können. P^4: 1 B, 1 C, 6 D, 1 E, 2 D/F, 4 F, Index P^4 = 233,33 (n=12).

P_4: 1 A/B1, 5 C1, 2 D1, 1 D/E1, 2 C1/2, 1 B2, 14 C2, 8 D2, 1 E2, 1 D3, Index P_4 = 191,76 (n=36).

Sowohl nach dem Auftreten von hochevoluierten Morphotypen wie E bzw.F bei den P^4 sowie der Dominanz der C2- und D2-Typen bei den P_4, als auch nach den hohen Indexwerten repräsentieren die Höhlenbärenreste aus der Tropfsteinhöhle ein sehr hohes Evolutionsniveau, das nur den Werten der Lurgrotte-Semriach, der 'Jagdstation' in der Drachenhöhle bei Mixnitz, aus der Gamssulzenhöhle und aus dem Nixloch nahekommt. Aus den vier letzten genannten Höhlen liegen radiometrische Daten vor, die diese hohen Evolutionsniveaus dem Spätwürm zuweisen. Die Tropfsteinhöhle im Kugelstein war vorwiegend im Spätwürm von großen hochevoluierten Höhlenbären bewohnt. Die für FLADERER (1994) 'zu jungen' ^{14}C-Daten (rund 17,9 und 15 ka) passen zum überaus hohen Evolutionsniveau des Höhlenbären. Die mit einer hypothetischen Kontamination begründete Datenselektion ist weder notwendig noch methodisch haltbar.

Aufbewahrung: Institut für Paläontologie der Universität Wien und Landesmuseum Joanneum, Graz, Sammlung Geologie und Paläontologie.

Rezente Sozietäten: Eine Gesamtartenzahl von 19 Arten erbrachte die Aufnahme (C. Frank 1992) an zwei Stellen: (1) unterhalb des Kugelsteinplateaus, halbfeuchter Felsmull und (2) beim Höhlenportal, halbfeuchte Felsen (2): *Abida secale* (2), *Sphyradium doliolum* (1), *Vallonia costata helvetica* (2), *Vallonia excentrica* (1), *Acanthinula aculeata* (1, 2), *Cochlodina laminata major* (1, 2), *Charpentieria ornata* (2), *Macrogastra plicatula grossa* (1), *Clausilia dubia dubia* (2), *Punctum pygmaeum* (2), *Discus perspectivus* (1), *Vitrea subrimata* (1), *Aegopis verticillus* (1), *Aegopinella nitens* (1, 2), *Oxychilus glaber striarius* (2), *Monachoides incarnatus* (1), *Euomphalia strigella* (2), *Chilostoma achates stiriae* (1, 2), *Helix pomatia* (1, 2).
Die 19 registrierten rezenten Gastropodenarten verteilen sich auf 12 ökologische Gruppen: Arten- und individuenmäßig dominieren die Waldbewohner s. str. (*Acanthinula aculeata*, *Cochlodina laminata major*, *Macrogastra plicatula grossa*, *Vitrea subrimata*, *Aegopis verticillus*, *Aegopinella nitens*, *Monachoides incarnatus*). Gute Feuchtigkeitsverhältnisse im Oberboden werden durch *Discus perspectivus* angezeigt. Die übrigen ökologischen Gruppen zeigen felsige Standorte innerhalb des Waldes (*Sphyradium doliolum*, *Charpentieria ornata*, *Clausilia dubia*) bzw. an offenen, aber schattigen Stellen (*Abida secale* und *Chilostoma achates stiriae*). Aufgelichtete, eher buschreiche Teile bewohnt *Euomphalia strigella*.

Die Gastropodenfaunen der Schichten 1 und 5 der Grabung 1986/87 (Tab. 1) sind einander sehr ähnlich und erinnern in Zusammensetzung und Gliederung schon sehr an die gegenwärtigen Verhältnisse. Beide enthalten 4 Waldarten s. str. (*Aegopis verticillus*, *Aegopinella nitens*, *Monachoides incarnatus*, *Isognomostoma isognomostomos*/*Cochlodina laminata major*, *Aegopis verticillus*, *Aegopinella nitens*, *Monachoides incarnatus*), Anzeiger für etwas größere Bodenfeuchtigkeit (*Carychium tridentatum*, *Vallonia pulchella*, *Macrogastra ventricosa*, *Petasina filicina styriaca*/*Aegopinella ressmanni*, *Macrogastra ventricosa*, *Petasina filicina styriaca*). Bei den Individuenzahlen dominieren aber die petrophilen Arten: Die Schichten 1 und 5 enthalten *Charpentieria ornata* und *Chilostoma achates stiriae* sowie *Clausilia dubia* in verschiedenen Differenzierungen; eher trockene Felsen werden durch Chondrinen angezeigt. Die Faunen enthalten Anzeiger für Wald bis mittelfeuchte Standorte und für gebüschreiche Stellen mit thermophilem Charakter (*Cepaea vindobonensis*, *Euomphalia strigella*).
Die Fauna aus Schicht 6 hat zwar einige Gemeinsamkeiten mit jener aus Schicht 5, ist aber deutlich ärmer und von etwas mehr xeromorphem Gepräge. Sie indiziert Felsbetonung, Baumgruppen, Gebüsche; geringere Vegetationsentwicklung als in den Schichten 1 und 5. Ähnlichkeiten bestehen zu den Verhältnissen in den Schichten 8 und 8b. Waldarten s. str. fehlen generell. Ueber die besondere Morphologie der *Clausilia dubia*-Individuen wird an anderer Stelle berichtet (FRANK 1993:33ff; in Druck).

Der Kugelstein ist heute von einem Rotbuchen-, Eichen-Hainbuchen- und Kiefernmischwald bestanden.

Literatur:

ADAM, A., CZEIKA S., FLADERER, F. 1996. Römerzeitliche Tierknochenfunde aus zwei Höhlen am Kugelstein bei Deutschfeistritz, Steiermark. Hinweise auf den Mithraskult? - Mitt. Anthropol. Ges. Wien, **125/126**: 279-289, Wien.
FLADERER, F. A. 1989a. Die pleistozäne Fauna der Tropfsteinhöhle im Kugelstein. - In: FUCHS, G. (ed.) 1989: 159-169.
FLADERER, F. A. 1989b. Höhlenschutz und Eiszeitforschung. Erstnachweis von Affen (Gattung *Macaca*) im Jungpleistozän von Mitteleuropa. - Mitt. Naturwiss. - Ver. Steiermark, **119**: 23-26, Graz.
FLADERER, F. A. 1991a. 5 Jahre Höhlengrabungen am Kugelstein. Erste Radiokarbondaten. - Archäol. Österr., **2**(1): 40-41, Wien.
FLADERER, F. A. 1991b. Der erste Fund von *Macaca* (Cercopithecidae, Primates) im Jungpleistozän von Mitteleuropa. - Z. Säugetierkunde, **56**: 272-283, Hamburg Berlin.
FLADERER, F. A. 1993. Großtierreste aus der Tropfsteinhöhle am Kugelstein. - Unpubl. Manuskript, Inst. Paläont. Univ. Wien, 16 S., Wien.
FLADERER, F. A. 1994. Aktuelle paläontologische und archäologische Untersuchungen in Höhlen des Mittelsteirischen Karstes, Österreich. - Ceský kras, **20**: 21-32, Beroun.
FLADERER, F. A. 1995. Zur Frage des Aussterbens des Höhlenbären in der Steiermark, Südost-Österreich. - In: RABEDER, G. & WITHALM, G. (eds.), 3. Internationales Höhlenbären-Symposium in Lunz am See, Niederösterreich. Zusammenfassung der Vorträge, Exkursionsführer, 1-3, Wien (Univ. Wien).
FLÜGEL, H.W. 1975. Die Geologie des Grazer Berglandes. - Mitt. Abt. Geol. Paläont. Bergb. Landesmus. Joanneum, Sonderheft **1**: 1-288, Graz.
FRANK, C. 1975: Zur Biologie und Ökologie mittelsteirischer Landmollusken. - Mitt. naturwiss. Ver. Steiermark, **105**: 225-263; Graz.
FRANK, C. 1993: Mollusca (Gastropoda: Stylommatophora) aus der Tropfsteinhöhle und aus der Tunnelhöhle im Kugelstein, Mittelsteiermark. - Unpubl. Manuskript, Inst. Paläont. Univ. Wien., 46 S., Wien.
FRANK, C. (im Druck). Studien an *Clausilia dubia* DRAPARNAUD 1805 (Stylomatophora: Clausiliidae). - Wiss. Mitt. Niederösterr. Landesmus. **10**, St. Pölten.
FUCHS, G. (ed.) 1989. Höhlenfundplätze im Raum Peggau-Deutschfeistritz, Steiermark, Österreich. Tropfsteinhöhle, Kat.N. 2784/3. Grabungen 1986-87. - Brit. Archaeol. Rep., Int. Ser., **510**: 1-325, Oxford.
HOFER, K. 1958-1960. Grabungsprotokolle Bärenhöhle II, Heft 1-6 und Skizzenheft (unpubliziert), Landesmus. Joanneum, Referat Gelogie und Paläontologie, 183 S., Graz.
JÉQUIER, J.-P. 1975. Le Moustérien alpin. Révision critique. - Eburodonum, **2**:1-126, Yverdon.
KLEMM, W. 1974: Die Verbreitung der rezenten Land-Gehäuse-Schnecken in Österreich. - Denkschr. Österr. Akad. Wiss., **117**: 1-503; Wien.
KOENIGSWALD, W. v. 1991. Exoten in der Großsäuger-Fauna des letzten Interglazials von Mitteleuropa. - Eiszeitalter und Gegenwart, **41**: 70-84, Hannover.
KUSCH, H. 1972. Die Höhlen im Kugelstein bei Peggau (Steiermark). - Die Höhle, **23**(4): 145-157, Wien.
MLÍKOVSKÝ, J. 1994. Jungpleistozäne Vogelreste aus Höhlen des Mittelsteirischen Karsts bei Peggau-Deutschfeistritz, Österreich. - Unpubl. Manuskript, 7 S., Inst. Paläont., Univ. Wien.
MOTTL, M. 1949. Die Kugelsteinhöhlen bei Peggau und ihre diluvialstratigraphische Bedeutung. - Verh. Geol. Bundesanstalt, Jahrgang **1946**(4-6): 61-69, Wien.
MOTTL, M. 1953. Die Erforschung der Höhlen. - Mitt. Mus. Bergbau, Geol. Technik Landesmus. Joanneum, **11**: 14-58, Graz.
MOTTL, M. 1959. Deutschfeistritz. - Fundber. Österr., **5**: 17, Wien.
MOTTL, M. 1964. Bärenphylogenese in Südost-Österreich. - Mitt. Mus. Bergbau, Geol. Technik Landesmus. Joanneum, **26**: 1-55, Graz.
MOTTL, M. 1967. Neuer Beitrag zum *Hystrix*-Horizont

Europas. - Ann. Naturhist. Mus. Wien, **71**: 305-327, Wien.
MOTTL, M. 1968. Neuer Beitrag zur näheren Datierung urgeschichtlicher Rastplätze Südost-Österreichs. - Mitt. Österr. Arbeitsgem. Ur- und Frühgschichte, **19**(5/6): 87-111, Wien.
MOTTL, M. 1971. Deutschfeistritz. - Fundber. Österr., 7 (1956-1960), (6-8): 3, Wien.
MOTTL, M. 1975. Die pleistozänen Säugetierfaunen und Kulturen des Grazer Berglandes. - In: FLÜGEL, H.: Die Geologie des Grazer Berglandes. Zweite, neubearbeitete Auflage. - Mitt. Abt. Geol. Paläont. Bergbau Landesmus. Joanneum, Sonderheft **1**, 59-179, Graz.
RABEDER, G. 1989. Die Höhlenbären der Tropfsteinhöhle im Kugelstein. - In: FUCHS, G. (ed.) 1989: 171-178.
SCHNEIDER, M. 1989. Holzkohleuntersuchungen. - In: FUCHS, G. (ed.) 1989: 183-186.
WEDENIG, R. 1989. Das Fragment eines Schlangengefäßes und seine Parallelen in Europa. - In: FUCHS, G. (ed.) 1989: 139-152.

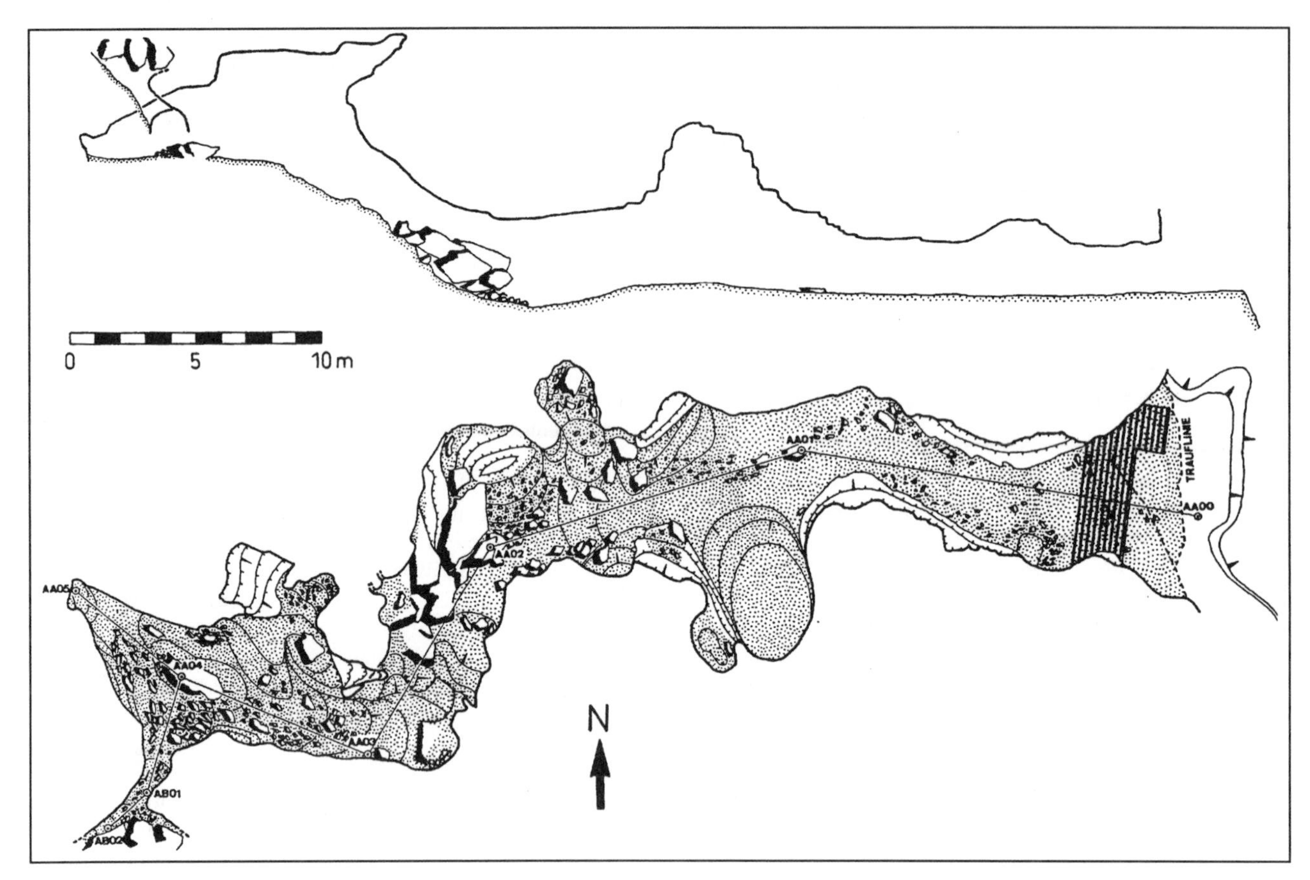

Abb.1: Tropfsteinhöhle am Kugelstein. Vereinfachter Grundriß (unten) und Längsschnitt nach H. Kusch, 1988 (FUCHS 1989) mit Lage der Grabungsfläche Fuchs & Fladerer 1986/87.

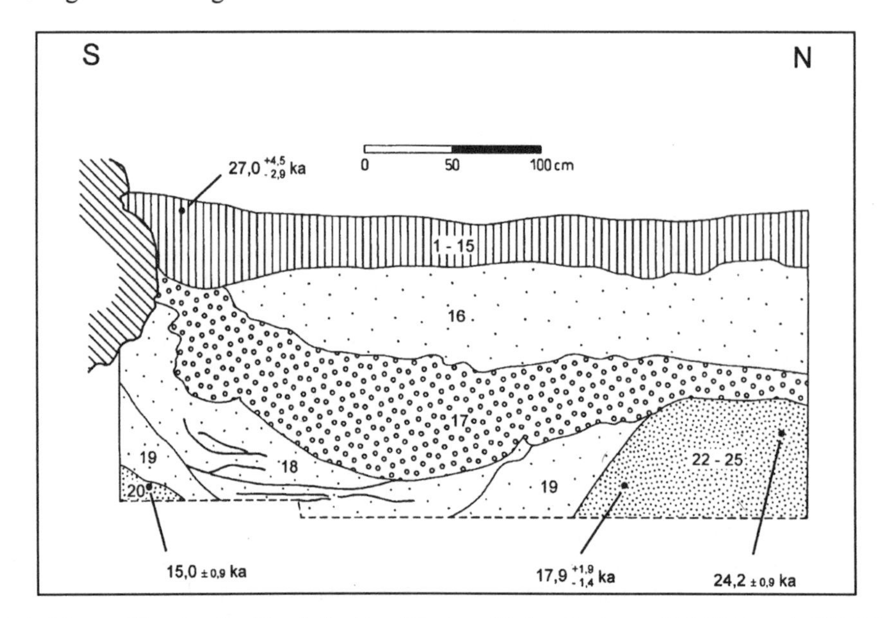

Abb.2: Tropfsteinhöhle am Kugelstein. Vereinfachtes Westprofil der Grabung 1986/87 nach FUCHS (1989) mit Radiokarbondaten in 1000 Jahren (teilweise projiziert).

Tunnelhöhle

Florian A. Fladerer & Christa Frank
(mit einem Beitrag von Gernot Rabeder)

Mittelwürmzeitliche Bärenhöhle im Mittelgebirge, Carnivorenlager, mittelpaläolithische Station
Synonyme: Kugelsteinhöhle III, Bärenhöhle III am Kugelstein, Friedrichshöhle; Tu

Gemeinde: Deutschfeistritz
Polit. Bezirk: Graz-Umgebung, Steiermark
ÖK 50-Blattnr.: 164, Graz
15°20'17" E (RW: 7mm)
47°13'29" N (HW: 498mm)
Seehöhe: 500m
Österr. Höhlenkatasternr.: 2784/2

Lage: Grazer Bergland. Mittelsteirischer Karst. Die Tunnelhöhle liegt im Osthang des Kugelsteins, der ein Plateau (536m) an der orographisch rechten Seite der 'Badlenge' im mittleren Murtal bildet. Die Höhle liegt heute rund 100m über dem Talboden (siehe Fünffenstergrotte, FLADERER, dieser Band).
Zugang: Man folgt dem überwachsenen Karrenweg östlich des Südportales des Eisenbahntunnels nach Norden bis zu dessen höchstem Punkt, durch den Wald nach Südwesten zum Waldrand, diesen entlang in den südlich beginnenden Wald hinein. Nach 40m über einen ausgetretenen Pfad nach unten. Nach einer steileren Strecke zwischen den Felsbändern nach Norden zurück zum gut erkennbaren 10m langen Vorplatz. Die Höhle liegt 18m oberhalb der Tropfsteinhöhle (FLADERER & FRANK, dieser Band). Der Zutritt zur geschützten und versperrten Höhle ist per Antrag an die Bezirkshauptmannschaft in Graz möglich.
Geologie: Grazer Paläozoikum (Oberostalpin, Zentralalpen), Tonschiefer Fazies, Schöckelkalk.

Fundstellenbeschreibung: Die Tunnelhöhle ist eine 31m lange horizontale Schichtfugenhöhle mit einem 15m langen und 5m breiten Eingangsabschnitt, der in eine erweiterte, bis 7m hohen Halle mündet und zwei kurze distale Fortsetzungen hat. Die Hauptrichtung wird durch die NE-SW-streichende Kluftrichtung gebildet (MOTTL 1953). In der westlichen Fortsetzung befand sich ein 3m tief gegrabener Schacht, der heute zugeschüttet ist (KUSCH 1996). Das nach Nordost gerichtete Portal ist 9,5m breit und 3m hoch.

Forschungsgeschichte: Erste bekannte Aufsammlungen (Landesverein für Höhlenkunde) bzw. Grabungen (W. Schmid, Landesmuseum Joanneum, Vor- und Frühgeschichtliche Abteilung) 1909 bzw. 1918 ohne Hinweis auf eiszeitliche Sedimente. 1948/49 und 1951/52 sondiert M. MOTTL (1949, 1953, 1959) im Auftrag des Bundesdenkmalamtes und des Landesmuseums Joanneum (LMJ). 1957 und 1961 bis 1963 werden im hinteren Höhlenabschnitt durch den ehemaligen Grabungshelfer M. Mottls, K. HOFER (1957, 1961-1963) im Auftrag von K. Murban (LMJ) großräumig Sedimente abgebaut. Die Gesamtdauer beträgt rund 100 Arbeitstage, die K. Hofer meist mit einem Mitarbeiter verbringt (FUCHS 1993). 1988 bis 1990 graben G. Fuchs, F. A. Fladerer und ein meist 7köpfiges Team im Auftrag der Steiermärkischen Landesregierung, Fachstelle Naturschutz, und für das Landesmuseum Joanneum, im Eingangsbereich eine Sondage zur Dokumentation der Stratigraphie und zur Begutachtung einer eventuellen erweiterten Schutzbedürftigkeit (FLADERER & FUCHS 1988, 1989, 1990, 1996; FLADERER 1991, FUCHS 1993). Der Schnitt bei einer Breite von 2m, einer Länge bis 7m und einer Tiefe bis 1,6m (Abb.1) erfordert rund 70 Arbeitstage mit rund 3900 Arbeitsstunden. Der größte Teil des Materials wird feingesiebt. Eine Auswertung erfolgt im Rahmen des Projektes 8246GEO 'Höhlensedimente im Grazer Bergland' des Fonds zur Förderung der wissenschaftlichen Forschung (Leitung: W. Gräf, LMJ).

Sedimente und Fundsituation: Die Grabung 1988-90 ergab eine Stratigraphie, die etwas weniger kompliziert erscheint als jene der Tropfsteinhöhle am Kugelstein (FLADERER & FRANK, dieser Band) und ebenfalls in vier Komplexe gegliedert werden kann (Abb. 2). Die unteren pleistozänen Sedimente bilden generell Füllungen, die trog- bis rinnenförmig in den jeweils älteren Schichten liegen.
A - holozäne Schichten: Planierschicht der älteren Ausgrabungen (Schicht 1), Humus und Grubenfüllungen aus historischer Zeit (2-23)
B - gelbgraue bis graue Sande mit Löß (Schichten 24a-o; alte Nummer: 5a-o)
C - brauner bis olivgrauer lehmiger Sand mit Bruchschutt (25-26; alt: 5j, 16)
D - gelbbraune bis rotbraune verfestigte Lehme (27-30; alt: 9, 15, 12, 30)
Sedimentologische Untersuchungen ergaben schlecht sortierte, sehr feine bis feine Sande im oberen Profilabschnitt B und in C und sehr schlecht sortierte Sande und Grobsilte im Komplex D (ROLLINGER 1992). Die Karbonatgehalte liegen mit 9-16%, die organischen Anteile mit 0,8-2,1% (max. 4,2) sehr deutlich unter jenen der Großen Peggauerwandhöhle (FLADERER, dieser Band). Der Maximalwert wird im untersten, rotbraunen Lehm erreicht. Es besteht ein Zusammenhang zwischen dem allochthonen Mineralspektrum, dem geringen Karbonatgehalt und den lößartigen Ablagerungen am Kugelstein (ROLLINGER 1992).
Unmittelbar bergwärts wurde von M. Mottl 1946 das Grabungsfeld I bis in eine Tiefe von 1,4m angelegt (MOTTL 1949):
- Humus (bis 0,6m mächtig)
- Grauer Sand, glimmerreich, mit wenig Bruchschutt (ca. 0,2m)
- Gelbrötlicher Sand, glimmerreich, mit Schieferplättchen, wenig Bruchschutt (ca. 0,1m)
Rostroter Sand, lehmig, eisenschüssig, mit kantigem Bruchschutt und festen Lehmknollen (0,5m).

Durch einen geknickten, 17m langen und 1m breiten Schnitt II, der teilweise in der Gangachse lag, wurde 1951/52 die Schichtabfolge generell bestätigt. Es zeigte sich aber, daß der Grausand in einer trogförmigen Erosionsmulde der älteren Sedimente liegt.
Für den hinteren Höhlenteil kann aufgrund einiger Angaben und zweier Skizzen von K. HOFER (1961, 1962) eine generalisierte Schichtfolge bis über 3m Tiefe angegeben werden. Es wird über Sedimentproben berichtet, die aber ebenso wie der Großteil der Tierfunde dieser Grabung als verschollen gelten müssen (vgl. FUCHS 1993):
Humus und historische Kulturschicht (bis 0,3m mächtig)
Stellenweise eine dünne Sinterdecke
Grauer Sand mit Bruchschutt (ca. 0,5m)
Rötliche sandige Schicht (ca. 0,5m)
Rotgelbe Feinsandschichte (ca. 0,4m)
Rotbraune Schicht (bis ca. 1,6m mächtig)

Fauna:

Tabelle 1. Tunnelhöhle. Gastropoda der Grabung 1988-90 nach FRANK (1993). 28-24 - Pleistozäne Schichten, 22-1 - jüngster Schichtkomplex (Komplex A) inkl. Planierschicht älterer Grabungen.

	28	27	26	24	22-1
Cochlicopa lubrica	-	-	-	-	+
Granaria frumentum	-	-	-	-	+
Chondrina sp.	-	-	-	+	-
Vallonia costata	-	-	-	+	+
Vallonia tenuilabris	-	-	-	+	-
Cochlodina laminata major	-	-	-	+	+
Charpentieria ornata	+*	-	-	-	+
Macrogastra ventricosa	-	-	-	-	+
Macrogastra plicatula grossa	-	-	-	-	+
Macrogastra sp.	-	-	+	-	+
Clausilia dubia dubia	-	-	-	-	+
Clausilia dubia > speciosa	-	-	-	+	+
Clausilia dubia speciosa	-	-	-	-	+
Clausilia dubia gracilior	-	-	-	-	+
Clausilia d. dubia/speciosa	-	-	-	+	+
Succinella oblonga elongata	+	-	-	+	+
Aegopis verticillus	-	-	-	-	+
Aegopinella nitens	-	-	-	-	+
Oxychilus cellarius	-	-	-	-	-
Oxychilus inopinatus	+*	-	-	-	-
Oxychilus glaber striarius	-	-	-	-	+
Trichia hispida	-	-	-	+	+
Trichia sp. cf. *rufescens*	-	-	-	+	-
Petasina filicina styriaca	-	-	-	-	+
Monachoides incarnatus	-	-	-	-	+
Euomphalia strigella	-	-	-	-	+
Arianta arbustorum	-	-	-	-	+
Chilostoma achates stiriae	-	+	+	+	+
Cepaea vindobonensis	-	-	-	-	+
Helix pomatia	-	-	+	+	+
Artenanzahl: 28	3	1	3	11	25

* Sehr wahrscheinlich eine holozäne Beimengung.

Malakologisch von höchstem Interesse ist besonders Schicht 24b. Sie enthält eine hochglaziale, artenarme, stark felsbetonte Fauna mit einer Leitart der pleistozänen Kaltzeiten, *Vallonia tenuilabris,* und der bezeichnenden Lößsteppen- und -tundrenart *Succinella oblonga elongata*. Die 11 Exemplare lassen eine entsprechende primäre Häufigkeit vermuten. Auf Kältebedingungen weist auch die Starkschaligkeit von *Helix pomatia* und *Chilostoma achates* hin. Diese erscheint etwas kleiner als die rezente *Ch. achates stiriae*, entspricht aber morphologisch weitgehend. Möglicherweise ging die Differenzierung dieser kleinräumig verbreiteten (?)Unterart von *Chilostoma achates* synchron mit der Aufgliederung der *Clausilia dubia*-Bestände dieses Gebietes. Auf jeden Fall stellt das mittlere Murtal oberhalb von Graz sowohl für *Clausilia dubia speciosa* als auch für *Chilostoma achates stiriae* rezent ein Verbreitungszentrum dar. Erstere hat auch Areale in Niederösterreich und Kärnten. Die *Trichia*-Art, die vermutlich zu *rufescens* oder einer ihr nahestehenden Art zu stellen ist, zeigt feuchtere Standorte an: Die Unterart *T. rufescens suberecta* tritt in Lössen nahe der Donau in gemäßigten bis kühlen und

feuchten Faunenkontexten auf.
Der Komplex B mit (24) gilt als erstes Höhlen-Analogon zu den Faunen der niederösterreichischen Kältesteppe (vgl. FRANK 1990). Die glaziale Akzentuierung ist hier noch ausgeprägter und faßbarer als bei Schicht 19 der Tropfsteinhöhle am Kugelstein (FLADERER & FRANK, diese Band). Zu diesem Befund könnte man das Vorhandensein einer Lößschneckenfauna in der Probe Weinzödl, Deckschichte der Würmterrasse des Grazer Feldes (KOLMER 1968; FLÜGEL 1975), noch besser in Relation setzen als bei der Tropfsteinhöhle, wobei diese letztere allerdings schon gemäßigteren Charakter trägt. *Cecilioides acicula* ist darin sicherlich nicht autochthon. Die Bestände der rezent südostalpin-dinarisch-sudetischen *Charpentieria ornata* im Grazer Becken dürften erst postglazial dorthin gelangt sein, wahrscheinlich im Atlantikum; sie ist nur in den obersten Schichten enthalten. Ihre Anwesenheit in (28) ist vermutlich sekundär; ebenso *Oxychilus inopinatus,* dessen Vorkommen wärmere und feuchtere Verhältnisse andeutet. In den darüberliegenden Schichten 27 (ebenfalls Komplex D) und 26 (Komplex C) ist *Chilostoma achates stiriae* die einzige nachgewiesene pleistozäne Art. Von den Zwischenformen von *Clausilia dubia* sind C. *dubia>speciosa* und *C. d. dubia/speciosa* vertreten (FRANK 1993).

Tabelle 2. Tunnelhöhle am Kugelstein. Wirbeltierreste nach FLADERER (1993a), teilweise revidiert (1993b) und ergänzt. Vögel nach MLÍKOVSKÝ (1994). Mottl - Angaben nach MOTTL (1964, 1975) und der Fundetikettierung am Landesmuseum Joanneum; unstrat. - Zusammenfassung unstratifizierter und älterer Aufsammlungen.

	30-27	26-25	24	Mottl roter Lehm*	Mottl gelbbr. Sand	Mottl grauer Sand	unstrat.
Pisces	-	-	+	-	-	-	
Anura	-	-	+	-	-	-	
Squamata	-	-	+	-	-	-	
Aegypius monachus (Mönchsgeier)	-	-	-	-	-	+	+
Falco peregrinus (Wanderfalke)	-	-	-	-	-	+	+
Lagopus lagopus/mutus (Schneehuhn)	-	-	+	-	-	+	+
Pyrrhocorax graculus (Alpendohle)	-	-	-	-	+	+	+
Pyrrhocorax pyrrhocorax (Alpenkrähe)	-	-	-	+	-	-	
Talpa europaea	-	+	+	-	-	-	
Sorex araneus	-	+	-	-	-	-	
Sorex sp.	+	+	+	-	-	-	
Vespertilio sp.	-	-	+	-	-	-	
Plecotus sp.	-		+	-	-	-	
Marmota marmota	-	+	+	-	-	-	
Sicista betulina	-	-	+	-	-	-	
Cricetus cricetus major	-	-	-	+	+	+	+
Clethrionomys glareolus	-	+	+	-	-	-	
Arvicola terrestris	+	+	+	-	-	-	
Microtus arvalis/agrestis	-	+	+	-	-	-	
Microtus div. sp. inkl. *gregalis*	+	+	+	-	-	-	
Microtus nivalis	-	+	+	-	-	-	
Ochotona pusilla	-	+	-	-	-	-	
Lepus timidus/sp. indet.	+	+	+	+	-	-	+
Canis lupus	-	+	+	+	+	+	+
cf. *Cuon alpinus*	-	-	+	-	-	-	
Vulpes vulpes	-	+	+	+	+	+	+
Alopex lagopus	-	-	+	-	-	-	
Mustela nivalis	-	-	+	-	-	-	
Martes martes	-	+	-	+	-	+	+
Gulo gulo	-	-	cf.	cf.	-	-	cf.
Ursus arctos	-	+	-	-	-	+	
Ursus spelaeus	+	+	+	+*	+	+	+
Cervus elaphus	?	-	-	+	-	+	+
Rangifer tarandus	+	cf.	-	-	-	+	+
Capra ibex	-	+	+	+	+	+	+
Rupicapra rupicapra	-	-	-	-	+	+	+
Bison priscus	-	-	-	+	-	+	+
Equus sp.	-	-	-	-	-	+	

* Von MOTTL (1975) wird der 'rote Lehm' ('gelblich-hellrote, sandige Lehmschicht', 'rostroter Sand') ihrer eigenen Grabungen (MOTTL 1953:29) mit den 'rotgelben' und 'rotbraunen' Fundschichten der späteren Grabung K. Hofer's gleichgesetzt.

Während von den Ausgrabungen 1988-90 ein umfangreiches fragmentarisches Material, darunter zahlreiche Kleinwirbeltierreste vorliegt, besteht das Altinventar aus relativ wenigen gut erhaltenen und bestimmbaren Stükken. Eine Parallelisierung der stratigraphischen Einheiten ist bedingt möglich. Schichtzuweisungen älterer Funde finden Widersprüche in anhaftenden Sedimentresten, sodaß diese als unübertragbar gelten. Die Untersuchungen sind noch nicht abgeschlossen.

Die Höhlenbärenreste der Tunnelhöhle gehören zu einer fortschrittlichen Form mit wenigen urtümlichen Zügen (MOTTL 1975). Aufgrund einer kritischen Durchsicht der Unterlagen sprechen die Funde aus dem mittleren und oberen Profilbereich und der Grabung K. Hofer's im distalen Bereich für eine fortschrittliche Form (MOTTL 1964). Die wenigen, die dem Komplex D zuzuweisen sind, sprechen aber eher für einen geringeren Entwicklungsgrad (MOTTL 1953: 29).

Die zweithäufigst belegte Großtierart ist mit 45 Knochen und Fragmenten der Steinbock, die vor allem aus dem oberen sandigen Bereich geborgen wurden. Gebißreste treten gegenüber postcranialen Resten stark zurück. Das Muster ist aber sicherlich durch die Methode der 'Schönstückaufsammlung' mitverursacht. An zahlreichen Resten ist Raubtierverbiss erkennbar. Der Wolf als wahrscheinlicher Hauptbeutegreifer ist mit sieben Knochen aus den oberen sandigen Schichten und mit drei aus den unteren vertreten. Das Occipitalfragment eines großen Caniden zeigt in den geringen Abmessungen und der Morphologie Übereinstimmungen mit dem eurasiatischen Wildhund (FLADERER 1993b; siehe auch Große Ofenbergerhöhle, FLADERER, dieser Band).

Einem großen Wildrind sind ein Calcaneus und eine Grundphalange zuzuordnen. Ein kräftiges Wildpferd ist durch das Fragment eines rechten Humerus aus dem oberen Profilbereich der Grabung 1957 bekannt. Es stammt sehr wahrscheinlich aus der südwestlichen, distalen Fortsetzung des Hauptganges.

Von den Kleinsäugern liegt im Altinventar aus den drei Komplexen je ein gut erhaltener Rest von *Cricetus cricetus* vor, der jeweils die *major*-Form repräsentiert. Im Fundinventar der Grabung 1988-90 sind aufgrund der Grabungsmethode deutlich mehr Kleinsäugerreste vorhanden. *Arvicola* ist in ihrer großen Form repräsentiert. Unter den Microtinen überwiegen zahlenmäßig die *arvalis-agrestis*-Typen generell die *nivalis*-Typen. Im Komplex B verschiebt sich das Verhältnis etwas zugunsten *nivalis*. Bei diesen ist ein hoher Anteil bis rund 40% am Morphotyp *oeconomus* zu beobachten (REINER 1997).

Paläobotanik: Holzkohlereste wurden an O. Cichocki, Institut für Paläontologie der Universität Wien, übergeben.

Archäologie: Mittelpaläolithikum. Aus dem grauen Sand im oberen Profilabschnitt der Grabungen 1951/52 von MOTTL (1953, 1968) stammen mehrere Quarzitgeräte. Die ebenfalls erwähnte Knochenspitze ist ein Kompaktafragment eines Röhrenknochens ohne umlaufende Politur, wie sie Geschoßpitzen erkennen lassen. Zwei weitere paläolithische Artefakte aus Hornstein bzw. Quarzit, eine Pseudolevallois-Spitze und eine Tayac-Spitze wurden nach HOFER (1963) ebenfalls aus den sandigen Ablagerungen geborgen. Von MOTTL (1968) wird eine Gesamtanzahl von über 50 Artefakten genannt. Fundschichtangaben werden von FUCHS & RINGER (1996:258) in 10 von 34 Fällen bezweifelt. 1988-90 wurden ein Hornsteinartefakt und mehrere Absplisse aus Quarz in (25) des Komplexes C gefunden, die die Produktion in der Höhle wahrscheinlich machen. Aus dem tieferen Komplex D (Schicht 29) stammt ein weiterer Abschlag aus hellgrauem Quarzit. Als Rohstoff dienten in erster Linie, wenn nicht ausschließlich, Gerölle aus den Terrassen oder dem Flußbett der Mur. Typologisch werden die Artefakte dem Mittelpaläolithikum zugeordnet (MOTTL 1968, JEQUIER 1975:104). FUCHS & RINGER (1996) konstatieren eine Affinität zum Taubachien, wie es aus der Kulna-Höhle/Schicht 11 im Mährischen Karst, aus Gánovce und Horka in der Slowakei oder aus der Diósgyör-Tapolca-Höhle in Ungarn bekannt ist.

Mikrolithe in sekundärer Fundlage lassen Mesolithikum oder Neolithikum vermuten. Der Römerzeit enstammen die ersten Funde 1918 aus der Höhle. Aus den humusreichen Schichten wurden bei allen Grabungen latène- und spätrömische Objekte geborgen (KUSCH 1996), darunter ein Elfenbeinrelief mit einem Jahreszeitengenius und ein Schlangengefäßfragment. Mittelalterliche und neuzeitliche Begehungen sind ebenfalls belegt.

Chronologie: frühes Jungpleistozän, Mittelwürm (Schicht 25: 38.810 ±680 BP / ETH-9657), Hochglazial (Schicht 24: 18.080 ±140 BP / ETH-11570).

Aus dem tiefsten großteils erodierten Komplex D, der im proximalen Abschnitt eine sehr randliche Lage einnimmt (Abb. 2), liegt eine proximale Phalange vom Ren vor. Von der Gastropodenoryktozönose werden nur *Succinella oblonga elongata* (30) und *Chilostoma achates stiriae* (27) als autochthon angenommen. Wärmere und feuchtere Verhältnisse sind durch *Charpentieria ornata* und *Oxychilus inopinatus*, angedeutet, obwohl sekundäre Beimengung nicht ausgeschlossen werden kann. Von den Vertebraten sind weiters nur *Ursus spelaeus* - zu wenig Reste für biostratigraphische Aussagen -, *Lepus*, *Sorex* und *Microtus* belegt. Aus den untersten Schichten der Grabung von M. Mottl, die möglicherweise zum Komplex D gehören, würden noch *Pyrrhocorax pyrrhocorax*, *Cricetus*, *Vulpes*, *Martes martes*, *Gulo*, *Cervus elaphus*, *Capra ibex* und *Bison* dazukommen. Aufgrund der relativen Position im Profil und des Verfestigungsgrades wird für (27-30) ein höheres Alter als Mittelwürm angenommen. Ein Kompaktafragment, sehr wahrscheinlich von einem Bärenlangknochen aus (29), das zur AMS-Datierung übermittelt wurde, enthielt kein Kollagen (schriftl. Mitt. von G. Bonani, Zürich, 9/1993). Die groben Quarzitartefakte sprechen für eine mittelpaläolithische, dem Taubachien nahe Tradition, die zeitlich mit dem letzten Interglazial parallelisiert wird (FUCHS & RINGER 1996).

Auch in Schicht 26 (Komplex C) ist *Chilostoma achates stiriae* die einzige nachgewiesene pleistozäne Gastropodenart. Von den Zwischenformen von *Clausilia dubia*

sind C. *dubia>speciosa* und *C. d. dubia/speciosa* vertreten (FRANK 1993). Mit der Säugetiervergesellschaftung von (26-25) mit *U. spelaeus* und *Capra ibex* ist eine kontinentale Phase indiziert. Bei einer Geichsetzung mit dem gelbbraunen Sand der Grabung Mottl's, würden *Pyrrhocorax graculus* und *Cricetus cricetus* dies verdeutlichen. Ein Mandibelfragment eines Höhlenbären aus (25) ist mit 38.810 ±680 BP (ETH-9657) datiert (FLADERER 1994, 1995). Die typologische Einstufung der assoziierten Steinindustrie könnte (1) mit einem regionalen Fortdauern mittelpaläolithischer Traditionen im Einklang stehen - wofür es bisher aus umliegenden Regionen keine deutlichen Hinweise gibt. (2) können Umlagerungen älterer Artefakte in jüngere Schichten nicht ausgeschlossen werden.
Die Gastropodenfauna von (24) mit *Vallonia tenuilabris, Succinella oblonga elongata* und *Chilostoma achates* entspricht vollglazialen Bedingungen. Auch *Trichia hispida* ist ein kaltzeitliches Häufigkeitselement. Diese Arten sind in Lößböden verschiedenen Alters oft massenhaft enthalten, vor allem in den typischen Molluskenthanatozoenosen der hochglazialen Lößsteppen und -tundren (FRANK 1990, LOZEK 1964). Für den Kugelsteinhang läßt sich eine der Flußnähe entsprechende schwach feuchte, vegetationsarme, kalte 'Felssteppe' rekonstruieren. Dieser oberste pleistozäne Komplex B zeigt mit Nachweisen von *Lagopus, Marmota, Sicista, Microtus nivalis, Lepus timidus, Alopex, Rangifer* und *Capra ibex* sehr deutlich das Dominieren von offenen montanen bis alpinen Habitaten. Ein AMS-Knochenkollagendatum von einem Verbandfund einer Murmeltierpfote knapp unter der Schichtoberkante bestätigte mit 18.080 ±140 BP (ETH-11570) die angenommene Einstufung (FLADERER 1995).

Ursidenchronologie (G. Rabeder): Die Morphotypenzahlen der Prämolaren lauten für den P^4: 6 D, 1 D/E, für den P_4: 5 C1.
Wegen der relativ geringen Stückzahl ist die chronologische Aussagekraft natürlich beschränkt. Auffällig ist die Dominanz von relativ hoch evoluierten Morphotypen bei den P^4 (D,D/E,); sie steht im Widerspruch zum ausschließlichen Vorkommen des relativ urtümlichen Morphotyps C1 bei den P_4, was mit der zu geringen Anzahl der P4 zu erklären ist. Die errechneten Indices, P^4 = 207,1 (n= 7) und P_4 = 100,0 (n= 5), sprechen am ehesten für ein mittelwürmzeitliches Evolutionsniveau vergleichbar mit den Werten der Großen Badlhöhle und der Drachenhöhle von Mixnitz (Gesamtwert). Die hochevoluierten Typen D/F und F bzw. C2, D2 und D3, die in der Fauna der Tropfsteinhöhle am Kugelstein vorherrschen, fehlen. Die Tunnelhöhle ist wahrscheinlich vorwiegend während der Mittelwürm-Warmzeit zumindest zeitweise vom Höhlenbären bewohnt worden, während die Tropfsteinhöhle hauptsächlich im Spätwürm von hoch evoluierten Höhlenbären aufgesucht worden ist.

Aufbewahrung: Inst. Paläont. Univ. Wien und Landesmus. Joanneum, Graz, Sammlung Geologie und Paläontologie.

Rezente Molluskenfauna: Eine Gesamtartenzahl von 27 Arten wurde 1992 durch zwei Aufnahmen von C. Frank festgestellt: (1) aus halbfeuchtem Felsmull unterhalb des Kugelsteinplateaus und (2) am Felsen im Portalbereich der Höhle: *Truncatellina cylindrica* (2), *Chondrina avenacea* (2), *Sphyradium doliolum* (1), *Argna truncatella* (2), *Vallonia costata helvetica* (2), *Vallonia pulchella* (2), *Acanthinula aculeata* (1, 2), *Cochlodina laminata major* (1, 2), *Charpentieria ornata* (2), *Macrogastra plicatula grossa* (1, 2), *Clausilia dubia dubia* (2), *Clausilia dubia speciosa* (2), *Clausilia dubia gracilior* (2), *Punctum pygmaeum* (2), *Discus perspectivus* (1, 2), *Euconulus fulvus* (2), *Vitrea subrimata* (2), *Aegopis verticillus* (1, 2), *Aegopinella nitens* (1, 2), *Oxychilus glaber striarius* (2), *Deroceras* sp. (2; Schälchen einer mittelgroßen oder kleinen Art), *Petasina subtecta* (2), *Monachoides incarnatus* (2), *Euomphalia strigella* (2), *Arianta arbustorum* (1), *Chilostoma achates stiriae* (1, 2), *Helix pomatia* (2).
Obwohl die räumliche Distanz zwischen den Kugelsteinhöhlen II und III gering ist, zeichnet sich gegenwärtig bei der letzteren, der Tunnelhöhle, eine etwas ausgeprägtere standörtliche Differenzierung ab. Die 27 Arten repräsentieren 15 ökologische Gruppen. Die Waldarten s. str. sind auch hier faunenbeherrschend (*Acanthinula aculeata, Cochlodina laminata major, Macrogastra plicatula grossa, Vitrea subrimata, Aegopis verticillus, Aegopinella nitens, Monachoides incarnatus*). Die Feuchtigkeitsbetonung ist hier etwas deutlicher (*Deroceras* sp. und *Petasina subtecta* innerhalb des Waldes, *Vallonia pulchella* an den mehr offenen Stellen; für Stellen mittlerer Feuchtigkeitsverhältnisse sprechen *Euconulus fulvus, Oxychilus glaber striarius, Arianta arbustorum*). Auch ist die Strukturierung der Felsstandorte ausgeprägter: offenere, trockene Stellen (*Chondrina avenacea*), Felsen mit Baumbestockung (*Charpentieria ornata, Clausilia dubia* mit *speciosa* und *gracilior*), block- und schuttreicher Oberboden (*Sphyradium doliolum* und *Argna truncatella*) und offene, schattige Stellen (*Chilostoma achates stiriae*) (vgl. FRANK 1975, KLEMM 1974, REISCHÜTZ 1986).
Die Molluskenfaunen der Schichten 1-22 der Grabung 1988-90 entsprechen weitgehend den rezenten Verhältnissen im Bereich des Portals mit subrezenten und fossilen Einlagerungen. Die Faunen entsprechen dem skelettführenden, bodenfeuchten Fagetum mediostiriacum (FRANK 1975) in schattiger, submontaner Hanglage. Stärkere Wärmebetonung ist durch die teilweise stärkere Beteiligung von *Helix pomatia* und *Cepaea vindobonensis* angezeigt, was durch die Anwesenheit von *Euomphalia strigella, Granaria frumentum, Petasina filicina (styriaca), Oxychilus cellarius* und *O. inopinatus* unterstützt wird. *Oxychilus cellarius* ist troglophil und daher mit Einschränkung zu bewerten. SCHÜTT (1989) interpretiert die Verbreitung von *Cepaea vindobonensis*, deren ehemaliges Areal größer als das heutige war, als etwa dem Einzugsgebiet des Donau-Dardanellenstromes der Würmphase entsprechend. Die Art gilt gegenwärtig als Bewohnerin von (Wald-)Steppen und Steppenbiotopen, dürfte in denselben aber Stellen mit feuchterem Mikroklima bevorzugen. Ihre Ausbreitungsmöglichkeiten dürften durch die Gegebenheiten im Glazialzyklus, am Rande von Fluß- und Seen-Niederungen, erklärbar sein. Nach SCHÜTT (1989) ist die Art ein echtes pontisches Faunenelement, das in der Vergangenheit in verschiedene Richtungen zu expandieren versuchte.
In den Thanatozönosen tritt auch die Felsbetonung deutlich hervor. Daneben beinhalten die Oryktozönosen umgelagerte pleistozäne Elemente - *Vallonia costata, Succinella oblonga elongata, Trichia hispida* und auch *Helix pomatia*, die aus

Schicht 15 in einer starkschaligen Ausbildung vorliegt.

Literatur:

FLADERER, F. A. 1991. 5 Jahre Höhlengrabungen am Kugelstein. Erste Radiokarbondaten. - Archäol. Österr., **2**(1): 40-41, Wien.

FLADERER, F. A. 1993a. Neue Daten aus jung- und mittelpleistozänen Höhlensedimenten im Raum Peggau-Deutschfeistritz. - Fundber. Österr, **31**(1992): 369-374, Wien.

FLADERER, F. A. 1993b. Großtierreste aus der Tunnelhöhle bei Deutschfeistritz, Mittelsteiermark. - Unpubl. Manuskript, Inst. Paläont. Univ., 11S., Wien.

FLADERER, F. A. 1994. Aktuelle paläontologische und archäologische Untersuchungen in Höhlen des Mittelsteirischen Karstes, Österreich. - Ceský kras, **20**: 21-32, Beroun.

FLADERER, F. A. 1995. Zur Frage des Aussterbens des Höhlenbären in der Steiermark, Südost-Österreich. - In: G. RABEDER & G. WITHALM (eds.), 3. Internationales Höhlenbären-Symposium in Lunz am See, Niederösterreich. Zusammenfassung der Vorträge, Exkursionsführer, 1-3, Wien (Univ. Wien).

FLADERER, F. A. & FUCHS, G. 1988. Sondierungsgrabung in der Tunnelhöhle (=Kugelsteinhöhle III) Kat. Nr. 2784/2. Untersuchungen im Jahr 1988. - 16 S., Graz (Landesmus. Joanneum).

FLADERER, F. A. & FUCHS, G. 1989. Sondierungsgrabung in der Tunnelhöhle (=Kugelsteinhöhle III) Kat. Nr. 2784/2. Untersuchungen im Jahr 1989. - 11 S., Graz (Landesmus. Joanneum).

FLADERER, F. A. & FUCHS, G. 1990. Sondierungsgrabung in der Tunnelhöhle (=Kugelsteinhöhle III) Kat. Nr. 2784/2. Untersuchungen im Jahr 1990 und Zusammenfassung der Ergebnisse. 17 S., Graz (Landesmus. Joanneum).

FLADERER, F. A. & FUCHS, G. 1996. KG Deutschfeistritz. - Fundber. Österr., **34** (1995): 595-597, Wien.

FLÜGEL, H. 1975: Die Geologie des Grazer Berglandes. - Mitt. Abt. Geol. Paläont. Bergbau Landesmus. Joanneum, Sonderheft **1**: 1-288; Graz.

FRANK, C. 1975: Zur Biologie und Ökologie mittelsteirischer Landmollusken. - Mitt. naturwiss. Ver. Steiermark, **105**: 225-263; Graz.

FRANK, C. 1993: Mollusca (Gastropoda: Stylommatophora) aus der Tropfsteinhöhle und aus der Tunnelhöhle im Kugelstein, Mittelsteiermark. - Unpubl. Manuskript, Inst. Paläont. Univ. Wien., 46 S, Wien.

FUCHS, G. (ed.) 1989. Höhlenfundplätze im Raum Peggau-Deutschfeistritz, Steiermark, Österreich. Tropfsteinhöhle, Kat.N. 2784/3. Grabungen 1986-87. - Brit. Archaeol. Rep., Int. Ser., **510**: 1-325, Oxford.

FUCHS, G. 1993. Tunnelhöhle (=Kugelsteinhöhle III) (2784/2). Forschungsgeschichte, Grabungen 1988-90, Stratigrafie. - Unpubl. Manuskript, 50 S., Graz (Fa. ARGIS, Archäologie und Geodaten Service).

FUCHS, G. & RINGER, A. 1996. Das paläolithische Fundmaterial aus der Tunnelhöhle (Kat. Nr. 2784/2) im Grazer Bergland (Steiermark). - Fundber. Österr., **34**: 257-271, Wien.

HOFER, K. 1957, 1961, 1962, 1963. Bärenhöhle III. - Unpubl. Protokolle am Landesmuseum Joanneum, 200 S. (A4), Graz.

JÉQUIER, J.-P. 1975. Le Moustérien alpin. Révision critique. - Eburodonum, **2**: 1-126, Yverdon.

KLEMM, W. 1974: Die Verbreitung der rezenten Land-Gehäuse-Schnecken in Österreich. - Denkschr. Österr. Akad. Wiss., **117**: 1-503, Wien, New York (Springer).

KOLMER, H. 1968. Über Lößsedimente des Murtales. - Mitt. naturwiss. Ver. Steiermark, **98**: 11-15, Graz.

KUSCH, H. 1996. Zur kulturgeschichtlichen Bedeutung der Höhlenfundplätze entlang des mittleren Murtals (Steiermark). - Grazer Altertumskundliche Studien, **2**: 1-307, Frankfurt am Main (Peter Lang).

LOZEK, V. 1964: Quartärmollusken der Tschechoslowakei. - Rozpravy Ústredního Ústavu Geologického, **31**: 1-374, Praha.

MLÍKOVSKÝ, J. 1994. Jungpleistozäne Vogelreste aus Höhlen des Mittelsteirischen Karsts bei Peggau-Deutschfeistritz, Österreich. - Unpubl. Manuskript, Inst. Paläont. Univ. Wien, 7 S., Univ. Wien.

MOTTL, M. 1949. Die Kugelsteinhöhlen bei Peggau und ihre diluvialstratigraphische Bedeutung. - Verh. Geol. Bundesanstalt, Jg.**1946**(4-6): 61-69, Wien.

MOTTL, M. 1953. Die Erforschung der Höhlen. - Mitt. Mus. Bergbau, Geol. Technik Landesmus. Joanneum, **11**: 14-58, Graz.

MOTTL, M. 1959. Deutschfeistritz. - Fundber. Österr., **5**: 17, Wien.

MOTTL, M. 1964. Bärenphylogenese in Südost-Österreich. - Mitt. Mus. Bergbau, Geol. Technik Landesmus. Joanneum, **26**: 1-55, Graz.

MOTTL, M. 1968. Neuer Beitrag zur näheren Datierung urgeschichtlicher Rastplätze Südost-Österreichs. - Mitt. Österr. Arbeitsgem. Ur- und Frühgschichte, **19**(5/6): 87-111, Wien.

MOTTL, M. 1975. Die pleistozänen Säugetierfaunen und Kulturen des Grazer Berglandes. - In: FLÜGEL, H., Die Geologie des Grazer Berglandes. 2. Auflage. - Mitt. Abt. Geol. Paläont. Bergbau Landesmus. Joanneum, Sonderheft **1**: 159-179, Graz.

REINER, G. 1997. Kleinsäuger und Fundschichtbildung: Taphonomische und taxonomische Betrachtungen anhand von Material aus der Tunnelhöhle (Steiermark). - Manuskript zum 12. Int. Kongr. Speläol., La Chaux-de-Fonds, August 1997, Wien.

REISCHÜTZ, P. L. 1986. Die Verbreitung der Nacktschnecken Österreichs (Arionidae, Milacidae, Limacidae, Agriolimacidae, Boettgerillidae). - Sitzungsber. Österr. Akad. Wiss., Math. Naturwiss. Kl. Abt. I, **195**(1-5): 67-190, Wien.

ROLLINGER, A. 1992. Höhlensedimente im Grazer Bergland. Sedimentanalytische und magnetische Untersuchungen. - Unpubl. Manuskript, Inst. Geol. Paläont. Univ., 45 S., Graz.

SCHÜTT, H. 1989. Gedanken zur Verbreitung der Landschnecke *Cepaea vindobonensis* (Gastropoda, Helicidae). - De Kreukel, **25**(1/2): 33-38, Leiden.

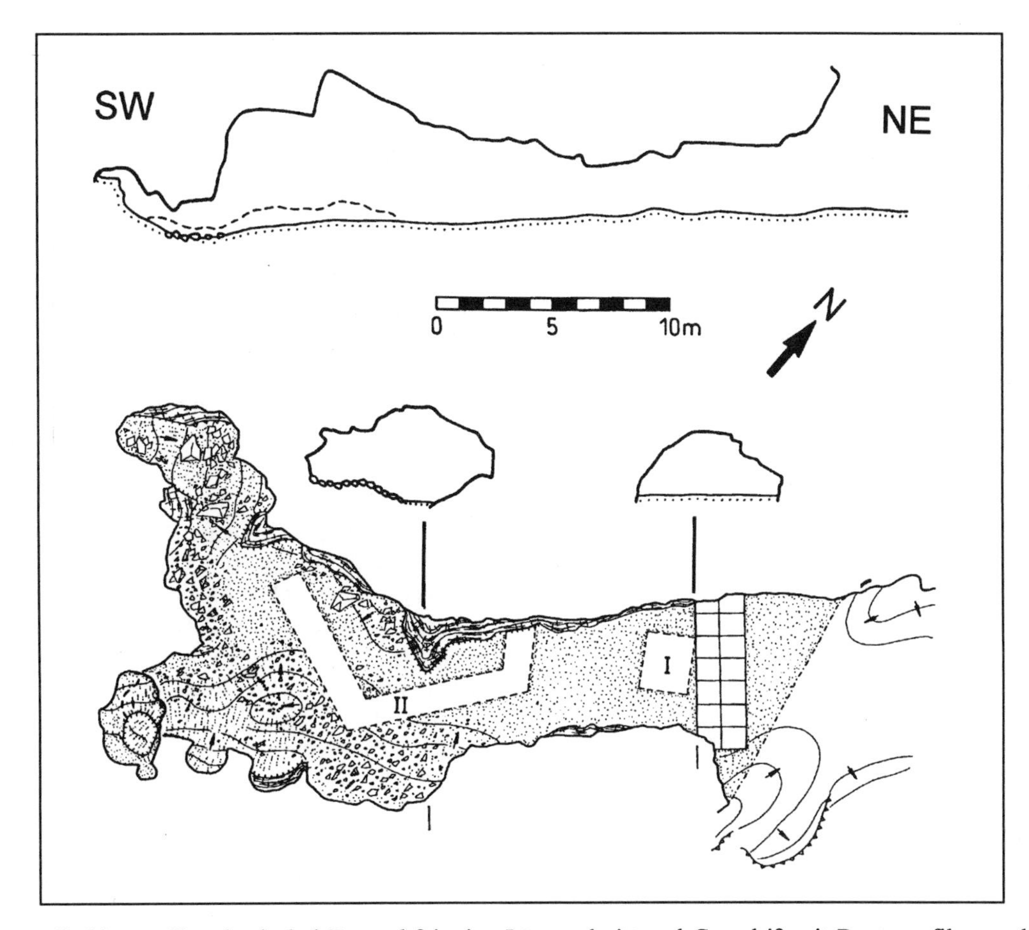

Abb.1: Tunnelhöhle am Kugelstein bei Deutschfeistritz. Längsschnitt und Grundriß mit Raumprofilen nach KUSCH (1996), umgezeichnet und ergänzt. Grabungsflächen der Jahre 1949 (I), 1951/52 (II)und 1988-90. Die Grabungen von 1957 und 1961-63 bewegten sich vor allem im gesamten West- und Südwestabschnitt.

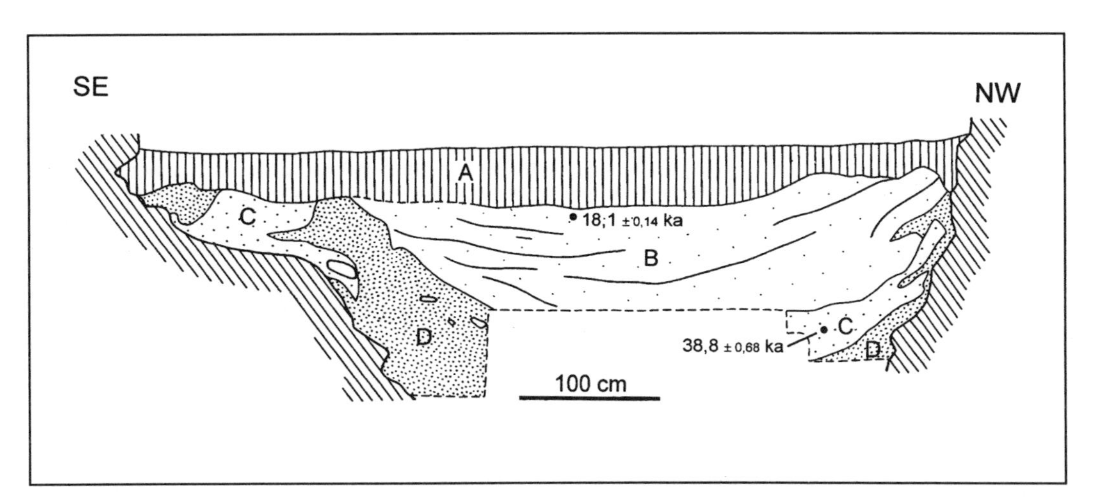

Abb.2: Tunnelhöhle am Kugelstein bei Deutschfeistritz. Nordwestprofil quer zur Höhlenachse beim Eingang (Grabung Fuchs & Fladerer 1988-90). Vereinfacht und ergänzt. Radiokarbondaten in 1000 Jahren (projiziert).
A-D Sedimentkomplexe: A - Holozän, B - Würm-Hochglazial, C - Mittelwürm, D - älter als Mittelwürm, ?Interglazial.

Saualpe

Griffener Tropfsteinhöhle

Doris Döppes

Jungpleistozäne Bären- bzw. Hyänenhöhle
Synonym: Tropfsteinhöhle des Schloßberges bei Griffen (LEITNER 1984), GT

Gemeinde: Griffen
Polit. Bezirk: Völkermarkt, Kärnten
ÖK 50-Blattnr.: 204, Völkermarkt
14°43'41" E (RW: 225mm)
46°42'16" N (HW: 101mm)
Seehöhe: 484m
Österr. Höhlenkatasternr.: 2751/1
Die Griffener Tropfsteinhöhle wurde mit Bescheid des Bundesdenkmalamtes vom 13.03.1957 zur geschützten Höhle erklärt.

Lage: Im Schloßberg unmittelbar im Zentrum von Griffen (Abb.1).
Zugang: Der mit einem alten Kirchengitter aus dem Jahre 1730 verschlossene Schauhöhleneingang ist kaum 100m vom Marktplatz entfernt.
Geologie: Die Griffener Höhle besteht aus Marmoren des Altkristallins der Saualpe. Besonders deutlich ist die Entwicklung der Höhlenräume an den SW-NE streichenden Klüften zu erkennen, von untergeordneter Bedeutung sind die NNW-SSE-Klüfte.

Fundstellenbeschreibung: Das verzweigte und etagenförmig aufgebaute Höhlensystem diente seit der jüngeren Eiszeit nicht nur dem Menschen wiederholt als Jagdstation bzw. Unterschlupf, sondern wurde auch von zahlreichen Tieren bewohnt. Der Führungsweg ist als Rundweg über Leitern und Plattformen angelegt. Die Gesamtlänge beträgt 188m.

Forschungsgeschichte: Im Frühjahr 1945 wurde die Höhle entdeckt, als man in der verschütteten Vorhalle Luftschutzräume suchte. Mit Hilfe des Verschönerungsvereins Griffen unter der Leitung von A. Samonigg konnte ab Herbst 1954 mit der Erschließung der Tropfsteinhöhle begonnen werden. Am 24. Juni 1956 wurden die damals bekannten Höhlenräume für die Öffentlichkeit zur Besichtigung freigegeben. Am 24. Jänner 1957 wurden im Einvernehmen mit dem Bundesdenkmalamt und in Zusammenarbeit mit dem Kärntner Landesmuseum (H. Dolenz, E. Weiß und F. Kahler) die systematischen Grabungen, die in mehreren Abschnitten bis 1960 fortgeführt wurden, begonnen.

Sedimente und Fundsituation: Man kann bei den Lokkersedimenten, die ursprünglich Teile der Höhle in fallweise beträchtlicher Mächtigkeit (bis über 4m) erfüllten, grundsätzlich zwei Hauptgruppen erkennen und 3 Hauptgenerationen von Sinter unterscheiden:
Erstens liegende ältere Rotlehme, die aus dem Tertiär oder aus einer Zwischeneiszeit stammen, und zweitens jüngere Sand-Schluff - Ablagerungen, die von einem eiszeitlichen, vor den Moränen liegenden Schmelzwassersee, der durch Schotterauffüllungen im Tal des Wölfnitzbaches südlich Griffens aufgestaut wurde, in zahlreichen Einzelphasen in die Räume der Griffener Tropfsteinhöhle verfrachtet wurden.
Bei den Sintergenerationen unterscheidet man einen unmittelbar den Felsgrund überziehenden 'Altsinter', mehrfache Sinterbildungen innerhalb der sandig-schluffigen Ablagerungen ('Kulturschichtensinter', über 29.000 Jahre BP) und einen abschließenden 'Jungsinter' (ca. 7.750 a BP), über welchem es zu keinen Ablagerungen mehr kam. Die räumlich verschiedene Ausdehnung der Sinterschichten verhindert eine Parallelisierung.
Die Fossilien, die sich vor allem im Höhlenlehm unter Sinterdecken befinden, zeigen, daß einzelne Höhlenräume zur jüngeren Eiszeit verschiedenen Raubtieren als Wohnhöhle dienten.

Fauna: nach THENIUS (1960a,b), Stückzahl

	fossil	fossil/rezent
Amphibien		
Bufo sp. (Kröten)	-	+
Aves		
Tetrao urogallus (Auerhuhn)	4	-
Tetrao tetrix (Birkhuhn)	4	-
Pyrrhocorax graculus (Alpendohle)	1	-
Aves indet.	-	14
Mammalia		
Talpa cf. *europaea*	3	-
Talpa europaea	-	+
Sorex araneus	2	-
Myotis mystacinus	1	-

	fossil	fossil/rezent
Plecotus auritus	1 + div. Humeri	+
Barbastella cf. *barbastellus*	div. Humeri	-
Chiroptera indet.	div. Extremitäten	-
Sciurus vulgaris	-	+
Marmota marmota	-	+
Marmota sp.	1	-
Castor fiber	2	-
Glis glis	-	+
Apodemus flavicollis	-	+
Epimys norvegicus	-	+
Arvicola terrestris	2	+
Arvicolidae indet.	5	-
Lepus europaeus	-	+
Lepus sp.	3	-
Canis lupus	7	-
Canis lupus f. familiaris	-	+
Alopex lagopus	2	-
Vulpes vulpes	11	+
Ursus arctos	9	-
Ursus spelaeus	95	-
Ursus sp.	36 + div. Rippenfr.	-
Meles meles	2	+
Felis silvestris	-	+
Panthera spelaea	2	-
Crocuta spelaea	16	-
Sus scrofa	-	+
Cervus cf. *elaphus*	1	-
Megaloceros giganteus	6	-
Alces alces	3	-
Rangifer tarandus	11	-
Bison cf. *priscus*	20	-
Capra ibex	9	-
Equus sp.	2	-
Coelodonta antiquitatis	3	-
Mammuthus primigenius	3 + div. Wirbelfr.	-

Vollständige Skelette fehlen. Die Fauna ist eine typische jungpleistozäne Vergesellschaftung von Waldformen und Tieren, die für die offene Landschaft charakteristisch sind. Es fehlen extreme Kaltformen sowie auch richtige wärmeliebende Arten. Die Höhlenhyäne ist mittels Jungtierresten und erwachsener Individuen belegt. Auch erkannte man eindeutige Bißspuren an zahlreichen Knochen (*Bison* cf. *priscus*, *Coelodonta antiquitatis*, *Mammuthus primigenius*, *Ursus spelaeus*, *Canis lupus*). Durch den Nachweis des gleichzeitigen Vorkommens von Braun- und Höhlenbär sowie riesiger Exemplare von *Panthera spelaea* besitzt die Fauna auch über die Grenzen Kärntens hinausgehende Bedeutung. Bei den nichtfossilen Arten handelt es sich durchwegs um Formen, die auch heute noch in der Umgebung der Höhle beheimatet sind.

Paläobotanik: Es wurden stark brüchige und teilweise versteinerte Holzkohlenfragmente untersucht. Es konnten nur *Picea* sowie ein Nadelholz mit *Pinus* - Typ (STIPPERGER 1958) nachgewiesen werden.

Archäologie (nach Leitner in UCIK 1990): Man unterscheidet 3 verschiedene Kulturschichten im Profil des Raumes unter dem Vordach:

- Paläolithikum (III a-c): Steingeräte vorwiegend aus Quarzgeröllen und dürftig zugeschliffene Knochensplitter, mehrere kleine Feuerstellen, nur gelegentlicher Rastplatz
- Mesolithikum (II a-c): Silexgeräte (Spitzen, Lamellen und Schmalklingen mit retuschierter Arbeitskante), Knochenwerkzeuge
- Neolithikum, Hallstattzeit bis in die Neuzeit (I)

Chronologie und Klimageschichte: Die durch die zahlreichen Knochenfunde nachgewiesene Tierwelt spricht für ein beginnendes oder abklingendes Hochglazial, während dem es in dem an sich offenen Gelände auch Nadelwaldbestände gab. Man kann vorsichtig vermuten, daß die älteren paläolithischen Schichten aus der Zeit vor dem Würmhochstand, die jüngeren aus der Zeit danach stammen.

Aufbewahrung: Kärntner Landesmuseum, Klagenfurt

Rezente Sozietäten: nach UCIK 1990
Troglophilus neglectus (südl. Höhlenschrecke)
Symphyosphys serkoi amplisinus (Tausendfüßler, endemisch)
Meta menardi (Höhlenspinne)
Rhinolophus hipposideros

Literatur:

LEITNER, W. 1984. Zum Stand der Mesolithforschung in Österreich. - Preistoria Alpina, **19**: 75-82, Trento.

STIPPERGER, L. 1958. Mikroskopische Untersuchung der Holzkohlenfunde - Carinthia II, **68**: 23-24, Klagenfurt.

THENIUS, E. 1960a. Die pleistozänen und holozänen Wirbeltierreste der Griffener Höhle, Kärnten. - Carinthia II, **150**(70), Heft 2: 26-62, Klagenfurt.

THENIUS, E. 1960b. Die jungeiszeitliche Säugetierfauna aus der Tropfsteinhöhle von Griffen (Kärnten). - Carinthia II, **150**(70), Heft 1: 43-46, Klagenfurt.

UCIK, F.H. 1990. Führer durch die Tropfsteinhöhle im Griffener Schloßberg. - Verlag des Verschönerungsvereines Markt Griffen, Griffen.

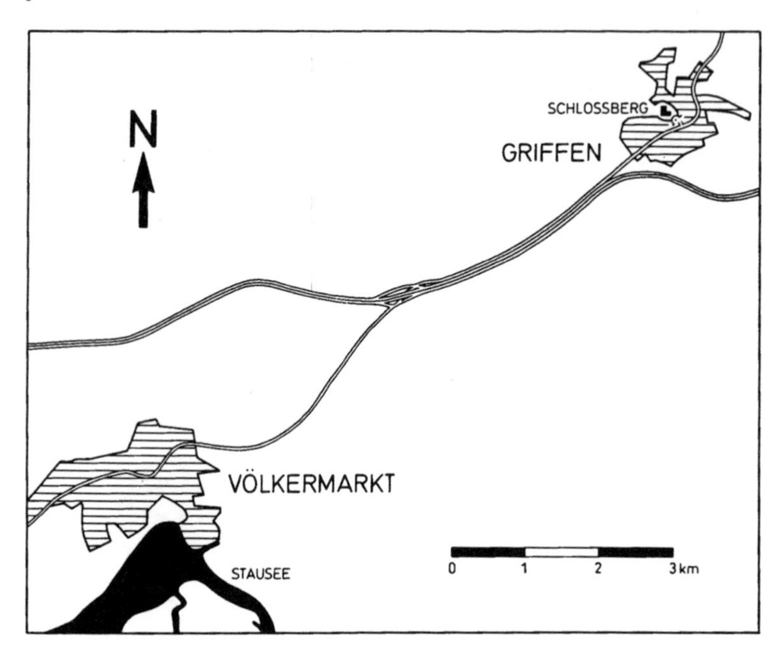

Abb.1: Lageskizze der Griffener Tropfsteinhöhle

Klein St. Paul

Gernot Rabeder

Hyänenfraßreste, Jungpleistozän
Kürzel: SP

Gemeinde: Klein St. Paul
Polit. Bezirk: St. Veit an der Glan, Kärnten
ÖK 50-Blattnr.: 186, St. Veit an der Glan
14°31'44" E (RW: 298mm)
46°50'55" N (HW: 218mm)
Seehöhe: 740m

Lage: Umgebung von Klein St. Paul im Görschitztal, im Steinbruchgebiet der Wietersdorfer Zementwerke.
Zugang: Die Fundstelle existiert nicht mehr.
Geologie: Wahrscheinlich lag die zerstörte Höhle im Eozänkalk.

Forschungsgeschichte: Die Wirbeltierreste wurden durch Steinbrucharbeiter gefunden und kamen an das Kärntner Landesmuseum. Eine erste Erwähnung finden wir bei KAHLER (1955). Sie wurden 1961 durch THENIUS beschrieben.

Fundstellenbeschreibung: Die Wirbeltierreste kamen beim Abbau einer Bergsturzhalde zutage, deren Material von den Wietersdorfer Zementwerken als Kalkzuschlag verwendet wurde. Die ursprüngliche Lage der Knochen war nicht mehr zu eruieren.

Fauna: Die Funde bestehen aus wenigen, stark zerbissenen Knochen. Die Bißspuren sind so charakteristisch, daß wir sie eindeutig der Höhlenhyäne zuweisen können.

Mammalia (n. THENIUS 1961)

Crocuta spelaea	Fraßreste mit Bißspuren
Bison priscus	1 Humerus-Fragment
Equus sp.	1 Calcaneus-Fragment
Coelodonta antiquitatis	1 Humerus- und 1 Femur-Fragment

Chronologie: Alle vier Taxa sind typische Angehörige der jungpleistozänen Großsäugerfauna. Ähnliche Funde sind aus der Griffener Tropfsteinhöhle, aus der Mehlwurmhöhle bei Scheiblingkirchen und aus der Teufelslucke bei Eggenburg bekannt. Da diese drei, viel reicheren Vorkommen dem Spätwürm zugeordnet werden, ist auch für die Funde von Klein St. Paul eine ähnliche Altersstellung anzunehmen.

Aufbewahrung: Kärntner Landesmuseum, Klagenfurt.

Literatur:

KAHLER, F. 1955. Urwelt Kärntens. Eine Einführung in die Geologie des Landes. I. Die Gesteinsfolgen mit Versteinerungen. - Carinthia II, Sonderh. 18, Klagenfurt.
THENIUS, E. 1961. Hyänenfraßspuren aus dem Pleistozän von Kärnten. - Carinthia II, **71**(151): 87-101, Klagenfurt.

5 Chronologie des österreichischen Plio-Pleistozäns (Christa Frank, Doris Nagel & Gernot Rabeder)

5.1 Gliederung des österreichischen Plio-Pleistozäns

Nicht nur das Pleistozän, auch das Pliozän ist in Österreich nur terrestrisch entwickelt. Marine bzw. marin beeinflußte Gewässer sind durch die obermiozäne Regression verschwunden. Die geologisch jüngsten Sedimente der Paratethys sind die Tegel und Sande der Pannonzone E, die darüberliegenden Schichten der Zonen F, G und H sind fluviatil oder lakustrisch. Damit endete die lange Periode mariner Sedimentation im Wiener Becken und in Österreich überhaupt.
Eine chronostratigraphische Gliederung dieses Zeitabschnittes im terrestrischen Raum ist problematisch, weil fossilführende Profile nur selten vorliegen, wie z. B. in Stranzendorf für das Oberpliozän.
Erste Versuche in dieser Richtung verdanken wir M. KRETZOI (1941, 1959, 1965), der aus der Reihe von relativ datierten Faunen einige charakteristische auswählte und nach ihnen die Säugetier-'Stufen' Ruscinium, Csarnotium, Villanyium und Biharium benannte. Verfeinerungen und Ergänzungen dieser 'Stufen'-Skala erfolgten durch JANOSSY (1969, 1978, 1986), RABEDER (1981). Eine ähnliche 'Stufen'- oder 'Zonen'-Gliederung hat sich für das Tertiär in Form der MN-Zonen durchgesetzt; sie wurde auch auf das Quartär (MQ-Zonen) ausgedehnt, ist aber hier viel zu grob.
Stufen im chronostratigraphischen Sinn sind das nicht, da sie weder in Sedimentprofilen definiert noch durch stratigraphisch definierte Grenzen (boundary stratotypes) voneinander getrennt sind.
Erst mit einer chronostratigraphischen und nach Möglichkeit auch geochronologischen Definition der Grenzen werden die hauptsächlich auf der Evolution der Säugetiere beruhenden 'stages' und "substages" den Rang mariner Stufen erreichen können.
Wir verwenden deshalb diese veraltete Form der stratigraphischen Stufengliederung nicht mehr, sondern schlagen hier eine überregional verwendbare Skala vor, die vorwiegend auf paläomagnetischen und radiometrischen Daten aufgebaut ist; nur die Grenze zwischen Ältest- und Alt-Pleistozän mußte faunistisch gezogen werden.

5.2 Zeiteinheiten und Leitfossilien

Unterpliozän (5,34-3,59 MJ)

Das ältere Pliozän ist in Österreich durch keine Fauna eindeutig nachweisbar. Es besteht zwar theoretisch die Möglichkeit, daß es in den fluviatilen Sedimenten der Urdonau, dem Hollabrunner-Mistelbacher Schotterstrang (Hollabrunn-Mistelbach-Formation), sowie im sog. Rohrbacher Konglomerat (verfestigter Schotterkegel im südl. Wiener Becken) frühpliozäne Anteile gibt, doch fehlen bisher eindeutige Leitfossilien aus dieser Zeit.
Die früher mit "Altpliozän" bezeichneten Faunenreste des Pannons gehören dem Obermiozän an (RABEDER 1985, 1990).
Dem Unterpliozän entsprechen in der Säugetierstufen-Gliederung KRETZOIs und JANOSSYs ungefähr die Einheiten Ruscinium und Estramontium, in der MN-Gliederung etwa die Einheit 15.

Mittelpliozän (3,59 - 2,60 MJ)

Das hier durch die paläomagnetische Einheit der Gauß-Normalzeit definierte Mittelpliozän entspricht faunistisch ungefähr der Einheit des "Csarnotanums" (die korrekte Wortbildung ist Csarnotium), das von KRETZOI (1959) für die Faunen von Csarnota 1-3 in Südungarn errichtet wurde. MN-Zone 16.
Leitfossilien des Mittelpliozäns: Fünf Evolutionslinien der Arvicoliden stehen uns für die chronologische Einstufung mittelpliozäner Sedimente zur Verfügung; da aus ihnen bisher keine Großsäugerfunde - mit Ausnahme von *Percrocuta* aus Deutsch-Altenburg 26 - bekannt geworden sind, lassen sich die markanten Immigrationsereignisse, das Erstauftreten von *Equus*, *Leptobos* und *"Elephas"=Mammuthus* (E-L-E-Grenze) für die Einstufung nicht heranziehen.
In den drei *Mimomys*-Linien sowie in der *Cseria/Unga-*

romys-Gruppe ist die Evolution der noch mit Wurzeln versehenen Molaren an den Indices der Linea sinuosa quantifizierbar. Die zeitliche Reihenfolge der Faunen beruht auf diesen Indices sowie auf der stratigraphischen Stellung der Rotlehmfaunen im Stranzendorfer Profil.
Eine weitere für das Mittelpliozän typische Form ist *Dolomys milleri.*

Die Mittel-/Oberpliozän-Grenze(2,6 MJ)

Während wir die Untergrenze des Mittelpleistozäns im terrestrischen Bereich chronostratigraphisch noch nicht festlegen können, ist die Situation für die Obergrenze wesentlich günstiger. Im Profil von Stranzendorf sind die liegenden Partien (die Rotlehme A, B und C sowie die darunterliegenden "Aulehme") paläomagnetisch normal orientiert (FINK 1976). Weil die Arvicoliden-Faunen dieser Rotlehme pliozäne Arten enthalten, wurde der auch heute noch gültige Schluß gezogen, daß diese Sedimente der Gauß-Epoche angehören. Wir können die Obergrenze des Mittelpliozäns im Stranzendorfer Profil faunistisch beschreiben und die Evolutionsniveaus der einzelnen Entwicklungslinien mit absoluten Jahreszahlen verbinden.
Die stratigraphische Bedeutung der Gauß-Matuyama-Grenze wird durch die dramatischen Klimaveränderungen vergrößert, die etwa zu dieser Zeit einsetzen. Sowohl in Europa (im Profil von Stranzendorf) als auch in Ostasien (SHACKLETON 1995) setzte mit dem Beginn des Matuyama-Magnetochrons die erste Lößakkumulation ein, also vor 2,6 Mill. Jahren. In den Sauerstoff-Isotopen-Kurven ist dieser Umschwung deutlich erkennbar: während der magnetischen Umpolung (Gauß-Obergrenze) kam es zu einem dramatischen Anstieg des ^{18}O-Gehalts (stage 104), der mit der ersten Lößphase gekoppelt war.

Oberpliozän (2,60-1,77 MJ)

Mit Beginn des Oberpliozäns - hier durch die Gauß-Matuyama-Grenze definiert - setzt die rhythmische Akkumulation von Lössen ein. Im Profil von Stranzendorf liegt der paläomagnetische Umschwung im Löß zwischen dem Rotlehm C und dem Braunlehm D. Das Auskeilen dieser Lößlage nach Osten spricht für eine Erosionsphase in dieser Zeit, d.h. vor der Bodenbildung D. Weitere Sedimentationslücken sind anzunehmen, so zwischen dem Braunlehm H und dem Rotlehm i, sowie oberhalb von i, wo ein weiterer Bodenkomplex nur mehr durch einen mächtigen Ca-Horizont vertreten ist. Trotz dieser Einschränkungen kann festgestellt werden, daß wesentliche Anteile des Oberpliozäns durch die Lößabfolge von Stranzendorf repräsentiert werden. Die Obergrenze dieser Einheit, die Plio-Pleistozängrenze, ist allerdings nicht erhalten, wohl aber die Unterkante des Olduvai-Events im Rotlehm L.
Leitfossilien: Die für das Mittelpliozän charakteristischen Arvicoliden-Linien setzen sich in das Oberpliozän fort - z. T. mit sehr raschen Evolutionsschüben an der Linea sinuosa der Molaren. Gute Zeitmarken liefert das Erstauftreten von *Mimomys tornensis* (Sd G) sowie der Gattungen *Clethrionomys* (Sd i) und *Pliomys* (Sd L).
Die Spaltenfüllungen in Deutsch-Altenburg haben für diesen Zeitraum nur fossilarme Faunen geliefert (DA 17 und DA 19).
Der Zeitspanne des Oberpliozäns entspricht z. T. der ältere Abschnitt (Altvillanyium = Beremendium) des Villanyiums im Sinne von KRETZOI (1941, 1956), non sensu FEJFAR & HEINRICH (1983).

Ältestpleistozän (1,77- ca. 1,3 MJ)

Die früheste Phase des Pleistozäns ist sowohl klimatisch als auch faunistisch vom typischen Altpleistozän so verschieden, daß wir sie als Ältestpleistozän abtrennen. In diesem Zeitraum kam es in der Arvicolidenevolution zu einem "Großereignis": Aus den extrem hypsodonten, aber noch bewurzelten Molaren von *Mimomys tornensis* entstanden allmählich die wurzellosen Zähne von *Microtus.* In der Fauna von Schernfeld (in Bayern, s. CARLS & RABEDER 1988) ist dieser Übergang, der zurecht als Gattungsgrenze angesehen wird, schon eingeleitet, in der Fauna von Kamyk (Polen, s. GAPICH & NADACHOWSKI 1996) ist er schon weit fortgeschritten und in den typischen "*Allophaiomys*-Faunen" ist er abgeschlossen (z. B. Betfia, Deutsch-Altenburg 2). In den österreichischen Faunen ist dieser Übergang nur durch wenige Funde nachzuvollziehen: Deutsch-Altenburg 3 enthält nur bewurzelte *tornensis*-Molaren, während in der nur wenig jüngeren Fauna von Deutsch-Altenburg 10 auch schon wurzellose *Microtus*-Molaren vorkommen. Taxonomisch wurde diese Transition als >*Mimomys-Microtus*-Übergangsfeld< bezeichnet (CARLS & RABEDER 1988). Weniger korrekt erscheint uns die Führung beider Artnamen, *M. tornensis* und *M. deucalion,* nebeneinander (z. B. GARAPICH & NADACHOWSKI 1996).
Die Zeitspanne unseres Ältestpleistozäns entspricht z. T. dem Villanyium im Sinne von KRETZOI (1941, 1956), non sensu FEJFAR & HEINRICH (1983).
Von den Großsäugerfaunen kann die von der Großen Thorstätten vielleicht hierher gestellt werden.

Altpleistozän (ca. 1,3-0,78 MJ)

Altpleistozäne Kleinsäugerfaunen sind durch die Dominanz von urtümlichen Vertretern der Gattung *Microtus* gekennzeichnet, die früher als Subgenus *Allophaiomys* abgetrennt wurden. In der Abfolge der Deutsch-Altenburger Höhlen- und Spaltenfaunen sind drei deutlich voneinander unterscheidbare Niveaus erkennbar, die auch als Biozonen definiert wurden. Auf die basale *Microtus pliocaenicus*-Zone (DA 2) folgt die *M. praehintoni*-Zone (DA 4B) und schließlich die *M. hintoni*-Zone. Diese drei Zonen umfassen allerdings nicht das ganze Altpleistozän. Die paläomagnetisch definierte Grenze zum Mittelpleistozän (bei 780.000 Jahren) ist in Österreich faunistisch nicht zu fassen. Im Lößprofil von Stranska skala bei Brünn (Mähren) ist diese Grenze höchstwahrscheinlich präsent und durch

Kleinsäuger evolutionsstatistisch zu erfassen. Das Niveau der *Microtus*-Molaren entspricht *M. pitymyoides* CHALINE (1972) und die Molaren von *Mimomys savini* stehen ganz knapp vor der Beendigung der Wurzelbildung, d. h. das Erstauftreten von *Arvicola* steht unmittelbar bevor. Unter den M_1 von *Microtus* dominieren die Morphotypen "gregaloides" mit ca. 45%, "arvalidens" (11%) und "malei" (8%), während die Morphotypen mit Microtusschritt (T4 und T5 getrennt) nur bei ca. 21% liegen. Damit wird deutlich, daß die *Microtus*-Assoziation vom Grenzbereich in Stranka skala im Evolutionsniveau deutlich über dem Niveau von *Microtus thenii* aus Podumci (MALEZ & RABEDER 1984) aber weit unter dem Niveau von Hundsheim (s. FRANK & RABEDER, dieser Band) liegen.
Für die Möglichkeit, die Arvicoliden von Stranska skala einer kurzen Morphotypenanalyse zu unterziehen, danke ich Herrn Prof. Dr. Valoch und Herrn Dr. Seitl vom Mährischen Landesmuseum in Brünn.
Die bisher in Österreich entdeckten Faunen des Altpleistozäns stammen fast alle aus dem Bereich von Deutsch-Altenburg und sind auf den älteren Abschnitt dieses Zeitraumes beschränkt.
Weitere Leitfossilien, welche die zeitliche Stellung der genannten Faunen noch unterstützen, sind unter den Arvicoliden-Arten der Gattungen *Pliomys, Clethrionomys, Ungaromys* und *Lagurus*, unter den Soriciden *Sorex* , *Drepanosorex* und *Beremendia* und unter den Carnivoren *Pannonictis, Baranogale, Meles, Vulpes, Canis, Ursus* und *Homotherium.*
Auch unter der reichen Molluskenfauna gibt es chronologisch aussagekräftige Arten wie *Gastrocopta serotina, Clausilia rugosa antiquitatis, Archaegopis acutus, Soosia diodonta, Helicigona capeki* und *"Klikia" altenburgensis*, die allerdings noch in das tiefe Mittelpleistozän von Hundsheim hinaufreichen.
Der Zeitbereich unseres Altpleistozäns wurde früher als Biharium sensu KRETZOI bezeichnet (RABEDER 1981) und durch "chronostratigraphische" Begriffe wie >Betfium<, >Montepeglium< und >Templomhegyium< unterteilt. Durch die Ausweitung des Bihariums nach unten und die Vermischung von chronostratigraphischen und biostratigraphischen Begriffen einerseits ("Einwanderung von *Microtus*" s. FEJFAR & HEINRICH 1983), nun aber auch wegen der Einbeziehung paläomagnetischer und radiometrischer Daten für die Grenzziehung der Zeiteinheiten sind diese pseudochronostratigraphischen Begriffe obsolet geworden und nur mehr historisch interessant.

Mittelpleistozän (780.000 - 130.000 Jahre)

Die paläomagnetisch festgelegte Unterkante des Mittelpleistozäns ist im Lößprofil von Stranska skala (Brünn, Mähren) mit einer Arvicolidenfauna assoziiert, die noch *Mimomys savini* in einem sehr hohen Evolutionsstadium enthält sowie eine mäßig evoluierte *Microtus*-Assoziation (s. oben unter "Altpleistozän"!). Die Obergrenze wird mit dem Beginn der Riß-Würm-Warmzeit definiert, der durch Sauerstoff-Isotopen-Werte und radiometrische Daten fixiert werden kann.
In Österreich ist das Mittelpleistozän durch die überregional wichtige Vollfauna von Hundsheim sowie durch mehrere z. T. artenarme Faunen zu belegen, für die eine genaue biostratigraphische Einstufung noch nicht möglich ist.
Für die meisten Faunen können wir aber angeben, ob sie dem "jüngeren" oder dem "älterem" Mittelpleistozän angehören. Als Leitformen dienen uns dazu die Arvicolidengattungen *Arvicola, Microtus, Pliomys* und *Lagurus*, die Evolutionsniveaus der Ursiden sowie das Auftreten von altertümlichen Formen, die im jüngeren Mittelpleistozän Europas schon fehlen.
Dem älteren Mittelpleistozän gehören die Faunen Deutsch-Altenburg 28 und Hundsheim an: Beide enthalten *Arvicola cantiana* und urtümliche *Microtus*-Arten. Deutsch-Altenburg ist älter, weil es noch zahlreiche typisch altpleistozäne Formen enthält wie *Lagurus* und eine wärmeliebende Chiropterenfauna mit *Miniopterus schreibersi* und *Rhinolophus mehelyi.*
Die Spaltenfauna von Hundsheim ist ein wichtiger Bezugspunkt für die pleistozäne Faunengeschichte Europas. Sie enthält neben den Arvicoliden (mit *Pliomys)* zahlreiche biostratigraphisch aussagekräftige Formen unter den Insectivoren *(Sorex hundsheimensis* und *S. helleri, Drepanosorex, Desmana thermalis),* Carnivoren (urtümliche Vertreter von *Ursus deningeri, Canis mosbachensis, Vulpes angustidens, Cuon priscus, Homotherium, Acinonyx)*, Artiodactyla *(Hemitragus)* und Perissodactyla *(Equus mosbachensis* und *Stephanorhinus etruscus).*
Altertümliche Gastropodenarten sind *Neostyriaca schlickumi, Aegopis klemmi, Soosia diodonta, Drobacia banaticum* und *"Klikia" altenburgensis.*
Etwas jünger als Hundsheim, aber noch dem älteren Mittelpleistozän angehörend dürfte die Laaerberg-Fauna sein, die mit Vertesszöllös in Ungarn die beiden sonst seltenen Formen *Ursus thibetanus* und *Trogontherium schmerlingi* gemeinsam hat.
Der Gruppe der jüngeren Mittelpleistozän-Faunen sind drei Fundstellen (Repolusthöhle, Wien-Heiligenstadt-Nußdorf, Deutsch-Altenburg 1) zuzuordnen, die eine fortgeschrittene Evolutionsform von *Arvicola* führen *(A. hunasensis)* und/oder ein etwas höheres Evolutionsniveau von *Ursus deningeri* aufweisen.
St. Margarethen (mit einer thermophilen Herpetofauna) ist schließlich aufgrund eines radiometrischen Datums in eine Warmzeit des jüngeren Mittelpleistozäns zu stellen.

Jungpleistozän (130.000-10.000 Jahre v.h.)

Wegen der vergleichsweise großen Zahl von Faunen, die diesem Zeitraum zugeschrieben werden sowie wegen der großen Fülle an vorliegenden Daten ist es möglich, das Jungpleistozän Österreichs in sechs allerdings sehr verschieden lange Zeitabschnitte zu zerlegen. Als Grenzen dienen uns klimatologische Umschwünge, die durch radiometrische Daten zu fixieren sind.

Riß-Würm-Warmzeit (130.000-120.000)

Das Jungpleistozän beginnt mit einer intensiven Warmzeit, auch Interglazial genannt, die die Gletscher der Rißvereisung ungemein rasch zum Rückzug brachte. Diese erste Warmzeit des Würm-Zyklus, deren Länge früher weit überschätzt wurde, läßt sich faunistisch in Österreich nur wenig nachweisen. Es fehlen die besonders für das deutsche Eem typischen Großsäugerfaunen mit wärmeliebenden Elementen wie *Palaeoloxodon, Dicerorhinus kirchbergensis, Bubalus* und *Hippopotamus*.

Nur aufgrund radiometrischer Daten und des niedrigen Evolutionsniveaus der Ursiden-Backenzähne können wir behaupten, daß einige alpine und hochalpine Höhlen vom Höhlenbären auch in dieser Zeit bewohnt waren:

Aus der Ramesch-Knochenhöhle (Schicht G) und aus der Herdengelhöhle (Schichteinheit 1) liegen Uran-Serien-Daten vor, die für Riß-Würm sprechen. Die Bärenreste der Brieglersberghöhle sind wegen ihres geringen Evolutionsniveaus vielleicht dieser Zeit zuzuordnen.

Zahlreiche Verlehmungszonen in den Lößprofilen Niederösterreichs (z. B. Paudorf, Göttweig-Furth, Senftenberg, Stillfried) wurden dem Riß-Würm-Interglazial zugeordnet, allerdings nicht aufgrund faunistischer Befunde, sondern nach der "Abzählmethode" (erste intensive Verbraunung unter dem heutigen Boden). Keinen einzigen dieser fossilen Böden können wir mit Sicherheit dem Riß-Würm zuordnen, da radiometrische Daten noch fehlen.

Frühwürm (120.000-65.000 Jahre v.h.)

Der erste Abschnitt der Würm-Zeit ist durch den raschen Wechsel von Kalt- und Warmphasen geprägt. Jede der drei kalten und zwei warmen Phasen dauerte nicht viel länger als je 10.000 Jahre. In dieser Zeitspanne konnten sich die Eismassen weltweit wieder aufbauen. Über die frühwürmzeitlichen Gletscherbewegungungen in den Alpen ist aber praktisch noch nichts bekannt.

Durch Uran-Serien-Daten wissen wir, daß zumindest drei Höhlenfaunen im Frühwürm entstanden sind. Die Höhlenbärenreste der Schwabenreithhöhle liegen zwischen zwei datierbaren Sintergenerationen, die höchstwahrscheinlich in den beiden Frühwürm-Warmphasen gebildet wurden, während die mächtige Knochenlage aus der ersten Würm-Kaltphase stammen dürfte, in der auch die Herdengelhöhle vom Höhlenbären bewohnt war. Das Evolutionsniveau der Höhlenbären aus der Schwabenreithhöhle kann somit relativ gut datiert werden und als Standard für frühwürmzeitliche Bärenfaunen dienen.

Die Wirbeltierfauna der Schusterlucke kann nicht nur wegen eines Uran-Serien-Datums sondern auch aufgrund des Evolutionsniveaus der Höhlenbären und der Halsbandlemminge dem Frühwürm oder dem Beginn des Mittelwürms zugeordnet werden. Diese Fauna ist die geologisch älteste Fauna Österreichs, die mehrere boreoalpine Elemente *(Rangifer, Capra ibex, Alopex, Ochotona, Microtus nivalis, Dicrostonyx, Lemmus)* enthält und daher zumindest größtenteils aus einer Kaltphase stammt.

Mittelwürm (65.000-34.000 Jahre v. h.)

Zur Überraschung des letzten Jahrzehnts in Hinblick auf die Klimatologie des Pleistozäns wurde die Erkenntnis, daß das Klima des mittleren Jungpleistozäns mindestens so warm war wie das heutige: es hatte nicht interstadialen Charakter, wie man lange annahm, sondern interglazialen Charakter. Die zahlreichen Uran-Serien- und Radiokarbon-Datierungen der Bärenreste in der Ramesch-Knochenhöhle ließen erkennen, daß der Höhlenbär im Mittelwürm das Hochgebirge bewohnte. Unterstützt durch weitere radiometrischen Daten gelang über die Evolution der Höhlenbären eine Datierung folgender Höhlenbärenfaunen und damit eine Einstufung in die Mittelwürm-Warmzeit: Salzofenhöhle, Schreiberwandhöhle, Hartelsgrabenhöhle, Hennenkopfhöhle, Schottloch, Schlenken-Durchgangshöhle, Winden, Drachenhöhle bei Mixnitz (teilweise), Frauenloch bei Semriach.

Aus den Lößgebieten konnten bisher zwei Bereiche von fossil- und artefaktführenden Profilen in das Mittelwürm gestellt werden: Die basale Einheit von Willendorf 2 mit den Kulturschichten 1-3 und der Braunlehm unter der Kulturschicht in Stratzing. Beide Bereiche enthalten eine reiche warmzeitliche Molluskenfauna.

Als sicher mittelwürmzeitlich können folgende Großsäugerarten gelten: *Ursus spelaeus* (dominant in allen Höhlenfaunen des Mittelwürms), *Ursus arctos, Panthera spelaea, Panthera pardus, Lynx lynx, Canis lupus, Alopex lagopus, Vulpes vulpes, Gulo gulo, Martes martes, Martes foina, Mustela putorius, Mustela erminea, Crocuta spelaea, Cervus elaphus, Capreolus capreolus, Capra ibex, Rupicapra rupicapra.*

Die Kleinsäugerarten, aber auch die übrigen Wirbeltiere des Mittelwürms sind nicht so sicher zu nennen, weil in allen Höhlen die geborgenen Reste kleinerer Wirbeltiere aufgrund eines anderen Erhaltungszustandes nicht synchron zu den datierten Höhlenbärenresten sein dürften. Vermischungen älterer und jüngerer Sedimente durch Bioturbation und fluviatile Umlagerungen sind bei zwei Spätwürmfaunen (Nixloch, Gamssulzenhöhle) nachgewiesen, aber auch für die Mittelwürmfaunen (Winden, Lettenmayerhöhle, Merkensteinhöhle etc.) anzunehmen.

Spätwürm (34.000-10.000 Jahre v. h.)

Aus dem Lößprofil von Willendorf wissen wir, daß die Kaltphase, die um 20.000 Jahre v. h. ihr Maximum hatte, etwa um 34.000 J.v.h. relativ rasch begonnen hat. Im Löß oberhalb der Kulturschicht 3 sind Molluskenvergesellschaftungen zu finden, die für ein kaltes, z.T. sehr kaltes und mittelfeuchtes Klima sprechen. Wir lassen daher das Spätwürm mit diesem Datum beginnen. Nach paläontologischen Befunden war es durchwegs kalt. Auch die ursprünglich angenommene Wärmephase um 27.000 (FRANK & RABEDER 1994), die durch den Stillfried B-Horizont vertreten wird, war nach neuen Befunden nur eine geringfügige Klimaschwankung, die in den Profilen von Willendorf (entgegen früherer Befunde) und Stratzing nicht nachzuweisen ist. Wir unterteilen daher das Spätwürm nur in die zwei folgenden

Einheiten:

Mammutsteppenzeit oder **Würmhochglazial (34.000-13.000 J.v.h.)**

Dieser Zeitabschnitt wird durch zahlreiche paläolithische Jagdstationen im Löß Niederösterreichs sowie durch einige Höhlenfaunen repräsentiert. Die Altersstellung der meisten von ihnen sind durch mehrere ^{14}C-Daten abgesichert, die von Holzkohlen oder Knochenproben stammen.

Die Faunenreste in den Lößstationen sind zum größten Teil als Beute- und Speisereste des paläolithischen Menschen zu interpretieren und stammen von den typischen Elementen der Mammutsteppe: *Mammuthus primigenius, Coelodonta antiquitatis, Equus "solutriensis", Rangifer tarandus, Megaloceros giganteus, Cervus elaphus, Bison priscus, Capra ibex, Canis lupus, Alopex lagopus, Gulo gulo, Ursus arctos.* Diese Knochenreste sind in den Fundschichten mit Artefakten des Aurignaciens (Willendorf 2/1-4, Stratzing, Krems-Hundssteig, Alberndorf) und des Gravettiens (Willendorf 2/5-9, Schwallenbach, Aggsbach, Krems-Wachtberg, Langmannersdorf, Grubgraben, Rosenburg etc.) assoziiert.

Reste der Mammutsteppenfauna fanden sich auch in vier Höhlenfaunen, die auf die Tätigkeit der Höhlenhyäne zurückgehen. Durch das Vergraben von meist typisch zerbissenen Langknochen und Kiefern hatten die Hyänen für eine optimale Überlieferung dieser Fossilien gesorgt (Teufelslucke bei Eggenburg, Mehlwurmhöhle, Tropfsteinhöhle von Griffen, Klein-St. Paul).

Die dritte Gruppe von hochglazialen Funden sind aus mehreren Bärenhöhlen zeitlich bestimmbar geworden. Nicht nur durch radiometrische Daten sondern auch durch die überaus rasche Evolution des Höhlenbären können die Bärenreste der Gamssulzenhöhle, vom Nixloch, der Kugelsteinhöhle 2, des Liegllochs und der Drachenhöhle bei Mixnitz (Jagdstation) dem Zeitraum zwischen 30.000 und 17.000 Jahre v.h. zugeordnet werden.

Spätglazial (13.000-10.000 Jahre v. h.)

In mehreren Bärenhöhlen wurden auch große Mengen von Kleinsäugern gefunden, von denen ursprünglich angenommen worden war, daß sie zur gleichen Zeit wie die Höhlenbären gelebt hätten. Schon der grundverschiedene Erhaltungszustand, die Bären sind nur selektiv erhalten (Einzelzähne, Metapodien und Phalangen dominieren bei den Bären, während die Kleinsäugerkiefer ganz erhalten sind), mahnen zur Vorsicht. Einige radiometrische Daten haben nun ergeben, daß sich diese charakteristischen Mikrovertebratebfaunen, die offensichtlich aus Eulengewöllen entstanden sind, alle im Spätglazial gebildet haben. In der Gamssulzenhöhle und im Nixloch sind sie mit Resten menschlicher Jagdtätigkeit und Artefakten des Epigravettiens assoziiert.

Als chronologische Indexfossilien haben sich die Reste von *Dicrostonyx* etabliert. Die Molaren dieser Gattung zeigen eine ungewöhnlich rasche Evolution im Jungpleistozän und erlauben eine Unterscheidung zwischen mittel- und spätwürmzeitlichen Faunen.

Bei den Beutetieren der menschlichen Jäger dominieren Steinbock und Ren, während Mammut und Höhlenbär schon verschwunden sind.

Die geologisch jüngsten ^{14}C-Daten von österreichischen Proben lauten:

Für einen Mammutknochen aus Schönberg am Kamp 15.560 ±200 Jahre BP (GrA-4891) und

für einen Höhlenbärenrest aus der Tropfsteinhöhle am Kugelstein 15.000 ±865 Jahre BP (Hv-16895).

Weitere klimatologisch und chronologisch aussagekräftige Formen unter den Kleinsäugern des Spätglazials sind: *Lemmus lemmus, Lagururs lagurus, Microtus gregalis, Microtus nivalis, Sorex* cf. *coronatus, Sorex macrognathus, Ochotona pusilla, Allactaga jaculus,* unter den Vögeln: *Lagopus lagopus, Lagopus mutus, Nyctea scandiaca.*

Aufgrund radiometrischer Daten und/oder des Evolutionsniveaus von *Dicrostonyx* sind folgende "Kleinsäugerschichten" ins Spätglazial zu stellen: Nixloch, Gamssulzenhöhle, Gänsgraben, Gr. Badlhöhle, Merkensteiner Nagerschicht, Knochenhöhle bei Kapellen, Teufelsrast-Knochenfuge, ?Luegloch.

Früh-Holozän (10.000-7.000 Jahre v. h.)

Der Beginn des Holozäns, das durch die allmähliche Wiederbewaldung charakterisiert ist, kann durch paläobotanische Befunde wesentlich besser dokumentiert werden als durch Wirbeltierfaunen. Während die Veränderungen der Vegetation in palynologisch erfaßbaren Moor- und See-Profilen studiert werden können, fehlen uns für die faunistische Entwicklung fossilführende Profile. Es gibt zwar einige Säugetiere wie *Crocidura, Myotis myotis, Pitymys subterraneus, Mus, Epimys, Capreolus,* und *Bos,* die als holozäne Einwanderer bzw. Wiedereinwanderer gelten, ihr zeitliches Eintreffen ist mangels datierter Faunen nicht bekannt.

Die Wiederbewaldung läßt sich nicht nur palynologisch nachweisen, sondern auch durch das Auftreten charakteristischer Mollusken-Assoziationen, in denen Waldarten dominieren. Derartige Gastropodenfaunen sind z.B. aus der Gamssulzenhöhle und vom Nixloch bekannt; nach dem Grabungsbefund sind diese Elemente in den obersten Sedimenten enthalten, aber vermischt mit eindeutig spätglazialen Kleinsäugern und Mollusken, sodaß eine völlige Trennung der zeitlich verschiedenen Faunen nicht möglich ist.

5.3 Zeittabelle, Klimakurven

Die z. T. überraschenden Erkenntnisse über die Stratigraphie und die Klimatologie des österreichischen Plio-Pleistozäns sind nicht nur auf die Entdeckung neuer Fossilfundstellen zurückzuführen; wichtige Impulse kamen von der international betriebenen Erforschung des Paläoklimas im jüngeren Känozoikum durch die Auswertung von Tiefsee- und Eis-Bohrkernen. Die Gehaltsschwankungen des "schweren" Sauerstoffisotops ^{18}O spiegeln die Veränderungen der an den Polen und in den Gebirgen gespeicherten Eismengen wider: je höher der Anteil von ^{18}O im Wasser der Ozeane, desto größer sind die gelagerten Eismengen. Die Sauerstoffisotopenkurven, auch "globale Eiskurven" genannt, sind somit wichtige Kliamkurven geworden, zumal sie mit den aus den Bewegungen der Sonne, des Mondes und der Planeten errechneten Milankovich-Kurven korreliert sind.
Die Gliederung der Eiskurve erfolgt mit sog. Isotopenstufen, die mit Zahlen markiert werden, gezählt wird von der holozänen Warmzeit (Isotopenstufe 1) an. Die Eisvorstöße erhalten gerade, die Warmphasen ungerade Zahlen. Kleinere Schwankungen werden mit den Buchstaben a, b, c ... unterschieden. Die Isotopenstufen des Mittel- und Unterpliozäns werden mit den Kennziffern der paläomagnetischen Einheiten versehen (z.B. G1 = Gauß 1, KM2 = Kaena-Mammoth 2).
Allerdings lassen sich diese Eiskurven nicht direkt auf die Alpen beziehen, weil damit gerechnet werden muß, daß sich die alpinen Gletscher wesentlich anders verhalten als die Eismassen der Polkappen.
Am Beispiel der Mittelwürm-Warmzeit (Tab.3) sehen wir, daß die in der Zeit zwischen 65.000 und 34.000 Jahre weltweit gespeicherten Eismengen wesentlich größer waren als heute, daß aber andererseits die Sommertemperaturen deutlich über den heutigen lagen. Aus den Befunden der Hochgebirgshöhlen ist zu schließen, daß vorwiegend die Polkappen von den Vereisungen betroffen waren, während die Gletscher der Alpen sehr zurückgezogen "lebten".
Aus der globalen Eiskurve des Pleistozäns (Tab.1) ist zu erkennen, daß es erst seit 900.000 Jahren zu großen Vereisungszyklen kommt, die nach einem Muster verlaufen, das wahrscheinlich auch von isostatischen Bewegungen gesteuert wird. Die größten Vereisungen werden durch die Isotopenstufen 22, 16, 12, 6 und 2 repräsentiert. Jeder dieser Vereisungszyklen dauert ca. 100.000 Jahre und ist durch einen stufenweisen Aufbau und ein sehr rasches Abschmelzen der Eismassen charakterisiert. Der Zusammenhang zwischen den relativ kurzen Warm- und Kaltphasen und dem Verlauf der Eiskurve läßt sich am Modell der Würmvereisung (Tab. 3) gut erkennen.

In den älteren Abschnitten des Pleistozäns und im Pliozän wird die Eiskurve durch eine vorwiegend 41.000 Jahres-Zyklik geprägt; extreme Vereisungsspitzen fehlen, die Kurve pendelt im mittleren Bereich. Hervorzuheben sind einige besonders warme Perioden des Altpleistozäns (Isotopenstufe 37) und des Oberpliozäns (91 und 93), deren Korrelation mit ausgeprägten Wärmephasen (Deutsch-Altenburg 4B?, Rotlehme in Stranzendorf?) derzeit noch sehr unsicher erscheint. Daß das Klima im Mittelpliozän wesentlich wärmer war als heute, geht aus den Kurven eindrucksvoll hervor.

Legenden zu den Tabellen 1-3:

Tabelle 1. Gliederung des österreichischen Pleistozäns nach paläomagnetischen und klimatologischen Grenzen. Die einzelnen Spalten bedeuten:
(1) paläomagnetische Epochen. (2) paläomagnetische Skala, schwarz = normal, weiß = revers. (3) paläomagnetische events. (4) globale Eiskurve (n. Shackelton 1995, etwas vereinfacht) mit einigen numerierten Isotopenstufen, die senkrechte Linie markiert den heutigen Eisstand. (5) Jahreszahlen in Millionen Jahren (Ma) vor heute. (6) Gliederung des österreichischen Pleistozäns mit Jahreszahlen (Ma) der Grenzen.

Tabelle 2. Gliederung des österreichischen Mittel- und Ober-Pliozäns nach paläomagnetischen und klimatologischen Grenzen. Die einzelnen Spalten bedeuten:
(1) paläomagnetische Epochen. (2) paläomagnetische Skala, schwarz = normal, weiß = revers. (3) paläomagnetische events. (4) globale Eiskurve (n. Shackelton 1995, etwas vereinfacht) mit einigen numerierten Isotopenstufen, die senkrechte Linie markiert den heutigen Eisstand. (5) Jahreszahlen in Millionen Jahren (Ma) vor heute. (6) Gliederung des österreichischen Pleistozäns mit Jahreszahlen (Ma) der Grenzen.

Tabelle 3. Gliederung des österreichischen Jungpleistozäns nach klimatologischen Kriterien. Die einzelnen Spalten bedeuten: (1) = Jahreszahlen in Tausend Jahren (ka) vor heute. (2) Jahreszahlen der Grenzen in ka. (3) globale Eiskurve mit den numerierten Isotopenstufen, die senkrechte Linie links markiert den heutigen Eisstand. (4) Unter-Gliederung. (5) Sonneneinstrahlungskurve (n. HILLE & RABEDER 1986) des Sommers für die geographische Breite von 47°, die senkrechte Linie markiert den heutigen Mittelwert. (6) Gliederung.

Tabelle 1.

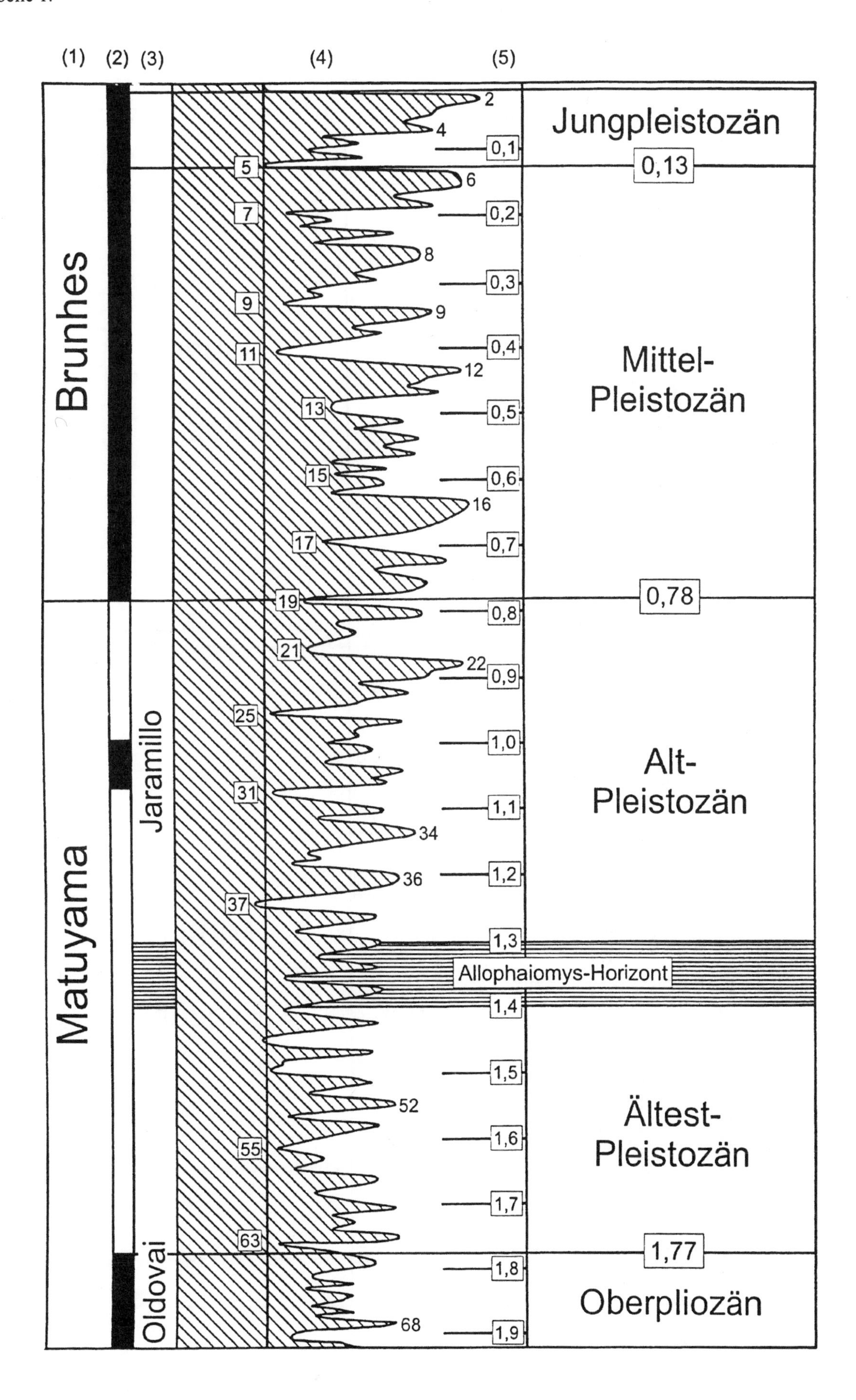
(1)
(2)
(3)
(4)
(5)
Brunhes
Matuyama
Jaramillo
Oldovai
Jungpleistozän
0,13
Mittel-
Pleistozän
0,78
Alt-
Pleistozän
Allophaiomys-Horizont
Ältest-
Pleistozän
1,77
Oberpliozän
0,1
0,2
0,3
0,4
0,5
0,6
0,7
0,8
0,9
1,0
1,1
1,2
1,3
1,4
1,5
1,6
1,7
1,8
1,9
2
4
6
8
9
12
16
22
34
36
52
68
5
7
9
11
13
15
17
19
21
25
31
37
55
63

Tabelle 2.

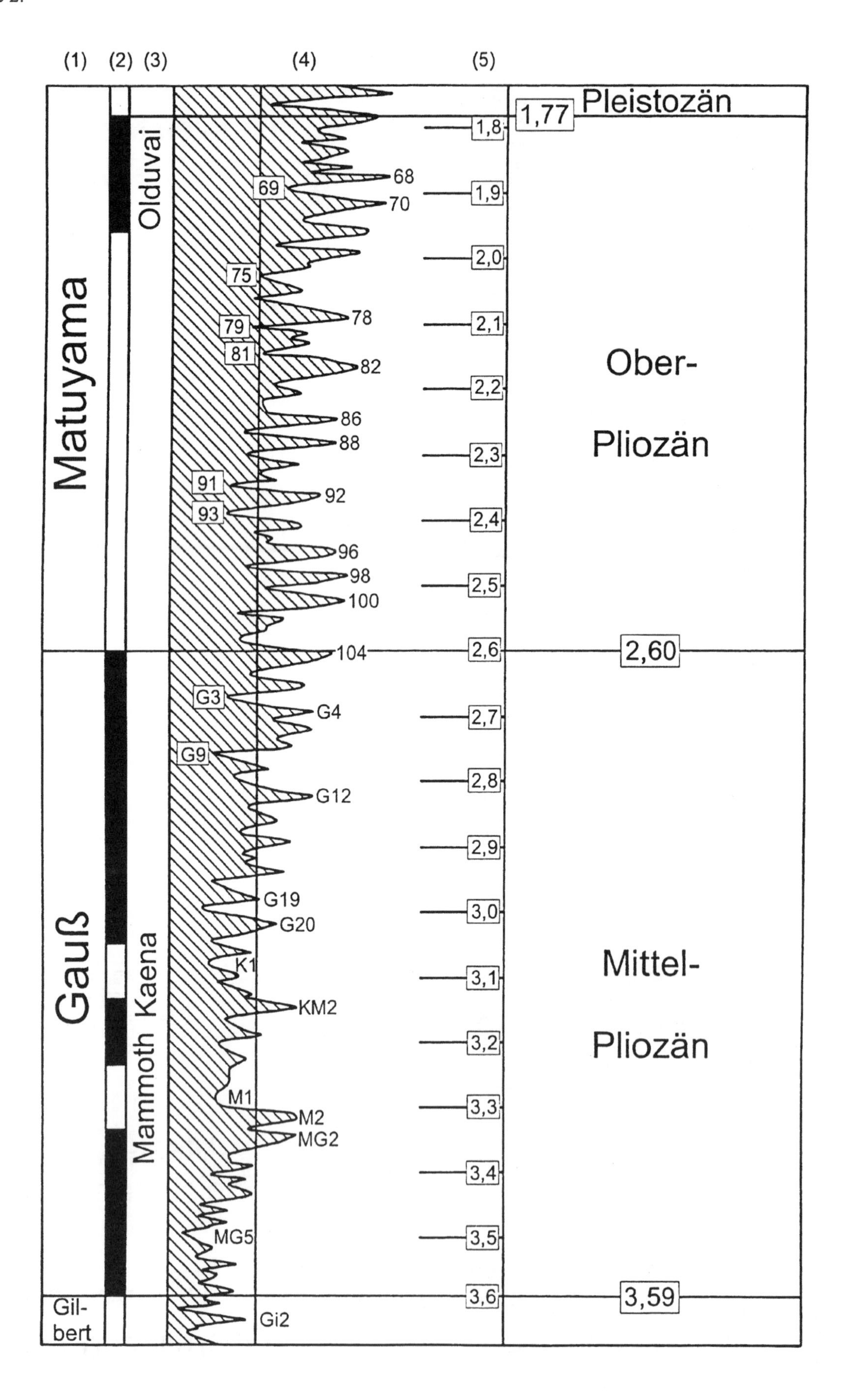
(1)
(2)
(3)
(4)
(5)
Matuyama
Gauß
Gil-
bert
Olduvai
Mammoth Kaena
Pleistozän
1,77
Ober-
Pliozän
2,60
Mittel-
Pliozän
3,59
1,8
1,9
2,0
2,1
2,2
2,3
2,4
2,5
2,6
2,7
2,8
2,9
3,0
3,1
3,2
3,3
3,4
3,5
3,6
68
69
70
75
78
79
81
82
86
88
91
92
93
96
98
100
104
G3
G4
G9
G12
G19
G20
K1
KM2
M1
M2
MG2
MG5
Gi2

Tabelle 3.

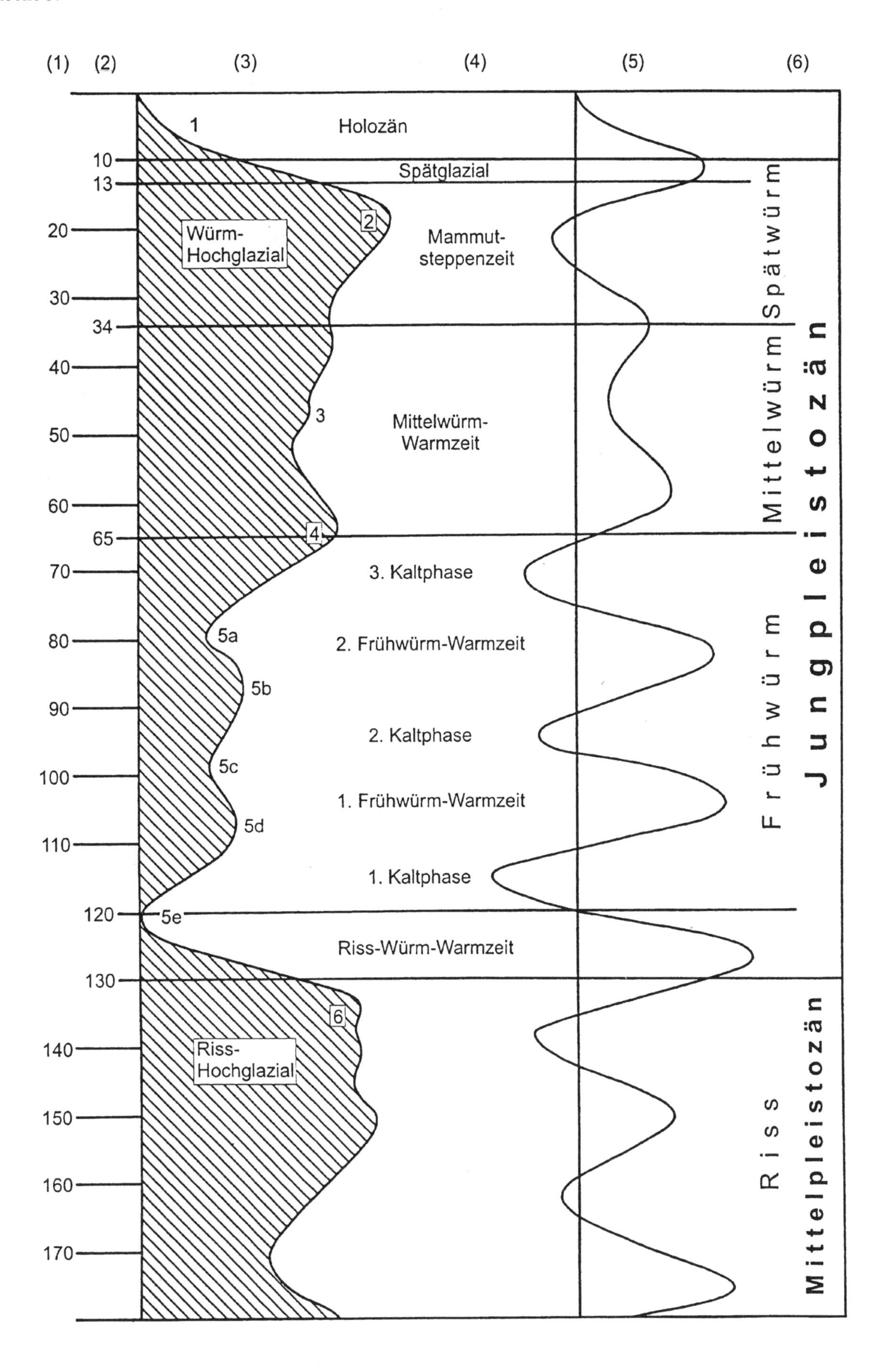
(1)
(2)
(3)
(4)
(5)
(6)
1
Holozän
10
13
Spätglazial
20
30
34
40
50
60
65
70
80
90
100
110
120
130
140
150
160
170
Würm-
Hochglazial
2
Mammut-
steppenzeit
3
Mittelwürm-
Warmzeit
4
3. Kaltphase
5a
2. Frühwürm-Warmzeit
5b
2. Kaltphase
5c
1. Frühwürm-Warmzeit
5d
1. Kaltphase
5e
Riss-Würm-Warmzeit
6
Riss-
Hochglazial
Spätwürm
Mittelwürm
Frühwürm
Jungpleistozän
Riss
Mittelpleistozän

5.4 Ursiden-Chronologie

Die relativ rasche Evolution, mit der sich der Höhlenbär, *Ursus spelaeus,* aus dem mittelpleistozänen Deningerbären, *Ursus deningeri,* herausentwickelt hat, läßt sich sehr erfolgreich für die relative Datierung von Höhlenbärenfaunen heranziehen. Erste Ansätze zur Verwendung von evolutiven Merkmalsverschiebungen für chronologische Aussagen finden wir bei MOTTL (1933, 1964): Sie hat versucht, die Anzahl der P3, die beim "normalen" Höhlenbären meist schon fehlen, sowie die Drehung der distalen Tibia-Gelenksfacette für feinstratigraphische Aussagen heranzuziehen. Erst durch die Auswertung statistisch aussagekräftiger Mengen, zunächst nur der P4, ist es gelungen, die Evolution des Höhlenbären zu quantifizieren (RABEDER 1983). Seither wurde die Methode der "morphodynamischen Analyse" verfeinert und auf zahlreiche Höhlenbärenfaunen angewandt (CARLS & al. 1988, RABEDER 1989, 1991, 1995, RABEDER & TSOUKALA 1990).

Die Evolution des Höhlenbären wurde vermutlich durch die rasche Anpassung an eine rein pflanzliche Ernährungsweise und damit verbunden an die notwendige Überwinterungsstrategie mit echtem Winterschlaf im Schutz der Höhlen geprägt. Diese Anpassung äußert sich am Skelett vor allem in folgenden Punkten:

- 1. allgemeine Größenzunahme.
- 2. Reduktion der Prämolaren in der Reihenfolge P2, P1, P3.
- 3. Vergrößerung der Molaren und Vermehrung ihrer Kauflächenelemente.
- 4. Molarisierung der verbliebenen Prämolaren (P4).
- 5. Vergrößerung der Sinusbildungen im Frontalbereich des Schädels.
- 6. Verplumpung der Extremitäten.
- 7. Drehung der distalen Gelenksfacetten der Tibia.

Wegen der überaus großen Variabilität ist eine chronologische Auswertung nur bei Elementen möglich, die in statistisch aussagekräftigen Stückzahlen vorliegen und außerdem durch Alterserscheinungen wie Abnutzung und Abkauung wenig beeinflußt werden. Für eine quantitative Auswertung, die chronologische Schlüsse zuläßt, haben sich die vierten Prämolaren als am besten geeignet erwiesen, weshalb hier ausschließlich auf die Ergebnisse der P4-Morphodynamik eingegangen wird.

Im Fall der vierten Prämolaren der Ursiden wurde die Methodik schon mehrmals vorgestellt (CARLS & al. 1988, HILLE & RABEDER 1986, LEITNER-WILD & al. 1994, NAGEL & RABEDER 1992, RABEDER 1983, 1989a,b, 1991, 1995); sie besteht aus vier Schritten: 1. Differenzierung von Morphotypen, 2. Erstellung eines morphodynamischen Schemas nach funktionsmorphologischen Aspekten, 3. Bewertung der Anzahl der Evolutionsschritte, die zu einem Morphotyp führen, durch Wertigkeits-Faktoren (=w), 4. Erfassung der prozentuellen Frequenzen (=f), mit denen die einzelnen Morphotypen in einem Faunenkomplex auftreten, 5. Ermittlung von morphodynamischen Indices [$=S(w_i \cdot f_i)$] aus den Frequenzen (f_i) und den Wertigkeiten (w_i) der einzelnen Morphotypen.

Der chronologische Aussagewert der morphodynamischen Indices hängt natürlich von der Anzahl der überlieferten bzw. auswertbaren Zähne ab. Aus dem Vergleich von radiometrisch datierten Faunen hat sich ergeben, daß Stückzahlen von $n>20$ relativ enge chronologische Aussagen zulassen. Als Ausnahmen haben die hochalpinen Höhlenbären des Mittelwürm zu gelten. Im Fall der Ramesch-Knochenhöhle hat sich gezeigt, daß die Morhodynamik der P4 gegen Ende der Mittelwürm-Warmzeit auch rückläufig sein kann.

Die Ergebnisse der morphodynamischen Analyse der Ursiden-P4 von allen österreichischen Fundstellen sind auf den Diagrammen (Abb.1und 2) dargestellt.

Aus dem Diagramm 1 geht hervor, daß die Evolution des P^4 mit der des P_4 eng korreliert ist. Einige Werte liegen allerdings weit außerhalb des sonst schmalen Verteilungsbandes, was auf zu kleine Materialien zurückzuführen ist.

Bei diesen "Ausreißern" handelt es sich nämlich ausschließlich um Fundstellen mit Stückzahlen (P^4 oder P_4, oder beide) unter 10 ($n<10$): Tunnelhöhle, Schottloch, Ramesch 4 und Schreiberwandhöhle, oder auch weniger als 20 ($n<20$): Herdengel 1, Nixloch; oder anders ausgedrückt: alle materialreichen Faunen (P4-Anzahl>20) reihen sich längs einer schwach gekrümmtem Regressionskurve ein. Daraus kann vermutet werden, daß alle Höhlenbärenfaunen mit P4-Zahlen über 20 repräsentative Werte ergeben und die Indices für die chronologische Einstufung relevant sind.

Im Mittelpleistozän verlief die Evolution des P4 sup. rascher als die des P4 inf., weshalb die P4-Kurve steil ansteigt (RABEDER 1991:119, Abb.27). Ab dem Frühwürm verflacht die Kurve und der Einbau zusätzlicher Elemente in der P_4-Kaufläche wird intensiviert, während die Evolution des P^4 sich relativ verlangsamt. Die langgezogene S-Form der Kurve bleibt auch bei einer Standardisierung der Ober- und Unterkieferwerte erhalten, wobei als Standard die besonders stückreiche und hochevoluierte Höhlenbärenfauna der Gamssulzenhöhle (Gesamtfauna) gewählt wurde.

Es gibt eine Gruppe von fünf spätwürmzeitlichen Faunen, die durch einen deutlichen Evolutionssprung von den mittelwürmzeitlichen Bären getrennt ist. Dieses bei der Bearbeitung der Gamssulzenfauna (RABEDER 1995) entdeckte Phänomen ist auch heute noch nicht erklärbar.

Die radiometrischen Daten bestätigen die morphodynamischen Daten s. Diagramm 2.

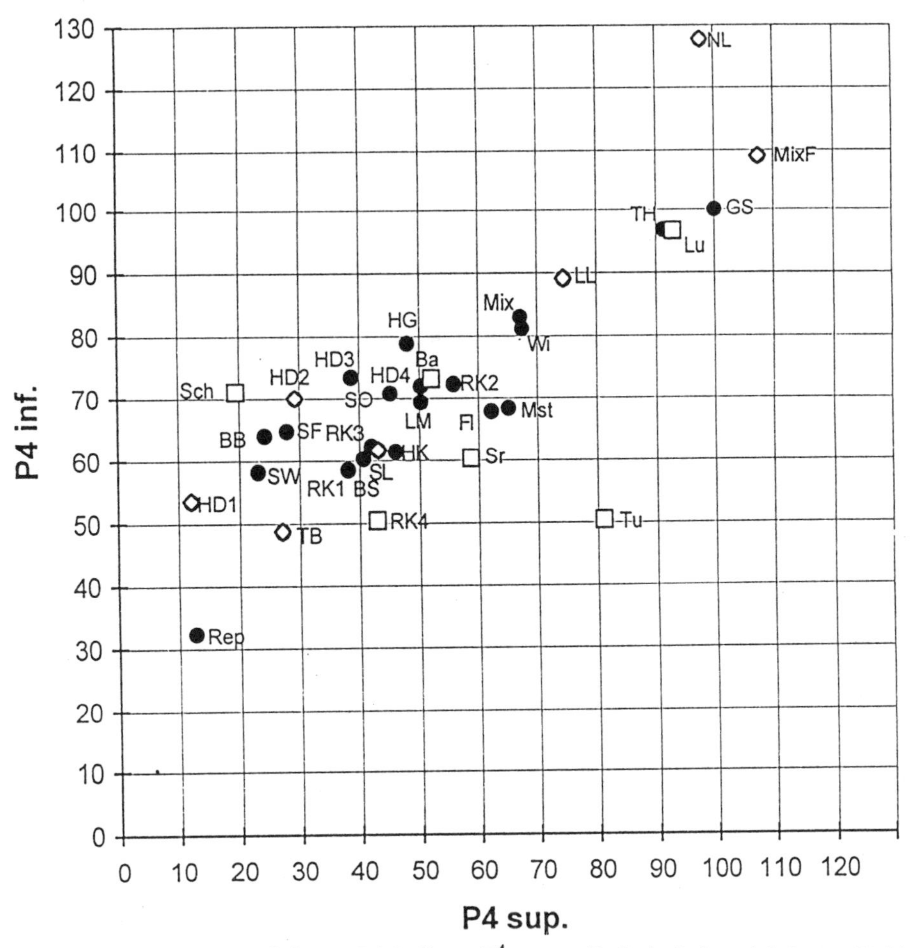

Abb.1: Diagramm der standardisierten P4-Indices (P^4- gegen P_4-Index) der wichtigsten Höhlenbärenfaunen Österreichs

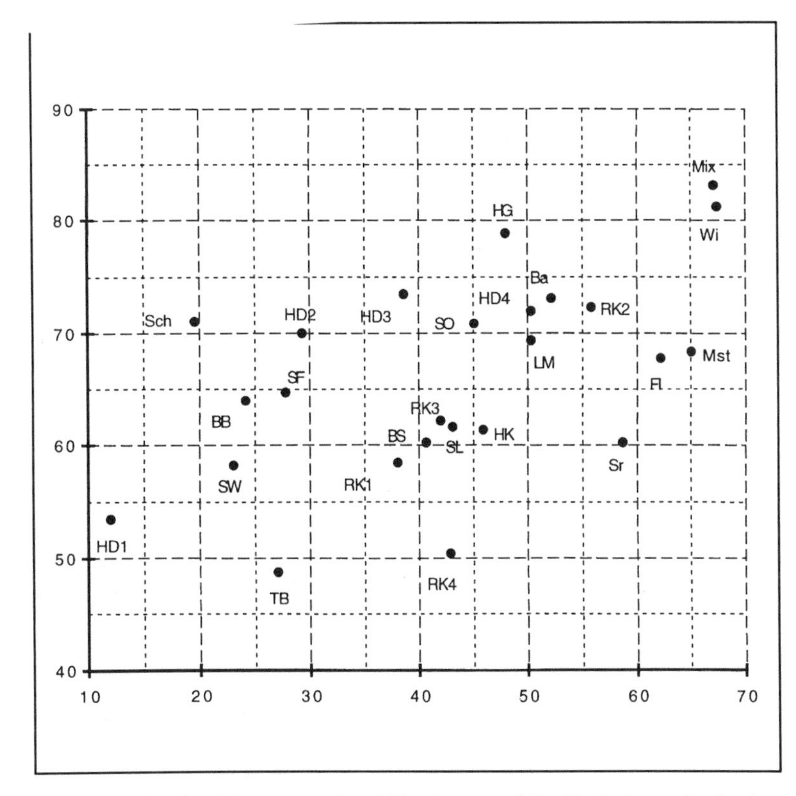

Abb.1a: Vergrößerter Ausschnitt des Diagramm der Abb. 2; er umfaßt die früh- und mittelwürmzeitlichen Faunen.

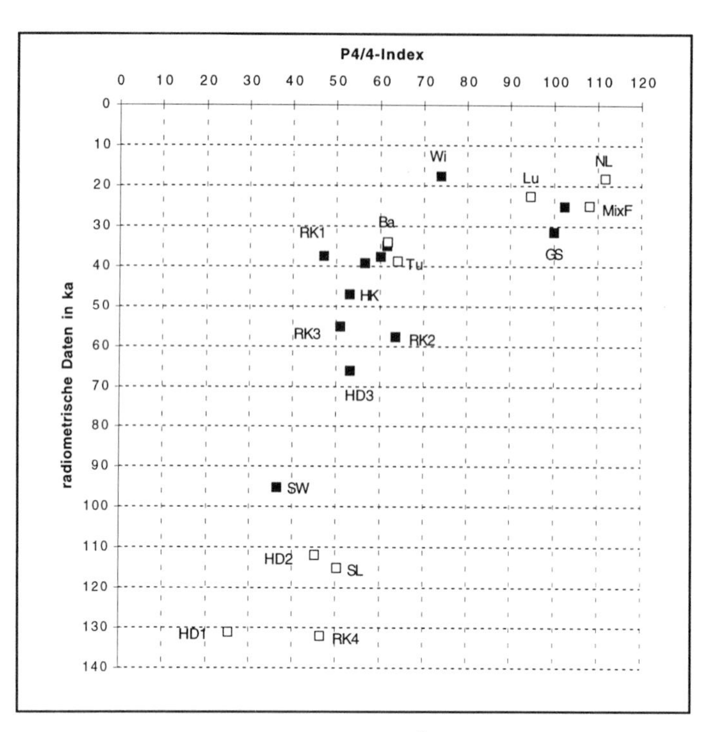

Abb.2: Diagramm der P4/4-Indices (= geometrische Mittel der P^4- und der P_4-Indices) gegen die Mittelwerte der radiometrischen Daten.

5.5 Arvicolidenchronologie

Die jüngste Säugetierfamilie liefert die wichtigsten Leitfossilien für das terrestrische Plio-Pleistozän. Die Arvicoliden sind erst im jüngsten Miozän aus hamsterartigen Vorfahren hervorgegangen, ihr charakteristisches Gebiß ist durch Anpassungen an eine harte Pflanzenkost geprägt, und diese Anpassungen bewirken eine besonders rasche Evolution, die sich zuerst in einer Vergrößerung der Kronenhöhe der Molaren (Hypsodontie) äußert, bis schließlich wurzellose, prismatische Molaren entstehen, dann kommt es bei einigen Linien zum weiteren Ausbau der Kauflächen, indem zusätzliche Schneidekanten eingebaut werden.
Die Arvicoliden treten im Mittelpliozän Österreichs mit fünf Linien auf, von denen vier weiterverfolgt werden können. Im Oberpliozän kommen vier weitere Gruppen dazu und im Altpleistozän ist das Optimum von zehn nebeneinander lebenden Wühlmausarten zum erstenmal erreicht worden. Erst im Spätglazial waren wieder so viele Arten nebeneinander zu registrieren.
Die Zunahme der Hypsodontie läßt sich durch Indices der Linea sinuosa quantifizieren. Der HH-Index der Unterkiefermolaren und der PA-Index der Oberkieferzähne sind ausgezeichnete Mittel für feinstratigraphische Aussagen und prinzipiell bei allen bewurzelten Arvicoliden-Molaren anwendbar.
Im folgenden sollen die stratigraphisch aussagekräftigen Arvicoliden-Gattungen kurz besprochen werden:

Dolomys
Das Genus *Dolomys* ist nach der derzeitigen Fundlage auf das mittlere bis jüngere Pliozän beschränkt (s. RABEDER 1981). Der rezente und altpleistozäne *Dinaromys* ist nicht auf *Dolomys,* sondern auf *Propliomys* zurückzuführen. *Dolomys* ist wahrscheinlich noch im Pliozän ausgestorben.

Mimomys
Diese Gattung erscheint im österreichischen Mittelpliozän mit drei Linien, die sich in den Dimensionen und in der Evolutionsgeschwindigkeit der Linea sinuosa unterscheiden. Die großwüchsige *Mimomys* sensu stricto-Linie beginnt bei uns im Mittelpliozän mit *M. polonicus.* Von ihm stammt über *M. praepliocaenicus* höchstwahrscheinlich *M. pliocaenicus* ab, der aus zahlreichen oberpliozänen Fundstellen Europas beschrieben worden ist. Parallel dazu und mit einer ähnlich langsamen Evolution tritt aber noch eine zweite Linie auf, die sich v.a. durch die stärkere Zunahme der Dimensionen unterscheidet und über *M. regulus* und *M. praerex* vielleicht zu *"Kislangia" rex* und/oder zu *M. ostramosensis* führt. Die Phylogenie dieser großen *Mimomys*-Arten ist nach wie vor nicht geklärt (s. CARLS & RABEDER 1988). Der *M. pliocaenicus*-Linie dürfte *M. savini* angehören, aus dem im Mittelpleistozän die Gattung *Arvicola* entstanden ist.
Gut belegt ist die mittelgroße *M. stehlini-reidi*-Linie. Im Niveau von Stranzendorf entstand durch extreme Beschleunigung der Hypsodontie die Art *M. tornensis,* deren Molaren ab dem Ältestpleistozän zur Wurzellosigkeit übergehen; dieser Übergang wird wegen seiner großen biologischen Bedeutung als Gattungsgrenze zu *Microtus* verwendet. Daß *Microtus* von *Mimomys tornensis* abstammt, wurde vor kurzem durch die von GARAPICH & NADACHOWSKI (1995) beschriebene

Übergangsfauna von Kamyk (Polen) bestätigt, wo bewurzelte und wurzellose Molaren mit dem gleichen Kauflächenbild nebeneinander vorkommen.
Die dritte *Mimomys*-Gruppe (Subgenus *Pusillomimus)* beginnt mit sehr primitiven Molaren von *P. postsilasensis* im tiefen Mittelpliozän; sie läßt sich nicht nur durch die geringeren Dimensionen, sondern auch durch die Tendenz zur Konfluenz der Triangel T2+T3 an den M_1, M^2 und M^3 charakterisieren. Ihre Evolution ist durch eine allmähliche Zunahme der Hypsodontie sowie zuletzt auch durch die Vertiefung der Synklinalen gekennzeichnet, das Stadium der Wurzellosigkeit wurde allerdings nicht erreicht.

Ungaromys (= Germanomys, = Cseria, =?Villanyia)
Auffällig kleine, bewurzelte Molaren mit gleichmäßig dickem Schmelzband wurden zuerst aus dem Altpleistozän von Ungarn als *Ungaromys nanus* KORMOS beschrieben. Durch Fossilbelege aus dem Pliozän konnte nachgewiesen werden, daß die vermeintlichen Primitivmerkmale durch Vereinfachung und Reduktion entstanden sind und daß *Ungaromys* auf kleinwüchsige *Mimomys*abkömmlinge zurückzuführen sind, die als *Cseria* beschrieben wurden (CARLS & RABEDER 1988).

Clethrionomys
Die große Ähnlichkeit von juvenilen *Clethrionomys*-Molaren und *"Cseria"*-Zähnen sowie die Übereinstimmung in der Linea sinuosa machen es wahrscheinlich, daß die Rötelmäuse auch auf *"Cseria"* zurückgehen und somit mit *Ungaromys* näher verwandt sind.

Borsodia
Diese Gattung ist vor allem durch das leptokneme Schmelzmuster der Molaren gekennzeichnet. Im Profil von Stranzendorf ist eine interessante Phase in der Evolution von *Borsodia* manifestiert. Der Übergang zur Gattung *Lagurus* (mit wurzellosen Molaren) ist im österreichischen Material nicht überliefert.

Lagurus
Diese Gattung mit wurzellosen, zementlosen Molaren erscheint plötzlich mit großen Stückzahlen im Altpleistozän von Deutsch-Altenburg, fehlt im Mittelpleistozän und kehrt erst im Spätglazial wieder zurück.
In der Fauna von Deutsch-Altenburg 35 dominieren M_1-Übergangsformen zwischen *Lagurus arankae* und *"Prolagurus" pannonicus*. Eine Diskussion dieses für die Taxonomie interessanten Phänomens steht noch aus.

Pliomys
Molaren dieses Genus sind nicht nur am leptoknemen Schmelzmuster, sondern auch am sog. *Pliomys*-Knick und an der eigenartigen Form des M^3 zu erkennen. Die ältesten Spuren stammen aus dem Oberpliozän von Stranzendorf, im Altpleistozän war diese Gattung sehr erfolgreich.
Dem Materialreichtum der Faunen von DA2 und DA4 ist es zu danken, daß zwei gleichzeitig nebeneinander lebende *Pliomys*-Linien nachzuweisen waren. Während die großwüchsige *episcopalis*-Linie in Österreich auf das Altpleistozän beschränkt ist, können wir die dimensionell kleiner werdende *hollitzeri*-Linie bis zum Niveau von Hundsheim verfolgen.

Microtus
Die basale Evolution dieser Gattung ist im Altpleistozän von Deutsch-Altenburg sehr gut belegt (RABEDER 1981, 1986). Ihr weiterer phylogenetischer Weg ist im österreichischen Material allerdings nur mit großen Lücken überliefert. Die *Microtus*-Linien von *arvalis, gregalis* und *oeconomus* sind schon im tiefen Mittelpleistozän durch *M. arvalidens, M. gregaloides* und *M. oeconomus* nachzuweisen, *M. nivalis* und *Pitymys* sp. erscheinen aber plötzlich als Einwanderer im jüngeren Mittelpleistozän bzw. im Spätglazial.
Eine stratigraphische Auswertung von *Microtus*-Molaren beruht auf den Morphotypen-Frequenzen aller Molaren-Positionen und auf dem sog. A/L-Index (Anteroconid-Länge/Gesamtlänge des M^1).

Lemmus
Molaren des Berglemmings kamen in geringer Zahl aus den altpleistozänen Faunen von Deutsch-Altenburg 30 und 4B zum Vorschein - assoziiert mit einer warmzeitlichen Wirbeltier- und Molluskenfauna. *Lemmus* war im Altpleistozän noch nicht an arktische Bedingungen angepaßt. Erst im Jungpleistozän kehrt *Lemmus* wieder zurück, zusammen mit dem Halsbandlemming und anderen nordischen Gästen.

Dicrostonyx
Der Halsbandlemming ist in Österreich bis jetzt nur aus dem Jungpleistozän bekannt. AGADJANIAN (1976) und AGADJANIAN & KOENIGSWALD (1977) erkannten aufgrund von gut stratifiziertem Material die Möglichkeit der Bestimmung von echten Morphotypen, basierend auf der Evolution der Kauflächen am M_1 sowie an den M^{1-3}. Die Ergebnisse aus den morphodynamischen Analysen gekoppelt mit ^{14}C-datierten Fundstellen zeigten, daß *Dicrostonyx* vor allem im jüngeren Würm (30.000 - 13.000 a BP) sehr wertvolle relative Daten liefern. Wichtig ist zu betonen, daß nur eine ausreichende Stückzahl und damit verbunden eine statistische Auswertung die Merkmalsveränderungen deutlich machen und bzw. eine zeitliche Zuordnung erlauben.
Die Veränderung der Molaren ist vor allem zu beobachten:

- am M_1 durch die langsame Bildung einer neuen Synklinale buccal (Sb5) sowie durch die zunehmende Schmelzauflage an einer beginnenden Synklinale lingual (Sl6) und Sb6.
- am M^1 durch die Ausbildung einer Antiklinale lingual (Al4) und einer Anitklinale buccal (Ab5).
- am M^2 durch die Bildung einer Sl3 und einer Al3 sowie Al4.
- am M^3: die lingual-distale bzw. buccal-distale Kante der Ab4 und Al5 sind bei moderneren Formen mit Schmelzkanten belegt und manchmal leicht konkav eingezogen.

Bei einer ausreichend vorhandenen Stückzahl kann man einen morphodynamischen Index für die Oberkiefer-

Molaren errechnen. Gegeneinander aufgetragen ergibt sich ein anschauliches Bild der Modernisierung in den Zähnen im Jungpleistozän (NAGEL 1992, NAGEL 1997). Die Berechnung besteht aus folgenden Schritten: Erfassung der Morphotypen der einzelnen Molaren, dann wird den Morphotypen ein Faktor zugeordnet (MT1 - Faktor 1, MT2 - Faktor 2 u.s.w.). Der Prozentanteil des jeweiligen Morphotyps wird mit dem zugehörigen Faktor multipliziert und die Einzelergebnisse addiert. Die dadurch gewonnen Daten werden in einem Diagramm gegeneinander aufgetragen.

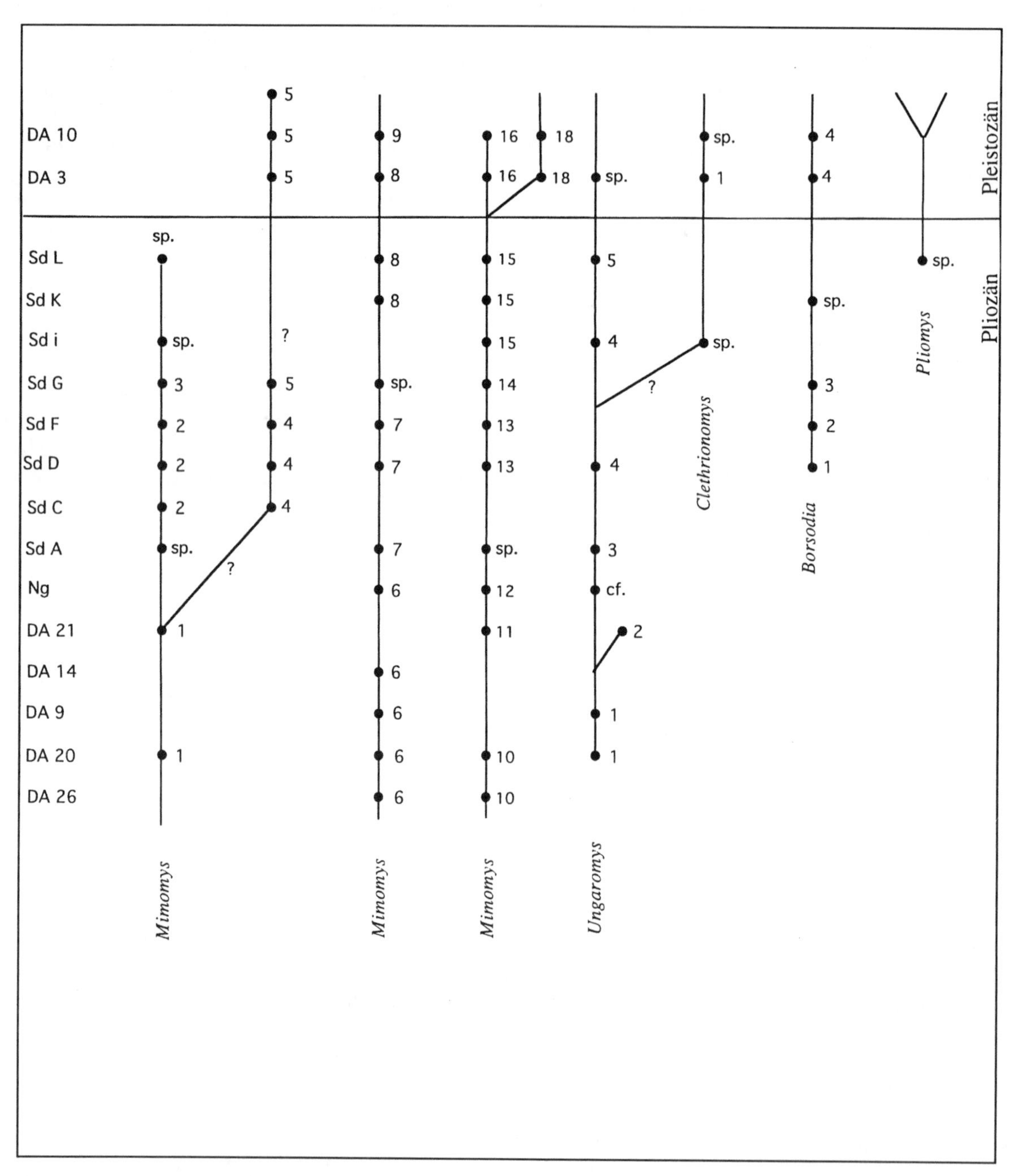

Abb.1: Stratigraphische Verbreitung der Arvicoliden im Pliozän von Österreich.
Abkürzungen: DA = Deutsch-Altenburg, Ng = Neudegg, Sd = Stranzendorf
Die Zahlen bedeuten folgende Arten, getrennt nach Gattungen:

- *Mimomys*: **1** *polonicus*, **2** *regulus*, **3** *praerex*, **4** *praepliocaenicus*, **5** cf. *pliocaenicus*, **6** *stehlini (=kretzoii)*, **7** *hintoni (=minor)*, **8** *tornensis*, **9** *Mimomys tornensis-Microtus "deucalion"*-Übergang, **10** *postsilasensis*, **11** *altenburgensis*, **12** *altenburgensis/reidi*, **13** *reidi (=stranzendorfensis)*, **14** *stenokorys*, **15** *jota*, **16** *pitymyoides*
- *Ungaromys (=Cseria)*: **1** *carnuntina*, **2** *altenburgensis*, **3** *proopsia*, **4** *opsia*, **5** *cf. opsia*
- *Clethrionomys*: **1** cf. *kretzoii*
- *Borsodia*: **1** *parvisinuosa*, **2** *aequisinuosa*, **3** *altisinuosa*, **4** *hungarica*

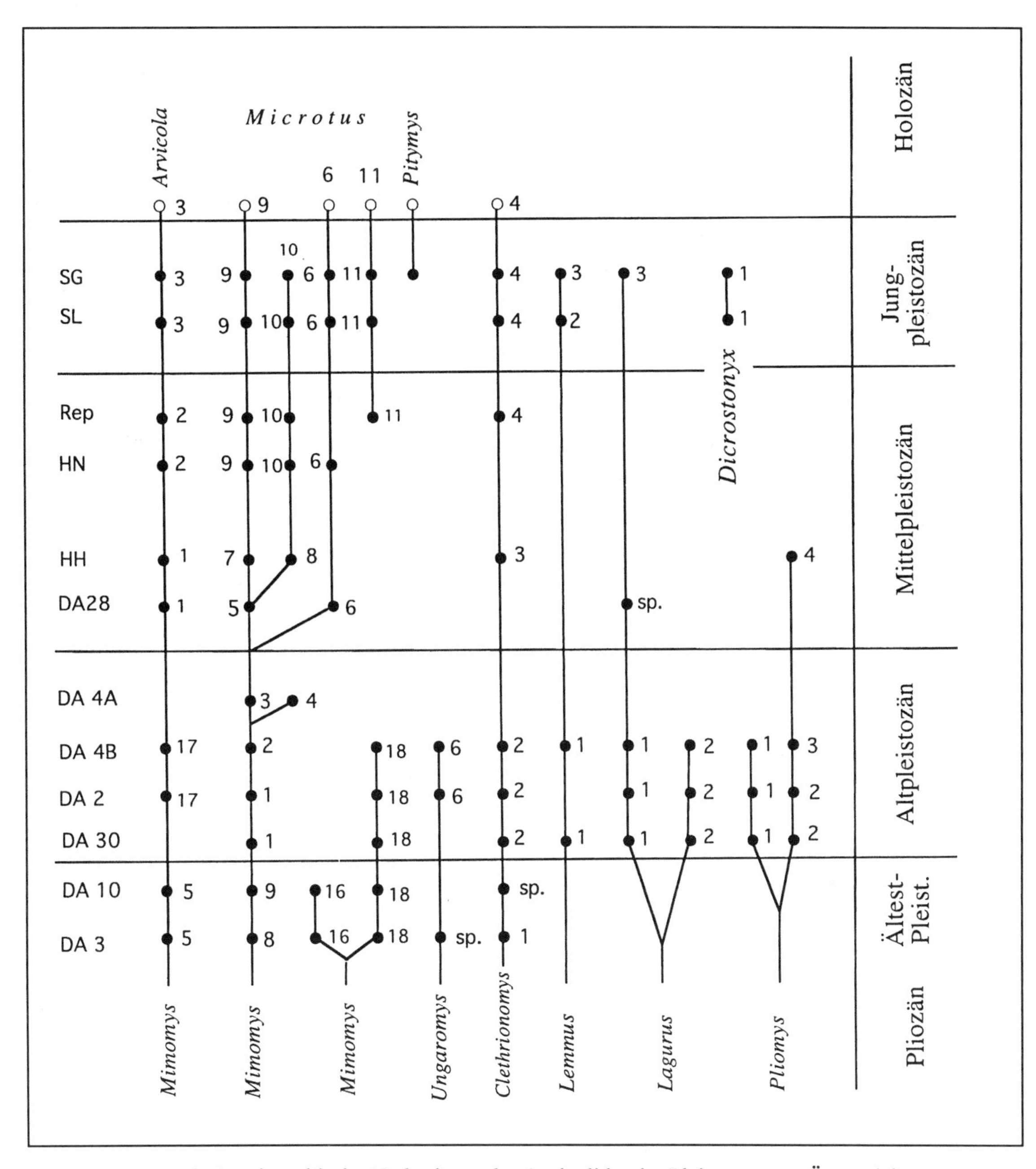

Abb.2: Stratigraphische Verbreitung der Arvicoliden im Pleistozän von Österreich.

Abkürzungen: DA = Deutsch-Altenburg, HH = Hundsheim, HN = Wien Heiligenstadt-Nußdorf, Rep Repolusthöhle, SG spätglaziale Faunen (von Merkenstein, Nixloch, Teufelsrast-Knochenfuge, Gänsgraben, Gamssulzenhöhle, Gr. Badlhöhle),

Die Zahlen bedeuten folgende Arten, getrennt nach Gattungen:

- *Mimomys*: **5** cf. *pliocaenicus*, **8** *tornensis*, **9** *Mimomys tornensis-Microtus "deucalion"*-Übergang, **16** *pitymyoides*, **17** cf. *savini*, **18** *pusillus*
- *Arvicola*: **1** *cantiana*, **2** *hunasensis*, **3** *terrestris*
- *Microtus*: **1** *pliocaenicus*, **2** *praehintoni*, **3** *hintoni*, **4** *superpliocaenicus*, **5** *cf. hintoni*, **6** *oeconomus*, **7** *arvalidens*, **8** *gregaloides*, **9** *arvalis-Gruppe*, **10** *gregalis*, **11** *nivalis*
- *Ungaromys*: **6** *nanus*
- *Clethrionomys*: **2** *hintonianus*, **3** *acrorhiza*, **4** *glareolus*
- *Lemmus*: **1** cf. *kowalskii*, **2** *lemmus*
- *Borsodia*: **4** *hungarica*
- *Lagurus*: **1** *arankae*, **2** *pannonicus*, **3** *lagurus*
- *Pliomys*: **1** *episcopalis*, **2** *simplicior*, **3** *hollitzeri*, **4** cf. *hollitzeri*
- *Dicrostonyx*: **1** *gulielmi gulielmi*

5.6 Literatur

AGADJANIAN, A., 1976. Die Entwicklung der Lemminge der zentralen und östlichen Paläoarktis im Pleistozän.- Mitt. Bayer. Staatssammlung Paläont. Hist. Geol., **15-16:** 53-64, München.

AGADJANIAN, A. & KOENIGSWALD, W. v., 1977. Merkmalsverschiebung an den oberen Molaren von *Dicrostonyx* (Rodentia, Mammalia) im Jungquartär.- N. Jb. Geol. Paläont. Abh., **153**: 34-49, Stuttgart.

CARLS, N. & RABEDER, G. 1988: Die Arvicoliden (Rodentia, Mammalia) aus dem Ältest-Pleistozän von Schernfeld (Bayern). – Beitr. Paläont. Österr., **14**: 123–237, Wien.

CARLS, N., GROISS, J.Th. & RABEDER, G., 1988: Die mittelpleistozäne Höhlenfüllung von Hunas, Fränkische Alb. – Beitr. Paläont. Österr., **14**: 139–149, Wien.

CHALINE, J. 1972. Les rongeurs du Pleistocene Moyen et Supérieur de France. - Cah. Paleont., 1-410, Paris.

FEJFAR, O. & HEINRICH, W. D. 1983. Zur biostratigraphischen Untergliederung des kontinentalen Quartärs in Europa anhand von Arvicoliden (Rodentia, Mammalia). - Ecl. geol. Helv. 74, 3: 997-1006, Basel.

FINK, J. 1976. Exkursion durch den österreichischen Teil des Alpenvorlandes und den Donauraum zwischen Krems und Wiener Pforte. - Mitt. Komm. Quartärforsch., 1: 1-113, Wien.

FRANK, C. & RABEDER, G. 1994. Neue ökologische Daten aus dem Lößprofil von Willendorf in der Wachau. - Archäol. Österr. **5**,2: 59-65, Wien.

GARAPICH, A. & NADACHOWSKI A. 1996. A contribution in the origin of *Allophaiomys* (Rodentia) in Central Europe: the relationship between *Mimomys* and *Allophaiomys* from Kamyk (Poland). - Acta zool. cracov. **39**, 1: 179-184, Krakow.

HILLE, P. & RABEDER, G. (eds.), 1986: Die Ramesch-Knochenhöhle im Toten Gebirge. – Mitt. Komm. Quartärforsch. Österr. Akad. Wiss., **6**: 1–66, Wien.

JANOSSY, D. 1969. Stratigraphische Auswertung der europäischen mittelpleistozänen Wirbeltierfaunen. - Ber. deutsch. Ges. geol Wiss., **14**,4: 368-469, Berlin.

JANOSSY. D. 1978. New microstratigraphic horizons in the vertebrate chronology of the Hungarian Pleistocene. - Földt. Közl.**25**/101,1977,1-3: 161-174, Budapest

JANOSSY. D. 1986. Pleistocene vertebrate faunas of Hungary. -1-208, Akad. Kiadó, Budapest

KRETZOI, M. 1941. Die unterpleistozäne Säugetierfauna von Betfia bei Nagyvarad. - Földt. Közl. **71**,7-12: 235-261, 308-335, Budapest.

KRETZOI, M. 1956. Die altpleistozänen Wirbeltierfaunen des Villanyer Gebirges. - Geol. Hung. ser. Palaeont. **27**,1: 1-264, Budapest.

KRETZOI, M. 1959. Insektivoren, Nagetiere und Lagomorphen der jüngst-pliozänen Fauna von Csarnota im Villanyer Gebirge (Süd Ungarn). - Vertebrata Hungarica, **1**(2): 237-246, Budapest.

KRETZOI, M. 1965. Die Nager und Lagomorphen von Voigstedt in Thüringen und ihre chronologische Aussage. - Paläont. Abh. A, **2**/1: 585-661, Berlin.

LEITNER-WILD, E., RABEDER, G. & STEFFAN, I. 1994. Determination of the evolutionary mode of Austrian alpine cave bears by Uranium series dating. - Hist. Biol., **7**: 97-104.

MALEZ, M. & RABEDER, G., 1984: Neues Fundmaterial von Kleinsäugern aus der altpleistozänen Spaltenfüllung Podumci 1 in Norddalmatien (Kroatien, Jugoslawien). – Beitr. Paläont. Österr., **11**:439–510, Wien.

MOTTL, M. 1933. Die arktoiden und spelaeoiden Merkmale der Bären. - Földt. Közl., **63**: 165-177, Budapest.

MOTTL, M. 1964. Bärenphylogenese in Südost-Österreich. - Mitt. Mus. Bergbau Geol. Techn. Joanneum, **26**: 1-56, Graz.

NAGEL, D., 1992. Die Arvicoliden (Rodentia, Mammalia) aus dem Nixloch bei Losenstein-Ternberg. In.: Das Nixloch bei Losenstein-Ternberg. - Mitt. Komm. Quartärforsch. Österr. Akad. Wiss., **8**: 153-187, Wien.

NAGEL, D., 1997. Die Arvicoliden (Rodentia, Mammalia) der Schusterlucke im Kremszwickel (Niederösterreich). - Wiss. Mitt. Niederösterr. Landesmus., **10**, Wien.

NAGEL, D. & RABEDER, G. (eds.) 1992. Das Nixloch bei Losenstein-Ternberg. - Mitt. Komm. Quartärforsch., **8:** 129-131, Wien.

RABEDER, G. 1981. Die Arvicoliden (Rodentia, Mammalia) aus dem Pliozän und dem älteren Pleistozän von Niederösterreich. – Beitr. Paläont. Österr., **8**:1–373, Wien.

RABEDER, G., 1983. Neues vom Höhlenbären: Zur Morphogenetik der Backenzähne. – Die Höhle, **34**/2: 67–85, Wien.

RABEDER, G., 1985: Die Säugetiere des Pannonien. – [In:] PAPP, A., CICHA, I., SENES, J. & STEININGER, F.: Chronostratigraphie und Neostratotypen, Pannonien: 440–463 (Verlag Slowak. Akad. Wiss.), Wien.

RABEDER, G., 1986: Herkunft und frühe Evolution der Gattung *Microtus* (Arvicolidae). – Z. Säugetierkunde, **51**,6: 350–367, Hamburg.

RABEDER, G., 1989a. Modus und Geschwindigkeit der Höhlenbären-Evolution. – Schriftenreihe Ver. Verbreitung naturwiss. Kenntnisse Wien, **127**: 105–126, Wien.

RABEDER, G., 1989b. Die Höhlenbären der Tropfsteinhöhle im Kugelstein. [In:] FUCHS, G. (ed.) Höhlenfundplätze im Raum Peggau – Deutsch-Feistritz, Steiermark, Österreich, Tropfsteinhöhle Kat. Nr. 2784/3, Grabung 1986/87. – BAR, Internat.seri. **510**: 171–178, Oxford/England.

RABEDER, G., 1990: Die Säugetiere des Pontien in Österreich und Ungarn. – In: MALEZ, M. & STEVANOVIC, P. : Chronostratigraphie und Neostratotypen, Pliozän Pl 1, Pontien: 821–836, Zagreb-Beograd.

RABEDER, G., 1991: Die Höhlenbären von Conturines. Entdeckung und Erforschung einer Dolomiten-Höhle in 2800 m Höhe. – 125 S. (Athesia-Verl.), Bozen.

RABEDER, G. 1995 (ed.). Die Gamssulzenhöhle im Toten Gebirge. - Mitt. Komm. Quartärforsch. Österr. Akad. Wiss., **9**: 1-133, Wien.

RABEDER, G. & TSOUKALA, E. 1990. Morphodynamic analysis of some cave-bear teeth from Petralona cave (Chalkidiki, North Greece). Beitr. Paläont. Österr., **16**: 103-109, Wien.

SHACKELTON, N. J. 1995. New data on the evolution of Pliocene climatic variability. - In: VRBA, E.S., DENTON, G.H., PARTRIDGE & T.C. BURCKLE, L.H. (eds.) Paleoclimate and evolution, with emphasis on human origins.: 242-248. Yale univ. press, New Haven and London.

6 **Klimageschichte des österreichischen Plio-Pleistozäns** (Christa Frank & Gernot Rabeder)

Mittelpliozän

Die fossilführenden Sedimente des Mittelpliozäns - sowohl in den Karsthohlräumen als auch an den Freilandfundstellen - bestehen aus Terra rossa oder sind mit Rotlehmen vermischt. Die Bildung von so intensiv rot gefärbten Paläosols wie im Fall des Stranzendorfer Profils oder von der Terra rossa der Spaltenfüllungen in Deutsch-Altenburg ist nur unter einem Klima möglich, das wesentlich wärmer war als heute. Das wird auch durch die Klimaindikatoren unter den Mollusken und Wirbeltieren (*Ophisaurus, Coluber, Rhinolophus mehelyi)* bestätigt.

Die basalen Rotlehme (A, C) des Stranzendorfer Profiles enthalten reiche, differenzierte Molluskenfaunen, die starke Waldbetonung zeigen; besonders ausgeprägt in Rotlehm C (46 Arten!). Arten- und Individuenspektren lassen bodenfeuchte, vertikal gut gegliederte Laubmischwälder annehmen: Auf eine lokal gut entwickelte Krautschichte weisen vor allem die Hygromiidae *Petasina unidentata* und die beiden *Monachoides*-Arten hin, deren Juvenes vom Boden entfernt, an krautiger Vegetation leben. Dieses Verhalten schützt die zartschaligen Tiere vor bodenlebenden Freßfeinden wie verschiedenen Coleopteren (Carabidae, Silphidae, Lampyridae), auch manchen Spinnen- und Weberknecht-Arten. Die Adulttiere leben zwischen feuchtem Fallaub, unter Fallholz und im lockeren Oberboden. Gut bodenfeuchte Stellen, sogar die Nähe kleinerer Gewässer, werden vor allem durch die heute karpatisch verbreitete *Perforatella dibothrion* (Rotlehm C) angezeigt, deren heutige Lebensräume Bruch- und Auwälder sind, mit dem soziologisch wirksamen Standortsfaktor der periodischen Überflutungen. Diesem Faktor werden nur wenige terrestrische Gastropodenarten gerecht, u. a. *Cochlicopa nitens* (Rotlehm C), *Vitrea crystallina* und *Macrogastra* sp. (Reste einer größeren Art; Rotlehm C). Hochsignifikante, feuchtigkeitsbedürftige Waldelemente sind *Azeca goodalli* (heute westeuropäisch; Rotlehm A), *Acanthinula aculeata* (Rotlehm A), *Mastus* cf. *bielzi* (gegenwärtig karpatisch; Rotlehm C), *Cochlodina* cf. *orthostoma* (dendrophil, vor allem an glattrindigen Bäumen wie Rotbuche, Bergahorn, Esche u. a.; Rotlehm C), *Discus ruderatus* (heute vor allem in nadelholzbetonten Wäldern, weit kleinräumiger als ehemals verbreitet), *Aegopis*- und *Aegopinella* sp. (beide Rotlehm C), *Soosia diodonta* (heute nordbalkanisch-südkarpatisch verbreitet; Rotlehm C), *Monachoides incarnatus* (weitverbreitete Klassencharakterart des Lebensraumes Wald; Rotlehm C), *Monachoides vicinus* (heute vor allem karpatisch-sudetisch verbreitet; Rotlehm C), cf. *Helicodonta obvoluta* (charakteristische Art der feuchten Fallaubschichte; Rotlehm C), cf. *Faustina faustina* (heute im Großteil des Karpatenraumes und in dessen anliegenden Gebieten), *Causa holosericea* (Rotlehm C; ökologische Ansprüche wie *Discus ruderatus*).

Wasserbewohnende Arten ließen sich nur im Rotlehm C nachweisen: *Bithynia tentaculata* (euryök, in nahezu allen Gewässertypen mit Ausnahme der subterranen und der unmittelbaren Quellaustritte) und *Corbicula fluminalis* (warmzeitlich-fluviatil; heute vor allem in Vorder- und Innerasien verbreitet und in Mitteldeutschland bezeichnende Leitart des "Holstein-Interglazials"; ihr taxonomischer Status wird gegenwärtig diskutiert).

Auf Gebüschsäume und offene Heidesteppen, auch offenes Grasland in der unmittelbaren Nachbarschaft der Wälder deuten verschiedene Arten hin: *Truncatellina cylindrica*, *Vertigo pygmaea* (Rotlehm C), *Granaria frumentum* (im Rotlehm A hochdominant, auch in Rotlehm C), *Chondrula tridens*, *Fruticicola fruticum* (ausgesprochenes Busch- und Hochstaudentier), *Xerolenta obvia* (Rotlehm C; dieser Befund zeigt, daß sie entgegen der bisherigen Meinung in Mitteleuropa schon wesentlich früher erschienen ist als allgemein vermutet), *Euomphalia strigella* (Rotlehm C; Bewohnerin trockener Gebüsche und xeromorpher Saumbiotope), *Cepaea* cf. *hortensis* und *Cepaea vindobonensis* (beide Rotlehm C).

Im Mittelpliozän herrschte in Österreich, zumindest im östlichen Teil, ein subtropisches feuchtes Klima, unter dem reich strukturierte Laubmischwälder, aber auch offene Heidesteppen bestehen konnten.

Oberpliozän

Der durch die mittelpliozänen Mollusken der Stranzendorfer Rotlehme A und C angezeigte Klimacharakter setzte sich im Oberpliozän fort.

Der Gesamtbefund des Profils bezeichnet eine warme bis sehr warme, feuchte Klimaphase, deren ökologisch-faunengenetische Akzentuierung durch Arten gegeben ist, die gegenwärtig diesem Gebiet fehlen: *Cochlostoma* sp., vermutlich einer heute westeuropäischen Art nahestehend, *Azeca goodalli*, *Vitrinobrachium* sp., *Aegopinella* cf. *nitidula*, cf. *Faustina faustina*, *Mastus* cf. *bielzi*, *Helicodiscus (Hebetodiscus)* sp., *Soosia diodonta*, *Perforatella dibothrion*, *Monachoides vicinus*. Diese Funde lassen annehmen, daß es zumindest im oberen Pliozän in Mitteleuropa zu einer Berührung heute karpatisch-balkanischer Faunenelemente mit solchen gekommen ist, die heute vorwiegend oder ausschließlich westeuropäisch verbreitet sind. Diese Tatsache würde die weitere Schlußfolgerung erlauben, daß die klimatischen Verhältnisse in einem größeren Bereich Europas ähnlich günstig gewesen sein dürften.

Das Stranzendorfer Profil umfaßt als ganzes einen warmen Klimaabschnitt, in welchem aufgrund der Molluskenfaunen-Sukzessionen (Rotlehm A bis Braunlehm M) Feuchtigkeitsschwankungen, Expansion und Reduktion des bewaldeten Geländes sowie ein Niederschlagsmaximum in der Lößzwischenschichte K/L erkennbar sind. In der Ablagerungszeit der letzteren dürfte die Bewaldung maximale Ausdehnung erreicht haben.

Trotz geringer Arten- und Individuenzahlen eine ver

gleichbare Aussage erlaubt die Gastropodenfauna aus der nordöstlich von Stranzendorf gelegenen Fundstelle Unterparschenbrunn. Ihre Altersstellung ist durch die Präsenz von *Clausilia strauchiana* und *C. stranzendorfensis* gesichert. Auch in ökologischer Hinsicht ergibt sich ein Befund, der dem oben zur Diskussion gestellten entspricht.

Ältestpleistozän

Klimatologische Aussagen über das österreichische Ältestpleistozän sind vor allem durch die Molluskenfaunen in der Krems-Schießstätte möglich. Die liegenden Anteile dieses Profiles (Paläoböden 12-7) zeigen folgende Klimaentwicklung: Eine artenarme, von *Succinella oblonga* dominierte Fauna in Boden 12 spricht für kühle, mittelfeuchte Bedingungen. Die weitere Abfolge führt über eher trockenes, gemäßigtes Klima (halboffenes Buschland, abwechselnd mit steppenartigen Flächen, Boden 11 und Boden 10) zu einem warmen, feuchten Klimaabschnitt (Boden 9). Die Gastropodenfauna spricht für einen strukturierten Laubmischwald: *Sphyradium doliolum*, *Ena montana*, *Ruthenica filograna*, *Macrogastra lineolata*, *Macrogastra plicatula*, *Macrogastra* cf. *latestriata*, *Clausilia pumila*, *Aegopis verticillus*, *Aegopinella nitens*, *Limax* sp. (Schälchen) und *Isognomostoma isognomostomos* sind hoch anspruchsvolle Arten, deren Präsenz auf größere, zusammenhängende Waldflächen mit lockerem, humösem Oberboden und gut entwickelter Laubschichte hinweist. Steinschuttreiche Stellen bevorzugen vor allem *Sphyradium doliolum*, *Ruthenica filograna* und *Aegopis verticillus*, die letztere vor allem feuchte, moosige Felsen. Auffallend ist der Reichtum dendrophiler Clausilienarten (5); zusammen mit *Ena montana* sprechen sie für hohen Anteil glattrindiger Gehölze (Rotbuche, Esche, Bergahorn, auch Bergulme). In der Nachbarschaft des Waldes waren ausgedehnte offene und halboffene Biotope vertreten.

Auf die trocken-kühle Phase, die Boden 8 dokumentiert, folgt der warm-feuchte Horizont 7. Die Gastropodenfauna ist von wärme- und feuchtigkeitsbedürftigen Waldarten beherrscht, die bodenfeuchten Laubmischwald mit Kronen-, Strauch- und Krautschichte, sowie lokalen nassen Senken anzeigen: *Cochlodina laminata*, *Aegopis verticillus*, *Aegopinella* sp., *Soosia diodonta*, *Petasina unidentata*, *Monachoides incarnatus*. Im Umkreis offene und halboffene Biotope.
Ebenfalls ältestpleistozän ist die Gastropodenfauna der Fundstelle Radlbrunn bei Ziersdorf, die einen Auenbiotop mit reichlicher Strauch- und Krautschichte und Bäumen repräsentiert; übergehend in kurzrasige Heidesteppen. Die chronostratigraphisch bedeutenden Arten sind die hochwarmzeitliche *Drobacia banaticum* und vor allem *Clausilia rugosa antiquitatis*, deren Typuslokalität diese Fundstelle ist. Sie wird von ihrem Entdekker H. NORDSIECK (1990:152-156) als die Stammform der rezent alpin-westmitteleuropäisch verbreiteten *Clausilia rugosa* angesehen. Wichtig ist, daß sie bis dato nur in Ablagerungen in der Nähe von Flüssen gefunden wurde, sodaß ihr Lebensraum Auwälder gewesen sein dürften. Wie die starke Präsenz der kaltzeitlichen Häufigkeitselemente *Columella columella* und *Vallonia tenuilabris* zeigt, dürften diese in Mitteleuropa vor allem unter sehr feuchten Bedingungen an Refugiallokalitäten weiter bestanden und sich von diesen während Abkühlungsphasen wieder ausgebreitet haben.

Der Wechsel zwischen warm-feuchten und kühltrockenen Phasen ist wesentlich stärker akzentuiert als im Oberpliozän. Die geologisch älteste Molluskenfauna, arm an Arten und von *Succinella* dominiert, kennen wir vom Paläoboden Krems 12. Dieser Befund deckt sich mit der Sauerstoffisotopenkurve, die im Olduvai-event und knapp danach (Magnetozonen 60, 62, 68) die ersten Eishochstände signalisieren.

Altpleistozän

Der reichhaltige Faunenkomplex im großen Höhlenprofil von Deutsch-Altenburg (30A, 30B, 16, 2A, 2C1, 2C2, 2D/E, 2E, 4B und 4A) repräsentiert einen hochwarmzeitlichen Klimaabschnitt, der thermisch günstiger als heute gewesen sein dürfte. Hinsichtlich der Feuchtigkeitsbetonung lassen sich ein nur mäßig feuchter Kontext (DA 30A, 2C1, 2D/E, auch 4A) und eine reiche, differenzierte, stark feuchtigkeitsbetonte Fauna (DA 4B) unterscheiden.
Im ersten zeigt sich durch die Individuendominanz der Arten des xerothermen Offen- bis Halboffenlandes (*Granaria frumentum*, *Chondrula tridens*), die Anwesenheit ausgeprägt petrophiler Arten (*Zebrina cephalonica*, *Clausilia dubia*, *Neostyriaca corynodes*, *Bulgarica cana*, *Archaegopis acutus*, *Helicodiscus* sp.) und der Bewohner von Saum- und Mantelformationen (*Fruticicola fruticum*, *Euomphalia strigella*, *Cepaea* cf. *vindobonensis*, *Helix figulina*) eine weitgehend offene, karstige Landschaft, dazwischen Bewaldung: *Macrogastra densestriata*, *Macrogastra badia*, *Discus rotundatus*, *Discus perspectivus*, *Aegopinella nitens*, *Trichia sericea*, *Trichia* sp., *Monachoides vicinus*, "*Klikia*" *altenburgensis*, *Isognomostoma isognomostomos*. Zoogeographisch bemerkenswert sind die heute balkanisch-südkarpatischen Komponenten *Zebrina cephalonica*, *Macrogastra densestriata*, *Trichia sericea*, *Monachoides vicinus*, *Helix figulina*.

Die Fauna von DA 4B ist stark feuchtigkeitsbetont: Temporäre Kleingewässer werden durch *Planorbis planorbis* und *Anisus spirorbis* angezeigt, die nahe Donau durch *Lithoglyphus naticoides*. Hygrisch anspruchsvoller sind die waldbewohnenden Arten *Acanthinula aculeata*, *Cochlodina laminata*, *Macrogastra ventricosa*, *Macrogastra densestriata*, *Macrogastra badia*, *Macrogastra plicatula*, *Clausilia rugosa antiquitatis*, *Balea biplicata*, *Discus perspectivus*, *Semilimax semilimax*, *Vitrinobrachium breve*, *Vitrea crystallina*, *Aegopinella nitens*, *Soosia diodonta*, *Trichia sericea*, *Petasina unidentata*, *Petasina* cf. *bielzi*, *Perforatella bidentata*, *Monachoides incarnatus*, *Monachoides vicinus*, "*Klikia*" *altenburgensis*, *Isognomostoma isognomostomos*. Der hohe Artenreichtum (66), die zahlreichen Clausilien-Arten (13, in heutigen artenreichen Waldgesellschaften Mitteleuropas sind es höchsten 6-8!) und die Diversität innerhalb der waldbewohnenden Arten läßt auf ausgedehnte Bewaldung schließen, wobei gewässernahe vermutlich Phytozönosen entwickelt waren, die einem heutigen (Schwarz-)Erlenbruch entsprochen haben dürften (*Perforatella bidentata*!). Im Anschluß daran ist artenreicher Laubmischwald, vertikal reich gegliedert, lokal üppige Kraut- und Hochstaudenvegetation, anzunehmen. Am Waldrand leitete vermutlich ein Gebüschgürtel zu offenen Flächen, ebenfalls mit Gebüschen, über. Thermisch hochanspruchsvoll sind *Chondrula tridens albolimbata* und *Cecilioides* cf. *petitianus* (gegenwärtig vorwiegend mediterran); auch *Aegopinella minor* - sie lebt bevorzugt in Hang-Eichen-Hainbuchenwäldern, in welchen *Corylus avellana* faziesbildend ist. Der südkarpatisch-balkanische Akzent ist auch hier stark: *Chondrula tridens albolimbata, Zebrina cephalonica, Soosia diodonta, Trichia sericea, Petasina* cf. *bielzi, Monachoides vicinus, Helix figulina.*

Faunengenetisch unübersehbar ist, daß in Mitteleuropa der südkarpatisch-balkanische Einfluß auf die Molluskenfauna offenbar der intensivere, wahrscheinlich auch der ältere ist als der südeuropäisch-mediterrane; er ist zumindest seit dem Oberpliozän manifestiert. Invasionslinien aus Südeuropa und dem Mittelmeergebiet brachten vor allem Zuzüge während des Postglazials, vielfach auch kulturfolgenden Arten.

Daß das Klima günstiger war als heute, wird durch die Präsenz thermophiler Wirbeltiere bestätigt, die heute mediterran oder afro-asiatisch verbreitet sind: *Ophisops, Lacerta oxycephala, Ophisaurus, Coluber, Francolinus, Rhinolophus mehelyi, Miniopterus,*

Die Fauna der Fundstelle Gedersdorf bei Krems ist durch die Anwesenheit von *Gastrocopta serotina, Soosia diodonta* und *Helicigona capeki* als altpleistozän gekennzeichnet. Als bezeichnende warmzeitliche Art mit heute karpatischer Verbreitung tritt *Perforatella* cf. *dibothrion* auf; dazu kommt die waldbewohnende *Isognomostoma isognomostomos*. Die Gesamtfauna aus der Fundschicht oberhalb der Kalkkonkretionen zeigt Mischgehölze mit Strauch- und Krautschichte, abwechselnd mit xeromorphen Steppenheiden; Klimabedingungen warm und mäßig feucht.

Die Faunen des österreichischen Altpleistozäns sind durchwegs in einem Klima entstanden, das wärmer war als das heutige und zwischen mäßig feucht und sehr feucht schwankte. Das Klimaoptimum herrschte zur Zeit der Fauna DA 4B. Zumindest im Osten war die Vegetation stark differenziert; es gab ausgedehnte Wälder, daneben auch eine offene Karstlandschaft mit Gebüschgürteln.

In den ^{18}O-Kurven wird eine klimatisch begünstigte Zeit zwischen 1,5 und 1,2 MJ (Magnetozonen 37-49) angedeutet.

Älteres Mittelpleistozän

Im älteren Abschnitt des Mittelpleistozäns hat sich das warme Klima noch fortgesetzt, das verrät uns die thermophile Chiropterenfauna von DA 28.

Auch die reiche Molluskenfauna aus der Spaltenfüllung von Hundsheim dokumentiert hochwarmzeitliche, feuchte Klimaverhältnisse. Die vertretenen Arten sprechen für einen skelettreichen, bodenfeuchten, laubholzdominierten Mischwald (*Cochlodina laminata, Ruthenica filograna*, sämtliche *Macrogastra*-Arten, *Vitrinobrachium breve, Vitrea crystallina, Aegopis verticillus* und *Aegopis klemmi* in starker Beteiligung, *Aegopinella nitidula, Soosia diodonta, Faustina faustinum, "Klikia" altenburgensis*), reichlich Sträucher in teils mehr feuchten (*Fruticicola fruticum* in hohen Anteilen), teils mehr xeromorph geprägten Lagen (*Euomphalia strigella, Aegopinella minor, Cepaea vindobonensis, Cepaea* cf. *hortensis*); dazwischen offene bis halboffene, trockene Rasenbiotope. Zwei Wasserbewohner (*Planorbis planorbis, Pisidium casertanum*) deuten auf ein kleines Gewässer hin.

In scharfem Gegensatz zum warmzeitlichen Charakter der Mollusken steht das Artenspektrum der Chiroptera. Die wärmeliebenden Formen wie *Miniopterus, Rhinolophus ferrumequinum oder R. mehelyi* fehlen völlig, während die kälteangepaßten Fledermäuse wie *Barbastella* und *Plecotus* dominieren. Diese Diskrepanz läßt sich nur so interpretieren, daß die Chiropterenreste und die Mollusken aus verschiedenen Sedimentpaketen stammen, und daß die Spaltenfüllung an der Wende von einer Warmzeit zu einer kühlen Phase entstanden ist.

Jüngeres Mittelpleistozän

Ins jüngere Mittelpleistozän sind die Faunen aus dem Profil I der Fundstelle Heiligenstadt zu stellen. Die differenzierten Faunen (Schichten 7 bzw. 14 m über dem Straßenniveau) sprechen für mäßig warmes, feuchtes bis sehr feuchtes Klima. *Orcula dolium, Ena montana, Macrogastra ventricosa, Discus perspectivus, Euconulus alderi, Semilimax semilimax, Vitrea crystallina*, die danubische *Trichia rufescens suberecta* und *Monachoides* sp. sprechen für einen laubholzbetonten Wald vom Typus des (Hartholz-)Auwaldes mit reichlicher Kraut- und Strauchschichte. Die übrigen Arten dokumentieren eher kleinräumige, offene, teils mehr heideartige, teils mehr krautige Flächen.

Die Faunen aus den dazwischenliegenden und den darunterliegenden Schichten dokumentieren mittelfeuchtes, kühles bis kaltes Klima.

Chronostratigraphisch wichtig ist *Neostyriaca corynodes austroloessica*.

Während des Mittelpleistozäns scheint sich die kräftige südkarpatisch-balkanische Akzentuierung der mitteleuropäischen Molluskenfauna allmählich zu verlieren, die besonders für das Obere Pliozän und das Altpleistozän so bezeichnend ist: Eine Reihe der genannten Faunenelemente - *Perforatella dibothrion*,

***Mastus* cf. *bielzi*, *Soosia diodonta*, *Monachoides vicinus*, *Faustina faustina*, *Platyla similis*, *Drobacia banaticum*, *Zebrina cephalonica*, *Petasina* cf. *bielzi*, *Helix figulina*, *Chondrula tridens albolimbata*, *Cecilioides* cf. *petitianus* weichen nach Osten und Südosten zurück.**

Warmzeitliche Wirbeltiere enthalten die Faunen der Repolusthöhle (z. B. *Hystrix)* und der Spaltenfüllung in St. Margarethen *(Coluber)*. Kaltzeitliche Bedingungen signalisieren die Säugetiere von Heiligenstadt-Nußdorf.

Zusammenfassung: Der vielfache Klimawechsel, der nach den Klimakurven das Mittelpleistozän geprägt hat, wird nur teilweise durch die überlieferten Faunen dokumentiert, da zusammenhängende Profile fehlen. Der starke Kontrast zwischen den Warmzeiten (wärmer als heute) und den Kaltphasen (kühler als heute) ist gut zu dokumentieren.

Jungpleistozän

Über das interglaziale Klima der Riß-Würm-Zeit kann nur die bescheidene Aussage gemacht werden, daß in dieser Phase der Höhlenbär das Hochgebirge bewohnt hat.
Die Frühwürmschwankungen sind im Profil der Schwabenreithhöhle sowie in der Schusterlucke nachzuweisen. Über die Intensität dieser Erwärmungen und Abkühlungen wissen wir noch nichts.

Mittelwürm - Warmzeit

Zur Überraschung des letzten Jahrzehnts in Hinblick auf die Klimatologie des Pleistozäns wurde die Erkenntnis, daß das Klima des mittleren Jungpleistozäns mindestens so warm war wie das heutige: es hatte nicht interstadialen Charakter, wie man lange annahm, sondern interglazialen Charakter. Dies wurde zunächst durch die Datierung der Höhlenbärenreste aus der Ramesch-Knochenhöhle erkannt: Mit Ausnahme von Sedimentresten in den Karsttaschen der Höhlensohle, die aus dem Riß-Würm stammen, wurden die fast 2m mächtigen "Höhlenbärenschichten" im Mittelwürm zwischen rund 64.000 und 31.000 Jahren v.h. gebildet (HILLE & RABEDER 1986). Weil die Höhlenbären unter einem Klima, das ungünstiger war als das heutige, keine Äsung in der Höhlenumgebung gefunden hätten und auch nicht für den Eintrag von Kräuterpollen hätten sorgen können, muß der Schluß gezogen werden, daß die Waldgrenze um etwa 200 bis 300 Meter höher lag als heute, das Klima dementsprechend wärmer war und einen interglazialen Charakter hatte ("Ramesch-Interglazial").
Die Idee einer Mittelwürm-Warmzeit im Alpenraum wurde zunächst von fast allen Quartärgeologen und vielen Paläontologen abgelehnt, sie fand jedoch einige Jahre später durch die ökologische Auswertung der Molluskenfaunen aus der berühmten Paläolith-Station Willendorf ihre volle Bestätigung.
Die liegenden Anteile des Profiles Willendorf II mit den Kulturschichten I-III enthalten artenreiche, differenzierte Gastropodenfaunen, die eine klimatisch günstige, wärme- und feuchtigkeitsbetonte Klimaperiode dokumentieren. Die Wärme- und Feuchtigkeitsbetonung ist in den tiefstgelegenen Schichten am deutlichsten; in der Fauna aus Kulturschichte III ist eine Veränderung in Richtung mittelfeucht, mäßig kühl erkennbar. Artenreichtum und Struktur der ökologischen Einheiten zeigen ein vielfältiges Landschaftsbild: Laubmischwald mit (Berg-)Ahorn- und Eschendominanz (*Vertigo substriata*, *Sphyradium doliolum*, *Ena montana*, *Cochlodina laminata*, *Ruthenica filograna*, *Clausilia pumila*, *Balea biplicata*, *Discus rotundatus*, *Semilimax semilimax*, *Aegopis verticillus*, *Aegopinella nitens*, *Petasina unidentata*, *Monachoides incarnatus*, *Helicodonta obvoluta* sind thermisch hochanspruchsvolle Waldbewohner); lokal gut entwickelte Kraut- und Strauchschichte auf gut durchfeuchtetem Oberboden (*Vitrea crystallina*, eine Milacidae, *Deroceras* sp.), lokal stärker vernäßte Stellen (*Vertigo antivertigo*, *Euconulus alderi*, *Trichia rufescens suberecta*, vor allem *Perforatella bidentata*). Teils mehr trocken akzentuierte (*Euomphalia strigella*, *Cepaea hortensis*), teils mehr feuchte (*Fruticicola fruticum*) Saum- und Mantelformationen leiteten zu offenem bis halboffenem Grasland über. Letzteres wird durch eine Reihe von Kleinarten sowie durch die Präsenz der Steppenrelikte dokumentiert.
Ein vergleichbarer Befund, doch ökologisch etwas anders orientiert, liegt von der knapp 1 km stromabwärts von Willendorf liegenden Fundstelle Schwallenbach vor: Auch hier ist in den liegenden Schichten ein Anstieg der Artenzahl bei gleichzeitigem Verschwinden bzw. Zurückgehen lößtypischer, kaltzeitlicher Elemente (*elongata*-Form von *Succinella oblonga*, *Columella columella*, *Vertigo parcedentata* u. a.) gegeben. Der Klimacharakter wird ab Probe 16 mittelfeucht-gemäßigt; ab Probe 18 bis 20 feucht bis sehr feucht und mild. Ab Probe 18 ist durch das zunehmende Erscheinen von Waldarten (*Vertigo substriata*, *Orcula dolium*, *Acanthinula aculeata*, *Ena montana*, *Discus ruderatus*) das Initialstadium eines Auwaldes dokumentiert, in welchem erst vorwiegend Pioniergehölze und einzelne anspruchsvollere Baumarten erscheinen. Eine feuchte Krautschichte dürfte reichlich entwickelt gewesen sein (*Vertigo antivertigo*, *Euconulus alderi*, *Vitrea crystallina* reichlich, ebenso *Perpolita hammonis* und *Trichia hispida*; *Trichia rufescens suberecta*, *Arianta arbustorum*). Die Entwicklung zeigt in den untersten Schichten mit Probe 19 und 20 einen Auengürtel (wahrscheinlich vom Typus gegenwärtiger, saumartig entwickelter Weichholzauen, wie sie an Standorten mit hochanstehendem Grundwasser entwickelt sind), reichlich Weiden- und andere Pioniergebüsche; im Anschluß daran offenes Grasland (19) sowie ausgeprägte Naßwiesen (20) und kleinräumige lokale Steppenrelikte; Feuchtigkeitsmaximum in der tiefsten Schicht (Probe 20).
Möglicherweise ist das Nebeneinander der unterschiedlichen Waldtypen bzw. Sukzessionsstadien auf kleinem Areal (Willendorf-Schwallenbach) dahingehend zu interpretieren, daß die offensichtlich von Harthölzern beherrschten Waldgesellschaften von Willendorf zur Zeit der Erwärmungen die höher gelegenen und damit von Überschwemmungen weniger betroffenen waren als

die von Schwallenbach, wo lokale Vergleyung anzunehmen ist. Solche Gegebenheiten sind auch durch rezente Molluskenzönosen dokumentiert, vor allem in Gebieten von hoher Standortsdynamik - eben beispielsweise in der Nähe von fließenden Gewässern.
Zu ganz ähnlichen Ergebnissen gelangte M. NIEDERHUBER (dieser Band, s. unter Stratzing) bei der Analyse der unter den gut datierten Kulturschichten liegenden Braunlehmen, die ebenfalls dem Mittelwürm angehören dürften.

Spätwürm
Das Spätwürm begann in Österreich mit einer dramatischen Klimaverschlechterung vor ca. 34.000 Jahren und endete am Beginn der holozänen Erwärmung und Wiederbewaldung, ohne daß es zu stärkeren Wärmeschwankungen in dieser Zeit gekommen wäre. Die Zweiteilung in "Mammutsteppenzeit" und "Spätglazial" beruht auf faunistischen Unterschieden, nicht auf klimatischen.

Mammutsteppenzeit
Die Phase kühlen bis kalten, sogar ziemlich kalten und überwiegend mittelfeuchten Klimas zeichnet sich in den Gastropodenfaunen zwischen den Kulturschichten 6-3 des Profils von Willendorf II ab: Die Landschaft dürfte vorwiegend offen, mit Gebüschen und Buschgruppen, wechselnd mit Kraut- und Hochstaudenfluren, gewesen sein. Lokale Bodenvernässung ist ersichtlich (*Euconulus alderi* in relativ hohen Anteilen; dazu *Vitrea crystallina* reichlich, *Trichia hispida* und *Succinella oblonga*); ebenso anzunehmen sind vereinzelte Bäume. Der Bereich 25-75 cm unter Kulturschicht 5 zeigt die klimatisch relativ günstigsten Verhältnisse; im Bereich der Kulturschicht 4 zeichnet sich eine leichte Verbesserung dahingehend ab, daß anspruchslose Gebüsche sowie einzelne Gehölze (Coniferen) das Offenland etwas einschränken. Bodenfeuchte bis nasse Kraut- und Hochstaudenfluren lassen Feuchtigkeitszunahme annehmen (*Euconulus alderi, Perpolita hammonis, Deroceras* sp., viel *Trichia hispida*).

Stillfried B
Die als Stillfried B bezeichnete Verbraunung spielt in der Diskussion über die Unterteilung der "Würm-Kaltzeit" eine wichtige Rolle (FINK 1976, BINDER 1977). Aufgrund ihrer Molluskenfauna wurde ihr ein Interstadial zugeordnet, das die sonst durchwegs kalte Lößphase der Würmkaltzeit unterbricht. Radiokarbondatierungen von Holzkohlen haben ihr ein Alter von ca. 27.000 Jahre v. h. zuerkannt. Bei der Neubearbeitung der Molluskenfauna von Willendorf wurde zunächst vermutet, daß sich die Wärmeschwankung des Stillfried B auch in diesem Profil (im Bereich der Kulturschicht 7) nachweisen läßt. Darauf hin wurde die klassische Fundstelle in Stillfried neu untersucht.

Aufgrund einer neuen Beprobung des "Stillfried-B"-Horizontes ließ sich darin eine nur geringfügige Klimaverbesserung darstellen: Die Molluskenfaunen zeigen eine trocken-gemäßigte Phase mit geringfügigen Temperatur- und Feuchtigkeitsoszillationen. Im Bereich von 20-40 cm unterhalb der Bodenoberkante ließ sich eine etwas deutlichere horizontale Vegetationsgliederung annehmen. Trotzdem dominieren in der Gesamtfauna die Offenlandarten (etwa 50 % der Gesamtindividuen). Mittelfeuchte Gebüschgruppen, sogar einzelne anspruchslose Baumarten waren wahrscheinlich vorhanden.
Einer mündlichen Mitteilung von P. Haesaerts zufolge soll die angebliche Probe aus der Humusanreicherung (etwa Kulturschicht 7) im Profil von Willendorf II, die warm-feuchte Bedingungen dokumentieren würde, nicht diesem Fundbereich entsprechen, sondern es liegt eine Fehlbezeichnung des Materiales vor, das in Wahrheit aus den tiefsten Schichtanteilen des Profiles stammt. Damit ist die ursprüngliche Interpretation hinfällig, daß es sich hier um eine intensivere Entsprechung der leichten Erwärmung im "Stillfried-B"-Horizont handeln könnte (FRANK & RABEDER 1994).
Da sich nun weder im Profil von Willendorf 2 noch im Profil von Stratzing eine wärmere Phase im Zeitbereich von ca. 27,000 Jahren nachweisen läßt, wird auch die Unterteilung in eine "Ältere" und in eine "Jüngere" Mammutsteppenphase hinfällig (s. FRANK & RABEDER 1996).
Die Malakofauna aus der Kulturschichte 9 (ca. 25.000 Jahre v.h.) des Profils von Willendorf II repräsentiert weitgehend offenes Land mit krautiger Vegetation und trocken-kaltes Klima. Der Komplex aus Kulturschicht 8 ist ähnlich orientiert; er spricht für kaltes, doch mäßig feuchtes Klima: Es dominiert durchgehend die ökologische Gruppe "Offenland", wobei teils trockene Grasflächen, teils auch Kraut- und Hochstaudenbestände entwickelt gewesen sein dürften; auch Gebüsche und einzelne Bäume. Diese Befunde gehen mit denen aus den entsprechenden Schichten des Profiles von Schwallenbach völlig konform. Analogien zeigen sich auch zur Fundstelle Aggsbach B (27.000 bis 25.500 J.v.h.).
Die malakologische Auswertung der wesentlich jüngeren Schichten vom Grubgraben bei Kammern (ca. 19.225 bis 17.900 J.v.h.) erbrachten keinen greifbaren Unterschied zu den Befunden von Willendorf und Aggsbach.

Spätglazial
Als Spätglazial wird die Abschmelzphase der großen Würmgletscher bezeichnet, die etwa um 13.000 oder 14.000 Jahren vor heute begonnen hat und durch die die holozäne Wiederbewaldung beendet wurde. Im Artenspektrum der Wirbeltierfaunen hat sich gegenüber den hochglazialen Faunen ein markanter Wechsel vollzogen. Die großen Pflanzenfresser der Mammutsteppe sind verschwunden und das Ren wurde zum wichtigsten Jagdtier des spätpaläolithischen Menschen. In zahlreichen Höhlen sind durch die Anhäufung von Eulengewöllen reiche Mikrovertebratenfaunen überliefert worden, deren Artenbestand (mit Lemmingen und Schneehühnern) für ein noch kaltes Klima sprechen. Eine schwache Wärmeschwankung ist in der Kleinsäuger-Abfolge in der Gamssulzenhöhle abzulesen.
Molluskenfaunen, die für diese Periode repräsentativ sind, liegen beispielsweise aus dem Nixloch bei Losen-

stein-Ternberg und aus der Gamssulzenhöhle im Toten Gebirge vor. Die erstgenannte Fundstelle ergab neben einem frühholozänen Komplex auch einen solchen, der auf eine Phase kühlen bis kalten, feuchten Klimas, sowie auf recht geringe Waldentwicklung schließen läßt. Vermutlich waren die felsigen Gebiete nur von wenigen, anspruchslosen Holzarten, aller Wahrscheinlichkeit nach überwiegend Coniferen, bestockt. Die angesprochenen Gastropodenarten sind *Succinella oblonga*, *Trichia hispida*, *Arianta arbustorum* inkl. *alpicola*, *Orcula dolium*, *Clausilia dubia dubia*, *Clausilia dubia obsoleta*, *Neostyriaca corynodes* und *Cylindrus obtusus*.
Frühholozäne Verhältnisse, d. h. die Initialstadien von Zönosen skelettreicher Wälder mit lichtoffenen Stellen, werden durch das Auftreten von Waldarten s. l. dokumentiert: *Cochlostoma septemspirale*, *Cochlodina laminata*, *Macrogastra ventricosa*, *Macrogastra badia crispulata*, *Macrogastra plicatula*, *Discus rotundatus*, *Discus perspectivus*, *Aegopis verticillus*, *Aegopinella nitens*, eine große *Limax*-Art, *Petasina unidentata*, *Urticicola umbrosus*, *Helicodonta obvoluta*, *Helicigona lapicida*, *Helix pomatia*. Diese Arten sind mit fast 60 % der Individuen an der Gesamtfauna beteiligt. Die restlichen 40 % werden durch Elemente mäßig feuchter Standorte allgemein, lichtoffener Gebüsche und Geröllhalden sowie Felsbiotope verschiedener Exposition vertreten. Ungewöhnliche Kombinationen von ökologisch stark gegensätzlichen Arten finden sich nicht in einem Ausmaß, das auf hohe standörtliche Diversität schließen lassen würde, d. h. eine allmähliche Verbesserung und Stabilisierung der Klimaverhältnisse zeichnet sich deutlich ab. Das vollentwickelte mittelholozäne Waldoptimum dürfte jedenfalls hier noch nicht erfaßt sein.
Vergleichbar sind die Faunenverhältnisse, die durch die Grabungen in der wesentlich höher gelegenen Gamssulzenhöhle (ca. 1300 m) dokumentiert worden sind: In einer Schichttiefe von 140-165 cm lagen die höchsten Arten- und Individuenzahlen sowie die größte Vielfalt hinsichtlich der anspruchsvollen ökologischen Gruppen vor. Die Faunenabfolge zeigte sich als eine kontinuierliche, ohne tiefgreifende Veränderungen, doch mit deutlichen Schwerpunktverlagerungen: Waldarten sind durchgehend, von den tiefsten Schichten an, vertreten, doch nehmen die Zahl der Waldarten s. str. und deren relativer Individuenanteil an der Gesamtfauna von unten nach oben zu. Die vertretenen Arten zeigen die standörtliche Entwicklung von der Felslandschaft mit einzelnen anspruchslosen Baumarten (z. B. Kiefer, Fichte) zu dichter bestockten Felsen; auch Gebüsche und Gebüschgruppen sind vorhanden. Einzelne Arten - *Pupilla alpicola*, *Euconulus alderi* - dokumentieren lokale Bodenvernässung und damit günstige Niederschlagsverhältnisse. Auch *Cylindrus obtusus* ist sehr feuchtigkeitsbedürftig. Die unter dem Optimalbereich (140-165 cm) liegenden Sedimente ergaben eine hinsichtlich Arten- und Individuenzahlen wesentlich ärmere Gastropodenfauna, die auch eine geringere Differenzierung innerhalb der ökologischen Gruppen zeigte. Sie dokumentiert höchstwahrscheinlich eine vorangegangene kühlere, weniger feuchte Klimaphase; d. h. die hier vorliegende Sukzession entspricht im wesentlichen etwa der aus dem Nixloch. **In beiden Fällen lassen sich in den dem Spätglazial zugeordneten Faunen keinerlei Hinweise auf klimatische Extreme erkennen.**

Holozän

Eine interessante Fauna, die aller Wahrscheinlichkeit nach dem frühen Mittelholozän entspricht, liegt aus der Köhlerwandhöhle (591 m SH) südlich von Lehenrotte, Traisental, vor. Diese Fauna kann mit den heutigen Gegebenheiten im Gebiet schon gut verglichen werden, obwohl die Artenzahl noch geringer ist und anspruchsvollere bodenbewohnende Kleinarten ebenso fehlen wie ausgeprägt thermophile Elemente. Sie zeigt starke Prädominanz hochhygrophiler und schattenliebender Komponenten bei gleichzeitigem Vorhandensein feuchtigkeits- und wärmeliebender Waldarten und petrophiler, genügsamer Arten. Die dieser Fauna entsprechenden Bildungsbedingungen dürften recht feucht und mäßig warm gewesen sein. Ein Mischwald ähnlich den heutigen Waldgesellschaften des Gebietes (Leitgesellschaften sind Abieti-Fagetum und Fagetum), doch vermutlich mit stärkerer Beteiligung der Coniferen, muß vorhanden gewesen sein. Ein humoser, strukturierter Oberboden, wie ihn viele Kleinarten brauchen, dürfte sich aber erst langsam entwickelt haben. Die beherrschenden Arten sind eine große *Limax*-Art (wahrscheinlich *Limax cinereoniger*) und andere größere Vertreter dieser Familie sowie *Aegopis verticillus*. Diese Arten sind zwar feuchtigkeitsbedürftig, weichen aber starker Bodenvernässung aus. Möglicherweise hat es ein Sommer- oder Herbstmaximum an Niederschlag gegeben, das die Tiere veranlaßt hat, sich zumindest zeitweise aktiv in die Höhle zurückzuziehen, vielleicht auch zur Überwinterung. Auf jeden Fall ist derzeit ein solches Verhalten dieser Tiere in Mitteleuropa nicht üblich. Artengarnituren, die einem vollentwickelten Atlantikum bis Epiatlantikum mit warm-feuchten Klimabedingungen entsprechen würden, liegen hier noch nicht vor. Solche sind durch viele Faunen aus den Kreisgrabenanlagen des niederösterreichischen Kamptales dokumentiert.

Literatur:

BINDER, H. 1977. Bemerkenswerte Molluskenfaunen aus dem Pliozän und Pleistozän von Niederösterreich. - Beitr. Paläont. Österr., **3**: 1-49, 14 Taf.; Wien.
FINK, J. 1976. Exkursion durch den österreichischen Teil des Alpenvorlandes und den Donauraum zwischen Krems und Wiener Pforte, - Mitt. Komm. Quartärforsch., **1**: 1-113, Wien.
FRANK, C. & RABEDER, G. 1994. Neue ökologische Daten aus dem Lößprofil von Willendorf in der Wachau. - Archäol. Österr. **5**,2: 59-65, Wien.
FRANK, C. & RABEDER, G. 1996. Eiszeitliche Klimageschichte des Waldviertels. - In: STEININGER, F. (Hg.), Erdgeschichte des Waldviertels. - Schriftreihe Waldviertler Heimatbundes **38**, Horn-Waidhofen/Thaya.
NORDSIECK, H. 1990. Revision der Gattung *Clausilia* DRAPARNAUD, besonders der Arten in SW-Europa (Das *Clausilia rugosa*-Problem) (Gastropoda: Stylommatophora: Clausiliidae). - Arch. Moll., **119**(1/5): 190S., Wien, New York: Springer.

7 Typenkatalog: Katalog der plio-pleistozänen Taxa von Mollusken, Arthropoden und Vertebraten mit locus typicus in Österreich (C. Frank & G. Rabeder)

Phylum MOLLUSCA
Classis Gastropoda
Ordo Pulmonata
Familia Clausiliidae

***Clausilia rugosa antiquitatis* H. NORDSIECK 1988**
1988 *Clausilia rugosa antiquitatis* n. ssp. H. NORDSIECK, Revision...: 152-156, Abb. 7-8
Typusmaterial: Inst. Paläont. Univ. Wien
Locus typicus: Radlbrunn, Niederösterreich
Stratum typicum: „mit Schotter und Sand durchsetzter Rotlehm; Grenze Plio/Pleistozän".
Kurzdiagnose: Eine mäßig eng gerippte Unterart, deren Interlamelle häufiger gefältelt ist und deren Unterlamelle vorne meist in ein Doppelfältchen divergiert. Lunella und Clausiliumplättchen sind normal ausgebildet.

***Clausilia stranzendorfensis* H. NORDSIECK 1988**
1988 *Clausilia stranzendorfensis* n. sp. H. NORDSIECK, Revision...: 162-164, Abb. 9-11
Typusmaterial: Inst. Paläont. Univ. Wien
Locus typicus: Ştranzendorf bei Stockerau, Niederösterreich
Stratum typicum: "Rotlehm A, Mittelpliozän".
Kurzdiagnose: Eine mäßig weit gerippte Art mit gefälteltem Interlamellar, deren Hauptfältchen z. T. mit der Unterlamelle verbunden. Diese verläuft vorne S-förmig und zeigt ein charkteristisch ausgebildetes Doppelfältchen; das obere Fältchen ist häufig rückgebildet. Die Subcolumellaris ist vorne stark gebogen; die vordere untere Gaumenfalte ist häufig entwickelt. Lunella und Clausiliumplättchen sind normal ausgebildet, seine Außenecke ist mehr oder weniger entwickelt.

***Neostyriaca schlickumi* (KLEMM 1969)**
1969 *Clausilia (Neostyriaca) schlickumi* n. sp. KLEMM, Das Subgenus ...: 303-304, Abb. 13
Typusmaterial: Senckenbergmuseum, Frankfurt/M.
Locus typicus: Hundsheim bei Bad Deutsch-Altenburg, Niederösterreich
Stratum typicum: Spaltenfüllung aus Schutt und Lehm, Älteres Mittelpleistozän.
Kurzdiagnose: Im Unterschied zur Nominatunterart mit bauchiger, stark keulenförmiger Schale, die bis auf das Embryonalgewinde zur Gänze gerippt ist.
Anmerkung: KROLOPP (1994: 5-8) sieht sie nur als eine Form von *Neostyriaca corynodes* (HELD 1836) an.

***Neostyriaca corynodes austroloessica* (KLEMM 1969)**
1988 *Clausilia (Neostyriaca) corynodes austroloessica* n. ssp., Das Subgenus ...: 302-303, Abb. 12
Typusmaterial: Senckenbergmuseum, Frankfurt/M.
Locus typicus: Langenlois, Ziegelofengasse
Stratum typicum: "Im Löß". Altpleistozän
Kurzdiagnose: Im Unterschied zur Nominatunterart mit bauchiger, breiterer Schale, die bis auf das Embryonalgewinde zur Gänze gerippt ist. Habituell steht *N. c. austroloessica* zwischen den "Höhenrassen" *N. c. conclusa* und *N. c. evadens*.

Familia Zonitidae

***Aegopis klemmi* SCHLICKUM & LOZEK 1965**
1988 *Aegopis klemmi* n. sp. SCHLICKUM & LOZEK, *Aegopis*...: 111-114, Abb. 1-3
Typusmaterial: Senckenbergmuseum, Frankfurt
Locus typicus: Hundsheim bei Bad Deutsch-Altenburg, Niederösterreich
Stratum typicum: Spaltenfüllung aus Schutt und Lehm, Älteres Mittelpleistozän
Kurzdiagnose: mittelgroß, Schale nur im Juvenilzustand mit stumpfer Kielung, Oberseite ohne Gitterskulptur.
Anmerkung: Zugehörigkeit zur Gattung *Aegopis* FITZINGER 1833 (s. str.) nach Ansicht der Autorin ebenso wie des Zonitidenspezialisten A. Riedel (Warschau) fraglich.

***Archaegopis acutus* BINDER 1977**
1977 *Archaegopis acutus* n. sp. H. BINDER, Bemerkenswerte...: 42, Taf. 13, Fig. 73, 77
Typusmaterial: Inst. Paläont. Univ. Wien.
Locus typicus: Steinbruch Hollitzer bei Bad Deutsch-Altenburg, Niederösterreich
Stratum typicum: Höhlenfüllung aus Sand, Lehm und Schutt, Fundschicht DA 4B, Altpleistozän.
Kurzdiagnose: mit kleinem, kegelförmigen Gehäusen mit charkteristisch gezopftem Kiel, Oberseite fein gerippt, Unterseite mit deutlichen Radialrippen.

Familia Xanthonychidae

"*Klikia*" *(Klikia) altenburgensis* BINDER 1977
1988 *"Klikia" altenburgensis* n. sp. H. BINDER, Bemerkenswerte...: 43, Taf. 13, Fig. 72, 74, 76, Taf. 14, Fig. 81
Typusmaterial: Inst. Paläont. Univ. Wien
Locus typicus: Steinbruch Hollitzer bei Bad Deutsch-Altenburg, Niederösterreich
Stratum typicum: Höhlenfüllung aus Sand, Lehm und Schutt, Fundschicht DA 4B, Altpleistozän.
Kurzdiagnose: Gehäuse groß, flachkonisch, mit umgeschlagener, basal deutlich verdickter Lippe, Oberseite flach gerippt, Höhen-Breiten-Verhältnis relativ variabel.
Anmerkung: Vergleiche dazu die zusammenfassende Diskussion von FRANK (Manuskript): Diese Art entspricht in ihrer gesamten Morphologie und hinsichtlich der Oberflächenstruktur deutlich mehr den Ariantinae als der *Klikia*-Gruppe. Von einer neuen Gattungszuordnung sollte noch abgesehen werden, doch dürfte diese Art dem Genus *Chilostoma* FITZINGER 1833 zumindest sehr nahe stehen.

***Oxychilus steiningeri* FRANK & RIEDEL 1997**
1997 *Oxychilus (O.) steiningeri* n. sp. FRANK & RIEDEL, *Oxychilus*...: 181-191, Abb.1-4, 11, 12
Typusmaterial: Mus. u. Inst. Zool. PAdW Warszawa

(MIZ), Sammlung C. Frank
Locus typicus: Steinbruch Hollitzer bei Bad Deutsch-Altenburg, Niederösterreich
Stratum typicum: Höhlenfüllung aus Sand, Lehm und Schutt, Fundschicht DA 4B, Altpleistozän.
Kurzdiagnose: Eine gedrungene Art mit einer im Verhältnis zur Schalengröße geringen Zahl hoher Umgänge, rundlicher Mündung und deutlichen radialen Rippchen auf der Oberseite.
Anmerkung: Sie ist mit keiner bekannten Zonitiden-Art, die rezent vorkommt, identisch.

Classis Bivalvia
Familia Dreissenidae

***Congeria* n. sp.**
Noch beschrieben wird eine neue Art der Gattung *Congeria* aus der Großen Badlhöhle ("Kleinsäugerschicht", Spätglazial); Steiermark; siehe FRANK (1993).

Phylum ARTHROPODA
Classis Crustacea
Ordo Isopoda
Familia Sphaeromidae

***Pleistosphaeroma hundsheimensis* Strouhal 1954**
1954 *Pleistosphaeroma hundsheimensis* nov. gen. nov. spec. H. STROUHAL, Isopodenreste ...: 57, Abb. 5-7, Taf. 2, Fig. 4.
Holotypus: Teilweise eingerollte Tergitenreihe, Inst. Paläont. Univ. Wien
Locus typicus: Hundsheim bei Bad Deutsch-Altenburg, Niederösterreich
Stratum typicum: Spaltenfüllung aus Schutt und Lehm, Älteres Mittelpleistozän

Subphylum VERTEBRATA
Classis Reptilia
Ordo Squamata
Familia Lacertidae

***Podarcis praemuralis* RAUSCHER 1992**
1992 *Lacerta praemuralis* n. sp. K. RAUSCHER, Die Echsen ...: 148-149; Taf. 1, Fig. 1, Fig. 5-6; Taf 3, Fig. 7-8; Taf. 4, Fig. 1-2; Taf. 6, Fig. 6-7; Taf. 7, Fig. 5; Taf. 8, Fig. 5-6.
Holotypus: Dentalefragment dext., Inst. Paläont. Univ. Wien
Locus typicus: Steinbruch Hollitzer bei Bad Deutsch-Altenburg, Niederösterreich
Stratum typicum: Höhlenfüllung aus Sand, Lehm und Schutt, Fundschicht DA 4B, Altpleistozän.
Kurzdiagnose: Vertreter der muralis-Gruppe mit morphologischen Unterschieden in den Schädelknochen.

***Podarcis altenburgensis* RAUSCHER 1992**
1992 *Lacerta altenburgensis* n. sp. K. RAUSCHER, Die Echsen ...: 149-151; Taf. 2, Fig. 2.
Holotypus: Maxillarfragment sin., Inst. Paläont. Univ. Wien
Locus typicus: Steinbruch Hollitzer bei Bad Deutsch-Altenburg, Niederösterreich
Stratum typicum: Höhlenfüllung aus Sand, Lehm und Schutt, Fundschicht DA 4B, Altpleistozän.
Kurzdiagnose: Mit aberrant ausgebildetem Maxillare.

Classis Aves
Ordo Apodiformes
Familia Apodidae

***Apus apus palapus* JANOSSY**
1974 *Apus apus palapus* n. ssp. D. JANOSSY, Die mittelpleistozäne ... : 227-229.
Holotypus: nicht festgelegt, Typusserie: 2 Coracoide, 1 Humerus, 7 Ulnae, 2 Carpometacarpus-Fragmente, 1 Tibiotarsus-Fragment., Inst. Paläont. Univ. Wien.
Locus typicus: Hundsheim bei Bad Deutsch-Altenburg, Niederösterreich
Stratum typicum: Spaltenfüllung aus Schutt und Lehm, Älteres Mittelpleistozän
Kurzdiagnose: Humerus schmäler als beim rezenten Mauersegler
Anmerkung: Vielleicht Ahne der zwei europäischen Arten *A. apus* und *A. pallidus* (n. JANOSSY 1974).

Ordo Falconiformes
Familia Accipitridae

***Gyps melitensis aegypiodes* JANOSSY 1989**
1989 *Gyps melitensis aegypiodes* n. ssp. D. JANOSSY, Geierfunde ...: 117-119.
Typusmaterial: 1 Tarsometatarsus-Fragment, 2 Phalangen (wahrscheinlich von einem Individuum) Steiermärk. Landesmus. Joanneum
Locus typicus: Repolusthöhle bei Peggau, Steiermark
Stratum typicum: Rostbraune Phosphaterde (Tarsometatarsus und Phalanx 2, digiti 1, post.) und grauer Sand (Phalanx 1, digit. 3 post.) Mittelpleistozän
Kurzdiagnose: Mittlere Trochles des Tarsometatarsus kürzer und breite als bei den beiden rezenten Geierarten.

Ordo Coraciiformes
Familia Upupidae

***Upupa phoeniculides* JANOSSY**
1974 *Upupa phoeniculides* n. sp. D. JANOSSY, Die mittelpleistozäne ... : 231-233.
Holotypus: Coracoid dext., Inst. Paläont. Univ. Wien.
Locus typicus: Hundsheim bei Bad Deutsch-Altenburg, Niederösterreich
Stratum typicum: Spaltenfüllung aus Schutt und Lehm, Älteres Mittelpleistozän
Kurzdiagnose: Ähnlich zu *U. epops,* aber mit Merkmalen von *Phoeniculus.*

Ordo Piciformes
Familia Picidae

***Dendrocopos major submajor* JANOSSY**
1974 *Dendrocopos major submajor* n. ssp.. D. JANOSSY, Die mittelpleistozäne ... : 234-237.
Holotypus: nicht festgelegt. Fundgut: Carpometacarpus sin. und Tarsometatarsus-Fragment Coracoid dext., Inst. Paläont. Univ. Wien
Locus typicus: Hundsheim bei Bad Deutsch-Altenburg, Niederösterreich
Stratum typicum: Spaltenfüllung aus Schutt und Lehm, Älteres Mittelpleistozän
Kurzdiagnose: Größer als der rezente *D. major*

Ordo Galliformes
Familia Tetraonidae

Lagopus medius WOLDRICH 1893

1893 *Lagopus medius* (neue Form), J. N. WOLDRICH, Reste diluvialer ...: 621, Taf. VI, Fig. 30-31.
Typusserie: mehrere Extremitätenknochen, Naturhist. Mus. Wien.
Locus typicus: Schusterlucke bei Albrechtsberg, Niederösterreich
Stratum typicum: unbekannt, Frühwürm
Anmerkung: = *Lagopus lagopus* (L.) n. MLIKOVSKY (1997)

Classis Mammalia
Ordo Insectivora
Familia Talpidae

Desmana thermalis hundsheimensis THENIUS 1948

1948 *Desmana thermalis hundsheimensis* n. ssp. E. THENIUS, Fischotter und ... : 193.
Holotypus: Mandibelfragment. dext., Inst. Paläont. Univ. Wien
Locus typicus: Hundsheim bei Bad Deutsch-Altenburg, Niederösterreich
Stratum typicum: Spaltenfüllung aus Schutt und Lehm, Älteres Mittelpleistozän
Kurzdiagnose: Bisamspitzmaus aus der Gruppe von *D. thermalis,* aber mit stärkeren Prämolaren, schwächerem Cingulum an den P_4 und drei Foramina mentalia.

Familia Soricidae

Sorex kennardi hundsheimensis RABEDER

1972a *Sorex kennardi hundsheimensis* nov. subsp. G. RABEDER, Die Insectivoren ... : 404-408, Taf. 5, Fig. 12-15.
Holotypus: Mandibelfragment. sin., Inst. Paläont. Univ. Wien
Locus typicus: Hundsheim bei Bad Deutsch-Altenburg, Niederösterreich
Stratum typicum: Spaltenfüllung aus Schutt und Lehm, Älteres Mittelpleistozän
Kurzdiagnose: Mittelgroße *Sorex*-Art, ähnlich zu *S. araneus*, aber mit schmalem Processus condyloideus.
Anmerkung: Wahrscheinlich Vorläufer von *Sorex coronatus*, (s. RABEDER 1992) hat heute den Staus einer Art = *Sorex hundsheimensis.*

Drepanosorex austriacus (KORMOS 1937)

1937 *Sorex savini austriacus* n. ssp. T. KORMOS, Revision ... : 28-31, Fig. 2.
Neotypus (RABEDER 1972: 397): Mandibelfragment. dext., Inst. Paläont. Univ. Wien.
Locus typicus: Hundsheim bei Bad Deutsch-Altenburg, Niederösterreich
Stratum typicum: Spaltenfüllung aus Schutt und Lehm, Älteres Mittelpleistozän
Kurzdiagnose: Große *Drepanosorex*-Art, ähnlich *D. savini,* aber größer.
Anmerkung: Geologisch jüngster Vertreter der *Drepanosorex*-Linie.

Dimylosorex tholodus RABEDER 1972

1972b *Dimylosorex tholodus* n. g. n. sp. G. RABEDER, Ein neuer Soricidae ...: 635-642; Abb. 1
Holotypus: Mandibel dext. Inst. Paläont. Univ. Wien
Locus typicus: Steinbruch Hollitzer bei Bad Deutsch-Altenburg, Niederösterreich
Stratum typicum: Höhlenfüllung aus Sand, Lehm und Schutt, Fundschicht DA $2C_1$, Altpleistozän.
Kurzdiagnose: Großer Vertreter der Tribus Soricini, Ainf. kuppelförmig verbreitert, M_3 fehlend, M_2 reduziert.
Anmerkung: Hochspezialisierter Seitenzweig der *Sorex araneus*-Gruppe

Ordo Chiroptera
Familia Vespertilionidae

Plecotus abeli WETTSTEIN 1923

1923 *Plecotus abeli* nov. spec.; O. WETTSTEIN-WESTERSHEIM, Drei neue fossile ... : 39
Lectotypus (RABEDER 1974: 162): Fast vollständiger Schädel, Inst. Paläont. Univ. Wien
Locus typicus: Drachenhöhle bei Mixnitz, Steiermark
Stratum typicum: "Knochenlager unter dem großen Stein", Spätwürm
Kurzdiagnose: Großer Vertreter der *Plecotus auritus*-Gruppe, P^1 und P^4 relativ stark reduziert, M^3 wenig reduziert.
Anmerkung: Rev. durch G. RABEDER (1974)

Barbastella barbastellus carnunti RABEDER 1972

1972a *Barbastella barbastellus carnunti* nov. subsp. G. RABEDER, Die Insectivoren ... : 438-446, Taf.XII, Fig. 40-44.
Holotypus: Maxillarfragment. dext., Inst. Paläont. Univ. Wien
Locus typicus: Hundsheim bei Bad Deutsch-Altenburg, Niederösterreich
Stratum typicum: Spaltenfüllung aus Schutt und Lehm, Älteres Mittelpleistozän
Kurzdiagnose: Größer als der rezente *B. barbastellus,* Csup. schmäler
Anmerkung: = *Barbastella schadleri* WETTSTEIN, 1923 (RABEDER 1974).

Barbastella schadleri WETTSTEIN 1923

1923 *Barbastella schadleri* nov. spec.; O. WETTSTEIN-WESTERSHEIM,Drei neue fossile ... : 39-40.
Lectotypus (RABEDER 1974: 162): Gesichtsschädel, Inst. Paläont. Univ. Wien
Locus typicus: Drachenhöhle bei Mixnitz, Steiermark
Stratum typicum: "Knochenlager unter dem großen Stein", Spätwürm
Kurzdiagnose: Größer als *B. barbastellus*, P_1 und Msup. breiter.
Anmerkung: Rev. durch G. RABEDER (1974)

Myotis mixnitzensis WETTSTEIN 1923

1923 *Myotis mixnitzensis* nov. spec.; O. WETTSTEIN-WESTERSHEIM,Drei neue fossile ... : 40.
Holotypus: Mandibelfragment dext., Inst. Paläont. Univ. Wien

Locus typicus: Drachenhöhle bei Mixnitz, Steiermark
Stratum typicum: "Knochenlager unter dem großen Stein", Spätwürm
Kurzdiagnose: Ähnlich *Myotis mystacinus*, aber Cinf.-Alveole länger und Molaren größer
Anmerkung: artlich nicht bestimmbar, da sowohl die Prämolaren als auch der Ramus ascendens fehlen. Rev. 1996 durch G. Rabeder

Ordo Rodentia
Familia Arvicolidae

Borsodia parvisinuosa **RABEDER 1981**
1981 *Borsodia parvisinuosa* n. sp. G. RABEDER, Die Arvicoliden ...: 65-69, Taf. 4, Fig. 1-2; Abb. 45-51.
Holotypus: M_1 dext.
Locus typicus: Sand- und Schottergrube in Stranzendorf bei Stockerau, Niederösterreich
Stratum typicum: Braunlehm D, Oberpliozän.
Kurzdiagnose: *Borsodia*-Art mit primitiver Linea sinuosa an den Molaren.

Borsodia aequisinuosa **RABEDER 1981**
1981 *Borsodia aequisinuosa* n. sp. G. RABEDER, Die Arvicoliden ...: 69-70, Taf. 4, Fig. 3; Abb. 45-51.
Holotypus: M_1 sin.
Locus typicus: Sand- und Schottergrube in Stranzendorf bei Stockerau, Niederösterreich
Stratum typicum: Braunlehm F, Oberpliozän.
Kurzdiagnose: *Borsodia*-Art mit einer Linea sinuosa, die höher entwickelt ist als bei *B. parvisinuosa.*

Borsodia altisinuosa **RABEDER 1981**
1981 *Borsodia altisinuosa* n. sp. G. RABEDER, Die Arvicoliden ...: 70-75, Taf. 4, Fig. 4; Abb. 45-51.
Holotypus: M_1 sin.
Locus typicus: Sand- und Schottergrube in Stranzendorf bei Stockerau, Niederösterreich
Stratum typicum: Braunlehm G, Oberpliozän.
Kurzdiagnose: *Borsodia*-Art mit einer Linea sinuosa, die höher entwickelt ist als bei *B. aequisinuosa.*

Cseria carnuntina **RABEDER 1981**
1981 *Cseria carnuntina* n. sp. G. RABEDER, Die Arvicoliden ...: 47-56, Taf. 2; Abb. 31-41.
Holotypus: juveniler M_1 sin.
Locus typicus: Schichtfugenhöhle im Steinbruch Hollitzer bei Bad Deutsch-Altenburg, Niederösterreich
Stratum typicum: Höhlenfüllung aus Terra rossa, Fundschicht DA 9, Mittelpliozän.
Kurzdiagnose: *Cseria*-Art mit einer Linea sinuosa, die höher entwickelt ist als bei *C. gracilis* KRETZOI.
Anmerkung: Nach neueren Untersuchungen sind die Arten der Gattung *Cseria* KRETZOI 1959 des Pliozäns die direkten Vorläufer der pleistozänen Gattung *Ungaromys* KORMOS, 1932 *(U. dehmi, U. nanus)* und sollten daher zu diesem Genus gestellt werden: = *Ungaromys carnuntina* (RABEDER 1981).

Cseria proopsia **RABEDER 1981**
1981 *Cseria proopsia* n. sp. G. RABEDER, Die Arvicoliden ...: 56-59,, Taf. 3; Abb. 35-43.
Holotypus: M^1 sin.
Locus typicus: Sand- und Schottergrube in Stranzendorf bei Stockerau, Niederösterreich
Stratum typicum: Rotlehm A, Mittelpliozän.
Kurzdiagnose: *Cseria*-Art mit einer Linea sinuosa, die höher entwickelt ist als bei *C. carnuntina,* Protoconwurzel des M^1 nicht reduziert, M^2 mit 3 Wurzeln.
Anmerkung: Nach neueren Untersuchungen sind die Arten der Gattung *Cseria* KRETZOI 1959 des Pliozäns die direkten Vorläufer der pleistozänen Gattung *Ungaromys* KORMOS, 1932 *(U. dehmi, U. nanus)* und sollten daher zu diesem Genus gestellt werden: *Ungaromys proopsia* (RABEDER, 1981).

Cseria opsia **RABEDER 1981**
1981 *Cseria opsia* n. sp. G. RABEDER, Die Arvicoliden ...: 59-63,, Taf. 3, Fig. 1-3; Abb. 33-43.
Holotypus: M_1 dext.
Locus typicus: Sand- und Schottergrube in Stranzendorf bei Stockerau, Niederösterreich
Stratum typicum: Rotlehm C, Mittelpliozän.
Kurzdiagnose: *Cseria*-Art mit einerLinea sinuosa, die höher entwickelt ist als bei *C. carnuntina,* Mimomyskante reduziert oder fehlend, Protoconwurzel des M^1 reduziert, M^2 zweiwurzelig.
Anmerkung: Nach neueren Untersuchungen sind die Arten der Gattung *Cseria* KRETZOI 1959 des Pliozäns die direkten Vorläufer der pleistozänen Gattung *Ungaromys* KORMOS, 1932 *(U. dehmi, U. nanus)* und sollten daher zu diesem Genus gestellt werden: *Ungaromys opsia* (RABEDER 1981).

Microtus praehintoni **RABEDER 1981**
1981 *Microtus (Allophaiomys) praehintoni* n. sp. G. RABEDER, Die Arvicoliden ...: 213-214; Abb. 135, Fig 2; Abb. 110-134.
Holotypus: M_1 dext.
Locus typicus: Steinbruch Hollitzer bei Bad Deutsch-Altenburg, Niederösterreich
Stratum typicum: Höhlenfüllung aus Sand, Lehm und Schutt, Fundschicht DA 4B, Altpleistozän.
Kurzdiagnose: Primitive *Microtus*-Art mit großer Variabilität in den Kauflächenbildern der Molaren. *M. pliocaenicus* nahestehend, aber schon mit der Dominanz abgeleiteter M_1-Morphotypen, A/L-Wert: 44,5-46,0.
Anmerkung: Früher Seitenzweig der *M. pliocaenicus*-Gruppe

Microtus superpliocaenicus **RABEDER 1981**
1981 *Microtus (Allophaiomys) superpliocaenicus* n. sp. G. RABEDER, Die Arvicoliden ...: 214-215; Abb. 135, Fig 3.
Holotypus: Mandibelfragment dext.
Locus typicus: Steinbruch Hollitzer bei Bad Deutsch-Altenburg, Niederösterreich
Stratum typicum: Höhlenfüllung aus Löß, Fundschicht DA 4A, Altpleistozän.
Kurzdiagnose: Kleine *Microtus*-Art mit den M_1-Morphotypen "superpliocaenicus, superlaguroides" und "pliocaenicus"; A/L-Wert: 44-45
Anmerkung: vermittelt zwischen M. *pliocaenicus* und *M. hintoni.*

Pliomys hollitzeri **RABEDER 1981**
1981 *Pliomys hollitzeri* n. sp. G. RABEDER, Die Arvicoliden ...:

276-281; Abb. 161-169,
Holotypus: M_1 dext.
Locus typicus: Steinbruch Hollitzer bei Bad Deutsch-Altenburg, Niederösterreich
Stratum typicum: Höhlenfüllung aus Sand, Lehm und Schutt, Fundschicht DA 4B, Altpleistozän.
Kurzdiagnose: Wie *P. simplicior,* aber die Linea sinuosa ist höher evoluiert, M^3 mit reduziertem Triangel T2.
Anmerkung: Mit ihr begann die kleinwüchsige Seitenlinie von *Pliomys*, die wahrscheinlich bis in das Jungpleistozän *(P. chalinei)* reichte.

Mimomys (Pusillomimus) stenokorys **RABEDER 1981**
1981 *Mimomys stenokorys* n. sp. G. RABEDER, Die Arvicoliden ...: 147-154, Taf. 6; Abb. 77-80, 94-96
Holotypus: M_1 sin.
Locus typicus: Sand- und Schottergrube in Stranzendorf bei Stockerau, Niederösterreich
Stratum typicum: Braunlehm F, Oberpliozän..
Kurzdiagnose: Kleinwüchsige *Mimomys*-Art mit hohen Sinus und Sinuiden an der Linea sinuosa der Molaren.
Anmerkung: Steht in der Evolutionshöhe zwischen "*M. stranzendorfensis*"= *M. reidi* und *M. jota*

Mimomys (Pusillomimus) jota **RABEDER 1981**
1981 *Mimomys jota* n. sp. G. RABEDER, Die Arvicoliden ...: 154-156; Abb. 97,
Holotypus: M_1 sin.
Locus typicus: Sand- und Schottergrube in Stranzendorf bei Stockerau, Niederösterreich
Stratum typicum: Rotlehm i, Oberpliozän.
Kurzdiagnose: Kleinwüchsige *Mimomys*-Art, *M stenokorys* nahestehend, Linea sinuosa der Molaren höher evoluiert.
Anmerkung: Steht in der Evolutionshöhe zwischen *M. stenokorys* und *M. pitymyoides.*

Ordo Carnivora
Familia Ursidae

Ursus deningeroides **MOTTL 1964**
1964 *Ursus spelaeus deningeroides* n. ssp. . M. MOTTL, Bärenphylogenese ...1-55, Taf.2, Abb. 2, Taf. 5-6.
Typusmaterial: Steiermärk. Landesmus. Joanneum
Locus typicus: Repolusthöhle bei Peggau, Steiermark
Stratum typicum: Schachtfüllung, Mittelpleistozän
Kurzdiagnose: Kleiner und primitiver als der jungpleistozäne Höhlenbär.
Anmerkung: = *Ursus deningeri* (s. RABEDER 1989, TEMMEL 1997)

Ursus deningeri hundsheimensis **n. ssp. ZAPFE 1946**
1946 *Ursus deningeri hundsheimensis* n. ssp. H. ZAPFE, Die altplistozänen ... : 95-164, Taf. I-III.
Holotypus: Schädel des fast vollständigen Skeletts, Naturhist. Mus. Wien.
Locus typicus: Hundsheim bei Bad Deutsch-Altenburg, Niederösterreich
Stratum typicum: Spaltenfüllung aus Schutt und Lehm, Älteres Mittelpleistozän
Kurzdiagnose: Deningerbär mit "etwas stärkerer arctoider Prägung".
Anmerkung: Eine unterartliche Gliederung von *U. deningeroides* erscheint angesichts der großen Variabilität problematisch.

Ursus styriacus **BOCK 1913**
1913 *Ursus styriacus* . H. BOCK, Eine frühneolithische ...23, Taf. 4, Fig.2.
Holotypus: Mandibelfragment sin., Steiermärk. Landesmus. Joanneum
Locus typicus: Steinbockhöhle bei Peggau, Steiermark
Stratum typicum: unbekannt, Spätglazial?
Kurzdiagnose: Größer als rezente Braunbären, P_1 aberrant situiert.
Anmerkung: = *Ursus arctos*

Ursus robustus **BOCK 1913**
1913 *Ursus robustus* . H. BOCK, Eine frühneolithische ...23-24, Taf. 4, Fig.3.
Typusmaterial: Mandibelfragment dext., Tibia: Steiermärk. Landesmus. Joanneum
Locus typicus: Steinbockhöhle bei Peggau, Steiermark
Stratum typicum: unbekannt, Spätwürm?
Kurzdiagnose: "Die größte Kieferhöhe übertrifft jene der größten Höhlenbären".
Anmerkung: = ?*Ursus spelaeus*

Familia Mustelidae
Subfamilia Mustelinae

Meles hollitzeri **RABEDER 1976**
1976 *Meles hollitzeri* n. sp. G. RABEDER, Die Carnivoren... : 43-51, Abb.12-19, Tf.7, Fig. 20, Tf.8, Fig. 24-25, Tf. 9, Fig. 25-26
Holotypus: Mandibelfragment sin., Inst. Paläont. Univ. Wien
Locus typicus: Steinbruch Hollitzer bei Bad Deutsch-Altenburg, Niederösterreich
Stratum typicum: Höhlenfüllung aus Sand und Schutt, Fundschicht DA $2C_1$, tiefes Altpleistozän.
Kurzdiagnose: Kleine *Meles*-Art mit primitivem M_1 und M^1, Prämolaren spitzer als bei *Meles meles.*

Psalidogale altenburgensis **RABEDER 1976**
1976 *Psalidogale altenburgensis* n. g. n. sp. G. RABEDER, Die Carnivoren... : 32-34, Abb.5, Fig. 6; Abb. 9, Fig. 6; Tf. 4, Fig. 10-11.
Holotypus: Maxillarfragment dext., Inst. Paläont. Univ. Wien.
Locus typicus: Steinbruch Hollitzer bei Bad Deutsch-Altenburg, Niederösterreich
Stratum typicum: Höhlenfüllung aus Sand und Schutt, Fundschicht DA $2C_1$, tiefes Altpleistozän.
Kurzdiagnose: Mittelgroßer Musteline mit stark secodonten Reißzähnen und einem aberranten M^1.

Oxyvormela maisi **RABEDER 1973**
1973 *Oxyvormela maisi* g. n. sp. G. RABEDER, Ein neuer... : 672-689, Abb. 1-7
Holotypus: Fast kompletter Schädel., Inst. Paläont. Univ. Wien.
Locus typicus: Steinbruch Hollitzer bei Bad Deutsch-Altenburg, Niederösterreich

Stratum typicum: Höhlenfüllung aus Sand, Fundschicht DA 2D, tiefes Altpleistozän.
Kurzdiagnose: *Vormela*-Verwandter mit stark spezialisiertem Gebiß, P2 reduziert oder fehlend, M_1 ohne Metaconid, Talonid reduziert.

Familia Canidae

***Cuon priscus* THENIUS 1954**
1954 *Cuon priscus* n. sp. E. THENIUS, Die Caniden... : 255-280, Abb.17-32
Holotypus: Mand. sin., Inst. Paläont. Univ. Wien
Locus typicus: Hundsheim bei Bad Deutsch-Altenburg, Niederösterreich
Stratum typicum: Spaltenfüllung aus Schutt und Lehm, Älteres Mittelpleistozän
Kurzdiagnose: Große *Cuon*-Art mit primitivem Gebiß, M_1 und M_2 mit Metaconid, Pinf. ohne vorderen Nebenhöcker.

***Vulpes angustidens* THENIUS 1954**
1954 *Vulpes (Vulpes) angustidens* n. sp. E. THENIUS, Die Caniden... : 250-255, Abb.13-16
Holotypus: Mandibelfragment. dext., Inst. Paläont. Univ. Wien.
Locus typicus: Hundsheim bei Bad Deutsch-Altenburg, Niederösterreich
Stratum typicum: Spaltenfüllung aus Schutt und Lehm, Älteres Mittelpleistozän
Kurzdiagnose: M_1 mit Schmelzleisten zwischen Hypo- und Entoconid. M_2 sehr schmal.

***Lupus suessii* WOLDRICH 1878**
1878 *Lupus Suessii* n. sp. J. N. WOLDRICH, Die Caniden ... : 97-147 Abb. 1-6.
Typusmaterial: fast ganzes Skelett, Naturhist. Mus. Wien
Locus typicus: Nußdorf in Wien
Stratum typicum: Löß, unmittelbar über dem Hernalser Tegel, spätes Mittelpleistozän
Kurzdiagnose: Kleiner als die Wölfe aus den jungpleistozänen Höhlen, aber größer als der rezente Wolf.
Anmerkung: = jüngeres Synonym von *Canis lupus* L.

Familia Felidae

***Leopardus irbisoides* WOLDRICH 1893**
1893 *Leopardus irbisoides* (neue Form), J. N. WOLDRICH, Reste diluvialer ...: 571-572, Taf. II, Fig. 3-5.
Holotypus durch Monotypie: Schädelfragment, Naturhist. Mus. Wien
Locus typicus: Willendorf in der Wachau, Niederösterreich
Stratum typicum: Kulturschicht 3, Mittelwürm-Spätwürm-Grenze
Kurzdiagnose: Schädelkapsel länger und schmäler als beim Luchs, Crista occipitalis und sagittalis kräftiger.
Anmerkung: = *Lynx lynx* (L.) n. THENIUS 1959: 145-147.

***Acinonyx intermedius* THENIUS 1953**
1953 *Acinonyx intermedius* n. sp. E. THENIUS, Gepardreste ... : 225-238, Abb.1-7
Holotypus: Mand. dext. mit Cinf. und P3, Niederösterr. Landesmus.
Locus typicus: Hundsheim bei Bad Deutsch-Altenburg, Niederösterreich
Stratum typicum: Spaltenfüllung aus Schutt und Lehm, Älteres Mittelpleistozän
Kurzdiagnose: Gepardenart mit im Vergleich zu rezenten Vergleichsstücken primitiverem Gebiß und plumperen Extremitäten

Ordo Artiodactyla
Familia Bovidae

***Capra (Hemitragus) stehlini* FREUDENBERG 1914**
1914 *Capra (Hemitragus) Stehlini* n. sp. W. FREUDENBERG, Die Säugetiere ...: 35 ff, Textabb. 3,9,10,11, 22, 23, 27; Taf. V, Fig. 6-8; Taf. VI, Fig. 1b-f,5; Taf. VII, Fig. 5, 5a,b.
Typusmaterial: Naturhist. Mus. Wien
Locus typicus: Hundsheim bei Bad Deutsch-Altenburg, Niederösterreich
Stratum typicum: Spaltenfüllung aus Schutt und Lehm, Älteres Mittelpleistozän
Anmerkung: jüngeres Synonym von *Hemitragus jemlaicus bonali* HARLE & STEHLIN, 1913, s. Revision von DAXNER (1968).

***Ovis (Ammotragus) toulai* FREUDENBERG 1914**
1914 *Ovis (Ammotragus) Toulai* n. sp. W. FREUDENBERG, Die Säugetiere ...: 35 ff, Textabb. 4, 6, 7, 8; Taf. V, Fig. 5, 9, 14, 15;; Taf. VI, Fig. 1a, 3a,3b, 6, 7; Taf. VII, Fig. 6a.
Typusmaterial: Naturhist. Mus. Wien
Locus typicus: Hundsheim bei Bad Deutsch-Altenburg, Niederösterreich
Stratum typicum: Spaltenfüllung aus Schutt und Lehm, Älteres Mittelpleistozän
Anmerkung: jüngeres Synonym von *Hemitragus jemlaicus bonali* HARLE & STEHLIN, 1913, s. Revision von DAXNER (1968).

***Capra künnsbergi* FREUDENBERG 1914**
1914 *Capra (Künnsbergi* n. sp. W. FREUDENBERG, Die Säugetiere ...: 71 ff, Textabb. 5,12,14,20, 21, 34; Taf. VI, Fig. 2a, 2b; Taf. VII, Fig. 3
Typusmaterial: Naturhist. Mus. Wien
Locus typicus: Hundsheim bei Bad Deutsch-Altenburg, Niederösterreich
Stratum typicum: Spaltenfüllung aus Schutt und Lehm, Älteres Mittelpleistozän
Anmerkung: jüngeres Synonym von *Hemitragus jemlaicus bonali* HARLE & STEHLIN, 1913, s. Revision von DAXNER (1968).

***Ibex priscus* WOLDRICH 1893**
1893 *Ibex priscus* (neue Form), J. N. WOLDRICH, Reste diluvialer ...: 592-599, Taf.IV, Fig. 1-5.
Typusserie: 2 Schädelfragmente mit Hornzapfen, 3 Mandibelfragmente und zahlreiche Extremitätenknochen, Naturhist. Mus. Wien
Locus typicus: Gudenushöhle bei Hartenstein, Niederösterreich
Stratum typicum: unbekannt, Jungpleistozän
Kurzdiagnose: Im Vergleich zum rezenten Steinbock fällt die flache Stirn vorn steiler ab, die Schädelkapsel

ist am Scheitel viel flacher und vorne bei der Stirnbeinnaht fast eben so breit wie hinten, Stirnzapfen vorne bedeutend flacher, hinten mehr winkelig und weichen unter einem größeren Winkel auseinander.
Anmerkung: Synonym von *Capra ibex*, s. Revision von THENIUS 1959: 145-147

Ordo Perissodactyla
Familia Rhinocerotidae

Dicerorhinus etruscus hundsheimensis TOULA 1902

1902 *Rhinoceros (Ceratorhinus* Osborn) *hundsheimensis* nov. form., F. TOULA, Das Nashorn ...: 1-92, Taf. I-XII.
Typusmaterial: Fast ganzes Skelett, Naturhist. Mus. Wien
Locus typicus: Hundsheim bei Bad Deutsch-Altenburg, Niederösterreich
Stratum typicum: Spaltenfüllung aus Schutt und Lehm, Älteres Mittelpleistozän.
Kurzdiagnose: hochevoluierte Form von *D. etruscus*.

Familia Equidae

Equus abeli ANTONIUS 1913

1913 *Equus abeli* nov, form., O. ANTONIUS, *Equus abeli*. ......:
Typusmaterial: Inst. Paläont. Univ. Wien
Locus typicus: Heiligenstadt in Wien
Stratum typicum: Sumpflöß, spätes Mittelpleistozän.
Kurzdiagnose: Größer als *Equus mosbachensis*.

Literatur:

ANTONIUS, O. 1913. *Equus abeli* n. sp. Ein Beitrag zur genaueren Kenntnis unserer Quartärpferde. - Beitr. Paläont. Geol. Österr.-Ungarn Orient. 26, Wien.

BINDER, H. 1977. Bemerkenswerte Molluskenfaunen aus dem Pliozän und Pleistozän von Niederösterreich. - Beitr. Paläont. Österr., 3: 1-49, 14 Taf.; Wien.

BOCK, H. 1913. Eine frühneolithische Höhlensiedlung bei Peggau in Steiermark. - Mitt. Höhlenkunde, 6(14): 20-24, Graz.

DAXNER, G. 1968. Die Wildziegen (Bovidae, Mammalia) aus der altpleistozänen Karstspalte von Hundsheim in Niederösterreich. - Ber. Dtsch. Ges. Geol. Wiss. A Geol. Paläont., 13: 305-334; Berlin.

FRANK, C. 1993. Mollusca aus der Großen Badlhöhle bei Peggau (Steiermark). - Die Höhle, 44(2): 6-22; Wien.

FRANK, C. 1994. Zur systematischen Position von *Klikia altenburgensis* BINDER 1977. - 2 pp., Manuskript, Paläont. Inst. Univ. Wien.

FRANK, C. & RIEDEL, A. *Oxychilus steiningeri* n. sp. (Gastropoda: Stylommatophora: Zonitidae) aus dem Biharium der Fundstelle Deutsch Altenburg 4B (Niederösterreich). - Malak. Abh. Staatl. Mus. Tierkd. Dresden.

FREUDENBERG, W. 1908. Die Fauna von Hundsheim in Niederösterreich. - Jb. Geol. R.-Anst., 58: 197-222; Wien.

JANOSSY, D. 1974. Die mittelpleistozäne Vogelfauna von Hundsheim (Niederösterreich). - Sitzungsber. Österr. Akad. Wiss., Math. Naturwiss. Kl. Abt. I, 182: 211-257; Wien.

KLEMM, W. 1969. Das Subgenus *Neostyriaca* A. J. WAGNER 1920, besonders der Rassenkreis *Clausilia (Neostyriaca) corynodes* HELD 1836. - Arch. Moll., 99(5/6): 285-311; Frankfurt/Main.

KORMOS, TH. 1937. Revision der Kleinsäuger von Hundsheim in Niederösterreich. - Földt. Közl., 67: 157-171, Fig. 39-45; Budapest.

KROLOPP, E. 1994. A *Neostyriaca* génusz a magyarországi pleistocén képzödményekben. - Malakol. Tájékoztató, 13: 5-8; Gyöngyös.

MLIKOVSKY J. 1997. Jungpleistozäne Vögel aus der Schusterlucke, Niederösterreich. - Wiss. Mitt. Niederösterr. Landesmus., 10 (im Druck), Wien.

MOTTL, M. 1964. Bärenphylogenese im Süden Österreichs. - Mitt. Mus. Bergbau, Geol. Techn. 26: 1-55, Graz.

NORDSIECK, H. 1988. Revision der Gattung *Clausilia* DRAPARNAUD, besonders der Arten in SW-Europa (Das *Clausilia rugosa*-Problem) (Gastropoda: Stylommatophora: Clausiliidae). - Arch. Moll., 119(4/6): 133-179; Frankfurt/Main.

RABEDER, G., 1972a. Die Insectivoren und Chiropteren (Mammalia) aus dem Altpleistozän von Hundsheim (Niederösterreich). – Ann. Naturhist. Mus. Wien, 76: 375–474, Wien.

RABEDER, G., 1972b. Ein neuer Soricide (Insectivora) aus dem Alt-Pleistozän von Deutsch-Altenburg 2 (Niederösterreich). – N. Jb. Geol. Paläont. Mh., 1972: 625–642, Stuttgart.

RABEDER, G., 1973. Ein neuer Mustelide (Carnivora) aus dem Altpleistozän von Deutsch-Altenburg 2. – N. Jb. Geol. Paläont. Mh., 1973: 674–689, Stuttgart.

RABEDER, G., 1974. *Plecotus und Barbastella* (Chiroptera) aus dem Altpleistozän von Deutsch-Altenburg 2. – Naturkunde-Jahrbuch Stadt Linz, 1973: 159–184, Linz.

RABEDER, G., 1976. Die Carnivoren (Mammalia) aus dem Altpleistozän von Deutsch-Altenburg 2. Mit Beiträgen zur Systematik einiger Musteliden und Caniden. – Beitr. Paläont. Österr., 1: 1–119, Wien.

RABEDER, G., 1981. Die Arvicoliden (Rodentia, Mammalia) aus dem Pliozän und dem älteren Pleistozän von Niederösterreich. – Beitr. Paläont. Österr., 8: 1–373, Wien.

RABEDER, G., 1982. Die Gattung *Dimylosorex* (Insectivora, Mammalia) aus dem Altpleistozän von Deutsch-Altenburg (Niederösterreich). – Beitr. Paläont. Österr., 9: 233–251, Wien.

RABEDER, G. 1992. Die Soriciden (Insectivora, Mammalia) aus dem Nixloch bei Losenstein-Ternberg. - In. NAGEL, D. & RABEDER, G. Das Nixloch bei Losenstein-Ternberg. - Mitt. Komm. Quartärforsch., 8: 143-151, Wien.

RAUSCHER K. 1992. Die Echsen (Lacertilia, Reptilien) aus dem Plio-Pleistozän von Bad Deutsch-Altenburg, Niederösterreich. - Beitr. Paläont. Österr., 17: 81-177, Wien.

SCHLICKUM, W. R. u. LOZEK, V. 1965. *Aegopis klemmi*, eine neue Interglazialart aus dem Altpleistozän Mitteleuropas. - Arch. Moll., 94(3/4): 111-114; Frankfurt/Main.

STROUHAL, H. 1954. Isopodenreste aus der altpleistozänen Spaltenfüllung von Hundsheim bei Deutsch-Altenburg (NÖ.). - Sitzungsber. Österr. Akad. Wiss., Math. Naturwiss. Kl. Abt. I, 163: 51-61; Wien.

THENIUS, E. 1948. Fischotter und Bisamspitzmaus aus dem Altquartär von Hundsheim in Niederösterreich. - Sitzungsber. Österr. Akad. Wiss., Math. Naturwiss. Kl., 157: 187-202; Wien.

THENIUS, E. 1953b. Gepardreste aus dem Altquartär von Hundsheim in Niederösterreich. - N. Jb. Geol. Paläontol., Mh. 225-238; Stuttgart.

THENIUS, E. 1954. Die Caniden (Mammalia) aus dem Altquartär von Hundsheim (N.-Ö.) nebst Bemerkungen zur Stammesgeschichte der Gattung *Cuon*. - N. Jb. Geol. Paläont. Abh., 99: 230-286; Stuttgart.

THENIUS, E. 1959. Die jungpleistozäne Wirbeltierfauna von Willendorf in der Wachau. - Mitt. prähist. Komm. österr. Akad. Wiss., 8/9: 133-170, Wien.

TOULA, F. 1902. Das Nashorn von Hundsheim. - Abh. geol. Reichsanst., 19: 1-92, Wien.

WETTSTEIN-WESTERSHEIM, G. 1923. Drei neue fossile Fledermäuse und die diluvialen Kleinsäugerreste im allgemeinen, aus der Drachenhöhle bei Mixnitz. - Anz. Österr. Akad. Wiss., math.-naturwiss. Kl. **60**,7-8: 39-41, Wien.

WOLDRICH, J. N. 1878. Über Caniden aus dem Diluvium. - Denkschr. Kais. Akad. Wiss., math.-naturw. Kl., **39**: 97-147, Wien.

WOLDRICH, J. N. 1893. Reste diluvialer Faunen und des Menschen aus dem Waldviertel, NÖ. - Denkschr. k.k. Akad. Wiss., math.-naturw. Kl., **60**: 565-646, Wien.

ZAPFE, H. 1946. Die altplistozänen Bären von Hundsheim in Niederösterreich. - Jb. geol. Bundesanst. **1946**,3-4: 95-164, Wien.

8 **Übersichtskarten** (D. Döppes & G. Withalm)

8.1 Übersichtskarte der plio-/pleistozänen Fundstellen Österreichs

1 Aggsbach, Schwallenbach, Willendorf
2 Aigen-Hohlweg, Furth-Hohlweg, Paudorf
3 Gänsgraben bei Limberg
4 Grubgraben bei Kammern
5 Gudenushöhle, Schusterlucke, Teufelsrast-Knochenfuge
6 Kamegg
7 Krems-Schießstätte, Krems-Wachtberg, Senftenberg, Stratzing, Gedersdorf bei Krems
8 Linz-Plesching, Linz-Grabnerstraße, Weingartshof bei Linz
9 Teufelslucke bei Eggenburg
10 Alberndorf
11 Fischamend
12 Gerasdorf
13 Grosse Thorstätten bei Altlichtenwarth
14 Großweikersdorf, Neudegg, Ottenthal, Radlbrunn, Ruppersthal
15 Laaerberg, Wienerberg, Wien-Favoritenstraße, Wien-Heiligenstadt/Nußdorf, Wien-St. Stephan
16 Lettenmayerhöhle
17 Mannswörth
18 Marchegg
19 Poysdorf
20 Rohrbach am Steinfeld, Flatzer Tropfsteinhöhle
21 Stillfried
22 Stranzendorf, Unterparschenbrunn
23 Weinsteig, Wetzleinsdorf
24 Allander Tropfsteinhöhle
25 Brettsteinbärenhöhle, Brieglersberghöhle, Liegloch
26 Dachstein-Rieseneishöhle
27 Gamssulzenhöhle, Ramesch-Knochenhöhle
28 Große Ofenberghöhle
29 Hartelsgrabenhöhle
30 Hennenkopf-Höhle
31 Herdengelhöhle, Schwabenreith-Höhle
32 Köhlerwandhöhle
33 Merkensteinhöhle
34 Nixloch
35 Rabenmauerhöhle
36 Salzofenhöhle
37 Schlenkendurchgangshöhle
38 Schottloch
39 Schreiberwandhöhle
40 Sulzfluh-Höhlen
41 Tischoferhöhle
42 Deutsch-Altenburg, Hundsheim
43 Knochenhöhle bei Kapellen
44 Mehlwurmhöhle
45 St. Margarethen
46 Windener Bärenhöhle
47 Große Badlhöhle, Repolusthöhle, Holzingerhöhle
48 Dachsloch bei Köflach, Luegloch
49 Drachenhöhle bei Mixnitz, Burgstallwandhöhle I
50 Frauenhöhle bei Semriach
51 Fünffenstergrotte, Tropfsteinhöhle am Kugelstein, Tunnelhöhle
52 Lurgrotte, Große Peggauerwandhöhle, Kleine Peggauerwandhöhle, Rittersaal, Steinbockhöhle
53 Griffener Tropfsteinhöhle
54 Klein St. Paul
55 Torrener Bärenhöhle
56 Langmannersdorf

8.2 Verbreitungskarten verschiedener Faunenelemente

Abb.2 bis 13

8.3 Literatur

SCHÜTT, G. 1969. Untersuchungen am Gebiß von *Panthera leo fossilis* (V. REICHENAU 1906) und *Panthera leo spelaea* (GOLDFUSS 1810). Ein Beitrag zur Systematik der pleistozänen Großkatzen Europas. - N. Jb. Geol. Paläont. Abh., **134**/2: 192-220, Stuttgart.

TICHY, G. 1985. Über den Fund eines Höhlenlöwen (*Panthera felis spelaea* [GOLDFUSS] aus dem Tennengebirge bei Salzburg. - Mitt. Ges. Salzburger Landeskunde, **125**/1985, Salzburg.

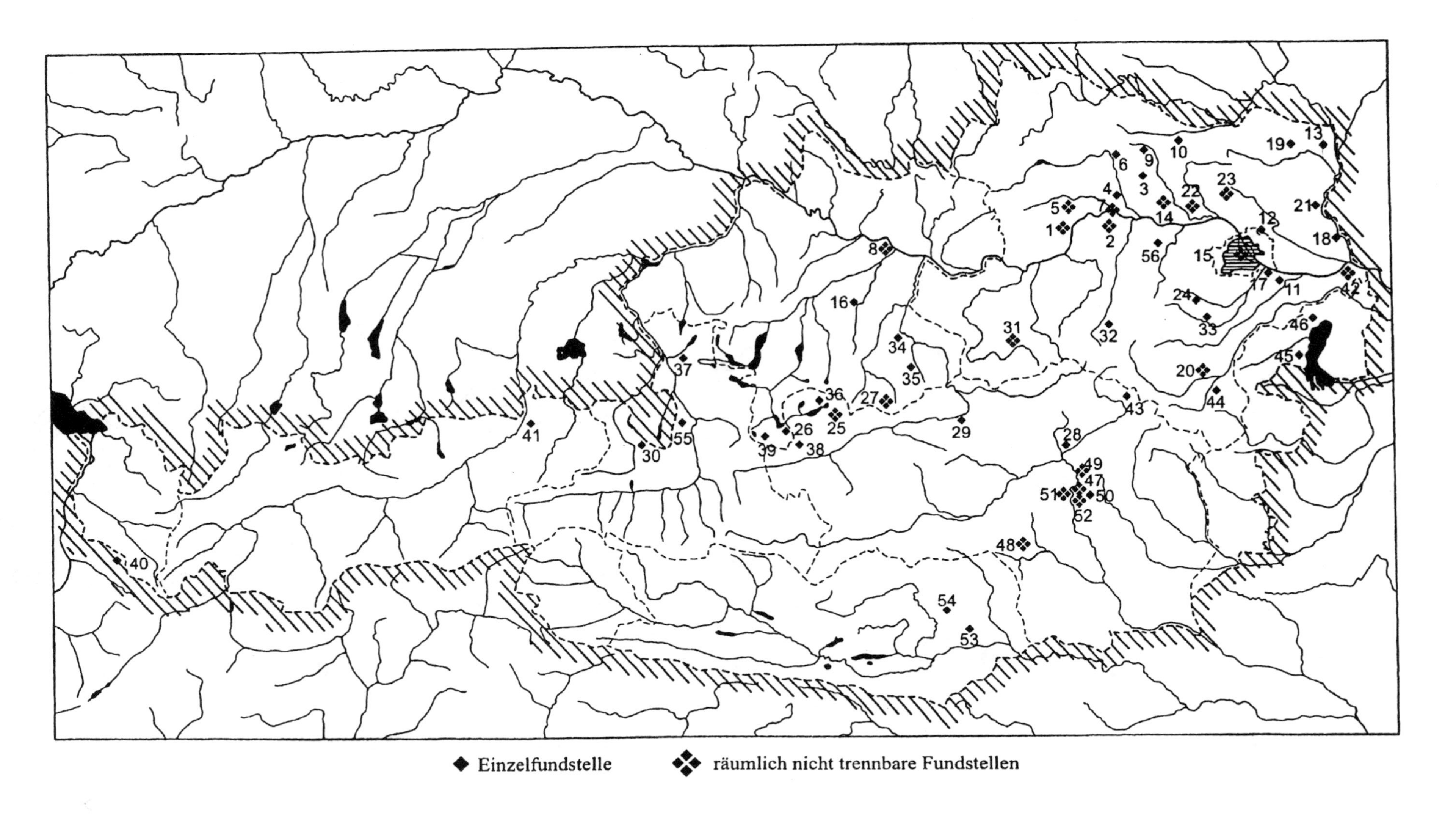

Abb. 1: Übersichtskarte der plio-/pleistozänen Fundstellen Österreichs. Fundstellenverzeichnis siehe 8.1

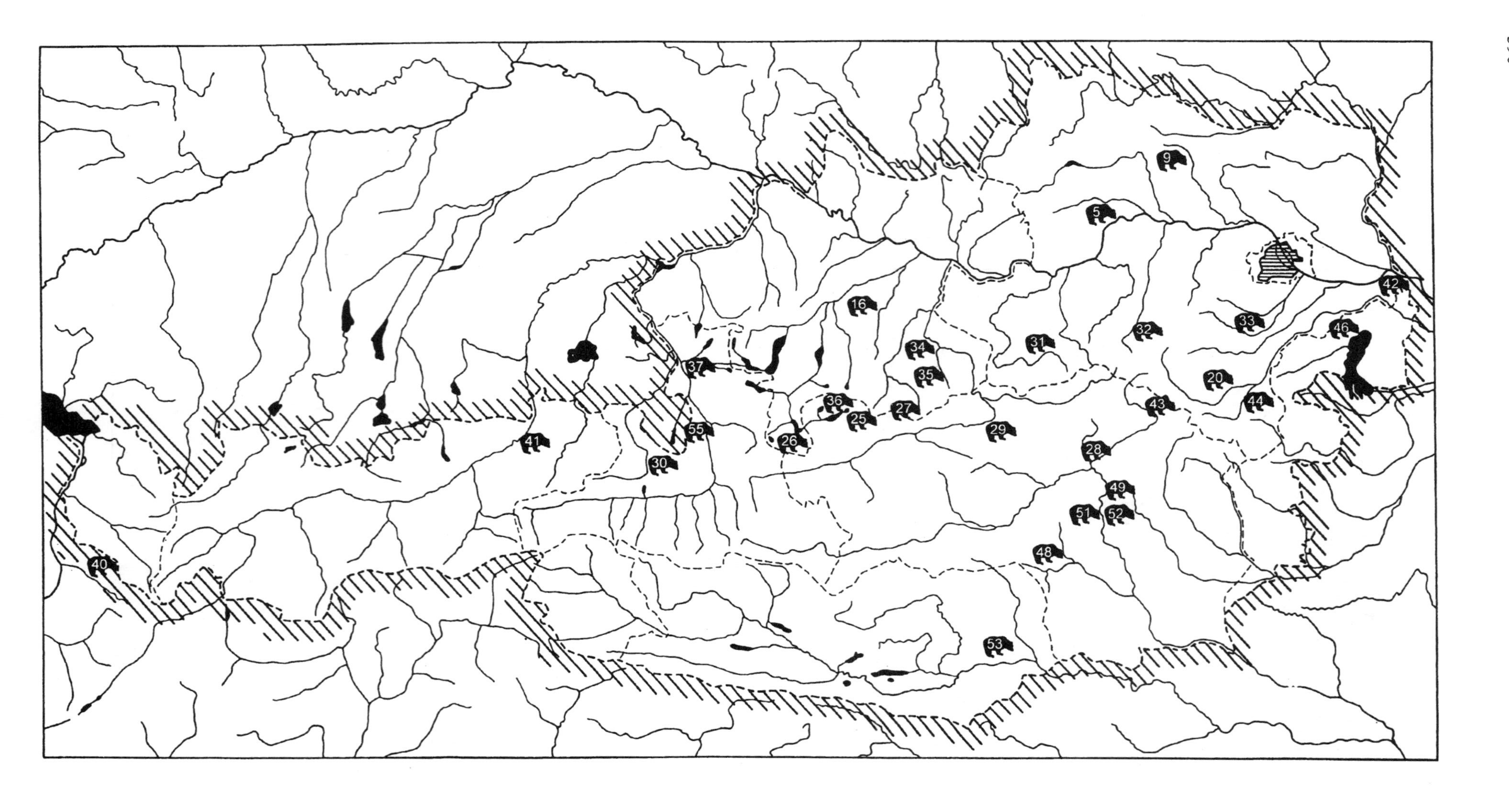

Abb. 2: Verbreitungskarte der Höhlenbärenfundstellen. Fundstellenverzeichnis siehe 8.1

Sowie:

5	Gudenushöhle, Schusterlucke	52	Lurgrotte, Große Peggauerwandhöhle, Kleine Peggauerwandhöhle, Rittersaal, Steinbockhöhle, Große Badlhöhle, Repolusthöhle, Holzingerhöhle, Frauenhöhle bei Semriach
20	Flatzer Tropfsteinhöhle		
26	Dachstein-Rieseneishöhle, Schottloch, Schreiberwandhöhle		
28	Große Ofenberghöhle, Ofenberger Südwesthöhle (1733/2)		

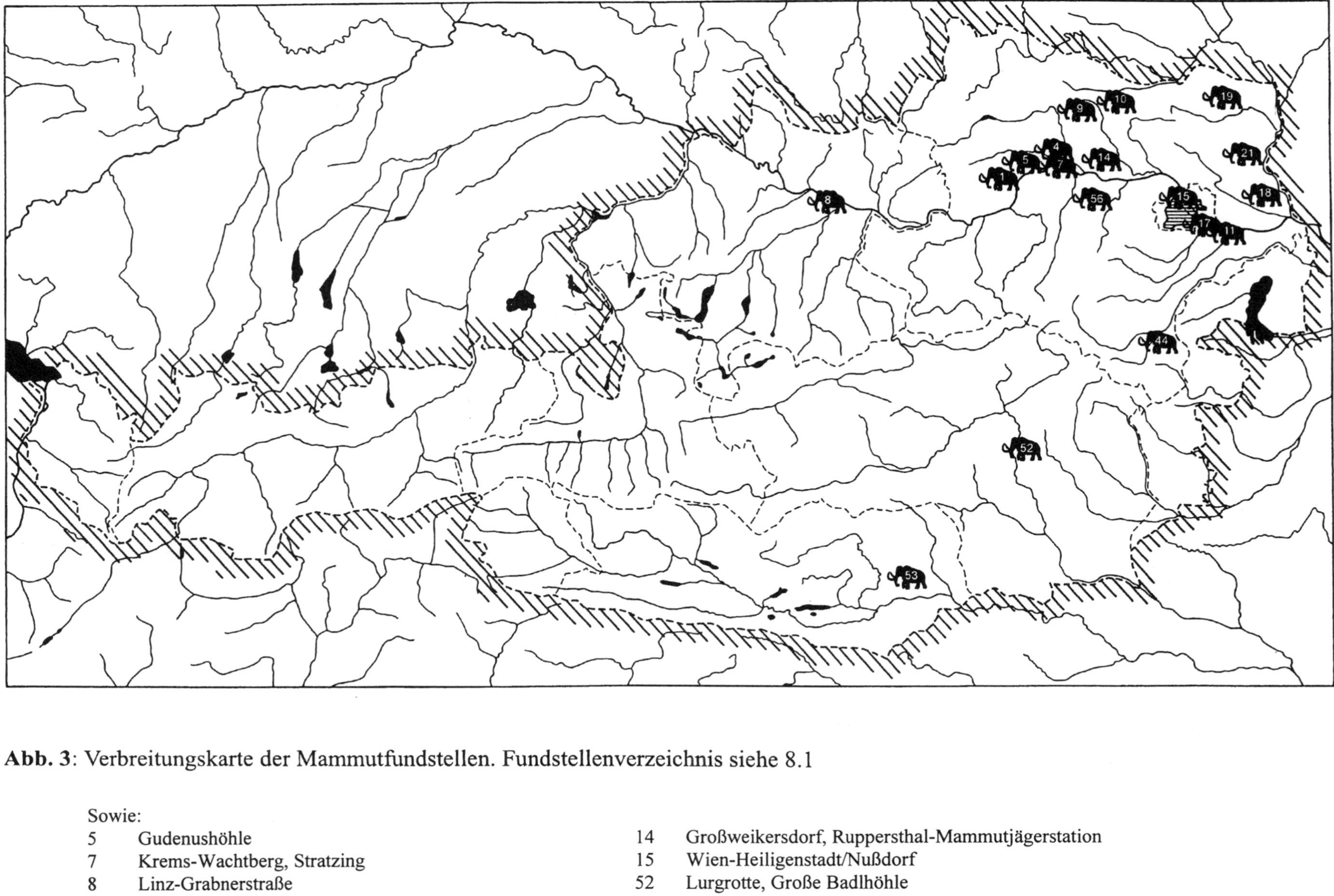

Abb. 3: Verbreitungskarte der Mammutfundstellen. Fundstellenverzeichnis siehe 8.1

Sowie:

5 Gudenushöhle
7 Krems-Wachtberg, Stratzing
8 Linz-Grabnerstraße
14 Großweikersdorf, Ruppersthal-Mammutjägerstation
15 Wien-Heiligenstadt/Nußdorf
52 Lurgrotte, Große Badlhöhle

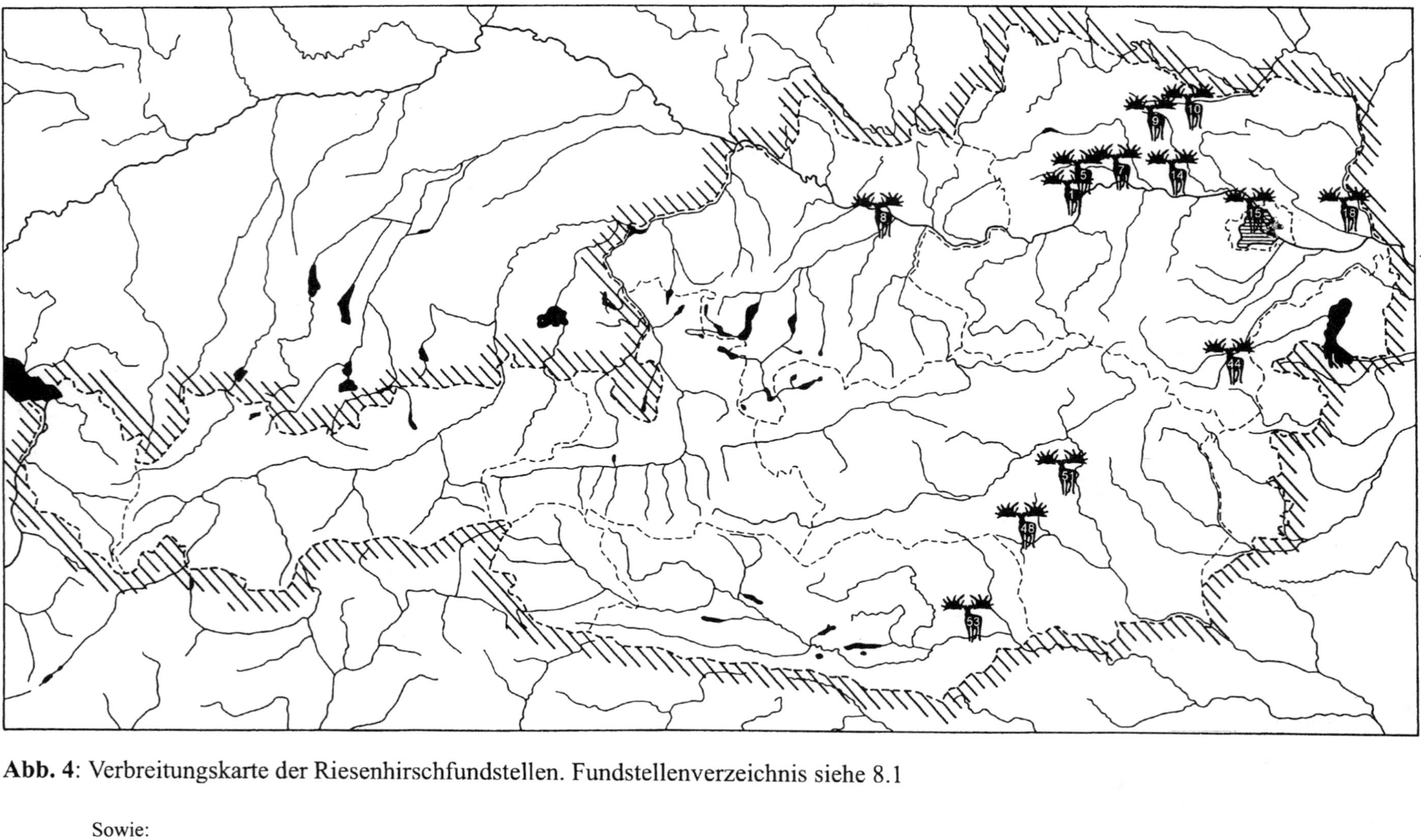

Abb. 4: Verbreitungskarte der Riesenhirschfundstellen. Fundstellenverzeichnis siehe 8.1

Sowie:

1	Aggsbach, Willendorf	14	Großweikersdorf
5	Schusterlucke	48	Dachsloch bei Köflach
7	Stratzing	51	Tropfsteinhöhle am Kugelstein
8	Linz-Grabnerstraße ?		

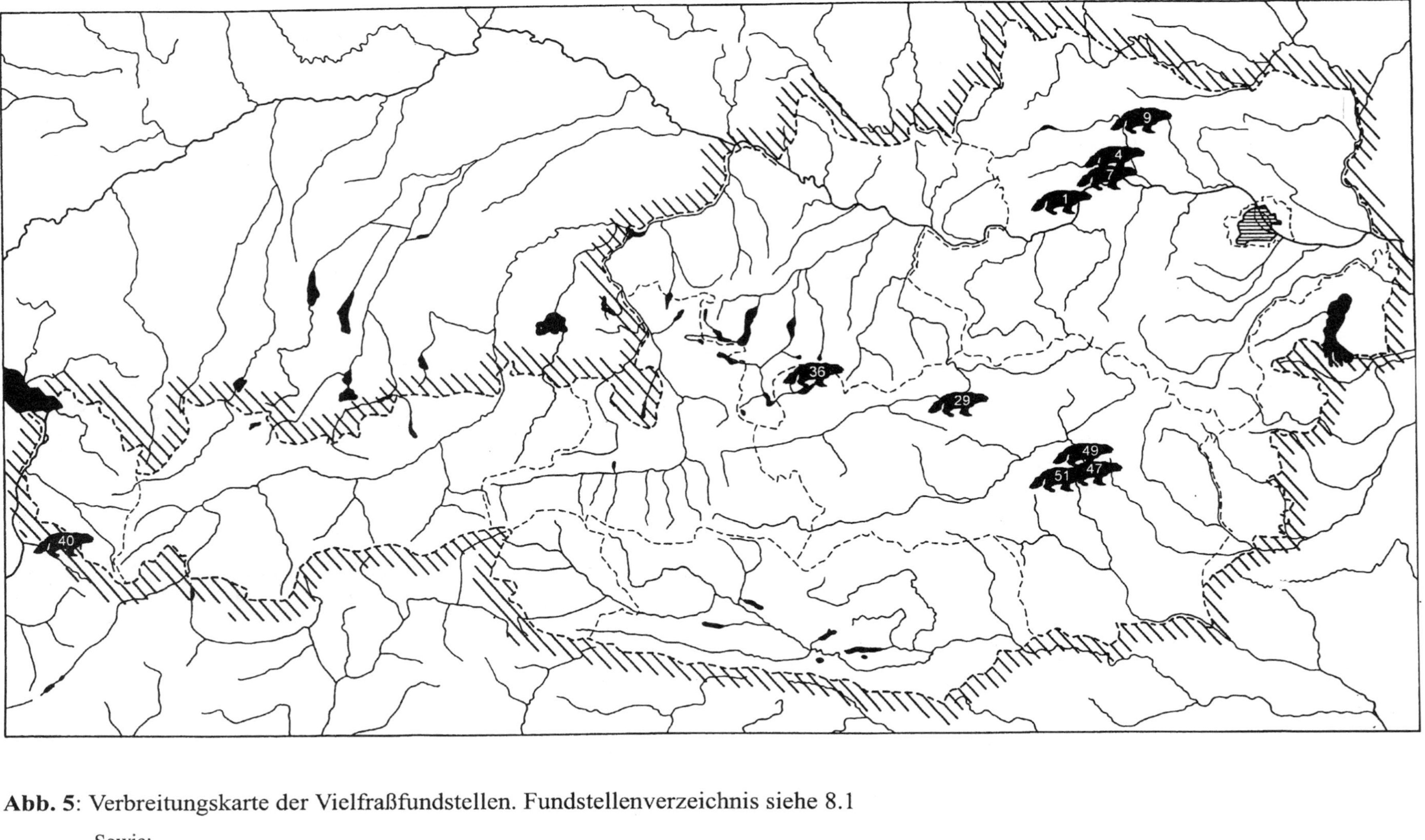

Abb. 5: Verbreitungskarte der Vielfraßfundstellen. Fundstellenverzeichnis siehe 8.1

Sowie:

1	Willendorf	36	Salzofenhöhle, Brettsteinbärenhöhle
7	Krems-Wachtberg	49	Drachenhöhle bei Mixnitz
		51	Tropfsteinhöhle am Kugelstein, Tunnelhöhle

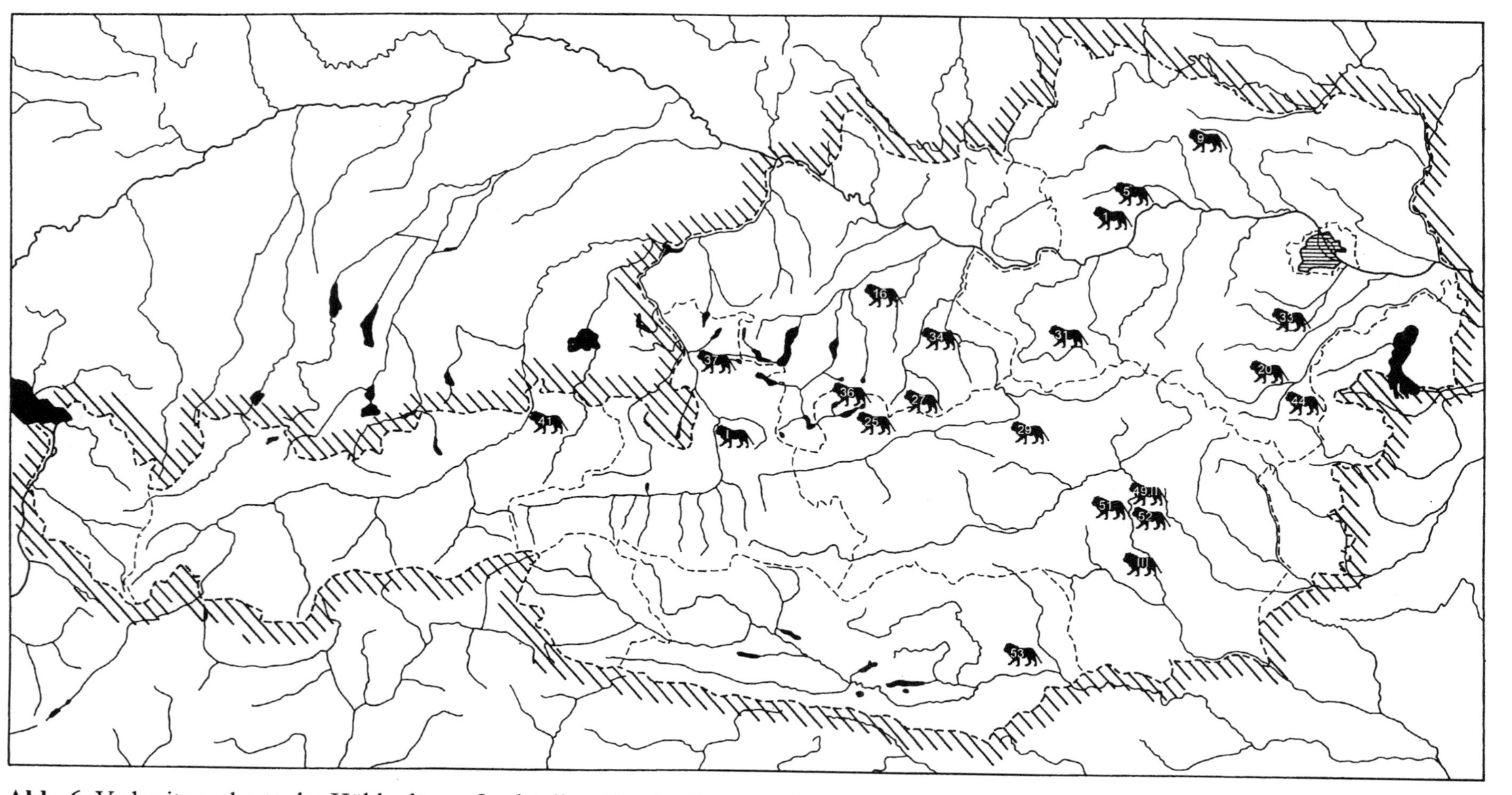

Abb. 6: Verbreitungskarte der Höhlenlöwenfundstellen. Fundstellenverzeichnis siehe auch 8.1

I Bärenfalle (1511/169, Tennengebirge, TICHY 1985), **II** Mathildengrotte bei Mixnitz (SCHÜTT 1969), **II** Gaisberg bei Graz (Spaltenfüllung, TICHY 1985)

Sowie:

1	Willendorf	25	Brettsteinbärenhöhle	52	Lurgrotte, Gr. u. Kl. Peggauerwandhöhle, Große Badlhöhle, Repolusthöhle, Frauenhöhle bei Semriach
5	Gudenushöhle, Schusterlucke	31	Herdengelhüöhle		
20	Flatzer Tropfsteinhöhle	51	Fünffenstergrotte, Tropfsteinhöhle am Kugelstein		

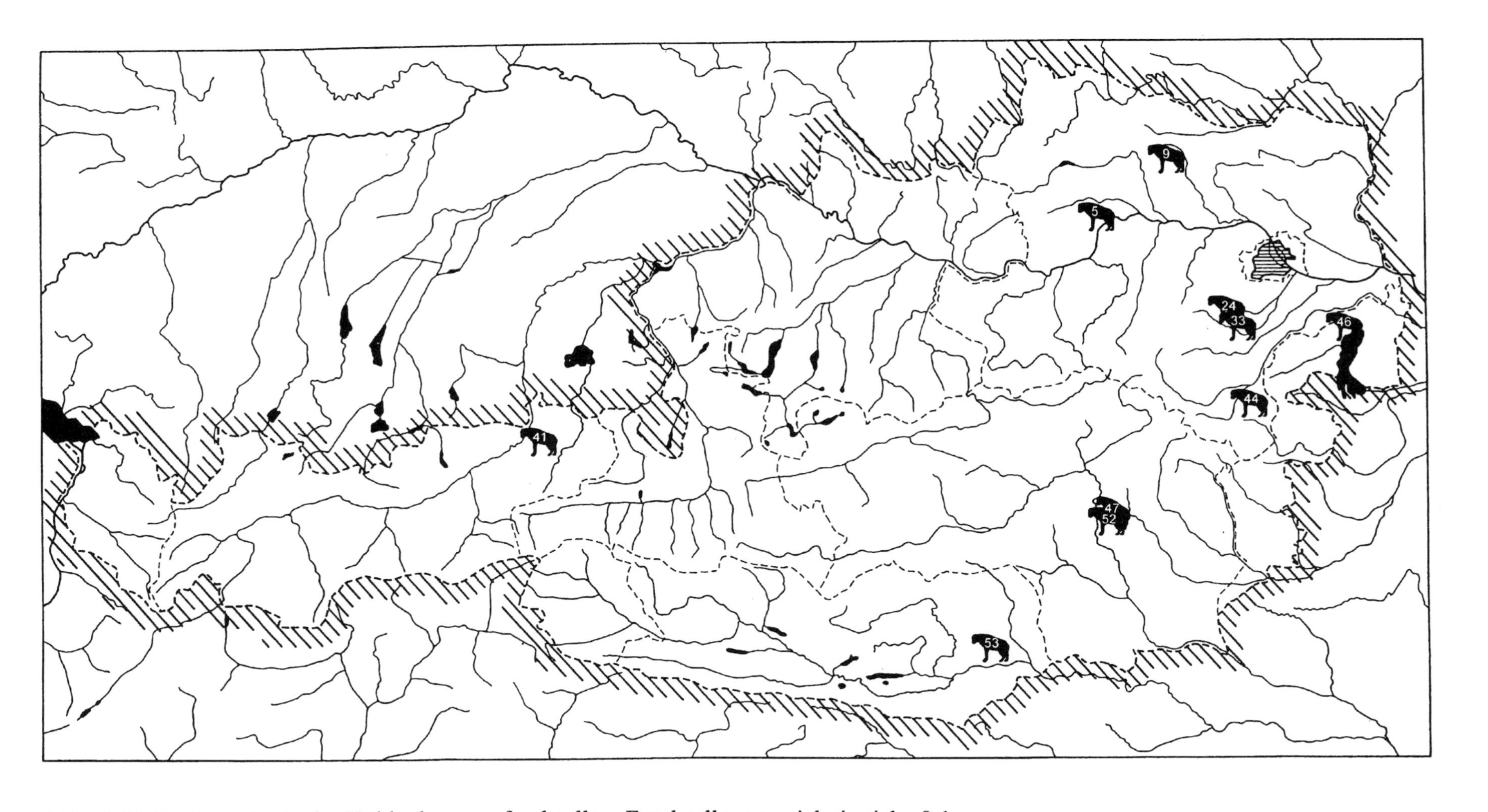

Abb. 7: Verbreitungskarte der Höhlenhyaenenfundstellen. Fundstellenverzeichnis siehe 8.1

Sowie:

5 Gudenushöhle, Schusterlucke

47 Große Badlhöhle, Repolusthöhle

52 Lurgrotte, Große Peggauerwandhöhle

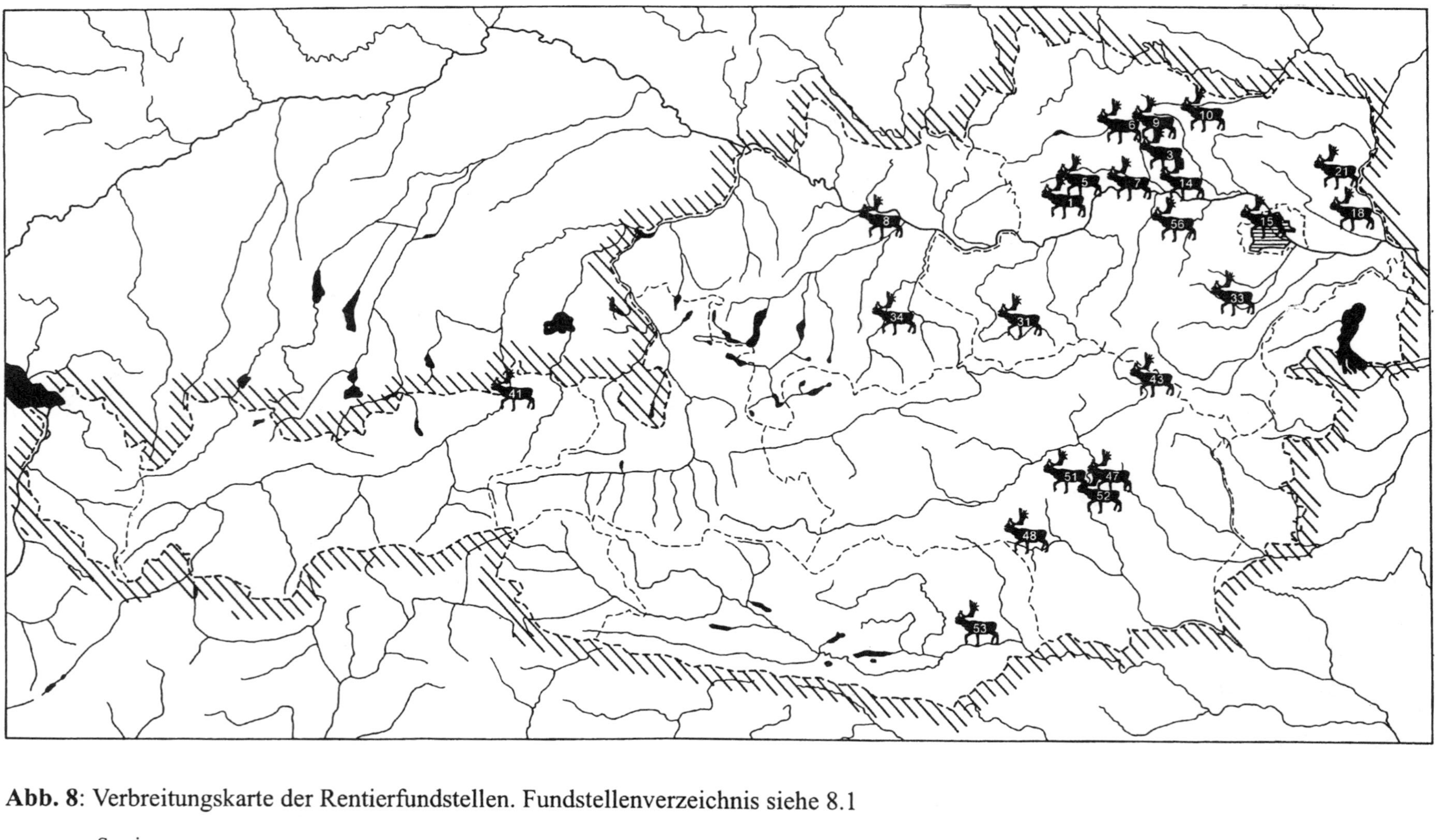

Abb. 8: Verbreitungskarte der Rentierfundstellen. Fundstellenverzeichnis siehe 8.1

Sowie:

1	Aggsbach, Willendorf	14	Großweikersdorf, Ruppersthal	48	Dachsloch bei Köflach
5	Gudenushöhle, Schusterlucke	15	Wien-Heiligenstadt/Nußdorf, Laaerberg	51	Tropfsteinhöhle am Kugelstein, Tunnelhöhle
7	Krems-Wachtberg, Stratzing, Grubgraben bei Kammern	31	Herdengelhüöhle	52	Kl. Peggauerwandhöhle, Steinbockhöhle
8	Linz-Grabnerstraße	47	Repolusthöhle		

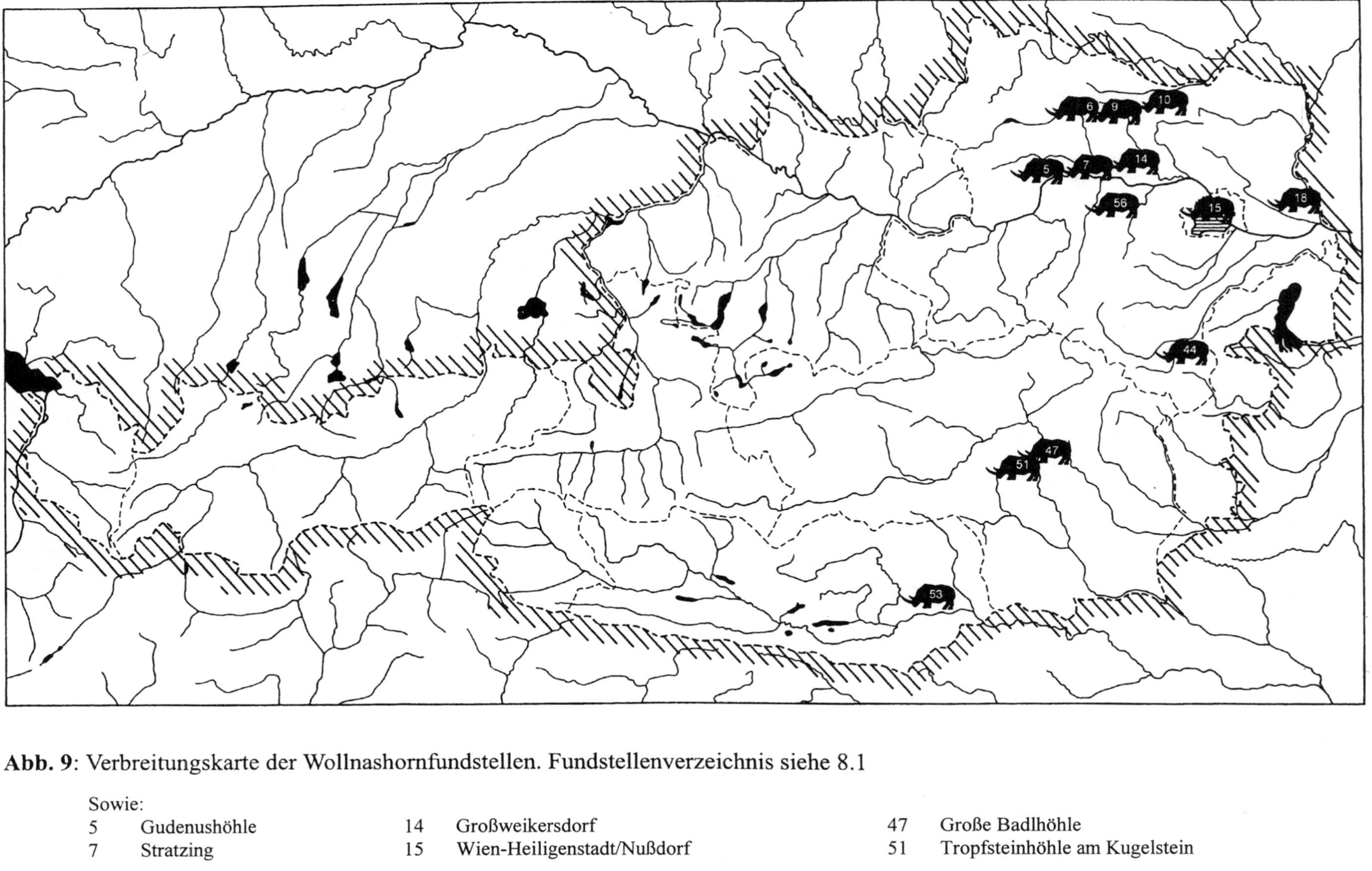

Abb. 9: Verbreitungskarte der Wollnashornfundstellen. Fundstellenverzeichnis siehe 8.1

Sowie:

5	Gudenushöhle	14	Großweikersdorf	47	Große Badlhöhle
7	Stratzing	15	Wien-Heiligenstadt/Nußdorf	51	Tropfsteinhöhle am Kugelstein

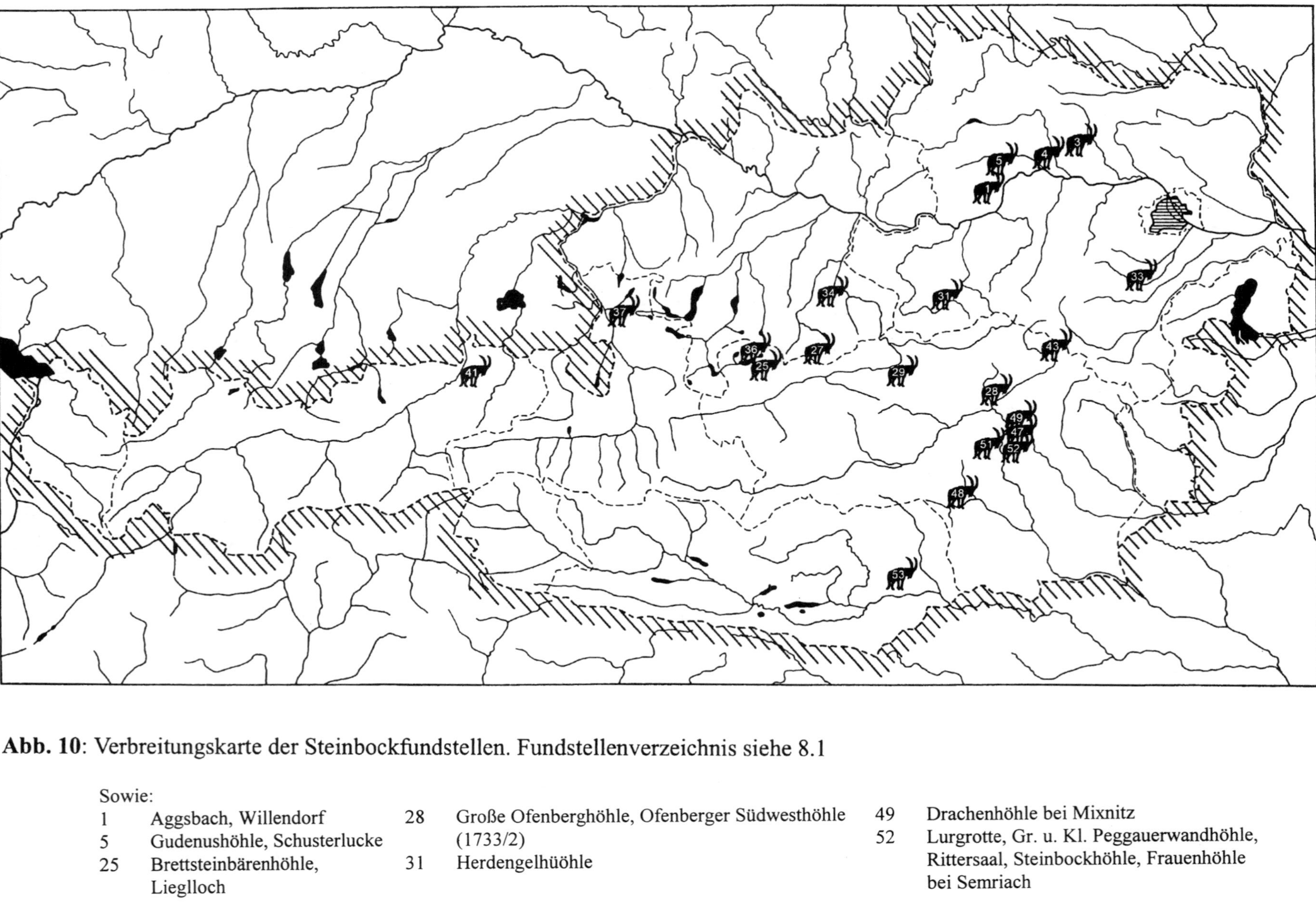

Abb. 10: Verbreitungskarte der Steinbockfundstellen. Fundstellenverzeichnis siehe 8.1

Sowie:

1	Aggsbach, Willendorf	28	Große Ofenberghöhle, Ofenberger Südwesthöhle (1733/2)	49	Drachenhöhle bei Mixnitz
5	Gudenushöhle, Schusterlucke	31	Herdengelhüöhle	52	Lurgrotte, Gr. u. Kl. Peggauerwandhöhle, Rittersaal, Steinbockhöhle, Frauenhöhle bei Semriach
25	Brettsteinbärenhöhle, Lieglloch				

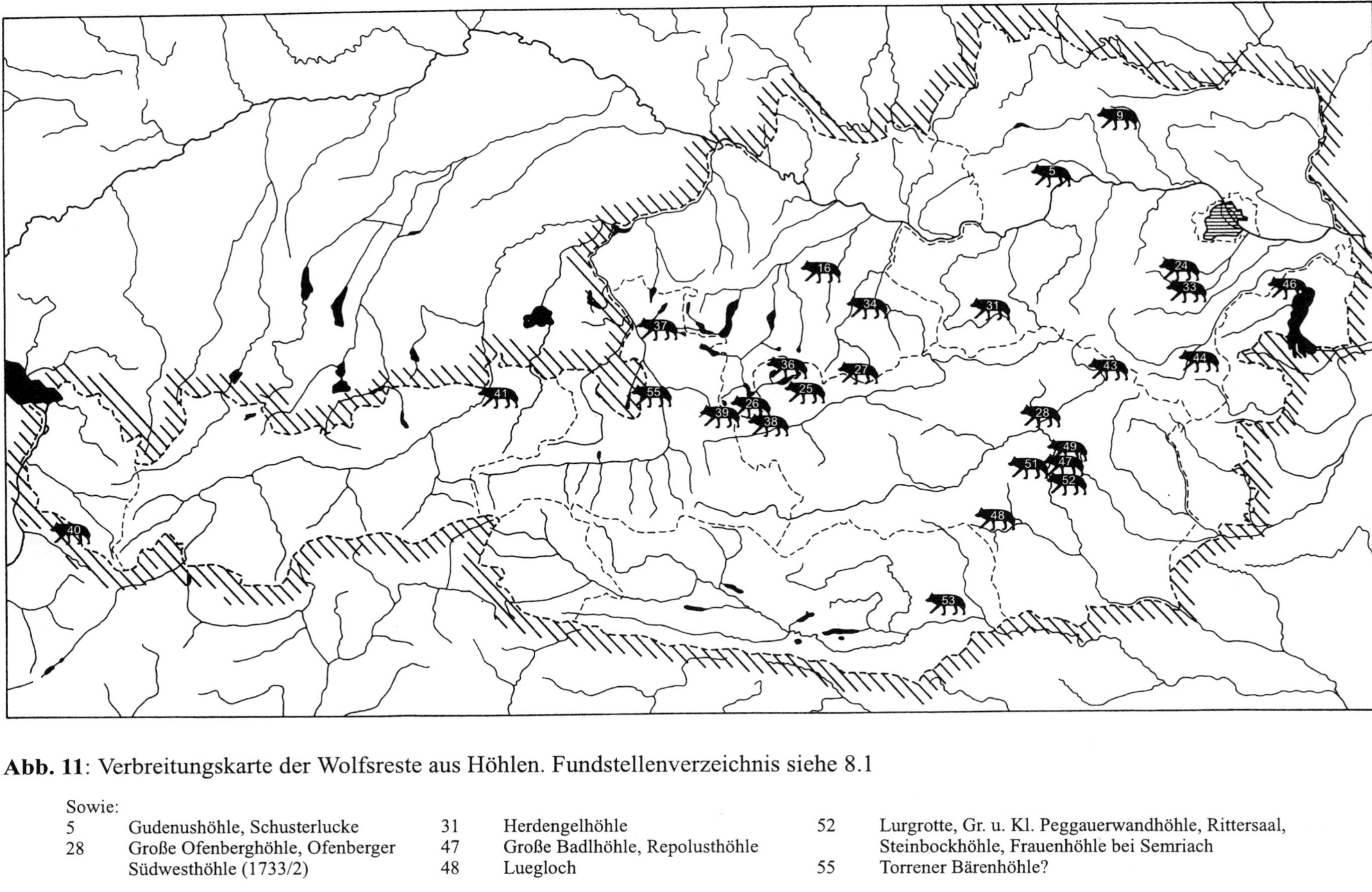

Abb. 11: Verbreitungskarte der Wolfsreste aus Höhlen. Fundstellenverzeichnis siehe 8.1

Sowie:

5	Gudenushöhle, Schusterlucke	31	Herdengelhöhle	52	Lurgrotte, Gr. u. Kl. Peggauerwandhöhle, Rittersaal, Steinbockhöhle, Frauenhöhle bei Semriach
28	Große Ofenberghöhle, Ofenberger Südwesthöhle (1733/2)	47	Große Badlhöhle, Repolusthöhle		
		48	Luegloch	55	Torrener Bärenhöhle?

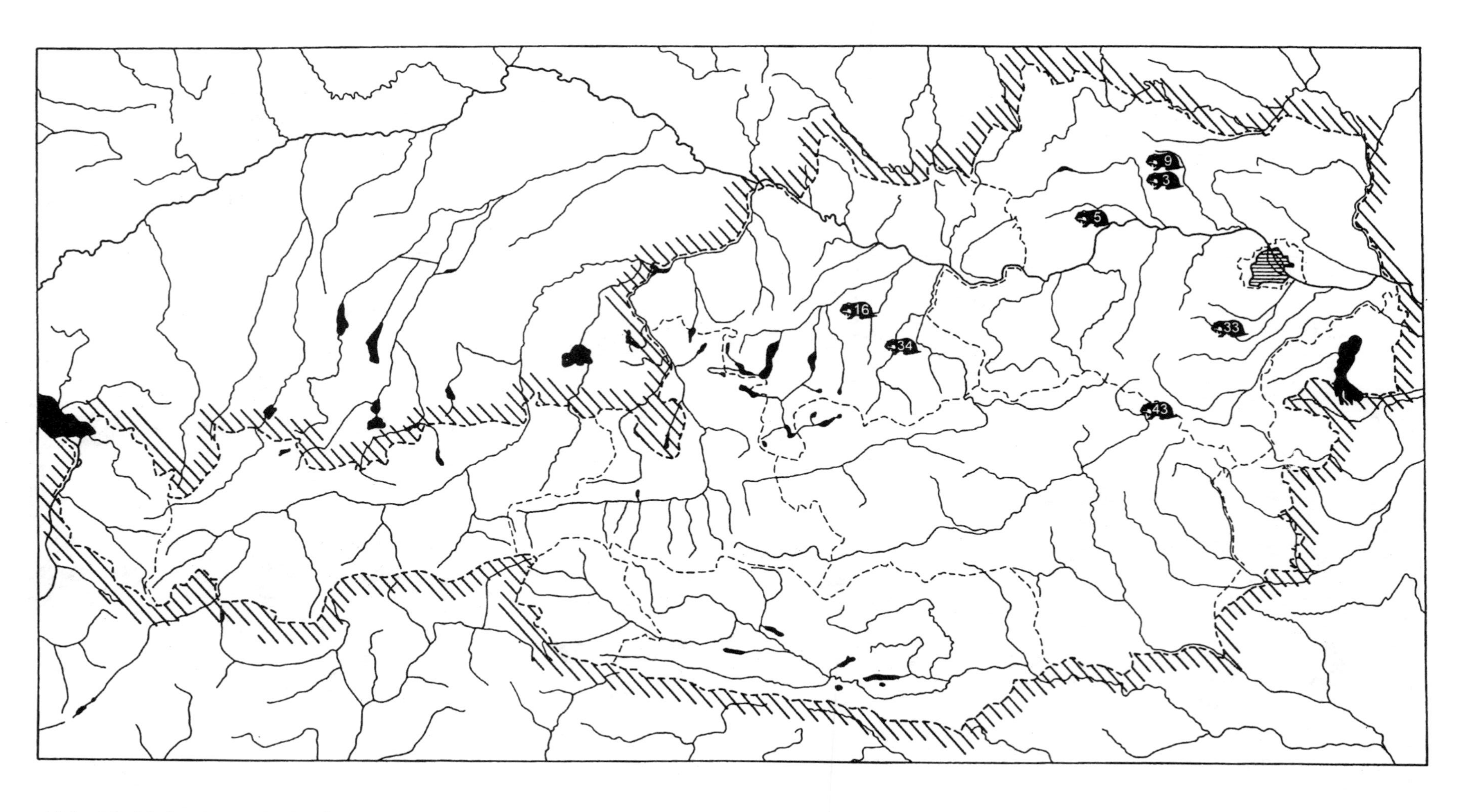

Abb. 12: Verbreitungskarte der Lemmingfundstellen. Fundstellenverzeichnis siehe 8.1

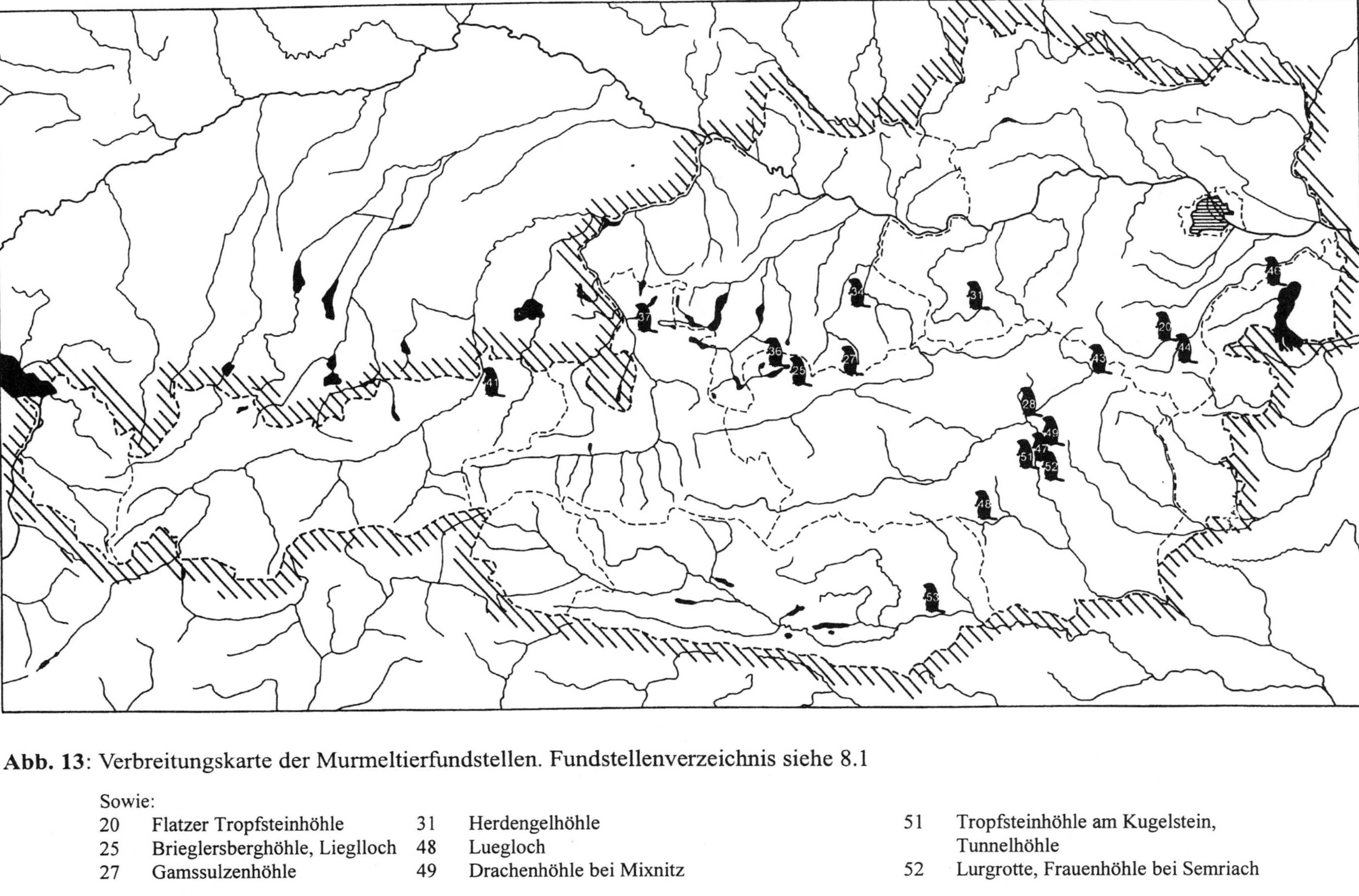

Abb. 13: Verbreitungskarte der Murmeltierfundstellen. Fundstellenverzeichnis siehe 8.1

Sowie:

20	Flatzer Tropfsteinhöhle	31	Herdengelhöhle	51	Tropfsteinhöhle am Kugelstein, Tunnelhöhle
25	Brieglersberghöhle, Lieglloch	48	Luegloch	52	Lurgrotte, Frauenhöhle bei Semriach
27	Gamssulzenhöhle	49	Drachenhöhle bei Mixnitz		

Index

A

B

C

D

E

I

K

L

M

N

O

P

R

S

T

U

V

W

X

Z